제3판

건축환경계획

Architectural Environmental Science

연세대학교 명예교수
공학박사 **이경회** 저

문운당

PREFACE....

한글개정판을 내며

이 책이 처음 출판된지 만 20년이 지났다.

오늘날 지구촌의 환경오염수위는 한계에 이르렀고, 세계 도처에서 기후의 이상변화가 일어나고 있으며, 날이 갈수록 지구 환경의 황폐화가 가속화되고 있다.

그동안 건축환경 분야에서도 변화가 이어지고 있다. 1970년대의 건물에너지 절약계획과 패시브솔라 디자인, 1980년대의 인텔리전트 빌딩의 환경계획, 1990년대를 이어 21세기 지속 가능한 환경의 시대를 맞게 되었다. 지난 세기가 인간중심의 패러다임이었다면 새 세기는 잃었던 생태계의 균형을 회복시켜야 하는 생태환경 중심의 패러다임으로 전개되고 있다. 그것은 생태환경건축의 도래를 의미한다.

생태환경건축은 세계 각처의 지역적 특성을 지닌 자연형 디자인 원리의 지혜와 기술을 새로운 친환경기술과 융합시켜 적용함으로써 자연환경을 보전하고 생태계와 조화되는 지속 가능한 건축환경을 만드는 것이다.

이 책의 내용은 이러한 시대적 변화에도 무관하게 생태환경건축의 기본요소가 되는 열, 빛, 음환경의 원리와 그 응용문제를 다루고 있다.

이 책이 인간의 건강과 삶의 질 향상을 목표로 하는 지속 가능한 생태환경건축을 구현하는 데 지침서가 되기를 바라는 마음이다.

2006. 12.

저자 이 경 회

PREFACE....

머리말

건축가의 임무는 인간활동에 적합한 건축환경을 창조하는 것이다. 그가 설계한 건물은 외적으로 보면 보다 큰 지역환경의 한 요소로서 외부공간에 영향을 미치게 되며, 내적으로 보면 일정기간 동안 건물사용자들을 위한 환경이 된다. 이러한 의미에서 건축가는 인간과 환경과의 끊임없는 상호작용이 일어나는 인간·환경시스템을 설계하는 것이다.

건물의 여러 가지 기능 중 환경조절은 매우 중요한 기능이다. 인간은 쾌적한 온도, 습도, 기류조건, 안전성, 시간적·청각적 프라이버시, 적당한 실내조도, 소음방지 및 각종 활동에 적합한 공간이 필요하다. 따라서 건축의 주목적의 하나는 이러한 인간의 기본적, 사회적 요구를 충족시켜 줄 수 있는 환경을 제공하는 데 있다.

건축환경계획은 환경성능의 기본이 되는 열, 빛, 음환경에 대한 인간의 감각적 반응 및 행동과의 상호작용을 파악하여 이들 환경으로부터 받는 인간의 열적, 시각적, 청각적, 심리적 스트레스를 극소화하고, 인간의 요구를 극대화하는 환경조절방법을 다룬다.

이러한 관점에서 이 책은, 저자가 20여 년이 넘는 동안 국내외 대학에서 연구하고 강의했던 내용을 정리하여 대학 및 대학원의 교재로서, 실무건축가 및 관계전문가들의 참고서로서 사용될 수 있도록 발간한 것이다. 이 책을 통하여 건축환경계획학의 새로운 개념과 내용을 파악하는 데 조금이라도 도움이 되기를 바라는 바이다. 그러나 필자가 천학비재한 탓으로 내용상 미비한 점이 많으리라 생각된다. 독자 여러분들의 깊은 양해와 아낌없는 제언을 바라며 계속 수정보완해 나갈 것을 기약한다.

시종일관 원고정리 및 교정에 심혈을 기울여 준 연세대학교 건축환경계획연구실의 여러분에게 깊은 감사를 드립니다. 그리고 이 책을 발간하는 데 협력해 주신 문운당의 여러분께 사의를 표합니다.

오늘에 이르기까지 인내와 사랑으로 성원을 아끼지 않았던 아내와 세 아이들에게 고마움을 전하며, 얼마전 하느님 곁으로 가신 아버님의 영전에 이 소책자를 바칩니다.

1986. 2.
저 자 씀

▶ 일러두기

1. 이 책에서는 대부분 국제통용단위인 SI 단위를 사용하였고 필요에 따라 MKS 단위를 괄호 속에 병용했다.
   보기 : 열량 W [kcal/h]
2. 본문의 주된 내용 이외에 보다 상세한 참고 내용은 작은 글씨로 기술하였다.
3. 이해를 돕기 위해 가급적 예제를 많이 수록하였고 이론보다 실용적인 내용을 위주로 하였다.
4. 건축가와 전문인의 참고서로서 활용될 수 있도록 각종 최신 설계자료를 수록하였다.
5. 부록에는 본문에 관련된 상세한 설계자료, 용어정의, 단위환산표 및 설계에 필요한 각종 분도기를 첨부하였다.
6. 이 책을 학부 및 전문대학의 교재로 사용할 경우 학부 3학년 1, 2학기에 주당 3시간씩 28주에 총 168시간에 마칠 수 있도록 하였으며, 주당 할당시간이 부족한 경우나 전문대학의 교재로 활용할 경우는 각 편의 첫째장(1, 4, 7장)과 둘째장(2, 5, 8장)을 위주로 하되 중요항목만을 취사선택하여 가르칠 수 있도록 하였다.
7. 실무건축가나 전문가들을 위해 핸드북으로 활용할 수 있도록 하였으며, 특히 각 편 셋째장(3, 6, 9장)은 실용적인 내용을 위주로 하였으므로 필독할 것을 권하는 바이다.
8. 4편 종합은 환경에 대한 반응문제와 건축환경에 대한 시스템 접근방법 및 건축환경디자인방법을 서론적으로 다루고 있으며, 인간을 위한 건축계획방법론과의 연계를 시도한 종합편이다.

• 도움을 주신 분들 :
이상우, 김정태, 구재오, 강대오, 조성희, 최원령, 유호천, 이주영,
이정호, 이동용, 문영기, 전채휘, 조춘식, 이강우, 지경환, 홍영우

CONTENTS....

차 례

서 론

0-1 인간 · 환경 · 건축 1
0-2 주제정의 5
0-3 관련과학 7

1편 열 환 경

▶ 기호 · 약어

1장 인간과 열환경

1-1 열의 물리적 기초사항 11
1-2 실외 열환경 42
1-3 열환경에 대한 인간의 반응 59
1-4 열환경이 인간에 미치는 영향 92

2장 건축과 열환경

2-1 건물의 열평형 97
2-2 건물외피의 열성능 106
2-3 건물의 결로 126
2-4 건물의 환기 149

3장 열환경조절

3-1 자연형 디자인 181
3-2 일조환경계획 204
3-3 일사환경계획 261
3-4 태양열 시스템 285
▣ 참고문헌 312

2편 빛환경

▶ 기호 · 약어

4장 인간과 빛환경

4-1 빛의 물리적 기초사항 317
4-2 빛환경에 대한 인간의 반응 331
4-3 빛환경이 인간에 미치는 영향 345

5장 건축과 빛환경

5-1 건물의 자연채광 351
5-2 채광설계 361
5-3 자연채광기준 399

6장 빛환경조절

6-1 자연형 조절 405
6-2 건축 실내조명 426
6-3 실내상시 보조인공조명 460
▣ 참고문헌 469

CONTENTS....

3편 음 환 경

▶ 기호 · 약어

7장 인간과 음환경

7-1 음의 물리적 기초사항 473
7-2 음환경에 대한 인간의 반응 489
7-3 음환경이 인간에 미치는 영향 495

8장 건축과 음환경

8-1 실내음향이론 503
8-2 건축재료의 흡음 및 차음특성 516
8-3 실내음향계획 532

9장 음환경조절

9-1 소음측정 및 평가 567
9-2 소음방지계획 583
9-3 진동방지계획 610
▣ 참고문헌 624

CONTENTS

4편 종 합

▶ 기호 · 약어

10장 건축환경 디자인

10-1 건축환경심리 629
10-2 건축환경 시스템 640
10-3 건축환경 디자인 645
▣ 참고문헌 651

▣ 부 록 653
▣ 용어정의 675
▣ 단위 및 환산표 683
▣ 찾아보기 687

서 론

0-1 인간 · 환경 · 건축

1. 디자인의 개념

건축물이 인간을 위한 것이라는 사실은 너무나 자명하다. 사람들은 건물을 설계하고 건축을 위하여 투자하며 또한 건물을 사용한다. 디자인 활동은 인간의 기본적 행위로서 인식과 사고를 통한 환경의 이해, 환경에 대한 정의, 환경의 개조, 그리고 이러한 의도와 계획을 구체화시키는 데 필요한 의사결정(decision making)을 의미한다. 즉, 건축디자인은 건축가나 디자이너들이 건축주(client)와 건물사용자(user)들을 위하여 제한된 자원의 범위 내에서 인식된 문제해결을 추구하는 일련의 과정인 것이다. 따라서 건축가, 사용자, 건축주 사이에는 건축환경을 매체로 하는 불가분의 상호영향관계가 성립된다. 예를 들면, 건축가의 주요 동기는 미의 추구에 있고, 건축주는 건축공사비의 절감을 목적으로 하며, 건물사용자는 생활을 안락하게 즐기고자한다면 건축가는 이러한 상이한 관점을

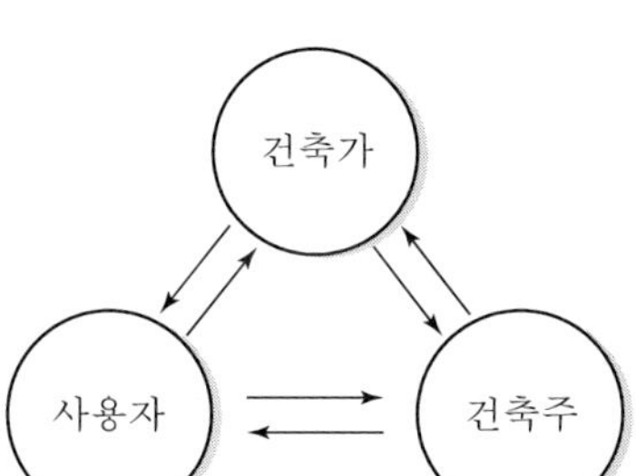

그림 1 건축가 · 건축주 · 사용자간의 상호 관계

사전에 인식하고 조절함으로써 삼자가 모두 바라는 건축물을 설계해야 한다.

그러므로 건축 디자인의 본질이 무엇인가를 이해하기 위해서는 환경의 의미와 인간본질에 대한 이해가 선행되어야 한다.

2. 환 경

환경이라는 용어는 나를 제외한 모든 것이라고 정의되는 바와 같이 전문분야에 따라 각기 다른 의미로 사용되기 때문에 명확하게 정의하기 어렵다. 흔히 물리적 환경(physical environment)이란 건축환경(built environment)이나 인공환경(man-made environment)과 자연환경(natural environment)을 포함하여 인간에게 영향을 미치는 모든 물리적인 실체를 말한다. 예를 들어, 건축가나 도시계획가들에게 물리적 환경은 건축의 내외부공간, 도시 및 지역, 지구 레벨에 이르기까지 가시적·물리적·공간적 의미를 갖는다.

한편, 사회적 환경(social environment)은 인간관계로부터 인간에게 영향을 미치는 모든 것을 말한다. 즉, 인간, 가족, 근린, 민족, 인류 등으로 확대되는 일련의 사회구조가 가져야 할 인간 상호간의 관련성과 그 통치체제의 내용과 수준을 뜻하며 환경심리, 환경에 대한 사회적 관계 등도 그 내용으로 한다.

환경은 인간의 반응을 야기하는 자극장(刺戟場 ; stimulus field)으로 볼 수 있다. 환경의 물리적 한계는 자극의 범위가 무한하므로 명확하게 정의하기 어렵다. 즉, 강렬한 냄새는 수백 미터 거리에서도 느낄 수 있고, 큰 소리는 수 킬로미터 떨어진 곳에서도 들을 수 있으며, 수억 광년 떨어진 별빛도 감지할 수 있다. 반면에 환경을 인간의 감각범위로 국한시켜 보면 촉각·후각·청각·미각·시각환경 등으로 구분되며 이것들은 모두 자극의 크기에 따라 구별될 수 있다. 또한 환경을 행동적 장치(行動的 裝置 ; behavioral setting)로서 정의하면 특정위치나 상태에 있는 한 개인의 순간적 환경과 작업시간과 관련된 집단(예 : 사무실)의 작업환경으로 구분할 수 있으며, 여기서 도시생활을 통해 시민들이 관련되는 일반환경이 추가될 수 있다. 이러한 모든 경우에 환경이라는 말은 같은 의미로 사용될 수 있으므로 중요한 것은 환경의 레벨을 규정하는 일이다. 인간이 환경과 상호 의존적 관계를 가질 때 이것을 인간-환경 시스템(man-environment system)이라고 한다. 따라서 건축물의 사용자와 건축공간은 하나의 인간-환경 시스템을 형성하는 일부가 된다.

그림 2에서와 같이 전체 환경으로부터 하나의 감각기관에 도달된 모든 자극은 종속환경 시스템을 형성하게 된다. 예를 들면, 귀에 의해 지각된 모든 음은 음환경을 형성하고

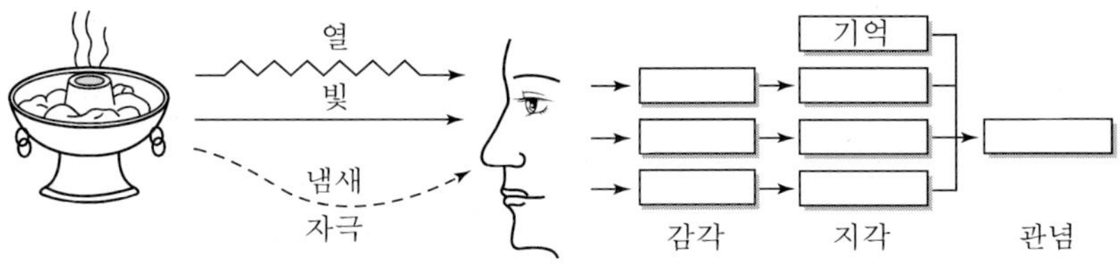

그림 2 지각의 경로

또 다른 자극으로서의 열과 빛은 지각에 의해 열환경, 빛환경을 각각 형성한다. 이러한 모든 것이 전체 인간-환경 시스템을 구성하는 종속 시스템(subsystem)이 된다. 표 1은 이러한 관계를 전반적으로 나타낸 것이다.

또한 실내공간(방)에서 온도, 조도, 소음, 색채 등과 같이 인간의 감각에 즉각적 자극을 야기하는 환경을 1차환경(immediate environment) 또는 포괄환경(包括環境 ; ambient environment)이라고 하며, 환경심리학의 특수영역으로 간주된다. 이때 인간의 감각적 요구에 적합한 포괄환경은 미적(美的) 만족의 선행조건이 된다.

표 1 종속환경 시스템

자 극	감각기관	감 각	종속 시스템
빛	눈	시 각	빛(시각)환경
음	귀	청 각	음(청각)환경
열	신체 전부	온 각	열환경
냄새	코	후 각	후각환경
표면	피부	촉 각	촉각환경

3. 인간의 요구

생물체로서 인간의 기본요구는 생존이다. 그러나 인간은 비단 생물학적 측면보다는 정신·심리·사회·생태·경제적 측면에서 인간의 개체나 그가 속해 있는 조직과 관련시켜 이해하는 것이 필요하다. 인간은 환경과의 관계에서 일방적·수동적으로 관계하는 것이 아니라 스스로 환경을 경험하고 수정하는 유기적 존재이다. 그러므로 인간은 자신의 목적을 성취하기 위해 환경을 재조직하거나 새로운 환경으로 옮겨 가며 환경에 적응하기 위해 자기의 목표를 수정한다. 또한 인간은 목표지향적이라서 자기의 목표를 달성하기 위해 끊임없이 활동한다. 이러한 인간의 목표달성에 대한 추구는 인간을 둘러싸고 있는 환경을 떠나서는 이루어질 수 없다.

건축환경은 인간감각의 자극물로 작용한다. 사용자와 건물과의 관계는 하나의 지각문제로서 그의 감각이 받아들이는 자극과 과거경험 사이의 연속적인 상호작용으로서 그러한 과정을 통해 건물에 대한 사용자의 반응이 결정된다. 인간과 환경의 관계에서 환경이 충족시켜야 할 인간의 기본적 요구는 크게 세 가지로 나누어진다.

① 생리적 요구 : 수면, 휴식, 식사, 성욕 및 호흡 등

② 안전에 대한 요구 : 주거의 안전, 공기오염, 소음, 사고로부터의 안전

③ 심리적 요구 : 사회적 접촉, 프라이버시, 경험, 활동, 놀이, 자기확인, 미적 만족

이러한 인간의 제반요구는 물리적·사회적 환경으로 구성되는 전체 환경 내에서 어떤 행위를 수행하거나 감각기관을 통해 자극을 받음으로써 충족된다.

4. 건축환경조절

건축환경 시스템의 관계에서 환경조절방법은 크게 두 가지로 나누어진다. 즉 자연적인 방법에 의한 ① 자연형 조절과 기계적인 방법에 의한 ② 설비형 조절이다.

【1】 자연형 조절

자연형 조절(passive control) 시스템은 건물의 형태, 구조, 외피계획을 통해 기계적 장치의 도움 없이 실내환경 조건을 인간의 감각적 요구에 적합하도록 조절하는 방법이다. 인체를 보호하는 의복과 마찬가지로 건물외피의 기본적인 기능은 거주자들의 열적 쾌적을 유지하기 위하여 실외환경기후를 조절하는 것이다. 쾌적이라는 말은 넓은 의미에서 인체의 열적 스트레스가 극소화되는 환경조건을 말한다. 그러므로 건물의 기본목적은 인체의 쾌적에 미치는 기후적 영향을 자연적인 방법으로 조절하는 기후의 여과기(濾過器 ; climatic filter)로서, 지역기후와 계절에 따라 불필요한 외부로부터 열을 차단하거나 필요한 열을 취득함으로써 실외와 구별되는 실내의 쾌적기후환경(快適氣候環境)을 조성하는 것이다. 이러한 자연형 조절의 예로서 지역적 기후특성에 따라 적합한 전통적인 건축의 형태가 발달되어 온 것을 볼 수 있다. 외부의 환경이 추운 곳에서는 열을 받아 들이고 보존하며, 더운 곳에서는 열의 유입을 방지하고 발산하는데 유리한 형태가 발달되어 왔다. 특히 우리나라의 전통적인 한옥을 살펴보면 겨울에는 한대성 기후에 대처하기 위해 온돌구조를 가지면서 여름에는 맞통풍을 원활하게 하고 생활의 중심이 되는 개방적인 마루공간과 완전히 개방이 가능한 분합문과 같은 개구부 구조를 가짐으로써 우리나라 기후특성에 잘 맞는 주택형식이 발달되어 온 것을 알 수 있다.

이밖에도 건물외피의 또 다른 중요한 기능으로는 창을 통한 빛조절과 벽체와 창을 통

한 음조절기능(音調節機能)이 있다. 최근까지 현대 기능주의 건축의 선구자들은 그들이 공간분리기능(空間分離機能 ; 경량 칸막이와 유리를 사용)으로부터 지지기능(支持機能 ; 철골이나 콘크리트 골조를 사용)을 분리시키고자 한 시도가 결국에는 벽체의 지지기능뿐만 아니라 소음 및 열조절(벽의 열용량특성에 의한)의 고유기능까지 저하시켰다는 사실을 전혀 인식하지 못하였다. 이러한 의미에서 미래 건축의 환경조절방법은 건축가의 가치관에 관련되는 문제로서 매우 중요한 의미를 갖는다.

【2】 설비형 조절

설비형 조절(active control)방법은 건물 내부의 환경(열, 빛, 음)조절을 위해 에너지를 사용하는 기계적인 설비를 이용하는 적극적인 실내환경 조절방법으로, 내부환경을 외부 기후조건에 구애 없이 쾌적범위로 유지하도록 조절하는 것이다. 오늘날 난방, 조명, 공기조화, 급배수, 동력장치 등에 대한 조절은 대부분 전기나 기계적인 장치에 의해 자동적으로 수행되고 있다. 그러나 그러한 장치는 초기 총 건축공사비의 30% 이상을 차지하며 유지, 관리, 운영에도 막대한 비용이 소요되는 것을 인식하여야 한다.

0-2 주제정의

인간은 감각적 유기체로서 행동한다. 모든 지각행위는 자극과 경험 사이에서 이루어지므로 인간과 모든 환경변수(물리적, 사회적)들은 동시에 상호작용한다. 건축환경계획학은 인간-환경 시스템 중에서 건축가와 건물 디자이너가 조절 가능한 각종 물리적 환경인자(그림 3)와 건물과 건물사용자에게 영향을 미치는 사회적 환경인자를 연구함으로써 인간의 감각적·사회심리적 요구에 적합한 건축환경을 설계하는 데 필요한 조건을 탐구하는 학문이다. 건축환경계획학은 건축계획의 기초가 되는 건축계획원론과 설비분야의 일부 내용이 통합되어 발전된 것으로서 최근 일본에서는 건축환경공학(environmental engineering), 미국에서는 환경기술(environmental technology) 또는 환경공학, 영국에서는 건축환경과학(environmental science) 또는 건축과학(building science), 독일에서는 환경물리(environmental physics)라고 한다. 특히 건축 설비분야와 구별되는 가장 큰 특징은 건축환경계획이 건축디자인 초기단계에서부터 자연형조절방법에 의해 1차환경을 다루는 것인 반면, 건축설비는 1차환경조건이 인간의 감각적 요구에 미달할 때 기계적인 설비형 조절방법에 의해 쾌적한 환경조건을 창출하는 것이다. 이러한 의미에서 건축환경계획은 과거의 기초이론에 그쳤던 원론적 내용보다는 건축계획에 필요한 과학기술적 문제를 보다 체계화한 건축계획학의 응용분야임을 알 수 있다.

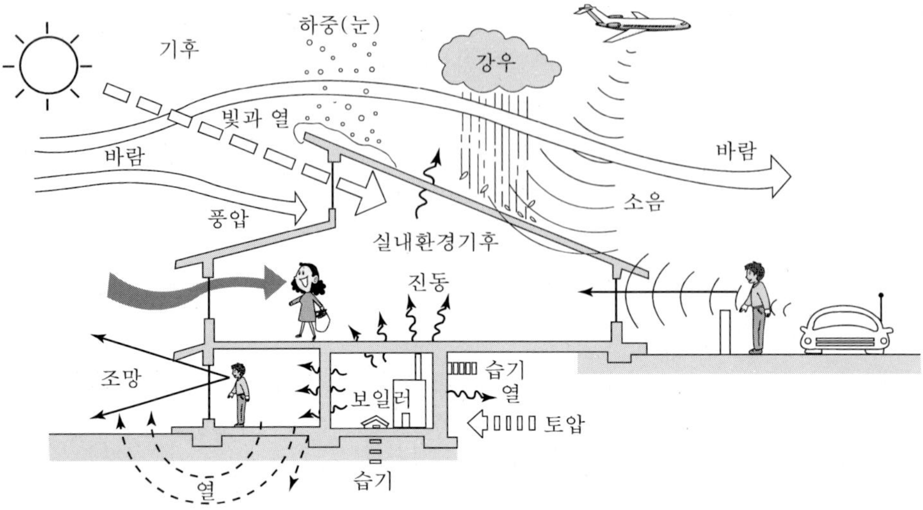

그림 3 물리적 환경인자

인간-환경의 관계에서는 여러 가지 국면이 있으며 이것은 몇 개의 종속 시스템으로 구성된다. 따라서 이 책은 주요 종속환경 시스템을 열환경, 빛환경, 음환경 등의 3편으로 나누어 표 2와 같은 내용을 다루었다. 각 편의 첫째 장에서는 인간-종속환경 시스템에 관계되는 물리적 환경변수 및 물리적 환경이 인간에 미치는 영향과 반응을 파악하였으며, 둘째 장에서는 건축-종속환경 시스템의 관계에서 건물외피를 중심으로 실내외공간과 환경인자들 사이의 상호관계를 살펴보았다. 셋째 장에서는 주로 자연형 조절방법에 의한 환경계획방법을 다루었으며, 4편에서는 각 종속 시스템의 종합을 다루었다.

표 2 인간 · 건축 · 환경조절 시스템

종속환경 시스템	제1편 열환경	제2편 빛환경	제3편 음환경	제4편 종 합
인 간	인간과 열환경 (인간과 실내외 열환경과의 관계)	인간과 빛환경 (인간과 빛의 관계)	인간과 음환경 (인간과 음의 관계)	인간-환경 시스템
건 축	건축과 열환경 (건물외피를 통한 열적 관계)	건축과 빛환경 (자연채광설계)	건축과 음환경 (실내음향설계)	건물-환경 시스템
조 절	열환경조절 (기후조절, 일조, 일사, 태양열건축)	빛환경조절 (자연형 조절, 인공조명)	음환경조절 (소음특성, 소음조절, 진동방지)	건축환경 디자인

오늘날 건축교육과정에서 건축환경계획을 매우 중요시하는 것은 건축과 환경은 불가분의 관계를 가지기 때문이다. 과거 실무에서 엔지니어들은 기본설계가 끝난 건물의 난방이나 공조설비계획을 의뢰받으면 건축 전반문제는 깊이 이해하지 못하더라도 무방하였으며 건축가와 의견대립을 할 필요가 없었다. 또한 이들은 건축가(건물의 열적 성능을 잘 모르는)에게 디자인의 개선방안에 대한 충고조차 하지 않았으며 시설비와 에너지 사용에 따른 유지관리비는 고려하지 않고 설계하였다. 따라서 오늘날 건축환경계획분야의 인식과 연구는 건물외피의 열적 특성의 최적화 문제 뿐만 아니라 자연채광설계 및 소음방지문제를 계획의 초기단계에서부터 종합적으로 고려하여 인간의 열적·시각적·청각적 스트레스를 극소화할 수 있는 최적건축환경을 제공하는 데 그 목적과 의의가 있다.

0-3 관련과학

건축환경계획학과 관련되는 분야는 매우 광범위하다. 비교적 관련이 깊은 분야는 다음과 같다.

① 환경물리학(environmental physics) : 환경과학의 기본적인 주제인 열, 빛, 음에 대한 물리학

② 정신물리학(psycho physics) : 물리학과 사회학의 경계에 있는 학문으로서 물리적 자극에 대한 심리학적 영향을 연구

③ 인간공학(ergonomics) : 환경과 인간과의 작업관계를 다루는 과학으로서 그리스어인 ergo(일)로부터 유래. 정신물리학의 한 요소를 포함하지만 현재는 주로 인간-기계 시스템에 대한 인간의 감각(시각, 청각, 열적 관계)문제를 연구

④ 생체공학(bio-engineering) : 인간공학의 해부학·생리학·인체측정학적 연구분야인 *bionics*는 생물학과 공학을 절충시킨 학문으로서 생물유기체와 유사한 특징을 갖는 복잡한 시스템 연구

⑤ 사이버네틱스(cybernetics) : 기계와 생물유기체와의 커뮤니케이션과 제어에 관한 연구

⑥ 인간생태학(ecology) : 지리학적 위치·기후·주거의 질·영양·다른 종족과의 상호작용 등이 다른 물리적 특질의 성장·규모·발전에 끼치는 영향, 즉 물리적 환경을 중심으로 하나의 유기체로서의 인간을 연구

⑦ 인체측정학(anthropometrics) : 인체척도(신장, 허리둘레, 가슴둘레, 모무게 등)의 측정 및 통계학적 분석

⑧ 생리학(physiology) : 살아 있는 유기체의 상호작용 및 여러 기능에 대한 체계적·

구조적 분석

⑨ 사회학(sociology) : 인간관계로부터 야기되는 인간에 관한 모든 사상 측면에서의 사회연구

⑩ 사회인류학[(social)anthropology] : 사회구조·사회기능 및 사회변화의 관점에서 지역에 따른 인간사회에 대한 비교연구

⑪ 환경심리학(environmental psychology) : 인간의 행동과 물리적 환경간의 상호관계 연구

⑫ 건축심리학(architectural psychology) : 건축공간으로써 나타나는 물리적 환경과 인간의 행태(심리적 반응)간의 상호관계를 연구

⑬ 도시인류학(urban anthropology) : 도시 내의 제반문제를 인류학적 접근방법으로 연구

⑭ 도시사회학(urban sociology) : 도시 내의 제반문제, 즉 도시범죄, 도시경제, 도시교육, 청소년문제 등을 사회학적 접근방법으로 연구

1편 열환경

1장 인간과 열환경
2장 건축과 열환경
3장 열환경조절

▶ 기호 · 약어

α : 태양방위각
α_s : 일사흡수율
β : 표면습기 열전달률
γ : 태양고도
σ : Stefan-Boltzmann 상수
Δ : 일적위
δ : 투습률 또는 수평음영각
ε : 수직음영각 복사율
η : 효율
θ : 입사각 또는 일사열 취득계수
μ : 진폭감쇠율
ρ : 비중량 또는 공기밀도
π : 투습계수
τ : 투과율
ϕ : 타임-래그(time-lag)
φ : 위도
Ψ : 경사면의 경사각
ω : 벽면방위각
a : 흡수율
d : 두께
e_r : 증발량
f : 표면열전달률 또는 내부수정계수
f_g : 흑구온도 보정계수
f_i : 실내표면 열전달률
f_o : 실외표면 열전달률
h_c : 대류열전달률
h_r : 복사열전달률
k : 열전도율
m : 질량
$\dot{m}$: 단위시간당 중량풍량
q : 단위시간당 에너지 또는 냄새발생률
r : 열전도비 저항률 또는 반사율
r_m : 실내공기의 밀도
r_o : 외기의 밀도
r_v : 투습비 저항
t : 온도
t_i : 실내온도
t_o : 실외온도
t_{oh} : 습윤작용온도
t_s : 하루평균 상당외기온도
v : 풍속 또는 기속
$\dot{v}$: 단위시간당 용적풍량

A : 유효 어드미턴스 또는 면적
A_{rep} : 상당면적
C : 열컨덕턴스 또는 기체농도, 대류에 의한 열손실
C_i : 실내농도
Clo : 착의상태를 표시하는 단위
C_o : 외기농도
C_p : 정압비열 또는 풍압계수
C_v : 용적비열
D : 열관성지표 또는 적산일사량
E : 일반물체의 복사방출밀도
E_b : 완전흑체의 복사방출밀도
G : 일사의 세기
$\overline{G}$: 분리비 또는 하루 전체 일사량
G_{sc} : 태양상수
I : 일사량 K : 열관류율
M : 대사량 N : 환기횟수
P : 대기투과율 또는 차양길이
$\overline{P}$: 돌출비 P_v : 수증기분압
P_T : 총 수증기압 강하
P_w : 풍압
Q : 환기량 또는 침기량
Q_c : 전도열량 또는 총 손실열량
Q_r : 복사에 의한 전달열량
Q_s : 일사열취득
Q_v : 대류에 의한 전달열량
R : 열전도저항 또는 평균복사열량
R_y : 재료의 투습저항
R_{VT} : 총 투습저항
S_a : 비어드미턴스
T : 어드미턴스 변동주기 또는 물체표면의 절대온도
V_p : 수증기압
W : 주관적 온열감 또는 일의 단위
AH : absolute humidity, 절대습도
BLC : building load coefficient, 건물 열손실계수
CET : corrected effective temperature, 수정유효온도
DBT : dry bulb temperature, 건구온도

DI : discomfort index, 불쾌적 지표
ECI : equatorial comfort index, 적도쾌적 지표
EqT : equivalent temperature, 등가온도
EqwT : equivalent warmth temperature, 등온감각온도
ET : effective temperature, 유효온도
ET* : new effective temperature, 신유효온도
GT : globe temperature, 글로브 온도
HOT : humid operative temperature, 습윤작용온도
HSI : heat strain index, 열응력지표
ITS : index of thermal stress, 열스트레스 지표
LCR : load collector ratio, 건물부하집열비
MRT : mean radiant temperature, 평균복사온도
OT : operative temperature, 작용온도
PCM : phase changing material, 상변화물질
RH : relative humidity, 상대습도
RSI : relative strain index, 상대응력지표
SC : shading coefficient, 차폐계수
SET : standard effective temperature, 표준유효온도
SH : saturation humidity, 포화수증기량
SHGF : solar heat gain factor, 일사열취득
SSF : solar saving fraction, 태양열절감률
TSI : thermal strain index, 열응력지표
SVP : saturation vapour pressure, 포화수증기압
WBT : wet bulb temperature, 습구온도

1장 인간과 열환경

1-1 열의 물리적 기초사항

1-1-1 물리적 환경변수

열환경의 구성인자는 온도, 습도, 기류, 주위벽의 복사열 등 네 가지가 있다.

【1】 온 도

열은 에너지의 한 형태이며, 실질적으로는 분자운동 또는 공간에서의 복사로서 나타난다. 열의 단위는 다른 형태의 에너지와 같이 표시된다. SI 기본단위는 J(joule)이며, kJ(=1000 J), MJ(=1,000,000 J) 등도 사용된다.

온도(t)는 물체의 열적인 상태를 표시하는 것으로서, 온도의 상승은 열을 가함으로써 일어난다. 이때 물질의 (상태변화 없이) 온도를 증가시키는 데 작용한 열을 현열(顯熱 ; sensible heat)이라 하고, 사용된 열량을 현열량이라 한다. 물체는 상태가 변화할 때 (고체에서 액체로 또는 액체에서 기체로) 온도의 변화없이 일정한 양의 열을 흡수한다. 이것을 그 물체의 잠열(潛熱 ; latent heat)이라 하고 이때의 열량을 잠열량이라 한다. 단위는 J/kg(kcal/kg)이다.

물의 경우 :	융해잠열(얼음에서 물로)	0℃에서 335 kJ/kg(80 kcal/kg)
	증발잠열	100℃에서 2261 kJ/kg(540 kcal/kg)
		18℃주위에서 2,400 kJ/kg(573.60 kcal/kg)

온도의 측정은 액체 금속의 열팽창을 이용한 수은온도계가 가장 많이 사용되며, 아주 낮은 온도에서는 알코올 온도계가 사용되기도 한다. 또한 자기온도계로서는 바이메탈 온도계

그림 1-1 자기 온습도계그림

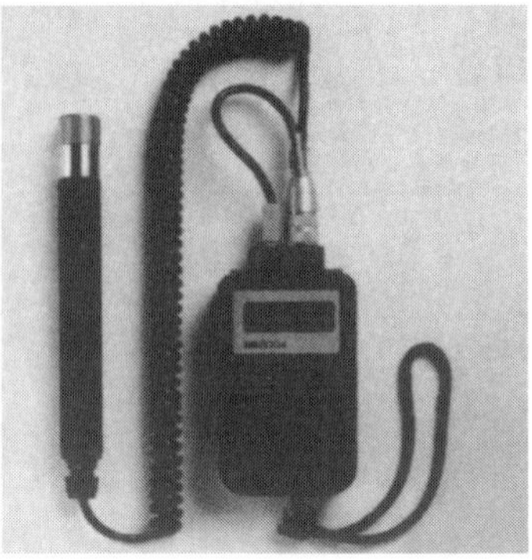

그림 1-2 열선온도계

(그림 1-1)가 사용되는데, 이것은 두 금속의 열팽창 차에 의하여 기계적으로 움직인다. 최근에는 전기를 이용하여 온도를 감지하고 표시하는 측정기가 널리 사용되고 있다. 여기에는 열전대[熱電對 ; thermocouple, 예를 들면 Cu/Co(구리/콘스탄틴)]와 같이 열전효과(熱電效果 ; thermoelectric effect)에 의해 발생되는 전압차를 이용하는 것과 서미스터(thermistor)와 같이 온도에 따라 저항차가 변화하는 반도체를 이용한 것이 있다(그림 1-2).

기온은 온도계의 건구에 의하여 측정되는데, 이를 건구온도(乾球溫度 ; DBT ; dry bulb temperature)라고 한다. 기온은 온도계가 복사열을 받지 않도록 백엽상(Stevenson's screen) 내에서 측정하며, 온도계는 지상 1.2~1.5 m 높이의 백엽상 내부에 설치한다. 여기서 백엽상은 내부에 햇빛이 들지 않고 통풍이 잘되도록 고안된 백색상자를 말한다(그림 1-3).

실내온도의 측정은 보통 회전식 온도계(whirling hygrometer)를 사용한다(그림 1-11). 건구온도계는 핸들 또는 체인에 의해 빨리 회전시킬 수 있는 회전축에 고정되어 있는데, 측정할 때는 3 m/s(600 ft/min) 정도의 빠른 속도로 회전시킨 후 온도의 눈금을

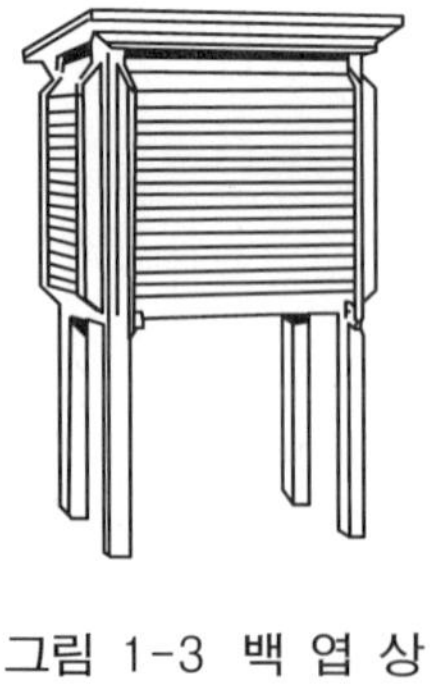

그림 1-3 백 엽 상

읽는다. 이것 역시 복사효과를 방지하기 위한 것이다.

어떤 물체의 열용량(thermal capacity)은 그 물체를 1℃ 올리는 데 필요한 열량이다. 즉, 열용량은 어떤 재료가 축적할 수 있는 열량을 나타내며, 다음과 같이 표시한다.

열용량 [J/℃] = 질량 [kg] × 비열 [J/kg℃]

비열(C_p)을 갖는 질량 m의 물체를 온도 Δt 만큼 변화시키는 데 필요한 열량(Q)은 다음과 같이 정의된다.

$$열량(Q) = m \cdot C_p \cdot \Delta t \tag{1.1}$$

여기서, m : 질량 [kg], C_p : 비열 [J/kg℃], Δt : 온도차

【예제 1-1】 0.2 kg의 물을 15℃에서 90℃ 올리는 데 필요한 열량을 구하라. 단, 물의 비열 (C_p)은 4.2 kJ/kg℃이다.

풀이

$m = 0.2\,\text{kg}$

$C_p = 4.2\,\text{kJ/kg℃} = 4.2 \times 1{,}000\,\text{J/kg℃} = 4.2 \times 10^3\,\text{J/kg℃}$

$\Delta t = 90 - 15 = 75℃$

$$\begin{aligned} 열량 &= m \cdot C_p \cdot \Delta t \\ &= 0.2 \times 4.2 \times 10^3 \times 75 \\ &= 63 \times 10^3\,\text{J} = 63\,\text{kJ} \end{aligned}$$

열량은 단위체적에 대한 용적비열(容積比熱 ; volumetric specific heat ; C_v)[1]로도 표현되며 단위는 J/m^3℃이다.

주어진 물체의 비중량(比重量 ; density ; ρ)은 kg/m^{3}의 단위로 나타내므로 위의 두 양에는 다음과 같은 관계가 있다.

$$C_v = C_p \times \rho \tag{1.2}$$

$$\frac{\text{J}}{\text{m}^3℃} = \frac{\text{J}}{\text{kg℃}} \times \frac{\text{kg}}{\text{m}^3}$$

비용적(比容積 ; specific volume)은 비중량의 역수로서 어떤 물체의 단위중량에 대한

---

1) 용적이 일정할 때의 비열을 표시하는 정적비열(定績比熱 ; specific heat at constant volume ; J/kg℃)과는 그 개념이 다르다.

용적이며, 단위는 m^3/kg을 사용한다.

【2】 습도와 공기선도

대기는 공기와 수증기의 혼합물이다. 공기 중의 습기함량은 단위중량(1 kg)의 건조공기 중에 포함되어 있는 수증기 혼합물의 비로 나타내며 이를 절대습도(AH ; absolute humidity)[2]라고 한다. 공기는 어떤 주어진 온도에서 일정량의 수증기만을 포함할 수 있으며 더 이상 포함할 수 없는 수증기량을 포화수증기량(SH ; saturation humidity)이라고 한다.

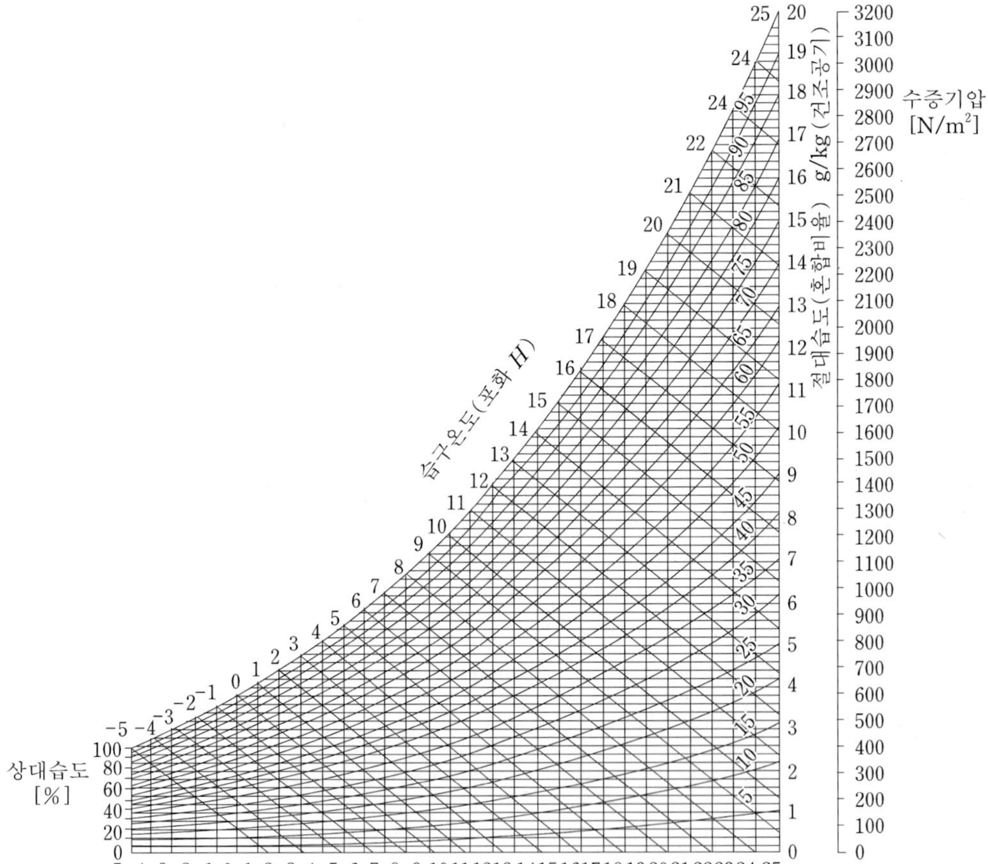

그림 1-4 습한 공기선도(psychrometric chart)

---

2) 수증기 함유량 혼합비(mixing ratio), 비습(specific humidity), 습도비(humidity ratio)라고도 한다.

모든 상태의 공기 중의 습도는 그 온도에서 공기가 포함할 수 있는 수증기량에 대한 비율로 표시할 수 있다. 즉, 포화수증기량에 대한 백분율로 나타내며, 이것을 상대습도(RH ; relative humidity)라고 한다.

$$\mathrm{RH} = \frac{\mathrm{AH}}{\mathrm{SH}} \times 100\% \tag{1.3}$$

【예제 1-2】 건구온도가 25℃, SH가 20 g/kg, AH는 12 g/kg일 때 상대습도를 구하라.

풀이 $\mathrm{RH} = \frac{12}{20} \times 100 = 60\%$

엄밀히 말하면, 식 (1.3)은 포화비 백분율(percentage saturation)을 뜻한다. 상대습도는 동일온도의 포화수증기압(SVP)에 대한 현재의 수증기압(WVP)의 비율로 정의할 수 있다.

$$\mathrm{RH} = \frac{\mathrm{WVP}}{\mathrm{SVP}} \times 100\% \tag{1.4}$$

그러나 상온에서는 절대습도가 수증기압에 비례하므로 실제로 사용할 때는 식 (1.3)과 식 (1.4)의 RH 값은 같다.

【예제 1-3】 DBT=21℃에서 공기 중의 수증기압 WVP = 1,200 kN/m^{2}이다. 이 온도에서 포화수증기압 SVP = 2,486 kN/m^{2}일 때 상대습도를 구하라.

풀이 $\mathrm{RH} = \frac{1,200}{2,486} \times 100 = 48.3\%$

포화수증기량과 건구온도(DBT)와의 관계를 그래프로 표시하면 그림 1-4와 같은 습한 공기선도(이하 공기선도라고 함)를 얻게 된다(부록 Ⅰ-1 참조).

공기선도는 인체의 쾌적범위 결정, 결로, 공기조화계산 등에 이용되며, 표시된 각종 매개변수(parameter)를 알기 쉽게 별도의 척도로 표시하고 있다.

그림 1-5를 통해 다음을 알 수 있다.

① 긴구온도(DBT)는 수평축 왼쪽에서 오른쪽으로 증가한다.

② 절대습도(혼합비)는 g/kg(건조공기), kg/kg(건조공기) 단위로서 오른쪽 수직축에 표시한다.

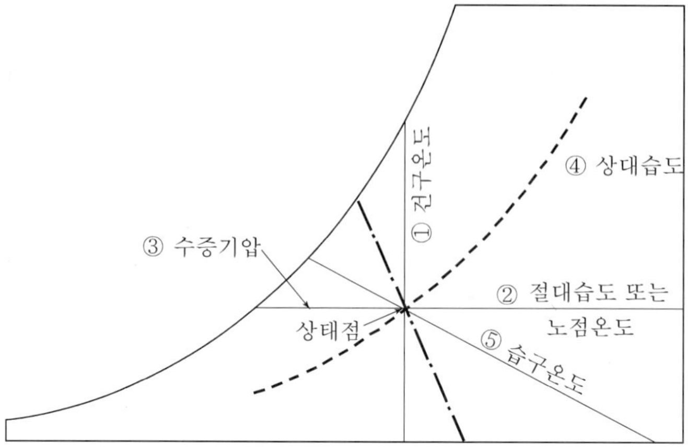

그림 1-5 습한 공기선도의 공기 · 수증기 혼합의 특성(부록 Ⅰ-1 참조)

③ 수증기압(N/m^2, Pa 또는 mmbar)은 오른쪽 수직축에 표시한다.

④ 상대습도(RH)는 왼쪽에서 오른쪽으로 상승곡선에 표시된다. 맨 윗곡선이 포화상태(RH=100 %)를 표시한다.

⑤ 습구온도 눈금은 왼쪽에서 오른쪽으로 포화곡선을 따라 증가하며 오른쪽 아래로 대각선으로 표시된다. 이것은 건습구 온도계의 결과 해석에 이용된다.

다음 예제를 통하여 습한 공기선도의 사용법을 알아보기로 한다.

【예제 1-4】 그림 1-4의 습한 공기선도를 이용하여 기온 (a) 3℃, (b) 15℃, (c) 22℃일 때 상대습도 50 %인 공기의 습기 함유량과 수증기분압을 각각 계산하라.

풀이 (a) 건구온도 눈금에서 3℃선을 따라 수직으로 이동하면서 상대습도 50 %와 만나는 A점을 찾는다. 다음 A점에서 수평축으로 연결하여 절대습도와 수증기압의 오른쪽 눈금과 만나는 점을 각각 읽으면 된다(그림 1-6 참조).

(b), (c)의 15℃, 22℃에 대하여도 같은 방법으로 구할 수 있으며 답은 다음 표와 같다.

표 1-1

온도 [℃] (50 % RH)	절대습도 [g/kg]	수증기압 [N/m^2]
(a) 3	2.4	370
(b) 15	5.4	850
(c) 22	8.3	1330

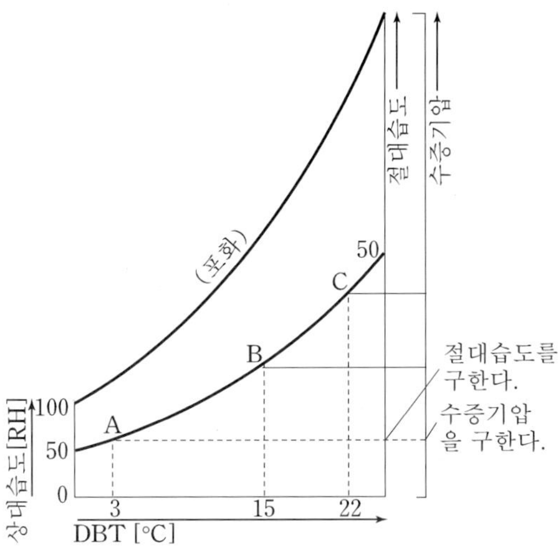

그림 1-6 습한 공기선도 도해(예제 1-4)

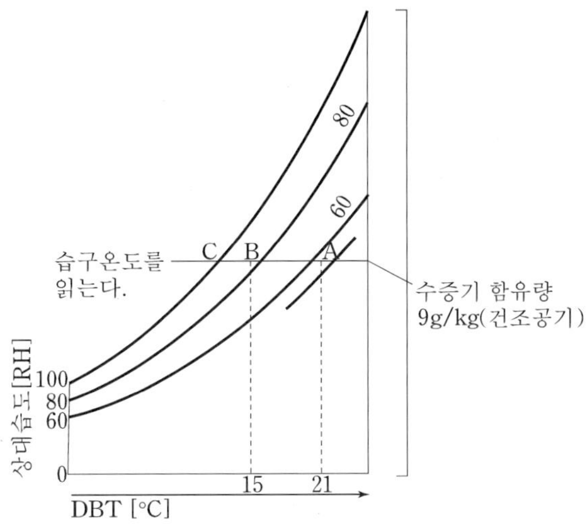

그림 1-7 습한 공기선도 도해(예제 1-5)

【예제 1-5】 혼합비(절대습도)가 9 g/kg(건조공기)인 경우 기온이 (a) 21℃, (b) 15℃일 때의 상대습도를 계산하고, (c) 이때 결로가 발생하는 온도를 구하라. 단, 절대습도(AH)는 일정하다.

풀이 (a) 건구온도 눈금 선상에서 21℃선을 따라 수직으로 이동하면서 절대습도(AH)= 9 g/kg(건조공기)의 수평선과 만나는 점을 통과하는 상대습도선을 찾으면 RH 55 %와 RH 60 % 사이에 있으며, 보간법을 사용하면 21℃에서 상대습도는 58 %임을 알 수 있다(그림 1-7).

(b) DBT 15℃일 때 동일한 방법으로 B점을 구하고 상대습도를 구하면 RH=83 %가 된다.

(c) 결로는 RH=100 %가 되는 포화상태에서 일어나므로 AH=9 g/kg의 수평선을 따라 포화선과 만나는 C점을 구한다. 노점온도 12.6℃를 습구온도 눈금에서 구할 수 있다〔습구온도(WBT)와 건구온도(DBT)는 상대습도 RH=100 %에서 같다〕.

【예제 1-6】 실내온도가 18℃, 절대습도가 3.8 g/kg일 때 재실자에 의하여 공기 중에 습기가 3.4 g/kg의 수분량이 증가하였을 경우 상대습도를 구하라. 또한 처음의 3.8 g/kg의 습기를 갖는 공기가 포화상태에 도달하려면 얼마의 수증기가 필요한가?

풀이 (a) 총 습기량=3.8+3.4=7.2 g/kg, DBT=18℃의 축과 7.2 g/kg의 수평선이 만나는 A점을 구한다(그림 1-8). A점은 55 %선 바로 위에 위치하며, 18℃에서 RH=56 %임을 알 수 있다.

(b) 포화상태에서는 WBT=DBT가 된다. 그림 1-8에서 WBT 18℃를 구하고 이 점에서 수평방향으로 연장하여 절대습도선과 만나는 점을 읽으면 18℃에서 포화상태에 이르는 데 필요한 소요 수증기량은 12.9−3.8=9.1 g/kg이 된다.

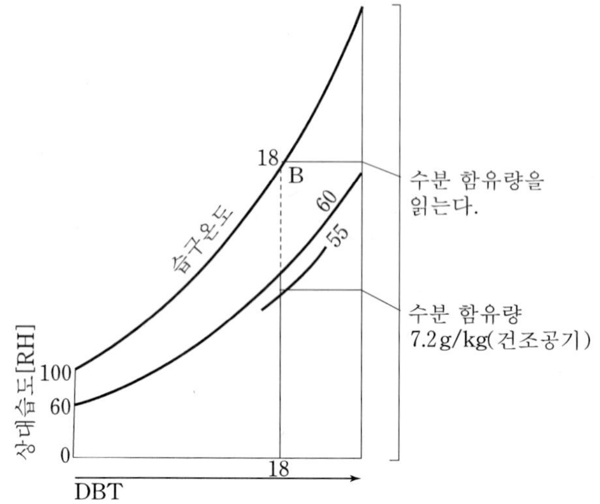

그림 1-8 습한 공기선도 도해(예제 1-6)

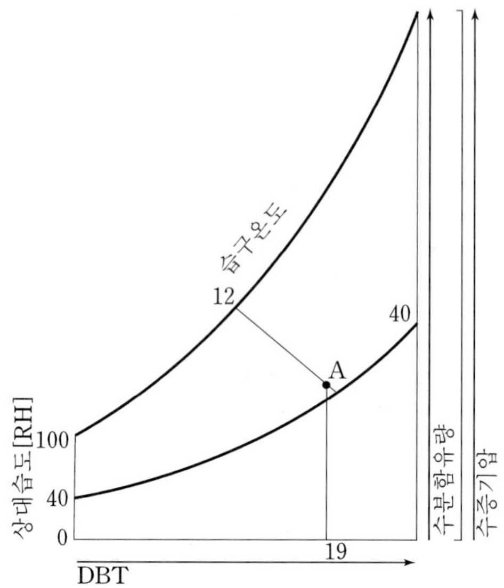

그림 1-9 습한 공기선도 도해(예제 1-7)

【예제 1-7】 회전식 온습도계를 사용하여 WBT=12℃, DBT=19℃를 측정하였다. 이때 습한 공기선도를 사용하여 상대습도를 구하라.

풀이 DBT=19℃선과 WBT=12℃의 대각선 방향의 선이 교차하는 점 A를 구하고, 이 A점을 지나는 RH 선을 구하면 RH=42 %가 된다(그림 1-9).

【예제 1-8】 기온 18℃, 노점온도 10℃를 측정(regnault 습도계를 사용)하였다. 습한 공기선도를 사용하여 상대습도를 구하라.

풀이

$$RH = \frac{\text{노점온도에서의 SVP}}{\text{어느온도에서의 SVP}} \times 100\,\%$$

노점온도에서의 포화수증기압(SVP ; saturation vapour pressure)은 포화선 A점의 WBT=10℃로부터 오른쪽으로 수평선을 따라 이동하다가 수증기압 척도와 만나는 점을 구하면 SVP=1200 N/m^2(10℃에서)가 된다. 이때 DBT=18℃에서 SVP는 포화수증기 곡선상에서 WBT=18℃를 수평으로 이동시켜 구하면 SVP = 2050 N/m^2(18℃에서)이 된다(그림 1-10).

$$RH = \frac{1,200}{2,050} \times 100 = 58.5\,\%\,(18℃에서)$$

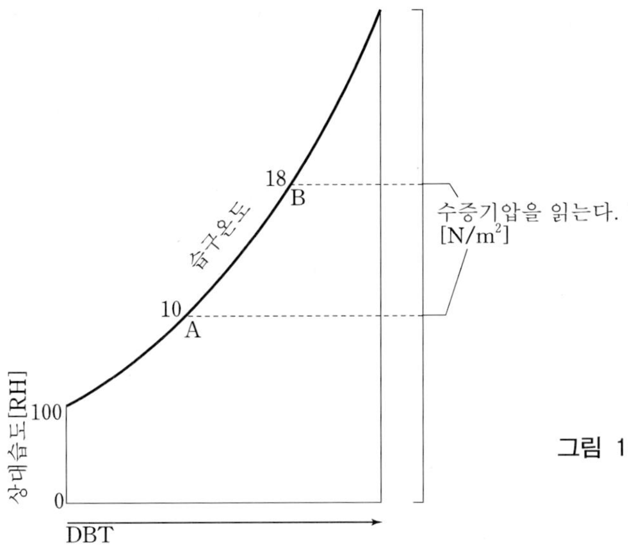

그림 1-10 습한 공기선도 도해
(예제 1-8)

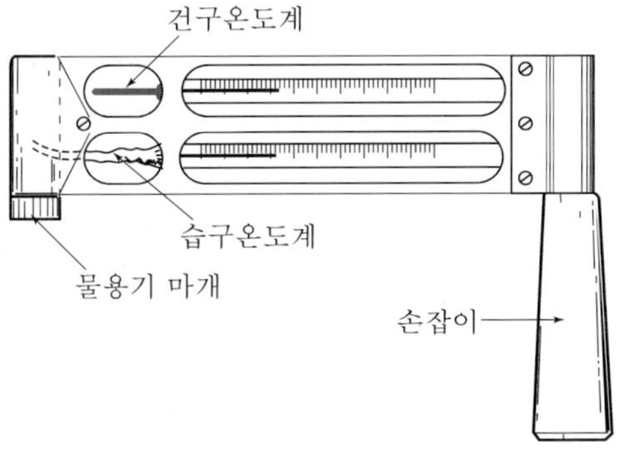

그림 1-11 회전식 건습구 온도계

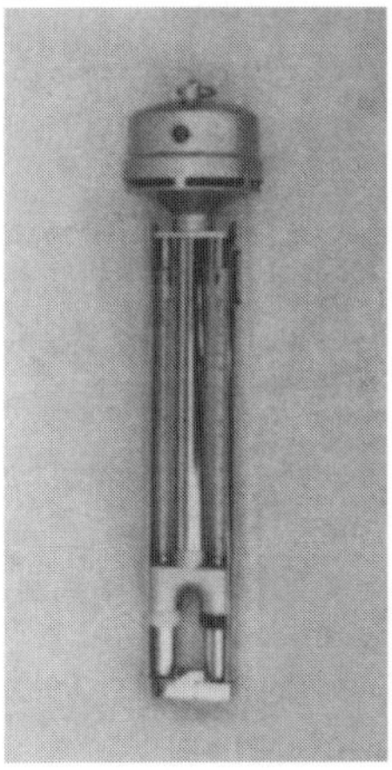

그림 1-12 아스만식 통풍 건습구 온도계

대기 중의 습도는 백엽상 내에서 자기습도계(自記濕度計 ; hygrograph)를 이용하여 측정한다. 상대습도는 수증기 증발작용을 이용하여 측정할 수 있다. 회전식 건습구 온도계(hygrometer 또는 psychrometer)는 2개의 동일한 온도계로 되어 있는데, 하나는 건구이고 다른 하나는 젖은 심지로 싸여 있다(그림 1-11). 이 회전식 온습도계를 약 30초 정도 돌리면 그때의 공기상태에서 최대의 증발을 하게 된다. 이 증발이 냉각효과를 일으켜 습구온도(WBT ; wet bulb temperature)가 DBT 보다 낮게 된다. 이 차이를 습구강하(濕球降下 ; wet bulb depression)라고 한다. 습구강하가 없다는 것은(WBT=DBT)

증발이 전혀 일어나지 않는 포화공기(RH=100 %)를 의미한다. 상대습도는 증발량에 비례하고 증발량은 냉각효과에 비례하며, 냉각효과는 습구강하로 나타난다. 강하가 클수록 상대습도가 낮다. 고정식 아스만형(Assman type) 통풍건습구 온도계도 동일한 원리에 의해 작동된다. 다만 회전시키는 대신 작은 환풍기에 의해 공기의 흐름을 일으켜 습구를 통과하도록 되어 있다(그림 1-12).

【3】 기 류

기류(air flow)는 공기의 흐름을 말하며 다음과 같은 특성이 있다.

① 속도 (v), 단위는 m/s

② 단위시간당의 용적풍량 ($\dot{v}$), 단위는 m^3/s

③ 단위시간당의 중량풍량 ($\dot{m}$), 단위는 kg/s

이들의 양적 관계를 나타내는 식은 다음과 같다.
중량풍량(重量風量)은 용적풍량과 비중량을 곱한 값이다.

$$\dot{m} = \dot{v} \times \rho \tag{1.5}$$

또는 비중량의 역수인 비용적 (S_v)에 대하여

$$\dot{m} = \dot{v} / S_v \tag{1.6}$$

이 되며, 덕트나 개구부의 풍량과 단면적을 알고 있다면 이 때의 속도는 다음과 같다.

$$v = \dot{v} / A \tag{1.7}$$

역으로 속도가 주어지면 단면적으로 구할 수 있다.

$$A = \dot{v} / v \tag{1.8}$$

자연기류(바람)의 속도는 최고 30 m/s 정도이다(태풍이나 회오리 바람에서는 더 큰 속도를 갖는다). 표 1-2는 Beaufort의 관찰에 의한 12단계 풍력척도로서 그때의 풍속[m/s]도 함께 나타내고 있다.

공기의 속도를 측정하는 기기에는 다음과 같은 것이 있다.

① 기계적인 풍속계 : 풍력에 의한 기계적인 일(회전)을 이용

② 카타 온도계 : 기류에 의한 냉각효과를 이용

③ 열선 풍속계 : 카타 온도계와 같은 원리를 이용

표 1-2 Beaufort의 풍력척도

풍력척도	현 성	상당풍속 [m/s]
0	완전히 잠잠함, 연기는 수직으로 상승, 잠잠한 수면	0.5 까지
1	미세한 움직임, 연기가 약간 기울어짐	1.7
2	부드러운 바람, 나뭇잎이 움직임	3.3
3	미풍, 작은 가지가 약간 움직임, 수면은 작은 물결	5.2
4	적당한 바람, 작은 가지가 움직임	7.4
5	강풍, 가지가 움직임, 파도가 나타남, 고음이 들림	9.8
6	매우 강한 바람, 나뭇잎이 떨어져 날림, 걷기 힘듦	12.4
7	폭풍, 작은 나무줄기가 휘어지고 작은 가지가 부러짐	15.2
8	강한 폭풍, 큰 줄기가 부러짐	18.2
9	매우 강한 폭풍, 작은 나무뿌리가 드러남, 지붕의 기와가 날림, 건물의 손상	21.5
10	열풍, 중구조건물의 손상, 나무가 부러지거나 뿌리가 드러남	25.1
11	격풍, 건물이 파괴되고 거의 모든 나무가 뿌리를 드러냄, 사람이나 동물이 휩쓸림	29.0
12	매우 강한 격풍	29.0 이상

로빈슨 풍속계(또는 cup-anemometer)는 수직축의 둘레를 회전하기 때문에 수평면 상의 풍향에 관계없이 풍속을 측정할 수 있다. 프로펠러 풍속계는 수평축의 둘레를 회전하기 때문에 기류방향으로 향하게 하여야 한다. 이 두 가지 장치는 모두 회전수를 톱니바퀴 장치에 의해 계수판에 숫자로 나타낸다. 초기의 제품들은 기류를 1차원적인 거리로 측정하였기 때문에 스톱워치가 필요하였으며 톱니바퀴 장치에는 마찰저항이 있어서 아주

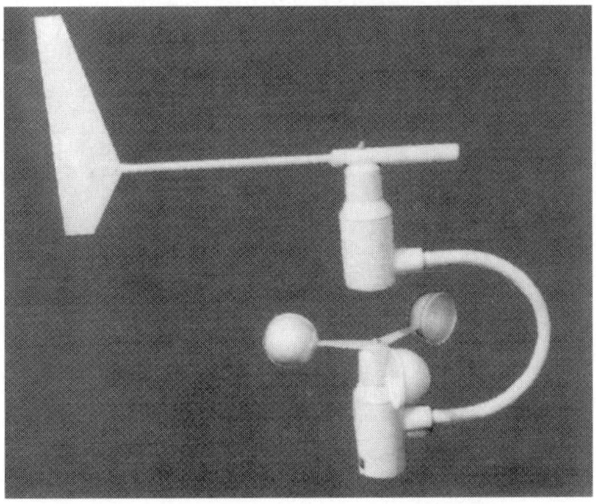

그림 1-13 컵풍속계

그림 1-14 프로펠러 풍속계

낮은 풍속에는 작동이 되지 않는다. 최근의 신형은 컵과 프로펠러가 톱니에 물리지 않고 자유로이 회전되며 회전수를 전기적인 신호로 나타내게 되어 있다. 이 신호는 전기적인 장치에 의해 처리되어 m/s의 값으로 즉각 읽을 수 있다(그림 1-13과 1-14).

카타 온도계(Kata thermometer)는 봉해진 유리판에 2개의 눈금이 있다. 측정하기 전에 이것을 가열하여 위의 눈금까지 올린 후 아래 눈금까지 냉각되는 데 걸리는 시간을 스톱워치로 측정한다.

카타 온도계에 대한 특성을 카타율이라고 하며, 이것은 온도계 뒷면에 숫자로 표시되어 있다(그림 1-15). 또한 동시에 건구온도를 측정하여야 하는데, 이 3개의 데이터를 이용하여 그림 1-16에 있는 노모그램에서 풍속을 구할 수 있다.

열선풍속계(熱線風速計)도 비슷한 원리에 의해 작동된다. 최신형의 열선풍속계(그림 1-17)에는 아주 가느다란 필라멘트가 있는데, 이곳에 약한 전류를 흐르게 하여 가열시킨다. 가열된 필라멘트의 온도는 열전대(thermocouple)에 의해 측정되며 정지상태의 공기에 대한 열전대 전압이 0 m/s에 조정되어 있다. 기류에 의해 필라멘트가 냉각되면 열전대 전압이 변화되고 그것을 m/s의 눈금으로 읽을 수 있도록 되어 있다.

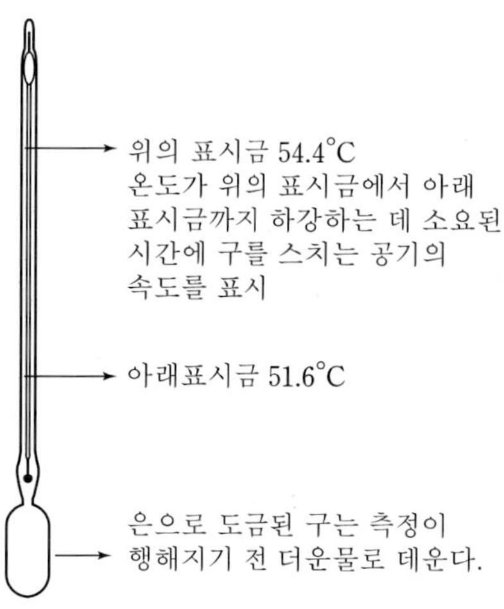

* 예 : 카타율 497, 냉각시간 60초
DBT=23.5°C, 냉각력=8.5일 때
풍속 8.5(v)=0.2 m/s이다.

그림 1-15 카타 온도계

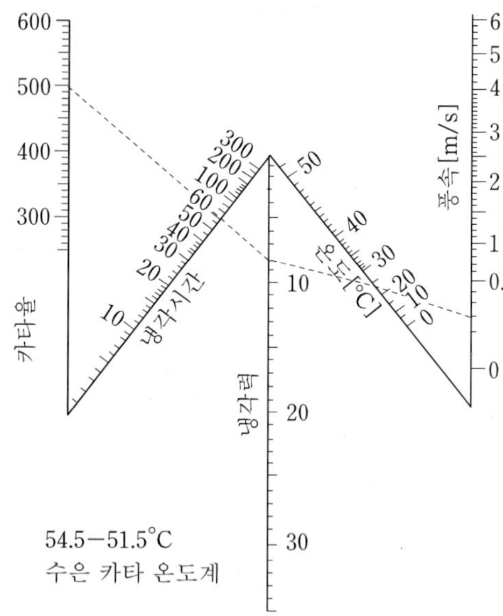

① 카타율과 측정된 냉각을 표시한 후 이 두 점을 연장시켜 '냉각력' 눈금 위에 점을 찍는다.

② 건구온도를 표시하고 ①에서 구한 점과 연결시켜 풍속을 구한다.

그림 1-16 카타 노모그램

그림 1-17 열선온도 및 풍속계

【4】 주위벽의 복사열

복사열의 전달식은 작은 물체가 크고 균일한 물체에 완전히 둘러싸여 있거나, 같은 면적을 가진 두 면이 마주보는 경우 등의 특수한 경우에만 적용된다. 그 밖의 경우는 형태나 표면상태 등을 고려하여야 하므로 복사계(radiant system)에 대한 복사온도산정은 매우 복잡하다.

폐쇄공간에서는 평균복사온도(MRT ; mean radiant temperature)라는 개념을 사용하는 것이 적합하다. 평균복사온도는 주위표면에 대한 면적가중 평균온도로서 다음 식으로 정의된다.

$$\mathrm{MRT} = \frac{\sum (s \times t)}{\sum s} \tag{1.9}$$

여기서, t는 각 표면 (s)의 온도이다.

MRT는 흑구온도계 또는 글로브 온도계(globe thermometer)로 측정할 수 있다. 흑구온도계는 지름이 150~250 mm인 무광택 흑색 구리공(그림 1-18)으로 가운데에 온도계를 꽂은 것이다. 안정된 상태로 놓아 두면 공기의 움직임이 없을 경우 5분 내에 주위표면의 평균복사온도와 같은 온도로 눈금이 안정된다. 이 경우 흑구온도 GT=MRT이다. 주위로부터 복사열을 받으면 흑구온도는 건구온도(DBT)보다 높게 되고, 복사열의 손실이 있으면 흑구온도는 건구온도보다 낮게 되며, 공기의 흐름이 있으면 흑구온도의 값이 건구온도에 가깝게 변한다.

이 관계는 다음과 같은 경험식으로 나타낼 수 있다.

$$\mathrm{GT} = \frac{\mathrm{MRT} + 2.35\sqrt{v}\,\mathrm{DBT}}{1 + 2.35\sqrt{v}} \tag{1.10}$$

식 (1.10)은 다음과 같이 변형시킬 수 있다.

$$\mathrm{MRT} = \mathrm{GT} + 2.35\sqrt{v}\,(\mathrm{GT} - \mathrm{DBT}) \qquad (1.11)$$

경험적으로 측정된 GT로부터 MRT를 계산하기 위해서는 유속에 따른 보정이 필요한데, 이 보정식은 다음과 같다.

$$\mathrm{GT} = \mathrm{DBT} + f_g(\mathrm{MRT} - \mathrm{DBT}) \qquad (1.12)$$

여기서, f_g는 흑구온도 보정계수이다.

f_g는 유속(0.1~1.0 m/s)과 흑구지름에 영향을 받으며 이 값은 그림 1-19로부터 구한다.

만일 평균복사온도(또는 흑구온도)가 건구온도보다 몇 도 이상 높거나 낮으면 불쾌감을 느끼게 된다.

불쾌감은 평균복사온도가 건구온도와 거의 같더라도 한 방향에서의 태양 복사열 유입 강도가 세고 다른 방향에서 차가운 표면으로 복사열의 유출이 심하게 일어날 때에도 발생된다. 쾌적은 흑구온도가 28℃ 이상이거나 16℃ 이하, 평균복사온도와 건구온도의 차이가 5℃ 이상이면 달성되기 어렵다.

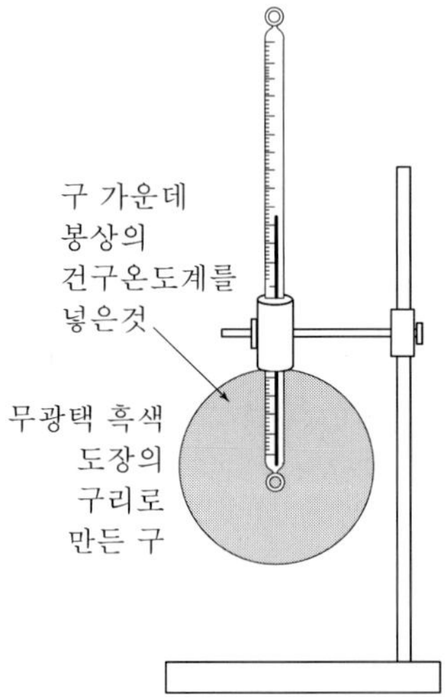

그림 1-18 글로브 온도계

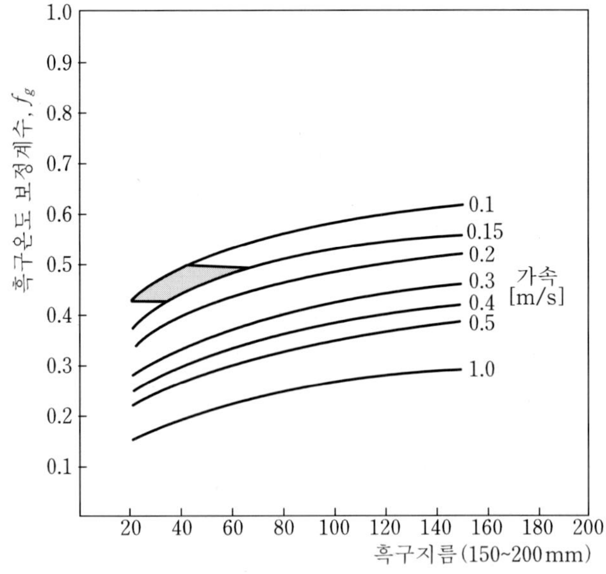

그림 1-19 흑구온도 보정계수

1-1-2 인체와 환경변수

그림 1-20에서 보듯이 인체는 여러 가지 환경변수를 감각적으로 측정하는 종합온도계에 비유할 수 있다.

인체는 온도계와 같이 온도, 습도, 기류 및 복사열에 민감하다. 예를 들면, 저온에서는 땀이 나오지 않지만 온도가 상승하면 땀이 나게 되고, 습구온도계와 같이 상대습도에 더욱 민감하며, 색채에 관계없이 피부는 복사열의 훌륭한 완충장치로서 평균복사온도의 변화에도 민감하다. 또한 기류가 증가하면 인체의 열 방출이 증가하며, 카타 온도계와 달리 더운 상태하에서 땀을 흘림으로써 피부의 증발냉각을 촉진시킨다.

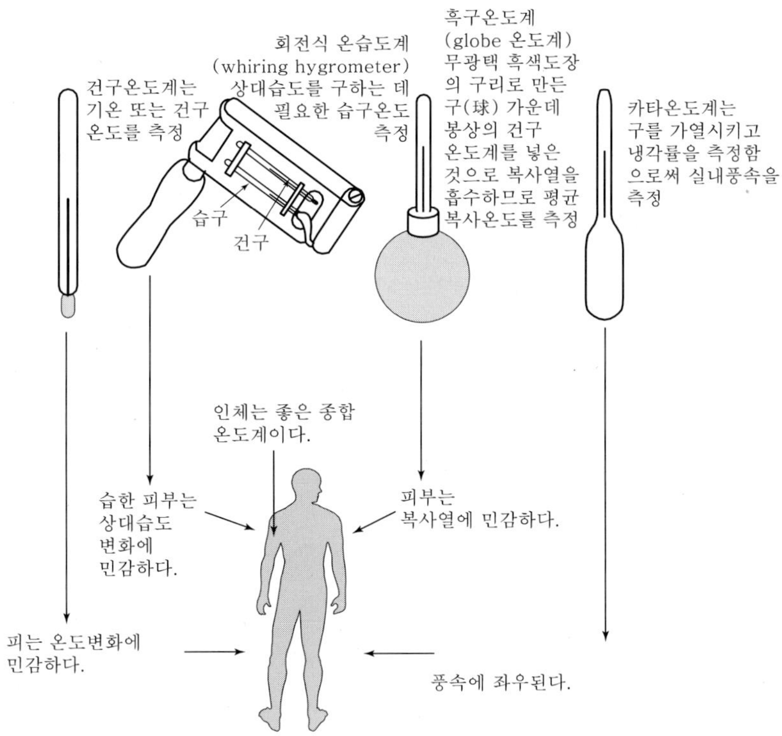

그림 1-20 온도계와 인체의 유추적 관계

1-1-3 열의 이동

열은 온도가 높은 곳에서 낮은 곳으로 이동하는데, 주로 ① 전도(傳導 ; conduction), ② 대류(對流 ; convection), ③ 복사(輻射 ; radiation)와 같은 세 가지 방법에 의한다.

열의 흐름(heat transmission)은 다음 두 가지 방법으로 측정할 수 있다.

① 어떤 물체 또는 공간의 한정된 면적을 통하여, 또는 한정된 시스템 내에서 단위시간 동안의 모든 흐름(즉, 열량)으로써 측정하는 방법

② 흐름의 밀도, 즉 단위시간 단위면적당의 흐름(단위면적당 열량)으로써 측정하는 방법

이와 같이 하여 다음 2개의 양을 얻는다.

① 열량 : 어떤 물체나 공간의 한 면을 통하여 단위시간 동안 통과한 에너지량, 단위는 J/s=W(watt) 또는 kcal/h이다.

② 단위면적당 열량 : 단위시간 동안 어떤 물체 또는 공간의 단위면적을 통과한 에너지량. 단위는 W/m^2 또는 $kcal/m^2h$이고 kW(=1,000 W)와 kW/m^2도 자주 쓰인다.

【1】 전 도

물질의 이동 없이 온도가 다른 일정한 물체 사이에서 고온의 분자로부터 저온의 분자로 열이 전달되는 형태, 즉 물질을 통한 분자운동의 전파를 전도(conduction)라 한다.

물체를 통한 열량은 다음에 의해 정해진다.

① 열류 방향에 수직한 단면적 (A), 단위는 m^2

② 물체의 두께 (d), 즉 열류 경로길이, 단위는 m

표 1-3 중요재료의 열전도율

재 료	열전도율 (k)	
	[W/m℃]	[kcal/mh℃]
구리(0℃)	403	346.5
납(0℃)	36	31
철(0℃)	43	37
콘크리트(1 : 2 : 4)	1.4	1.2
기포 콘크리트 블록	0.2	1.032
유리, 판유리	1.05 } 평균값	0.90
회반죽	0.13 } 평균값	0.112
폴리스티렌, 섬유질	0.033 } 평균값	0.030
버미큘라이트 미립자	0.065 } 평균값	0.056
얼음(−5℃)	2.3	1.978
물(0℃)	0.561	0.482
(80℃)	0.673	0.579
공기	0.025	0.021

* 온도표시 없는 것은 상온에서의 값임

③ 두 점간의 온도차(예를 들면, 마주보는 두 면) : $\Delta t = t_1 - t_2$, 단위는 ℃

④ 열전도율(thermal conductivity) : 재료의 특성, 단위 두께를 갖고 있는 재료의 양면이 단위온도차일 때, 단위시간 동안 그 물체의 단위면적을 통과한 열량을 말하며 보통 k로 표시한다. 단위는 Wm/m^2℃ = W/m℃ 또는 kcal/mh℃이다.

즉, 열전도율은 어떤 물체의 고유 성질로서 전도에 의한 열이동의 정도를 표시한다. 각종 재료의 열전도율은 대체로 0.03~400 W/m℃ 정도이며, 0.03 W/m℃는 우수한 절연재이고 400 W/m℃는 우수한 양도체이다(표 1-3 참조).

(a) 단층재료인 경우

단위시간당 에너지 흐름을 q라 하면 $q = \frac{\text{열량}}{\text{시간}}$으로 표시되며 단위는 W=J/s (kcal/h)이다.

그림 1-21에서와 같이 면적 A, 두께 d, 온도차 $\Delta t = (t_1 - t_2)$일 때 정상상태(steady state)에서 단위시간당 흐르는 열량 q는 다음과 같다.

$$q \propto \frac{A \cdot \Delta t}{d}$$

즉, q는 면적 A와 온도차 Δt에 정비례하고, 두께 d에 반비례한다. 이러한 비례관계를 그 재료의 고유한 열전도율 (k)로 표시하면 다음과 같다.

$$q = k \cdot A \cdot \frac{\Delta t}{d} \tag{1.13}$$

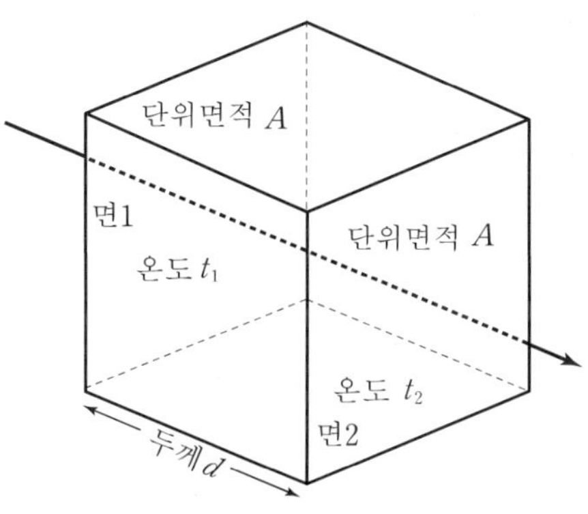

그림 1-21 재질이 균일한 단위체적

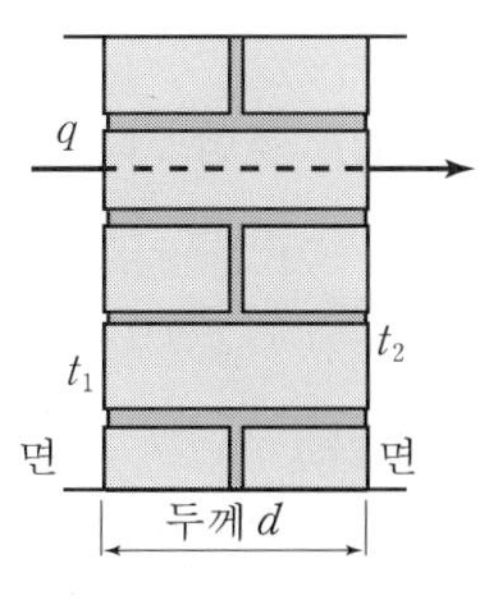

그림 1-22 단 층 벽

여기서, $\frac{\Delta t}{d}$ 를 온도기울기(temperature gradient)라고 한다.

【예제 1-9】 크기가 2 m×0.8 m, 두께 40 mm되는 목재문의 내측 표면온도가 13℃, 외측 표면온도가 9℃일 때 (a) 문을 통하여 단위시간에 흐르는 열량과 (b) 1시간 동안의 손실열량을 구하라. 단, 이때 목재의 열전도율은 $k = 0.14$ W/m℃ 이다(그림 1-22).

풀이 (a) $q = k \cdot A \cdot \frac{\Delta t}{d} = \frac{0.14 \times 1.6 \times 4}{0.040}$

$= 22.4$ W(19.2 kcal/h)

여기서, $k = 0.14$ W/m℃(0.12 kcal/mh℃), $A = 2 \times 0.8 = 1.6\ \text{m}^2$

$\Delta t = 13 - 9 = 4$℃, $d = 40$ mm $= 0.040$ m

∴ 단위시간에 흐르는 열량 =22.4 W(19.2 kcal/h)

(b) 손실열량 $= q \times$ 시간 (1 h) $= 22.4 \times 3,600$

$= 80.64 \times 10^3$ J $= 80.64$ kJ

여기서, $q = 22.4$ W, 1 h $= 1 \times 60 \times 60 = 3,600$ s

∴ 1시간의 손실열량 = 80.64 kJ(19.2 kcal)

열전도율의 역수를 열전도비저항률(thermal resistivity ; r)이라 하고, 열전도비저항률과 물체의 두께와의 곱을 열전도저항(thermal resistance ; R)이라 한다.

$$R = r \times d = d/k\ [\text{m}^2 ℃/\text{W}](\text{m}^2\text{h}℃/\text{kcal}) \quad (1.14)$$

열전도저항의 역수를 그 물체의 열컨덕턴스(thermal conductance ; C)라 한다.

$$C = 1/R = 1/rd\ [\text{W}/\text{m}^2 ℃](\text{kcal}/\text{m}^2\text{h}℃) \quad (1.15)$$

【예제 1-10】 폴리스티렌 $k = 0.034$ W/m℃ 의 열전도비저항률을 구하라.

풀이 $r = \frac{1}{k} = \frac{1}{0.034} = 29.4$ m℃/W(34.2 mh℃/kcal)

【예제 1-11】 25 mm(0.025 m)두께의 폴리스티렌 $k = 0.034$ W/m℃ 의 열전도저항을 구하라.

풀이 $R = \frac{d}{k} = \frac{0.025}{0.034} = 0.735\ \text{m}^2$℃/W(0.855 m^{2}h℃/kcal)

【예제 1-12】 예제 1-11에서 열컨덕턴스를 구하라.

풀이 $C = \dfrac{k}{d} = \dfrac{0.034}{0.025} = 1.36\ \mathrm{W/m^2℃}\,(1.17\ \mathrm{kcal/m^2h℃})$

균질의 물체에서 열컨덕턴스 C는 k/d이므로, 단위시간에 물체를 통과한 전도열량 Q_c는 다음과 같이 표시할 수 있다.

$$Q_c = C \cdot A \cdot \Delta t \tag{1.16}$$

$$\text{단위}: \mathrm{W} = \frac{\mathrm{W}}{\mathrm{m^2℃}} \cdot \mathrm{m^2} \cdot ℃\ (\mathrm{kcal/h})$$

(b) 다층재료인 경우

그림 1-23에서와 같이 세 가지 재료로 구성된 복합평면벽의 양측 표면온도 t_1, t_2의 단위면적 (A)에 흐르는 전도열량을 구할 경우 총 열전도저항은 각각 재료의 저항을 더해주면 된다. 즉,

$$R = R_1 + R_2 + \cdots\cdots + R_n \tag{1.17}$$

$$= r_1 d_1 + r_2 d_2 + \cdots\cdots + r_n d_n \tag{1.18}$$

$$= \frac{d_1}{k_1} + \frac{d_2}{k_2} + \cdots\cdots + \frac{d_n}{k_n} \tag{1.19}$$

그리고 전체의 열컨덕턴스는 총 열전도저항의 역수가 된다.

$$\frac{1}{\Sigma R} = \Sigma C, \quad q = \frac{\Delta t}{R_1 + R_2 + R_3} = \frac{\Delta t}{\Sigma R} \tag{1.20}$$

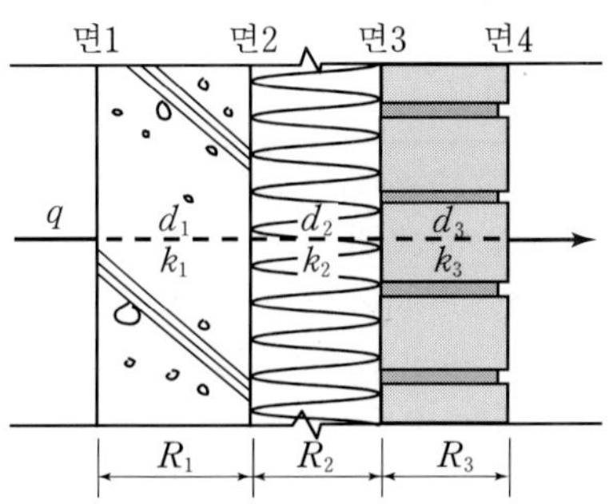

그림 1-23 복합평면벽을 통한 열전달

$$\therefore\ Q_c = \Sigma C \cdot A \cdot \varDelta t\,[\mathrm{W}] \tag{1.21}$$

【예제 1-13】 그림 1-24와 같이 두께 220 mm 벽돌 ($k = 0.84\ \mathrm{W/m℃}$)벽의 내측에 16 mm 두께의 회반죽 ($k = 0.50\ \mathrm{W/m℃}$)을 바르고, 그 위에 5 mm 코르크 ($k = 0.05\ \mathrm{W/m℃}$)판이 마감되어 있다. 이때 외측의 표면온도가 6℃, 내측의 표면 온도가 17℃일 때 (a) 벽체의 열전도저항, (b) 단위면적당의 벽을 통하여 흐르는 열량, (c) 9 $\mathrm{m^2}$ 벽면적을 1시간 동안 흐르는 손실열량을 구하라.

풀이 (a) ① 코르크판에 대하여 $k_1 = 0.05\ \mathrm{W/m℃ (kcal/mh℃)}$

$$d_1 = 5\ \mathrm{mm}(0.005\,\mathrm{m})$$

$$R_1 = \frac{d_1}{k_1} = \frac{0.005}{0.05} = 0.100\ \mathrm{m^2℃/W}(0.116\ \mathrm{m^2h℃/kcal})$$

② 회반죽에 대하여 $k_2 = 0.50\ \mathrm{W/m℃}(0.43\ \mathrm{kcal/mh℃})$

$$d_2 = 16\ \mathrm{mm}(0.016\,\mathrm{m})$$

$$R_2 = \frac{d_2}{k_2} = \frac{0.016}{0.05} = 0.032\ \mathrm{m^2℃/W}(0.037\,\mathrm{m^2h℃/kcal})$$

③ 벽돌벽에 대하여 $k_3 = 0.84\ \mathrm{W/m℃}(0.722\ \mathrm{kcal/mh℃})$

$$d_3 = 220\ \mathrm{mm}(0.220\ \mathrm{m})$$

$$R_3 = \frac{d_3}{k_3} = \frac{0.220}{0.84} = 0.262\ \mathrm{m^2℃/W}(0.304\ \mathrm{m^2h℃/kcal})$$

∴ 총 열전도저항 $R = R_1 + R_2 + R_3$

$$= 0.100 + 0.032 + 0.262\ \mathrm{m^2℃/W}$$

$$= 0.394\ \mathrm{m^2℃/W}(0.457\ \mathrm{m^2h℃/kcal})$$

이를 정리하면 다음 표와 같다(표 1-4).

표 1-4

재 료	열전도율 (k) [W/m℃]	두께 (d) [m]	저항 (R) [$\mathrm{m^2℃/W}$]
코르크판	0.05	0.005	0.100
회 반 죽	0.50	0.016	0.032
벽 돌	0.84	0.220	0.262

∴ 벽체의 총 열전도저항은 0.394 m²℃/W(0.457 m²h℃/kcal)이다.

(b) 단위면적에 대하여(여기서, $\sum R = 0.394$))

$$q = \frac{\Delta t}{\sum R} = \frac{17-6}{0.394} = \frac{11}{0.394} = 27.92\ \mathrm{W}(24.00\ \mathrm{kcal/h})$$

따라서, 단위면적의 벽체를 통하여 흐르는 열량비는 27.92 W이다.

(c) 총 손실열량 $Q_c = A \times q \times t$ (여기서, $A = 9\ \mathrm{m}^2$, $t = 1$시간 $= 3,600\ \mathrm{s}$)

$$= 9 \times 27.92 \times 3600 = 904.6 \times 10^3\ \mathrm{J}$$
$$= 904.6\ \mathrm{kJ}$$

시간당 9 m²의 벽을 통하여 흐르는 손실열량은 904.6 kJ(216 kcal)이다.

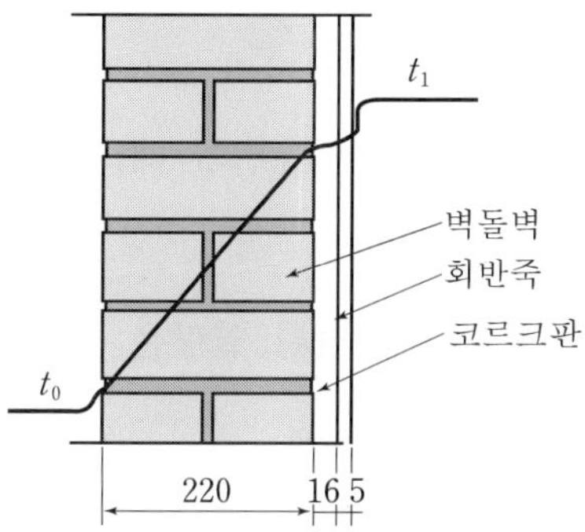

그림 1-24 벽체 구성

【2】 대 류

대류(對流 ; convection)란 고체의 표면에서 유체, 즉 액체나 기체상의 매체, 또는 그 반대로 유체에서 고체의 표면으로 열이 전달되는 형태라고 할 수 있다. 대류에 의한 열량은 다음과 같이 정해진다.

① 고체와 유체간의 접촉면적 (A), 단위는 m²

② 고체와 유체간의 온도차 ($\Delta t = t_1 - t_2$), 단위는 ℃

③ 대류열전달률(convection conductance ; h_c), 단위는 W/m²℃(kcal/m²h℃)

대류열전달률은 유체의 흐름상태(층류 또는 난류)를 결정짓는 표면의 물리적 상태, 즉 유체의 점성과 유속에 의하여 정해진다.

건물의 표면과 공기 사이의 대류열전달률의 값은 다음과 같다.

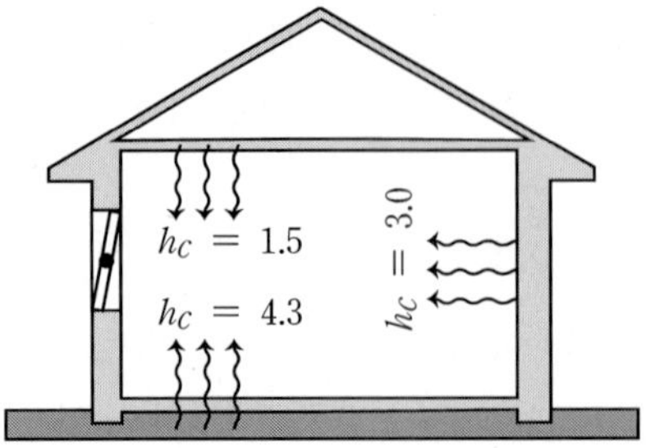

그림 1-25 건물표면과 공기 사이의 대류열전달률의 값

$h_c = 3.0$; 수직면 열류

$h_c = 4.3$; 상향 열류(공기에서 천장면으로 또는 바닥면에서 공기로 흐를 때)

$h_c = 1.5$; 하향 열류(공기에서 바닥면으로 또는 천장면에서 공기로 흐를 때)

$h_c = 5.8 + 4.1v$(바람에 노출된 표면일 때)

v = 풍속 [m/s]

따라서 대류에 의해 단위시간 동안 전달된 열량은

$$Q_v = h_c \cdot A \cdot \Delta t \tag{1.22}$$

Newton에 의해 처음 제안된 이 식은 다음의 두 가지 경우에 모두 적용된다.

① 자유 또는 자연대류(열전달의 결과로 발생된 밀도차에 의한 유체의 흐름에 의함)

② 강제대류(인위적으로 유체를 고체의 표면 위로 흐르게 함)

h_c의 크기는 각 조건에 따라 변화하며 h_c의 크기는 다음 사항에 의해 정해진다.

① 유속, ② 유체온도, ③ 표면온도, ④ 열전도율, ⑤ 유체의 비열, ⑥ 유체의 비중량, ⑦ 유체의 점성, ⑧ 접촉면의 모양

【3】 복　사

열이 고온의 물체표면으로부터 저온의 물체표면으로 공간을 통하여 전달되는 것을 복사(輻射 ; radiation)라 한다. 복사에 의하여 전달되는 열량은 다음에 의하여 결정된다.

① 열의 복사면과 흡수면의 온도 차이

② 표면의 복사율(emissivity ; ε)

③ 표면의 흡수율(absorptivity ; a)

물체의 표면에 입사되는 열에너지는 그 표면에 의하여 흡수되는데, 흡수량은 재료표면

의 특성에 좌우된다. 즉, 무광택 흑색표면은 거의 모든 적외선을 흡수하나, 매우 깨끗한 은색표면은 적외선을 가장 적게 흡수한다. 재료표면 온도가 주위온도보다 높으면, 흑색표면이 가장 좋은 복사재가 되고 은색표면이 가장 불량한 복사재가 된다. 이러한 표면특성의 문제를 배제하기 위하여 Kirchhoff는 모든 파장의 에너지를 흡수하고 반대로 모든 파장의 에너지를 방사하는 '완전흑체'(完全黑體 ; absolute black body)의 개념을 제시하였다. 완전흑체의 복사는 표면의 특성에 의해서가 아니라 표면온도에 좌우된다.

이론적인 완전흑체로부터 단위면적($1\,m^2$)과 단위시간(1초)에 방사되는 열에너지, 즉 복사방출밀도 (E_b)는 표면의 절대온도 (T)의 4승에 비례한다. 이것을 Stefan-Boltzmann의 법칙이라고 한다.

$$E_b = \sigma T^4 \tag{1.23}$$

또는 $$E_b = \sigma \left(\frac{T}{100}\right)^4 \tag{1.24}$$

여기서, E_b : 완전흑체의 복사방출밀도 또는 복사능(emissive power) [W/m^2]

σ : Stefan-Boltzmann의 상수로서,

식 (1.23)을 사용할 경우 $5.67 \times 10^{-8}\,W/m^2K^4 (4.88 \times 10^{-8}\,kcal/m^2hK^4)$

식 (1.24)를 사용할 경우 $5.67\,W/m^2K^4 (4.88\,kcal/m^2hK^4)$

T : 물체표면의 절대온도 [K]

ε : 복사율(emissivity, emittance)

일반물체의 복사방출밀도를 $E\,[W/m^2]$라고 할 때 완전흑체의 복사방출밀도 E_b에 대한 비율을 복사율(ε)이라 한다.

$$복사율(\varepsilon) = \frac{E}{E_b} \tag{1.25}$$

복사율은 복사에너지를 방사하는 재료의 상대적 능력을 말한다. 완전흑체의 복사율은 $\varepsilon = 1$이 되며 일반물체의 복사율은 1보다 작다. 이 값은 파장에 따라 다르다.

따라서 일반물체의 복사방출밀도는

$$E = \varepsilon \cdot E_b = 5.67\varepsilon \left(\frac{T}{100}\right)^4 \tag{1.26}$$

이고, 복사에 의한 전달열량은 다음과 같다.

$$Q_r = E \cdot A = 5.67\varepsilon A\left(\frac{T}{100}\right)^4 \text{[W]} \tag{1.27}$$

또한 면적이 같고 평행한 두 평면 사이에서의 복사열량은

$$Q_r = 5.67\varepsilon A\left[\left(\frac{T_1}{100}\right)^4 - \left(\frac{T_2}{100}\right)^4\right] \text{[W]} \tag{1.28}$$

이며, 여기서 복사열전달률은 다음과 같이 된다.

$$h_r = 5.67\varepsilon \frac{(T_1/100)^4 - (T_2/100)^4}{t_1 - t_2} \tag{1.29}$$

일반적인 건물면의 복사열전달률(輻射熱傳達率)은 다음과 같다.

$h_r = 5.7\varepsilon$(표면온도 20℃에서), $h_r = 4.6\varepsilon$(표면온도 0℃에서)

여기서, $\varepsilon = 1.0$(완전흑체), $\varepsilon = 0.9$(일반적인 건축재료)

$\varepsilon = 0.2$(무광택 알루미늄), $\varepsilon = 0.05$(광택 알루미늄)

복사열류는 다음과 같이 표시된다.

$$Q_r = h_r \times A \times \Delta t \tag{1.30}$$

여기서, $\Delta t = t_1 - t_2$

h_r의 값은 두 면의 성질 뿐 아니라 그 면의 기하학적 표면상태에 따라 변화한다.

【예제 1-14】 표면적이 $0.25\,\text{m}^2$, 표면온도가 25℃인 작은 물체가 평균표면온도 18℃의 실내에 있다고 할 경우 그 물체로부터 주위로 복사되는 열량을 구하라. 단, 물체의 복사율 $\varepsilon = 0.90$, $h_r = 5.7\,\text{W/m}^2℃$ 라고 가정한다.

풀이 $Q_r = 5.7 \times 0.9 \times 0.25 \times 7 = 8.98\,\text{W}$

흡수율 (a)은 흡수된 모든 파장의 복사에너지의 비율을 말한다. 이론적으로 완전흑체의 흡수율은 1이지만, 실제로 일반물체는 1보다 적으며 입사에너지의 파장에 따라 다르다.

특정파장에 대하여는 수치상으로 흡수율은 복사율과 같다.

$a = \varepsilon$

그러나 파장이 변하면 ε와 a는 모두 달라진다. 상온에서 표면으로부터 복사되는 에너지는 원적외선 파장으로 10μ에서 최고의 세기를 갖는다. 표면에 입사되는 태양복사에너지의 흡수율을 일사흡수율(solar absorptivity ; a_s)이라 한다. 표 1-5는 재료의 복사율과 일사흡수율을 나타낸 것이다.

표 1-5 복사율(ε)과 일사흡수율(a_s)

표 면		표면의 복사율 (10~40℃)	일사흡수율
비금속 검정색		0.90~0.98	0.85~0.98
콘크리트		0.85~0.95	0.65~0.80
백색 페인트, 백색 회반죽		0.85~0.95	0.3~0.5
알루미늄	보 통	0.2~0.3	0.4~0.65
	광택성	0.02~0.05	0.1~0.4

【4】 열 관 류

열관류(熱貫流 ; air-to-air transmission)란 벽체를 중심으로 실내외 공기의 온도차가 있을 때, 고온의 유체(공기)로부터 저온의 고체표면으로 열이 전달되고, 벽체 내부의 전도를 거쳐 다시 고체표면에서 저온의 유체로 열이 전달되는 과정을 말한다.

즉, 열관류량 $Q_{관} = Q_{전달} + Q_{전도} + Q_{전달}$이 되며, 이것은 다음에 의하여 정해진다.

① 열류에 접촉되어 있는 표면적, $(A)\,\mathrm{m}^2$

② 실내외의 온도차, $\Delta t = t_i - t_o$ ($t_i > t_o$일 때)

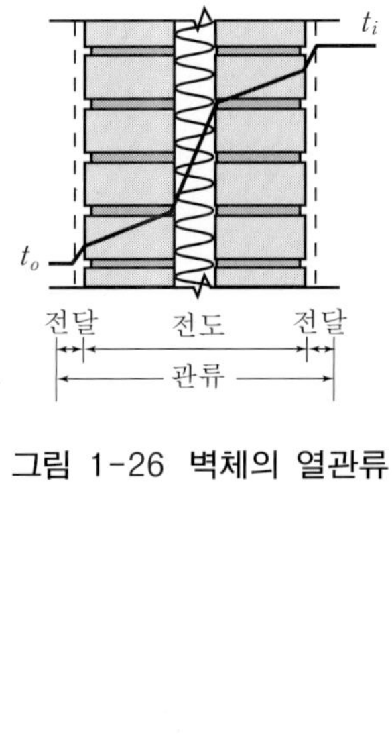

그림 1-26 벽체의 열관류

③ 열관류율(thermal transmittance) : K[3]단위는 $W/m^2℃(kcal/m^2h℃)$

열관류저항은 벽체의 양측 표면의 경계층(air film)의 저항 (R_s)과 벽체가 중공벽(cavity wall)인 경우 공기층 저항을 포함하므로 전도에 의한 열저항과 그 개념이 다르다.

(a) 표면열전달률

표면열전달률(surface 또는 film conductance ; f)은 복사열전달률 (h_r)과 대류열전달률 (h_c)의 합으로 정의된다. 즉, 복사 및 대류에 의하여 유체와 접촉된 벽체가 단위면적당 단위온도차가 있을 때 열이 전달되는 비율을 말한다.

$$f = h_r + h_c \ [W/m^2℃](kcal/m^2h℃) \tag{1.31}$$

표면열전달률의 역수를 표면열전달저항(surface resistance ; R_s)이라고 한다.

$$R_s = \frac{1}{f} = \frac{1}{h_r + h_c} \tag{1.32}$$

f 또는 R_s는 실내외에 따라 값이 다르며 각각 실내표면 열전달률 (f_i), 실외표면 열전달률 (f_o), 실내표면 열전달저항 (R_{si}), 실외표면 열전달저항 (R_{so})으로 구별된다.

예를 들어, 위의 h_r과 h_c의 값으로부터 f의 값을 구하면 다음과 같다.

20℃의 일반적인 표면	$h_r = 5.7 \times 0.9 = 5.13$
내부벽면이라면	$h_c = 3.00,\ \ f_i = 8.13\ W/m^2℃$
0℃의 광택 알루미늄면	$h_r = 4.6 \times 0.05 = 0.23$
지붕면이라면	$h_c = 5.8 + 4.1v,\ \ f_o = 6.03 + 4.1v\ W/m^2℃$

【예제 1-15】 풍속이 (i) 1.0 m/s와 (ii) 9.0 m/s일 때 지붕의 실외표면 열전달저항을 구하라. 단, 복사율 ε =0.81, 평균표면온도는 0℃, 복사전달률 $h_r = 4.6\ W/m^2℃$이라고 가정한다.

풀이 바람이 부는 경우 대류열전달률

$$h_c = 5.8 + 4.1v \qquad R_{so} = \frac{1}{h_c + h_r}$$

---

3) 열관류율 K는 서구에서 U 값이라고 한다.

높은 복사율 $\varepsilon = 0.81$	$v = 1.0$ m/s	$v = 9.0$ m/s
$h_c = 5.8 + 4.1v$	9.9	42.7
$h_r = 4.6\varepsilon$	3.7	3.7
$h_c + h_r$	13.6	46.4
$R_{so} = \dfrac{1}{h_c + h_r}$	m²℃/W 0.07	m²℃/W 0.02

따라서 외측표면 열전달저항 : (i) 0.07 m²℃/W (ii) 0.02 m²℃/W

(b) 공기층의 열저항

공기는 재료 중에서 밀도가 가장 낮으며 열저항이 가장 큰 재료이다. 공기층의 열저항(air film, gap resistance)은 공기가 정지된 상태일 때와 공기층의 두께가 25 mm 미만일 때 최대가 된다. 이러한 원리를 이용하여 중공벽을 시공하면 유리하다.

공기층 내의 열전달은 전도, 대류, 복사에 의하여 일어나며, 첫째 공기층의 두께, 둘째 중공층에 면한 표면의 복사율, 셋째 환기율에 큰 영향을 받는다.

① 정지되어 있는 중공벽의 공기층 열저항은 두께가 25 mm일 때까지 계속 증가한다.

② 공기층 내에서 약 60 %는 복사에 의하여 열전달이 일어난다. 따라서 중공벽 내에 알루미늄박판을 설치하면 복사열 단열에 매우 유리하다.

③ 공기층 내에 환기로 인하여 대류가 발생하면 열전달저항이 낮아진다.

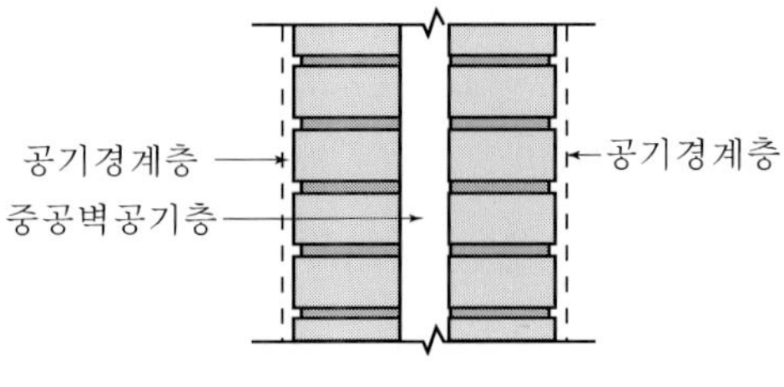

그림 1-27 공기층의 열저항

(c) 열 관 류 율

총 열관류저항의 역수를 열관류율(thermal transmittance) K, 또는 U값이라 하며 건물의 열전달을 다룰 때 가장 일반적으로 사용되는 용어이다. 열관류율은 다음과 같이 구할 수 있다.

만일 건물의 구성요소(예를 들면, 벽체)에 공기층이 있다면 그 공기층의 열컨덕턴스 (C_c)의 역수를 다른 열저항에 더해 주어야 하며 이렇게 하여 벽체의 열관류저항(air-to-air resistance)을 구한다.

$$R_{a-a} = R_{so} + R_1 + R_2 + R_a + R_3 + R_{si} \tag{1.33}$$

$$R_{a-a} = \frac{1}{f_o} + \frac{d_1}{k_1} + \frac{d_2}{k_2} + \frac{1}{C_c} + \frac{d_3}{k_3} + \frac{1}{f_i} \ [\mathrm{m^2℃/W}](\mathrm{m^2h℃/kcal})$$

$$K = \frac{1}{R_{a-a}} = \frac{1}{\dfrac{1}{f_o} + \dfrac{d_1}{k_1} + \dfrac{d_2}{k_2} + \dfrac{1}{C_c} + \dfrac{d_3}{k_3} + \dfrac{1}{f_i}} \ [\mathrm{W/m^2℃}](\mathrm{kcal/m^2h℃}) \tag{1.34}$$

여기서, f_o와 f_i는 실외와 실내의 표면열전도율(surface or film conductance)이다.

각종 재료와 건축물에 대한 열전도율 (k), 표면열전달률 (f), 공기층의 열컨덕턴스 (C_c), 열관류율 (K)의 값들은 부록을 참고한다.

열관류에 의해 벽체나 그 밖의 다른 건물의 구성요소를 통해 단위시간당 이동된 열량은 다음과 같다.

$$Q = A \cdot K \cdot \Delta t$$

여기서, Δt : $t_o - t_i$, t_o : 외기온도, t_i : 실내온도

일반적으로 Q의 부호가 음수(−)이면 열손실을, 양수(+)이면 열취득을 의미한다. 따라서 위의 Δt는 항상 외기온도에서 실내온도를 빼는 형태로 사용된다.

【예제 1-16】 그림 1-28에서 보는 바와 같이 실외로부터

① 두께 105 mm 벽돌벽 : $k = 0.84$ W/m℃

② 50 mm 중공층

③ 100 mm 경량 콘크리트 블록 : $k = 0.19$ W/m℃

④ 16 mm 고밀도 회반죽 : $k = 0.50$ W/m℃

으로 구성된 복합구성벽의 관류율을 구하라.

단, 내부표면 열전달저항 : $R_{si} = 0.12$ m²℃/W

외부표면 열전달저항 : $R_{so} = 0.06$ m²℃/W

중공층의 열전달저항 : $R_a = 0.18$ m²℃/W

풀이 열관류율 $K = \frac{1}{\Sigma R}$

여기서, $\Sigma R = R_{so} + R_{벽돌} + R_a + R_{콘크리트\ 블록} + R_{회반죽} + R_{si}$

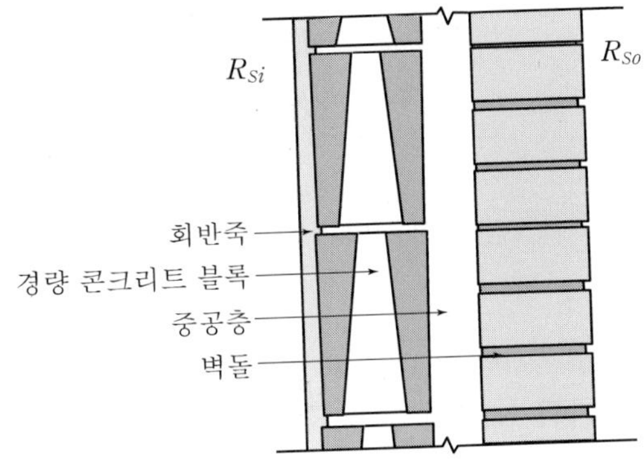

그림 1-28 벽체 구성

【5】 온도기울기

건물 외피에서의 내외부 온도차는 구조체 내의 점진적인 온도변화를 일으킨다. 이때 재료가 균질하고 내외부의 온도가 일정하면 구조체 내 각 점의 온도는 일정한 상태로 각각 유지된다. 이 온도의 선을 이으면 동일재료층에서는 일정한 기울기를 가진 직선으로

표 1-6 구성요소별 온도기울기

구성요소	두 께(d) [m]	전도율(k) [W/m℃]	저 항(d/k) [m^2℃/W]
R_{si}(실내표면)			0.12
R_{s0}(실외표면)			0.06
R_a(중공층)			0.18
벽 돌 벽	0.105	0.84	0.125
콘크리트 블록	0.100	0.19	0.526
회 반 죽	0.016	0.50	0.032
			$\Sigma R = 1.043$

* $K = \frac{1}{1.043} = 0.96$ W/m^2℃ (0.83 kcal/m^{2}h℃)

* 중공벽의 열관류율 0.96 W/m^2℃ ; 0.96 J은 단위면적당 단위시간(1초)에 1℃ 온도차이가 있을 때 흐르는 열량(또는 단위면적당 단위시간(1시간)에 1℃ 온도차이가 있을 때 0.83 kcal의 열량이 흐름을 의미)

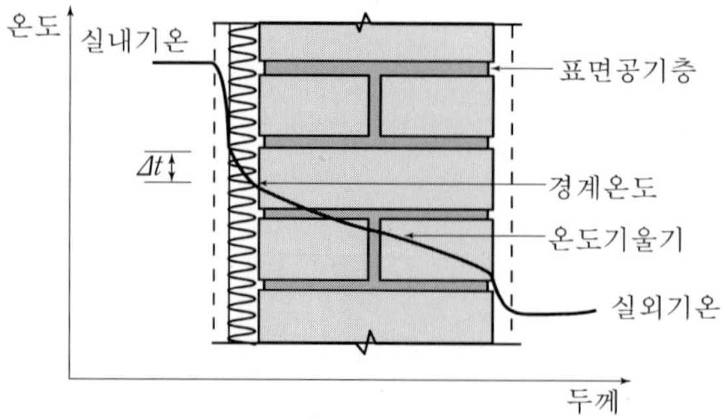

그림 1-29 벽체 내의 온도기울기

나타나는데 이것을 온도기울기(temperature gradient)라 한다.

정상상태(steady state)에서 구조체 내의 온도기울기는 재료의 열전도율과 내외부 온도차에 좌우된다. 그림 1-29의 벽체와 같이 서로 다른 재료로 구성된 구조체는 내외부 사이에서 여러 개의 온도기울기를 보여준다. 열저항이 큰 재료층에서의 온도기울기는 급경사가 되는데, 이는 열에 대한 저항이 큰 재료의 양면에서 온도차가 가장 크기 때문이다.

따라서 온도기울기는 단열층에서 가장 커지며, 온도기울기의 계산으로 구조체 내의 경계온도(境界溫度)를 예측할 수 있다(2-3-3절 참조).

정상상태(steady state)에서 구조체 내의 온도기울기는 재료의 열전도율과 내외부 온도차에 좌우된다. 그림 1-29의 벽체와 같이 서로 다른 재료로 구성된 구조체는 내외부 사이에서 여러 개의 온도기울기를 보여준다. 열저항이 큰 재료층에서의 온도기울기는 급경사가 되는데, 이는 열에 대한 저항이 큰 재료의 양면에서 온도차가 가장 크기 때문이다.

따라서 온도기울기는 단열층에서 가장 커지며, 온도기울기의 계산으로 구조체 내의 경계온도(境界溫度)를 예측할 수 있다(2-3-3절 참조).

온도기울기를 결정하는 식은 다음과 같다.

$$\Delta t = \frac{\Delta R}{R_T} \times \Delta t_T \tag{1.35}$$

여기서, Δt : 어느 층의 양측 온도차(특정층 통과시 온도강하) [℃]

ΔR : 그 층의 저항 [m^2℃/W]

R_T : 구조체의 전체 저항 [m^2℃/W]

Δt_T : 구조체 양쪽의 전체 온도차 [℃]

【예제 1-17】 외부온도를 -1℃, 내부온도를 19℃로 하였을 때 ① 단층구조 벽체의 온도기울기는 그림 1-30, ② 다층구조 벽체 내의 온도기울기는 그림 1-31과 같이 된다. 각각의 경우 온도기울기를 계산하라.

풀이

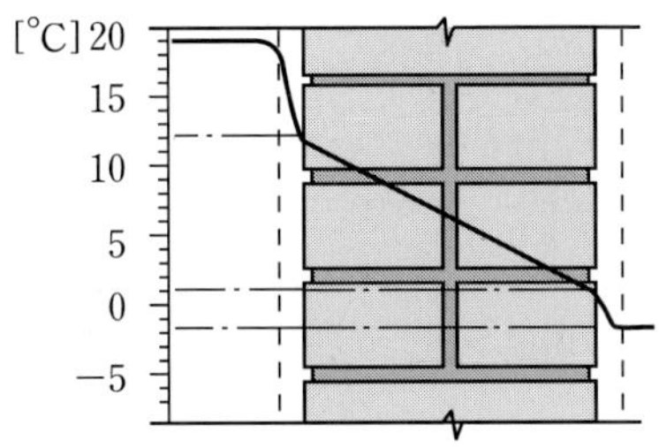

그림 1-30 단층구조 벽체의 온도기울기

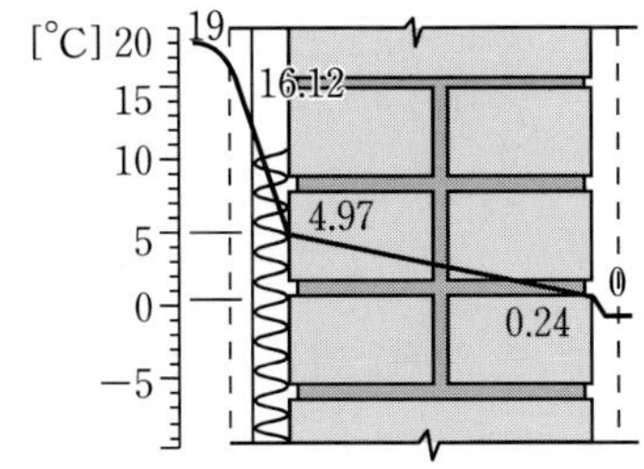

그림 1-31 다층구조 벽체의 온도기울기

여기서, $R_{si} = 0.121\ \mathrm{m^2℃/W}$ $R_{so} = 0.052\ \mathrm{m^2℃/W}$

벽 돌 : 열전도율 $(k) = 1.15\ \mathrm{W/m℃}$

두 께 $= 0.225\ \mathrm{m}$

석고보드 : 열전도율 $(k) = 0.053\ \mathrm{W/m℃}$

두 께 $= 0.025\ \mathrm{m}$

(a) 단층구조(그림 1-30)의 온도기울기 계산은 다음과 같다.

벽체의 저항 $(R_T) = 0.121 + 0.197 + 0.052 = 0.370$

벽을 통한 온도차 $(\Delta t_T) = 20$℃

온도기울기는

① 벽돌 내측온도 $= 19 - \left(\dfrac{20}{0.37} \times 0.121\right) = 19 - 6.54 = 12.46$℃

② 벽돌 외측온도 $= 12.46 - \left(\dfrac{20}{0.37} \times 0.197\right) = 12.46 - 10.65 = 1.81$℃

③ 벽돌표면에서의 온도강하 $= \dfrac{20}{0.37} \times 0.052 = 2.81$℃

(b) 다층구조(그림 1-31)의 온도기울기 계산은 다음과 같다.

$$벽체의\ 총\ 열저항\ (R_T) = R_{si} + \frac{d_1}{k_1} + \frac{d_2}{k_2} + R_{so}$$

$$= 0.121 + \frac{0.025}{0.053} + \frac{0.225}{1.15} + 0.052$$

$$= 0.121 + 0.47 + 0.197 + 0.052 = 0.840$$

벽을 통한 온도차 $(\Delta t_T) = 20$℃

온도의 기울기 :

① 석고보드의 내측온도=내부온도 $- \dfrac{\Delta t_T}{R_T} \times$ 표면저항 $= 19 - \left(\dfrac{20}{0.84} \times 0.121\right)$

$$= 19 - 2.88 = 16.12℃$$

② 석고보드의 외측온도=석고보드의 내측온도 $- \dfrac{\Delta t_T}{R_T} \times$ 벽체저항

$$= 16.12 - \left(\frac{20}{0.84} \times 0.47\right) = 16.12 - 11.2 = 4.90℃$$

③ 벽돌의 외측온도=석고보드의 외측온도 $- \dfrac{\Delta t_T}{R_T} \times$ 벽체저항

$$= 4.92 - \left(\frac{20}{0.84} \times 0.197\right) = 4.92 - 4.68 = 0.24℃$$

④ 벽돌표면에서 온도강하 $= \dfrac{\Delta t_T}{R_T} \times$ 표면저항 $= \dfrac{20}{0.84} \times 0.052 = 1.24℃$

[주] • 벽 내측온도와 내부온도 차이

단층구조벽 : 19℃−12.46 = 6.54℃ 차이

다층구조벽 : 19℃−16.12 = 2.88℃ 차이

• R 값과 K 값의 관계

단층구조벽 : $\dfrac{1}{0.37} = 2.70\ \mathrm{W/m^2℃}$

다층구조벽 : $\dfrac{1}{0.84} = 1.19\ \mathrm{W/m^2℃}$

1-2 실외 열환경

1-2-1 지구 기후의 메커니즘

【1】 기상과 기후

실외 열환경에 대한 연구는 주로 기후학의 대상이 된다. 기상은 어느 장소, 어느 시점의 대기상태의 조합이다. 인체의 측면에서 볼 때 기후를 구성하는 성분 중 가장 중요한 성분은 열적 쾌적감(熱的快適感)에 영향을 미치는 4개의 환경변수(온도, 습도, 복사, 기류)이다. 기후는 어떤 지리적 위치의 장기간에 걸친 기상상태와 그 특성으로서, 이러한 기후를 연구하는 학문을 기후학(氣候學 ; climatology)이라 한다.

실제로 지구는 대기까지 포함시켜서 하나의 폐쇄된 시스템이 된다. 이 시스템의 유일

한 에너지 입력은 태양의 복사열이며, 같은 양의 에너지를 장파장 적외선 복사의 형태로 방출시켜서 평형을 유지한다. 이 방출량은 지구표면 전체에 걸쳐서 거의 일정하지만 에너지 입력은 열대지역(즉, 위도 23.5°의 두 회구선 사이)에 집중되어 있다. 따라서 열대지방에서 극지방으로 향하는 거대한 열전달 메커니즘이 필요하게 된다. 이러한 열전달로 기류 및 해류가 생긴다. 이러한 대기의 움직임과 이에 관련되어 나타나는 여러 가지 현상에 대해 연구하는 학문 분야를 기상학(meteorology)이라 한다.

【2】 기후 스케일

기후는 지구 전체규모로부터 작은 나뭇잎에 이르기까지, 또한 수천년 계속되는 기후주기에서부터 시시각각의 기후변화에 이르기까지 공간적·시간적 변화를 보인다. Barry에 의한 기후의 공간적 구분은 표 1-7과 같다.

표 1-7 기후의 공간적 시스템 구분

시 스 템	규 모 특 성		시간범위
	수평적 범위 [km]	수직적 범위 [km]	
지구 풍압대	2×10^3	3 ~ 10	1 ~ 6개월
지역기후	$5 \times 10^2 \sim 10^3$	1 ~ 10	1 ~ 6개월
지형(국지)기후	1 ~ 10	$10^{-2} \sim 10^{-1}$	1 ~ 24시간
미 기 후	10^{-1}	10^{-2}	24시간

(a) 지구 풍압대

지표면이 받는 일사량의 입력변화(入力變化)에 의한 기압변화와 더운 공기의 상승작용으로 인한 풍압대(風壓帶)의 형성으로 바람이 부는 대규모 기후를 말한다. 표면이 균일하지 않고 많은 부분이 바다이며, 지표면의 형상은 불균일하고 육지가 북반구에 많이 치우쳐 있다. 태양의 복사열은 지면을 빨리 덥힘으로써 강한 대류를 상승시킨다. 한편, 물은 열용량이 높아 서서히 더워지고 서서히 식는데, 사막지대는 열을 빨리 흡수하고 방출하는 반면 삼림지역은 서서히 흡수하고 방출한다. 이러한 물리적 성상변화(性狀變化)는 보다 복잡한 공기 이동패턴을 만들며, 이 변화로 인해 공기의 밀도와 습도가 변화된다. 넓은 수면을 지나는 더운 공기는 수증기를 흡수하여 습해지며, 대륙을 지나는 더운 공기는 습기를 빼앗겨 건조해진다.

바람은 대기권 내의 압력 차이에서 일어나는 대류현상으로 일사수열량의 불균형을 완화한다. 대류는 지구회전에 의해서도 변형되는데, 일사수열량이 가장 많은 적도지역의 공기는 가벼워져서 수직으로 상승하여 남·북반구의 추운 지역으로 흘러간다. 이러한 공기의 이동은 광역적으로 수천 km 또는 지표면에서 10~20 km 높이의 두꺼운 대류권(對流圈 ; troposphere)을 형성하게 된다. 이 공기 중의 일부는 높은 곳에서 냉각되어 아열대지방의 지표면으로 내려온다. 지표면에 내려온 냉각된 무거운 공기는 상승기류를 메우기 위하여 가열된 지역으로 다시 끌려 들어가는데, 이 곳에서는 북쪽과 남쪽에서 흘러온 기류가 만나게 되어 열대전선을 이루게 되며 이것을 열대수렴지역(熱帶收斂地域 ; ITCZ ; intertropical convergence zone)이라고 한다. 열대수렴지역은 계절에 따른 태양의 위치와 일사량이 다르기 때문에 그림 1-32에서와 같이 계절에 따라 두 회귀선 사이를 남

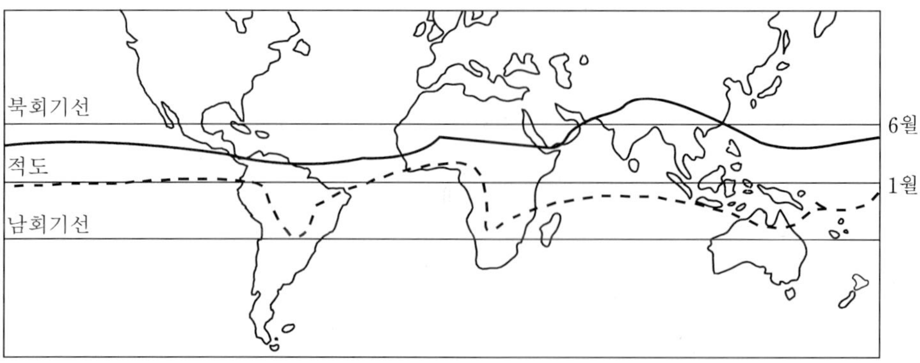

그림 1-32 열대수렴지역의 계절에 따른 이동

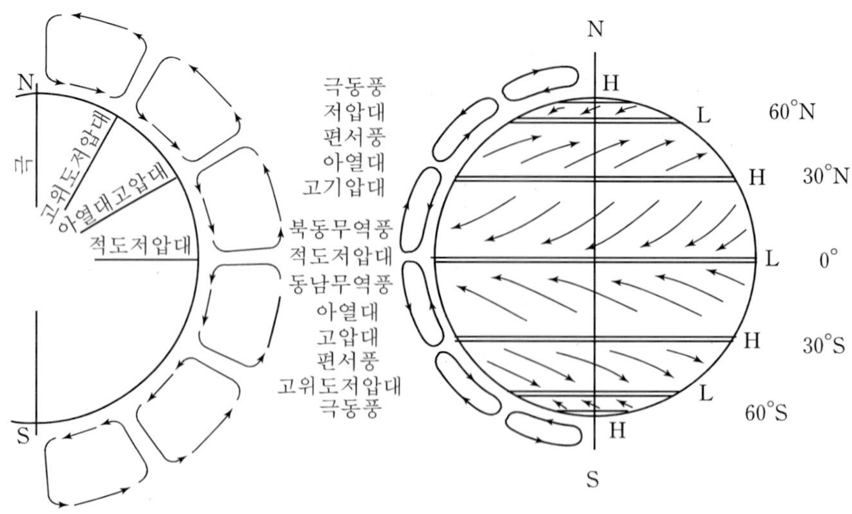

그림 1-33 지구풍의 형태

북으로 움직인다.

이와 같이 복잡한 공기유통의 연속은 와류(渦流)와 극지방(極地方)의 차고 무거운 기류를 수반하여 모든 지구상의 바람과 기상의 패턴을 가져오게 된다.

남·북반부 각각 20~40°의 아열대 상에는 2개의 고기압대가 형성되며, 여름에는 양극방향으로, 겨울에는 적도방향으로 이동한다. 그림 1-33에서는 열에 의한 지구상의 공기의 이동형태를 알 수 있다. 바람이 오직 열적 요인에 의한 것이라면 남북방향으로만 움직이겠지만 실제로는 코리올리(Coriolis)의 힘(공기입자의 관성효과)에 의해 동서방향으로 기울게 된다. 예를 들면, 남반구 아열대(20°~40°) 고기압대에 있는 공기입자는 지구와 함께 돌면서 원심력(円心力)을 갖게 된다. 열대류에 의해 이 공기입자는 북쪽으로 움직이는데, 남반구에서는 북쪽으로 올라갈수록 위도의 지름이 커지므로 회전속도도 커지게 되어 이 결과로 북쪽으로 움직이는 공기입자는 지구회전보다 늦게 된다. 지구는 서쪽에서 동쪽으로 회전하기 때문에 공기의 흐름은 서쪽으로 치우치게 되며, 따라서 남풍이 아닌 남동풍이 불게 된다.

남극을 향해 움직이는 공기입자에는 그 반대현상이 일어난다. 공기입자는 운동량을 일정하게 유지하려고 하므로 속도가 일정하게 되며, 위도의 지름이 짧은 쪽으로 움직여서 지구표면을 앞지르게 되어 결국은 북서풍이 불게 된다.

이러한 대규모의 양상은 지역적인 기압변화와 표면마찰에 의해 크게 변화된다. 같은 위도 선상에서도 고기압부와 저기압부가 분리된다. 고기압대의 북쪽에서는 언제나 시계방향으로 순환하며, 남쪽에서는 반시계방향으로 순환한다. 저기압대의 주위는 그 반대가 된다.

이러한 바람의 양상은 강우량에도 영향을 미친다. 상승기류가 생기는 전선에서는 비가 내리기 쉽다. 그러나 하강기류가 생기면 절대로 비가 내리지 않는데, 이러한 이유로 지구상의 사막이 아열대의 고기압대를 따라 펼쳐져 있다. 이러한 지구기후현상(地球氣候現象)은 소규모의 지표면 변화나 지형과는 무관함을 알 수 있다.

(b) 지역기후

수평적으로 1,000 km, 수직적으로 10 km 지역의 기후를 말한다. 일반적으로 한 지역의 장기간(10~30년)에 걸친 통계적인 기상을 지역기후(macroclimte) 또는 보통 기후라고 한다.

(c) 지형(국지)기후

수평적으로 10 km, 수직적으로 1 km 지역의 기후를 말한다. 지형에 따라 인간활동에 영향을 미치는 열, 오염인자 및 농업형태 등이 포함된다.

(d) 미 기 후

도시, 교외, 또는 한 건물이 위치한 곳의 기후 특성을 미기후라고 한다.

미기후(microclimate)는 분야에 따라 서로 다른 의미로 사용되고 있는데, 식물학자들은 1개의 잎 주변의 기후상태를 표현할 때 사용하고 그 범위는 수십 mm 정도이며, 지리학에서는 한 도시 전체의 기후로서 그 범위는 수십 km에 해당된다.

미기후를 발생시키는 요소들은 다음과 같이 분류된다.

① 지형(topography) : 경사도, 방위, 풍우의 정도, 해발, 언덕, 계곡 등

② 지표면(ground surface) : 자연상태 또는 인공적(삼림, 관목지역, 초원, 포장, 수면)인 정도의 여부에 따라 지표면 반사율, 침투율, 토양온도, 토질까지 영향을 받는데, 이것은 식물에 영향을 주고 이 식물은 다시 기후에 영향을 미친다.

③ 3차원적 물체 : 나무, 울타리, 벽, 건물 등은 기류에 영향을 주고 그늘을 만들며 그 기후지역을 더 작게 분할한다.

(e) 도시기후

도시기후현상 중에서 가장 두드러진 것은 대기오염과 도시지역의 고온화현상이다. 이것은 분진, 가스(CO)막, 자동차 배기열, 건축구조(콘크리트) 및 지표면의 축열, 일사흡수율의 증가, 초목에 의한 증발냉각의 감소, 건물이나 사람, 차량들로부터의 열발생 등이 원인이 되고 있다.

대기 중 탄산가스의 양이 증가하면 온실효과(溫室效果 ; greenhouse effect)가 발생, 즉 장파복사의 투과율이 감소되어 도시의 열이 방출되지 못하기 때문에 도시의 온도는 상승하게 된다(그림 1-34).

열섬(heat island)이란 고층건물이 밀집된 대도시에서 도시의 물리적 특성과 기능에 따른 인공열의 방출에 의해 지상의 기온분포가 상승하여 지역적으로 상이하게 나타나는 현상이다. 열섬은 도시의 성격 및 기하학적 배치상태와 큰 관계가 있다. 콘크리트 구조가 밀집된 주택단지에는 재래식 목조건물이 밀집된 소도시보다 규모가 작더라도 열섬이 형성된다. 서울지역의 열섬의 특성은(그림 1-35) 상업중심지역과 부심지역에 온핵(溫核)이 형성되어 여름철에는 주변지역보다 약 2~3℃가 높고 겨울철에는 더욱 큰 기온차가 발생하는 것을 알 수 있다. 이러한 열섬의 방지를 위해서는 건물의 기계 시스템에 의한 배기문제처리 및 열회수 시스템, 대형건물의 에너지 소비절감, 외피면적을 적게 하는 등 각종 방안이 건물설계과정에 고려되어야 한다.

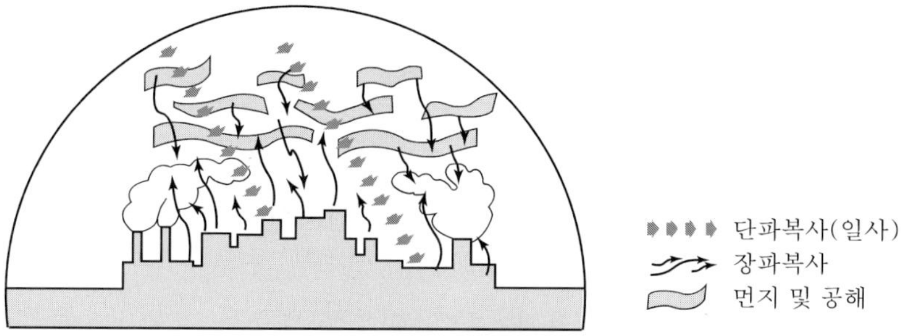

그림 1-34 온실효과

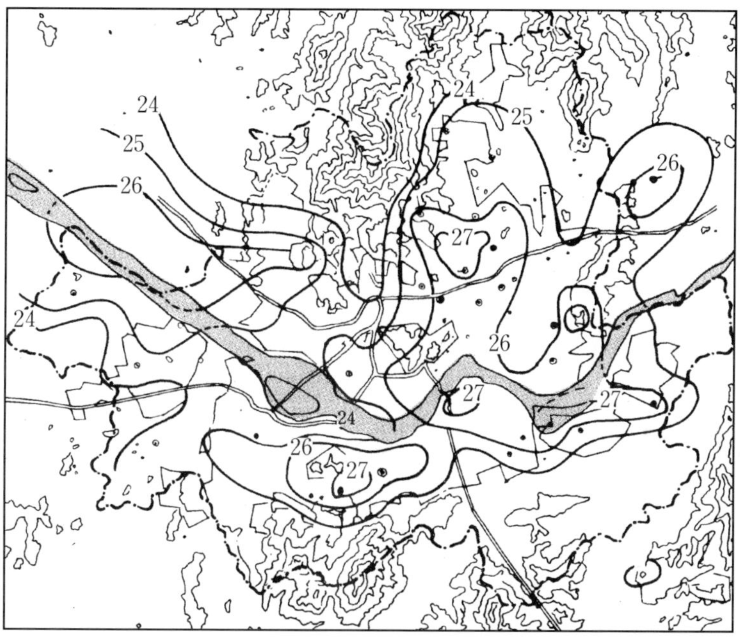

그림 1-35 서울지역의 여름철 열섬등온선도(1982. 8. 3 09 : 00, LST, 단위 : ℃)
출처 : 이현영, 「서울의 도시기온에 관한 연구」, p. 20, 1985)

1-2-2 기후요소

인체의 쾌적과 건물설계에 영향을 미치는 주요 기후요소는 다음과 같다.

① 일사(日射 ; solar radiation), ② 기온(air temperature), ③ 대기습도(atmospheric humidity), ④ 바람(wind), ⑤ 강수량(precipitation : 비, 눈 등)

【1】 일　사

(a) 일사의 성분

일사 스펙트럼은 200~3,000 nm(nanometer = 10^{-9}m)의 파장을 가지고 있다. 이것은 6,000 K의 흑체복사 스펙트럼(그림 1-36)과 거의 일치한다. 인간의 감각기관에 따라 스펙트럼을 분류하면 다음과 같다.

① 자외선 : 200~380 nm, 화학 효과, 표백, 피부를 태우는 효능

② 가시광선 : 380(보라)~780 nm(빨강), 광효과

③ 단파장 적외선 : 780~3,000 nm, 열적 효과

일사 에너지는 대기 중의 오존과 수증기에 의해 여과되어 위도에 따라 분배량이 달라진다. 대부분의 자외선과 0.288 μ 이하의 파장은 오존에 의하여 흡수된다. 단파장 선의 일부는 대기 중에 흡수되어 장파장 적외선(10,000 nm=10 μm)이 되어 다시 방사된다.

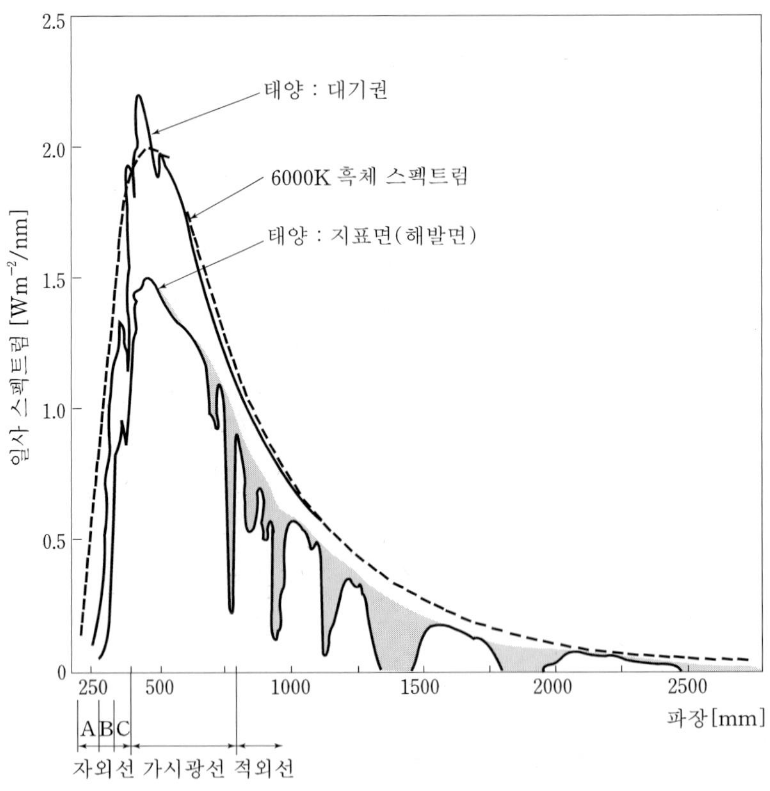

그림 1-36 태양 스펙트럼(6,000 K 방사 스펙트럼과 비교한 것)

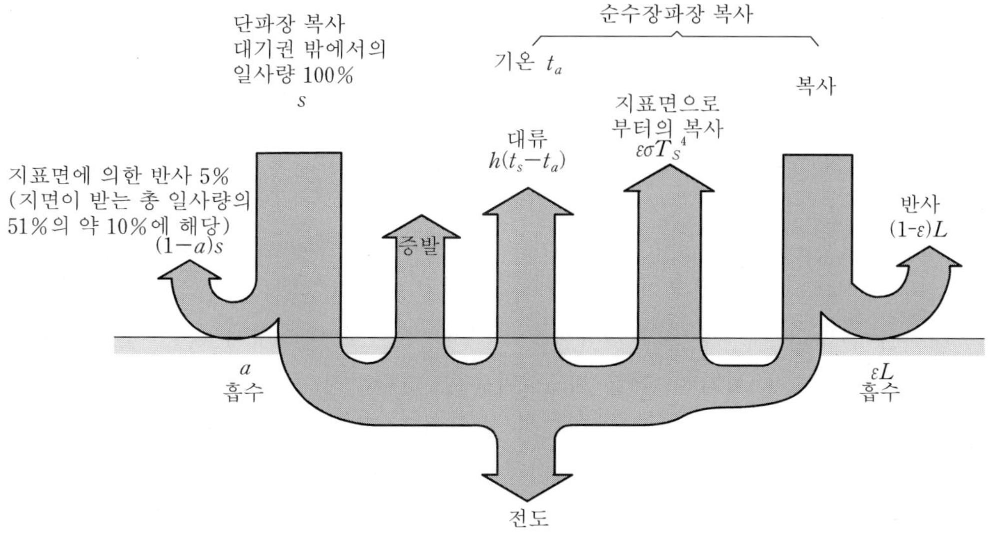

그림 1-37 지표면의 일사수열량과 장파 재복사열량 비교

대기권 밖의 일사량 중에서 약 51 %만이 지표면에 도달하는데, 지표면에서 복사된 장파는 대기권에서 재방사되어 다시 지표면으로 되돌아온다. 그림 1-37은 연간 지표면의 장파 및 단파장 복사량의 수지관계를 보여준다.

직접 지표면에 도달하는 직달일사량(direct radiation)은 26 %에 해당되며, 구름과 수증기, 대기 중의 먼지 등에 의하여 확산 또는 산란, 반사되어 지표면에 도달되는 확산일사량(diffuse radiation)은 약 25 %가 된다.

(b) 일사량 측정계기

① 일사계

a. Pyranometer(solarimeter) : 수평면상의 전체반구 일사량(직달+확산)을 측정하는 기기이다. 음영고리(shading ring) 또는 Disc에 의해서 직달일사량이 차단되면 일사량 측정기는 천공일사량만을 측정하게 된다(그림 1-38). 미국에서는 일반적으로 Eppley와 Spectrolab 기기가 사용되며 내부구조와 정밀도에 따라 다음과 같은 몇 가지 종류가 있다.

㉠ Eppley Black and White Pyranometer

㉡ Eppley Precision Spectral Pyranometer

b. Pyrheliometer(actinometer) : 시준탐지기를 사용하여 태양으로부터 법선면에 대한 직달일사량을 측정한다.

② 일조시수 측정

일조시수(日照時數)는 일사의 장기간 평균값을 산정하는 데 사용되며, 다음과 같은 기기를 사용하여 시각적으로 측정할 수 있다.

a. Campbell-Stokes sunshine recorder : 지름이 약 96 mm인 구형 유리렌즈를 이용하여 태양광선을 유리구의 초점에 집중시켜 뒤편에 삽입된 암청색 그래프 용지를 태워감에 따라 태양의 일일궤적선을 연속된 선으로 나타내게 하는 것으로, 일출 및 일몰 등 일사의 세기가 약할 때는 반응이 민감하지 못하며 외기 중의 습도 등에 의한 용지의 상태에 따라 측정밀도가 떨어지는 등의 단점이 있다(그림 1-39).

b. photo-electric sunshine recorder : 2개의 광전지 중 하나는 일사에 노출시키고 다른 하나는 그늘지게 하여 각각의 발생출력 차이를 이용하여 일조시수를 측정하는 기기이다.

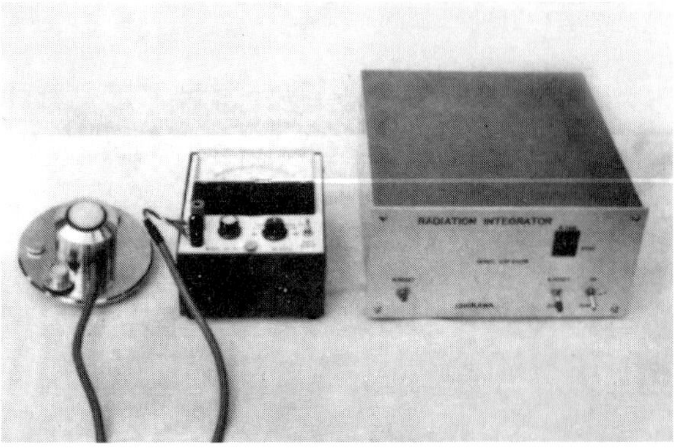

그림 1-38 일 사 계

그림 1-39 캠벨-스토크식 일조계

(c) 일사량 분포

지표면이 받는 전체 일사량(직달+확산)은 위도에 크게 좌우되며(그림 1-40), 지표면의 반사율(albedo), 수륙분포, 식생, 눈과 얼음 등에 따라 많은 복사열량이 대기 중으로 다시 복사된다. 우리나라는 연간 평균 120 kcal/cm^{2}의 일사량을 받는 것을 알 수 있다. 지역별 연평균 수평면의 일사량 분포는 그림 1-41에서 보는 바와 같다.

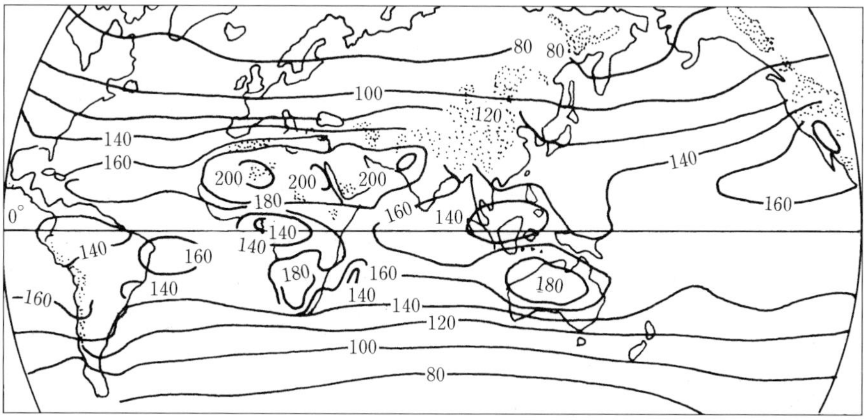

그림 1-40 지구의 연평균 등 일사열량선(20 kcal/cm^2·yr 간격)

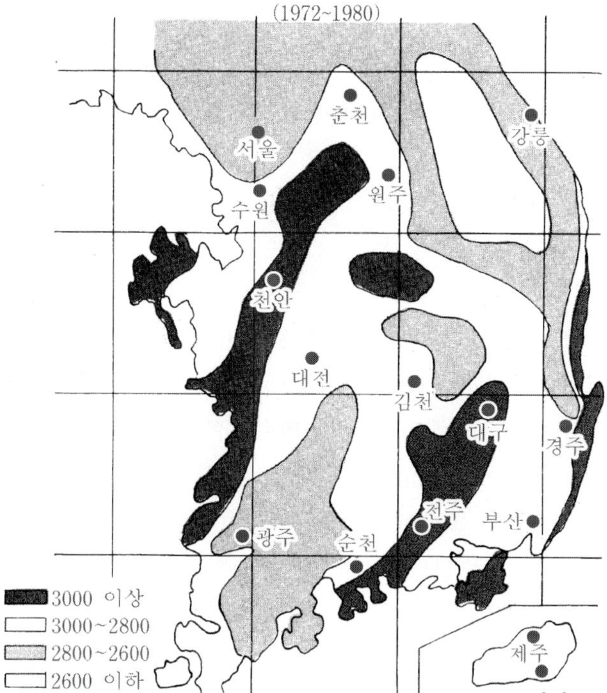

그림 1-41 지역별 연평균 수평면의 일사량 분포(자료 : 「기상연보」)

【2】 기 온

(a) 기온의 성질

기온은 대기의 온도로서 연변화는 지표온도에 따라 다르다. 바다는 동일한 복사조건에서 육지보다 서서히 영향을 받으므로 동일위도에서 지표의 온도는 해면보다 여름에는 높고 겨울에는 낮다. 고도에 따라서도 기온은 변화하는데, 지상 100 m마다 약 1℃ 정도 기온이 낮아진다. 지면 가까이 있는 찬공기는 보다 더 저지대(계곡)로 이동하므로 고지대 지면보다 저지대 지면의 공기온도가 2~3℃ 낮다.

(b) 설계용 온도자료

설계용 온도자료로 다음과 같은 요소들이 이용된다.

① 연평균기온(mean yearly temperature) : 극심한 고온·다습 기후지대 이외에는 별로 사용되지 않는다.

② 최고 및 최저기온(absolute maxima and minima) : 기록상에 나타나는 최대·최저기온, 특히 몇 십년만에 나타나는 기온이다.

③ 월평균기온(monthly mean temperature) : 월중 기록된 온도의 평균으로서 기본적인 기후조건이다.

④ 월평균 최고 및 최저기온(mean monthly maxima and minima) : 과거 몇 년간 나타난 월평균 최고 및 최저기온을 말한다.

⑤ 일평균 최고 및 최저기온(mean daily maxima and minima) : 몇 년간 기록된 일평균 최고 및 최저기온, 일반적으로 많이 사용되며 설계에 이용된다.

⑥ 시간평균 최고 및 최저기온(mean hourly maxima and minima) : 시간변동에 따른 일일 최고·최저의 평균기온으로 공기조화설계에 사용된다.

⑦ 평균 일교차(mean daily range) : 일평균 최고기온과 최저기온의 차이를 말한다.

⑧ 월 최고 및 최저극값(extreme monthly maximum and minimum) : 그 달 중에 기록된 최고 및 최저기온을 말한다.

이상에서 열쾌적 설계에는 월평균기온, 일평균 최고·최저기온, 평균일교차 등이 주로 사용된다.

【3】 대기습도

대기습도(大氣濕度)란 대기 중에 포함되어 있는 수증기 함유량을 말한다. 온도가 상승하면 수증기를 포함할 수 있는 공기의 용적도 증가하기 때문에 지구표면의 수증기 분포

표 1-8 공기 중의 습기 함유량

기 온 [℃]	수증기압 [mmHg]	절대습도 [g/m³]	비 습 [g/kg]
−20	0.96	1.10	0.66
−10	2.15	2.38	1.64
0	4.58	4.85	3.77
5	6.54	6.81	5.41
10	9.21	9.42	7.53
15	12.79	12.85	10.46
20	17.54	17.32	14.35
25	23.76	23.05	19.51
30	31.82	30.40	26.23

는 균일하지 않고 적도 부근이 가장 높으며 양극으로 갈수록 감소한다. 습도는 평균일사량 및 평균온도에 따라 변한다.

표 1-8에서 기온에 따라 수증기압, 절대습도, 비습이 변하는 관계를 볼 수 있다. 수증기압은 겨울에 비하여 여름이 높고 낮보다 일출 전후 시간이 높으며, 낮에는 하부 공기층의 기온(DBT)이 상승되어 상대습도(RH)가 낮아진다. 밤에는 하부 공기층의 기온이 낮아지고 상대습도는 증가되어 노점온도에 다다르면 차가운 물체 표면에서 응축(이슬이 생김)된다. 대기 전체가 노점 이하로 냉각되면 안개가 생기는데, 날이 맑게 개인 밤에는 짙은 안개층(높이 50 m 정도)이 지면 근처에 생기는 수가 있다. 상대습도는 기온의 일변화, 연변화 때문에 수증기압이 거의 변하지 않는 상태에서도 크게 변하며, 이러한 상대습도의 연변화는 일교차가 큰 내륙에서 크게 나타난다.

【4】 바 람

어떤 지역의 바람 분포와 특성은 ① 지구상의 계절별 기압분포, ② 지구의 자전, ③ 육지와 바다의 가열 또는 냉각상태의 일변화, ④ 지형과 주위환경 등에 의하여 결정된다. 바람에 대한 자료는 월별 풍속과 풍향의 빈도로 12개월, 8~16방향, 풍속을 6 또는 8등급으로 표시한다. 일반적으로 설계에서 풍향은 8개의 기본방위로, 풍속은 무풍상태를 포함한 6등급으로 분류한다. 기후자료를 요약하여 표시할 때는 무풍상태를 포함하여 각 방위별 평균풍속도 빈도를 표시하는데, 풍속의 단위는 km/h, knot 등이 많이 쓰인다. Beaufort의 풍력계급척도는 풍속계 없이 목측으로 풍속을 측정하는 데 도움이 된다(표 1-2).

바람의 종류에는 대륙과 해안간의 연간 온도차에 의한 몬순(monsoon) 바람이 있으며, 국지바람으로는 산간계곡에서 부는 산지계곡풍과 해안지역을 따라 낮과 밤에 부는 해안

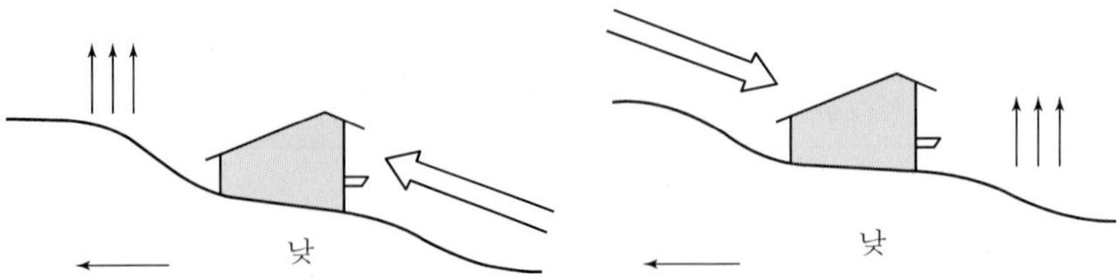

그림 1-42 계 곡 풍

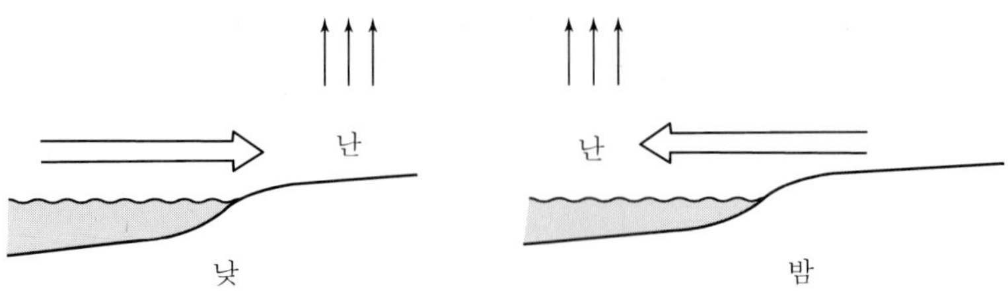

그림 1-43 해 안 풍

풍이 있다. 산지계곡풍은 산악지대의 지형에 따라 온도차이에 의한 국지바람 패턴을 말하며, 낮에는 지면 가까이 산등성 방향으로, 밤에는 산 아랫방향으로 불게 된다. 바다나 호수가 있는 곳에는 해안풍 현상이 일어나며, 육지와 수면과의 온도차에 의해 낮에는 해풍이 불고 밤에는 육풍이 분다(그림 1-43).

바람은 그 지역의 장애물보다 높은 곳에서 자유상태의 공기속도로 측정한다. 바람은 지표면과의 마찰에 의해 속도가 감소되며, 지면과 상부 자유기류와의 사이에 경계층이

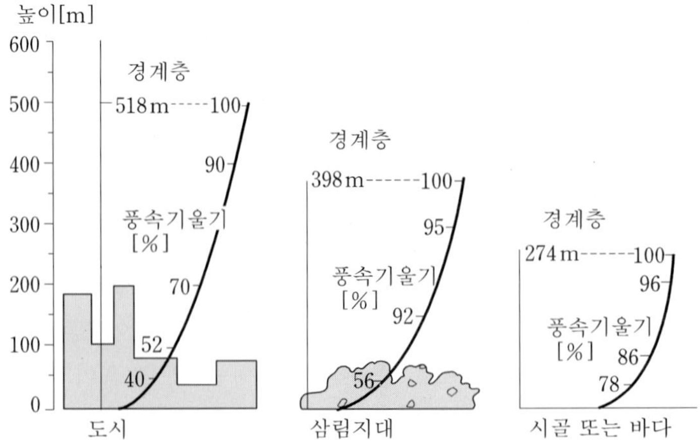

그림 1-44 풍속 기울기

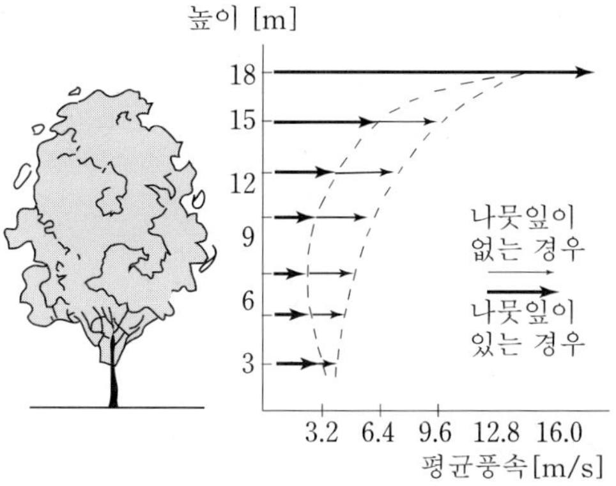

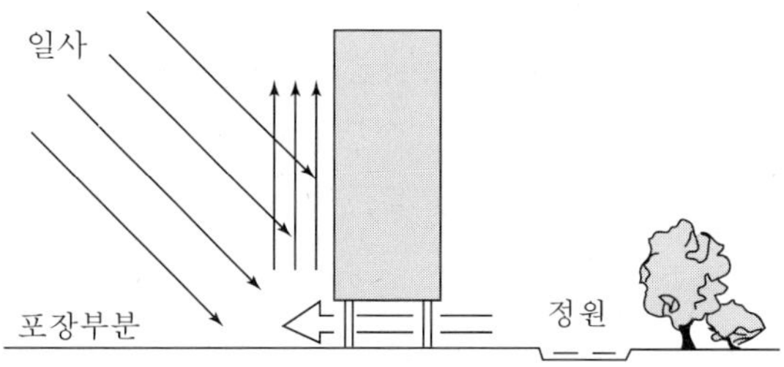

그림 1-45 바람에 대한 나무의 효과

그림 1-46 미기후적 바람의 발생

지표면과의 마찰에 의해 속도가 감소되며, 지면과 상부 자유기류와의 사이에 경계층이 형성된다. 이 경계층의 높이는 일정하지 않으며, 그림 1-44에서 경계층과 풍속기울기의 관계를 알 수 있다.

지형은 언덕이나 계곡의 방위에 따라 바람에 영향을 미친다. 수목은 바람의 흐름을 막아주는데 나무에 의한 바람의 차단효과는 그림 1-45와 같다. 또한 변화의 정도를 예측하기는 어려우나 인공구조물(人工構造物)도 풍속이나 풍압에 영향을 미친다. 이러한 바람은 작은 규모, 심지어 1개의 건물이나 몇 개의 건물군에서도 발생될 수 있다(그림 1-46).

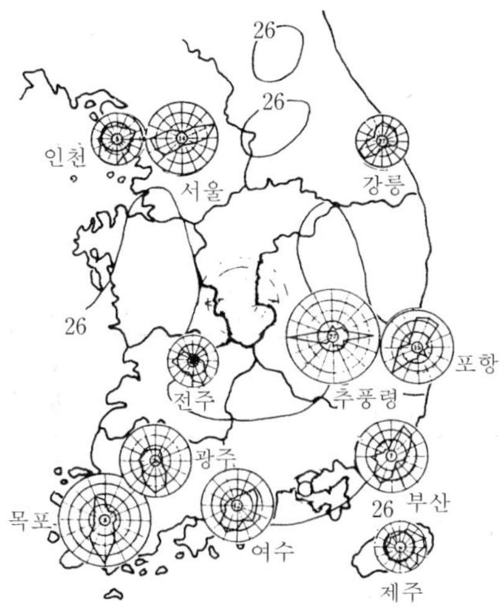

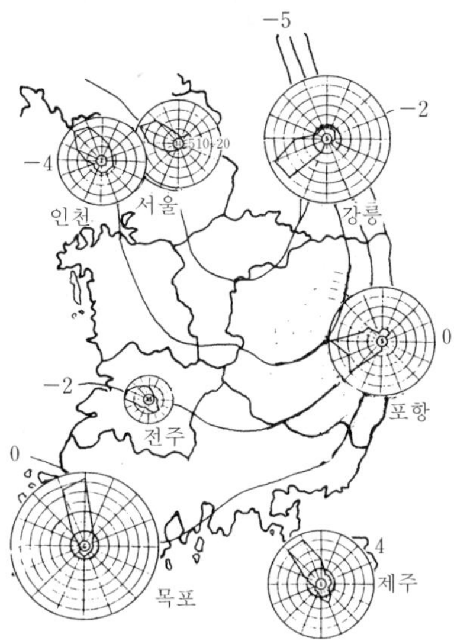

그림 1-47 지역별 바람의 빈도
(여름, 단위 : 5 m/s 간격원)

그림 1-48 지역별 바람의 빈도(겨울)

풍속, 풍향 계절풍의 빈도는 지표면 온도나 건물의 환기횟수(換氣回數)에 영향을 주기 때문에 주택의 소요 에너지량에 변화를 준다. 우리나라의 여름과 겨울의 지역별 바람의 빈도는 그림 1-47과 1-48과 같다.

【5】 강 수 량

(a) 강 우

수증기를 포함한 공기가 상승하면 상공의 기압이 낮아져서 팽창하기 위해 에너지를 소모하므로 온도가 내려간다(단열팽창). 따라서 노점에 달하면 물이 응결하여 빗방울로 떨어지게 되는데, 이를 강우라고 한다.

강우현상(降雨現象)은 상승기류에서 많이 일어난다. 습기를 포함한 바람이 항상 같은 쪽에서 불어 오면 바람이 불어 오는 쪽의 산비탈은 적은 강우량을 가진다. 이와 비슷한 현상은 도시에서도 발생될 수 있는데 건물면이나 포장면에서 가열된 공기가 위로 상승하여 비가 내리게 된다(그림 1-50). 도시에서 강우량이 증가하는 것은 공기 중에 분진이 많이 포함되어 이것이 수증기 응결의 역할을 하기 때문이다.

이 외에 강설량과 강우량을 합한 것을 강수량(降水量)이라고 한다.

그림 1-49 산 경사면의 강우현상

그림 1-50 도시에서의 강우량 증가현상

(b) 설계용 자료

① 월별 평균강우량(average depth of rain per year by months) : 월별 건습상태를 알 수 있고 수년간의 통계치를 통해 식수, 관개, 조경 등에 필요한 강우량을 측정할 수 있다.

② 특정년 월별 24시간 최대강우량(maximum rainfall recorded for 24 hours period) : 하수구, 폭풍우에 대한 설계자료, 24시간 강우량은 빈도, 강도측정에 사용한다.

③ 최대시간당 강우량(maximum hourly rainfall and probable number of hours duration) : 최대시간당 강우량과 몇 시간 동안의 지속 강우량은 홈통, 포장면적, 폭풍우

배수설계, 하수구 설계에 유용하고, 강도 및 기대빈도 측정에 사용한다.

④ 우박, 폭풍우의 평균풍속 : 지붕, 연결복도, 차양, 창문의 설계에 유용하다.

【6】 기타 요소

(a) 천공조건

구름의 상태, 즉 운량(1일 2회 측정치의 평균값)은 전천공(全天空)에 대한 백분율로 표시하거나 시간적 관찰에 의해 하늘을 덮은 구름의 정도를 나타내는 tenth(또는 octas)라는 단위로 표시한다. 예를 들면, 쾌청한 날에는 0/10이고 구름이 두껍게 끼었을 때는 10/10(ten tenths라고 읽음)이 된다.

이 자료는 자연채광, 지붕, 차양 등의 설계에 필요하며 관상대나 공항에서 측정한다. 특정월, 특정일의 백분율은 평균 천공조건(sky condition)을 나타내며 오전과 오후의 천공조건도 큰 차이가 있다.

(b) 일조시수

일조는 평균 총시간으로 표시하거나 전체 일사시간의 백분율로 표시한다.

(c) 식　생

대량의 초목은 국지기후의 원인이 되므로 외부공간설계, 음영계획, 자연채광계획에 중요하다. 지방 특유의 식물성장률, 형, 색, 좌향 등의 자료는 조경설계에 매우 유용하다.

1-2-3 기후구분

건축설계에서는 인간의 열적 쾌적성에 근거한 분류방법이 가장 적당한데, 일반적으로 다음과 같은 4개의 기본적인 기후형태로 분류된다.

① 한랭기후(寒冷氣候 ; cold climate) : 1년 중 거의 모든 계절을 통하여 주변환경으로부터 받아들일 수 있는 열량은 적은 반면, 인체로부터 방산되는 열량이 과다한 문제점이 있다. 최한월의 월평균기온이 －15℃ 이하이며 연 최저기온은 －40℃ 이하이다. 겨울에는 상대습도가 높은데, 지금까지 기록된 온도 중 가장 낮은 온도는 1958년 남극에서 측정된 －86℃이다.

② 온난기후(溫暖氣候 ; moderate climate) : 1년 중 어느 한 계절은 열의 방사량이 과다하나 나머지 계절에는 충분하지 못한데, 과열(overheating)과 과랭(underheating)의 계절변화가 있지만 양쪽 다 별로 심하지는 않다.

최한월의 월평균기온이 −15℃ 이하이며 최난월의 월평균기온은 25℃ 이상이다(전자는 한대지역과 비슷하며 후자는 고온지역에 가깝다). 연간 최저·최고기온은 −30℃에서 37℃에 이르며, 기온이 20℃ 부근일 때 습도가 86%를 넘는 경우는 거의 없다. 1년을 통해 강수현상이 일어나며 겨울에는 눈이 내리는데, 우리나라는 이 기후권에 속한다.

③ 고온건조기후(高溫乾燥氣候 ; hot-arid climate) : 이 기후에서 가장 중요한 문제는 과열인데, 신체로부터 충분한 열의 방산이 이루어지지 않는다. 그러나 공기가 건조하여 증발·냉각 기능에는 별 장애가 없다.

이 기후는 온도가 높고 일사량이 많은 특징이 있다. 최난월의 월평균기온은 25℃ 이상이고 상대습도가 낮은 편이며, 1년 중 최고기온은 45℃ 정도, 최저기온은 −10℃까지 내려간다. 일교차 및 연교차가 크고 바람이 강하게 불며 많은 모래와 먼지를 동반한다. 지금까지 기록된 가장 높은 온도는 1922년 리비아에서 측정된 58℃이다.

④ 고온다습기후(高溫多濕氣候 ; warm-humid climate) : 이 기후에서의 문제도 과열이며, 기온과 습도가 모두 높아 증발에 의한 냉각작용이 제대로 이루어지지 못한다.

평균기온이 20℃ 이상이며 상대습도가 80% 정도 되는 때가 1년 중 최소 한 달 이상이나 된다. 최한월의 월평균기온은 18℃ 이상으로 연간 월평균기온의 변화가 대단히 작은 편이다. 연간 강우량은 750 mm 이상이며 때때로 월별 강우량이 2,000 mm를 넘기도 하지만, 대체로 짧은 기간동안 많은 강우현상이 나타난다.

그림 1-51은 위 4개의 기본 기후형에 대한 주요 기후요소를 도표로 나타낸 것이다.

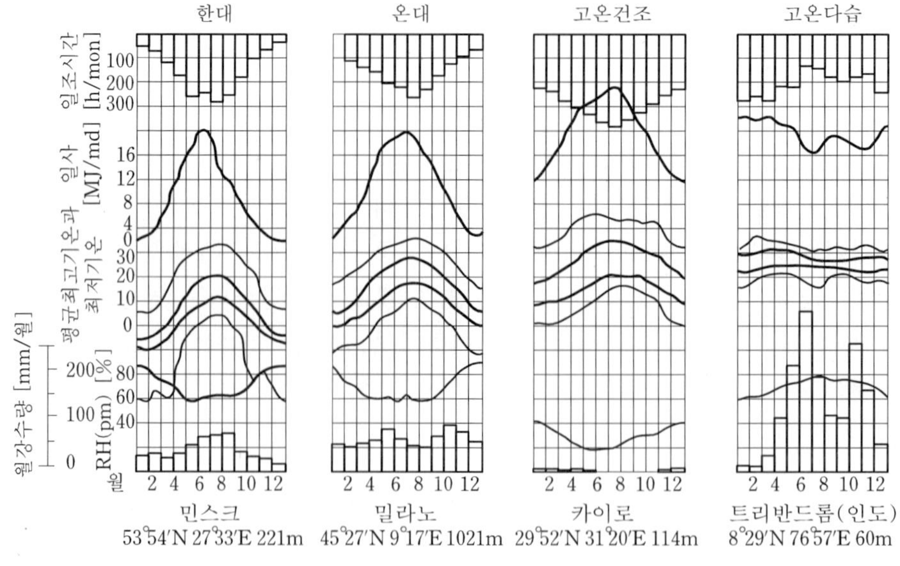

그림 1-51 기후도 : 4개의 기본 기후형

1-3 열환경에 대한 인간의 반응

1-3-1 인간의 요구와 열쾌적

건축물은 기후의 여과기(climatic filter)로서 건물외피를 통하여 실외의 자연환경으로부터 인간이 쾌적하게 활동할 수 있는 실내환경을 조성하는 것이다.

열쾌적(熱快適)은 기후가 인간에게 미치는 영향을 알고자 하는 것으로, 쾌적상태란 열에 의해 '환경에 대하여 만족을 표현하는 마음의 상태'로서, 쾌적한 열환경은 열에 의해 재실자가 스트레스나 긴장감을 받지 않는 환경을 말한다.

이 절에서는 열에 대한 생리적 반응과 열쾌적에 영향을 미치는 물리적 요소, 주관적 요소, 쾌적을 표시하는 지표 등을 고찰하기로 한다.

1-3-2 인체의 열평형

【1】 인체의 열생산

인체는 생명 보존을 위하여 항상 약 37℃의 체온을 유지한다. 건강인의 경우 하루에 평균 3,000 kcal의 음식을 섭취하며 체내의 산화작용을 통하여 발열하는데, 음식물로부터 섭취된 에너지의 80 % 이상은 열로 전환되며 20 % 미만이 인체활동의 에너지원이 되므로 기계로 보면 20 %의 열효율 밖에 안된다. 발열상태는 인체활동의 정도에 따라 다르며 필요없는 열은 37℃의 체온 유지를 위하여 항상 주위로 발열된다.

이와 같이 열생산(heat production)이라는 신체 내의 생화학적 과정을 대사(代射 ;

표 1-9 성인 남성의 평균대사량

활동의 종류	성인 남성의 평균대사량(W) [kcal/h]				
	합 계	기초대사	근육대사	유효대사량	발 열 량
깊은 수면	70 (60.2)	70 (60.2)	-	-	70 (60.2)
누운 상태	88 (75.6)	88 (75.6)	-	-	88 (75.6)
앉은 상태	115 (98.9)	92 (79.1)	23 (19.8)	-	115 (98.9)
가벼운 작업	150 (129.0)	92 (79.1)	58 (49.9)	18 (15.5)	132 (113.5)
천천히 걷는 상태	160 (137.6)	92 (79.1)	68 (58.5)	22 (18.9)	138 (118.7)
앉은 상태의 가벼운 노동	235 (202.1)	93 (80.0)	142 (122.1)	40 (34.4)	195 (167.7)
중간 정도의 노동	265 (227.9)	93 (80.0)	172 (147.9)	50 (43.0)	215 (184.9)
심한 노동(8시간 지속)	440 (378.3)	94 (80.8)	346 (297.5)	88 (75.7)	352 (302.6)
심한 노동(30분 최대 발휘)	1500 (1289.8)	94 (80.8)	1406 (1207.2)	340 (292.4)	1160 (997.4)

metabolism)라고 한다. 이러한 대사에는 다음 두 가지 종류가 있으며, 표 1-9에는 정상적인 남성의 대사량을 나타내었다.

① 기초대사 : 생명 보존을 위한 열생산으로 연속적이며 무의식적으로 일어난다.

② 근육대사 : 일을 할 때 근육에 의해 생산되는 열을 말하며 의식적인 조절이 가능하다.

【2】 인체의 열손실

체내 깊숙한 곳의 근육조직에서 생산된 열은 피부표면(또는 허파)으로 운반되며 대류, 복사, 증발, 전도에 의하여 주위로 방출된다. 이러한 열방출은 전도에 의한 손실이 없을 경우 보통 복사(45 %), 대류(30 %), 증발(25 %)의 세 가지 과정에 의하여 진행된다.

이러한 과정을 좀더 세밀하게 나누면 다음과 같다.

① 피부확산에 의한 열손실 (E_{diff}) : 피부를 통한 수증기의 확산작용이 계속되면 땀샘작용에 의하여 조절되므로 이것은 열조절과정이 아니다. 확산율은 피부면의 포화수증기압과 공기 중의 수증기 분압의 차이에 비례한다. 땀을 흘리지 않을 때에도 피부확산은 계속된다.

② 땀분비작용에 의한 열손실 (E_{rsw}) : 땀분비율은 주위의 환경조건 및 활동과 착의상태에 크게 좌우된다. 즉, 대류와 복사에 의한 열손실과 옷의 열저항 및 수증기 투습률에 따라 달라진다. 실제 땀분비는 쾌적감각에 영향을 미치며, 땀분비와 증발에 의한 열손실은 단위피부표면적으로 표시한다.

$$E_{\text{rsw}}/A_{\text{bo}}\,[\text{W/m}^2]$$

③ 호흡에 의한 열손실 (E_{res}) : 호흡에 의한 열손실 (E_{res})은 활동수준과 주위공기의 절대수증기압의 함수가 된다. 보통의 성인은 증발(호흡과 피부확산)에 의하여 12 W/m^2의 열이 손실된다.

④ 복사에 의한 열손실 : Stefan-Boltzman 법칙은 인체와 주위환경간의 복사열 교환관계를 표시한다. 복사량을 계산하기 위해서는 신체의 유효복사면적, 표면의 복사율(ε), 피부온도, 주위벽의 평균복사온도를 알아야 한다. 유효복사면적은 착의상태의 표면적에 대한 노출 표면적의 비 (f_{cl})와 같은 관계가 있다. 일반적으로 인체의 유효면적은 실제 신체표면적의 약 0.71배가 된다.

⑤ 대류에 의한 열손실 (c) : 착의상태로부터 대류열손실은 인체의 표면과 주위공기의 온도차에 비례하며, 대류열전달률에도 좌우된다.

【3】 열 평 형

더위와 추위는 피부로 느끼므로 열적으로 쾌적한가, 그렇지 못한가는 피부온도에 달려 있다. 쾌적함을 느끼는 피부온도는 개인적으로 차이가 있지만 몸 전체 평균온도가 약 31℃에서 34℃일 때이다. 이러한 피부온도는 피부에 공급되는 열량과 손실 또는 방출열량이 평형을 이루어야만 유지된다. 열평형을 위한 열량에는 다음과 같은 것이 있다(그림 1-52).

공급열량 : Met=대사(metabolism) : 기초대사와 근육대사
Cnd=전도(conduction) : 더운 물체와 접촉
Cnv=대류(convection) : 공기가 피부보다 고온일 경우
Rad=복사열(radiation) : 태양, 천공, 뜨거운 물체로부터

방출열량 : Cnd=전도(conduction) : 찬 물체에 접촉
Cnv=대류(convection) : 공기가 피부보다 저온일 때

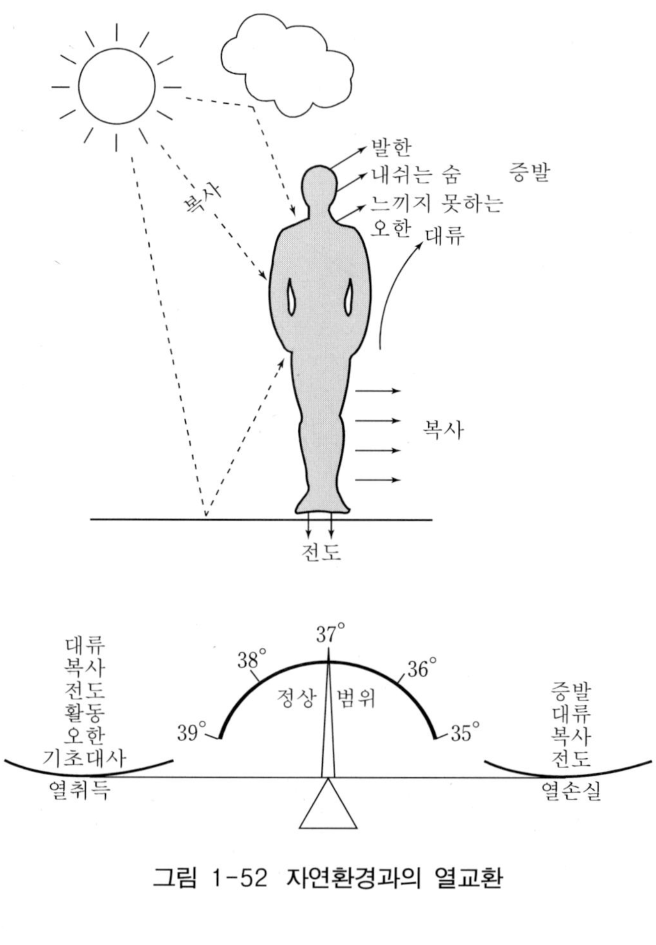

그림 1-52 자연환경과의 열교환

Rad=복사열(radiation) : 야간 천공 또는 찬 물체의 표면으로

Evp=증발(evaporation) : 물기나 땀의 증발

따라서 열평형은 Met−Evp±Cnd±Cnv±Rad=0이 성립할 때 이루어진다(그림 1-52). 이것은 인체의 열생산이 열손실량과 평형을 이루어 인체의 온도변화가 없는 것을 의미하며, 반드시 '쾌적'하다는 것은 아니다. 만약 합계가 0보다 크면 그 열량은 축적되어 체온이 상승하는데, 이 상승량은 1℃를 초과해서는 안된다. 즉, 전도, 대류, 복사는 주위환경 조건의 함수로서 주위온도가 체온(37℃, 98.6°F)에 가까울수록 대류 및 복사에

열생산	(N)	117.2	117.2	117.2	117.2	117.2 (곡선 1)
열손실	·복사및 대류에 의한	102.6	87.9	58.6	29.3	0 (곡선 2)
	·증발에 의한	14.65	29.3	58.6	87.9	117.2 (곡선 3)
	(W)	117.2	117.2	117.2	117.2	117.2 합계 (곡선 1)

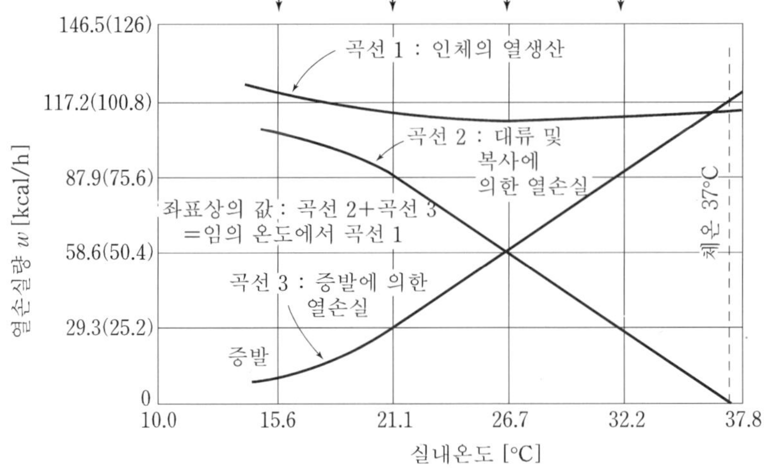

그림 1-53 휴식시 성인의 열생산과 손실량(RH 45% 고정시)

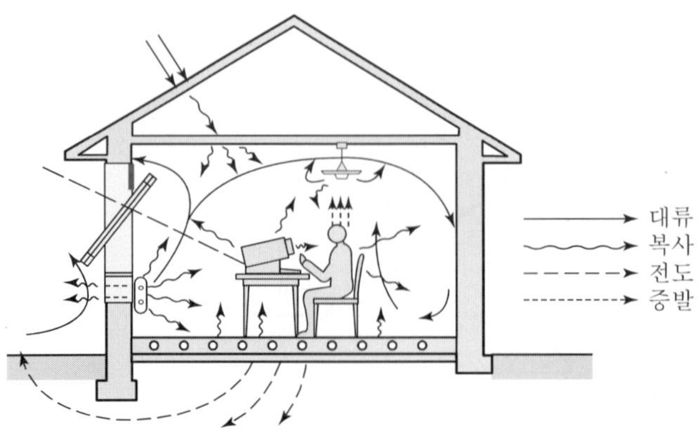

그림 1-54 실내에서 인체와 주위환경과의 열교환

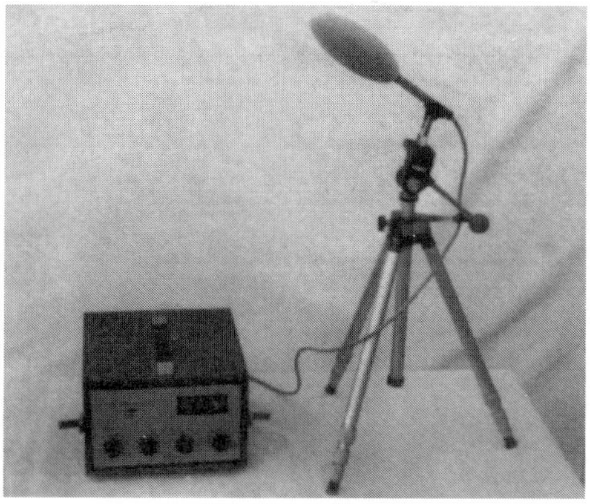

그림 1-55 열쾌적기

의한 열손실은 감소되며 기화에 의해서만 손실된다(그림 1-53). 건축 실내공간에서의 인체와 주위환경과의 열교환은 그림 1-54와 같이 복잡한 경로로 일어난다.

Fanger의 열평형방정식은 다음 8가지 요소들을 종합적으로 고려하고 있다.

① 대사량(단위피부면적당) ② 피부온도 ③ 땀분비량
④ 착의상태(옷의 단열치) ⑤ 평균복사온도 ⑥ 기온
⑦ 수증기압
⑧ 인체의 유효표피면적비(나체상태의 표면적에 대한 착의상태의 표면적비)

Fanger의 열평형식은 매우 복잡하여 수계산으로는 어려우며 전산방법으로 해석한다. 최근에는 Fanger의 쾌적방정식을 근거로 열쾌적기(thermal comfort meter, 그림 1-55)가 고안되어 사용되고 있다.

1-3-3 열 쾌 적

체내의 열이 방사될 수 있도록 피부온도는 항상 체내온도(37℃)보다 낮아야 한다. 체내의 열방사가 적당히 이루어지는 주위환경의 온도범위를 쾌적범위(comfort zone)라고 하며, 열쾌적(thermal comfort)에는 물리적 변수뿐만 아니라 주관적 변수도 영향을 미친다. 예를 들면, 착의상태, 연령, 성별, 신체형상, 건강상태, 피부색 등과 사회적·심리적 인자들도 열쾌적에 영향을 미친다.

【1】 물리적 온열요소

기온(DBT)은 열쾌적감에 영향을 미치는 가장 큰 요소이다. 열에 의하여 쾌적감이나 불쾌감을 느끼는 요소들을 물리적 온열요소(溫熱要素)라 하며, 다음 네 가지로 분류할 수 있다.

(a) 기온의 영향

건구온도의 쾌적범위는 16~28℃로서, 16℃ 이하에서는 옷을 두껍게 입거나 육체적 운동이 많이 요구된다. 30℃ 이상에서 쾌적을 유지하기 위해서는 가벼운 작업시에도 큰 기류와 증발이 요구된다.

(b) 습도의 영향

대기 중의 습도는 극단적으로 높거나 낮지 않는 한 쾌적온도나 생리적 조절범위 내에는 거의 영향을 미치지 않으나, 증발조절범위에는 큰 영향을 미치며 이 증발조절에는 상대습도(RH)가 가장 큰 영향을 미친다. 피부의 습기는 대기가 습할 때보다 건조할 때 더 빨리 증발한다. 쾌적온도에서는 증발냉각이 필요없지만 고온에서는 이것이 가장 중요한 열방산방법이다. 증발냉각에 의하여 열평형을 최소한 유지할 수 있는 최고온도는 다음과 같이 습도에 따라 다르다.

100 % RH ; 31℃　50 % RH ; 38℃　18 % RH ; 45℃　0 % RH ; 52℃

추울 때 공기가 건조하면 더 춥게 느껴지는데, 그 이유는 피부가 삼투현상에 의해 언제나 어느 정도의 습기를 가지며 건조한 공기 속에서 이것이 증발되어 자연히 냉각효과를 일으키기 때문이다. 더울 때 상대습도가 60 % 이상이 되면 땀이 나오지만 증발이 잘 되지 않기 때문에 실제보다 더 덥게 느껴진다.

(c) 기류의 영향

실내에 공기의 흐름이 전혀 없을 경우, 공기층에 분리현상이 일어난 천장부분의 공기와 바닥부분의 공기 사이에 온도차가 크게 발생한다. 기온이 일정할 경우에는 기류만으로도 열적 효과가 발생한다. 기류는 두 가지 방법에 의해 피부로부터 열방산을 증가시킨다.

① 기류는 대류에 의한 열손실을 증가시킨다.
② 기류는 증발을 증가시켜 생리학적으로 인체를 냉각시킨다.

습도가 낮을 때는(30 % 이하) 기류가 없어도 증발이 잘되므로 기류의 영향이 아주 미약한 반면, 습도가 높아지면(85 % 정도) 증발이 제한되어 기류가 냉각효과를 상승시킬 수 없게 된다. 증발은 중간 정도의 습도(40~50 %)에서 기류에 의해 현저하게 증가된다.

기류속도에 따른 인체의 일반적 반응은 대체로 다음과 같다.

0.25 m/s까지 : 느끼지 못함
0.25~0.50 m/s : 쾌적함
0.50~1.00 m/s : 공기의 움직임을 느낌
1.00~1.50 m/s : 냉각효과를 느낌
1.50 m/s 이상 : 불쾌감을 느낌

더운 상태에서는 대개 1 m/s 정도에서 쾌적하게 느끼며, 1.5 m/s 정도가 허용범위로 1.5 이상이 되면 가벼운 물건들이 날리어 불쾌감이 생긴다. 추울 때 난방실내의 기류속도는 0.25 m/s를 넘지 않아야 하나, 난방된 실내에서 기류가 전혀 없거나 0.10 m/s 이하가 되면 답답함을 느끼게 된다. 외부에서는 5.0 m/s가 쾌적함을 느끼는 최대한계치이다.

(d) 복사열의 영향

복사열은 기온 다음으로 온열감에 큰 영향을 미친다. 최근의 연구결과에 의하면 주어진 환경에서 평균복사온도(MRT)는 기온(DBT)보다 영향도가 2배 더 큰 것으로 나타났다. 신체 표면에 도달한 복사열은 현열로 변환되어 전도를 통해 피부에 전도되는데, 신체가 차가운 표면과 접하게 되면 상당량의 열이 방출되어 추위를 느끼게 된다. 예를 들어, 차가운 유리창 부근에 있을 경우 찬바람이 들어오는 것으로 오인하는 수가 있다. 문헌에 의하면 기온 1℃의 변화는 MRT 0.5~0.8℃의 변화에 해당한다고 한다. 가장 쾌적한 상태는 MRT가 기온보다 2℃ 정도 높을 때로서, 주위의 표면온도가 대체로 균일하여 몸에서 방출되는 복사열이 어느 방향으로나 같다면 MRT가 기온보다 2℃ 정도 낮아도 무방하다.

【2】 주권적 온열요소

(a) 착 의 상 태

의복을 통과하는 열량은 공기층을 통한 전달, 섬유재료를 통한 전도, 공기층과 섬유 사이의 복사 등 매우 복잡하다. 따라서 의복의 단열성능을 간단하게 측정할 수 있는 clo라는 무차원 단위가 사용된다. clo는 신체표면 전체에 대해 평균 6.5 $W/m^2℃$(5.6 $kcal/m^2h℃$)의 열관류율값(또는 0.155 $m^2℃/W$의 열저항값)에 해당하는 단열성능을 나타낸다(그림 1-56). 착의상태에 따른 clo 값은 다음과 같다.

① 수영복 : 0.05 clo
② 반바지 : 0.1 clo
③ 반바지와 짧은 소매 셔츠 : 0.2 clo

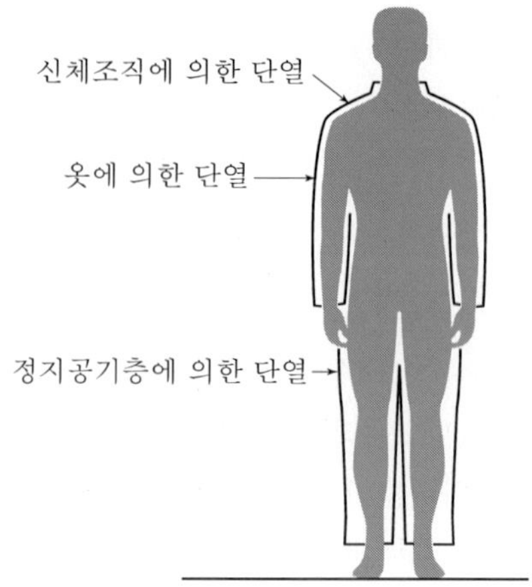

그림 1-56 인체의 단열

④ 반바지, 짧은 팬츠, 속셔츠 착용 않음, 짧은 소매 셔츠 : 0.25 clo
⑤ ④에 양말과 신발 착용 : 0.3 clo
⑥ ⑤에 반바지 대신 긴바지 착용 : 0.5 clo
⑦ ⑥에 속셔츠 착용 : 0.6~0.67 clo
⑧ 보통의 가벼운 근무복, 면내의 : 1.00 clo
⑨ 면내의, 모(毛) 양말, 3겹의 두꺼운 겨울의복 : 1.5 clo
⑩ ⑨에 코트와 조끼 포함 : 1.95~2.5 clo
⑪ 극지방에서의 가장 두꺼운 의복착용 : 4.0~4.5 clo

기류가 없는 상태에서 앉아서 작업하는 사람의 경우 1 clo의 변화는 대체로 기온 7℃의 변화에 해당된다. 기류가 있거나 중노동을 할 때에는 보다 큰 영향을 미치며, 평상 근무복, 즉 셔츠와 면내의는 1 clo의 단위에 해당된다. 일반적인 집안활동시 주거 내에서 입을 수 있는 최대의 착의상태는 1 clo를 조금 초과한다.

보통의 외출에 필요한 간편한 착의상태의 적당한 범위는 0.5~1.0 clo이며, 수면시에는 다른 값이 사용된다. 더운 상태에서는 시트 없이 알몸으로 잠을 자더라도 침대가 인체의 열방출을 제한하여 1.0 clo의 착의상태와 같은 단열작용을 한다. 만약 두꺼운 모포와 오리털 이불 및 누비이불 등을 사용하면 단열치는 2.0 clo 이상이 된다.

(b) 활 동

열쾌적의 범위는 인체의 물리적인 활동에 따라 다른데, 격렬한 운동시에는 서늘한 상태가 열적 스트레스를 감소시키기 위하여 필요하다. 주거 내에서 활동의 범위는 잠자고 있을 때의 최소활동으로부터 바닥 걸레질, 손빨래, 계단 오르내리기 등의 격렬한 활동에 이르기까지 다양하다.

(c) 기타 주관적 요소

열쾌적에 영향을 미치는, 주관적이며 정량화할 수 없는 요소에는 다음과 같은 것들이 있다. 이러한 요소에 따라 개인적인 쾌적조건이 달라진다.

① 환경에 대한 적응도　② 연령과 성별　③ 신체의 형태
④ 피하지방량　⑤ 건강상태　⑥ 음식과 음료
⑦ 재실시간　⑧ 사용자 밀도

노인은 신진대사의 속도가 느려 대체로 약간 높은 온도를 좋아하며, 여자는 대사량이 남자보다 약간 적어서 평균 1℃ 정도의 높은 온도를 좋아한다. 키가 크고 마른 사람은 뚱뚱한 사람보다 체적에 대한 표면적의 비율이 커서 열손실량이 더 많으므로 뚱뚱한 사람에 비하여 높은 온도를 좋아한다. 피하지방은 단열재의 역할을 하여 체내조직에서 표면으로 전도되는 열량을 감소시키기 때문에 만족할 만한 열방산이 이루어지려면 시원한 공기가 필요하다. 환자들은 대사량이 증가되어 열평형상태가 변화한다. 또한 열조절 기능이 약화되어 결과적으로 허용온도범위는 좁아지고 외적수단으로 정상적인 신체내부 기능을 대신해야 한다.

음식과 음료는 대사량에 영향을 미친다. 재실시간 역시 특정 열조건하에서 쾌적감에 영향을 미친다. 극장과 같은 고밀도의 수용공간에서는 낮은 기온과 비교적 많은 환기량이 요구된다. 반대로 저밀도 공간에서는 높은 온도와 적은 환기량이 요구된다.

열적반응에 대한 심리적, 사회적, 경제적 변수들의 영향은 구체적으로 설명되지 않고 있으며 보통 경험과 관찰을 통해 이해되고 있다.

【3】 쾌 적 영 역

쾌적영역(快適領域 ; comfort zone)이란 기온과 평균복사온도, 습도, 기류간의 관계를 조합하여 다수의 성인이 쾌적하다고 느끼는 환경의 범위를 설정한 것으로 개인차, 생리적·심리적 특성 및 활동상태에 따라 변한다. 이러한 쾌적영역의 설정은 건축가에게 있어 실외 기후조건을 분석하여 쾌적한 실내환경기후를 조성하는 데 무엇보다도 중요한 기본개념이다.

최근의 ASHRAE(미국 공기조화 냉동공학 학회) 실험에 의한 쾌적기준(캔자스 주립대학 연구결과)은 착의량 0.6 clo에 해당되는 옷을 입고 앉아 있을 때 평균복사온도와 기온이 동일한 상태에서 공기의 속도가 0.17 m/s일 때를 기준으로 하여 쾌적영역을 설정

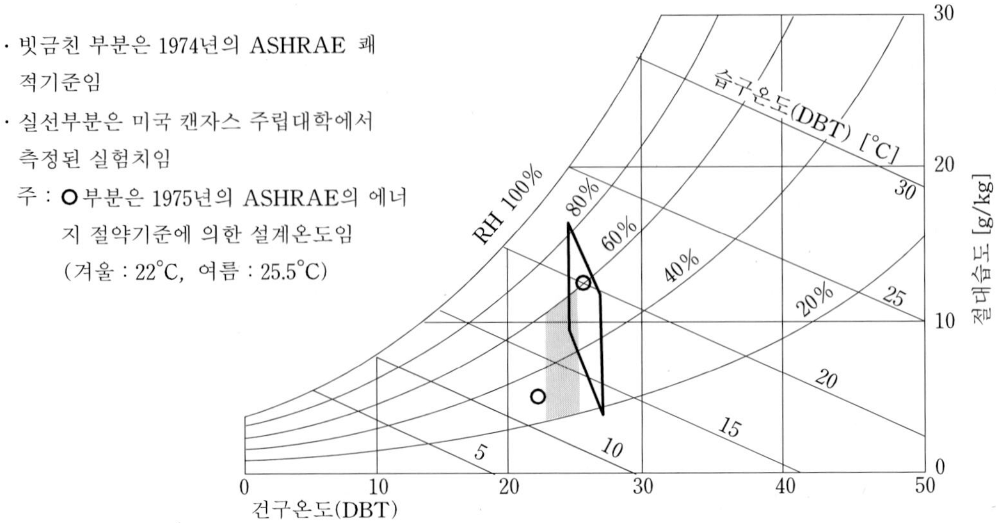

그림 1-57 공기선도상에 표시한 쾌적영역

한 것이다.

그림 1-57의 빗금친 부분은 1974 ASHRAE의 쾌적범위로서 이때의 상대습도(RH) 및 건구온도(DBT)는 다음과 같다.

RH=20~60 %(평균 40 %)

DBT=22.8(겨울)~25℃(여름)

1975년 미국의 에너지 절약기준에 의하면 여름에는 위의 쾌적기준치보다 좀더 높고 겨울에는 보다 낮은 온도(22℃)를 설계온도로 제시하고 있다(그림에서 실선으로 둘러싸인 부분).

1940년 영국의 Thomas Bedford가 실시한 조사에 의하면 쾌적온도기준은 19.5~20℃였으며, 1952년 싱가포르에서는 DBT=27℃, RH=80 %, 공기속도=0.4 m/s를 열쾌적으로 제시하였다. 이와 같이 쾌적조건은 기후권과 계절 및 환경조건, 시대에 따라 다르므로 설계용 쾌적온도범위는 지역의 여러 가지 환경변수들을 고려하여 설정하여야 한다.

【4】 생체기후도

Victor Olgyay는 건축환경 내에서 인간의 쾌적에 영향을 미치는 네 가지 환경요소(DBT, RH, MRT, v) 사이의 상호관계를 그래프로 나타내는 생체기후도(生體氣候圖 ; bioclimatic chart)를 고안하였다. 그림 1-58은 1 clo의 옷을 입고 앉아서 작업을 하는 영국의 기후에 순응된 사람을 기준으로 작성한 생체기후도이다.

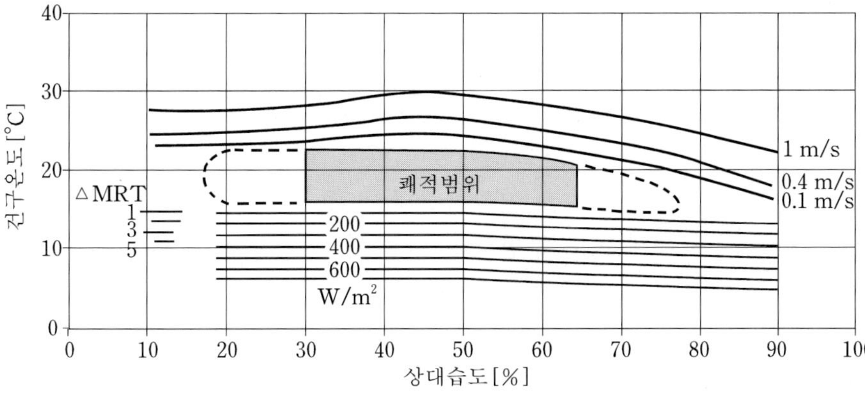

그림 1-58 생체기후도

여기에서 쾌적범위는 건구온도와 상대습도로 정의되었으며, 공기는 정지된 상태 ($v=0$)이고 복사열과 건구온도와의 차이는 없다(MRT−DBT=0)고 가정하였다. 그 다음에 기류속도에 의해 쾌적범위의 한계가 위쪽으로 확장되고(즉, 쾌적범위 전체가 m/s로 표시된 곡선까지 올라간다), 복사열에 의해 아래로 내려가는 것을 나타내었다.

복사의 영향은 두 가지 방법으로 낼 수 있다. 실내조건에 관해서는 평균복사온도 0.8℃의 증가가 건구온도 1℃의 감소에 해당되는 것으로 보정하여 평균복사온도(MRT) 척도는 왼쪽에 표시하고, 실내에서 평균복사온도와 건구온도가 5℃ 이상 차이나는 경우는 거의 없으므로 평균복사온도로 약 5℃까지 표시하였다. 실외조건에 관해서는 수평면 일사량에 대한 스케일이 W/m^2 단위로 주어져 있다. 이것은 70 W/m^2의 일사량이 1℃에 상당한다는 것을 보여주고 있으며, 비록 근사치이나 일사량 자료를 활용하는 데 도움이 된다. 겨울철의 쾌적조건으로서 태양열의 직접 획득, 또는 복사열 난방장치로서 보조난방을 한다면 건구온도는 좀더 낮은 온도까지 확장할 수 있으며, 평균복사온도를 증가시켜 주거나 옷을 두껍게 입음으로써 동일한 쾌적조건을 만들 수 있다.

그림 1-58에서 쾌적범위의 외형선 중 평행한 부분(30~50% RH)인 건구온도의 범위는 다음과 같다.

① 온화한 기후일 때(예 : 영국) : 16~22℃

② 미국과 비슷한 조건일 때 : 20~26℃

③ 더운 기후일 때 : 23~30℃

위도 40°인 지방에서의 쾌적범위의 경계치는 20~26℃(위에서 말한 미국의 경우)로 알려져 있다. 위도가 12°씩 내려감에 따라 쾌적범위는 1℃씩 위로 올라가며, 반대로 고위도로 갈수록 비슷한 정도로 내려간다. 이것은 앉아서 일하는 경우에 유효한 값이다.

중노동을 하는 사람에게는 경계치가 낮아지고(영국에서는 5~15℃) 휴식을 취하고 있는 사람에게는 경계치가 높아진다(영국에서는 20~25℃).

한편, 실외작업자에 대한 쾌적범위는 실내상태에 익숙해져 있을 때보다 좀더 넓은데, 이것은 실외작업자가 보다 민감한 조절기능을 갖고 있기 때문이다. 계절적 변화에 따라 경계치에 약간의 차이가 생길 수도 있다. 상대습도는 중앙지역(30~65 %)이 바람직하지만 18 %와 77 %까지 연장되어도 무방하다.

생체기후도가 갖고 있는 가장 큰 장점은 네 가지의 환경요소들을 하나의 쾌적지표로 종합시켰을 뿐만 아니라 한 요소(조건)를 다른 요소의 조절로 보정할 수 있는 방법을 제시한 것이다.

[예] 그림 1-59에서

① 온도 20℃, 습도 70 %가 측정되었다(A점). 이 점은 쾌적범위의 위쪽에 있다. 만약 온도는 조절할 수 있지만 습도를 조절할 수 없다면, 온도를 3℃ 낮춰서 쾌적범위에 들어가도록 한다(A′점). 또한 같은 조건에서 온도와 습도를 모두 조절할 수 없는 대신 환기설비가 갖추어져 있다면, 0.2 m/s의 기류를 발생시키면 된다. 이 방법에 의해 쾌적범위가 0.2 m/s 선까지 위로 이동한다(추울 때 기류속도는 0.25 m/s 이하).

② 온도 18℃, 습도 58 %가 측정되었다(B점). 이 점은 쾌적범위 내에 들어 있다. 이때 만약 300 W/m^{2}의 일사가 있다면 쾌적영역 전체는 그 선까지 내려가지만 B점은 상부 경계선 위에 남아 과열상태라는 것을 알 수 있다. 일사를 차폐하거나 0.2 m/s 정도의 기류를 보내어 쾌적상태로 바꿀 수도 있다.

불쾌적한 조건에서는 난방, 증발냉각, 냉방, 제습 및 가습 등의 설비적 방법을 이용하여 쾌적을 느낄 수 있도록 한다.

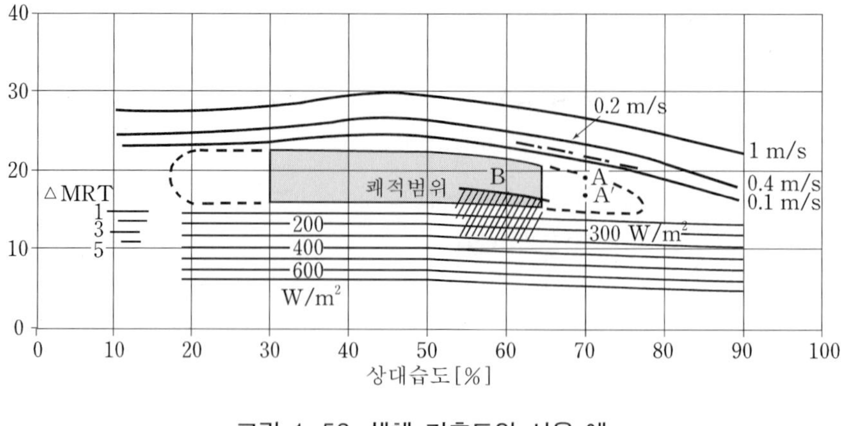

그림 1-59 생체 기후도의 사용 예

1-3-4 쾌적지표

실내의 쾌적환경에 영향을 미치는 온도, 습도, 기류 및 주위벽의 복사열 중에서 여러 가지를 조합하여 하나의 지표로 표시한 것을 쾌적지표(comfort index) 또는 쾌적척도(comfort scale)라고 한다. 대부분의 지표는 활동량과 착의량을 표준화한 후 네 가지 환경요소간의 관계를 다룬 것이다.

열쾌적지표는 다음과 같이 두 가지 종류로 나눌 수 있다.

(a) 실험적 지표

실험실에서 물리적 환경조건과 주관적인 쾌적감을 동시에 조사하여 상호관계를 통계적으로 작성한 지표이다.

① 유효온도(ET ; effective temperature)

② 신유효온도(ET* ; new effective temperture)

③ 수정유효온도(CET ; corrected effective temperature)

④ 표준유효온도(SET ; standard effective temperature)

⑤ 등가온도(EqT ; equivalent temperature)

⑥ 등온감각온도(EqwT ; equivalent warmth temperature)

⑦ 작용온도(OT ; operative temperature)

⑧ 합성온도(RT ; resultant temperature)

⑨ 적도쾌적지표(ECI ; equatorial comfort index)

(b) 분석적 지표

대사에 의한 주위환경으로의 열류경로를 추적하고 환경요소에 의해 영향을 받는 여러 가지 열류저항을 고려하여 작성된 지표로서, 모두 몇 가지 서로 다른 열평형식에 근거를 두고 있다. 이것은 일반적인 열평가지수라고 하기보다는 불쾌감지수라고 할 수 있다.

① 열응력지수(TSI ; thermal strain index) : 대사량, 착의량, 온도, 습도, 기류속도의 함수관계를 습한 공기선도 위에 동일응력선(equal strain line)으로 표시하여 나타낸다.

② 4시간 발한예측(predicted four-hour sweat rate=P4SR) : DBT, RH, MRT, 기류속도, 대사량, 착의량의 효과를 땀흘리는 양으로 표현한다.

③ 열응력지표(HSI ; heat strain index) : 체온 조절에 필요한 증발량과 어느 주어진 상태에서의 최대가능 증발량의 비를 말한다.

④ 상대응력지표(RSI ; relative strain index) : HSI를 약간 수정하여 실험식으로 정

의한 것이다.

$$\text{RSI} = \frac{M(I_{cw} + I_a) + 5,155(t_a - 35) + RI_a}{7.5(44 - P_v)} \tag{1.36}$$

여기서, M : 대사량 [kcal/m^{2}h], t_a : 기온 [℃], R : 평균복사열량 [kcal/m^{2}h]

I_a : 착의량 [clo], I_{cw} : 습한 착의량 [clo], P_v : 수증기 분압 [mmHg]

⑤ 열 스트레스 지표(ITS ; index of thermal stress) : 주어진 상태에서 열평형을 유지하기 위하여 흘린 땀의 냉각효과를 산출한 것이다.

⑥ 불쾌지수(discomfort index) : 기상상태로 인하여 인간이 느끼는 불쾌감의 정도를 나타낸 것으로서, 유효온도의 도표에서 쾌적대를 벗어난 경우의 불쾌도를 말한다. 미국에서 처음 사용하기 시작하였고 Yaglou의 유효온도와 마찬가지로 건구온도, 습구온도 및 풍속에 의하여 정해진다.

무풍인 경우 : $Id = 0.72(t + t') + 40.6$ (1.37)

풍속이 v인 경우 : $Id = 0.72(t + t') - 7.2\sqrt{v} + 21.6G + 40.6$ (1.38)

여기서, t : 건구온도 [℃], t' : 습구온도 [℃], v : 풍속 [m/s]

G : 일사량 [cal/cm^{2}min]

상수는 편의상 유효온도와 대응되도록 결정한다.

인체의 쾌적범위에는 건구온도가 가장 큰 영향을 미치고 있다. 불쾌 정도는 제반상태의 특성에 따라 이상의 지표 중에서 필요한 것을 사용하면 된다.

【1】 유효온도

유효온도(ET ; effective temperature)는 온도(또는 흑구온도), 기류, 습도를 조합한 감각지표로서 효과온도, 또는 체감온도라고도 한다. 1923년 미국에서 Hougton과 Yaglou에 의하여 처음 창안되어 널리 사용되고 있다. 이것은 상대습도(RH)가 100 %, 풍속 $v = 0$ m/s인 임의 온도를 기준으로 정의한 것이다. 유효온도는 복사열이 고려되지 않은 점과 낮은 온도에서 습도의 영향이 과장된 것이 결점으로 지적되어 왔다. 따라서 건구온도(DBT) 대신 흑구온도(GT ; globe temperature)를 사용하여 복사열에 대한 영향을 고려한 지표를 수정유효온도(CET)라고 한다.

이것은 처음 습한 공기선도상에 나타냈으나 후에 노모그램이 고안되어(그림 1-60) 풍속에 따라 유효온도를 신속하게 평가할 수 있게 되었다.

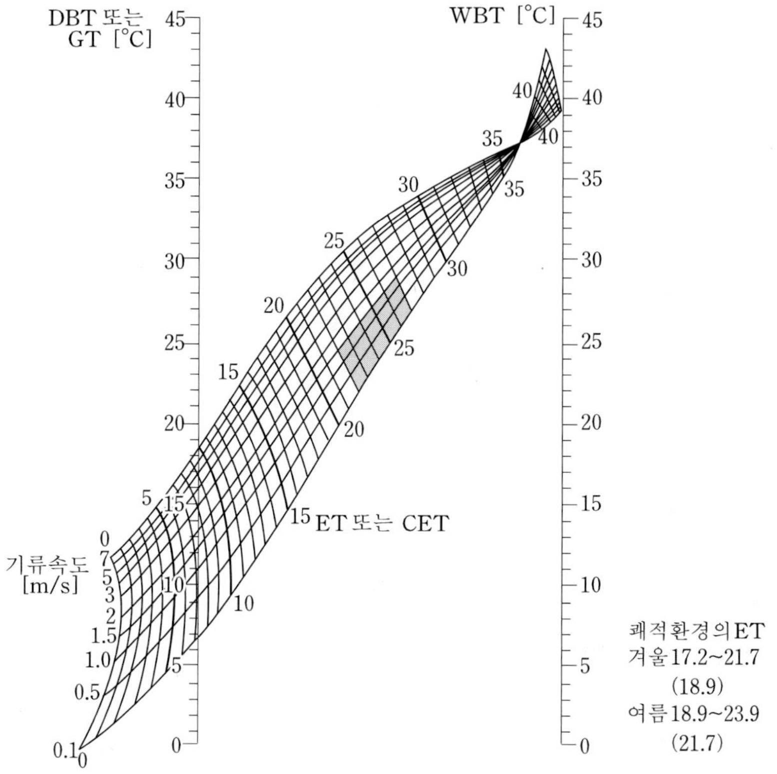

그림 1-60 수정유효온도 노모그램

【예제 1-17】 어느 방의 DBT=28℃, WBT=20℃, 풍속=1 m/s이다. 이때의 유효온도(ET)를 구하라.

풀이 DBT 척도에서 28℃와 WBT 척도 위에 20℃를 연결하는 선이 풍속 1 m/s와 만나는 점을 구하면 ET=23℃가 된다. 이것은 쾌적범위 내에 포함되어 있다(그림 1-60).

유효온도에 관한 실험연구는 계속되어 미국 ASHRAE는 1974년 신유효온도(ET*)를 제시하였다(그림 1-61). 이것은 해발 2,134 m이고 평균복사온도(MRT)와 건구온도가 같으며, 풍속이 0.2 m/s 이하인 실내에서 가벼운 옷을 입고 가벼운 작업시에 비교적 높은 온도에서 쾌적범위를 결정하는 데 유용하다. 특히 신유효온도 척도는 생리적 긴장을 일정하게 보고 50 % 상대습도선과 건구온도의 교차로 표시된다. 실제로 대부분의 환경은 상대습도가 100 %가 아닌 50 % 정도이므로 24℃의 건구온도에서 매우 민감하게 반응한다. 과거의 유효온도는 상대습도가 100 %인 상태에서 건구온도에 의한 지수로 표시되었

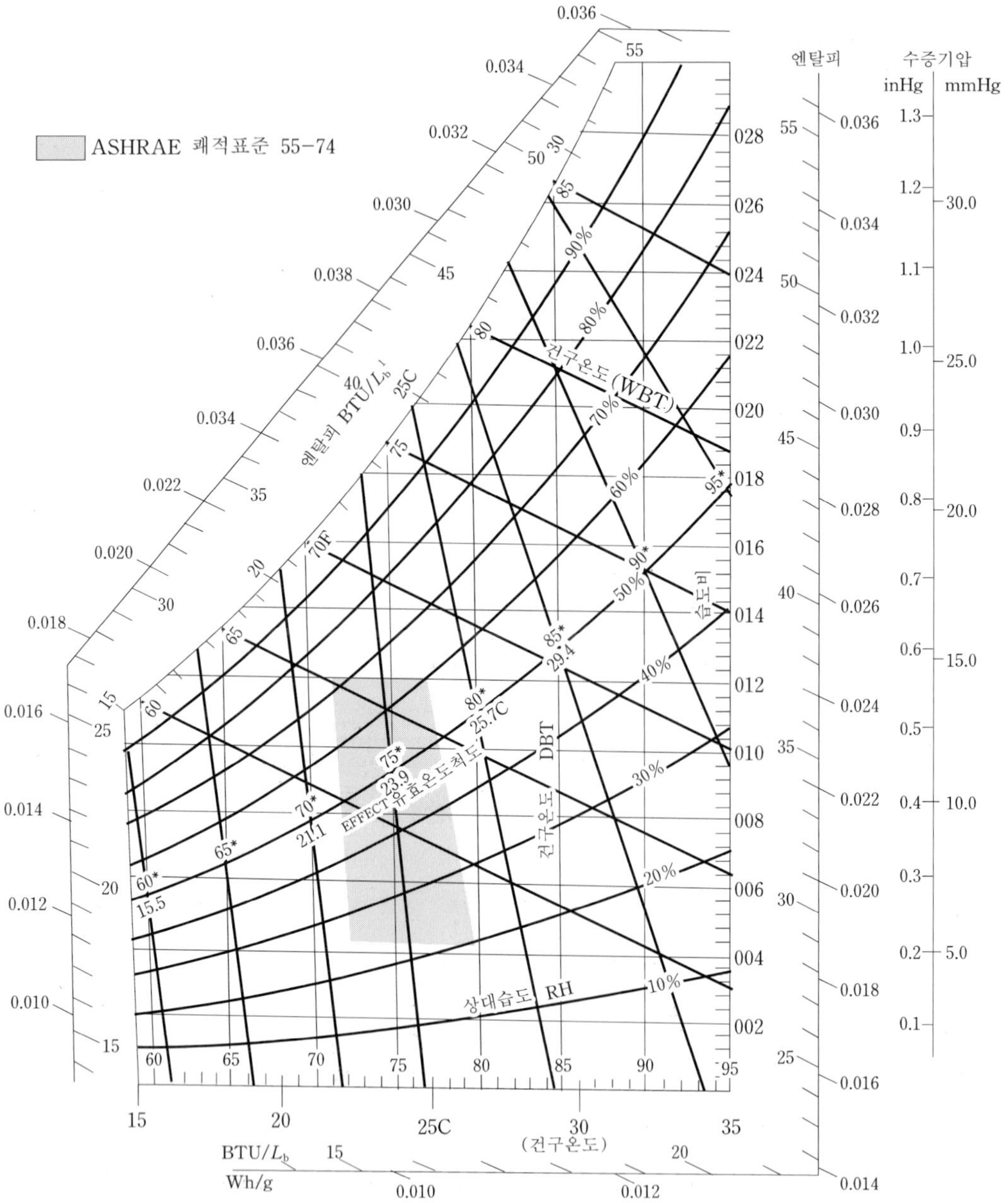

그림 1-61 신유효온도 척도(ET*)

기 때문에 실제의 건구온도보다 낮은 온도를 설계온도로 정하였다. 이러한 점에서 신유효온도는 습도의 영향을 많이 보완한 이점이 있다. 신유효온도는 열적 스트레스의 한계를 32℃로 보고 있다.

【2】 표준유효온도

Gagge 등이 제안한 표준유효온도(SET ; standard effective temperature)는 신유효온도(ET*)를 보다 발전시킨 최신 쾌적지표로서 ASHRAE에서 채택하여 세계적으로 널리 사용되고 있으며, Fanger의 쾌적식과도 근사하다. 상대습도 50 %, 풍속 0.125 m/s(정지 상태의 공기), 활동량 1 met(작업시 대사량 58 W/m^2에 해당), 착의량 0.6 clo(가벼운 실내 평상복장)의 동일한 표준환경 (t_a = MRT) 조건에서 환경변수들을 조합한 것이다. 이것은 활동량, 착의량 및 환경조건에 따라 달라지는 온열감, 불쾌적(discomfort) 및 생리적 영향을 비교하는 데 매우 유용하다.

그림 1-62는 착의량 0.9 clo, 풍속 0.1 m/s, 활동량 1.0 met일 때 표준유효온도(SET) 불쾌적(DISC), 피부습도(w)를 구할 수 있는 쾌적도로서 진하게 칠해진 부분은 80 %의 사람이 느끼는 쾌적범위, 연하게 칠해진 부분은 70 %의 사람이 느끼는 쾌적범위를 나타내는데, 일반적인 표준유효온도 척도는 착의량(0, 0.6, 0.9, 2.4, 4.0 clo), 활동량(1, 3, 5 met), 풍속(0.1, 0.5, 2.0, 5.0, 10 m/s)의 총 조합 55가지의 도표로 되어 있다.

도표에는 피부습도(w)가 표시되어 있는데, 이것은 피부를 덮고 있는 등가비(等價比)를 나타낸다. 땀을 흘리지 않을 때 w는 0.06으로, w가 0.2를 초과하면 불쾌적 정도가 증가하고 1.0에 도달하면 참기 어려워진다.

SET 선(실선)은 피부습도선(점선)과 평행하며, 매우 더운 조건에서는 피부습도선과 거의 일치한다. 10단계 척도로 표시되는 온랭불쾌적(cold and warm discomfort) DISC (파선)는 +0.5～−0.5의 범위에서 80 %의 사람이 느끼는 쾌적범위가 되고, ±1.0에서는 70 %의 사람이 느끼는 쾌적범위가 된다.

표준유효온도(SET)를 사용하여 쾌적 및 불쾌적을 예측하는 과정은 다음과 같다.

① 활동량(met), 공기온도(t_a), 평균복사온도(MRT), 풍속(v)을 측정한 후 작용온도 t_0를 구한다(다음 항의 작용온도 참고).

② t_0를 구한 후 풍속, 착의량, 활동량의 조합에 해당되는 쾌적도를 찾고 각종 환경변수의 교차점을 찾아 SET, w, DISC를 구한다.

【예제 1-18】 상대습도 RH=20 %, 공기온도 t_a = 25℃, 평균복사온도 MRT=20℃, 풍속 v = 0.1 m/s, 착의량 clo=0.9, 활동량 met=1.0일 때 SET, w, DISC를 구하라.

풀이 먼저 v = 0.1 m/s일 때 OT=22.5℃를 구한다(보간법에 의해). 그림 1-62에서 SET=23℃, w = 0.07, DISC=0인 경우 쾌적범위 내에 있음을 알 수 있다.

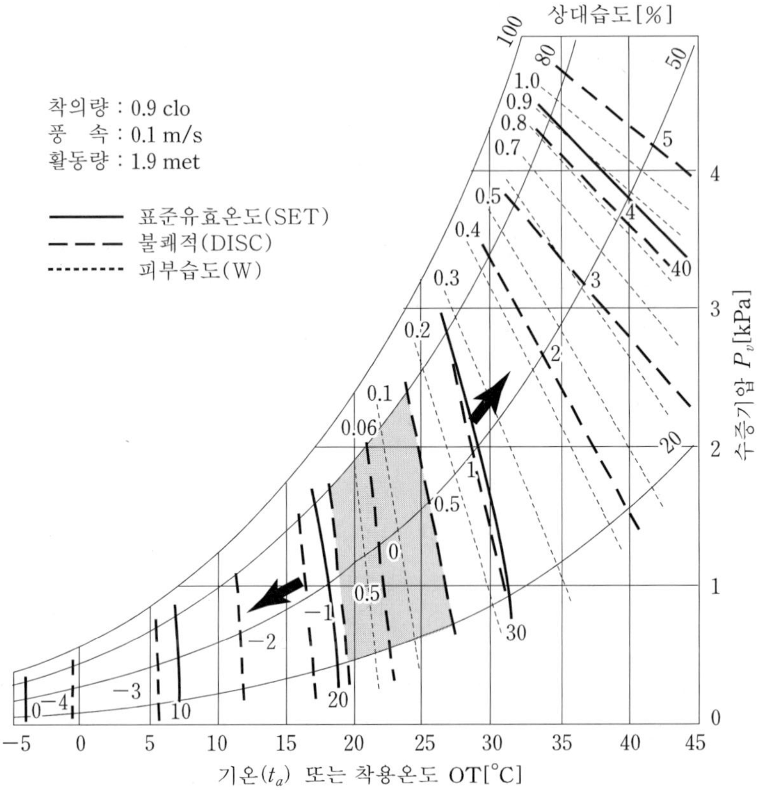

그림 1-62 표준유효온도 척도

【3】 작용온도

기온과 주벽의 복사열 및 기류의 영향을 조합시킨 지표로서, 습도의 영향이 고려되어 있지 않다.

$$\mathrm{OT} = \frac{(h_r \cdot \mathrm{MRT} + h_c \cdot t_a)}{h_r + h_c} \tag{1.39}$$

여기서, h_r : 복사전달률, h_c : 대류전달률

t_a : 공기온도, MRT : 평균복사온도

복사 및 대류전달률이 인체와 동일한 비례를 갖도록 적당한 크기와 색으로 된 흑구온도계를 사용하면 작용온도(OT ; operative temperature)는 흑구온도와 같아진다. 윗식에서 h_c는 기류에 영향을 받으므로 OT도 간접적으로 기류의 영향을 받는 것을 알 수 있다.

기속이 높을수록 작용온도값은 기온 (t_a)의 근사치를 갖는다. 기온 (t_a)과 평균복사온

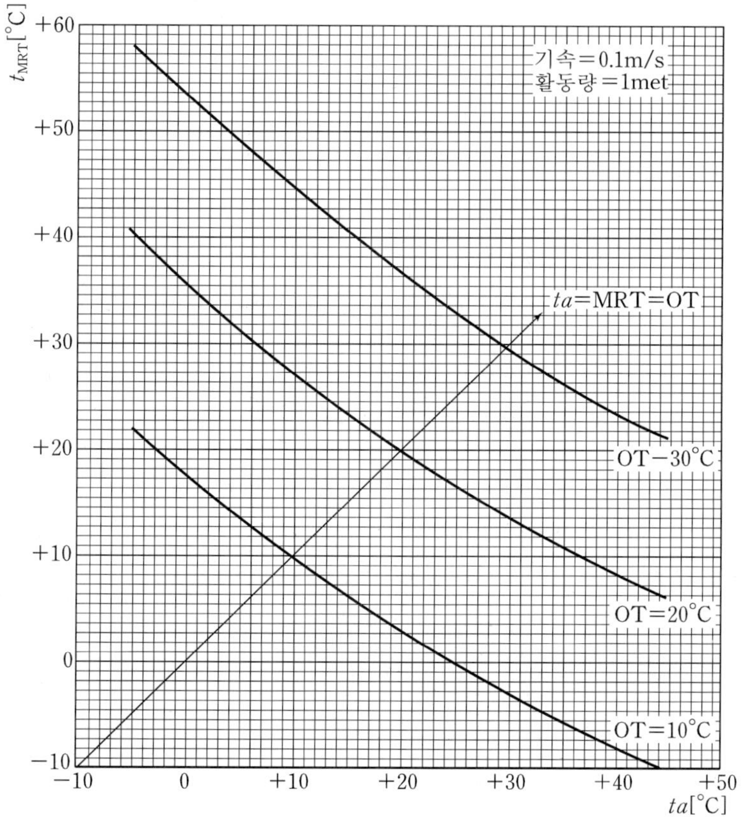

그림 1-63 작용온도 도표

도(MRT)의 상대적 효과는 기속에 따라 변하므로 쾌적영역을 구하는 데는 반드시 각각의 기속 (v)에 대한 작용온도를 구해야 한다.

그림 1-63은 기속 0.1 m/s, 활동량 1 met일 때 t_a 및 평균복사온도값을 알고 작용온도를 구하는 도표이다. t_a = MRT, 즉 균일환경일 때 이 값은 OT와 같아진다(기울기 45°의 직선 위에 t_a = MRT = OT 값이 있게 된다).

예를 들면, t_a = 20℃인 경우 MRT = 3.2℃이면 OT = 10℃, MRT = 20℃이면 OT = 20℃, MRT = 36.5℃이면 OT = 30℃이다.

습도문제와 관련하여 습윤작용온도(HOT ; humid operative temperature)라는 것이 있는데, 이것은 건구온도(DBT) 및 평균복사온도(MRT) 뿐만 아니라 노점온도 (t_{dp})까지 고려한 지표로서, 실제 환경과 동일한 평균피부온도 (t_{sk})와 피부습도 (w)에서 인체가 복사, 대류, 증발에 의한 열교환이 이루어지는 가상적인 환경(상대습도 100 %)에서의 균일온도로 정의된다.

【4】 등가온도

Dufton에 의하여 1929년 창안된 것으로 기온(DBT), 평균복사온도(MRT), 기속 (v)을 조합한 지표인 등가온도(等價溫度 ; EqT ; equivalent temperature)는 어떤 환경에서 24℃인 일정크기 흑체의 방열량이 공기유동이 없는 폐쇄공간에서의 방열량과 같아질 때 그 폐쇄공간의 온도로서 정의된다. 등가온도 EqT는 다음식과 같다.

$$\mathrm{EqT} = 0.522\,\mathrm{DBT} + 0.478\,\mathrm{MRT} - 0.01474\sqrt{v}\,(100 - \mathrm{DBT}) \tag{1.40}$$

여기서, 각 변수의 단위는 DBT : °F, v : ft/min, MRT : °F

등가온도(EqT)를 측정하는 데는 유파테오스코프(Eupatheoscope)라는 기기를 사용한다. 이것은 지름 7.5 in, 높이가 22 in인 흑색무광택 원통형 실린더로서 일정한 흑체의 역할을 하도록 고안된 기기이다. 착의상태의 인체온도와 유사하도록 실린더 표면온도가 21.1℃를 유지할 수 있도록 조절되며, 기온(DBT)이 21.1℃ 이상되면 사용할 수 없다. 실용상 등가온도는 노모그램을 이용하여 구한다.

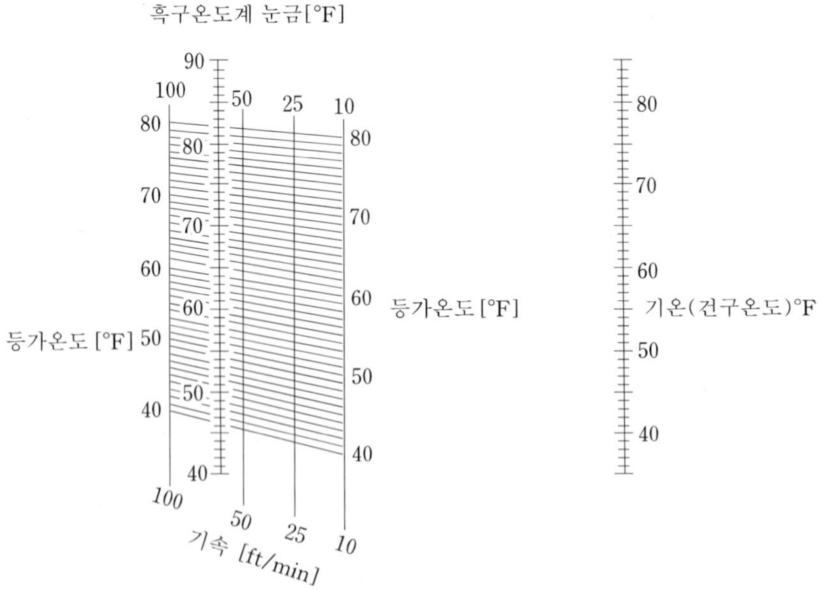

그림 1-64 EqT 노모그램

【5】 등온감각

1934년 Bedford에 의하여 제시된 것으로 기온(DBT), 습도, 기류 및 복사의 4개 온열 요소를 전부 고려한 척도인 등온감각(等溫感覺 ; EqwT ; equivalent warmth)은 DBT = MRT, 기류 0 m/s, 상대습도 100 %일 때를 기준으로 정의된다.

등온감각(또는 등감지표)을 EqwT라 하면 다음과 같이 된다.

$$\text{EqwT} = 9.97x - 0.1495x^2 - 2.89 \quad (1.41)$$

$$x = 0.0556\,\text{DBT} + 0.0538\,\text{MRT} + 0.0372P_v - 0.00144\sqrt{v}(100 - \text{DBT}) \quad (1.42)$$

여기서, DBT : 건구온도 [°F], MRT : 평균복사온도 [°F]

v : 풍속 [ft/min], P_v : 수증기 장력 [mmHg]

쾌적조건은 실험결과 EqwT = 60.9°F 또는 52.9~68.6°F이다. 실용상 EqwT는 노모그램(그림 1-65)을 이용하여 구한다.

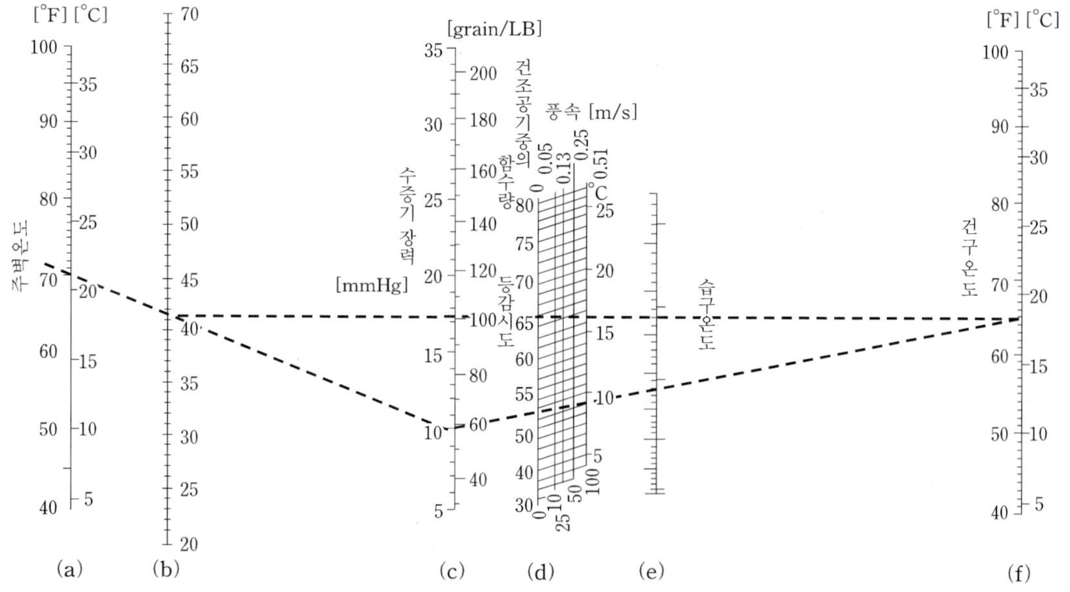

그림 1-65 EqwT 노모그램

【6】 합성온도

프랑스의 A. Missenrad에 의하여 창안되었으며 영국에서 많이 사용되고 있는 ET와 유사하게 건구온도(DBT), 평균복사온도(MRT), 풍속 (v), 상대습도(RH)를 조합한 지표로서 합성(건구)온도(合成溫度 ; RT ; resultant temperature)라고 한다. 이것은 지름 10 mm 흑구 내의 온도 [℃]로 표시한다. 최근의 연구(Humphrey)에 의하면 지름 40 mm 흑구는 보통 실내조건에서 주관적 온열감(溫熱感 ; subjective)을 나타낸다고 하였다.

합성온도는 다음 식으로 정의된다.

$$RT = \frac{MRT + DBT\sqrt{10\,v}}{1 + \sqrt{10\,v}} \tag{1.43}$$

여기서, MRT, DBT : ℃, v : m/s

윗식에 $v = 0.1$ m/s를 대입하면

$$RT = \frac{1}{2}\,MRT + \frac{1}{2}\,DBT \tag{1.44}$$

이 되며, 합성온도로서 측정할 수 있는 환경변수의 범위는 다음과 같다.

DBT : 20~45℃
WBT : 18~40℃
v : 0.1~3 m/s

즉, 정지상태의 공기에서 합성온도는 주위벽의 표면온도와 기온의 영향을 합성한 것이다. 표 1-10은 실내 합성온도의 권장치를 나타낸 것이다.

표 1-10 실내 합성온도의 권장치*

실 내 환 경	합성온도(RT) [℃]
주택 · 거실	21
침 실	18
사무실	20
경작업시	16
공장 중작업시	13

* CIBS Guide Section Al

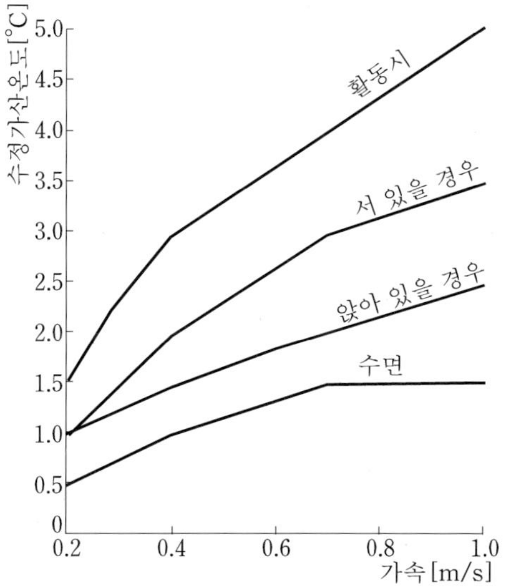

그림 1-66 기속이 0.2 m/s 이상일 경우 안정상태를 유지하는 데 필요한 온도교정

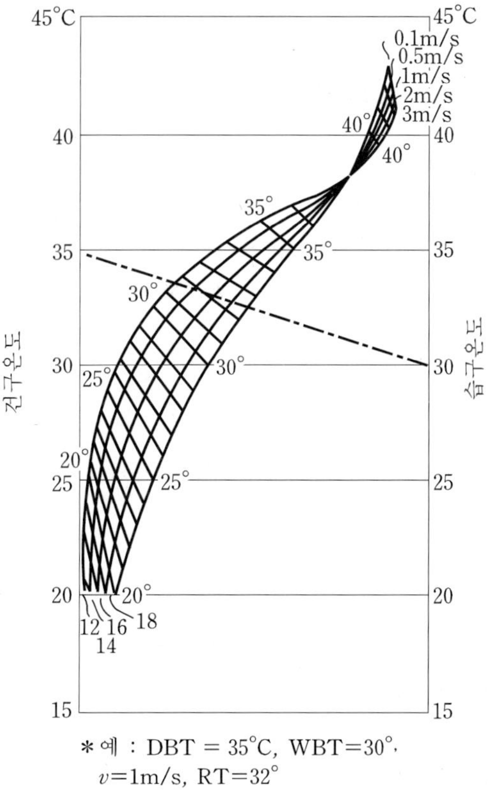

그림 1-67 합성온도 모노그램

$v=0.2$ m/s 또는 그 이상인 경우 합성온도는 기류의 냉각효과 때문에 증가된다(온도 증가로 인한 교정은 그림 1-66과 같다). 그림 1-67은 습구온도, 건구온도, 풍속을 알 때 합성온도를 구하는 노모그램이다.

1-3-5 주관적 지각반응

생리적 반응은 주로 객관적으로 측정한 자료를 근거로 하는 반면, 주관적 지각반응(知覺反應)은 어떤 환경에 노출된 사람이 스스로 평가하는 것이다. 주관적 지각반응은 동일인일지라도 시간 및 장소 등의 상황에 따라 다르게 나타난다.

여기서 열쾌적과 열평형을 혼동해서는 안되는데, 열평형은 쾌적이 우선이지만 불쾌적 상태에서도 활발한 열조절 메커니즘을 통하여 달성될 수 있다. 일반적으로 쾌적조건을 평가하는 것은 가능하지만 불쾌적을 평가하는 것은 매우 어려운 문제이다. 그러나 평가척도를 사용하면 열환경에 대한 주관적 지각반응을 평가할 수가 있다.

【1】 온열감각

온열감은 열감각기관을 통하여 지각되며, 쾌적영역에서는 신경활동이 극소화되고 중추신경계의 자극은 최저가 된다. 온열감각(溫熱感覺 ; thermal sensation)은 비교적 반응이 빠르며, 환경에 노출된 후 15분이 경과하면 평형상태에 도달한다.

Stevens의 온열촉감에 대한 주관적 반응은 식 (1.45)와 같다.

$$W = K(t - 32.5)^{1.6} \tag{1.45}$$

여기서, W : 주관적 온열감, t : 자극온도, K : 상수

온열감에 대한 한계온도는 32.5℃이며, 냉감에 대한 주관적 반응 C는 다음과 같고 그 한계온도는 31℃가 된다.

$$C = K(31 - t) \tag{1.46}$$

온열감에 대한 반응은 한계온도 이상에서 지수적으로 변하고 냉감에 대한 반응은 한계온도 이하에서는 선형적으로 변한다.

【2】 불쾌감각

지나치게 더운 환경이 작업능률의 저하를 초래한다는 것은 일반적인 내용이다. 그러나 불쾌감각(不快感覺 ; consequences of discomfort)을 평가하는 지표가 다양하고 작업능률 측정방법도 다르기 때문에 불쾌감각을 일반화하기는 어렵다. 지금까지 발표된 몇 가지 연구결과를 요약하면 다음과 같다.

① 주간작업(晝間作業)의 한계치는 TSI(열응력지수 : thermal strain index)이다. TSI 22에서는 보통 사람의 정신적 기능이 저하되기 시작한다(이것은 대략 ET 31℃에 해당한다).

② ET 28℃와 31℃ 사이에서 육체적 · 정신적 노동능력이 모두 저하되기 시작한다.

③ DBT가 28℃에서 34℃로 올라가면 작업능률은 40 % 떨어진다(100 %에서 60 %로).

인간은 생리적인 적응능력을 가지고 있으므로 쾌적기준을 일정하게 하는 것은 어려운 일이다. 인간의 최적점과 허용점은 열적 요소보다는 다른 요소에 의해 좌우될 수 있다. 다만, 쾌적한 범위를 제시하고 가능한 한 사용자가 열적 조건을 어느 정도 조절하도록 유도하는 것이 바람직하다.

【3】 불쾌적의 평가

앞 절에서 6가지 변수에 의한 표준유효온도(SET)의 예측은 개인별로 다르며 예측된 쾌적상태가 항상 최적이라고 볼 수는 없다. 따라서 불쾌적(不快適 ; DISC ; discomfort) 정도, 불쾌적이라고 느끼는 사람의 수, 불쾌적 상태의 기간 등에 대한 평가가 요구된다.

열쾌적에 대한 주관적 평가는 주로 7단계 또는 10단계의 어휘분절척도(semantic differential scale)가 많이 사용되고 있다(표 1-11 참조).

이러한 척도판단에서 점수간의 간격은 동일하다고 가정한다. 각 점수단계별 응답의 누적빈도 분포도를 그리면 그림 1-68과 같으며, 점수+1~-1까지 쾌적범위의 도수 분포도를 그리면 그림 1-69와 같이 정상분포를 보인다. 이것은 척도상의 쾌적범위 내의 응답자의 분포상황을 나타낸 것이다.

표준유효온도 도표에서 불쾌적(DISC) 척도는 보통 실내조건 이외에도 널리 적용될 수 있고, 주관적 온열감각척도와는 달리 불쾌적의 정도를 판단할 수 있다. 또한 쾌적범위와 동일한 반응을 얻을 수 있는 장점을 갖고 있다. 예를 들면, 불쾌적 −0.5와 +0.5

표 1-11 주관적 온열감 척도

Bedford	
지독히 덥다(much too warm)	1
매우 덥다(too warm)	2
따뜻하다(comfortably warm)	3
쾌적하다(comfortable)	4
서늘하다(comfortably cool)	5
매우 춥다(too cool)	6
지독히 춥다(much too cool)	7

ASHRAE	
춥다(cold)	1
서늘하다(cool)	2
약간 서늘하다(slightly cool)	3
알맞다(neutral)	4
약간 덥다(slightly warm)	5
덥다(warm)	6
무덥다(hot)	7

Fanger	
춥다(cold)	−3
서늘하다(cool)	−2
약간 서늘하다(slightly cool)	−1
알맞다(neutral)	0
약간 덥다(slightly warm)	+1
덥다(warm)	+2
무덥다(hot)	+3

Rohles와 Nevins	
매우 춥다(very cold)	−4
춥다(cold)	−3
서늘하다(cool)	−2
약간 서늘하다(slightly cool)	−1
알맞다(neutral)	0
약간 따뜻하다(slightly warm)	+1
따뜻하다(warm)	+2
덥다(hot)	+3
매우 덥다(very hot)	+4
고통스럽다(painful)	+5

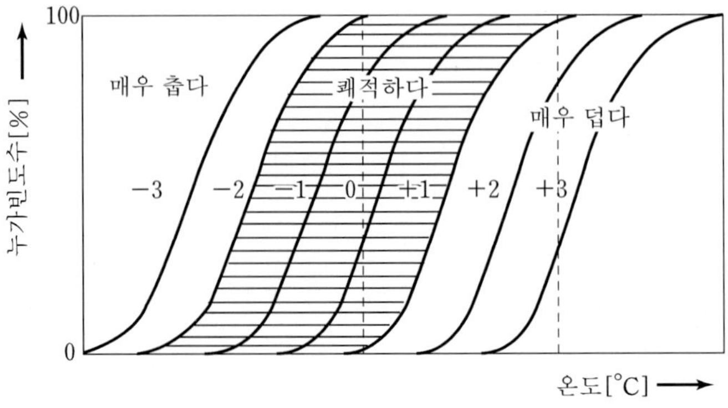

그림 1-68 각 점수단계별 응답의 누적빈도 분포도

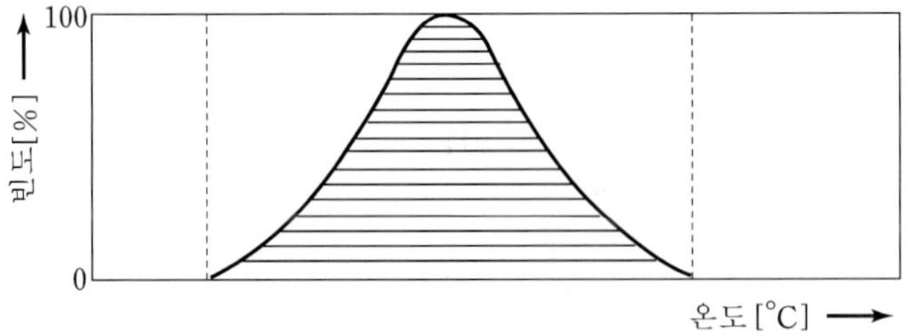

그림 1-69 도수 분포도(−1∼+1)

사이에서는 80 %의 사람이 만족하다고 느끼며, −1.0과 +1.0 사이에서는 70 %의 사람만이 만족한다는 것을 의미한다.

1-3-6 인체의 쾌적과 환기

【1】 환기의 목적과 기능

실내환기는 인체의 건강과 쾌적에 직접적인 영향을 미치는 중요한 요소이며, 실내의 온·습도 및 표면온도에도 간접적인 영향을 미친다.

이러한 환기의 목적은 다음과 같다.

① 호흡에 필요한 산소의 적절한 공급
② CO_2 가스, 수증기량(호흡에 의한)을 제거
③ 인체 및 실내에서 발생되는 각종 냄새(배기·흡연 등)의 배기
④ 오염공기에 의한 감염위험 감소
⑤ 쾌적한 환경조성에 필요한 적절한 기류(동풍이 아닌 신선한 공기의 흐름)

⑥ 건물 내부의 결로방지
⑦ 실내열의 방출

이상에서 ①~④를 건강환기(health ventilation), ⑤를 쾌적환기(comfort ventilation), ⑥과 ⑦을 구조체 냉각환기기능이라고 한다. 그러나 이 세 가지 기능은 지역과 기후조건에 따라 중요도가 다르며, 계절에 따라 요구사항이 다르다.

다음 절에서는 이러한 건강환기와 쾌적환기에 대해서 고찰하기로 한다.

【2】 건강환기 요구

건강환기(健康換氣)는 호흡과 취사 등에 필요한 산소를 공급하고 실내의 유해가스와 냄새 등의 오염물질을 허용수준 이하로 제거하기 위한 것이다.

(a) 공기의 성분

외기는 평균 21 %의 산소(O_2), 0.03~0.04 %의 이산화탄소(CO_2), 78 %의 질소(N_2), 1 %의 불활성기체(주로 아르곤)와 수증기 5~25 g/m^{3}를 포함한다(표 1-12).

재실공간에서는 재실자의 활동량, 식사습관 등에 의하여 CO_2, 냄새 등의 발생량이 달라진다. 사람이 체외로 배출하는 호흡공기의 조성비는 O_2(16.3 %), CO_2(4 %), N_2(79.7 %)로 이루어져 있고, 그 밖에 소량의 암모니아와 수증기 45 g/m^{3}이 포함된다. 휴식하고 있는 사람이 1시간당 호흡하는 공기량은 0.46 m^{3}이며, 이때 0.14 m^{3}의 산소를 흡입하고 0.12 m^{3}의 이산화탄소를 발생시킨다. 또한 격렬한 활동에서도 호흡에 필요한 공기량이 증가한다. 예를 들면, 6.44 km/h의 속도로 걷고 있는 사람은 시간당 약 2.23 m^{3}의 공기를 호흡하고, 이때 0.96 m^{3}의 산소를 필요로 하며 0.85 m^{3}의 이산화탄소를 배출한다.

표 1-14는 몇 가지 경우에 있어서의 공기구성비(空氣構成比)를 나타낸 것이다.

표 1-12 공기의 성분

명 칭	기 호	용적구성비 [%]
질 소	N_2	78.10
산 소	O_2	20.93
아 르 곤	A	0.937
이산화탄소	CO_2	0.03
네 온	Ne	0.0018
헬 륨	He	0.0005
크 립 톤	Kr	0.0001
크 세 논	Xe	0.00001

표 1-13 호흡의 성분

명 칭	기 호	용적구성비 [%]
질 소	N_2	79.7
산 소	O_2	16.3
이산화탄소	CO_2	4.0
수 증 기	H_2O	포화(37℃에서 45 g/m^3)

표 1-14 단위공간의 용적당 공기구성비(허용치)

상 태	이산화탄소	산 소
보통 공기상태	0.3 %	20.6 %
저항감을 느끼게 되는 상태	2.0 %	16.0 %
위험상태	5.0 %	12.0 %

* 잠수함에서는 1.5 %의 CO_2까지도 허용된다. 대개 점유자 1인당 약 1.65 l(3.0 cfm)의 환기를 하면 보통의 공기상태를 유지할 수 있다.

(b) 실내공기의 오염

실내의 오염된 공기를 처리할 때는 재실자의 쾌적과 건강에 미치는 영향을 고려하여야 한다. 실내공기의 조절은 다음과 같이 세 가지로 구분되며, 이 중 ①과 ②는 원칙적으로 환기에 의해 조절되고 ③은 여과기에 의해 조절된다.

① 공기의 성분 조절(산소・이산화탄소) : 산소요구량은 신진대사량에 따라 좌우되며, 1 l의 산소량당 평균 5 kcal를 발생하므로 소요산소량[l/h·인]은 시간당 신진대사량[kal/h]의 1/5 정도 된다. 순수 산소소비량은 공기(21~16.3 %) 중의 4.7 %이므로 산소공급을 위한 1인당 필요공기량은 신진대사량의 4.25배가 된다.

이산화탄소의 배출량도 신진대사량에 비례하며, 시간당 용적량은 0.17 M(kcal/h)이다. 난방 취사기구 사용에 의하여 O_2 소요량과 CO_2 발생량이 좌우되는데, 1 m^3의 취사용 가

표 1-15 최소환기량

난방기간 비공조(非空調)시	기 적	실외 소요환기량[1/s·인]
착석한 성인	2.83 m^3	11.80
	5.67 m^3	7.55
	8.50 m^3	5.66
	14.17 m^3	3.30
활동중인 성인	5.67 m^3	착석한 성인의 실외 소요환기량값의 145 %
학생(중산층)	2.83 m^3	13.69
	5.67 m^3	9.91
	8.50 m^3	8.02
	14.17 m^3	5.19
학 생(저소득층)	5.67 m^3	180 %

* 출처 : ASHRAE (1961)

스는 0.6 m^3의 이산화탄소를 발생시킨다.

일반적으로 적절한 환기에 의하여 실내공기의 평형을 유지할 수 있다. 개략적으로 점유자 1인당 공기환기량이 0.47 l/s[1.0 cfm(ft^3/min)]인 경우 산소평형이 유지되며, 1.65 l/s(3.5 cfm)인 경우 이산화탄소의 함유율은 0.6% 이하로 유지된다. 대부분의 경우 체취와 담배연기 제거를 위해 표 1-15의 값보다 더 큰 환기량이 필요하다.

② 냄새제거를 위한 환기 : 냄새문제는 냄새의 강도와 같은 정량적인 측면과 불쾌감 등의 정성적인 측면으로 구분된다. 건물 내에서 냄새에 의한 필요환기량은 사회적 허용기준, 재실자 수, 재실자의 청결상태와 습관, 특히 흡연 등에 의해 달라진다. 냄새에 대한 적응은 빨리 일어나므로 냄새 정도가 점차 증가되는 방에 있었던 사람은 같은 실에 금방 들어온 사람보다 냄새를 예민하게 느끼지 못하게 된다.

③ 공기중의 불순물 조절 : 공기 중의 입자들은 피부, 눈, 허파 및 다른 중요한 인체기관에 자극을 유발시킬 수 있고 이들이 조금만 증가하여도 일반적으로 불쾌감을 느낀다. 이러한 입자들은 공기 중에서 몇 가지 형태를 가지며 주로 여과기에 의해 조절된다.

a. 먼지 : 자연적으로 발생된 건조한 입자로서 그 크기가 10 μ 이상이며 가구류 위나 표면 위에 내려앉아 관리 및 청결유지 문제를 일으킨다. 대개 크기가 10 μ 이하인 입자들은 호흡할 때 인체 내로 흡입되며, 이보다 큰 입자들은 기관지에서 걸러지나 5 μ 이하의 입자들은 깊숙이 침투하므로 인체에 가장 해롭다.

b. 연기 : 입자를 형성하는 유기물질로서 먼지의 가장 미세한 형태 중의 하나이다.

c. 증기 : 공기 중에 떠 있는 액체나 용해된 물질의 부유물로서 일반적으로 화학작용에 의해 만들어진다.

d. 꽃가루 : 크기가 대략 20~60 μ의 유기입자(organic particles)로서 사람에 따라서는 알레르기 자극의 원인이 된다.

④ 기타 : 공기 중에는 보통 여러 종류의 세균들이 먼지의 입자에 부착된 상태로 떠돌아 다니고 있는데, 이들은 보통 인체에 무해한 것이나 해로운 세균이 섞여 있기도 한다.

산업공장 등에서의 악취문제는 환기에 의해 실내에서 어느 정도 해결할 수 있으나 공해(대기오염)의 원인이 될 때는 실내환경의 정화와 동시에 실외의 대기오염 방지를 위한 특수한 환기설비가 필요하다. 또한 자동차의 배기가스 등으로 대기가 극도로 오염된 도심지 내의 건물에서는 환기를 위해 개구부를 개방하면 오히려 실외의 오염된 공기 때문에 실내가 오염될 수도 있으므로 이 경우에는 기계 환기설비로 오염된 공기를 여과시켜야 한다.

(c) 필요환기량

① 산소(O_2)와 이산화탄소(CO_2)에 의한 환기량 : 최소필요환기량은 안전한 수준까지 유지하는 데 필요한 공기 중의 이산화탄소 함량을 기준으로 한다. 8시간 이상의 실내작업은 이산화탄소의 함량이 0.5 %(CIBS Guide Section A1) 이하이어야 하는데, 냄새를 배제하기 위한 신선한 공기량은 이보다 훨씬 많은 양이 필요하다.

환기량은 단위시간당 공급되는 신선한 공기량 [l/s]으로 표시하는데 때로는 1인당 기적(氣積)으로 규정하기도 한다. 공장과 사무실에서 1인당 법적 최소기적은 11.5 m^3이고 1인당 4.72 l/s 또는 단위바닥면적[m^2]당 1.3 l/s으로 규정되며, 주택의 부엌과 화장실의 최소외기공급량은 1 m^2의 바닥면적당 10 l/s로 규정되어 있다. 특히 주택 내에서는 부엌과 욕실에서 많은 양의 환기가 필요하며, 기타 주거공간에서는 극간풍(隙間風; infiltration)에 의하여 신선한 공기가 공급된다고 볼 수 있다.

실내의 이산화탄소 농도가 0.5 % 이하로 유지되고 1인당 이산화탄소 발생량이 q[l/h]일 때 1인당 필요한 신선한 공기량 Q는 다음과 같다.

$$Q = \frac{q \times 100}{(0.5 - 0.05) \times 1000} = \frac{q}{4.5} \ [m^3/h \cdot 인] \tag{1.47}$$

즉, 앉아 있을 때 이산화탄소 발생은 약 18 l/h이므로 1인당 필요한 신선한 공기량은 $Q = 4\ m^3/h$이고, 300 kcal/h 정도의 신진대사율을 갖는 수작업을 할 때의 이산화탄소

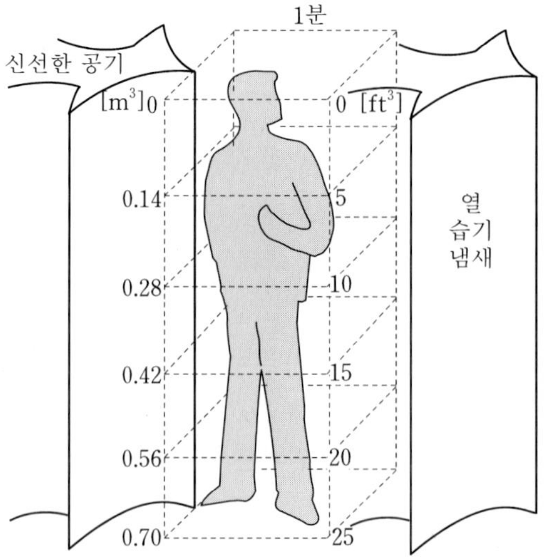

그림 1-70 인간의 쾌적을 위해 필요한 환기량

생성량은 54 l/h이므로 신선한 공기요구량은 1인당 약 12 m^3/h이 된다. 이러한 공기량은 냄새나 공장의 오염물질을 제거하기에 불충분하므로 실제 사용시에는 이보다 낮은 최대 농도가 설정되어야 한다. 프랑스에서는 이산화탄소 농도를 최대 0.1 %로 제한하고 있다.

② 냄새 제거를 위한 환기량 : 건강환기를 위한 냄새 제거의 환기량은 보통 산소, 이산화탄소에 의한 적정환기량보다 많다. 따라서 표준을 세우는데 어려움은 있으나 냄새 제거를 위해 설정한 환기량이 적정환기량으로 더 적합하다고 볼 수도 있다.

Yaglou와 Witheridge의 연구에 의하면 체취를 일정수준에 머무르게 할 때 재실자의 수가 매우 중요한 변수인 것으로 밝혀졌는데, 필요환기량은 3명 재실시 7 ft^3/min·인(0.196 m^3/min·인), 14명 재실시 25 ft^3/min·인(0.71 m^3/min·인)으로 나타났다.

냄새 제거는 부엌, 화장실, 실험실에서 특히 중요하며, 창문을 통해 직접 외기로 배출될 수 있어야 한다. 이러한 상태에서 자연적인 냄새제거를 고려하지 않을 때 필요환기량을 계산할 수가 있는데, 일정하게 발생되는 냄새의 농도는 다음과 같다.

$$C = \frac{q}{Q}[1 - \mathrm{EXP}(-Qt/V)] \tag{1.48}$$

냄새가 발생된 후 사라지는 속도의 계산은 다음과 같다.

$$C = C_{\max}\mathrm{EXP}(-Qt/V) \tag{1.49}$$

여기서, C : 기체농도 [%], q : 발생률 [m^3/h], Q : 환기량 [m^3/h]
V : 실용적 [m^3], t : 시간 [h], EXP : 지수함수

냄새발생률과 환기량이 일정하면 EXP$(-Qt/V)$값이 거의 무시할 정도가 되고 식에서 $C = q/Q$가 된다. 따라서 필요환기량은 허용농도로써 구할 수 있다 ; $Q = q/C$.

외부공기가 허용제한을 받는 기체를 함유하고 있을 때(예를 들면, 이산화탄소와 같은 경우) 수식은 다음과 같다.

$$Q = \frac{q}{C_i - C_o} \tag{1.50}$$

여기서, C_i : 실내 허용농도, C_o : 외기농도

두 사람이 사는 30 m^3의 작은 침실을 생각해 보자. CO_2의 최대허용농도가 0.2 %, 외기농도가 0.05 %일 때 필요환기량(기체발생률은 0.17 M이며, 앉아서 쉴 때의 발생량은 15 l/h이다)은 다음과 같다.

$$Q = \frac{2 \times 0.015}{0.002 - 0.0005} = 20\ m^3/h$$

환기횟수로 환산하면 다음과 같다(환기횟수는 단위시간당 환기량을 그 방의 기적으로 나눈 값이다).

$$N = \frac{20}{30} = 0.67\text{회/h}$$

항상 환기가 되고 있는 화장실의 경우 냄새가 없어지는 비율이 곧 최소환기량의 기준이 된다. 냄새가 없어지는 비율이란 환기가 실시된 10분 후에 냄새의 농도가 최대농도의 0.1배 되는 상태를 말한다. 이 경우 환기량은 다음과 같은 식으로 구할 수 있다.

$$\frac{C}{C_{max}} = 0.1 = \text{EXP}\left(-\frac{1}{6}\,q/V\right) \tag{1.51}$$

화장실 체적이 $3\,\text{m}^3$이면 $Q = 18\,\text{m}^3/\text{h}$이 되므로 환기횟수는 다음과 같이 된다.

$$N = \frac{18}{3} = 6\text{회/h}$$

③ 일산화탄소(CO)의 제거를 위한 환기량 : 석유난로나 석탄화로와 같이 연통이 없는 난방기구가 사용될 때 일산화탄소가 발생된다. 이때 오염된 공기가 실내공기와 분리되어 배출될 수 있는 설비가 되어 있지 않으면 필요환기량은 증가하게 된다.

일산화탄소는 0.3 %의 저농도에서도 매우 위험하여 프랑스에서는 주거용 건물에 적용하는 최대허용농도를 0.003 %, 미국에서는 0.01 %(100 ppm)로 정하고 있다. 표 1-16은 각국의 최소필요환기량 기준을 나타낸 것이다.

실제적으로 일반 가정에서 최소환기량을 위한 기류는 창문 주위의 틈새에 의한 극간풍(infiltration)만으로도 충분하다. 바람이 불지 않더라도 1 m의 틈새길이당 약 $1.7\,\text{m}^3/\text{h}$

표 1-16 각국의 1인당 최소필요환기량

국 가	시간당 환기횟수 [회/h]				필요환기량 [m^3/h]			
	거실	부엌	욕실	화장실	거실	부엌	욕실	화장실
벨기에	1							
헝가리	1	3		5			25	
폴란드	0.3~1.0							
스웨덴					45			
러시아					45	60~90	25	25
프랑스	1~1.5	3~4	3	2				

의 극간풍이 온도차로 생기며, 일반 아파트에서는 최소환기량 이상인 약 250 m^3/h의 극간풍이 일어난다.

영국에서의 실험연구[4]에 의하면 실제 건물에서 온도차 등이 거의 없을 때 환기량은 0.7회/h이고, 체적 150 m^3의 아파트(천장고 2.7 m로 환산하면 약 17평 정도의 아파트임)는 최소환기량이 100 m^3/h이다. 이것은 건강 위생상 충분한 환기량이라 할 수 있다.

틈막이(weather stripping)가 잘 설치되어 있거나, 취사나 세탁으로 인하여 수증기가 많이 발생될 때는 환기를 위한 특별한 설비가 필요하다.

【3】 쾌적환기

인체의 쾌적을 위한 환기량은 기후와 밀접한 관계가 있다. 한대기후의 주택 또는 공장에서는 온도가 과열되지 않으면 최소필요환기량만 공급되어도 답답한 느낌은 없으나 열대기후에서는 보다 많은 환기량이 요구된다.

환기량은 시간당 환기횟수로 표시하는데, 여기서 1회라는 것은 실용적과 같은 양의 신선한 공기가 1시간에 실내로 확산된다는 것을 의미한다. 이때 실용적에 해당되는 공기가 실내로부터 빠져나가지만, 처음 실내공기량은 모두 신선한 공기로 대체되는 것은 아니다. 특히 환기가 빨리 이루어지면 확산과정이 불완전하게 되며, 실내에 들어온 신선한 공기는 실내의 유해물질을 전부 다 제거하지 못하게 된다.

이러한 이유로 인간의 쾌적을 위한 환기는 환기량보다는 기류속도(air velocity)와 깊은 관계가 있다. 일반적인 기후조건에서는 기속이 0.01 m/s 이하이면 답답한 느낌을 주는 반면, 활동량과 착의량이 보통일 경우 16~20℃의 기온에서 기속이 0.1 m/s 이하이거나 25℃에서 최고기속이 0.45 m/s를 초과하지 않으면 쾌적함을 준다.

냉각효과를 얻기 위하여 필요한 기속은 기온이 높아짐에 따라 증가한다. 이 관계는 습도, 착의 및 작업상태와는 무관하게 기온이 피부온도 35℃와 같아질 때까지 성립한다. 35℃ 이상이 되면 기속 증가는 오히려 대류에 의한 열획득을 증가시키나, 궁극적인 기속의 효과는 습도, 신진대사량 및 착의상태에 좌우된다. 휴식시 습도가 낮고 특히 반라 또는 아주 가벼운 착의상태에서는 기속이 느린 것이 바람직하나, 습도와 신진대사량의 증가 및 두터운 착의시에는 피부습윤, 증발냉각효율의 감소 및 발한량의 증가를 막기 위해 보다 빠른 기속이 필요하다.

환기량과 기속 사이의 관계는 공간형태와 개구부의 위치에 영향을 받는다. 폭이 좁고 길이가 긴 형태의 실이 일정한 환기량을 가질 때는 고온에서 열쾌적이 달성될 수 없는 경우에 피부가 습하더라도 열스트레스(thermal stress)를 최소화할 수 있다. 이때 기속

4) 영국 Building Research Station, Deck 등에 의한 연구

은 습한 피부의 주관적 불쾌감을 완전히 없앨 수 있는 기속 이하이어야 한다. 피부건조를 위한 기속의 증가는 대류에 의한 열획득으로 인해 더 큰 생리학적 열부하가 된다.

1-4 열환경이 인간에 미치는 영향

1-4-1 생리적 영향

인체에 열적 스트레스가 계속되면 작업능률이 저하되며 체온이 상승하여 땀분비량과 맥박 등이 증가하는 등 인체에 생리적인 영향을 미친다(그림 1-71).

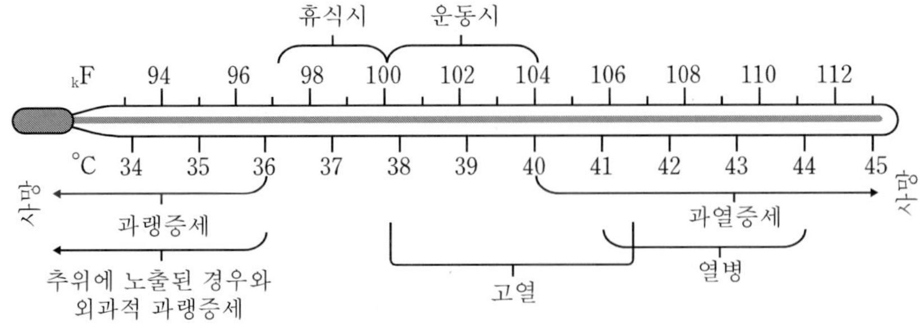

그림 1-71 온도가 인체에 미치는 영향

【1】 단기적 영향

열환경의 단기적 영향으로 기후 순화(acclimatisation)를 들 수 있다.

단기순응(短期順應)은 20~30분 내에 이루어지나 내분비기관 등의 새로운 환경에 대한 장기순응과정은 6개월이 넘게 걸린다. 혈관운동과 증발에 의한 조절기능은 새로운 환경에 대한 장기순응에도 도움을 준다. 온난기후에서는 혈액순환량이 최고 20%까지 증가될 수 있으며, 혈관 확장상태를 계속 유지하여 신체 내부와 근육조직으로부터 피부표면으로 열운반을 촉진한다. 수주일이 지나면 땀분비량도 증가되는데, 오랫동안 땀을 흘리는 것은 신경내분비선의 작용에 의해 조절되는 것으로 보인다.

위의 모든 조절기능으로도 열평형상태를 이루지 못하면 과열증세(過熱症勢; hyperthermia)가 나타난다. 체내의 온도가 약 40℃를 넘으면 열충격을 일으킬 수 있는데, 이것을 혈액순환 쇠퇴(심장으로 돌아오는 정맥혈량이 감소되는 것)현상이라 하며 사람을 실신하게 만든다. 초기증세로 피로, 두통, 현기증, 식욕감퇴, 멀미, 구토와 함께 호흡이 가빠지고 얼굴과 목에 홍호현상(紅湖現象)이 나타나며, 정신상태에 혼란이 일어나

무관심, 판단력 약화, 쉽게 화내는 증상 등을 보인다. 열충격을 받아 체온이 급격히 상승하여 40℃를 넘게 되면 땀이 나지 않고, 혼수상태에 빠져 곧 죽게 되며, 이러한 상태에서는 재생되었다 하더라도 뇌에 후유증이 남게 된다. 또한 체온이 42℃에 도달하면 생명이 위험하게 된다.

저온상태에서 열의 방산량(放散量)이 생산량을 초과하면 초기에 혈관수축의 생리적 반응이 나타난다. 즉, 피부표면 근처의 혈관이 수축되어 내부조직으로부터 열운반량이 줄어들고 피부온도가 낮아져 복사 및 대류에 의한 열방산량이 줄어드는데, 표피조직의 보온력은 높아지면서 체내온도가 약 37℃로 일정하게 유지되나 손가락, 발끝, 귀와 같은 신체말단은 혈액순환량 부족으로 온도가 떨어져 체내온도가 영향을 받기 전에 동상에 걸리게 된다.

혈관수축은 소위 소름현상과 함께 일어나 털구멍을 좁히므로 피부의 보온력을 증가시킨다. 혈관수축으로 열손실을 충분히 줄일 수 없을 때에는 대사조절기능이 작동되는데, 몸이 떨리게 되어 근육대사량이 증가하며, 짧은 기간 동안 몸을 심하게 떨게 되면 대사발열량이 10배 정도 증가하게 된다.

저온환경에 완전히 순응되는 데는 약 21일이 소요된다. 생리적인 조절기능으로 열평형상태를 유지하지 못하면 과랭증세(hypothermia)가 나타나 신체 내부온도가 35℃ 이하로 내려간다. 30℃와 25℃ 사이에서는 사망할 수도 있다. 과랭증세에 도달되지 않더라도 저온상태에 노출되어 혈관운동과 대사조절을 전가동시키는 상황이 계속되면 정신 혼란상태가 일어나며, 의지력이 저하되고 의식조절이 약화되어 환상증상으로, 졸음이 오고 혼수상태에 빠질 수도 있다.

【2】 장기적 영향

(a) 신체의 왜소화 현상

지구의 열대지방에서 장기적으로 적응한 동물의 연구결과, 신체가 작아지고 가벼워지며(Bergman 법칙), 추운지방에 비하여 길어진다고 하였다(Allen 법칙).

따라서, 경량이고 상대적으로 표면적이 큰 사람은 열손실효과가 큰 반면, 북극의 에스키모인들처럼 작고 비대한 신체가 열 보존에 유리함을 알 수 있다.

(b) 피부색과 수열

피부색이 밝을수록 태양광선의 반사가 어두운 색보다 3배 정도 높아 피부질환으로 인한 사망률이 높다.

검은 피부색은 백색보다 멜라닌(melanin)을 많이 가지고 있어서 자외선의 투과를 방지하는 효과로 인체 내부의 생물세포를 보호하게 된다.

1-4-2 행동심리적 영향

인류 고대문명의 발상지를 추적하여 보면 기후가 온화하고 식량을 획득하는데 어려움이 없으며, 추위와 더위를 자연적으로 막을 수 있는 집을 지을 수 있는 곳에서 발달되었음을 알 수 있다. Markham은 지구상 이러한 문명사회가 발달되었던 지역을 보여주는 지도를 제시하였는데(그림 1-72), 거의 예외없이 이러한 문명 발상지는 좁은 지역에 걸쳐 21.1℃의 등온선을 따라 연평균기온의 변화가 심하지 않는 지역에 분포되어 있다.

그림 1-72에서 알 수 있듯이 등온은 이집트 북부, 팔레스타인, 시리아, 아라비아 남부, 수마리아, 바빌론의 지역(Nineveh 등 기타 대도시), 인도 북부, 아메리카에서는 멕시코, 유카탄(Yucatan)을 잇는 지역으로 잉카(Inca)와 마야(Maya), 아즈텍(Aztecs) 문명의 발상지를 들 수 있다. 21.1℃의 중남미 고원지대의 기후변화에 대한 여러 가지 학설이 있는데, 특히 지중해 연안지역에는 역사적으로 많은 변화가 있었고 바빌로니아, 페르시아, 이집트, 인도가 가장 융성했던 시기에는 오늘날처럼 건조한 기후가 아닌 습한 기후였다는 것이다.

【1】 열환경조건과 건축공간의 사용

환경자극물(環境刺戟物 ; environmental stimuli)로서의 온도조건은 인간의 건축공간

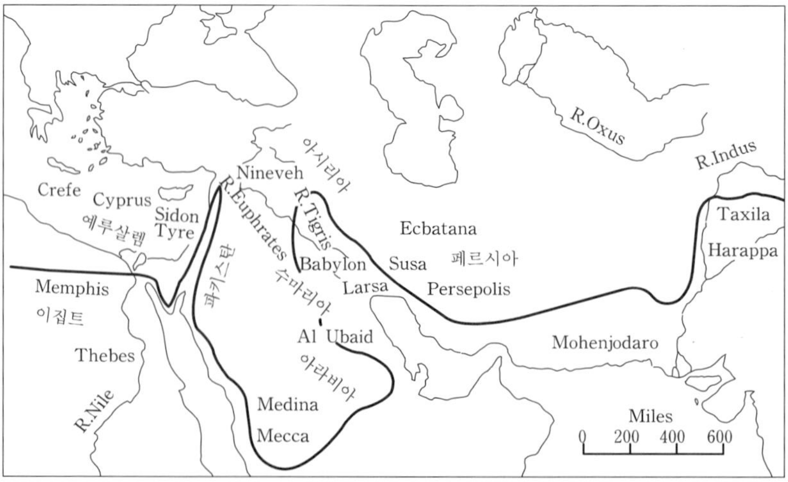

그림 1-72 21℃ 등온선과 고대문명 발상지

사용과 공간행동에 영향을 미치고 있다.

각종 주거방식에 따라 인간의 공간사용규범과 열환경에 대한 심리적 반응을 지배하는 요소가 난방방식임을 밝힌 연구[5)]가 있는데, 전통적·사회적·문화적 배경이 서로 다른 생활양식을 갖는 사람들은 공간사용에 있어서 난방방식에 따라 겨울철에 사용공간이 축소되기도 하고 공간의 기능분화가 둔화되기도 한다는 것이다. 이처럼 제한된 건축공간은 난방방식의 개선을 통해 공간이 보다 효율적으로 사용될 수 있도록 열환경계획이 가능하다.

【2】 열환경조건과 작업능률

열환경으로서 온도조건이 인간의 각종 작업능률과 지적·심리적 행동에 영향을 미치고 있다는 사실은 실험실연구 및 현장연구를 통해 밝혀져 왔다. 어떤 연구는 열환경으로서 온도변화가 작업능률에 어떤 영향을 미치는가를 밝혔으며, 이러한 연구에서는 온도의 변화 외에 작업의 종류, 사회적 훈련 정도 등 다양한 변수가 작용함으로써 온도변화에 따라 작업능률이 저하되거나 향상되기도 했다.

산업분야에서의 열환경에 의한 작업능률은 일반적으로 고온에서 작업능률이 저하되는데, 기온이 최저 29℃에서 최고 41℃로 상승됨에 따라 점진적인 지적·정신적 작업수행능률이 감소된다.

학교에서의 학업능률에 대한 열환경의 영향은 온도가 상승함에 따라 개인별로는 학생들의 학업능률이 저하되고, 일정온도 이상에서는 학업성적에서 현격한 차이를 발견하였다. 또한 지능이 낮은 학생이 지능이 높은 학생보다 큰 영향을 받으며, 저학년일수록 고학년보다 큰 영향을 받는 것이 밝혀졌다.[6)] 열환경에서 최대의 작업능률이나 학업능률을 얻을 수 있는 쾌적온도는 사람마다 다르다. 열환경이 작업능률에 미치는 영향은 쾌적온도 이상의 열환경 외에도 낮은 온도에 의해서도 동일하게 나타난다.[7)] 이 밖에 열환경이 사회적 행동에 미치는 영향에 대한 연구로서 대중들의 공격적 행동에 의한 폭동이나 시위의 발생률이 고온과 저온의 열환경에 의해 영향을 받는 것으로 알려져 있다.

이와 같은 연구에서 최적의 열환경조건이 개인이나 작업의 종류, 작업시간 등 여러 가지 변수에 의해 다소의 차이가 있으나 이 결과는 지적·정신적 작업을 수행해야 하는 시설뿐 아니라 산업분야에서도 활용됨으로써 최대의 능률을 올릴 수 있는 공간계획의 기초자료로 사용할 수 있다.

---

5) Kyung Hoi Lee, Space, Heating and People : Thermal Environment and Space Usage in New Town Houses. Ph. D Dissertation Unpublished, 1974, June, University of Strathclyde. U. K.

6) Pepler(1972), Lofstedt, Ryd : Wyon(1969)

7) Fox(1967), Poulton(1970), Provins와 Clarke(1960)

【3】 피로와 사고율(안전관리)

열환경과 피로나 사고의 관계에는 온도조건 외에 여러 가지 변수가 복합적으로 작용한다. 사례연구로서 브라질의 금광에서 열환경 개선에 의한 사고율 감소의 기록이 있다. 브라질의 금광은 고온다습한 열환경을 형성하고 있는데, 여기에 나무를 심어줌으로써 습구온도를 낮추어 16개월만에 사고건수를 20에서 6으로까지 낮출 수 있었다. 열환경에 의한 사고율은 고온에서 뿐 아니라 저온에서도 영향을 미친 것으로 보고되었다. 공장에서 열환경조건과 사고빈도에 대한 분석의 한 사례를 보면 그림 1-73과 같다. 열환경조건이 18~21℃ 사이에 있을 때 사고율이 가장 낮으며, 온도조건이 그 보다 높거나 낮아질 때 사고율이 매우 현격하게 증가함을 보여준다. 예를 들면, 12.7℃에서의 사고율은 최적온도조건하에서보다 35 %가 증가되었다.

성별에 따른 온도조건의 영향을 보면 18℃ 이하에서 성별에 관계없이 사고빈도가 급속히 상승하고 있다. 남자의 경우는 24℃ 이상에서 사고빈도가 급격히 상승하나 여자의 경우는 그 상승폭이 적게 나타났는데, 이때 여자의 경우는 상대적으로 이런 환경에 노출된 여성근로자의 수가 적었다는 것이 감안되어야 한다. 또 하나의 연구에서는 열환경이 운전능력에 미치는 영향을 조사하였다.[8] 그 결과 쾌적범위보다 높거나 낮은 온도조건이 운전능력에 직접적으로 영향을 주고 있음을 밝혔다. 이처럼 열환경의 조절은 안전관리의 한 수단이 될 수 있으며 보다 쾌적하고 안전한 공간계획의 지침이 될 수 있다.

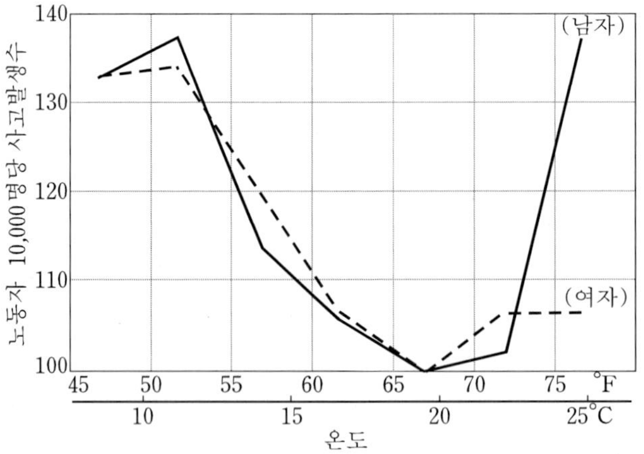

그림 1-73 온도와 사고율의 관계도표

8) Provins. K. A., Environmental conditions and driving efficiency, Ergonomics, 2, 97-107, 1958

2장 건축과 열환경

2-1 건물의 열평형

2-1-1 건물의 열교환

건축물은 인체와 마찬가지로 실외환경기후와 끊임없는 열교환이 이루어진다. 인체를 보호하는 의복의 기능과 마찬가지로 건물의 외피(building envelope)는 기후의 영향을 조절함으로써 인체의 열적 스트레스를 최소화하여 쾌적환경조건을 제공하는 역할을 한다. 건물외피는 기후조건이나 계절에 따라 불필요한 외부로부터의 열을 차단하거나 필요한 열을 취득하여 열평형을 유지하는데, 이러한 의미에서 건축물을 기후의 여과기라고 한다.

건물의 열취득과 손실은 ① 전도, ② 대류, ③ 증발, ④ 복사, ⑤ 내부발생열, ⑥ 기계시스템에 의하여 이루어진다.

① 전도에 의한 열교환은 벽체, 바닥, 천장을 통하여 여름에는 열취득의 형태로, 겨울에는 열손실의 형태로 일어난다. 이때의 전도열량은 건물의 표면적과 각 부위의 구성재료에 의하여 결정된다.

② 대류에 의한 열교환은 건물표면의 온도차에 의하여 건물표면을 통한 공기 이동의 형태로 일어난다. 예를 들어, 창문 틈새를 통한 실내외의 공기의 이동 등이 있는데, 건물의 실내외 공기 사이의 열교환은 침기(infiltration) 또는 환기에 의하여 이루어진다.

③ 증발에 의한 건물표면 또는 실내열원으로부터의 열손실은 냉각효과를 가져오므로 항상 열을 빼앗기는 결과가 된다.

④ 주로 유리 등의 투명체를 통한 열복사는 건물에 대량의 열취득원이 된다. 태양열 취득은 창의 크기, 건물의 방위, 음영에 큰 영향을 받으며, 겨울철에 적절한 창의 크기를

통하여 입사되는 일사량은 건물의 열수요에 큰 역할을 한다.

⑤ 실내의 열발생원은 주로 인체, 전등, 모터, 기타 가전제품 등이며 건물난방부하의 25 %를 차지할 수 있다.

⑥ 기계설비 시스템은 천연가스, 석유, 전기, 태양복사열 등의 에너지를 사용하여 건물의 열평형을 조절한다.

2-1-2 건물의 열평형식

2-1-1에서 언급한 건물의 열시스템은 그림 2-1과 같이 나타낼 수 있으며 열취득과 열손실 열량은 다음과 같이 요약된다.

Q_i =내부열 취득, 즉 인체, 조명, 기기로부터의 발열(+값)

Q_s =일사열취득, 불투명한 창호면에 대해서는 상당외기온도의 개념을 사용함으로써 관류열과 함께 취급, 투명한 창표면에 대해서는 별도 검토(+값)

Q_c =실내외의 온도차 ($\Delta t = t_o - t_i$)에 의한 전도열취득(+값) 또는 전도열손실(−값)

Q_v =실내외의 공기교환으로 인한 환기열취득(+값) 또는 열손실(−값), 즉 온도차가 있을 때 움직이는 공기에 의한 열이동

Q_e =옥상 풀 또는 건물표면의 수분증발에 의한 냉각(−값), 건물 내부에서의 증발은 현열에서 잠열로 변화, 증기가 이동하면 전체 시스템에 대해 열손실

Q_m =에너지, 기기장치에 의한 기계적인 난방(+값) 또는 냉방(−값)

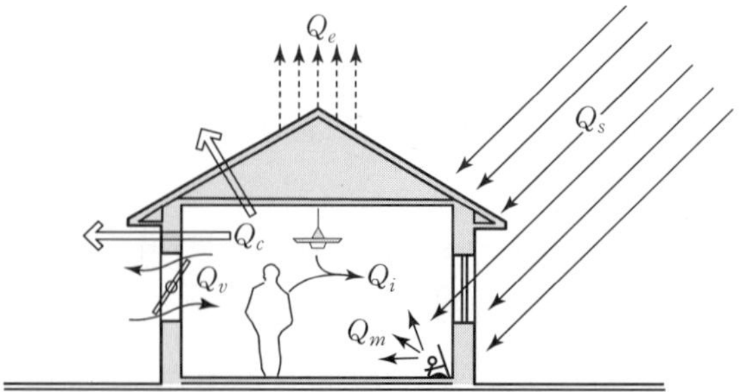

$$Q_i + Q_s \pm Q_c \pm Q_v \pm Q_m - Q_e = 0$$

그림 2-1 건물의 열시스템

겨 울

열손실 = 열취득

열손실		열취득
1) 건축 구조체로부터 손실: 지붕, 벽, 바닥, 창 } 단열에 좌우 2) 환기로부터 손실 : (자연, 인공환기) 3) 극간풍	=	1) 열취득 : 인체 조명 기계 일사 (훨씬 유효하다) 2) 난방에 의해서

여 름

열취득 = 열방출

열취득		열방출
열취득 : 1) 태양열 (창문을 통해서 즉각적 효과): 구조체로부터 (늦어진다) 2) 조명 3) 기계 4) 인체의 발열 (현열, 잠열)	=	1) 기류(air movement) (잠열→증발에 의해서 현열→대류에 의해서) 2) 열취득을 저지 시키는 방법 ① 차양 ② 단열 3) 냉방에 의해서

그림 2-2 계절별 건물의 열평형(취득과 손실원)

모든 열류조건의 합이 0일 때 열평형이 이루어진다.

$$Q_i + Q_s \pm Q_c \pm Q_v \pm Q_m - Q_e = 0 \tag{2.1}$$

이 합계가 0보다 크면 내부온도가 상승하고 0보다 작으면 건물 내부가 차가워진다. 이 식은 어떤 열류가 증가할 때 다른 열류를 조절하여 열평형을 이룰 수 있을 것인가를 검토하는 데 편리하다.

1일 또는 1년을 통하여 재실자의 쾌적범위 내에서 건물의 열손실과 취득을 조절하는 것이 건물 디자인과 설비 시스템 선정의 기능이 된다(그림 2-2). 이러한 열교환과정에서 고려되는 요소들간의 조정은 기후, 건축비 및 시공성 등에 좌우된다. 예를 들면, 기계설비가 고가이기 때문에 Q_i, Q_s, Q_c, Q_v, Q_e에 의한 열평형을 적극적으로 도입함으로써 기계설비요구를 최소한으로 감소시키는 것이 무엇보다도 중요하다.

【1】 내부열취득

내부열취득(Q_i)을 대별하면 다음과 같다.

① 재실자로부터의 열취득

② 기기로부터의 열취득

③ 건물의 조명기구로부터 열취득

건물의 내부열취득은 인체의 신진대사에 의한 열생산과 같은 것이다. 평형이 유지되어 있다면 시스템의 열취득은 주위환경으로 발산되어야 한다. 건물 안에서의 인체에 의한 열은 건물의 내부취득열이 된다. 인체의 열발생은 1-3-2에서 설명하였으며, 그 자료는 표 2-1과 같다.

건물 조명기구의 전체 와트수도 계산에 넣어야 한다. 전등으로부터의 에너지 방사는 대부분 열의 형태(적외선)로 이루어지지만 일부분은 빛으로 방사되어 물질의 표면으로 흡수될 때 열로 변환된다. 형광등 또는 방전관의 경우에는 전등 와트수의 20% 정도를 전등의 컨트롤 기어에서의 열생산으로 고려해야 한다.

만약에 전동기와 그것에 의하여 작동되는 기계가 같은 실내에 있다면 전동기의 전체 와트수는 내부열취득이 된다〔전동기의 마력(HP)을 알고 있다면 와트수는 $W = 746 \times HP$이 된다〕. 전동기만이 실내에 있고 기계는 다른 곳에 있으며 기계의 효율이 η라 할 때, 기계의 발열량은 $W \times \eta$가 되므로 나머지 $W(1-\eta)$가 내부취득열이 된다.

취사도구, 커피 포트, 주전자, 다리미는 사용시의 와트수가 내부열취득이 된다.

표 2-1 인체의 발열량

동 작	전발열량	실온별 현열 및 잠열[W], 기온[℃]									
		15		20		22		24		26	
		현열	잠열	현열	잠열	현열	잠열	현열	잠열	현열	잠열
착석, 휴식	115	100	15	90	25	80	35	75	40	65	50
가벼운 작업	140	110	30	100	40	90	50	80	60	70	70
느린 걸음	160	120	40	110	50	100	60	85	75	75	85
착석 경노동	235	150	85	130	105	115	120	100	135	80	155
보통 노동	265	160	105	140	125	125	140	105	160	90	175
중노동	440	220	220	190	250	165	275	135	305	105	335

표 2-2 기기의 발열량

기　　기	현열 [kW]	잠열 [kW]		현열 [kW]	잠열 [kW]
전기기구					
커피 포트(니켈도금)			대형살균기계		
15 l	0.7	0.5	600×600×900 mm	10	6.5
23 l	1.0	0.7	1050×1200×2450 mm	54	41
커피 머신	1.5	0.4	헤어 드라이어(헬멧식)	0.6	0.1
요리보온기(윗표면적 m^2당)	0.6	1.1	가스스토버(윗표면적 m^2당)	11.0	11.0
그릴, 250×300 mm	1.2	0.6	요리보온기(윗표면적 m^2당)	2.7	1.6
냄비 지름 300×깊이 260	0.5	0.7	커피 포트(니켈도금), 14 l	0.8	0.8
자동 토스트기(2쪽용)	0.7	0.2	커피 머신		
가스기구			20 l 용량	1.2	1.2
살균기계	0.8~3.0	0.7~2.7	23 l 용량	2.1	0.5
살균기	1.2	4.8	그릴, 360×430 mm	4.4	1.1

【2】 일사열취득

(a) 창을 통한 일사열취득

개구부를 통한 태양열의 취득은 순간적이다. 즉,어떤 시간의 투과일사량의 세기는 ① 개구부의 방향, ② 투과체의 반사 및 흡수특성에 좌우된다. 천창과 수직창을 통하여 투과하는 일사열량은 시간별 태양고도에 큰 영향을 받는다. 천창은 태양고도가 높을 때(여름), 수직창은 태양고도가 낮을 때(겨울) 일사량의 투과가 크다. 일사열취득(Q_s)에 관계된 유리의 열적 특성은 2-2-4에서, 방위별 일사량은 3-3-2에서 자세히 기술하기로 한다.

여름철 실내쾌적조건을 저해하는 과열을 방지하는 방법으로는 ① 직달 일사취득량을 극소화하는 개구부의 방향, ② 차양계획 등이 있다.

창에 대한 일사취득은 다음과 같다.

$$Q_s = A \times G \times \theta \tag{2.2}$$

여기서, A = 창면적 [m^2]

θ = 일사열 취득계수(SHGF ; solar heat gain factor)

G = 일사의 세기

일사가 투명한 면에 입사할 때 일부는 반사되고 일부는 투과하며, 나머지는 흡수되어

유리 자체를 가열시킨다. 그 비율은 다음의 세 가지로 표현할 수 있다.

r=반사율,　τ=투과율,　a=흡수율

따라서 3계수의 합계는 $a+r+\tau=1$이 된다.

가열된 유리는 흡수된 열의 일부를 내측으로, 일부는 외측으로 재방사한다. 일사열 취득계수(θ)는 투과율(τ)과 내측의 재방사율(α)과의 합으로 정의된다. 대략적으로 다음과 같이 나타내는데, θ의 값은 3-3-2의 표 3-16에 나타나 있다.

$$\theta=\tau+\alpha/2 \tag{2.3}$$

(b) 불투명체를 통한 일사열취득

불투명한 벽 또는 지붕에 입사되는 일사열량의 일부는 반사되고, 일부는 투과되며 나머지는 흡수된다. 외피에 흡수된 열은 외측 또는 내측표면으로 재방사될 때까지 남아 있게 되므로 외피의 축열성능은 열관류 분석에 매우 중요한 요소가 된다.

이러한 축열용량은 타임-래그(time-lag ; 열류지연) 효과(2-2-2 참조)를 가져온다. 즉, 실내 열환경의 온도변화는 실외 기후조건의 변화보다 시간적으로 지연되는 것이다. 이러한 타임-래그의 크기는 건물외피의 열용량에 좌우되고, 구성재료의 밀도와 질량이 증가할수록 타임-래그는 길어진다. 일반적으로 중량구조물은 실내온도조건이 안정되는 반면, 경량구조물은 외부 일사량 변화에 즉각적인 반응을 보인다.

불투명한 벽면 또는 지붕면에서의 태양복사열의 효과는 상당외기온도(相當外氣溫度 ; sol-air temperature)의 개념에 열관류율을 결합하여 고려한다.

상당외기온도는 표면의 순수한 복사열과 외기온도에 의해 생기는 열이동 및 재료의 온도분배에 상당하는 외기온도로 정의된다.

어느 면에 입사되는 복사량(Q_{in})은 다음과 같다.

$$Q_{in}=A\times G\times a \tag{2.4}$$

여기서, A : 단위면적 [m^2], G : 일사의 세기 [W/m^2], a : 흡수율

동일면에서의 열손실은 다음과 같다.

$$Q_{loss}=A\times f\times \Delta t \tag{2.5}$$

여기서, f : 표면열전달률 [$W/m^2℃$]

Δt : 표면온도와 주위온도와의 차 (t_s-t_o)

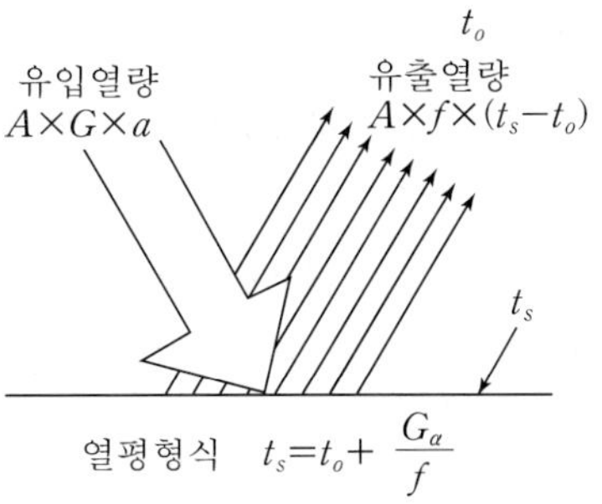

그림 2-3 표면의 열평형

계속해서 복사열이 입사되면 표면온도가 상승하며, 그 결과 표면으로부터 열손실도 증가되어 열손실량과 복사열 입사량이 평형상태에 다다르게 된다. 따라서 다음과 같은 열평형식(thermal balance equation)을 생각할 수 있다.

$$Q_{\text{in}} = Q_{\text{loss}} \qquad A\times G\times a = A\times f\times (t_s - t_o)$$

여기서 아래의 식을 얻을 수 있다.

$$(t_s - t_o) = \frac{G\times a}{f} \tag{2.6}$$

만일 t_o가 주어지면

$$t_s = t_o + \frac{G\times a}{f} \tag{2.7}$$

이 식의 유도과정에서는 표면에서 내부로 열이 이동되는 것은 무시하였다. 따라서 엄밀히 말하여 t_s는 표면온도의 참값이 아니다. 이것을 상당외기온도라고 하며, 이것은 관념상의 온도로서 외부면이 일사에 노출되어 있을 때 열을 건물 내부로 흘러 들어가게 하는 원동력이 된다. 이 개념은 더운 공기에 의한 영향과 일사에 의한 영향을 합한 것으로 전도에 의한 열전달식이 사용된다.

$$Q_c = A\times K\times \Delta t \tag{2.8}$$

여기서, K : 열관류율 [$W/m^2℃$], $\Delta t = t_{\text{sol}} - t_i$

앞의 식에는 복사방출(radiant emission)이라는 항목이 포함되어야 한다.

$$t_{\text{sol}} = t_o + \frac{G\times a - E}{f_o} \tag{2.9}$$

여기서, E : 복사에너지 방출 [W/m^2], 즉 $E=\varepsilon E_b$

E_b : 흑체방출 ε : 표면의 복사율

E_b는 산출할 수 있으나 건물외피의 경우에는 구름량과 표면의 위치에 의해 영향을 받는다.

일사를 받고 있는 면에서의 온도차 $\Delta t = t_{sol} - t_i$ 이며, 전도열량 $Q_c = A \times K \times \Delta t$이다. 건물 각 면의 일사의 세기는 각각 다르므로 상당외기온도의 개념에 의하여 각 면에 대한 Δt의 값도 달라진다. 따라서 $(A \times K)$는 일률적으로 처리할 수 없으며 건물 각 면의 상당외기온도와 실내온도차인 Δt를 $(A \times K)$에 곱한 후 합하여야 한다. 창에서의 전도에 의한 관류열량 Q_c는 기온차만을 사용하여 $\Delta t = t_o - t_i$ 로 계산하며, 일사열취득도 별도로 계산한다.

그림 2-4는 일사열량과 전도열량 계산법의 개요를 나타낸 것이다.

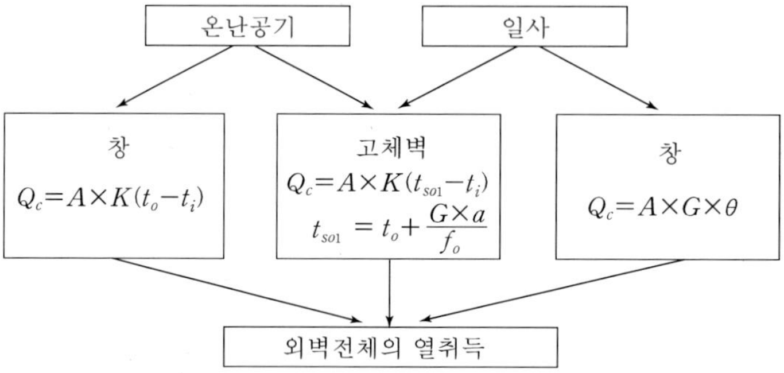

그림 2-4 일사열량과 전도열량의 계산법 개요

【3】 전도열량

건물의 각 부위(벽, 지붕, 바닥, 창문)를 통하여 실내외 공기의 온도차에 의하여 관류되는 열량(Q_c)은 다음과 같다.

$$Q_c = A \times K \times \Delta t \text{ [W](kcal/h)} \quad (2.10)$$

여기서, A : 부위의 면적 [m^2]

K : 부위의 관류율 [W/m^2℃](kcal/m^2h℃)

Δt : 온도차 $(t_o - t_i)$[℃]

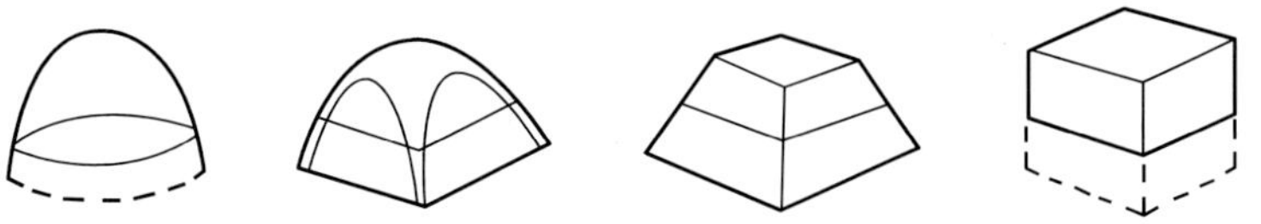

그림 2-5 열보존에 유리한 건물형태

각층 부위(바닥, 벽, 창, 지붕)에 의해 둘러싸인 실내의 전관류열량은

$$Q_c = \sum(A \times K) \times \Delta t \tag{2.10}$$

즉, 모든 부위에서의 열량을 합한 것이다. $A \times K$는 같은 온도차가 있는 부위에만 같이 사용한다. 건물 전체에 대하여 $\sum(A \times K)$는 때때로 열손실량 q_c[W/℃] 또는 [kcal/h℃]로 표현된다.

$$Q_c = q_c \times \Delta t \tag{2.11}$$

여기서, q_c : 건물변수, Δt : 환경변수

건물변수 (q_c)는 두 가지 요소, 즉 각 부위의 면적 (A)과 열관류율 (K)값에 의해 결정된다. 관류열량을 최소로 하기 위해서는 면적을 가능한 작게 해야 하므로 반구형이 가장 유리하다. 정육면체는 구형 중에서 가장 유리하며, 긴 직육면체는 주어진 용적에 대해 가장 넓은 표면적을 가진다.

주광과 그밖의 요구에 상반되긴 하지만 원칙으로 손실열량을 줄이기 위한 가장 좋은 방법은 가능한 한 창문을 작게 만드는 것이다. 외기온도 t_o가 실내온도 t_i보다 크면 실내열취득(+)이 적으면 열손실(−)이 이루어진다.

【4】 환기에 의한 손실열량

환기에 의한 열손실은 극간풍(infiltration)과 신선한 공기의 공급에 의하여 이루어진다. 환기 또는 틈새바람에 의한 단위시간당 손실열량(Q_v)은 다음 식에서 구할 수 있다.

$$Q_v = \frac{C_v N V \Delta t}{3,600} \tag{2.12}$$

여기서, Q_v : 단위시간당 환기에 의한 손실열량 [W](kcal/h)

C_v : 건조공기의 용적비열 = 비열 × 밀도 [J/m^3℃]

대략 1,200 J/m^3℃(0.287 kcal/m^3℃)값을 가지며 밀도와 온도에 의하여

계속 변한다. 특히 공기의 습도가 높으면 매우 큰 값을 갖는다.

1,188, 1,210, 1,219, 1,300 J/m³℃ 등의 여러 가지 값이 사용된다.

V : 실용적 [m³]

Δt : 실내외 온도차

N : 실의 환기횟수 또는 극간풍에 의한 환기횟수

비열의 값과 시간을 초로 환산한 값을 사용하면

$$Q_v = 0.33 NV\Delta t \tag{2.13}$$

환기에 의한 손실열량은 환기량에 의하여 조절된다. 난방 및 공조를 하는 건물에서 환기량을 최소로 하면 기밀성이 높아지고 틈새바람은 감소한다. 일반적으로 환기횟수는 0.25~2회/h이며, 건물, 개구부, 창, 문의 형태, 표면과 체적간의 비와 온도차에 의하여 결정되고, 가장 일반적으로는 1회/h를 사용한다.

【5】 증발에 의한 손실열량

증발량(E_γ)을 알고 단위가 kg/h이면 그 손실열량(Q_e)은 다음과 같다.

$$Q_e = E_\gamma \frac{2,400,000}{3,600} \text{ [J/s]} = 666 \times E_\gamma \text{ [W]} \tag{2.14}$$

여기서 2,400,000 J/kg(2.4 MJ/kg)은 증발잠열이다. 증발에 의한 열조절은 열전달과정에서 영향을 미치는 요소의 조절이 불가능한 것이 많기 때문에 정량적으로 예측하기가 어렵다.

2-2 건물외피의 열성능

2-2-1 재료의 열적 특성

【1】 재료의 열전도율 (k)

열전도율(thermal conductivity)은 재료의 고유한 특성으로서 건물외피를 통한 관류열량(2-2-2 참조)을 계산하는 데 중요한 매개변수가 된다. 벽돌이나 콘크리트블록과 같은 조적재료의 열전도율은 금속재료보다 훨씬 낮다.

예를 들면, 다음과 같다.

① 100 mm 두께의 성형 콘크리트(밀도 = 2,100 kg/m^3)

$$열전도저항\ (R) = \frac{d}{k} = \frac{0.100}{1.4} = 0.07\ m^2℃/W(0.08\ m^2h℃/kcal)$$

② 100 mm 두께의 경량 콘크리트(밀도 = 600 kg/m^3)

$$열전도저항\ (R) = \frac{d}{k} = \frac{0.100}{0.19} = 0.53\ m^2℃/W(0.62\ m^2h℃/kcal)$$

고밀성형콘크리트의 전도율이 높을수록 열전도저항이 낮은 것을 알 수 있다. 창유리의

표 2-3 대표적 재료의 열적 성질(20℃에서) (1 W/m = 0.861 kcal/mh, 1 kcal/mh = 1.163 W/m)

재 료	밀 도 (ρ) [kg/m^3]	전 도 율 (k) [W/m℃] [kcal/mh℃]	비 열(C) [J/kg℃] [kcal/kg℃]
알루미늄	2790	164(141)	883
구 리	8960	386(332)	389
철(1% 탄소함유)	7800	43(37)	473
대리석	2600	2.8(2.4)	808
벽 돌(외부용)	1700	0.84(0.7)	800
(내부용)	1700	0.62(0.5)	800
성형콘크리트	2100	1.4(1.2)	897
경량콘크리트블록	600	0.19(0.2)	1000
유 리	2500	1.05(0.9)	
목 재	650	0.14(0.1)	4182
물	998 (1000)	0.603(0.5)	(4200)
유리면 (경량 매트형)	25	0.04(0.03)	
목모판	450	0.09(0.08)	
기포성 폴리스티렌판	25	0.033(0.03)	
공 기	1.203	0.025(0.02)	1004
석 고(고밀)	1300	0.5(0.43)	
(경량)	600	0.16(0.14)	
석고판(집섬)	950	0.16(0.14)	
(펄라이트)	800	0.18(0.15)	
파이버 단열판	260	0.050(0.043)	
코르크판	160	0.043(0.037)	

전도율도 벽돌이나 고밀콘크리트의 전도율과 유사한 범위에 들지만 보통 창문유리두께는 창의 열저항에 별 영향을 미치지 못한다.

유리의 전도율은 목재의 전도율보다 7~8배 높다. 표 2-3에서 다음 그룹은 단열재의 성질을 표시하고 있다. 공극률이 크므로 열전도율값이 매우 낮고 밀도가 낮은 재료들은 열저항이 크다. 모든 경우 열전도율과 밀도가 가장 낮은 재료는 정지상태의 공기 [$K = 0.025\,W/m^2℃$ ($0.02\,kcal/m^2h℃$)]이다. 이러한 공기의 성질을 이용하여 벽이나 지붕의 중공층이나 실내외벽 사이에 공기층을 두도록 시공하면 단열에 매우 유리한 것을 알 수 있다.

표 2-3에서 맨 마지막 재료들은 주로 실내벽 내장용 단열재들이며 고밀석고판은 경량석고나 석고판보다 약 3배가 넘는 열전도율값을 갖는다. 따라서 동일두께의 재료에 대하여 열저항값은 약 30%에 불과하다. 코르크판이나, 파이버 단열판은 비교적 낮은 전도율을 가지며 이들을 경량내장재료로 사용하면 열저항이 매우 크기 때문에 열관류율도 낮아진다.

건축시공에서 철재 창틀과 같이 금속재료를 많이 사용하게 되는데, 이때 금속을 통한 열교(thermal bridge) 현상이 일어나기 때문에 특히 이부분에 단열재를 추가로 사용하여 열저항을 증가시키지 않으면 안된다.

【2】 복사에 대한 재료의 표면특성

균질재료의 복사에 대한 표면특성은 흡수율(absorptivity ; a), 반사율(reflectivity ; r), 복사율(emissivity ; ε)의 세 가지 요소에 의하여 결정된다.

(a) 반사와 흡수

복사에너지가 재료표면에 닿으면 에너지 일부는 공중에 반사되고 나머지는 흡수된다. 반사되는 에너지량은 복사에너지의 물체표면에서의 입사각도와 물체표면의 특성(표면밀도, 분자구성)에 의하여 결정된다(그림 2-6). 각종 물체는 파장에 따라 각각 고유한 열반사, 열흡수특성을 가지는데, 예를 들어, 그림 2-7과 같이 보통유리는 자외선과 대부분의 적외선을 통과시키지 못하고 반사시킨다. 그러나 많은 가시광에너지(visible light energy)를 투과시킨다. 모든 도장재료(흰색 포함)는 비가시적외선열을 완전흡수하며, 광택성 금속표면은 모든 빛-에너지 파장(가시 및 비가시)을 잘 반사시킨다.

(b) 복사-흡수에너지의 재복사

물체는 복사열을 흡수하고 흡수한 열을 주위의 저온물체에 재복사한다. 물체표면 마감

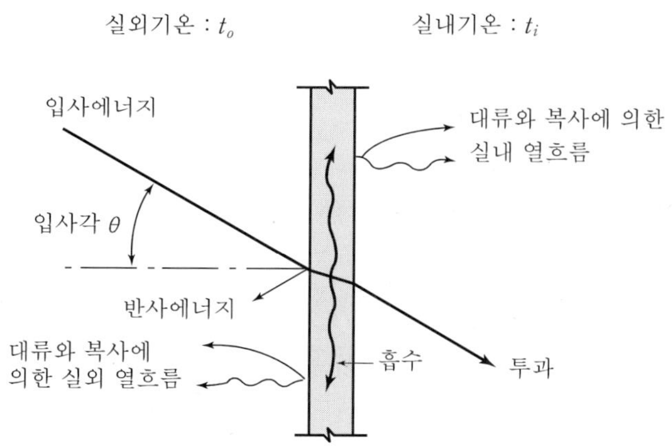

그림 2-6 투명체의 반사, 흡수 및 투과에너지

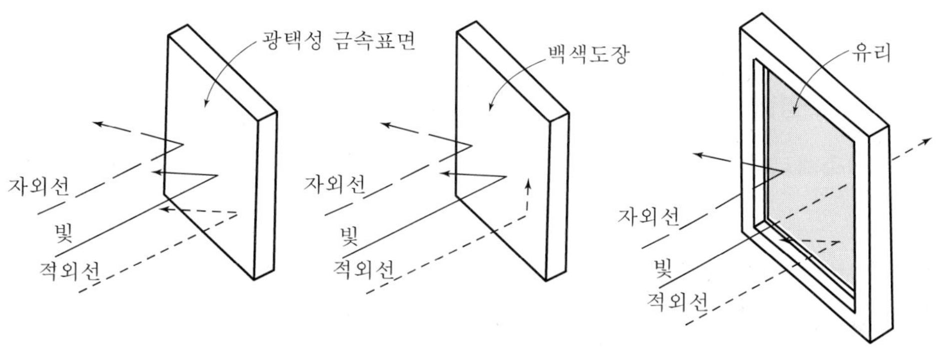

그림 2-7 각종 재료마감의 반사특성

성질에 따라 재복사성능이 결정되는데, 예를 들어, 좋은 반사재(즉, 광택성 금속표면)는 나쁜 복사재이다.

복사의 강도는 그 재료의 표면온도에 좌우되며 상온에서 표면으로부터 복사되는 에너지는 원적외선파장으로 10μ에서 최고의 세기를 갖는다. 복사에너지의 흡수는 파장에 따라 다르게 나타난다.

백색도장(whitewash)인 경우에는 다음과 같이 장파장에서 흡수율이 가장 크다.

$$\text{흡수율 } a = 0.12(\text{단파장 } 0.4\mu)$$
$$a = 0.95(\text{장파장 } 10\mu)$$

일반적으로 광택성 금속표면은 태양복사열을 많이 반사하는 좋은 반사재로서, 모든 파장에 대하여 흡수율과 복사율이 낮기 때문에 나쁜 복사재이다. 즉, 백색도장표면은 야간에 천공복사가 잘 이루어져서 많은 에너지를 방출하는 대신, 광택 금속표면은 열의 방출이 나쁘다. 이러한 이유 때문에 열대지방에서는 금속보다 백색도장마감을 많이 사용한다.

(c) 표 면 색 채

재료의 표면색채는 태양복사열(太陽輻射熱) 흡수에 영향을 미친다. 채도가 낮으면 밝은 색일수록 흡수율은 감소하고 반사율은 증가하나, 장파에 대하여 색채는 표면의 성질과 무관하다. 흑색과 백색 페인트는 태양복사열에 대하여 매우 다른 흡수율을 갖는데, 흑색이 복사열을 보다 많이 받는다. 그러나 흑·백색 모두 장파에 대해서는 복사율이 같아 야간에 천공복사로 인하여 동시에 차가워진다. 건물 내부에서 저온인 경우 모든 재료 표면은 색채에 관계없이 장파장에 대하여 잘 복사한다.

한편 어두운 중공벽 내에서는 백색마감이 반사나 재복사에 의한 열차단이 일어나지 않으나, 광택성 금속표면은 적외선(열선) 차단에 효과적이므로 중공벽 내부에 반사성 금속박판을 사용하는 경우가 많다.

【3】 습기의 영향

습기는 건축재료를 통한 열전도에 중요한 영향을 미친다. 벽돌, 콘크리트, 단열재 등은

표 2-4 반사성 표면

재료의 표면마감	반 사 율	
	태 양 복 사	중공벽의 복사(열선)
열대기후에서 유효천공복사		
백색도장	0.71	0.11
백색대리석	0.54	0.05
한대기후에서 유효복사열 흡수		
석회석	0.43	0.05
붉은색 페인트	0.25	0.06
회색 페인트	0.25	0.05
흑색 페인트	0.03	0.05
중공벽 내부의 비가시열선의 유효반사		
광택은(銀)	0.93	0.98
광택알루미늄	0.85	0.92
광택구리	0.75	0.85
알루미늄 페인트	0.45	0.45

* 밝은색 표면을 잘 닦지 않으면 태양복사율은 매우 낮아진다. 일반적으로 밝은색 벽의 반사율 0.50, 어두운색 벽표면 0.10으로 가정한다.

표 2-5 표준습기함량에서의 벽돌과 콘크리트의 열전도율

	체적에 의한 표준습기함량[%]	건조한 상태의 밀도 (ρ) [kg/m^3]	열전도율(K) [W/m℃]
벽돌(평균밀도)	1 우수처리 5	1500~1800	0.48~0.71 0.65~0.96
콘크리트	3 우수처리 5	1400~1700	0.51~0.77 0.57~0.85

다공질(多孔質)로 되어 있는데, 물의 열전도율은 공기보다 높기 때문에 다공질 내부에 수증기가 확산되어 있다면 열전도율은 크게 증가하게 된다. 따라서 건물의 단열재는 낮은 전도율을 유지하기 위해서 건조해야 한다. 만일 재료가 외부로부터 빗물이 스며들거나 내부결로가 발생하여 습하면 단열치는 매우 저하된다. 표 2-5는 벽돌과 콘크리트의 평균열전도율에 미치는 습기량의 영향을 나타낸 것이다.

5% 정도의 습기가 포함되어 있는 외벽, 벽돌로 된 1% 습기가 있는 내벽과 3%의 습기를 함유한 콘크리트를 표준으로 정하여 표준 k값을 계산한다. 습기인자(濕氣因子; moisture factor)는 체적에 대한 1~20% 범위 내에서 습기량 변화에 따른 조적조의 열전도율을 계산하는 데 이용된다.

2-2-2 단 열

【1】 단열의 원리

단열은 건물외피와 주위환경간의 열류를 차단하는 역할을 하며, 다음 세 가지 형태의 단열 메커니즘(insulation mechanism)이 있다.

① 저항형(기포형), ② 반사형, ③ 용량형

①, ②는 순간적인 효과가 있는 데 반하여 ③은 시간의 함수로서 작용한다.

(a) 저항형 단열

일반적으로 다공질 또는 섬유질의 기포성 단열재는 무수한 기포로 구성되어 있기 때문에 열전도율이 낮다. 대류가 생기지 않는 정지되어 있는 공기가 가장 좋은 단열재인데, 기포형 단열재의 역할이 공기를 정지시키기 위한 것이다. 이러한 재료는 밀도가 작고 기포가 많은 것이 특징이다.

기본적인 다공질 단열의 유형은 다음과 같다.

① 얇은 조각(flake) : 공기층을 세세하게 분할하는 흑운모나 팽창운모 같은 작은 입자나 얇은 조각

② 섬유질(fibrous) : 공기층을 분할하는 유리면이나 암면 같은 얇은 섬유질

③ 세포성 단열(cellular) : 팽창한 PVC의 폐쇄성 구조에 있는 것처럼 서로 봉합된 작은 개개의 세포단열, 이 용어는 세포가 서로 연결되어 있는 거품 플라스틱의 개방성 구조에도 적용된다.

④ 과립상(顆粒狀 ; granular) : 코르크와 같은 구멍공간이 있는 작은 마디, 공기가 각 공간 사이로 전달될 수 있을 때 세포성 재료라고 한다.

공기가 충전된 작은 입자 내에서는 대류나 복사의 열전달은 무시할 정도이며, 재료의 열전도율은 정지된 공기의 전도율값에 가까워진다. 섬유질 재료의 섬유가 겹치게 배열된다면, 단열효과는 좋아지며 겹친 층의 평면에 수직한 열흐름에 대한 저항은 최대값이 된다.

(b) 반사형 단열

반사형 단열은 복사의 형태로 열이동이 이루어지는 공기층에 유효하다. 반사형은 반사율이 높고 흡수율과 복사율이 낮은 표면에 효과가 있는데, 전형적인 예로 알루미늄 박판(foil)을 들 수 있다. 공기층 안의 방열면과 수열면에 평행으로 나란히하여 알루미늄박판을 설치하면 가장 좋은 결과를 얻을 수 있으며, 공기층 가운데 자유스럽게 박판을 매달 수 있다면 같은 효과를 얻을 수 있다. 만약에 반사하는 표면이 다른 재료와 접촉되어 있으면 전도열이 생겨 단열효과는 저하된다.

표면에 금속판(金屬板 ; metallic foil)을 사용하는 것은 복사율을 낮추기 위한 것으로 대부분의 구조재료에서는 복사율이 0.9 정도이지만 광택성 알루미늄을 사용하면 0.05로 낮아진다.

실내표면에서나 대류가 잘 일어나지 않는 곳(작은 h_c값)에서는 높은 복사율 ($0.8 \times 5.7 = 4.6$ W/m^2℃)의 표준값에서 낮은 복사율 ($0.05 \times 5.7 = 0.285$ W/m^2℃)값으로 Eh_r을 감소하면 표면저항은 크게 증가된다.

통풍되지 않는 중공벽 속의 저온측 표면에 광택성 금속박판을 설치하면 고온측의 복사열을 재방사하므로 유리하다. 이로 인해 구조물의 열전달률은 감소된다. 2개의 반사재를 분리시켜 넣으면 그 효과는 거의 배로 증가하는데, 예를 들어 수직벽의 20 mm 공기층에 대한 열컨덕턴스는 다음과 같이 된다.

① 일반적인 재료 : $C_c = 5.56$ W/m^2℃ (4.78 kcal/m^{2}h℃)

② 1장의 반사재 사용 : $C_c = 2.86$ W/m^2℃ (2.46 kcal/m^{2}h℃)

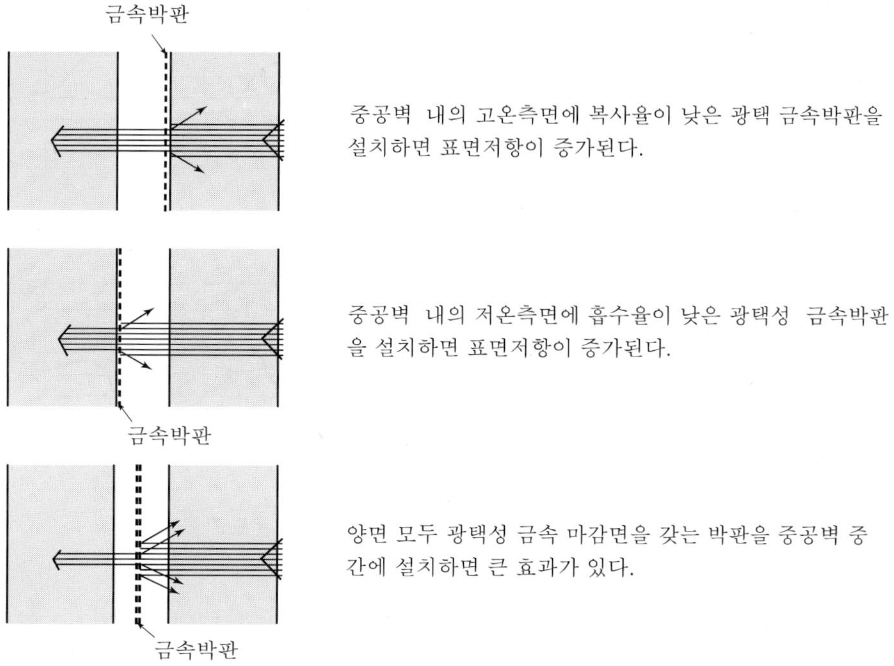

그림 2-8 중공벽 내 반사형 단열재의 시공부위

③ 2장의 반사재 사용 : $C_c = 1.61\ \mathrm{W/m^2℃}(1.38\ \mathrm{kcal/m^2h℃})$

벽에 생긴 결로나 금속표면의 먼지층은 흡수율과 복사율을 증가시키며, 반사성 단열재료의 효율을 감소시킨다. 보통 조건하에서 유리면(glass wool)과 같은 약 10 mm의 저항형 단열재는 공기층에 반사형 면(즉, 알루미늄 박판)을 넣는 것과 비슷한 단열효과가 있다. 그림 2-8은 중공벽 내 반사형 단열재의 시공부위와 이에 따른 열적 특성을 보여준다.

(c) 용량형 단열

벽의 열용량은 단위면적당 질량〔표면밀도 [kg/m²]〕과 재료의 비열 [J/kg℃]의 곱으로 표시한다. 정상상태에서 열용량은 벽을 통과하는 열량에 영향을 미치지 않으므로 용량형 단열효과는 없다. 220 mm 벽돌벽에서 흐르는 열량은 약 10 mm 두께 폴리스티렌판에서 흐르는 열량과 같다. 그러나 건물의 열취득 및 열손실의 계산을 위하여 정상상태로 가정을 하는데 실제로는 시간이 경과함에 따라 열전달이 일정하지 않은 비정상상태(unsteady state)로 된다. 건물의 내부온도가 일정하게 유지된다 하더라도 외부온도는 항상 변화한다. 하루의 외기온도변화는 반복되는데 이것을 주기열류(周期熱流 ; periodic heat flow)

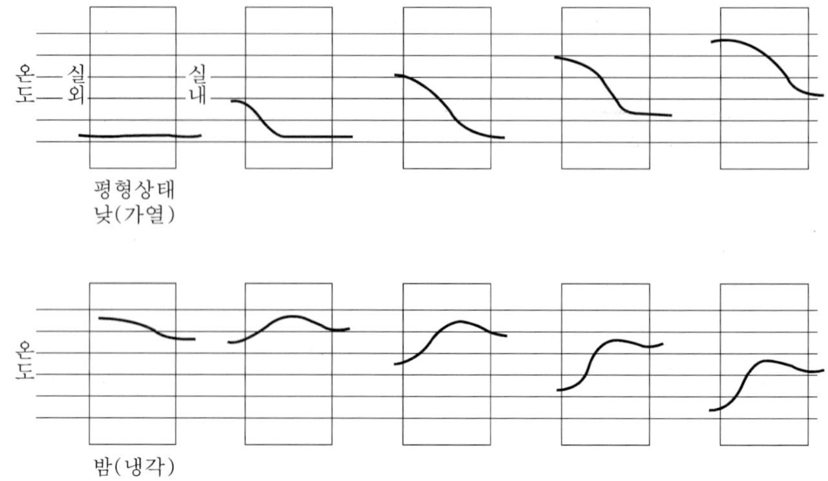

그림 2-9 종량벽 내에서의 시간에 따른 온도기울기

라고 한다. 어느 중량벽의 한 면에 열이 전달되면 처음의 층은 많은 열을 흡수하여 그 열을 다음 층으로 전달한다. 이것이 지연효과(delaying effect)를 일으킨다. 실내외가 정상상태에서는 안정된 후의 벽체 내에 열의 기울기가 형성되고 열용량의 효과는 없어지며 벽의 열저항에 의해서 열류가 제어된다.

그림 2-9는 이와 같은 벽체의 온도기울기 형성을 시간변화로 표시하고 있으며, 그림 2-10은 주기성 열류를 이상화하여 나타내고 있다.

그림 2-10에서는 다음과 같은 2개의 변수가 결정된다.

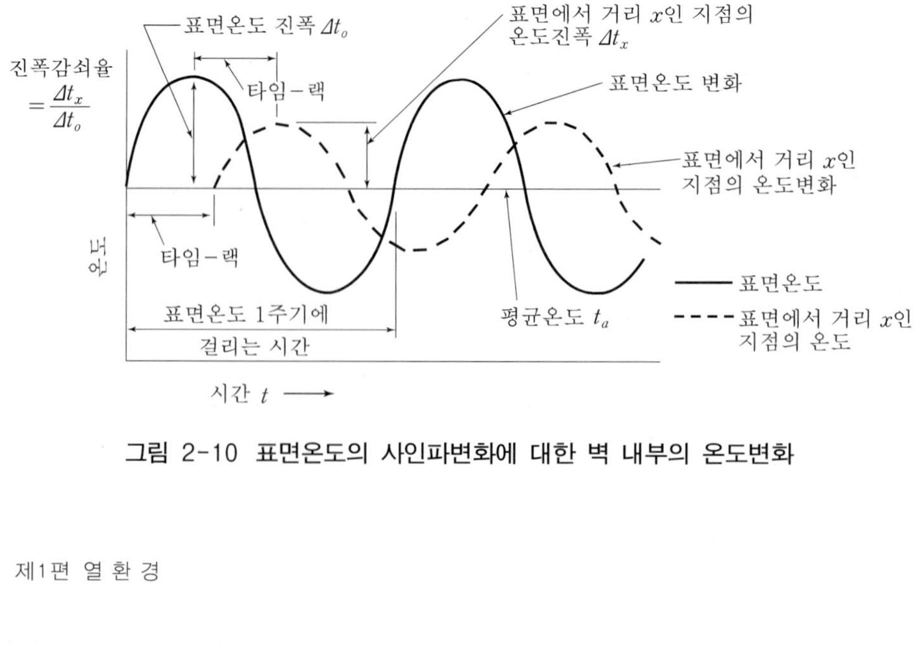

그림 2-10 표면온도의 사인파변화에 대한 벽 내부의 온도변화

① 타임-래그(time-lag ; ϕ) : 열용량이 0인 벽체 내에서 발생하는 열류의 피크에 대하여 주어진 구조체에서 일어나는 피크의 지연시간

② 진폭감쇠율(decrement factor ; μ) : 어떤 구조체의 하루 평균온도로부터 열류의 최대편차와 열용량이 0인 물체 내에서 발생하는 열류의 최대편차와의 비 : $\mu=\dfrac{\Delta t_x}{\Delta t_o}$

타임-래그 또는 물체 내의 어떤 점에서의 온도가 표면에서의 사인(sine)파 온도변화에 의해 영향을 받는 데 걸리는 시간은 다음과 같다.

$$\phi=\frac{x}{2}\sqrt{1/\alpha\pi n}$$

여기서, x=표면으로부터의 거리, n=단위시간당 전변환횟수

α=재료의 열확산율

타임-래그는 표면으로부터의 깊이 또는 거리가 길어지면 늘어나고 진폭과 열확산율이 증가하면 감소한다. 표면에서 거리 x인 지점의 온도진폭은 다음과 같다.

$$\Delta t_x=\Delta t_o\times e^{-x\sqrt{\pi n/\alpha}}$$

여기서, Δt_o=표면온도진폭

온도는 $t_a+\Delta t_x$와 $t_a-\Delta t_x$ 사이에서 변화한다. 여기서 t_a는 평균온도이다. 사인파의 진폭은 표면으로부터의 거리가 증가함에 따라 감소한다.

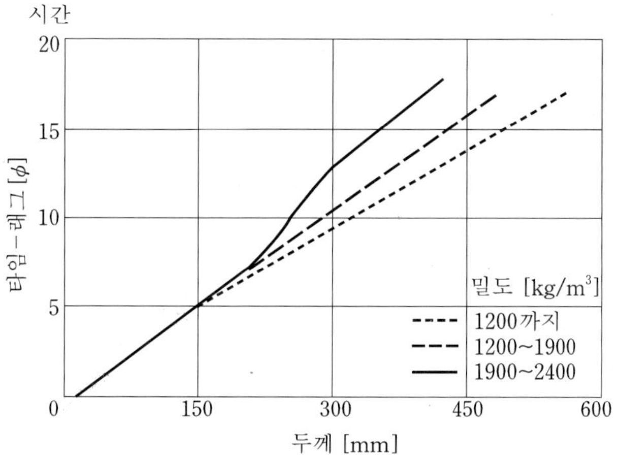

그림 2-11 두께와 밀도에 따른 타임-래그의 변화

주기성 열류의 이러한 특성으로 인해 냉방부하의 계산은 매우 복잡하다. 벽체 또는 지붕표면에서의 큰 주기적 열변화는 실내에서 진폭이 크게 감쇠되며, 표면에서의 열류주기보다 몇 시간 늦게 발생한다. 그림 2-11은 벽체의 두께와 밀도에 따른 타임-래그를 나타낸 것이다.

【2】 타임-래그의 이용

단열은 여러 가지 식에 의해 최적화할 수 있지만, 열용량의 결정을 위해는 엄밀한 식이 존재하지 않는다. 중구조(=열용량이 큰 건물)에 대한 판단기준은 이제까지 정성적

표 2-6 벽, 지붕의 열성능 권장치

기후조건	구 조 별	조 건	최대열관류율 [kcal/m^2h℃]	타임-래그 (시간)
고온건조기후	중량지붕	야간 사용건물, 일교차		
		10℃	0.77	8~14
		12.5℃	0.73	8~14
		15℃	0.69	8~14
		17.5℃	0.65	8~14
		20℃	0.60	8~14
		주간 사용건물	–	8~14
		(학교, 사무실)	–	(4~6)
	중량벽체	동 쪽	1.03(0.77)*	10~16
		서 쪽	1.03(0.77)	6~14
		북쪽, 남쪽	1.03(0.77)	8~14
		그늘진 벽	1.72(1.38)	8~14
고온다습기후	일반지붕	주·야간 사용건물	0.95	0~3
		주간 사용건물	0.95	0~14
	일반벽체	서 쪽	1.72	0~5
		동·남·북쪽	1.72	0~5
		그늘진 벽	2.41	0~14
복합기후	경량지붕	주·야간 사용건물	0.73	0~4
		주간 사용건물	0.73	0~14
	일반벽체	서 쪽	1.03	0~5
		동·남·북쪽	1.29	0~5
		그늘진 벽	1.72	0~14

* ( ) 안은 일교차 15℃ 이상일 때
(MARTIN EVANS : HOUSING CLIMATE & COMFORT)

문제로 검토되었다. 만일 중구조를 채택하면 어느 정도의 타임-래그(time-lag)가 바람직한가 하는 문제가 발생하며 이것은 타임-래그가 너무 짧거나 길어도 안되기 때문에 매우 중요한 사항이다.

건물외피의 축열용량이 충분하다면 낮에 받는 일사량이 벽체에 축열되었다가 야간에 천공으로 방열하게 될 뿐 실내에 하등의 영향을 미치지 않으며, 실내열부하가 무시할 정도이면 중량벽의 내측은 더운 날 시원하게 된다. 일반적으로 중량구조물은 실내온도조건이 안정되는 반면, 경량구조물은 외부일사량 변화에 즉각적인 반응을 보인다. 기후별 벽, 지붕의 열성능 권장치는 표 2-6에서 보는 바와 같다.

【3】 단열부위

단열재는 크게 분류하여 벽의 내측(a)과 외측(b)면에 시공될 수 있다. 실내측에 면한 단열은 낮은 열용량을 갖고 있으며, 이로 인해 빠른 시간에 더워지므로 간헐난방을 하는 곳에 특히 많이 쓰인다.

표면결로는 표면온도가 높기 때문에 발생하지 않으며, 한쪽의 벽돌벽이 차가운 상태로 있기 때문에 내부결로가 발생하기 쉽다. 모든 내단열방법은 고온측에 방습막(vapour barrier)을 설치하는 것이 좋다.

외단열은 단열재를 건조한 상태로 유지시켜야 하고, 내구성과 외부충격에 견딜 뿐 아니라 외관의 표면처리도 보기 좋아야 한다. 또한 내부측의 열관성(thermal inertia)이 높아 연속난방과 전체 구조물의 보온에 유리하고 내부결로의 위험을 감소시킬 수 있으며, 표면온도는 낮은 K값을 사용하여 높일 수 있다. 이러한 외단열은 벽체의 습기문제 뿐만 아니라 열적 문제에서도 유리한 방법이다.

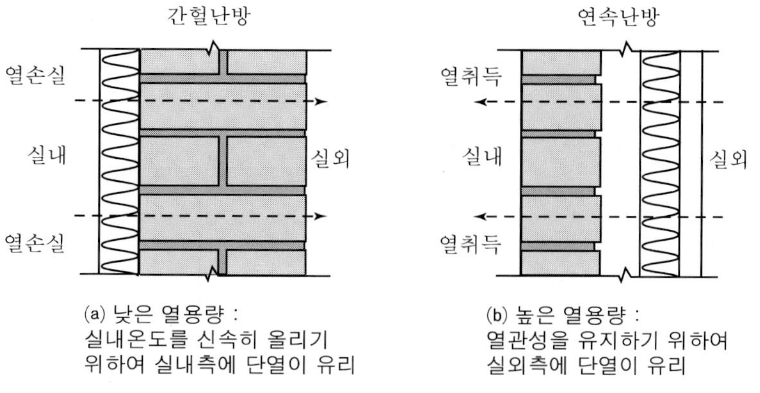

그림 2-12 단열부위의 영향

【4】 열교현상

벽이나 바닥, 지붕 등의 건물부위에 단열이 연속되지 않은 부분이 있을 때, 이 부분은 열적 취약부위가 된다. 따라서 이 부위를 통한 열이동이 많아지며, 이것을 열교(熱橋; heat bridge) 또는 열손실이라는 측면에서 냉교(冷橋; cold bridge)라고 한다. 이러한 열교현상이 발생하면 구조체의 전체 단열성이 저하된다.

열교는 구조체에서 여러 형태로 발생된다. 단열구조의 지지부재들, 중공벽 내의 연결철물이 통과하는 구조체, 벽체와 지붕 또는 바닥과의 접합부위, 창틀 등에서 열교가 일어난다. 그림 2-13은 단열이 연속되지 않은 부위에서의 열교현상을 나타낸 것이다.

열교현상의 분석은 2차 또는 3차원적 열류가 복잡한 상태로 나타난다. 열교현상이 발생하는 부위는 표면온도가 낮아지며 결로가 발생되므로 쉽게 알 수 있다. 이러한 열교현상을 방지하기 위해서는 접합부위의 단열설계 및 단열재가 불연속됨이 없도록 철저한 단열시공이 이루어져야 한다. 콘크리트 라멘조나 조적조의 건물에서는 근본적으로 단열이 연속되기 어려운 점이 있으나 가능한 한 외단열과 같은 방법으로 취약부위를 감소시키는 설계 및 시공이 요구된다.

열교의 특수한 형태로 천장의 얼룩무늬(pattern staining) 현상을 들 수 있다. 이는 그림 2-14와 같이 단열값이 낮은 부분은 그 주변보다 열이 잘 전달되므로 대류로 인한 공기 중의 먼지가 이 부위상에 더 많이 부착되어 발생하며 외형상으로 얼룩무늬가 생긴다.

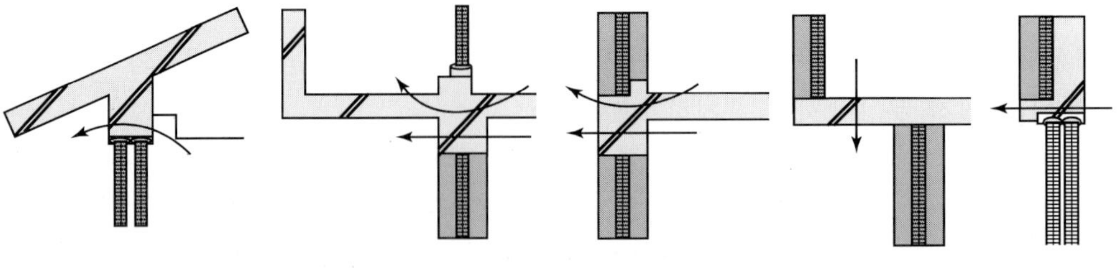

그림 2-13 열교현상

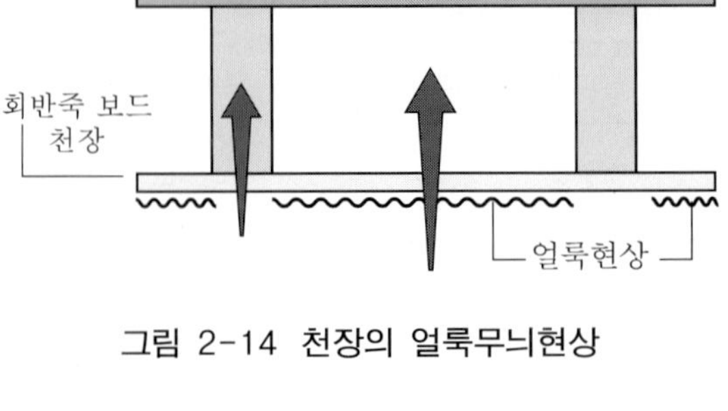

그림 2-14 천장의 얼룩무늬현상

이것은 천장을 재치장(redecoration)하기 전에는 없어지지 않으며, 이러한 현상은 두 면의 온도차가 1℃를 초과하면 발생될 위험이 있으나 단열이 잘된 천장에서는 발생하지 않는다.

2-2-3 최적단열두께 산정

단열재의 사용은 쾌적한 환경유지와 에너지 절약을 위한 필수적인 사항으로서, 단열재 사용효과를 극대화할 수 있는 최적단열두께를 산정해야 하는데, 이러한 방법을 최적화 설계법(optimization design)이라고 한다.

최적화방법은 다음과 같이 사용한다.

① 하나의 설계변수를 분리한다.

② 이 수를 연속적 또는 불연속적으로 변화시킨다.

③ 여기에 필요한 비용과 효과를 분석한다(비용의 일반적 분석은 단가로 대신한다).

다음의 두 가지 방법이 최적화에 쓰인다.

① 비용분석(life cycle costing)

② 비용/편익의 해석

이 절에서는 비용분석방법에 대하여 기술하기로 한다.

【1】 비용분석

단열의 두께는 불연속적으로 증가(예 : 25, 38, 50, 75 mm의 단열재 두께) 또는 연속적으로 변한다(예 : 아스베스토스의 스프레이 등). 자본비용(C_i)은 단열재와 그것의 설치비이고, 운전비(C_o)는 건물의 난방비이다. 전자의 증가는 후자의 감소를 가져오는데, 이 둘을 단열재 두께 (x)의 함수로 나타내면 최적두께는 시스템의 라이프 사이클에서 최소비용을 얻을 수 있을 때가 된다. 이것이 바람직한 단열방법이다. 만약 라이프 사이클에 대한 정확한 정보를 얻을 수 없으면 일반적으로 10~15년 사이의 값을 사용한다. 10년간을 고려한 총비용 (y)의 계산은

$$y = C_i + (10 \times C_o) \tag{2.15}$$

이며, 가장 일반적으로는 다음 식의 최소값을 구하는 것이다.

$$y = C_i + (Y \times C_o) \tag{2.16}$$

단열재의 비용은 ₩/m^{3}으로 구하며, 단위면적당으로 비교하려면 독립변수로서 두께

(d)를 이용하며 단위면적당의 비용은 다음과 같이 구할 수 있다.

$$C_i = x \times ₩/\text{m}^3 \tag{2.17}$$

운전비, 즉 연간 난방비는 건물과 기후의 변수로부터 영향을 받으며, 단열되지 않은 상태에서의 구조물은 항상 일정한 $R=1/K$의 열저항을 갖는다. 만약 구조물이 없다면, 즉 단열재 그 자체로 된 균질의 벽체로 생각할 때에 R은 표면열저항의 합계가 된다.

$$R = \frac{1}{f_i} + \frac{1}{f_o}$$

열전도율 k, 두께 x인 단열재의 열저항은 x/k이다. 이 단열재를 부착한 구조의 벽체에서 열저항은 다음과 같다.

$$R + \frac{x}{k} \ [\text{m}^2 ℃/\text{W}]$$

이 벽체에서의 열관류율은

$$K' = \frac{1}{R + x/k} \ [\text{W/m}^2 ℃]$$

이며, 1m^2에 대해서 비교하면 곱 ($K' \times A$)은 숫자적으로 같아진다.

$$q_c = \frac{1}{R + x/k} \ [\text{W}/℃]$$

이것이 건물변수이다.

기후의 변수는 디그리-아워(degree-hour ; ℃-h)로 나타내는데, 이것은 디그리-데이(degree-day)의 24배이다. 디그리-데이란 용어는 순수한 기후적 개념으로 실내온도와 외기온도에 따른 냉난방의 부족(난방 디그리-데이)이나 과잉(냉방 디그리-데이)을 나타낸다. 기준온도(예 : 난방 디그리-데이를 위한 18℃)를 설정하고 이것과 하루의 외기평균온도를 비교한다. 이 차(부족분)는 연간 디그리-데이를 구하기 위하여 하루의 1년분에 가산된다.

건물변수 q_c(단위면적당의 관류율)와 디그리-아워의 곱으로 연중 열손실을 구할 수 있다. 연간 열손실은 단위외피면적당의 연간 필요열량을 나타내므로 차원적으로 W/℃×℃-h= Wh(kWh로 얻은것을 1000으로 나눈다)이 된다.

만약 난방단가를 ₩/kWh로 나타낸다면 연간 운전비(난방비)는 다음과 같다.

$$C_o = \frac{1}{R + x/k} \times \frac{\text{C - h}}{1,000} \times \frac{₩}{\text{kWh}} \tag{2.18}$$

이것은 수치적으로 또는 그래프로 알 수 있다. 후자의 경우 C_i와 C_o를 각종 두께에 대하여 계산하면 2개의 곡선을 그릴 수 있다(그림 2-15와 아래의 예를 보자). 2개의 곡선을 더하여 그래프를 그리고, 합계한 곡선의 최소점을 최적두께로 한다.

수치적인 해법에서의 총 비용은 다음의 함수로 나타낼 수 있다(단, $x = d$).

$$y = \frac{₩/\text{kWh} \times ℃\text{ - h}/1,000 \times 10}{R + x/k} + ₩/\text{m}^3 \times x$$

이것을 $y = \dfrac{a}{c + bx} + gx$ (2.19)

로 쓰고, 미분하면

$$\frac{dy}{dx} = \frac{-ab}{(c + bx)^2} + g = \frac{-(₩/\text{kWh} \times ℃\text{ - h}/1,000 \times 10) \times 1/k}{(R + x/k)^2} + ₩/\text{m}^3 \tag{2.20}$$

이 된다. 최소값은 $dy/dx = 0$일 때 성립되고, 이때의 x를 구하면 다음과 같다.

$$x = k\left(\sqrt{\frac{₩/\text{kWh} \times ℃\text{ - h}/1,000 \times 10}{k \times ₩/\text{m}^3}} - R\right) \tag{2.21}$$

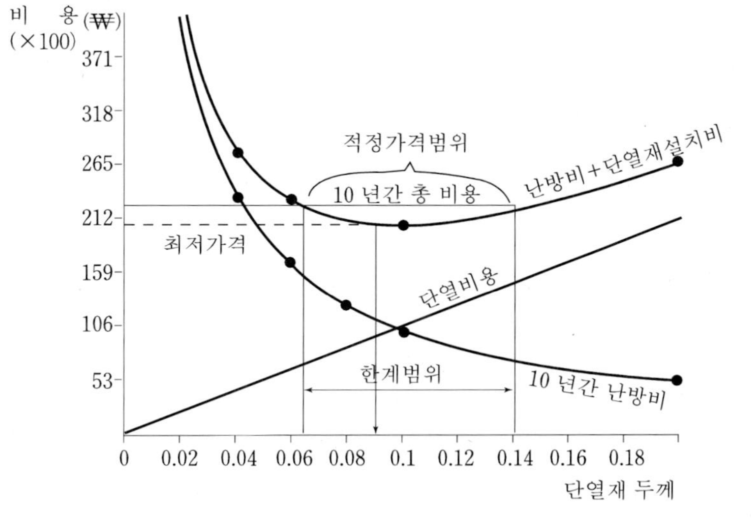

그림 2-15 단열의 최적화 : 비용분석

그림 2-15에 제시된 예는 아래와 같은 가정된 자료에 의해 산출되었다.

$$K = 7.95\ \mathrm{W/m^2℃},\ k = 0.046\ \mathrm{W/m℃},\ 비용 = ₩\ 10,000/\mathrm{m^3}$$

기후변수 : 43,000℃-h

난방단가 : ₩ 5/kWh

수치적 해 : $x = 0.046\left(\sqrt{\dfrac{5\times43\times10}{0.046\times10,000}} - 0.13\right) = 0.09\ \mathrm{m}$

【2】 경제성 검토

투자에 대한 경제성을 검토하는 방법은 여러 가지가 있다. 여기서는 누적수익액이 당초의 투자액만큼 되는 데 걸리는 시간을 평가하는 회수기간법을 소개한다.

총 난방비 대신 각종 두께의 단열화로 인하여 얻어지는 운전비의 감소분을 계산하는 방법으로 회수기간을 구하기 위해 다음과 같이 원리금과 매년 절약액 적산값을 구한다.

$$원리금 = 초기\ 투자비(C)\times(1+은행이율)^n\times(1+인플레율)^n \tag{2.22}$$

$$매년\ 절약액\ 적산값(D) = \sum_{k=0}^{n-1} 매달\ 절약액(E)\times(1+은행이율)^n \times(1+인플레율)^n\times(1+유류상승률)^n \tag{2.23}$$

이때 적산값(*D*)을 유한등비로 구하면 다음과 같다.

$$매년\ 절약액\ 적산값(D) = E\times\frac{(1+은행이율)^n\times(1+인플레율)^n\times(1+유류상승률)^n-1}{(1+은행이율)\times(1+인플레율)\times(1+유류상승률)-1} \tag{2.24}$$

따라서 적산값(*D*)는 원리금(*A*)보다 커지는 기간이 회수기간이 되며, 우리나라의 경우 은행이율 11 %, 인플레율 4 %, 유류상승률 15 %로 가정하였을 경우 경제성은 모두 3년 이내로서 매우 우수한 것으로 나타났다.

2-2-4 유리의 열적 특성

【1】 일사열취득

건물의 일사열취득은 주로 유리창의 면적에 의해 결정된다. 투명한 유리창 면에 입사되는 일사량은 그림 2-16에 나타나 있는 것과 같은 비율로 반사, 흡수, 투과된다. 이 각각의 양은 입사각(θ)과 직달일사와 산란일사의 비례에 따라 달라지는데, 여기서 입사각

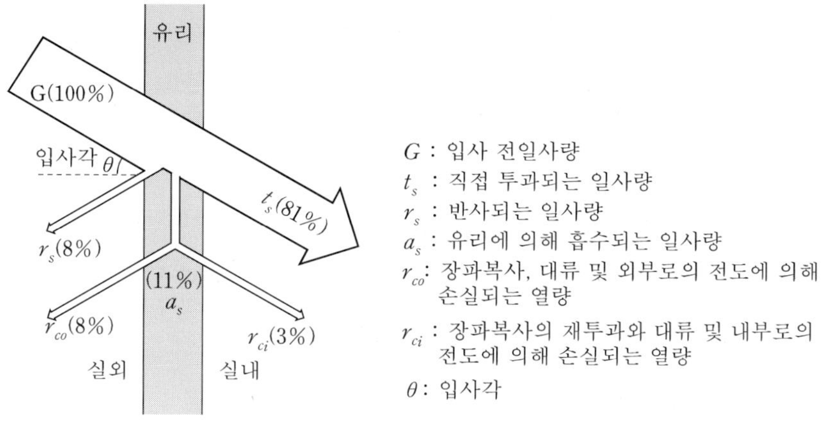

그림 2-16 유리창에 입사되는 태양 복사에너지의 반사, 흡수율, 투과율 및 재투과율의 전형적인 비율

은 유리창 면에 대한 법선과 입사되는 광선과의 각도를 의미한다.

그림 2-17은 4 mm 두께의 투명유리의 경우 입사각에 대한 투과율〔직접투과 (τ)와 재투과 (γ_{ci})〕의 변화를 보여준다.

유리창 표면에서의 햇빛의 반사는 태양의 입사각에 크게 좌우된다. 입사각이 45° 이상이 되면 투과되는 일사에너지는 크게 감소하고, 반대로 외부면의 반사는 증가한다. 입사각이 57°보다 작으면 반사가 적게 일어나 열전도에 큰 영향을 주지 않으나 57°보다 크면 반사되는 직사광선의 양은 증가하고 상대적으로 전도는 감소한다.

태양열취득은 실내온도를 높인다. 유리창은 0.3~2.8 μm 범위의 단파복사를 통과 시키

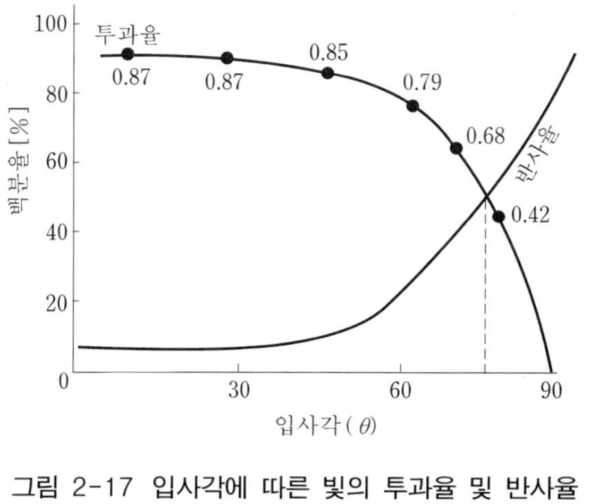

그림 2-17 입사각에 따른 빛의 투과율 및 반사율

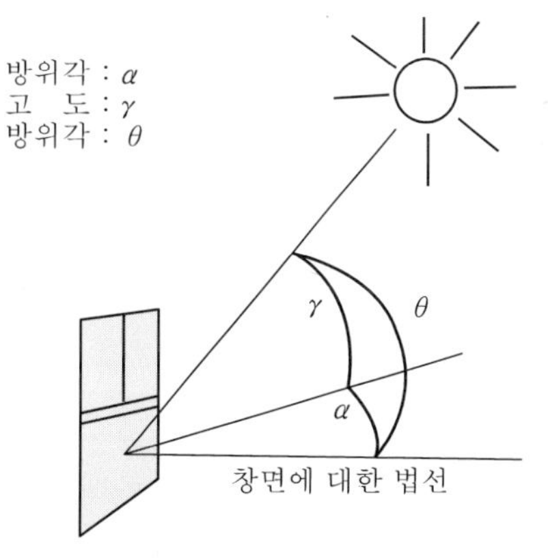

그림 2-18 태 양 각

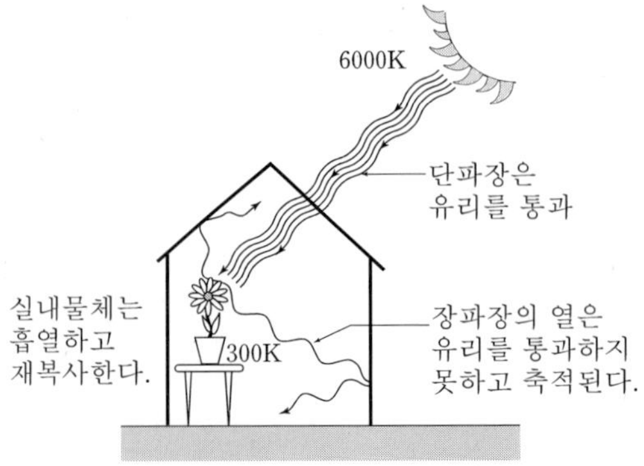

그림 2-19 온실효과

지만 온도가 낮은 표면으로부터 방출되는 장파복사는 통과시키지 않는다. 따라서 획득된 태양열은 내부의 온도상승을 유발시키는데, 이러한 현상은 종종 '온실효과(green house effect)'라고 하여 태양열에 의한 과열(solar overheating)의 원인이 된다(그림 2-19).

【2】 투과체의 종류와 열적 특성

개구부의 투과체 종류에 따라 실내로 입사되는 일사열량과 전도에 의해 외기로 손실되는 열량이 달라진다. 단열유리, 복층유리 그리고 반사성이 높은 코팅유리 같은 것은 전도에 의한 전열을 매우 효과적으로 줄일 수 있으며, 반사성이 큰 유리나 착색유리 같은 것은 건물 내부로 입사되는 열선을 차단시켜 준다. 따라서 유리의 선택은 창의 위치, 계절의 특징, 태양광선에 의한 열획득, 내부 발생열량 등의 요소를 분석한 후에 결정하여야 한다. 예를 들면, 겨울이 긴 지역에서는 남면의 투명한 복층유리가 열획득에 매우 효과적이고, 여름이 긴 지역에서는 단일 반사유리가 효과적이다.

(a) 다층투과체

유리는 열전도율이 매우 높기 때문에 공기층을 두지 않고 이중, 삼중창을 설치하는 것은 열적으로 전혀 효과가 없다. 공기층이 약 16 mm일 때 단열효과가 큰 반면 5 mm 이하일 때는 단열효과가 거의 없으며, 공기층이 16 mm 보다 넓어져도 K값은 16 mm일 때 보다 비례해서 점점 더 감소되지는 않는다. 다층창이나 바람막이창(storm window)은 절연된 공기가 있는 공간을 만들어주므로 전도에 의한 열손실을 줄일 수 있다.

공간의 공기성분을 다르게 하는 것도 열전도에 영향을 준다. 즉, 외기온도가 −2.2℃이고 실내온도가 21.1℃인 경우 5.3 m/s의 바람이 불 때, 공간에 불활성기체인 크립톤(krypton)이 차 있으면 단열유리를 통한 열흐름은 공기일 경우 보다 14 % 정도 줄일 수 있다.

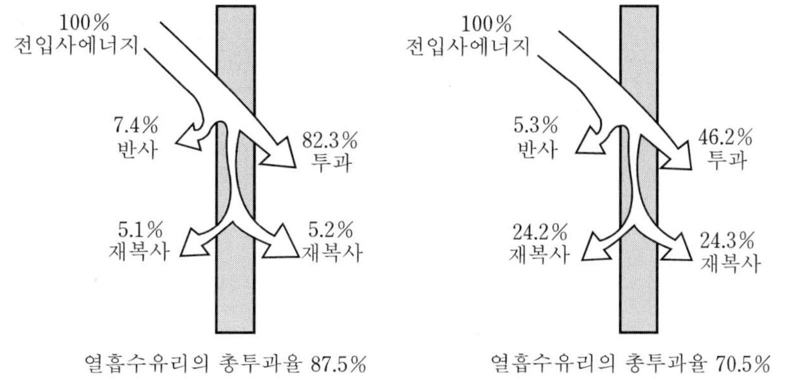

그림 2-20 열흡수유리와 보통유리의 투과율

(b) 열흡수유리

유리를 통해 실내로 입사되는 일사량을 줄이기 위하여 열흡수유리를 복층창에서 외측에 사용하면 단열효과가 증가된다.

열흡수유리의 효과는 다음과 같다.

① 투명유리에 비해서 적외선이 더 많이 흡수되므로 직물퇴색이 감소된다.

② 창틀 상부와 바닥에 작동 가능한 환기구를 만들고 열흡수유리와 투명유리를 이용한 이중창을 회전 가능하게 하면 여름에는 차열효과, 겨울에는 수열기능이 향상된다.

③ 열흡수유리를 단창으로 하면 여름철에는 실내로, 겨울철에는 실외로 부분적인 열의 분산이 이루어진다.

(c) 반 사 유 리

반사유리를 사용하여 반사에너지의 양을 증가시키면 흡수 및 전도되는 양은 줄어들게

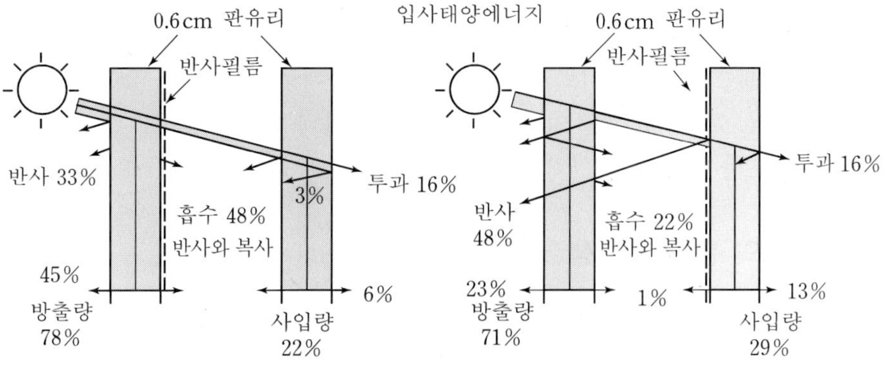

그림 2-21 필름의 위치에 따른 효과

된다. 단열유리의 외부창에 있는 반사 코팅이나 반사막의 효과는 그림 2-21과 같다.

복층유리 중 하나에 반사 코팅을 사용하면 열방사가 감소되므로 겨울철의 열손실을 줄일 수 있다. 반사유리는 여름철에 냉방부하를 감소하며 현휘(glare ; 눈부심)를 방지하나, 겨울철에는 실내로 전달되는 일사량을 감소시키고, 1년간의 자연채광기간이 단축된다.

(d) 유리 블록

유리에 비하여 유리 블록은 햇빛을 받거나 실내온도가 상승될 때 타임-래그 현상이 생기므로 이전에 얻은 태양열 획득요소가 열획득을 계산하는 데 고려된다.

유리 블록 사용시 효과는 다음과 같다.

① 단일창에 비해 열손실이 적고 충분한 주광을 받을 수 있다.

② 유리 블록 표면을 분광처리함으로써 실내로 입사하는 빛의 영향을 조절할 수 있다.

③ 확산표면 처리된 유리 블록이나 다른 내용물을 사용하면 현휘를 감소시킬 수 있다.

④ 확산유리 블록은 실내의 조명수준을 증대시킨다.

(e) 창 호 지

창호지는 광색, 투명성, 통기성 및 열적 성능이 좋으며, 유리로만 된 창호를 설치하였을 때보다 한지를 1겹 또는 2겹으로 사용하였을 때 보다 좋은 효과를 나타낸다.

2-3 건물의 결로

결로는 공기 중의 수증기에 의해서 발생되는 일종의 습윤상태를 말한다. 결로가 생기면 불투습성의 재료표면에 물방울이 맺히며, 흡수성 물질에는 습기가 차서 곰팡이류, 각종 균의 번식으로 인한 장식의 손상 및 불쾌한 냄새가 나게 되고 변형에 의해 건물재료와 구조체에 해를 끼치게 된다.

이러한 결로문제는 최근에 이르러 매우 중요한 문제로 인식되고 있다. 결로는 현대건물의 설계, 냉난방, 환기 및 건물의 사용방법 등에 의해 영향을 받는다. 여기서는 결로의 원인과 발생, 결로판정 및 방지책에 대하여 알아보기로 한다.

2-3-1 결로의 원인과 발생

[1] 결로의 원인

오늘날의 대류식 난방방식에서 주택의 기밀성과 보온을 목적으로 환기횟수를 낮추는 방안은 결로의 위험을 증가시키는 결과를 초래하였다. 특히 주거용 건물의 경우 공동주택이나 슬래브 주택에서 결로가 심하며, 난방에 따른 실내외의 높은 온도차로 겨울철에 극심하다. 이처럼 온도차에 의해 벽표면 온도가 실내공기의 노점온도보다 낮게 되면 결로가 발생하며 이러한 현상은 벽체 내부에서도 일어난다.

결로는 대개 다음의 여러 현상이 복합되어 일어난다.

① 실내외 온도차
② 실내습기의 과다 발생
③ 생활습관에 의한 환기부족
④ 구조재의 열적 특성
⑤ 시공불량
⑥ 시공 직후 미건조상태에 따른 결로

(a) 실내외 온도차

결로는 실내에서 온도가 가장 낮은 표면, 예를 들어 창문이나 냉수 파이프 등의 표면에 제일 먼저 발생한다. 외기온도가 낮은 경우, 실내 각 부위의 표면온도는 단열성능이 가장 나쁜 곳이 가장 낮다. 결로는 특히 창문의 윗인방과 같은 냉교(冷橋 ; cold bridge) 발생부위에서 일어나므로 단열의 취약부위를 쉽게 알 수 있다.

구조체의 온도변화는 결로에 영향을 크게 미치는데 중량구조는 경량구조보다 열용량이 크므로 열적 반응이 늦다. 예를 들어, 조적벽이나 콘크리트 바닥은 가열시 온도상승이 느리며 가열 도중에 결로가 발생될 수도 있다. 중량구조 내부에 단열재를 설치하면 중량구조의 실내 표면온도를 빨리 높일 수 있다.

(b) 실내습기의 과다발생

외부공기가 찬 경우, 공기 중의 습기 함유량이 적으므로 찬공기가 건물 내로 들어오더라도 결로는 발생하지 않는다. 온난다습한 기후에서는 결로가 자주 발생하는데, 특히 실내 표면의 온도상승이 느릴 때 결로가 발생하게 된다.

주택의 내부공기 중에 포함되어 있는 대부분의 습기는 거주자 및 그들의 활동으로부터 발생한다. 일반가정에서는 일상적인 호흡 · 조리 · 세탁 등의 활동으로 인해 하루 약 12 kg의 습기가 발생한다. 연도장치가 없는 등유난로는 많은 수증기를 방출하여 결로의 위험을 증가시키며, 부엌과 욕실에서 발생하는 습기는 다른 실내로 빠르게 확산되어 멀리 떨어진 곳에서까지 결로가 생기게 되는 원인이 된다.

주거 내 편리해진 시설과 사회관습의 변화로 목욕 · 세면 · 세탁과 같은 습기발생의 요인들이 점차 늘고 있다. 세탁물의 실내건조, 환기구가 없는 탈수기에 의한 건조 등은 역시 실내습기발생원이 되었다.

(c) 생활습관에 의한 환기부족

주거용 건물은 야간에 사람이 주로 거주하므로 대다수의 주거활동이 야간의 창문을 닫은 상태에서 행해진다. 주간에는 방범상의 이유나 구조체의 열손실을 막기 위해 창문은 대개 닫혀 있다. 이와 같이 생활습관에 따른 건물사용은 환기부족으로 인한 결로의 원인이 된다.

(d) 구조재의 열적 특성

건물의 테두리보, 슬래브 지붕, 발코니의 돌출부위 등 단열을 연속할 수 없는 단열의 취약부위에서 결로가 발생하기 쉽다. 또한 투습성이 높은 재료들도 결로가 발생하는 원인인 습기에 약하므로 건물의 외피에 사용하기에는 적당하지 않다.

(e) 시공 불량

단열시공이 불완전하면 이 단열이 취약한 부위에 결로가 발생한다. 이러한 부위가 흡수성의 표면으로 되었을 때는 처음에는 결로가 나타나지 않지만 지속적인 결로에 의하여 결로부위가 더러워지는 현상을 볼 수 있다.

(f) 시공 직후 미건조상태에 따른 결로

일반 조적조 주택은 시공할 때 약 5,000 kg의 물이 구조체에 포함되는데, 이것은 주로 콘크리트 혼합 모르타르 및 회반죽에 사용된 물과 외기에 노출된 벽이 흡수한 습기로서, 이러한 수분은 완공 후 약 한 달간의 건조기간 중 벽체 외부로 방출되어 내부공기의 습도를 증가시킨다.

【2】 결로의 발생

결로는 발생부위에 따라 다음 두 가지로 분류된다.

(a) 표 면 결 로

표면결로(surface condensation)는 건물의 표면온도가 접촉하고 있는 공기의 포화온도(노점온도)보다 낮을 때에 그 표면에 발생한다. 그 예로는 맑은날 밤에 지표면과 식물표면에 생기는 이슬 또는 욕실의 거울 위에 서리는 김, 난방된 실내에서 창문의 찬 표면에 생기는 물기 등이 있다. 건물 내의 이와 같은 표면결로는 결로가 발생하는 표면이 불투수성이라면 간단하게 처리될 수가 있다. 예를 들면, 한랭기후에서의 창에는 내측창면에 결로수가 생기므로 이것이 흐르도록 적당한 구멍을 설계해야 한다.

표면결로는 시간에 따라 일시적인 결로와 지속적인 결로로 구분된다. 일시적인 결로는 절대습도가 표면온도조건에 비해서 급속히 증가하는 경우에 발생한다. 추운 욕실에서 샤워를 하면 1분 이내에 벽에 물방울이 생기며 뚝뚝 떨어진다. 소위 결로방지용 페인트는 결로 자체를 조절하는 것이 아니라 그 상태에 대처하기 위한 것으로, 이것은 대단히 흡수성이 높아 결로수를 빠른 시간에 흡수하여 확장되는 것을 억제함으로써 결로수를 증발시킨다. 일시적인 결로의 다른 예는 다음과 같다.

① 공조를 하고 있는 건물에서 문 또는 창이 열려 있으면 2, 3분 동안에 들어온 습한 공기는 나무, 직물 등 모든 표면에 결로가 발생하는 원인이 된다.

② 중량건물에서는 추운 계절이 끝날 때(이때 건물 자체는 냉각되어 있다) 갑자기 따뜻해지면 결로가 일어난다. 표면은 따뜻해지므로 내부결로가 발생된다.

이와 같은 일시적인 결로는 조절이 거의 불가능하므로 설계자는 이 발생의 가능성을 고려하여 만일 그런 위험이 있으면 주기적으로 건습에 견디는 강한 재료만을 사용하는 것이 좋다.

지속적인 결로는 ① 구조체의 단열이 잘 안되어 표면온도가 낮을 때, ② 실내습도 발생이 극심한 경우에 일어난다. 지속적인 결로는 건물의 각 부위에 나타나며, 벽과 천장은 일정한 전도율을 갖게 되므로 결로현상이 일정하게 일어난다. 그러나 바닥은 모서리 부분에서 심하게 일어난다.

(b) 내부결로

실내가 외부보다 습도가 높고 벽체가 투습력이 있으면 벽체 내에 수증기압 기울기가 생기게 된다. 또한 겨울 철에 창문을 항상 닫고 있고, 외부온도가 실내온도보다 낮으면 벽체 내에 온도기울기가 생긴다. 여기서, 벽체 내의 수증기압 기울기의 노점온도가 온도기

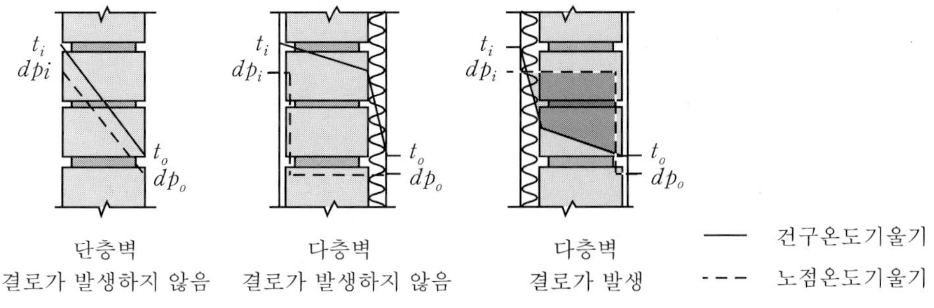

그림 2-22 벽체 내의 내부결로

울기의 건구온도보다 높게 되면 내부결로(interstitial condensation)가 발생된다. 다시 말해, 벽체는 습기를 계속 흡수하여 벽체 내부가 젖게 되어 구조체 내에서 수증기가 응결되는데 이것을 내부결로라고 한다(그림 2-22).

내부결로가 발생되면 경량 콘크리트(breeze concrete)처럼 내부에서 화학물질이 이동하여 부풀어 오르는 현상이 생겨 철골부재와 같은 구조체에 손상을 준다. 따라서 그 방지책으로 내부로 습기가 침투되지 않게 하며, 벽체 내의 온도기울기가 노점온도 이하가 되는 조건을 만들지 않아야 한다.

【3】 결로의 원인 제거

앞에서 언급한 결로의 원인을 알면 결로방지에 유익한 방법을 찾을 수 있다. 건물 내부의 결로방지법은 대개 다음과 같은 세 가지를 들 수 있는데, 이 결로방지법들은 상호 보완적으로 동시에 사용하는 것이 좋다.

(a) 환 기

환기는 습한 공기를 제거하여 실내의 결로를 방지한다. 습기가 발생하는 곳에 환기가 잘되면(부엌의 환풍기 설치) 가장 효율적이다. 부엌이나 욕실의 환기창에 의한 환기는 습기가 다른 실로 전파되는 것을 막기 위해 자동문을 설치하는 것이 좋다.

(b) 난 방

난방은 건물 내부의 표면온도를 올리고 실내온도를 노점온도 이상으로 유지시킨다. 가열된 공기는 더 많은 습기를 함유할 수가 있어 차가운 표면상에 결로로 인하여 발생한 습기를 포함하고 있다가 환기시 외부로 배출하면서 결로를 제거한다. 난방시 온도 및 난방시간은 결로에 영향을 주는데, 일반적으로 난방을 낮은 온도에서 오래하는 것이 높은 온도에서 짧게 하는 것보다 좋다. 콘크리트나 조적조와 같은 중량구조물은 난방이 멈춘 후에도 오랫동안 어느 정도의 여열이 남아 있어 완전히 냉각되지는 않는다. 굴뚝이 없는 난방장치는 결로의 위험이 있다면 사용하지 않는 것이 좋다.

(c) 단 열

단열은 구조체를 통한 열손실 방지와 보온 역할을 한다. 조적벽과 같은 중량구조의 내부에 위치한 단열재는 난방시 실내 표면온도를 신속히 올릴 수 있다. 중공벽 내부의 실내측에 단열재를 시공한 벽은 외측부분이 온도가 낮기 때문에 이곳에 생기는 내부결로 방지를 위하여 고온측에 방습층의 설치가 필요하다.

방지책으로는 ① 구조체에 충분한 단열재를 사용하여 표면온도가 노점온도 이상이 되도록 하고, ② 습기 증가를 방지하기 위하여 환기횟수를 높이는 것도 도움이 된다.

2-3-2 결로이론

【1】 습기 전달

습한 공기의 수증기압은 절대습도에 비례한다. 건물의 외피는 서로 다른 조건의 수증기 분압을 나타내는 실내외의 공기를 차단하고 있으나, 수증기는 압력이 높은 곳에서 낮은 곳으로 침투한다. 물체는 수증기의 침투에 대해 여러 가지 다른 현상을 보이는데, 이것은 열적 성질과 유사하다. 열량은 J(joule)로 측정되며, 수증기량은 g 또는 $\mu g(=10^{-6}g)$으로 측정된다.

공기에 포함된 수증기는 그 자체의 압력, 즉 수증기압 [Pa, N/m^2]이 생긴다. 수증기의 투습률(δ) [μgm/Ns, μgm/m^2Pas]은 물체의 열전도율(k)[W/m℃]의 특성과 그 성격이 같다. 즉, 이것은 1Pa의 압력차가 있을 때 1m^2의 면적, 1m의 두께를 1초간에 통과하는 수증기의 양을 표시한다.

열전도율의 역수는 열전도비저항 [m℃/W]이며, 투습률의 역수는 수증기의 투습비저항 [MNs/gm]으로 나타낸다. 즉, 투습비저항(vapour resistivity ; r_v)은 어떤 재료의 단위두께당 발생되는 습기에 대한 저항값이다. 표 2-7은 여러 건물재료의 고유 투습률과 투습비저항값을 나타낸 것이다.

열관류율값 K [W/m^2℃]에 대응되는 투습계수(vapour permeance : π)는 μg/Ns (μg/m^2Pas)의 단위로 표시된다. 즉, 이것은 1Pa의 압력차가 있을 때 1m^2의 면적을 통해 1초간에 이동하는 수증기량(μg)을 의미한다. 표 2-8에 각종 재료의 투습계수를 제시하였다.

투습계수의 역수는 투습저항(vapour resistance) [MNs/g]으로 표시되며, 이것은 열관류율의 역수인 열관류저항[m^2℃/W]의 의미와 비슷하다. 즉, 특정두께를 가진 재료의 투습저항을 말하며, 일반식은 다음과 같다.

$$R_V = r_v \cdot d \tag{2.25}$$

여기서, R_V : 재료의 투습저항 [MNs/g]
d : 재료의 두께 [m]
r_v : 재료의 투습비저항 [MNs/gm]

표 2-7 각종 재료의 투습률과 투습비저항

재　　료	투습률 δ [μgm/Ns]	투습비저항 γ_v [MNs/gm]
공　기	0.182	5.5
조적재	0.006~0.042	25~100
시멘트 도장	0.010	100
콘크리트	0.01~0.03	30~100
코르크판	0.003~0.004	250~330
경질고무판	0.00002	50000
폴리스티렌판	0.002~0.007	145~500
섬유판	0.020~0.070	15~16
판　지	0.001~0.002	500~1000
광재면	0.168	5
회반죽 바름	0.017	60
플라스터보드	0.017~0.023	45~60
합판	0.002~0.007	1500~6000
기포 폴리우레탄		
독　립	0.001	1000
연　속	0.035	30
보드지	0.014~0.022	450~750
목　재		
기건재	0.014~0.022	45~70
습윤재	0.001~0.008	125~1000
기포요소수지	0.031~0.053	20~35
목모판	0.024~0.070	15~40
석　재	0.002~0.006	150~450
알루미늄박	0.00025	4000
아스팔트지	0.091	11
페인트 마감	0.025~0.133	7.5~40
비닐벽지	0.1~0.2	5~10

다층구조체의 투습저항은 구성부재 개개의 투습저항을 모두 합한 값이며, 그 식은 다음과 같다.

$$R_{VT} = R_{V1} + R_{V2} + \cdots\cdots + R_{Vn} \tag{2.26}$$

열전달에서 표면 또는 경계층막의 컨덕턴스(conductance)는 f[W/m^2℃]로 표시되며, 이것은 습기전달에서는 표면습기전달률(surface coefficient of vapour transfer ; β)로 나타낸다. 이것의 단위는 투습계수와 같이 μg/Ns이다.

표 2-8 각종 재료의 투습계수

재　　료	투습계수 π [μg/Ns]	재　료	투습계수 π [μg/Ns]
알루미늄박	0.0001～0.0057	도 장	
방수지	0.01～0.5	섬유판에 에멀전 2회도장	1.71～4.85
비류멘 섬유판 12 mm	0.007	플라스터면에 기름 2회도장	0.09～0.17
벽 돌 105 mm	0.04～0.06	플라스터면에 2회광택내기	0.03～0.013
콘크리트 블록 200 mm	0.14	목재에 징크오일 3회도장	0.02～0.06
코르크판 25 mm	0.4～0.54	합 판 6 mm	
섬유판		외부평면	0.026～0.041
12 mm	1.2～3.34	내부평면	0.106～0.37
25 mm	0.93～2.68	폴리텐필름 0.06 mm	0.004
플라스터보드 10 m 붙인		플라스터보드 10 mm	2～2.86
알루미늄박	0.006～0.024	루핑 펠트	0.01～0.23
방수지면 알루미늄박	0.0001		
크래프트지		짚 보드 50 mm	0.13～0.26
3층	2.00	목 재 25 mm	0.08
5층	1.6	목모판 25 mm	3.08～4.14

표 2-9 표면습기전달률

표면 컨덕턴스	β [μg/Ns]
정지공기 $f=4.5$ W/m^2℃	25.5
유동기류 $f=11.4$ W/m^2℃	62.3
유동기류 $f=17$ W/m^2℃	96.3

【2】 노점온도기울기

벽체와 같은 구조체 내부 각 점의 온도변화는 다음의 식에 의하여 구할 수 있다.

$$\varDelta t = \frac{\varDelta R}{R_T} \times \varDelta t_T$$

여기서, $\varDelta t$: 특정층 통과시 온도강하

$\varDelta R$: 특정층의 열저항

$\varDelta t_T$: 전구조체 통과시 전체 온도강하

R_T : 구조체의 총 열저항

위와 비슷한 아래의 공식에 의하여 부재를 통과할 때 떨어지는 수증기압(vapour

pressure)을 구할 수 있다.

$$\Delta P = \frac{\Delta R_V}{R_{VT}} \times \Delta P_T \tag{2.27}$$

여기서, ΔP : 특정층 통과시 수증기압 강하

ΔR_V : 그 층의 투습저항

P_T : 전구조체 통과시 떨어지는 총 수증기압 강하

R_{VT} : 구조체의 총 투습저항

수증기압 변화는 기울기로 나타낼 수 있으나 대개 "노점온도 기울기(dew-point temperature gradients)"가 사용된다. 구조체의 각 경계노점은 구조체 온도와 수증기압을 습한 공기선도상(그림 1-4, 부록 I-1)에 대응시켜 구할 수 있다.

노점온도는 주어진 공기조건에서 절대수증기압이 포화수증기압과 같게 되는 온도이다. 벽체 내에 침투되는 수증기압의 기울기와 포화수증기압을 비교하여 볼 때 수증기압이 높은 곳에서 결로현상이 일어난다.

노점온도를 구하는 약산식은 다음과 같다.

노점온도＝건구온도－ a (상대습도가 b일 때)

여기서, a : 상대습도에 따른 계수(표 2-10)

표 2-10 상대습도에 따른 계수

a	b [%]
0	100
1.4	90
3.0	80
5.2	70
7.3	60
9.7	50
12.9	40

▶ 다층구조벽의 약산식의 노점온도 계산방법

실내온도(DBT)	＝19℃
실내 상대습도	＝50 %
실내 노점온도(약산)	＝19－9.7 ＝9.3℃
실외온도(DBT)	＝－1℃
실외 상대습도	＝80 %
실외 노점온도(약산)	＝－1－3.0 ＝－4.0
노점온도 차이	＝13.3℃

재 료	투습률 (δ) [gm·mm/m^{2}s bar]	투습비저항 $\left(\frac{1}{\delta} = r_v\right)$ [m^2 s bar/gm mm]	투습저항 ($d \times r_v = R_v$) [m^{2}s bar/gm]
섬 유 판	1.65	0.60	25×0.60＝15.0
벽 돌	4.05	0.25	225×0.25＝56.25
합 계			＝71.25

＊벽돌을 통한 노점온도강하 $= \frac{56.25}{71.75} \times 13.3° = 10.5$℃, 내표면의 노점온도 $= -4.0 + 10.5 = 6.5$℃

【예제 2-1】 구조벽이 안쪽에서부터 두께 10 mm의 석고판과 두께 25 mm의 팽창 폴리스티렌판, 그리고 두께 150 mm의 고밀도 콘크리트로 구성되어 있다. 각 부위의 열저항은 [m^2℃/W]은 내부표면저항=0.123, 석고판=0.06, EPS(팽창 폴리스티렌판)=0.75, 콘크리트=0.105, 외부표면저항=0.055이며, 습기저항은(단위 MNs/gm) 석고보드=50, EPS=100, 콘크리트는 30이다. 실내공기의 온도는 20℃, 상대습도(RH)=59 %, 외부공기의 온도는 0℃, 상대습도는 포화상태일 때 내부결로의 유무를 검토하라.

풀이 실제 치수대로 축소된 벽의 단면도상에 구조체의 건구온도 기울기와 노점온도 기울기를 그린다.

(a) 단계 1 : 각 층 통과시 온도강하와 각 경계온도를 계산하기 위해 열저항을 사용한다.

층	열저항 [m℃/W]	온도강하 $\left(\Delta t = \frac{\Delta R}{R_T} \times \Delta t_T\right)$	경계온도 [℃]
내 표 면	0.123	$\frac{0.123}{1.093} \times 20 = 2.3$	20
석 고 판	0.06	$\frac{0.06}{1.093} \times 20 = 1.1$	17.7
팽창폴리스티렌판	0.75	$\frac{0.75}{1.093} \times 20 = 13.7$	16.6
콘크리트	0.105	$\frac{0.105}{1.093} \times 20 = 1.9$	2.9
외 표 면	0.055	$\frac{0.055}{1.093} \times 20 = 1.0$	1.0
$R = 1.093$			0.0

(b) 단계 2 : 그림 2-23과 같이 벽의 축척단면도상에 경계온도를 기입하고 온도기울기를 알기 위해 그 점들을 연결한다.

(c) 단계 3 : 각 층을 통과할 때 감소한 습기압을 계산하기 위하여 투습저항을 사용한다. 습한 공기선도(그림 1-4)상에서 각 경계에서의 노점온도를 찾는다.
내부습기압 = 1,400, 외부습기압 = 600을 습한 공기선도로부터 찾는다.
전체 습기압 감소 = 800 Pa

(d) 단계 4 : 그림 2-23과 같이 노점온도 기울기를 알기 위해 단면도상에 노점온도를 기입한다.

층	두께 d[m]	투습비저항 r_V	투습저항 $R_V=r_v d$	습기압 감소 $\Delta P=\dfrac{\Delta R_V}{R_{VT}}\times P_r$	습기압 [Pa]	경계에서의 노점온도[℃]
내 표 면						
석 고 판	0.010	50	0.5	$\dfrac{0.5}{7.5}\times 800=53$	1,400	12
팽창폴리스티렌판	0.025	100	2.5	$\dfrac{2.5}{7.5}\times 800=267$	1,347	11.5
콘크리트	0.150	30	4.5	$\dfrac{4.5}{7.5}\times 800=480$	1,080	7.4
외 표 면					600	0
		$R_{VT}=7.5$				

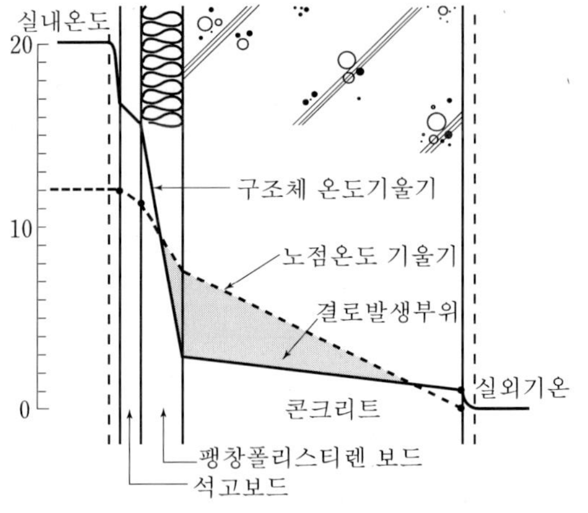

그림 2-23 결로의 예측

2-3-3 결로예측

[1] 표면결로

결로의 발생유무[결로예측(結露豫測 ; condensation prediction)]를 알기 위해 건물 내외의 공기온도 및 습도를 알아야만 어떤 특정부위의 온도와 노점을 알 수 있다.

표면온도는 아래 식을 사용하여 계산할 수 있다.

$$\Delta t=\frac{\Delta R}{R_T}\times \Delta t_T$$

앞의 예제 2-1에서 표면온도는 17.7℃이며, 이것은 노점온도 12℃보다 높다. 따라서 이런 조건에서는 표면결로가 발생하지 않는다.

【2】 외부결로

습한 공기가 내부에서 외부로 구조체를 통과할 때 그 공기는 구조체의 온도기울기를 따라서 점차 온도가 낮아진다. 노점온도 역시 각 부재를 통과하며 감소하는 수증기압의 기울기를 따라 낮아진다. 내부결로는 구조체의 온도기울기가 노점온도기울기 이하로 떨어지는 영역에서 발생된다. 이런 영역들은 그림 2-23에서처럼 축척도에 의해 예측할 수 있다. 그림 2-23에서는 결로가 팽창 폴리스티렌층과 콘크리트층 사이에서 발생되는 것을 알 수 있다.

【예제 2-2】 주택의 실내절대습도(AH)가 6.8 g/kg이고 실내온도가 거실에는 20℃, 난방이 안된 실은 10℃, 외부온도가 0℃ 일 때 다음 실내표면 위에 결로의 발생여부를 예측하라.

(a) 단창, (b) 복층창(중공 공기층저항, $R_a = 0.18\ m^2℃/W$)

(c) 외벽(열관류율 $K = 2.1\ W/m^2℃$) 내표면저항 $R_{si} = 0.12\ m^2℃/W$

외표면저항 $R_{s0} = 0.06\ m^2℃/W$

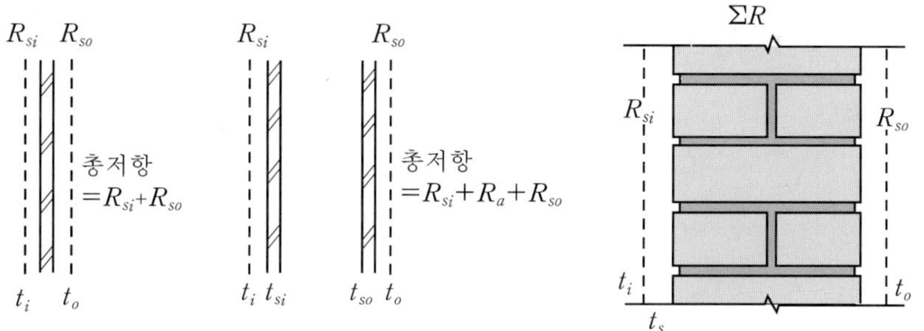

(a) 단창　　(b) 복창　　(c) 외벽

그림 2-24 창과 외벽단면

풀이 습한 공기선도상의 절대습도 6.8 g/kg로부터 수평선을 따라 포화수증기선상에서 습구온도를 찾으면 그것이 바로 노점온도이다. 따라서 절대습도 6.8 g/kg에 해당하는 노점온도는 8.5℃이 된다.

유리창은 표면저항($R_{si} + R_{so}$)에 근거하여 계산하고 복층창에서는 중공 공기층(R_a)의 단열효과를 추가하여 계산한다.

(a) 단창〔그림 2-24 (a)〕 : 유리창의 표면저항 통과시, 온도강하는 다음 식에 의해 계산될 수 있다.

$$\frac{\text{온도차(유리창표면과 실내공기)}}{\text{온도차(내부공기와 외부공기)}} = \frac{\text{표면저항}}{\text{전체저항}}$$

$$\frac{t_i - t_{si}}{t_i - t_o} = \frac{R_{si}}{R_{si} + R_{s0}}$$

여기서, t_{si} : 내표면온도, t_i : 내부온도, t_o : 외부온도

$$t_i - t_{si} = \frac{(t_i - t_o)}{(R_{si} + R_{s0})} \times R_{si}$$

여기서, $t_o = 0℃$, $R_{si} = 0.12\,m^2℃/W$, $R_{so} = 0.06\,m^2℃/W$

① $t_i = 20℃$

$$20 - t_{si} = \frac{(20-0)}{(0.12+0.06)} \times 0.12, \quad t_{si} = 20 - 13.3 = 6.7℃$$

내표면온도 = 6.7℃

② $t_i = 10℃$

$$10 - t_{si} = \frac{(10-0)}{(0.12+0.06)} \times 0.12, \quad t_{si} = 10 - 6.7 = 3.3℃$$

내표면온도 = 3.3℃

(b) 복층창〔그림 2-24 (b)〕

$$t_i - t_{si} = \frac{(t_i - t_o)}{(R_{si} + R_a + R_{so})} \times R_{si}$$

여기서, $t_o = 0℃$, $R_{si} = 0.12\,m^2℃/W$, $R_a = 0.18\,m^2℃/W$, $R_{so} = 0.06\,m^2℃/W$

① $t_i = 20℃$

$$20 - t_{si} = \frac{(20-0)}{(0.12+0.18+0.06)} \times 0.12$$

$t_{si} = 20 - 6.7 = 13.3℃$

내표면온도 = 13.3℃

② $t_i = 10℃$

$$10 - t_{si} = \frac{(10-0)}{(0.12+0.18+0.06)} \times 0.12$$

$t_{si} = 10 - 3.3 = 6.7℃$

내표면온도 = 6.7℃

(c) 외벽〔그림 2-24 (c)〕 벽표면저항 통과시

$$\text{온도강하} = \frac{\text{온도차(내부공기와 외부공기)}}{\text{벽의 전체 열저항}} \times \text{표면저항}$$

벽의 전체 열저항 $\Sigma R = 1/K$

여기서, $K = 2.1\ \text{W/m}^2℃$, $\Sigma R = \dfrac{1}{2.1} = 0.48\,\text{m}^2℃/\text{W}$, $t_o = 0℃$

$R_{si} = 0.12\,\text{m}^2℃/\text{W}$, $\Sigma R = 0.48\,\text{m}^2℃/\text{W}$

① $t_i = 20℃$

$$20 - t_{si} = \frac{(20-0)}{0.48} \times 0.12,\quad t_{si} = 20 - 5 = 15℃$$

내표면온도 $= 15℃$

② $t_i = 10℃$

$$10 - t_{si} = \frac{(10-0)}{0.48} \times 0.12,\quad t_{si} = 10 - 2.5 = 7.5℃$$

내표면온도 $= 7.5℃$

여기서, 내표면온도가 노점온도인 8.5℃ 보다 낮을 때 결로가 발생한다.
종합해보면 다음 표와 같다.

	표면결로발생	
	a. $t_i = 20℃$	b. $t_i = 10℃$
단 창	6.7<8.5 (○)	3.3<8.5 (○)
복층창	13.3>8.5 (×)	6.7<8.5 (○)
외 벽	15>8.5 (×)	7.5<8.5 (○)

* ○ : 결로발생, × : 발생하지 않음

【예제 2-3】 표면결로(내부온도가 10℃)는 외벽 ($K = 2.1\ \text{W/m}^2℃$)에서 단열재를 시공하여

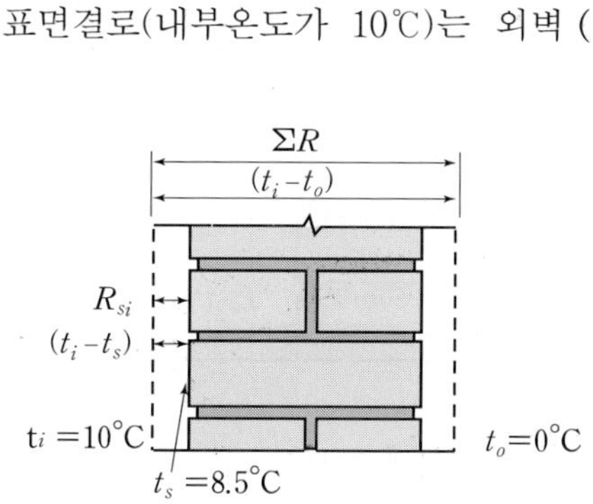

그림 2-25 벽체 구성

방지할 수 있다. 그림 2-25를 참조하여 노점온도가 8.5℃이고 외부온도가 0℃일 때 표면 결로를 방지하기 위한 이 벽의 열관류율값을 구하라. 단, 내표면저항 $R_{si}=0.12\ \text{m}^2℃/\text{W}$

풀이 내부온도 $(t_i)=10℃$, 외부온도$(t_o)=0℃$일 때 노점온도(8.5℃)보다 높은 내부표면온도를 유지하기 위한 열관류율값을 산정한다. 결로발생을 방지할 수 있는 보다 낮은 K값의 계산방법은 다음과 같다.

$$t_i=10℃,\ t_{si}=8.5℃,\ t_o=0℃,\ R_{si}=0.12\ \text{m}^2℃/\text{W}$$

$$\text{벽표면저항 통과시 온도강하}=\frac{\text{온도차(내부공기와 외부공기)}}{\text{벽의 전체 열저항}}\times\text{표면저항}$$

$$t_i-t_{si}=\frac{t_i-t_o}{\Sigma R}\times R_{si}$$

여기서, ΣR = 노점온도(8.5℃)보다 높은 내표면온도를 유지하기 위한 열저항

$$10-8.5=\frac{10-0}{\Sigma R}\times 0.12,\quad \Sigma R=\frac{10\times 0.12}{1.5}=0.8\ \text{m}^2℃/\text{W}$$

$$K=\frac{1}{\Sigma R}=\frac{1}{0.8}=1.25\ \text{W/m}^2℃$$

따라서 위의 조건에서는 표면결로 발생을 방지하기 위해 벽의 열관류율값은 1.25 W/m^2℃보다 작아야 한다.

【예제 2-4】 내부온도가 ① 20℃ 또는 10℃일 때 중공벽 내부에 결로의 발생부위를 표시하라. 일반적인 활동에 의해서 내부공기에 3.4 g/kg의 절대습도가 추가되며, 외기온도와 상대습도는 각각 0℃와 90 %이다.

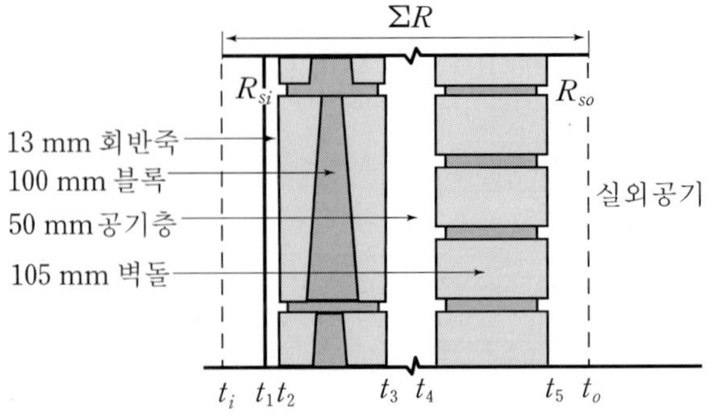

그림 2-26 중공벽체 구성

건물부위	두 께 [m]	열전도율 [W/m℃]	투습비저항 [MNs/gm]
회반죽	0.013	0.16	60
블 록	0.100	0.19	40
벽 돌	0.105	0.84	25

건물부위	두 께 [m]	열저항 [m^2℃/W]	투습저항 [MNs/g]
내표면 (R_{si})		0.12	
외표면 (R_{so})		0.06	
중공층	0.050	0.18	

풀이 다음의 ①에서 ⑧까지의 단계로 계산하는 것이 편리하다.

① 내부온도 및 외부온도

a. 내부온도 (t_i) 사용하는 난방실＝20℃

사용하지 않는 비난방실＝10℃

b. 외부온도 (t_o)＝0℃

② 열저항

건물부위	두 께 [m]	열전도율 [W/m℃]	열저항 [m^2℃/W]
내표면저항			0.12
회반죽	0.013	0.16	0.08
블 록	0.100	0.19	0.526
중공층	0.050		0.18
벽 돌	0.105	0.84	0.125
외표면저항			0.06
전체 열저항			$\Sigma R = 1.09$

③ 각 부위 통과시 온도강하

a. $t_i = 20$℃, $t_o = 0$℃, $\Sigma R = 1.09$ m^2℃/W

$$\text{부위 통과시 온도강하} = \frac{20}{1.09} \times \text{부위의 열저항}$$

$$= 18.35 \times \text{부위의 열저항}$$

옆에서 구한 경계치 온도를 중공벽의 축척단면도(그림 2-33)상에 기입하고 각각의 경계온도를 연결하여 연속된 온도기울기선을 얻을 수 있다. 단, 정상상태이고 균질한 재질일 경우에만 해당한다.

건물부위	열 저 항 $[m^2℃/W]$	부위 통과시 온도강하[℃]	온 도 [℃]
			$t_i=20$
내표면저항	0.12	18.35×0.12=2.20	$t_1=17.8$
회반죽	0.08	18.35×0.08=1.47	$t_2=16.33$
블 록	0.526	18.35×0.526=9.65	$t_3=6.68$
중공층	0.18	18.35×0.18=3.30	$t_4=3.38$
벽 돌	0.125	18.35×0.125=2.29	$t_5=1.10$
외표면저항	0.06	18.35×0.06=1.10	$t_0=0$

b. $t_i=10℃$, $t_o=0℃$, $\Sigma R=1.09\ m^2℃/W$

$$\text{부위 통과시 온도 강하} = \frac{10}{1.09} \times \text{부위의 열저항}$$

$$= 9.17 \times \text{부위의 열저항}$$

각 부위를 통과하면서 낮아지는 온도와 각 부위 사이의 경계온도 계산은 앞의 계산방법과 같다.

건물부위	부위 통과시 온도강하 [℃]	온 도 [℃]
		$t_i=10$
내표면저항	9.17×0.12=1.10	$t_1=10-1.10=8.90$
회반죽	9.17×0.08=0.73	$t_2=8.90-0.73=8.17$
블 록	9.17×0.526=4.82	$t_3=8.17-4.82=3.35$
중공층	9.17×0.18=1.65	$t_4=3.35-1.65=1.70$
벽 돌	9.17×0.125=1.15	$t_5=1.70-1.15=0.55$
외표면저항	9.17×0.06=0.55	$t_o=0.55-0.55=0$

④ 내외부의 습도조건 : 외기의 절대습도와 수증기압의 값은 습한 공기선도(그림 1-4)에서 구한다.

실외 절대습도 = 3.4 g/kg, 실외 수증기압 = 530 N/m^2

실내 절대습도 = 3.4 + 3.4 = 6.8 g/kg(실내는 사람이 거주하여 외기의 절대습도에 3.4 g/kg의 절대습도가 추가된다).

실내 수증기압 = 1,070 N/m^2(그림 1-4에서 구한다)

외부와 내부의 수증기압 차 = 1,070 − 530 = 540 N/m^2

⑤ 투습저항 : 투습저항 = 투습비저항×두께

건물부위	두 께 [m]	투흡비저항 [MNs/gm]	투습저항 [MNs/g]
내표면저항		무시	−
회반죽	0.013	60	0.78
블 록	0.100	40	4.00
중공층	0.050	무시	−
벽 돌	0.105	25	2.625
외표면저항		무시	−
전체 투습저항			$\Sigma R_V = 7.405$

⑥ 각 부위 통과시 수증기압 강하 = $\dfrac{540}{7.405}$ ×부위의 투습저항

$P_i - P_o = 540\ \text{N/m}^2$, $\Sigma R_V = 7.405\ \text{MNs/g}$

건물부위	투습저항 [MNs/g]	수증기압 강하 [N/m²]	수증기압 [N/m²]
실내공기			1070
회반죽	0.78	57	1013
블 록	4.00	292	721
중공층	−	−	721
벽 돌	2.625	191	530
외부공기	−	−	530

⑦ 각 부위의 경계에서 노점온도 : 구한 각 경계의 수증기압값을 습한 공기선도에서 찾아 수평선을 그어 포화수증기 곡선과 만나는 점에서 노점온도를 구한다.

건물부위	수증기압 [N/m²]	노점온도 [℃]
실내공기	1070	8.5
회반죽	1013	7.5
콘크리트	721	2.5
중공층	721	2.5
벽 돌	530	−1
외부공기	530	−1

⑧ 구조체 온도와 노점온도를 그림 2-33에 그려 넣는다.

건물 부위	구조체온도 [℃]	구조체온도 [℃]	노점온도 [℃]
내부공기	20	10	8.5
내표면저항	17.8	8.90	8.5
회반죽	16.33	8.17	7.5
블　록	6.68	3.35	2.5
중공부	3.38	1.70	2.5
벽　돌	1.10	0.55	−1
외표면저항/외부기온	0	0	−1

따라서 그림 2-27로부터 다음 사항을 알 수 있다.

① 실내온도가 20℃로 유지될 때는 결로가 발생하지 않는다.

② 실내온도가 10℃일 경우에는 내부결로가 발생한다. 그림 2-27의 검게 칠한 부분, 즉 외벽의 조적벽돌 내측면과 그 속에 발생한다. 이것은 구조체 온도가 노점온도보다 낮기 때문에 일어나는 현상이다.

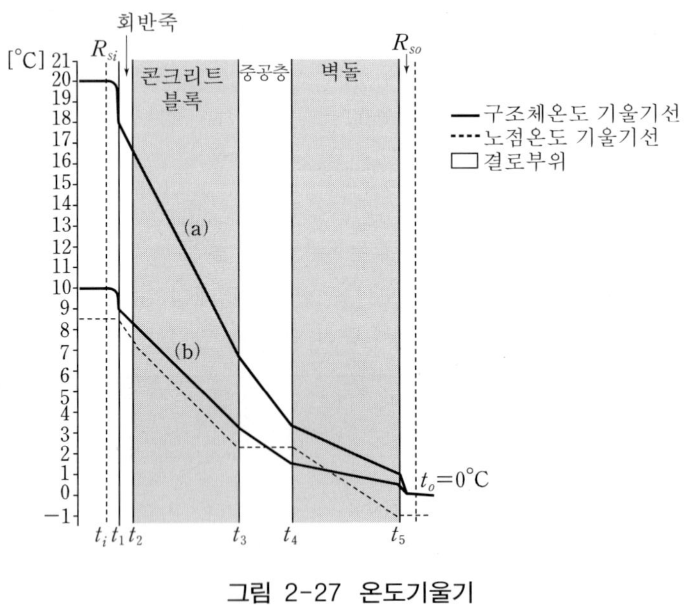

그림 2-27 온도기울기

【3】 유리창의 결로

창은 결로가 가장 잘 발생하는 곳이다. 결로가 생기면 창틀(나무창틀, 쇠창틀)과 함께 페인트칠도 손상된다.

[결로계산의 예]

(단창) $K = 1.05\,\mathrm{W/m℃}$, 유리의 비중량 $= 7.3\,\mathrm{kg/m^2}$, 두께 $= 2.5\,\mathrm{mm}$

(내표면저항 $R_{si} = 0.121\,\mathrm{m^2℃/W}$, 외표면저항 $R_{so} = 0.052\,\mathrm{m^2℃/W}$)

실내 : 온도 19℃, 상대습도 50 %, 노점온도 9.3℃

실외 : 온도 −1℃, 상대습도 80 %, 노점온도 −4.0℃

실내외 온도차 : 20℃

$$\Sigma R = R_{si} + \frac{d}{k} + R_{so} = 0.121 + \frac{0.0025}{1.05} + 0.052 = 0.17538$$

$$t_{si} = t_i - \left(\frac{t_i - t_o}{\Sigma R} \times R_{si}\right) = 19 - \left(\frac{20}{0.17538} \times 0.121\right) = 5.2℃$$

∴ 유리창 표면온도 5.2℃ < 노점온도 9.3℃, 결로발생

(복층창) 모든 조건은 단창과 같다(단, 중공 공기층저항 $R_a = 0.173\,\mathrm{m^2℃/W}$).

$$\Sigma R = 0.121 + \frac{0.0025}{1.05} + 0.173 + \frac{0.0025}{1.05} + 0.052 = 0.351$$

$$t_{si} = 19 - \left(\frac{20}{0.351} \times 0.121\right) = 12.10℃$$

∴ 내측유리 표면온도 12.10℃ > 노점온도 9.3℃, 결로발생 없음

유리창은 투습저항이 크므로 방습층과 같은 효과를 하나 복층창일 경우 중간(중공층)에서 결로가 발생할 수 있다. 따라서 대부분의 복층창은 알루미늄 방습재로 봉하여 공정과정의 각 끝부분에서 건조한 공기를 주입시킬 때 습기가 들어가지 않게 한다.

2-3-4 결로방지계획

일반적으로 결로를 방지하는 방법은 다음과 같다.

① 온도기울기를 높게 한다. 예를 들면, 블록(급경사)를 외부면으로 하고 벽돌(완만한 경사)을 내부면에 설치한다.

② 중공층에 환기를 한다. 이 환기로 실내온도가 어느 정도 낮아지나 수증기압(즉, 노점온도)이 외기와 같게 된다.

③ 노점온도의 기울기를 낮게 한다. 위에서와 같이 층의 위치를 바꾸는 것 또한 이 목적에 부합된다. 즉, 벽돌은 블록보다도 투습성이 떨어지므로 온도가 높은 측에 가까이 방습층을 설치하는 것이 더욱 유효한 방법이다.

방습층은 투습성이 $0.067\,\mu\mathrm{g/Ns}$ 이하인 경계층으로 정의된다. 일반적으로 얇은 막 또는 얇은 재료로서 다음과 같은 것들이 있다.

① 알루미늄 박판 : $\pi = 0.0001 \sim 0.0057\,\mu g/Ns$
② 폴리틴막, 0.06 mm 두께 : $\pi = 0.004\,\mu g/Ns$
③ 아스팔트 적층판, 12 mm : $\pi = 0.007\,\mu g/Ns$
④ 납, 아연, 유성 페인트로 된 3개층 : $\pi = 0.020 \sim 0.060\,\mu g/Ns$

최근에 개발된 한쪽면에 알루미늄박판을 붙인 석고판은 벽과 천장의 내부표면에 효과적으로 사용할 수 있다.

방습층의 시공은 정밀을 요하므로, 만약 페인트막이 갈라지거나 폴리틴에 구멍이 생기고, 알루미늄 박판의 연결부가 접착되지 않았다면 방습의 목적을 달성할 수 없게 된다.

가장 나쁜 상황은 다층구성재의 외측(저온측)에 방습층이 있을 때에 일어난다. 이와같은 현상은 방수피막을 제일 위쪽에 설치한 지붕에서 자주 발생하는데, 이 경우에 방수피막 내측의 수증기압은 실내측의 공기와 거의 같게 되며, 온도는 외기와 거의 같아진다. 이와 같은 경우의 내부결로는 지붕에서 비가 새는 것과 같이 심하다.

실의 다른 면보다 훨씬 차가운 면을 설치하는 것도 유효한 경우가 있다. 이중창이고 단열이 잘된 건물에 $1\,m^2$ 이하의 단창을 설치하고 창틀에 물을 제거할 수 있는 시설을 완벽하게 해둔다면, 결로는 우선적으로 이 벽면에서 발생하여 이 결로수량이 실내습도의 증가를 제한하는 데 도움을 주게 된다.

【1】 방 습 층

구조체에 발생하는 내부결로의 위험은 습한 공기가 구조체 내로 침투하는 것을 방지함으로써 막을 수 있다. 방습층(防濕層 ; vapour barriers)은 수증기 투과를 방지하는 투습저항이 큰 건축재료의 층이다. 방습층 또는 습기차단층은 적용되는 형태에 따라 여러 가지로 분류된다.

① 방수막(liquid films) : 아스팔트 용액, 고무제 또는 실리콘제의 페인트, 광택 페인트 등

② 성형구조막(pre-formed membranes) : 알루미늄 박판, 후면 폴리틴 접착판(polythene backed board)[1)]폴리틴 시트, 아스팔트 펠트, 비닐지 등

구조체에 이 부재들을 시공할 때 벽과 천장의 이음새 같은 부분과 재료의 이음부분에서 완전히 봉입되지 않으면 효과가 적다.

【2】 방습층의 부위별 시공

(a) 벽

일반적으로 방습층은 단열층의 온도가 높은 쪽에 설치하는 것이 효과적이며, 특히 단

1) polythene=polyetylene

열재가 벽의 내측에 있는 경우에는 반드시 실내측에 설치한다.

다음은 그림 2-28과 같은 구성을 가진 벽체에서 ① 방습층이 없는 경우와, 방습층이 단열재를 중심으로 ② 실내측, ③ 실외측에 설치된 경우에 대한 결로 발생여부를 컴퓨터 프로그램에 의한 결로판정 결과이다.[2] 여기서 실내외 온습도조건은 실내온도 20℃, 실내습도 70 %이며, 실외온도 −10℃, 실외습도 60 %이다.

기 호	재 료	두 께 [m]	열전도율 [kcal/mh℃]
1	모르타르	0.02	1.2
2	벽 돌	0.09	0.67
3	단 열 재	0.08	0.34
4	PC 패널	0.14	1.4

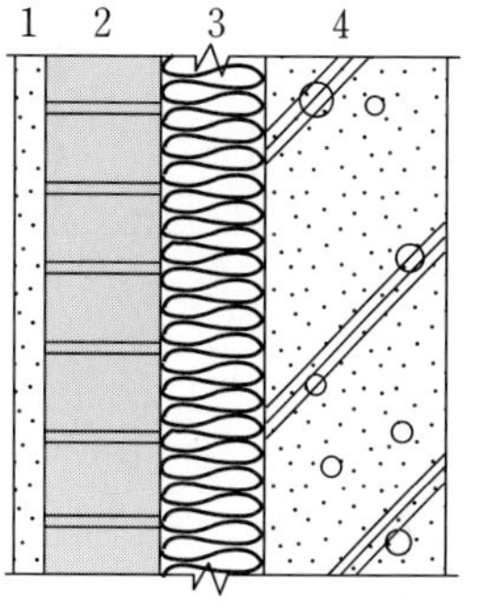

그림 2-28 벽체 단면

① 방습층이 없는 경우

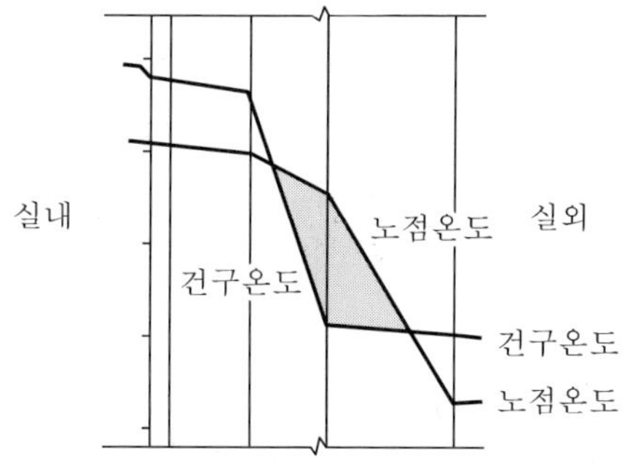

	건구온도	노점온도	결로여부
실내공기	20℃	11.29℃	×
실내벽면	18.53℃	11.28℃	×
모르타르	18.35℃	10.71℃	×
벽 돌	17.53℃	10.42℃	×
단 열 재	−8.35℃	6.44℃	○
콘크리트/외벽	−9.45℃	−17.03℃	×
외부공기	−10℃	−17.04℃	×

* 판정 : 단열재와 콘크리트 사이 많은 부분에서 결로발생

② 방습층이 실내측에 설치된 경우(고온측에 설치)

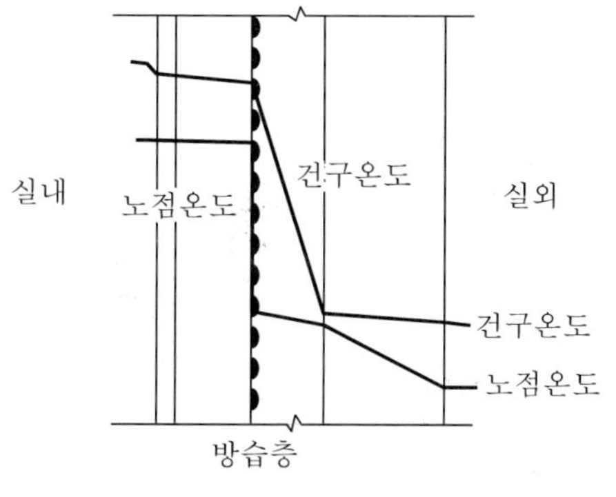

	건구온도	노점온도	결로여부
실내공기	20℃	11.29℃	×
실내벽면	18.53℃	11.29℃	×
모르타르	18.35℃	11.21℃	×
벽 돌	17.53℃	11.17℃	×
단 열 재	−8.35℃	−10.40℃	×
콘크리트/외벽	−9.45℃	−17.04℃	×
외부공기	−10℃	−17.04℃	×

* 판정 : 결로발생 없음

2) 이경희 외, 공동주택의 에너지 절약을 위한 설계기준연구, 주택공사, 건설부, 1985

③ 방습층이 실외측에 설치된 경우(저온측에 설치)

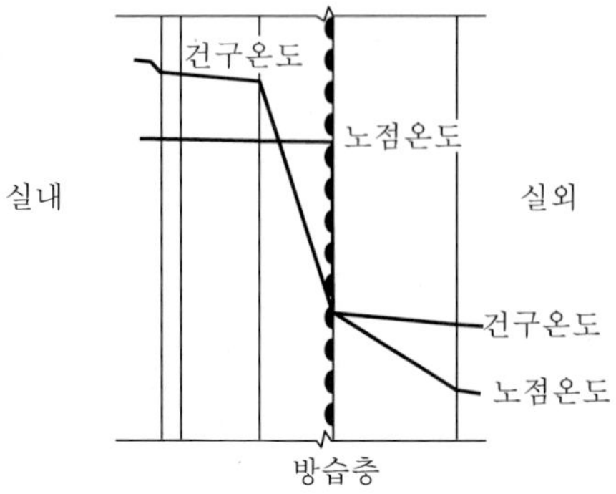

	건구온도	노점온도	결로여부
실내공기	20℃	11.29℃	×
실내벽면	18.53℃	11.29℃	×
모르타르	18.35℃	11.21℃	×
벽 돌	17.53℃	11.17℃	×
단 열 재	−8.34℃	10.70℃	○
콘크리트/외벽	−9.45℃	−17.04℃	×
외부공기	−10℃	−17.4℃	×

* 판정 : 단열재에서 결로발생

계산 결과 방습층이 실외측에 있을 때와 없는 경우에는 내부결로가 발생하며, 실내측에 설치된 경우에는 결로의 발생이 없는 것으로 나타났다. 따라서 방습층의 설치는 매우 중요하며, 그 위치는 고온측인 실내측에 설치하여야 한다.

외부로의 구조체 내 습기방출은 매우 중요하므로 방수처리가 되어 있는 경우에도 어느 정도의 습기가 외부로 투과될 수 있어야 한다.

(b) 지 붕

지붕 속의 중공 부위에는 심한 결로가 생길 수 있으므로 적절한 환기와 세심한 방습층의 시공이 요구된다. 일반적으로 단열재가 천장에 시공된 경우에는 지붕은 차가워지며, 이때 방습층은 단열재의 고온측면에 설치하여야 한다. 보다 확실한 결로방지책으로 평지붕이든 경사지붕이든 간에 지붕속은 환기를 하는 것이 좋다. "따뜻한 지붕(warm roof)"

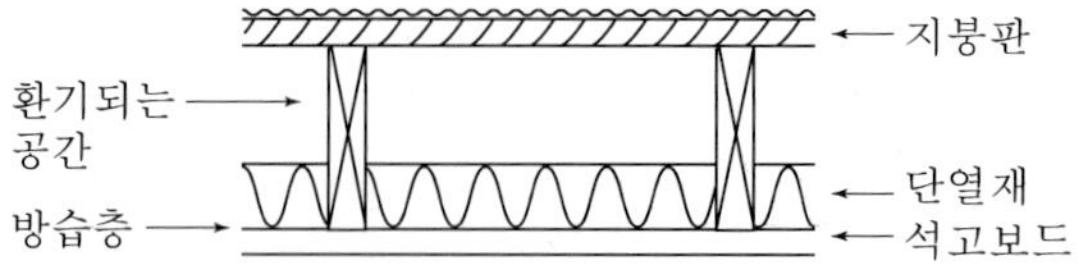

(a) 지붕속이 저온일 때

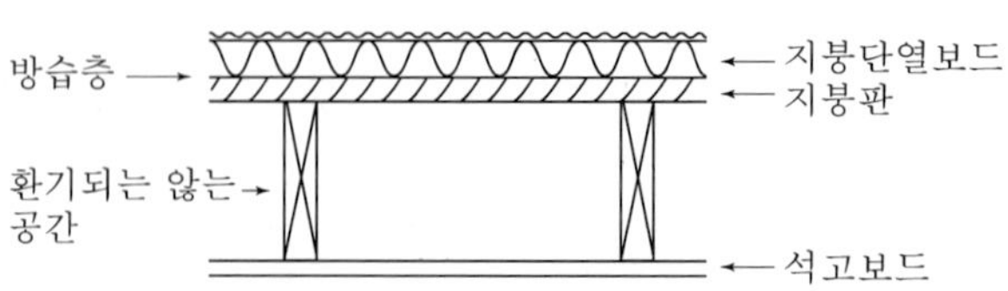

(b) 지붕속이 고온일 때

그림 2-29 지붕의 방습층

은 그림 2-29에서와 같이 단열재가 바로 지붕 아래에 설치되어 방습층을 보호한다.

이때 천장 내부의 지붕판(roof deck) 온도는 실내온도와 비슷하며 천장은 단열성이 거의 없다. 콘크리트 평지붕은 항상 따뜻한 지붕(warm roof)으로 시공되고 습식 단열 스크리드[3](wetinsulating screeds)가 사용될 때 영구적인 환기 시스템이 반드시 필요하다. 이때 절대로 방습층을 습식 스크리드 아래에 시공해서는 안된다.

(c) 바　닥

바닥은 개구부가 없고 다른 부위에 비해 기밀성이 높으며, 바닥난방의 경우 표면온도가 높아 결로가 발생할 위험이 적다. 따라서 방습층 설치가 생략되기도 하나 마루밑 공간(crawl space) 상부의 마루바닥같이 필요한 경우에는 방습층을 반드시 단열재의 상부에 설치해야 한다.

지면과 접해 있는 바닥이나 지하실의 외벽에는 지표나 기초부위에서 발생된 수분이 구조체에 침투하는 것을 방지하기 위한 방수처리가 되어야 한다. 구조체의 외부를 방수처리하여 외부로부터의 온기를 방지한 후 내부에 방습층을 별도로 설치하는 것이 바람직하다.

2-4 건물의 환기

환기의 가장 중요한 두 가지 역할은 ① 신선한 공기의 공급과 ② 공기의 교체로 인한 열과 습기의 이동이다. 따라서 외부공기의 도입으로 난방된 실내의 열이나 습기가 외부로 손실되거나 냉방된 실내의 온습도가 변하는 등의 문제도 에너지 절약이라는 측면에서 신중히 대처해야 할 문제이다.

2-4-1 환기의 종류

환기방법을 효과가 큰 것부터 분류하면 다음과 같다.

① 기계력을 이용한 강제환기(인공환기)

② 자연의 물리적 변화를 이용한 자연환기

③ 건물의 구조체 틈새에서 발생하는 극간풍(infiltration)에 의한 환기(air leakage)

---

3) screed : 플라스터 바르기에서 일정한 두께로 바를 수 있게 표면에 일정한 간격으로 설치한 세장한 스트립

【1】 강제환기

자연환기로는 항상 필요한 만큼의 환기를 기대할 수 없으므로 일정한 환기량 또는 많은 양의 환기가 필요한 경우, 기계적 힘을 이용한 강제환기방식을 사용한다. 특히 침기현상(air leakage)이 거의 일어나지 않는 기밀화된 건물에 필요하다.

기계환기설비에는 3종류가 있다.

① 배기설비 : 화장실, 부엌의 요리용 레인지, 실험실 내의 배기구 등에 있는 송풍기(fan)의 압력으로 실내공기를 배출하여 오염된 공기가 건물 내에 확산되는 것을 방지하기 위한 장치이다. 배기를 위해서는 공간 내에 부압이 유지되야 하며, 급기는 틈새를 통해 이루어진다. 공간의 압력이 송풍기의 압력과 같을 때는 공기를 제거하지 못한다.

② 급기설비 : 외기를 청정화하여 실내로 도입하는 장치이다. 이것은 실내의 압력을 높여 틈새나 환기구를 통해 실내공기가 방출되게 한다. 만약 방이 밀폐되어 실의 압력이 송풍기의 압력과 같아질 때 공기공급은 중단된다. 이 환기방식은 먼지 등이 발생하면 곤란한 실험실 같은 곳에 사용된다.

③ 급배기설비 : 기계적 수단에 의하여 공기의 공급과 배출을 하는 것으로, 성능은 좋으나 설비비가 비싸다.

최근에는 에너지 절약을 위해 공기의 열교환장치가 부착된 기계환기설비가 등장하였는데, 이것은 단순히 환기만 할 경우 손실되는 열량을 재사용할 수 있는 이점이 있다.

【2】 자연환기

자연환기는 온도차에 의한 압력과 건물 주위의 바람에 의한 압력으로 발생되며, 재실자가 임의로 조절할 수 있는 특성이 있다. 이는 개구부를 통한 환기로 실내의 온도조절 및 실내공기오염을 억제할 수 있다. 자연환기방법은 공기의 물리적 변화를 응용하는 것이므로 만일 그 원동력이 없는 경우에는 환기를 기대할 수 없다. 또한 외기온도나 외부풍속은 시시각각으로 변하므로 정확히 계획된 환기량을 유지하기가 곤란하다.

【3】 극간풍

실내외의 공기압이 다른 경우 개구부 이외에도 구조체의 틈새나 개구부의 틈 사이로 환기가 이루어진다. 이러한 공기유출현상을 침기(侵氣 ; air leakage)라 한다.

재실자가 조절할 수 있는 자연환기와는 달리 침기현상(극간풍)은 풍압과 온도차에 의한 압력에 의하여 개구부나 틈새로 의도하지 않았던 외기가 들어온다. 다른 환기방법과는 달리 의도적인 것은 아니나 개구부가 많은 건물의 경우 주된 환기원이 된다. 우리나라의 전통주택은 목조건축이었으므로 구조상 틈새가 많아 침기현상만으로도 충분한 환기량을 유지할 수 있었다. 그러나 최근 철근 콘크리트조의 건물들이 많아지고 창틀이 기밀화된 에너지 절약형 건물에서는 극간풍에 의한 침기현상만으로는 환기량이 충분하지 못한 경우가 많다.

【4】 전반환기와 국소환기

환기는 실의 대상부위에 따라 다음과 같이 나눌 수 있다.

① 전반환기(全般換氣 ; general ventilation)

② 국소환기(局所換氣 ; local or spot ventilation)

어느 특정한 실내의 공기를 환기하여 전체 공기를 신선한 공기로 대체하는 것을 희석환기(稀釋換氣 ; dilution ventilation) 또는 전반환기라 한다. 이에 반해 국소환기는 오염이 생긴 장소에서 오염이 실 전반에 확산되기 전 배기하는 방법으로 가장 효율이 좋은 오염제거방법이다. 전반환기가 실 전체를 대상으로 하는데 비해 국소환기는 실내의 특정한 장소를 대상으로 하므로 주로 특수작업, 공장건축, 또는 연기나 냄새가 많이나는 주방 등에 사용된다. 국소환기는 자연환기법을 이용하기도 하나 기계적 강제환기법이 주로 사용되며, 반드시 전반환기와 병용하여 사용된다.

2-4-2 환기발생이론

【1】 온도차에 의한 환기

실내외부에 온도차가 있으면 공기밀도의 차이로 압력차가 발생한다. 실온이 외기온도보다 높으면 실내공기밀도가 낮아지므로 가벼워진 공기는 상승한다. 이때 실내에서는 개구

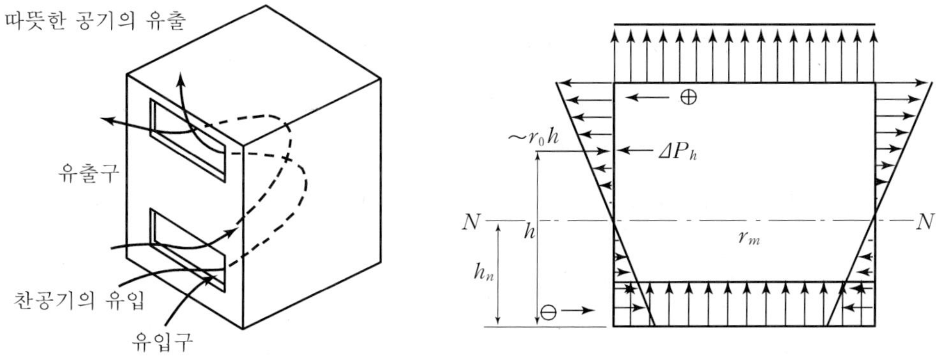

그림 2-30 온도차에 의한 환기

부 상부의 압력이 하부의 압력보다 높아지므로 상부에서는 안에서 밖으로 압력이 가해져서 자연배기가 발생한다. 만약 실온이 외기온도보다 낮으면 압력이 반대로 작용하므로 공기의 교환 역시 역으로 발생하는데, 이것을 온도차에 의한 환기 또는 중력환기라고 한다(그림 2-30).

실내외 압력이 같아지는 지점을 중성대라 하며, 온도차에 의한 내외 압력차는 공기비중량의 차와 중성대로부터의 수직거리에 비례한다. 중성대의 위치는 실의 중앙을 중심으로 같은 면적의 개구부가 대칭으로 있는 경우 천장 높이의 중앙에 있으나, 실의 하부에 개구부나 틈이 많으면 중성대는 아래로 이동하고 반대의 경우에는 위쪽으로 이동한다.

온도차에 의해 생성되는 압력을 공식으로 표기하면 다음과 같다.

$$\Delta P = (r_o - r_i) g (h - h_n)$$
$$= r_i g (h - h_n)(T_i - T_o) / T_o$$

여기서, ΔP = 온도차에 의한 압력차 [Pa]

r_o : 실외공기밀도 [kg/cm^3], r_i : 실내공기밀도 [kg/cm^3], i : 실내

g : 중력가속도(9.8) [m/s^2], T : 절대온도, o : 실외

h : 계산하려는 지점의 높이 [m], h_n : 중성대 높이 [m]

실내외 공기의 전체 비중량의 차이는 두 개구부 사이의 수직거리 h와 온도차 $\Delta t/T$에 비례한다. 여기서, Δt는 실내외의 온도차이며 T는 실내외 평균절대온도(average absolute temperature)이다.

물기둥(column of water) 1 cm의 평균중량은 대기압, 상온에서 공기기둥(column of air) 8.5 m와 같으므로 전체 압력차 또는 수두(head) ΔP는 다음과 같다.

$$\Delta P = \frac{h \cdot \Delta t}{8.5T} \text{ [cmH}_2\text{O, cmAq]} \tag{2.30}$$

【예제 2-5】 실내 평균온도가 25℃, 외부온도가 30℃이고 두 개구부 중심간의 수직거리가 3 m일 때의 압력을 구하라.

풀이 $\Delta P = \frac{h \cdot \Delta t}{8.5T} = \frac{3(30-25)}{8.5\left(273 + \frac{30+25}{2}\right)} = 0.006 \text{ [cmH}_2\text{O]}$

온도차(thermal force)에 의해 발생하는 기류량 Q는 압력의 제곱근과 유효개구부 면적에 비례하는데, 그 식은 다음과 같다.

$$Q = KA\sqrt{h \cdot \Delta t} \ [\mathrm{m^3/min/m^2}] \tag{2.31}$$

여기서, K : 개구부에 의한 저항에 관련된 상수(ASHVE에서의 표준값 = 7.0)

A : 유입개구부 면적 [$\mathrm{m^2}$]

h : 두 개구부간의 수직거리 [m]

Δt : 실내외의 온도차 [℃]

Q : 개구부 단위면적당 환기량(ventilation rate)

식 (2.31)에서 유입구의 면적과 유출구의 면적이 다를 경우에는 수정계수를 곱해주어야 한다. 그림 2-31과 표 2-11은 수정계수를 구하는 도표이다.

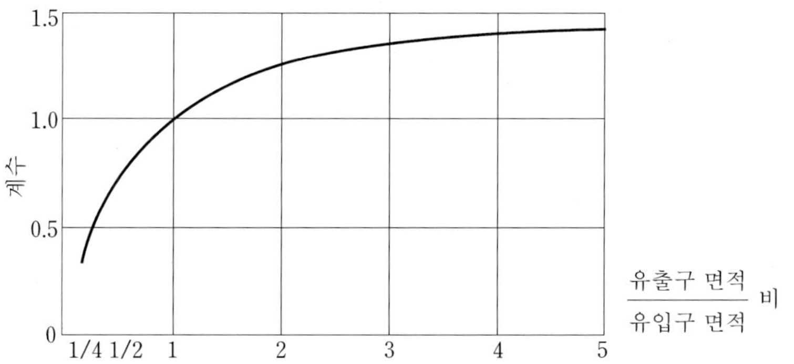

그림 2-31 수정계수

표 2-11 수정계수

유출구 면적/유입구 면적	수정계수
5	1.38
4	1.37
3	1.33
2	1.26
1	1.0
0.75	0.84
0.5	0.63
0.25	0.34

【2】 풍압차에 의한 환기

바람이 건물에 부딪히면 그 건물 주위에 복잡한 기류가 생긴다. 바람이 불어오는 면의 기압은 대기압보다 높고(정압부위 ; pressure zone) 불어가는 면의 기압은 대기압보다 낮다(부압부위 ; suction zone). 이런 방법으로 압력차는 건물 전체에 걸쳐 발생한다.

건물외피를 중심으로 실내외 두 지점간의 압력차는 개구부를 통한 환기의 잠재능력(potential driving force)이 된다. 이것이 바람에 의해 발생되는 동압(動壓 ; dynamic pressure)과 연관될 때 압력차(壓力此 ; pressure ratio)로 표시할 수 있다. 어떤 두 점 사이의 압력비를 산정하는 데는 도식적 압력분포도가 이용된다. 압력차가 있는 어느 지

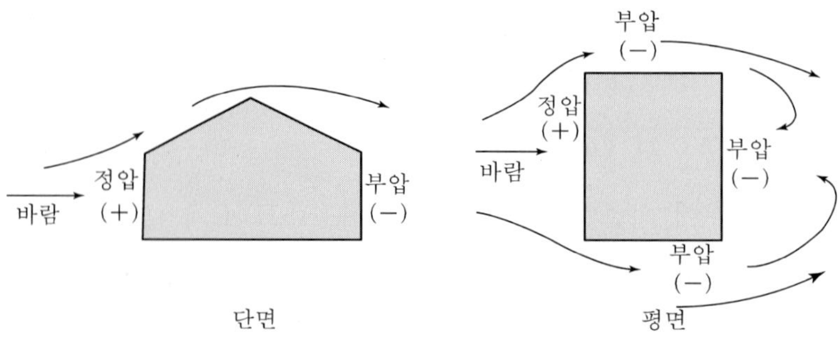

그림 2-32 건물 주위의 정압과 부압

점에 개구부가 있으면 그곳에서 환기가 발생된다. 압력차가 더 커지면 건물을 통한 기류량은 더 증가한다. 심지어 창문이 닫혀 있을 경우에도 압력차가 크면 극간풍(infiltration)에 의한 환기가 일어날 수 있다.

그림 2-33은 건물이 바람의 방향과 직각일 때와 일정한 각도를 가질 때(한쪽은 60°, 다른쪽은 30°의 경사) 건물 주위의 도식적 압력분포도이다.

풍압과 풍속의 관계는 Bernoulli의 식으로부터 구할 수 있다.

$$\Delta P_v = C_p \times \frac{\rho v^2}{2} \tag{2.32}$$

여기서, ΔP_v : 풍압 [Pa], ρ : 공기의 밀도 [kg/m^3]

v : 풍속 [m/s], C_p : 풍압계수

풍압계수는 건물의 형태, 바람의 방향 등에 따라 각각 달리 적용되는 상수로서, 그림 2-34는 정사각형 건물에서 바람의 방향에 따른 건물 각 부위의 풍압계수의 변화를 보여주고 있다.

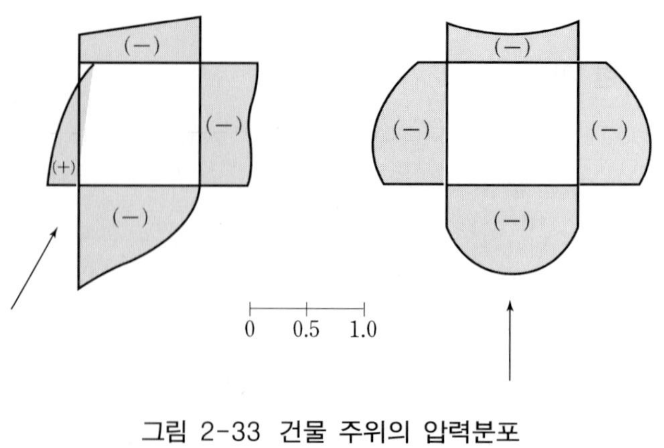

그림 2-33 건물 주위의 압력분포

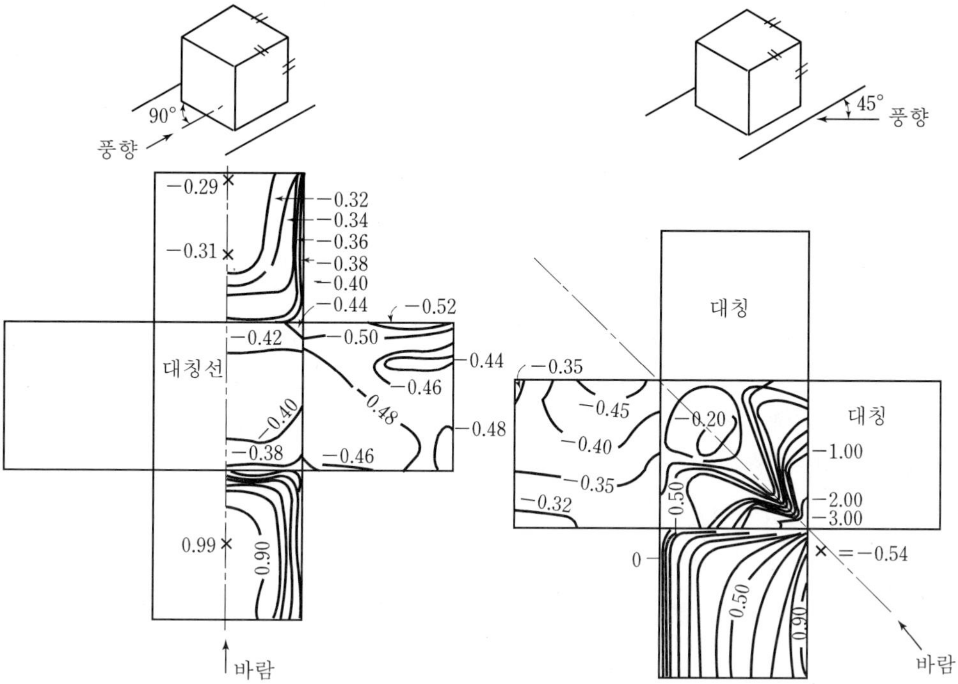

그림 2-34 바람의 방향에 따른 풍압계수의 변화

압력차는 풍속의 제곱에 비례하는 함수이며, 개구부를 통한 환기량은 실험식에서 압력차의 제곱근에 비례한다. 즉, 환기량은 풍속에 비례하며 환기량을 구하는 식은 다음과 같다.

$$Q = E \cdot A \cdot v \tag{2.33}$$

여기서, Q : 환기량 [m^3/s], A : 유입구 면적 [m^2], v : 풍속 [m/s]

E : 개구부의 효율. 개구부에 직각으로 바람이 부는 경우 : 0.5~0.6

개구부에 45° 경사져서 부는 경우 : 위 값의 50 %

식 (2.33)은 유입구와 유출구의 면적이 같을 경우 적용된다. 이 둘의 면적이 다를 경우에는 앞의 그림 2-31 또는 표 2-11에서 수정계수를 구하여 곱해주어야 한다.

【예제 2-6】 건물의 한 면이 풍속 3 m/s의 맞바람을 받고 있다. 유입구와 유출구의 면적이 1 m^2으로 서로 같을 때 환기량을 계산하라. 단, $E = 0.6$이다.

풀이 $Q = 0.6 \times 1.0 \times 3 = 1.8\ m^3/s$

【예제 2-7】 앞의 예제에서 유출구의 면적이 0.5 m^2일 때 환기량을 계산하라.

풀이 $Q = 0.6 \times 1.0 \times 3 \times 0.63 = 1.134\ m^3/s$

【3】 온도차와 풍압에 의한 환기

실제로 환기는 온도차 및 풍압이 동시에 발생한다. 이때 환기량은 이 두 힘으로 인한 각각의 압력을 합산하여 구하며, 압력의 방향에 따라 온도차 및 풍압에 의한 환기량이 가감된다. 두 힘이 같은 방향으로 작용할 경우에도 환기량은 압력차의 제곱근에 비례하므로 약 40 % 정도만 증가한다.

온도차(溫度差)에 의한 환기는 내외부 온도차 및 환기경로의 수직높이(개구부 사이의 수직거리) 중 어느 하나라도 충분히 클 경우에 실제로 발생하게 된다. 그러나 실제의 주거용 건물에서는 환기경로의 유효높이가 매우 짧고(일반적으로 2 m 이하), 내외부의 온도차는 겨울철과 몹시 추운 지역(이때는 오히려 극간풍에 의한 열손실을 줄이기 위해 온도차에 의한 환기가 억제되어야 한다)을 제외하고는 매우 작기 때문에 크게 작용하지는 않는다.

그러나 부엌, 욕실 및 화장실 등의 수직 파이프나 덕트(duct)에 의해 환기가 이루어지는 곳에서는 환기경로의 유효높이가 몇 개 층을 관통하여 길어지므로 온도차에 의한 자

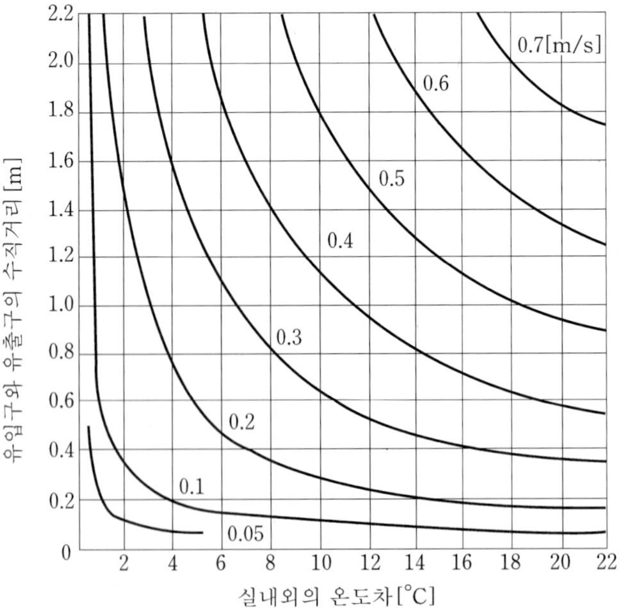

그림 2-35 굴뚝효과에 의한 유입구의 공기속도

연환기가 발생한다. 이런 현상을 굴뚝효과(stack effect)라 하는데, 이것은 실내공기의 유동이 거의 없을 때에도 환기를 유발시킨다.

그림 2-35는 굴뚝효과에 의한 유입구의 공기속도를 구하는 도표이다. 이 도표는 유입구와 유출구 면적이 동일한 상태의 값을 나타내는 것으로서 곡선은 유입구 단위면적당의 환기량 $[m^3/s\cdot m^2]$을 보여준다. 유입구와 유출구의 면적이 다를 때는 도표상의 값에 그림 2-31의 수정계수를 곱해주면 된다.

이 도표를 통해 다음 사항들을 알 수 있다.

① 온도차와 높이차가 매우 작을 때에도 굴뚝효과가 생긴다. 온도차 1℃와 높이차 0.2 m일 때 0.05 m/s의 공기흐름이 발생한다. 이는 매우 작은 값이나 주거용 건물의 환기회수 1회/h 정도에 해당하는 36 m^3/h가 환기된다.

② 겨울철에 실내외 온도차는 20℃ 이상이 되며 개구부 아래 틈새와 위 틈새의 높이차는 1.8 m 이상이 된다. 이 상태에서 0.7 m/s 정도의 속도가 문 아래에서 발생되며, 유입공기의 온도가 낮고 기류가 냉각현상을 유발하므로 더욱 차게 느껴진다.

③ 창문을 연 상태의 덥고 습한 날씨에서는 실내외 온도차가 5℃ 이하이다. 이때의 속도는 0.3 m/s을 넘지 않으므로 이런 날씨에서는 굴뚝효과에 의한 냉각효과를 기대할 수 없다.

온도차에 의한 환기는 단지 압력차에 의해서만 기류를 발생시키므로 개구부에서의 속도가 매우 작아 실내기류의 형태에 직접적인 영향을 미치지 않는다. 따라서 2개의 개구부가 같은 면에 높이만 다르게 있는 경우, 실내의 온도가 실외보다 높으면 아래의 개구부를 통해 유입된 공기는 실내벽면을 따라 상승하여 상부의 개구부를 통해 외부로 나가므로 실내 전체 공기의 움직임에 영향을 주지 못한다.

이와는 달리 풍압에 의해 발생하는 환기는 실 전체를 통하는 기류를 발생시키는데, 그 형태는 유입공기의 관성(慣性 ; inertial force)에 의해서 결정된다. 따라서 풍압에 의한 환기는 개구부의 세부적인 디자인에 의해 조절될 수 있다. 개구부 계획은 2-4-4에서 자세히 설명하기로 한다. 풍압으로 인해 발생하는 기류는 온도차에 의한 기류보다 난류(亂流 ; turbulence) 현상으로 인하여 공기속도가 빠르다.

【4】 극간풍에 의한 환기

침기량의 산정에는 다음 두 가지 방법이 사용된다.

① 구조체의 틈새 산정과 압력차에 의한 계산

② 시간당 환기횟수에 의한 계산

②의 계산방법은 매우 간편하나 정확한 계산을 하는 데 있어서는 적당하지 않다.

표 2-12는 외벽 면적에 대한 개구부의 면적비가 평균 25 %이며 외부 노출이 일반상태일 때의 주거용 건물에 대한 환기량 자료이다. 한쪽 벽면에만 창이 있는 실에서 24시간 창을 열어 놓았을 때 환기량은 시간당 약 10회가 된다.

표 2-12 환 기 량

실의 종류	시간당 환기횟수
창 또는 외부에 면한 문이 없는 실	0.5
한쪽면에만 창 또는 외부에 면한 문이 있는 실	1
두 면에 창 또는 외부에 면한 문이 있는 실	1.5
세 면에 창 또는 외부에 면한 문이 있는 실	2
입구 홀	2

* 창틀을 기밀하게 한 실에 대해서는 이 값의 2/3를 사용한다.
출처 : ASHRAE Handbook of Fundamentals, 1981

공장이나 산업용 건물에 있어서의 시간당 환기회수에 의한 계산방법의 사용은 창의 형태나 전체 외벽 면적에 대한 상대적 창의 면적비가 크게 달라지므로 적합하지 않다.

(a) 주위틈새를 통한 침기

닫혀 있는 창의 주위틈새를 통한 침기량(flow rate)을 구하는 식은 다음과 같다.

$$Q = X(\Delta P)^n \tag{2.34}$$

여기서, Q : 침기량, X : 상수(창의 종류에 따라 다름), ΔP : 압력차

n : 지수, 영국의 공조학회(IHVE) Guide : $n=0.63$

미국의 공조냉동학회(ASHRAE) : $n=0.5\sim1.0$

윗 식에 개폐면적비와 실내저항효과를 고려한 수정계수 f를 곱하면 창문의 단위틈새길이 [m]에 대한 기본침기량은 다음과 같다.

$$Q_b = Q \times f \tag{2.35}$$

여기서, f : 내부수정계수(internal correction factor)

만약, 창문의 틈새길이가 L_R이면 실의 침기량 Q_R는 다음과 같다.

$$Q_R = Q_b \times L_R \tag{2.36}$$

식 (2.36)은 한 외벽면에 창이 있는 경우 적용되며, 인접한 두 벽에 창이 있는 모서리 방인 경우는 다음과 같이 된다.

$$Q_R = 1.5Q_b \times L_R \tag{2.37}$$

【예제 2-8】 도심에 위치한 틈을 막지 않은 철제창으로 된 사무소 건물의 실침기량을 계산하라. 단, 침기량 $Q = 0.6 \times 10^{-3}\ \mathrm{m^3 s \cdot m}$(창문의 틈새길이 1m에 대해 1초당 발생하는 침기량 $\mathrm{m^3}$), 창의 틈새길이 = 20m, 실내수정계수 $f = 0.8$이다.

풀이 기본 침기량 : $Q_b = Q \times f = 0.48 \times 10^{-3}\ \mathrm{m^3/s \cdot m}$

실 환기량 : $Q_R = Q_b \times L_R = 0.48 \times 10^{-3} \times 20 = 9.61 \times 10^{-3}\ \mathrm{m^3/s}$

이 값은 1인의 점유자에 의해 사용되는 체적 5×4×3m의 사무실에 적절한 침기량 값이다. 이때 창이나 문이 열려 있다면 더 많은 환기량이 발생된다.

(b) 전체 침기량

난방부하 계산에서 각 실 침기량의 합계와 전체 침기량 값은 서로 다르며, 이것은 그림 2-36과 같이 건물의 공기흡입과 배기를 고려함으로써 알 수 있다.

바람이 불어오는 면에서의 흡입공기의 온도는 외기와 같으며, 이때 흡입공기의 온도를 실내온도로 바꾸기 위해서 난방 또는 냉방부하가 발생된다. 반면, 건물의 바람이 불어가는 방향 면에서 배기공기의 온도는 실내온도와 같으므로 난방부하에 전혀 영향을 주지 않는다.

$$\text{전체 환기량}\ Q = Q_b \times \text{유리창의 단위면적당 틈새길이} \times A_{\mathrm{rep}} \tag{2.38}$$

여기서, Q_b : 기본 침기량

A_{rep} : 상당면적(相當面積 ; representative area : 건물의 한쪽 면에서부터 다른쪽 면으로 공기가 통과할 때의 면적)

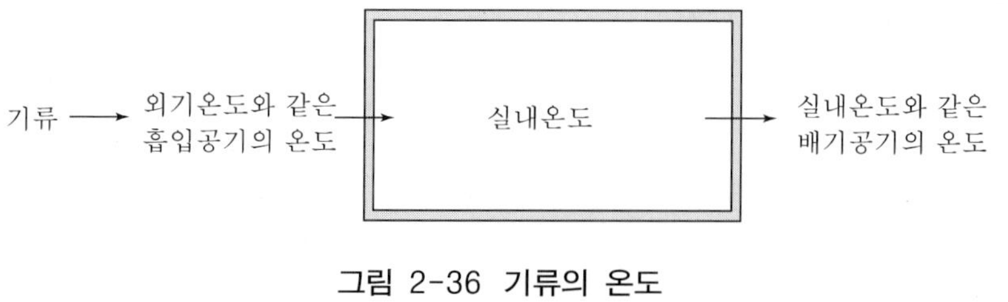

그림 2-36 기류의 온도

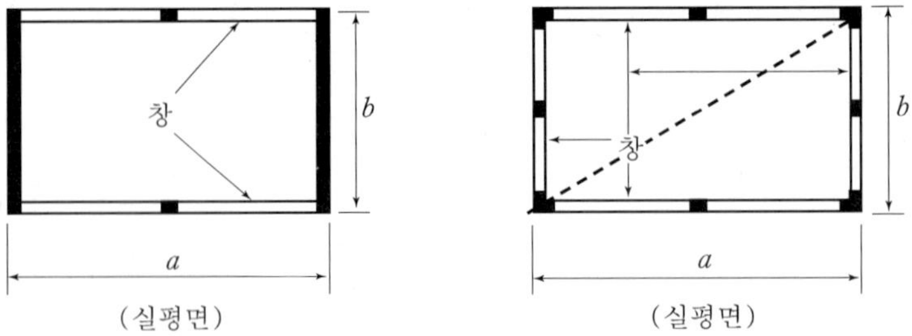

그림 2-37 상당면적

길이가 a인 서로 마주보는 틈새벽에 창이 나 있고 길이가 b인 짧은 벽에는 창이 없을 때 높이가 H인 건물의 상당면적은 $A_{rep} = a \times \mathrm{H}$이다. 4면에 모두 창이 나 있는 건물에 있어서 상당면적 A_{rep}는 수직대각평면으로 정하고 있다. 따라서 평면상의 대각선 길이 $=\sqrt{a^2+b^2}$이므로 상당면적 $A_{rep}=\sqrt{a^2+b^2} \times H$이 된다(그림 2-37).

【예제 2-9】 사무소 건물의 크기가 길이 40 m×너비 18 m×높이 45 m이고 창의 단위면적당 틈새길이가 1 m/m^{2}이다. 기본 침기량이 0.5×10^{-3} m^3/s·m일 때 (a) 창이 건물의 4면에 있는 경우와 (b) 길이가 긴 두 벽면에만 있는 경우의 전체 침기량을 계산하라.

풀이 (a) $A_{rep}=\sqrt{a^2+b^2} \times H=(\sqrt{40^2+18^2}) \times 45=1973.9\,\mathrm{m}^2$

$Q=0.5 \times 10^{-3} \times 1.0 \times 1973.9=9.87\ \mathrm{m}^3/\mathrm{s}$

(b) $A_{rep}=a \times H=40 \times 45=1800\,\mathrm{m}^2$

$Q=0.5 \times 10^{-3} \times 1.0 \times 1800=9.00\ \mathrm{m}^3/\mathrm{s}$

2-4-3 실외기류

【1】 건물에 의한 기류변화

(a) 건물의 형태에 의한 변화

바람이 건물에 부딪치면 건물 주위의 기류가 크게 변화하며, 건물 주위의 기류는 건물의 형태와 배치방법에 따라 다르게 나타난다. 그림 2-38은 건물 주위의 기류변화상태를 도식적으로 보여주고 있으며, 그림 2-39는 대표적인 네 가지 형태의 건물이 각각 다른 배치일 때의 기류변화를 나타내고 있다.

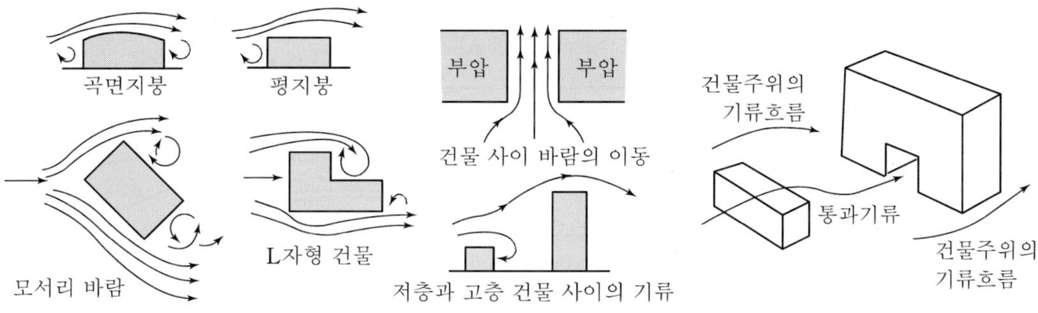

그림 2-38 건물 주위의 기류변화

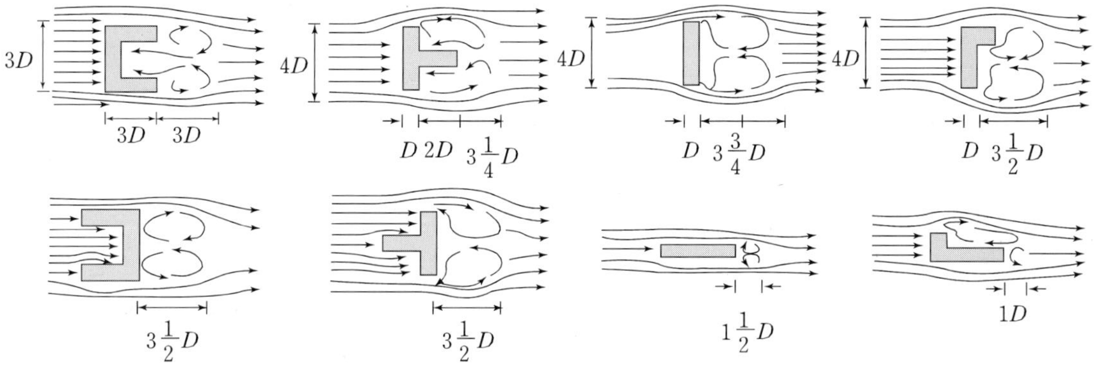

그림 2-39 건물의 형태와 바람의 방향에 따른 기류변화

(b) 풍속저하역

부압(負壓)을 받는 건물의 후면에는 필연적으로 풍속저하역(풍영 ; wind shadow)이 형성되는데, 풍속저하역이란 바람이 건물 전면에서 불어올 때 후면에 풍속의 감소와 역류현상이 발생하는 지역을 말한다. 풍속저하역 내에 다른 건물이 배치되면 그 건물은 전면기류가 정상적으로 형성되지 않고 풍압차가 낮아지며, 역류현상이 일어나므로 실내기류에 큰 영향을 주게 된다.

그림 2-40은 직육면체의 건물 전면에 바람이 직각으로 불어올 때의 기류변화를 나타내고 있다.

풍속저하역은 건물이 높고 길수록 커지고 지붕경사도에 따라 좌우되는데, 표 2-13에서 건물의 형태와 바람의 영향에 따른 풍속저하역의 길이를 보여주고 있다. 일반적으로 건물높이의 5~6배의 거리를 풍속저하역의 범위로 본다.

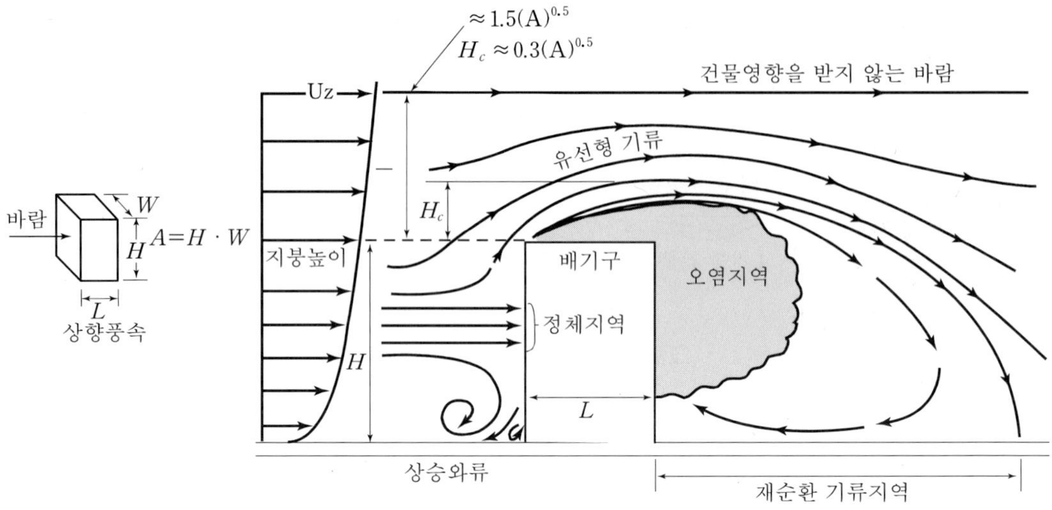

그림 2-40 건물에 의한 기류변화현상

여름철 전면건물에 의한 풍속저하역 안에 건물이 위치하게 되면 여름철 주풍향에 의한 환기효과가 감소되며, 겨울철에는 반대로 관류에 의한 열손실이 크게 감소된다. 따라서 계획 초기의 대지분석단계에서 미기후에 의한 바람의 영향을 면밀히 검토하여 여름철 주풍향을 최대로 이용하고, 겨울철 주풍향은 가능한 한 차단할 수 있도록 풍속저하역의 효과를 잘 이용해야 한다.

【예제 2-10】 건물의 높이(H)가 16 m, 폭(W)이 32 m, 길이(L)가 64 m일 때 평지붕 건물의 풍속저하역 길이를 구하라.

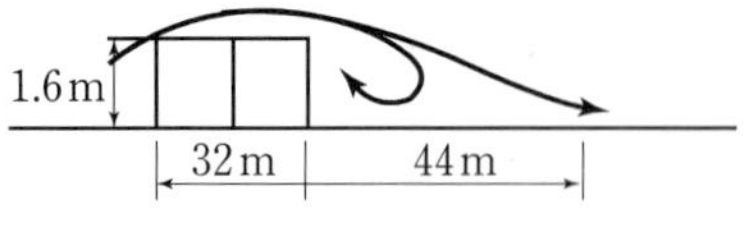

풀이 표 2-13으로부터 높이(H) = A일 때 폭 및 길이가 각각 $2A$와 $4A$인 지붕경사도 0°의 풍속저하역 길이는 $2\frac{3}{4}H$ $\quad \therefore\ 2\frac{3}{4} \times 16 = 44\,\text{m}$

표 2-13 건물의 높이, 길이, 폭, 형태에 따른 풍속저하역의 길이

건물폭 $[W]$	높이 $[H]$	지붕 경사도	풍속저하역 길이 $[\times H]$					바람 방향 →
			건물 길이 $[L]$					
			$2[A]$	$4[A]$	$8[A]$	$16[A]$	$24[A]$	
A	A	0°	$2\frac{1}{2}$	$3\frac{3}{4}$	$5\frac{1}{4}$	8	$8\frac{3}{4}$	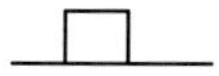
$2A$	A	0°	2	$2\frac{3}{4}$	$3\frac{3}{4}$	6	7	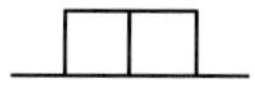
$3A$	A	0°	$2\frac{1}{4}$	3	$4\frac{1}{2}$	$5\frac{3}{4}$	$5\frac{1}{2}$	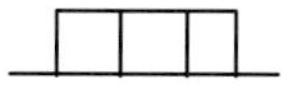
A	$2A$	0°	$5\frac{1}{4}$	$8\frac{1}{4}$	$11\frac{3}{4}$	$16\frac{1}{4}$	18	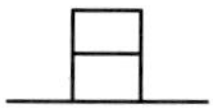
A	$3A$	0°	$6\frac{3}{4}$	$11\frac{1}{2}$	$16\frac{1}{2}$	$18\frac{3}{4}$	$20\frac{4}{3}$	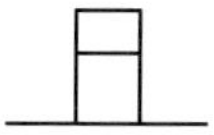
$2A$	$2A$	45°	$2\frac{3}{4}$	$5\frac{1}{4}$	$9\frac{1}{4}$	$13\frac{1}{4}$	15	
$2A$	$1.6A$	30	3	4	$6\frac{3}{4}$	10	13	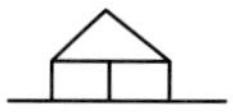
$2A$	$1.5A$	15°	3	$5\frac{1}{4}$	$8\frac{1}{4}$	$11\frac{1}{2}$	$14\frac{1}{2}$	
$2A$	$1.5A$	15°	$2\frac{1}{2}$	$4\frac{1}{2}$	$6\frac{1}{2}$	11	$13\frac{4}{3}$	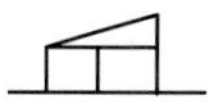

【2】 건물배치

공동주택과 주택단지, 도심의 건물군이 밀접한 지역 등에서 어느 건물이 세워지면, 주변 건물들에 의해 그 건물에 도달하는 기류가 영향을 받으며 그 건물에 의해 주위 건물의 기류가 변화하게 된다. 따라서 건물을 계획할 당시부터 기류의 변화를 예측하고 합리적인 배치계획을 세우는 것이 매우 중요하다.

기본적인 건물배치형태에 따른 바람의 영향은 다음과 같다.

(a) 병렬형 배치

병렬형 배치(竝列型配置)는 바람이 건물면에 직각으로 불어올 때 뒷 건물이 풍속저하역의 범위에 들지 않도록 하기 위해서 충분한 인동간격(隣棟間隔)을 요구한다. 인동간격이 짧을수록 풍속저하역 안에 위치한 건물은 전면기류가 심한 소용돌이현상을 보이며 뚜렷한 풍압저하현상을 나타낸다. 그러므로 이 배치는 충분한 인동간격을 유지해야 하며, 그 지역의 풍향분석을 통해 여름철의 주풍향이 건물의 전면과 직각이 되지 않도록 건물의 방향을 결정하는 것이 바람직하다(그림 2-41).

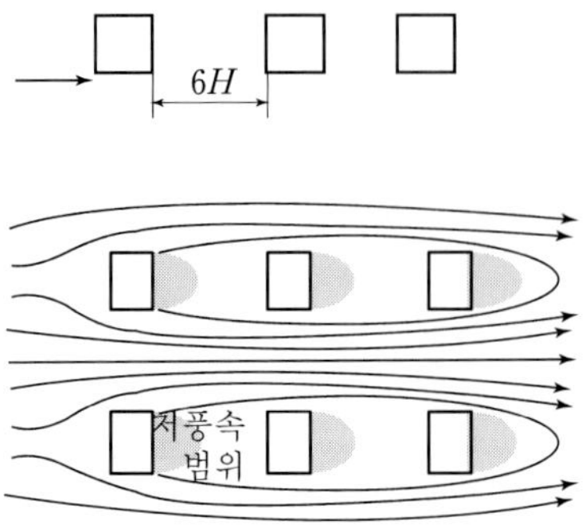

그림 2-41 병렬형 배치

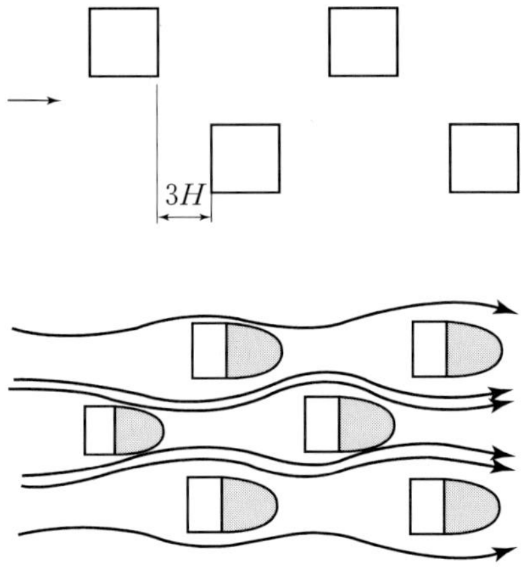

그림 2-42 엇 배 치

(b) 격자형 배치

격자형 배치(엇배치 ; 格子型 配置)는 병렬형 배치보다 1/2 정도 작은 인동간격으로도 동일한 효과를 얻을 수 있다. 또한 건물이 주풍향에 대하여 경사를 이룰 때 주변 건물에 의한 기류의 영향을 더욱 작게 받는다(그림 2-42).

(c) 부정형 배치

높이가 서로 다른 건물이 불규칙적으로 배치되어 있으면 기류현상은 더욱 다양해지며, 건물이 고층화됨에 따라 바람의 영향은 높이에 비례하여 커진다.

【3】 기류조절을 위한 조경

울타리의 후면은 건물의 경우와 마찬가지로 풍속저하역이 되며, 통풍계획시 울타리가 실내기류에 미치는 영향을 배제하기 위해서는 건물과의 사이에 울타리 높이의 최소 6배 이상의 공간을 확보해야 한다. 이때 전면공간의 물리적 특성은 실내로 유입되는 기류에 영향을 준다. 검은색 계통의 포장된 도로는 바람의 온도를 상승시키며 모래성분이 많은 땅은 먼지를 많이 발생시켜 실내공기를 오염시킨다. 고온다습기후에서는 열적 쾌적을 위해서 무엇보다도 신선한 공기의 흐름이 필요하므로 잔디나 나무를 심는데, 이것은 지면에 그림자를 만들고 공기를 냉각시키며 먼지를 걸러내는 역할을 한다.

수목의 배치는 바람의 방향과 속도를 조절한다. 그림 2-44에서와 같이 수목배치(樹木配置)는 바람의 터널효과를 유발해 풍속을 증가시키거나 또는 감소시킨다. 따라서 식재계획을 여름철 주풍향과 맞추어서 조절하면 여름의 통풍효과를 증대시킬 수 있으며 겨울철의 방풍도 가능해진다.

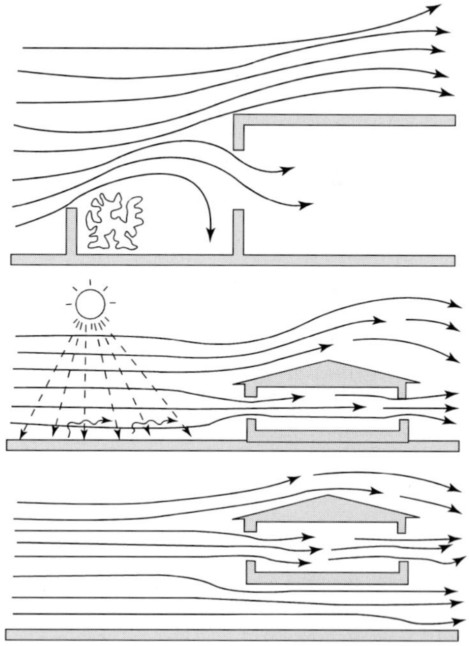

① 건물 기까이에 있는 울타리나 식물들은 바람이 개구부를 통해 실내로 유입되는 것을 방해한다.

② 창문 밖의 어둡고 먼지가 많은 표면은 실내에 불쾌감을 조장한다.

③ 지표면보다 높이 있는 방은 지면의 영향을 적게 받아 신선하고 깨끗한 공기를 유입한다.

그림 2-43 실내기류에 미치는 외부의 영향

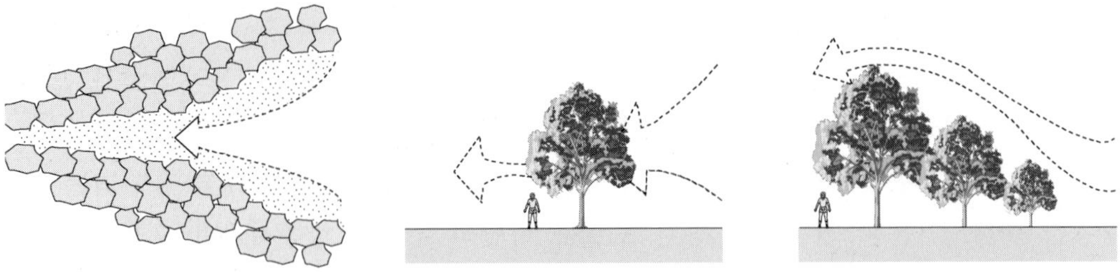

그림 2-44 수목에 의한 바람조절

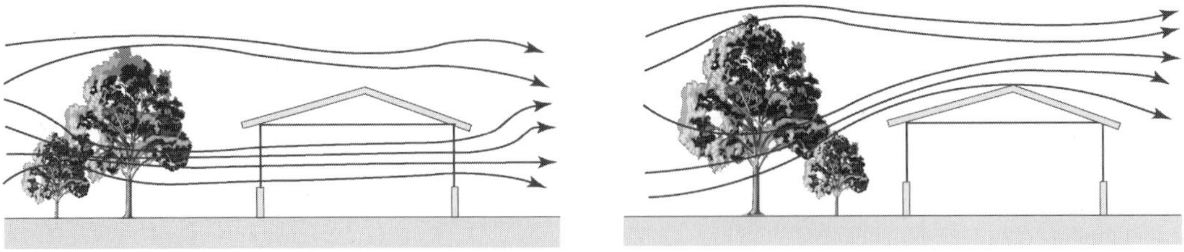

(a) 통풍효과

(b) 방풍효과

그림 2-45 수목에 의한 통풍조절

2-4-4 실내기류

【1】 개구부의 위치와 크기

개구부가 하나 있는 실에서 기류는 이 개구부의 한쪽으로 유입하며 다른쪽으로 빠져나간다. 이때 바람이 유입구에 수직으로 불면 유입구의 크기를 증가시켜도 풍속에는 거의 큰 변화가 없다. 그러나 바람의 방향이 유입구와 각도를 이루고 있으면 유입구의 크기가 증가함에 따라 실내의 풍속은 상당히 증가한다.

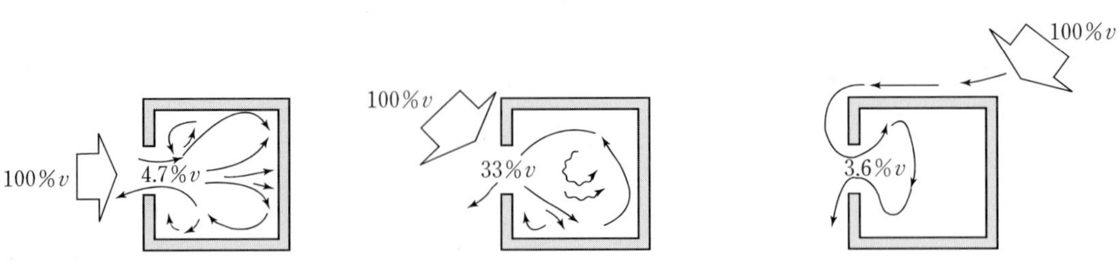

그림 2-46 바람의 방향에 따른 평균기류속도

표 2-14 개구부의 크기에 따른 기류속도(외기에 대한 %)

바람의 방향	개구부의 폭		
	1/3	2/3	3/3
개구부에 수직	13	13	16
전면경사	12	15	23
후면경사	14	17	17

* 개구부의 폭은 벽의 폭에 대한 길이비를 의미함

표 2-15 평균 및 최대유속에 미치는 유입구와 유출구 폭의 효과(외기에 대한 %)

바람의 방향	유출구 크기	유입구 크기					
		1/3		2/3		3/3	
		평 균	최 대	평 균	최 대	평 균	최 대
수 직	1/3	36	65	34	74	32	49
	2/3	39	131	37	79	36	72
	3/3	44	137	35	72	47	86
경 사	1/3	42	83	43	96	42	62
	2/3	40	92	57	133	62	131
	3/3	44	152	59	137	65	115

유출구와 유입구의 크기 및 수는 실내유속에 큰 영향을 미치는데, 유출구의 폭이 고정되어 있고 유입구의 폭만 증가시키면 실내기류속도의 변화는 별로 없다. 유입구에 비해 유출구가 클 때는 실내유속이 다소 증가되기는 하나, 어느 한쪽 개구부의 폭만 증가시키는 것은 큰 의미가 없다.

맞통풍(cross ventilation)이 없는 방에서 개구부의 수는 매우 중요하다. 같은 면적의

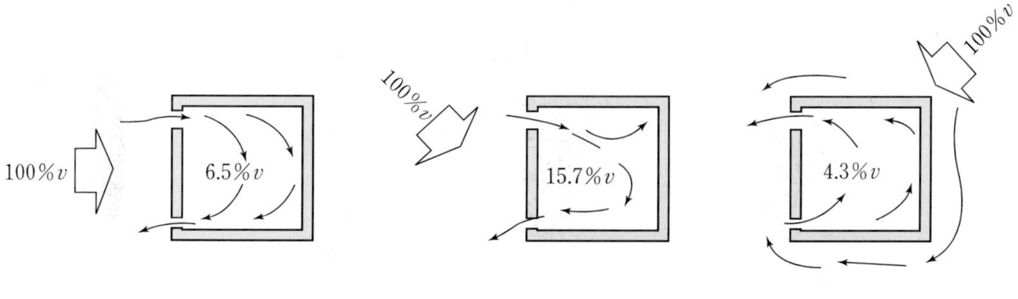

그림 2-47 동일벽체에 2개의 개구부가 있을 경우의 실내기류

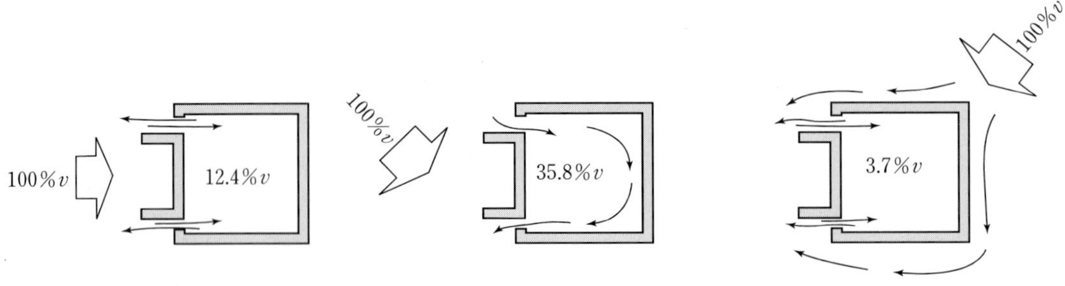

그림 2-48 돌출장치가 있는 개구부에 의한 실내기류

개구부일지라도 1개일 경우보다 그림 2-47과 같이 2개로 했을 경우가 실내기속에 미치는 영향이 더 크다.

개구부에 돌출장치(baffle)를 한 경우 환기에 상당한 증가를 가져온다. 그림 2-47과 같은 면적의 개구부에 그림 2-48과 같은 돌출장치를 하면, 바람이 경사지게 불 경우 실내기속은 약 3배로 증가되는 결과를 가져올 수 있다.

표 2-16 벽에 창이 있을 경우 기속변화(외기에 대한 %)

창/총 벽면적	개구부의 형태와 수	풍향				
		직 각	경사각도 22.5°-전면	경사각도 45°-정면	경사각도 67.5°-정면	배 면
2/9	중앙 1개	10.4	10.4	10.4	–	–
	측면 2개	11.8	16.8	17.5	8.9	5.4
	측면 2개 돌출장치	16.0	34.0	38.4	36.2	8.1
1/9	중앙 1개	4.7	3.6	3.3	3.8	3.6
	측면 2개	6.5	11.4	15.7	8.0	3.4
	측면 2개(수직돌출장치)	11.4	30.8	36.0	35.0	4.9
	측면 2개(발코니)	17.3	–	20.8	–	–

【2】 맞 통 풍

맞통풍은 실의 유입구 및 유출구가 외부에 면하고, 그 위치가 각각 풍향측(+압)과 풍배측(−압)에 있을 때의 실내기류현상을 의미한다. 즉, 1개 이상의 개구부가 바람이 불어오는 쪽의 벽이나 지붕에 있고, 1개 이상의 개구부가 바람이 불어가는 쪽의 벽이나 지붕에 배치된 경우에 맞통풍현상이 일어난다.

그림 2-49에서와 같이 유입구와 유출구가 서로 마주보고 있을 때 폭을 동시에 증가시키면 실내평균기속이 증가하나, 어느 한쪽의 폭을 고정시키고 다른 한쪽의 폭을 늘리면

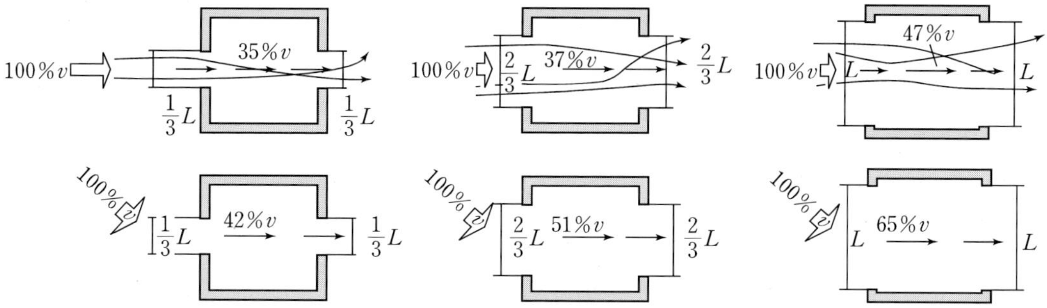

그림 2-49 개구부가 서로 마주보고 있는 맞통풍의 경우, 바람의 방향과 개구부의 크기에 따른 실내 기류

그림 2-49에서와 같이 유입구와 유출구가 서로 마주보고 있을 때 폭을 동시에 증가시키면 실내평균기속이 증가하나, 어느 한쪽의 폭을 고정시키고 다른 한쪽의 폭을 늘리면 실내유속의 증가는 완만해진다. 유입구와 유출구가 이웃하면서 90°로 배치되어 있을 때에도 맞통풍으로 인한 유속의 증가가 발생된다(그림 2-50).

일반적인 실에 있어서 유입구와 유출구가 서로 마주보고 있고 면적이 같은 경우, 맞통풍이 발생하는 실에서 실내평균유속 v_i는 개구부면적과 벽면적의 비율, 즉 개구율(開口率)에 관계가 있으며, 그 식은 다음과 같다.

$$v_i = 0.45(1 - e^{-3.84k})v_o \tag{2.39}$$

여기서, v_i : 실내평균기속 [m/s]

k : 개구율(창문면적/벽면적) v_o : 실외풍속 [m/s]

표 2-17 창문의 위치와 크기, 바람의 방향에 의한 기속변화(실외기속에 대한 %)

유입구의 폭	유출구의 폭	마주보고 있는 벽의 개구부		90°로 이웃한 벽의 개구부	
		수직바람	경사바람	수직바람	경사바람
1/3	1/3	35	42	45	37
1/3	2/3	39	40	39	40
2/3	1/3	34	43	51	36
2/3	2/3	37	51	–	–
1/3	3/3	44	44	51	45
3/3	1/3	32	41	50	37
2/3	3/3	35	59	–	–
3/3	2/3	36	62	–	–
3/3	3/3	47	65	–	–

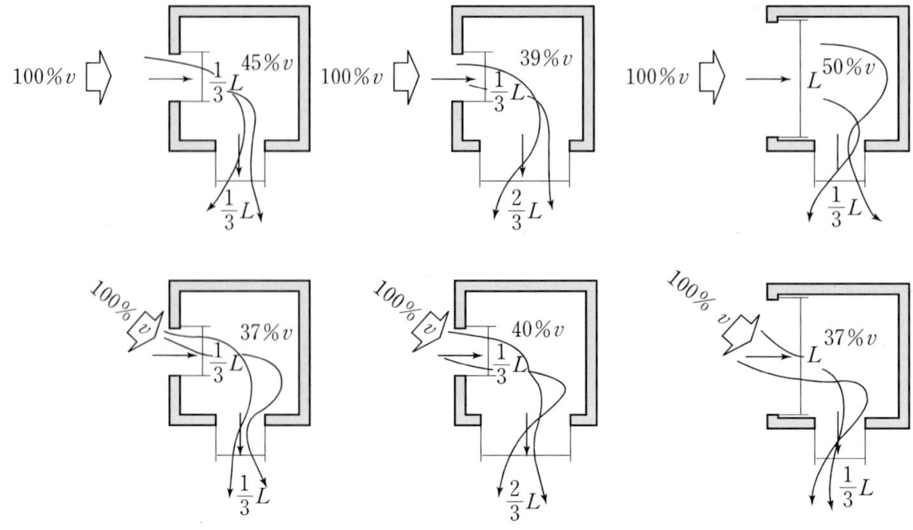

그림 2-50 개구부가 90°를 이루고 있는 맞통풍의 경우 바람의 방향과 개구부의 크기에 따른 실내기류

실내유속(室內流速)의 분포는 개구부의 위치와 실내 칸막이에 따라 상당한 변화를 보인다. 유입구와 유출구의 위치와 실내 칸막이의 변화에 따른 실내기류의 대체적인 흐름은 그림 2-51과 같다.

어떤 국부점의 기속이 늦다는 것은 실내공기의 순환이 잘되지 않아 공기가 정체되거나 이동이 미약하다는 의미이다. 또 기속이 너무 빠르면 체감에 불쾌감을 느끼는 등의 심각한 문제들이 발생한다. 맞통풍의 경우, 벽에 대칭으로 위치한 개구부들은 바람이 직각으로 불어올 때 실내 다른 부분의 공기를 정체시킨 그대로 통과할 위험이 있으므로

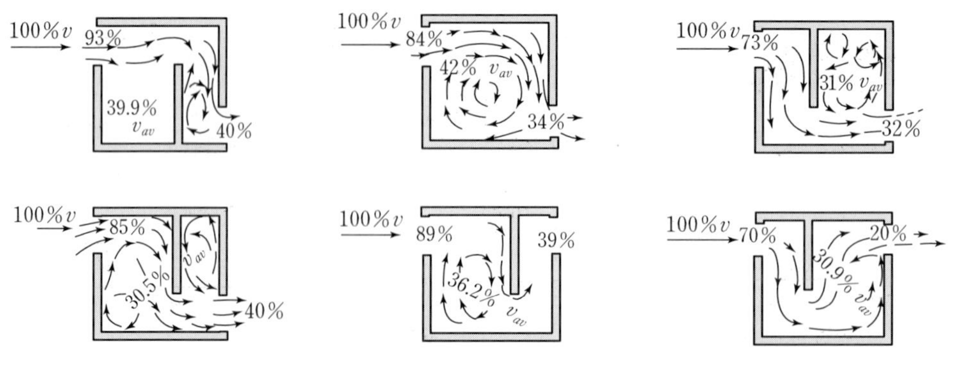

그림 2-51 창문배치에 따른 실내기류의 순환(v_{av} : 자연환기시 평균풍속값)

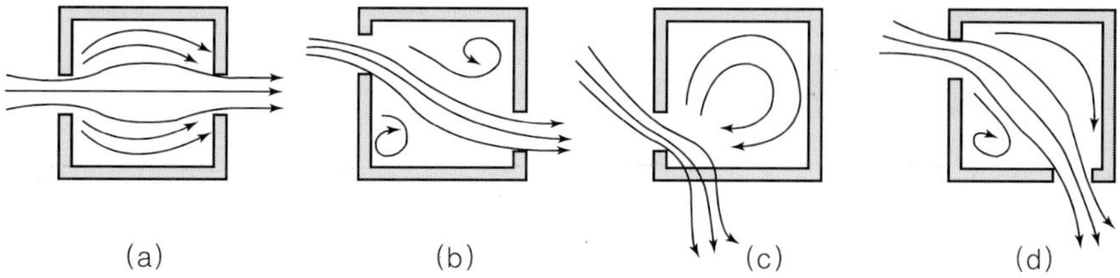

그림 2-52 창문배치에 따른 실내기류의 순환(평면)

실내공기의 원활한 순환을 위하여 개구부의 위치를 조금 어긋나게 배치할 필요가 있다〔그림 2-52(b)〕.

【3】 단 면 계 획

(a) 개구부의 높이

유입구와 유출구의 높이는 실내환기에 큰 영향을 미친다. 더욱 중요한 것은 이들 개구부의 상호위치인데, 유입구가 유출구보다 높이 위치할 경우, 실내기류의 수직분포는 다소 나아지지만 실 상부에서 공기의 정체현상이 발생하여 유출구 상부까지 이어진다. 가장 효율적인 환기는 유입구가 유출구보다 낮게 위치하는 경우로서, 실내기류는 재실자 주위의 모든 부분을 지나 천장 가까이의 더워진 공기까지 유출시킨다(그림 2-53).

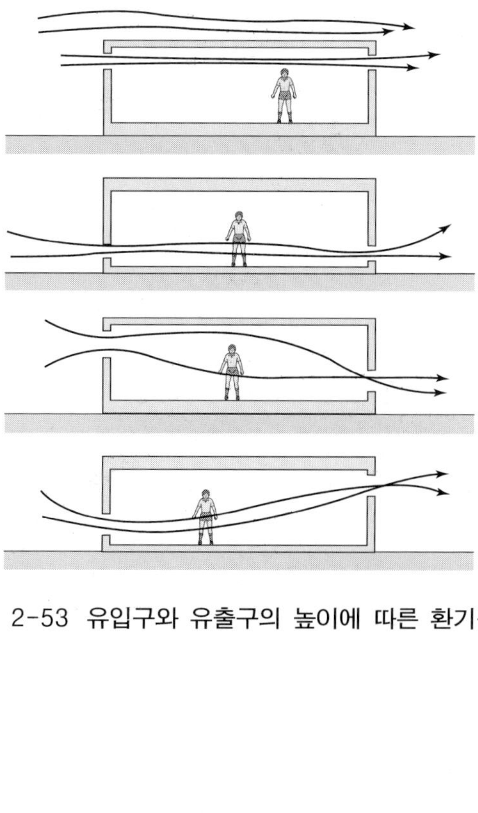

그림 2-53 유입구와 유출구의 높이에 따른 환기경로

(b) 돌출부가 있는 경우

기류의 흐름은 벽의 돌출부와 차양 등에 의해 영향을 받는다. 돌출부가 있는 지붕 슬래브와 차양 등은 건물 모서리의 기류흐름을 감소시키며, 개구부를 통한 기류를 약간 증가시킨다. 그러나 개구부 바로 위에 돌출부가 있을 경우에는 창으로 들어오는 개구부 바로 윗쪽의 바람을 차단하여 기류량을 감소시킨다. 개구부 바로 밑의 바람은 개구부로 들어오게 되므로 자연히 실내기류는 상부방향으로 바뀌게 된다〔그림 2-54 (a)〕. 만일 벽과 돌출부 사이에 구멍을 만들면 내부공기흐름은 외부공기의 방향과 같아진다〔그림 2-54 (b)〕.

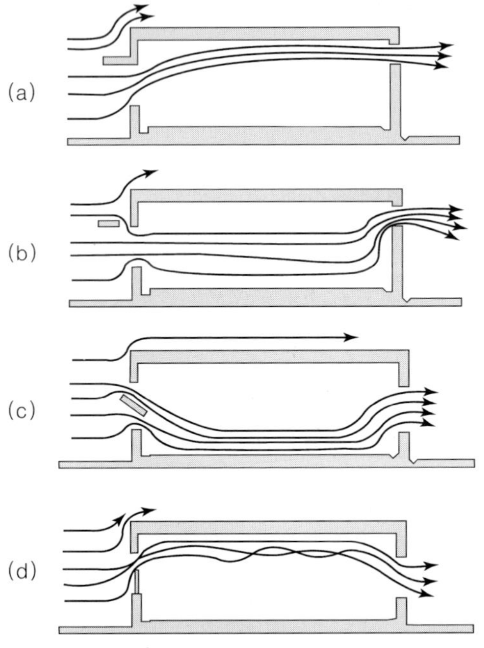

그림 2-54 각종 장치가 있을 경우의 실내기류

(c) 창의 개폐방법과 루버 등에 의한 조절

개구부의 루버나 개구부 내부의 블라인드 등도 실내기류의 방향에 영향을 미친다. 45°로 고정된 루버나 블라인드는 공기흐름을 상향 또는 하향으로 조절한다. 따라서 가변 루버나 블라인드로 공기흐름을 원하는 방향으로 향하게 조절이 가능하다. 루버와 블라인드 등의 각도가 60° 이상이 되면 공기흐름은 상당히 감소된다〔그림 2-54 (c)〕.

수직으로 개폐하는 개구부를 사용하면 윗부분을 열어 공기흐름을 위로 가게 할 수 있어 추운 기후에서 유리하며, 반대로 밑부분을 열어 공기흐름을 사람의 키 정도로 유도함으로써 열대기후에서는 인체의 냉각효과를 높일 수 있다〔그림 2-54(d)〕. 이와 비슷한 효과로 위로 감아올리는 셔터나 커튼 등은 실 아래로 공기가 흐르도록 유도할 수 있다.

2-4-5 환기상태의 평가

【1】 환 기 측 정

(a) 유속측정

실내외의 기류속도를 직접 측정할 수 있는 기구로는 프로펠러 풍속계(그림 1-14), 열선풍속계(그림 1-17), 초음파풍속계(그림 1-65) 등이 있다. 실내의 미세한 기류를 측정할 때에는 앞 장에서 설명한 카타 온도계(그림 1-15) 등이 있으며, 전압(全壓)과 정압(靜壓)의 차이인 속도압을 측정하여 유속을 알아내는 피토관도 자주 사용된다.

(b) 환기량 측정

실의 환기량은 환기구나 개구부, 틈새에서의 침기를 각각 측정하기가 매우 복잡하므로 일반적으로 가스 추적법(tracer gas method)을 이용해 측정한다. 이것은 CO_2, Ar, He 등의 가스를 주입하여 일정시간이 지난 후 그 가스의 농도변화를 측정하여 환기량을 계산하는 방법이다.

실내에 가스 발생원이 없는 경우(사람의 호흡 등에 의한 CO_2의 증가 등) 환기량을 측정하는 식은 다음과 같다.

$$Q = 2.303 \frac{V}{t} \log_{10} \frac{C_r - C_o}{C_t - C_o} \tag{2.40}$$

여기서, Q : 환기량 [m^3/h], V : 실의 용적 [m^3], t : 경과된 시간 [h]

C_r : 최초의 실내 가스량 또는 농도 [%]

C_t : t 시간 경과 후의 가스량 또는 농도 [%]

C_o : 외기 중의 가스량 또는 농도 [%]

【예제 2-11】 실의 형태가 15×20 m이고 천장 높이가 3 m인 강의실이 있다. 환기량을 측정하기 위해 CO_2를 방출한 직후 그 농도를 측정하였더니 0.64 %였고, 30분 후에 다시 측정하였더니 0.24 %였다. 외기의 CO_2 농도가 0.04 %일 때의 환기량과 이 실의 환기횟수를 구하라.

풀이 실의 용적 $15\times20\times3=900\ m^3$이므로 식 (2.40)에서 다음과 같다.

$$Q=2.303\times\frac{900}{0.5}\times\log\frac{0.64-0.04}{0.24-0.04}$$
$$=2.308\times3,800\times\log_{10}3=1,978\ m^3/h$$

따라서 시간당 환기량은 $1,978\,m^3$이다.

환기회수는 $\frac{Q}{V}$이므로, $\frac{1,978}{900}=2.2$ [회/h]

(c) 오염농도 측정

일반적으로 실내오염의 지표로서 CO_2의 농도가 많이 사용된다. 인간의 호흡 등에 의해 배출되는 CO_2는 주거용 건물의 경우 인체에 해를 끼칠 만큼 급격히 증가되지는 않는다. 그러나 CO_2의 증가와 더불어 전반적으로 실내공기가 오염된다고 판단되므로 실내공기 청정도의 한 지표가 된다. 측정법으로는 검지관법(檢知管法), 가스 간섭계(干涉計), 적외선 분석기 등이 사용된다.

먼지농도의 측정에는 로볼륨 샘플러(low volume sampler)를 사용한 중량농도 측정이 표준측정법으로 주로 사용되며 디지털 분주계 등을 사용하기도 한다. 그 외 세균에 의한 오염 정도의 측정에는 낙하세균법이 주로 사용된다. 이것은 지름 9 cm의 접시를 실내에 5분간 노출시킨 후 48시간 배양하여 세균수를 조사하는 것으로, 대개 허용 세균수는 30~50마리 정도이다.

【2】 평가방법

환기문제는 ① 실제 건물크기에서 자연상태의 조건으로 하는 것과, ② 모델(model)을 가지고 하는 두 가지의 측정으로 평가할 수 있다.

(a) 현촌(現寸)모형의 사용

실제로 건물 크기에서 자연상태의 조건으로 실험을 하는 것은 대단히 어려운 일이다. 환기는 자연상태에서 외부바람의 방향과 속도의 진폭에 의해 계속적으로 변화한다. 그러므로 충분한 시간을 가지고 측정을 반복해야 어떤 특정상황의 믿을만한 결과를 가지고 평가할 수 있다.

건물에 있어서 환기조건은 주변의 구조물에 있어서도 또한 영향을 받는다. 따라서 주변환경의 영향으로부터 한 건물을 주어진 요소로서 제한시키는 것은 어렵다. 이러한 어려움 때문에 대부분 환기문제의 평가는 모델을 이용한 풍동(風洞 ; wind tunnel)실험에 의한다.

(b) 모델의 사용

건물 내외의 공기흐름 또는 통풍의 영향을 평가하는 데는 풍동모형실험이 좋은 방법이다. 그림 2-55는 풍동실험장치를 보여주고 있는데, 기류의 형태를 눈으로 볼 수 있도록 연기 발생기를 사용하며 연기의 궤적(軌跡)은 사진으로 촬영한다.

이 풍동실험에서는 5 m/s 이하의 풍속을 사용하여 자유풍속에 대한 비로서 표시한다. 예를 들면, 5 m/s인 풍속이 어떤 위치에서 1 m/s으로 측정되었으면 그 풍속비는 1/5이 된다. 건물모형의 단면적이 측정공간 단면적의 10 % 이내이어야 한다.

풍동실험을 통해 평가되는 사항은 다음과 같다.

① 통풍을 위한 건물면에서의 풍속은 적당한가?

② 건물 사이공간의 불쾌한 강풍을 피할 수 있는가?

③ 실내의 개구부는 통풍경로에 맞게 설계되어 있는가?

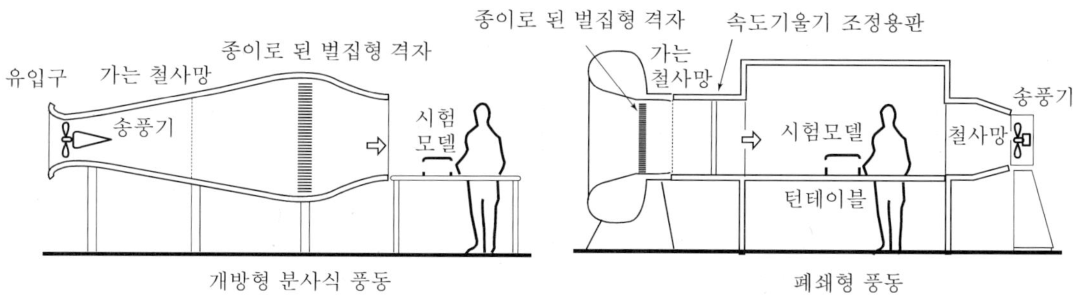

그림 2-55 풍동실험장치

【3】 평가기준

내부환기의 문제를 다루는 데 있어서 실내공간 내의 여러 점에서 측정된 속도들은 하나의 변수로서 간주된다. 실내의 대표적인 장소에서 얻어진 측정치는 실내 다른 부분의 상태를 대표하지는 않을 수 있다. 만족할 정도의 환기조건에 대한 평가기준요소는 거주양식과 기후에 좌우된다. 쾌적을 위해 요구되는 기류속도는 온도, 습도, 육체적 활동에 따라 달라지며, 실내에서 요구되는 기류 패턴과 유속의 분포 역시 방의 사용기능에 따라 달라진다. 예를 들어, 모든 사람들이 앉아 있는 공간인 거실에서는 실 각 부분의 유속이 거의 같거나 주기류가 앉아 있는 사람의 머리와 어깨 정도의 높이인 바닥 위 70~120 cm를 지날 때 최적유속이 분포한다.

침대를 사용하는 침실, 특히 덥고 습한 기후에서 주기류가 침대 높이 근처(바닥 위 50~80 cm)에 있어야 하는 것은 매우 중요하다. 이 경우 최적기준요소는 실에서 침대가 놓여지는 곳의 평균속도가 되어야 한다. 사무실, 교실 등에서는 아무리 고온다습한 지역이라도 책상 높이의 높은 유속은 작업을 방해한다. 여기서, 주요 공기흐름이 바닥 위 120~150 cm에 맞추어져 있으면 실의 작업을 방해하지 않으면서 환기의 상쾌한 효과가 유지된다. 따라서 각 실의 용도에 맞게 환기가 이루어지도록 기류와 유속을 가정한 후, 그에 따라 개구부 및 환기방법을 적절히 채택한다.

2-4-6 자연형 냉방을 위한 통풍계획

【1】 자연형 냉방 시스템의 원리

기계적 힘에 의존하지 않고 자연의 원리를 이용하여 재실자에게 쾌적감을 줄 수 있는 범위까지 실내온도를 낮추는 것을 자연형 냉방 시스템(passive cooling system)이라 한다. 이것은 천공복사, 대기, 지표, 물 등의 실내온도보다 차가운 부분들을 이용하여 실내를 냉방한다.

자연형 냉방 시스템은 첫째로, 건물 구조체가 태양열에 의해 과열되는 것을 방지하는 것으로서 실내외의 열이동을 최소화 할 수 있는 단열구조, 적절한 타임-래그와 열용량이 큰 구조체의 사용이 우선되며, 차양계획, 건물의 방향, 건물에 유입되는 기류의 조절이 필요하다. 또한 직달일사의 방지와 지표면이나 주위의 연못 등에 의해 반사되는 재복사열량의 감소를 위한 적절한 대지의 선정도 매우 중요한 일이다.

냉방의 또 다른 중요한 기능은 습기의 제거로서, 자연형에서는 설비형과 같은 제습장치를 하지 않으므로 제습의 문제가 중요한 제한요소가 될 수 있다. 유일한 제습방법은 실외의 차고 건조한 공기를 실내에 유입시켜 습기를 제거하는 것이다. 그러나 이것만으로 쾌적범위의 습도조건까지 낮출 수 없을 경우에는 별도의 제습기를 사용해야 한다.

자연형 냉방 시스템 디자인의 중요한 원리는 다음과 같다.

① 증발냉각(evaporative cooling)
② 높은 열용량을 가진 축열체(high thermal mass)
③ 자연환기(natural ventilation)
④ 야간천공복사(radiative night sky cooling)
⑤ 자연형 제습(dehumidification)

【2】 자연환기에 의한 자연형 냉방

실내가 고온다습할 때 외부의 차갑고 건조한 공기를 실내로 유입시킴으로써 실내의 온습도를 낮출 수 있으며 인체 피부에서의 증발냉각을 유도해 체감온도를 낮춘다. Victor Olgyay의 생체기후도(1-3-3의 [4]항 참조)에 나타난 것처럼 바람의 효과는 실내의 온습도조건이 어느 정도 높더라도 쾌적을 보장해 준다.

전세계적으로 고온다습한 기후에서는 실내온도를 낮추기 위해 자연환기를 유도하는 방법을 이용한 전통건축이 많이 발견된다. 파키스탄에서는 건물의 지붕보다 높이 윈드스쿠프(windscoop)를 만들어 자연환기를 유도하였다. 이런 건물형태는 윈드스쿠프와 바람과의 방향이 가장 중요한 변수가 되므로 자연히 모든 건물은 맞바람을 받는 방향으로 배치되었다(그림 2-56).

이란의 윈드스쿠프는 파키스탄과는 조금 달리 계획되었는데, 벽돌로 만들어진 윈드 스쿠프는 4면 모두 루버식으로 열려져 있어서 어느 방향에서나 바람을 실내로 유입할 수 있도록 설계되어 있다(그림 2-57).

로마의 판테온(Pantheon)은 효과적으로 환기되는 건물의 예로서, 복도를 통해 들어온 기류를 돔의 중앙 부위에서 흡입하므로 모든 조건에서도 원활한 환기를 유도한다(그림 2-58).

바람이 불어오는 쪽의 개구부와 반대쪽 개구부의 압력차(ΔP)가 크면 클수록 환기를 일으키는 추진력(driving force)이 커지므로 실내환기를 유지하는 조건은 맞통풍일 때가 가장 유리하다. 따라서 건물을 계획할 때는 그 대지에서의 주풍향을 정확히 측정하여 원

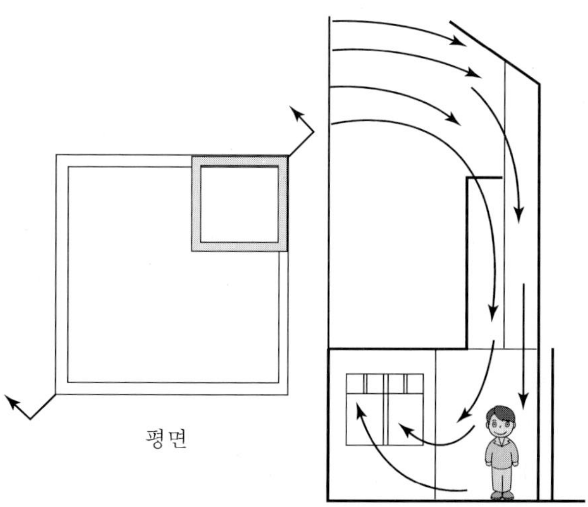

그림 2-56 윈드스쿠프를 이용한 자연환기(파키스탄의 경우)

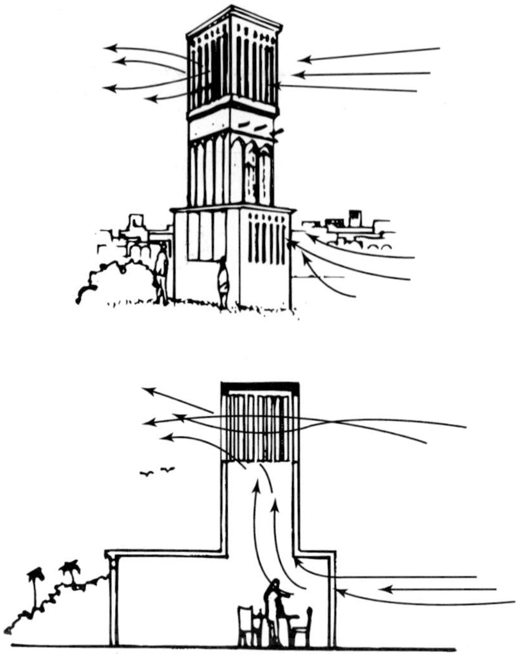

그림 2-57 이란의 윈드스쿠프

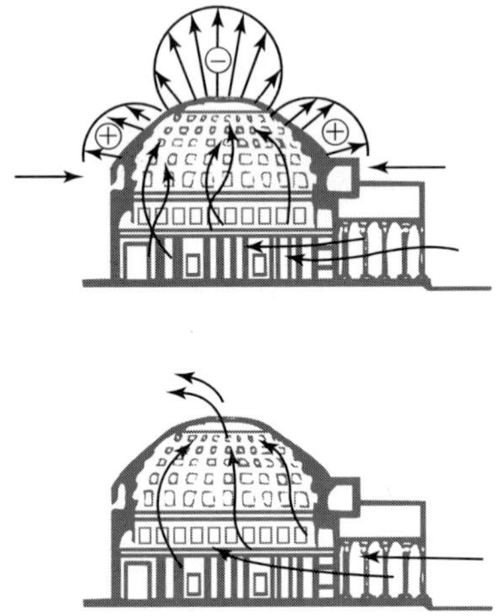

그림 2-58 로마 판테온의 통풍 시스템

활한 통풍이 이루어질 수 있도록 건물의 형태 및 개구부 설계를 행하여야 한다.

【3】 구조체 냉각을 위한 자연환기

주간에 일사에 의해 더워진 대기 중의 공기는 야간에 냉각된다. 따라서 여름철이나 고온다습한 지역의 경우에도 야간의 외부공기온도는 대개 실내보다 낮으므로, 야간에 환기를 통해 구조체를 냉각시키면 이 구조체 내에 저장된 냉기가 그 다음날 주간에 실내공기온도의 상승을 억제하게 된다.

야간에 실내온도가 외부보다 높으면 굴뚝효과에 의해 실 아랫부분의 개구부나 틈 사이로 찬 공기가 유입된다. 실내외의 온도차는 아직 별로 크지 않으므로 굴뚝효과에 의한 기류흐름은 미약하다. 따라서 유입된 찬 공기는 실내공기흐름에는 큰 영향을 미치지 않고 외벽을 따라 상승하여 상부의 개구부나 틈새로 빠져나가게 된다. 이때 찬 기류가 통과하는 벽체는 자연히 냉각된다.

야간에 환기로 인해 냉각된 벽은 열용량이 클수록 그 지속효과가 커지게 된다. 또한 외기에 노출된 표면적이 많을수록 환기에 의한 구조체의 냉각효과는 상승한다. 그러나 주간에 직달일사에 노출된 표면에서의 열취득은 야간의 환기에 의해 감소되는 열량보다 약 20배 이상까지 될 수 있으므로 차양 또는 돌출장치 등을 이용하여 직달일사를 받지 않도록 함이 바람직하다.

또한 환기에 의해 냉각된 구조체는 실내온도 상승을 억제하는 효과뿐 아니라 실내의 평균복사온도를 감소시킴으로써 재실자로부터 저온복사를 유발해 재실자의 체감온도를 낮추는 효과가 있다.

3장 열환경조절

3-1 자연형 디자인

3-1-1 에너지와 환경조절

환경조절은 건물의 여러 가지 중요한 기능 중의 하나이다. 인간은 생활을 위해 쾌적한 온도·습도·기류조건, 안전성, 시각적·청각적 프라이버시, 적당한 실내조도, 소음방지 그리고 각종 활동을 위한 적절한 공간을 필요로 한다. 따라서 건축의 주목적은 이러한 각종 요구를 충족시켜 줄 수 있는 환경성능(environmental performance)을 제공하는 것이다.

건축역사를 통해 볼 때 환경조절을 위한 인간의 노력은 두 가지 측면에서 이루어졌다. 즉, 인간생활에 부적당한 자연환경조건을 물리적 차폐물과 에너지를 사용하여 적절한 환경성능을 갖는 조건으로 변화시켰다. 물리적 차폐물은 건물 외피구조의 발달을 초래하였

그림 3-1 토속건축의 예

고 기후에 따라 특이한 건축양식을 보여주는 풍토주의 건축을 낳게 하였다. 예를 들면, 비교적 온화한 기후권에서는 외벽의 두께 결정에 외기온이 미치는 영향이 작으므로 벽두께가 얇은 것을 볼 수 있다. 반면, 일교차가 심한 고온건조한 기후권에서는 벽체두께가 매우 육중하여 주간에는 벽체의 흡열작용으로 실내가 서늘하게 되고, 야간에는 주간에 축적된 열이 서서히 실내로 방열되므로 쾌적한 실온을 유지할 수 있다. 이와 같이 열용량이 큰 재료를 이용하여 자연적인 방법으로 열류의 시간적 지연을 이용하는 방법은 토속건축에서 흔히 볼 수 있는 환경조절수법이다.

그러나 건물의 외피구조는 광선의 실내사입을 조절할 수는 있으나 빛을 만들어 내지는 못하며, 열을 보존할 수는 있으나 열을 발생시키지는 못한다. 따라서 인간은 빛과 열을 동시에 얻기 위하여 각종 에너지를 사용해서 환경조절을 하였다. 이처럼 건축의 역사는 물리적 차폐물과 에너지라는 두 종류의 자원을 적절하게 사용하여 인간의 문화적·정신물리적 요구에 적합하도록 환경을 조절해 왔다.

그러나 기후의 여과기(濾過器)로서의 환경조절이라는 전통적 건축디자인 개념은 20세기 초 기능주의건축이 대두되면서 큰 변화를 가져왔다. 일체식(Rahmen) 구조의 발달로 벽의 구조적 의미가 약화되고 매스로서의 벽의 개념이 붕괴되었다. 즉, 벽체는 불투명한 구조적 매스로부터 유리나 경량 커튼월 구조에 의해 스크린화 되었다. 또한 최적환경성능을 달성하기 위하여 주로 기계적 설비에 의존하여 실내환경을 조절하였다.

이러한 건물의 인공적 실내환경조절방법과 경량구조의 발달에 따른 설비투자의 증가는 막대한 에너지 소비를 초래하였다. 예를 들면, 공기조화 냉난방(HVAC) 시스템은 많은 열손실량을 감수하면서까지 열쾌적 요구에 적합하도록 설계되었다. 또한 조명 시스템도 전력소비량이나 실내 열생산에 의한 부수적 냉방부하의 증가와는 관계없이 조도기준

그림 3-2 고온건조기후의 건축

그림 3-3 커튼월 구조건축

에 맞도록 설계되어 왔다. 이처럼 실내환경조절을 위한 각종 시스템 설계는 시스템 간의 에너지 사용이나 그 밖의 파급문제를 도외시하고 진행되었다.

에너지 소비의 관점에서 볼 때 현대건축은 막대한 에너지 소비형 건축으로 현대 20세기 건축의 환경성능은 실패하였다고 볼 수 있다. 한편, 1973년의 세계적인 에너지 파동은 건축디자인 개념에 새로운 변화를 가져왔으며, 에너지 위기를 기점으로 현대건축(기능주의)은 또 다른 전환기에 돌입하였다. 그것은 에너지 문제가 건축디자인의 중요한 제약인자로 등장하게 되면서 에너지 성능이 디자인의 새로운 목표가 되었기 때문이다.

3-1-2 건축물의 에너지 디자인 요소

건축물의 에너지 소비를 절감시킬 수 있는 방법으로 다음 사항을 들 수 있다.

① 보다 효과적인 단열구조 성능개선
② HVAC 시스템의 효율적 디자인
③ 각종 기계 및 가전제품의 효율 증대
④ 냉난방·전기조명기구의 보다 철저한 기준설정
⑤ 폐열의 회수 및 재사용

⑥ 대체 에너지 활용

⑦ 기타 자연에너지 활용의 강구

그러나 이러한 대부분의 방법은 물리적인 측면에서 개개의 시스템 효율을 개선하는 데 역점을 둔 소극적인 방법으로 개개 시스템의 독립적인 에너지 보존방법에 불과할 뿐이다. 에너지 보존의 문제는 열의 득실과 같이 각각의 문제를 따로 해결하는 문제라기보다는 관련된 모든 에너지 요소와 인자들을 총체적으로 건물설계에 통합시키는 방법이 무엇보다 중요하다.

에너지 성능에 영향을 주는 인자들은 무한하다. 왜냐하면 에너지 성능은 각종 건물의 유형에 따라 달라지며, 특정 기후조건과 디자인 요구 그리고 그 사용방법에 따라 달라지기 때문이다. 에너지의 사용 및 에너지 보존방법과 관련되는 인자들은 그림 3-4와 같다.

그림 3-4에서 화살표의 크기는 건축가가 인적·외적 인자에 대한 것보다는 물적 인자들에 대한 직접적 조절이 가능한 것을 보여준다.

전체 에너지 성능 시스템의 효율을 높이고 평형을 이루기 위해서는 이상의 세 가지 인자를 하나의 통합된 디자인 요소로 고려하여야 한다. 이러한 관점에서 에너지 성능은 ① 자연환경(기후 / 대지) ② 건축환경(건물 / 시스템) ③ 인간(사용자 / 운영자)이라는 세 가지 요소간의 상호관계의 결과라고 할 수 있다(그림 3-5).

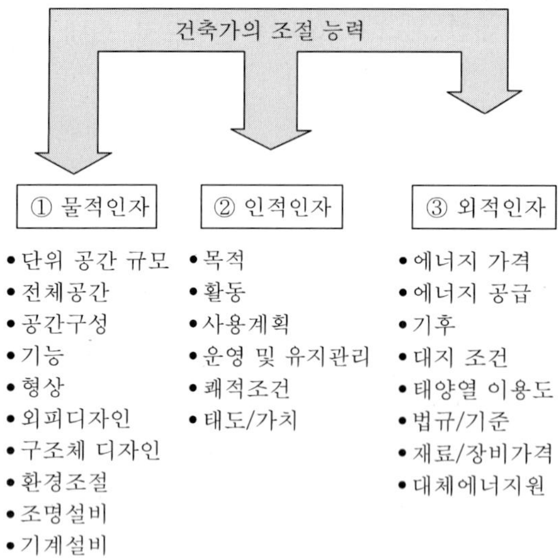

그림 3-4 에너지 관련 디자인 변수

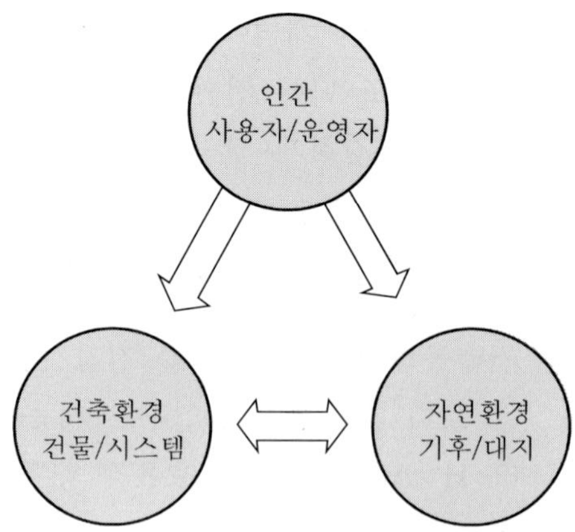

그림 3-5 에너지 성능을 결정하는 에너지 관련인자의 상호작용

3-1-3 기후 디자인 개념

인간생활에 필요한 실내조건과 외기조건과는 차이가 있기 때문에 열환경의 조절이 필요하다.

외기조건 − 쾌적조건 = 필요한 조절

조절방법은 자연형(passive : 건물의 기능에 의한) 방법과 설비형(active : 에너지가 사용되는 장치에 의한) 방법이 있다. 그러나 비용문제 및 에너지 문제의 측면에서도 자연형을 사용하는 것이 바람직하며, 설비형은 자연형이 적절하지 않을 때에만 사용하도록 한다.

필요한 조절 − 자연형에 의한 조절 = 설비형에 의한 조절

기후는 건물의 열적 조건을 결정하는 주된 요소이다. 자연형에 의한 조절계획은 기후를 바탕으로 그것에 적합하도록 하는 것으로 자연형에 의한 열조절방법을 기후 디자인(climatic design)이라 한다.

그림 3-6은 열조절의 가능성을 나타낸 것이다. 변화폭이 큰 기후조건에서 건물과 건물 사이공간의 미기후(微氣候)는 건물의 집합화, 위치 및 배치방법에 의하여 변화시킬 수 있다. 일반건물 외피구조에 의하여 기후조건을 어느 정도 조절할 수 있는데, 자연형에 의한 열조절은 기후변동을 고르게 하여 쾌적조건을 얻을 수 있으나, 이상적이고 엄밀하게 조절되는 실내조건은 보통 난방 또는 공조와 같은 설비형으로 조절한다.

건물외피는 연중 기후적 영향과 평형을 이루어야 한다. Victor Olgyay가 제시한 생체기후 디자인(bioclimatic design)과 Givoni의 기후기준 디자인(climate based design) 개념은 기후조건을 긍정적으로 수용함으로써 자연적 수단에 의하여 실내 열평형을 최대한 유지하는 디자인 방법이다. 자연형 디자인 방법에는 동계 수열량 및 방풍효과의 증대, 여름의 차양, 통풍증대, 구조체의 단열성능, 재료의 열적 특성, 건물의 좌향배치, 지

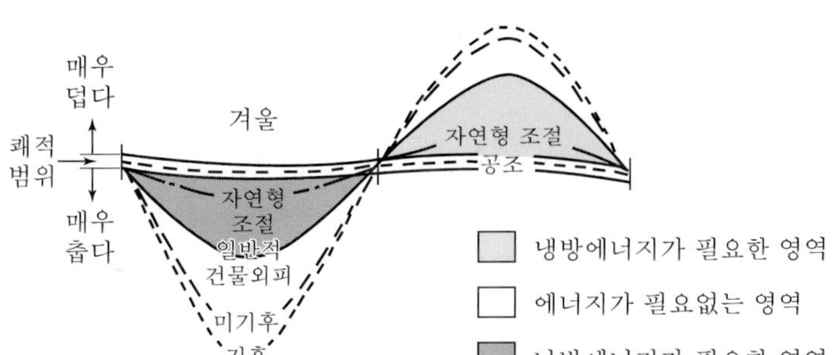

그림 3-6 열조절의 가능성

표 3-1 자연형 디자인의 원리

		전 도	대 류	복 사	기 화
겨울	취득촉진			태양열취득 촉진	
	손실억제	전도에 의한 열류의 최소화	외부열류의 극소화 극간풍의 극소화		
여름	취득억제	전도에 의한 열류의 극소화		태양열취득의 극소화	
	손실촉진	주기적인 열류의 지연	환기촉진	복사냉방의 촉진	기화냉방의 촉진

중온도 변화에 따른 열교환, 자연채광 등에 이르기까지 각종 자연적 수단에 의하여 에너지를 건물에 응용하는 원리가 적용된다(표 3-1).

3-1-4 정성적 방법

간단한 기후분석을 통해 어떤 지역의 기후가 기본적인 네 가지(한랭, 온난, 고온건조, 고온다습) 중 어디에 속해 있는 가를 밝힌다면, 기본계획은 정성적인 방법으로 이루어질 수 있다. 이러한 정성적 기본계획은 건물의 규모, 자재의 열특성, 창의 계획, 태양의 각도, 환기 등과 관련된다. 설계도를 그리거나 상세설계의 시행단계에서 어느 건물요소를 최적화하거나 건물부재의 크기 결정을 위해서는 정량적인 해석이 따라야만 한다(예 : 단열재의 두께, 차양의 정확한 일영각과 수치 등).

그러나 경우에 따라서는 기본계획단계에서도 정량적 해석이 실시되어야 한다. 즉, 기후가 일정하지 못하거나 네 가지 기본형 기후에 속하지 않고, 계절의 변화에 따라 다양한 건물성능을 요구할 때에는 정량적 해석이 있어야 한다. 이러한 네 가지의 기본적인 기후에 대한 대표적인 계획을 개략적으로 설명하면 다음과 같다.

【1】 한랭기후

설비형 조절(즉, 난방의 형태)이 필요한 한랭기후(寒冷氣候 ; cold climates)에서는 열손실을 최소로 하는 것이 가장 중요한 문제이다. 용적에 대한 표면적의 비는 중요한 요소로서 건물규모를 결정할 때 고려되어야만 한다. 이글루(iglu)형은 현실적인 것은 아니지만, 원기둥, 정육면체나 그것에 가까운 형태는 현실적인 것이 될 수 있다.

건물외피의 단열은 중요한데, 특히 연속 사용하거나 장시간 사용하는 건물에서는 더욱 중요하다. 대부분의 한랭기후에서는 K 값이 0.5 W / m^2℃ (0.431 kcal/m^{2}h℃) 이하가 일반적이고, 창문은 작을수록 유리하며 2중, 3중이면 더욱 좋다. 건물의 열용량은 중요하지 않지만 건물을 간헐적으로 난방할 경우에는 반드시 고려해야만 한다. 주거건물의 형태, 건물의 열용량, 난방의 주기는 상호 고려해서 결정하여야 한다.

연속적인 사용(예 : 주택)과 연속난방을 한다면 열용량은 건물의 내부온도에 영향을 미치지 않는다. 간헐난방을 하는 중량구조의 건물은 난방을 중지하여도 장시간 난방온도를 유지하며, 냉각속도가 느린 반면 가열에 필요한 시간이 긴 편이다. 또한 실내조건은 열적으로 경량구조의 건물보다도 안정된다. 안정된 실내효과는 주요벽의 외측에 저항형 단열재를 설치함으로써 증가시킬 수 있다.

일사를 얻을 수 있다면 모든 창문은 남향(북반구)이나 북향(남반구)이 좋다. 비록 3중창을 설치한다 하더라도 창문에서의 연간 열손실은 일사열취득보다 크므로 일사열취득이 없을 때에는 열손실을 방지할 수 있는 대책을 세워야 한다.

【2】 온난기후

온난기후(溫暖氣候 ; moderate climate)의 겨울에는 한랭기후에서와 거의 같은 방법이 요구된다. 그러나 겨울의 혹한이 그리 심하지 않기 때문에 표면적을 작게 하는 것과 단열재 사용에 대한 요구는 적다. 또한 여러 가지의 법적 규제와 권장치는 K값을 0.7~1.4 W/m^2℃(0.603~1.207 kcal/m^{2}h℃)의 범위로 규정하고 있으며, 여름철의 요구가 서로 다르기 때문에 건물에 대한 해결책이 한랭기후의 것과 동일하지 않다.

일사획득이 겨울에는 바람직하지만 여름에는 과열의 원인이 된다. 태양고도가 높은 여름에는 창문을 차폐시키며, 태양의 고도가 낮은 겨울에는 일사를 받도록 한다. 창은 정남(正南)을 향하는 것이 가장 바람직하며, 창에 수직음영각이 그 지역의 위도에 대하여 “90°-위도” 또는 춘추분 정오의 태양고도가 되도록 차양을 설치하면 여름의 6개월 동안은 일사를 피할 수 있다. 이것은 이 차양의 수직음영각이 춘·추분의 정오시 태양고도와 일치하기 때문이다. 약간 추운 온난기후 지역에서는 이러한 수직음영각을 조금 높게 하고, 약간 더운 온난기후 지역에서는 약간 낮게 한다.

열용량이 큰 중량구조의 건물은 여름에 유리하며 대부분의 온난기후에서 야간온도는 여름에도 쾌적범위 이하이므로 낮동안에 축열된 열이 밤에 실내를 쾌적하게 한다. 겨울에도 연속사용하는 주거건물에서는 열용량이 크다고 해서 불리하지는 않다. 간헐적으로 사용되는(그리고 난방되는) 건물에서는 열용량이 큰 것이 겨울에는 바람직하지 않지만 여름이나 하루의 온도변화범위가 12℃ 이상인 대륙성 기후에서는 더욱 유리하다.

여름에는 과열을 방지하기 위하여 적당한 환기시설이 요구되나 음영계획과 적절한 열용량이 보장된다면 과열은 발생하지 않는다.

【3】 고온건조기후

고온이라는 것을 제외한 이 기후의 특징은 하루의 온도변화범위가 크다는 것으로 보통 18~22℃ 정도가 된다. 그 결과 이 기후건물의 가장 중요한 특징은 열용량이 크다는 것이다. 외부환경은 가끔 메마르고 건조하며 덥고 먼지가 많다. 이러한 곳에서는 외관이 매우 작은 개구부를 가지며, 주개구부가 중정을 향하는 중정형태의 건물이 가장 좋다.

비는 조금 밖에 내리지 않지만 중정에서는 이것을 가장 유효하게 이용할 수 있다. 중정에서는 바람이 약하므로 증발속도가 늦다. 풀이나 분수로부터의 증발은 공기를 냉각시키므로 항상 냉각된 공기가 중정을 가득 채우게 된다. 또한 중정은 주벽에 의한 그늘로 서늘하다.

고온건조기후(高溫乾燥氣候 ; hot-arid climates)에서는 일상생활의 대부분이 옥외에서 일어난다. 중량벽을 사용하여 주간의 열전달을 지연시키고 중정으로부터 신선한 공기를 공급받는다. 옥외공기가 급격히 냉각되는 야간에는 외측면 상부의 작은 개구부에 의해 열방산이 촉진될 수 있다. 그림 3-7은 중정형태 건물의 열시스템을 보여주고 있는데, 중정으로 직접 출입할 수 없는 방에는 윈드스쿠프(windscoop) 장치를 사용한다(그림 3-8). 이것은 지붕 위의 바람을 방으로 통하게 하여 공기의 공급을 제어하고 유입공기를 가습·증발·냉각시켜 깨끗하게 해준다. 건물표면은 가능하면 흰색이 좋은데, 흰색은 광택이 있는 금속표면과 비슷한 흡수율을 가지나 복사율은 8배나 크다. 지붕의 표면은 야간에 열방산이 되어 냉각된다.

이러한 기후에서 집중적인 건물의 배치는 통풍에 불리하지만, 근처의 건물에 의해 서

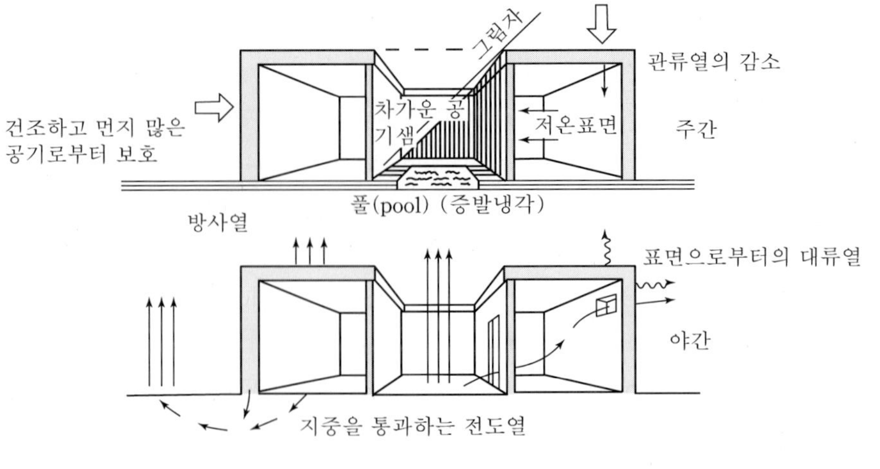

그림 3-7 중정형 주택의 열시스템

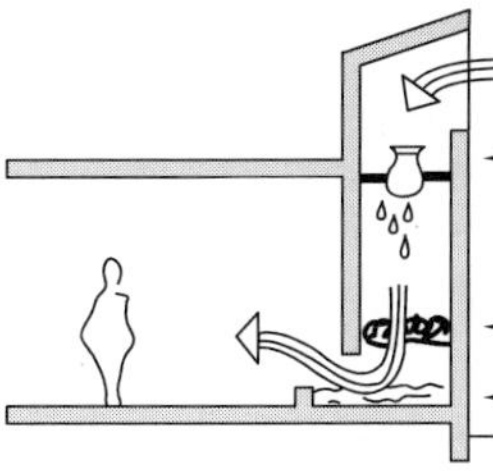

그림 3-8 윈드스쿠프

로의 그림자를 만들어 햇빛을 피할 수 있기 때문에 유리하며, 특히 동쪽과 서쪽벽에서 유리하다.

【4】 고온다습기후

고온다습기후(高溫多濕氣候 ; warm-humid climates)에서는 자연형 열조절이 매우 어렵다. 최고온도가 고온건조기후만큼 높지는 않으나 밤에도 온도가 낮아지지 않는다. 하루의 온도변화는 5~7℃를 넘지 않으며 이것보다 더 작은 날도 있다. 습도가 높으므로 피부에서의 증발이 제한되며, 수면을 이용한 증발은 효과도 없고 바람직하지도 않다.

지붕이 건물의 부위 중에서 가장 중요한데, 천장온도의 상승에서는 주위보다 약 4℃까지 높은 것은 허용할 수 있다. 천장과 지붕 전체의 K값이 0.8 W/m^2℃(0.690kcal/m^{2}h℃) 이상이 되는 경우는 다음과 같은 방법으로 온도상승을 4℃ 범위 내에 유지시킬 수 있다.

① 반사가 큰 지붕표면을 사용한다.

② 지붕 밑에 공간을 두고 천장을 설치한다.

③ 지붕과 천장 사이공간에 충분한 환기가 이루어지도록 한다. 이것은 직접적으로 일사를 감소시킬 수는 없지만 지붕과 천장 사이의 대류전달열을 낮출 수 있다. 또한 지붕 아래면의 온도를 낮게 하므로 여기에서 천장 윗면으로 방사하는 열을 다소 감소시킬 수 있다.

④ 지붕의 아랫면과 천장의 위쪽면에 반사표면을 사용하면 복사와 흡수를 조절할 수 있다.

⑤ 천장에는 저항형 단열재를 사용한다.

다시 말해, 낮보다 견디기 힘든 밤의 고온이 급속히 냉각되도록 건물 전체를 경량구조로 해야 하는데, 낮의 일사열을 피하기 위해서는 동쪽과 서쪽벽의 창을 없애고 저항형 단열재를 실시하며 반사형 표면을 만들어 주어야 한다. 북쪽과 남쪽벽은 유입되는 바람을 가능한 한 많게 하기 위해서 완전히 개방되어야 한다. 인체표면 근처의 공기기류는 증발냉각을 할 수 있는 유일한 방법이다.

일사조절의 관점에서는 위에서 설명한 기본방위가 제일 바람직하나 통풍을 좋게 하기 위해서는 가장 더운 기간 중에 상풍향으로 최대의 개구부를 낸다. 건물외형이나 스크린 벽, 계획적인 건물의 배치에 의해서 바람을 개구부로 집중시킬 수도 있다.

표 3-2 기후계획의 원리

기후권 / 계획요소	한 랭	온 난	고온건조	고온다습
고려해야 할 기후요소	· 바람, 냉기, 눈더미, 적설하중	· 비, 눈, 차가운 바람, 여름의 더위와 겨울의 추위	· 일사, 모래, 먼지, 바람, 건조 · 더운 여름	· 비, 열, 습기, 일사
필요한 조절	· 열손실 최소	· 열손실 최소 · 겨울 일사취득 · 여름의 일영과 환기	· 소량의 비 이용 · 하루 중 큰 온도 변화를 없앰	· 통풍효과를 높임
건물의 기본 계획특성	· 외피면적 최소 · 창의 면적 최소 · 겨울철 방풍에 주의	· 여름의 차양 · 겨울의 방풍실과 유리로 된 현관 사용 · 지하공간은 겨울철 음식저장, 여름철 피서장소로 좋음	· 두꺼운 벽이 주간에 열흡수, 야간에 방출 · 과도한 건조를 막기 위해 환기를 피함	· 차양에 주의, 개구부로 하여금 주야간 통풍이 잘되게 함 · 단이 진 바닥, 전면창 및 open plan은 통기를 촉진시킴
바람직한 대지특성	· 겨울철 : 방풍 및 일사열취득 · 연중 아침햇살을 받는 곳 · 서쪽과 북서쪽 차폐 · 언덕 아래와 산 정상을 피할 것	· 겨울철 : 방풍 및 일사열취득 · 여름철 : 바람을 실내로 받아들이고 동·서쪽 차폐 · 지하공간은 건조하나 여름식물을 기를 수 있는 토양일 것	· 여름철, 서쪽일사 차단 · 겨울 태양의 접근이 어느 정도 가능한 곳, 바람을 막을 곳 · 건물 주위의 활엽수를 위해 지나치게 건조하지 않고 지하공간을 위해 눅눅하지 않은 곳	· 차양이 풍부하고, 미풍을 많이 받는 곳. 겨울 태양의 접근은 어느 정도 차양을 위해 지붕 위로 나무를 드리울 것
지 붕	· 최적의 겨울 태양열취득을 위해 급경사의 남면	· 최적의 겨울 태양열 취득을 위해 적당한 경사의 남면	· 평지붕은 밤에 열손실 촉진	· 축열을 피하기 위한 경량구조 이용 · 지붕표면의 상하 환기

표 3-2 (계속)

기후권 / 계획요소	한 랭	온 난	고온건조	고온다습
벽의 방위	· 여름 : 서쪽벽의 차양 고려 · 태양열획득량 : 남쪽벽이 동·서쪽벽의 3/4 · 태양고도가 낮을 때의 현휘 고려 · 강풍 고려	· 여름 : 동·서쪽벽 차양 고려 · 태양열획득량 : 남쪽벽이 동·서쪽벽의 약 2/3 · 남쪽벽은 현휘 고려	· 여름 : 서쪽벽 차양 고려 · 태양열획득량 : 남·북쪽벽이 동·서쪽벽의 약 1/2 이하	· 여름 : 동·서쪽벽의 차양 고려 · 태양열획득량 : 남·북쪽벽이 동·서쪽벽의 1/2 이하 · 저위도에서 북쪽벽의 취득량은 남쪽면을 초과
대표적인 예	· 이상적인 에스키모 주거 : 용적에 대한 최소표면적, 풍향에 대해서 직각으로 이루어진 아주 작은 개구부 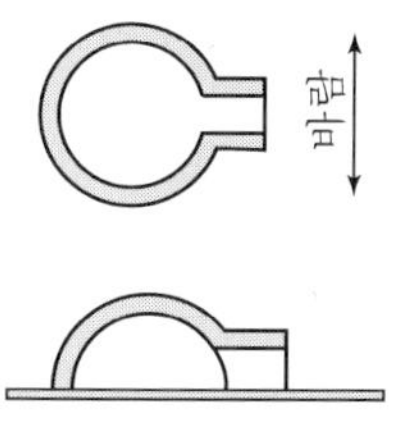	· 양질의 단열 · 동기의 일사를 받는 커다란 창 · 하기의 일사를 피할 수 있는 차양 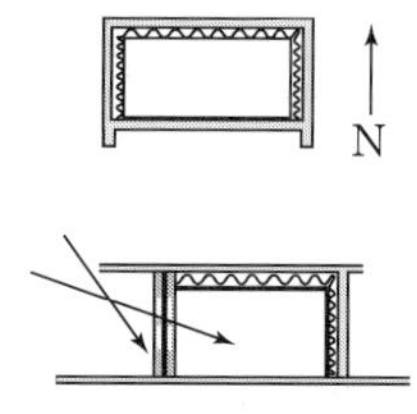	· 중정형, 연못이나 분수가 있는 중정에 면한 그늘진 베란다, 타임-래그가 큰 중량벽 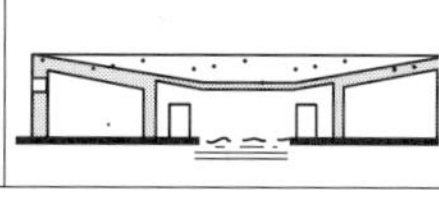	· 그늘진 베란다, 동서로 길고, 남북은 벽, 통풍을 위한 루버, 방은 높은 위치에, 지붕환기 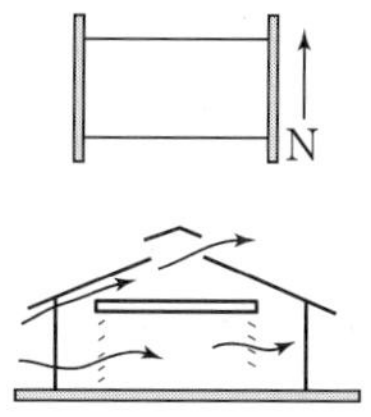

3-1-5 기후분석

건물은 특정기후조건에서 실내조건을 바람직한 범위로 조절하는 기능을 갖는다. 여기에서 특정기후조건은 해당지역 기상자료의 수집과 평가에 의한 기후분석작업을 통해 알 수 있다.

【1】 정량적 분석

기후분석의 방법으로 기후표를 사용하여 일목요연하게 기록한 예가 표 3-2이다. 이것으로부터 그림 3-9와 같은 복합기후도를 그릴 수 있으며 풍배도를 작성하여 보충할 수

표 3-2 기 후 표

지 역	서울	측정기간
위 도	37°34′ N	습도측정시간
경 도	126°58′ E	가능한 추가정보 : 일사
해 발	85.5 cm	바람

건구온도(℃)	1월	2	3	4	5	6	7	8	9	10	11	12	평균
최고극값	14.4	17.5	22.2	29.0	34.4	37.2	37.7	38.2	35.1	30.1	25.2	17.7	38.2
월평균 최고	0.4	2.8	8.7	16.5	22.5	26.5	29.2	30.5	26.1	19.9	11.7	3.2	16.4
일평균 최고	0.7	3.4	9.2	16.9	23.0	26.3	28.5	29.6	25.5	19.6	11.3	3.6	16.
평 균	−3.5	−1.1	4.1	11.4	17.1	21.1	24.5	25.3	20.5	13.9	6.6	-0.6	11.6
일평균 최저	−7.4	−5.0	0	6.6	12.2	17.0	21.6	22.0	16.3	9.0	2.4	-4.3	7.5
월평균 최저	−9.5	−6.5	−1.1	5.3	11.1	16.3	21.1	21.7	15.7	7.9	1.3	-5.4	6.5
최저극값	−22.5	−19.6	−14.1	-4.3	1.8	9.3	12.9	13.5	3.2	-5.1	-11.9	-23.1	-23.1
평균일교차	8.1	8.4	9.2	10.3	10.8	9.3	6.9	7.6	9.2	10.6	8.9	7.9	8.9

상대습도

일평균 최고													
일평균 최저													
평균습도 [%]	66	65	65	63	64	73	82	79	73	68	67	67	69
평균수증기압 [mb]	3.4	3.9	5.5	8.5	12.3	18.0	25.1	25.0	17.6	10.9	7.0	4.3	11.8
안개일수	5	3	4	2	2	3	4	3	3	3	4	4	40

강 수 량

월 평균 [mm]	20.6	28.2	49.0	105.2	88.3	151.1	383.1	263.0	160.3	48.4	42.9	24.7	1364.8
24시간 최대	61.4	65.6	153.1	104.2	122.3	219.9	283.9	354.7	221.1	77.8	67.4	56.9	354.7
0.25 mm 이상 일수	3	3	6	6	7	9	14	10	7	5	5	5	80

하 늘

일조시수	161.5	168.8	198.9	199.1	230.4	182.1	120.9	153.3	176.0	206.8	150.8	144.1	2092.7
구름량, octas (또는 백분율)	4.0	4.5	4.9	5.4	5.4	6.7	7.9	6.8	5.7	4.0	4.5	4.3	5.3

바 람

최대풍속	15.7	16.7	18.7	25.0	17.5	14.8	15.2	17.0	18.7	22.9	16.1	17.7	25.0
평균풍속	2.5	2.8	3.0	3.0	2.6	2.3	2.3	2.2	2.0	2.0	2.3	2.4	2.5
주풍향	WNW	WNW	W	W	W	ENE	ENE	ENE	ENE	ENE	ENE	WNW	
부풍향	NW	NW	WSW	WSW	WSW	W	W	W	E	E	E	NW	

평균최대값은 1일 최대값의 한 달 동안 평균값이며, 평균최소값은 같은 달 동안의 하루의 최소값을 평균한 값이다.

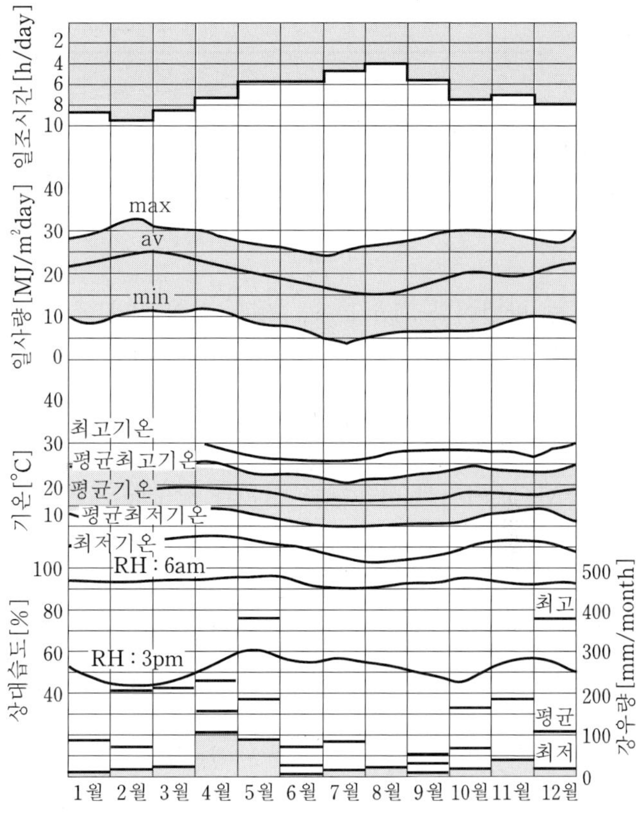

그림 3-9 기후도 : 나이로비(케냐)의 예

도 있다. 이런 방법을 사용하면 일반적인 기후조건을 상당히 정확하게 그려낼 수 있다. 이렇게 하여 작성된 기후도가 기본 기후형 중 어느 것과 일치하게 되면 즉시 확실한 결론을 내릴 수 있다. 비교를 돕기 위한 4개의 기본 기후형의 기후도가 그림 3-9이다. 그러나 중간형태나 변화형태의 기후도 많이 있어 더욱 세밀한 분석이 필요하다.

일반적으로 기후 계획의 초기단계에서 필요로 하는 것은 종합적인 상황이며, 그 구성요소에 대하여는 후에 특정상황에 따라 세밀히 정량적 분석을 하여야 한다.

【2】 클라이모그래프와 하이더그래프

기후도의 하나로 기온과 습도에 의하여 기후를 구별하고 그들의 관계를 쉽게 파악할 수 있도록 만든 것이다. 클라이모그래프(climograph)는 호주의 Taylor가 창안한 것으로, 세로축에는 월평균기온, 가로축에는 월평균 상대습도[%]를 표시하여 어떤 지방의 1월부터 12월까지 매월 온도와 습도의 값을 나타내는 점을 차례로 연결함으로써 폐다각형을

표 3-3

	건구온도	습　　도	명　　칭
혹　　서	16~32℃	20~50 %	고온저습
증　　서	16~32℃	70~90 %	고온다습
혹　　한	−18~4℃	20~50 %	저온저습
냉　　한	−18~4℃	70~90 %	저온다습

그리는 방법이다. Taylor는 좌표 위의 위치에 따라 기후의 체감을 다음과 같이 나타내었다.

여러 지방의 클라이모그래프를 비교하면 기후의 비교는 물론이고 기후의 구분도 쉽게 할 수가 있다. 이 밖에 기온과 강수량을 좌표측에 나타낸 것을 하이더그래프(hithergraph)라고 한다. 여기서 사용하는 기온과 강수량은 기후요소 중에서도 특히 기후의 특성을 가장 크게 좌우하는 요소이다.

그림 3-11은 서울과 마닐라의 하이더그래프를 비교한 것이다. 마닐라에서는 연중기온이 높고 1월에서 4월까지는 강수량이 아주 적은 데 비하여 5월 이후에는 강수량이 급격히 많아지고, 12월에 최대로 된다는 기후특성이 뚜렷하게 드러나 있다. 서울의 하이더

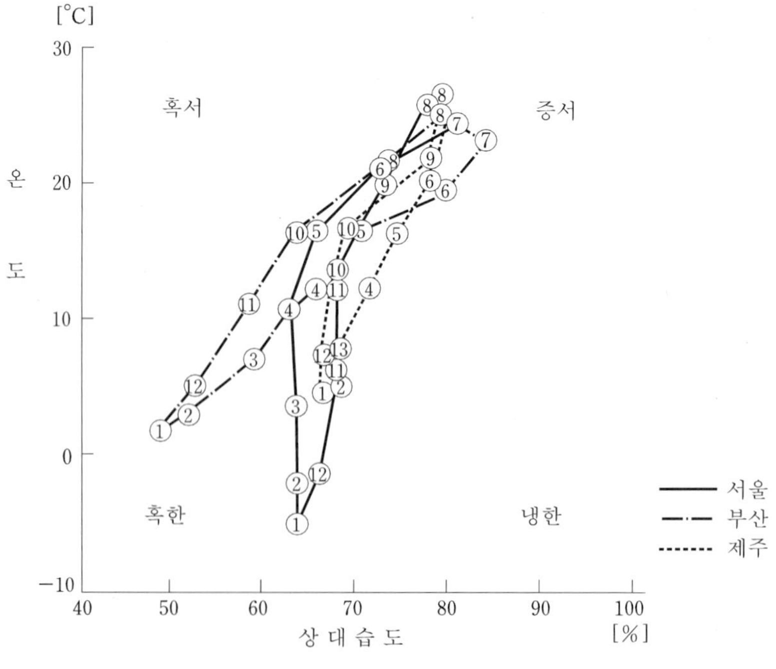

그림 3-10 클라이모그래프(서울, 부산, 제주)

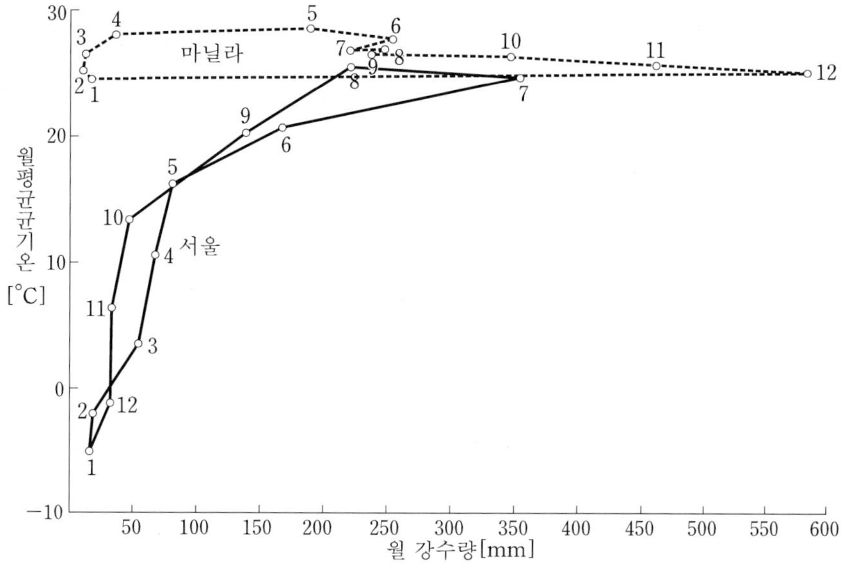

그림 3-11 서울과 마닐라의 하이더그래프

그래프를 보면 겨울에는 기온이 낮고 강수량도 적으나 여름에는 기온이 높고 강수량도 많다는 특성을 쉽게 알 수 있다.

【3】 생체기후도 분석

신속한 기후분석방법의 하나로 생체기후도를 사용하는 방법으로서 그림 3-12와 같으며, 이것은 그림 3-9의 기후도에 있는 기상자료를 사용한 것이다. 12개 수직선의 x 좌표

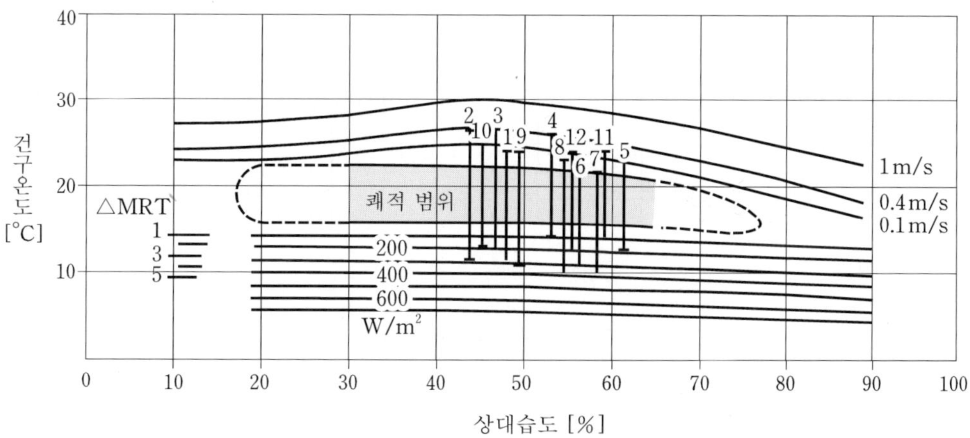

그림 3-12 생체기후도에 의한 분석

값은 15시의 상대습도를 나타내고 있으며 그 길이는 월별 평균온도범위를 표시한다. 이 12개의 수직선과 쾌적범위를 연관지어 보면 이 지역의 기후조건 중 불쾌한 조건에 대한 성질을 파악할 수 있다.

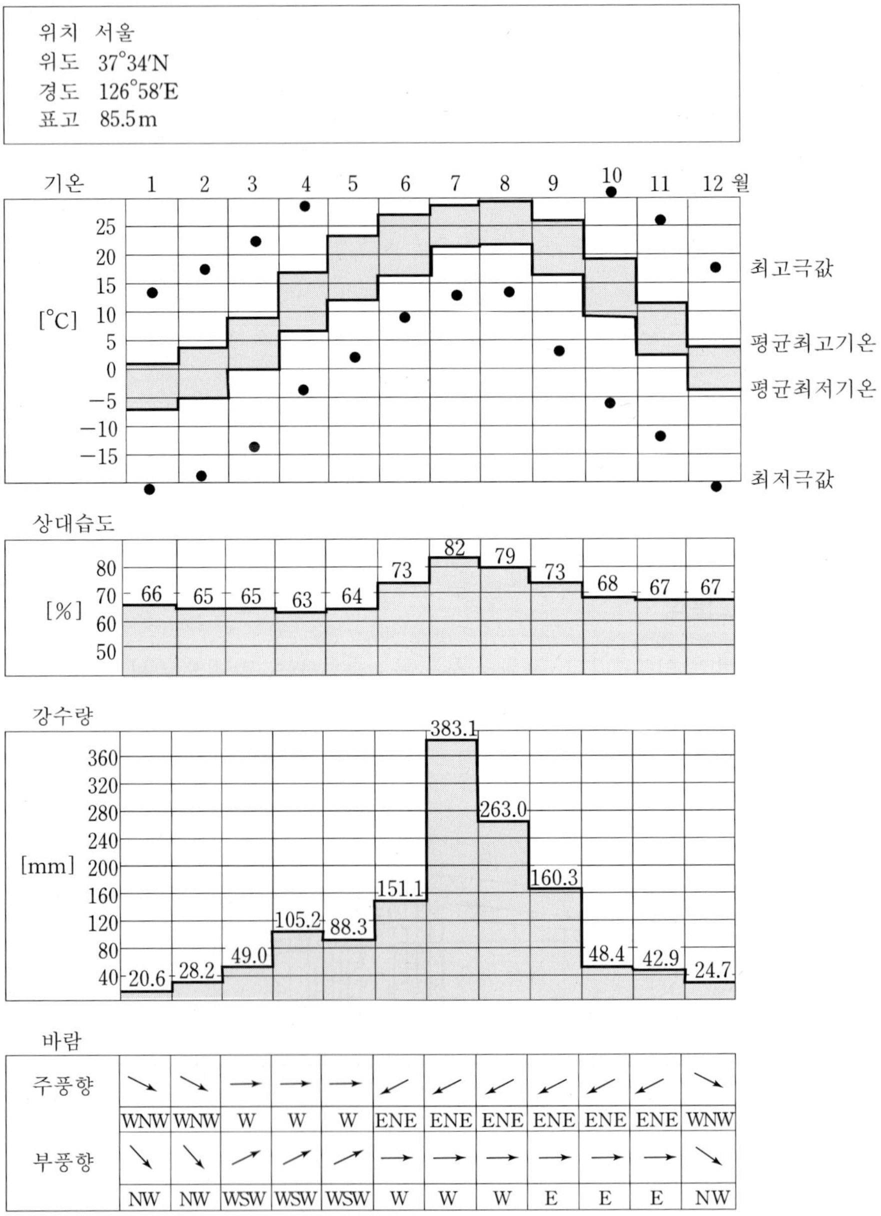

그림 3-13 복합기후도(서울)

이와 유사한 방법으로 새벽의 상대습도와 월평균 최저기온을 한 점으로 나타내고, 오후의 상대습도와 월평균 최고기온을 다른 한 점으로 나타내어 이 두 점을 직선으로 연결시킨다. 이렇게 하여 얻어진 12달에 대한 12개의 선은 건구온도와 상대습도의 연간 변화범위를 나타내게 된다. 이러한 방법으로 3시간 간격 또는 매시간 간격으로 건구온도와 상대습도를 한 점으로 표시하면 좀더 상세한 결과를 얻을 수 있다.

3-1-6 우리나라의 기후분석

【1】 기후특성 개요

우리나라 기후를 결정하는 기후인자로는 위도, 해발고도, 수륙분포, 지형 등을 들 수 있다. 우리나라는 북위 33°~43° 중간에 위치하며 온난기후의 특성을 잘 나타내고 있다.

Köppen의 기준에 의하면 최한월 평균기온이 −3℃ 이상이고 최난월 평균기온이 18℃ 이하일 경우 온대이며, 최한월이 −3℃이하이고 최난월이 10℃ 이상인 지역을 냉온대라고 한다. 따라서 이 기준에 의하면 우리나라의 남해안지방은 온대이고 중・북부지방은 냉온대에 속한다. 우리나라 전체 연평균기온은 8~14℃ 내외로 대표적인 온난기후에 속한다.

우리나라 기후는 태평양과 아시아 대륙의 영향을 받아 수륙간의 해풍과 육풍의 계절풍이 있어 천기와 기후의 변화가 복잡한데 이 기후의 일반적인 특성을 요약하면 다음과 같다.

① 겨울에 몹시 한랭하여 평균 습구온도가 0℃를 넘는 지방이 적고 곳에 따라 −10℃에 달한다.

② 건조한 지방이 많다.

③ 겨울철에는 평균풍속이 3 m/s를 넘는 지방이 많다.

④ 겨울철에는 청명한 날이 많아서 일조시수는 전국 하루평균 6~7시간에 달하며 복사로 인한 열의 혜택은 상당히 크다.

⑤ 여름철에는 평균습구온도가 25℃에 미치는 곳은 적으나 대개는 21℃를 넘고 평균 상대습도는 80~85 %가 된다. 일조시수가 커서 1일 평균 6시간을 넘고 8시간 이상인 곳

표 3-4

여름철(7, 8월)	평균습구온도	20~25℃	증서기후
	상대습도	75~85 %	
겨울철(1, 2월)	평균습구온도	−10~3℃	혹한기후
	상대습도	50~75 %	

도 있어 복사로 인한 신체로부터 방열의 장해가 크다. 평균풍속도 다른 계절에 비하여 적으므로 이것 역시 체온조절에 불리하다.

따라서 우리나라 여름철 및 겨울철의 기후특성은 다음과 같이 나타낼 수 있다(표 3-4).

표 3-5는 우리나라 중요지역의 월평균기온과 연평균기온을, 그림 3-14는 우리나라의 연평균 등온선을 보여준다.

표 3-5 평균기온(1931-1960) [단위 : ℃]

지명 \ 월	1	2	3	4	5	6	7	8	9	10	11	12	평균
웅 기	−9.3	−6.6	−1.0	5.4	10.0	14.3	19.2	21.1	16.7	10.2	1.2	−6.1	6.3
청 진	−7.5	−5.5	0.5	5.7	10.5	14.8	20.0	21.2	16.7	10.9	3.1	−4.0	7.2
중강진	−20.8	−15.3	−4.0	6.5	13.5	18.7	22.7	21.7	14.5	6.9	−3.1	−15.1	3.9
성 진	−5.7	−4.0	0.8	6.6	11.1	15.3	20.1	21.9	17.9	11.8	4.0	−2.9	8.1
신의주	−9.3	−5.8	0.9	8.6	14.7	20.0	23.9	24.2	18.8	11.5	2.8	−6.1	8.7
함 흥	−5.1	−3.0	2.1	6.8	14.7	18.3	22.5	23.1	18.0	11.7	3.9	−3.5	9.1
원 산	−3.8	−2.4	2.5	9.7	14.9	19.0	22.7	23.4	18.8	13.1	5.8	−0.9	10.2
평 양	−8.1	−4.8	1.7	9.5	15.5	20.6	24.2	24.4	18.9	11.9	3.4	−4.8	9.4
장 전	−1.8	−1.0	3.3	10.7	15.5	18.8	22.7	23.1	19.7	13.8	7.6	0.0	11.0
신 막	−8.1	−4.9	2.1	9.2	15.1	20.0	24.0	24.2	18.3	11.0	3.5	−4.9	9.1
해 주	−5.0	−2.8	3.0	9.8	14.8	19.9	23.9	24.9	20.1	13.6	6.5	−1.6	10.6
강 릉	−1.0	0.3	4.7	11.5	16.7	19.7	23.5	24.3	19.7	14.4	8.8	2.4	12.1
서 울	−4.9	−1.9	3.6	10.5	16.3	20.8	24.5	25.4	20.3	13.4	6.3	−1.2	11.1
인 천	−4.0	−1.6	3.4	9.7	15.3	19.6	23.9	25.1	20.6	14.2	7.2	−0.4	11.1
울릉도	0.6	1.1	4.5	10.2	15.0	18.4	22.1	23.9	19.9	15.0	9.7	3.9	12.0
추풍령	−3.1	−0.7	4.5	11.0	16.7	20.6	24.5	24.7	19.4	13.0	6.7	0.2	11.5
포 항	0.6	2.2	6.1	12.1	16.8	20.1	23.6	25.0	20.6	15.2	9.9	3.4	13.0
대 구	−1.6	0.6	5.7	12.1	17.6	21.6	25.3	25.9	20.5	14.2	7.8	1.4	12.6
전 주	−1.7	0.2	5.0	11.3	16.8	21.3	25.7	25.9	20.6	13.9	7.8	1.7	12.4
울 산	0.4	2.1	6.0	11.5	16.3	20.0	24.3	25.1	20.5	14.8	9.0	3.2	12.8
광 주	−0.6	1.1	5.7	11.4	16.8	21.4	25.6	26.1	20.9	14.0	8.2	2.4	12.8
부 산	1.8	3.5	7.3	12.5	16.7	19.8	23.7	25.4	21.6	16.6	11.1	5.0	13.8
목 포	1.0	2.1	5.9	11.5	16.5	20.6	24.8	26.1	21.7	16.1	10.3	4.3	13.4
여 수	1.5	3.0	6.8	12.3	16.8	20.2	23.9	25.8	21.9	16.6	10.9	4.5	13.7
제 주	4.8	5.2	8.0	12.3	16.2	20.4	25.1	25.8	21.7	16.8	12.1	7.6	14.7
서귀포	5.4	6.2	9.1	13.6	17.6	20.3	24.7	26.8	23.3	18.1	13.2	8.0	15.5

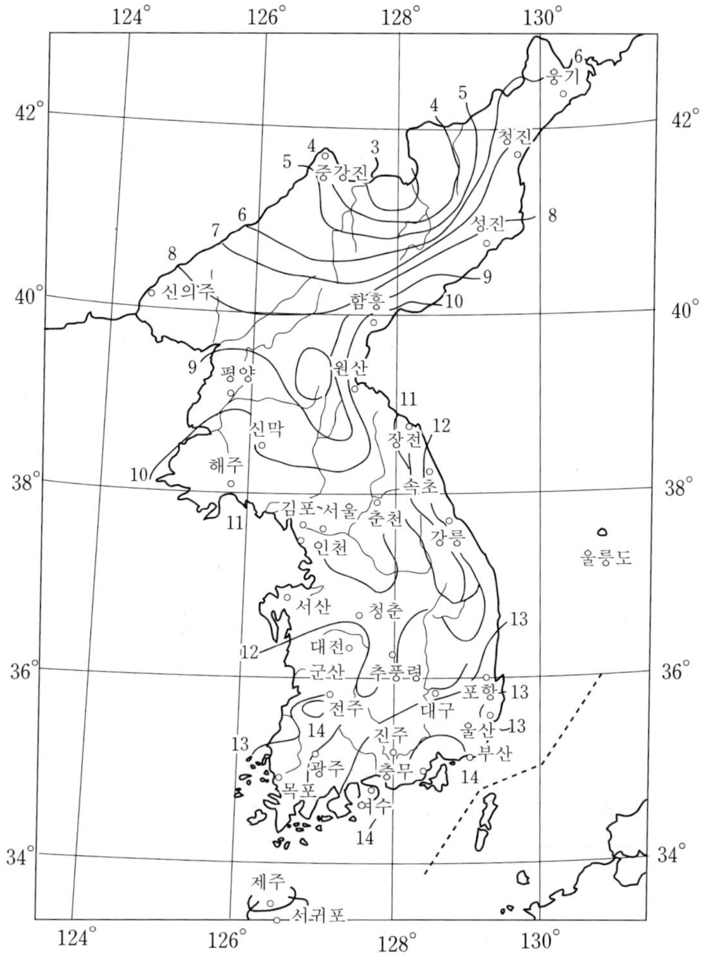

그림 3-14 우리나라의 연평균 등온선

【2】 기후자료 분석

표 3-6은 서울지방의 각종 기후자료를 종합한 것으로서 다음과 같은 기후요소들의 값을 보여준다.

① 월별 평균기온

② 최고 · 최저 월평균기온

③ 극값(최저 · 최고)

④ 일평균 최고 · 최저기온

⑤ 일교차

⑥ 강수량(평균 24시간 최대강수량, 최대적설깊이, 1.0 mm 이상 일수)

계속 →

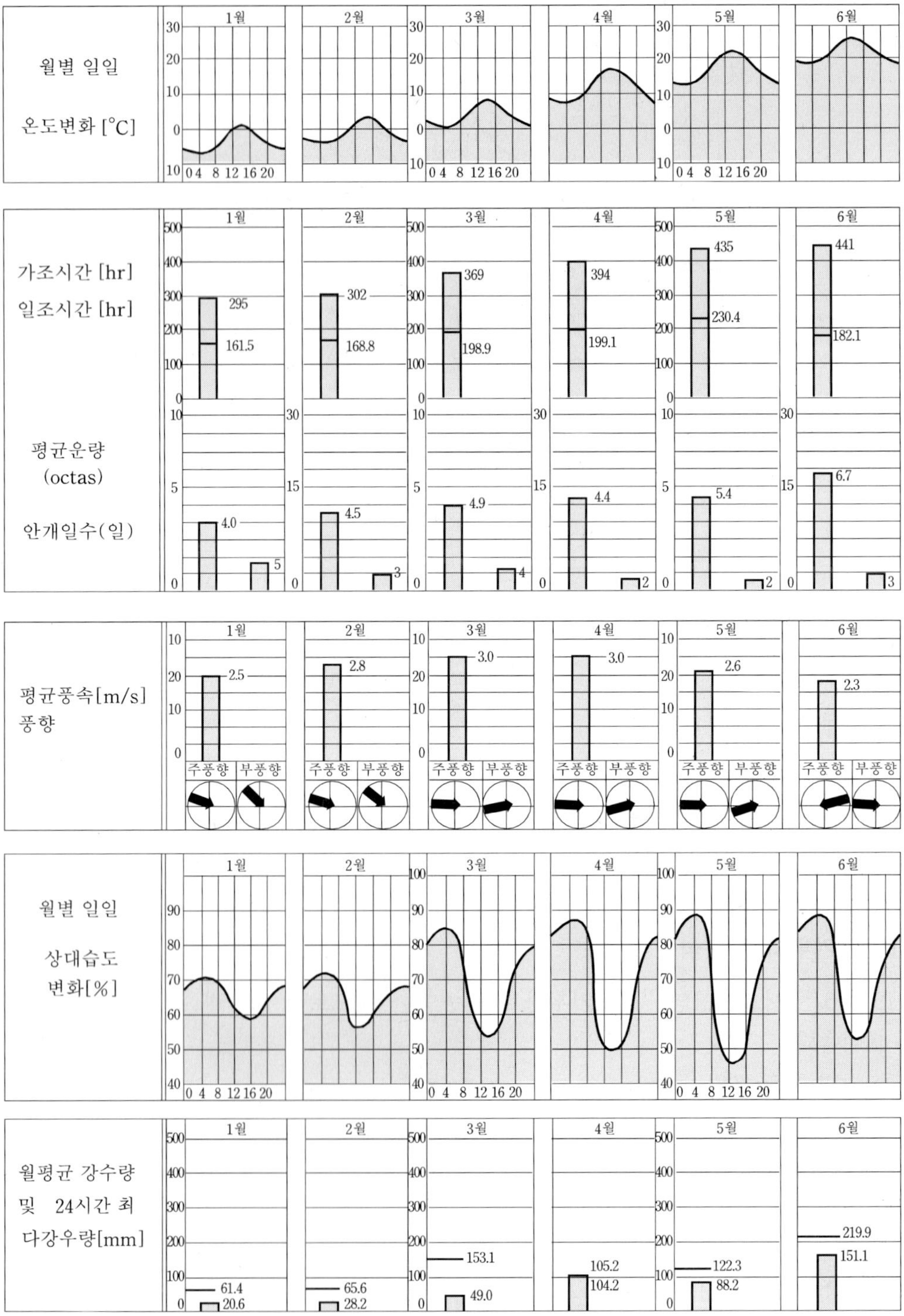
월별 일일 온도변화 [°C]
1월
2월
3월
4월
5월
6월
가조시간 [hr]
일조시간 [hr]
295
161.5
302
168.8
369
198.9
394
199.1
435
230.4
441
182.1
평균운량 (octas)
안개일수(일)
4.0
5
4.5
3
4.9
4
4.4
2
5.4
2
6.7
3
평균풍속[m/s] 풍향
2.5
2.8
3.0
3.0
2.6
2.3
주풍향
부풍향
월별 일일 상대습도 변화[%]
월평균 강수량 및 24시간 최다강우량[mm]
61.4
20.6
65.6
28.2
153.1
49.0
105.2
104.2
122.3
88.2
219.9
151.1

→ 계속

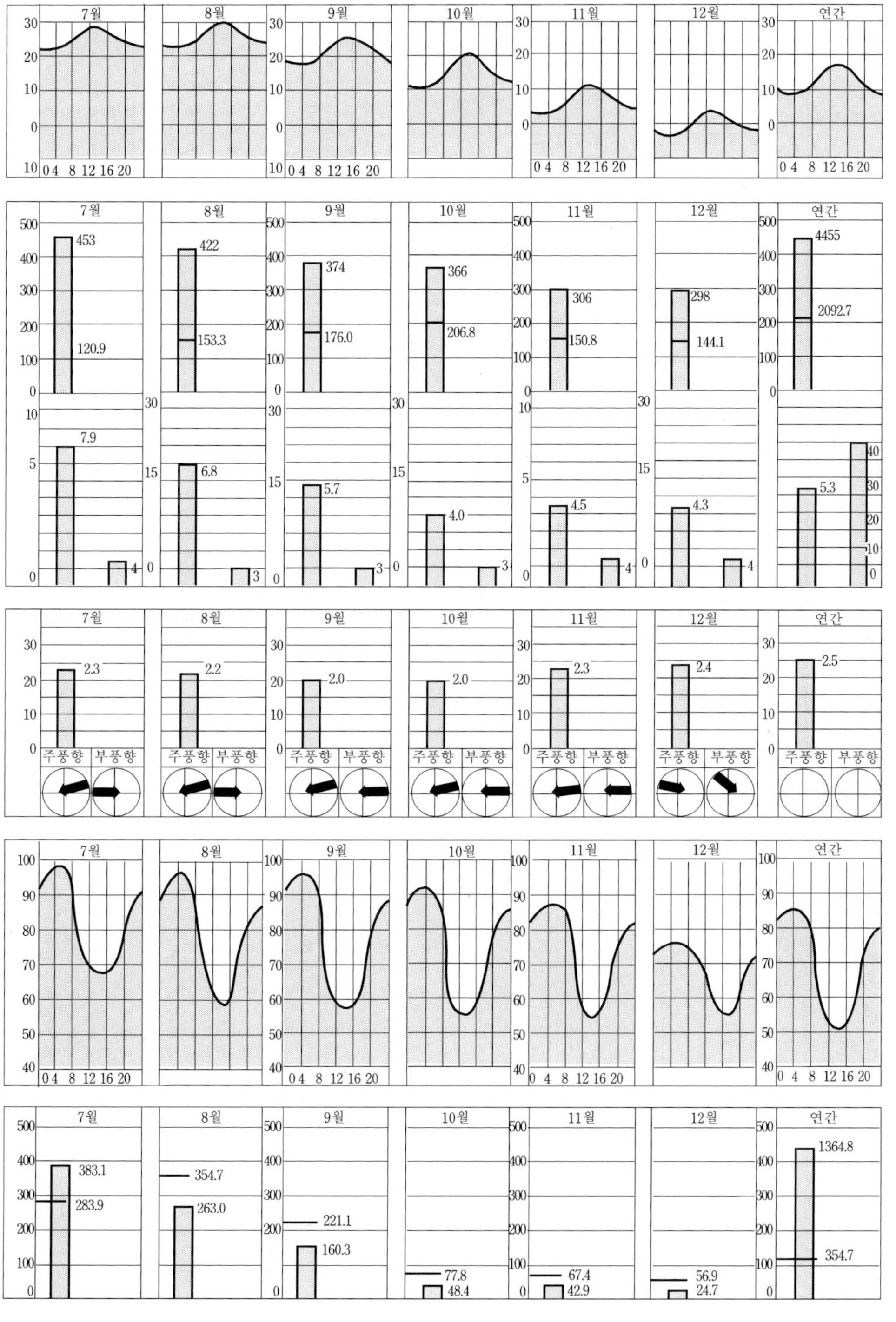

그림 3-15 기후자료

표 3-6 각종 기후자료 종합표(서울 : 1951-1980년 동안의 평균값 및 극값)

위도 37°34′N, 경도 126°58′E 표고 85.5m

월	기온[℃]								강수량[mm]				습도(평균값)			바람				하늘		
	월					일			총 강수량		1.0 mm 이상 일수 9)	최대 적설깊이[10]	상대습도 [%] 11)	증기압 [mb] 12)	노점온도 [℃] 13)	풍향[14]		풍속[m/s]		평균운량 [%] 0~10 17)	일조시간 [h] 18)	안개일수 19)
	평균 1)	최고평균 2)	최저평균 3)	극값[4] 최고기온 (년, 일, 기온)	극값[4] 최저기온 (년, 일, 기온)	최고평균 5)	최저평균 6)	일교차	평균 7)	24시간 최다강수량[8] 년, 일, 강수량		년, 일, 깊이				주	부	평균 15)	최대풍속[16] 년, 일, 풍속			
1	−3.5	−0.4	−9.5	32,6,14.4	31,11,−22.5	0.7	−7.4	8.1	20.6	27,15,16.4	3	69,31,30.0	66	3.4	−9.7	WNW	NW	2.5	80,30,15.7W	4.0	161.5	5
2	−1.1	2.8	−6.5	44,14,17.5	13,9,−19.6	3.4	−5.0	8.4	28.2	24,7,65.6	3	69,1,28.6	65	3.9	−7.1	WNW	NW	2.8	72,28,16.7WNW	4.5	168.8	3
3	4.1	8.7	−1.1	20,21,22.2	15,1,−14.1	9.2	0	9.2	49.0	14,6,153.1	6	64,16,12.5	65	5.5	−2.2	W	WSW	3.0	64,26,18.7SW	4.9	198.9	4
4	11.4	16.5	5.3	75,30,29.0	72,1,−4.3	16.9	6.6	10.3	105.2	80,5,104.2	6	43,8,0.5	63	8.5	3.6	W	WSW	3.0	54,19,25.0N	5.4	199.1	2
5	17.1	22.5	11.1	50,30,34.4	77,10,1.8	23.0	12.2	10.8	88.3	69,4,122.3	7	−	64	12.3	9.6	N	WSW	2.6	45,3,17.5WSW	5.4	230.4	2
6	21.1	26.5	16.3	58,24,37.2	21,3,9.3	26.3	17.0	9.3	151.1	56,22,219.9	9	−	73	18.0	15.4	ENE	W	2.3	49,20,14.8S	6.7	182.1	3
7	24.5	29.2	21.1	39,30,37.7	76,3,12.9	28.5	21.6	6.9	383.1	40,10,283.9	14	−	82	25.1	20.9	ENE	W	2.3	33,28,15.2SW	7.9	120.9	4
8	25.3	30.5	21.7	43,24,38.2	40,26,13.5	29.6	22.0	7.6	263.0	20,2,354.7	10	−	79	25.0	21.0	ENE	W	2.2	73,29,17.0SW	6.8	153.3	3
9	20.5	26.1	15.7	39,2,35.1	28,26,3.2	25.5	16.3	9.2	160.3	40,3,221.1	7	−	73	17.6	15.3	ENE	E	2.0	19,3,18.7SSW	5.7	176.0	3
10	13.9	19.9	7.9	13,3,30.1	42,24,−5.1	19.6	9.0	10.6	48.4	70,25,77.8	5	−	68	10.9	7.6	ENE	E	2.0	15.1,22.9WNW	4.0	206.8	3
11	6.6	11.7	1.3	40,4,25.2	70,30,−11.9	11.3	2.4	8.9	42.9	16,7,67.4	5	72,28,12.4	67	7.0	1.5	ENE	E	2.3	8,26,16.1W	4.5	150.8	4
12	−0.6	3.2	−5.4	68,9,17.7	27,31,−23.1	3.6	−4.3	7.9	24.7	36,17,56.9	5	80,3,15.0	67	4.3	−5.7	WNW	NW	2.4	63,24,17.7WNW	4.3	144.1	4
연간	11.6	16.4	6.5	43,8.24,38.2	27,12.31,−23.1	16.5	7.5	8.9	1364.8	20,8.2,354.7	80	69,1.31,30.0	69	11.8	5.9			2.5	54,4.19,25.0W	5.3	2092.7	40

* 1) 5) 6) 7) 11) 12) 15) 17) 18) : 한국기후표(1951~1980) 제1권, 중앙기상대
4) 8) 10) 16) : 한국기후표(1951~1980) 제2권, 중앙기상대
2) 3) 9) 13) 14) 19) : 한국의 기후 일지사. 부록 I 기후표
일일 최고·최저기온 : 월별 하루중 최고·최저기온의 평균값
월별 최고·최저기온 : 월별 월중의 최고·최저기온의 평균값

⑦ 상대습도, 수증기압, 노점온도
⑧ 풍향, 주·부풍속(평균 및 최대풍속)
⑨ 평균운량, 일조시간, 안개일수

그림 3-15는 이 자료를 사용하여 온도 및 상대습도의 하루중 변화, 일조시간 풍향 및 풍속, 강수량 등을 분석한 기후표이다. 기타 지역의 기후자료 분석은 중앙기상대에서 출간하는 기후표에 근거하여 동일한 방법으로 시행할 수 있다.

표 3-7 난방도일에 따른 지역구분(난방도일 [deg·day] 18℃ 기준)

구 분	난방도일	해 당 지 역
제 I 지역	3000 이상	서울특별시, 인천직할시, 경기도, 강원도, 충청북도
제 II 지역	2000~3000	충청남도, 전라북도, 경상북도, 대구직할시, 전라남도, 경상남도, 부산직할시
제 III 지역	2000 미만	제주도

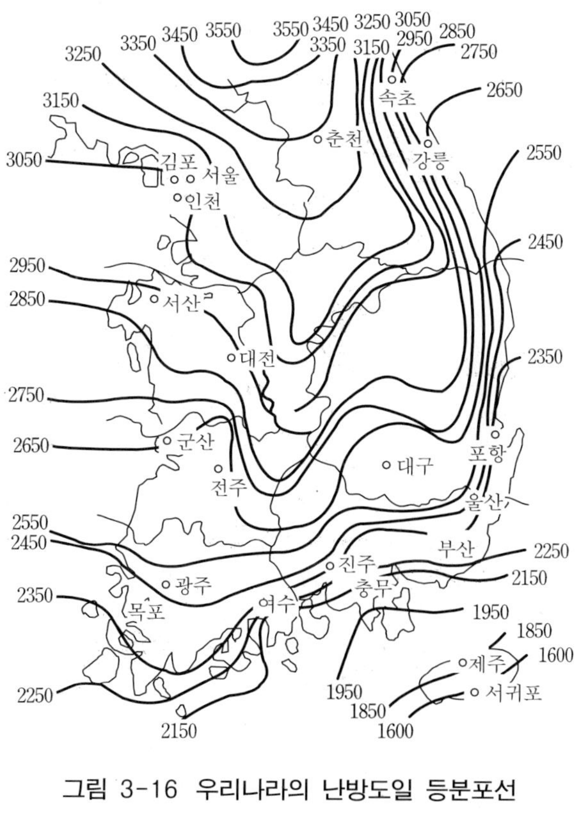

그림 3-16 우리나라의 난방도일 등분포선

【3】 난방도일에 의한 지역구분

주택의 소요에너지 산정에는 반드시 지역기후의 특성을 고려해야 하며, 이를 위해서는 난방도일이 유용하게 쓰일 수 있다. 우리나라의 경우 제주도와 서울지역의 난방도일 차이는 약 1,400°deg·day(18℃ 기준)이고 제주도를 제외한 내륙지방에서도 중부와 남부지역의 난방도일은 1,000°deg·day(18℃ 기준) 이상의 차이를 보이고 있다. 따라서 에너지와 관련한 건물설계시 기후조건에 따른 지역구분은 매우 중요하다.

난방도일에 따른 우리나라 기후지역 구분을 보면 표 3-7과 같으며, 난방도일의 등분포선은 그림 3-16과 같다.

3-2 일조환경계획

3-2-1 태양기하학

【1】 태양의 운동

지구는 태양의 주위를 원형에 가까운 곡률 1/297의 타원궤도를 따라 365일을 주기로 공전하면서 지구 자체도 24시간 주기로 자전한다(그림 3-17). 태양의 운동은 이러한 공전과 자전으로 인한 결과이다.

지축은 태양과 적도를 지나는 평면(공전면)의 법선과 23.5°의 기울기를 유지하고 있다. 이 기울기를 황도의 기울기(declination) 또는 일적위(日赤緯)라고 하며 일사의 세기, 낮

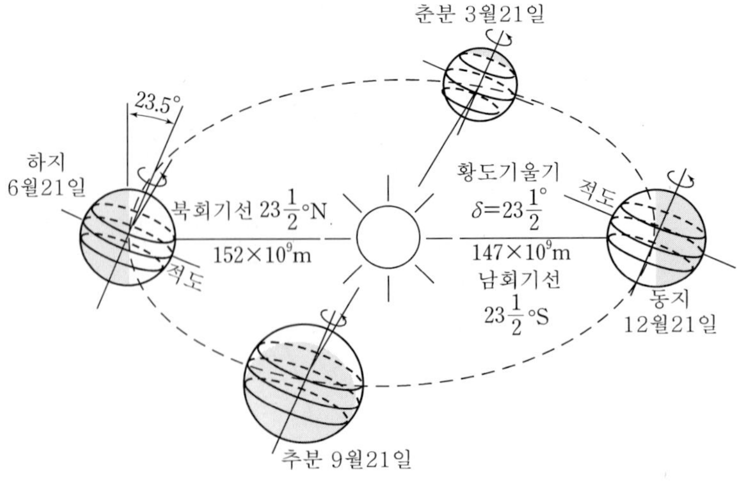

그림 3-17 태양의 운동

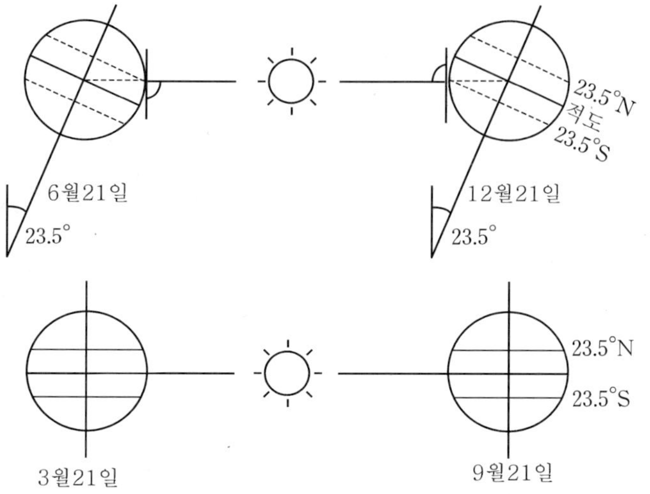

그림 3-18 지구와 태양간의 관계

의 길이, 계절간 기후변화의 원인이 된다. 만일 이 황도의 기울기가 없다면 1년 내내 일정한 기후조건이 된다. 태양과 지구의 거리변화는 원일점(遠日點)에서 1억5천2백만 km (152×10^9 m)이고, 근일점(近日點)에서 1억4천7백만 km(147×10^9m)이다. 그림 3-18은 지구와 태양의 관계를 나타낸 것으로 춘·추분, 하지 및 동지가 일어나는 원인을 보여준다. 태양의 천정궤도(天頂軌道 ; zenith path)는 북위 23.5°에서 남위 23.5° 사이를 움직이는데 6월 21일에 북위 23.5°(북회귀선)상의 지역에서는 일사를 수직으로 받아 낮의 길이가 가장 길어지며, 같은 날 남위 23.5°상의 지역은 낮의 길이가 가장 짧게 되고 태양의 고도 또한 가장 낮다. 3월 21일과 9월 23일에 적도상의 지역은 일사를 수직으로 받게 되며 태양의 고도는 적도상에서 수직되는 점을 통과하여 어느 곳에서나 낮과 밤의 길이가 같게 된다.

보통 우리가 말하는 1일은 1년 중 일정하게 24시간의 길이를 의미하나 엄밀히 말하면 1일은 일정하지 않다. 이것은 지구의 공전속도가 일정하지 않고 공전축에 대한 자전축이 기울어져 있기 때문이다. 여기에서 태양 남중에서 다음 남중까지의 시간을 진태양시(眞太陽時 ; true solar time)라고 하며, 평균태양시(mean solar time)는 진태양시를 1년에 걸쳐서 평균한 값으로 1일을 24시간으로 한 것이다. 계절에 의하여 평균태양시와 진태양시와의 차가 다소 생기게 되므로 진태양시를 구하기 위해서는 평균태양시에서 일정한 값을 가감하는 보정이 필요하며 이러한 보정계수를 균시차(equation of time)라고 한다. 표 3-8은 월 평균일의 일적위와 균시차의 변화를 나타낸 것이다.

어느 지방에 있어서의 자오선상에 태양이 온 시각을 정오로 정한 시간을 그 지방의

표 3-8 월별 일적위와 균시차 변화

평 균 일	일 적 위	균 시 차	평 균 일	일 적 위	균 시 차
12월 21일	−23°27′	+1′32″	6월 21일	+23°27′	−1′48″
1월 15일	−21°17′	−9′00″	7월 15일	+21°37′	−5′30″
2월 15일	−12°58′	−14′30″	8월 15일	+14°15′	−4′30″
3월 15일	−2°23′	−9′30″	9월 15일	+3°17′	+4′30″
3월 21일	0°00′	−7′19″	9월 21일	0°00′	+7′30″
4월 15일	+9°33′	−0′30″	10월 15일	−8°18′	+14′00″
5월 15일	+18°44′	+4′00″	11월 15일	−18°20′	+15′30″
6월 15일	+23°17′	0′00″	12월 15일	−23°15′	+5′00″

지방시(local time)라고 부른다. 지방시에 의하면 장소에 따라 시각이 달라지므로 일상생활이 불편한데 이것을 피하기 위하여 같은 나라에서는 어느 지역의 대표적인 경도를 기준으로 하여 태양의 남중시각을 표준한 시간을 표준시(standard time, clock time)라고 한다.

【2】 태양의 위치

그림 3-19에서와 같이 태양의 위치는 지평면상의 기점 (O)을 중심으로 천구(天球 ; skydome) 위를 태양이 동에서 서로 운행한다고 가정하여 구한다. 어느 시각의 천구상 태양위치는 태양방위각 (α)과 태양고도 (γ)의 두 각도로 표시할 수 있다. 즉, 태양고도 γ는 그 시각의 천구상의 태양과 기점 O를 연결하는 선과 이것의 수평면상의 투영선과 이루는 각으로 0~90° 사이에서 변화한다. 태양방위각 α는 투영선과 남북축이 이루는 각으로 정의되고 일반적으로 정남을 기준으로 하여 남에서 동쪽으로 (−), 서쪽으로는

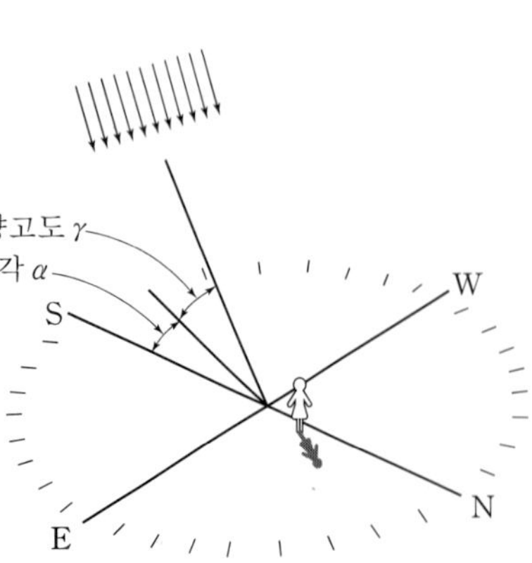

그림 3-19 태양고도와 방위각

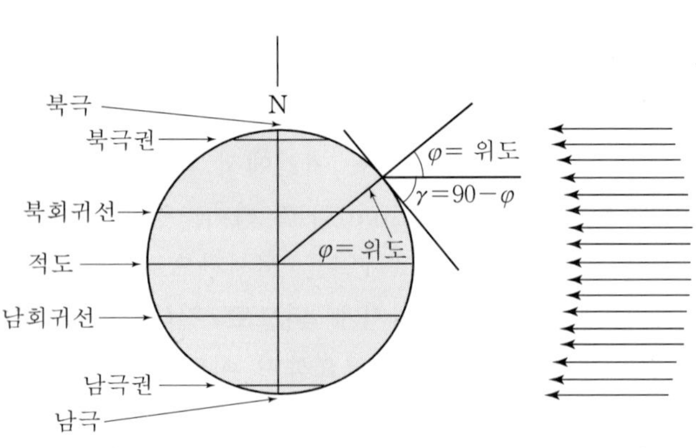

그림 3-20 춘 · 추분 정오의 태양고도

(+)부호로 표시하며 0~180° 사이에서 변한다.

태양방위각과 태양고도는 위도 (φ), 일적위, 진태양시의 시각 (t)에 의하여 결정되며, ① 구면 삼각방정식에 의한 수리적 해법과 ② 태양궤적도에 의한 도식적 해법이 있다. 정오의 태양고도는 태양기하학의 원리(그림 3-20, 그림 3-21, 그림 3-22)에 의해 쉽게 구할 수 있다. 춘분과 추분 정오에 태양은 적도상에 일치하고 양극에서는 지평면상에 정확히 놓이게 되므로 정오의 태양고도 (γ_n)는 90°에서 위도 (φ)를 뺀 값이 된다.

$$\gamma_n = 90° - \varphi + \Delta \text{ (단, 춘·추분 } \Delta = 0) \quad (3.1)$$

【예제 3-1】 서울의 위도가 37.5°라면 춘·추분 정오의 태양고도를 구하라.

풀이 $\gamma_n = 90° - 37.5° = 52.5°$

한편, 동지에는 지축이 태양에서 23.5° 멀리 기울어져 있기 때문에 정오의 태양고도는 23.5° 감소한다(그림 3-21).

$$\begin{aligned}\gamma_n &= 90° - \varphi - 23.5° \\ &= 90° - 37.5 - 23.5° \\ &= 29°\end{aligned}$$

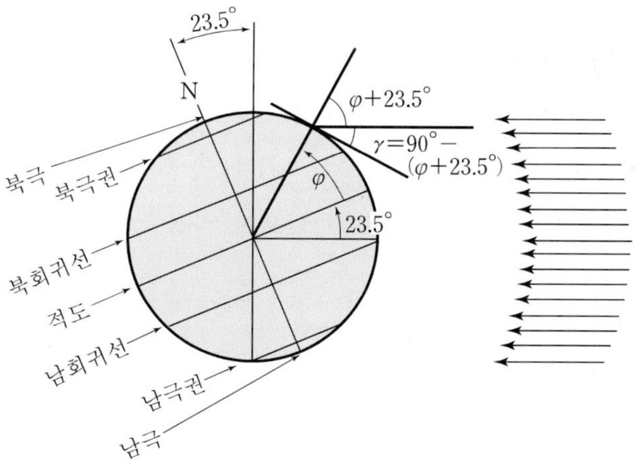

그림 3-21 동지 정오의 태양고도

【예제 3-2】 그림 3-22에서 서울의 위도가 37.5°일 때 태양고도를 구하라.

풀이 정오의 태양고도는 동지와는 반대로 태양쪽으로 23.5° 기울어져 있기 때문에 태양고도는 23.5° 증가한다.

$$\begin{aligned}\gamma_n &= 90° - \varphi + 23.5° \\ &= 90° - 37.5° + 23.5° \\ &= 76°\end{aligned}$$

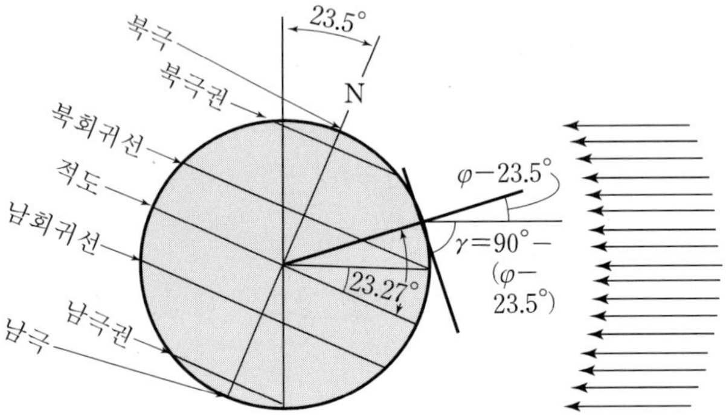

그림 3-22 하지 정오의 태양고도

태양고도와 방위각은 다음 공식을 이용하여 구할 수 있다.

$$\sin\gamma = \sin\varDelta \times \sin\varphi + \cos\varDelta \times \cos\varphi \times \cos t \tag{3.2}$$

$$\cos\alpha = \frac{\cos\varphi \times \sin\varDelta - \cos\varDelta \times \sin\varphi \times \cos t}{\cos\gamma} \tag{3.3}$$

여기서, φ : 위도〔남반구에서는 (−)〕

t : 시각〔정오로부터 한 시간마다 15°, 오전은 (−)〕

$\varDelta$: 일적위(0~23.5°)

4년간의 평균적위는 표 3-8에서 구할 수 있으며 다음 식으로도 계산할 수 있다.

$$\begin{aligned}\varDelta &= 23.45\sin\left(360 \times \frac{284+n}{365}\right) \\ &= 23.45\sin[0.986(284+n)]\end{aligned}$$

여기서, n=1월 1일부터의 일수

【예제 3-3】 서울지방 ($\phi = 37.5°$)의 하지 때 정오의 태양고도와 방위각을 구하라.

풀이 $\sin\gamma = \sin 23.5° \cdot \sin 37.5° + \cos 23.5° \cdot \cos 37.5° = 0.97$

$\gamma = \sin^{-1} 0.97 = 76°$

방위각 α = 태양이 남중한 시각이므로

【3】 음영각의 정의

태양위치를 건물벽면과 관련하여 나타낼 때 다음과 같은 2개의 각도가 사용된다.

① 수평음영각(horizontal shadow angle ; δ) : 방위각의 차로서 $\delta = \alpha - \omega$이며 ω는 벽면의 방위각이다(그림 3-23). (건물이 정남향일 때는 $\omega = 0$)

② 수직음영각(vertical shadow angle ; ε) : 이것은 건물벽면에 수직한 면의 태양고도(γ)의 투영각을 나타낸다(그림 3-24). $\omega = \alpha$일 때 $\gamma = \varepsilon$이며, $\omega \neq \alpha$ 일 때 $\varepsilon > \gamma$이다.

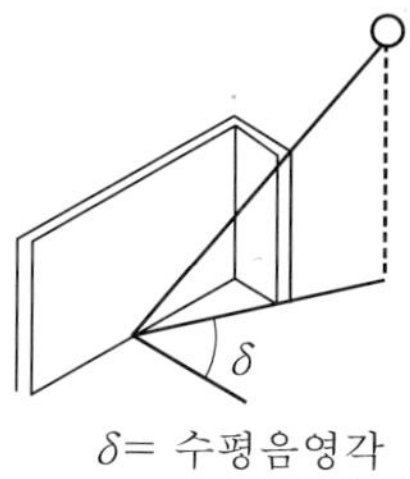

그림 3-23 수평음영각

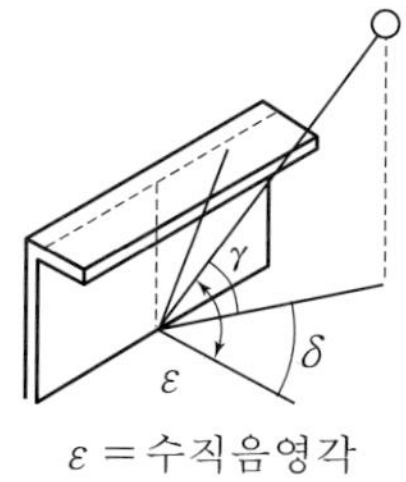

그림 3-24 수직음영각

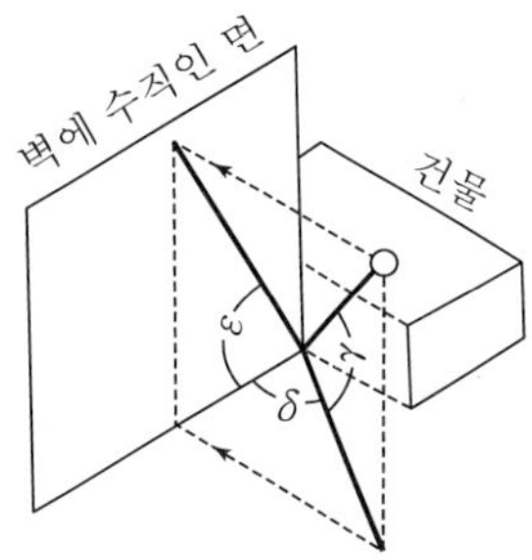

그림 3-25 음영각의 정의

음영각분도기(陰影角分度器)를 사용해서 방위각 δ(또는 수평음영각)와 수직음영각 ε을 구할 수 있다. ε은 창에 수직한 연직면 위에 투영된 각도로서 단면상에 나타나고 δ는 평면상에 나타난다(그림 3-26).

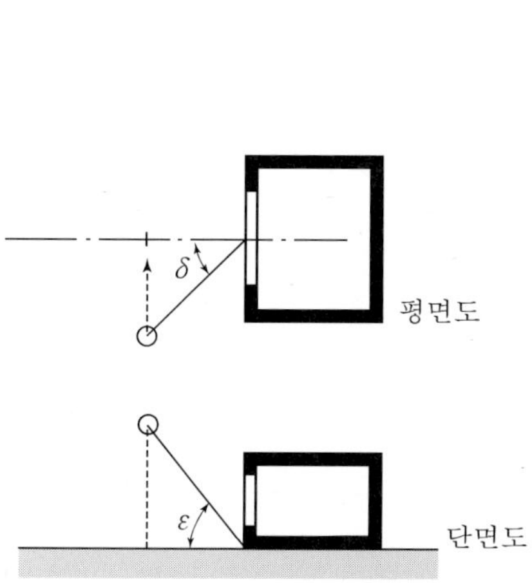

그림 3-26 건물창에 대한 음영각

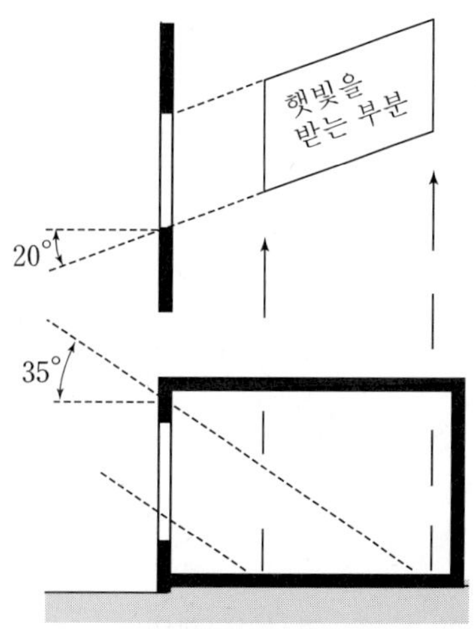

그림 3-27 직사광의 입사

수평 및 수직음영각을 알면 평면과 단면상에서 실내에 입사되는 직사광선을 결정할 수 있다. 그림 3-27은 $\delta = 20°$와 $\varepsilon = 35°$일 때의 예를 보여준다. 직사광선의 깊이는 단면상에 나타나고 이것을 평면상에 투영할 때 δ각에 의해 햇빛을 받는 부분의 양변이 결정된다.

그림 3-25에서 수직음영각 ε, 수평음영각 δ, 태양고도 γ 사이에는 다음과 같은 관계식이 성립된다.

$$\tan\varepsilon = \tan\gamma \times \sec\delta = \tan\gamma / \cos\delta \tag{3.4}$$

임의의 면에 대한 입사각 θ(그림 3-28)는 다음 식으로 구한다.

$$\cos\theta = \sin\gamma \times \cos\Psi + \cos\delta \times \cos\gamma \times \sin\Psi \tag{3.5}$$

여기서, Ψ: 수평면으로부터의 면에 대한 경사각

이와 같은 일반적인 식에서 2개의 특수한 식을 얻을 수 있다.

① 수직면일 경우

($\Psi = 90°$에서 $\cos\Psi = 0$, $\sin\Psi = 1$이므로)

$\cos\theta = \cos\gamma \times \cos\delta$(그림 3-29)

② 수평면일 경우

($\Psi = 0°$에서 $\cos\Psi = 1$, $\sin\Psi = 0$이므로)

$\cos\theta = \sin\gamma$, 즉 $\theta = 90° - \gamma$(그림 3-30)

태양기하학에서는 다음과 같은 각들이 이용된다.

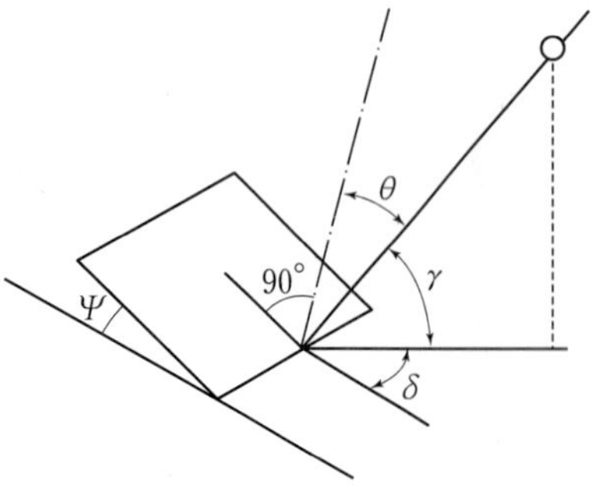

그림 3-28 경사면으로의 입사각

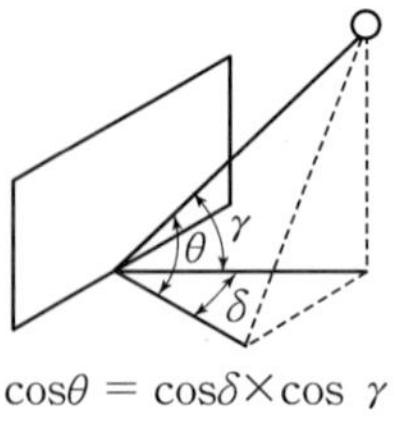

그림 3-29 수직면으로의 입사각

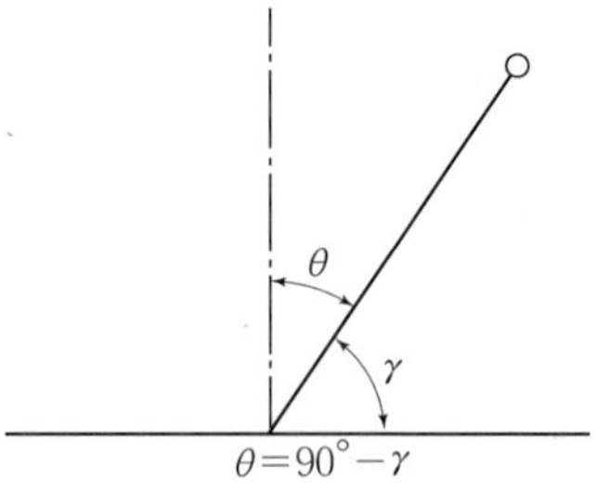

그림 3-30 수평면으로의 입사각

① 지리학상의 좌표에 대하여

수평면으로부터의 태양고도 : γ

진북으로부터의 태양방위각 : α

진북으로부터의 방위에 대한 벽면의 방위각 : ω

② 건물벽면에 대하여

수평음영각(방위각의 차) : δ

수직음영각(벽면에 수직한 면에 대하여) : ε

입사각 : θ

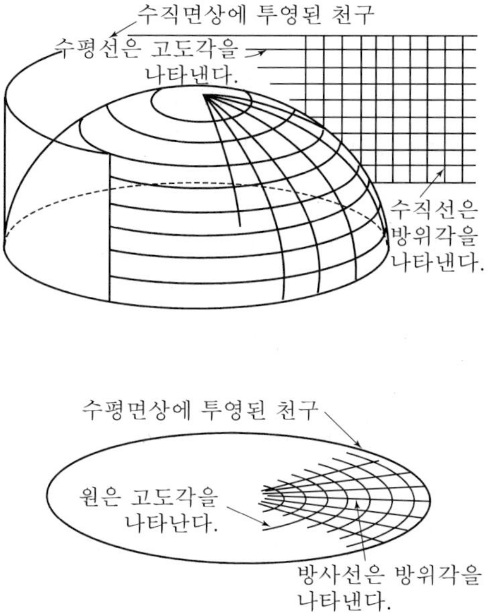

그림 3-31 천구의 투영도

【4】 태양궤적도의 작도

날짜와 시간이 주어진 경우, 위에서 설명한 각들의 계산은 비교적 간단하다. 건물설계에서는 1년 동안의 태양의 상대위치를 고려하여야 한다. 즉, 설계자는 설계를 결정하기 전에 건물의 배치 등을 몇 번 검토할 필요가 있으며 태양의 위치는 계산보다 도식화에 의해서 구하는 것이 바람직하다.

그림 3-32는 천구를 가로지르는 태양의 움직임을 나타낸 것이다. 도식화를 위한 첫 작업은 3차원의 반구를 2차원의 평면에 나타내는 것이다. 원의 면에 천구를 수직으로 투

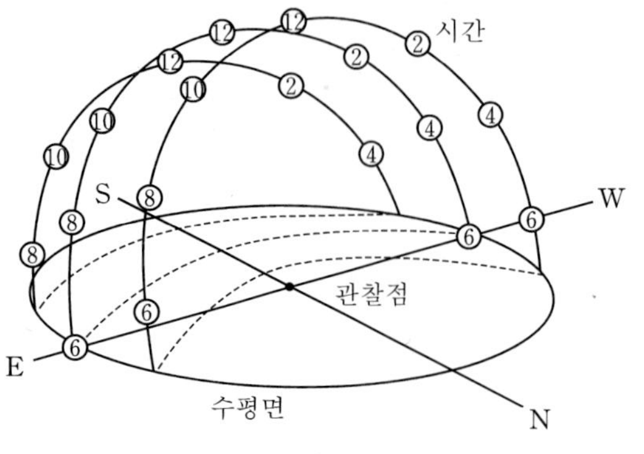

그림 3-32 천구상의 태양궤적도

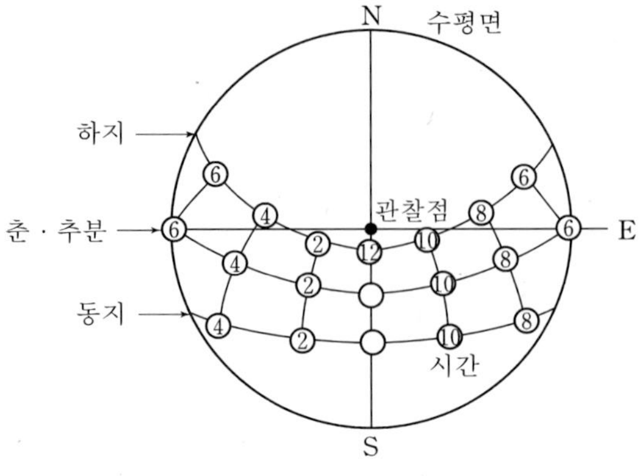

그림 3-33 평면상의 태양궤적도

영시키는 방법으로는 일반적으로 다음과 같은 네 가지 투영방법을 많이 사용하고 있다.

① 심사투영법(心射投影法 ; gnomonic projection method)
② 정사투영법(正射投影法 ; orthographic projection method)
③ 등거리투영법(等距離投影法 ; equidistant projection method)
④ 극사영법(極射影法 ; stereographic projection method)

심사투영법은 해시계의 원리와 동일하다. 그림 3-34는 이 방법의 원리를 나타낸 것으로 관측자의 위치가 투영의 중심이 된다. 이 방법의 단점은 태양고도가 낮을 때는 수평원이 대단히 크게 되며, 일정한 크기에 낮은 태양각을 표현하려고 하면 천정부근의 영역이 아주 작게 된다.

정사투영법은 전체가 수평원 안에 포함된다. 반구상의 각 점은 그림 3-35에서와 같이 수직투영선과 평행하게 수평면에 투영된다. 단점은 같은 각도간격을 가진 고도원은 수평면(또는 지평면) 근처에서는 그 간격이 매우 좁아져서 이에 대한 정확도가 떨어지며, 천정부근에서는 그 간격이 비교적 넓어진다는 것이다. 이 방법은 적도 가까운 위도지역에서는 적당하나 위도가 40° 이상인 곳에서는 적합하지 못하다.

등거리투영법은 위의 단점을 보완한 것으로 반구상의 점들은 방사투영법에 의해 수평원 뒤쪽에 투영된다. 투영의 중심은 관측자의 아래쪽으로 반지름의 1.6~1.75배를 이동한다(그림 3-36). 고도원은 똑같은 간격이며 미국에서 많이 사용하고 있다.

극사영법은 등거리투영법과 거의 비슷하지만 투영의 중심은 항상 천정에 있으며 반지름 (r)의 위치는 관측자의 아래쪽에 있다. 고도원의 간격은 천정보다 지평면에 가까워질수록 점점 넓어지므로 태양고도가 낮은 경우의 해석이 정확해진다는 장점이 있으며, 수학적인 취급이나 작도에 의한 방법에 있어 다른 방법보다 비교적 쉽다. 이 방법은 호주

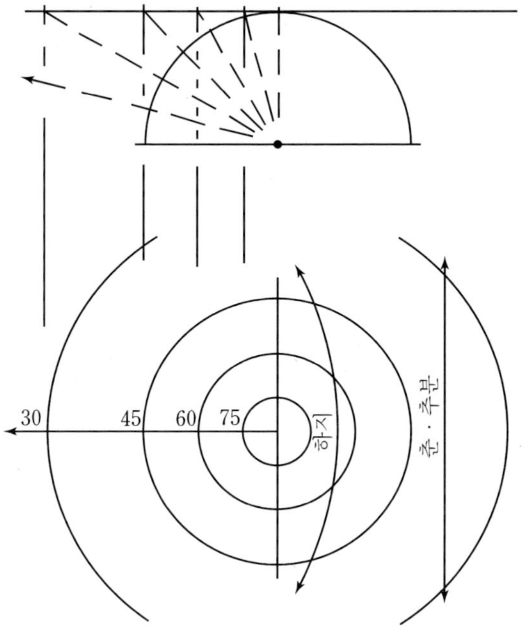

그림 3-34 심사투영법

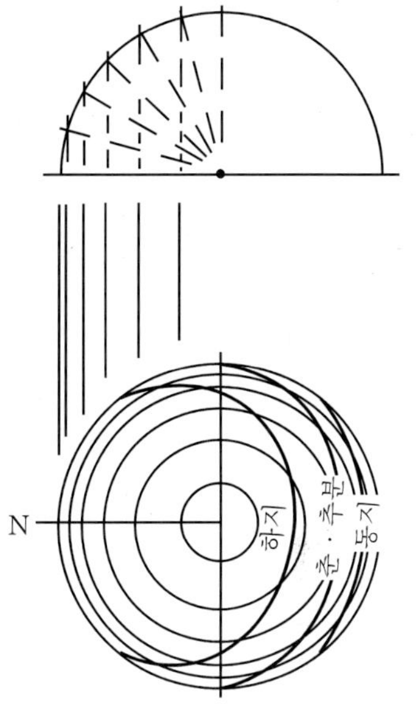

그림 3-35 정사영법

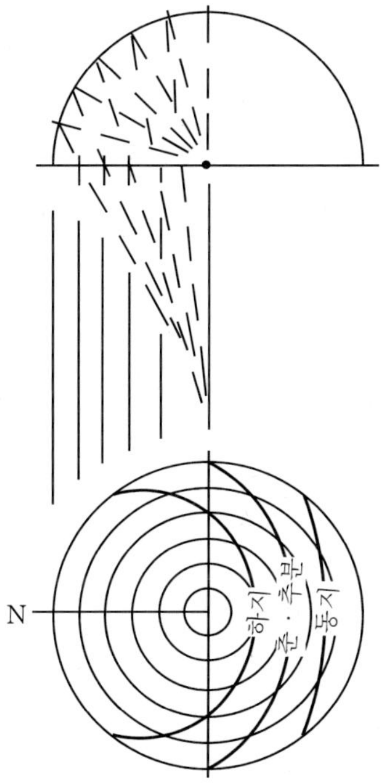

그림 3-36 등거리투영법

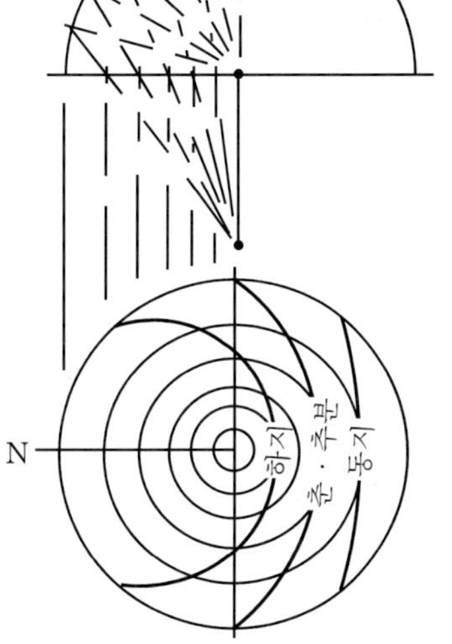

그림 3-37 극사영법

를 비롯한 영국 등지에서 사용하고 있다(그림 3-37).

이 방법들 중에서 극사영법을 이용하여 극사영 태양궤적도를 작도해보기로 한다.

2°, 4° 또는 5°로 나눔으로써 어떤 위도에서의 태양궤도를 나타내는 각종 그림이 제안되어 있다. 중간위도에 대해서는 위도, 날짜, 시간에 대하여 보간이 필요한데, 이 방법의 단점으로는 첫째 정확도의 감소, 둘째 포괄적인 그림 그 자체만으로도 방대한 양이어서 모두 사용하기 어렵다는 점, 셋째로 출판의 경우에 지면의 제약을 받는 것 등이다. 도면의 지름은 대부분이 150 mm 이상이며 일반적으로 100~120 mm 정도이나 큰 도면일수록 더 정확하다.

사용자는 그 사용하는 위도에 따라서 가급적 큰 치수(지름 300 mm)의 선도를 작성하여야 하며, 작성의 순서는 다음과 같다.

① 필요한 크기로 반지름 (r)의 원을 그리고 수평·수직의 지름을 정확히 그어 네 점을 잡는다(그림 3-38). 태양궤도의 곡선을 그을 때 중심점을 나타내기 위하여 수직한 지름을 북쪽으로 연장한다.

② 각 태양궤도의 반지름 (rs)과 원의 중심으로부터 궤도반지름의 중심까지의 거리 (ds)를 구한다.

$$rs = \frac{r \times \cos\Delta}{\sin\varphi + \sin\Delta} \tag{3.6}$$

$$ds = \frac{r \times \cos\varphi}{\sin\varphi + \sin\Delta} \tag{3.7}$$

여기서, φ : 지리학상의 위도 [°], Δ : 선택한 날의 적위

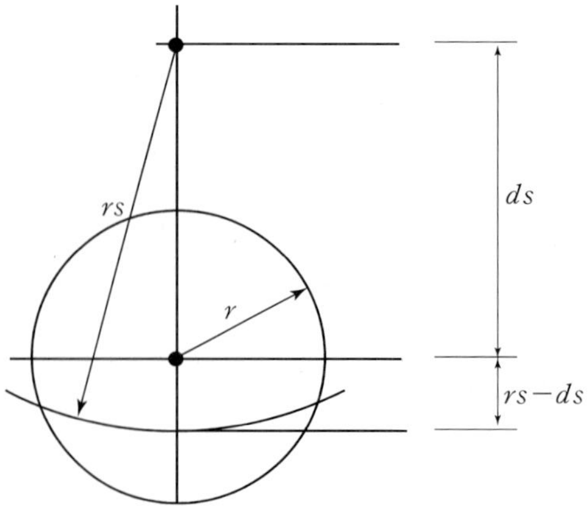

그림 3-38 태양궤도선의 작도

적위의 정확한 값은 4년주기(윤년주기라고도 함)로 변하나 보통 그 평균값을 사용한다. 적위 (δ)에 대한 값으로써 다음 7일간의 값을 사용하면 충분하다.

a) 6월 22일 : 23.45°
b) 5월 15일, 7월 30일 : 18.70°
c) 4월 15일, 8월 30일 : 9.38°
d) 3월 21일, 9월 23일 : 0°
e) 10월 15일, 2월 28일 : −8.23°
f) 11월 15일, 1월 28일 : −18.33°
g) 12월 22일 : −23.45°

그림 3-38과 같이 태양궤도선을 그려 넣는다.

③ 시각선의 작도를 위하여 거리 (dt)를 결정한다.

$$dt = r\tan\varphi$$

이 거리에 동서축과 평행하게 선을 긋는다. 이 선상에 시각선의 곡선의 중심점이 모두 위치한다(그림 3-39). 각 시각선의 반지름 (rh)과 남북축의 연장으로부터 시각선의 중심까지의 거리 (dh)를 구한다.

$$rh = \frac{r}{\cos\varphi \times \sin(15h)} \tag{3.8}$$

$$dh = \frac{r}{\cos\varphi \times \tan(15h)} \tag{3.9}$$

여기서, h : 정오부터의 시각수

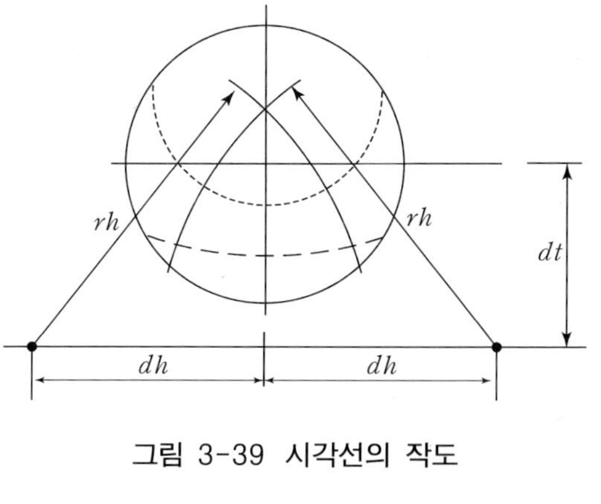

그림 3-39 시각선의 작도

그림 3-39와 같이 오후의 시각에 대해서는 오른쪽으로부터 오전의 시각에 대해서는 왼쪽으로부터 시각선을 그린다. 체크 방법으로는 6시와 18시의 시각선이 춘추분의 태양 궤도선과 동·서쪽에서 정확히 교차하는가를 확인하면 된다.

④ 방사선은 0~360°까지 자유자재로 그릴 수 있으며 방위각을 구하기 위하여 주위의 눈금을 필요한 간격으로 그린다. 태양고도 (γ)에 대한 동심원의 반지름 (r_γ)은 다음과 같다.

$$r_\gamma = r \cdot \frac{\cos\gamma}{1+\sin\gamma} \tag{3.10}$$

이러한 고도원과 방위각의 반지름의 태양궤적도와 혼돈을 피하기 위하여 분리된 음영각 분도기를 원형 투명지 덮개에 그리기도 하는데, 이때에는 같은 음영각 분도기가 모든 태양궤적도에 필요하다. 음영각(shadow angle)을 구하는 작도는 다음과 같다.

① 태양궤적도와 같은 반지름의 반원을 그리고 수평한 지름과 수직적인 중심선을 그린다(그림 3-40).

② 중심선을 0°로 하고 좌측에 −90°(반시계방향), 우측에 +90°(시계방향)을 기입한다. 수평음영각 (δ)의 크기를 나타내기 위하여 적당한 간격으로 방사선상에 선을 그린다.

③ 호의 중심을 구하기 위하여 수직선을 아래로 연장한다. 반지름 (rv)과 반원의 중심으로부터 원주의 중심까지의 거리 (dv)는 다음과 같이 구한다.

$$rv = \frac{r}{\cos\varepsilon} \tag{3.11}$$

$$dv = r \times \tan\varepsilon$$

여기서, ε : 수직음영각으로 결정된 값

그림 3-40과 같이 적당한 간격 (ε)으로 원주를 긋는다. 편리한 체크 방법은 수직 중심선상 ($\delta = 0°$)에서 원주 ε가 태양의 고도 γ의 원과 정확히 일치하는가를 확인하면 된다. 그림 3-41은 극사영법에 의한 서울지방(위도 37°34′)의 태양궤적도이다.

태양의 남중선(南中線)은 각 도표의 수직반지름과 일치한다. 일출시각은 춘·추분에 6시이며, 여름에는 이보다 조금 빠르고 겨울에는 늦어진다. 일몰시각은 춘·추분에 18시이며 여름은 이보다 조금 늦고 겨울에 빠르다. 이러한 모든 시각을 15°씩 나눈 원주선 위에 나타낼 수 있다.

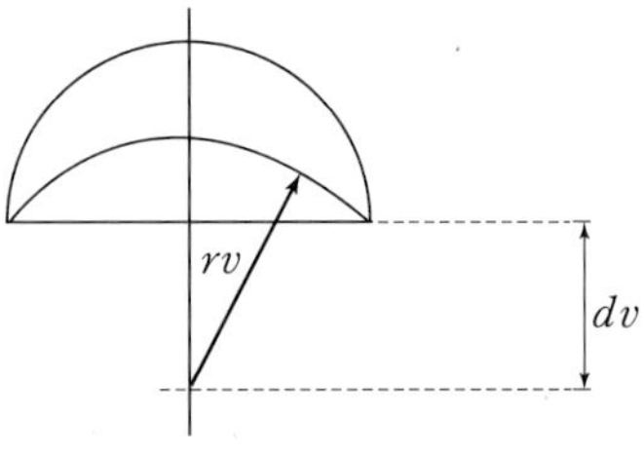

그림 3-40 음영각을 구하는 작도

이와 같이 태양궤도의 지역은 1년 중 임의의 시각을 중심으로 하여 시각선에 날짜를 배치하였다. 일시각점(日時

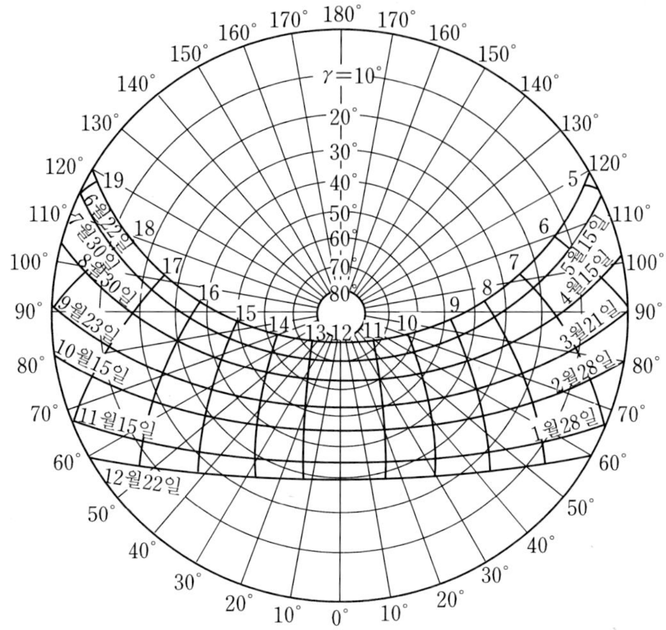

그림 3-41 태양궤적도(서울지방 : 위도 37°34′)

刻點 ; P)이 결정되면 태양방위각 (α)은 그 점을 통과하는 반지름에 따라서 외주의 눈금으로 알 수 있으며, 태양고도 (γ)는 P점에 대한 고도를 나타내는 동심원의 사이를 따라 읽는다(그림 3-41).

【예제 3-4】 3월 21일 10시의 태양고도와 방위각을 구하라. 단, 서울의 경도는 126°58′, 위도 37°34′ 이다.

풀이 먼저 3월 21일 궤적선과 시각선이 만나는 일시각점 P를 지나는 태양의 고도원을 읽어서 구한다. 이때 태양궤적도의 시각은 진태양시를 기준한 것이므로 표준시 또는 평균태양시를 진태양시로 환산하여야 한다. 그 환산방법은 다음과 같다.

① 서울의 표준시는 그리니치(경도 0°)의 동쪽으로 135°E인 지역의 시각에 기준한다. $(24\,\text{h} \times 60\,\text{min} \div 360° = 4\,\text{min}/1°)$

② 그러므로 서울의 표준시는 $135 \times \dfrac{4}{60}\,\text{h} = 9\,\text{h}$이며 그리니치 표준시보다 9시간 빠르다.

③ 서울의 실제 경도는 126°58′ (≒127°) E이다.

④ 그러므로 서울은 표준시의 기준경도보다 $135 - 127 = 8°$만큼 서쪽으로 치우쳐 위치해 있다.

⑤ 따라서 서울의 평균태양시는 표준시보다 8°×4 min/1° = 32 min 만큼 늦다.

⑥ 결국 10시의 평균태양시는 10시−32분 = 9시 28분이다.

⑦ 표 3-8에서 3월 21일에 대한 균시차 보정치로부터 −7′19″를 구한다.

⑧ 진태양시 = 평균태양시 + 균시차

=9시 28분 + (−7분 19초)=9시 20분 41초

⑨ 환산한 진태양시로 시각선을 찾는다.

∴ 태양고도 $\gamma=38°$, 방위각 $\alpha=54°$

위의 예제풀이를 정리하여 간단히 하면 아래식이 된다.

진태양시=평균태양시+균시차

여기서, 평균태양시=표준시 ± [그 지역의 표준시 기준경도(예 : 동경=135°)−지역별 경도(예 : 서울=126°58′)][1)]×4 min

3-2-2 신태양궤적도

위와 같이 재래의 태양궤적도는 균시차를 고려하여 진태양시의 환산작업이 필요하므로 사용상 번거롭고 오차가 있을 수 있다. 따라서 균시차를 고려한 태양궤적도(이하 신태양궤적도)를 사용하는 것이 간편하다. 그림 3-43~48은 우리나라 주요 지역의 등거리 투영법에 의한 균시차를 고려한 태양궤적도이다.[2)]

【1】 작 도 원 리

태양궤적도(그림 3-42)에서 방위각은 정남(0°)을 기준점으로 하여 동서로 각각 10° 등간격, 고도 역시 동심원을 10° 등간격의 극좌표로 표시하였다. 좌우로 연결된 만곡선은 재래식의 태양궤적도에서와 같이 특정월·일의 태양궤적을 표시한 것이다. 기존의 다른 궤적도와의 차이는 춘·추분을 기점으로 9절기(6월 22일, 5월 21일, 4월 20일, 4월 5일, 3월 21일, 3월 6일, 2월 19일, 1월 20일, 12월 22일)로 세분하여 태양의 궤적을 구한 점과 시각선을 실선과 점선의 S자형 곡선으로 남북축을 중심하여 마주 포개놓은 S자형이 되게 한 점이다. 이것은 일출, 일몰까지 1시간 간격으로 특정월·일 선과 만나는데 점선은 하지로부터 시작하여 동지에 이르는(우측 위에서 아래로 절기) 각 절기에 대한 태양궤적의 시각선을 나타낸 것이며, 실선은 다시 동지에서부터 시작하여 하지에 이르는(좌

1) 윗식에서 ± 부호는 표준시 기준경도를 중심으로 측정지역이 서쪽에 위치할 경우 (−), 동쪽에 위치할 경우 (+)에 의해 결정된다.

2) 이경회·박방열·이용복, 전산화에 의한 우리나라 주요 지역의 태양궤적도, 건축학회

측 아래에서 위로) 각 절기의 시각선을 나타낸 것이다.

이와 같이 시각선이 S자인 것은 경도에 따라 균시차를 보정하지 않고 직접 지방시를 기준하였기 때문이다. 따라서 본 궤적도를 사용할 경우 특정시각의 태양방위각과 고도를 바로 알 수 있다.

【2】 사용방법

① 구하고자 하는 지역의 위도에 맞는 태양궤적도를 찾는다.

② 알고자 하는 월・일의 태양궤적을 찾는다.

③ 시각선과 만나는 교점의 동심원값이 태양고도이며, 그 점에서 방사선으로 그었을 때 외주원호와 만나는 점의 값이 방위각이다(주의할 점은 특정일의 궤적과 만나는 실선과 점선의 시각 중에서 어느 것이 해당되는 가를 확인해야 한다).

【예제 3-5】 서울(37°34′)에서 3월 6일 15시의 태양고도와 방위각을 구하라.

풀이 서울지방의 태양궤적도(그림 3-42)에서 3월 6일 궤적도를 찾는다. 다음 15시의 실선과 점선의 시선 중에서 실선과 만나는 P점을 이은 동심원의 값 36°가 고도이며, 그 점에서 방사선을 연장하여 가장 큰 원호와 만나는 점의 값 44°가 방위각이 된다. 이때 점선은 10월 9일 15시의 일시각선으로 태양고도는 34°, 방위각은 50°가 된다. 따라서 태양고도 $(\gamma)=36°$, 방위각 $(\alpha)=44°$이다.

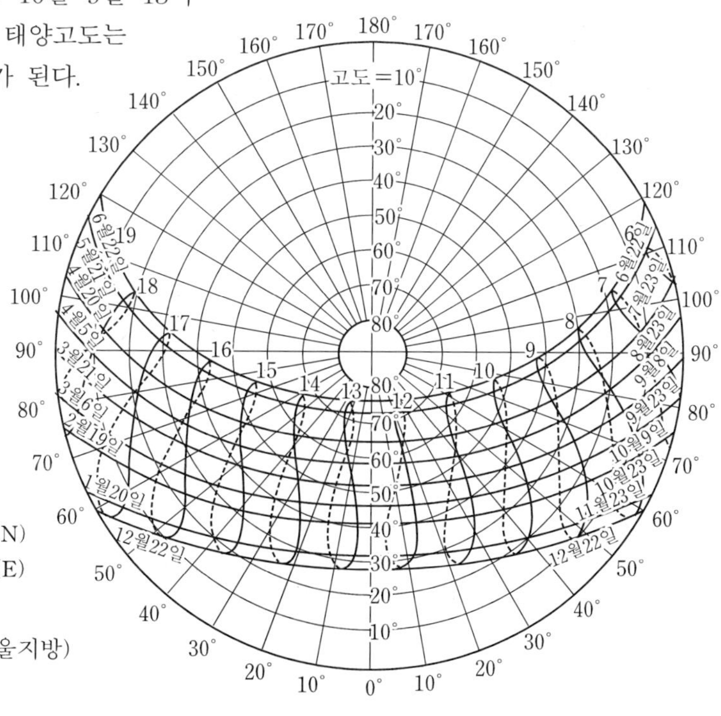

서울(SEOUL) 37°34′ (N)
126°58′ (E)

그림 3-42 신태양궤적도(서울지방)

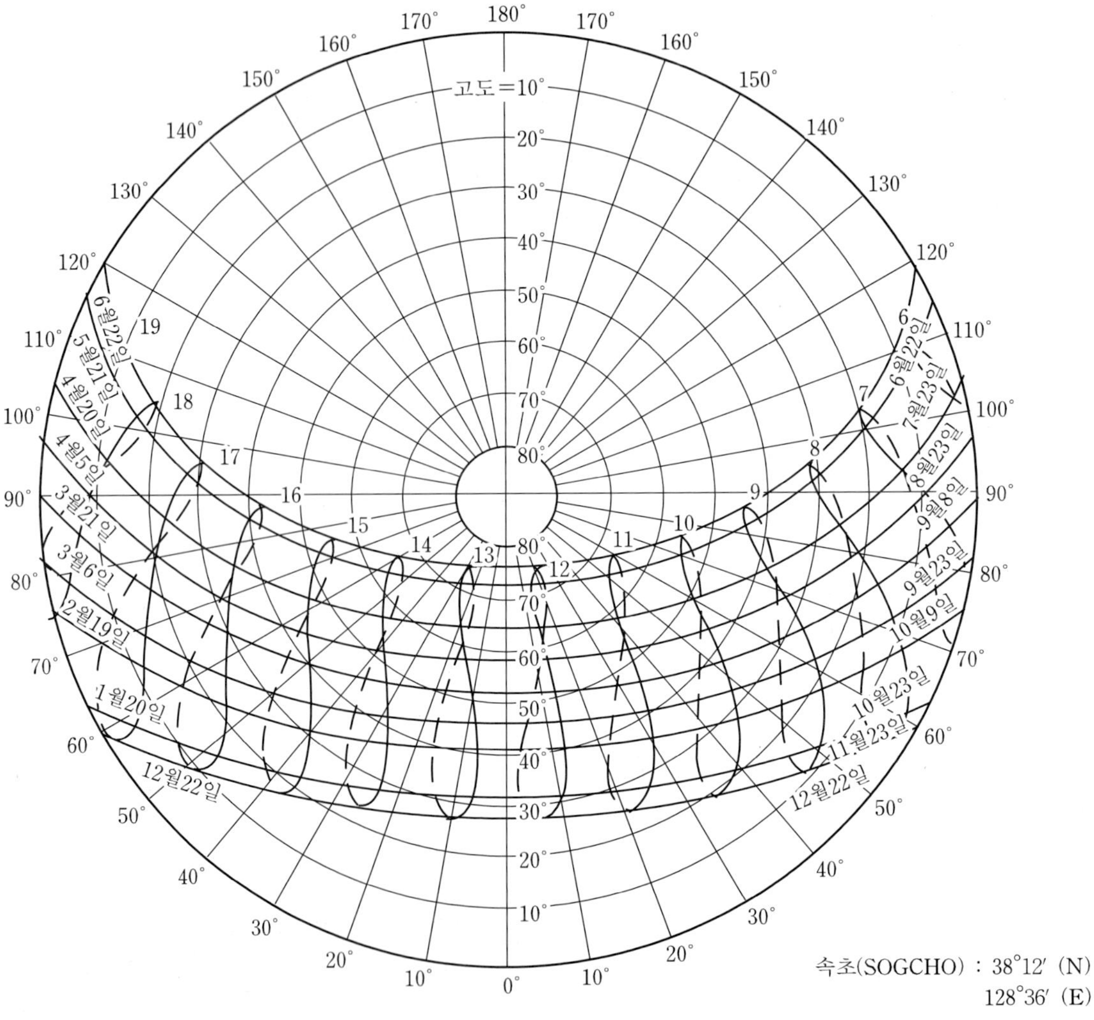

그림 3-43 신태양궤적도 : 속초

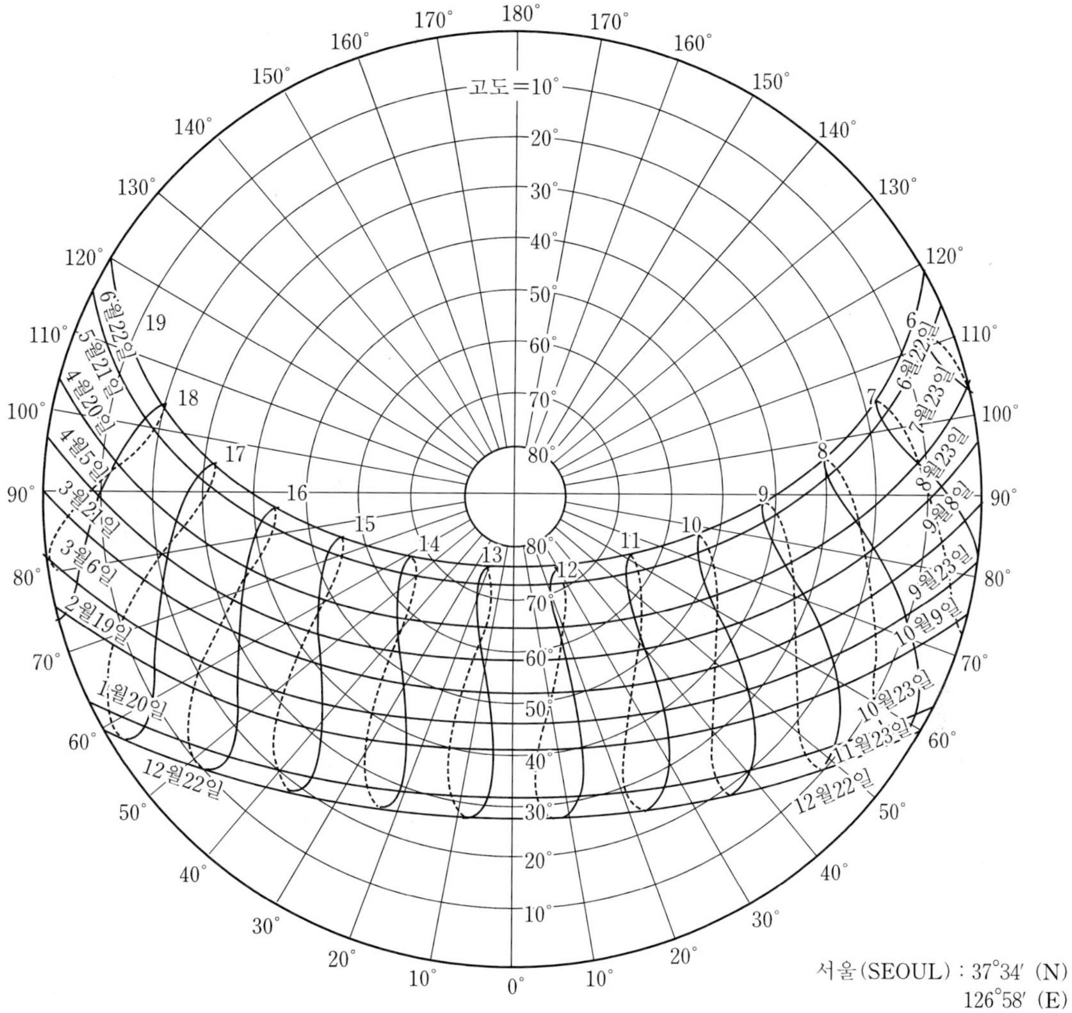

그림 3-44 신태양궤적도 : 서울

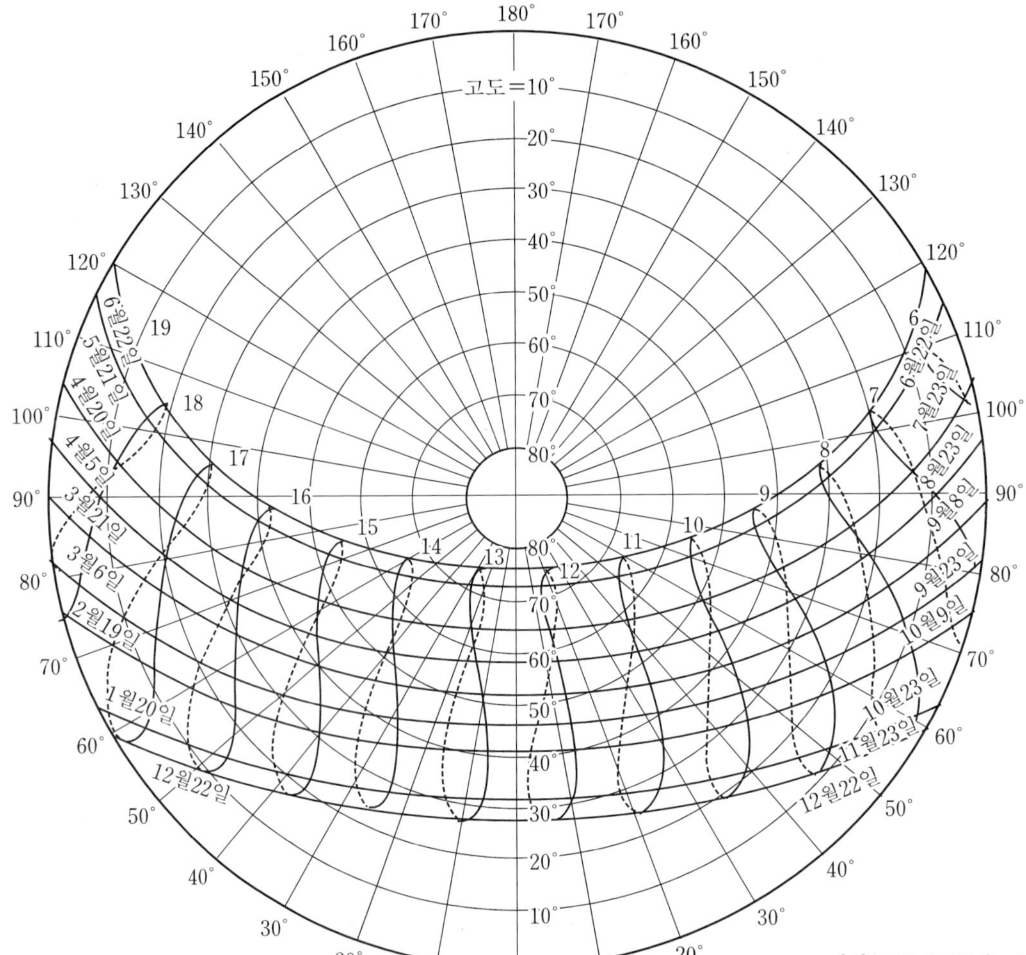

대전(DAEJEON) : 36°18′ (N)
127°24′ (E)

그림 3-45 신태양궤적도 : 대전

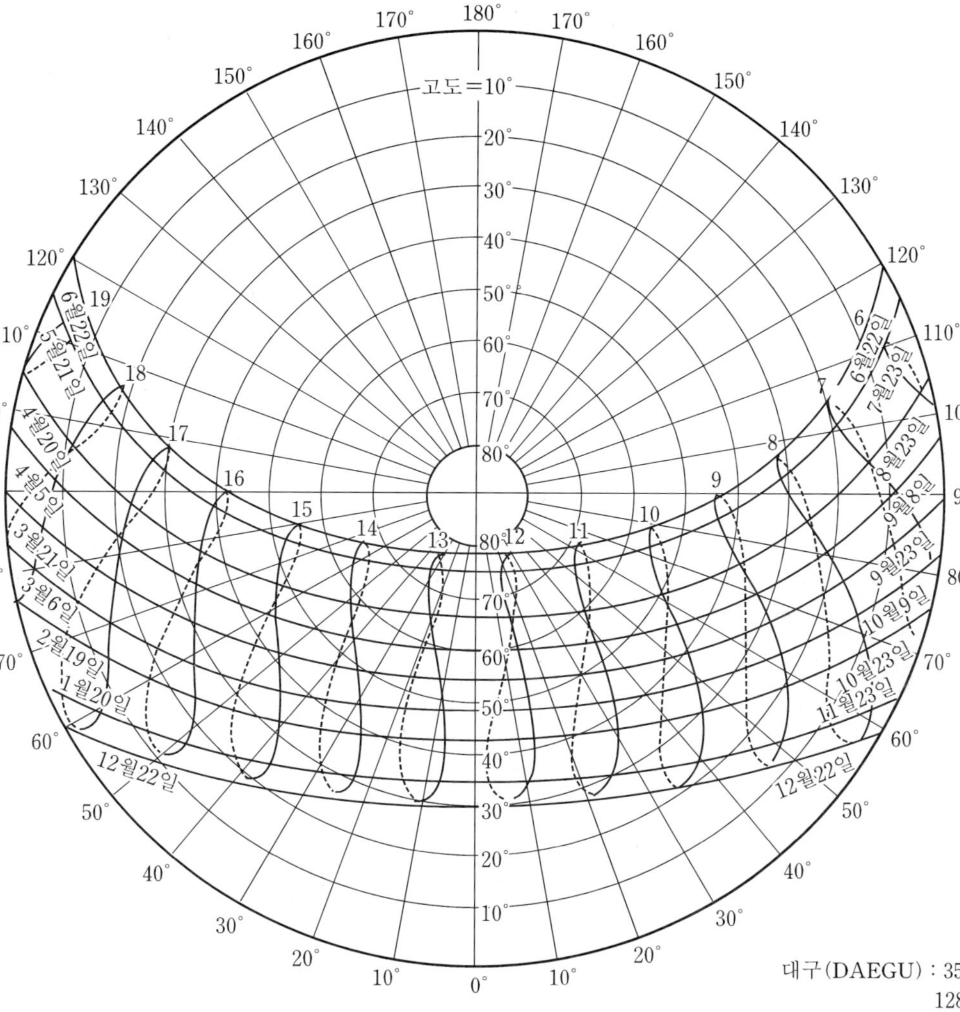

대구(DAEGU) : 35°53′ (N)
128°37′ (E)

그림 3-46 신태양궤적도 : 대구

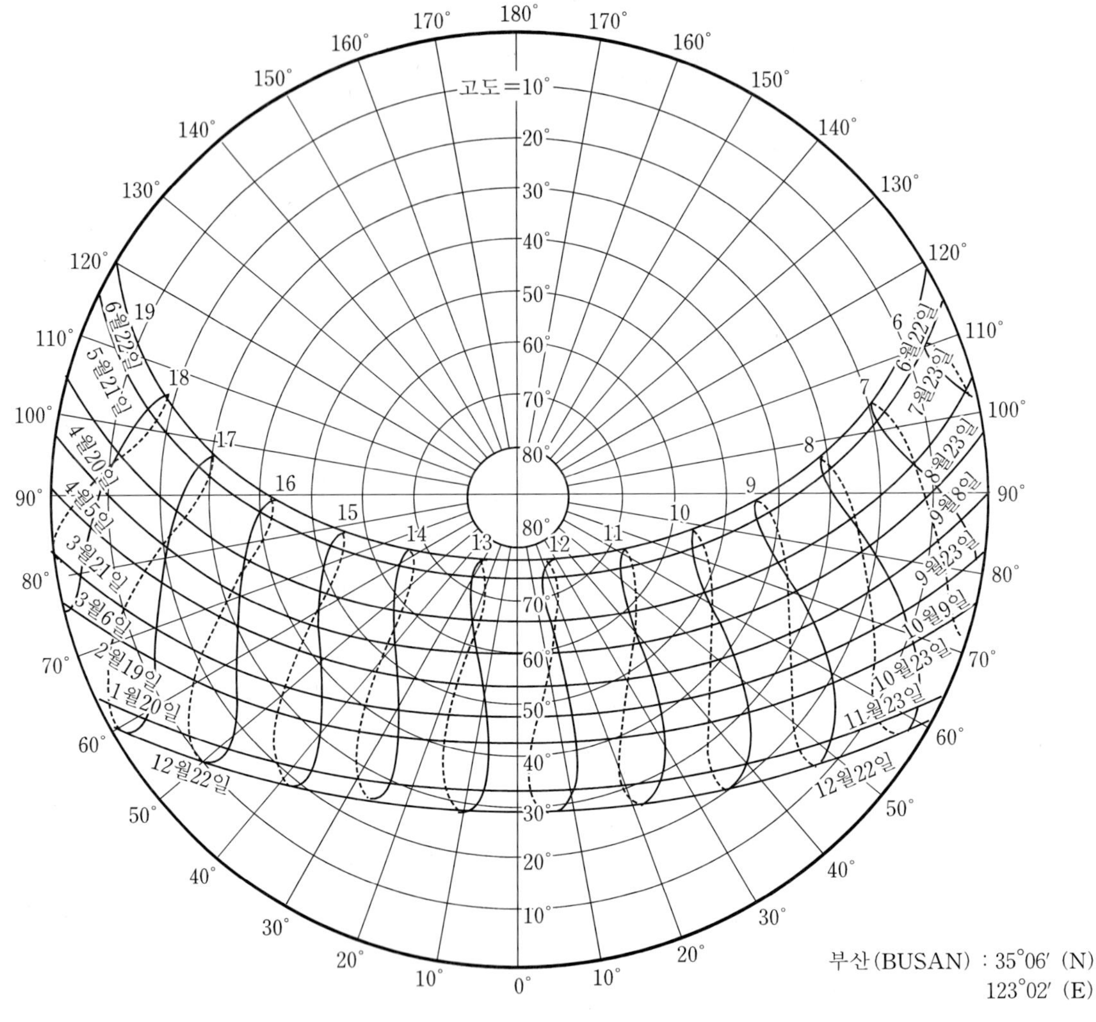

그림 3-47 신태양궤적도 : 부산

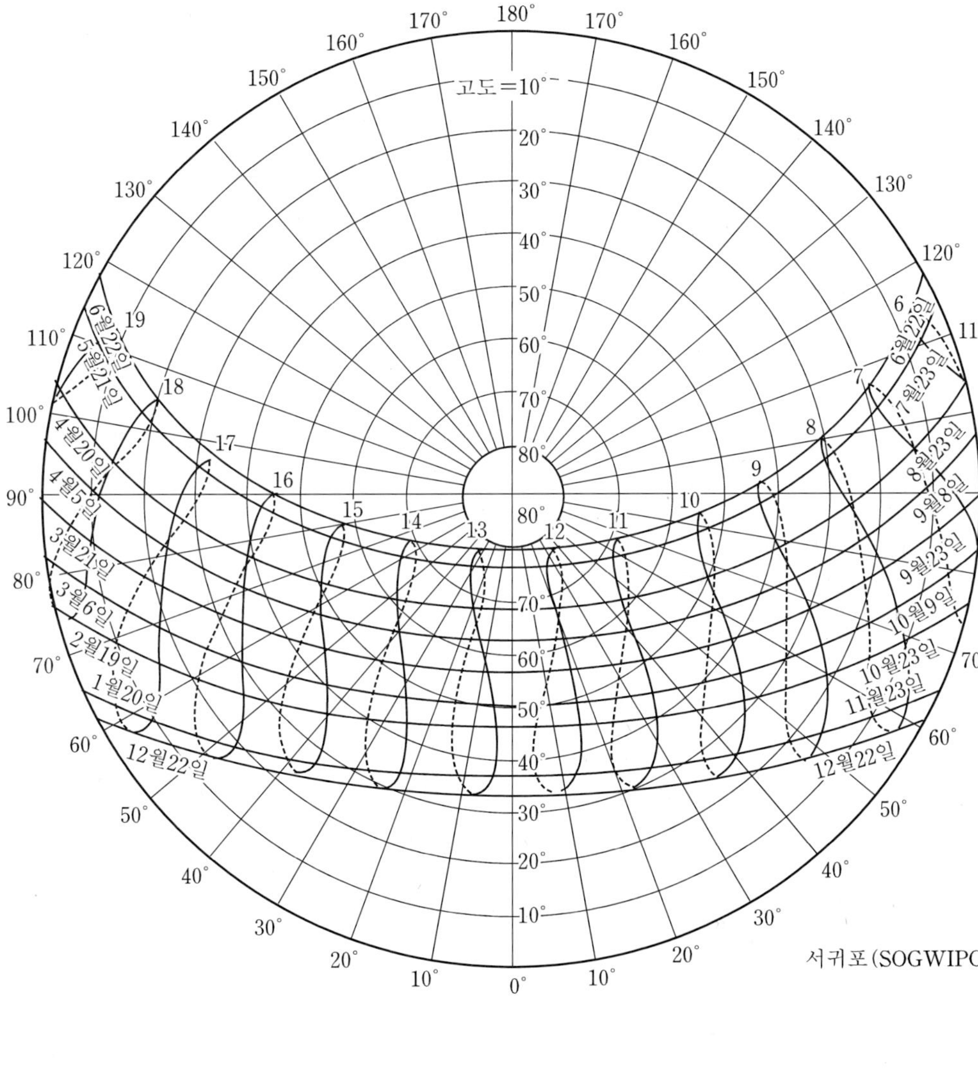

그림 3-48 신태양궤적도 : 서귀포

3-2-3 신월드램 태양궤적도

신월드램 태양궤적도는 관측자가 천구상의 태양경로를 수직평면상의 직교좌표로 나타낸 것으로, 태양의 궤적을 입면상에 그릴 수 있기 때문에 매우 이해하기 쉽고 편리한 방법이다. 특히 태양열획득을 위한 건물의 좌향, 외부공간의 계획, 내부의 실배치, 창의 차양장치, 식생 및 태양열집열기 설계를 하는 데 있어서는 필수적이다.

【1】 작도원리

① 고도(altitude)

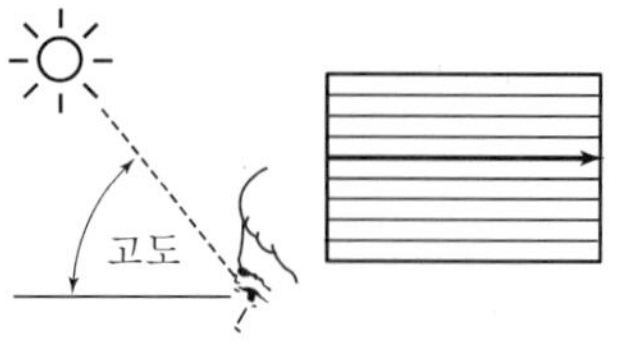

• 태양고도는 수평면과 태양이 이루는 각도이다. 고도를 나타내는 차트에서 수평선은 고도 10°씩 증가한다.

② 방위각(azimuth)

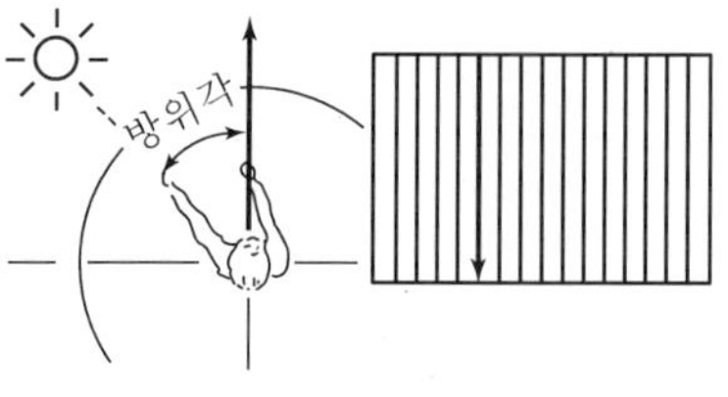

• 태양방위각은 수평선을 따라서 진남으로부터 동·서쪽으로 측정되는 태양의 위치에 대한 각도이다.

③ 천구(skydome)

• 차트상의 격자는 전체 천구의 수직·수평 각도를 나타낸다. 천구는 관측자를 중심으로 둥근 천장모양의 돔(dome)과 같으며 차트는 이 돔을 펼쳐 놓은 것과 같다.

④ 태양의 위치(sun position)

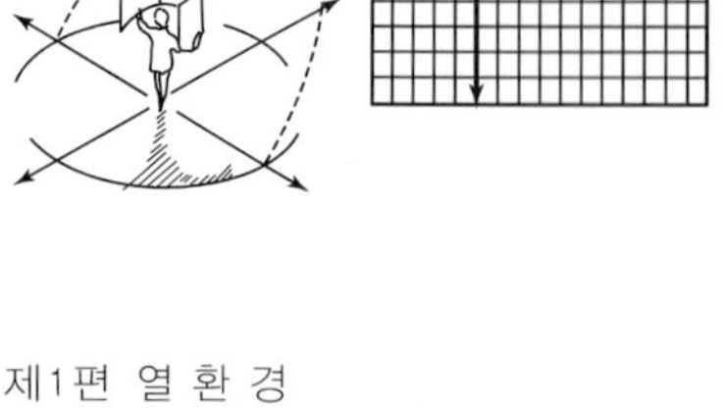

• 고도 및 방위각으로서 태양의 위치를 표시할 수 있다.

⑤ 태양의 경로(sun path)

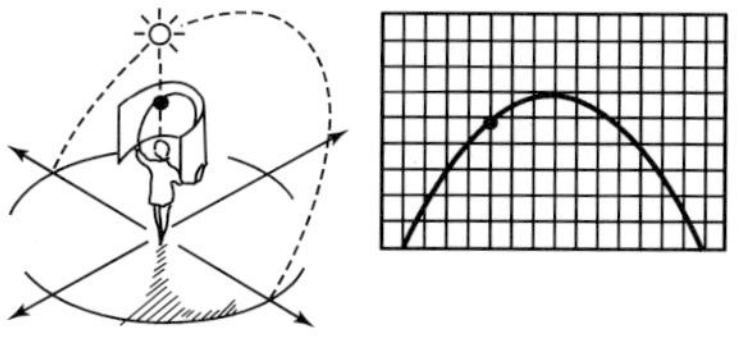

• 하루 중 매 시각마다의 태양의 위치를 연결시킴으로써 그날의 태양경로를 그릴 수 있다.

⑥ 계절에 따른 태양의 경로 (seasonal paths)

paths)

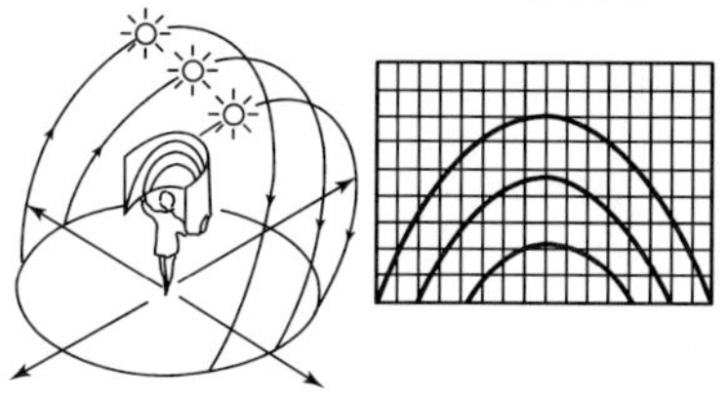

• 1년 중 어느 하루의 태양경로를 그릴 수 있다. 태양의 경로는 고도가 높고 방위각이 넓은 여름철에 최대가 되며, 고도가 낮고 방위각이 좁은 겨울철에 최소가 된다.

⑦ 시간선(time of day)

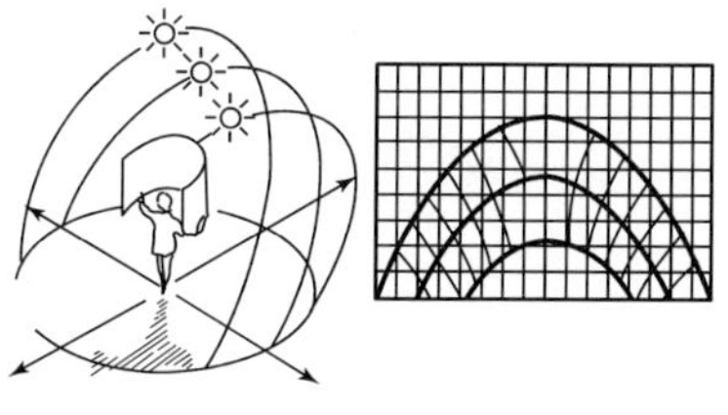

• 각 태양의 경로를 시각별로 연결하여 태양궤적도를 완성한다.

그림 3-49 신월드램 태양궤적도의 작도원리

그림 3-51～그림 3-56은 이러한 방법에 의해 우리나라 주요 지역의 신월드램 태양궤적도를 컴퓨터 그래픽화한 것이다. 태양경로와 시각선의 작도원리는 균시차를 고려한 태양궤적도와 동일하다(단, 시각선에서 점선과 실선의 위치가 바뀐다).

【2】 사용방법

① 구하고자 하는 지역의 위도에 맞는 차트를 찾는다.

② 알고자 하는 날의 궤적도를 찾아 시간을 나타내는 시각선과의 교점에서 수평과 수직으로 직선을 그으면 그 교점의 값이 각각 고도와 방위각이 된다(그러나 특정일의 궤적과 만나는 실선과 점선의 시선 중에서 어느 것이 해당되는가를 주의해서 확인해야 한다).

【예제 3-6】 서울(37°34′)에서 3월 6일 15시의 고도와 방위각을 구하라.

풀이 서울지방 차트 그림 3-56에서 3월 6일 15시의 시선 중 실선이 만나는 P점의 좌표로 수직축과 수평축의 값 36°가 고도, 44°가 방위각이다.

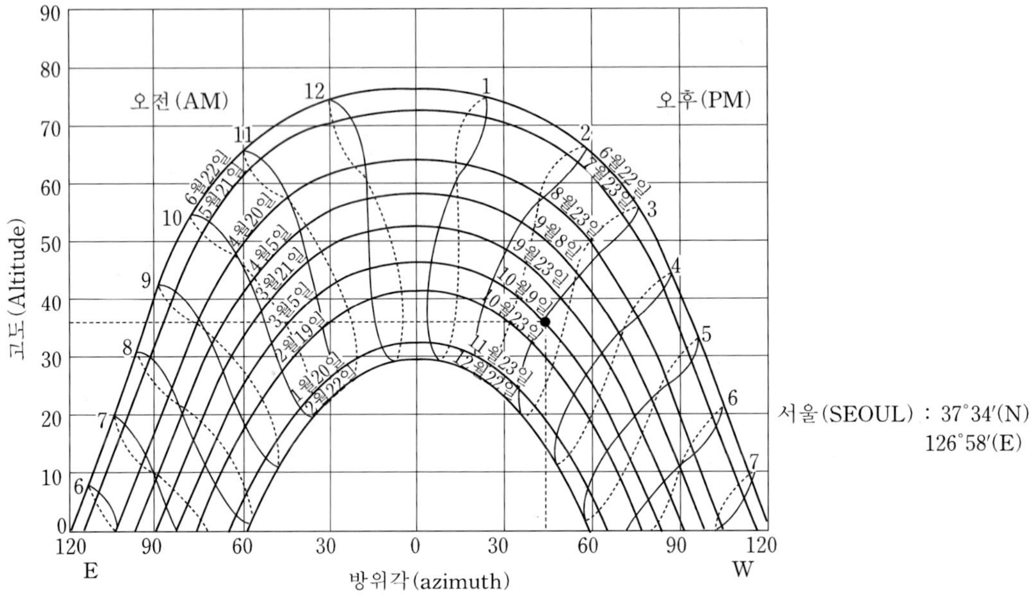

그림 3-50 신월드램 태양궤적도(서울지방)

3-2-4 일영계획

【1】 일영곡선

수평면상의 수직막대 끝이 나타내는 일영궤적을 일영곡선이라 하며 보통 2차곡선으로서, 특히 저위도지방의 일영곡선은 쌍곡선을 그리고 있다(그림 3-57). 일영곡선은 지점의 위도, 건물 높이, 시간별 태양고도와 방위각에 따라 다르다. 쌍곡선의 방정식은 다음과 같다.

$$\frac{x^2 y^2}{a^2 b^2}=1 \qquad \cdots\cdots ①$$

$$y=\pm\frac{b}{a}x\sqrt{1-\frac{a^2}{x^2}} \qquad \cdots\cdots ②$$

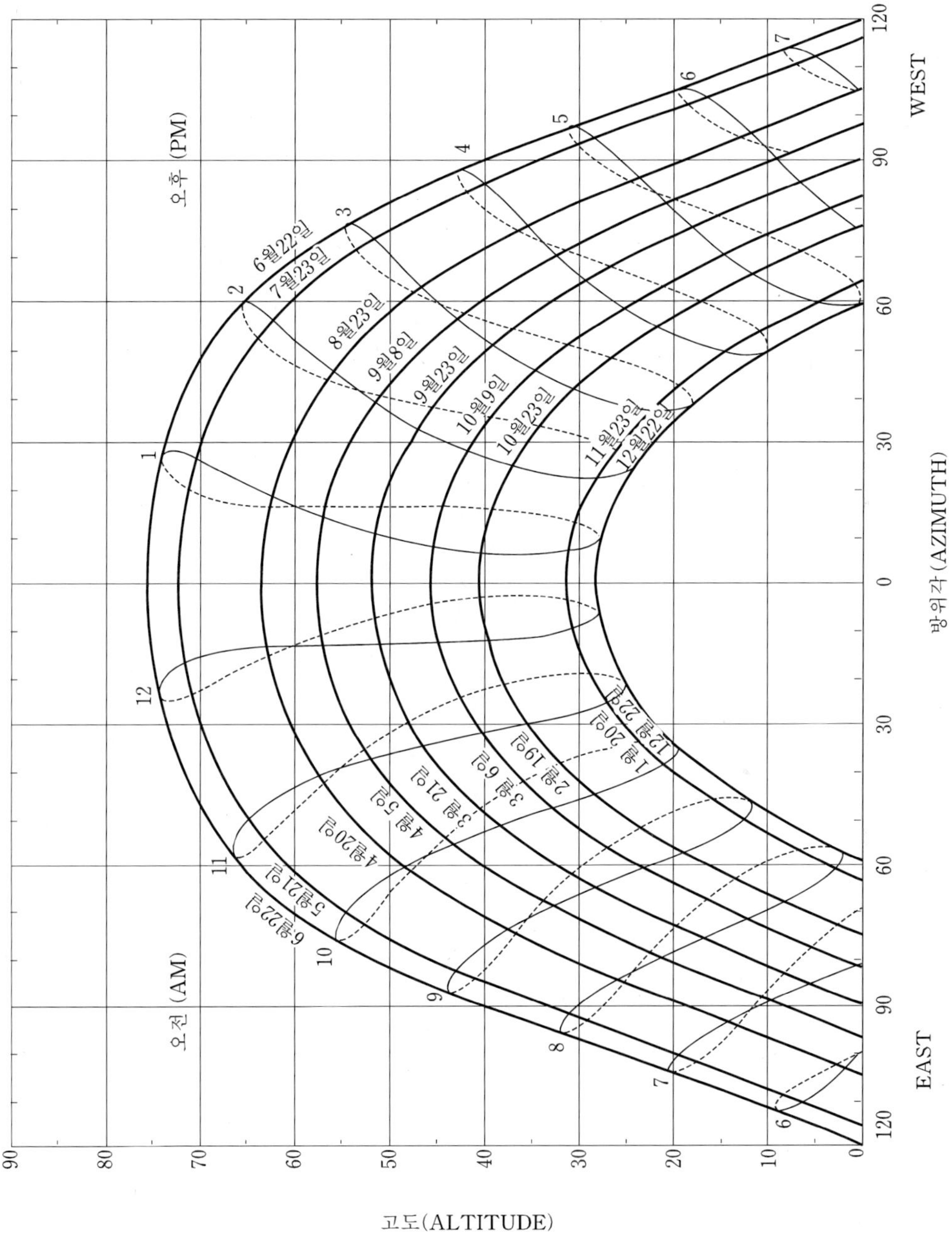

속초(SOGCHO) : 38°12′ (N)

126°36′ (E)

그림 3-51 신월드램 태양궤적도 : 속초

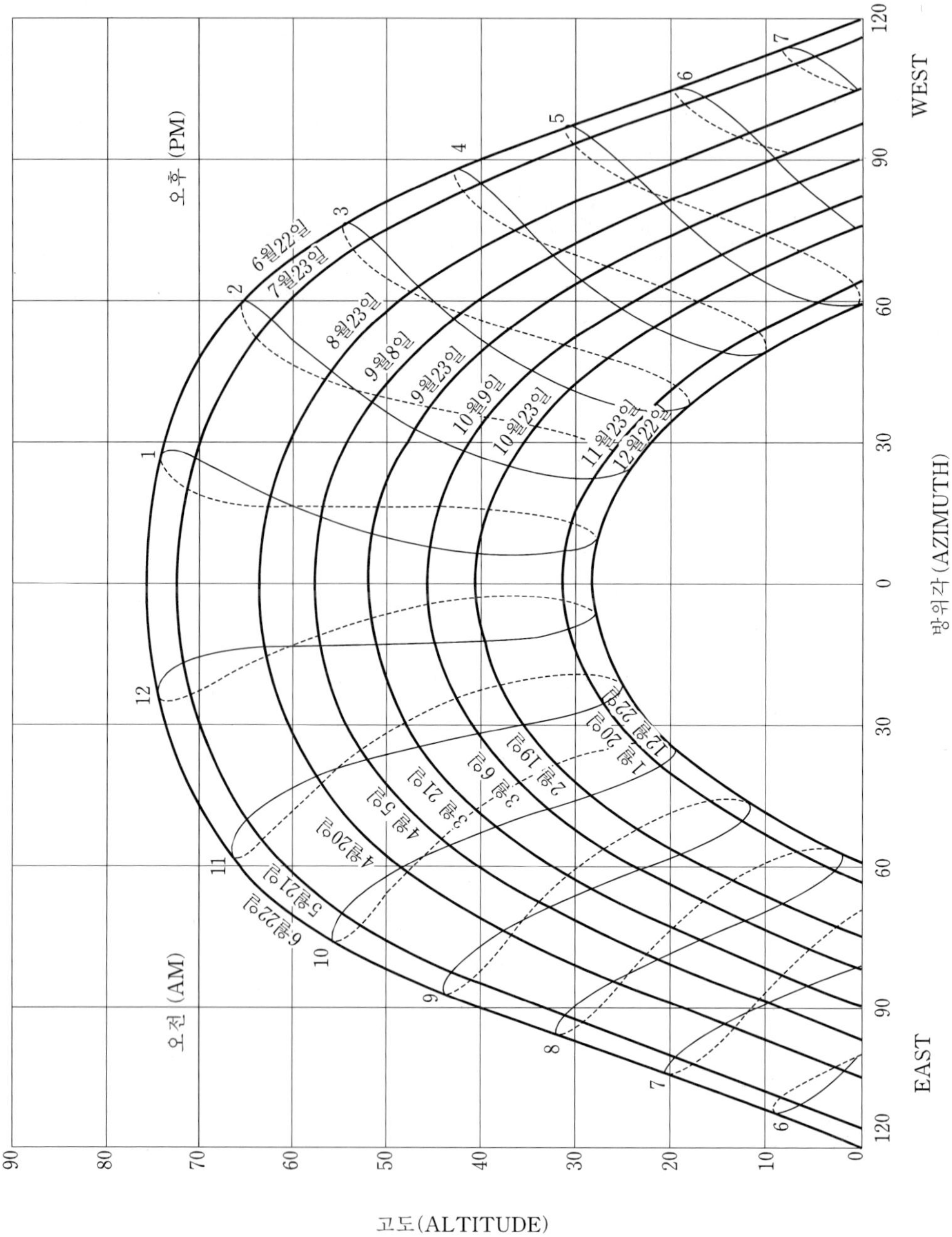

서울(SEOUL) : 37°34′ (N)
126°58′ (E)

그림 3-52 신월드램 태양궤적도 : 서울

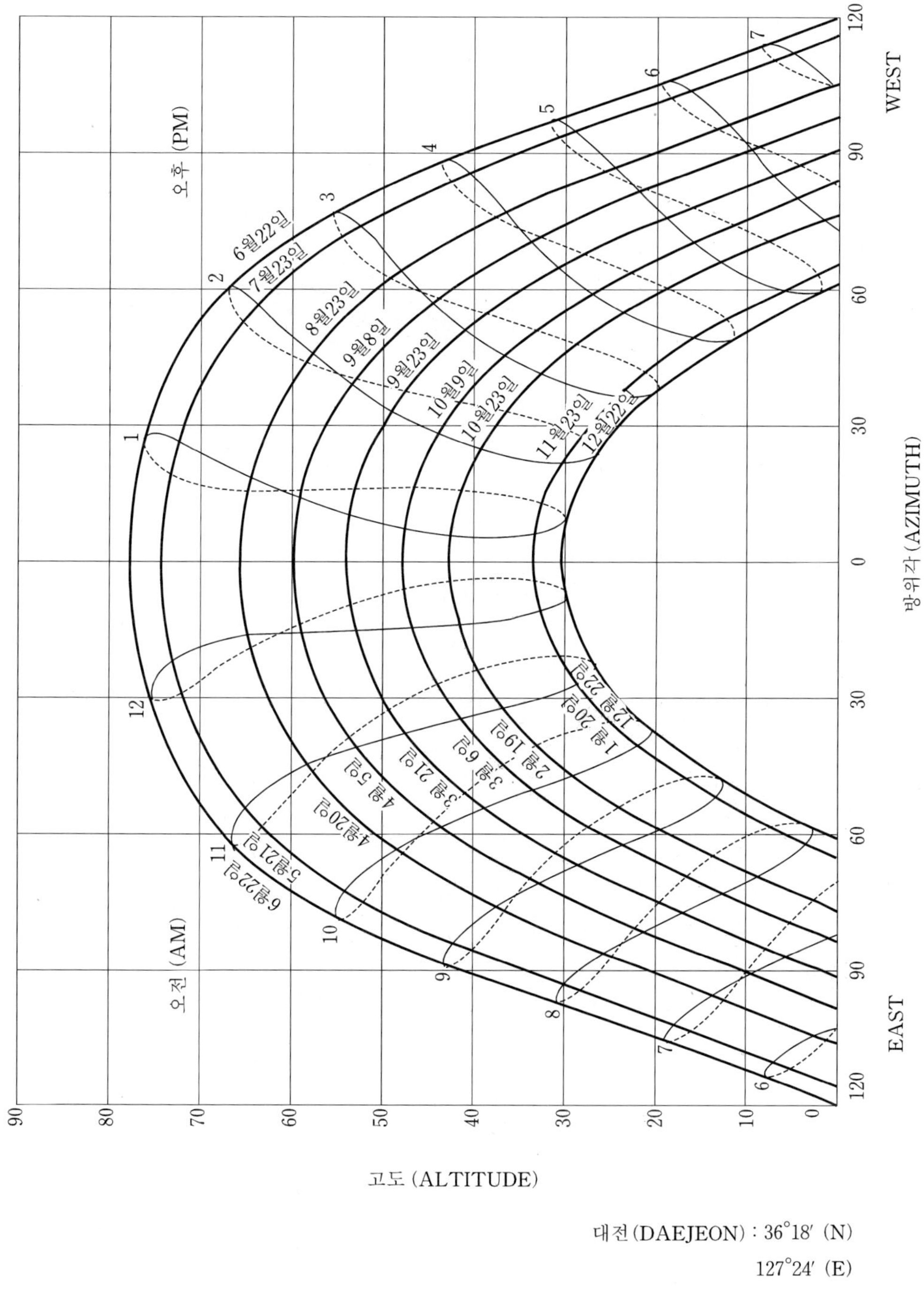

그림 3-53 신월드램 태양궤적도 : 대전

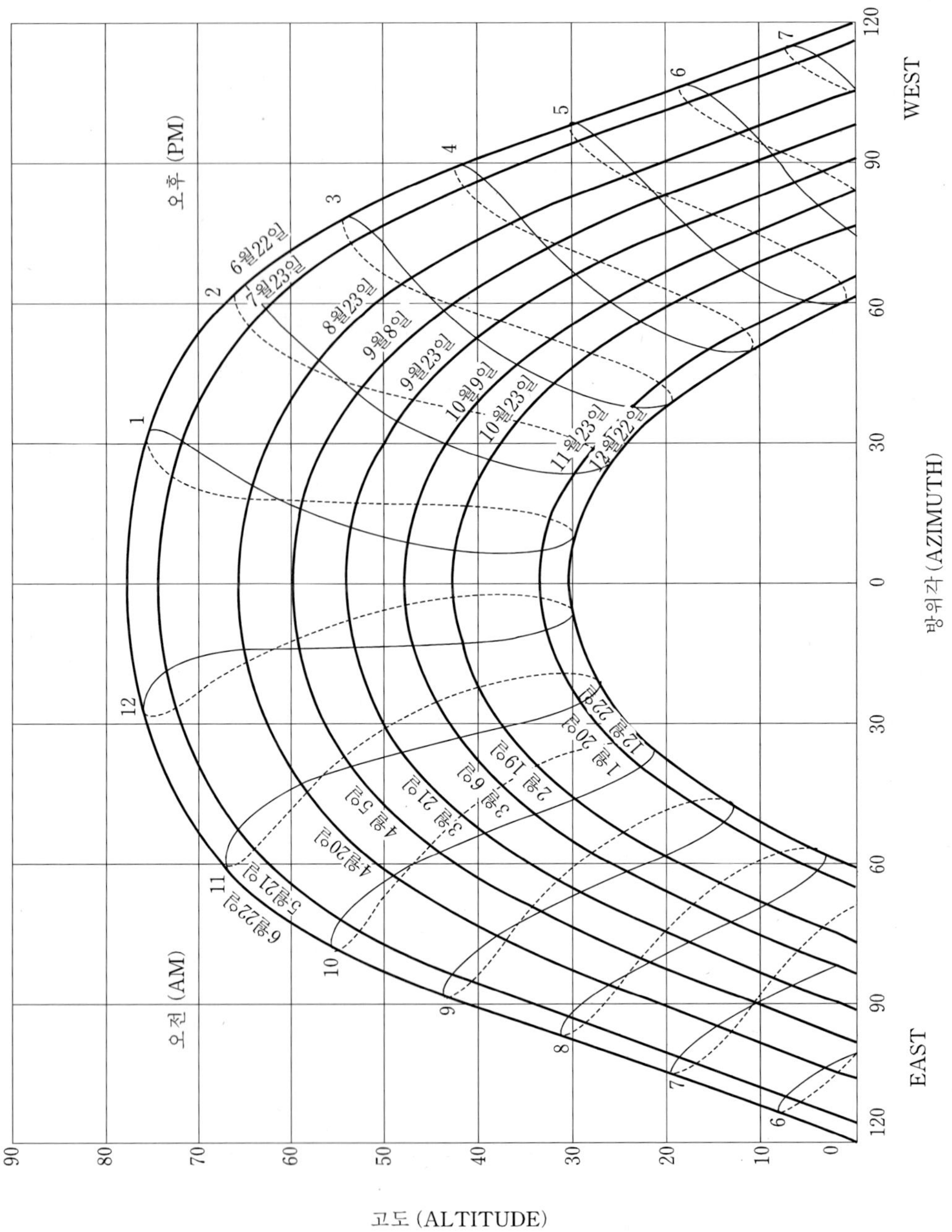

대구 (DAEGU)　: 35°53′ (N)
128°37′ (E)

그림 3-54 신월드램 태양궤적도 : 대구

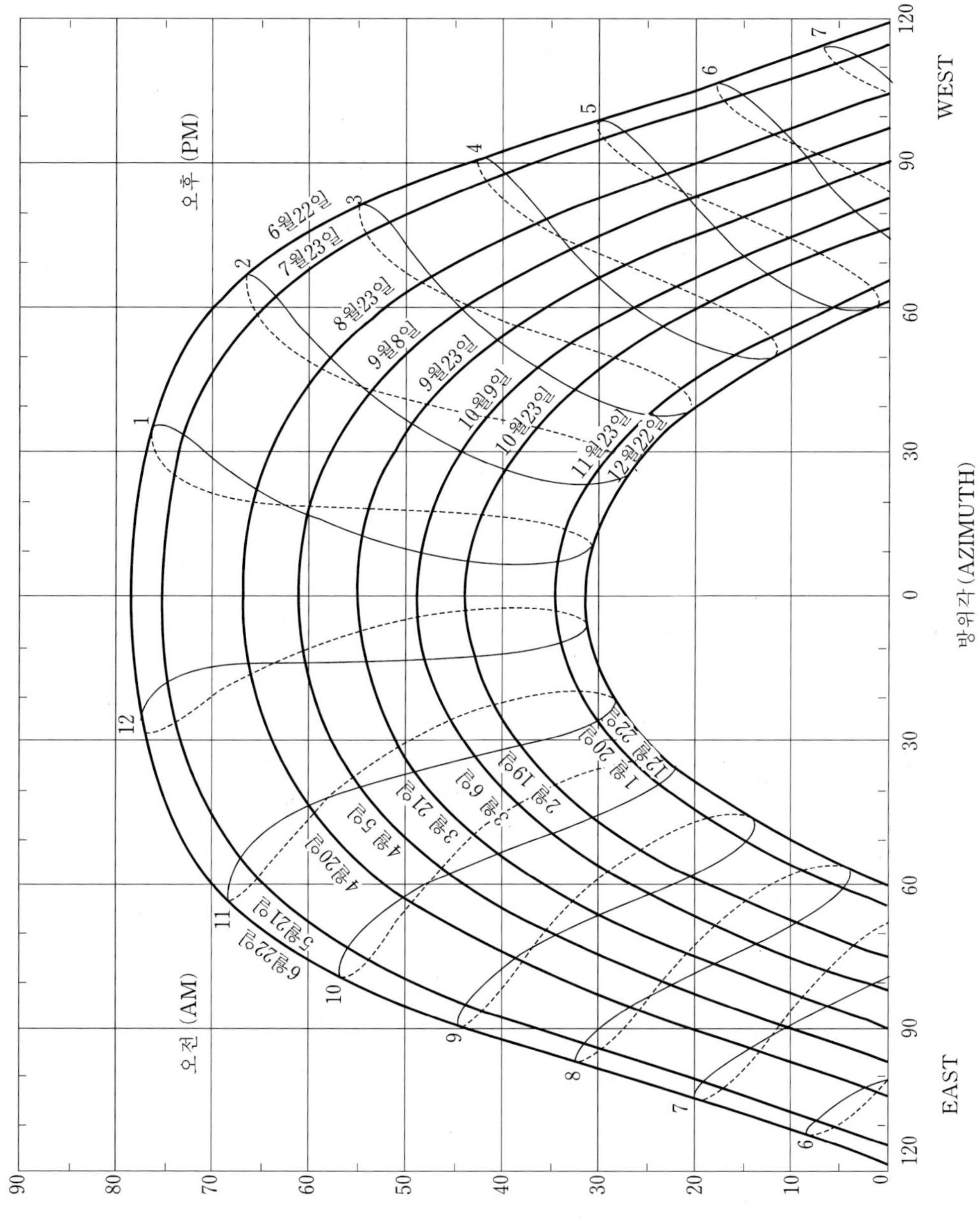

고도 (ALTITUDE)

부산(BUSAN)　: 35°06′ (N)
127°02′ (E)

그림 3-55 신월드램 태양궤적도 : 부산

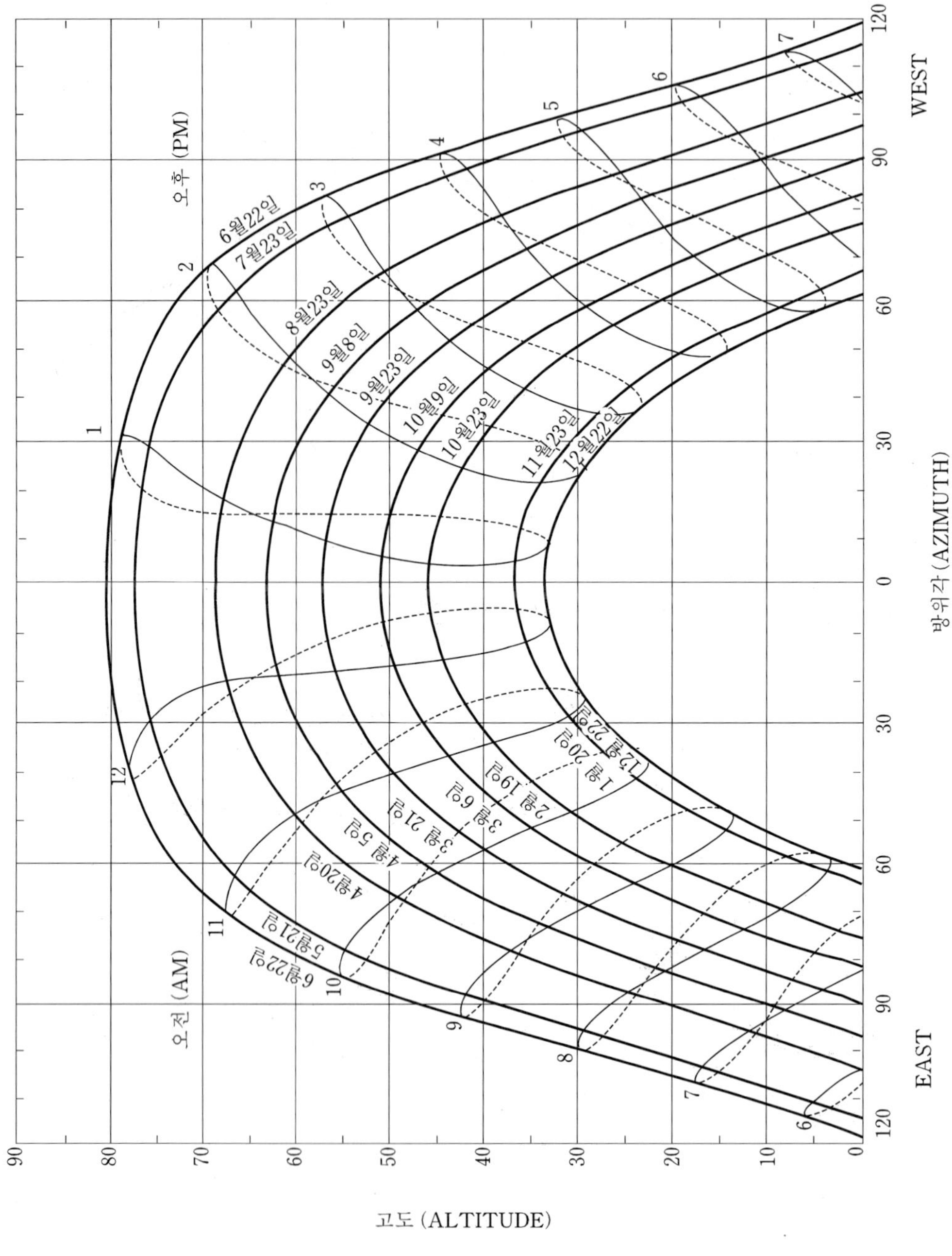

서귀포(SEOGWIPO) : 33°14′ (N)

126°34′ (E)

그림 3-56 신월드램 태양궤적도 : 서귀포

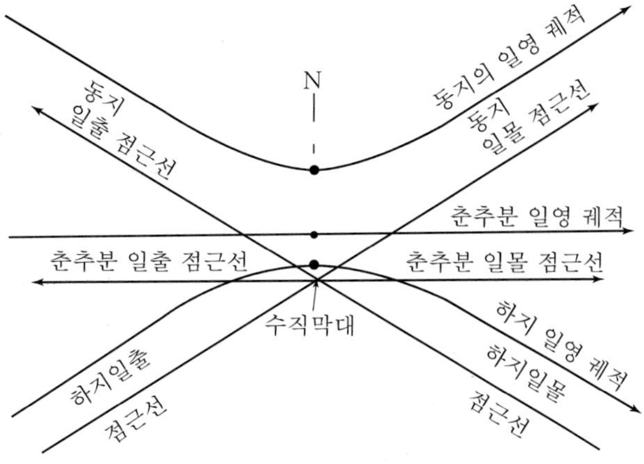

그림 3-57 수직막대의 일영곡선

여기서, $|x|$가 한없이 커지면 $\frac{a^2}{x^2}$은 0에 가까워지므로 쌍곡선 ①은 두 직선 $y=\pm\frac{b}{a}x$에 한없이 점근한다. 이때 두 직선 ②를 쌍곡선의 점근선이라고 한다.

그림 3-57은 춘・추분, 하지, 동지 때의 일영곡선이다. 일영곡선은 건물 높이에 따른 그림자의 길이를 구하는 데 매우 유용하게 이용된다. 주요 위도별 특정월・일의 시간별 일영곡선은 부록 I-6에 있다. 일영곡선은 태양궤적도나 도표가 없을 경우 다음과 같은 방법으로 쉽게 작도할 수 있다.

① 춘・추분, 동지, 하지 정오의 태양고도를 구한다 ($\gamma_n = 90° - \varphi \pm \delta$).

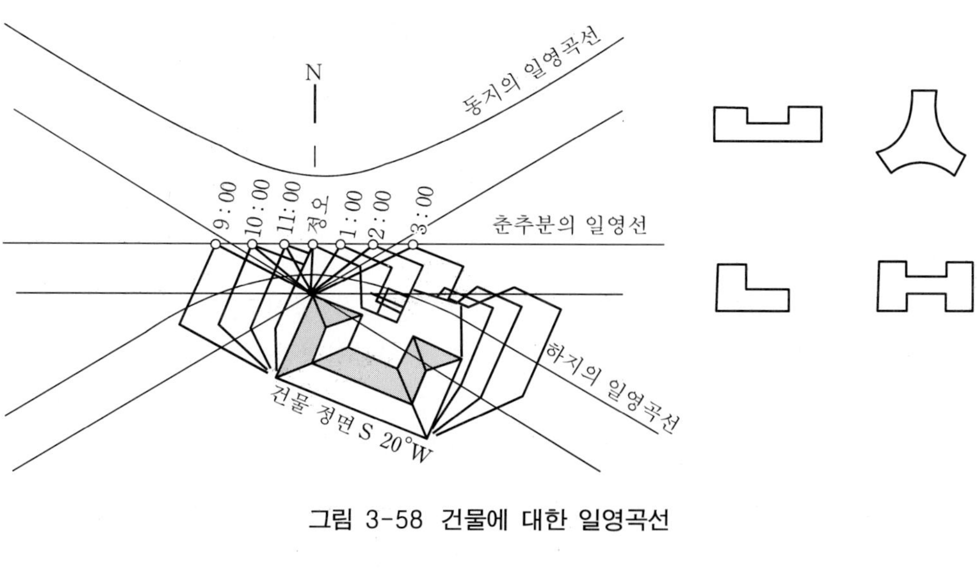

그림 3-58 건물에 대한 일영곡선

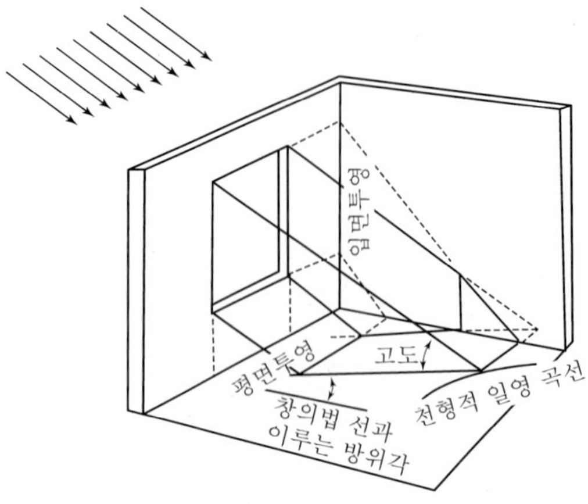

그림 3-59 실내 입사광선의 추적

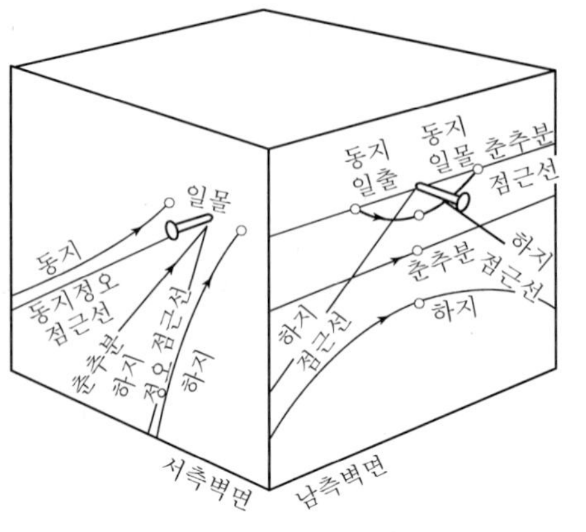

그림 3-60 수직벽면의 일영곡선

② 수직막대의 일영길이를 구하기 위해 춘 · 추분($\delta=0$), 하지(+) · 동지(−)정오의 태양고도를 막대의 입면에 그린 후, 각각의 길이를 평면상에 옮긴다.

③ 계절별로 일출, 일몰방위를 그리고 이 방위를 점근선으로 하여 각각의 정오 점근선에 평행하게 기점을 통과하는 완만한 쌍곡선을 작도하면 3개의 일영곡선을 얻을 수 있다(일영도는 부록 I-6 참조).

건물의 일영 패턴은 그림 3-58과 같이 건물 모서리의 그림자를 평행하게 그려 넣음으로써 쉽게 그릴 수 있다. 또한 창으로 입사하는 광선의 추적도 그림 3-59와 같이 창의 모서리를 기점으로 수직막대의 끝과 정확히 일치시키면서 평면과 입면상에 투영시켜 구할 수 있다.

그림 3-60은 연직면의 해시계 원리를 보여준다. 침에 드리운 그림자의 궤적을 작도하여 남쪽 수직벽면상의 일영곡선을 작도할 수 있다. 침의 끝단에 눈(眼)이 있다고 생각하고 침의 길이와 동일한 거리에 수직으로 투명지를 놓으면 이 투명지 위에 일영곡선이 그려진다.

【2】 일영시간곡선

건물에 의해서 일영시간이 같아지는 점을 연결한 것을 등시간일영선이라 하며, 시간선이 n 시간인 것을 n 시간일영선이라 한다. 또한 등시간일영선을 계통적으로 어떤 시간마다 그린 그림을 일영시간곡선이라고 한다. 그림 3-61에서 점 K_1는 8시와 9시의 그림자의 교점이고 점 K_2는 9시와 10시의 그림자의 교점이며, 점 K_3는 10시와 11시의 그림자의 교점으로 동짓날에 1시간만 일영이 되는 점이다. 즉, $Q-R_1-P_1-K_1-K_2-K_3$는

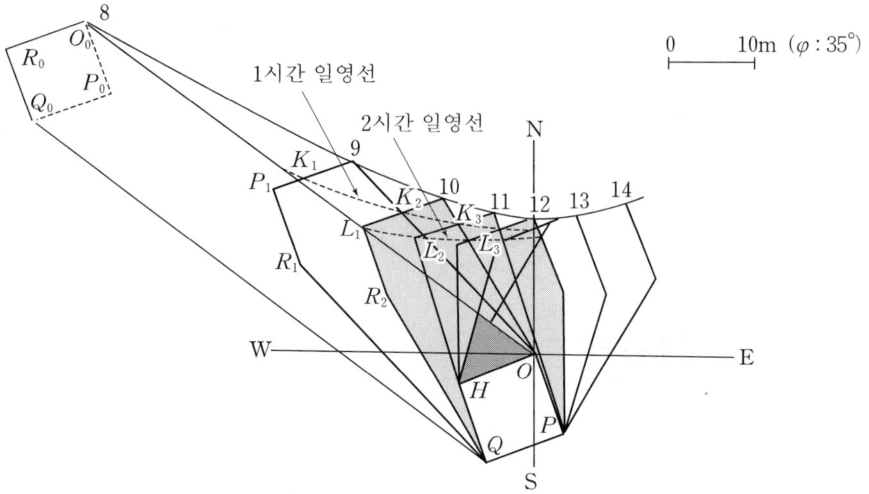

그림 3-61 일영시간곡선

1시간 일영선이 된다. 그러나 이러한 작도법은 건물의 형태가 비교적 간단한 경우에만 한정되며, 복잡한 형태의 건물에 대해서는 작도하기가 어렵고 잘못된 결과를 가져올 수가 있으므로 주의해야 한다.

하루중 전혀 일조가 없는 상태를 종일음영이라고 하며, 태양고도가 최고인 하지에도 종일음영인 부분은 그 건물이 서 있는 한 영구히 일조가 없는 부분이므로 이것을 영구음영이라고 한다.

【3】 음영각분도기

수평 및 수직음영각은 음영각분도기(shadow angle protractor)를 사용하여 간단히 구할 수 있으며, 음영각을 구하는 것이 일영계획의 기본이 된다.

그림 3-62와 같은 음영각분도기 I은 신태양궤적도와 함께 사용할 수 있도록 고안한 것이며, 그림 3-63의 음영각분도기 II는 신월드램 태양궤적도와 함께 사용할 수 있도록 고안한 것이다. 투명분도기는 맨 뒤에 첨부하였다.

음영각분도기 I에서 수직음영각 (ε)은 활모양의 원호가 되며 수평음영각은 방사선이 된다. 음영각분도기 II에서는 포물선이 수직음영각 (ε)을, 좌우 가로축의 값이 수평음영각 (δ)을 표시한다. 음영각분도기는 위도에 관계없이 모든 지역에서 사용할 수 있다.

음영각분도기 I의 사용방법은 다음과 같다.

① 위도에 맞는 태양궤적도를 선택하고 그 위에 시각점 P를 그린다.

② 태양궤적도 위에 음영각분도기를 놓고 중심을 일치시킨다. 분도기의 수평기준선을

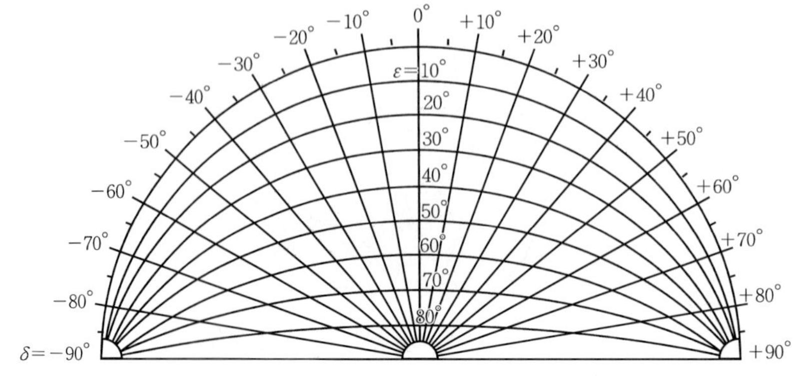

그림 3-62 음영각분도기 Ⅰ

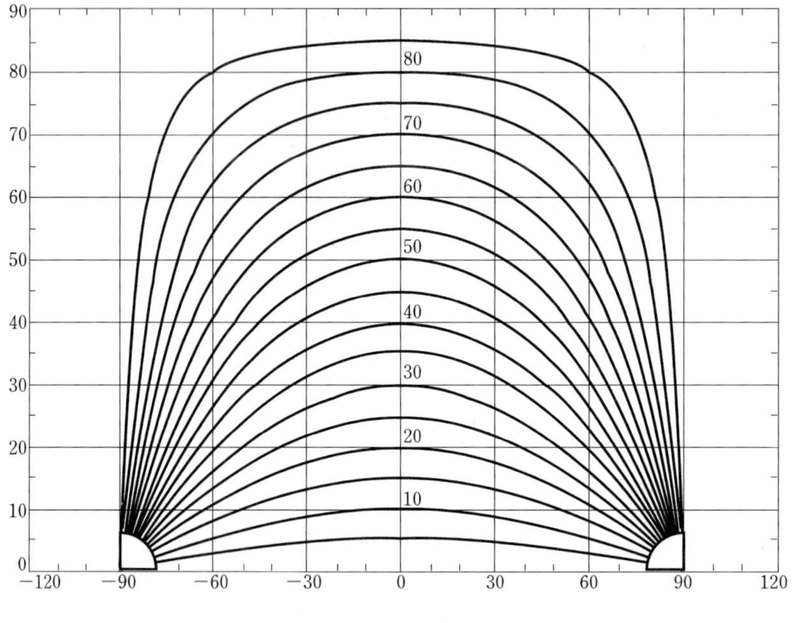

그림 3-63 음영각분도기 Ⅱ

건물벽면과 일치시키기 위하여 분도기의 중심(0°)을 건물벽면의 방위와 일치시킨다.

③ 점 P를 가로지르는 음영각분도기의 방사선에 부합되는 주위의 눈금은 수평음영각을 나타낸다. 중심으로부터 반시계방향인 좌측은 0∼−90°이며, 시계방향인 우측은 0∼+90°를 표시한다.

④ 점 P를 가로지르는 음영각분도기의 중심에서부터 표시되어 있는 원호의 눈금은 수직음영각을 나타낸 것이다. 여기서, 지평면은 0°이고 천정면은 90°이다.

[예제 3-7] 서울에서 3월 6일 15시의 ε와 δ를 구하라. 단, 개구부의 방위각은 45°E이다.

풀이 개구부의 방위각이 S45°E이므로 그 각도만큼 회전시켜 궤적도에서 3월 6일 15시의 태양위치를 음영각분도기상에 투영시키면 P점에서 분도기의 방사선과 반원호의 값은 $\delta = 88°$, $\varepsilon = 83°$가 된다.

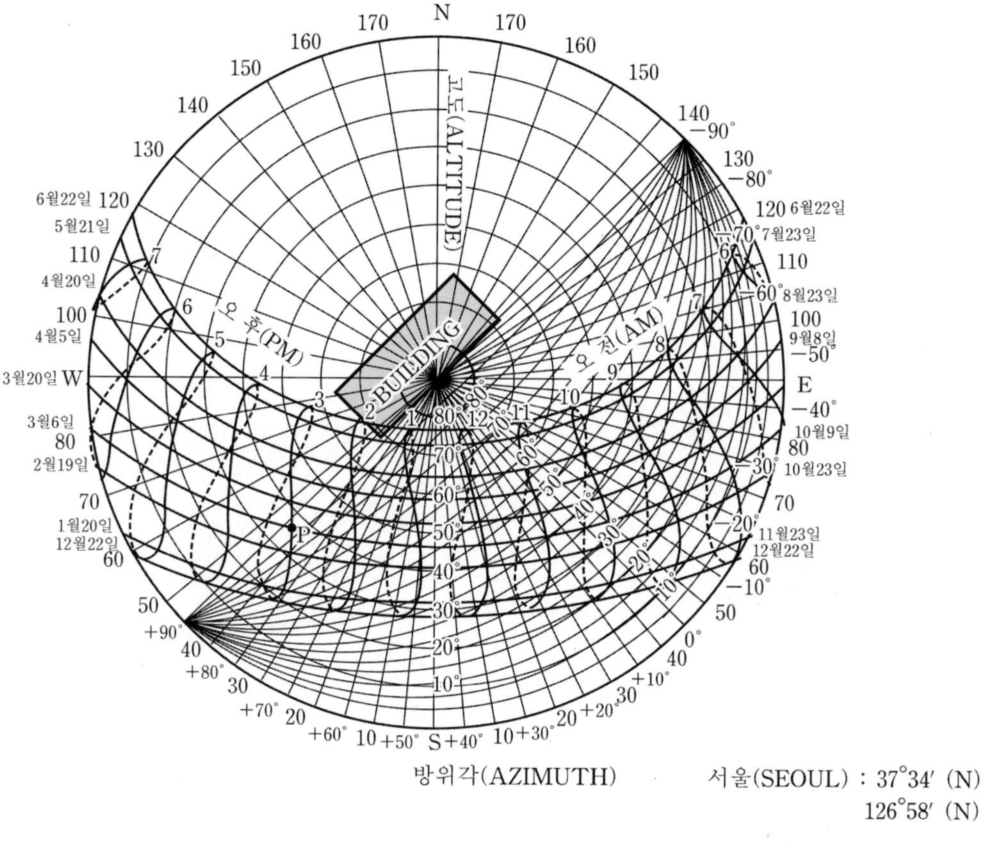

그림 3-64 예제 도해

음영각분도기 II의 사용방법은 다음과 같다.

① 위도에 맞는 태양궤적도를 선택하여 태양의 위치(고도, 방위각)를 찾아 표시한다.

② 차양장치가 필요한 개구부의 방위각을 검토한다. 방위각이 있으면 그 각도만큼 이동시켜 그 점에 음영각분도기를 일치시킨다.

③ 궤적도상에 표시된 점을 음영각분도기상의 가로축과 원호상에 투영시켜 이 값을 동서축과 원호상에서 찾아 구한다. 전자는 δ, 후자는 ε이 된다.

[예제 3-8] 서울에서 3월 6일 15시의 ε, δ를 구하라. 단, 개구부의 방위각은 0°이다.

풀이 3월 6일 태양궤적도와 15시 실선의 시선과 만나는 P점을 찾아 궤적도상에 표시한 다음, 분도기를 뒤에 겹쳐 일치시킨 후 분도기상에 투영된 점에서 분도기 원호상의 값과 수직으로 내렸을 때 가로축상의 값은 각각 45°, 44°가 된다. 따라서 $\varepsilon = 45°$, $\delta = 44°$이다.

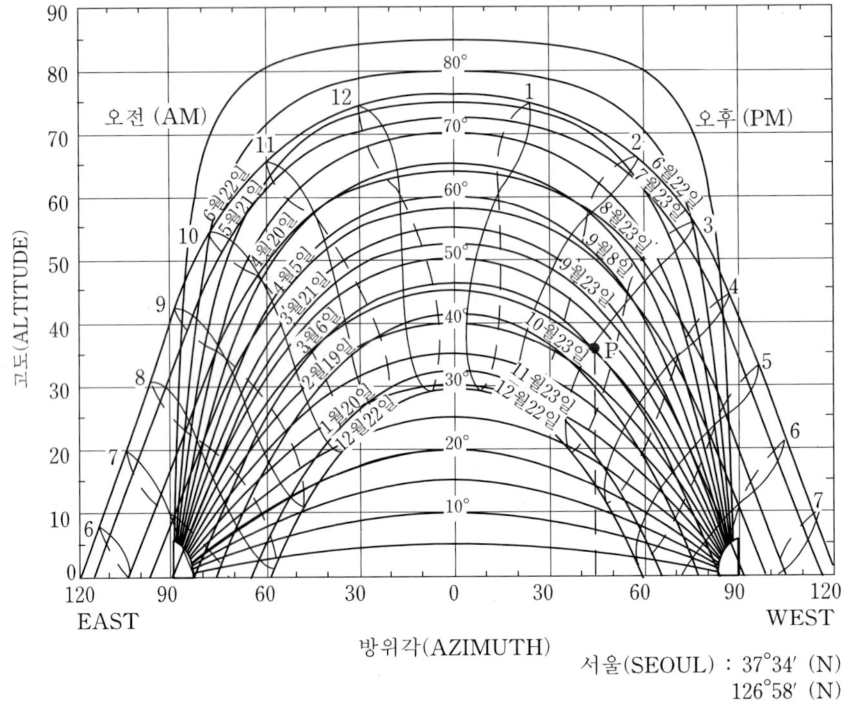

그림 3-65 예제도해

이러한 태양궤적도와 음영각분도기를 활용하여 다음과 같은 사항들을 검토할 수 있다.

① 차양설계

② 대지조사

③ 평면, 단면도에서 인접건물의 일영효과 검토

④ 평면, 단면도에서 실내로 입사되는 직사광 결정

【4】 과열기간의 예측

일영계획의 기초는 일사 보다는 창에 음영이 필요한 과열기간(overheated period)을 구하는 것이다. 쾌적온도의 하한을 기준온도로 하고 외기온이 그 한계온도 보다 높을 때 일영이 필요하게 된다.

여름철에는 하루종일 외기온이 실내의 쾌적온도 상한치를 초과하므로 완전한 일영이 필요한 반면 겨울에는 일영이 불필요하다. 그러나 봄·가을에는 오전이나 오후의 늦은 시각에만 일사가 필요하고 낮에는 거의 필요가 없다.

과열기간을 구하기 위해서는 월별로 각 시간의 온도를 기입하여 등온선을 그리는 방

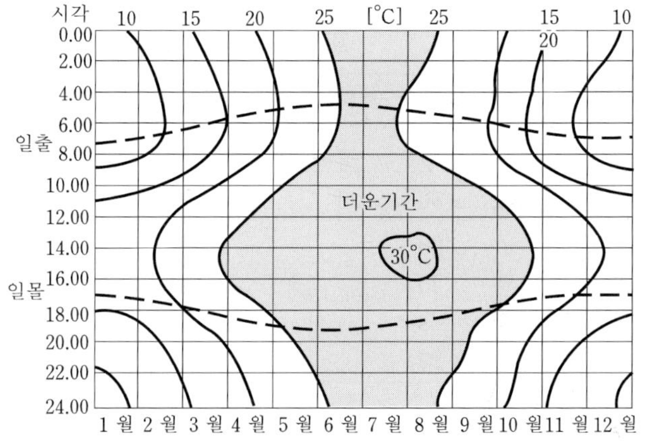

그림 3-66 월×시간 행열상의 등온선

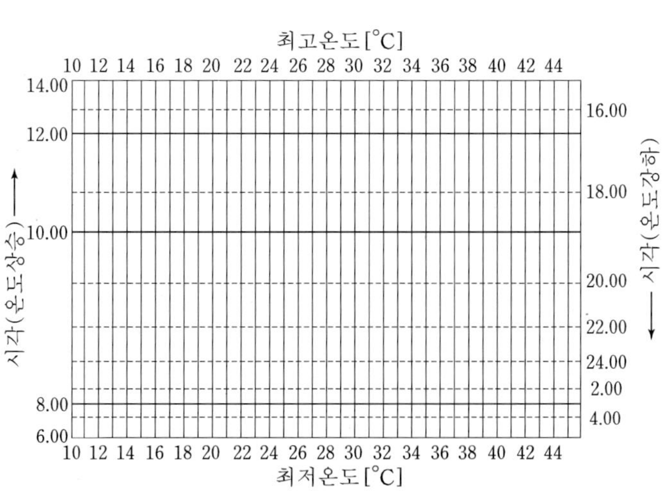

그림 3-67 각 시간별로 온도를 구하는 그래프

법이 있다(그림 3-66). 각 시간별 온도자료가 없을 경우에는 14~15시 사이의 최고기온을 월평균 최대값으로 가정한다. 월평균온도의 최저값은 5시~6시 사이의 최저온도로 가정한다. 여기서, 최고·최저값의 사이는 사인(sine)파의 주기로 변화한다고 가정하여 그림 3-67에서 각 시각별 온도를 보간법으로 구할 수 있다.

아래쪽 수평선은 월평균 최저온도이며, 위쪽 수평선은 월평균 최고온도를 표시한 것이다. 이 두 점을 직선으로 연결하고 그 직선과 각 시간의 수직선과 만나는 교점이 매시간별 온도가 된다.

쾌적온도에 대한 정확한 자료가 없는 경우에는 쾌적온도의 하한으로 표 3-9의 값을 사용한다.

표 3-9

쾌적온도의 하한(건구온도[℃] DBT)			
평균상대습도	연 평 균 온 도		
	>20℃	15~20℃	<15℃
<30%	26	23	21
30~50%	25	22	20
50~70%	23	21	19
>70%	22	20	18

【5】 차폐면적 결정

과열기간 동안 음영이 필요한 차폐면적(shading mask)을 결정하여야 한다. 음영각분도기 I, II를 사용하여 창의 음영부분을 쉽게 구할 수 있는데, 여기서 음영부분이란 수평·수직·격자형 차양을 포함하여 천구의 태양궤적에 의해 2개의 수직·수평음영각을 경계로 차폐되는 면적으로 그림 3-68에서 어둡게 표시한 부분이다.

① 수평형 차양은 수직음영각 (ε)을 결정하며, 차폐면적은 활모양의 곡선에 의해 나타나는 면적이다〔그림 3-68 (a)〕.

② 수직형 차양은 수평음영각 ($\pm\delta$)을 결정하며, 차폐면적은 1~2개 부채꼴 모양에 의해 나타나는 면적이다〔그림 3-68 (b)〕.

③ 격자형 차양은 ①과 ②를 조합한 것으로 ε와 δ를 동시에 결정한다. 차폐면적은 부채꼴 모양과 활모양의 곡선에 의해 나타나는 면적의 합계이다〔그림 3-68 (c)〕.

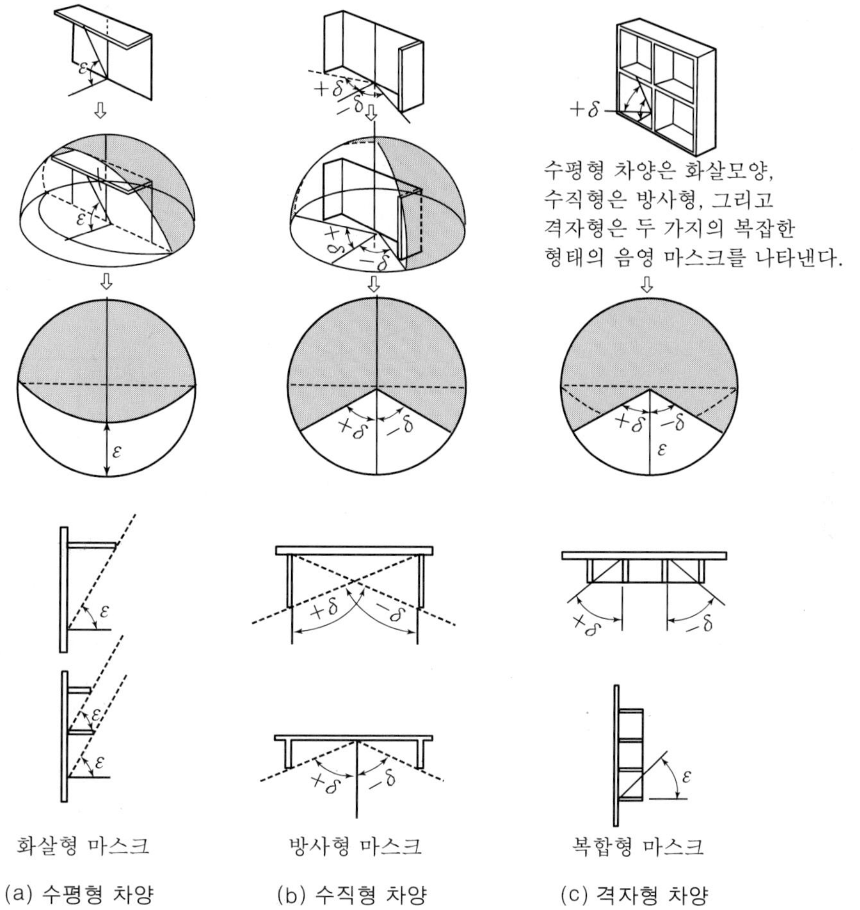

그림 3-68 각종 차양의 음영 마스크

차양의 성능은 연간 일사의 차폐범위에 의하여 결정된다. 차폐면적이 태양궤적도상에 있으면 차폐면적 내의 점은 그 기간동안 일사를 받지 못하며, 차폐면적 밖의 점은 일사를 받게 된다. 이상과 같은 그림자의 범위를 결정하기 위해서는 전술한 신태양궤적도와 음영각분도기 I 을 함께 사용한다(그림 3-64 참조).

최근에는 월드램 태양궤적도와 월드램 음영각분도기 II를 이용하여 입체감을 얻을 수 있도록 수직입면상에 음영 마스크를 작도하는 방법이 많이 사용되고 있다. 그림 3-69는 음영각분도기 II의 사용원리로서 음영 마스크를 작성하는 방법은 다음과 같다.

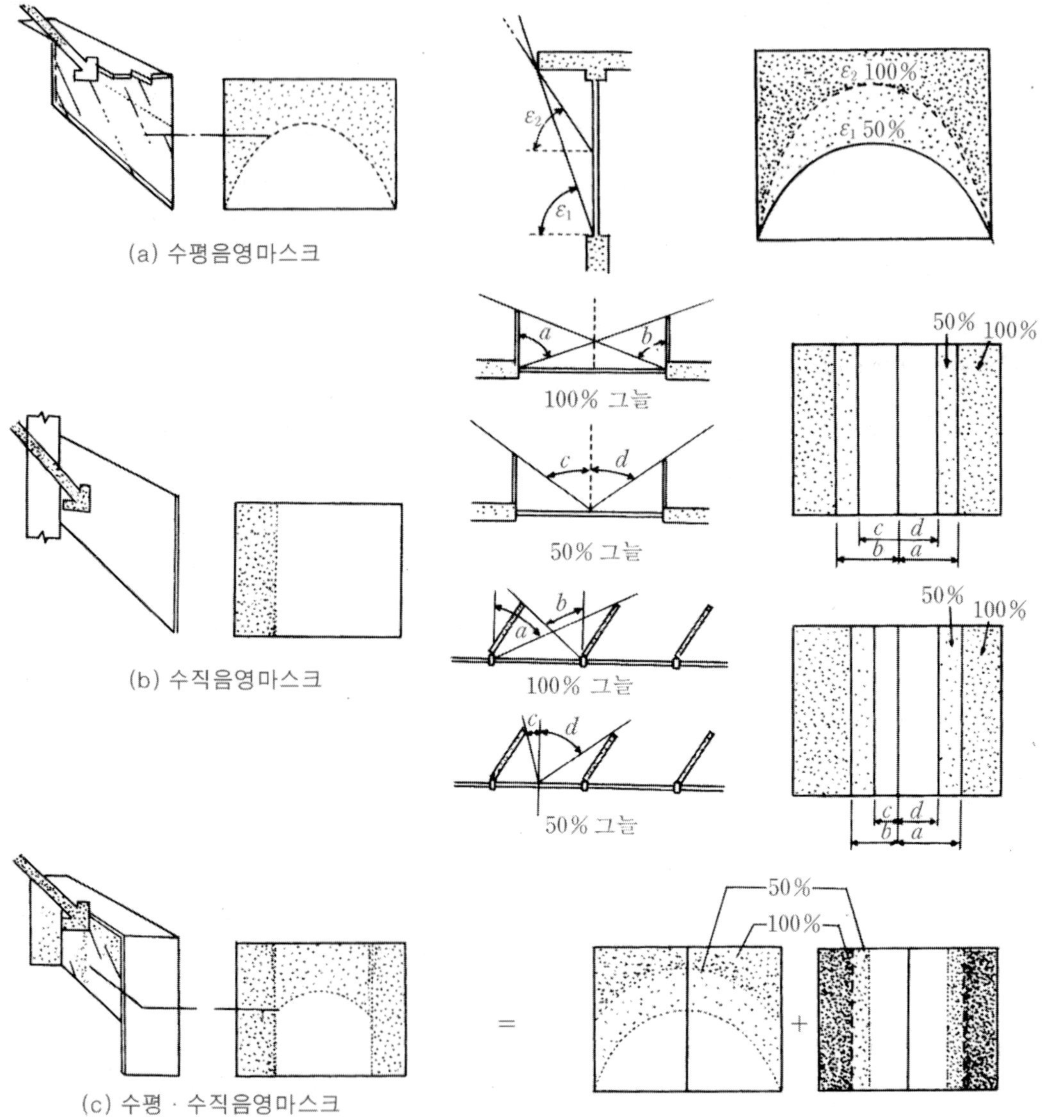

그림 3-69 차양장치의 비교

① 수평차양 : 먼저 창문의 밑변에서 수평차양 끝에 이르는 수직선과 이루는 각 ε_1, 또는 ε_2를 결정한다. 그림 3-69(a)의 두 각은 태양의 고도에 따른 100% 및 50%의 그늘이 생기는 것을 나타낸다.

다음은 음영 마스크에 각 ε_1, ε_2를 나타내는 음영선을 그려 넣는다. 그리고 어떤 지역의 위도에 따른 태양궤적도의 기준선과 음영각분도기의 기준선을 겹친다. 이때 주의할 사항으로서 개구부의 방위가 정남이 아닐 경우는 건물의 방위각만큼 태양궤적도에서 이동시켜 수직·수평음영각을 구한다. 만약에 어떤 창문이 100%선 위에 있으면 완전한 음영이 이루어지며 50%선에 있으면 부분적인 음영이 이루어지는 것을 나타낸다.

② 수직차양 : 수직차양의 설계는 우선 a, b, c, d를 결정한다. 여기서 a와 b는 100% 음영을 나타내고, c와 d는 50% 음영을 나타낸다. 다음으로 음영 마스크에 수직선을 그어 a, b, c, d에 해당하는 표시선을 긋고 음영각분도기를 태양궤적도와 겹친다. 이때 궤적도가 100%선 안에 있으면 창문에는 완전한 음영이 이루어지고 50%선 안이면 부분적인 음영이 이루어지는 것을 나타낸다. 만약에 대상창문의 방위각이 있는 경우에는 방위각만큼 태양궤적도에서 이동시킨다.

③ 수직·수평복합차양 : 수직·수평복합형 차양에 음영 마스크를 만들기 위해서는 수직·수평음영 마스크를 각각 구하여 조합하면 된다〔그림 3-69 (c)〕.

3-2-5 차양설계

【1】 차양장치

건축물의 차양장치(shading devices)는 실내환경의 중요한 조절수단이다. 일사의 조절은 실내와 실외에서 차단시키는 방법이 있는데 후자가 보다 효과적이다.

(a) 내부차양장치

내부차양장치는 외부기후조건과 실내기온에 따라 실내에서 쉽게 작동이 가능해야 한다. 내부차양장치에는 베니션 블라인드(Venetian blind), 휘장(draperies), 필름 셰이드(film shades), 단열 셔터, 불투명 롤 블라인드(opaque roll blind) 등이 있다.

(b) 외부차양장치

외부차양장치에는 선 스크린(sun screen), 블라인드, 어닝(awnings), 지붕의 돌출차양 등이 있다. 이러한 장치들은 주기능 외에 부차적으로 에너지 절약적인 면에서 효율적인 역할을 한다. 즉, 선 스크린은 여름에 그늘을 제공할 뿐 아니라 겨울에는 창문 바깥쪽에 공기막을 형성하여 열손실을 줄인다.

외부차양장치(그림 3-70)는 실외의 불리한 기후조건을 실내에 전달하기 이전에 조절하여 주기 때문에 매우 유용하다.

① 선 스크린 : 실내로 입사되는 직사광선을 차단하기 위하여 창문 밖에 설치한 작은 루버 스크린 칸막이를 말하며, 그 효율은 형태와 재료의 반사성에 따라 다르다. 또는 창

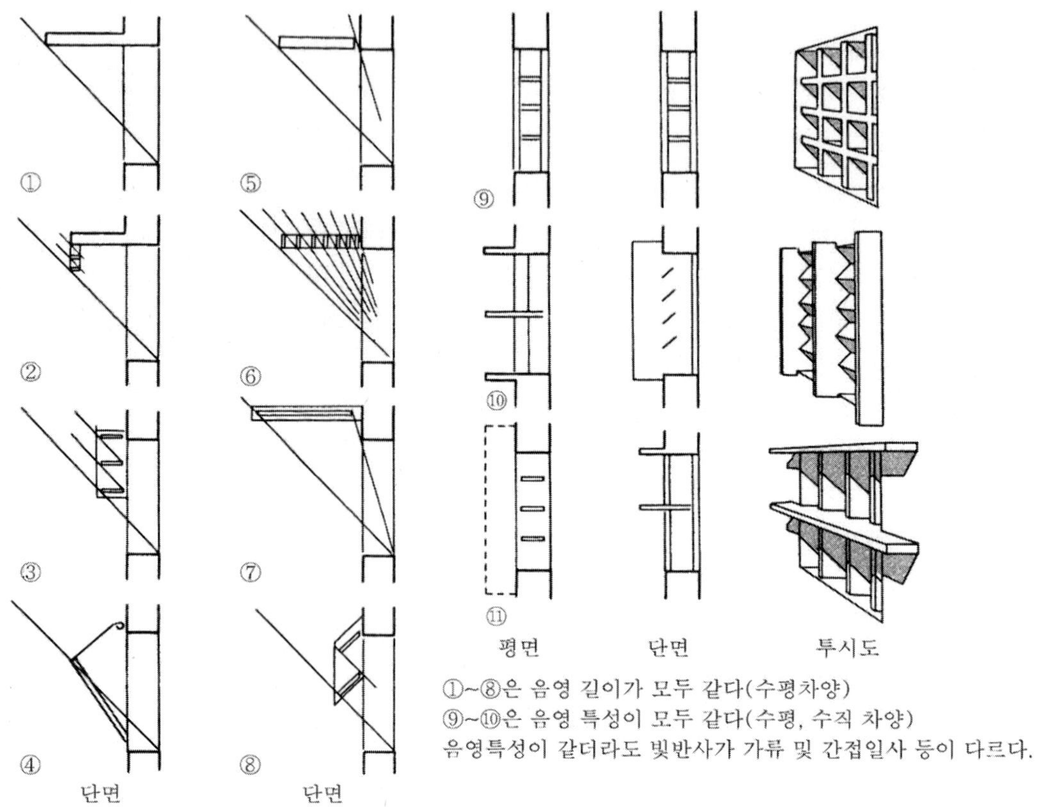

그림 3-70 차양장치의 종류

문 가까이에 설치된 외부 선 스크린은 정체된 공기층을 형성하므로 겨울철 단창에 설치하면 유리표면에 공기층을 형성하여 창의 열관류율값을 줄일 수 있다.

선 스크린의 효과는 다음과 같다.

a. 여름철 일사량 입사을 감소시키므로 평균실내온도를 내릴 수 있다.

b. 일사를 차단함과 동시에 시계(視界)도 제공할 수 있다.

c. 다른 차양장치보다 대지나 인접건물로부터 반사되는 빛을 효과적으로 차단한다.

d. 장차 태양열을 이용한 난방에 이용될 수 있다. 즉, 이중유리 사이에 선 스크린을 설치함으로써 여름에는 직사광선을 차단하여 가열된 공기를 위·아래의 통기구를 통하여 밖으로 내보내고 겨울에는 실내로 보내어 효과적으로 활용할 수 있다.

② 롤 블라인드 : 여름철 낮에는 블라인드를 내려서 햇빛을 차단하고 밤에는 블라인드를 올려서 자연통풍이 되도록 한다. 겨울철 낮에는 블라인드를 올려서 창을 통한 태양

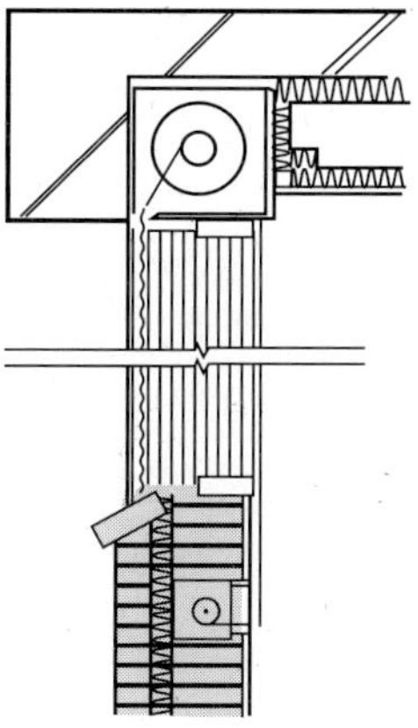

그림 3-71 롤 블라인드의 구조

열획득을 도모하고 밤에는 블라인드를 내려서 야간의 열손실을 막아주는 단열효과를 높인다. 각 창문은 개별적으로 차광이 가능하며 태양이 창문의 일부분만 비칠 때도 부분적으로 창문을 가릴 수 있고, 방의 한 부분만 차광하고 싶을 때도 가능하다.

③ 어닝(awning) : 창에 온도의 증가 없이 그늘을 제공하고 창문과 차양 사이에 공기가 순환되도록 하는 장치를 어닝이라 한다. 어닝이 유리에 얼마나 효과적으로 그림자를 드리우는가 하는 것은 직사광선과 대기 중의 확산광선을 어닝 재료가 어느 정도 막아주는가에 달려 있다.

④ 고정차양장치 : 창의 옆이나 윗부분에 부착된 수직·수평 루버는 여름에는 햇빛을 차단하고 겨울에는 가능한 많은 햇빛을 받아들이는 데 유리하다. 남쪽창은 수평차양, 동쪽과 서쪽창은 수직차양을 설치하는 것이 빛의 차단에 효과적이다. 햇빛이 돌출면에 반사되어 실내로 입사되는 것을 방지하기 위해서 돌출면의 색채는 어두운 것이 좋다. 주광에 의한 조명효과를 위해 수평돌출물의 밑면은 지면에서 반사된 빛을 재반사하여 실내로 받아들일 수 있도록 밝은 색이어야 한다.

고정차양장치의 효과는 다음과 같다.

a. 여름철 태양열취득을 줄일 수 있다. 즉, 공기가 차양장치와 창문 사이에서 순환될 수 있고, 창문이 태양의 직사광선으로부터 완전히 차단될 경우 창문으로부터 들어오는 태양열의 80 %까지 줄일 수 있다.

b. 창문에 인접한 작업면의 현휘(眩輝)를 줄일 수 있다.

c. 겨울바람을 막아주기 때문에 바람으로 인한 열손실과 침기현상을 줄일 수 있다.

【2】 설 계 방 법

(a) 도식적 방법

고정차양장치의 설계는 전술한 바와 같이 태양궤적도에 따른 수직·수평음영각을 쉽게 구할 수 있는 음영각분도기(陰影角分度器)를 이용하면 편리하다.

여름철의 과열기간을 예측하는 방법은 3-2-4의 [4]항에서 언급한 바 있으며, 여기서는 과열기간을 차폐하는 차폐면적을 결정하기 위한 음영각의 조합방법을 제시한다. 쾌적온도의 하한에 일치하는 등온선은 과열기간의 경계선이 된다. 이 경계선은 축이 곡선상에 있지만 일(日)과 시각의 함수인 태양궤적도상에 이동시켜 표시할 수 있다. 이동할 때의 태양궤적선은 하나가 이틀을 표시하고 있다. 즉, 12월에서 6월까지의 궤도와 6월에서 12월까지의 궤도이다. 연간 온도변화는 똑같은 등온선에서도 2개의 과열기간이 존재하므로 6월 22일과 12월 22일에 대하여 비대칭이다. 그림 3-72는 태양궤적도선상에 그림 3-66의 등온선 25℃를 기입하여 이동시킨 것으로 A(12월~6월), B(6월~12월)의 두 가지로 구성된다.

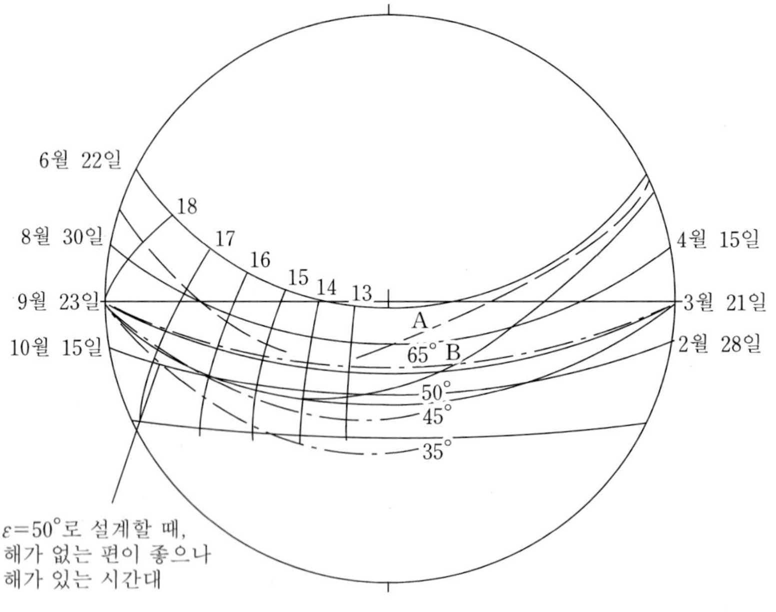

12월~6월에 대한 25°의 등온선(A)에서 $\varepsilon=65°$, 6월~12월에 대한 25℃의 등온선(B)에서 $\varepsilon=35°$, 10월 15일~2월 28일까지의 16시 이후에는 $\varepsilon=45°$, 10월 20일~2월 23일의 13시 이후와 10월 15일의 15시 이후에는 $\varepsilon=50°$

그림 3-72 필요한 차폐면적의 결정방법

예를 들면, 8월 30일에는 9시부터 일몰까지 일영이 필요하나, 동일한 태양궤도상을 이동하는 4월 15일에는 12시에서 16시 30분까지만 일영이 필요하게 된다. 설계자는 8월의 경우에는 일사를 차단해야 하나 4월에는 태양이 비칠 수 있도록 고려해야만 한다.

남쪽 창에 대한 과열기간의 형태는 수평형 차양의 차폐면에서 부채꼴 형태와 비슷하다. 그러나 차폐면적은 정오선(正午線)에 대하여 대칭이지만 매우 더운 기간의 면적은 비대칭이므로 어느 정도 조정이 필요하다. 그림 3-72는 차폐면적과 과열기간의 면적을 나타내고 있다. 10월과 2월의 13시 이후에는 약간의 일사가 비추어지지만 이 시간대에서의 외기온은 쾌적온도보다 거의 조금밖에 높지 않다. 창의 방위가 정북·정남이 아닌 경우에는 과열기간과 차폐면적을 보다 정확하게 일치시킬 수 있는 차양을 설계할 수 있으며, 일반적으로 벽면의 방위가 10°~20°일 경우 가장 잘 일치시킬 수 있다.

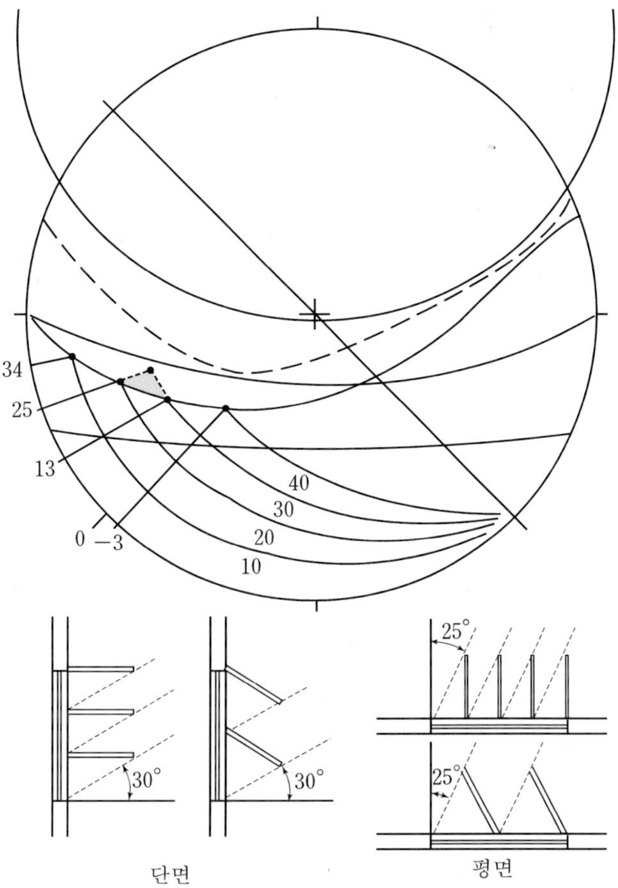

만족될 수 있는 조합 :

$\varepsilon = 40°$에서 $\delta = -3° \sim +90°$

$\varepsilon = 30°$에서 $\delta = +13° \sim +90°$

$\varepsilon = 20°$에서 $\delta = +25° \sim +90°$

$\varepsilon = 10°$에서 $\delta = +34° \sim +90°$

채용될 수 있는 타협 :

$\varepsilon = 30°$에서 $\delta = +25° \sim +90°$

그림 3-73 차양의 설계

방위가 남·북쪽이 아닌 창에 대해서는 수평형 차양은 수직음영각이 0°로 되지 않는 한 만족할 만한 설계가 어렵다. 일반적으로 수평형과 수직형 차양의 조합이 가장 경제적이다. 그림 3-73은 전술한 예와 같이 과열기간에 대하여 남서쪽에 면한 창의 차양을 설계하는 과정을 나타내고 있다. 제시된 몇 개의 수평·수직음영각의 조합에서 차양으로서 적절한 것을 선택한다.

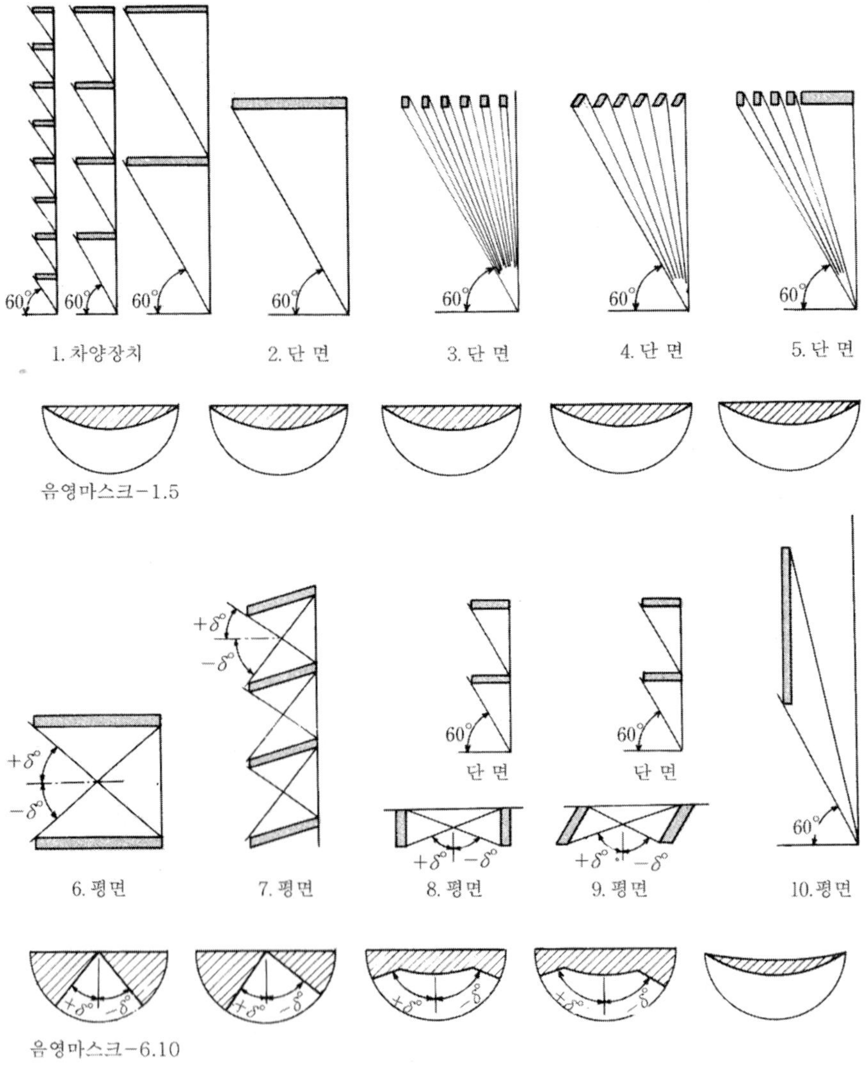

그림 3-74 각종 차양장치의 설계와 음영 마스크

그림 3-74는 이와 같은 도식적 방법에 의한 각종 수평 및 수직차양장치의 설계 예들을 나타낸 것이다. 그림에서 1~5 및 10은 수직음영각 60°에 대해서 동일한 차폐효과를 갖는 여러 장치들과 각각의 음영 마스크를 보여주며, 6과 7은 수직 루버, 8과 9는 수직·수평혼합형 루버의 설계와 음영 마스크를 보여준다.

(b) 수리적 방법

차양, 처마 또는 발코니와 같은 수직남면벽에 돌출한 수평차양장치의 길이는 주로 수직음영각에 의해 결정된다.

그림 3-75와 같은 돌출창의 경우 일사가 춘분(3월 21일) 정오에서부터 추분 정오까지 입사된다면 한여름에는 일사가 완전히 차단되나, 한겨울에는 입사되고 춘·추분에는 약간의 일사가 입사된다. 이때 수직음영각 ε는 다음과 같다.

$$\varepsilon = 90° - \varphi$$

여기서, φ : 위도

차양의 그림자가 창틀 하단에 떨어지고 창틀 하단에서 차양까지의 거리를 H라고 하면 차양의 돌출길이 P는 다음 식으로 구할 수 있다.

$$\begin{aligned} P &= H \tan(90° - \varepsilon) \\ &= H \tan \varphi \end{aligned} \quad (3.12)$$

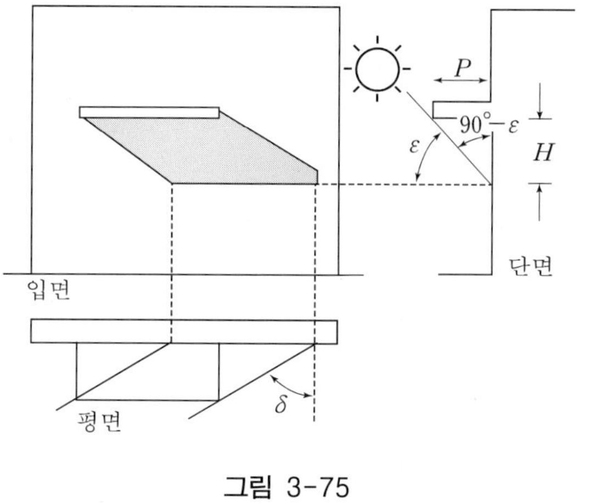

그림 3-75

【예제 3-9】 서울지방(37°34′ N)에서 $H=1.5$ m일 때 정남향 건물의 차양길이 P를 구하라.

풀이 $P = H \tan 37°34'$

$= 1.5 \times 0.763 = 1.144$ m

∴ 약 1.15 m

이상의 방법에 의한 수평차양의 돌출길이의 산정은 특정일(춘・추분)을 기점으로 하였기 때문에 3월 21일부터는 햇빛을 받지 못하게 된다. 그러나 하지를 기점으로 적정차양길이를 산정하면 우리나라의 경우 7월 말에서 8월 초의 과열기간에는 실내에 일사가 입사된다. 따라서 동지 및 하지를 기준으로 난방기간에는 충분한 일사유입을, 냉방이 필요한 기간(과열기간)에는 일사차단을 할 수 있도록 지역별로 적정한 수평차양의 돌출길이 산정이 필요하다.

【예제 3-10】 서울지방(37°34′ N)에서 12월 21일과 6월 21일의 정오 때 돌출길이 600 mm인 처마에 의해 형성되는 음영길이를 구하라.

풀이 12월 21일의 적위 $\delta = -23.5°$

정오 때 태양고도 $\gamma_n = 90 - \varphi + \delta = 90 - 37.5 - 23.5 = 29°$

음영길이 $H = 600/\tan 29° = 333$ mm

6월 21일의 적위 $\delta = 23.5$

정오 때 태양 고도 $\gamma_n = 90 - 37.5 + 23.5 = 76°$

음영길이 $H = 600/\tan 76° = 2406$ mm

∴ H(12월 21일) = 333 mm, H(6월 21일) = 2406 mm

(c) 적정차양길이 산정방법

차양(처마)의 구성은 그림 3-76과 같으며 정남향인 서울지역을 기준으로 하였다.

분리비(分離比 ; seperation ratio) $\overline{G} = \dfrac{G}{H}$ (3.13)

돌출비(突出比 ; overhang ratio) $\overline{P} = \dfrac{P}{H}$ (3.14)

하지 정오를 전후하여 45일간 차양하고 동지 정오를 전후하여 60일간 햇빛을 받을 수 있는 차양의 돌출비($\overline{P}$)와 분리비($\overline{G}$)는 표 3-10을 이용하여 구할 수 있다. 여기서, 창

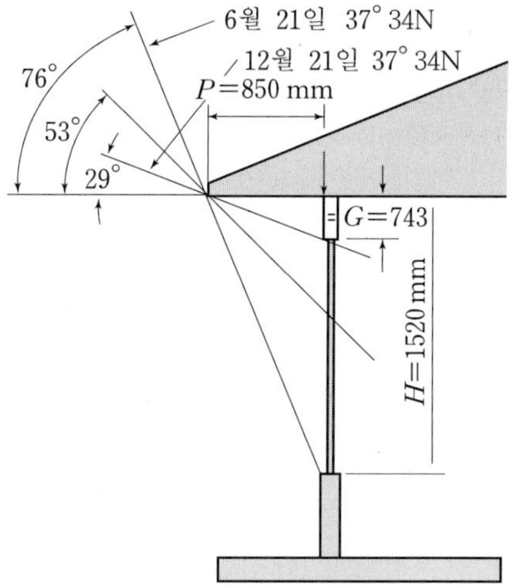

그림 3-76 수평차양의 구성(서울 : 37° 34′N)

의 높이 (H)는 1 m를 기준으로 하였고 창의 방위각은 정남향의 수직창으로 국한하였다. 표 3-10에서 차양돌출길이(P)는 돌출비($\overline{P}$)에 창 높이(H)를 곱한 값이며, 창 위틀에서 차양까지의 길이(G)는 분리비($\overline{G}$)에 창 높이(H)를 곱한 값이다. 예를 들면, 서울의 경우 $\overline{P}=0.560$, $\overline{G}=0.489$가 되므로 $P=56$ cm, $G=49$ cm가 된다.

또한 위에서 제시한 바와 같이 서울지방에서 돌출길이비($\overline{P}$)가 0.560이고 분리비($\overline{G}$)가 0.489인 차양을 가진 창은 겨울철에 하루종일 일사를 받을 수 있으며, 여름철에는 정오를 중심으로 창면적의 60~80 %가 음영면적이 된다. 값들에서는 여름철에는 0.3~0.4 정도의 차양계수, 겨울철에는 1의 차양계수를 가진 차양설계가 바람직한 것을 알 수 있다. 단, 여기서의 차양계수란 창면적에 대한 직달일사에 의한 음영면적비를 나타낸 값으로 다음 식과 같다.

표 3-10 차양길이 환산표(정남향 수직창의 경우)

위 도	돌 출 비 ($\overline{P}$)	분 리 비 ($\overline{G}$)
37° 4′ (서 울)	0.560	0.489
36°18′ (대 전)	0.502	0.432
35°53′ (대 구)	0.502	0.466
35°49′ (전 주)	0.500	0.456
35°08′ (광 주)	0.477	0.454
35°06′ (부 산)	0.476	0.454
34°08′ (여 수)	0.464	0.448
33°14′ (서귀포)	0.415	0.422

$$\text{차양계수} = 1 - \frac{\text{음영면적}}{\text{창면적}} \tag{3.15}$$

3-2-6 일조계획

【1】 인동간격

건물의 일조계획시 우선적으로 고려해야 할 사항은 일조권의 확보이다. 일조권은 일정한 인동간격을 유지함으로써 얻을 수 있으며 대지의 위도, 경사방향 및 경사도와 같은 물리적 요소와 건물의 높이, 방위각, 개구부 높이 등 일조계획적 요소에 의해 결정되므로 건물 높이만을 고려하여 일률적으로 규정할 수는 없다.

(a) 음영길이 계산

음영길이는 전면건물 높이와 태양고도와의 관계에 의해 정해지지만 대지의 조건과 건물의 방향에 따라 건물법선 면의 음영길이는 달라진다.

먼저 건물법선면 음영길이 산정을 위해서 건물을 막대의 군집체로 가정하여, 이들의 음영을 계산한다. 막대음영은 건물의 방향과 관계가 없으나 건물의 음영길이는 방향과 대지의 조건에 따라 변하므로 방향에 따른 인동거리 산정에는 건물축을 중심으로 건물법선 방위각이 고려되어야 한다.

따라서 인동간격은 다음과 같다.

$$\text{인동간격}(L) = \frac{\cos(\alpha - \omega)}{\tan\gamma + \tan\theta \cdot \cos(\alpha - \omega)} \cdot H \tag{3.16}$$

건물전면의 개구부를 중심으로 한다면 개구부 하단의 높이까지는 음영이 닿아도 좋으므로 상기식은 다음과 같이 변형이 가능하다.

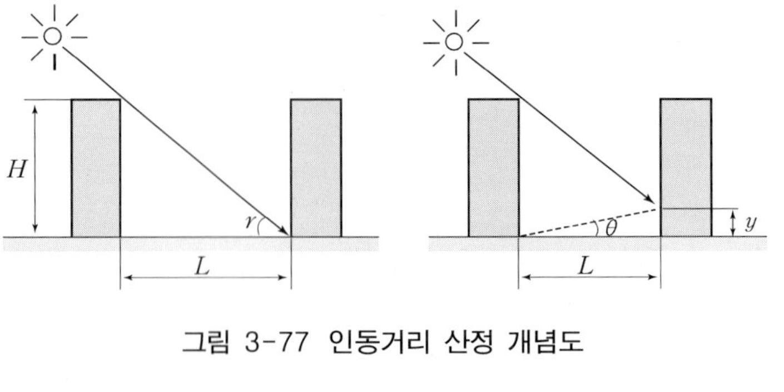

그림 3-77 인동거리 산정 개념도

$$인동간격(L') = \frac{\cos(\alpha - \omega)}{\tan\gamma + \tan\theta \cdot \cos(\alpha - \omega)} \cdot H - \frac{y}{\tan\gamma} \tag{3.17}$$

여기서, γ : 태양고도, $\alpha - \omega$: 건물법선면 방위각 차

H : 전면건물 높이, θ : 대지의 경사도

y : 지면에서 개구부 하단부까지의 높이, L : 인동간격

대지의 위도와 경사도, 건물 높이, 방위각, 개구부 높이 등을 고려하여 인동계수(隣棟係數)를 산정하면 그림 3-78과 같다. 그래프의 작도는 오전을 기준으로 하였으므로 건물방위각 −90°는 정동이고, 0°는 정남, +90°는 정서를 나타내게 된다. 따라서 방위각이 0°가 아닌 경우는 반드시 오전·오후 각각의 인동계수를 구해야 한다.

위의 방법에 의한 인동계수 산정의 예는 다음과 같다.[3)]

【예제 3-11】 서울지역에 있는 인접한 10층 아파트에서 동짓날 1층 바닥면까지 최소한 4시간의 일조를 받기 위한 최소인동거리를 구하라. 단, 인접 아파트의 건물 높이는 30 m이며, 건물방위각은 0°, 앞 건물과 대지경사각은 +10 %이다.

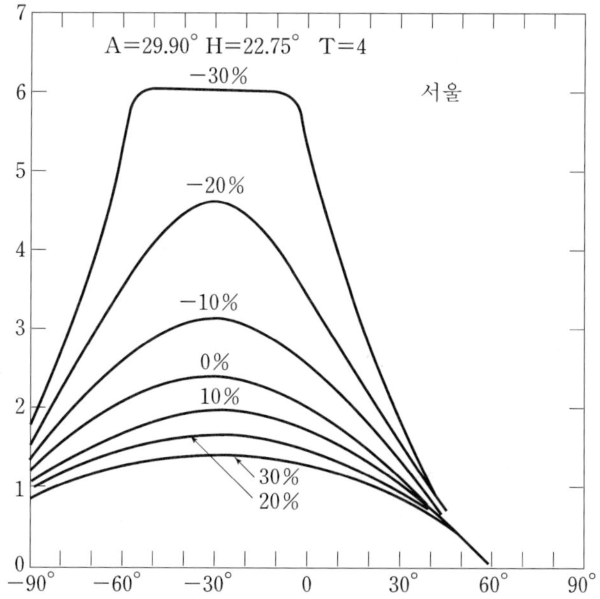

그림 3-78 4시간 일조를 위한 인동계수(서울)

3) 박방열·이경회, 추계 학술논문집, 대한건축학회, 1983

풀이 그림 3-78에서 X축의 0°와 10 %의 대지경사각선을 연결하여 그 점에서 Y축에 수선을 그어 만나는 점의 값을 읽으면 인동계수는 1.71이다.

$$\text{인동간격} = \text{건물높이} \times \text{인동계수}$$
$$= 30 \times 1.71 = 51.3\ \text{m}$$

방위별 대지조건에 따른 일조시간별 인동계수 산정표는[4] 부록 I-7-a(서울), I-7-b(전주), I-7-c(부산)에 있다.

【2】 대지조사

건물이 둘러싸인 대지의 일조조건은 음영각분도기와 조사지역의 태양궤적도를 사용하여 간단히 조사할 수 있다. 음영각분도기는 장애물의 일영도를 그릴 수 있으므로 음영 마스크를 태양궤적도 위에 겹치면 건물방위각에 따라 특정한 날의 일영시간을 쉽게 알 수 있다.

【예제 3-12】 남향에 태양열 집열기가 부착된 건물이 기존건물의 북북서에 위치해 있다. 태양열 집열기의 하단부인 C점에 1년 중 어느 달과 하루 중 어느 시간 동안 음영이 지는지를 음영 마스크로 표시하라.

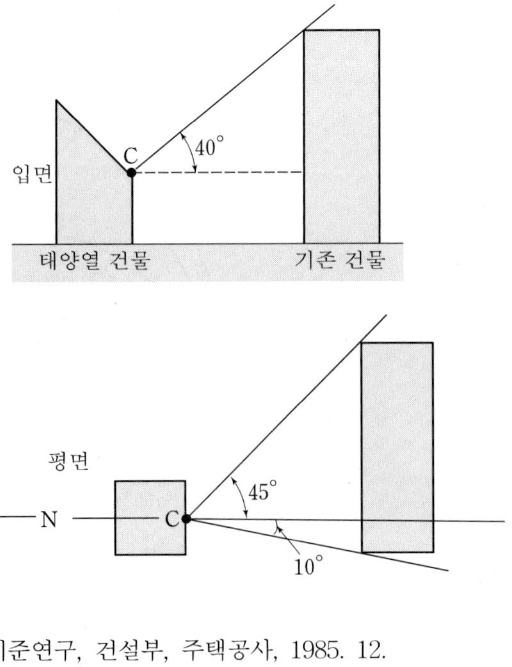

그림 3-79

4) 이경회 외 공동주택의 에너지 절약을 위한 설계기준연구, 건설부, 주택공사, 1985. 12.

풀이 그림 3-79와 같이 C점에서 수직음영각은 40°이고 수평음영각은 45°와 −10°이다. 이 값들을 음영각분도기에 표시한 뒤〔그림 3-80 (a)〕, 태양궤적도 위에 겹쳐 놓으면 C점은 그림 3-80 (b)의 음영부위에 해당되는 달과 그 기간 동안의 하루 중 그 시간대에 음영이 진다. 예를 들면, 1월 28일 8시 55분부터 12시 10분까지 음영이 진다.

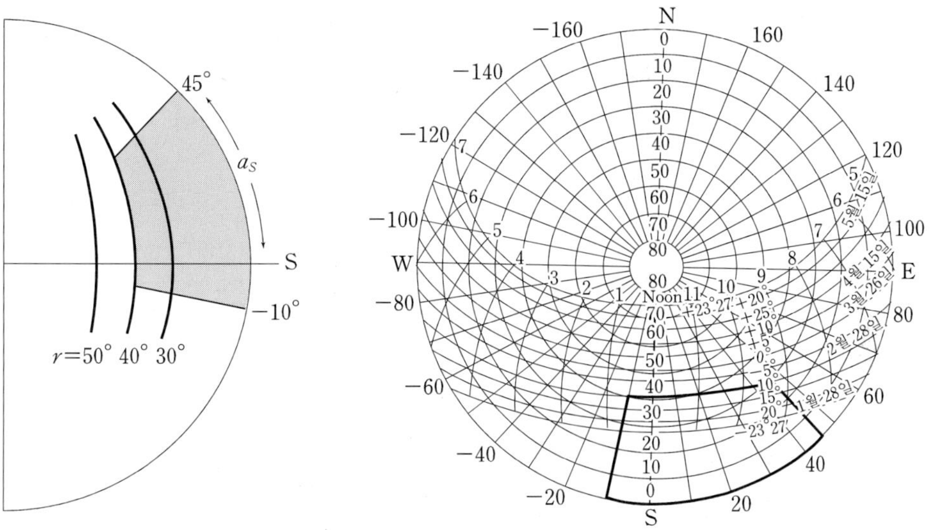

(a) 음영분도기에 표시 (b) 태양궤적도 위에 겹침

그림 3-80 음영분도기와 태양궤적도를 이용한 음영시간대의 예측

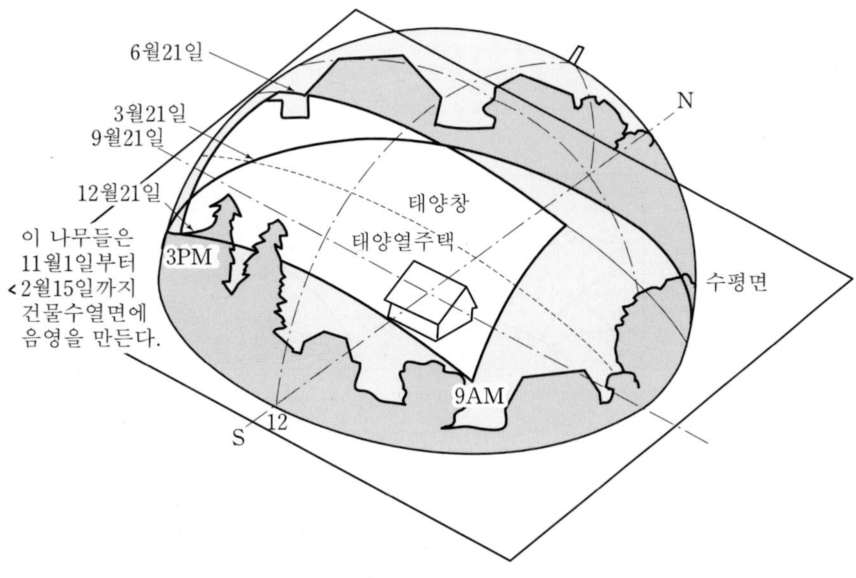

그림 3-81 태양창의 개념도

【3】 태양열 건물의 배치계획

태양열을 이용하는 건물은 태양열 수열부위를 중심으로 투명한 반구의 천구를 가정하고 태양궤도를 천구상에 표시할 수 있다. "태양창(solar window)"이란 태양열을 효율적으로 이용할 수 있도록 주변건물과 나무에 의한 일사의 방해 없이 일조를 받게 되는 천구상의 가상영역으로 그림 3-82와 같이 오전 9시부터 오후 3시까지의 동·서 태양방위각 경계와 동지(12월 21일)부터 하지(6월 21일)까지의 상·하 태양궤도경계로 정해진다. 만약 건물을 중심으로 천구상에 투영시킨 나무나 건물 등의 음영이 이 "태양창"의 경계

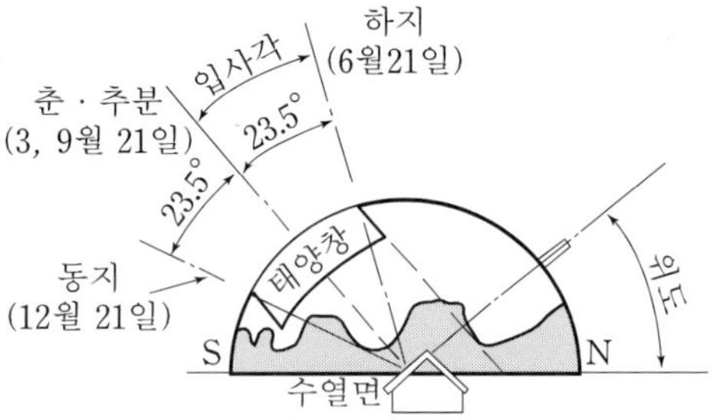

(1) 측면에서 본 천구상의 태양창. 태양창 영역에서 연중 태양위치와 각의 관계를 설명한다. 여기서, 입사각이란 수열면의 법선과 어느 시간의 태양고도가 이루는 각이다.

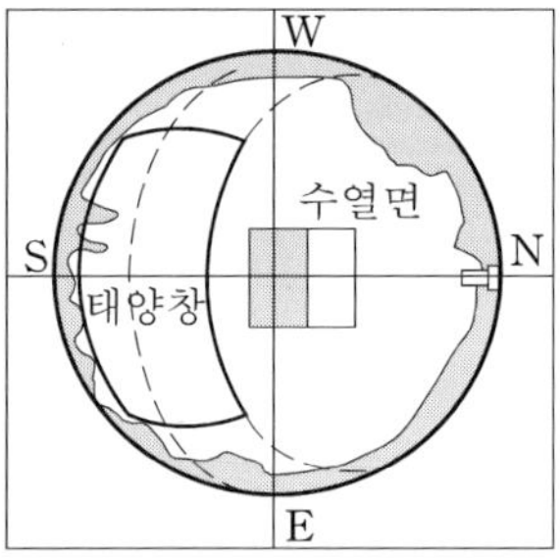

(2) 태양궤적도에 표시된 태양창. 태양궤적도상에 주어진 시각선과 계절별 태양궤적으로 태양창의 영역을 정할 수 있다.

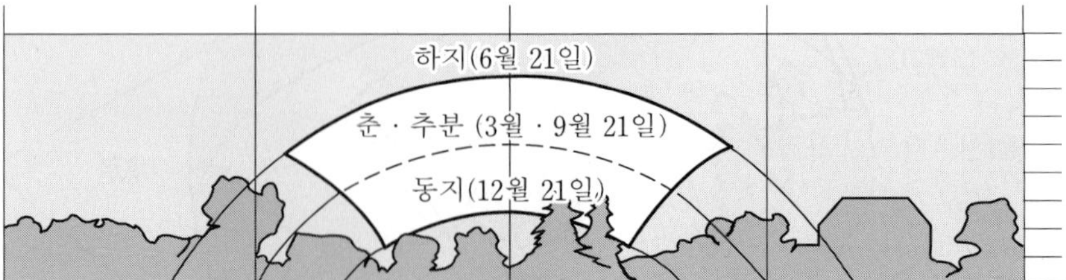

(3) 월드램 태양궤적도에 표시된 태양창. 이것은 태양창 영역과 대지주위를 비교하는데 매우 유용하다. 태양창을 침범하는 대지주위의 모든 요소들은 건물의 수열면 위에 그림자를 형성한다.

그림 3-82 태양궤적도상의 태양창 표시

표 3-11 태양에너지 사용 시스템에 따른 태양창 영역

사용 시스템	사용기간	사용 시스템별 태양창 영역 (상하경계역)
온 수	연중 사용	하지부터 동지까지의 태양궤적이 태양창의 상하경계역이다.
난 방	난방철만 사용	춘·추분부터 동지까지의 태양궤적이 태양창의 상하경계역이다.
냉 방	냉방철만 사용	하지부터 춘·추분까지의 태양궤적이 태양창의 상하경계역이다.

역으로 들어올 경우에는 건물의 수열면에 음영이 지게 된다. 태양창의 경계역은 위도와 태양열 시스템의 사용형태(온수, 난방, 냉방 등)에 따라 달라진다.

표 3-11은 각각의 태양에너지 사용 시스템에 따른 계절별 태양창의 영역을 나타낸 것이다.

특히 태양열 건물을 설계하는 데 있어서 가장 기본적인 것은 태양창을 고려한〔그림 3-83 (3)〕 월드램 태양궤적도를 이용하여 연중 일조조건(日照條件)을 검토하는 것이다.

대지상의 어떤 지점에 직사광선이 차단되는 정확한 시간을 결정하기 위해서 그 지점으로부터 보이는 장애물을 조사할 필요가 있다. 이것은 태양궤적도상에 직접 스카이라인을 그려봄으로써 알 수 있는데, 만일 남쪽에 큰 나무나 건물, 언덕 등의 장애물이 없이 확 트여 있다면 대지상에서 모든 지점이 겨울 동안에 햇빛을 받을 수 있으므로 다음의 절차는 필요하지 않다.

어느 특정지점이 어느 정도의 일사량을 받는가를 알기 위하여 그 지점으로부터 주위를 둘러보았을 때 태양빛을 가리는 장애물을 태양궤적도상에서 기록하는 방법은 다음과 같다.

① 방위각 측정을 위해 트랜싯(transit)이나 나침판 준비

② 고도각 측정을 위해 트랜싯이나 핸드 레벨을 준비

③ 측정지점의 위도에 해당하는 태양궤적도 준비

이러한 기구는 일사량을 측정하기에 적합한 위치에 설치하며, 만일 측정하고자 하는 위치가 2층이나 옥상일 경우에는 사다리 등도 준비해야 한다.

스카이라인을 구하는 방법은 다음과 같다.

① 컴퍼스나 트랜싯을 이용하여 어느 방향이 진남인가를 결정한다.

② 진남으로 레벨을 맞추어 놓고 스카이라인의 수평면상 고도각을 결정한다. 그리고 차트상의 0° 진남 위에 이 점을 표시한다.

③ 같은 방법으로, 진남으로부터 동·서로 각각 120°씩 10° 간격으로 스카이라인의 고

도각을 찾아 기록한다. 이 값들을 선 차트에 실선으로 연결한다.

④ 큰 상록수와 같이 햇빛을 차단하는 독립된 물체는 방위각과 고도를 구해서 차트의

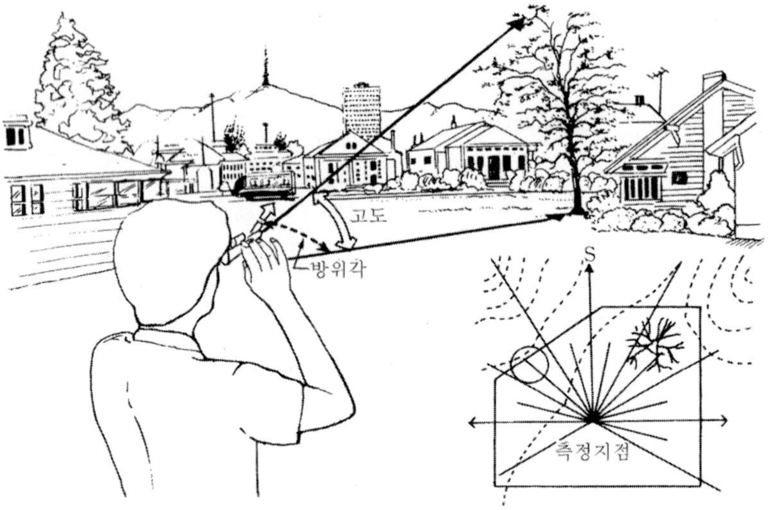

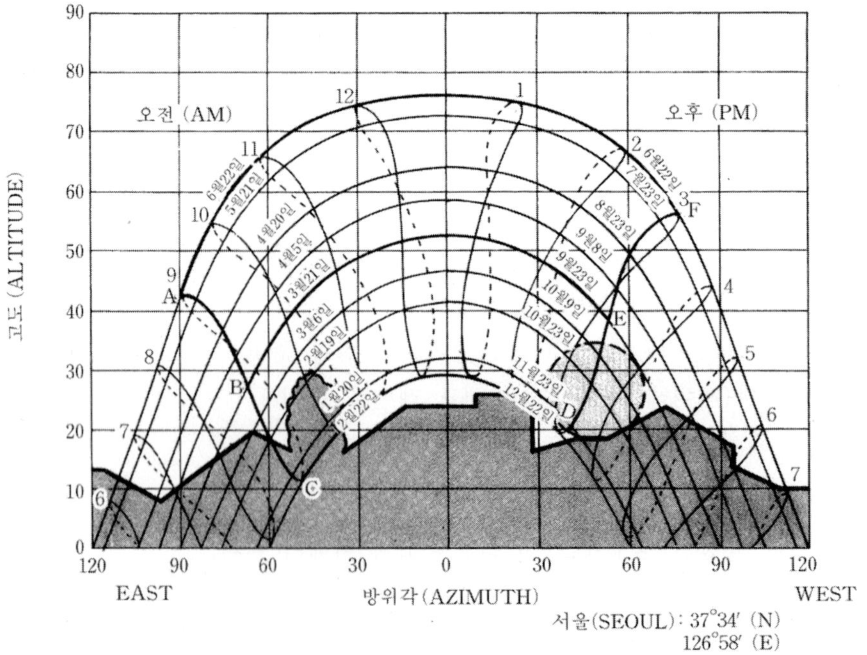

* 표 3-11의 난방철 태양창 영역을 서울지방의 신월드램 태양궤적도상에 표시하면 BCDE이며, 온수 시스템을 위한 태양창 영역은 ACDF이다.

그림 3-83 신월드램 태양궤적도상에 스카이라인을 그리는 방법 126° 58′(E) (N)

적당한 곳에 기록한다.

⑤ 마지막으로 차트에 점선으로 활엽수를 표시한다. 활엽수는 봄부터 가을까지는 햇빛을 차단해 주며 늦가을부터 초봄까지는 잎이 떨어져서 대부분의 햇빛을 투과시키는 특징이 있다.

이상으로 스카이라인이 완성되면 차트의 공백부분으로부터 햇빛이 비치는 시간대를 알 수 있다(그림 3-83).

3-3 일사환경계획

3-3-1 일 사 량

【1】 용어정의

(a) 태양상수

지구대기권 표면에 도달되는 평균일사량은 1,353[5] W/m^2(1.97 $cal/cm^2 \cdot min$, 428 $But/ft^2 \cdot h$, 4.871 $MJ/m^2 \cdot h$)이며, 이것을 태양상수라고 한다. 이 값은 태양 자체의 복사량에 따라 ±2 % 정도 변화하며 태양과 지구거리에 따라 ±3.5 % 정도 변화한다(표 3-12).

표 3-12 매월 21일의 태양상수값

월(月)	G_{sc} [W/m^2]	월(月)	G_{sc} [W/m^2]
1월	1396	7월	1311
2월	1384	8월	1324
3월	1363	9월	1345
4월	1341	10월	1367
5월	1321	11월	1388
6월	1310	12월	1398

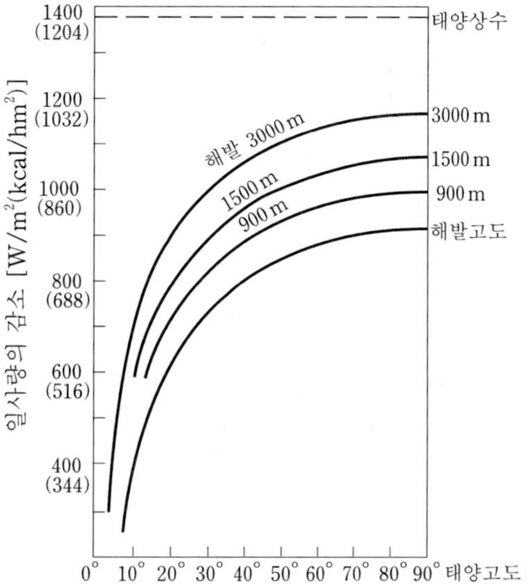

그림 3-84 일사량의 강도와 태양고도 및 해발고도와의 관계

5) Thekaekara와 Drumond (1971)가 제시한 표준값이다.

지표면에 도달하는 일사량의 강도는 해발고도와 태양고도에 따라 증감하며(그림 3-84), 지구상에 어느 지점에 입사되는 일사량은 코사인(cosine)법칙, 대기투과율, 일조시간에 영향을 받는다.

1950년대까지 태양상수의 산정은 지상에서 측정하였지만, 1970년대에 와서 항공기나 기구, 우주선 등을 이용하여 매우 정확한 측정이 가능하게 되었다.

① 코사인 법칙

일사량은 일사방향에 수직인 면에서 가장 크고 입사각의 코사인값에 따라 점점 작아진다(그림 3-85).

② 대기투과율

일사량의 세기는 공기분자, 수증기, 먼지 등에 의하여 산란, 흡수되어 감소된다.

그림 3-86에서와 같이 태양의 고도가 낮을수록(즉, 입사각이 클수록) 대기를 통과하는 경로가 길어지게 되어 대기투과율이 낮아지는데, 특히 대기의 아래층, 밀도가 높은 층, 오염된 층에서는 대기투과율이 낮아진다. 대기투과율의 값은 0.2~0.7 정도의 범위에 있다.

대기를 투과하는 태양광선의 통과거리는 "대기질량(air mass)"이라는 개념으로 정의된다. 이것은 천정을 통과하는 태양광선의 수직거리(AC)에 대해 실제로 통과하는 태양광선의 경로(BC)와의 비율을 말한다.

$$\text{대기질량 } (m) = \frac{\text{BC}}{\text{AC}} = \text{cosec}(\gamma) \tag{3.18}$$

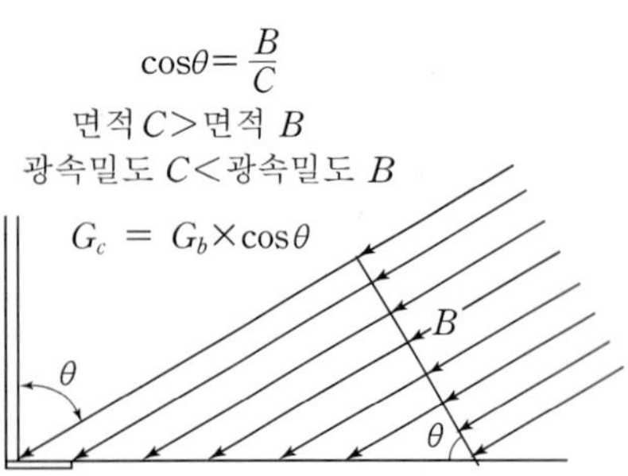

그림 3-85 코사인 법칙

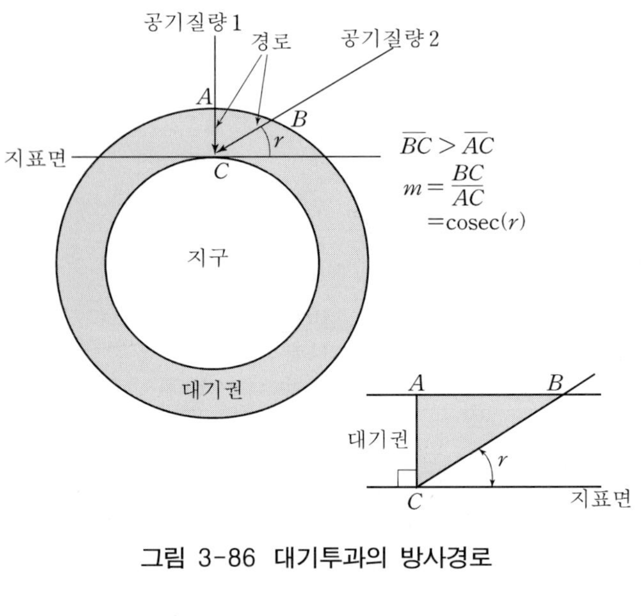

그림 3-86 대기투과의 방사경로

표 3-13 태양고도와 대기질량 1~6

대기질량 (m)	1	1.5	2	3	4	5	6
태양고도 (γ)	90	42	30	20	14.5	11.5	9.6

대기질량 (m)은 해면에서 태양이 천정(天頂 ; $\gamma=90°$)에 있으면 1, 천정각 $\gamma=30°$이면 2이고 γ해면에서 0~30° 미만의 범위에 있을 때는 $m=(\cos\gamma)^{-1}$에 의해서 구한다(표 3-13).

청명일 때 지상에 직접 도달하는 일사(direct 또는 beam radiation)의 대기투과율 (P)은 지표면에 떨어지는 태양 복사에너지 강도와 대기권 밖의 법선면이 받는 복사강도의 비율로 정의된다.

$$P=\frac{G_{nb}}{G_{sc}} \tag{3.19}$$

여기서, G_{sc} : 대기권 밖의 법선면 일사량, 태양상수

G_{nb} : 태양광선에 대한 법선면 일사량

이때 G_{nb}값은 태양고도와 대기상태에 따라 변화되는 직달일사를 말한다. P값은 입사되는 지점의 고도에 따라서도 달라지며, 해발 1,500 m 지점에서의 오차는 3 % 미만이다.

③ 일조시간

낮의 길이로서 구름량과 대기오염의 영향으로 지역적으로 그 길이가 변화된다. 지구의 수열면적은 $124\times10^{12}\,m^2$이므로 전일사에너지량은 다음과 같다.

$$1,353\times124\times10^2=155\times10^{15}\,W$$

청명일에 지상에 도달하는 일사량은 다음 세 가지 성분으로 구분된다.

a. 직달일사(直達日射 ; direct 또는 beam radiation) : 대기의 산란없이 태양으로부터 직접 지표면에 도달하는 태양복사를 말한다.

b. 천공일사(天空日射 ; sky radiation) : 확산일사(diffuse radiation)라고도 하며, 일사가 대기 중의 입자에 의해 산란되어 천공 전체로부터 복사하여 지면에 도달하는 일사로 수평면이 받는 천공일사량은 태양고도가 높을수록, 대기혼탁도가 클수록 크다.

천공일사성분은 ㉠ 청명일에 대기권에서 산란에 의하여 일사의 방향이 달라진 후 지표면에 도달하는 일사량과 ㉡ 담천일에 구름에 반사된 일사량으로 나눌 수 있다.

c. 반사일사(反射日射 ; reflected radiation) : 직달일사와 천공일사가 지면으로부터 다시 반사되어 받는 일사를 말한다.

이상에서 직접 지표면에 도달하는 직달일사량은 대기권 밖의 면이 받는 일사량의 26%에 해당하고, 대기 중에서 확산 또는 산란반사되어 지표면에 도달하는 확산일사량은 약 25%에 해당한다. 직달일사량과 확산일사량의 합계를 전일사량(全日射量 ; global radiation : 51% 해당)이라고 하며, 보통 일사량이라 할 때는 전일사량값을 의미한다.

【2】 일사량 계산

일사량은 에너지 밀도, 즉 일사의 세기(irradiance ; G)로 정의되고 단위는 W/m^2이며 열류〔W=J/S〕의 난시량이다. 또 어느 표면 위의 단위면적당 일정기간(시간, 일, 월, 년)에 받는 일사량을 표시할 때는 그 기간 동안의 입사에너지를 적분한 값으로 나타내고 이것을 적산일사량(積算日射量 ; irradiation 또는 radiant exposure ; D)이라 하며 단위로는 J/m^2을 주로 사용한다. 보통 기상대에서 측정한 일사량값은 적산일사량이다.

만일 1W의 열류가 1시간 동안 계속되면 입사에너지는 1 Wh=3,600 J이 되며, 1시간의 평균일사의 세기(G)가 1 W/m^2이면 1시간의 적산일사량(D)은 1 Wh/m^2 =3,600 J/m^2이 된다. 보통 D는 하루에 받는 일사량을 표시하는 데 사용하고 G는 시간당 일사량을 표시할 때 사용한다.

일사량 G, D에 대하여 다음의 첨자가 이용되고 있다.

일사량 계산은 일사를 받는 면이 수평면과 φ만큼 경사져 있고 방위각이 α일 때 그

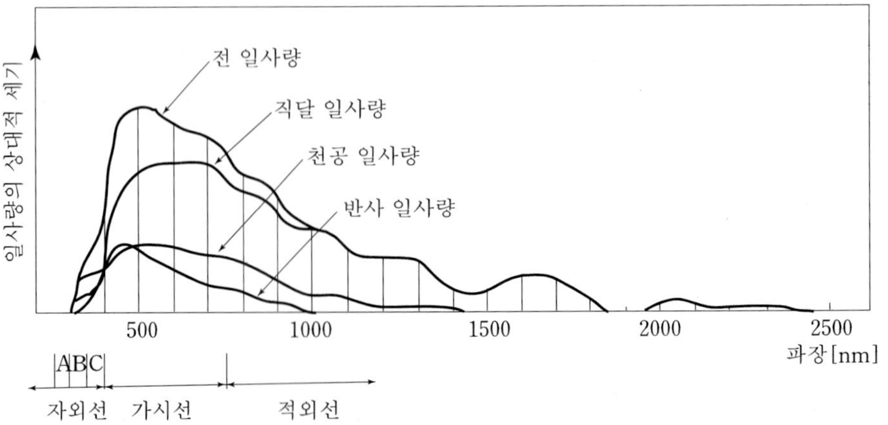

그림 3-87 파장에 따른 일사량 성분

제 1 첨 자	제 2 첨 자
h : 수평면 n : 법선면 p : 주어진 평면 v : 수직면(방위를 알 때) 첨자 없음 : 일반적인 면	b : 직달일사 d : 확산일사 r : 반사일사 첨자 없음 : 전일사

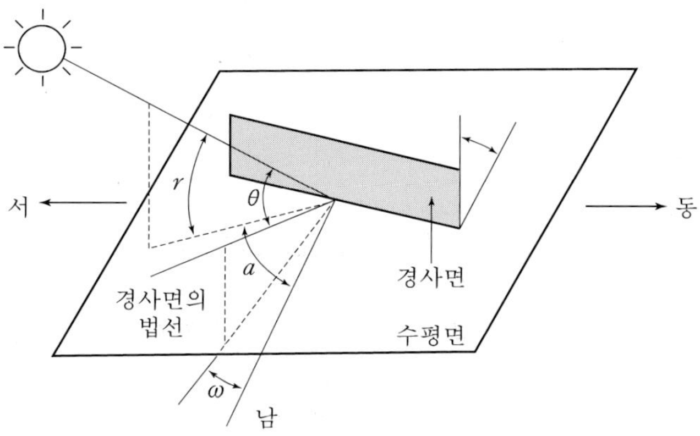

그림 3-88 수직 · 수평면상의 일사각

면이 받는 일사량은 다음과 같이 나타낼 수 있다(그림 3-88).

(a) 법선면 직달일사량

청명한 날의 법선면 직달일사량 G_{nb}[W/m^2]는 여러 가지 식으로 나타낼 수 있다.

$$G_{nb} = 910(\sin\gamma) + 0.25[910 \times \sin(2\gamma)] \tag{3.20}$$

$$G_{nb} = 950[1 - e^{-0.075\gamma}] \tag{3.21}$$

$$G_{nb} = 1,370(\sin\gamma) - 2,889(\sin\gamma)^2 + 3,290(\sin\gamma)^3 - 1,826(\sin\gamma)^4 + 371(\sin\gamma)^5 \tag{3.22}$$

여기에서 얻어진 결과는 실제 측정값으로 대응될 수 없으나 자료가 없는 경우에는 이용할 수 있다.

하루의 전일사량은 다음과 같다.

$$D_n = D_o\left(0.29\cos\varphi + 0.52\frac{n}{N}\right)[\text{Wh/m}^2] \tag{3.23}$$

여기서, D_o : 같은 기간 동안의 대기권 밖의 일사량(9,830 Wh/m^2day)

φ : 위도

n : 같은 기간동안 실제로 태양이 비치는 시간

N : 같은 기간동안 태양이 비칠 수 있는 가능시간

(b) 경사면 일사량

경사면의 일사량은 수평면 일사량, 직달일사량, 확산일사량에 의해서나 법선면 직달일사량과 수평면 확산성분에 의해서 구할 수 있다. 직달일사량은 벡터량이며 입사각 (θ)에 의한 코사인 법칙으로 각 면에 대해 변환시킬 수 있다.

법선면 일사량 (G_{nb})이 주어지면 주어진 면의 직달일사량을 구할 수 있다.

$$G_{pb} = G_{nb} \times \cos\theta \tag{3.24}$$

수평면 직달일사량 (G_{hb})이 주어지면

$$G_{nb} = \frac{G_{hb}}{\cos(90-\gamma)} = \frac{G_{hb}}{\sin\gamma} \tag{3.25}$$

$$G_{pb} = G_{hb}\frac{\cos\theta}{\sin\gamma} \tag{3.26}$$

어떤 면에서 입사각 (θ)의 계산은 3-2-1의 [3]항에서 설명한 바와 같다.

경사면의 확산일사량은 천공에 대하여 그 면이 노출되는 비에 좌우되고 경사각을 φ로 해서 다음 식에 의해 구한다.

$$G_{pd} = G_{hd}\frac{1+\cos\varphi}{2} \tag{3.27}$$

$\varphi=0°$(수평면)에서는 $(1+1)/2=1$이며, $\varphi=90°$(수직면)에서는 $(1+0)/2=5$이다. 즉, 수직면은 수평면이 받는 확산일사량의 1/2만을 받는다.

반사일사량은 확산일사와는 반대의 방법으로 계산되며 지면의 반사율 (ρ)에 의해 지면에 입사된 수평면 전일사량의 일부가 된다.

$$G_{pr} = \rho G_h\frac{1-\cos\varphi}{2} \tag{3.29}$$

정확한 자료가 없을 때는 다음의 반사율을 적용한다.

$\rho=0.2$: 고온다습하거나 온난한 기후지역으로 초목으로 덮혀 있는 곳

$\rho=0.5$: 고온건조 기후지역으로 황무지, 사막

이상에서 경사면의 전일사량은 식 (3.30)으로 계산하며 수직면 전일사량은 식 (3.31)로 계산한다.

$$G_p = G_{pb} + G_{pd} + G_{pr}$$
$$= G_{hb}\frac{\cos\theta}{\sin\gamma} + G_{hd}\frac{1+\cos\varphi}{2} + \rho G_h\frac{1-\cos\varphi}{2} \tag{3.30}$$

$$G_v = G_{hb}\frac{\cos\theta}{\sin\gamma} + 0.5G_{hd} + \rho 0.5G_h \tag{3.31}$$

【3】 도식적 해법

일사량 자료가 없을 때 일사량의 범위를 신속히 구하기 위해서는 도식적 방법을 사용하며 태양궤적도(그림 3-41)를 일사량 선도(sunpath overlay)와 같이 사용한다. 그림 3-89와 3-90에 나타난 선도는 다음 여섯 가지 일사량을 표시한 것이다.

단위 : kcal/m² · h

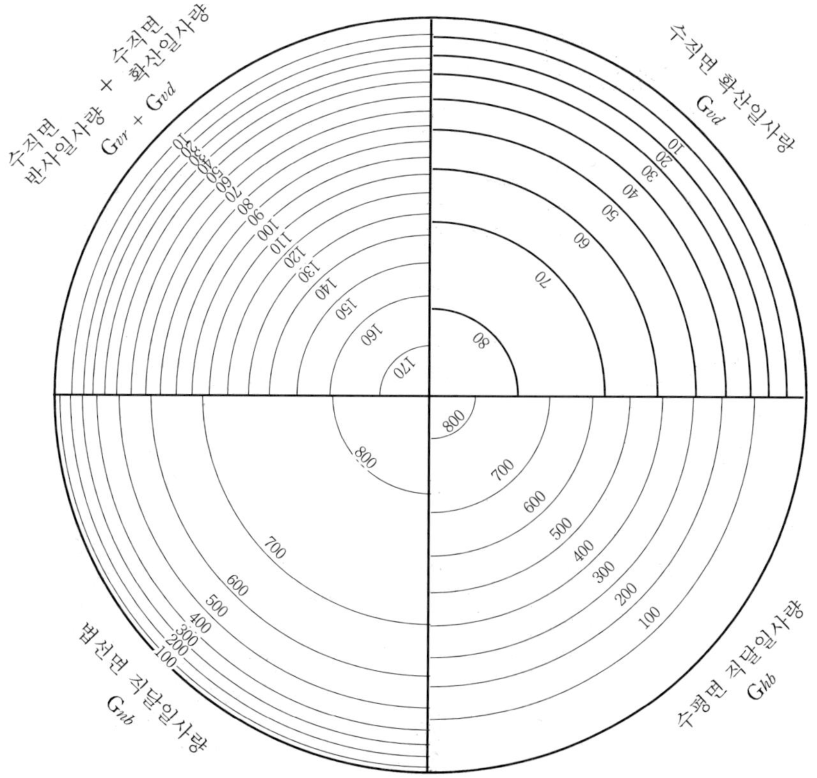

그림 3-89 일사량 선도 I

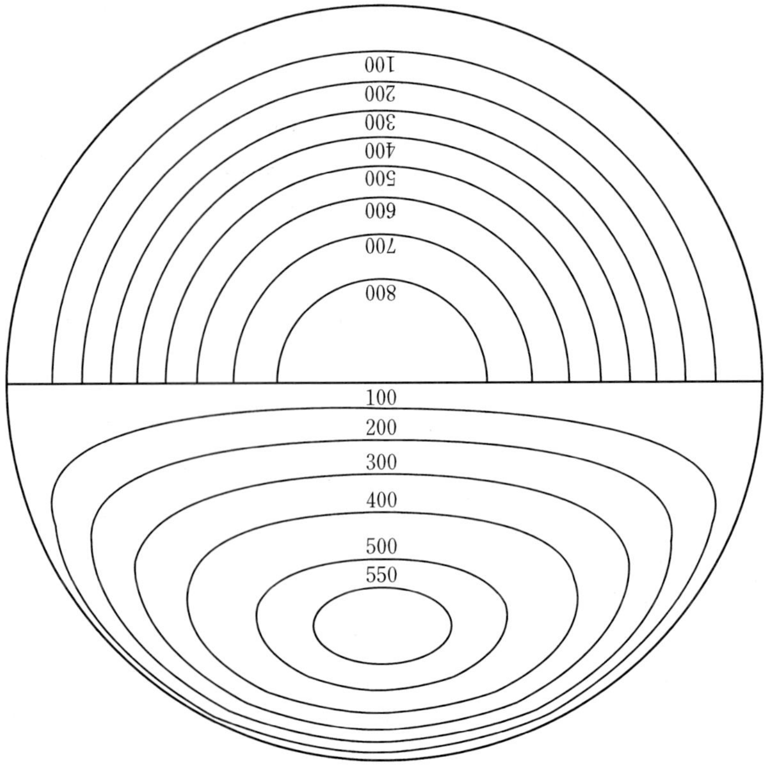

그림 3-90 일사량 선도 II

① G_{nb} : 법선면 직달일사량

② G_{hb} : 수평면 직달일사량

③ G_{vb} : 수직면 직달일사량

④ G_{vd} : 수직면 확산일사량

⑤ G_{vr} : 수직면 반사일사량 ($\rho = 0.2$)

⑥ G_h : 수평면 전일사량

먼저 태양궤적도상에 구하고자 하는 지점(위도)에 맞추어 일사량 선도를 포개어 놓고 태양위치(P)를 결정하여 중심(O)에서 그 점까지의 거리(선분 PO)를 측정하면 구하고자 하는 여러 가지 일사량값을 신속하게 읽을 수 있다.

수직면에 대한 직달일사량은 1차원으로 나타낼 수 없다. 즉, 입사각은 태양고도 (γ)와 방위각 (α)의 함수이므로 그림 3-90과 같이 곡선으로 나타낸다. 그림 3-89와 3-90은 음영분도기 사용과 동일한 방법으로 태양궤적도와 함께 위도에 관계없이 사용한다. 이때 기준선은 평면도상에서 건물벽면을 표시하며 반원의 중심은 벽의 방위각에 대응한다. 태양위치(P)의 일사량은 등 일사선으로 읽을 수 있다(그림 3-89와 3-90의 분도기는 맨 뒤에 수록하였다).

【4】 일사량 측정

일사량은 지역별로 측정된 자료를 사용하지만 자료가 없을 때에는 태양고도의 함수로 표시된 아래의 표 3-14 값에 의해 맑은 날의 조건으로 사용한다.

이 표의 자료를 이용할 때는 그 지역대기의 혼탁 정도, 구름의 상태를 고려하지 않으면 안된다. 따라서 태양에너지 이용 등의 경우에는 적당하지 않으나 건물의 부하계산에 사용하기에는 충분하다.

그림 3-92는 컴퓨터 시뮬레이션에 의한 서울 ($\varphi = 37°34'$)의 일사량 자료이다. 수평면 전일사량은 수평면 직달일사와 천공일사를 고려하여 나타낸 값이고, 수직면 일사량은 태양고도와 건물의 방위각을 고려한 수직면 직달일사만을 이론적으로 구한 값이다.

표 3-14 맑은 날의 일사량

맑은 날의 일사량 [W/m²]			
γ	G_{nb}	G_{hb}	G_{hd}
10°	389	67	43
20°	620	212	62
30°	741	370	75
40°	814	523	84
50°	861	660	92
60°	893	773	100
70°	912	857	107
80°	922	908	113
90°	930	930	114

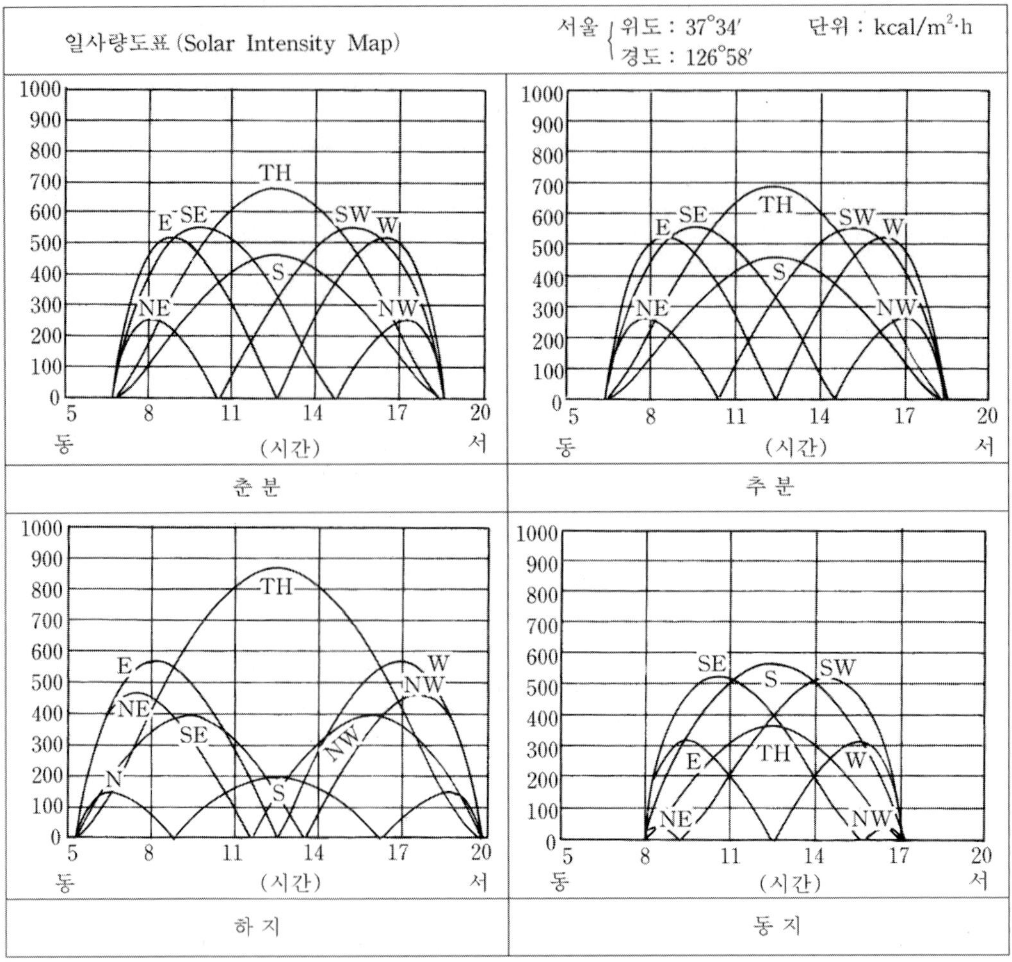

TH : 수평면 전일사량	E : 수직면 동향 직달일사량	SW : 수직면 남서 직달일사량
S : 수직면 남향 직달일사량	W : 수직면 서향 직달일사량	NE : 수직면 북동 직달일사량
N : 수직면 북향 직달일사량	SE : 수직면 남동 직달일사량	NW : 수직면 북서 직달일사량

그림 3-91 시간별 · 방위별 일사량 도표(서울지방)

【5】 우리나라의 일사량 관련자료

태양열을 실제 이용하기 위해서는 실측치를 이용하는 것이 가장 정확하지만 실측치에 없는 값이나 좀더 자세한 값을 원할 경우 이론식을 이용하기도 한다. 이론식에 의한 값은 오차를 가지므로 실측치에 의해 보완하여 사용하는 것이 좋다.

다음의 사항은 태양열 시스템 적용을 위한 기초자료로서 이용될 수 있다.

① 우리나라의 지역별 수평면 일사량(1972~1980년 월별) [단위 : kcal/m^{2}day]

지역 (위도)	월 / 구분	1	2	3	4	5	6	7	8	9	10	11	12	평균
강 릉 (37°45′N)	일사량	1376	1734	1980	2419	2712	2336	2146	2048	1913	1683	1342	1230	1910
	일조시간	181.7	167.6	177.4	204.4	232.5	170.0	151.7	156.1	156.6	176.9	166.1	176.9	176.5
	일조율	59	55	48	52	53	39	34	36	43	51	55	59	49
서 울 (37°34′N)	일사량	1713	2270	2948	3344	3936	3550	2942	2918	2991	2546	1829	1542	2711
	일조시간	153.3	151.2	194.8	192.0	228.9	173.1	117.9	138.4	175.7	189.2	138.6	142.8	166.3
	일조율	50	50	53	49	52	39	27	33	47	55	46	48	46
서 산 (36°15′N)	일사량	1421	1857	2610	3178	3585	3440	3206	3081	2685	2125	1532	1347	2461
	일조시간	161.1	160.1	203.5	219.3	245.2	201.6	171.7	182.8	177.5	191.5	156.5	158.6	185.8
	일조율	52	52	55	56	56	46	38	44	48	55	51	55	51
영 덕 (36°32′N)	일사량	1637	2003	2402	2863	3300	2952	2486	2743	2421	1959	1662	1524	2351
	일조시간	224.3	216.5	238.2	266.0	301.7	256.1	239.6	247.3	230.2	233.1	211.5	220.8	240.4
	일조율	73	71	68	69	69	58	54	59	62	61	69	74	66
영 천 (35°57′N)	일사량	1428	1779	2247	2658	3151	2836	2589	2664	2393	1936	1413	1270	2197
	일조시간	183.6	178.8	219.5	221.9	245.3	214.6	200.2	220.4	202.4	200.0	172.6	180.2	203.3
	일조율	59	58	60	57	57	50	45	53	55	57	56	60	56
이 리 (35°55′N)	일사량	1515	1914	2701	3253	3770	3516	3145	3211	2587	2240	1521	1339	2559
	일조시간	181.7	188.2	239.4	246.4	272.9	240.7	233.9	251.0	230.6	230.0	176.5	171.7	221.9
	일조율	59	62	65	63	63	56	53	60	62	66	57	57	60
광 주 (35°08′N)	일사량	1366	1858	2601	3178	3635	3581	3226	3657	3110	2357	1615	1318	2625
	일조시간	154.3	156.0	208.0	214.3	238.6	202.0	188.2	219.1	204.5	203.3	158.8	150.4	191.5
	일조율	50	52	56	55	55	47	43	53	55	58	51	49	52
함 안 (35°17′N)	일사량	1404	1707	2281	2552	2903	2731	2452	2610	2131	1885	1357	1323	2106
	일조시간	1887.2	181.1	209.0	208.0	234.9	190.2	181.4	209.0	185.2	193.8	183.6	195.7	196.6
	일조율	60	59	57	53	54	44	41	50	50	56	60	65	54
제 주 (33°31′N)	일사량	1220	1611	2809	3476	4119	3915	3830	3978	3069	2483	2714	1283	2792
	일조시간	73.0	100.2	163.3	191.4	223.1	186.5	196.4	222.1	179.3	182.0	117.2	82.7	159.8
	일조율	23	32	47	49	52	44	45	53	48	52	37	27	42
진 천 (36°38′N)	일사량	1413	1809	2557	3088	3570	3264	3035	2995	2632	2251	1427	1294	2435
	일조시간	147.6	153.3	193.5	239.4	191.8	176.6	184.4	180.8	189.9	142.3	144.5	179.2	
	일조율	48	50	53	53	55	44	40	44	48	54	41	48	48

② 서울지방의 방위별 단위면적당 수직면 일사량 [단위 : 0.01/MJ/m^2]

방위 \ 월	1	2	3	4	5	6	7	8	9	10	11	12	년간
W	592.4	638.2	817.2	866.9	853.3	1021.7	742.7	766.3	793.0	6342.5	391.6	335.8	14161.5
SW	823.6	819.5	953.4	927.3	851.3	1028.9	730.3	756.2	911.5	5716.1	502.3	453.1	14473.4
S	800.2	802.2	910.6	893.3	804.6	960.9	699.5	728.1	915.2	2611.0	551.3	493.7	11171.0
SE	538.0	596.5	741.1	818.4	780.9	906.3	694.3	718.7	795.2	2307.9	481.9	412.4	10291.6
E	357.0	448.4	609.9	745.0	763.6	865.6	691.3	703.6	676.1	2985.7	375.5	304.7	9562.9
N	307.4	398.0	523.3	648.3	719.8	772.6	677.4	672.5	562.9	443.0	330.9	273.1	6329.2

* 출처 : 한국의 일사량 자원현황분석, 한국동력자원연구소, KE-83-18, 1983

③ 우리나라의 지방별(1972~1976년) 일사율 $\left(\frac{\text{실측일사량}}{\text{대기권 밖의 일사량}} \times 100\,[\%] \right)$

지역 \ 월	1	2	3	4	5	6	7	8	9	10	11	12	평균
강 릉	37	34	31	32	31	27	25	27	30	31	34	36	31
서 울	42	40	42	39	41	38	32	33	41	41	42	43	40
추풍령	32	30	37	38	37	37	36	39	38	36	35	35	36
포 항	39	35	35	34	36	32	25	37	36	33	37	38	35
대 구	34	31	33	32	34	32	29	34	34	32	30	32	32
전 주	33	32	40	39	40	39	34	39	35	35	32	34	36
광 주	32	32	40	40	42	44	37	46	44	39	36	34	39
부 산	32	29	32	27	30	29	25	32	30	29	30	34	30
목 포	41	38	44	39	39	40	36	45	47	48	49	45	43
여 수	29	21	30	31	31	34	28	34	31	32	29	29	30
제 주	29	25	41	40	42	45	42	51	41	37	37	31	38
홍 천	39	35	39	39	42	40	35	35	41	42	36	39	39
제 천	40	38	39	40	44	43	40	42	43	42	38	39	40
울 진	40	32	33	32	34	31	29	31	34	37	42	46	35
서 산	39	37	44	43	46	47	38	46	49	46	41	40	43
청 주	39	36	40	41	41	41	38	40	42	42	37	37	40
거 창	33	31	35	34	35	35	30	29	35	33	32	34	33

* 출처 : 「기상년보, 중앙기상대」

④ 우리나라의 지방별(1931~1960년) 일조율 $\left(\frac{\text{일조시간}}{\text{가조시간}} \times 100\,[\%]\right)$

지역 \ 월	1	2	3	4	5	6	7	8	9	10	11	12	평균
강 릉	68	62	57	58	57	44	37	43	49	63	61	64	55
서 울	59	60	56	57	59	49	40	48	55	67	59	54	55
인 천	64	64	59	60	60	50	42	52	59	70	62	59	58
울 릉 도	31	36	46	54	54	43	38	49	46	54	47	36	45
추 풍 령	60	61	57	59	60	49	43	52	51	65	63	60	57
포 항	58	55	52	52	50	38	34	49	42	58	55	58	50
대 구	66	63	60	59	60	51	46	54	49	64	63	63	58
전 주	52	52	54	56	57	49	43	52	52	63	57	49	53
울 산	67	62	56	55	56	45	43	51	46	60	63	66	56
광 주	53	55	54	57	56	47	43	56	50	64	60	53	54
부 산	66	62	57	56	56	45	43	56	49	62	63	65	57
목 포	44	49	54	53	54	47	41	55	52	63	54	45	51
여 수	61	62	57	55	53	44	36	56	46	65	64	61	55
제 주	23	36	47	53	53	47	52	60	48	56	46	29	46

* 출처 : 「기상연보, 중앙기상대」

3-3-2 건물의 일사열취득의 주기성

건물의 태양열취득은 다음과 같은 경로에 의해 이루어진다.

① 직달일사

② 간접일사(천공복사, 지면복사)

일사의 효과는 외부표면의 마감과 재료, 단열특성에 따라 변화한다. 유리창과 같은 투과체는 두 가지(투과와 전도) 경로(2-1-2의 [1]항 참고)에 의해 실내열취득이 빠르게 일어난다. 한편, 벽이나 지붕과 같은 불투명체(opaque material)가 일사를 받으면 그 일부는 반사되고 일부는 구조체에 흡수되어 표면온도는 일정한 시간이 경과한 후 상승한다. 일사량이 시간에 따라 변화하므로 표면온도와 열류는 구조체의 열관류율 및 축열특성에 따라 변화한다. 구조체를 통한 일사열취득의 계산방법은 2-1-2의 [2]항에서 기술한 바와 같다. 여기서는 건물 구조체의 시간상수와 투과체를 통한 일사열취득의 주기성에 대하여 알아보기로 한다.

【1】 건물 구조체의 시간상수

전도에 의한 건축재료 내부의 열관류는 분자 상호간의 에너지 전달에 의해 발생한다. 전달에너지량은 분자간의 에너지 상태의 차이를 나타내므로 각 분자는 분자 상호간에 주고 받는 에너지의 일부를 축열하게 된다. 벽체를 통한 이러한 에너지 전달을 표시하는 에너지 기울기(energy gradient)를 생각할 수 있다. 이 기울기는 낮은 온도와 비교될 때 재료에 축열된 에너지량을 나타낸다. 그림 3-92는 정오와 자정 때의 에너지 분포변화를 보여주고 있다. 사선부분은 낮동안에 축열되어 온도가 떨어지는 밤에 방출되는 열에너지량을 나타낸 것이다.

그러므로 구조체를 통하여 전달되는 에너지는 구조체 내에 에너지를 축적하게 된다. 여름철 낮에 태양으로부터 획득한 복사에너지는 벽체 내에 열에너지로 축열되었다가 야간에 방출된다. 이와 같이 벽체에 에너지가 축열 또는 방출되는 시간은 벽체의 물리적 특성(전도율)과 열용량에 따라 다르다. 건물 전체로 볼 때 난방을 중지한 후 벽체 내부에 축열된 열이 방출되는 데는 일정한 시간이 필요하다. 이것을 그 건물의 시간상수(時間常數 ; time constant)라고 하며 실내외의 온도차와 관계가 있다.

$$\text{건물의 시간상수} = \frac{\text{구조체의 축열량}}{\text{시간별 손실열량}}$$

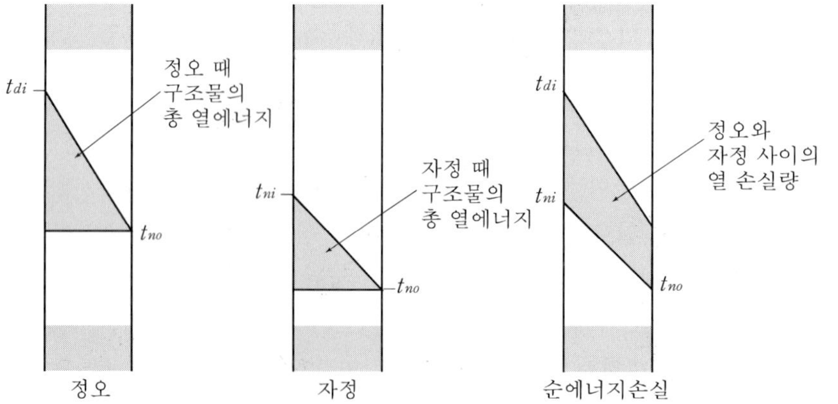

그림 3-92 에너지 기울기의 일변화

【예제 3-13】 다음과 같은 건물의 시간상수를 구하라. 단, 환기율은 2회/h, 창문면적은 벽면적의 40 %이다.

풀이 (a) 단위온도차당 구조체의 열손실 [kW]

환기에 의한 열손실 : $\frac{2}{3600} \times 13 \times 15 \times 66 \times 1200 = 8.580$

벽체에 의한 열손실 : $0.6 \times 2 \times 13 \times (66+15) \times 1.76 = 2.224$

유리에 의한 열손실 : $0.4 \times 2 \times 13 \times (66+15) \times 5.68 = 4.785$

지붕에 의한 열손실 : $66 \times 15 \times 1.76 = 1.742$

바닥에 의한 열손실 : $66 \times 15 \times 1.14 = 1.129$

합 : 18.460 ……①

(b) 실내외간의 온도차당 건물에 축열된 열

실내외의 온도 : $t_i = 19℃$, $t_o = -1℃$, $t_{지중} = 10℃$

건축물에 축열된 열=2,090,992 kJ …… ②

∴ 건물의 시간상수 = $\frac{2}{1 \times 3,600} = 31.4$[h]

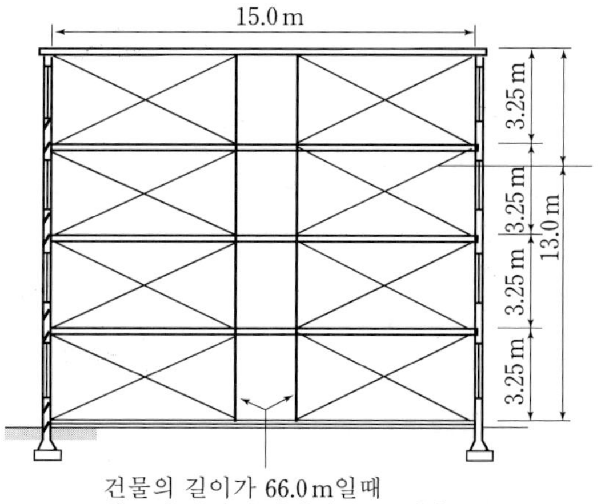

그림 3-93 시간상수 계산용 구조물의 예

부위별	구 조	K값
벽	실내에 15 mm 회반죽 칠한 340 mm 벽돌	1.76
지 붕	12 mm 콕을 설치한 150 mm콘크리트, 아스팔트	1.76
창 문	단층유리 3 mm	5.68
1층바닥	잡석다짐 위 150 mm 콘크리트	1.14
중간층바닥	200 mm 콘크리트	–
칸막이벽	75 mm 중공 흑블록	–

부위별	평균온도 [℃]	무 게 [kg]	비 열 [J/kg℃]	밀 도 [kg/m^3]	열 량 [kJ]
지붕 : 코르크	9.7	1,710	1.80	144	32,934
콘크리트	3.0	396,400	0.88	2400	1,395,328
아스팔트	0.6	39,917	0.84	2240	53,648
벽	7.4	790,240	1.05	1760	6,969,917
유리	4.7	6,300	0.84	2520	30,164
1층바닥	13.8	396,400	0.88	2400	1,325,561
					9,807,552
중간층바닥	19.0	1,425,000	0.88	2400	25,080,000
칸막이	19.0	330,109	1.05	67 kg/m^2	6,932,289
온도 20℃ 차이일 때 건물에 축적된 총 열량					41,819,841

시간상수에 의하여 각종 건물을 2종으로 구분하고 있다.[6)]

① A형 건물 : 중구조이며 내부칸막이가 있는 중층건물

② B형 건물 : 단층건물

시간상수는 난방용 외기 설계온도와 난방 시스템 부하안전율에 영향을 미친다. 따라서 A형 건물은 B형 건물보다 열용량 또는 열관성(熱慣性)이 크기 때문에 외기 설계기준온도를 2℃ 정도 높게 정한다. 즉, 중량구조건물은 경량구조건물에 비하여 건물 구조체의 온도를 높이는 데 더 많은 열량이 필요하지만 일단 축열된 열은 난방이 중단된 후에도 방열시간을 갖기 때문에 설계온도를 높게 정함으로써 부하안전율을 낮추고 있다.

【2】 투과체를 통한 일사열취득의 주기성

유리창과 기타 투과체인 경우에는 불투명 투과체에 비하여 획득일사량이 많으며 유리창 자체에는 거의 축열되지 않는다.

그림 3-99는 서울지방의 청명일에 방위별 수직벽의 단위면적당 유리창이 받는 월평균 일사량 곡선을 보여준다. 남면인 경우 여름에는 수열량이 적고 겨울에는 많으며 평지붕의 천창인 경우 수열량은 여름에 연중 최고이고 겨울에는 오히려 낮은 것을 알 수 있다.

2-1-1의 [2]항에서 서술한 $Q_s = A \times G \times \theta$는 하루 평균일사취득을 계산한 값이며 건물에 입사되는 순간일사량을 구하는 데 유효하다.

6) 영국 I. H. V. E. Guide

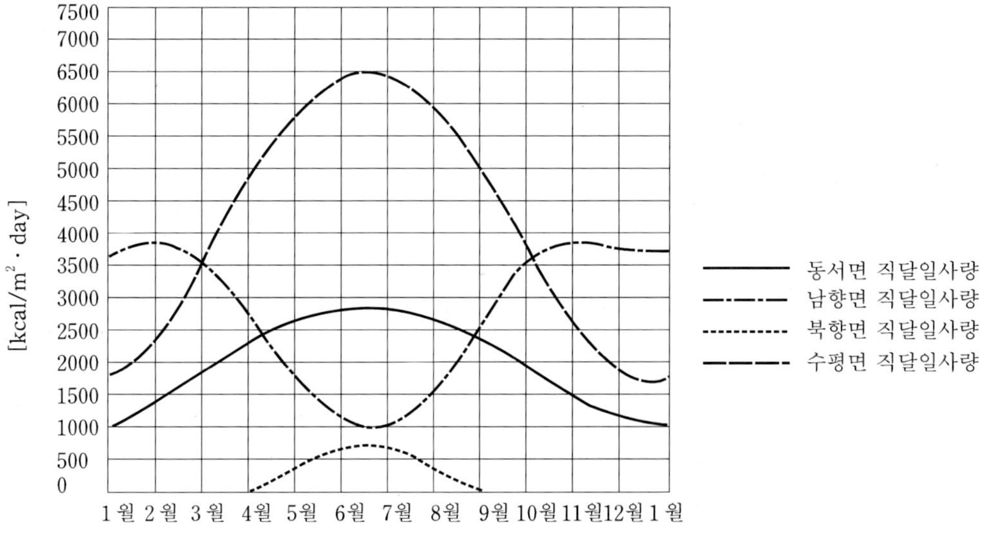

그림 3-94 방위별 수직벽의 단위면적당 유리창이 받는 월평균 일사량

그러나 일사에 의해 발생하는 냉방부하(冷房負荷)와 일사에 의한 온도상승을 구하기 위해서는 건물 자체가 가진 열관성효과를 고려하여야 한다. 입사된 일사는 직접적으로 실내공기를 따뜻하게 하지 않고 커튼, 바닥, 인접실벽, 표면에 흡수되어 표면온도를 상승시킨 다음 대류에 의하여 실내공기를 따뜻하게 만든다.

경험적 계산은 전도열류의 계산과 같은 방법으로 한다.

먼저, 하루 평균일사열취득을 구한다.

$$\overline{Q_s} = A \times \overline{G} \times \theta \tag{3.32}$$

여기서, $\overline{G}$ = 하루 전체 일사량/24

θ = 일사열 취득계수(solar heat gain factor)

$\left(\theta = \tau + \dfrac{\alpha}{2} \text{ 로 정의된다}\right)$

이 평균으로부터 시각에 의한 편차를 구한다.

$$\overline{Q_s} = A \times \overline{G} \times \theta_a \tag{3.33}$$

여기서, $\overline{G}$ = 시각의 편차 $(G - \overline{G})$

θ_a 일사열취득 변동계수(alternating solar gain factor)

일사열취득 변동계수(變動係數)는 다음 사항에 따라 달라진다.

① 유리 종류

② 내부 또는 외부에 설치된 차양장치

③ 건물의 열관성 지표

이때 건물의 열관성 지표는 다음과 같이 두 종류로 구분한다.

① 고정된 내벽, 칸막이 벽, 천장으로 된 중량구조

② 가벼운 이동식 칸막이 벽, 매단 천정, 매달거나 고정되어 있는 바닥에 나무 블록으로 마감하고 카펫을 깐 경량구조

따라서 냉방부하를 계산할 목적으로 창의 일사열취득을 고려한 식은 다음과 같다.

$$\theta_s = \overline{\theta_s} + \overline{\theta_s} = A(\overline{G}\theta + \overline{G}\theta_a) \tag{3.34}$$

【3】 일사열취득 관련자료

일사열취득에 영향을 미치는 자료들을 정리하면 다음의 표 3-15와 3-16과 같다.

표 3-15 일사흡수율과 복사율

재료표면색	α(solar)	ε(50℃에서)
깨끗한 표면		
벽돌		
흰색	0.25	0.95
밝은색	0.45	0.90
어두운 색	0.80	0.90
지붕		
아스팔트	0.90	0.95
빨간 타일	0.65	0.85
흰 타일	0.40	0.50
알루미늄	0.20	0.11
도로		
흰색	0.30	0.95
광택 없는 검은색	0.96	0.96
더러운 표면		
밝은색	0.50	0.60
중간색	0.80	0.85
어두운색	0.90	0.95

표 3-16 일사열 취득계수 (θ)와 일사열취득 변동계수 (θ_{ar})

차폐조건		유리와 차폐물	순간일사열 취득계수(θ)		일사열취득 변동계수(θ_{ar})			
					경량건물		중량건물	
			보통	2중	보통	2중	보통	2중
차폐물 無		투명유리	0.76	0.64	0.65	0.56	0.42	0.39
		저열선흡수	0.51	0.38	0.47	0.35	0.36	0.27
		고열선흡수	0.39	0.25	0.37	0.25	0.32	0.21
		래커 도장(회색)	0.56	−	0.50	−	0.37	−
		열선반사(금색)	0.26	0.25	0.25	0.20	0.21	0.14
차폐물 有	내 측	플라스틱 블라인드	0.62	0.56	0.61	0.57	0.55	0.53
		백색 베니션 블라인드	0.46	0.46	0.45	0.46	0.42	0.44
		흰색면 커튼	0.41	0.40	0.35	0.37	0.27	0.31
		크림색 홀랜드 블라인드	0.30	0.33	0.27	0.32	0.24	0.30
	중간부	흰색 베니션 블라인드	−	0.28	−	0.24	−	0.27
	외 측	플라스틱판제 블라인드	0.22	0.17	0.22	0.17	0.16	0.13
		캔버스홀러 블라인드	0.14	0.11	0.13	0.10	0.10	0.08
		흰색 루버(45°)	0.14	0.11	0.11	0.08	0.08	0.06
		축소형 루버 블라인드	0.13	0.10	0.10	0.07	0.08	0.06

3-3-3 일사조절

【1】 방위계획

건물의 방위는 일사량과 바람의 영향을 고려하여 결정한다. 건물의 일사열취득은 시간, 계절, 방위에 따라 달라지므로 1년을 통해 건물의 열평형(수열과 차열)이 잘 이루어질 수 있도록 건물의 방위를 결정해야 한다. 형상이 복잡한 건물은 방위를 적절하게 설정하기가 어렵다. 일반적으로 최적방위는 모든 중요한 건물벽면(남향)이 난방기간(暖房期間 ; underheated period : U)중에 최대일사량을 받고, 냉방기간(冷房期間 ; overheated period : O)중 최소일사를 받을 수 있도록 건물이 위치되는 방위이다. 그림 3-95는 우리나라 서울지방의 냉·난방기간 중 남향건물의 남쪽 수직벽면이 받는 일사량을 나타낸 것으로 이러한 과정을 통하여 최적방위를 구할 수 있다. 주축의 방위가 없는 정사각형이나 원형의 건물은 서로 다른 건물표면이 받는 일사량을 효과적으로 대처하기 위하여 건물외피 및 차양설계에서 세심한 고려를 필요로 한다. 투명한 표면은 많은 일사량을 건물 내부로 투과시키므로 방위는 건물표면의 유형과 구성재 측면에서도 검토되어야 한다.

그림 3-96은 이와 같은 방법을 통해 여러 기후권에서 건물의 최적방위를 결정한 예이다.

주택의 경우 향배치는 일사량과 직접 관계가 있으므로 난방기간 중 가장 많은 수직면

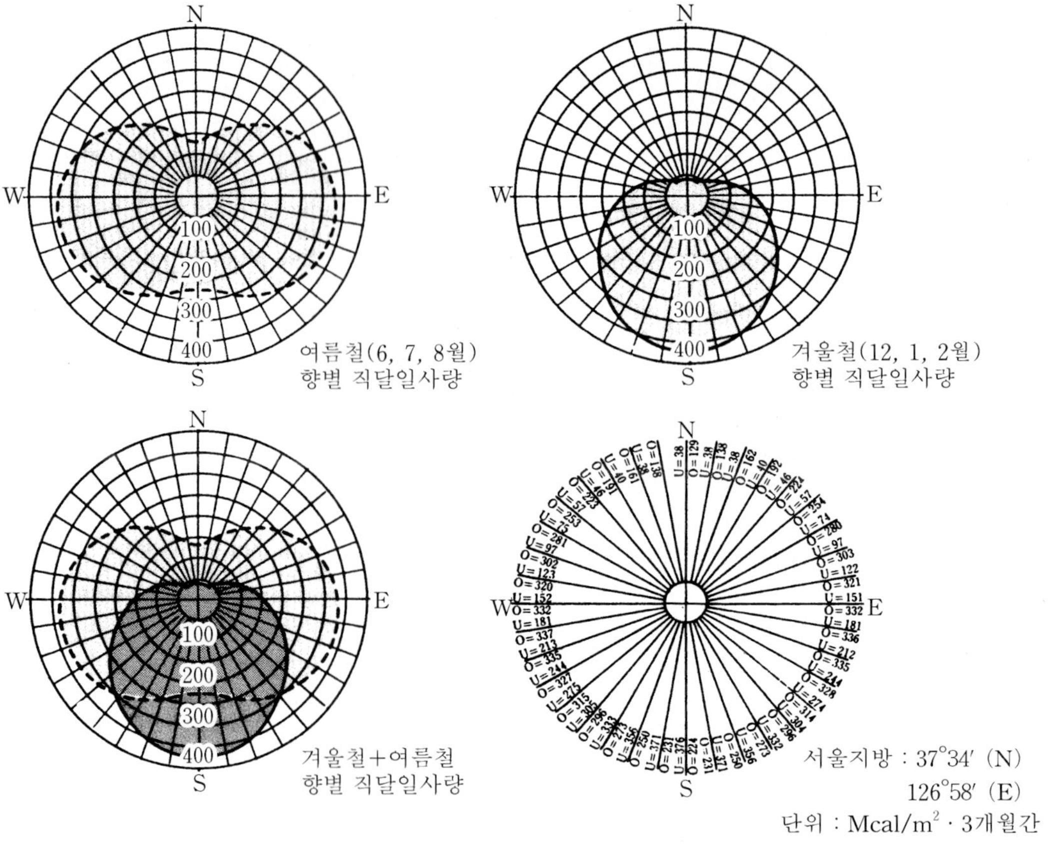

그림 3-95 태양 일사열취득에 의한 건물의 최적방위 결정

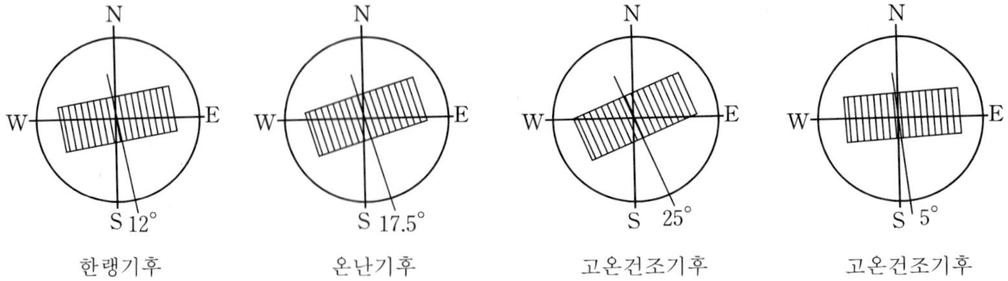

그림 9-96 기후권에 따른 건물의 최적방위

일사량을 받는 남향이 가장 유리하다. 또 남쪽에서 동쪽으로 약 22° 기울어진 방위가 서쪽으로 기울어진 방위보다 유리한 것으로 나타난다.7)

에너지 절약을 위한 실내공간의 열평형을 유지하기 위해서는 온도가 낮은 오전에 좀 더 많은 일사를 받는 것이 하루중 최고온도에 이르렀을 때 많은 일사를 받는 것보다 유리하다는 일반적 사항과도 일치한다.

한편, 자연형 태양열 주택에서 서쪽으로 기울어진 방위가 유리한 것은 자연형 태양열 주택의 경우, 오전에는 안개 등으로 인해 일사열취득의 효율성이 떨어지므로 오후에 받는 일사를 축열시켜 야간에 재방열하기 위해서 오후 일사취득이 요구되기 때문이다.

【2】 형태계획

(a) S/V비

건물형상에서 중요한 고려사항은 외피면적(外皮面積 ; surface)과 체적의 비이다. 체적에 비해 외피면적이 작은 건물(낮은 S/V)은 복사 및 대류의 열취득 또는 열손실의 영향을 적게 받는다. 높은 S/V비의 건물은 이와 반대이며 더욱이 큰 체적은 유사한 형상의 작은 체적에 비해 내부 열관성이 크다. 따라서 외부온도가 크게 변할 때 체적이 큰 건물은 작은 체적의 건물보다 열관성이 크고 외피면적이 적으므로 보다 내후적이다. 형상은 같으나 체적이 다른 두 건물의 경우는 체적이 큰 건물쪽이 작은 S/V비를 갖는다. 그러므로 외피면적이 크면 클수록 그만큼 열손실이 큰 것을 알 수 있다.

그림 3-97은 체적이 같으나 S/V비와 좌향이 각각 다른 건물형상에 있어서 연간 전체 벽면이 받는 일사량비를 도표로 나타낸 것이다. 여기서, 알 수 있는 바와 같이 같은 S/V비인 C, D, E에서도 좌향에 따라 큰 차이가 있음을 알 수 있다. A와 B의 경우에 있어서는 B가 A보다 바람직한 연간 일사량 곡선을 보여주고 있다.

(b) S/F비

일반적으로 같은 형태의 건물에서는 고층일수록 바닥면적에 대한 외벽면적의 비율(S/F비)과 용적에 대한 외벽면적의 비율(S/V비)이 감소하게 되므로 단위면적당의 에너지 소비가 감소하게 된다.

S/F비 역시 S/V와 마찬가지로 그 값이 작아지면(바닥면적에 비해 외피면적이 작아지면) 보다 내후적이 되며, 저층일 때는 층수의 증가에 따라 급격히 감소하지만 고층에서는 그 감소폭이 크게 줄어들어 20층 이상에서는 큰 차이가 없게 된다.

---

7) 주택의 방향에 따른 순위를 보면 다음과 같다.
유리하다 ⟵ S, SSE, SSW, SE, SW, ESE, WSW, E, W ⟶ 불리하다

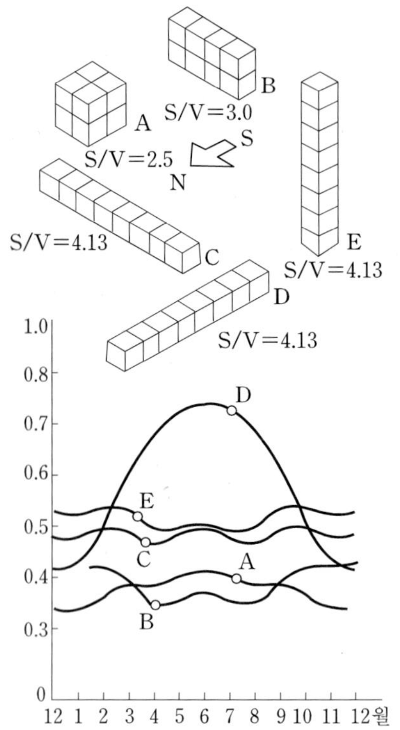

그림 3-97 S/V비와 좌향에 따른 연간 전체 벽면이 받는 일사량

(c) 평면밀집비

A/P(=면적/주변길이)비는 그림 3-98에서와 같이 같은 형태의 건물에서도 그 크기에 따라 달라진다. 이러한 문제를 해결하기 위해 같은 면적이면서 주변길이가 최소(A/P비가 가장 큰)인 원형을 기준으로 하여 평면밀집비(平面密集比 ; compactness ratio)를 구한다.

$$\text{평면밀집비(POP비)} = \frac{P_o}{P_b} \times 100\% \tag{3.35}$$

여기서, P_o : 건물과 면적이 같은 원형의 주변길이

P_b : 건물평면의 주변길이

윗 식을 정리하면 다음과 같다.

$$\text{평면밀집비} = 2\frac{\sqrt{\pi \cdot A_b}}{P_b} \times 100\% \tag{3.36}$$

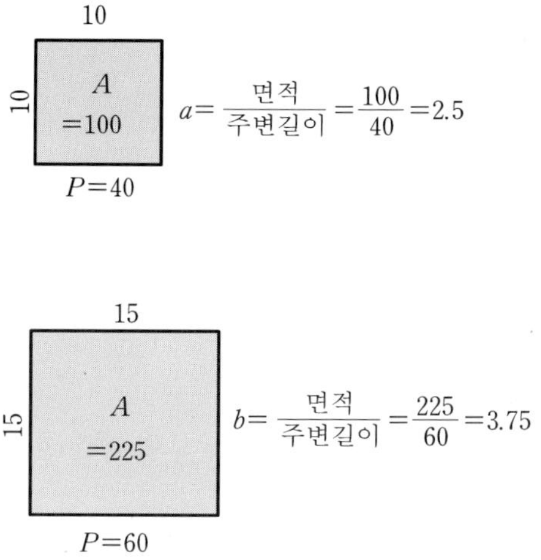

그림 3-98 사각형 주변길이와 면적비

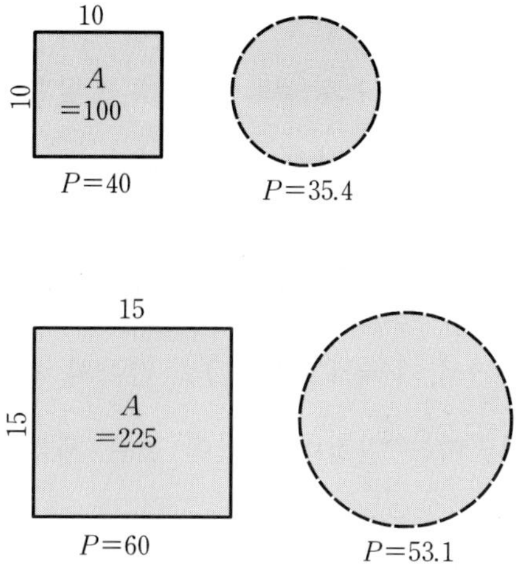

그림 3-99 사각형 평면의 밀집비

여기서, A_b : 건물면적

P_b : 건물평면의 주변길이

원형 평면밀집비를 100 %로 볼 때, 사각형 평면밀집비는 88.5 %(그림 3-99)이고 평면의 형태가 복잡하거나 분산형 평면에서는 주변길이가 길어지므로 대개 10 % 이하가 된다. 평면밀집비는 S/V비와는 달리 높은 밀집비를 갖는 건물이 복사 및 대류에 의한 열취득 또는 열손실의 영향을 적게 받고, 낮은 밀집비의 건물은 영향을 많이 받는다.

(d) 체 적 비

2차원형상비인 평면밀집비를 다층건물과 같은 3차원형태의 해석을 위해 유사한 방법으로 발전시킨 것이다. 즉, 체적은 같지만 표면적이 최소(S/V비가 가장 적은)인 반구를 기준으로 하여 건물의 체적비(體積比 ; volume ratio)를 구한다(그림 3-100).

$$체적비 = \frac{S_s}{S_b} \times 100\,[\%] \tag{3.37}$$

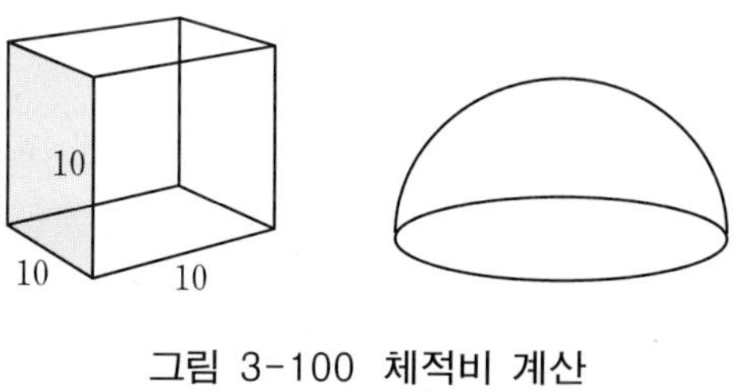

그림 3-100 체적비 계산

여기서, S_s : 건물과 체적이 같은 반구의 표면적

S_b : 창, 벽, 지붕을 포함한 건물의 표면적

윗식을 정리하면 다음과 같다.

$$\mathrm{VOLM} = \frac{2\pi[(3V/2\pi)^{1/3}]^2}{S_b} \times 100\% \tag{3.38}$$

여기서, $V = V_s (= V_b)$: 건물의 체적

체적비는 밀집비와 같이 높은 체적비의 건물이 낮은 체적비의 건물보다 유리하다.

【예제 3-14】 그림과 같이 바닥면적과 체적이 같은 (a), (b) 두 건물의 밀집비(POP비)와 체적비를 구하고 일사조절을 위해 두 건물 중 어느 형태가 유리한지를 검토하라.

풀이 밀집비(POP비) $= 2\frac{\sqrt{\pi \cdot A_b}}{P_b} \times 100\%$

체적비(VOLM비) $= \frac{2\pi[(3V/2\pi)^{1/3}]^2}{S_g} \times 100\%$

(a) $\mathrm{POP} = \frac{2\sqrt{\pi \times (100-16)}}{40+16} \times 100\% = 58\%$

$\mathrm{VOLM} = \frac{2\pi[3(400-64/2\pi)^{1/3}]^2}{308} \times 100\%$

$= 60.2\%$

(b) $\mathrm{POP} = 2\frac{\sqrt{\pi \times (100-16)}}{40+8} \times 100 = 67.7\%$

$\mathrm{VOLM} = \frac{2\pi[3(400-64)/2\pi)^{1/3}]^2}{276} \times 100\%$

$= 67.2\%$

건물 (b)가 건물 (a)보다 더 유리한 형태이다.

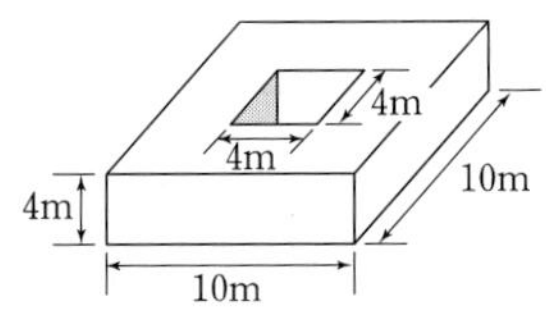

(a)

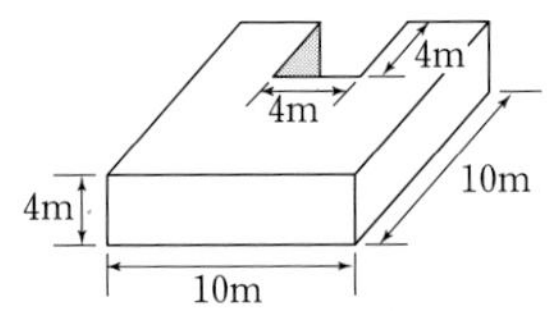

(b)

(e) 최적형태

건물의 길이, 폭, 높이의 비율이 적당하면 에너지 절약에 효과적이다. 최적의 건물형상은 겨울에는 태양열취득이 최대이고 외부로 나가는 열손실을 적게 하며, 여름에는 최소의 태양열을 받아들인다.

① 고위도(40°N)에서 건물의 남면은 겨울의 일사량이 여름의 거의 2배에 해당되고

동·서면은 여름에 겨울의 2.5배에 해당되는 일사량을 받는다.

② 저위도(35°N)에서 건물의 남면은 겨울과 여름의 일사량비가 고위도보다 커지고, 여름에 동·서면은 남면이 받는 일사량의 2~3배를 받는다.

③ 단열이 잘되고 남면에 차양장치가 없으면 일사량의 값은 더욱 커지나, 창이 작고 차양이 있으면 값은 적어진다.

④ 정사각형의 건물은 어느 위치에서나 최적형태는 아니다.

⑤ 남북축의 건물은 겨울과 여름에는 정사각형 건물보다 수열면에서 불리하다.

⑥ 모든 경우 최적형태는 동서축을 따른 건물이다.

⑦ 건물의 장단변비에서는 1 : 1.5 정도의 동서로 긴 형태가 가장 유리하다.

【3】 기타 일사차폐효과

일사량 조절에서는 노출된 건물표면의 처리 또한 중요하다. 차양장치나 수목, 블라인드, 커튼 등이 있거나 불투명의 벽체, 열흡수유리 등 전술한 각종 일조조절방법에 의해서 일사량의 조절효과를 높일 수 있다.

3-4 태양열 시스템

3-4-1 태양열의 건축적 이용

【1】 역 사

태양열을 건축에 이용한 역사는 고대 그리스 시대까지 거슬러 올라간다. 그 당시의 대표적인 유적으로는 올린터스(Olynthus) 도시로서 도시 내의 모든 건물이 남쪽을 향하도록 배치되어 있었다고 한다. 이 도시의 대표적인 주택인 델로스(Delos) 주거형태를 보면 주요 실(室)은 태양열을 최대한 받을 수 있도록 중정에 면하였고 석재의 축열특성이 이용되었음을 알 수 있다.

또한 고대 중국 건축물에서도 적절한 창호와 차양을 이용하여 태양열을 유효 적절하게 이용하였다는 연구가 있다.[8] 로마시대에 있어서는 주택 뿐만 아니라 공중욕장에도 태양열을 이용하였는데 오스티아(Ostia)의 욕장은 북쪽에 두꺼운 축열벽을 설치하고 남쪽에는 투명한 석재로 만든 큰 집열창을 두어 실내를 채난(採暖)했던 것을 알 수 있다.

그 후 이러한 개념은 계속적으로 건축에 적용되고 발전되어 왔는데 대표적인 예로 레

8) Ken Butti et. al. (1980), A Golden Thread, Cheshire Books.

그림 3-101 크리스털 하우스

오나르도 다빈치의 집광기를 들 수 있다. 근대에는 유리의 출현으로 건물에서 태양열을 이용하는 방법이 급속도로 발전하게 되었다.

태양열 집열판(solar collector)의 발상은 유리를 사용하여 태양열을 좀더 효율적으로 이용하려는 의도에서 비롯되었다. 스위스의 자연주의 학자 Horace de Sanssure가 1767년에 최초로 태양집열판의 효시가 되는 집열상자(hot box)를 고안한 이래 John Herschel(1837), Samuel Pierpoint Langley(1881) 등이 계속적으로 집열판 개발에 공헌하였다. 주택에 최초로 성능이 우수한 태양열 집열판을 이용한 예는 1909년 미국의 캘리포니아에서 William J. Bailey의 온수급탕 시스템으로서 그 후 태양열 시스템의 본격적인 보급이 시작되었다.

1934년 시카고 박람회에 건축가 George와 William Keck이 설계한 "크리스털 하우스"(그림 3-101)는 온실형의 원리를 이용한 자연형 시스템의 효시가 되었으며, 미국의 MIT 공과대학 연구팀에 의해 1939~1956년까지 태양열 실험주택이 본격적으로 연구되었다. 이로써 1949년 최초로 태양열 집열판과 축열 시스템을 이용한 MIT의 태양열 주택이 개발되었다.

1970년대 에너지 위기 이후 세계적으로 각종 태양열 건축 시스템 개발에 대한 연구가 활발히 진행되면서 효율적인 태양열 주택의 개발과 보급이 활발하게 되었다.

【2】 기본원리

태양열 시스템이란 태양에너지를 건물의 난방 또는 냉방에 이용하는 방법이다.

시스템은 크게 집열부(集熱部 ; collector element), 축열부(蓄熱部 ; thermal storage element) 그리고 이용부(利用部 ; use element)의 세 가지로 구성된다(그림 3-102).

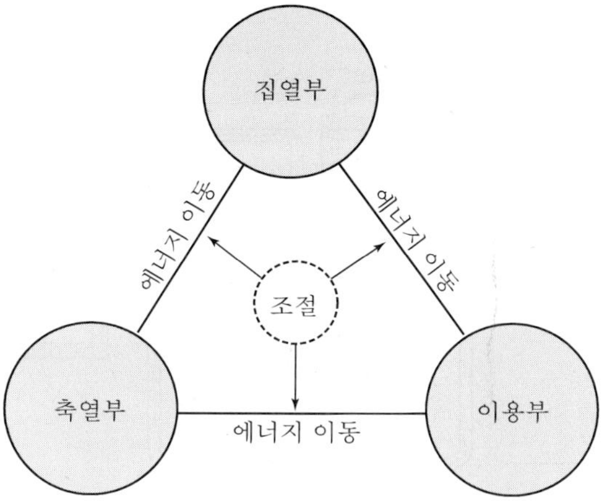

그림 3-102 태양열 시스템 구성요소

이들 구성요소간의 열전달방법이 모두 기계적 강제순환방식에 따른 것은 설비형(設備型 ; active) 시스템이라고 하며, 자연순환방식에 따른 것은 자연형(自然型 ; passive) 시스템이라고 분류한다. 대부분 자연순환방식에 의한 것이나 약간의 기계적인 강제순환방식이 병용되는 방식을 혼합형(hybrid) 시스템이라고 한다(표 3-17).

여기서, 기계적 강제순환방식이라 함은 펌프(pump)나 송풍기(fan) 등과 같이 별도의 에너지를 소모하는 기계를 사용하는 열전달방식을 뜻하며, 자연순환방식은 외부로부터의 에너지 공급 없이 열전달이 전도, 대류 또는 복사와 같은 자연적인 열전달에 의한 방식을 의미한다.

표 3-17 태양열 시스템별 구성요소간의 에너지 이동수단

시스템 종류 / 에너지 이동 \ 열전달방법	자연형	설비형	혼합형	
	자연적	기계적	자연적	기계적
① 집열부 → ② 축열부	○	○	○	△
② 축열부 → ③ 이용부	○	○	△	○

3-4-2 설비형 태양열 시스템

【1】 설비형 시스템의 원리 및 구성

설비형 시스템은 자연형 시스템과는 달리, 태양열에너지를 흡수하여 분배하는 데 별도의 설비를 이용하는 시스템이다. 설비형 태양열 시스템은 크게 집열부, 축열부, 이용부와

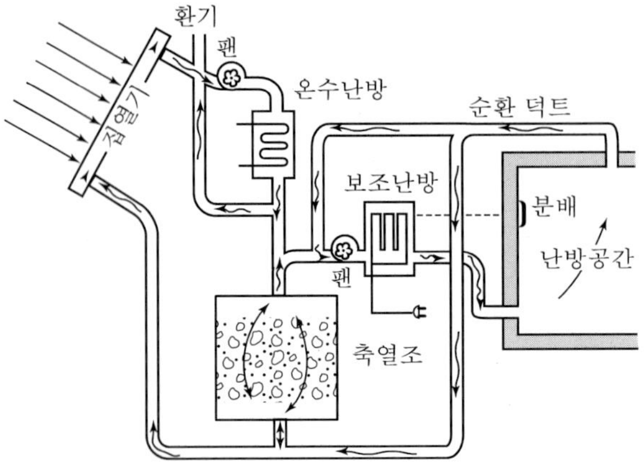

그림 3-103 설비형 시스템의 개념도

기타 순환시설, 보조열원 및 제어장치로 구성되어 있다. 일반적으로 집열기로 얻는 열량과 건물의 난방부하 및 기타 열부하가 항상 평형상태가 되도록 기계적인 장치를 이용한다.

태양열 시스템의 중심이 되는 것은 축열장치로서 집열기로 얻은 열량을 일단 저장 또는 직접 사용하고 남은 열을 저장한 후 필요시에 이 열을 공급하는 장치이다(그림 3-103).

태양열 시스템은 크게 열전달매체에 의해 물이나 부동액을 집열매체로 사용하는 액체식과 공기를 집열매체로 사용하는 공기식으로 분류된다.

설비형 태양열 시스템의 효율에 가장 큰 영향을 미치는 것은 집열기(그림 3-104)로서 열을 유체로 전하기 위한 흡열판이 있다. 그림 3-104는 흡열판의 종류와 배열방식을 보여주고 있다. 집열기는 뒷면과 끝부분이 철저하게 단열되며 하나 또는 이중의 투명 커버를 이용한 캐이싱을 사용한다. 그림 3-105는 평판형 집열기의 집열과정을 나타내고 있다.

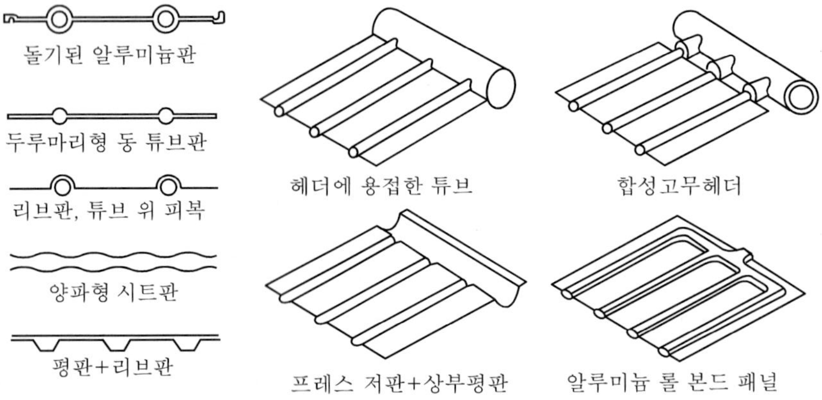

그림 3-104 급탕용 경판형 흡열판

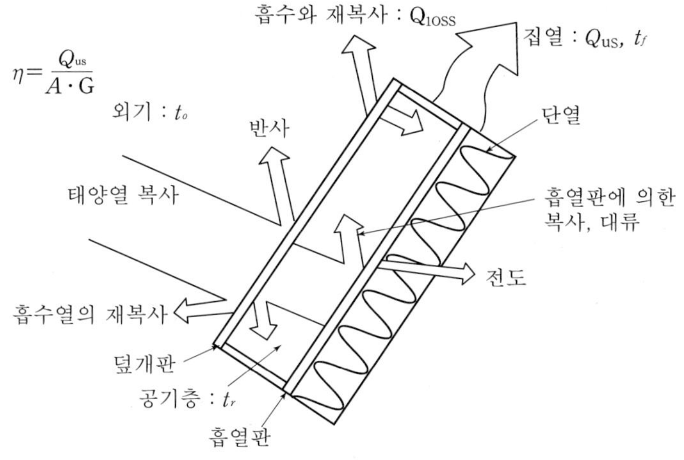

그림 3-105 태양열 집열판의 집열원리

사용열량은 집열기를 통과하는 유량(m), 입구(되돌아옴)에서 출구(공급)까지 상승하는 온도(즉, $t_f - t_r$), 유체의 열용량(예를 들어, 물의 경우에는 1.16 Wh/kg℃)에 의해 다음과 같이 구한다.

$$Q_{us} = 1.16m(t_f - t_r) \tag{3.39}$$

커버 위의 전천일사량이 G(W/m^2)이고 투명 커버의 면적을 A(m^2)라 하면, 에너지량은 $A \times G$(W)가 된다. 순간적인 효율은 이 두 가지 양의 비로 다음과 같이 된다.

$$\eta = \frac{Q_{us}}{A \times G} \tag{3.40}$$

투명 커버의 투과율이 τ, 흡수체 표면흡수율이 α이면 투과율과 흡수체와의 곱은 표면에서의 복사효과를 고려하여 $(\tau \times \alpha)_e$가 되고, 패널에 흡수된 열은 $A \times G \times (\tau \times \alpha)_e$가 된다. 평판의 효율(평판표면에서 유체로의 열이동)을 F'라 하면 열투입량은 다음과 같다.

$$Q_{in} = A \times G \times F'(\tau \times \alpha)_e \tag{3.41}$$

집열기에서의 열손실은 다음과 같다.

$$Q_{loss} = A \times U' \times \Delta t \tag{3.42}$$

여기서, U' : 유체에서 주위로 손실되는 단위집열면적당 열손실계수 [W/m^2℃]

Δt : 유체 평균온도와 가상 주위온도와의 차 [℃]

가상 주위온도는 천공에서 복사에 의한 손실을 고려하여 (기온−3)℃로 간주한다.

$$\frac{t_r + t_f}{2} - (t_o - 3) \tag{3.43}$$

이용열량은 다음과 같이 된다.

$$Q_{\mathrm{us}} = Q_{\mathrm{in}} - Q_{\mathrm{loss}}$$

따라서 윗 식 (3.40)의 효율은 다음과 같이 변형된다.

$$\eta = \frac{A \times G \times F'(\tau \times \alpha)_{\mathrm{e}} - A \times U' \times \Delta t}{A \times G} \tag{3.44}$$

위의 식을 다음과 같이 표기하여 집열효율을 나타내는 식으로 사용한다.

$$\eta = F'(\tau \times \alpha)_{\mathrm{e}} - U' \frac{\Delta t}{G} \tag{3.45}$$

이때 $\Delta t = 0$으로 유체의 평균온도가 주위온도와 같고 Q_{loss}가 0이며, $Q_{\mathrm{us}} = Q_{\mathrm{in}}$의 경우에는 다음과 같은 이상효율이 구해진다.

$$\eta_o = F'(\tau \times \alpha)_{\mathrm{e}} \tag{3.46}$$

이것을 기초효율(基礎效率 ; fundamental efficiency)이라고도 한다.

집열기의 성능은 다음과 같은 항목에 의해 좌우된다.

① 기초효율 (η_o)과 열손실계수 (U')에 의해 표시되는 집열기의 특성

② 일사량 (G) 및 외기온도 (t_o) 등의 환경조건

③ 집열기로 되돌아오는 유체온도 (t_r)에 의해 표시되는 시스템 변수

환경조건과 시스템 변수 양자는 $\Delta t/G$의 항으로 표시된다. 집열기의 효율은 그림 3-106과 같으며 이것을 식으로 나타내면 다음과 같다.

$$y = a - bx \tag{3.47}$$

여기서, y : η 순간효율

a : η_o 기초효율

b : U' 열손실계수

x : $\Delta t/G$

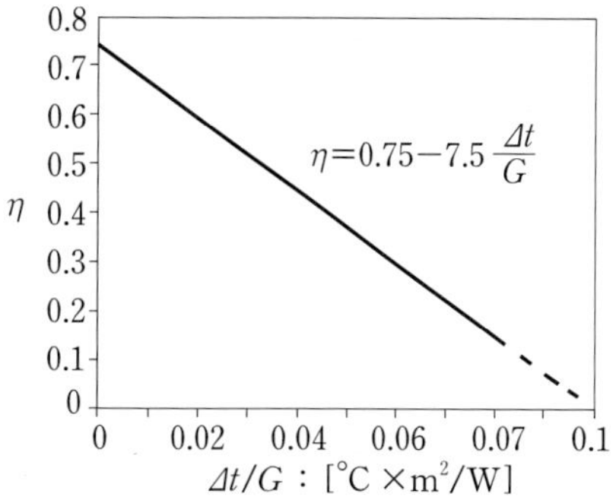

그림 3-106 집열기의 효율

이 식에 의해 집열기의 기초효율 η_o 및 U'를 알면 여러 가지 조건하에서 집열기의 성능을 추측할 수 있다. 또한 그림 3-106으로부터 일정일사량에는 운전온도가 높으면 높을수록 효율이 떨어지는 것을 알 수 있다. 평판형 집열기 사용에서 가장 중요한 원칙은 시스템을 가능한 낮은 사용온도에서 계획하는 일이다. 80℃의 온수를 50 *l* 만드는 것보다는 40℃의 온수를 100 *l* 만드는 일이 보다 효과적이다.

【2】 액체식 시스템

태양열 집열기와 저장조장치를 연결하는 방법은 액체식이 공기식보다 더 많은 설비기기를 필요로 한다. 이 시스템은 집열매체(集熱媒體)로서 물이나 부동액 등의 액체가 사

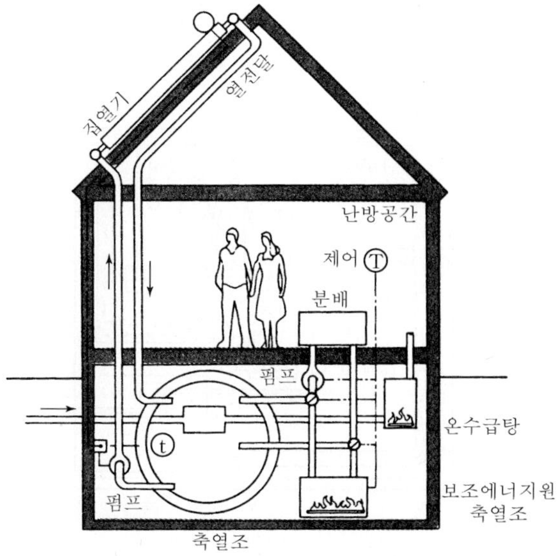

그림 3-107 액체식 시스템(온수급탕)

용되고 축열체로서는 물이 사용된다. 집열기에서 집열된 열에너지는 수조식 축열조에 저장되었다가 난방 및 온수급탕에 열이 필요한 경우에 공급된다. 태양열 집열기 내의 열전달매체는 결빙기의 야간이나 흐린 날 동파될 수가 있으므로 부동액을 사용함이 바람직하다. 이 경우 액체-액체식 열교환기(熱交換機)가 설치되어야 한다.

여기서, 액체-공기식 열교환기는 난방에 이용되며 액체-액체식 열교환기는 온수급탕에 이용된다. 보조열원은 축열조의 열이 부족할 경우 사용되며, 그밖에 시스템 형성을 위해 제어장치, 압력조절 밸브, 펌프 및 배관재가 필요하다.

보통 태양열 집열기 내의 열매체의 설계유량은 집열면적 1 cm^2당 약 0.015 l/s이며, 축열조용량에서는 집열면적 m^2당 축열수량이 50 l 이상 되는 한 집열성능이 크게 변하지 않는다. 일반적으로 추운 지방이거나 태양열 집열기가 고온용일수록 축열용량은 적게 하는 것이 효과적이고, 더운 지방이거나 저온용 집열기를 사용할 경우에는 축열용량을 크게 정하는 것이 바람직하다.

【3】 공기식 시스템

그림 3-108은 공기식 태양열 시스템의 예로, 전형적인 이 장치에는 다음과 같은 부품들이 있다.

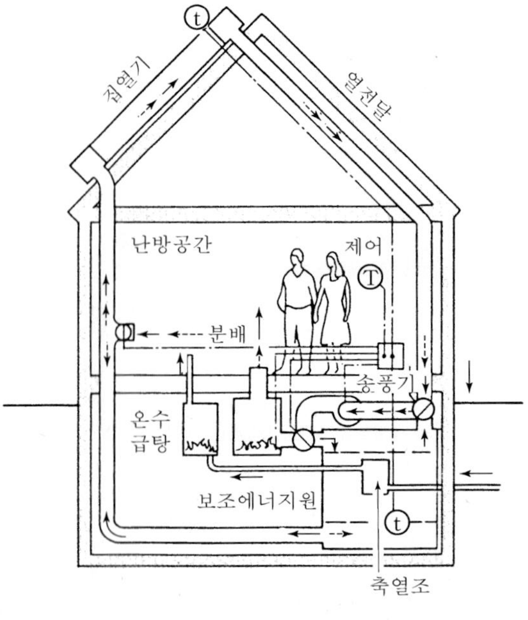

그림 3-108 공기식 시스템

① 고정형 공기식 집열기의 흡수장치와 열교환판
② 자갈 등을 이용한 축열조
③ 자동제어장치
④ 자동 댐퍼, 필터 및 송풍기에 의한 공기조화기(AHU)
⑤ 공기-물의 열교환기와 예열저장 탱크
⑥ 보조가열장치

공기식에서는 집열기가 태양열을 흡수해서 난방을 할 수 있는 가열된 공기로 전환시켜 준다. 공기가 집열기의 한쪽 끝에서 다른쪽으로 순환되는 동안 온도는 보통 21℃에서 한낮에는 54~66℃까지 올라간다.

일조시간에 난방이 필요할 경우 집열기에서 건물로 직접 난방이 되며 건물에서 나온 찬 공기는 다시 가열되도록 집열기로 돌아간다. 열저장장치는 공기로부터 집열하는 데 사용하기에 가장 실용적인 저장매체로 건조한 자갈이나 작은 돌(지름 약 2.5 cm)을 이용한다. 상황에 따라 유리병에 물을 채워 저장하는 방법도 있다.

건물이 난방을 필요로 하지 않을 때는 태양열로 가열된 공기가 저장장치를 통해서 자갈을 데운다. 보통 온도가 21℃인 공기는 재가열되기 위하여 집열기로 돌아가고 저장 장치에서는 적정온도로 조절하여 공기집열기에서 최대의 열을 수집할 수 있도록 한다. 저녁과 밤에는 저장조로부터 열이 실내로 전달되며 집열기에 연결된 가열 덕트 내에 온수 열교환기를 설치하면 가정용 온수를 얻을 수 있다.

송풍량을 고려한 최적집열공기의 유량은 집열면적 1 m^2당 5~20 l/s이며, 축열조 용적은 집열기 m^2당 0.15~0.35 m^2이다. 집열용량을 최대로 하고 송풍기의 용량을 최소로 하기 위하여 자갈의 크기는 지름이 1~3 cm되는 고른 자갈을 쓰며 공급구 및 회수구에는 반드시 공기여과기를 설치해야 한다.

공기식 시스템은 액체식 시스템에 비해 결빙문제가 없으며 부식이 적고 열교환 없이 이용한다는 장점이 있다. 반면에 온수 및 냉방이 필요할 경우에는 공기의 열전달계수가 작아서 열교환기 및 축열조의 용량이 커야 하며 작동시간이 길어져 전력소모가 많다는 단점이 있다.

【4】 설계기본형태

설비형 태양열 건물의 집열판 설치는 건물 디자인의 제약요인이 된다. 그림 3-109는 집열판 배치에 의한 기본적인 건물형식을 보여주고 있다.

분류	기본 단면	형 식			개 요
		돌출 차양	일광 욕실	부착 온실	
A	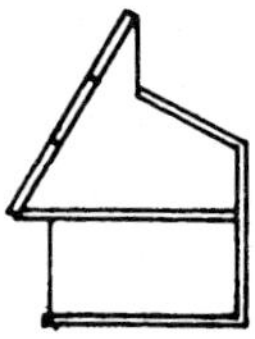		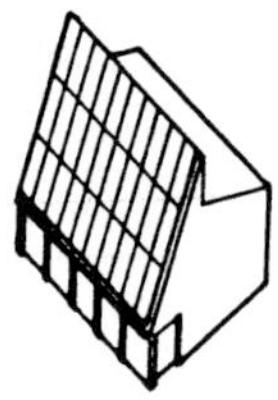	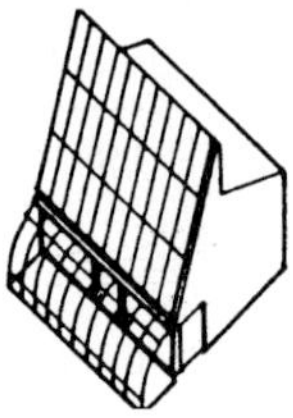	C/F비가 60 % 이상, 2층에 명창설치
B		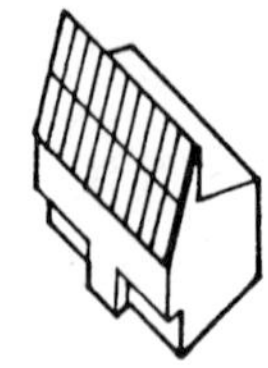	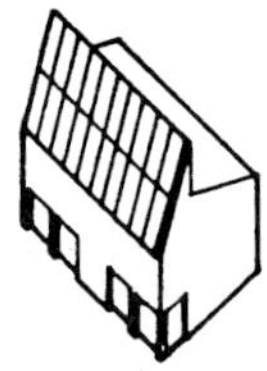	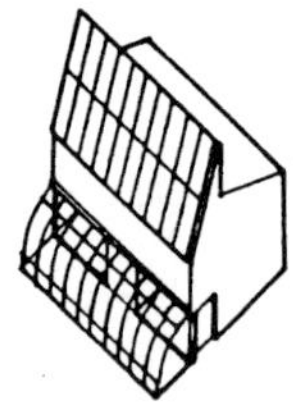	C/F비가 40 % 이상, 2층에 명창, skaad창, 발코니 설치 가능
C		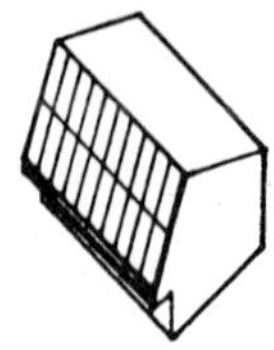	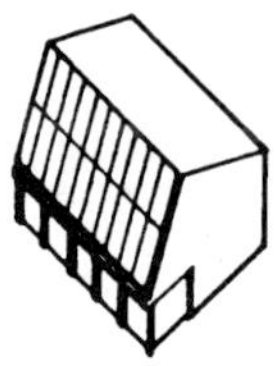	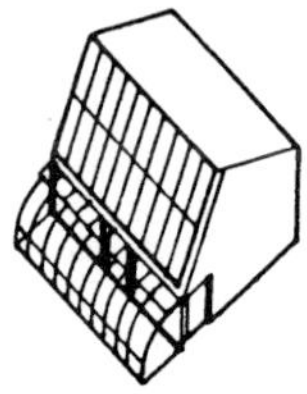	C/F비가 40 % 이상, 외기노출 면적 최소화 2층남면에 창설치불가
D	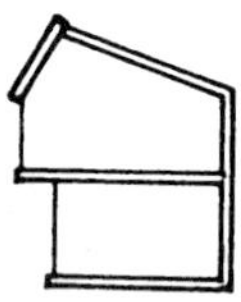	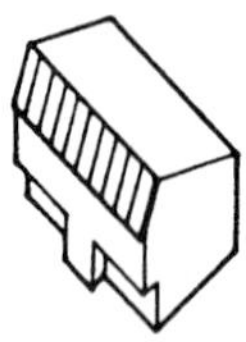	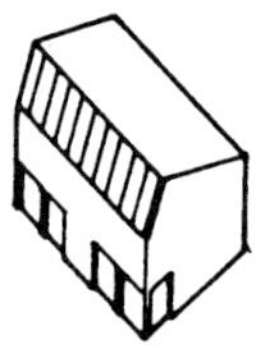	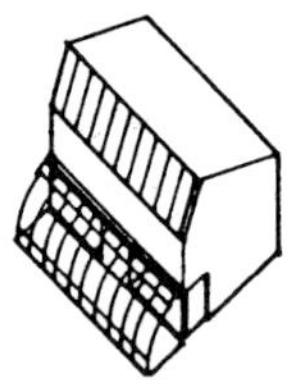	C/F비가 20 % 이상 2층 남면에 창이나 발코니설치 가능

* C/F : 집열기/바닥면적

그림 3-109 집열관 배치에 따른 건물의 기본형태

그림 3-109의 좌측은 집열판 설치의 기본적인 네 가지 대안으로 하나의 기본안에 대해 약 3개의 대안이 가능하며, 설계시 적절히 조합함으로써 여러 가지 안을 계획할 수 있다. 일반적으로, 집열기/바닥면적(C/F)이 40 % 정도일 때 대안의 융통이 가장 많으며, 40 % 이상이 될 경우에는 디자인 대안계획에 제약을 받는다.

3-4-3 자연형 태양열 시스템

【1】 시스템의 기본원리

자연형 태양열 시스템은 각 구성부(집열부, 축열부, 이용부) 간의 에너지 전달방법이 자연순환, 즉 전도, 대류, 복사 등의 현상에 의한 것으로 특별한 기계장치 없이 태양에너지를 자연적인 방법으로 집열, 저장하여 이용할 수 있도록 한 것이다. 자연형 태양열 난방 시스템 구성부의 특성은 다음과 같다.

① 집열부는 일반적으로 투명한 남면의 유리면이다. 유리 이외에도 투명한 플라스틱이나 섬유유리가 사용될 수 있다. 이때 재료의 선택은 햇빛이나 기타 기후요소들에 의한 재료의 퇴화 등을 고려하여야 한다.

② 축열부의 재료로서는 물 또는 기타 액체 등과 함께 조적구조(組積構造 ; maisonry : 콘크리트, 벽돌, 모래, 타일, 돌 등)도 사용된다. 또한 용융소금이나 파라핀과 같은 상변화물질(相變化物質 ; PCM ; phase changing material)을 사용하여 축열성능을 높일 수도 있다.

③ 열의 분배는 전도, 대류, 복사 등과 같은 자연적인 방법에 의하여 이루어지므로 송풍기와 같은 기계장치는 가급적 피한다.

④ 열조절을 위해 통기구(vent), 댐퍼(damper), 가동단열 및 차양장치 등이 부수적으로 사용될 수 있다.

자연형 태양열 시스템은 주로 난방을 위해 사용되지만, 여름철에 과열을 방지하고 냉방효과를 도모할 수 있는 방법이 강구되어야 한다.

자연냉방방식에는 자연통풍, 구조체에 의한 냉각효과, 주·야간 개구부 개폐, 냉각공기의 유입, 실내공기의 야간냉각, 지중 냉각효과, 증발효과, 그리고 건습제 등의 이용과 같은 방식들이 있다.

【2】 시스템의 특성

자연형 태양열 시스템은 설비형과 비교할 때 ① 시스템 설치비의 저렴, ② 작동방법의 간편, ③ 높은 신뢰도, ④ 좋은 열적 환경(환경의 쾌적성), ⑤ 특별한 장치의 불필요성, ⑥ 기존건물에 대한 개수의 용이성(retrofit), ⑦ 좋은 외관미 등의 특성을 가지고 있다.

자연형 태양열 시스템의 가장 큰 장점은 단순성이다. 이러한 단순성은 높은 신뢰성, 저렴한 공사비 및 내구성에 근거를 두고 있다. 또한 열매체의 강제적 이동부분을 없애고 일반적인 건축재료만으로 구성되므로 설계, 시공 및 시스템의 관리, 운용도 단순하다. 따라서 집열창이나 축열벽은 기계적 또는 전기적 작동이 불필요하다.

자연형 시스템은 재래의 재료와 건축공법에 의존하여 태양에너지를 수용하고 건축공간을 구성하는 것이므로 기술적 착오나 하자의 발생을 최소화할 수 있을 뿐만 아니라, 기존주택과 이질감을 느끼지 않는 내외부공간 및 외관의 디자인이 가능하다. 한편 시스템 자체를 건축물의 설계요소로 취급함으로써 공사의 편의를 도모하고 공사비의 초기투자비를 경감시킬 수 있다. 자연형의 난방에서는 주로 대형복사판을 사용하므로 지속적인 저온의 복사난방이 가능하고 소음이 없으며 저속도의 자연대류로 실내의 온도분포가 균일하다.

궁극적으로 자연형 시스템은 열관리가 단순하고 경제적이며 쾌적할 뿐만 아니라 일반 건축재료의 효과적인 사용과 건축계획적 수법만으로도 태양에너지의 취득과 보존을 충분히 운용할 수 있는 것이 특징이다. 따라서 건물의 방위와 형태의 적절한 조화, 창호의 처리, 재료의 열용량, 일사의 입사와 차폐, 통풍 등을 배합하여 입지조건과 기후조건에 쉽게 적용할 수 있다.

【3】 시스템의 종류

자연형 태양열 시스템은 태양열의 집열, 저장, 이용(분배)하는 방식에 따라 기본적으로 직접획득형, 간접획득형, 분리획득형의 세 가지로 구분되며, 구조형상에 따라 직접획득형, 축열벽형, 축열지붕형, 부착온실형, 자연대류형, 이중외피구조형이 널리 사용된다.

(a) 적용방법상의 분류

① 직접획득형(direct gain system) : 남향면의 집열창을 통하여 겨울철 많은 양의 햇빛이 실내로 유입되도록 하여 얻어진 태양에너지를 바닥이나 실내벽에 열에너지로서 저장하여 야간이나 흐린 날 난방에 이용할 수 있도록 한다.

② 간접획득형(indirect gain system) : 태양에너지를 석벽, 벽돌벽, 또는 물벽 등에 집열하여 열전도, 복사 및 대류와 같은 자연현상에 의하여 실내난방효과를 얻을 수 있도록 한 것으로, 태양과 실내난방공간 사이에 집열창과 축열벽을 두어 주간에 집열된 태양열이 야간이나 흐린 날 서서히 방출되도록 하는 것이다. 간접획득형으로서는 축열벽형〔또는 트롬월(trombe wall) 시스템〕과 축열지붕(roof pond) 시스템 등이 있다.

③ 분리획득형(isolated gain system) : 집열 및 축열부와 이용부(실내난방공간)를 격리시킨 형태를 말한다. 이 방식은 실내와 단열되거나 떨어져 있는 부분에 태양에너지를 저장할 수 있는 집열부를 두어 실내난방 필요시 독립된 대류작용에 의하여 그 효과를 얻을 수 있다. 즉, 태양의 집열과 축열이 실내난방공간과 분리되어 있어 난방효과가 독립적으로 나타날 수 있다는 점이 특징이다. 이러한 시스템들은 실제 적용시 적당히 조합

하여 이용되는 경우가 대부분이다.

(b) 물리적 구조형태상의 분류

① 직접획득형(DG ; direct gain) : 기본원리는 기본적인 분류상의 직접획득형과 동일하다. 냉방효과를 위하여 실내의 환기를 원활히 할 수 있도록 환기창을 두어야 한다. 이 시스템은 계획 및 시공이 용이하여 손쉽게 응용할 수 있으며 가격이 저렴하다는 특성을 갖고 있다. 축열은 별도의 축열조보다 거주공간의 구조체 자체를 축열체로 이용한다.

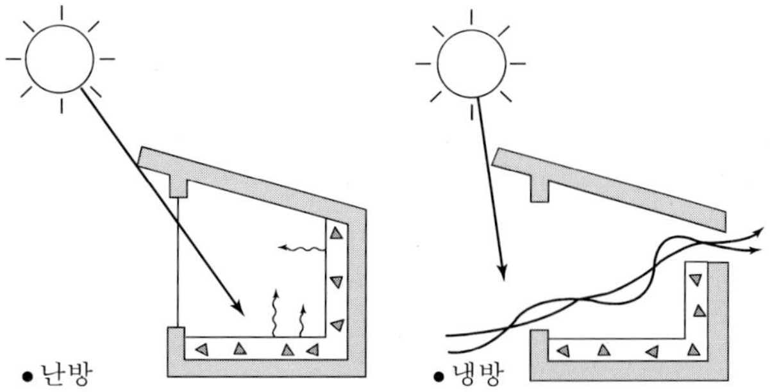

그림 3-110 직접획득형의 냉난방 개념도

② 축열벽형(TW ; trombe wall) : 일종의 간접획득방식으로서 열을 주간에 모았다가 야간에 이용하는 것이다. 사용되는 축열재의 재료에 따라 조적조(maisonry)방식 및 물벽형으로 구분된다.

a. 조적조(콘크리트, 벽돌)방식 : 집열과 축열은 실내공간으로부터 분리되지만, 열적으로는 상호 연결되어 벽을 통한 전도에 의해 에너지가 전달되며 복사에 의해 실내공간으로 전달된다. 주간의 대류에 의한 난방을 위해서 축열벽 상하부에 환기구를 둘

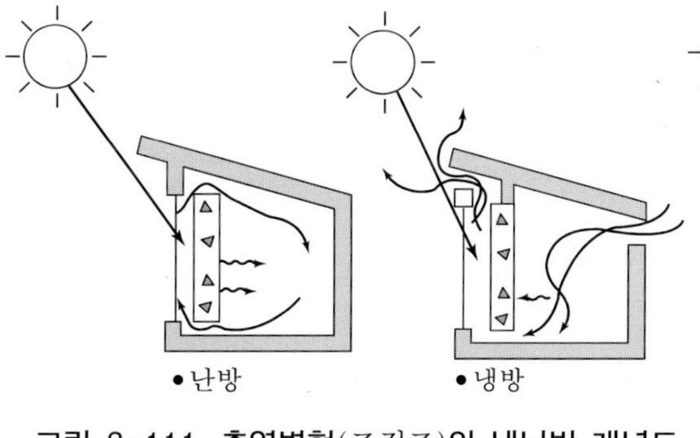

그림 3-111 축열벽형(조적조)의 냉난방 개념도

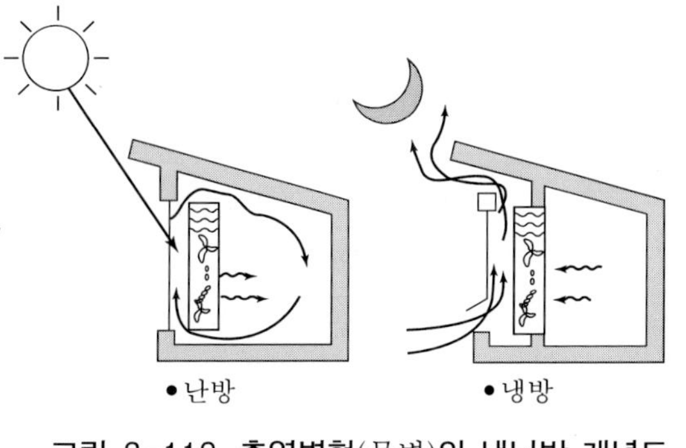

그림 3-112 축열벽형(물벽)의 냉난방 개념도

수 있는데 이때에는 야간의 역류를 방지하기 위한 댐퍼(damper)를 두어야 한다.

b. 물벽형(WW ; water wall) : 난방개념 및 원리는 조적조방식과 동일하며 축열재료로서 물을 사용한다는 점만 다르다. 일반적으로 물은 조적조에 비해 축열성능이 매우 우수하다. 물벽방식은 불투명한 재료인 조적조에 비해 자연채광효과를 충분히 이용할 수 있는 장점이 있으며, 거주공간 내의 온도변화가 적고 비교적 추운 지역에서도 효과적이다. 그러나 벽체의 부피가 커지고 조망에서 불리하다.

③ 축열지붕형(RP ; roof-pond) : 축열지붕형은 축열체인 액체가 지붕에 설치된다. 난방기간에는 주간에 단열 패널을 열어 축열체가 태양열을 받도록 하며, 야간에는 저장된 에너지가 건물의 실내로 복사되도록 축열체 위에 닫혀진다.

냉방기간에는 이러한 과정이 반대가 되는데 주간에는 실내의 열이 지붕축열체에 흡수되고 강한 여름 태양빛으로부터 단열되며, 야간에는 축열체가 천공으로 열을 복사 방출하도록 단열 패널을 열어둔다.

이 시스템은 주거공간 내의 온도변화를 적게 할 수 있고 냉방에도 유효하다. 그러나 천장부위의 축열면적이 바닥면적의 50 % 정도가 필요하고 하중도 고려해야 하는 문제가 있다.

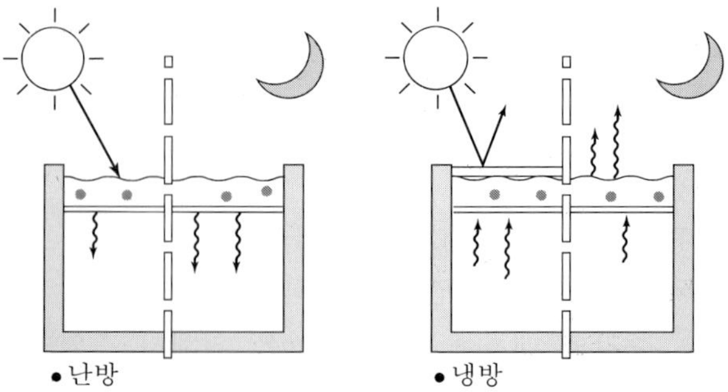

그림 3-113 축열지붕형의 냉난방 개념도

④ 부착온실형(GH ; attached sun space) : 부착온실형은 집열창과 기본적인 축열체가 주거공간과 분리된다. 즉, 태양열 시스템이 건물의 난방공간과는 독립적으로 작용되어 분리획득형의 일종이라는 점이다. 온실은 주로 대류 열흐름을 유도하며 하절기의 과열을 방지하기 위하여 적절한 차양장치가 요구된다.

이 시스템은 온실의 역할을 겸하면서 주거공간의 온도를 조절할 수 있다. 특히 기존건물에도 적용이 용이하나 응용방법에 따라 열성능이 달라진다.

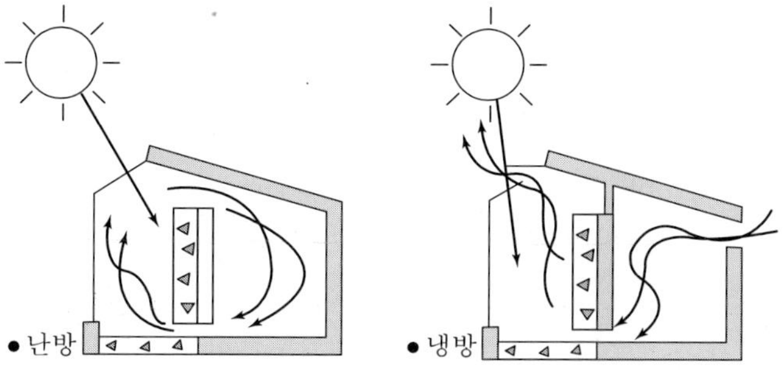

그림 3-114 부착온실형의 냉난방 개념도

⑤ 자연대류형 : 자연대류방식은 공기가 데워지고 차가와짐에 따라서 자연적으로 일어나는 공기의 대류에 의한 유동현상을 이용한 것이다. 태양이 집열판 표면을 가열함에 따라 공기가 데워져서 상승하고 동시에 축열체 밑으로부터 차가운 공기가 상승하여 자연

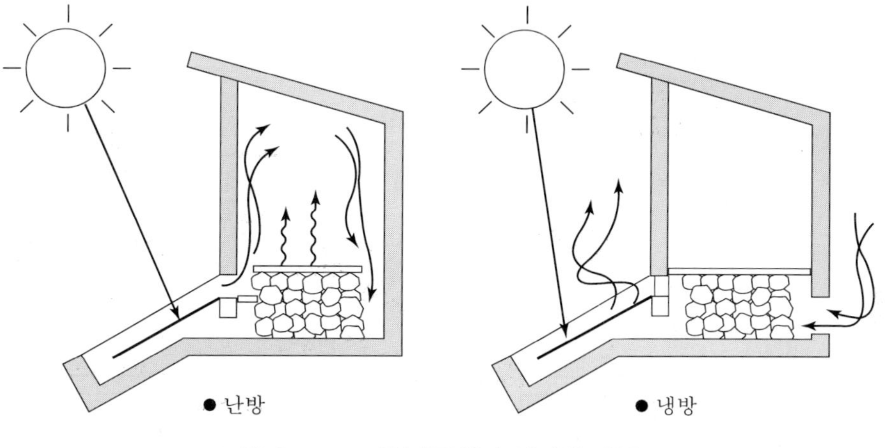

그림 3-115 자연대류형의 냉난방 개념도

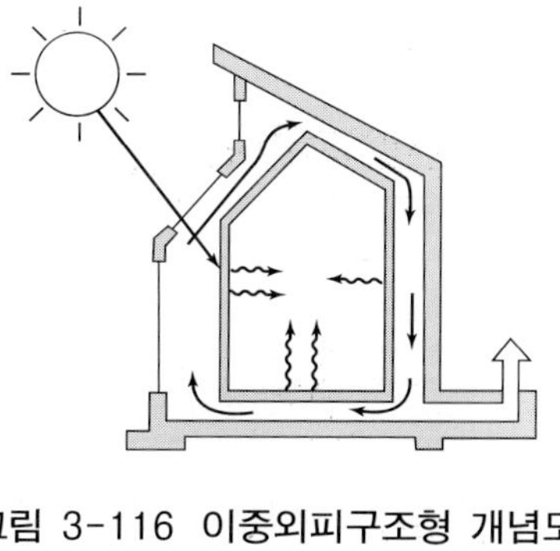

그림 3-116 이중외피구조형 개념도

대류가 일어난다. 이 시스템은 별도로 집열면적을 증가시킬 수 있고 열손실이 적으며 기존건물에 응용이 용이하다. 그러나 축열체 위치의 고려 등으로 대류가 잘 이루어지도록 계획해야 한다.

⑥ 이중외피구조형(double envelope) : 이중외피구조형은 건물을 이중외피로 하여 그 사이로 공기가 순환되도록 하는 형식을 말한다. 일반적으로 지붕 및 북쪽벽 면적의 1/2 이상을 이중외피구조로 한다. 남쪽면에는 부착온실, 바닥 밑에는 크롤 스페이스, 반지하실, 지하실 등의 공간이 있어서 이중외피의 공기통로와 연결된다. 주간에 부착온실에서 데워진 공기는 이중외피 사이를 순환하게 되며 바닥 밑의 축열체를 가열하게 된다. 야간에는 역류현상이 일어나 축열조에서 가열된 공기가 북쪽벽과 지붕을 가열하여 열손실을 막는다. 이 시스템에 대한 연구는 아직 초보단계이나 실제로 성능이 우수한 것으로 평가되고 있다.

【4】 시스템의 설계

(a) 설 계 과 정

자연형 태양열 건물설계에 있어서 시스템 설계에 관련된 각 단계의 세부사항을 초기에 기존 디자인 방법과 통합시키는 것이 무엇보다도 중요하므로 초기 디자인 단계부터 자연형 건물설계가 진행되어야 한다. 자연형 태양열 시스템에 관련된 설계과정을 살펴보

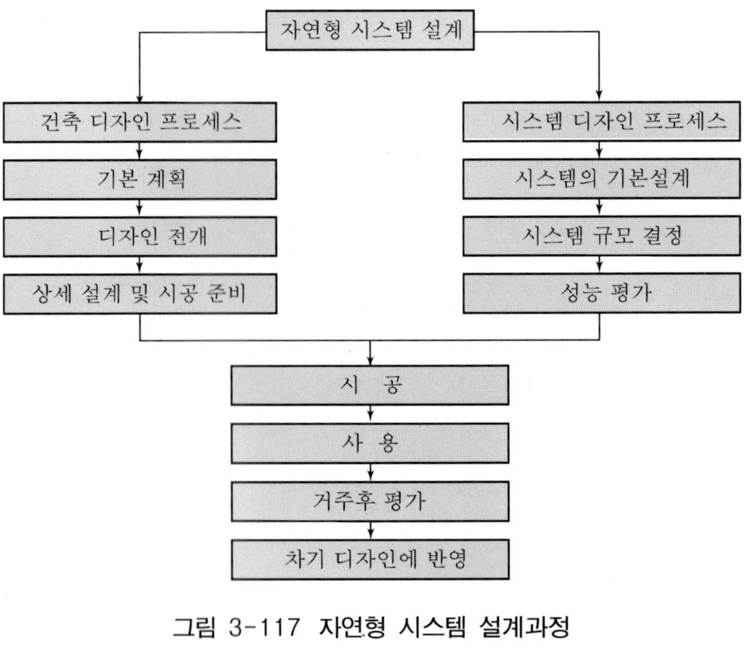

그림 3-117 자연형 시스템 설계과정

면 다음과 같다.

① 기본계획단계 : 공간계획과 관련하여 각 실의 용도·목적에 부합되는 시스템을 선정하고, 건물규모에 따른 집열창 면적, 축열체의 크기와 위치, 건물의 방향 등 자연형 시스템의 효율에 결정적으로 영향을 미치는 인자들을 개략적으로 결정하게 된다.

② 디자인 전개단계 : 직접획득형, 축열벽형 등의 시스템 유형별로 연간 태양열절감률(年間太陽熱節減率 ; SSF ; solar saving fraction)의 대략적인 계산을 통하여 시스템의 채택여부를 판단한다. 자연채광, 환기 및 창, 문, 벽 등 건물 중요부위의 성능을 검토함으로써 기본계획단계에서의 초안을 평가하여 구체화한다.

③ 상세설계 및 시공준비단계 : 일단 대략적인 시스템의 성능이 평가되고 기본계획이 확정되면 보다 상세한 부위·부품연구를 위하여 상세설계를 진행한다. 이때 주의할 것은 자연형 태양열 시스템을 설계하는 데 있어서는 기존 개념과는 달리 단열시공의 부위나 정도가 달라지고, 시스템과 관련된 야간단열, 축열벽, 집열창 등과 같은 첨가요소에 대한 상세설계의 개발이 요구된다.

위와 같은 단계를 거쳐서 기본계획과 상세설계를 통한 각 시스템별 최종설계가 확정되면 전산 시뮬레이션 또는 기타 수계산방법 등에 의하여 시스템의 태양열 절감률을 계산함으로써 시스템의 성능평가 및 건물의 에너지 성능평가를 실시한다(그림 3-117).

(b) 설계방법

자연형 태양열 시스템 설계를 하는데 있어서 처음부터 복잡하고 시간을 많이 소비하는 세부계산이 필요한 것은 아니다. 우선 태양열 시스템의 크기와 성능을 대략 계산해낼 수 있는 간이계산법을 이용할 수 있다.

경험에서 얻은 간이설계방법(rule-of-thumb method : E. Mazria)에 의해 일단 시스템

표 3-18 직접획득형의 집열창 규모

겨울철 평균 실외온도[℃]	집열창면적/실내난방면적		
	북위 36°	북위 40°	북위 44°
한랭기후 : −6.7	0.24	0.25	0.29
−3.9	0.22	0.23	0.25
−1.1	0.19	0.20	0.22
온난기후 : +1.7	0.16	0.17	0.19
+4.4	0.13	0.14	0.16
+7.2	0.10	0.11	0.12

* 이 도표의 수치는 단열이 잘 된 주택을 기준으로 함

설계를 끝낸 후 간이계산에 의하여 그 시스템의 성능을 알아낼 수 있으며 그 결과에 따라 기본 계획을 보완한다. 그리고 보완된 설계에 대해 성능계산을 다시하여 그 보완효과를 확인한다. 이러한 반복계산방법으로 만족할 만한 태양열 시스템의 설계를 완성시킬 수 있다.

① 직접획득형 : 직접획득형은 실내난방공간의 온도조절이 쉽지 않기 때문에 실내온도가 설계에 따라 다르지만 대략 5~15℃까지의 차이를 보인다. 그러나 보조난방시스템과 자연냉방(차양장치, 자연통풍 등)의 효과적인 이용으로 이러한 문제점을 완화할 수 있다.

a. 집열창 : 집열창은 가능한 정남향으로 하여 최대한의 일사량을 받게 하며 채광과 조망에 대해서도 신중을 기하도록 한다. 표 3-18의 자연형 태양열 시스템 설계기준은 맑게 개인 전형적인 겨울날에 얻을 수 있는 일사량으로서 실내난방공간의 온도가 24시간을 통하여 20℃ 정도로 유지될 수 있게 한다. 집열창이 남향으로 된 채광창이나 혹은 명창일 경우에는 다음과 같은 점을 고려하여야 한다.

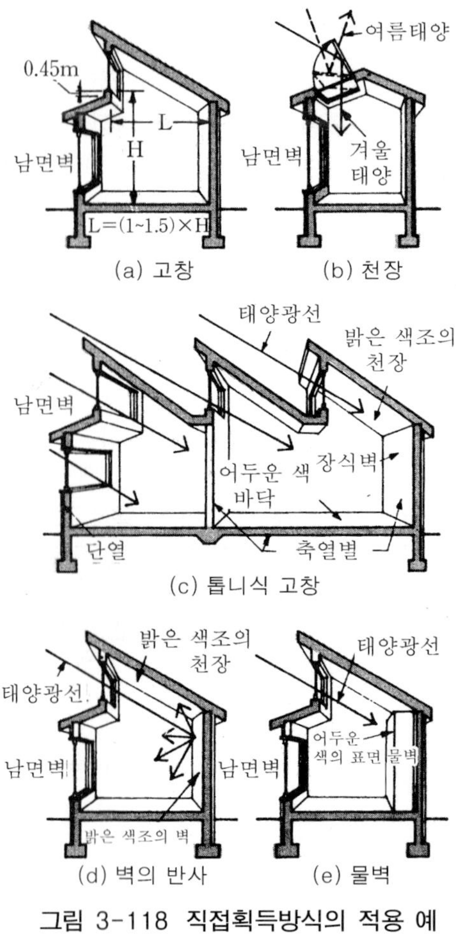

그림 3-118 직접획득방식의 적용 예

㉠ 고창(clerestory) : 고창은 실내 축열벽 앞으로 그 축열벽 높이의 1~1.5배정도 간격을 두는 것이 좋다. 고창과 연결된 천장은 밝은 색으로 칠하여 일사가 실내 공간으로 반사·확산될 수 있도록 한다〔그림 3-118 (a)〕.

㉡ 톱니식 고창(sawtooth clerestory) : 각 명창지붕의 각도는 12월 21일 정오에 뜨는 태양의 고도와 같거나 작게 하고 명창하부 역시 밝은 색으로 칠해주도록 한다〔그림 3-118 (c)〕.

㉢ 채광창(skylight) : 수평으로 된 채광창에는 반사막을 써서 겨울 동안의 일사량을 높여준다. 여름에는 수평이나 남향으로 된 명창을 차광하여 뜨거운 태양열을 피하도록 한다.

b. 축열체 : 축열체는 자연형 태양열 시스템의 필수적인 요소이다. 낮동안 얻은 태양열을 저장할 수 있도록 충분한 부피와 면적의 축열체가 있어야 하는데, 이는 밤과 낮의 실내온도 격차를 최소화하는 데 큰 역할을 한다. 축열체의 주성분으로 가장 흔히 쓰이는 물질은 조적조〔콘크리트, 벽돌, 시멘트 블록, 어도비(adobe) 벽돌 등〕와 물이다.

적당한 타임-래그와 실내온도 변화폭을 줄이기 위해 실내공간으로 들어오는 일사량의 약 60%가 축열체에 저장되도록 하고, 맑게 개인 겨울날을 기준으로 하여 하루 동안 실내 난방공간의 온도 격차가 5~8℃ 정도로 유지되게 해야 한다.

㉠ 조적조 축열체(벽, 천장, 바닥)의 두께는 최소한 10 cm 이상이어야 한다.

㉡ 태양 직사광선을 될 수 있는 한 넓은 면적(예를 들어, 집열창면적의 9배)의 조적조 축열체에 확산되도록 한다.

㉢ 축열바닥은 어두운 색으로 한다(벽은 무관).

물을 축열체로 사용할 경우 조적조와의 상이점은 물론 같은 부피일지라도 2배 이상의 축열이 가능하다는 점과 용기 내의 대류현상에 의해 축열체의 온도가 비교적 고르게 올라간다는 것이다. 따라서 물벽 설계지침은 다음과 같다.

㉠ 물벽표면이 최소한 오전 10시부터 오후 2시까지 태양 직사광선을 받을 수 있도록 한다.

㉡ 물벽을 구성한 용기의 표면색깔은 어두운 색으로 칠하여 최소한 75% 이상의 태양열 흡수율을 갖도록 한다.

㉢ 남향창 단위면적(m^2)당 대략 0.3 m^3 부피의 물을 사용하도록 한다.

㉣ 물벽을 구성한 용기의 두께는 얇게 만들어 주는 것이 좋으나 물벽 자체의 형태는 다양하게 할 수 있다.

② 간접획득형 : 간접획득형 중에 가장 널리 보급되어 있는 것은 축열벽을 조적조나

물로 만든 트롬월(trombe wall) 시스템이다.

a. 집열창 : 간접획득형에 대한 남향창 설계기준도 직접획득형에서와 같은 조건으로 되어 있다. 즉, 맑게 개인 겨울날 받은 태양열로 그 날의 난방부하를 100 % 감당할 수 있도록 한 것이다. 표 3-19는 조적조나 물로 구성된 축열벽에 부착될 집열창(이중유리) 크기를 설계하는데 필요한 수치를 보여주고 있다.

예를 들어, 대전의 위도가 36°18′이고, 겨울철 평균실외온도가 −3.8℃라면 표 3-19에서 보는 바와 같이 잘 단열된 주택은 단위 실내난방면적(m^2)당 약 0.59 m^2의 면적을 가진 조적조 벽(double glazed)이 필요하고, 물벽인 경우에는 집열창면적이 약 0.45 m^2이 필요하다. 즉, 4평짜리 실내난방면적을 가진 방은 2.4평(=7.8 m^2 조적조 벽)이나 1.8평(=6.0 m^2 물벽)의 남향창면적이 각각 필요하다.

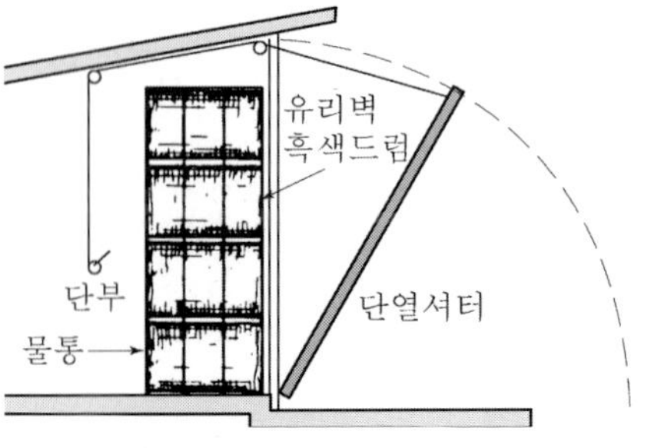

그림 3-119 물을 채운 드럼벽의 이용 예(야간단열판 및 반사판 이용)

표 3-19 간접획득형의 축열벽 규모

겨울철 평균실외온도 (맑은 날) [℃]	조적벽면적/실내난방면적(물벽면적/실내난방면적)		
	북위 36°	북위 40°	북위 44°
한랭기후 : −6.7	0.71(0.52)	0.75(0.55)	0.85(0.65)
−3.9	0.59(0.45)	0.63(0.47)	0.75(0.55)
−1.1	0.50(0.36)	0.53(0.39)	0.60(0.45)
온난기후 : +1.7	0.40(0.28)	0.43(0.31)	0.50(0.35)
+4.4	0.32(0.23)	0.35(0.25)	0.40(0.29)
+7.2	0.25(0.17)	0.26(0.18)	0.30(0.20)

* 1) 이 도표의 수치는 단열이 잘된 주택을 기준으로 함
2) 축열벽면적과 그에 부착된 집열창면적은 같게 취급함
3) 축열벽에 수평이고, 축열벽 높이와 같은 길이의 반사막을 쓸 경우에는 도표에 있는 수치의 67 %를 사용함
4) 열손실을 막기 위해 야간단열(R-8)의 경우에는 도표 수치의 89 %를 적용
5) 반사막과 야간단열을 둘다 사용시에는 도표 수치의 57 %를 적용

b. 축열벽 : 축열벽 시스템의 효율과 직접적인 관계가 있는 벽의 두께, 구조재료 및 그 표면색에 관한 설계지침이 표 3-20에 나타나 있다.

축열벽 설계시 벽의 두께가 너무 얇아지면 그 벽의 축열용량이 적어져 낮에는 실내온도가 너무 뜨거우며, 밤에는 너무 낮아 춥게 된다. 한편, 벽이 너무 두꺼워지는 경우에는 그 벽체를 통해 실내로 열전달이 잘 안되므로 축열벽으로서의 기능을 잃게 된다. 축열벽 외부는 태양열 흡수율이 최소 85% 이상 되도록 어두운 색(또는 흑색)으로 칠한다.

표 3-20 재료에 따른 축열벽의 두께

축열벽 구조재료	벽두께 [cm]
어도비 벽돌	20~30
보통 벽돌	25~35
콘크리트(강도가 큰)	30~45
벽돌(마그네슘 옥사이드 첨가)	40~60
물	15 cm 이상

* 벽의 용기가 원형으로 되어 있을 때에는 지름이 최소한 24 cm 이상 되게 하거나 매 1 m^2의 집열창면적당 0.15 m^2 부피의 물을 사용함

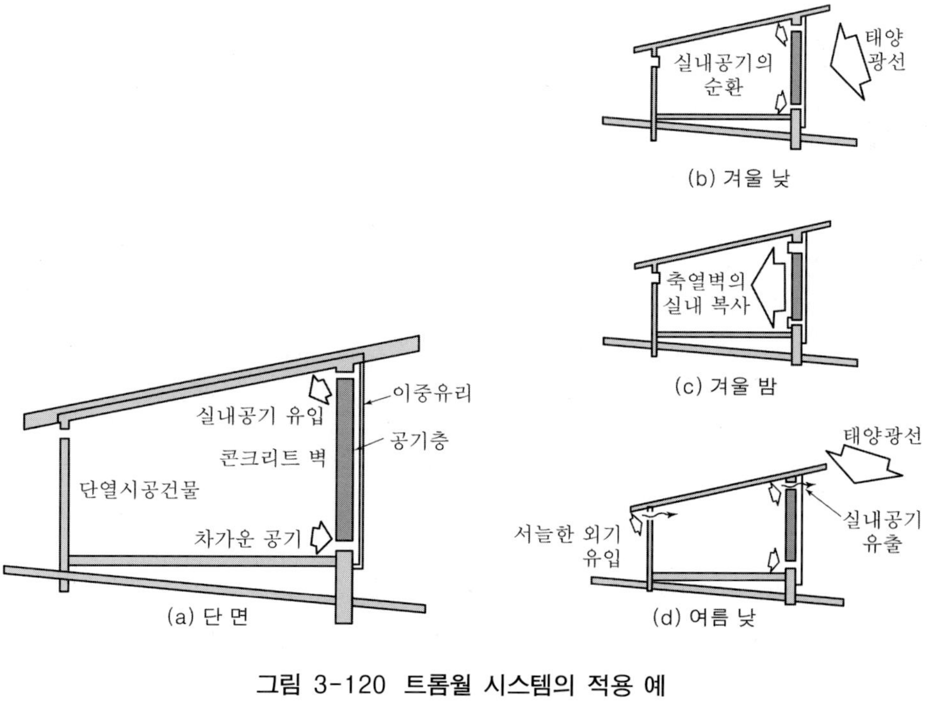

그림 3-120 트롬월 시스템의 적용 예

추운 지방에서는 간혹 조적조 축열벽에 통풍구를 설치하여 벽의 효율을 높여주는 수도 있으나, 온화한 지방에서는 통풍구가 없이도 보통 겨울낮 실내온도를 따뜻하게 유지시킬 수가 있다. 통풍구의 크기는 대략 상부나 혹은 하부에 있는 통풍구 총 면적이 전체 축열벽면적의 1% 정도로 하고, 밤동안의 실내공기의 역대류현상을 막기 위해 상부에 있는 통풍구의 실내쪽 입구에 댐퍼(damper)를 설치한다.

③ 부착온실방식 : 건물의 남면에 설치하는 온실은 충분한 직달일사를 받을 수 있도록 설치하여야 한다. 온실에서 얻어지는 열량은 그 지방의 위도, 기후, 설치된 축열체의 용량, 온실의 크기 등 여러 요소에 좌우된다. 겨울철의 맑은 날을 기준으로 하여 구한 온실의 적정 집열창면적은 표 3-21과 같다. 온실의 형태는 내부 축열벽이 직달일사를 받을 수 있도록 동서방향으로 길게 하는 것이 바람직하며, 벽의 표면마감은 중간 색채나 어두운 색채로 하여 흡수효과를 증가시킨다.

a. 축열벽을 사용하는 방법 : 칸막이 벽을 축열벽으로 하는 경우 온실 내의 온도는 겨울철의 맑은 날 하루에 22~23℃까지 변화한다. 온도변화가 심한 것은 축열벽만으로는 충분한 집열 및 축열이 되지 못하기 때문이다. 이러한 온도변화를 줄이기 위

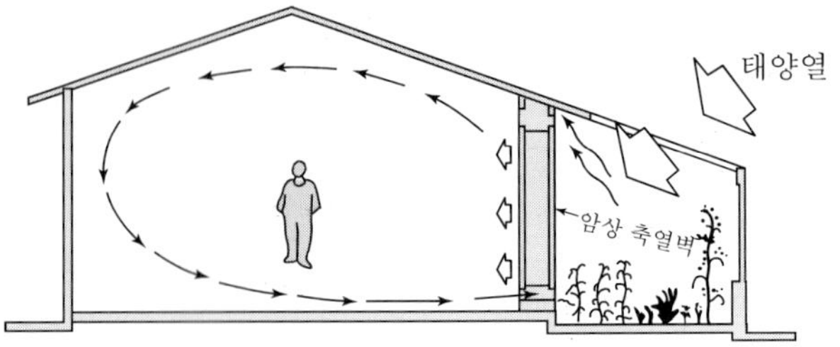

그림 3-121 부착온실형의 적용 예

표 3-21 건물에 부착된 온실크기

겨울철 평균온도 (난방도일)	난방 소요면적 $1\,m^2$당의 필요한 온실의 남면유리면적[m^2]	
	고 체	물 벽
한랭기후 : −6.7℃(750)	0.9~1.5	0.68~1.27
−3.9℃(670)	0.78~1.3	0.57~1.05
−1.1℃(580)	0.65~1.17	0.47~0.82
온난기후 : 1.7℃(500)	0.13~0.90	0.38~0.65
4.4℃(420)	0.42~0.69	0.30~0.51
7.2℃(330)	0.33~0.53	0.24~0.38

해서는 열용량이 큰 축열체를 온실 내에 배치하는 것이 좋다. 벽의 재료, 두께 및 표면색은 건물 내로 전달되는 열량을 결정하는데 중요한 요소이다.

b) 암상(rockbed)식 축열조를 사용하는 방법 : 온난기후지역(겨울철 평균기온 2~5℃)에서는 주간에 난방에 필요한 양 이상으로 집열할 수 있다. 이 경우 암상식 축열조를 써서 주간에 여분의 열을 저장했다가 야간에 이 열을 이용하는 것도 한 방법이다. 암상식 축열조는 보통 건물의 바닥 밑에 설치되며 야간에 온실의 온도가 낮아지는 대신 외부로의 열손실이 적어지는 장점이 있다.

【5】 성능평가

성능평가는 설계전개단계에서는 개략적으로 상세설계단계에서는 구체적으로 실시하게 된다. 따라서 상세설계단계에서는 다음과 같은 사항이 결정된다.

① 건물의 열평형 특성

② 외벽구조 및 단열특성

③ 창의 위치와 창면적의 총 합계 및 집열면적

④ 축열체 형식과 규모산정

이러한 사항들은 각각 독립적으로 간단한 계산과정을 반복적으로 사용하여 구한다. 이 방식을 LCR(load collector ratio) 방법이라고 하며 이것은 태양열 집열면적이 담당하게 되는 건물 난방부하의 정도를 표시하는 인자로서 자연형 시스템 성능평가의 기본개념이 된다.

$$\mathrm{LCR} = \frac{\mathrm{BLC}}{\mathrm{A_c}} \tag{3.48}$$

여기서, LCR(load collector ratio) : 건물부하집열비 [kcal/℃day m^2], 남면 태양열 단위집열면적(m^2)당 하루에 1℃ 유지하는데 소요되는 열량

BLC(building load coeffient) : 건물열손실계수 [kcal/℃day], 건물 전체를 하루에 1℃ 높이는데 소요되는 열량

A_c(net south glazed area) : 순남면 집열창면적 [m^2]

설계전개단계에서는 건물의 정확한 수치가 결정될 수 없으므로 간이방법으로 손쉽게 BLC를 구한다. 건물의 부위별, 즉 지붕, 외벽, 창, 바닥, 극간풍 등의 열손실계수를 합한 값이 BLC가 된다. 단, 남쪽창은 수열원으로만 간주하므로 남쪽집열창의 열손실은 고려하지 않는다.

BLC가 결정되면 태양열 및 실내발생열의 영향을 고려하여 최종으로 건물의 설계난방부하와 태양열에 의한 난방부하절감률(태양열 절감률)을 구한다.9) 원하는 태양열절감률에 도달할 때까지 이러한 계산방식을 반복적으로 이용하여 각종 시스템의 규모를 결정한다.

상세설계 및 시공준비단계에서는 좀더 정확한 계산을 수행해야 한다. 일반적으로 미국의 LASL(Los Alamos Scientific Lab)에서 개발된 간이계산법이 통용되고 있으며, 최근에는 다수의 컴퓨터 프로그램이 개발되어 쓰이고 있다.

이 계산방법은 직접획득형과 간접획득형에 모두 사용될 수 있으며, 건물의 열손실계수, 일사취득량, 난방부하 등을 계산하여 태양열절감률10)을 구한다.

다음 단계는 난방부하를 계산하는 단계로서 난방부하는 난방도일을 이용하여 계산한다. 건물의 실내발생열량 및 집열창의 열손실계수를 고려하여 태양열 건물 및 비태양열 건물에 대해 계산한 후 상호비교하여 태양열절감률을 구한다. 이 경우 각종 시스템 형태와 야간단열막의 유무에 따라 계산식이나 그래프11)에 의하여 월별 태양열절감률을 구하며 이 값에 의해 연간 태양열절감률이 계산된다.

자연형 시스템의 성능평가방법 중 가장 최근에 개발된 것이 SLR(solar load ratio) 방법이다. 이 방법의 가장 중요한 개념은 태양집열부의 열손실을 고려하고 있는 점으로서 각종 자연형 시스템(직접획득형, 축열벽형, 온실형)에 대해 실제 실험한 결과를 이용하여 컴퓨터 시뮬레이션(시간별)에 의한 상관계수를 구한 후 이론식으로 완성한다.12)

3-4-4 지중건물

【1】 정 의

인류는 선사시대로부터 현대에 이르기까지 세계 여러 곳에서 지중을 주거공간으로 이용해 오고 있다. 이미 구석기 시대부터 천연동굴이나 지하움집을 이용하였으며, 고대에 튀니지와 중국인들은 극심한 온도변화를 극복하기 위하여 중정을 둔 지하공간에서 생활

---

9) J. Dauglas Balcomb(1980), Passive Solar Design Handbook, Vol. II, US DOE

10) 태양열절감률(SSF ; solar saving fraction) : 자연형 태양열 시스템의 성능을 평가하는 가장 중요한 요소로서 태양열이용 난방열량과 실내의 기준온도(예 : 18℃)를 고정하였을 때의 난방부하의 비를 말하며 수식으로는 다음과 같이 구한다.

$$SSF = 1 - \frac{\text{보조난방열량}}{\text{건물난방부하계수} \times \text{난방도일}} \tag{3.49}$$

11) Douglas Balcomb, Passive Solar Design Handbook, Vol. 2, Vol. 3, LASL

12) ASHRAE FUNDAMENTALS(1985), P 28.32

하였다. 또한 미국에서는 서부개척 당시 지붕 위에 잔디를 덮어 기후변화에 대처하였으며, 스칸디나비아에서는 현재에도 잔디지붕이 이용되고 있다.

지중건물은 이와 같이 지중의 특수한 조건을 이용하여 건물을 지상이나 지하에 건설하되 건물표면을 흙으로 덮은 형태의 건축이라고 정의한다.

【2】 지중건축물의 분류

지중건물은 창호의 크기와 방향에 따라 입면형(立面型 ; elevational type)과 중정형(中庭型 ; atrium or courtyard type), 그리고 관통형(貫通型 ; penetrational type) 등의 세 가지 형태로 크게 분류하기도 하고, 무창형(無窓型 ; chamber type)을 포함하여 네 가지로 분류하기도 한다. 또한 각각의 형태는 봉토(bermed or above) 또는 지하(subgrade or below) 형태로 시공될 수 있다(그림 3-123 참조).

① 무창형 : 무창형은 출입구나 환기구를 제외한 건물의 외피가 지상에 노출되지 않는 형태로서 자연채광 및 환기에는 불리하나 건물의 노출표면이 최소가 되고 지중의 열적특성을 최대로 이용할 수 있기 때문에 에너지 절약면에서 다른 어느 형태보다도 우수하다.

② 중정형 : 특히 평지에 적합한 형태로서 이 형식의 기본 개념은 중정주위에 거실 및 침실을 두고 각 실의 창호를 중정에 면하도록 한 것이며, 여기에서의 중정은 출입, 채광, 환기 및 조망에 이용된다.

수직계단을 통한 출입의 불편을 해소하기 위해 한 면에 출입구를 계획할 수도 있다.

③ 입면형 : 지중건물의 가장 일반적인 형태로서 건물의 한 면에 모든 창호를 설치하고 나머지 부분은 흙으로 덮어 흙의 양이 최대가 되도록 한 형태로서 경사지에 가장 적합하다. 난방, 냉방, 채광 등의 요구도가 큰 거실이나 침실은 남면에 배치하고 욕실, 화

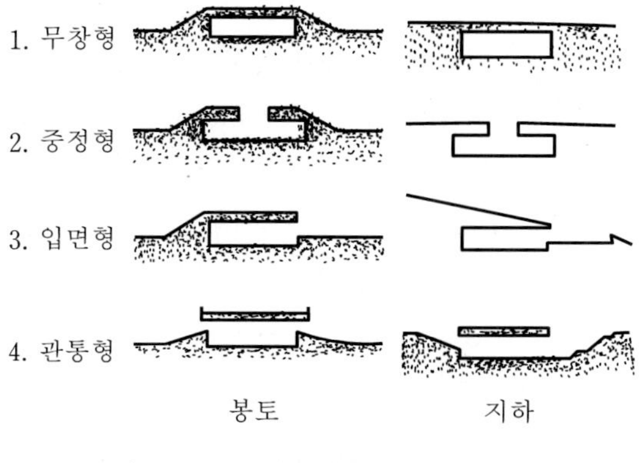

그림 3-122 지중건축물의 여러 형태

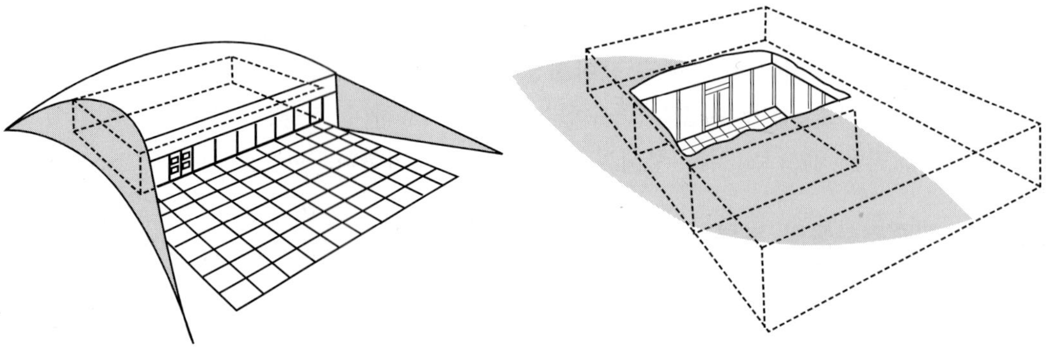

그림 3-123 지중건물의 형태

장실, 창고 등의 서비스 공간은 북쪽에 배치한다. 이 형은 흙이 벽체의 한 면을 제외한 3면에 덮이고 창호가 한 곳에 집중되어(특히 남향) 조밀한 평면계획이 되므로 일반적으로 에너지 효율이 양호하다.

④ 관통형 : 평면에 특히 적합한 형태로 입면형과 그 형태가 비슷하나 여러 형태의 창호를 건물 주위에 설치할 수 있는 것이 특징이다. 도로가 북쪽에 위치할 경우 북쪽에 현관을 설치함으로써 출입이 용이하게 된다. 창호나 평면배치를 일반주택과 같이 자유스럽게 할 수 있으나 에너지 절약을 고려하여 창호의 위치, 크기 및 조합은 신중히 검토하여야 한다. 관통형 건물은 입면형 건물보다 일반적으로 채광, 환기 및 출입에 유리하며 증축에 대처할 수 있는 이점도 있다.

【3】 지중건물의 특성

① 지중온도 이용 : 지표면의 온도변화폭은 외기의 온도변화폭과 거의 같으나, 지중 깊숙히 들어 갈수록 온도변화폭은 급격히 줄어든다. 일일 온도변화는 지중 0.2 m 이하에서는 거의 변화가 없으며, 연간 지중온도는 토양의 종류와 외기온도변화에 따라 다르나 대략 5~8 m 깊이에서는 거의 변화가 나타나지 않는다(그림 3-124). 따라서 5 m 이하의 지중온도는 공학목적상 안정온도(安定溫度 ; stable ground temperature)로 간주될 수 있다. 그림 3-126은 서울지역의 평균외기온도와 지중온도변화를 나타낸 것이다. 서울지역의 5 m 지중온도는 연평균 14.2℃이며 최고·최저온도차는 5.4℃이다. 5 m 지중 평균온도는 연평균 외기온도(11.9℃)보다 2.3℃ 높으며 겨울철 실내난방온도(18℃)보다 불과 3.8℃가 낮음을 알 수 있다. 난방도일은 실내온도 18℃를 기준으로 할 때 3015인 데 비해 지중 5 m 지점에서는 1388로서 54 %가 감소되며 5~8월의 난방을 고려하지 않는다면 71 %가 감소된다.

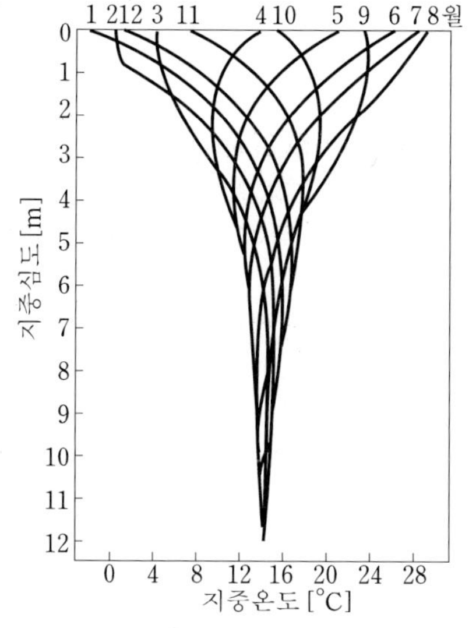

그림 3-124 월별 지중온도변화(서울)

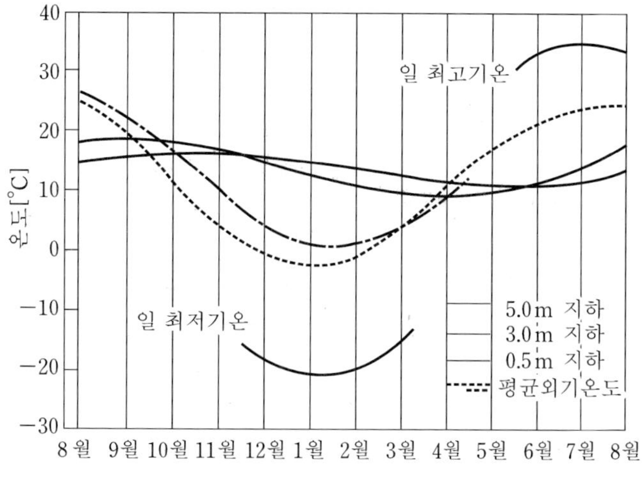

그림 3-125 외기온도 및 지중온도변화의 비교(서울)

서울지역의 지하 0.5m 깊이의 월평균 지중온도는 최저가 0.6℃(2월)로서, 연중 영상의 온도를 유지하며, 잔디의 단열효과와 흙의 축열효과에 의해 더욱 높은 온도가 유지된다. 따라서 최소피복두께는 50cm 정도가 고려된다.

지중온도의 또 하나의 특징은 지중온도변화가 지상온도변화보다 지연된다는 것이다. 이러한 시간지연(time-lag)효과는 30cm 깊이당 1주일 정도로 나타난다. 지상의 경우 1월의 외기 평균온도가 가장 낮은 것으로 나타나지만 5m 지중에서는 5월에 이르러서야 지중온도가 최저가 된다(그림 3-124).

② 단열효과 : 지중건물의 지붕과 벽체를 둘러싸고 있는 흙은 단열재 역할을 한다. 일반적으로 흙의 열전도율은 함수 정도에 의해 많은 영향을 받으므로 습윤상태의 흙은 건조상태의 흙보다 열전도율이 7배나 증가한다.

③ 축열효과 : 지중건물의 열적 성능은 흙의 단열효과보다는 오히려 축열효과(蓄熱效果; thermal mass effect)에 의해 크게 좌우된다. 그림 3-125에서 보는 바와 같이 지중온도가 외기온도변화에 늦게 반응하는 것은 바로 이 축열효과에 기인하는 것이다. 흙의 축열효과는 에너지 절약효과 이외에도 흙의 수축·팽창과 같은 피해로부터 건물을 보호하는 역할을 한다.

④ 기타 : 지중건물은 이상과 같은 에너지 절약효과 이외에도 자연환경을 보존하고, 태풍·지진·화재·소음·진동·균열과 같은 자연적·인위적인 피해로부터 보호되며 건물수명의 연장, 유지관리비 및 에너지 예산의 절감으로 인한 경제적인 장점까지 가지고 있다.

참고문헌

1. 李璟會, 주거난방에 관한 환경학적 연구, 연세대학교 산업기술연구소, 논문집 6, 7, 1977
2. 李璟會, 주거열환경이 공간사용규범에 미치는 영향, 건축, 19권 64호, 1975. 6, pp. 31-38
3. 李璟會, 朴英基, 環境計劃, 延世大學校 建築工學科, 1984
4. 朴鳳成, 建築計劃原論, 文運堂, 1977
5. 朴鳳成, 建築計劃原論., 文運堂, 1967
6. 朴棣珍, 最新 建築環境計劃原論, 技文堂, 1985
7. 李建永, 徐承稷, 建築環境工學, 英文社, 1984
8. Adam, J. M. Military problems of air transport and tropical service, In C. N. Davies, P. R. Davis, & F. H. Tyrer edit., *The effects of abnormal physical conditions at work*, London : E. & S. Livingstone, 1967
9. Architects' Journal, *Building environment handbook*, Section 1,2,3 & 4, October 1968-February, 1969
10. Bassett, C. R., & M. D. W., Pritchard, *Environmental physics, heating*, Longman, 1968
11. Bell, P. A. & R. A. Baron, Aggression and Heat : The mediating role of negative effect, *Journal of Applied Social Psychology*, 1976, 6, 18-30
12. Bell, P. A. et al., Environmental Psychology, W. B. Saunders Company, 1978
13. Bell, P. A., et al., Visual and auditory vigilance during exposure to hot and humid conditions, *Ergonomics*, 1964, 7, pp. 270-288
14. Billington, N. S., *Building physics, heat*, Pergamon press, 1967
15. B. J. Smith, G. M. Phillips & M. Sweeney, *Envirnmental science*, Longman, 1983
16. Burberry, P & A, Aldersey-Williams, Domestic Heating, *Architects Journal*, August 1977-September 1977
17. Chalkley & Cater, *Thermal evvironment*, Architectural Press Ltd., London, 1968
18. Colguhour, W. P. & F. R., Goldman, The Effect of Raised Body Temperature on Vigilance Performance, *Erogonimics*, 11, 48, 1968
19. Cowan, H. J., & P. R. Smith, *Environmental Systems.*, Van Nostrand Reinhold. Inc., 1983
20. Critchfield, H. J. *General Climatology*, Prentice Hall company, 1960/66
21. Crockford, G. W., Heat Problems and Protective Clothing in iron and steel works, In C. N. Davis, P. R. Davis, & F. H. Tyrer(Eds), *The effects of abnormal physical conditions at work*, London : E. & S. Livingstone, 1967
22. Canter, D., edit, *Environmental Interaction*, Surrey university press, 1975
23. Duffie, John A. & William A. Beckman, *Solar Engineering of Thermal*

Processes., John Wiley & Sons, Inc., 1980
24. Edholm, O. G., *The Biology of Work*, WUL, 1967
25. Evans, M., *Housing, Climate and Comfort.*, John Wiley & Sons, Inc., 1980
26. Faber, O. J. R. Kell,(revised by Kell and Martin). *Heating and air-conditioning of buildings,* Architectural Press, 1971
27. Fishender, M., & R. E., Willgress, The Heating of Rooms, *Fuel Researeh Technical Paper*, No. 12, HMSO, 1925
28. Flohn, H., *Climate and Weather*, World University Library. Weidenfeld and Nicolson, 1969
29. Fox, W. F., Human performance in the cold, *Human Factors,* 1967, 9, 203-220
30. Gail Boyer Hayes, *Solar Access law*, Environmental Law Insstitute, 1979
31. Geiger, R., *The climate near the ground*, Harvard University Press, 1957
32. Givoni, B., *Man, climate and architecture*, Elsevier, 1969.
33. Griffiths, I. D. & P. R. Boyoe, Performance and thermal comfort, *Ergonomics*, 14, 1971, pp. 457-468
34. Heimstra, N. W. & L. H. Mcfarling. *Environmental Psychology,* Brooks/Cole Publishing Company, 1974
35. IHVE Guide, *Books A, B, C.* Institute of Heating and Ventilating Engineers, 1970
36. Fly J. E. & A. W. Segil, *Architectural Interior Systems,* Van Nostrand Reinhold Company, 1970
37. Konzey, B. Y., & H. M. Sharp, *Environmental technologies in architecture,* Prentice Hall Company, 1963
38. Kraemer, S. F. *Solar law*, Shepard's Inc., 1978
39. Lofstedt, Bl,etal., How *classroom temperatures affect perfarmance of school work,* BUIL International, 1969, 2(9), 23-24
40. Mackworth, N. H., Researches on the Measurement of Human Performance, *Medical Research Council Special Report Series, No. 268,* HMSO, London, 1950
41. Markus, T. A. at al., *Building Performance,* Applied Science Publishers Ltd., 1972
42. Markus, T. A. and E. N. Morris, *Buildings, Climate and Energy,* Pitman, 1980
43. Mazria, E. *The passive solar energy book,* Rodale press, 1979
44. McMullan, R., *Environmental science in building,* The McMullan Press Ltd., 1983
45. Nash, G. D., J, Comrie, & H. F. Broughton, *The thermal insulation of buildings,* HMSO, 1955
46. Olgyay, A., & V. Olgyay, Solar *control and shading devices,* Princeton University Press, 1957
47. Olgyay, V., *Design with climate,* Princeton University Press, 1963

48. Page, J. K., *Human Thermal Comfort*, Architects' Journal, 1963, 137, 25(19th), pp. 1301-1314
49. Pepler, R. D., *Performance and Well-being in hot*, In C. M. Herzfeld(Ed.), Temperature : Its measurement and control in science and industry(Vol. III, pt. 3), New York, Reinhold, 1963
50. Pepler, R. D., *Performance and Well-being in Heat*, in temperature : its Measurement and Control in Science and Industry, 3, Part 3, Reinhold Publishing Corp., New York, 1963
51. Pepler, R. D., The thermal comfort of students in climate controlled and non-climate controlled schools, *ASHRAE Transactions*, 1972, 78, 97-109
52. Pepler, R. D., Warmth and Performance : An Investigation in the ropics, *Ergonomics*, 2
53. Poulton, E. C., *Environment and Human Efficiency*, springfield, III. : Charles C Thomas, 1970
54. Poulton, E. C. & M. M. Kerslake, Initial stimulating effect of warmth upon perceptual efficiency, *Aerospace Medicine*, 1965, 36, 29-32
55. Ramsey/Sleeper, *Architectural Graphic Standards*, John Wiley & Sons Inc., 1981
56. Sanoff, H., & G. Adams, *Energy & Behavior Workbook*, North Carolina State University Press, 1981
57. Shurcliff, W. A., *Superinsulated Houses and Double-envelope Houses*, Brick House Publishing Co., Inc., 1981
58. Stein, R. G., *Architecture and Energy*, Anchor Press/Doubledy, 1978
59. Szokolay, S. V., *Environmental Science Handbook.*, The Conservation Press, 1980
60. The AIA Research Corporation, *Solar Dwelling Design Concepts*, 1976
61. Threlkeld, J. L., *Thermal environmental engineering*, Prentice Hall Company, 1970
62. Timothy E. Johnson, *Solar Architecture*, Timothy Johnson Press, 1981
63. Van Straaten, J. F., *Thermal performance of buildings*, Elsevier, 1967
64. Watson, D., Energy *conservation through building design*, McGraw-Hill Book Company, 1979

2편 빛환경

4장 인간과 빛환경

5장 건축과 빛환경

6장 빛환경조절

▶ 기호 · 약어

α : 흡수율 또는 방위각
γ : 태양고도
θ : 수평면 입사각, 천공조도, 방해각
r : 반사각
λ : 파장
μ : 굴절률
ρ : 반사율
ρ_u, ρ_d : 실표면 상부(하부) 평균반사율
τ : 투과율
ω : 입체각
Φ : 광속
Φ_d : 조명기구의 하향 출력광속
Φ_e : 입사광속
Φ_t : 총 입사광속
Φ_u : 조명기구의 상향 출력광속
g : 현휘상수
l : 실 길이
m : 광학적 공기량
ζ : 굴절각
w : 실의 폭
A_f : 바닥면적
A_R : 실내부 전표면적
A_w : 창면적
B : 유효창면적률
E : 조도
E_h : 수조점의 수평면조도
E_0 : 담천공의 실외 전천공조도
E_i : 실내작업면 조도
E_s : CIE 표준담천공의 전천공조도
E_v : 연직면조도
E_w : 창면의 조도
I : 광도
K : 창의 형태계수, 색온도
K_m : 최대시감도
L_θ : 수평면각 θ에서의 천공휘도
L_b : 실내표면의 평균휘도
L_o : CIE 표준담천공의 천공요소의 휘도
L_z : CIE 표준담천공의 천정휘도
P : 위치지수, 대기투과율
R : 광속발산도
R_{cw} : 창의 중간높이 윗부분의 천장과 벽의 평균반사율
R_{fw} : 창의 중간높이 아랫부분의 바닥과 벽의 평균반사율
S : 수조면의 면적, 발산면의 면적
BRS : Budlding Research Station, 영국국립 건축연구소
BZ : British Zone, 배광곡선분류
CCT : correlated colour temperature, 상관색온도
CIE : Comission International d'Eclairage, 국제조명위원회
DF : daylight factor 주광률
ERC : externally reflected component, 실외 반사성분
GF : glass factor, 글래스율
GI : glare index, 현휘지수
IES : Illuminating Engineering Society, 영국조명학회
IRC : internally reflected component, 실내 반사성분
MF : maintenance factor, 유지율
PAL : permanent artificial lighting, 실내상시인공조명
PSALI : permanent supplementary artificial lighting of the interior, 실내상시보조인공조명
RI : room index, 실지수
SC : sky component, 천공성분
UF : utilization factor, 조명률

4장 인간과 빛환경

4-1 빛의 물리적 기초사항

4-1-1 빛의 정의

빛은 전자파 에너지 방사 중에서 자외선과 적외선 사이에 있는 약 380~780 nm (nanometer $= 10^{-9}$ m) 파장범위의 가시광선을 말한다. 인간의 눈(眼)은 이 범위 내에서 파장에 따라 각기 다른 색을 지각하게 된다.

전자파 스펙트럼의 파장 및 에너지는 그림 4-1과 같다.

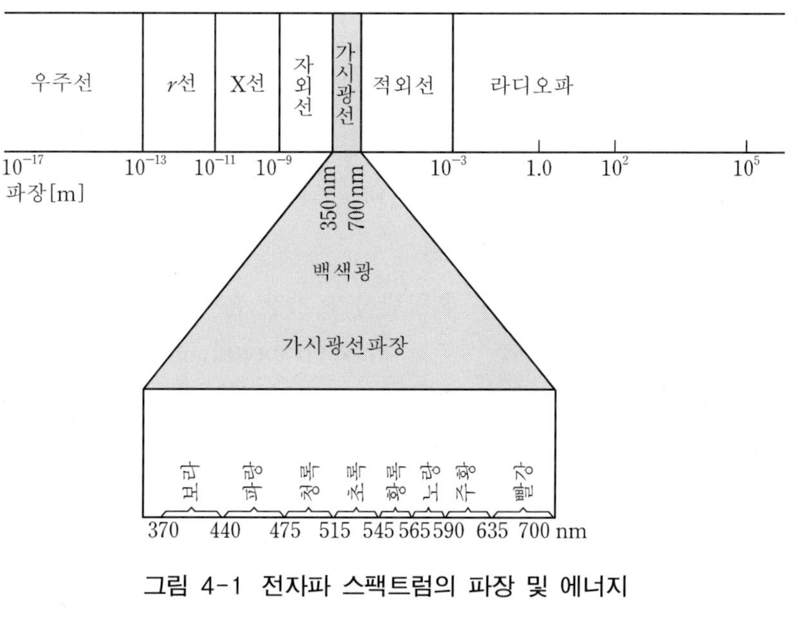

그림 4-1 전자파 스펙트럼의 파장 및 에너지

4-1-2 빛의 투과 · 반사 · 굴절

【1】 투　과

빛을 받는 물질은 여러 가지 특성을 보인다. 어느 정도 빛을 투과(透過 ; transmission)하는 물질을 투명체(透明體 ; transparence)라 하고 투과하지 못하는 물질을 불투명체(不透明體 ; opaque)라 한다. 불투명체의 뒤에는 빛(직사광)이 도달하지 못하므로 그림자가 생긴다. 어떤 물질이라도 완전 불투명체 또는 완전 투명체가 될 수 없으며, 두께에 따라 매우 두꺼운 유리는 불투명체가 되고 얇은 금속막은 투명 또는 반투명체(半透明體 ; translucent)가 된다. 반투명체는 빛을 통과시키기는 하나 빛의 직진을 교란시켜 확산광(擴散光 ; diffused light)을 형성한다(그림 4-2). 빛은 동질의 매체 속에서 직진하며 속도는 약 $c = 3 \times 10^8$ m/s이다.

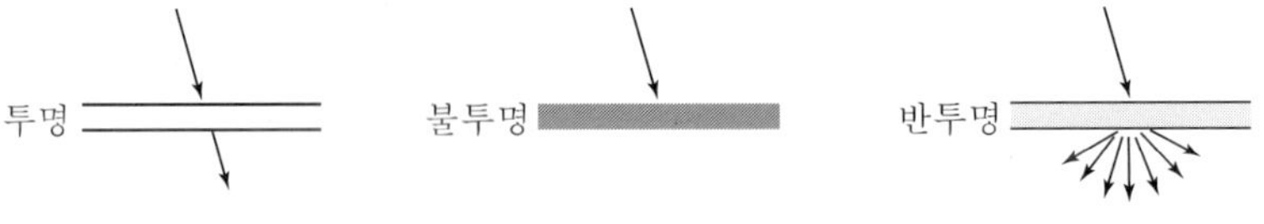

그림 4-2 빛의 투과

【2】 반　사

빛의 방향을 변화시키는 방법으로 반사(反射 ; reflection)가 있는데 이것은 그림 4-3과 같은 형태가 있다.

① 경면반사(鏡面反射 ; specular reflection) : 빛의 방향을 한 방향으로만 변화시키는 것으로서 입사각(θ)과 반사각(γ)이 같다.

② 확산반사(擴散反射 ; diffuse reflection) : 무광택면으로부터의 반사광은 여러 방향으로 확산한다.

이 밖에 확산반사와 경면반사의 두 혼합반사가 가장 흔히 발생하며, 그 구성요소의 상대적 크기에 따라 반확산반사 또는 경면+확산반사(spread reflection)라고 한다.

대부분의 물체표면은 자유롭게 반사시키는 성질이 있는데 그 반사율은 재료에 따라 다르며 대표적인 재료의 반사율[1)]은 표 4-1과 같다.

1) 반사율은 표면에 입사한 광속량에 대해 반사된 광속량의 비율을 말한다.

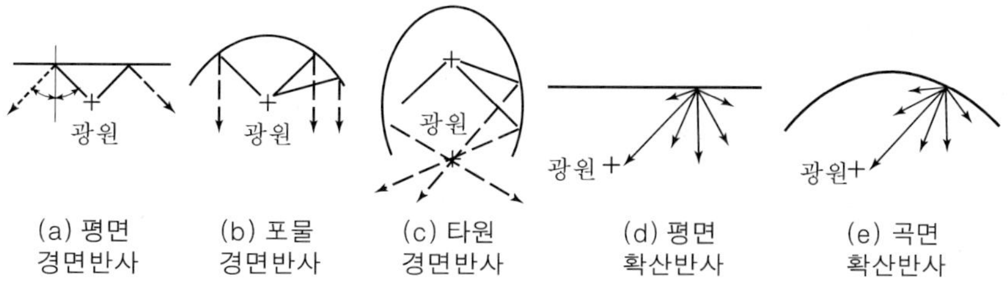

그림 4-3 빛의 반사

표 4-1 재료의 반사율

재료 또는 마감	반사율 [%]
천 장 :	
플라스터판 위 백색 수성 페인트	80
흡음 플라스터 위 백색 수성 페인트	70
운모 콘크리트 위 백색 수성 페인트	65
평활 콘크리트 위 백색 수성 페인트	75
평활 콘크리트	30
페인트를 칠하지 않은 핑크색 플라스터	65
백색 아스타일	40
바 닥 :	
갈색 카펫	10
바탕 모르타르	40
바닥용 점토 타일(적색)	10
방형 점토 타일(적색)	15
유광 코크 타일	20
리놀륨(크림색)	40
PVC(담황색)	45
PVC(밝은 갈색)	25
PVC(어두운 갈색+흰색)	20
목재 블록(암 오크색)	10
목재판	35
테라조 타일(색깔에 따라 다름)	10-45
벽 :	
밝은 벽돌, 밝은 콘크리트	40
암 벽돌, 암 콘크리트	20
벽돌(청색)	15
벽돌(적색)	10
벽돌(플래톤형 또는 일반 적색)	30
벽돌(암적색)	15
밝은 회색벽돌	40
황색 벽돌	25
평활 콘크리트	30
거친 콘크리트	20
모르타르	45
백색 유광 타일	80

【3】 굴 절

빛이 하나의 투명매체에서 다른 매체로 들어갈 때 빛의 방향이 변하는 것을 굴절(屈折 ; refraction)이라 한다.

굴절의 법칙은 다음과 같다.

① 입사광선, 법선, 굴절광선은 같은 평면상에 있다.

② 한 쌍의 투과매체에 대해서 그 굴절률은 일정하다(Snell의 법칙).

광선이 평행한 두 면으로 된 한 장의 유리를 통과할 때 굴절광선의 방향은 입사광선과 나란하나, 그림 4-5에서 보는 바와 같이 이중굴절(크기는 같으나 방향이 반대인 2개의 굴절)로 인해 그 위치는 변하게 된다.

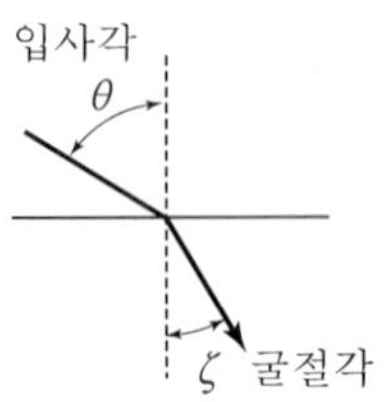

그림 4-4 굴절의 기하학

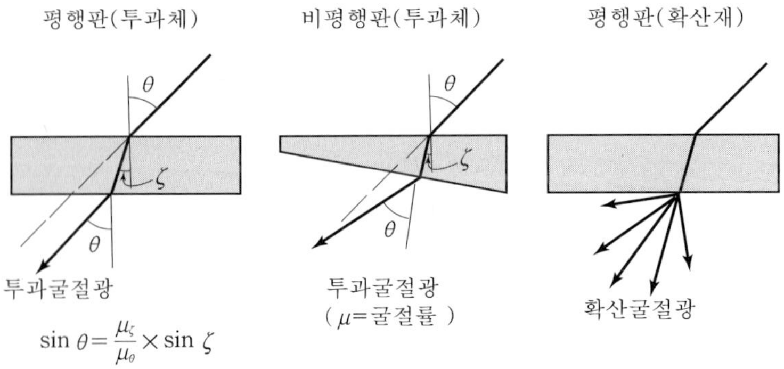

그림 4-5 빛의 굴절

4-1-3 색의 물리적 특성

【1】 물체의 표면색

대개 물체의 표면은 사실상 빛의 모든 파장에 대해 동일한 반사율을 가지며 반사 후에도 빛의 분광구성(分光構成)을 변화시키지 않는다. 이러한 중립적 반사(中立的 反射 ; neutral reflection) 특성을 갖는 표면은 백색광속에서 아래에서와 같이 보인다(ρ : 반사율).

① 흰 색 : $\rho > 0.75$

② 회 색 : $0.75 > \rho > 0.05$

③ 검정색 : $\rho < 0.05$

그러나 선택적 반사(selective reflection)의 특성을 보이는 표면은 입사광의 일부 파장을 흡수함으로써 반사광의 분광구성이 달라지므로 색이 다르게 된다. 이 반사광은 표면에 나타내는 색을 결정하는데, 이것은 감산 프로세스(subtractive process)에 의한 것이다. 이 프로세스는 색채안료의 혼합에 의해서 잘 나타나며 흡수는 가산적이고 반사는 감산적이 된다. 예를 들면, 다음과 같다.

① 노랑색 페인트는 파랑색을 흡수하고 빨강, 노랑, 녹색을 반사한다.

② 파랑색 페인트는 빨강과 노랑을 흡수하고 파랑과 녹색을 반사한다.

③ 노랑과 파랑의 혼합색은 파랑, 빨강, 노랑을 흡수하고 녹색만 반사한다.

④ 모든 종류의 안료를 혼합하면 모든 파장을 흡수하기 때문에 검정색이 된다.

⑤ 혼합안료는 언제나 다소의 흡수는 있으나 백색은 낼 수 없다.

【2】 색 표 시

가장 일반적으로 인정받고 있는 표면색의 분류는 먼셀 표시계(Munsell system)로서 색의 세 가지 속성을 구별한다(그림 4-6).

① 색상(色相 ; hue) : 빨강, 노랑, 파랑 등의 보통색 용어를 사용하여 중간적인 색을 구분하고 수치로 세분한 색의 개념

② 명도(value 또는 lightness) : 완전흑(0)에서 완전백(10)까지의 스케일에 따른 반사율 및 외관에 대한 명암을 나타내는 척도이다. 실제로 1에서 9까지의 명도로 구분되며 반사율로 환산된다. 명도를 V, 반사율을 ρ라 할 때 다음 식을 통해서 명도가 조명설계

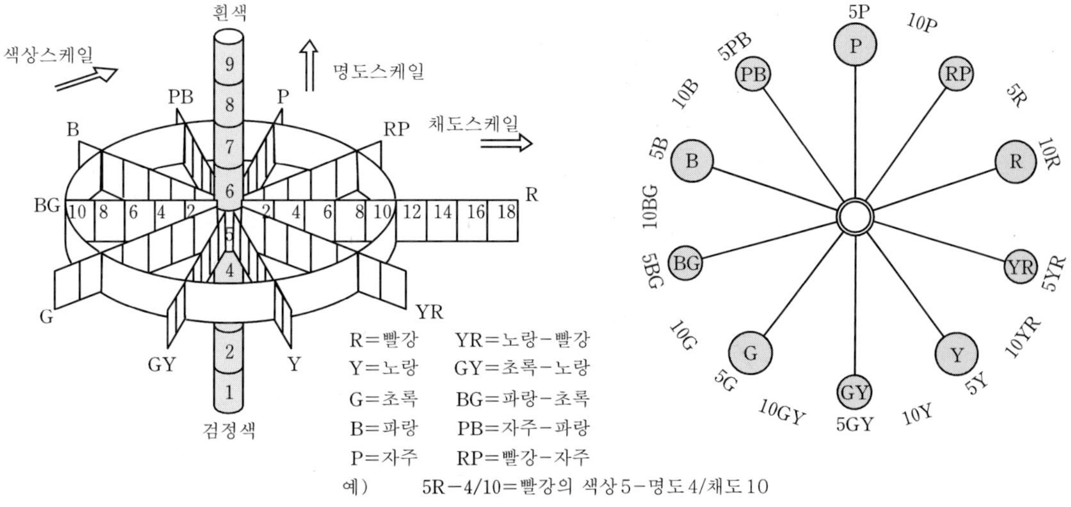

그림 4-6 먼셀 표색계

와 직접적인 연관이 있음을 알 수 있다.

$$\rho = \frac{V(V-1)}{100} \tag{4.1}$$

③ 채도(chroma 또는 saturation) : 색의 풍부성(fullness) 또는 강도를 최소 10분류(파랑-초록)와 최대 18분류(빨강)로 구분하는데 이것은 파랑-초록의 강도는 결코 빨강만큼 셀 수 없기 때문이다.

먼셀 기호는 세 가지의 요소로 되어 있다. 즉, 색상-명도/채도로 예를 들면 5R-4/10이다.

【3】 색 온 도

열을 받는 물체는 전자파를 방산하는데 그 파장구성은 방사물체의 온도에 좌우된다. 약 1,500 K까지의 온도에서는 가시역보다 긴 파장대역으로 되어 있으며, 이것이 적외방사로서 복사열(輻射熱 ; radiant heat)이 된다. 온도가 상승함에 따라 스펙트럼은 가시역으로 이동하여 약 6,000 K(예 : 태양복사)에서 가시역의 중앙에 위치하며, 자외역과 적외역을 약간씩 포함한다. 그림 4-7은 각종 온도에서의 흑체방사분광(黑體放射分光)을 나타낸 것이다.

고온도로 인한 물체의 광방사를 열루미네선스(thermoluminescence)라고 한다. 방사의 색은 방사체의 온도에 따라 변하며, 이 방사물체색의 온도를 색온도(色溫度 ; CT ; color temperature)라고 하며 단위는 절대온도 K를 사용한다. 즉, 이것은 흑체(black body)가 열을 받을 때의 상태를 기준으로 하여 파생된 개념으로서 엄밀히 말해 색온도라는 용어

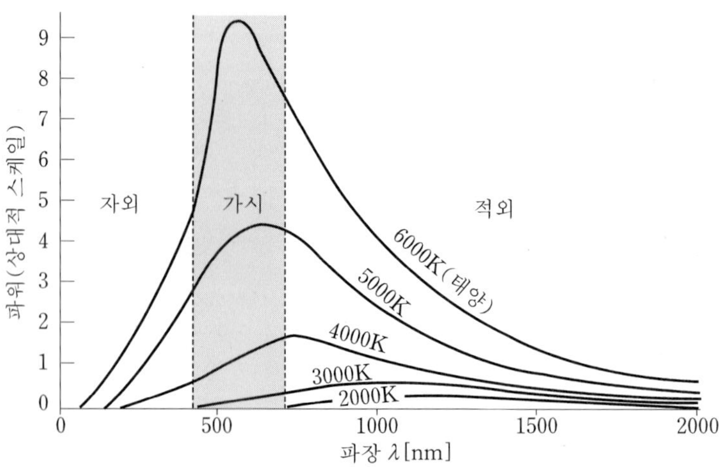

그림 4-7 각종 온도에서의 흑체 방사분광

표 4-2 흑체방사

물체색온도	방사물체의 종류
800 K	적 색
3,000 K	황 색
5,000 K	백 색
8,000 K	담청색
60,000 K	진청색

는 흑체방사에만 적용된다. 일반 물체의 방사는 외관상 흑체방사의 온도와 가장 가깝다고 생각되는 온도, 즉 상관색온도(相關色溫度 ; CCT ; correlated color temperature)로 표시된다(그림 4-8). 광색은 다음의 흑체방사온도와 일치한다(표 4-2).

우리가 일반적으로 말하는 난색이나 한색은 색온도와 정반대의 의미를 갖고 있다. 따뜻한 빨강색은 사실 색온도가 가장 낮으며 차가운 파랑색은 고온도체에 의해 발산된다.

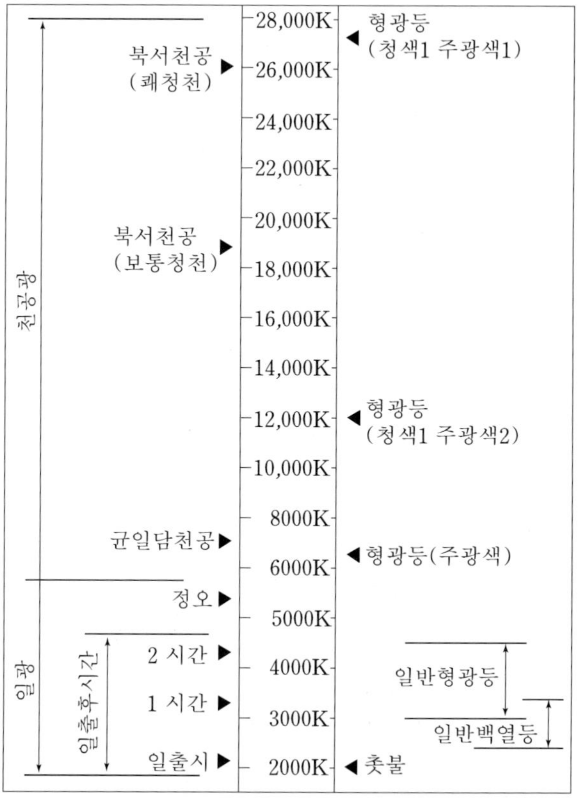

그림 4-8 상관색온도의 범위

4-1-4 측 광 량

가장 간단한 조명계(그림 4-9)는 광원과 이 광원으로부터 방사되어 공간을 흐르는 빛의 흐름인 광속(flux)과 광속이 표면에 부딪칠 때의 휘도로서 구성된다. 만약 이 시스템 내에 관찰자가 있다면 빛은 광원과 조사면으로부터 관찰자의 눈에 도달하며, 이때 밝다든지 눈부시다는 인상이 생기게 된다. 이러한 것은 측광량(測光量 ; photometric quantities)에 따라 나타나는 현상이다.

【1】 광 속

광속(光束 ; luminous flux ; Φ)은 빛에너지 흐름의 크기를 말한다. 단위는 1 m(lumen)으로서, 균일한 1 cd(candela)의 점광원이 단위입체각(立體角 : 1 sr) 내에 방사하는 광량으로 정의된다. 따라서 1 cd의 광원에 의해 방사된 전광속은 4π l m이다.

【2】 광 도

점광원(點光源 ; point source)에 의한 어떤 방향에 발산광속의 입체각밀도(立體角密度)를 그 방향의 광도(光度 ; luminous intensity ; I)라고 한다. 점광원은 실제로는 존재

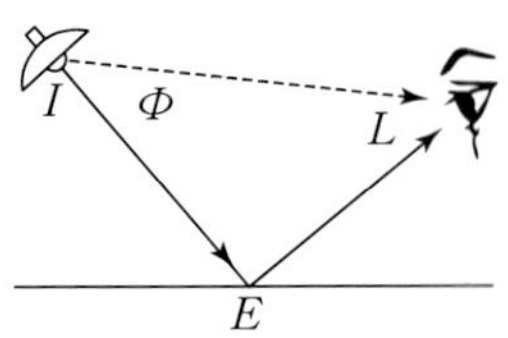

그림 4-9 간단한 조명계

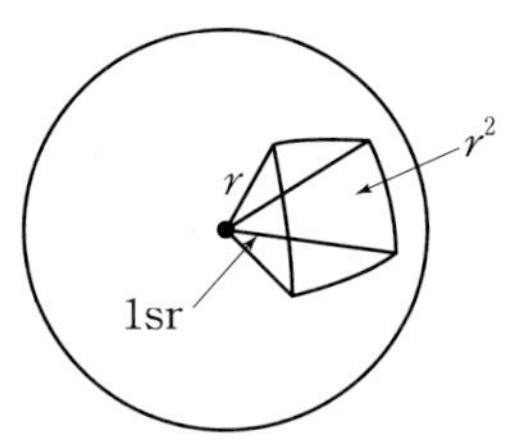

그림 4-10 스테라디안(steradian)의 정의

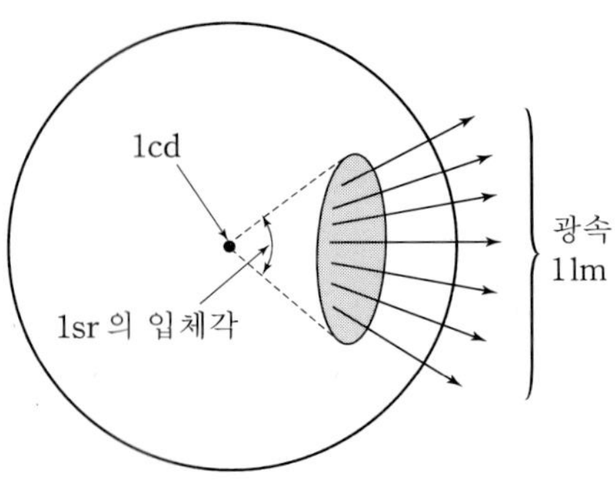

그림 4-11 루멘의 정의

할 수 없으나, 조도계산의 편의상 광원크기의 5배 이상되는 거리에서의 광원을 점광원이라고 본다.

입체각 ω 내에 광속 Φ가 균일하게 발산될 때 광도 I는 다음과 같다.

$$I = \frac{d\Phi}{d\omega} \tag{4.2}$$

또한 점광원으로부터 전공간에 균일하게 광속이 발산될 때는 다음과 같다.

$$I = \frac{4\pi}{\omega} \tag{4.3}$$

광도의 단위는 cd 또는 촉광으로 표시한다. 국제표준 칸델라는 면적 1/60 cm^2의 흑체를 백금의 용융점온도까지 가열했을 때의 그 방사의 강도로써 정의된다. 보통 1 cd는 점광원을 중심으로 하여 반지름 1 m^2의 면적을 뚫고 나오는 광속이 1 lm일 때 그 방향의 광도를 1 cd라고 한다. 그리고 평균수평광도는 광원의 중심을 통과하는 수평면상의 광도의 평균을 말하며, 평균구면광도는 모든 방향의 광도의 평균을 말한다. 이것을 구면광도라고도 한다.

1 cd = 1 candle power

【3】 조 도

어떤 면에 입사광속의 면적당 밀도를 그 면의 조도(照度 ; illumination ; E)라 한다. 단위는 lx(lux)로서 1 lm/m^2의 광속밀도에 의하여 생기는 조도이다.

$$E = \frac{\Phi}{S} \tag{4.4}$$

여기서, E : 표면조도 [lx], Φ : 표면에 도달한 광속 [lm], S : 표면적 [m^2]

조도의 단위는 단위면적에 따라 다음과 같이 여러 가지로 표시된다.

1 lx = 1 lm/m^2

1 photo = 1 lm/cm^2

1 foot candle = 1 lm/ft^2 = 10.764 lm/m^2

【예제 4-1】 평균구면광도가 100 cd인 광선에서 전광속의 1/4의 3 m×0.7 m의 표면에 입사될 때 (a) 표면의 전광속 (b) 표면조도를 구하라.

풀이 (a) $I = 100\ \text{cd},\ \omega = 4\pi$

$I = \Phi/\omega,\ 100 = \Phi/4\pi$

$\Phi = 4\pi \times 100 = 1256.64$

∴ 전광속 $= 1256.64\ \text{lm}$

(b) $\Phi = 1256.64 \times 0.25 = 314.16\ \text{lm}$

$A = 0.7 \times 3 = 2.1\ \text{m}^2$

$E = \dfrac{\Phi}{A} = \dfrac{314.16}{2.1} = 149.6$

∴ 조도 $= 150\ \text{lx}$

【4】 휘 도

휘도(輝度 ; brightness 또는 luminance ; L)는 표면의 밝기의 척도이다. 우리가 물체를 식별하는 것은 밝음의 차이에 의하는데, 밝음의 정도는 똑같은 광도를 가진 광원에서도 넓은 면적으로 발산될 때와 좁은 면적으로부터 발산될 때 각각 광원의 밝음이 다르다.

예컨대 투명전구를 그대로 볼 때와 이것에 갓을 씌워서 볼 때 광도에는 큰 차가 없으나 눈부심은 대단히 다르다. 그리고 이때 눈쪽으로 향하고 있는 면은 광원의 전면적이 아니고 눈쪽으로 향하고 있는 투영면적이다. 그러므로 어느 면의 밝음, 즉 휘도 L은 다음과 같이 정의된다. 어떤 면의 어떤 방향의 휘도란 그 방향에서 본 정사영 투영면적당의 광도로써 표시한다. 단위는 cd/m^2 또는 보조단위로써 (asb)apostilb를 사용한다 ($1\ \text{asb} = 1/\pi\ \text{cd/m}^2$).

$$L = \frac{dI}{dS} \tag{4.5}$$

여기서, S : 밝은 면을 보고 있는 방향의 투영면적

I : 그 방향의 광도

【5】 조도의 법칙

(a) 거리의 역자승법칙

빛은 직진하므로 점광원에서 d배 떨어진 곳에서는 동일광속이 d^2배의 면적으로 퍼지며, 따라서 조도는 $1/d^2$ 배로 감소한다. 그리고 광도가 m배가 되면 광속도 m배가 된다.

그림 4-12에서 광원의 광도를 I [cd]라 하고 광원과 표면간의 거리를 d라 하면 조도

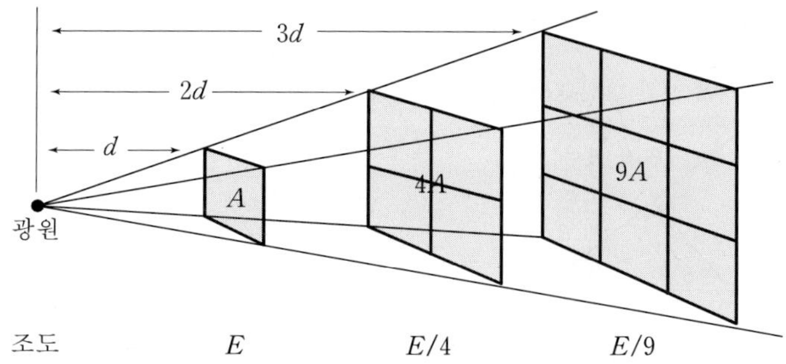

그림 4-12 거리의 역자승법칙

는 다음과 같다.

$$E = \frac{I}{d^2} \tag{4.6}$$

즉, 조도는 광도에 비례하고 거리의 제곱에 반비례하며, 이것을 거리의 역자승법칙이라 한다.

【예제 4-2】 1,200 cd의 전등이 (a) 2 m (b) 6 m의 거리에 있는 표면조도를 구하라.

풀이 $I = 1,200$ cd, $d_1 = 2$ m, $d_2 = 6$ m

(a) $E = \frac{I}{d_1^2} = \frac{1,200}{2^2} = 300$ lx

(b) $E = \frac{I}{d_2^2} = \frac{1,200}{6^2} = 33.33$ lx

(b) 코사인 법칙

빛이 경사각을 가진 표면에 입사될 경우 표면조도는 직각면조도와 다르게 된다. 그림 4-13에서 보듯이 만일 광속이 일정하고 수조면이 광원과 이루는 각 θ가 증가할 때 수조면조도는 감소하게 된다. 즉, 조도는 기울어진 각의 코사인에 비례하며, 이것을 Lambert의 코사인 법칙이라 하고 다음 식과 같이 표시한다.

$$E = \frac{I}{d^2} \cdot \cos\theta \tag{4.7}$$

여기서, E : 표면조도 [lx], I : 광도 [cd]

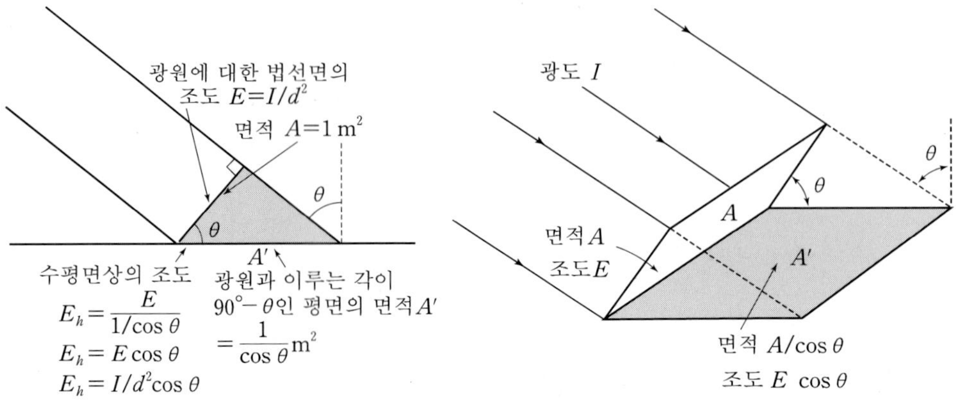

그림 4-13 코사인 법칙

d : 광원과 수조면까지의 거리 [m]

θ : 법선면과 이루는 광속의 방향각 ($\theta=0°$일 때 $\cos\theta=1$)

【예제 4-3】 반지름이 1.5 m인 원형탁자 중심 바로 위 2 m의 위치에 광도 I 1,500 cd인 램프가 있다. 이 탁자 모서리 끝부분의 조도를 계산하라. 단, 반사광은 무시한다(그림 4-14).

풀이

$$d^2=2^2+1.5^2=6.25$$

$$d=2.50$$

$$\cos\theta=\frac{2}{d}=\frac{2}{2.5}=0.8$$

$$E=\frac{I}{d^2}\cdot\cos\theta=\frac{1,500}{6.25}\times0.8=192$$

$\therefore$ 조도 $=192$ lx

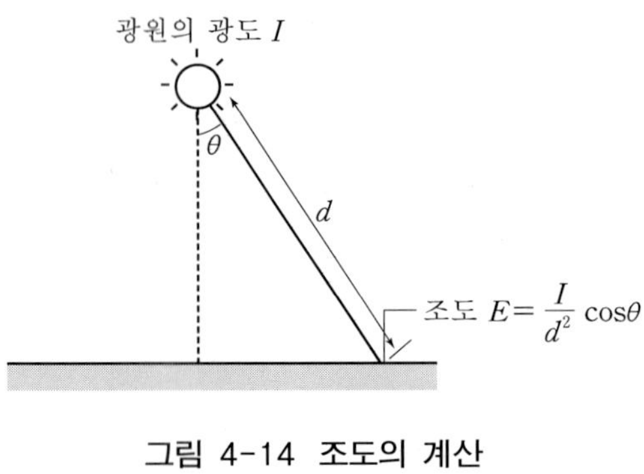

그림 4-14 조도의 계산

【예제 4-4】 광도 1,800 cd인 광원이 바닥 위 3 m, 천장(반사율 0.5) 아래 1 m의 위치에 설치되어 있다. 바닥면의 직접조도 및 반사조도를 계산하라.

풀이 (1) $I = 1,800\text{ cd},\ \ d = 3\text{ m}$

$$E_d = \frac{I}{d^2} = \frac{1,800}{3^2} = 200$$

∴ 직접조도 = 200 lx

(2) $I = 1,800\text{ cd},\ \ d = 1+1+3 = 5\text{ m}$

$$E_r = \frac{I}{d^2} \times \text{반사율} = \frac{1,800}{5^2} \times 0.5 = 36$$

∴ 반사조도 = 36 lx

4-1-5 조도의 측정

일반적으로 조명의 양을 나타내는 데는 조도를 사용하고 있지만, 반드시 조도여야 한다는 이유는 없다. 인공광원(人工光源)일 경우는 램프 광속을 사용할 수도 있고 주광원(晝光源)일 경우 창면휘도를 사용할 수도 있다. 그러나 조명되어야 할 물체를 상정해서 그곳의 조도를 생각하는 것이 가장 쉽다. 즉, 어떤 물체에 휘도가 있으면 물체표면의 물리적 특성이 들어 있으므로 휘도를 사용하는 데에 어려움이 많아 조도가 가장 사용하기가 쉽다.

【1】 수평면 조도

주어진 공간의 조명조건은 일반적으로 작업면상의 조도로 표시한다. 조도가 균일하지 않을 경우 등조도선(等照度線 ; illuminance contours)으로 빛의 분포를 나타낼 수 있다. 측정할 방의 평면도에 적당한 격자(예 : 1 m×1 m)를 그린 다음 모든 격자교점의 조도를 측정하여 그 값을 평면도상에 기록하고 격자교점값을 보간하여 둥근 형태의 등조도곡선(isolux lines)을 작성한다(그림 4-15).

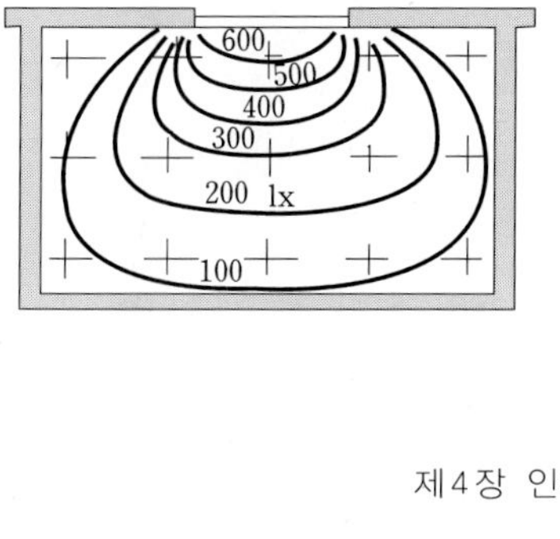

그림 4-15 등조도곡선

평면조도는 조도계로 측정한다(그림 4-16).

평면조도계는 보통 셀렌 광전지(selenium photocell)를 사용하며 다른 반도체를 사용하기도 한다. 광전지에 입사된 광선은 미소한 전류를 발생시키며 입사광속에 비례한다. 이 전류는 증폭되어 보통 가동-코일 미소전류계(moving-coil microammeter)에 의해 측정된다.

전류의 출력은 광의 주파수에 따르는데 셀렌을 사용하는 이유는 그 최고출력이 550~570 mm이고 그 반응이 보통 사람 눈의 감도와 매우 비슷하기 때문이다. 일반적으로 조도계에는 그 범위(range)를 변화시킬 수 있는 가변광학 필터나 증폭의 정도를 변화시키는 장치가 되어있다. 전류계의 훌·스케일(lx로 교정됨)은 50-500-5,000 lx 또는 100-200-500-1,000 lx이나 다른 조합도 가능하다.

멀티셀 조도계(multicell lightmeter)도 사용되는데, 특히 모형실험에 이용되며 12개까지의 광전지를 격자점에 위치시켜 지시계기와 케이블로 연결한다. 체인지 오버 스위치를 사용하여 각 점을 주사, 빛 분포 패턴을 작성할 수 있다.

【2】 공간조도 분포

빛의 3차원 분포는 공간조도계(空間照度計 ; spatial illuminance meter)를 사용하여 구할 수 있다(그림 4-17). 이것은 스칼라 조도와 조도 벡터의 방향 및 크기를 측정하는 계기이다.

2개의 광전지를 각도계를 겸한 받침대 위의 구면확산 커버 중앙에 서로 등을 마주하여 설치한다. 처음에 스위치를 넣으면 평균구면(스칼라) 조도를 구할 수 있으며, 값은 광전지의 위치에 상관없이 일정하다. 스위치를 조금 더 돌리면 등을 마주한 광전지간의 평면조도를 읽을 수 있다. 최대조도차가 나타날 때까지 수직축을 중심으로 U형 프로임을 회전시키

그림 4-16 조 도 계

그림 4-17 공간조도계

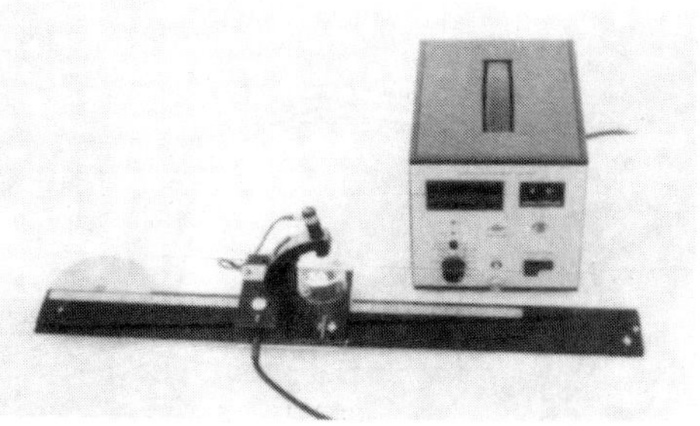

그림 4-18 휘도대비측정계

고 수평축을 중심으로 광전지를 기울게 한다. 여기서 $\Delta E_{최대}$, 즉 조도 벡터의 크기를 구하고 베이스상의 수평각과 수직 4분(分) 스케일상의 수직각을 판독하여 방향을 알 수 있다. 또 휘도대비는 휘도대비측정계(luminance-contrast meter)로 측정한다(그림 4-18).

4-2 빛환경에 대한 인간의 반응

4-2-1 빛환경의 지각

【1】 시 지 각

시지각(視知覺 ; visual perception)은 빛이 눈에 입사할 때 뇌에 의해 느끼는 현상이다. 눈은 카메라와 같이 물리적 상을 만드는 데 광학작용으로 빛을 조절할 뿐 아니라 물리적·심리적인 작용을 통하여 상으로 나타난다.

그림 4-19는 카메라와 비교한 눈의 주요부분을 나타낸 것이다. 수정체는 물체의 상을 망막상에서 도립된 상으로 맺게 하는데, 멀리 떨어진 물체에 대해서는 다소 이완되는 상태가 되지만 물체가 근접할수록 이 수정체의 굴절률을 조절하여 촛점을 맞추게 한다. 이 현상을 눈의 조절작용(accomodation)이라 한다. 근시는 상이 망막 앞에 맺히지만, 나이가 들수록 수정체가 얇아져서 수정체의 굴절률이 저하하는 현상으로 나타난다.

렌즈에 입사하는 빛의 양은 조리개에 의해 조절되는데 수정체로 입사하는 빛의 양은 홍채에 의해 조절된다. 이것은 빛의 양에 따라서 자동적으로 팽창·수축작용을 하고, 상이 맺히는 망막(網膜 ; retina)은 중심와(中心窩 ; fovea)라 하여 빛이 집중되어 모이는 수광신경과 맹점을 포함한다. 망막에 닿는 빛은 시신경을 거쳐 화학적인 변화에 의한 신호가 뇌에 정해진다. 뇌의 대부분은 눈에 들어온 정보를 처리하는데, 만약 뇌세포에 이상이 있으면 눈은 무용하게 된다.

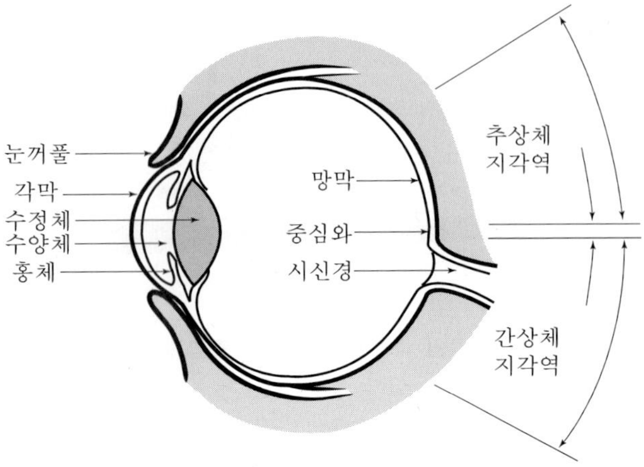

그림 4-19 눈의 구조

눈은 가시 스펙트럼 중에서 노랑-초록역(550~560 nm)에 가장 민감하게 반응하고, 짙은 파랑과 빨강에서는 시감도(視感度)가 저하된다(그림 4-20). 따라서 눈은 인접한 적외선이나 자외선 파장에 대해서는 지각하지 못한다. 이러한 가장 민감한 파장의 시감도(sensitivity)를 100(또는 1)으로 하였을 때 다른 파장의 시감도를 상대적으로 나타낸 곡선을 비시감도곡선(比視感度曲線 ; luminous efficiency curve)이라 한다.

CIE 비시감도곡선(CIE standard luminous efficiency curve)은 파장의 함수인 일정 에너지 플럭스에 의해 생기는 광속의 상대적 크기를 보여주며 그 최고점을 1로 한다. 이 곡선은 동일한 조명효과(E_1, E_2, E_3 등)를 만들기 위해 각 파장에 필요한 에너지 플럭

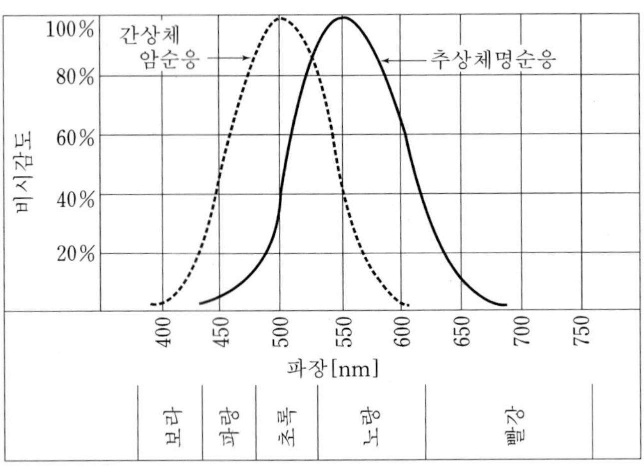

그림 4-20 비시감도곡선

스의 측정치로부터 도출되며, 비시감도 η는 $E_1\eta_1 = E_2\eta_2 = E_3\eta_3$의 관계를 갖는다. 곡선의 최고점에서 1 W는 680 lm을 내므로, 어느 파장 (λ)에서의 좁은 대역의 에너지 플럭스 (E)에 상당하는 광속 Φ는 다음 식으로 산출된다.

$$\Phi = 680\, E_{(\lambda)}\, \eta_{(\lambda)}\, d\lambda \tag{4.8}$$

그리고 넓은 대역의 에너지 방사의 경우는 다음과 같다.

$$\Phi = 680 \int E_{(\lambda)}\, \eta_{(\lambda)}\, d\lambda \tag{4.9}$$

일반적으로 시지각반응(視知覺反應)은 ① 눈에 입사되는 복사에너지의 세기 또는 광속 ② 광속을 인식하는 시간에 좌우된다.

【2】 휘도에 대한 반응

눈은 어두운 별빛으로부터 햇빛에 이르기까지 약 10^{10} : 1의 모든 휘도범위(輝度範圍)를 지각하나, 순간적인 상황에서 그 범위는 제한된다. 시력이 좋으면 약 100 : 1의 휘도범위를 식별할 수 있으며, 적당한 순응시간이 있으면 1,000 : 1의 범위 이상도 정확히 식별할 수 있다.

(a) 순 응

눈은 일반 휘도조건에 맞도록 평형상태를 유지하려고 한다. 홍채는 동공의 면적을 몇 초 사이에 변화시켜 입사하는 빛의 양을 조절하는 능력과 빛의 양에 따라 망막의 감광도를 변화시키는 능력이 있다. 망막의 감광도가 변화하는 현상을 순응(順應 ; adaptation)

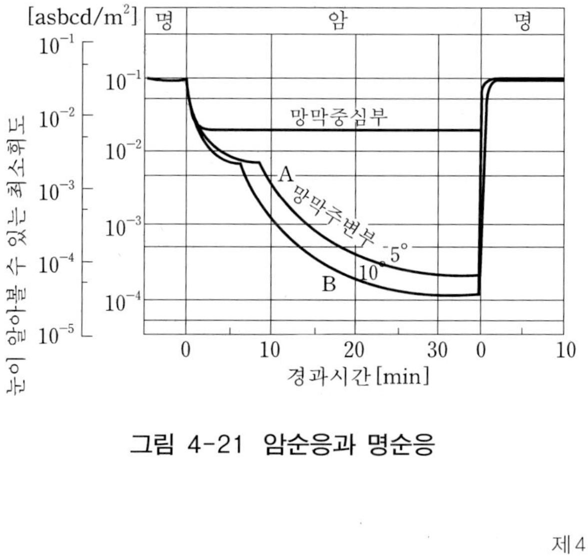

그림 4-21 암순응과 명순응

이라 하며, 어두워서 감도가 높아지는 경우를 암순응(暗順應), 밝아져도 감도가 낮게 되는 경우를 명순응(明順應)이라 한다. 또한 암순응, 명순응에서의 눈의 작용을 각각 암소시, 명소시라 한다. 그림 4-21은 눈이 느낄 수 있는 최소휘도에서 망막의 감광도와 그 변화를 모형적으로 표시한 것이다. 암순응은 A와 B의 두 곡선으로 표시되며 A는 추상체(錐狀體 ; cones)의 작용, B는 봉상체(棒狀體 ; rods)의 작용에 의한 것이다. 시야 내의 평균휘도별로 눈의 적응방식을 구분하면 다음과 같다.

① 0.001 cd/m^{2}일 때 : 봉상체가 작동하기 시작하고 동공이 크게 열린다.

② 3 cd/m^{2}일 때 : 추상체가 작동하기 시작한다.

③ 1,000 cd/m^{2}일 때 : 동공이 그 최소까지 닫힌다.

암순응은 광화학물질이 생성되어야 하기 때문에 30분이 걸리며, 명순응은 그 물질이 제거되는 데 필요한 약 3분만의 시간이 걸린다(그림 4-21).

(b) 대비감도

대비 (C)는 시대상물체의 휘도 (L_r) 또는 반사율 (R_r)과 그 배경휘도 (L_B) 또는 반사율 (R_B)간의 차이에 의해 표시되며 시작업성능에 큰 영향을 미치는 요소이다. 완전한 주광 아래서 표면간의 휘도차를 약 1%까지 지각할 수 있으나 빈약한 조명에서는 10%의 휘도차도 동일한 것으로 지각된다(백분률로도 표시 가능).

$$\text{대비 } C=\left|\frac{L_B-L_T}{L_T}\right| \text{ 또는 } \left|\frac{R_B-R_T}{R_B}\right| \tag{4.10}$$

만약 인쇄용지의 반사율 (R_B)이 0.77이고, 잉크의 반사율 (R_T)이 0.045일 때는 다음과 같이 나타낸다.

$$C=\left|\frac{0.77-0.045}{0.77}\right|=0.94$$

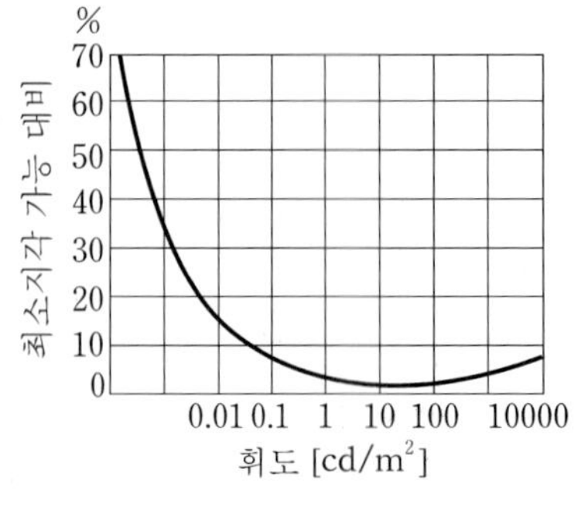

그림 4-22 대비감도

대비감도(對比感度 ; contrast sensitivity)란 대비에 의한 시지각반응을 말하는데, 이것은 휘도의 증가에 비례하지만 어느 한계에 도달하면 조도의 경우처럼 더이상 증가하지 않는다(그림 4-22).

【3】 시　야

보통 인간의 시야(視野 ; visual field)는 시선방향에서 상향 60°, 하향 70°, 수평 180°의 범위를 감지할 수 있다. 그러나 아주 작은 물체를 감각하는 부분은 시선과 거의 평행한 극히 작은 각도(2° 이내)에서 이루어진다. 정밀한 지각이 일어나는 중심시계의 외주에는 감각이 민감하지 못한 주변시계가 있다. 이 곳의 중심부는 시선에서 상・하 30°되는 부분과 좌우로 30°되는 원뿔모양을 이루고 있다.

주변시계(周邊視界)의 외부는 시선에서 상향 60°, 하향 70°, 좌・우 60°가 되는 곳에 분포하고 있다. 이 밖에 약 80°~90°의 시계에서는 물체의 윤곽을 어렴풋하게 판단하는 부분이다. 디테일을 감각하는 것은 고휘도나 중휘도환경에서는 시력이 시선상에서 최대

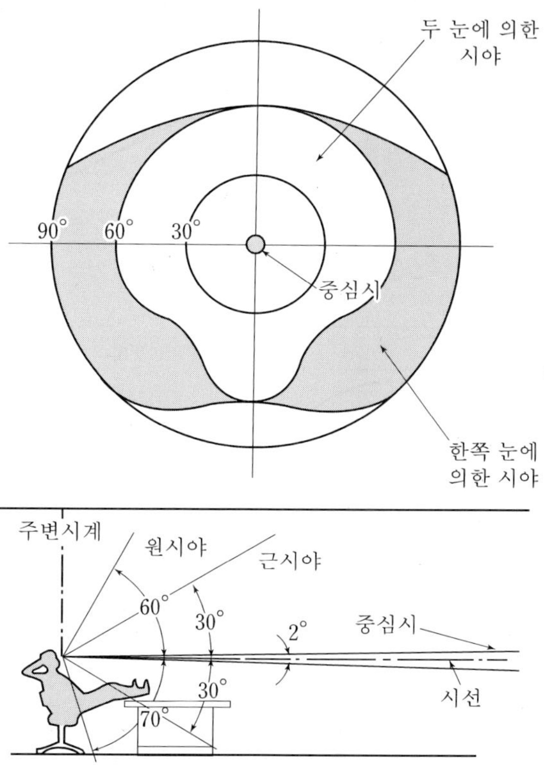

그림 4-23 시　야

가 되고, 저휘도환경에서는 최대시력의 10％에 불과한 지각이 일어난다. 최대시력(最大視力)은 시선상의 약 4° 정도 되는 곳에서 일어난다.

【4】 시 력

시력(視力 ; visual aquity)이란 어떤 거리에서 눈이 확인할 수 있는 최소 디테일을 볼 수 있는 능력을 말한다. 이 크기는 시각 (σ), 즉 눈이 확인할 수 있는 최소 디테일에 대한 눈의 위치에서의 각도(分)로 표시된다. 시력의 척도는 이 각도의 역수이다.

(a) 만약 $\sigma=2'$이면 $a=\dfrac{1}{2}=0.5$

(b) 만약 $\sigma=3'$이면 $a=\dfrac{1}{3}=0.33$

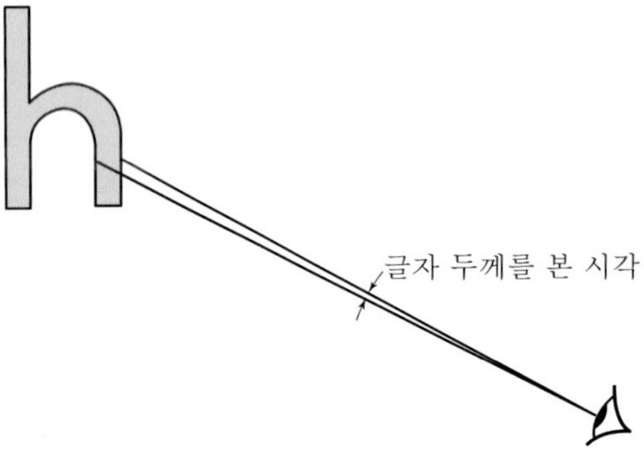

그림 4-24 시 력

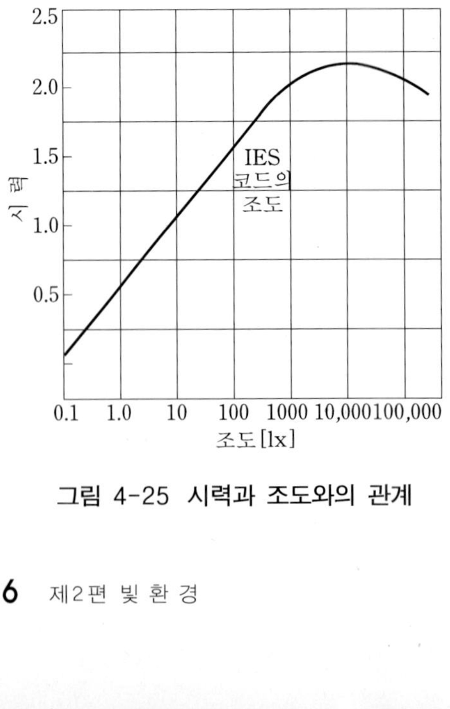

그림 4-25 시력과 조도와의 관계

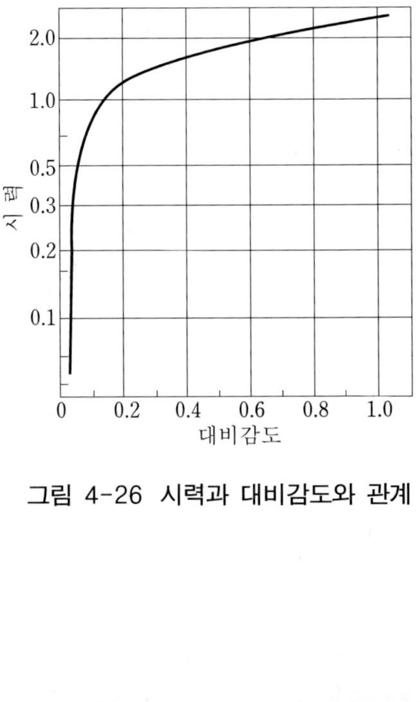

그림 4-26 시력과 대비감도와 관계

시력은 조도의 증가에 따라 좋아진다(그림 4-25). 그러나 대비감도와 마찬가지로 어느 한계점을 지나면 시력에 기여하는 조도의 효율은 오히려 떨어진다. 즉, 시력곡선은 높은 레벨의 대비감도에서는 평형해 진다(그림 4-26).

【5】 시작업성적

대비감도와 시력은 정상상태에서의 시효율(時效率; visual efficiency)과의 함수관계로 표시할 수 있다. 그러나 효율은 순간적인 시작업, 즉 변화에 따라 측정하게 되므로 시간을 반드시 고려해야 한다.

시작업성적(視作業成積)의 개념은 단위시간에 판독할 수 있는 문자의 수 또는 한 문자를 알아보는 데 필요한 시간으로 정량화된다. 많은 실험결과를 통해 조도의 증가에 따라 성적이 좋아짐을 알 수 있으며, 그림 4-27은 조도의 증가에 따라 시작업의 소요시간이 감소함(즉, 성적 향상)을 나타내고 있다.

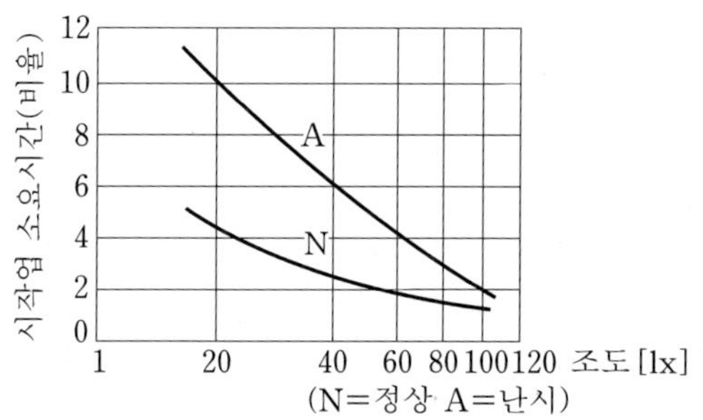

그림 4-27 시작업성적

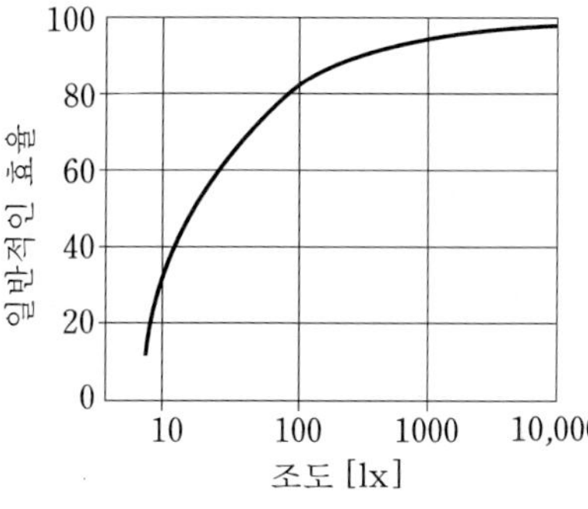

그림 4-28 시 효 율

【6】 시 효 율

시효율(時效率; visual efficiency)은 얼마나 효과적으로 시각 채널이 작동하는가를 표시하는 일반적인 의미로 사용되며 대비감도, 시력 및 시작업성적 내용을 포함하는 집약적 용어로서 다음 질문과 관련된다.

① 지각된 최소의 명암차는 무엇인가?(대비감도)

② 식별된 최소의 사물 또는 가장 세밀한 시대상은 무엇인가?(시작업성적)

따라서 대비감도, 시력 및 시작업성적에 대해 동일한 자극-반응관계를 측정할 수 있다. 이 중 어느 하나만으로 그 완전한 관계를 설명할 수는 없으나, 세 가지를 동시에 고려하면 시과정의 효율에 대한 좋은 척도가 된다.

【7】 눈의 피로

시력약화(視力弱化)와 눈의 피로(visual fatigue)가 되는 원인은 크게 ① 눈, ② 체질, ③ 환경의 세 가지 범주로 나누어진다.

눈에서 생기는 문제로는 시력저하나 연령변화와 관련이 있으며, 체질에서 생기는 문제는 개개인의 일반적 건강상태와 관련이 있다. 그러나 보통 말하는 눈의 피로원인은 환경요인이 직접적으로 작용한다. 시력을 약화시키는 환경요인에는 시작업 도중에 일어나는 것과 작업이 수행되는 시환경에서 일어나는 것이 있다.

눈의 피로는 시작업이 거의 연속적으로 되풀이될 때 발생하는데, 시작업에서의 부정확성은 주로 다음과 같은 요인에 의해 영향을 받는다.

① 시대상의 크기가 너무 작아서 초점이나 집중에서 문제를 일으킬 때

② 시대상의 대비가 너무 낮을 때

③ 시작업에서 이동이 있을 때

④ 표면재료가 현휘 등을 일으킬 때

⑤ 작업에 방해를 받을 때

4-2-2 시환경의 질

작업환경 내에서 시작업이 피로를 야기시킬 수 있는 환경요인은 다음과 같다.

① 부적합한 조도(작업조명・난이도의 불충분, 크기와 대비)

② 작업과 배경 사이의 휘도대비가 너무 클 때(예 : 검은 책상 위에 흰 종이로 작업을 하거나 국부조명을 제도판 위에 하고 다른 어두운 곳에서 작업할 때)

③ 불쾌감을 주는 현휘발생 때

④ 작업시 머리 위에 잘못 설치된 광원으로 인한 광막반사

⑤ 연색성

⑥ 형광등의 플리커(flicker : 깜박거림) 현상

⑦ 전반적인 환경에서 개인의 만족과 관련이 있는 심리적 인자〔환경의 특징, 창의 유무, 색채의 특징, 램프의 색채, 모델링(modelling) 정도 등에 의한 영향〕

다음 절에서는 ②, ③, ④, ⑤ 항에 대하여 자세히 기술하기로 한다.

【1】 휘도의 영향

(a) 휘도와 휘도비

시작업에서 휘도는 시각적인 쾌적감에 큰 영향을 미치며, 일반적으로 어려운 작업일수

표 4-3 표면반사율과 시작업에 필요한 휘도(IES)

표면반사율 \ 시작업의 종류	60 %	6 %
극히 힘든 경우	700 f_c	7000 f_c
매우 힘든 경우	200~700 f_c	2,000~7,000 f_c
힘든 경우	70~200 f_c	700~2,000 f_c
보 통	30~70 f_c	300~700 f_c
쉬 움	30 f_c 이하	300 f_c 이하

록 큰 값이 요구된다. 휘도 레벨은 표면반사율과 조도 레벨에 좌우되며 반사율이 낮을수록 높은 조도 레벨이 필요하다.

$$휘도 = 조도\ 레벨\ (f_c) \times 표면반사율\ [\%]$$

휘도비란 작업면의 휘도(또는 광원의 휘도)와 작업면 주변의 휘도와의 비로서 이 값이 너무 크게 되면 시각적으로 불쾌감을 느끼게 된다. 이상적인 작업면휘도는 주변의 휘도값과 같거나 약간 큰 값을 가져야 한다. 따라서 작업면 주위의 휘도가 작업면휘도보다 더 커서는 안된다.

표 4-4 권장휘도비(IES)

구 분	사무소	학 교	공 장	주 택
작업면과 주변 사이	1 : 1/3	1 : 1/3	1 : 1/3	1 : 1/10
작업면과 조금 떨어진 어두운 면 사이	1 : 1/5	1 : 1/3	1 : 1/10	1 : 1/10
작업면과 조금 떨어진 밝은 면 사이	1 : 5	1 : 10	1 : 10	1 : 10
창(또는 광원)과 주변 사이	20 : 1	–	20 : 1	–
일반적인 정상시야 내	40 : 1	–	40 : 1	–

(b) 휘도차의 판단

휘도는 주관적인 현상으로써 관찰자 개개인의 순응에 따라 변화하며, 심지어 쾌적조건에서도 눈은 보잘 것 없는 광도계에 불과하다. 예를 들면, 동일한 방법으로 휘도를 평가할 경우에도 눈에 따라서 차이가 심하게 나타난다. 백색면(반사율 80 %)과 흑색면을 설치하고 이 두 가지 면의 중간 정도되는 회색마감의 반사율을 선택하라고 할 때 관찰자들은 대부분 반사율 15~20 %의 회색을 선택하게 되는데 실제로 이것은 광도측정 중간지점인 40~45 % 회색의 정확한 밝기에 접근한다.

최소휘도차의 지각능력은 불규칙적이고 변화가 심하다. 재실자가 시각적으로 주광형태의 고휘도에 순응되었을 때는 평균 1% 정도의 미세한 휘도차도 지각할 수 있으나, 저휘도조건에서 최소한 지각할 수 있는 차이는 평균값에 비해 5~10% 이상의 변화를 보인다.

【2】 현휘의 영향

(a) 현휘의 종류와 원인

시야 내에 눈이 순응하고 있는 휘도보다 현저하게 높은 휘도부분이 있거나 휘도대비가 큰 부분이 있으면 눈부심현상이 일어나고 보는 데 방해가 되며, 불쾌감을 느끼게 된다. 이것을 현휘라고 하는데, 보는 데 방해가 되는 경우를 감능현휘(disability glare), 불쾌감을 느끼게 되는 경우를 불쾌현휘(不快眩輝 ; discomfort glare)라 한다. 또한 현휘의 원인이 되는 높은 휘도부분이 시야나 시선 가까이 있는 경우를 직접현휘(直接眩輝), 이런 것이 시선에서 떨어져 있는 곳에 있는 경우를 간접현휘(間接眩輝)라 한다.

현휘는 대비(contrast)와 포화(saturation)라는 두 가지 다른 효과로 경험된다. 만약 주어진 시계에서 과도한 휘도대비가 발생하면(약 10 : 1 이상) 시효율이 감소되거나 불쾌감이 생기게 되는데, 이러한 현상을 대비효과(對比效果 ; contrast effect)라 한다. 현휘는 주관적 현상이며, 자극 (S)이 휘도비 L_1/L_2일 때의 반응 (R)으로 생각할 수 있다. 눈은 시계의 평균휘도에 스스로 적응하는데 대비가 크면 낮은 휘도영역은 눈에 보이지 않게 되고(노출부족) 과다하게 밝은 영역은 불쾌감을 일으키게 된다(노출과다).

포화효과는 시계의 평균휘도가 약 25,000 cd/m^2(또는 80,000 asb)를 초과할 때 발생한다. 이 경우 대비 없이도 현휘가 발생하는데, 예를 들어 실제로 작업면휘도가 눈이 적응되어 있는 휘도보다 과다할 때, 밤에 자동차 헤드라이트나 운동장의 조명이 밝을 때 강렬한 눈부심현상을 경험할 수 있다. 이 경우에는 반사영상의 휘도가 낮아도 보는 데에 방해가 되는 수도 있으며, 특히 휘도가 높지 않은 경우에도 시대상의 표면 등에서 반사되어 보는 데 방해가 되는 경우가 있다. 이런 현상은 반사영상에 의해 시대상의 휘도대비가 저하하기 때문이며, 이것을 광막반사(光幕反射 ; veiling reflection)라 한다.

(b) 수평면의 광막반사를 감소시키는 방법

수평면의 광막반사를 감소시키기 위해서는 시작업면을 경사지게 하거나, 조명기구가 광막반사를 일으키는 범위에 배치되지 않도록 한다. 작업면을 거울로 가정하여 배치분석을 하는 방법이 있는데, 예를 들면 밝은 벽체나 창면적 등 모든 광원을 반사시야범위(反射視野範圍 ; offending zone) 외부에 배치하도록 한다(그림 4-29).

그림 4-29에서 ① $\angle r = \angle \theta$, ② 수평면상의 광막현상을 최소화하기 위해 조명기구와 밝은 면은 반사시야범위 밖에 배치한다.

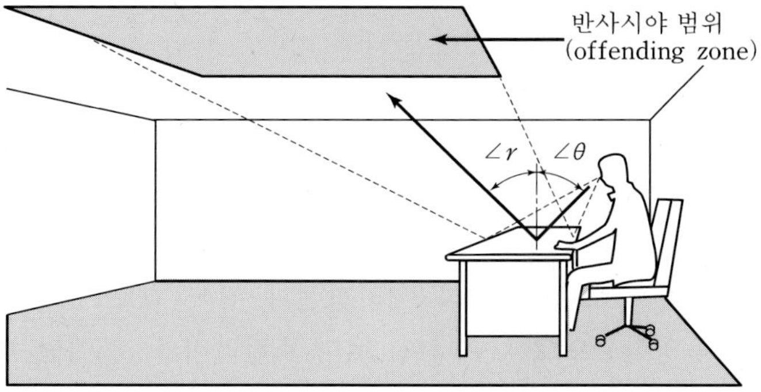

그림 4-29 수평면의 광막반사

(c) 수직면의 광막반사를 감소시키는 방법

수직면의 물체를 지각하는 데에도 광막현상의 영향을 받는다. 이것을 방지하기 위해서는 조명장치의 배치가 중요하다. 일반적으로 시각이 집중되는 수직면에는 매끈하지 않거나 매트(mat) 마감이 바람직하다. 그러나 필요에 따라서 매우 매끈한 재료(유리, 대리석)를 꼭 사용할 경우가 있는데, 이때는 시작업면을 거울로 가정하여 분석하면 된다(그림 4-30).

그림 4-30에서 ① $\angle r = \angle \theta$, ② 눈의 위치(바닥에서 160 cm, 벽에서 60 cm) ③ 수직면의 광막현상을 최소화하기 위해서는 조명기구와 밝은 표면은 반사시야 범위 밖에 배치한다.

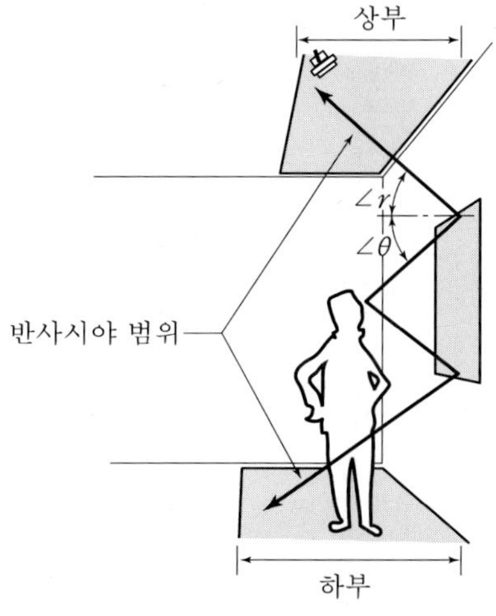

그림 4-30 수직면의 광막반사

【3】 빛의 방향성

물체의 지각은 물체에 조명하는 빛의 질과 같이 빛의 방향에도 영향을 받는다. 벡터 조도는 수평조명과 같이 빛의 방향을 고려한 조명의 질을 말하며, 스칼라 조도는 반사광을 포함하여 모든 방향의 전체적인 조도의 양을 나타낸다.

벡터/스칼라비는 어떤 점에 있어서는 빛의 방향에 대한 세기의 비율이다. 예컨대, 벡터/스칼라비가 3.0이면 스포트라이트나 직사광선과 같이 매우 강한 방향성을 나타내어 매우 강한 대비나 음영현상으로 나타나며, 벡터/스칼라비가 0.5이면 반사광에 의한 조명과 같이 그 방향성이 약하여 물체를 밋밋하게 보이게 한다(그림 4-31).

그리고 빛의 방향성이 시환경의 질에 미치는 영향은 다음과 같은 것이 있다.

① 모델링(modelling) : 고형으로 나타내 보이는 빛의 효과

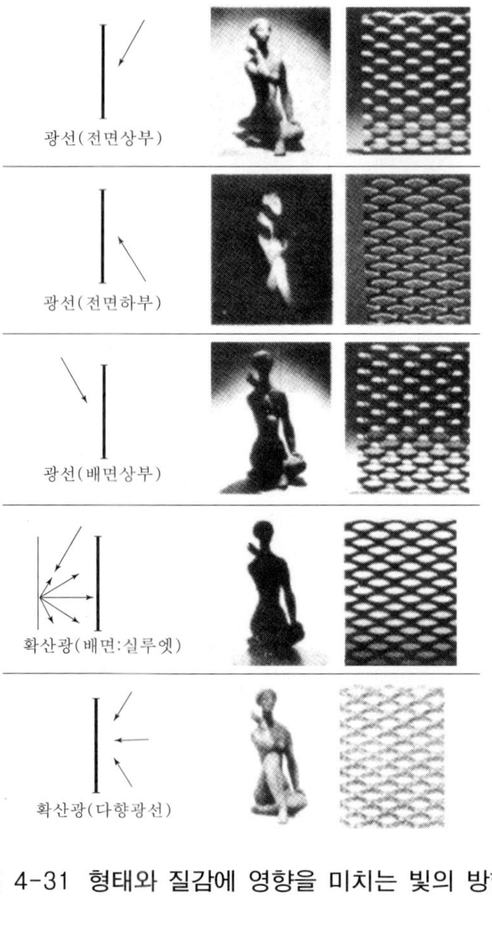

그림 4-31 형태와 질감에 영향을 미치는 빛의 방향

② 표면 텍스처에 대한 강조

③ 작업면에 대한 광막반사의 유무

【4】 연 색 성

표면색(表面色)의 지각을 촉진하는 빛의 성질을 연색성(演色性 ; color rendering)이라 한다. 이것은 빛의 스펙트럼 구성에 좌우되며 그 외양색과는 무관하다. 예를 들면, 한 조각의 빨강 벨벳은 연속 스펙트럼의 흰빛 가운데에서 빨강으로 보인다. 흰색으로 보이는 빛은 빨강, 초록 및 파랑의 단색광(單色光)을 혼합하여 만들 수 있으며, 이 빛 가운데에서 빨강 벨벳은 전처럼 빨강으로 보인다. 그러나 노랑과 파랑을 혼합하면 흰빛으로 보이기는 하지만, 그 빛 속에 벨벳은 회색으로 보인다. 이것은 빨강을 반사하지만 입사광(入射光) 속에 빨강 요소가 없기 때문에 반사될 것이 없기 때문이다.

CIE는 컬러프트(color shift) 방법에 기초하여 연색평가지표(演色評價指標 ; CRI ; color rendering index)를 사용하기로 하였다. 여덟 가지 먼셀 컬러를 중간채도와 명도를 갖는 완전한 색상환의 샘플로 선정하여 각각 표준광원 및 테스트 광원에 의하여 조명, 관찰한다. CIE 색도 차트를 사용하여 컬러 시프트를 평가하는데, 특례 연색평가지표(special color rendering index)는 각 샘플로서 이 시프트를 표현하는 데 사용되고 여덟 가지의 전(全색) 샘플에 대한 평균값이 평균연색지표(平均演色指標 ; general color rendering index)가 된다.

평가지표의 최대값은 100이며 이 값에서 시프트는 없다. 즉, 연색성이 완전하다. 기타의 경우에는 평가지표가 100 이하가 되나, 이 평가지표는 유사한 색도를 갖는 두 램프의 비교에만 유용하고 절대적 척도가 못되기 때문에 오히려 그 응용범위가 제한된다.

물리적으로 보면 정확한 연색성은 연속 스펙트럼의 흰빛에 의해 생긴 것이다. 이것은 심리·사회적 측면에서 볼 때 반드시 맞는다고는 할 수 없다. 만약 우리가 어떤 색으로 보이는 특정한 빛 속에서 어떤 대상물을 보는 데 익숙해져 있다면 그 대상물과 그 색깔을 연관시킴으로써 그들이 다른 조명조건에서도 똑같은 색으로 보이기를 기대한다.

광원의 연색성의 질을 평가하는 데 단일평가지표를 사용하는 것보다는 상관색온도(相關色溫度 ; CCT ; correlated color temperature) 개념이 보다 유용하다(4-1-3의 [3]항 참조). 일반적인 선호는 다음과 같다.

① 주광하에서 보통 보이는 색의 평가 : CCT = 6,500 K

② 병원의 임상관찰는 : CCT = 4,000 K

③ 주택의 조명는 : CCT < 3,000 K

4-2-3 형태의 지각

시각은 망막의 자극에 의한 것이나 주로 뇌의 정신적 과정이며, 지각은 대부분 인식에 좌우된다. 사람은 과거경험에 의하여 기타 감각기관의 도움을 받아 망막의 화상을 주위 현실과 연관시키고, 이들 화상을 실제의 환경과 동일시하는 학습을 해왔다. 사람의 생활은 끊임없는 학습으로서, 새로운 인상은 그의 기억 속의 다른 인상과 비교 검토되어 하나의 맥락을 이룸으로써 과거의 경험에 의하여 싸여진 생각들을 수정하게 된다. 따라서 지난 모든 경험이 지각에 영향을 미친다. 경험의 저장능력이 클수록 새로운 사물에 의한 지각은 쉬워지는데, 이것은 새로운 사물을 지각할 때 경험 속의 사물과 유사성 또는 대비에 의하여 연관시킬 수 있기 때문이다. 그러나 동시에 인간은 자신의 기본 질서에 적합하지 않은 사물을 지각하지 않을 수도 있으며, 그의 정신적 질서가 새로운 지각을 결정하거나 수정하기도 한다.

뇌는 눈에 의해 얻어진 자극을 해석하고 의미를 부여한다. 이 해석과정은 주위자극과 거의 동시에 일어나므로 흔히 착각을 낳기도 하며, 그 과정은 뇌가 받아들인 많은 자극으로부터 질서를 세우려는 뇌의 의도로 생각할 수 있다.

배경이 없는 형태의 지각은 이러한 과정의 한 가지 단순한 예가 된다. 종이에 연필로 그린 원은 단순한 연필선 이상의 그 무엇을 의미한다. 그 과정은 뇌가 받아들인 많은 자극으로부터 질서를 세우려는 뇌의 의도로 생각할 수 있다. 형태의 지각은 보다 복잡한데 같은 원을 측면에서 보면 타원으로 보이지만 뇌는 측면에서 본다는 사실을 인정하여 원으로 해석한다(형태의 항상성 : shape constancy). 서로 다른 형태를 비교(동시 또는 과거)하거나 다른 감각에 의하여 많은 신호(cues)를 확인하게 된다. 3차원물체의 지각은 명암과 빛의 일반적인 방향성과 같은 신호에도 좌우되므로 신호가 부족하면 지각이 모호해지며, 일관된 조명이 부족하면 방향성을 잃게 되어 불안감이 조성될 수 있다.

표면의 지각에도 해석과정이 다르다. 예를 들어, 평활한 넓은 표면의 한쪽에서 빛을 비추면 그 표면의 휘도는 위치에 따라 다르게 보이겠지만 전체 표면의 질은 같은 것으로 지각된다. 이 보상과정을 밝기의 항상성이라고 한다. 익숙된 관찰자라면 추정된 표면의 질인 밝기(lightness)와 휘도에 의한 순간적 감각인 밝기(brightness)를 구별할 수 있다.

색의 지각은 Young-Helmholz 이론처럼 간단한 것은 아니다. 조명광의 변화(예 : 구름이 태양을 지날 때의 빛의 스펙트럼 구성의 변화)는 지각된 색을 다른 색으로 보이게 하나, 뇌의 지각과정은 색이 일정함을 보상한다(색의 항상성 : color constancy). 공간에서의 형태지각(形態知覺)은 공간구성에 따라 다르게 인식된다. 즉, 주위가 둘러싸인 경우와 그렇지 않은 경우가 있고 2차광원인 반사면에 영향을 받게 된다(그림 4-32).

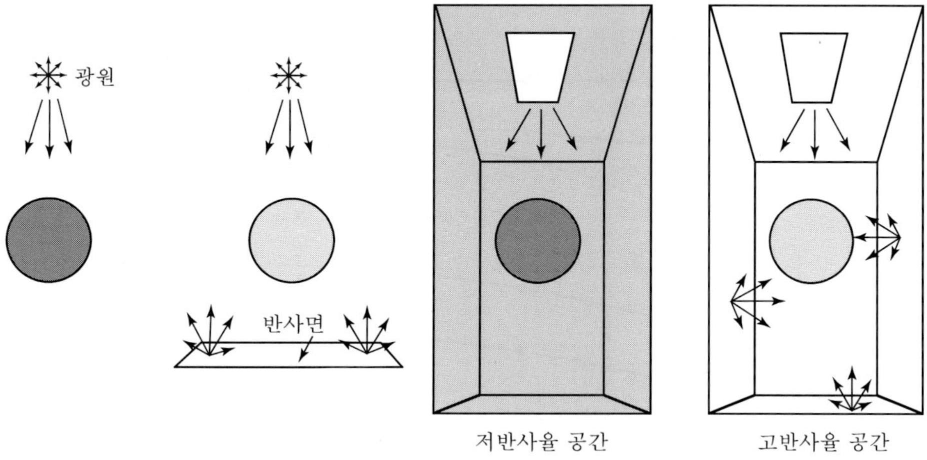

그림 4-32 공간형태의 지각

4-3 빛환경이 인간에 미치는 영향

4-3-1 시환경과 작업능률

시환경이 인간의 작업능률에 미치는 영향에 대해서 많은 연구가 있다. 시환경(視環境)은 인간의 시작업수행을 보조하기도 하고 반대로 방해하기도 한다. 시환경이 작업수행에 미치는 영향을 조사할 때 중요하게 고려되는 물리적 변수는 작업면의 조도이다. 작업면의 조도가 같은 경우에도 작업면과 주변의 휘도대비(輝度對比)가 시작업의 난이도에 따라 시작업성능(視作業性能)에는 차이가 나타난다.

어두운 방에서 텔레비전을 시청하면 매우 큰 피로감을 느끼는데, 이것은 TV 화면과 주변환경과의 휘도대비가 지나치게 과다함으로써 시각이 쉽게 피로하기 때문이다. 따라서 독서나 TV 시청을 할 때 만족한 시환경을 조성하기 위해서는 책면이나 TV 스크린면의 휘도와 주변의 휘도와의 휘도대비가 1 : 3 정도일 때 적정하다고 제안하고 있다.

조도와 작업능률간의 관계에 대한 가장 대표적인 연구는 그림 4-33과 같다.[2] 그림에서 보듯이 조도가 증가함에 따라 작업능률이 향상되나 조도 레벨이 증가할수록 작업능률의 증가폭은 감소한다. 작업면에 대한 조도가 증가해도 시작업성적에는 일정한 한계가

2) Weston. H. C., The Relation Between Illumiation and Visual Performance, Industrial Health Research Board Report No. 87, HMSO, London, 1945

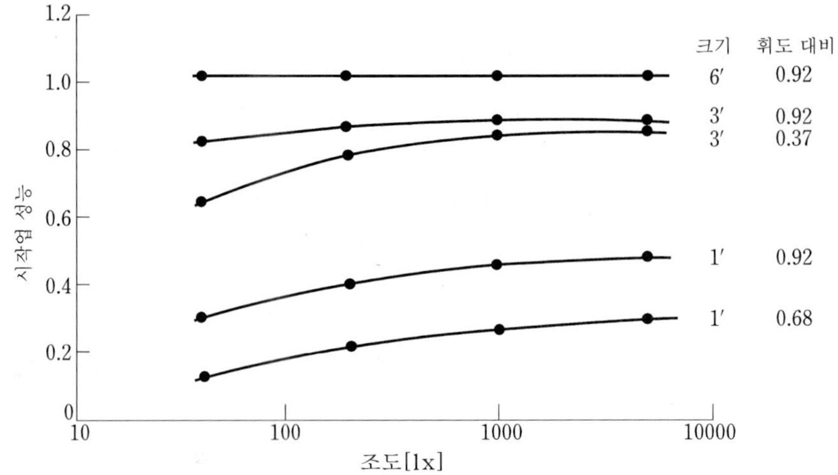

그림 4-33 환(ring) 테스트에 대한 조도와 시작업능률과의 상관관계

있다. 그리고 조도 증가에 따른 시작업에 대한 영향은 시작업의 난이도가 높을 때 크게 나타나고, 휘도대비가 적을수록 큰 영향을 미친다. 아울러 시작업성적은 조도변화보다 시작업의 난이도나 주변환경과의 휘도대비에 의해 큰 영향을 받기도 한다.

시작업수행을 평가하는 지표로서 가시도 레벨(visibility level)이 있다. 이것은 어떤 작업의 난이도를 시각적으로 판단한 값으로서 작업면의 휘도, 휘도대비, 크기, 색채, 표면의 질감 등 시작업에 영향을 미치는 복합적인 요인들을 하나의 척도로 나타낸 것이

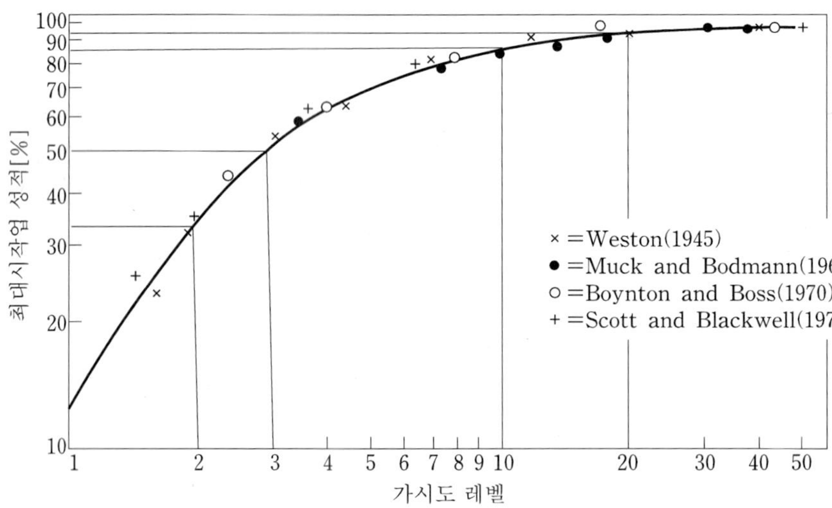

그림 4-34 가시도 레벨과 최대시작업성적 비율관계도

다.[3] 그림 4-34는 여러 학자들이 제안한 이 시환경조건과 시작업성적과의 상관관계를 나타낸 것이다. 그림 4-34에서 가시도 레벨의 증가에 따른 작업성취도의 증가폭은 낮은 레벨에서 높은 레벨보다 큰 것을 알 수 있다. 이 가시도를 이용하여 작업수행에 적정한 작업조도를 설정할 수 있으며 그 반대의 경우도 설정할 수 있다. 실제로 자연환경의 조명시설과 현휘방지에 많은 비용을 투자한 결과 1년 내에 생산성과 사기 증진에 큰 효과를 이룩한 경영사례도 있다.

4-3-2 색채와 인간행동

인간행동에 대한 색채의 영향은 색채의 속성, 인식범위 및 색채에 조명되는 빛의 성질에 따라 변하며 개인의 연령, 성별, 문화적 배경 또는 심리상태에 따라 변하기도 한다.

행동에 대한 색채의 영향 가운데 가장 일반적인 것은 색채에 대한 인식과 감각이 생리학적 반응에 미치는 문제이다. 예를 들면, 우리는 적색을 보고 1차적으로는 불이나 피 또는 태양을 연상하게 되고, 2차적으로는 연정, 혁명, 위험 등의 연상작용을 받게 된다. 언어의 사용에서부터 이미 뿌리깊은 인식과는 불가분의 어조로써 표현된다. 사실 불과 연정과의 관계는 성립해도 얼음과 연정과의 관계는 성립하지 못한다.

따라서 시각적 색채의 영역과 촉각적 영역이 서로 다르지만 서로 상관된 구조를 나타낸다. 결국 온도감을 느끼는 인간의 정서는 이른바 지각중추적 정서로 나타나는 결과가 된다.

문화적 배경, 연령 또는 성별에 따른 색채의 선호도 차이에 있어서 한색계통(녹색, 청색, 보라색 등)에 관련된 색상은 모든 연련층에서 골고루 좋아하고 있다. 또한 선호도는 나이가 들수록 낮아지고 일반적으로 어두운 색채보다는 밝은 색채를 좋아하며, 여학생은 채도와 명도가 높은 색을 좋아한다.

디자인에서의 색채는 적당한 변화, 다양성 또는 대비를 통하여 인간에게 다소의 자극을 줄 수 있어야 하며, 고정된 것보다는 시간 및 공간에 따라 변화를 줄 수 있도록 유연성(flexibility)을 고려해야 한다. 또한 인간의 행동유발(locational behavior)에도 영향을 미치는데, 예를 들면, 보척기(hodometer : 움직임의 위치와 시간을 알 수 있는 기계)를 사용한 물리적 실험으로써 일정한 크기의 2개 방바닥에 하나의 방에는 베이지색의 카펫을 깔고, 또 다른 방에는 붉은색 카펫을 깔아 일정한 사람들의 움직임의 양을 측정한 결과 붉은색 카펫의 바닥에서의 행동량이 베이지색에서의 행동량에 비해 2배 이상

3) Blackwell. H. G., A Unified Framework of Methods for Evaluating Visual Perfomance Aspects of Lighting, CIE. Publication 19, 1972

많았음을 알 수 있었다.

색채에 관한 인간의 생리적 감각과 지각에 대한 반응연구(反應研究 : Mehrabian & Russell, 1974)를 살펴보면 색채와 각성의 상관성 연구에서 적색은 녹반응연구색에 비해 더 많은 자극과 행동을 유발시켰다.[4] 색채는 또 개인의 시각적 색채영역과 촉각적 색채영역에 대해 상관적인 구조를 형성하고 있는 것으로 나타났다(Kaila).

회색은 인간의 정서결합에 비교적 구애를 덜 받는 편이지만, 유채색에 대한 인간정서의 영향은 상호밀접한 관계가 있다(Von Allesch). 유채색은 따뜻하거나 차갑다는 속성이 강하며 이 가운데 적황색과 청록색은 강렬한 지각중추기능을 유발시키는 작용을 한다. 또한 적극적인 면과 소극적인 면에 대한 지각정서의 차원에서 색채톤(color tone)은 기초기능작용의 요소라 볼 수 있다.[5]

인간은 빛을 통하여 색을 지각하게 되고 거기에 대해서 여러 가지 반응현상을 보이게 된다. 반응의 형태는 위에서 말한 행동의 유발, 정치, 흥분, 안정, 두통, 우울, 불쾌, 소화불량, 사고유발, 경고 등의 심리반응 및 생리반응이 나타나게 된다. 여기에 관련되는 인간의 반응을 살펴보면 다음과 같다.

① 어두운 색이나 청색은 혈압, 맥박을 감소시키며, 전기실험을 통한 피부반응(GSR)에서 두치의 움직임을 붉은색이 녹색보다 반응에 민감하다.

② 병원의 수술실이나 분만실에는 혈액의 색과 보색이 되는 청록색의 중간색이 사용되어야 한다. 수술 중의 의사는 작업에서 눈을 들어도 녹색의 잔상이 생기지 않는다.

③ 고급품의 포장은 안쪽이 내용물과 보색이어야 한다.

④ 전등빛의 황색조, 형광등의 청색조는 시간이 경과함에 따라 점차 없어져 가는 현상을 느낀다.

색채는 건축공간의 냉온감 뿐 아니라 그 공간의 질적인 면, 복합성, 인간의 사회적 위치를 암시하며 그 공간을 사용하는 사람과 매우 밀접한 상관성이 있다(Acking & küller, 1972).

또 색채에 의해 환경의 분위기를 개선시킴으로써 인간생리적 반응에 좋은 영향을 가져다 주는 데, 그 내용은 다음과 같다.

① 기분이 좋아지며 눈의 긴장과 피로가 감소된다.

② 재빠른 판단이 가능하며 사고나 재해를 감소시킨다.

③ 생활이나 작업에 즐거움을 주므로 능률이 오른다.

---

4) Norman W. Heimstra, Environmental Psychology, A division of Wadsworth Publishing Company, Inc., 1978, pp. 40-46

5) Seven Hesselgren. Man's Perception of Man-made Environment, 1983, pp. 150-151

④ 노동환경, 주거환경이 개선됨으로써 사회환경에 좋은 분위기를 제공한다.

이러한 색채환경을 통해 우리는 주위의 모든 환경의 질을 개선하여 인간의 생리적 심리적인 느낌을 쾌적하게 유지하도록 한다. 또한 색채는 인간의 내적구조를 보다 정상적인 지각작용을 일으키도록 유도하고, 인간의 시지각을 통하여 건축공간의 예술성을 강조함으로써 우리의 실생활에 직접·간접으로 큰 영향을 미친다고 할 수 있다.

4-3-3 주광의 생리적·심리적 영향

주광이 인체에 미치는 영향은 무엇인가? Ott는 "지구상의 삶은 풍부한 주광의 스펙트럼에 반응하며 발전되었다."라고 하였다.

자외선은 인간의 복지향상 및 건강에 필수적인 요소로서 구루병을 예방하고 인간의 피부를 건강상태로 유지시켜 주며, 비타민 D의 생산기능, 병원균 소독, 신체 내에 어떤 특별한 화학작용도 하게 된다. 인체가 자외선에 노출되면 피부의 모세혈관이 팽창되어 혈압을 적절히 조절하며, 심장의 박동수나 식욕, 생동적인 활동의 자극제가 되기도 한다.

심리적인 측면에서 인간은 본질적으로 주광이 인간의 건강에 필수적인 것으로 믿으며 주광을 매우 선호한다. 예를 들면, 사무소의 주광선호도 조사연구에서 방 깊숙이 위치한 사무원일수록 그들이 실제로 받는 것보다도 주광의 혜택을 훨씬 높게 과대평가하는 것으로 알려졌다.

lapp병으로 알려진 스칸디나비아 노이로제가 주광결핍의 극단적인 원인으로 밝혀졌다. 무창건물에 대한 사용자 반응연구에서는 주광에 대한 선호도가 특히 높았으며, 주광과 창이 없으면 파괴적인 행동반응이 나타난다고 보고되었다.

인간은 하루 생활의 대부분을 실내에서 보낸다. 자연채광을 인간이 거주하는 공간 내에 적극적으로 이용한다는 것은 인간의 심리학적·생리학적 측면에서 뿐만 아니라 에너지 절약적인 측면에서도 매우 중요한 것이다.

5장 건축과 빛환경

5-1 건물의 자연채광

5-1-1 자 연 광 원

【1】 직사광과 천공광

맑은 날에 태양으로부터 방사(放射)되어 지구에 도달하는 빛은 대부분 직사광(direct sunlight)으로써 지표면에 도달한다. 그러나 직사광은 변동이 심하므로 채광계획에서는 원칙적으로 천공광을 광원(光源)으로 사용한다.

직사광의 일부는 대기층에서 산란 또는 흡수된다. 산란된 빛의 일부는 직접 또는 산란

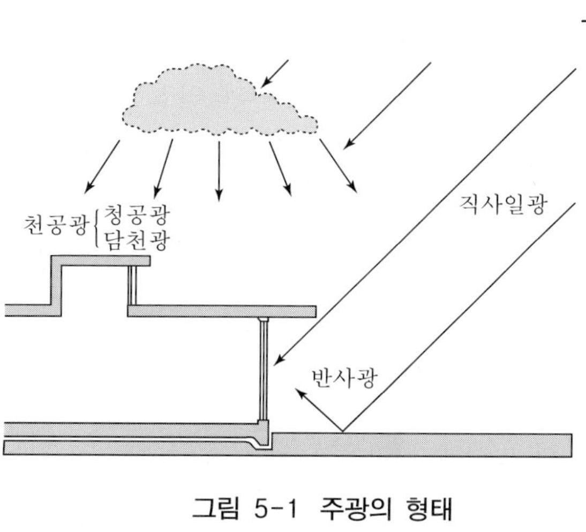

그림 5-1 주광의 형태

을 반복해서 지표면에 도달하는데, 이것을 청공광(晴空光)이라 한다. 날씨가 흐릴 경우 빛은 구름에서 확산, 투과, 반사되어 지표면에 도달한다. 이 중에는 지표면에서 반사되어 다시 구름에서 반사된 빛이 있는데, 이것을 담천광(曇天光)이라 한다. 이러한 청공광과 담천광을 합하여 천공광(天空光 ; sky light)이라 하며 직사광과 천공광을 합하여 주광(晝光 ; daylight)이라 한다.

【2】 반 사 광

직사일광은 시간에 따른 조도의 변동이 심하고 실내가 열적으로 과열되기 때문에 반사광(reflected sunlight)을 실내조명원으로 이용한다.

수평면조도가 90,000~100,000 lx일 때 10 %의 반사율을 갖는 지면은 9,000~10,000 asb(2,870~3,100 cd/m^2)의 청천공휘도(晴天空輝度)와 동일하다.

지면의 반사광은 실내의 천장에 도달하기 때문에 천장의 반사율은 중요하다. 실외반사성분을 조성하는 대향연직면(對向鉛直面)은 보통 50 %의 반사율을 가지며, 태양고도가 높을 때는 50,000 lx의 조도를 갖는다.

만약 태양고도 $\gamma = 60°$ 이면 다음과 같이 된다.

$$\text{조도}\quad E = 100,000 \times \cos 60° = 50,000 \text{ lx}$$

$$\text{휘도}\quad L = \frac{50,000 \times 0.5}{\pi} = 8,000 \text{ cd/m}^2$$

따라서 대향연직면은 좋은 광원이라는 것을 알 수 있다.

반사광은 직사광보다 실내의 깊은 곳까지 빛을 입사시키므로 실 깊이의 함수로 나타나는 주광곡선은 천공성분(SC)의 주광곡선처럼 경사가 급하지 않다.

태양고도가 가장 높은 정오의 연직면조도는 매우 낮으나 지면의 조도는 매우 높다. 늦은 오후나 이른 아침에는 이와 반대가 된다. 지면과 인접건물 반사의 총 합계는 하루 12시간 동안 거의 일정하므로 차양장치로 인하여 천공성분이 전혀 보이지 않더라도(SC=0) 직사광의 실외반사성분(ERC) 및 실내반사성분(IRC)은 실내조명에 충분하다.

【3】 주 광 조 도

(a) 직사광에 의한 조도

실외조도는 천기에 크게 좌우된다. 맑은 날은 수평면조도가 100,000 lx(그림 5-3) 이상일 수도 있으나, 구름이 끼고 안개가 자욱한 날은 한낮에도 2,000 lx 정도 밖에 되지 않는다.

시쾌적(視快適)은 시야 내의 휘도에 좌우되는데, 예를 들면 100,000 lx의 조도는 짙은 녹음에서는 매우 유쾌할 수도 있으나($\rho=0.3$: 휘도=30,000 asb, 약 9,500 cd/m^2), 백사장에서는 참기 어려운 현휘를 유발한다($\rho=0.9$: 휘도=90,000 asb, 약 29,000 cd/m^2).

백사장과 같은 조건에서 시작업성적이 저하된다. 예를 들면, 신문을 읽을 때 직사광이 입사하면 휘도가 과다하고, 신문에 그늘이 지게 되면 배경이나 주위보다 어두워져 시작업성능이 저하된다. 맑은 날 태양의 휘도는 약 1,650 Mcd/m^{2}이나 천공의 휘도는 1,000 cd/m^2 정도로서 짙은 청색을 띤다. 또한 이때 흰구름의 휘도는 약 30,000 cd/m^{2}까지이다.

직사광에 의한 법선조도를 E_n, 수평면조도를 E_r라 할 때 태양으로부터의 방위각이 α인 연직면상의 조도 $E_{v\alpha}$는 다음 식으로 구할 수 있다(그림 5-2).

$$E_n = E_o P^m \tag{5.1}$$

$$E_r = E_o P^m \sin\gamma \tag{5.2}$$

$$E_{v\alpha} = E_o P^m \cos\gamma \cdot \cos\alpha \tag{5.3}$$

$$E_{vo} = E_o P^m \cos\gamma \tag{5.4}$$

여기서, E_o : 대기권 밖 일광법선조도로서 최근의 연구에 의하면 126,800 lx이다.

P : 대기투과율

m : 대기질량 $\left(= \dfrac{1}{\sin\gamma} = \text{cosec}\,\gamma\right)$ (3-3-1절 참조)

대기투과율 P는 아주 맑게 개인 날에 0.85 정도, 보통의 청천시는 0.75 정도, 대기 중에 수증기나 에어로졸이 많아 희미하게 보일 때는 0.55 정도이다.

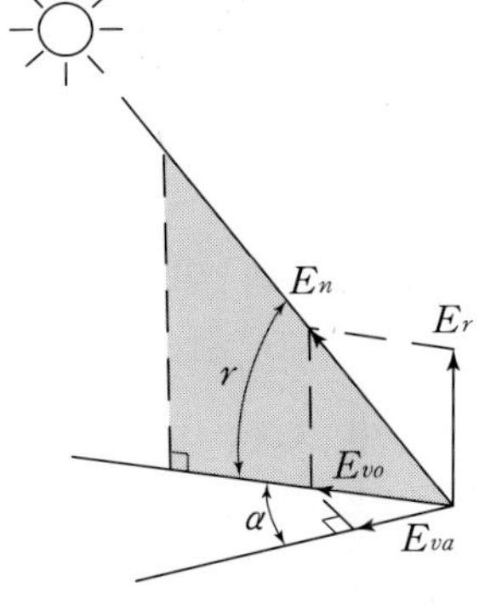

그림 5-2 직사광에 의한 조도

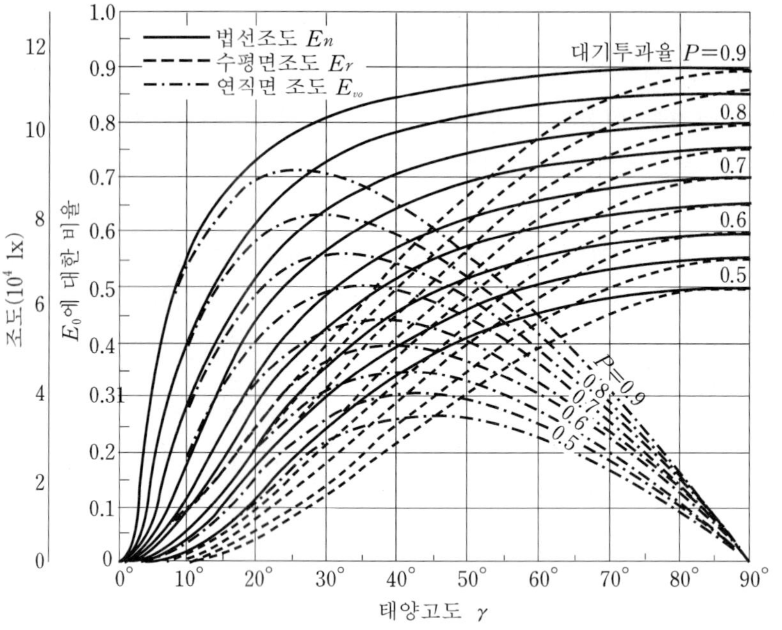

그림 5-3 직사광조도

(b) 천공광에 의한 조도

① 청천광 : 천공광의 휘도와 색도는 주로 대기의 혼탁도와 태양고도에 의해 영향을 받는다. 대기혼탁도가 낮아 대기가 맑을 때 천공은 휘도가 낮아지고, 푸른색을 강하게 띤다. 대기혼탁도가 높으면 천공은 휘도가 높아지고 흰색을 띠게 된다. 청천시의 전천공조도는 천공의 평균휘도에 비례한다. 청천시의 전천공조도의 기준치는 제안한 사람과 전후조건에 따라 많은 차이가 있으나 일반적으로 그림 5-4와 같다.

청공광에서 빛은 대부분 한 방향으로 음영이 강하고 대비가 크며 일반적으로 벡터/스칼라비가 높다. 반사성 지표면이나 건물의 표면은 이 값을 감소시키지만 그 자체가 잠재적인 현휘원(眩輝源)이 된다.

② 담천광 : 담천광에 의한 조도는 주로 구름의 두께와 태양고도에 의해 영향을 받는다. 두꺼운 구름으로 완전히 덮혀져 태양의 위치를 알 수 없을 정도의 담천광은 채광설계시 고려해야 할 중요한 외부조건의 하나이다. 담천공시 전천공조도의 기준치는 그림 5-5와 같이 제안되고 있다. 또 천공이 흐린 청천일 때를 제외하면 거의 같은 값을 나타내고 있으며, 천공의 상태로서는 모두 어두운 편에 속한다. 맑은 청천일 때의 전천공조도는 청천시나 담천시보다 2~3배 정도 크며, 천공의 휘도도 전천이 일정하지 않고 각 부분마다 다르다. 즉, 청천공이나 담천공의 휘도분포는 일정하지 않으며 시간에 따른 변

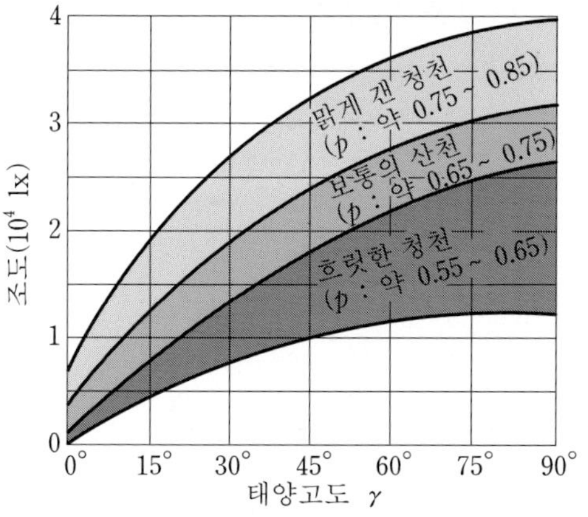

그림 5-4 청천시의 전천공조도

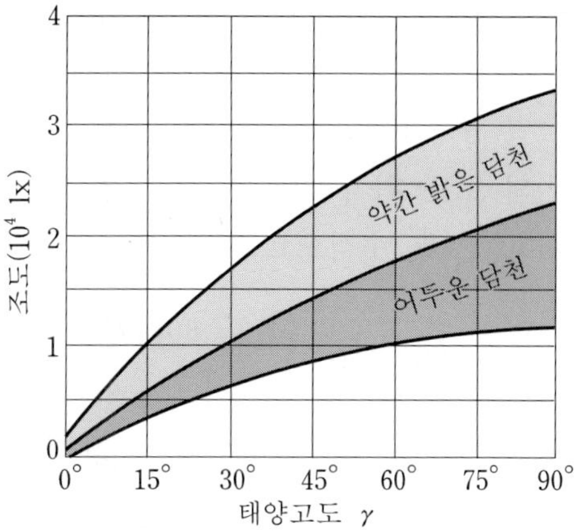

그림 5-5 담천시의 전천공조도

동도 심하다.

5-1-2 천공의 휘도분포와 전천공조도

천공은 균등확산면으로 볼 수 있으나 휘도는 균일하지 않다. 따라서 채광설계를 위해서는 천공의 휘도분포를 알아야 한다.

【1】 균일담천공

균일담천공(uniform overcast sky)은 모든 시방향에서 동일한 조도를 갖는 기준담천 상태를 말한다. 장애물이 없는 지상의 어떤 점에서 바라보았을 때 천공은 그 점을 둘러싸는 반구면이 되어 그 반구면에서 빛을 방출하면 그 면의 빛의 밝기는 모든 점에서 동일한 균일담천공으로 가정하는 것이다.

장애물이 없는 경우에 지면의 임의의 점에서 조도는 일정하지 않지만 영국에서는 설계용 조도로서 5,000 lx를 기준으로 제시하고 있다. 이것은 천공상태가 거의 담천공일 때의 값으로서 영국에서는 연중 담천상태에서의 작업이 전체 작업시간의 85 % 이상이나 된다.

그림 5-6에서와 같이 균일담천공에서의 휘도분포는 모든 고도각에서 일정한 값 L cd/m^{2}를 갖는다. 여기서, 반구로 둘러싸인 수평면상 점 C의 조도 E는 다음과 같다.

$$E = \pi \times L \text{ [lx]} \tag{5.5}$$

주광조도는 창의 위치와 시간, 계절에 따라 변한다. 따라서 조도는 창의 형태나 크기,

위치 등 실의 여러 가지 변수에 따라 좌우되며 그 값은 일정하지 않다. 실의 어떤 점에 있어서의 주광평가는 주광률에 의해 계산할 수 있다.

그림 5-6에서와 같이 담천상태인 경우 조도는 지평면상의 천구(天球; hemispheric sky)의 모든 위치에서 동일하다고 본다.

휘도분포를 수식으로 나타내면 다음과 같다.

$$L_\gamma = L_z \frac{(1+2\sin\gamma)}{3} \tag{5.6}$$

여기서, L_γ : 휘도 [cd/m²], γ : 태양고도

L_z : 천정휘도 [cd/m²]

$\gamma = 90°$일 때는 $\sin\gamma = 1.0$이므로

$$L_{90} = L_z\left(\frac{1+2}{3} = 1\right) \tag{5.7}$$

$\gamma = 0°$일 때는 $\sin\gamma = 0$이므로

$$L_0 = \frac{1}{3} L_z$$

이다. 또한 지평면상의 천구중심점에서의 수평조도는 $\frac{7}{9}\pi L_z$ [lx]이다. 여기서 수평면상 γ 위치의 CIE 천공에 대한 평균휘도값은 πL_γ가 되므로 지평면상의 천구중심점에서의 수평조도와 같게 놓을 수 있다.

즉, $\pi L_\gamma = \frac{7}{9}\pi L_z$이므로 여기서 L_γ 대신 $L_z\left(\frac{1+2\sin\gamma}{3}\right)$를 대입하면 다음과 같다.

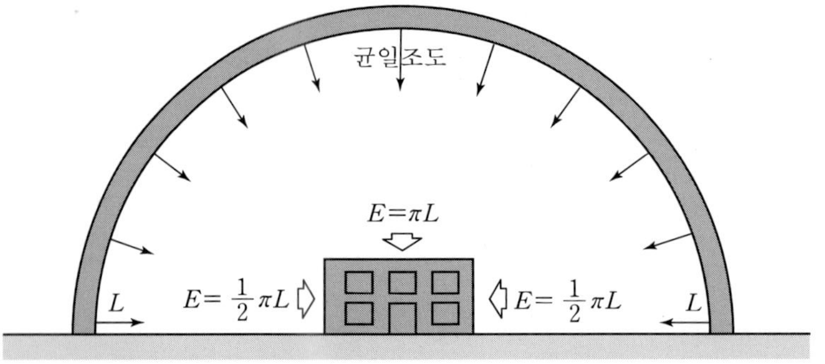

그림 5-6 균일담천공의 조도분포

$$\pi L_z\left(\frac{1+2\sin\gamma}{3}\right)=\frac{7}{9}\pi L_z$$

$$\frac{1+2\sin\gamma}{3}=\frac{7}{9},\quad \sin\gamma=\frac{9}{6}$$

$$\therefore\ \gamma \fallingdotseq 42°$$

【2】 CIE 표준담천공

휘도는 지평상의 각도에 따라 변하므로 실제로 담천공의 휘도 또한 균일하지 않다. CIE 표준담천공(CIE standard overcast sky)은 실제의 담천공의 휘도와 유사한 상태의 표준담천공을 모델로 정한 것이다.

15번째 퍼센타일(percentile)의 조도는 하늘에 구름이 있을 때 발생한다. 과거에는 구름 낀 하늘은 무한히 균일한 광원으로 취급되었으며 이런 상태에서 천공휘도 [cd/m^2]의 수치는 구한 조도 [lx]와 동일하였다. 그러나 최근의 연구결과 천공휘도의 분포상태는 균일하지 않다는 것이 밝혀졌다.

CIE(국제조명위원회) 표준담천공 휘도분포는 다음 식으로 정의된다.

$$L_\gamma=\frac{L}{3}(1+2\sin\gamma) \tag{5.8}$$

$$\frac{L_\gamma}{L_z}=\frac{(1+2\sin\gamma)}{3} \tag{5.9}$$

여기서, L_γ=고도 γ의 휘도, L_z=천정(天頂) 휘도, $\frac{L_\gamma}{L_z}$=휘도비

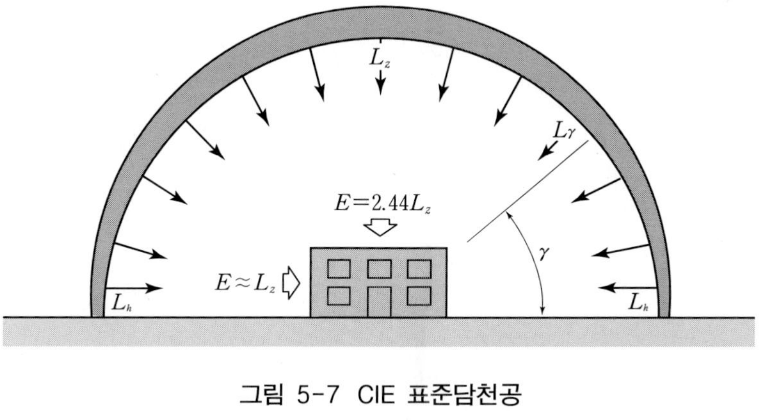

그림 5-7 CIE 표준담천공

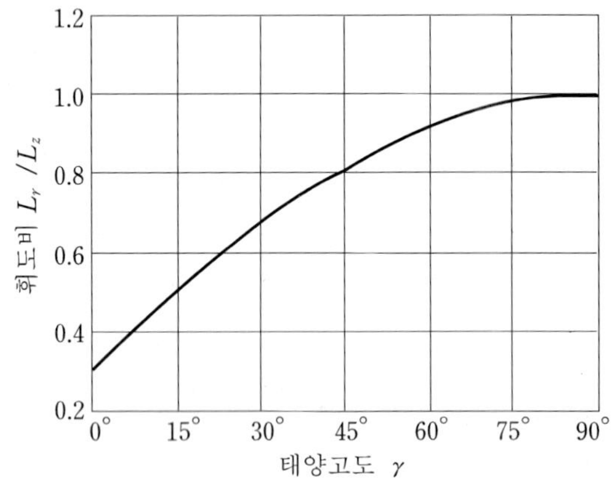

그림 5-8 CIE 담천공의 휘도비

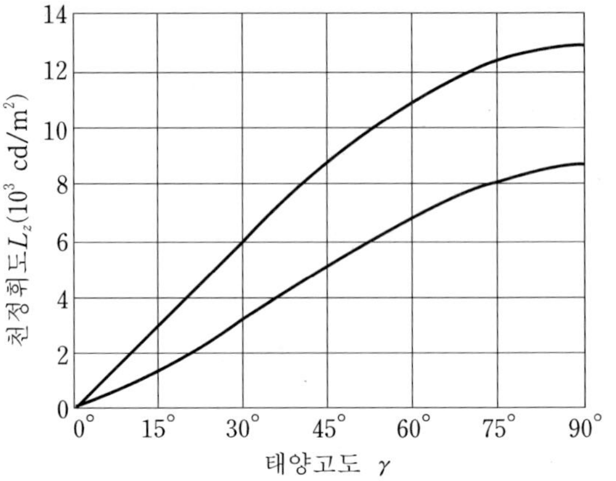

그림 5-9 담천공의 천정휘도

천정에서의 휘도는 수평에서의 휘도보다 3배가 크며, 고도 42°에서 그 평균값을 얻을 수 있다. 즉, 고도 42°에서 얻어진 휘도 L_{42}는 산출된 조도와 동일하다.

지표의 반사율이 높을 때, 예를 들어 눈으로 덮여 있는 경우에는 다음 식이 보다 정확하다.

$$L_\gamma = \frac{L_z}{2}(1 + \sin\gamma) \tag{5.10}$$

이러한 담천공에서 산출되는 조도도 태양고도각(太陽高度角 ; γ)에 좌우되며 구름 낀 정도에 따라 약간씩 변한다. 추정된 자료가 없을 경우에는 $E\,[\mathrm{lx}] \simeq 200\gamma$로 간주할 수 있으며, 구름은 있지만 담천이 아닐 경우의 조도는 태양 직사광을 제외한 $E\,[\mathrm{lx}] \simeq 500\gamma$로 추정한다.

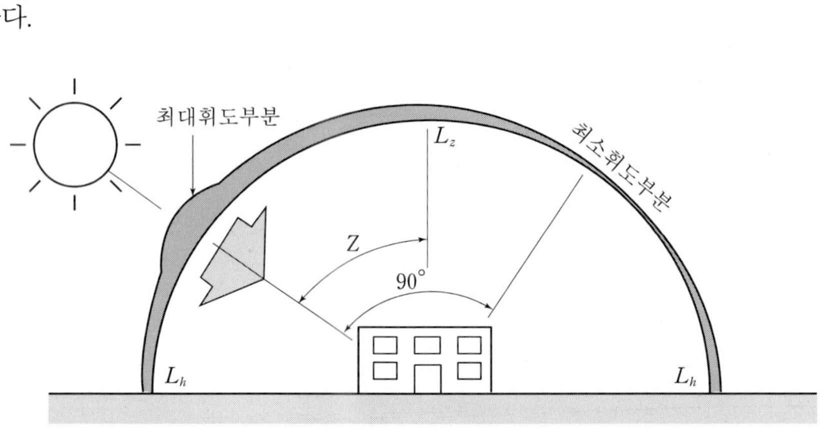

그림 5-10 CIE 표준청천공

천공의 휘도분포에 의해서도 조도를 계산할 수 있다. 천공광의 입사가 전혀 방해를 받지 않을 때, 전천공으로부터의 빛에 의한 수평면조도를 전천공조도라 한다. 전천공조도는 채광계산의 주요한 기초자료가 된다.

CIE 표준청천공의 휘도분포식은 다음과 같다.

$$L_\gamma = L_z \times \frac{(1-e^{-0.32/\sin\gamma})(0.91+10e^{-3a}+0.45\cos^2 a)}{0.274\times(0.91+10^{-3z}+0.45\cos^2 z)} \tag{5.11}$$

여기서, γ : 태양고도, L_γ : 휘도

z : 태양이 천정과 이루는 각도 $(90° - \gamma)$

a : 태양과 천공의 임의의 점이 이루는 각도

L_z : 천장휘도, e : 지수(2.7183)

이 식에서 천공은 태양부근에서 가장 휘도가 높고 현재의 태양위치로부터 90°의 각도에서 가장 낮은 휘도를 가진다는 것을 알 수 있다. 또한 맑고 건조하며 높은 고도에서는 천공이 짙은 청색으로 보이며 저휘도부분이 넓게 나타난다. 이와 같은 Kittler의 공식은 대단히 복잡하며, 인도의 V. Narasimhan과 B. K. Saxena가 보다 간단한 공식을 제안하였다.

$$L_\gamma = \frac{L_z}{\sin\gamma} \quad (15° \leqq \gamma \leqq 90°) \tag{5.12}$$

$$L_\gamma = \text{상수} = \frac{L_z}{\sin 15°} = 3.86L_z$$

이 식은 청천공의 휘도분포의 실측치와 비슷하다고 주장하고 있으나 주로 태양에서 멀리 떨어진 천공에 대해서만 적용되고 있다.

5-1-3 채광주간과 설계용 전천공조도

【1】 채 광 주 간

일출이나 일몰을 전후하여 태양고도가 낮을 때는 천공휘도가 낮아지기 때문에 채광의 광원으로서 적당하지 않다. 일반적으로 태양의 고도가 10° 이상인 천공을 채광에 유효하다고 보며 그 시간대를 채광주간이라 한다. 그림 5-11은 북위 35°의 채광주간을 나타낸 것으로 실제의 채광계획에서는 건물의 용도나 사용시간대, 사용빈도 등을 포함하여 채광을 필요로 하는 시간대를 결정한다.

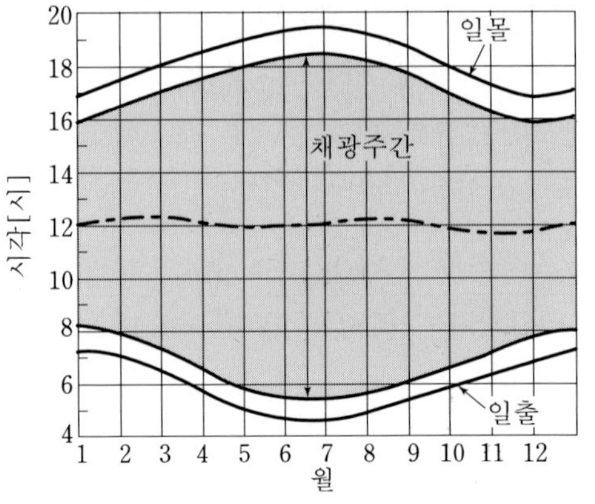

그림 5-11 채광주간

【2】 설계용 전천공조도

채광설계의 기본 개념은 옥외의 최저조도에 대하여 실내에 필요한 최저조도를 얻을 수 있도록 계획하는 것이다. 따라서 그 최저값을 얼마로 하느냐가 큰 문제이며 주광조명에서 가장 어려운 것이 바로 이 문제이다.

실외조도는 많은 폭으로 변하기 때문에 설계의 기초는 통계적인 근거에 의한다. 조명의 목적과 허용조건에 따라 10번째 또는 15번째 퍼센타일의 조도가 설계의 기초로 사용된다. 그 이론적 근거는 이 값이 주광조명시간의 90 % 또는 85 %를 초과하므로 이 시간 동안의 조명광으로서 충분하기 때문이다. 너무 지나치면 네거티브 조절(커튼이나 블라인드의 사용)이 필요하며, 나머지 10 % 또는 15 %의 시간을 위해 건물 내에 충분한 주광을 제공하자면 다른 관점(열손실 또는 태양열취득)에서 볼 때 과다한 창면적이 필요하게 된다. 사실 10 %나 15 %의 시간은 짧으므로 행동적응이나 전기조명으로 대체할 수 있다.

어느 것을 설계용 전천공조도(design sky)로 채택하느냐는 설계자의 의도에 달려 있으나 일반적으로 4,000~6,000 lx 정도가 적당하다. 최근 일본건축학회에서 규정한 설계용 야외전천공조도의 기준은 표 5-1과 같다.

표 5-1 설계용 전천공조도

특히 밝은날 (구름이 많은 청천)	50,000 lx
밝은 날	30,000 lx
보통 날	15,000 lx
어두운 날	5,000 lx
매우 어두운 날(눈 오는 날)	2,000 lx
쾌청한 천공	10,000 lx

몇몇 지역의 설계용 실외천공조도(15번째 퍼센타일)는 다음과 같다.

표 5-2 지역별 설계용 천공조도

지 역	위 도	조 도[lx]
런 던	52°	5,000
호 바 트	43°	5,500
멜 버 른	38°	7,000
시 드 니	33°	8,000
부리스베인	27°	10,000
다 윈	12°	15,000
나이로비	1°	18,000

5-2 채광설계

5-2-1 기초이론

【1】 입체각투사의 원리

그림 5-12에서 단위반구의 표면 dS와 창면적 dA가 실내수평면 P점에서 이루는 각이 같을 때 P점의 조도는 dS에서의 조도와 같다. 이 dS를 실내수평면으로 수직투영한 면적이 dQ이며, 여기서 P점을 지나는 수직선과 dS가 이루는 각을 β, dA의 균일한 천공휘도를 L_o라고 하면 다음과 같은 관계식이 성립한다.

$$\text{미소면적 } dA \text{ 의 광도} = L_o \times dA$$

$$dA \text{ 와 수직인 P점에서의 조도} = \frac{L_o \times dA}{d^2}$$

여기서, d : P점에서 dA까지의 거리

dS : P점에서 dA와 같은 각을 이루면서 단위반구의 표면 위에 있으므로

$$dS = \frac{dA}{d^2} = \frac{dS}{1^2}$$

따라서 P점의 조도는 $L_o \times dS$가 되며, dA의 방향은 P점의 수직선과 β각을 이루므로 $dQ = dS \times \cos\beta$의 관계가 성립한다. 따라서 미소면적 dA에 의한 P점의 조도는 다음 식에서 구할 수 있다.

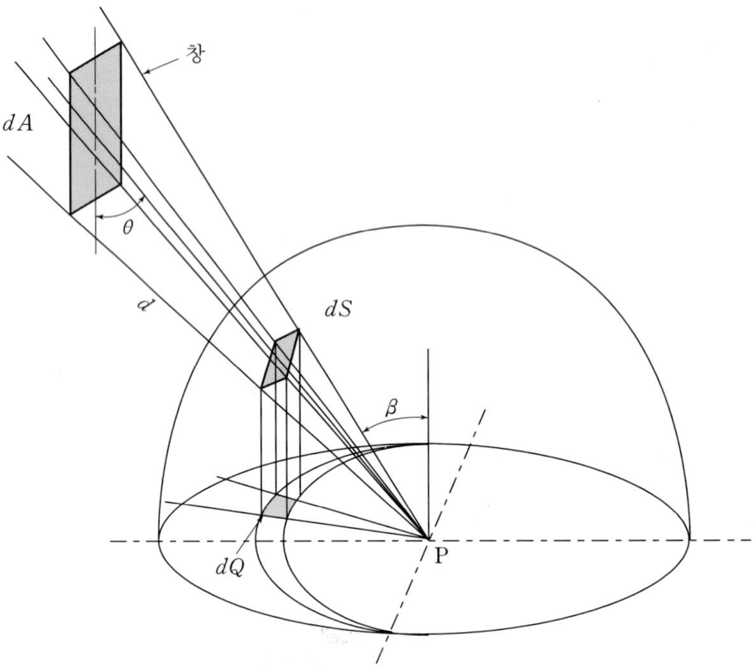

그림 5-12 입체각투사의 원리

$$dE = L_o \times dS \times \cos\beta$$
$$= L_o \times dQ$$

이 식을 적분하면 다음과 같다.

$$E = L_o \int dQ \tag{5.13}$$

즉, 휘도 L의 광원(창)에 의한 P점에서의 조도는 광원의 입체각투사면적 dQ에 광원 휘도 L의 곱과 같다. 이것을 입체각투사의 원리(solid angle projection principle)라고 한다. 이것은 주광 다이어그램과 불규칙한 형태의 광천장과 같은 인공조명원으로부터 조도를 산출하는 데 이용된다.

【2】 주 광 률

주광은 다음 두 가지 방법으로 정량화할 수 있다.

① 광량(광속, 조도, 휘도)에 의한 방법

② 상대치(주광률)에 의한 방법

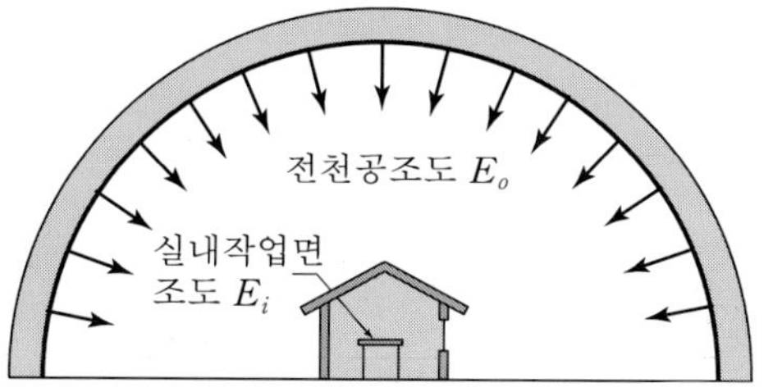

그림 5-13 주 광 률

①은 옥외조도를 가정한 후 실내조도를 계산하는 방법으로 실외조도변화가 실내조도 변화에 큰 영향을 미친다. ②는 실외와 실내의 1점의 조도비를 계산하므로 실외조명조건의 변화에 따라 실내조도도 변하는 점을 고려한 것이다.

주광률(DF ; daylight factor)은 담천공으로부터의 전천공조도(E_o)에 대한 실내 한 지점의 작업면적도(E_i)의 백분율[%]로 정의된다.

$$DF = \frac{E_i}{E_o} \times 100\% \tag{5.14}$$

천공의 휘도분포는 매우 불안정한 경우가 많으므로 주광조도 대신에 채광계획의 지표로서 주광률을 사용하고 있다. 주광률은 천공의 상대적인 휘도분포, 창과 수조점의 기하학적인 관계, 실의 형태와 마감 등에 의해서 결정되며, 천공의 휘도치 그 자체의 영향은 받지 않는다. 따라서 천공의 상대적인 휘도분포를 결정하면 주광률은 기하학적인 수치로서 결정되며, 채광계산의 지표로 사용될 수 있다. 종래의 채광계산에서는 일반적으로 천공휘도를 균일하다고 가정하였으나 최근에는 CIE 표준담천공을 사용한다.

5-2-2 주광률 예측방법

주광률 예측에는 여러 가지 방법이 고안되어 사용되고 있으나 여기에서는 다음의 다섯 가지 방법을 검토하기로 한다.

【1】 총광속법

폐쇄된 공간에 개구부를 통해 빛이 들어오는 것을 계산할 수 있는데, 이때 창면의 조도(E_w)에 창면적(A_w)을 곱하면 창을 통하여 들어오는 총광속량을 구할 수 있다.

$$E_w\,[\mathrm{lx}] \times A_w\,[\mathrm{m}^2] = \Phi_t\,[\mathrm{lumen}]$$

이때의 광속량은 다음 세 가지 요인에 의해 감소된다.

① 유지율(維持率; MF; maintenance factor) 또는 보수율(保守率) : 유리에 끼는 먼지와 기타 투과체의 손상을 고려한다(표 5-3).

② 글래스율(GF; glass factor) : 투명유리 이외의 투과체를 사용했을 경우에 고려한다(표 5-4).

③ 유효창면적률(有效窓面積率; B) : 창의 유효면적을 감소시키는 창틀이나 기타 장애물을 고려한다(표 5-5).

이상 세 가지 인자를 고려하면 창의 입사유효광속(入射有效光束)은 다음과 같이 표시된다.

$$\Phi_e = \Phi_t \times \mathrm{MF} \times \mathrm{GF} \times B \tag{5.15}$$

이 유효광속을 바닥면적으로 나누면 평균바닥면 조도를 구할 수 있다. 그러나 특정지점의 조도를 알기 위해서는 조명률(照明率; UF; utilization factor)을 알아야 한다. 조명률의 값은 다음 인자들의 영향을 받는다.

① 실지수(室指數; RI; room index)로 표시되는 방의 기하학적 비례형태

$$\mathrm{RI} = \frac{l \times w}{(l+w) \times h_o} \tag{5.16}$$

여기서, l : 실의 길이, w : 실의 폭

h_o : 작업면으로부터 창의 중앙까지의 높이

② 천장과 벽 마감재의 반사율

③ 창의 형태(천창, 측창 등)

표 5-3 유 지 율

지 역	창 경 사	실의 용도	
		비공업용 또는 먼지가 적은 공업용	먼지가 많은 공업용
공장지역 이외	연 직	0.9	0.8
	경 사	0.8	0.7
	수 평	0.7	0.6
오염공장 지역	연 직	0.8	0.7
	경 사	0.7	0.6
	수 평	0.6	0.5

표 5-4 글래스율

투과체	글래스율
투명판 유리 또는 플로트 글래스(float glass)	1.00
망입광택유리	0.95
망입성형	0.90
조면성형 또는 압연유리	0.95
성상용(cathedral) 유리	1.00
형판(figured) 유리	0.80~0.95
호마상의 장식유리(arctic or reeded)	0.95
모로코풍 유리	0.90
6 mm 반사유리(antisun)	0.85
6 mm calorex	0.55
투명 이중유리	0.85
투명 플라스틱판	0.65~0.90

표 5-5 유효창 면적률

종류	유효창 면적률
전 금속제 창	0.80~0.85
목제 틀의 금속제 창	0.75
목제 창과 목제 틀	0.65~0.70

④ 창에 대한 검토점의 위치

이 방법을 주광조명설계의 총광속법(total flux method) 또는 루멘법이라고 하며, 인공조명설계의 광속법과 유사하고 미국에서 널리 사용되고 있다. 그러나 이 방법은 균일한 조명이 필요한 천창조명설계에 국한되므로 일반창과 같은 측창채광에서는 분할광속법을 사용하는 것이 보다 정확한 값을 얻을 수 있다.

총광속법의 계산법은 다음과 같다.

① 실지수(RI)를 결정한다.

② 천장과 벽의 반사율을 결정한다.

③ 창의 유형에 따른 조명률(UF)을 구한다(부록 II-2).

④ 식 (5.17)을 사용하여 조도(E)를 구한다.

$$E = \frac{E_w \times A_w \times \mathrm{UF} \times \mathrm{MF} \times \mathrm{GF} \times B}{A_f} \tag{5.17}$$

여기서, E : 작업면조도 [lx], E_w : 창면조도, UF : 조명률

MF : 유지율, GF : 글래스율, B : 유효창면적률

A_f : 바닥(또는 작업면) 면적

이때 주광률(DF)은 다음과 같이 간단히 구할 수 있다.

$$\text{DF} = \frac{A_w \times \text{UF} \times \text{MF} \times \text{GF} \times B}{A_f} \tag{5.18}$$

【예제 5-1】 먼지오염이 비교적 적은 서울 근교지역에 위치한 공업용 제조회사의 작업실채광형태가 모니터(monitor) 수평천창으로 설계되어 있다. 이 작업실의 크기는 길이 15 m, 폭 10 m, 모니터 채광창은 직사각형으로 2.5 m 간격(s) 3열로 되어 있다. 각 열의 채광창 한쪽면의 크기는 0.6 m×12 m이고 작업면에서 모니터 채광창 중심까지 거리는 4.8 m (h)이다. 창은 전금속제이며 6 mm 반사유리(antisun)로 되어 있고 실내 천창반사율 0.7, 벽반사율 0.5의 재료로 마감되어 있다. 이때 3월 21일 오후 2시의 작업면조도와 주광률을 검토하라.

풀이 $s/h = 2.5/4.8 = 0.52 < 2.0$ (그림 5-14) ∴ OK

실지수 $\text{RI} = \dfrac{l \cdot w}{(l+w) \cdot h} = \dfrac{15 \times 10}{(15+10) \times 4.8} = 1.25$

부록 Ⅱ-2(천창의 조명률)에서, $UF = 0.14$

전천창채광면적 $A_w = (2 \times 0.6 \times 12) \times 3 = 43.2\ \text{m}^2$

서울 근교(N=38°)의 외부 평균조도(부록 Ⅱ-1-c)는 5,400 fc

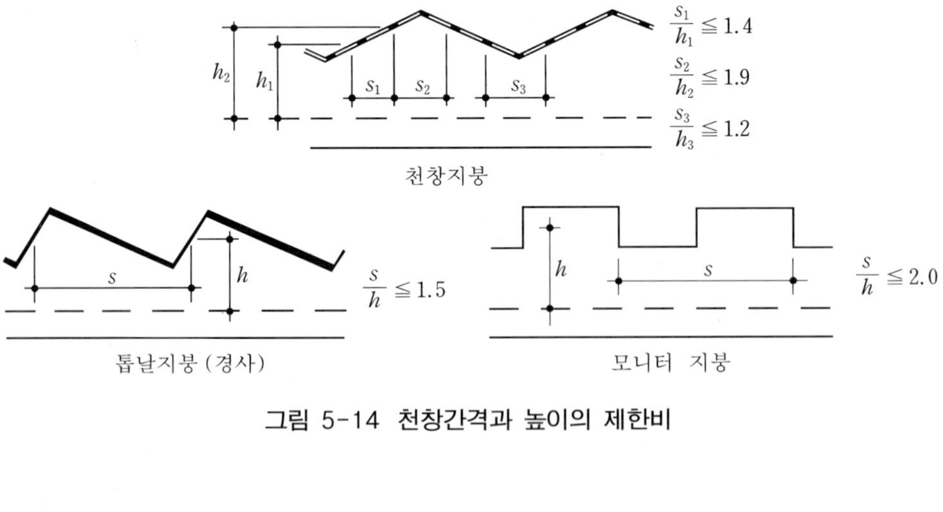

그림 5-14 천창간격과 높이의 제한비

창면조도 $E_w = 5400 \times 10.76 = 58,104\ \text{lx}$

조도 $E = \dfrac{58,104 \times 43.2 \times 0.14 \times 0.8(\text{표 5-3}) \times 0.85(\text{표 5-4}) \times 0.8(\text{표 5-5})}{10 \times 15}$

$= 1274\ \text{lx} > 300\ \text{lx}$ (표 5-16) $\quad \therefore$ OK

주광률 $\text{DF} = \dfrac{43.2 \times 0.14 \times 0.8 \times 0.85 \times 0.8}{10 \times 15} \times 100$

$= 2.2\% > 2.0\% \quad \therefore$ OK

【2】 간이주광률 계산법

(a) 간이주광률표

도면을 이용하기 어려울 때(예 : 설계의 초기단계) 표 5-7을 사용하여 천공성분(SC)을 예측할 수 있다. 간이주광률표를 이용하는 방법은 다음과 같다.

① 작업면에서 창 상단까지의 높이 H를 정한다.

② 창으로부터 측정점까지의 법선 수직거리 D를 정한다.

③ H를 D의 배수로 표시하여(예 : H/D 비) 표의 상단에 위치시킨다.

④ 창면에 대한 수직선의 양측의 창폭 W_1, W_2를 구한다. ($W_1 + W_2 =$ 전창폭)

⑤ 양쪽 창폭을 D의 배수로 표시한다(예 : W_1/D 및 W_2/D).

⑥ 표의 두 값〔$(H/D,\ W_1/D)$, $(H/D,\ W_2/D)$〕을 읽는다. 두 값의 합산치가 측정점의 천공성분이 된다.

【예제 5-2】 그림 5-17과 같은 실내의 책상 위 A점에서 천공성분(SC)을 표 5-7을 이용하여 구하라.

풀이 그림 5-18과 같이 창을 4분할 도해하여 각각의 높이와 거리비 및 폭과 거리비를 구하고, 표 5-6으로부터 보간법으로 구하여 표 5-7에서 천공성분(SC)값을 찾는다.

(a) 창 1(JKLM) : $\dfrac{H_1}{D} = \dfrac{1.5}{3.0} = 0.5,\quad \dfrac{W_1}{D} = \dfrac{0.5}{3.0} = 0.167$

$\text{SC}_1 = 0.334$

(b) 창 2(NOLM) : $\dfrac{H_2}{D} = \dfrac{0.75}{3.0} = 0.25,\quad \dfrac{W_1}{D} = \dfrac{0.5}{3.0} = 0.167$

$\text{SC}_2 = 0.084$

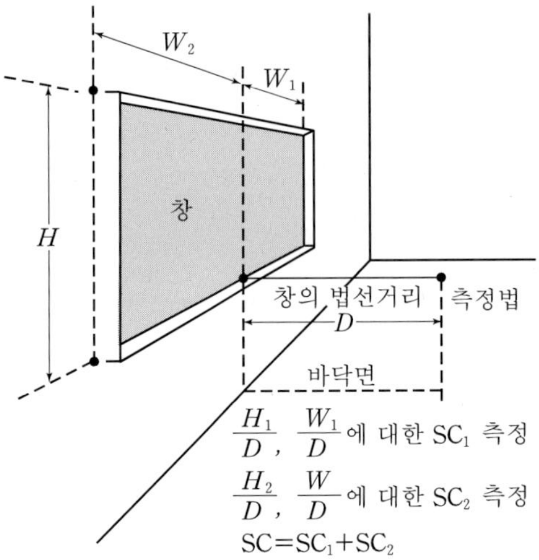

그림 5-15 측정점이 창틀 위에 있는 경우

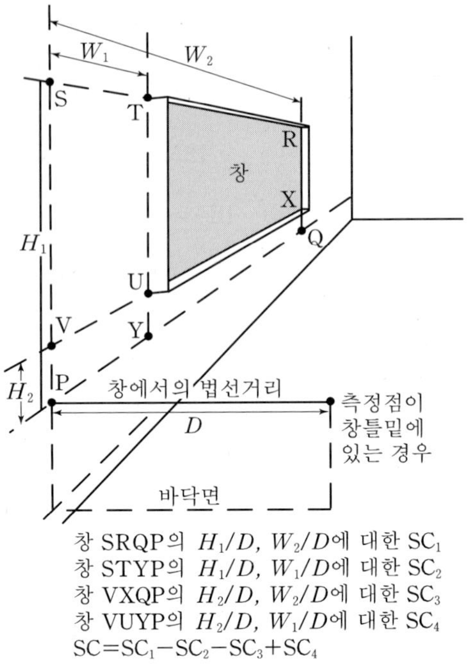

그림 5-16 측정점이 창틀 밖에 있으면서 인방 아래 있는 경우

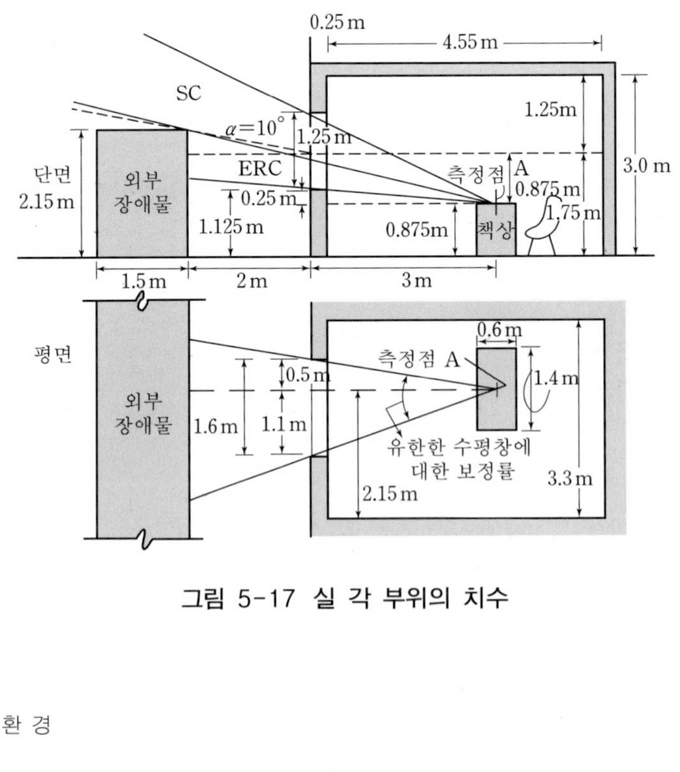

그림 5-17 실 각 부위의 치수

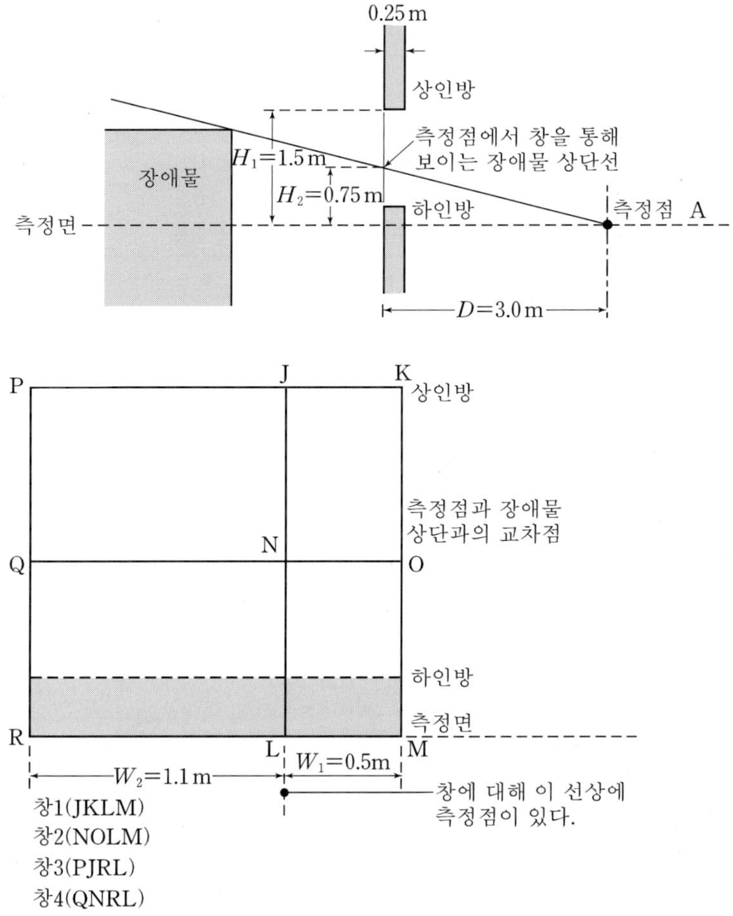

그림 5-18 예제풀이를 위한 창의 도해

(c) 창 3(PJRL) : $\dfrac{H_1}{D} = \dfrac{1.5}{3.0} = 0.5,\ \dfrac{W_2}{D} = \dfrac{1.1}{3.0} = 0.367$

$SC_3 = 0.634$

(d) 창 4(QNRL) : $\dfrac{H_2}{D} = \dfrac{0.75}{3.0} = 0.25,\ \dfrac{W_2}{D} = \dfrac{1.1}{3.0} = 0.367$

$SC_4 = 0.184$

∴ 천체 천공성분 $SC = (SC_1 - SC_2) + (SC_3 - SC_4)$

$= (0.334 - 0.084) + (0.634 - 0.184)$

$= 0.7\%$

표 5-6으로부터 창틀과 유리의 먼지 등에 의한 수정계수를 고려하면

표 5-6 천공성분(SC)에 대한 수정계수

종 류	수정계수
창틀과 창살에 의한 오차	0.8
유리의 먼지에 의한 오차	0.9
실내장식 등에 의한 오차	0.9
투명한 창의 수정계수	1.0

수정천공성분 SC $= 0.7 \times 0.8 \times 0.9 = 0.504$

∴ 책상 위 A점에서 천공성분 SC $= 0.5\,\%$

(b) 주광 그래프

그림 5-19의 그래프를 이용하면 간단하게 주광을 예측할 수 있다. 이 그래프는 창으로부터의 거리의 함수로 실제 조도의 값[lx]을 구할 수 있다(거리는 창높이의 배수로 표시한다). 이 그래프는 5,500 lx에서 15,000 lx까지의 실외조도를 6개의 곡선으로 표시하

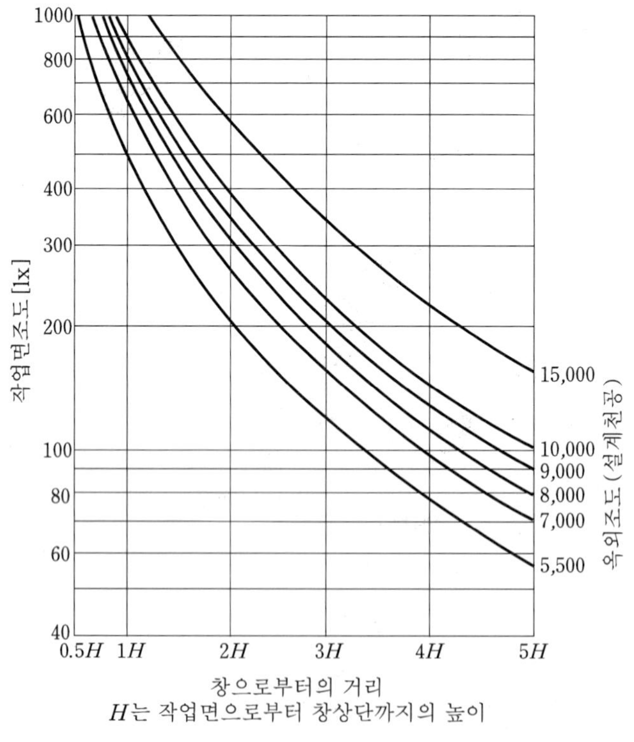

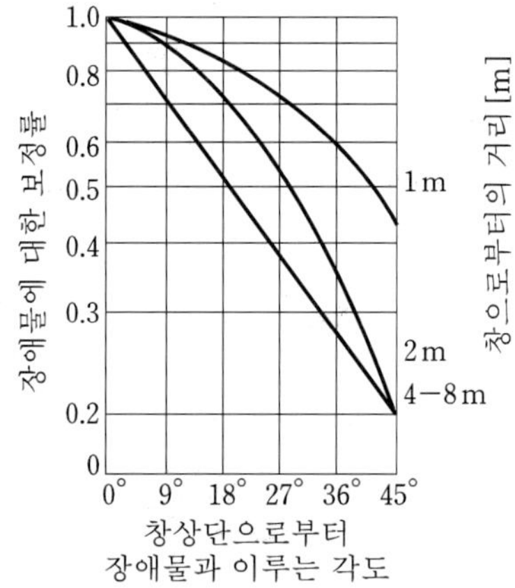

폭이 좁은 창에 대한 보정률

창높이	보정률
2	0.8
1	0.6
0.5	0.4

그림 5-19 자연채광설계용 그래프

표 5-7 천공성분(CIE 천공), 연직유리창면

	H/D 비=작업면으로부터 창상단까지의 높이 / 창으로부터의 거리																												
0	0.1	0.2	0.3	0.4	0.5	0.6	0.7	0.8	0.9	1.0	1.1	1.2	1.3	1.4	1.5	1.6	1.7	1.8	1.9	2.0	2.2	2.4	2.6	2.8	3.0	3.5	4.0	5.0	∞
0.1	0.	0	0.1	0.1	0.2	0.2	0.3	0.4	0.5	0.6	0.6	0.7	0.8	0.8	0.9	0.9	0.9	1.0	1.0	1.0	1.1	1.1	1.1	1.1	1.2	1.2	1.2	1.2	1.3
0.2	0.	0.1	0.1	0.2	0.4	0.5	0.7	0.8	1.0	1.1	1.3	1.4	1.5	1.6	1.7	1.8	1.9	1.9	2.0	2.0	2.1	2.2	2.2	2.3	2.3	2.4	2.4	2.4	2.5
0.3	0.	0.1	0.2	0.3	0.5	0.7	1.0	1.2	1.5	1.7	1.9	2.1	2.3	2.4	2.6	2.7	2.8	2.9	3.0	3.1	3.2	3.3	3.4	3.4	3.5	3.6	3.6	3.7	3.7
0.4	0.	0.1	0.3	0.4	0.7	1.0	1.3	1.6	1.9	2.2	2.5	2.7	2.9	3.2	3.3	3.5	3.6	3.8	3.9	4.0	4.1	4.3	4.4	4.5	4.5	4.6	4.7	4.8	4.9
0.5	0.	0.1	0.3	0.5	0.8	1.2	1.5	1.9	2.2	2.6	3.0	3.3	3.6	3.8	4.0	4.2	4.4	4.6	4.7	4.8	5.0	5.2	5.3	5.4	5.5	5.7	5.8	5.9	5.9
0.6	0.	0.1	0.3	0.6	1.0	1.3	1.7	2.2	2.6	3.0	3.4	3.8	4.1	4.4	4.6	4.9	5.1	5.3	5.4	5.6	5.8	6.0	6.2	6.3	6.4	6.6	6.7	6.8	6.9
0.7	0.	0.2	0.4	0.7	1.0	1.5	1.9	2.4	2.8	3.3	3.8	4.2	4.5	4.8	5.1	5.4	5.6	5.8	6.0	6.2	6.4	6.6	6.8	7.0	7.1	7.3	7.4	7.6	7.7
0.8	0.1	0.2	0.4	0.7	1.1	1.6	2.1	2.6	3.1	3.6	4.1	4.5	4.9	5.2	5.6	5.8	6.1	6.3	6.5	6.7	7.0	7.3	7.5	7.6	7.8	8.0	8.2	8.3	8.4
1.0	0.1	0.2	0.4	0.8	1.2	1.7	2.2	2.7	3.3	3.8	4.3	4.8	5.2	5.6	5.9	6.2	6.5	6.7	6.9	7.1	7.4	7.7	7.9	8.1	8.2	8.5	8.7	8.8	9.0
1.2	0.1	0.2	0.4	0.8	1.3	1.8	2.3	2.9	3.4	4.0	4.6	5.0	5.5	5.9	6.2	6.5	6.8	7.1	7.3	7.5	7.9	8.1	8.4	8.6	8.7	9.0	9.2	9.4	9.6
1.4	0.1	0.2	0.5	0.9	1.4	1.9	2.5	3.1	3.7	4.3	4.9	5.4	5.9	6.4	6.8	7.2	7.5	7.8	8.1	8.3	8.7	9.1	9.3	9.6	9.8	10.1	10.3	10.5	10.7
1.6	0.1	0.2	0.5	0.9	1.4	1.9	2.5	3.2	3.8	4.5	5.1	5.7	6.2	6.7	7.1	7.5	7.8	8.2	8.5	8.7	8.1	9.5	9.8	10.0	10.2	10.6	10.9	11.1	11.6
1.8	0.1	0.2	0.5	0.9	1.4	2.0	2.6	3.3	3.9	4.6	5.3	5.9	6.4	7.0	7.4	7.8	8.2	8.5	8.8	9.1	9.6	10.0	10.2	10.5	10.7	11.1	11.4	11.7	12.2
1.9	0.1	0.2	0.5	1.0	1.4	2.0	2.6	3.3	4.0	4.7	5.4	6.0	6.6	7.2	7.6	8.1	8.5	8.8	9.2	9.5	10.0	10.4	10.8	11.1	11.3	11.8	12.0	12.3	12.6
2.0	0.1	0.2	0.5	1.0	1.5	2.0	2.6	3.3	4.0	4.7	5.4	6.1	6.7	7.3	7.8	8.2	8.6	9.0	9.4	9.7	10.2	10.7	11.1	11.4	11.7	12.2	12.4	12.7	13.0
2.5	0.1	0.2	0.5	1.0	1.5.	2.1	2.6	3.3	4.0	4.8	5.5	6.2	6.8	7.4	7.9	8.4	8.8	9.2	9.6	9.9	10.5	11.0	11.4	11.7	12.0	12.6	12.9	13.3	13.7
3.0	0.1	0.2	0.5	1.0	1.5	2.1	2.7	3.4	4.1	4.8	5.6	6.2	6.9	7.5	8.0	8.5	8.9	9.3	9.7	10.0	10.7	11.2	11.7	12.0	12.4	12.9	13.3	13.7	14.2
4.0	0.1	0.2	0.5	1.0	1.5	2.1	2.7	3.4	4.1	4.9	5.6	6.3	6.9	7.5	8.0	8.6	9.0	9.4	9.8	10.1	10.8	11.3	11.8	12.2	12.5	13.2	13.5	14.0	14.6
6.0	0.1	0.2	0.5	1.0	1.5	2.1	2.8	3.4	4.2	5.0	5.7	6.3	6.9	7.6	8.1	8.6	9.1	9.5	9.9	10.2	10.9	11.4	11.9	12.3	12.6	13.2	13.6	14.1	14.9
∞	0.1	0.2	0.5	1.0	1.5	2.1	2.8	3.4	4.2	5.0	5.7	6.3	7.0	7.6	8.1	8.6	9.1	9.5	9.9	10.3	10.9	11.5	11.9	12.3	12.7	13.3	13.7	14.2	15.0
0°	6°	11°	17°	22°	27°	31°	35°	39°	42°	45°	48°	50°	52°	54°	56°	58°	60°	61°	62°	63°	66°	67°	69°	70°	72°	74°	76°	79°	90°
	장애물의 각도																												

W/D 비=작업면으로부터 창상단까지의 높이 / 창으로부터의 거리

고 있으며 다음 경우에만 이 그래프를 사용할 수 있다.

① 창과 같은 폭의 영역 내에 측정점이 있을 때

② 옥외장애물이 창 상단보다 10° 이상 높지 않을 때

③ 최저 85 %의 투과율을 갖는 투명 또는 확산유리를 사용할 때

④ 실내반사율이 최저 천정 70 %, 벽 50 %, 바닥 30 %일 때

⑤ 창 하단이 작업면보다 높지 않을 때

⑥ 창폭이 창높이의 2배 이상일 때(창폭이 좁으면 그래프의 오른쪽에 있는 보정치를 사용하여야 한다)

【3】 분할광속법

천공 및 외부건물로부터 반입되는 빛은 다음 3개의 성분으로 분리하여 생각한다.

① 천공성분(SC ; sky component) : 측정점에서 보이는 천공부분에서 도달하는 빛

② 실외반사성분(ERC ; externally reflected component) : 대향건물의 벽으로부터의 반사광

③ 실내반사성분(IRC ; internally reflected component) : 내표면에 반사된 후 측정점에 도달하는 반사광〔실내반사성분은 다시 천공광의 바닥에 의한 반사성분(IRC_1)과 지표면의 반사광이 천장에 반사된 성분(IRC_2)로 나눌 수 있다〕의 주광률은 이 세 가지 성분의 합이 된다.

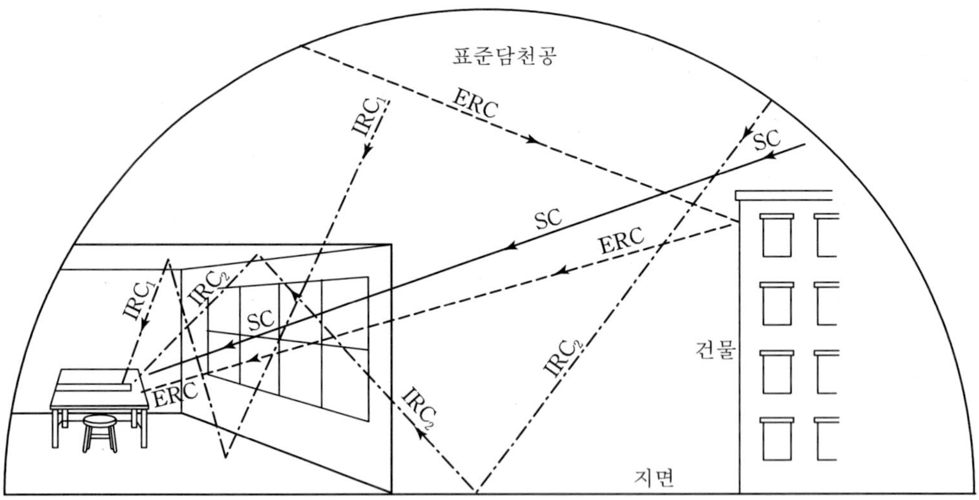

그림 5-20 주광률의 구성

즉, 주광률 DF = SC + ERC + (IRC_1 + IRC_2)로 표현된다. 이것이 분할광속법(split flux method)의 원리이다.

이 중에서 실내반사성분(IRC)을 증가시키기 위해서는 가능한 한 실내반사율을 크게 하는 것이 효과적이다. 주광률의 반사성분은 천공이나 대향건물에 의한 외부요소와 지면이나 실내 내부요소가 있다.

5-2-3 BRS 주광률분도기에 의한 실용적 해법

영국 국립건축연구소(BRS ; building research station)에서 입체각반사의 원리를 이용하여 직접 주광률을 백분율[%]로 읽을 수 있는 분도기[1])를 개발하여 실용적으로 널리 사용되고 있다.

모두 10개 분도기 중 5개는 균일담천공용이며, 나머지 5개는 CIE 표준담천공용이다.

CIE 담천공용 5개의 분도기번호는 다음과 같다. 이것은 일반적인 창 뿐만 아니라 천창에도 사용할 수 있다.

① 수직유리창 : 2

② 수평유리창 : 4

③ 수평과 30° 경사유리창 : 6

④ 수평과 60° 경사유리창 : 8

⑤ 유리가 없는 개구부 : 10

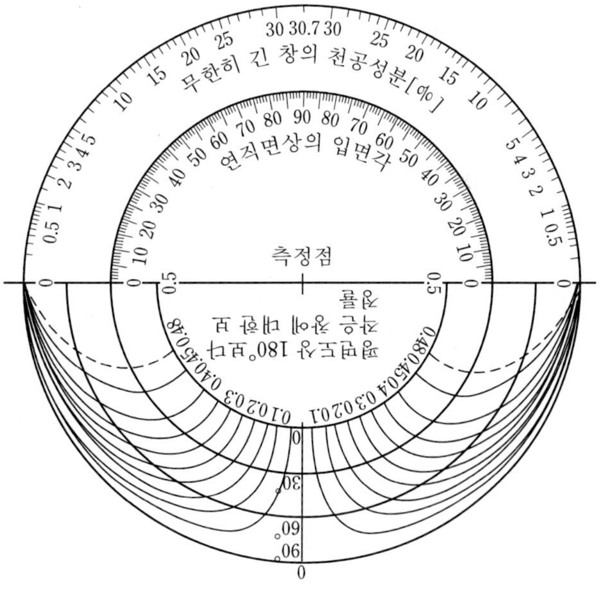

그림 5-21 BRS 천공성분 분도기
(수직유리창/CIE 담천공)

1) 분도기 사용법의 자세한 내용은 BRS Daylight Protractor(J. Longmore, HMSO)와 BRS Digest 41, 42 참조

【1】 주광분도기(No. 2) 사용법

그림 5-21의 분도기는 평면과 입면을 이용하여 실내의 임의의 점에 대한 천공성분과 실외반사성분을 계산하는 데 사용된다(투명분도기는 부록 맨 뒤에 수록하였다).[2]

이 분도기는 입면용과 평면용을 위하여 상하 두 부분으로 구성되어 있다. 그림 5-22의 입면용은 창이 무한히 연속되었다고 가정하여 사용하고, 그림 5-23의 평면용에서는 이 가정을 실제의 창폭으로 보정하여 사용한다(부록).

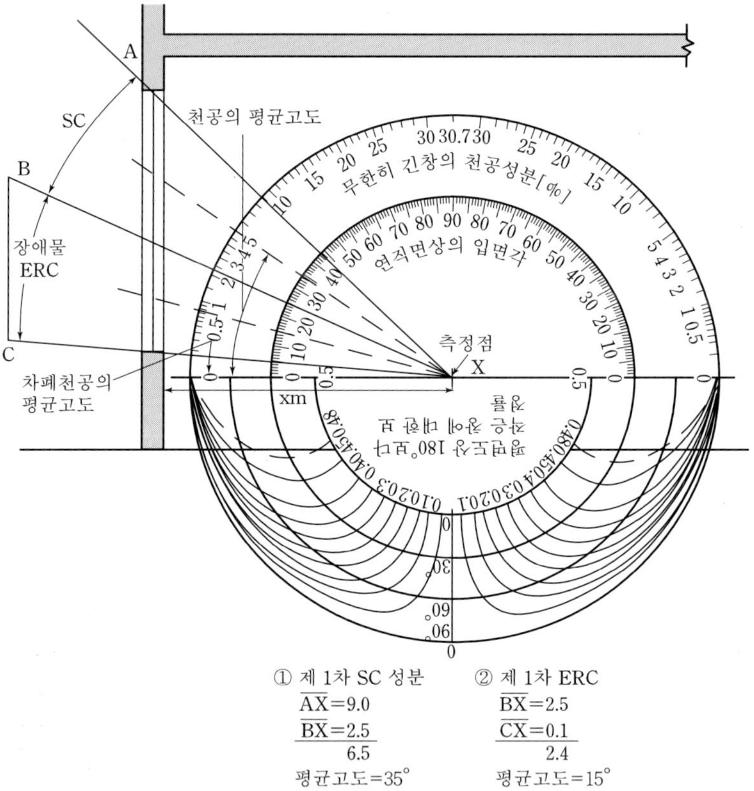

그림 5-22 입 면 용

2) 실내반사성분은 노모그램 방법 등을 이용한다.

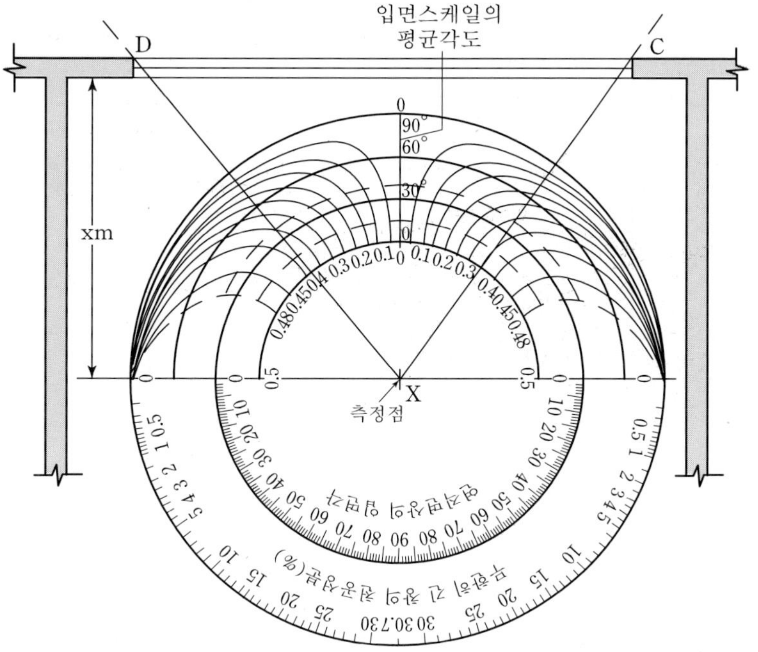

① 제1차 SC 보정률
0.35+0.35=0.7
② 제2차 ERC 보정률
0.39+0.36=0.75

SC=6.5×0.7=4.55
ERC=2.4×0.75=1.8
1.8×0.2(반사율)=0.36

그림 5-23 평 면 용

(a) 단 면 도 상

① 측정점에서 창 개구부 상단 바깥부분과 선을 긋는다(선 A).

② 측정점에서 실외장애물의 상단과 선을 긋는다(선 B). 만약, 장애물이 부정형일 경우에는 평균장애물 높이에 선을 긋는다(그림 5-24).

③ 측정점에서 창 하단 안쪽부분과 선을 긋는다. 만약 창 하단 인방이 측정의 수평선보다 낮은 경우 수평선 아랫부분의 빛은 작업면에서 이용할 수 없는 빛이 된다.

④ 측정점을 분도기의 수평측정점에 맞추고, 먼저 창의 상・하단점과 연결하여 그 차이값을 구한다. 이 값은 창이 무한히 연속되었을 경우로 가정하고 구한 천공성분이다.

⑤ 선 A와 B가 이루는 각을 구한다. 또한 ERC 값도 이와 비슷하게 구할 수 있으며 이 단계를 등천공성분(等天空成分 ; equivalent sky component)이라고 한다.

(b) 평 면 도 상

분도기의 아랫부분은 일정한 폭을 갖는 창의 보정률을 구하는 데 사용된다.

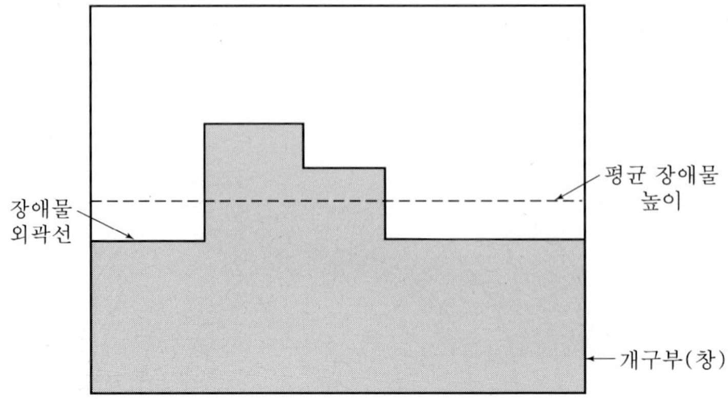

그림 5-24 부정형에 대한 평균장애물 높이

① 측정점과 창의 양단을 연결한다(선 C, D).

② 분도기를 창과 나란히 하고 먼저 천공성분과 실외반사성분의 평균값에 대한 보정률을 읽는다.

③ 단면도상의 ④번과 보정률을 곱하면 일정한 폭을 갖는 창의 SC값을 구할 수 있다.

(c) SC 보정

SC값은 글래스율(투과율)을 1로 가정하여 계산된 값으로 다음 사항을 보정해야 한다.

① 유효창면적률(표 5-5)

② 창의 유지율(표 5-3)

(d) ERC 보정

ERC는 등 SC와 같이 측정되는 데 외부장애물로부터 반사되는 빛을 포함한다. CIE 천공에서 평균옥외장애물은 휘도상대치를 0.2로 가정하기 때문에 등SC값은 구한 ERC 값에 0.2를 곱하면 된다. 그러나 이것도 SC와 같이 글래스율을 1로 가정한 것으로 다음 사항을 보정하여야 한다.

① 유효창면적률

② 창의 유지율

(e) IRC

주광률에서의 IRC는 BRS가 제정한 ① 분할광속법 공식 ② BRS 노모그램 방법에 의해 계산된다.

① 평균 IRC를 구하기 위한 BRS 분할광속법

천공을 통해 실내장애물로 들어오는 빛은 두 가지로 구분된다. 즉, 창의 중간높이를 기준으로 지면에 반사된 빛이 다시 천장이나 상부 벽체에 의해 반사되는 빛과, 천공으로부터 입사한 빛이 바닥이나 하부 벽체에 의해 반사되는 빛으로 구성된다(그림 5-25, 5-26).

평균 IRC는 다음 식과 같다.

$$\text{평균 IRC} = \frac{0.85A_w}{A_R(1-\rho)}(C\rho_{fw}+5\rho_{cw})\,[\%] \tag{5.19}$$

여기서, A_R : 내부 전표면적, A_w : 창면적, ρ : 내부 전면적의 평균반사율

C : 외부장애물이 있을 경우에 고려해야 할 상수로서 장애물 상단과 창의 중간점과 이루는 각도 θ의 영향을 받는다(표 5-8).

ρ_{fw} : 창의 중간높이 아랫부분의 바닥과 벽의 평균반사율(창쪽의 벽은 제외)

ρ_{cw} : 창의 중간높이 윗부분의 천장과 벽의 평균반사율(창쪽의 벽은 제외)

이 식에서 0.85는 단층투명유리(확산투과)의 투과율이고, 5는 지면과 장애물의 추정반사율로서 실험, 관찰에 의한 계수이다.

윗 식은 어떠한 실에 대해서도 실내반사성분을 계산할 수 있으며, IRC 표나 BRS 노모그램보다도 정확한 값을 계산할 수 있다. 또 여기서 상수 C는 천공의 휘도분포상태와 실외방해 정도에 따라 좌우되며, C 값은 다음으로 하여 계산할 수도 있다.

$$C = 40 - \frac{\theta}{2} \qquad \text{여기서, } \theta : \text{방해각}\,[°]\ (\text{표 5-8})$$

표 5-8 방해각에 대한 C의 값

창 중심에서 측정된 방해각 (수평선 위쪽의 각도)	C의 값	
	담의 천공	균일천공
0 (방해물 없음)	39	50
10	35	42
20	31	35
30	25	27
40	20	21
50	14	16
60	10	11
70	7	8
80	5	6

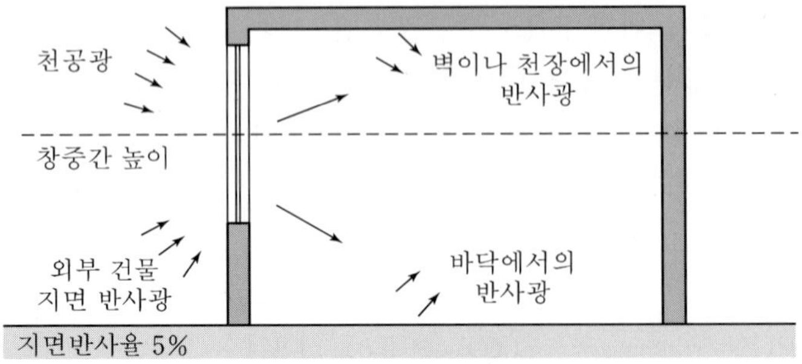

그림 5-25 BRS 분할광속법의 IRC 성분

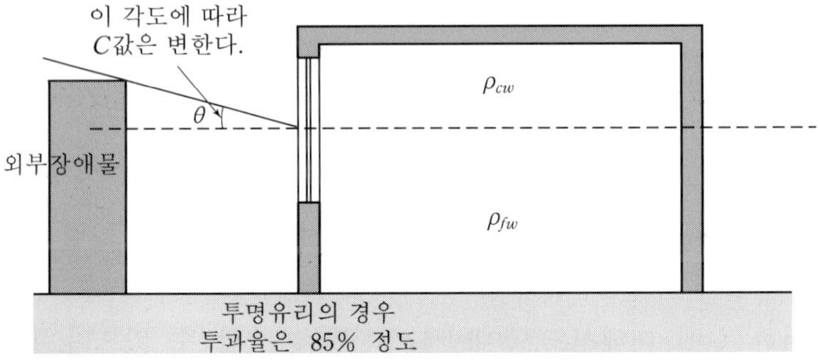

그림 5-26 BRS 분할광속법의 IRC 성분

② 실내반사성분을 구하기 위한 BRS 노모그램방법

a. 창면적/전표면적 비를 그래프 A에 표시한다.

b. 내부 평균반사율을 그래프 B에 표시한다(그림 5-27).

c. 이 두 점을 연결한 선이 그래프 C와 교차되는 점이 외부장애물이 없는 경우의 IRC 값이다.

d. 외부에 장애물이 있는 경우에는 방해각 θ값을 그래프 D에 표시한다. 이것과 그래프 C에 표시한 점을 연결한 선이 그래프 E와 교차되는 지점의 값을 읽으면 된다($\theta = 0°$일 때의 E 값과 C 값은 같으며, θ값이 증가함에 따라 E 값은 감소한다).

③ 최소 IRC

평균 IRC는 대부분의 실에 적용한다. 그러나 어두운 구석이나 창에서 멀리 떨어진 부분에는 최소 IRC가 적용되며, BRS 노모그램[Ⅱ](그림 5-28)와 표 5-9의 환산표에 의해 구할 수 있다.

④ IRC 보정

표 5-9 최소 IRC 환산비율

평균반사율 [%]	환산비율
30	0.54
40	0.67
50	0.78
60	0.85

IRC 값은 다음 사항으로 보정하여야 한다.

a. 유효창면적률(표 5-5)

b. 창의 유지율(표 5-3)

c. 실내표면 반사율의 감소

이상의 세 가지 성분은 단층투명유리의 경우를 가정한 것이다(글래스율=1). 유리의 종류에 대한 보정(글래스율)은 유리의 종류에 따라서 표 5-4를 이용하고, 이중유리에 대해서는 약 0.9를 적용한다.

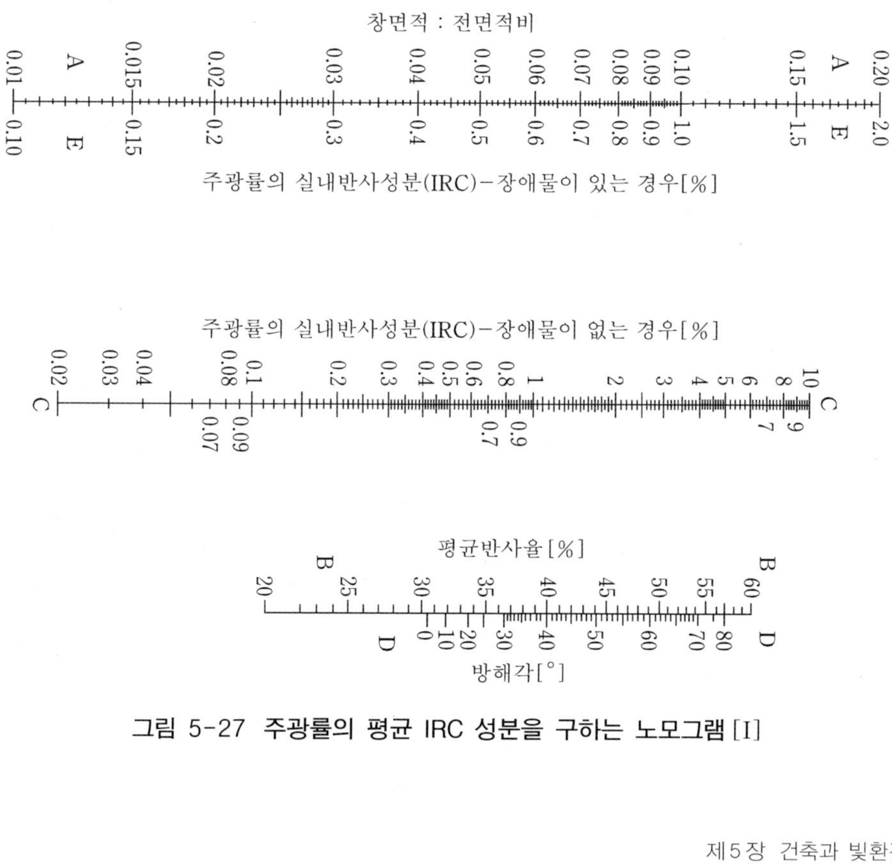

그림 5-27 주광률의 평균 IRC 성분을 구하는 노모그램 [I]

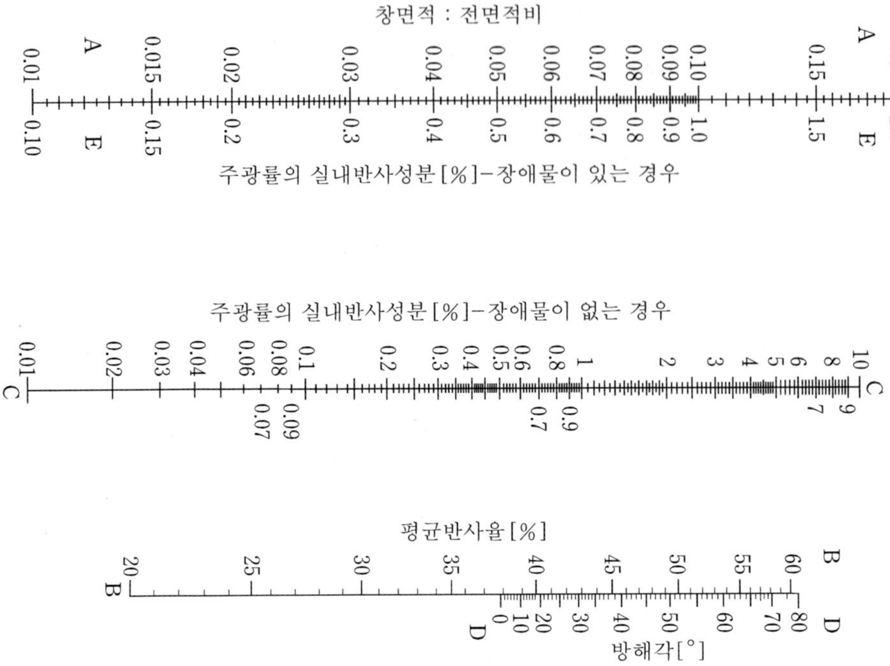

그림 5-28 주광률의 최소 IRC 성분을 구하는 노모그램 [II]

【예제 5-3】 책상면 위 A점에 대한 주광률을 구하라. 그림 5-29는 주광률분도기를, 그림 5-30은 IRC를 계산하는 데 필요한 그림이다.

단, 실 치수 : 4.55 m×3.33 m×3.0 m

창의 크기 : 1.6 m×1.25 m(단층투명유리)

창의 중간지점 : 바닥 위 1.75 m

표면반사율 : ① 천장 70 %, ② 벽 50 %, ③ 바닥 15 %, ④ 유리 15 %

창 중간높이에서의 방해각 10°

보정률 : ① 유효창면적률 0.8, ② 창유지율 0.9, ③ 실내유지율 0.9, ④ 투명유리의 보정률 1.0

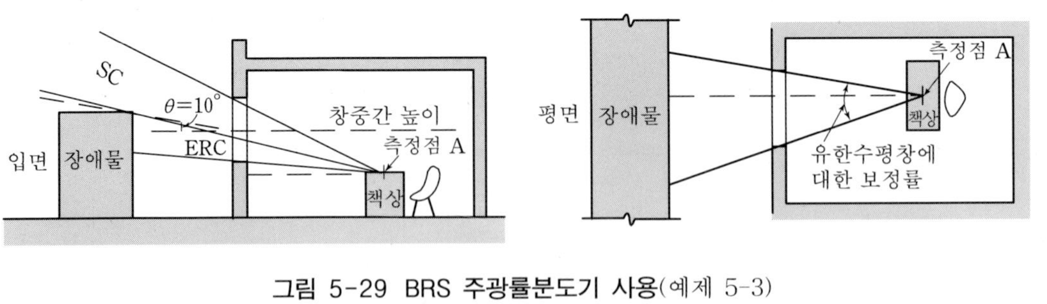

그림 5-29 BRS 주광률분도기 사용(예제 5-3)

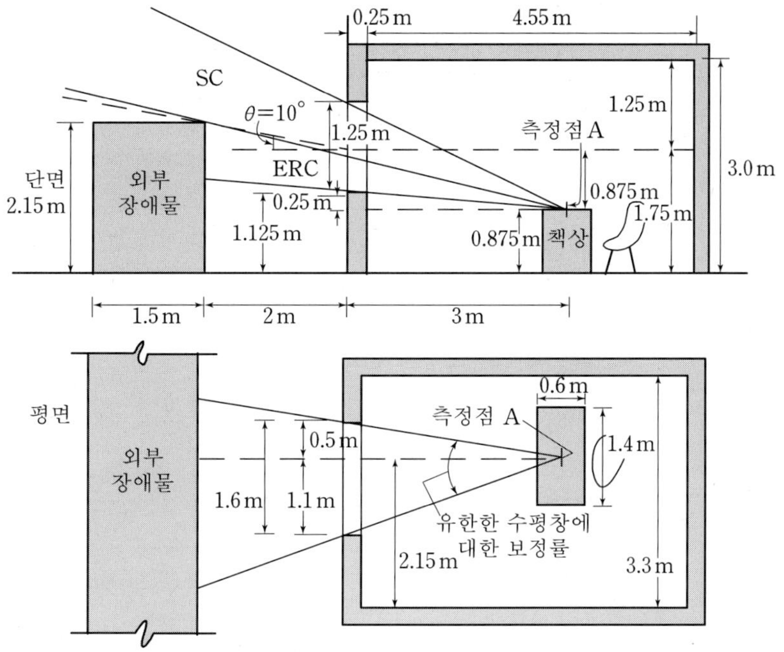

그림 5-30 계산에 필요한 수치(예제 5-2)

풀이

	(SC 값의 계산)	
①	주스케일의 창 상단값	2.95 %
②	주스케일의 장애물 상단의 값	0.7 %
③	무한히 긴 창에 대한 SC 값 (①−②)	2.25 %
④	단면상의 시각 (창 상단)	27°
⑤	단면상의 시각 (장애물 상단)	14°
⑥	단면상의 평균시각 (④+⑤/2)	20.5°
⑦	보조 스케일값 (왼쪽부분)	0.21
⑧	보조 스케일값 (오른쪽부분)	0.1
⑨	주 SC 값에 적용할 보정치 (⑦+⑧)	0.31
⑩	일정한 길이를 갖는 창의 SC 값 (③×⑨)	0.7 %
⑪	글래스율	1.0
⑫	유효창면적률	0.8
⑬	유지율	0.9
⑭	창에 대한 전체 보정치 (⑪×⑫×⑬)	0.72
⑮	보정된 SC 값 (⑩×⑭)	0.5 %

	(ERC 값의 계산)	
⑯	주스케일의 SC 값 (장애물 상단)	0.7
⑰	주스케일의 SC 값 (창 하인방)	0.09
⑱	무한히 긴 창문의 SC 값 (⑯－⑰)	0.61
⑲	단면상에서 장애물 상단	14°
⑳	단면상에서 창 하인방	5°
㉑	단면상에서의 평균각 (⑲＋⑳/2)	9.5°
㉒	보조 스케일값 (왼쪽부분)	0.22
㉓	보조 스케일값 (오른쪽부분)	0.1
㉔	주 SC 값에 적용할 보정치 (㉒＋㉓)	0.32
㉕	일정한 폭을 갖는 창의 등 SC 값 (⑱×㉔)	0.2 %
㉖	장애물의 휘도상대치 보정 (균일한 천공분도기는 ×0.1, 또는 CIE 천공은 ×0.2)	0.2
㉗	ERC (㉕×㉖)	0.04 %
㉘	글래스율	1.0
㉙	유효창면적률	0.8
㉚	유지율	0.9
㉛	창에 대한 전체 허용치 (㉘×㉙×㉚)	0.72
㉜	보정된 ERC 값 (㉗×㉛)	0.03 %

	(IRC 값의 계산)	
㉝	계산된 평균 IRC	0.63 %
㉞	글래스율	1.0
㉟	유효창면적률	0.8
㊱	유지율	0.9
㊲	내부표면의 유지율	0.9
㊳	창과 내부표면의 전체 허용률 (㉞×㉟×㊱×㊲)	0.648
㊴	보정된 IRC (㉝×㊳)	0.41 %

	(DF 값의 계산)	
㊵	SC 보정값	0.5 %
㊶	ERC 보정값	0.03 %
㊷	IRC 보정값	0.41 %
㊸	전 DF 값 (㊵＋㊶＋㊷)	0.94 %

(a) 평균 IRC 값의 계산

- 창면적 : $1.6\ \text{m} \times 1.25\ \text{m} = 2\ \text{m}^2$
- 전표면적 : $(2 \times 4.55 \times 3.33) + (2 \times 4.55 \times 3) + (2 \times 3.33 \times 3) = 77.583\ \text{mm}^2$
- 면적 가중치에 의한 평균반사율 : $\rho_{av} \times A = \rho_1 A_1 + \rho_2 A_2 + \rho_3 A_3 + etc$

• $\rho_{av} = \{(1.6\times1.25)\times0.15+(3.33\times3\times0.5)+[(3.33\times3)-(1.6\times1.25)]$
$\times0.5+(2\times4.55\times3\times0.5)+(4.55\times3.33\times0.7)+(4.55\times3.33\times0.15)\}$
$\div77.583\ \mathrm{m}^2$

$\therefore$ 0.46 또는 46 %

• ρ_{fw} : 창 중간높이 이하의 벽체 및 바닥면적(창문쪽 벽체면적 제외)

$= (2\times1.25\times4.55)+(3.33\times1.25)+(4.55\times3.33)$

$= 36.904\ \mathrm{m}^2$

면적×반사율 $= (2\times1.25\times4.55\times0.5)+(3.33\times1.25\times0.5)$
$+(4.55\times3.33\times0.7) = 13.149$

$$\therefore\ \rho_{fw} = \frac{13.149}{36.904} = 0.356\ \text{또는}\ 35.6\ \%$$

• ρ_{cw} : 창 중간높이 이상의 벽체와 천장면적(창문쪽 벽체면적 제외)

$= (2\times1.25\times4.55)+(3.33\times1.25)+(4.55\times3.33)$

$= 30.69\ \mathrm{m}^2$

면적×반사율 $= (2\times1.25\times4.55\times0.5)+(3.33\times1.25\times0.5)$
$+(4.55\times3.33\times0.7) = 18.37$

$$\therefore\ \rho_{cw} = \frac{18.37}{30.69} = 0.599\ \text{or}\ 59.9\ \%$$

• 표 5-8에서 장애각 10°에 대한 C 값 = 35

$$\therefore\ \text{평균 IRC} = \frac{0.85A_w}{A_R(1-\rho)}(C\cdot\rho_{fw}+5\rho_{cw})\,[\%]$$

$$= \frac{0.85\times2}{77.583(1-0.46)}(35\times0.356+5\times0.599)\,[\%]$$

$$= 0.63\ \%$$

• 유효창면적률, 유지율, 실내유지율을 고려한 보정평균 IRC=0.63×0.8×0.9×0.9=0.41 %, 다른 방법으로 그림 5-27의 노모그램 I에 의해서 구하면 다음과 같다.

IRC = 0.63×0.8×0.9×0.9
= 0.41 % (보정된 값)

(b) 최소 IRC 값의 계산

책상면의 위치가 실내 깊숙히 있거나 최악의 주광상태에 있을 때는 최소 IRC 값을 사용하는 것이 좋다. 표 5-9에서 평균반사율 46 %에 대한 환산치 0.736을 사용하여 최소 IRC를 구하면 다음과 같다.

IRC = 0.63×0.736

≒ 0.46 %

노모그램 II(그림 5-28)로부터 구하면 0.44 %가 된다. 보정된 최소 IRC=0.29 %(소수점 둘째자리까지만), 만일 최소 IRC 값을 평균 IRC 값 대신 사용하면 다음과 같다.

주광률 = 0.5+0.03+0.29

= 0.82 %

작업면의 주광률이 1 % 미만일 경우에는 보조조명이 필요하다.

【2】 등주광률곡선

실내의 전체적인 주광률분포를 예측하려면 실내 그리드로 구획하여 등주광률곡선(等

표 5-10 등주광률곡선의 작성

격자 교차점 번호		스케일 1						스케일 2			SC 3×9	노모그램			SC + IRC 10+13	G=1 B=0.75 M=0.9 G×B×M	DF 14×15
		눈금 상	눈금 하	초과 SC 1−2	각도 상	각도 하	평균고도 $\frac{4+5}{2}$	눈금 좌	눈금 우	보정률 7±8		IRC	DF	수정 IRC 11×12			
		1	2	3	4	5	6	7	8	9	10	11	12	13	14	15	16
A	1-5							0.49	0.43	0.06	1.14				1.93		1.30
	2-4	21.4	2.4	19	66	24	45	0.49	0.12	0.61	11.60				12.39		8.36
	3							0.45	0.45	0.90	17.10				17.89		12.07
B	1-5							0.27	0.48	0.21	1.97				2.76		1.86
	2-4	9.7	0.3	9.4	45	11	28	0.07	0.44	0.51	4.80				5.59		3.77
	3							0.34	0.34	0.68	6.40				7.19		4.85
C	1-5							0.43	0.18	0.25	1.15				1.94		1.31
	2-4	4.7	0.1	4.6	33	6	20	0.38	0.05	0.43	1.98	0.88	0.9	0.79	2.77	0.675	1.87
	3							0.25	0.25	0.5	2.30				3.09		2.08
D	1-5							0.14	0.39	0.25	0.60				1.39		0.94
	2-4	2.5	0.1	2.4	25	5	15	0.04	0.32	0.36	0.86				1.65		1.11
	3							0.2	0.2	0.4	0.96				1.75		1.18
E	1-5							0.35	0.11	0.24	0.37				1.16		0.78
	2-4	1.6	0.05	1.55	20	4	12	0.27	0.03	0.3	0.46				1.25		0.84
	3							0.16	0.16	0.32	0.50				1.29		0.87

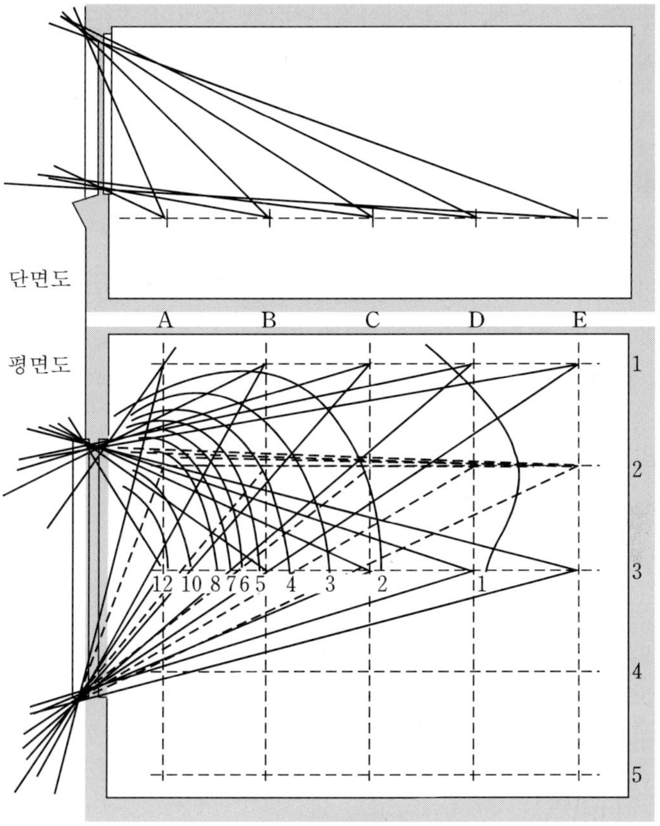

그림 5-31 등주광률곡선의 작성

晝光率曲線 ; daylight factor contours)을 그리면 된다. 그림 5-31은 이러한 방법을 예시하고 있는데 편의상 실외장애물은 없는 것으로 가정한다.

표의 기재사항 중 일부는 생략하는 경우도 있으며 체계적으로 계산하면 불필요한 많은 노력을 줄일 수 있다. 실이 대칭인 경우는 실의 한쪽에 대해서만 DF를 계산하면 된다. 즉, 제 1 차 천공성분은 동일 그리드상에서는 같다.

5-2-4 CIE 주광률 계산방법

1970년 호주의 A. Dresler 박사가 개발한 방법으로 직접 신속 정확하고 간편한 주광률 계방법은 측창채광을 이용하는 실에서의 표준창의 반사율을 규정하고, 최저주광률(DF)을 유지하는 데 필요한 실의 최대길이를 창의 크기에 따라 정한 것이다.

그림 5-32는 실의 개구부가 변함에 따른 곡선의 변화를 나타내는데, 약 백 가지의 개

구부 유형에 대한 연구 가운데서 그 하나를 나타낸 것이다. 이 그림에서 실 길이가 7.5 m보다 작은 경우에 실 깊이는 주광률이 2 %일 때 3.6 m를 넘지 못한다는 것을 나타내고 있다.

【1】 CIE 방법의 특징

① 장애물, 반사율, 실내반사율 등 고려

② 기준조도 5,000 lx보다는 위도변화에 따른 천공휘도 고려

③ 개구부가 큰 측창, 천창인 경우에 적용 가능

④ 특정치수의 방보다는 건축적으로 유용한 방의 비율을 임의로 설정 가능

【2】 CIE 방법의 제한점

① 담천공과 태양을 고려할 때는 적용 불가능

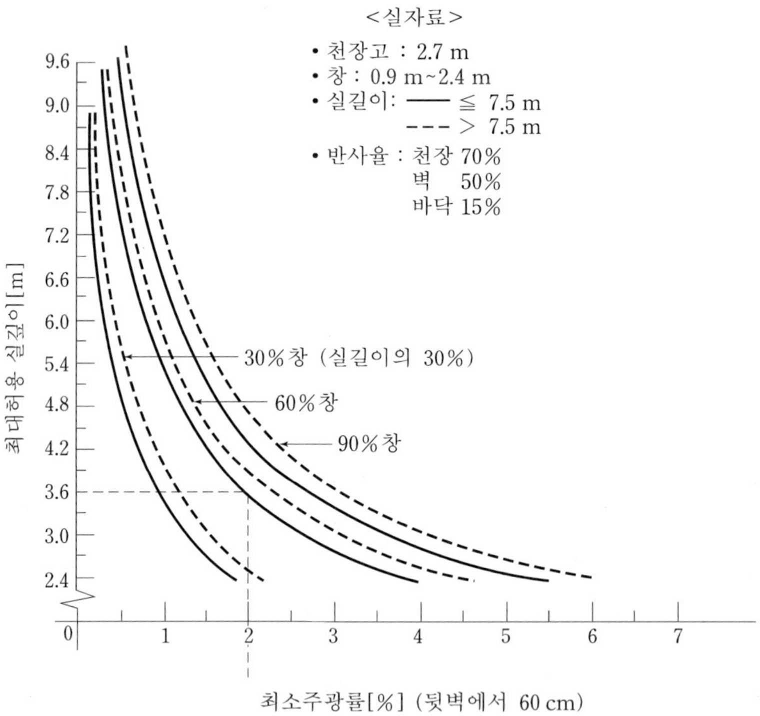

그림 5-32 최저주광률과 허용실 깊이

② 최소값에 대한 검토

③ 구형(矩形) 실 이외는 적용 불가능

④ 음영이 있거나 지표의 반사율이 높을 때 이용 불가능

⑤ 실 최저주광조도의 2배, 4배되는 위치의 계산결과에 의해 나머지 점은 보간적으로 구함

⑥ 벽에서 창의 위치와 면적이 고정되어 있음

【3】 CIE 방법의 계산과정

① 창높이, 실의 치수에 의한 설계용 주광률(DFD)을 결정한다(그림 5-34).

② 실제의 주광률(DFS)을 보정한다.

$$\text{DFS} = \text{DFD} \times \text{보정률}$$

③ 소요외부조도를 계산한다.

$$\text{소요외부조도} = \frac{\text{소요실내조도}}{\text{DFS}} \tag{5.20}$$

④ 9~17시 사이의 유지되어야 할 비율은 그림 5-37을 이용하여 구한다. 그 이외의 시간대에 대해서는 표 5-11 (C)에서 구한다.

⑤ 실 깊이에 대한 창으로부터의 거리를 구한다(그림 5-35).

【예제 5-4】 북위 37.34°N 위치에서 초등학교 단층교실의 길이 25 ft(7.5 m), 깊이 18 ft(5.4 m), 천장고 10 ft(3.0 m)이다. 창의 순폭은 21.6 ft(6.48 m)이고 건물의 방해각(θ)은 창의 중심에서 15° 상향, 유리는 망입유리로서 투과율이 80 %이며 이 건물은 교외지역에 위치한다(창 크기 6 ft×7.2 ft). 최저조도 10 fc(108 lx)는 주광으로 유지할 수 있다. 창으로부터 최저조도의 2배, 4배되는 위치를 구하고 그 때의 조도를 검토하라.

풀이 (a) 최저설계주광률 계산

$$H = 10\text{ ft} - 3\text{ ft}(\text{창대높이}) - 1\text{ ft}(\text{천장속}) = 6\text{ ft}(1.8\text{ m})$$

$$\frac{\text{실깊이}}{\text{창문높이}} = \frac{18\text{ ft}}{6\text{ ft}} = 3H$$

실길이 25 ft, 천장고 10 ft, 창문폭비(21.6 ft/25 ft) 86 %, $3H$에서의 최저설계주광률은 2.25 %이다(그림 5-34).

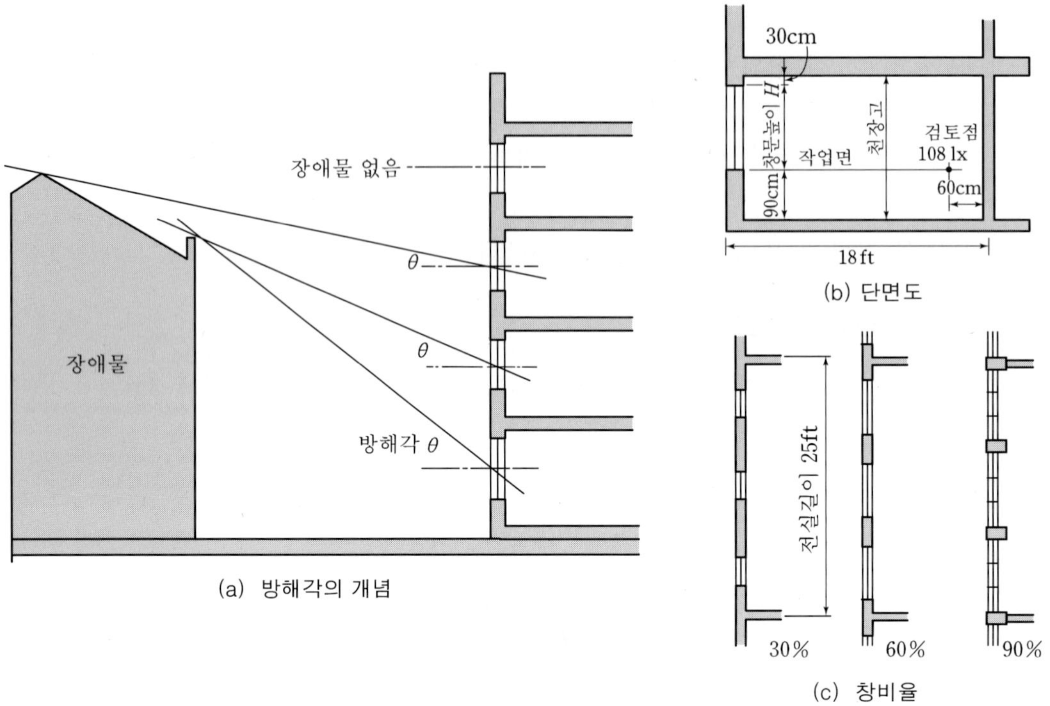

그림 5-33 건물치수(예제 5-4)

(b) 보정률 계산(표 5-11, 그림 5-38)

- 투과율 80 %인 유리의 보정률 0.95(표 5-11)
- 교외지역, 청결도 및 경사각에 따른 보정률 0.90(표 5-11)
- 창에 대한 방해각에 따른 보정률 0.78(그림 5-38)

∴ DFS = 2.25×0.95×0.90×0.78 = 1.50 fc(뒷벽에서 60 cm 떨어진 검토점의 주광률)

(c) 소요외부조도 = $\dfrac{108\ \text{lx}}{1.5} \times 100 = 7,200\ \text{lx}$

(d) 북위 37.34°N에서 최저조도 108 lx는 외부조도 7,200 lx에서 9~17시 사이에는 약 91 %가 유지된다(그림 5-37).

(e) 실 깊이 $3H$에 대해서 최저주광률(1.5)의 2배(3.0 fc), 4배(6.0 fc)에 대한 창으로부터의 거리는 $1.75H$(9 ft), $1.1H$(6.6 ft)이다(그림 5-35, 5-36).

(f) 그 위치에서의 조도는 각각 216 lx, 432 lx이다(그림 5-39).

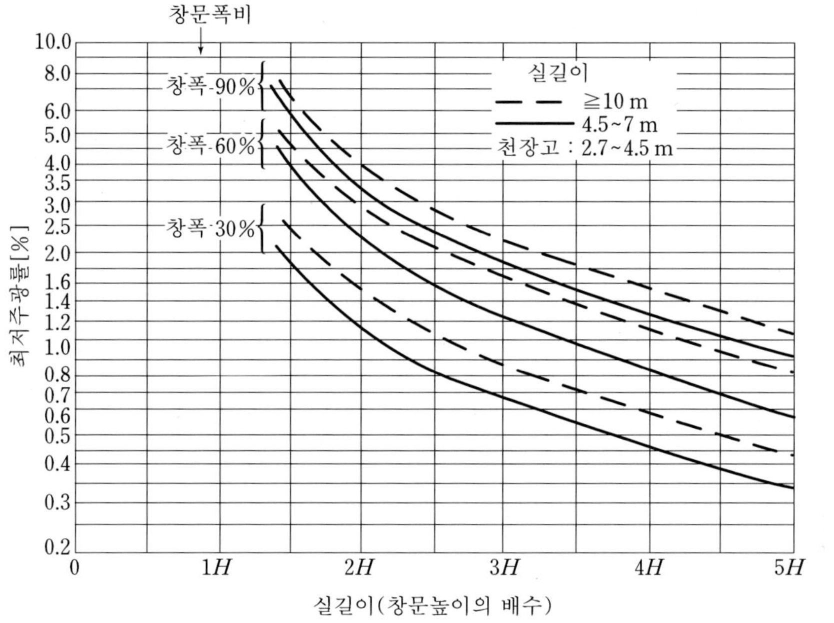

그림 5-34 실깊이와 최저주광률과의 상관표

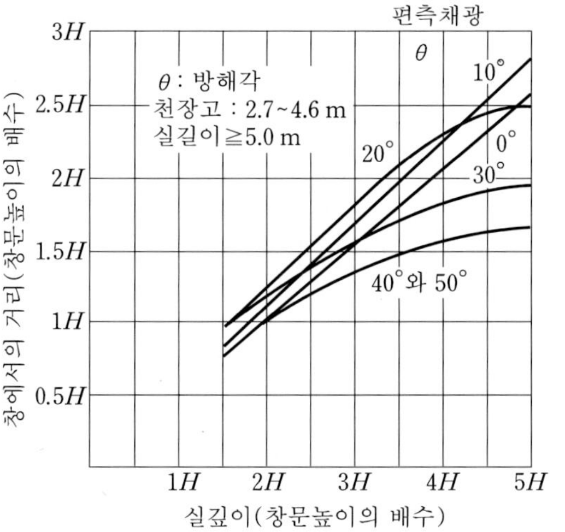

그림 5-35 최저주광률의 2배에 따른 창에서의 거리

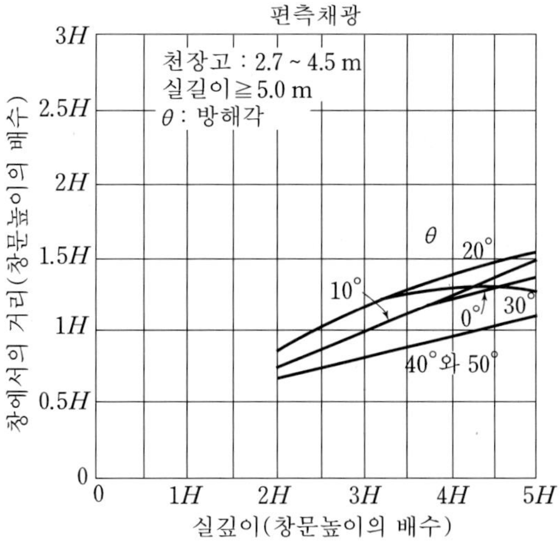

그림 5-36 최저주광률의 4배에 따른 창에서의 거리

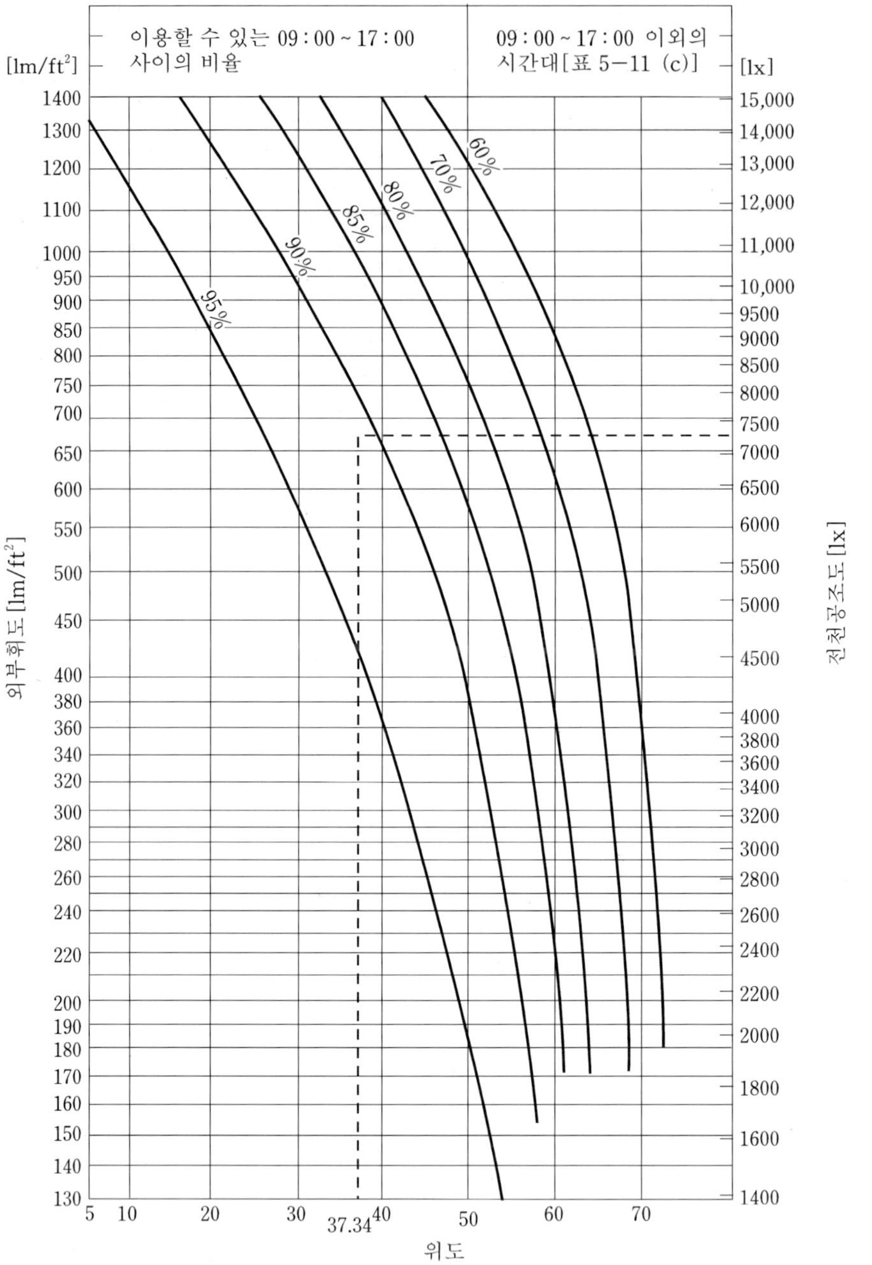

그림 5-37 작업시간을 고려한 경우 고도에 따른 전천공조도

표 5-11 CIE 계산보정률

(a) 유리투과율에 따른 보정률

유리투과율	보 정 률
80 %	0.95
70 %	0.8
60 %	0.7
50 %	0.6
40 %	0.45
30 %	0.35

(b) 지역과 청결도 및 경사각에 따른 보정률

지 역	청결도 구분	창의 경사각		
		90°~75°	60°~45°	30°~0°
교외지역	청 결	0.9	0.85	0.8
	오 염	0.7	0.6	0.55
주거지역	청 결	0.8	0.75	0.7
	오 염	0.6	0.5	0.4
산업지역	청 결	0.7	0.6	0.55
	오 염	0.5	0.35	0.25

(c) 그림 5-40에서 9~17시 이외의 사용시간에 따른 보정비율

그림 5-40의 곡선	95 %	90 %	85 %	80 %	70 %	60 %
사용시간대	사용시간대의 보정비율					
7~15시	95	90	85	80	70	60
8~16시	100	100	95	85	70	60
7~17시	95	85	75	65	55	45
6~18시	75	70	65	60	50	40

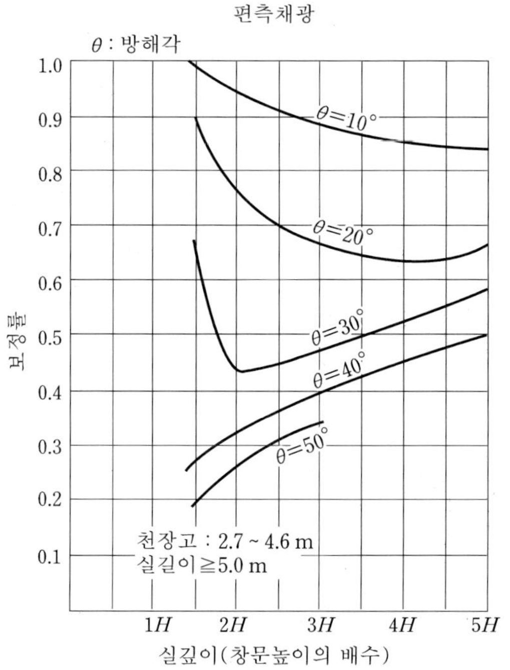

그림 5-38 실깊이와 방해각에 따른 보정률

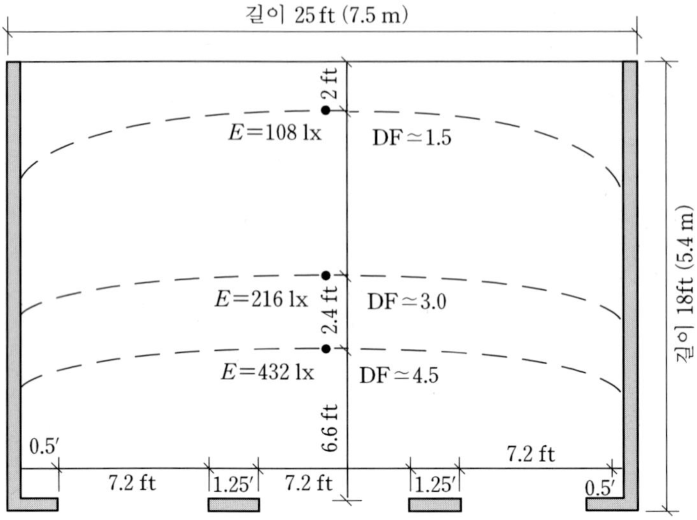

그림 5-39 강의실 평면(예제 5-4, 각 검토점은 실 중앙점이며 이때 각 조도와 주광률은 주광시간 동안 91 % 정도 유지된다.)

5-2-5 IES 주광률 계산방법

미국에서 개발한 주광률 계산방법으로서 앞에서 설명한 CIE 방법과 함께 널리 사용된다. 실의 창측(max), 중앙부(mid), 내측(min)의 주광을 검토하고 블라인드, 스크린, 지면 등의 반사율을 많이 고려하고 있다. CIE 방법에 비해 여러 가지 변수들을 고려한 점에서 보다 합리적인 방법이다.

그림 5-40은 IES가 제시하는 주광률 계산용 표준실의 단면이다. 여기서 D는 실깊이이고 창은 0.9 m 창대 위에 있으며, 천장고는 2.44~4.27 m까지가 적당하다. 또 실의 세 지점에서 주광률을 계산하는데 최대점은 창에서 1.5 m, 최소점은 벽 안쪽에서 1.5 m 위치로 규정하고 있다.

IES 방법은 일반적인 건물자료와 위치가 주어졌을 때 주광률을 계산할 수 있는 반면, CIE 방법에 의해 할 수 있는 것과 같은 다른 자료가 주어졌을 때는 이용할 수 없다.

건물이나 수목 등의 장애물에 대한 계산은 이 방법으로는 산출하기가 곤란하다. 천공광은 실내주광의 주요한 요소 중의 하나이며 주광입사에 큰 영향을 미친다. 지표반사광은 창 밖의 고 반사면 때문에 생기며 실내입사광의 상당한 비율(30~50 %)을 구성한다. 단, 이 지표반사광은 천장에서 실내 깊은 곳까지 반사되기 때문에 실내의 주광조도에 영향을 미치는 요소이다.

표 5-12 위도에 따른 고도, 방위각

위도 [°N]	고도 방위각	날 짜	시 간 오전 6 오후 6	7 5	8 4	9 3	10 2	11 1	정오
34	고도	6월 21일	13	25	37	50	62	74	79
		3월-9월 21일	−	12	25	36	46	53	56
		12월 21일	−	−	9	18	26	31	33
	방위각	6월 21일	110	103	95	90	78	58	0
		3월-9월 21일	90	82	72	61	46	26	0
		12월 21일	−	−	54	43	30	16	0
38	고도	6월 21일	14	26	37	49	61	71	75
		3월-9월 21일	−	12	23	34	43	50	52
		12월 21일	−	−	7	16	23	27	28
	방위각	6월 21일	109	101	90	83	70	46	0
		3월-9월 21일	90	81	71	58	43	24	0
		12월 21일	−	−	54	43	30	16	0
42	고도	6월 21일	16	26	38	49	60	68	71
		3월-9월 21일	−	11	22	32	40	46	48
		12월 21일	−	−	4	13	19	23	25
	방위각	6월 21일	108	99	89	78	63	39	0
		3월-9월 21일	90	80	69	56	41	22	0
		12월 21일	−	−	53	42	29	15	0
46	고도	6월 21일	17	27	37	48	57	65	67
		3월-9월 21일	−	10	20	30	37	42	44
		12월 21일	−	−	2	10	15	20	21
	방위각	6월 21일	107	97	88	74	58	34	0
		3월-9월 21일	90	79	67	54	39	21	0
		12월 21일	−	−	52	41	28	14	0
48	고도	6월 21일	17	27	37	47	56	63	65
		3월-9월 21일	−	10	20	29	36	40	42
		12월 21일	−	−	1	8	14	17	19
	방위각	6월 21일	106	95	85	72	55	31	0
		3월-9월 21일	90	79	67	53	38	20	0
		12월 21일	−	−	52	41	28	14	0

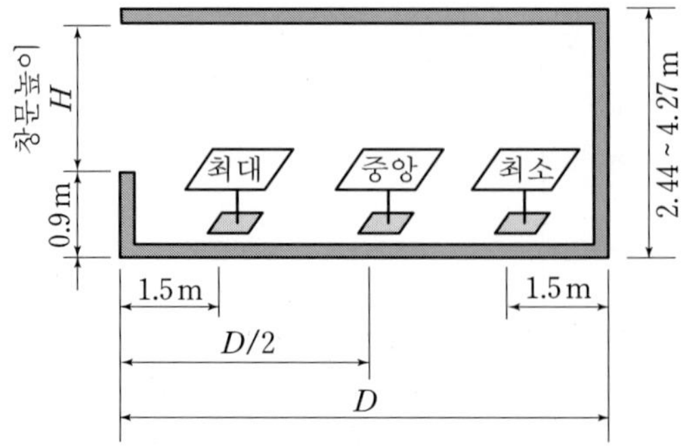

그림 5-40 IES 주광률 계산 표준실의 단면도

IES 주광률 계산과정은 다음과 같다.

【1】 천공반사조도(E_s) 계산

$$E_s = (E_w \times A_{wn} \times \text{TF} \times \text{LLF}) \times \text{CU} \times \text{K} \tag{5.21}$$

여기서, E_w : 창의 천공조도 [fc], A_{wn} : 창의 순면적 [ft^2] (창살 제외)

TF : 창의 투과율〔표 5-14 (a)〕, LLF : 투과손실률〔표 5-14 (b)〕

CU : 이용률(표 5-13), K : 2차 이용률(표 5-13)

【2】 지표반사조도 (E_G) 계산

$$E_G = \frac{E_{IG} \times \text{RF}}{2} \times A_{wn} \times \text{TF} \times \text{LLF} \times \text{CU} \times \text{K} \tag{5.22}$$

여기서, E_{IG} : 지면조도

RF : 지면반사율(표 5-15)

【3】 최대, 중간, 최소점에서의 작업면주광률 (E_D) 계산

$$E_D = E_s + E_G$$

【예제 5-5】 예제 5-4와 같은 조건에서 실길이 25 ft(7.5 m), 실깊이 18 ft(5.4 m)이고 겨울철 오전 10시(오후 2시)에서의 $E_{최대}$, $E_{중간}$, $E_{최소}$ 값을 계산하라. 단, 천공은 담천공상태이

며 천장반사율 75 %, 바닥반사율 30 %, 벽반사율 70 %이다. 그리고 TF=0.8, LLP=0.9, 유효창면적률=0.92이다.

풀이 (a) 천공반사조도(E_s) 계산

① 창의 천공조도(E_w) 계산 : 태양고도를 표 5-12에서 구한다.

㉠ 3월 21일 : 43° ㉡ 12월 21일 : 23°

② 담천공상태에서 창의 수직면조도 E_w는 그림 5-41에 의해 구한다(부록 Ⅱ-1).

㉠ 3월 21일 : 550 lx ㉡ 12월 21일 : 300 lx

③ 순창면적 A_{wn} =3×6 ft×7.2 ft×0.92=119 ft^2

④ 투과율 TF=0.8 (주어짐)

⑤ 투과율 LLF=0.9 (주어짐)

⑥ 이용률 CU 계산 : 표 5-13에서 구하면, 즉, 표에서 구하면

$CU_{최대}$ = 0.0172

$CU_{중간}$ = 0.0091

$CU_{최소}$ = 0.0057

⑦ 2차 이용률 K(표 5-13)

$K_{최대}$ = 0.121

$K_{중간}$ = 0.107

$K_{최소}$ = 0.0951

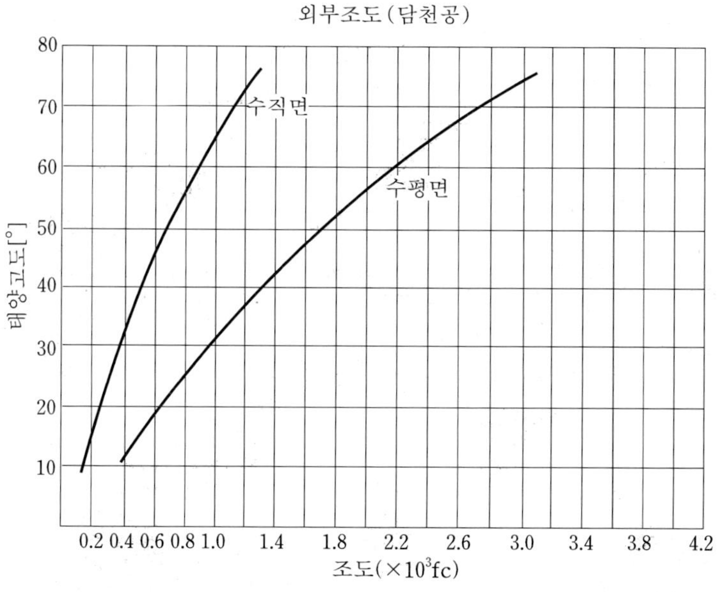

그림 5-41 태양고도에 따른 수평 · 수직면조도(보통 수평 · 수직면조도비는 2.5 : 1)

표 5-13 이용률과 K 율(천장반사율 75 %, 바닥반사율 30 %, 차양조절장치 없음)

(a) 담천공

CU								K									
실길이		20 ft		30 ft		40 ft		천장고		8 ft		10 ft		12 ft		14 ft	
벽반사율		70 %	30 %	70 %	30 %	70 %	30 %	벽반사율		70 %	30 %	70 %	30 %	70 %	30 %	70 %	30 %
깊이 [ft]								폭 [ft]									
최대	20	.0248	.0226	.0172	.0156	.0129	.0121	최대	20	.125	.129	.121	.123	.111	.111	.0991	.0973
	30	.0245	.0223	.0169	.0155	.0123	.0118		30	.122	.131	.122	.121	.111	.111	.0945	.0973
	40	.0242	.0221	.0164	.0154	.0120	.0117		40	.145	.133	.131	.126	.111	.111	0.973	.0982
중앙	20	.0143	.0105	.0091	.0078	.0073	.0064	중앙	20	.0908	.0982	.107	.115	.111	.111	.105	.122
	30	.0052	.0045	.0049	.0036	.0031	.0030		30	.156	.102	.0939	.113	.111	.111	.121	.134
	40	.0035	.0024	.0027	.0021	.0020	.0017		40	.106	.0948	.123	.107	.111	.111	.135	.127
최소	20	.0078	.0048	.0057	.0039	.0045	.0033	최소	20	.0908	.102	.0951	.114	.111	.111	.118	.134
	30	.0029	.0017	.0026	.0015	.0018	.0013		30	.0924	.119	.010	.114	.111	.111	.125	.126
	40	.0017	.0008	.0014	.0008	.0011	.0007		40	.111	.0926	.125	.109	.111	.111	.133	.130

(b) 청천공

CU								K									
실길이		20 ft		30 ft		40 ft		천장고		8 ft		10 ft		12 ft		14 ft	
벽반사율		70 %	30 %	70 %	30 %	70 %	30 %	벽반사율		70 %	30 %	70 %	30 %	70 %	30 %	70 %	30 %
깊이 [ft]								폭 [ft]									
최대	20	.0185	.0156	.0129	.0111	.0099	.0088	최대	20	.145	.155	.129	.132	.111	.111	.101	.0982
	30	.0183	.0156	.0123	.0108	.0088	.0083		30	.141	.149	.125	.130	.111	.111	.0954	.101
	40	.0180	.0151	.0118	.0107	.0086	.0082		40	.157	.157	.135	.134	.111	.111	.0964	.0991
중앙	20	.0138	.0094	.0090	.0071	.0075	.0060	중앙	20	.110	.128	.116	.126	.111	.111	.103	.108
	30	.0074	.0049	.0056	.0039	.0041	.0033		30	.106	.125	.110	.129	.111	.111	.112	.120
	40	.0047	.0029	.0036	.0025	.0026	.0021		40	.117	.118	.122	.118	.111	.111	.123	.122
최소	20	.0095	.0054	.0071	.0044	.0060	.0039	최소	20	.105	.129	.112	.130	.111	.111	.111	.116
	30	.0049	.0025	.0042	.0021	.0029	.0019		30	.0994	.144	.107	.126	.111	.111	.107	.124
	40	.0028	.0013	.0024	.0012	.0019	.0011		40	.119	.116	.130	.118	.111	.111	.120	.118

(c) 균일휘도지면

CU								K									
실길이		20 ft		30 ft		40 ft		천장고		8 ft		10 ft		12 ft		14 ft	
벽반사율		70 %	30 %	70 %	30 %	70 %	30 %	벽반사율		70 %	30 %	70 %	30 %	70 %	30 %	70 %	30 %
깊이 [ft]								폭 [ft]									
최대	20	.0132	.0101	.0092	.0079	.0073	.0064	최대	20	.124	.206	.140	.135	.111	.111	.0909	.0859
	30	.0127	.0101	.0088	.0079	.0069	.0063		30	.182	.188	.140	.143	.111	.111	.0918	.0878
	40	.0123	.0101	.0084	.0077	.0065	.0062		40	.124	.182	.140	.142	.111	.111	.936	.0879
중앙	20	.0115	.0081	.0085	.0064	.0066	.0054	중앙	20	.123	.145	.122	.129	.111	.111	.100	.0945
	30	.0075	.0051	.0056	.0043	.0045	.0037		30	.0966	.104	.107	.112	.111	.111	.110	.105
	40	.0050	.0033	.0040	.0030	.0038	.0023		40	.0790	.0786	.0999	.106	.111	.111	.118	.118
최소	20	.0095	.0064	.0074	.0049	.0060	.0040	최소	20	.0994	.108	.110	.114	.111	.111	.107	.104
	30	.0046	.0023	.0037	.0021	.0030	.0019		30	.0816	.0822	.0984	.105	.111	.111	.121	.116
	40	.0026	.0016	.0023	.0011	.0020	.0010		40	.0700	.0656	.0946	.0986	.111	.111	.125	.132

표 5-14 창의 투과율과 투과손실률(IES 방법)

(a) 유리 및 플라스틱 재료의 투과율

재 료	투 과 율 [%]
광택판유리	80~90
박판유리	85~91
열선흡수 판유리	70~80
열선흡수 유리	70~85
저투과성 유리	10~60
성형유리	70~90
물결무늬유리	80~85
유리 블록	60~80
투명 플라스틱판	80~92
저투과성 플라스틱	9~42
무색 성형 플라스틱	80~90
백색 투명 플라스틱	10~80
유리섬유강화 플라스틱	5~80

(b) 창의 청결정도에 따른 평균유지율 [%]

구 분	위치				
	사무소	공장			
	수 직	수 직	30° 경사	60° 경사	수 평
6개월 이상 평균	83	71	65	58	54
3개월	82	69	62	54	50
6개월	73	55	45	39	34

⑧ 주광계산

㉠ 3월 21일

$E_{s최대} = 550 \times 119 \times 0.8 \times 0.9 \times 0.0172 \times 0.121 = 98\,fc(1055\,lx)$

$E_{s중간} = 550 \times 119 \times 0.8 \times 0.9 \times 0.0091 \times 0.107 = 46\,fc(495\,lx)$

$E_{s최소} = 550 \times 119 \times 0.8 \times 0.9 \times 0.0057 \times 0.0951 = 26\,fc(280\,lx)$

㉡ 12월 21일(같은 방법으로)

$E_{s최대} = 54\,fc(581\,lx)$

$E_{s중간} = 25\,fc(269\,lx)$

$E_{s최소} = 14\,fc(151\,lx)$

(b) 지면반사조도(E_G) 계산

① 담천공상태의 수평면조도를 구한다(그림 5-41).

㉠ 3월 21일(43°) : 1,450 fc

㉡ 12월 21일(23°) : 700 fc

② 지면반사율(ρ_f)은 지면에 잔디가 조금 있다고 할 때 $\rho_f = 0.25$(표 5-15)

③ TF, LLF, K는 위에서와 동일

④ 이용률 CU 값[표 5-13 (c)]

$CU_{최대} = 0.0092$

$CU_{중간} = 0.0085$

$CU_{최소} = 0.0074$

⑤ E_G 계산

㉠ 3월 21일

$$E_{G최대} = \frac{1450 \times 0.25}{2} \times 119 \times 0.8 \times 0.9 \times 0.0092 \times 0.121 = 17\ \text{fc}(183\ \text{lx})$$

$$E_{G중간} = \frac{1450 \times 0.25}{2} \times 119 \times 0.8 \times 0.9 \times 0.0085 \times 0.107 = 14\ \text{fc}(151\ \text{lx})$$

$$E_{G최소} = \frac{1450 \times 0.25}{2} \times 119 \times 0.8 \times 0.9 \times 0.0074 \times 0.0951 = 11\ \text{fc}(118\ \text{lx})$$

㉡ 12월 21일

$$E_{G최대} = \frac{700 \times 0.25}{2} \times 119 \times 0.8 \times 0.9 \times 0.0092 \times 0.121 = 8.3\ \text{fc}(89\ \text{lx})$$

$$E_{G중간} = \frac{700 \times 0.25}{2} \times 119 \times 0.8 \times 0.9 \times 0.0085 \times 0.107 = 6.8\ \text{fc}(73\ \text{lx})$$

표 5-15 건물 외부재료의 반사율

재 료	반사율 [%]	재 료	반사율 [%]
석재	18	아스팔트	7
벽돌		흙	7
경마	48	인조화강암포장	17
암마	40	암갈색 유리	6
암적윤	30	자갈	13
시멘트	27	대리석	18
콘크리트	55	석면	8
화강석	40	눈	
대리석(백색)	45	신(新)	74
백색 페인트		고(古)	64
신(新)	75	식재(평균)	25
고(古)	55		

$$E_{G최소} = \frac{700 \times 0.25}{2} \times 119 \times 0.8 \times 0.9 \times 0.0074 \times 0.0951 = 5.3\ \text{fc}(57\ \text{lx})$$

(c) 전체 주광 계산

① 3월 21일

$E_{D최대} = 98 + 17 = 115\ \text{fc}(1{,}237\ \text{lx})$

$E_{D중간} = 46 + 14 = 60\ \text{fc}(646\ \text{lx})$

$E_{D최소} = 26 + 11 = 37\ \text{fc}(398\ \text{lx})$

② 12월 21일

$E_{D최대} = 54 + 8.3 = 62.3\ \text{fc}(670\ \text{lx})$

$E_{D중간} = 25 + 6.8 = 31.8\ \text{fc}(342\ \text{lx})$

$E_{D최소} = 14 + 5.3 = 19.3\ \text{fc}(207\ \text{lx})$

5-3 자연채광기준

【1】 개구율에 의한 기준

일정한 조도를 확보하는 데 필요한 창의 규모를 바닥면적에 대한 비율로 규정하면 편리하다. 실제로 거실에 채광을 확보하는 데 필요한 창의 크기는 건축법에 규정되어 있다. 창 크기의 기준은 개구부 중에서 채광에 유효한 부분의 바닥면적에 대한 비율, 즉 개구율로 정하고 있다. 이러한 기준이 실내의 소요조도와 정확하게 비례하는 것은 아니나 간단한 기준으로 사용될 수 있다. 현재, 건축법에는 거실의 창과 기타의 개구부로서 채광을 위한 부분의 면적은 거실 바닥면적의 1/10 이상으로 되어 있다. 단, 표 5-16에 제시된 조도 이상으로 조명장치를 할 경우에는 예외로 규정되어 있다(건축법 시행규칙 제15조).

창면적을 A_w, 바닥면적을 A_f, 창면의 조도를 E_w, 바닥면의 평균조도를 E_f라 하면 창에서 들어오는 광속량이 $E_w \cdot A_w$, 바닥면에 비춰지는 광속량이 $E_f \cdot A_f$라 할 때 $\frac{E_f \cdot A_f}{E_w \cdot A_w} = \eta$를 이용률이라고 한다.

$$\frac{A_w}{A_f} = \frac{E_f}{\eta \cdot E_w} \tag{5.23}$$

표 5-16 거실의 용도에 따른 조도기준(건축법 제15조)

거실의 용도구분 \ 조도구분		바닥 위 85 cm의 수평면조도 [lx]
거 주	독서 · 식사 · 조리	150
	기 타	70
집 무	설계 · 제도 · 계산	700
	일반사무	300
	기 타	150
작 업	검사 · 시험 · 정밀검사 · 수술	700
	일반작업 · 제조 · 판매	300
	포장 · 세척	150
	기 타	70
집 회	회 의	300
	집 회	150
	공연 · 관람	70
오 락	오락일반	150
	기 타	30
기타 명시되지 아니한 것		1란 내지 5란에 유사한 기준을 사용함

표 5-17 창면적/바닥면적에 따른 최소주광률

실 유 형	최소주광률 [%]	창면적/바닥면적 [%]
미 술 실	4~6	20~30
실 험 실	3	15
사무소 · 은 행 강의실 · 체육관 수영장	2	10
로비 · 라운지 · 거실	1	5
복도 · 침실	0.5	2.5

또 바닥면의 평균주광률을 DF_f, 창면의 평균주광률을 DF_w로 하면 다음과 같이 된다.

$$\frac{A_w}{A_f} = \frac{DF_f}{\eta \cdot DF_w} \tag{5.24}$$

η의 값은 대체로 0.4 정도이다.

이를테면 실내의 평균기준주광률 DF_f를 2%로 하려고 할 때는 A_w를 A_f의 몇 분의

1로 하여야 하느냐 할 경우, 수직창면의 주광률 DF_w는 주광률의 정의에서도 아는 바와 같이 50%이므로 다음과 같다.

$$\frac{A_w}{A_f} = \frac{0.02}{0.4 \times 0.5} = \frac{1}{10}$$

즉, A_w/A_f를 1/10로 하면 된다는 것을 알 수 있으므로 2% 주광률을 확보하려면 최소유효개구율이 1/10이 되어야 한다.

【예제 5-6】 바닥면적 100 m^2 교실의 실내 평균수평면조도가 200 lx를 필요로 할 때 담천시 소요채광창면적을 구하라. 단, 이 교실은 2층이며 창면 외부장애물은 없고 실내는 밝은 색으로 마감되어 있으며 창의 투과율은 0.8이다.

풀이 먼저 외부 전천공 수평면조도를 5,000 lx(균일담천공)로 가정한다. 외부장애물이 없는 경우 창면의 주광률은 0.5로 고려할 때 창면입사조도 E_w는

$$E_w = 0.8 \times 0.5 \times 5,000 = 2,000 \text{ lx}$$

이용률 $\eta = 0.4$로 할 때 다음과 같다.

$$E_f \cdot A_f = \eta \cdot E_w \cdot A_w$$

$$200 \times 100 = 0.4 \times 2,000 \times A_w$$

$$\therefore A_w = 25 \text{ m}^2$$

【2】 주광률에 의한 기준

채광에 의한 실내의 밝기를 나타내는 지표 가운데 개구율보다 좀더 정밀한 것으로 주광률이 있다. 주광률에 대한 기준은 작업이나 실의 종류에 따라 필요한 밝기를 확보하기 위한 것으로 설계용 전천공조도를 사용하면 여기에 대응하는 주광조도를 예측할 수 있다.

담천시에 경험식(rules of thumb)에 의한 채광형태별 평균주광률(DF_{av})은 표 5-18과 같이 계산한다.

표 5-19는 건물유형별 · 실의 종류별 · 권장주광률과 현휘지수를 나타낸 것이다.

표 5-18 경험식에 의한 평균주광률 계산

$DF_{av} = 0.2\left(\dfrac{A_w}{A_f}\right)^*$ $DF_{min} = 0.1\left(\dfrac{A_w}{A_f}\right)$	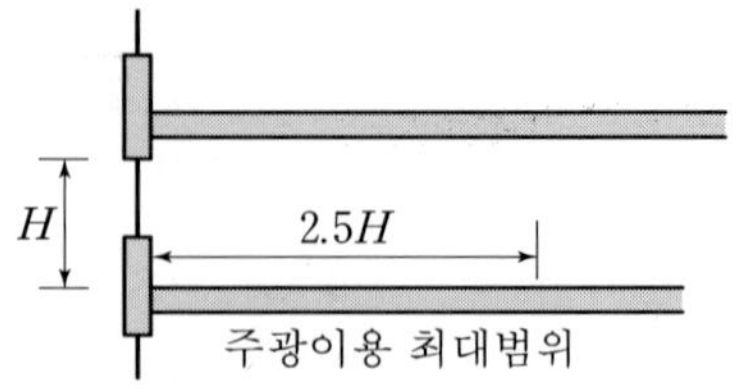
$DF_{av} = 0.2\left(\dfrac{A_w}{A_f}\right)$	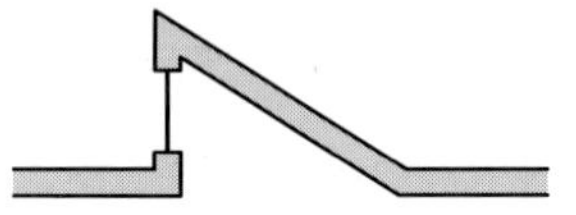
$DF_{av} = 0.33\left(\dfrac{A_w}{A_f}\right)$	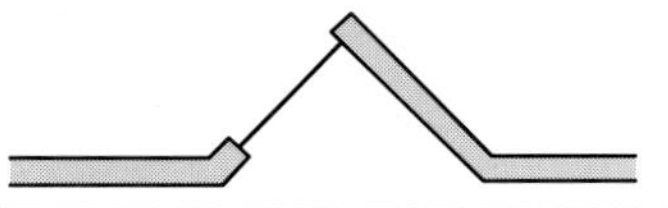
$DF_{av} = 0.5\left(\dfrac{A_w}{A_f}\right)$	

* A_w : 채광창면적, A_f : 바닥 또는 작업면적

표 5-19 권장주광률과 한계현휘지수

건물유형	실의 유형	주광률	현휘지수
주택과 호텔	거실($8\,m^2$ 이상, 실중앙) 침실($6\,m^2$ 이상, 실중앙) 부엌($5\,m^2$ 이상, 실반 이상)	1 % 0.5 % 2 %	- - -
사 무 소	일반 사무실 타이프 사무기계실	2 % 4 %	22 22
학교 · 대학	강당, 교실 미술실 실험실 직원실, 보통실	2 % 4 % 3 % 1 %	20 20 20 -
병 원	접수, 대기실 병실 약국	2 % 1 % 3 %	- 18 22
스포츠용 건물	스포츠 홀 수영장과 그 표면 수영장과 그 주위	2 % 2 % 1 %	- - -
공항 · 역사	매표, 세관 통로공간, 휴게실	2 % 1 %	24 -
집회소와 콘서트홀	강당, 로비 복도 계단	1 % 0.5 % 1 %	- - -
교 회	회중석 설교대, 낭독대, 성가대 제단, 성찬대(聖餐臺) 법의실	1 % 1.5 % 3~6 % 2 %	20 - - -
도 서 관	서가(+인공조명) 열람책상	1 % 1 %	- 22
박물관 · 화랑	전반조명(특수 보존 요구사항에 주의할 것)	1 %	20

6장 빛환경조절

6-1 자연형 조절

6-1-1 건축과 주광

주광은 건축공간의 조명계획에서 좋은 광원이 된다. 건물외피의 개구부를 디자인할 때 주광을 적극적으로 이용하면 경제적이며 쾌적한 시환경을 조성할 수 있을 뿐만 아니라, 건축구조적인 문제를 동시에 해결함으로써 새로운 건축형태를 창출할 수 있다. 특히 현대건축에서 주광의 이용은 경제적인 측면에서 초기투자효과를 높일 수 있는 수단이 된다. 실의 유연성과 건물의 경제적인 측면뿐만 아니라 거주자가 시작업을 할 때 쾌적한 시환경을 제공하기 위해서는 자연채광 및 조명계획을 신중하게 고려해야 한다.

주광은 실내환경의 분위기에 적합하고 작업수행에 편리하도록 계획되어야 하며, 주광이 창을 통해 실내로 입사(入射)될 때 열, 음, 공기의 유출현상이 일어나기 때문에 주광을 위한 개구부계획은 다른 환경요소들도 충분히 고려되어야만 한다. 자연채광에는 천공의 상태와 휘도, 창의 크기, 형태 및 위치, 실내의 표면반사율, 실외장애물의 유무 및 그 반사율 등도 큰 영향을 미치므로 신중히 고려해야 한다.

오늘날 에너지 문제가 대두됨에 따라 창은 조망, 환기의 역할 뿐만 아니라 건축계획적 수법에 의하여 효율적이고 쾌적한 자연채광을 창출해낼 수 있으므로 주광의 가치는 새롭게 인식되고 있다.

적절한 주광을 얻기 위해서는 블라인드나 커튼 등의 주광을 조절하는 장치가 필요하다. 어떤 공간으로 주광이 입사될 때 창부근의 재료의 색채, 재질 등에 영향을 받으므로 건물표면의 반사율을 이용하면 주광효율을 개선할 수가 있으며, 창외부의 반사판도 주광을 반사시켜 실내주광율을 25 % 정도까지 높힐 수 있다.

인공광원의 효율은 보통 65 lm/W임에 비해 주광의 효율은 100~120 lm/W이므로 경제적인 측면에서 매우 효율적인 광원임을 알 수 있다. 특히 사람들은 주광에 대하여 심리적으로 큰 선호도를 갖고 있으므로 건강건축이라는 관점에서도 주광의 이용은 중요하다고 할 수 있다.

6-1-2 개구부의 형태와 주광률 분포특성

실내의 주광률분포도는 태양의 고도와 운량(雲量)에 따라 크게 변한다. 주광의 분포특성을 사전에 파악하면 창 개구부계획을 보다 적절하게 진행할 수 있다. 실내의 주광률 분포특성은 개구부의 형태, 위치, 장애물에 따라 실내로 입사되는 등주광률곡선을 작도함으로써 검토할 수 있다. 2개의 창을 가진 실내의 등주광률곡선은 그림 6-1과 같은데, 이 경우 창부근일수록 실 안쪽보다 주광률이 높으며 창에서 멀어질수록 주광률은 낮아지고 있다.

【1】 수평창과 수직창

창의 형태가 변화함에 따라 등주광률곡선도 변하게 된다. 수평으로 길고 낮은 창의 등주광률곡선은 수직으로 긴 창에 비해 창에서 멀어질수록 주광의 입사량이 감소된다. 예를 들면, 주광률이 5%인 경우에 수평창과 수직창을 비교하면 알 수 있다(그림 6-2).

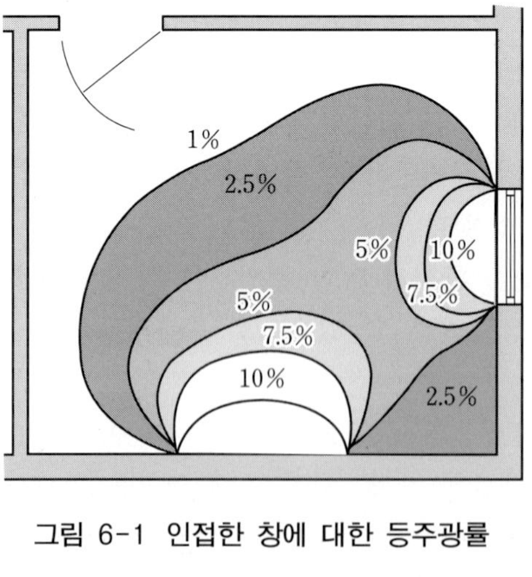

그림 6-1 인접한 창에 대한 등주광률

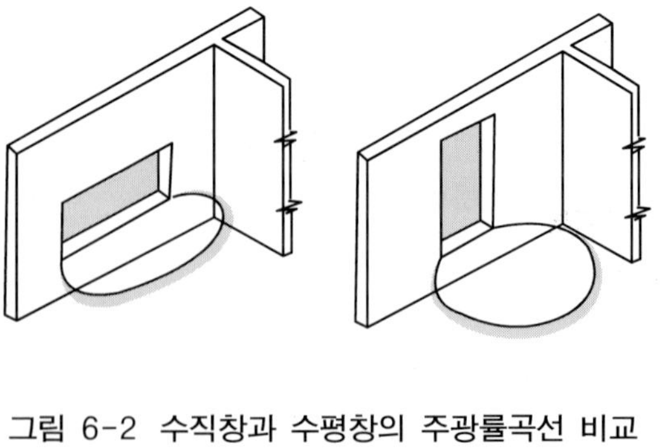

그림 6-2 수직창과 수평창의 주광률곡선 비교

【2】 개구부의 분할효과

창면적이 넓은 경우 하나의 개구부를 같은 벽면이나 또는 인접한 2개의 벽면으로 분할하여 주광을 입사시키면 주광률분포가 다르게 나타난다. 만일 2개 또는 3개로 개구부를 분할시켜 배치하면 주광의 분포는 보다 효과적이다(그림 6-3).

또한 직각으로 인접한 벽면에 2개의 개구부를 설치하면 주광의 입사 뿐만 아니라 실내의 주광분포 및 눈부심 방지에도 큰 효과가 있다(그림 6-4).

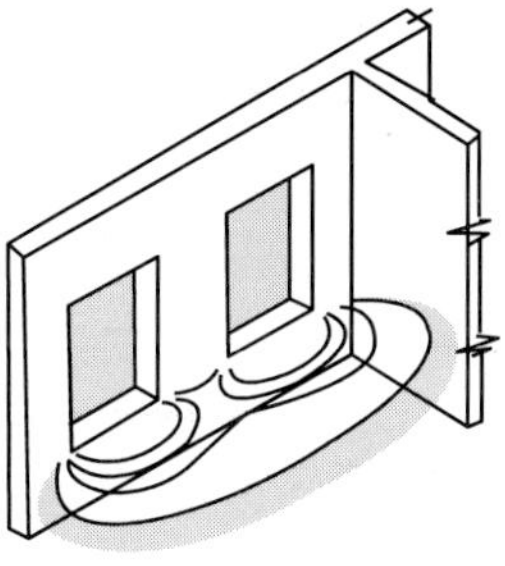

그림 6-3 개구부가 한 면에 있을 경우

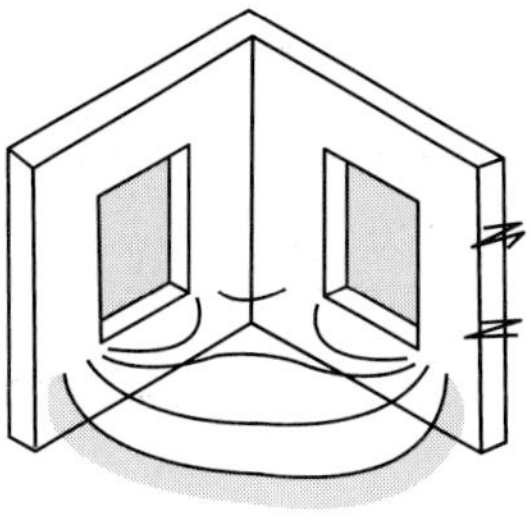

그림 6-4 개구부가 두 면에 있을 경우

【3】 특 수 창

모서리창의 경우 창부근의 주광률은 매우 높지만 실제로 실내로 입사되는 주광량은 얼마되지 않는다. 예를 들면, 돌출창의 경우에는 실내의 주광률을 향상시킬 수 있다. 그림 6-5는 돌출창을 설치하기 전과 설치한 후의 등주광률곡선의 변화를 나타낸 것으로서 실선은 설치 전의 등주광률곡선, 점선은 설치 후의 등주광률곡선을 나타낸 것이다(그림 6-5).

이 경우 실 전체에 대한 광원으로서는 불충분한 경우가 있는데, 실이 작은 경우 시작업에 필요한 기준보다 과다한 조도값이 나타나는 것을 방지해야 한다.

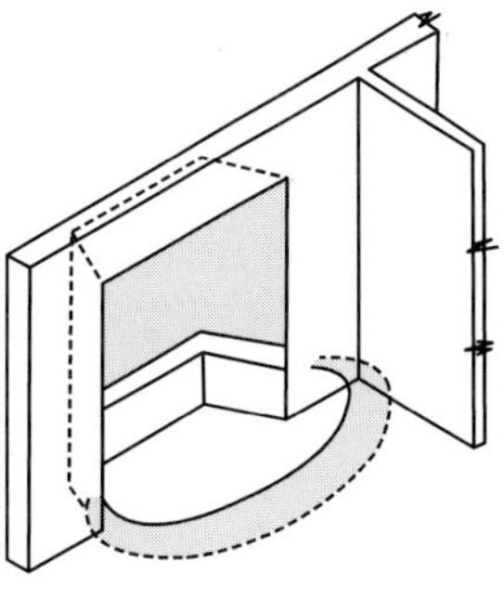

그림 6-5 내 민 창

【4】 외부장애물에 의한 영향

실내의 주광분포에 영향을 미치기 때문에 개구부를 계획할 때는 외부장애물에 의한 조도변화를 고려하여야 한다. 장애물이 수평 스카이라인을 형성하고 있는 경우 직사주광의 최대사입범위는 장애물의 최상단과 창의 상인방에 의해 결정된다(그림 6-6). 이때 생기는 한계선(no-sky line)은 창과 수평이 되며, 이 범위 아랫부분에는 천공성분이 입사되지 않는다. 한계선은 장애물 형태에 따라 간단하게 작도되는데, 그림 6-6의 경우는 대향건물(對向建物)에 따른 한계선의 예를 나타내고 있다.

또한 인접한 외부에 수직돌출벽체(垂直突出壁體)가 있는 경우 주광의 입사는 거의 영향을 받지 않지만 주광의 확산은 완전히 차단된다. 이 수직돌출벽체가 양쪽에 있을 경우에도 주광의 입사에는 거의 영향을 받지 않지만 주광의 확산에는 양면이 모두 차단된다.

창의 형태에 따라 주광의 확산과 영향 및 효과도 다르다. 수평창은 실내조도가 높으나 주광의 입사이 적으며, 수직창은 주광의 입사이 양호하고 주광의 확산도 균일하게 분포된다. 따라서 수직창이 수평창보다 유리하다고 할 수 있다(그림 6-7).

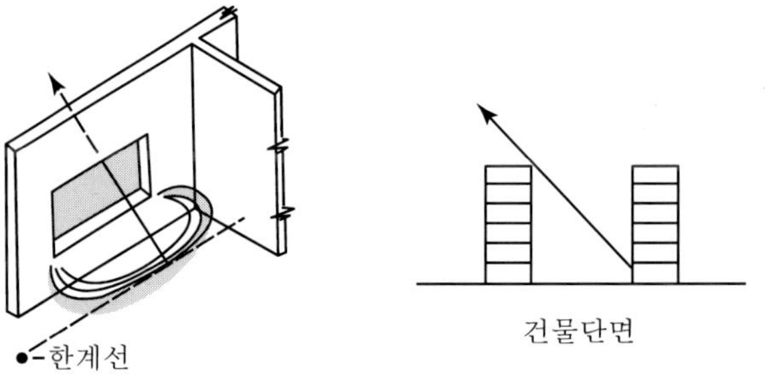

그림 6-6 창과 평행한 장애물의 한계선

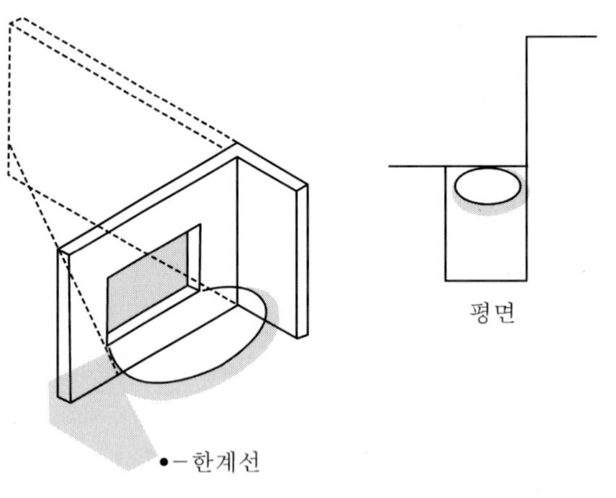

그림 6-7 창과 수직인 장애물의 한계선

6-1-3 채광방식

채광방식은 일반적으로 창의 위치에 따라 분류한다. 즉, 실내측면의 연직창에 의한 채광을 측창채광(側窓採光), 천창에 의한 채광을 천창채광, 천장부의 연직창에 의한 채광을 정측창채광(頂側窓採光)이라 한다.

【1】 측창채광과 그 변형

① 측창채광(side lighting, lateral lighting)의 특성 : 가장 일반적인 채광방법으로서 다른 채광방식과 비교할 때 다음과 같은 특성이 있다(그림 6-8, 6-9).

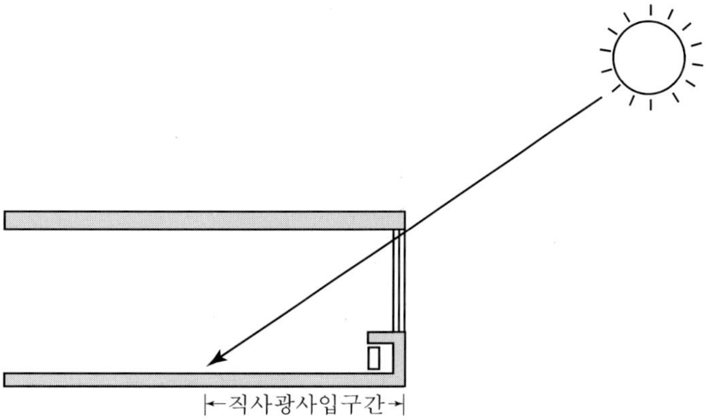

그림 6-8 측창채광

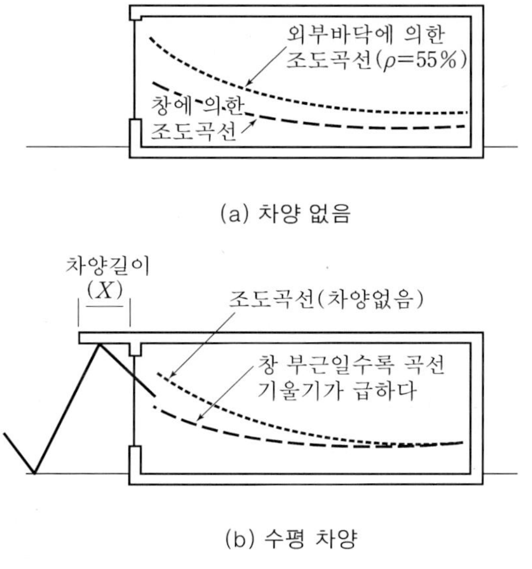

(a) 차양 없음

(b) 수평 차양

그림 6-9 측창채광에서 차양길이에 따른 실내주광률 분포곡선의 변화

a. 구조와 시공이 용이하고, 비가 유리창에 들이칠 때 다른 창에 비해 피해가 적다.
b. 개폐와 조작이 용이하며, 청소 등 유지가 용이하다.
c. 투명부분을 개방용으로 대치할 수 있다.
d. 통풍 및 차열(遮熱)에 유리하다.
e. 조도분포가 불균형하여 실깊이에 제한을 받으므로 넓은 실에는 불리하다.
f. 주변상황에 큰 영향을 받는다.

② 편측채광(片側採光 ; unilateral lighting) : 가장 일반적인 채광방식으로서 측창채광 중에서 한 면이 창으로 구성되어 있는 경우를 말한다. 광량이 부족하고 실내조도분포가 불균일하게 되는 경향이 있지만 잘 이용하면 좋은 효과를 얻을 수 있다. 이 방식은 천장고를 변화시킴에 따라 주광의 효과가 다르게 나타나기도 한다(그림 6-10).

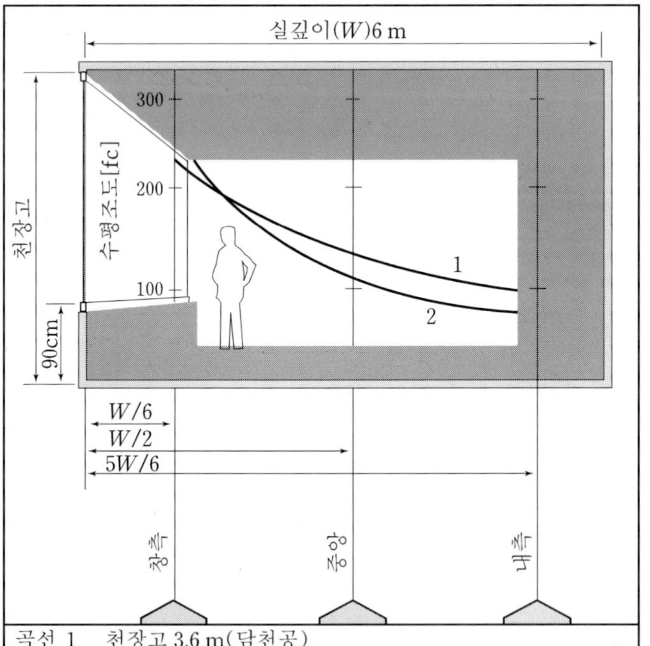

곡선 1 천장고 3.6 m(담천공)	창측	중앙	내측
천공	206	109	68
지면	28	25	22
전체[fc]	234	134	90
곡선 2 천장고 2.4 m(담천공)			
천공	232	90	56
지면	31	21	18
전체[fc]	263	111	74

그림 6-10 편측채광의 조도분포

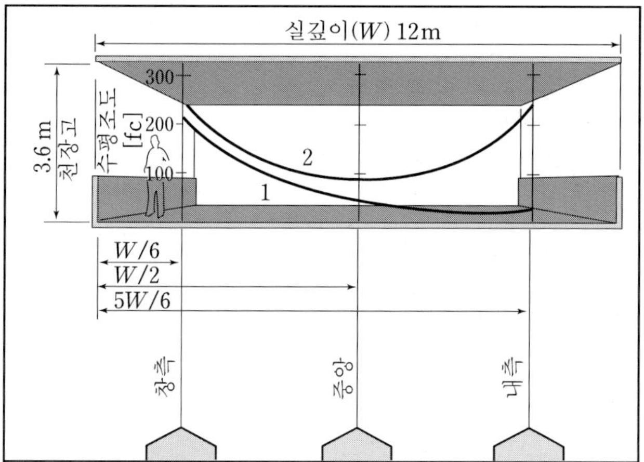

곡선 1 편측채광(담천공)						
전체[fc]	221		44		24	
곡선 2 양측채광(담천공)						
전체[fc]	245		88		245	

그림 6-11 양측채광의 조도분포

③ 양측채광(bilateral lighting) : 측창방식 중에서 양면으로부터 채광을 하는 방식으로서, 편측채광에 비해서 주광의 입사량이 많아진다. 그러나 빛이 분산되고, 주광선이 2개로 되어 그림자가 나누어짐과 동시에 분위기도 둘로 나누어지는 단점이 있다. 같은 2면채광이라도 모서리를 낀 2면채광으로 하면 다소 향상될 수 있다. 담천공상태에서 양측채광에 의한 실내조도분포는 그림 6-11과 같다.

④ 3면채광, 4면채광 : 3면채광은 3면으로 채광하는 방식이며, 4면채광은 4면으로부터 채광을 하는 방식으로서, 이론적으로는 가능하나 실례는 특별한 경우를 제외하고는 드물다. 4면채광은 건물 내의 특수한 위치에서만 사용되며, 채광상으로는 매우 유리하지만 양측채광에 비해 안정감이 없다.

⑤ 고창채광 : 창문의 위치가 시선보다 위에 있는 측창채광을 고창채광이라 한다. 통풍 등의 기능은 떨어지지만, 실내의 조도분포는 양호하다. 주로 고미술관이나 공장 등에서 이용하고 있다(그림 6-12).

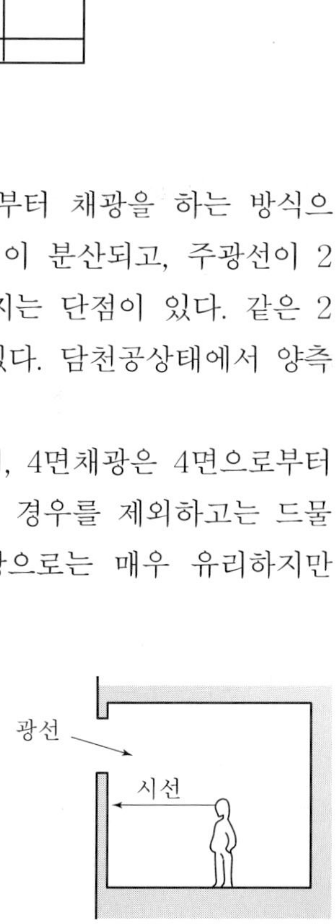

그림 6-12 고 창

【2】 천창채광과 그 변형

① 천창채광(top lighting, sky-lighting) : 천창채광의 장

단점은 측창채광과 반대가 되며 다음과 같은 특징이 있다.

a. 구조와 시공이 불리하고, 특히 비처리에 불리하다.
b. 조작 및 유지에 불리하다.
c. 비개방적이고 폐쇄된 느낌을 준다.
d. 통풍과 차열에 불리하다.
e. 채광량면에서 매우 유리하다.
f. 조도분포의 균일화에 유리하다.
g. 실넓이와는 관계없이 실이 어느 정도 넓어도 채광에 크게 불리하지 않다.
h. 채광상 이웃건물에 의한 영향을 거의 받지 않는다.

이 중에서 e. 및 h.의 특성에 따라 천창은 측창의 3배 효과가 있다. 천창을 이용하면 측창에 비해 작은 면적으로 소요조도를 얻을 수 있다.

그러나 창 이외의 천장부분과의 휘도대비가 심하게 되어 눈부심을 일으킬 수 있다. 채광창의 경사가 45°보다 크면 수직채광면적은 증가하지만 실내평균조도는 일정하다. 이 경우 작업면조도가 가장 큰 위치는 천창의 경사방향 부근에 있게 된다. 그러나 경사각이 너무 작아지면 경사각이 큰 경우에 비해 최대조도값은 감소하지만 실내조도분포는 균일하게 된다.

② 광정(光井 ; light well) : 천창이 있는 실의 정광은 그림 6-14에서와 같이 외부의 빛을 천창 아래로 확산시키기 위해 확산유리를 사용하여 빛의 우물과 같은 형태로 한다. 이것은 직사광을 적당하게 차단하고 북쪽 광선만을 입사시킬 수 있으며, 실내조도분포를

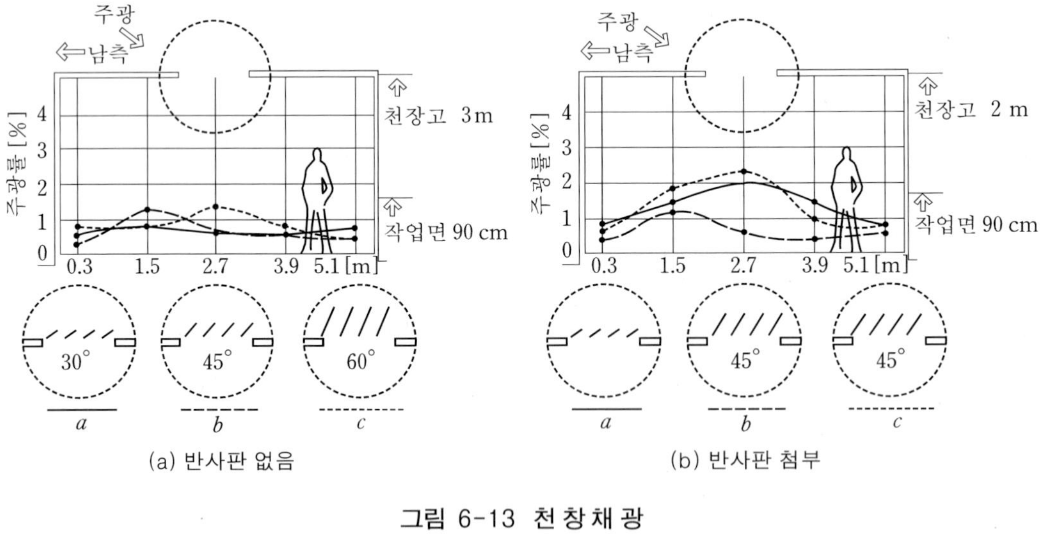

그림 6-13 천창채광

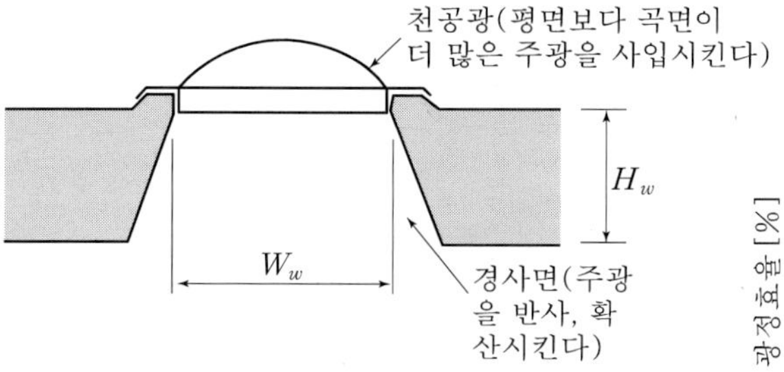

여기서, I_w : 광정지수(무차원)
W_w : 광정폭[ft]
L_w : 광정길이[ft]
H_w : 광정깊이[ft]

$$I_w = 0.5Hw\left(\frac{W_w + L_w}{W_w \times L_w}\right)$$

$I_w \leqq 0.9$일 것

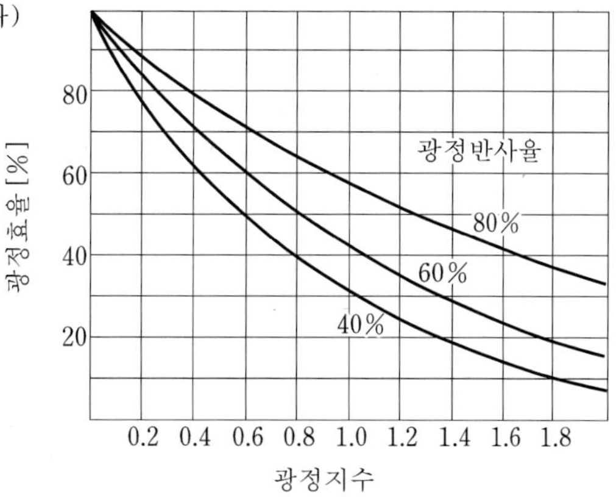

그림 6-14 광 정

균일하게 할 수 있는 고급채광방식이다. 그러나 조도분포가 균일하고 변동이 없는 반면, 조도가 부족하고 천장의 휘도분포가 고르지 못하기 때문에 이 점을 고려해야 한다. 또한 천장의 휘도대비가 크므로 그것을 완화하기 위한 연구로써 광천장(光天障)을 만들기도 한다.

광정의 폭(W_w), 높이(H_w), 길이(L_w)의 상관관계에 의한 광정지수(well index)는 0.9 이하가 되어야 한다.

【3】 정측창채광과 그 변형

① 정측창채광(頂側窓採光 ; top side lighting) : 천창의 위치에 있지만 연직창에서 채광하는 방식을 정측창채광이라 한다(그림 6-15). 측창을 이용하기가 곤란한 공장이나 수평면보다 연직면의 조도를 높이기 위한 미술관 등에서 사용하며, 실내로 입사된 빛을 루버 또는 확산재로서 만든 천장을 통함으로써 실내에는 천창채광과 같은 효과를 나타낸다.

② 톱날형 지붕채광(saw-tooth roof) : 일반적으로 산업체 공장에서 사용되는 형식으로서 다음과 같은 방식들이 있다.

a. 연직창에서 채광하는 방식
b. 창면을 약간 경사지게 하여 채광량을 증대시키는 방식
c. 완만한 천창면에서 채광하는 방식
d. 지붕 전체를 채광면으로 채광하는 방식

톱날형 지붕의 천장고와 채광개구부 상호관계는 그림 6-16과 같다.

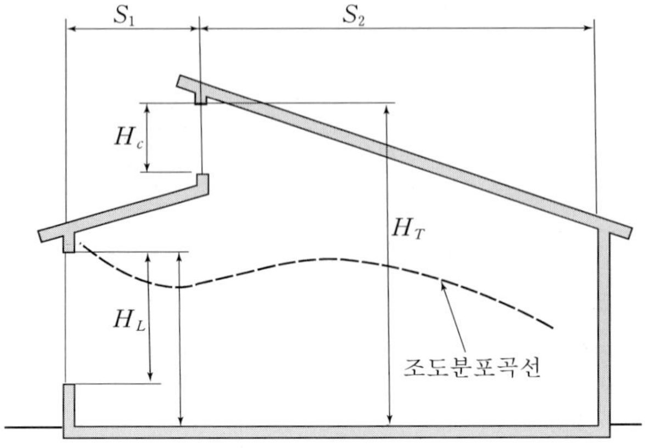

그림 6-15 정측창채광의 조도분포

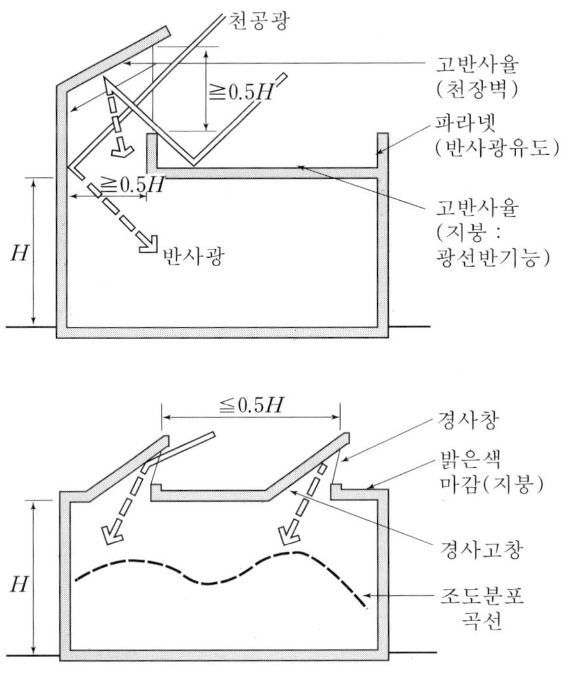

그림 6-16 톱날형 지붕채광

③ 모니터 지붕채광(monitor-roof, cross-light monitor) : 그림 6-17에서와 같이 모니터 지붕의 형식은 원래 환기를 위해 사용된 것으로 볼 수 있다. 채광을 위해서는 유리한 방식이 있지만 비를 막는 데는 불리한 경우도 있다.

북쪽의 톱날형 지붕의 광색은 청색에 가깝지만 어떤 투명채광창에 의한 모니터 지붕

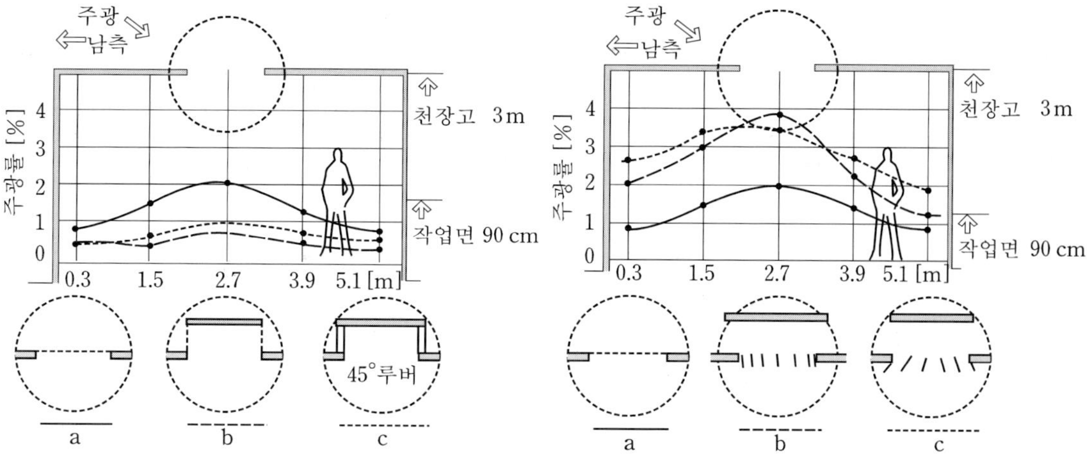

(a) 반사핀 장치 없음

(b) 반사핀 장치 첨부

그림 6-17 모니터 지붕채광

은 주광을 많이 입사시킬 수 있는 반면, 조도분포는 모니터 내부의 반사율에 따라 상대적으로 변화한다. 45° 백색수직 루버(90° 차폐장치)가 있는 경우는 주광을 이중 반사시킨 후 실내로 입사시키므로 채광성능은 보통 투명채광창으로 된 모니터 지붕에 비해 양호하다.

이상 각종 천창형태에 따른 실내주광분포를 보면 그림 6-18과 같다.

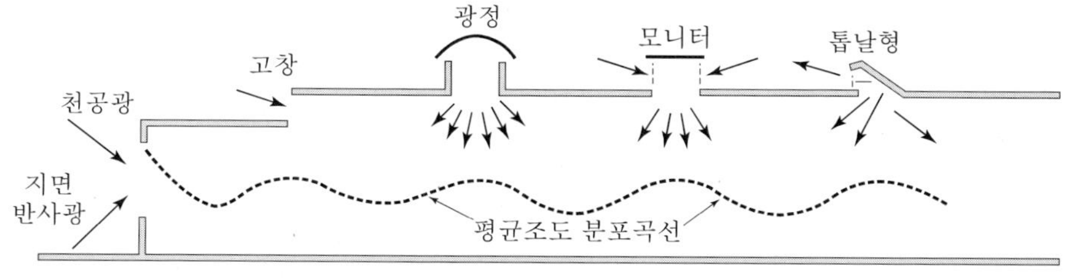

그림 6-18 천창의 형태에 따른 실내주광분포

6-1-4 자연채광의 현휘

자연채광설계에서는 창의 방위와 위치, 창의 크기, 루버, 유리창의 장치(차양장치, 블라인드) 및 실내표면의 반사율을 결정하여야 한다. 이들 요소들은 자연채광 이외에 다른 인자의 영향도 받는다. 조명적인 측면에서 볼 때 이러한 요소들은 서로 이율배반적인 영향을 미치기도 한다. 예를 들면, 보다 높은 주광률을 얻기 위해서는 창크기를 증가시켜야 하지만, 반면에 현휘를 고려하면 창의 크기는 작게 하거나 차양장치가 필요하다.

자연채광의 현휘원은 창 또는 창을 통해 보이는 천공이나 실외지형물로부터의 반사광이다. 잠재적 현휘원의 현휘상수(glare constant)는 다음 식에 의하여 구한다.

$$g = \frac{L_1^{1.6}\omega^{0.8}}{L_2 p^{1.6}} \quad (p : \text{위치지수}) \tag{6.1}$$

시각(입체각)은 시선이 연직창의 중심에 있고 창과 직각일 경우는 $\omega = A/d^2$(창면적/거리의 곱)이며, 시선이 연직으로 θ, 수평으로 ϕ만큼 경사진 경우는 다음과 같다.

$$\omega = \frac{A}{d^2}\cos\theta \cdot \cos\phi \tag{6.2}$$

여기서, d : 관찰자와 창 중심과의 거리

외부주광휘도(L_1)는 조도와 반사율로부터 산정될 수 있다. 배경휘도 L_2(실내 평균주광휘도)는 IRC를 사용하여 구한다.

$$L_2 = \text{IRC} \times E_0 \quad (E_0 : \text{담천공에서 수평면 실외조도}) \tag{6.3}$$

현휘지수는 다음 식으로 표현된다.

$$\text{GI} = 10\log(0.478\Sigma g) \tag{6.4}$$

이 값은 표 5-19의 자연채광의 한계현휘지수값을 초과해서는 안된다. 창을 통한 천공의 불쾌현휘는 창의 배경휘도에 의해 발생하며, 실제로 실조건에 의해 현휘지수값은 창크기에 따른 큰 변화가 없다. 또한 창/벽면적이 1~2% 정도 증가해도 현휘지수는 거의 비슷한 값을 유지한다. 따라서 현휘지수를 조절하는 주요 인자는 창크기보다는 천공휘도

표 6-1 현휘지수

(평균천공휘도가 8,900 cd/m^{2}일 때)

실의 평균반사율	현 휘 지 수
0.4	26
0.6	24

표 6-2 천공 휘도에 따른 현휘지수

전천공에 의한 수평면 조도 [lx]	평균천공휘도 [cd/m^2]	연간 작업시간 초과비율 [%]	현휘지수 감소율
28,000	8,900	15	0
20,000	6,400	38	0.5
15,000	4,800	54	1.5
10,000	3,200	68	2.5
5,000	1,600	87	4.0

이다. 실내 휘도는 천공휘도 및 실내 반사율에 따라 좌우된다. 표 6-1은 천공상태에 따른 현휘지수를 나타내고 있다(평균휘도 8,900 cd/m^2, 수평면조도 28,000 lx일 때). 일반적으로 실의 평균 반사율의 최고최저치는 표에서 보듯이 40 %, 60 %이다. 표 6-2는 각 천공휘도에 대한 현휘지수를 나타내고 있다. 또 천장고가 4 m 이상이 되면 현휘지수는 이 값보다 1~2 더 증가한다. 현휘지수가 가장 나쁜 경우는 시선의 정면에 하나의 창이 크게 설치되어 있는 경우이다.

【1】 창의 현휘를 조절하는 방법

① 일시적인 장치 : 사용자가 간단히 조절 가능한 커튼, 블라인드 장치

a. 창 내외에 투명커튼이나 블라인드 설치

b. 수평·수직 루버, 내외부에 슬랫 블라인드(slat blind)나 핀

② 영구적인 장치 : 돌출차양, 오닝(awning), 깊이 후퇴한 창 — 이런 장치는 전망을 나쁘게 하며, 많은 빛이 입사되도록 실내에 높은 반사율의 재료마감을 함으로써 실내조도를 다소 향상시킬 수 있다.

③ 기타 방법

a. 실내반사율을 증가시킨다.

b. 스프레이(splay) 창[1][그림 6-19 (g)]은 대비를 감소시킨다.

c. 스프레이, 창대, 멀리온 등은 과다한 대비를 방지하기 위해 밝은 색으로 권한다.

d. 실내의 조명과 눈의 순응능력을 높이기 위해 인방을 낮게 한다.

e. 창을 청결히 함으로써 창 주위의 조도를 증가시킨다.

그림 6-19는 현휘를 조절하는 데 유용한 창계획을 예시하여 주고 있다.

【2】 광막반사에 의한 현휘방지

광막반사현휘는 밝은 날의 천공이나 매끈한 표면에 상이 비칠 때 발생하며, 이로 인해 작업시의 대비효과가 감소되고 시작업을 어렵게 하는 반면, 물체표면에 광택이 많을수록 대비현상은 감소한다. 창 전면에 광막반사가 발생할 때 독서하기가 곤란한데, 이런 광막반사는 시각적으로 방해를 일으킬 뿐만 아니라 시각적 불쾌를 유발할 수도 있다.

문제는 광원, 작업, 관찰자의 배치계획에 있는데 광원, 작업, 관찰자의 재배치는 광막반사효과를 감소시킬 수 있다(그림 6-19). 이 외에 단백석, 프리즘 확산유리 또는 수직편광장치에 의한 방법이 있으며 광택면에 있어 반사에 의한 편광과 영상강도는 더 감소된다.

1) 창문인방이 경사진 창

(a) 일반창은 실의 조도는 양호하지만, 청명한 날에는 현휘가 발생하기 쉽다.

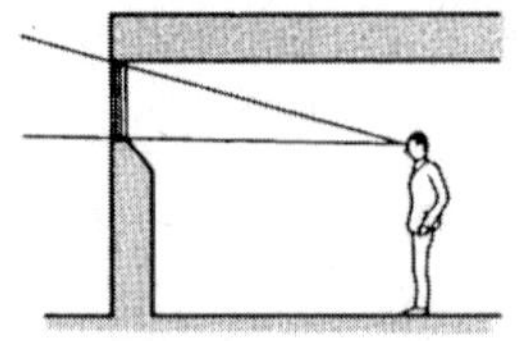

(b) 하인방을 경사지게 하면 천공조도와 창 사이의 대비를 완화시켜 준다

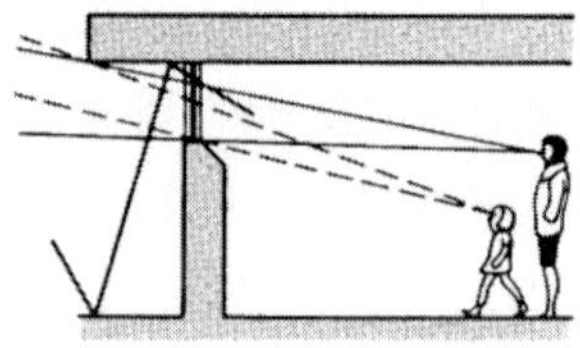

(c) 차양은 주광의 실내사입과 천공현휘를 감소시킨다.

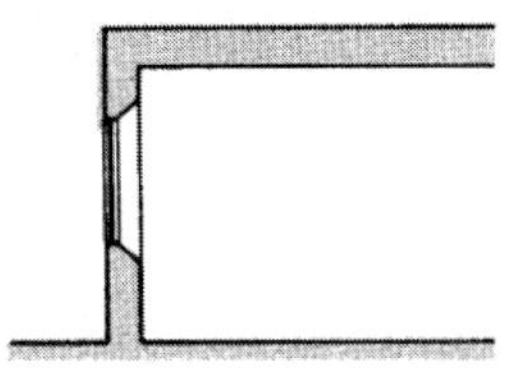

(d) 상 · 하인방을 경사지게 하면 창에 의한 대비를 더 감소시킨다.

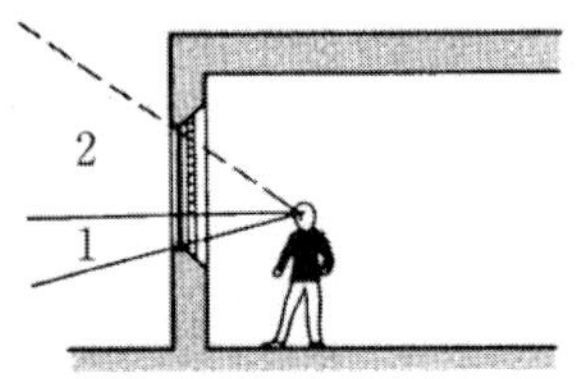

(e) 투명블라인드는 천공 채광범위를 감소시키며(2) 조망도 가능하다(1)

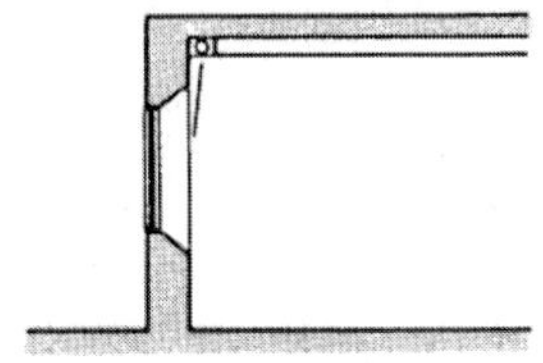

(f) 창부근의 인공조명은 천공조도와 창의 현휘, 대비를 감소시킨다.

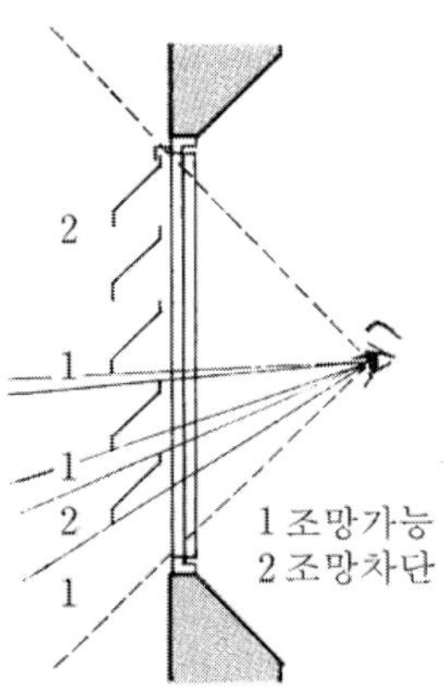

(g)

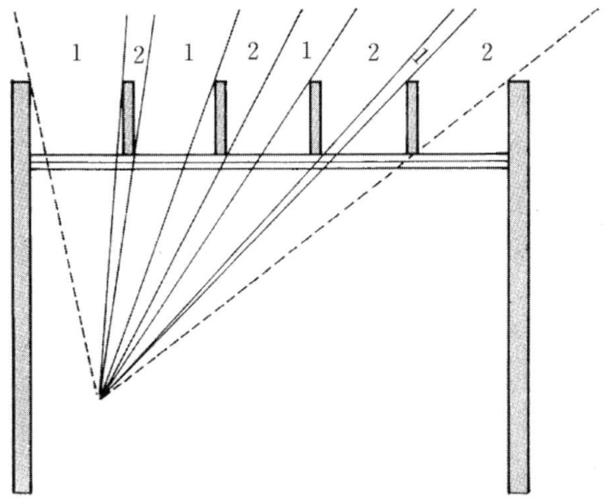

(h)

그림 6-19 현휘조절을 위한 창계획

어떤 창에는 편광 필름이 설치되어 있는데 이것은 천공휘도를 감소시키는 것은 물론 광막반사도 감소시킬 수 있다. 창에 의한 현휘가 인공광원만큼 불쾌하지 않은 것은 우리의 경험과도 일치한다. 그 이유는 창을 통한 경치의 영향, 창의 흐림, 커튼 등의 밝기가 영향을 미치기 때문이다. 창에 의한 주광현휘의 경우는 특히 단순화하는 데 어려움이 있

표 6-3 주광 GI와 인공광 GI의 관계

주광 GI	16	18	20	22	24	26	28
인공광 GI	10	13	16	19	22	25	28

으므로 취급할 때 주의하여야 한다(표 6-3).

6-1-5 건물의 주광이용계획

【1】 주광이용계획의 기본사항

① 건물 내부로 가능한 한 많은 양의 주광을 깊이 입사시킨다. 실내일정거리 이내에서는 그다지 많은 양의 주광이 필요없다. 인간의 눈은 높은 휘도에도 순응할 수 있으며 일반적으로 밝을수록 더 잘 볼 수 있다. 또한 주광이 실 내부 깊숙이 입사될수록 인공조명이 덜 필요하게 된다.

② 건물의 내외부에서 시야 내의 휘도를 조절하고 시력을 감소시키는 광대한 휘도차가 생기지 않도록 한다.

③ 주요한 작업면에 감능광막반사(減能光幕反射 ; disabling veiling reflection) 현상이 생기지 않도록 해야 한다.

【2】 주광설계지침

① 주요한 작업면에는 직사광을 피하도록 한다.

천창, 고창 등과 같은 개구부에서 직사광이 입사되면 실내에 과도한 휘도차가 생겨 시지각에 불쾌감을 느끼게 한다. 따라서 작업면에 도달하는 주광은 반사의 과정을 거쳐 물체표

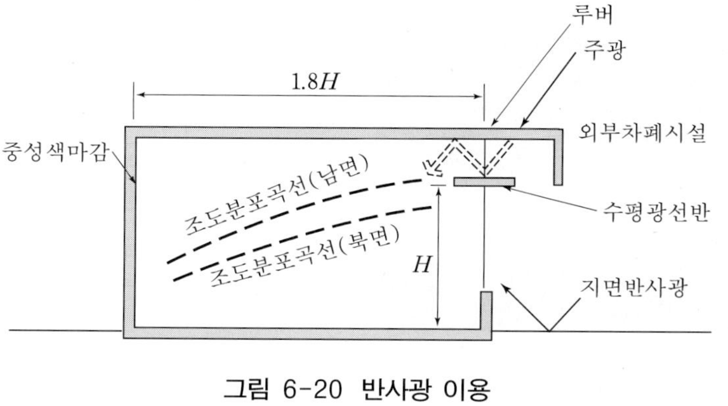

그림 6-20 반사광 이용

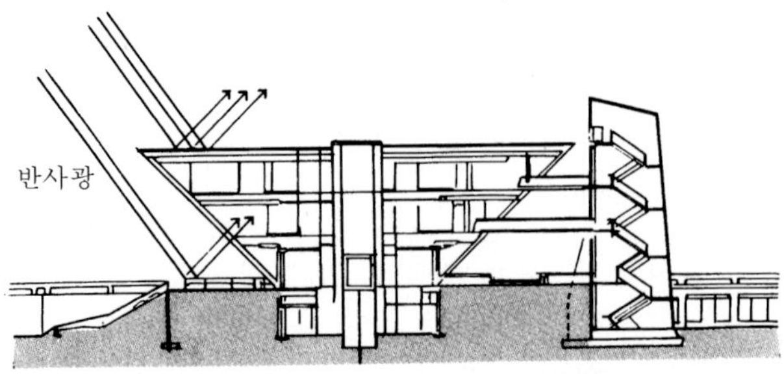

그림 6-21 반사광을 이용한 미술관

면이나 실내에 입사시킨다. 표면반사는 계속하여 완화되고 넓은 면적에 분산된 빛은 반사하고 일부는 흡수되어 휘도차는 작아지고 시지각에 쾌감을 증대시킨다(그림 6-20, 6-21).

② 높은 곳에서 주광을 입사시킨다.

창 개구부가 높을수록 실내 깊숙이까지 주광을 입사시킬 수 있지만, 개구부 면적이 적을수록 시야 내의 휘도차가 심하게 나타난다. 높은 곳에서 입사되는 빛은 부드럽게 확산시켜 작업조도의 효과가 크도록 해야 한다. 또 창문의 높이는 최소한 실깊이의 1/2 이상에 오도록 설치한다(그림 6-22).

그림 6-23과 6-24는 4층으로 된 건물의 중앙부에 중정을 두었으며, 지붕에는 투명천창

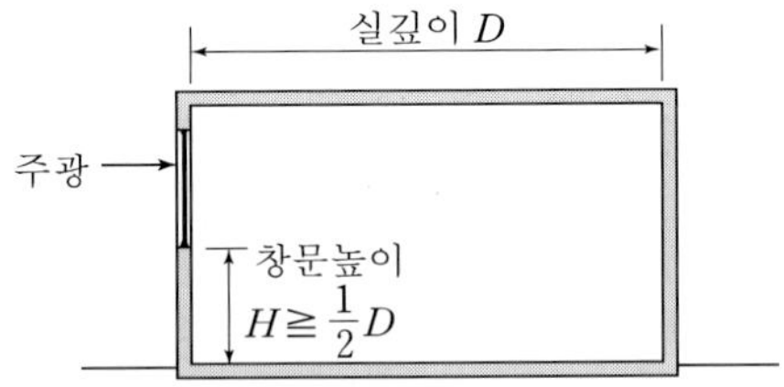

그림 6-22 높게 한 창문높이

그림 6-23 천창의 사용

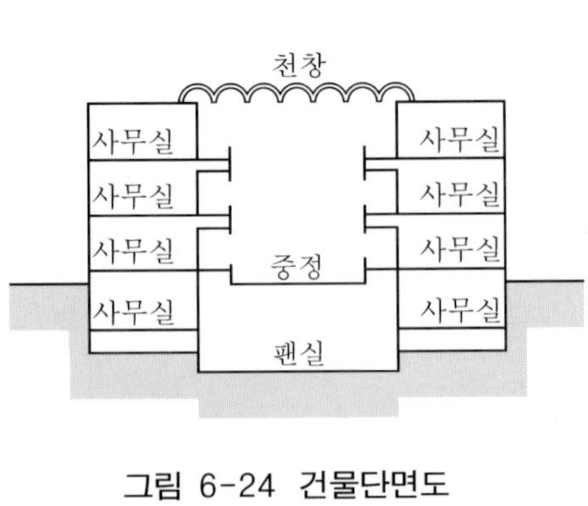

그림 6-24 건물단면도

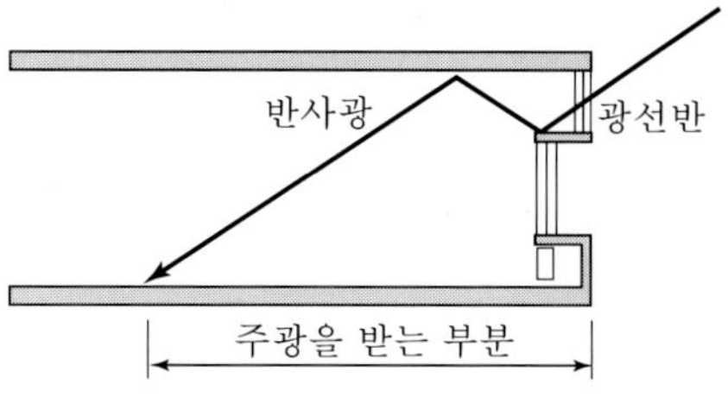

그림 6-25 광선반에 의한 주광사입

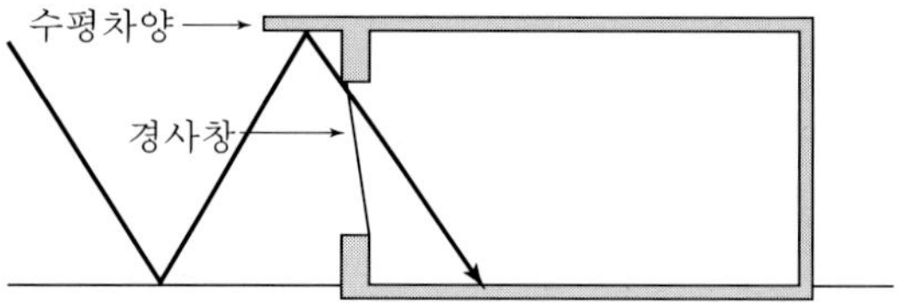

그림 6-26 수평차양

으로 주광을 입사하도록 되어 있다. 특히 중정은 겨울에는 사무실 실내온도보다 더 춥게 여름에는 더 덥게 설계되어 있는데 그 이유는 외부에 있는 것과 비슷한 느낌이 들도록 심리적인 반응을 고려한 것이다(Counter of Santa Clara Service Center, California).

③ 주광을 확산·분산시킨다.

주광은 광질 그 자체가 거칠기 때문에 부드럽고 균일한 확산을 위해 여과시키거나 빛의 강도를 낮추고 확산시키는 장치를 한다. 예컨대 수목, 넝쿨, 커튼 반사경, 루버 등이 있다. 또한 수평차양, 뒤로 후퇴한 개구부, 광선반장치(light shelf)(그림 6-25), 철망 스크린(mesh screen), 드랩, 슬랫 블라인드 등은 주광을 차단시켜 입사하는 역할을 하며, 지면반사광을 실내로 입사시키기 위해서는 수평차양장치(水平遮陽裝置)가 유용하다(그림 6-26). 즉, 콘크리트, 흰 자갈, 수면 등의 반사광을 이용하면 실내조도를 증가시킬 수 있다. 그러나 창면에서 12 m 이상의 지면반사광은 단층채광의 경우 큰 효과가 없다.

그림 6-27은 이 건물의 기준층 단면으로서 외부의 직사주광을 확산장치로써 실내로 입사시키고 현휘를 고려하여 창문 상부에 차단벽체를 설치하였다(SOC ; shell oil complex

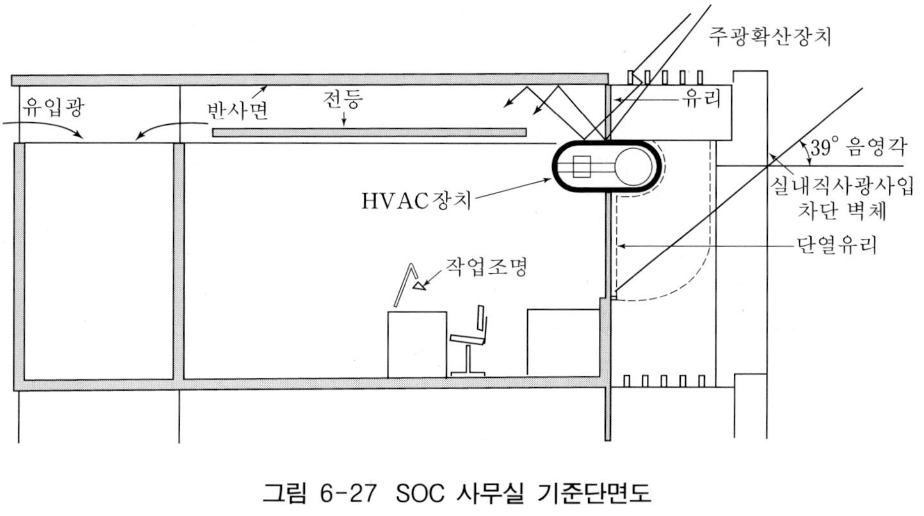

그림 6-27 SOC 사무실 기준단면도

building).

④ 양측채광을 한다.

주광과 부근 벽면간의 심한 대비현상을 막기 위해 2면, 또는 그 이상의 창으로부터 주광을 입사시킨다. 편측채광의 경우 창의 반대벽면체로부터 재실자가 창의 주광에 순응하는 과정에서 어두침침한(gloomy) 현상을 느낀다.

⑤ 천창, 고측창을 사용한다.

외부조망과 깊은 관계가 없는 실에서는 천창을 이용하여 실내조도 레벨을 증가시킨다. 예를 들면, 천창, 모니터 등은 실내공간에 주광을 깊이 입사하는 역할을 하는 데 있어 효과적인 방법이다. 모니터, 기타 천창장치에 의해 주광의 입사량을 증가시키기 위해 반사율이 높은 재료로써 마감한다. 다층건물 등에서는 광정(light well)을 이용하여 주광을 입사시킨다(그림 6-28).

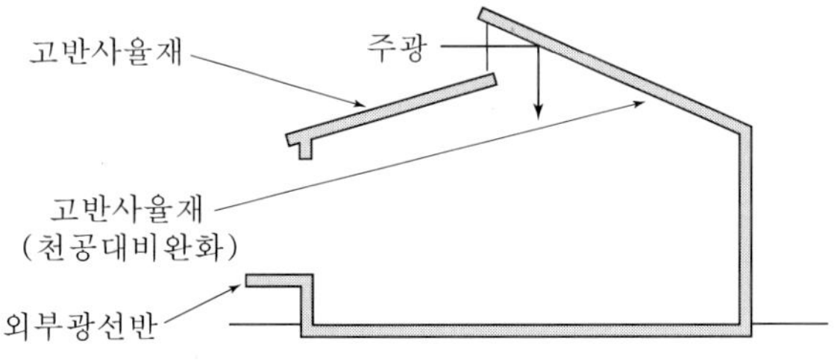

그림 6-28 고층채광

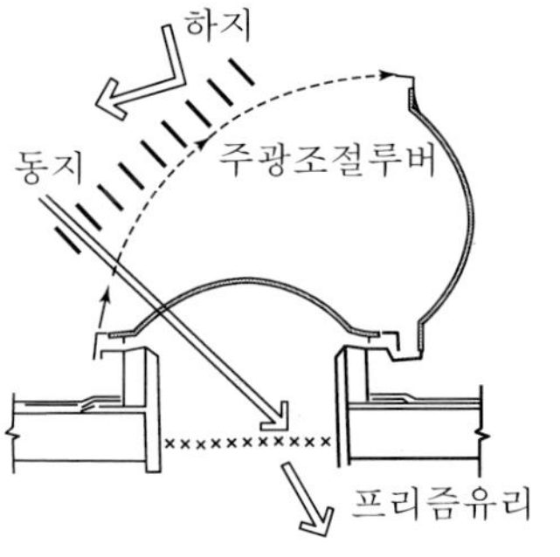

그림 6-29 천창가변 루버

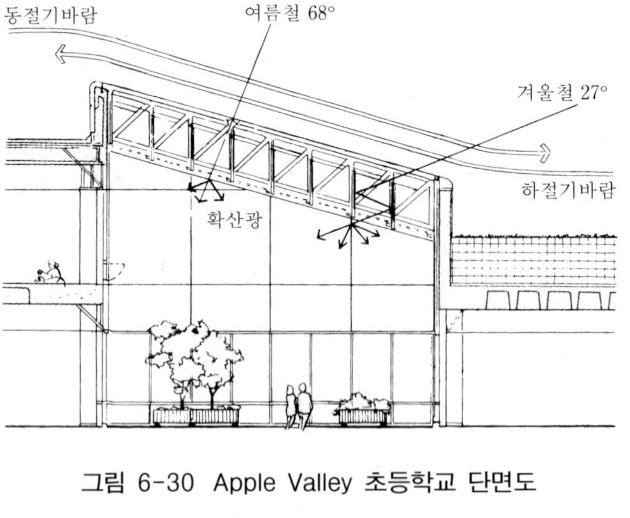

그림 6-30 Apple Valley 초등학교 단면도

또한 여름에는 빛만 입사시키고 겨울에는 빛과 열을 다 입사시킬 수 있는 천창가변 루버 등을 설치한다(그림 6-29).

그림 6-30은 천창이 경사진 것으로서 실내의 놀이장은 상부로부터 주광을 입사시키며, 더운 여름철에는 자동차폐시설로 직사광을 차단시키는 자연형 채광방식이다. 채광창은 남면을 향하여 겨울철에는 주광을 많이 이용할 수 있고, 겨울철 바람받이가 되지 않도록 계획되어 있다(Apple Valley Elementary School, Minesota).

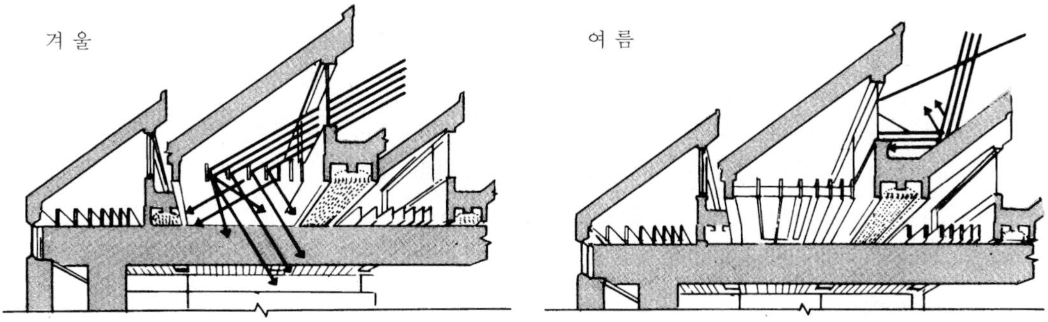

그림 6-31 겨울철, 여름철 주광사입의 예

⑥ 천창은 현휘를 감소시키도록 밝은 색이나 흰색으로 마감하고 천창 밑에는 빛을 확산시키는 장치를 한다. 보통 사무실이나 학교 강의실의 창면조도는 300 fc를 초과하지 않도록 하며, 천창의 배치는 최대간격이 $2X$를 초과하지 않도록 한다(그림 6-32).

⑦ 현휘를 방지하기 위하여 예각모서리의 개구부는 피하고 개구부 부근의 벽면을 경사지게 한다. 즉, 경사면(splayed jamb), 경사광정(sloped light well) 등을 설치하거나 멀리온, 창틀 등에 의하여 창면의 현휘를 조절한다(그림 6-33).

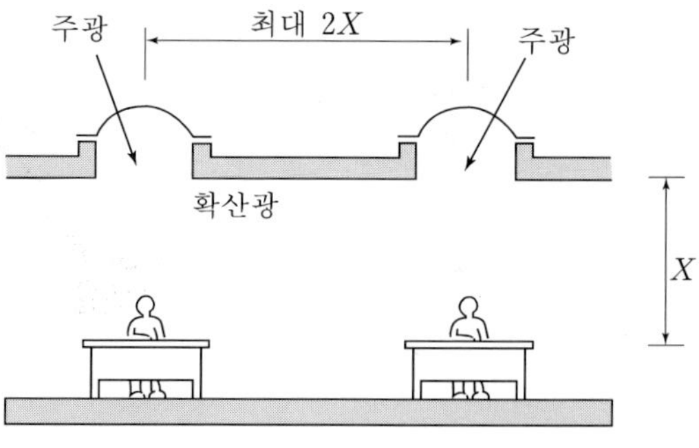

그림 6-32 천창 최대간격($\le 2X$)

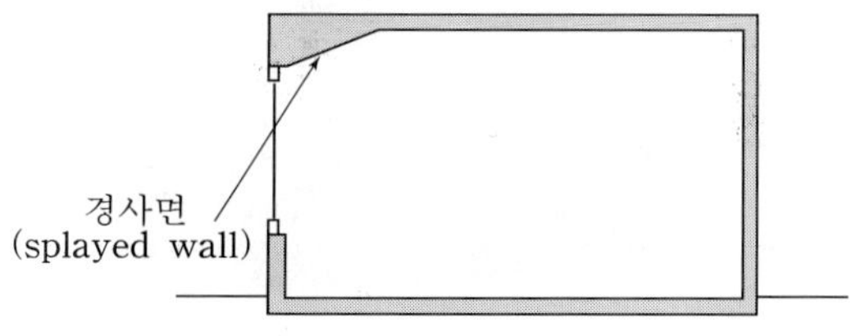

그림 6-33 경 사 면

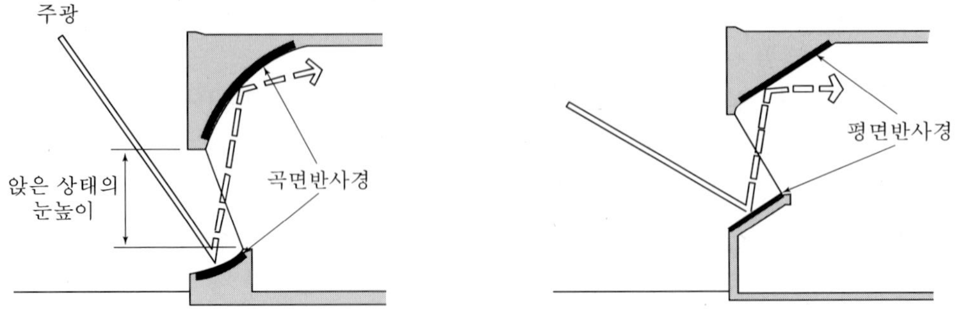

그림 6-34 곡면경 평면경을 이용한 주광사입

⑧ 주광을 실내 깊숙이 입사시키기 위하여 곡면경이나 평면경을 사용한다.

반사경은 주광을 실 깊숙이 입사시킬 뿐만 아니라 천공에 의한 현휘와 작업면에 직사광이 닿지 않도록 차단시키는 역할도 한다(그림 6-34). 반사경에는 곡면반사경을 사용한 경우와 평면반사경을 사용한 경우도 있다.

그림 6-35에서 보는 바와 같이 채광유리가 실 안쪽으로 경사되어 있으며, 유리 하부에는 빛을 반사시키는 반사판이 설치되어 있고 상부에는 하부 반사광을 재반사시켜 입사시키도록 되어 있다(IBM Regional Office, Michigan).

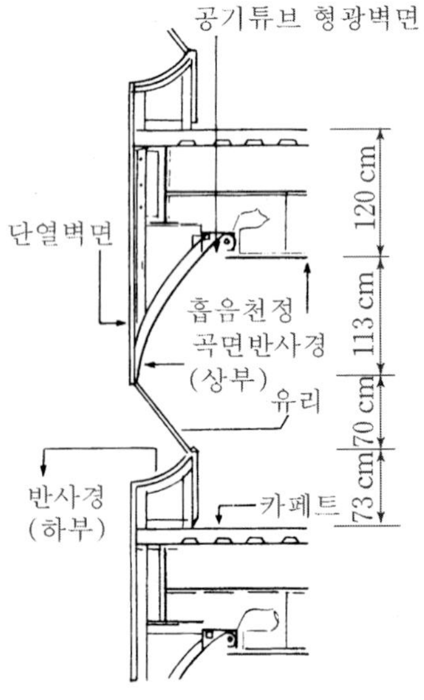

그림 6-35 IBM Regional Office, Michigan 건물의 창단면

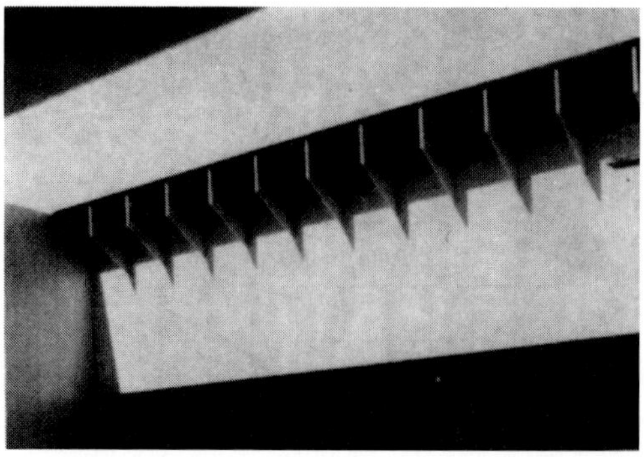

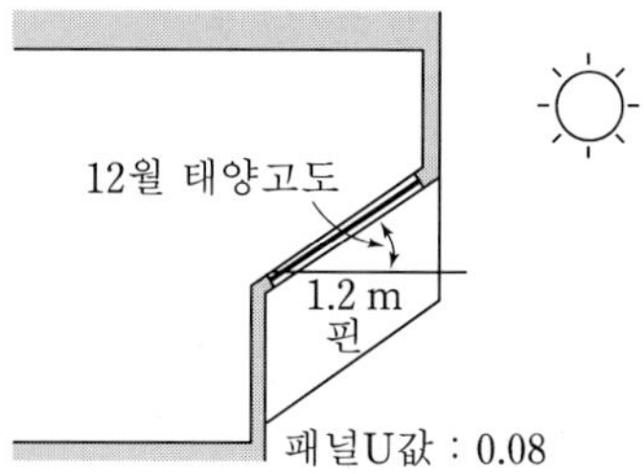

그림 6-36 APC 건물의 창단면

그림 6-36 건물의 채광창은 경사가 32°로서 이 기울기는 12월 정오 전후의 태양고도를 고려한 것이다. 핀(pin)은 남동광, 남서광을 차단시키는 역할을 하며, 채광창의 위치는 바닥에서 1.67 m에 하인방, 1.95 m에 상인방이 위치하기 때문에 실내 거주자가 앉은 상태에서 외부를 조망하도록 되어 있다(APC ; Alabama Power Company Office, Alabama).

⑨ 주광과 다른 요소들을 종합시켜 계획한다.

채광창계획에는 다른 환경요소, 즉, 조망, 자연환기, 음향, 바람의 영향 등을 종합하여 계획해야 한다.

⑩ 작업위치는 창과 평행하게 하고 가능한 창에 근접시킨다. 또한 현휘를 줄이기 위해 작업시선과 주광방향이 수직으로 교차하도록 한다(그림 6-37).

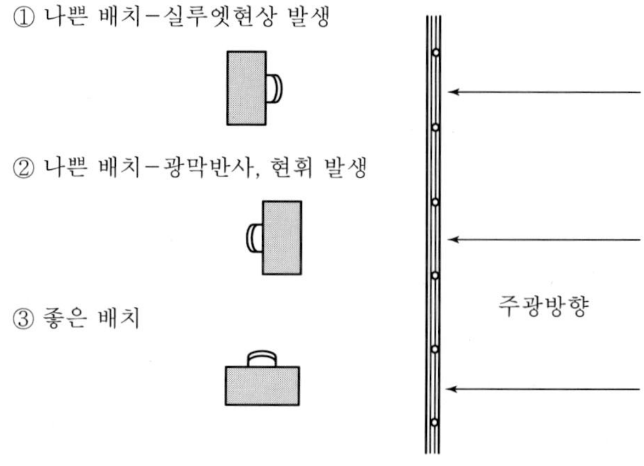

그림 6-37 작업위치

6-2 건축 실내조명

6-2-1 인공광원

【1】 백 열 등

백열등은 가장 널리 사용되는 인공광원으로서 일반 조명전구(100 V용) 외에도 각종 전압용 주광색전구, 전광(全光)전구, 고효율전구 등이 있다. 전구의 구조는 그림 6-38과 같으며, 진공의 유리구 내에 필라멘트를 봉입하여 전류를 통하면 고압방사에 의하여 빛을 발한다. 온도가 상승함에 따라 백광으로 변하며 전구의 광도는 급격히 증가한다. 텅스텐 필라멘트는 진공 중에서 고온으로 가열하면 증발하고 끊어지는데, 이것을 막기 위하여 전구 내에 소량의 질소와 아르곤을 혼합한 전구가 가스봉입전구이다. 가스봉입전구의 분광분포는 그림 6-39와 같다. 또한 가스의 전도 및 대류에 의한 필라멘트의 열손실을 막기 위하여 이중 필라멘트가 사용된다. 전구의 수명이란 필라멘트가 단선될 때까지의 점등시간을 의미하며, 점등이 되더라도 광속이 최초의 80 %로 감소할 때까지의 점등시간을 유효수명(有效壽命)이라고 한다. 현재는 유효수명만을 수명으로 규정하고 있으며, 이러한 전구의 수명은 효율에 관계되어 있다(표 6-4).

【2】 형 광 등

형광등이 인공광원으로 사용되기 시작한 이래 급속한 발전으로 다양한 종류와 용량의 것이 사용되고 있다. 형광등은 방전관 내에 수은을 넣어서 저전압으로 방전시키기 위하여 열음극을 사용한 저압수은등의 일종으로, 방전에 의하여 생긴 자외선(253.7 nm)이 관

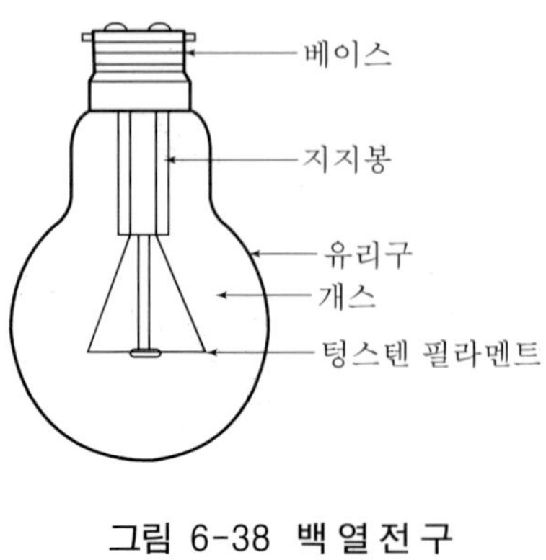

그림 6-38 백 열 전 구

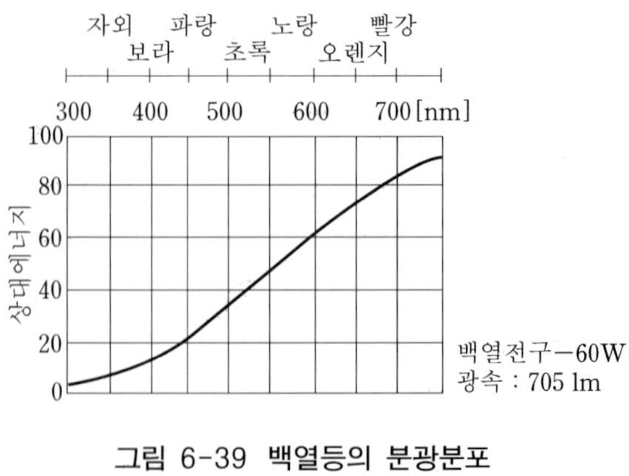

그림 6-39 백열등의 분광분포

표 6-4 백열전구의 초특성 및 수명(KS C 7501)

형식			정격전압 [V]	초특성			수명 1/2일 때 효율 [lm/W]	수 명 [h]
				소비전력 [W]	광 속 [lm]	효 율 [lm/W]		
L	100 V	10 W	100	10±1.0	76±14	7.6±0.6	6.5 이상	1200
L	100 V	20 W	100	20±2.0	175±32	8.7±0.7	7.3 이상	1200
Ld	100 V	30 W	100	30±3.0	330±59	11.0±0.9	10.1 이상	900
L	100 V	30 W	100	30±3.0	290±52	9.7±0.8	8.8 이상	900
Ld	100 V	40 W	100	40±4.0	500±90	12.5±1.0	11.3 이상	900
L	100 V	40 W	100	40±4.0	440±79	11.0±0.9	10.0 이상	900
Ld	100 V	60 W	100	60±6.0	830±149	13.9±1.1	12.7 이상	900
L	100 V	60 W	100	60±6.0	760±137	12.6±1.0	11.5 이상	900
Ld	100 V	100 W	100	100±10	1570±283	15.7±1.3	14.1 이상	900
L	100 V	100 W	100	100±10	1500±270	15.0±1.2	13.5 이상	900
L	100 V	150 W	100	150±15	2450±441	16.4±1.3	14.8 이상	900
L	100 V	200 W	100	200±20	3450±621	17.3±1.4	15.3 이상	900
L	100 V	300 W	100	300±30	5500±990	13.3±1.5	15.8 이상	800
L	100 V	500 W	100	500±50	9900±1782	19.7±1.6	16.9 이상	800
L	100 V	1000 W	100	1000±100	21000±3780	21.0±1.7	17.4 이상	800

의 안벽에 칠해진 형광도료를 자극하며 강한 형광을 발생한다. 형광등은 사용하는 형광체에 따라서 여러 가지 색을 발생할 수 있으며, 적당한 활성체를 혼입하면 더욱 세게 발생한다.

열음극의 텅스텐 필라멘트는 2중 코일로 하고, 열전자의 방출을 용이하게 하기 위하여 바륨 등의 산화피막을 사용하며, 전자의 충돌에 의한 전면부위의 손실을 막기 위해 보조전극을 설치하기도 한다. 관 내에는 10^{-2} 기압 정도의 수은과 몇 mmHg의 아르곤이 봉입되어 있으며, 실내조명용의 사용전압은 보통 100 V와 200 V이다.

점등방식에는 예열기동형, 즉시기동형, 순시기동형(슬림 라인) 등이 있으며, 즉시기동형의 것에서는 광속을 100 %에서 0 %까지 조광(調光)할 수 있는 것도 있다. 형식에 있어서도 서클라인형은 매우 다양하여 2중 또는 3중의 윤형(輪形)으로 사용되는 것도 제작되고 있으며, 기타 리플렉터(reflector)형의 형광등도 제작되고 있다. 형광등의 분광분포는 그림 6-41에서 보는 바와 같다. 형광등은 백열등보다 열출력의 비율이 낮으므로 빛에 대한 효율이 높은 광원이다.

① 백열등 : 빛 5 %, 열 95 %

② 형광등 : 빛 20 %, 열 80 %

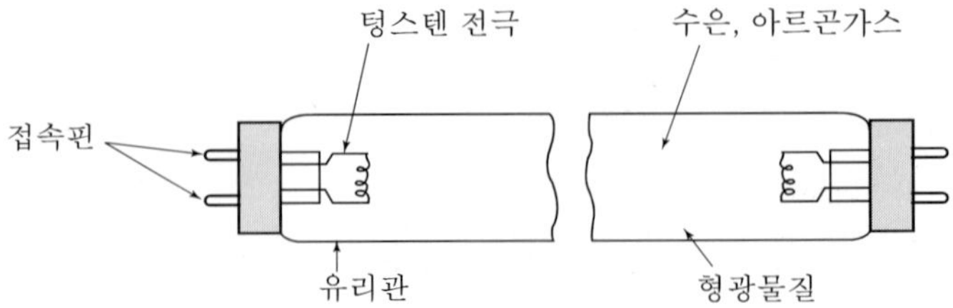

(a) 형광등 구조

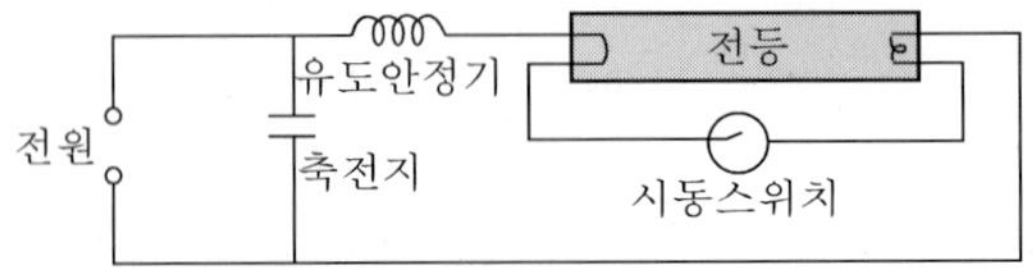

(b) 형광등 제어회로

그림 6-40 형 광 등

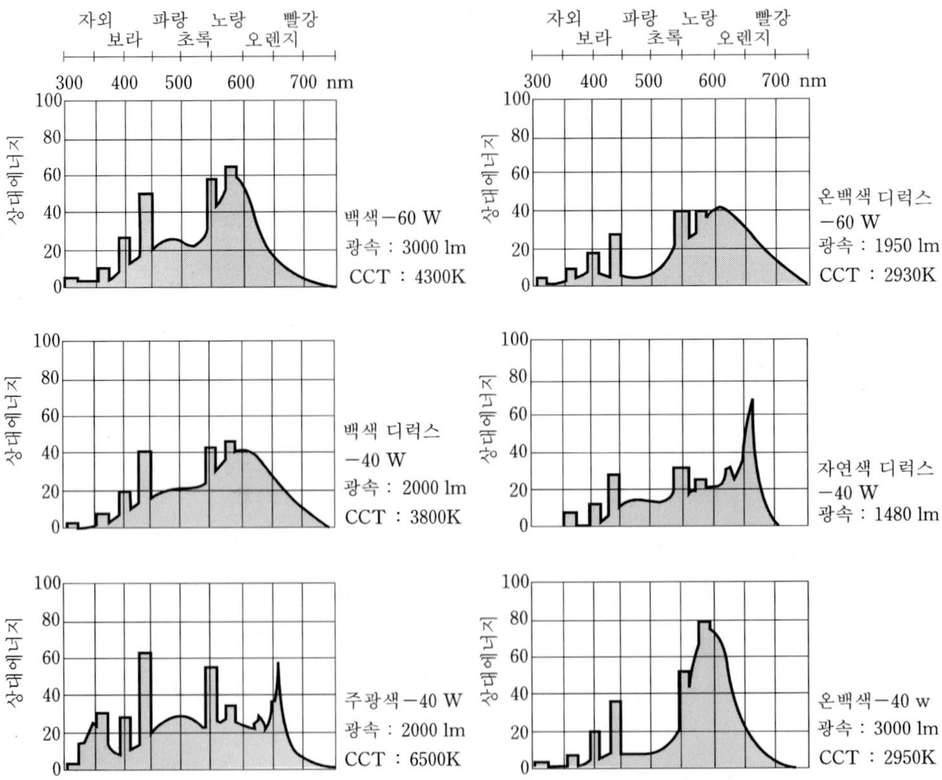

그림 6-41 형광등의 분광분포

일반적으로 형광등의 효율은 40~70 lm/W, 램프 수명은 5,000시간이다. 형광등의 특성은 표 6-5와 같다.

표 6-5 형광등의 특성(KS C 7601)

형 식	정격전압 [V]	초 특 성			동정특성 전광속 [lm]
		방전개시전압 [V]	관전류 [A]	전광속 [lm]	
FL-10D	100	94 이하	0.230±0.030	350±60	300
FL-10W	100	94 이하	0.230±0.003	390±60	340
FL-15D	100	94 이하	0.340±0.030	500±80	430
FL-15W	100	94 이하	0.340±0.030	560±90	480
FL-20D	100	94 이하	0.375±0.030	800±140	670
FL-20W	100	94 이하	0.375±0.030	900±150	750
FL-30D	100	94 이하	0.620±0.060	1200±190	1030
FL-30W	100	94 이하	0.620±0.060	1400±220	1200
FL-40D	200	180 이하	0.435±0.040	2000±300	1700
FL-40W	200	180 이하	0.435±0.040	2300±360	1950

【3】 수 은 등

수은증기는 185 nm와 254 nm에서 공명방사(共鳴放射)를 하는데, 그 파장은 스펙트럼의 자외역에 있다. 고압에서 기체 자체가 이 방사의 일부를 흡수하여 가시파장역에서 재방사한다. 대부분의 에너지는 보라-파랑-초록 및 일부 노란빛을 내는 5개의 좁은 대역에 집중되어 있다. 이 빛은 빨강이 결핍되어 있기 때문에 여러 색의 지각이 왜곡된다. 그림 6-42는 수은등 방사 스펙트럼을 보여주고 있으며, 수은등에는 다음과 같은 여러 가지 형태가 있다.

① MB 램프 : 80~1,000 W의 각종 사이즈가 있다. 유리 튜브의 내부에 형광체를 입힘으로써 스펙트럼이 연속된다. 자외선방사는 형광체 코팅에 의해 흡수되며 긴 파장에서 재방사된다.

② MBF 램프 : 50~2,000 W의 각종 사이즈가 있다.

③ 스펙트럼을 탈륨(thallium), 인듐(indium) 또는 소듐(sodium) 이온화물인 기타 금속(할로겐 화합물의 형태)을 사용하여 좀더 개선시킬 수 있다. 스펙트럼을 보다 연속적으로 만들면 방사가 촉진된다. 이러한 금속-할로겐 수은등은 400~2,000 W의 여러 가지 사이즈가 있다. 수은등에 텅스텐 필라멘트를 사용하면 스펙트럼에 결핍된 빨강 성분을 낼 수 있다. 이것을 MB 및 MBF 램프에 첨가하여 다음 두 가지 램프를 만든다.

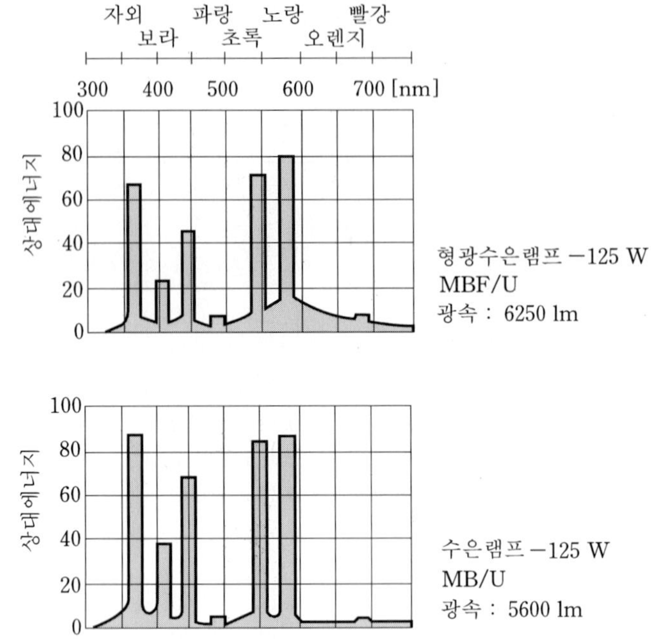

그림 6-42 수은등의 분광분포

④ MBT : 텅스텐 수은등, 100~500 W
⑤ MBFT : 텅스텐 수은형광등, 100~500 W

고압수은등은 형광등이나 백열등에 비교하면 다음과 같은 특성을 가진다.

① 휘도가 높다(1,000~10,000 cd/cm^2).
② 등 1개당 전력 및 광속이 크다.
③ 백열등에 비해 효율이 높다(40~45 lm/W).
④ 연색성(演色性)이 나쁘다.
⑤ 점등, 재점등에 시간이 걸린다. 고압수은등은 높은 천장의 공장이나 도로조명용으로 많이 사용된다.

【4】 나트륨등

이것은 보통 저압의 보조기체와 금속 나트륨이 들어 있는 U형의 튜브이다. 램프의 스위치를 켜면 적은 전류가 기체를 통과하면서 열은 빨강색을 발하면서 방전을 한다. 10~20분 안에 나트륨은 증발하고 이때 형성된 증기가 95% 이상의 방전을 하게 된다. 외측의 진공 자켓은 냉각을 방지시키는 역할을 하며, 약 230℃의 작용온도를 유지하게 한다. 방사되는 빛은 거의 단색이므로(589~589.6 nm) 색지각은 실제로 불가능하다(그림 6-43). 이런 종류의 램프는 가로등 이외에 별로 사용되지 않는다. 효율은 80~200 lm/W, 램프 수명은 4,000~5,000시간이다.

다음 세 가지 저압 나트륨등 중 SOX가 주로 사용되며 SOI와 SLI는 SOX 대신 사용한다.

① SOX : 고효율, 일체구조, 35~180 W(꼭지쇠 BC)

② SOI : 진공, 일체 자켓(꼭지쇠 BC), 45~140 W

③ SLI : 양단에 꼭지쇠를 갖는 튜브모양, 60~200 W

고압 나트륨등은 방사가 약간 우수하다. 기체분자는 완전히 자유롭지 못하기 때문에 상호작용하며 공명주파수(resonant frequency)는 지배적이 못하고, 방사는 매우 넓은 스펙트럼을 보인다. 고압 램프는 용량규모(220~1,000 W)가 크고 효율은 약 90 lm/W이며, 램프 수명은 6,000시간이다.

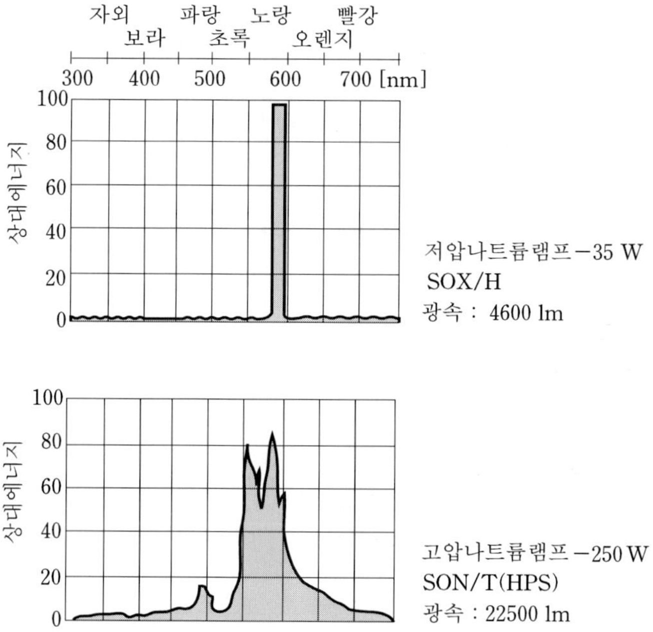

그림 6-43 나트륨등의 분광분포

표 6-6 각종 전등의 특성비교

	백열등	형광등	수은등	나트륨등
용 량	2~1,000 W	6~110 W	40~1,000 W	20~400 W
효 율	7~22 lm/W	48~80 lm/W	30~35 lm/W	80~150 lm/W
수 명	1,000~1,500 h	7,500 h	10,000 h	6,000 h
점등부속장치	불필요	안정기 등 부속장치가 필요	안정기가 필요	안정기 등 부속장치가 필요
광질 및 특색	일반적으로 휘도가 높고 열방사가 많다. 광색에는 적색 부분이 많고, 배광 제어가 용이하며, 점등시간이 짧다.	저휘도이고, 광색 조절이 비교적 용이하다. 열방사가 적으며, 점등까지 시간이 걸린다(래피트 스타트식 제외).	고휘도이고, 배광제어가 용이하다. 광색은 청백색의 특징이 있으나, 형광수은등, 전구병용 등으로 해결이 가능하다. 완전점등까지 약 10분이 소요된다.	저압은 전광속의 60 % 이상이 589~589.6 mm인 D선으로 등황색의 단일광선이며 고압은 2200 °K의 황백색이다. 수평점등이 원칙이며, 일반 실내조명은 연색성 불량으로 부적합하다.
용 도	비교적 좁은 장소의 전반조명, 엑센트 조명, 분위기 조명시 효과가 크다. 대형은 높은 천장, 각종 투광조명에 적합하다.	옥내외의 전반조명, 국부조명에 적합하다. 명시를 주로 한 양질조명을 경제적으로 얻을 수 있다. 간접조명으로 분위기 조명에도 효과적이다.	한 등당 큰 광속을 얻을 수 있고, 수명이 기므로 높은 천장, 투광조명, 도로조명에 적합하다.	광질의 특성 때문에 도로조명, 터널 조명에 적합하다.

6-2-2 조명계산의 기초이론

조명계산방법은 일반적으로 축점법(逐點法 ; point by point method), 광속법(lumen method), 휘도설계법(luminance design method), 약산 와트법(watt method)을 기초로 하며, 그 특징들은 다음과 같다.

【1】 축 점 법

(a) 직접조도의 계산

① 수조면이 점광원과 연직상에 있을 때 : 광원 바로 아래에 있는 점 P에 대한 조도

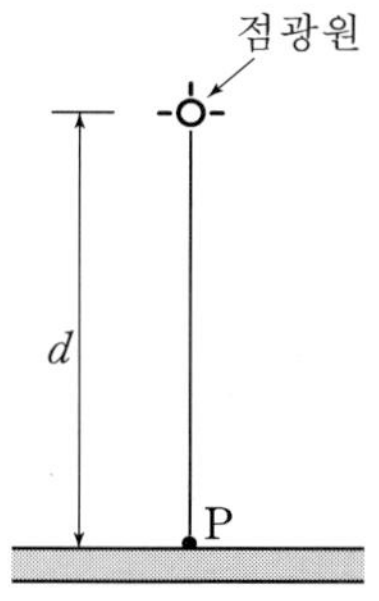

그림 6-44 수조면과 점광원이 연직상에 있을 때

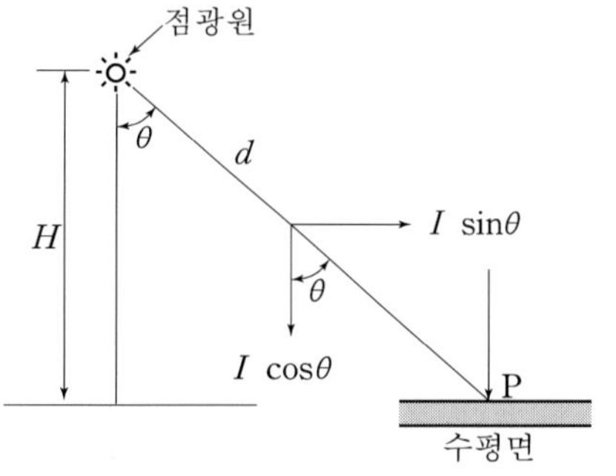

그림 6-45 수조면과 점광원이 경사를 이룰 때

는 거리의 역제곱법칙에 따라 다음과 같이 계산한다(그림 6-44).

$$E = \frac{I}{d^2} \tag{6.5}$$

여기서, E : 점 P의 수조면조도

I : 점광원의 광도

d : 점광원과 수조면과의 거리

② 수조면이 광원과 경사각 θ를 이룰 때(그림 6-45)

$$E = \frac{I}{d^2} \cdot \cos\theta \tag{6.6}$$

여기서, θ : 수조면과 광원이 이루는 각도

【예제 6-1】 어떤 광원에서 25,133 lm의 광속이 점 A의 수직방향으로 3 m 위치에 있고, 점 A에서 수평거리 4 m의 위치에 점 B가 있을 때, 각 점에 대한 조도를 계산하라(그림 6-46).

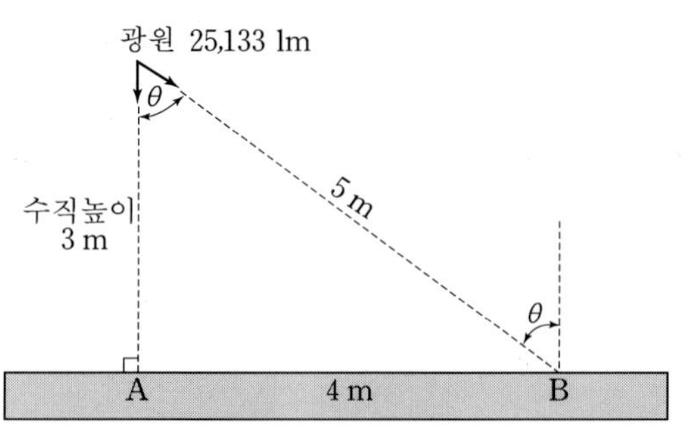

그림 6-46 예제 6-1

풀이 광속[lm]을 먼저 광도[cd] 단위로 고치면 다음과 같으므로

$$광도 = \frac{총\ 광속}{3\pi} = \frac{25,133}{4\pi} = 2,000\ \mathrm{cd}$$

점 A의 조도 $E = \frac{I}{d^2} = \frac{2,000}{3^2} = 222.22\ \mathrm{lx}$

점 B의 조도 $E = \frac{I}{d^2} \cdot \cos\theta = \frac{2,000}{5^2} \cdot \frac{3}{5} = 48\ \mathrm{lx}$

이 밖에 상황이 다를 경우에는 다음과 같이 계산한다(그림 6-47).

$$E_a = I \cdot \left(\frac{\cos^2\theta}{H^2}\right) \tag{6.7}$$

$$E_b = I \cdot \left(\frac{\cos^2\theta}{H^2}\right) \cdot \cos\beta \tag{6.8}$$

$$E_c = I \cdot \left(\frac{\cos^2\theta \cdot \sin\theta}{H^2}\right) \tag{6.9}$$

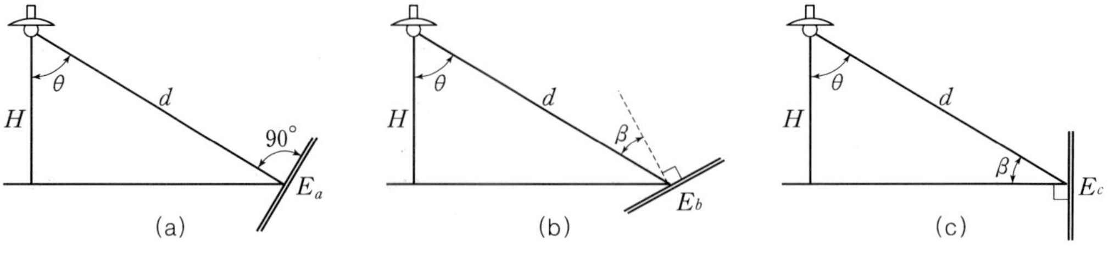

그림 6-47 각종 평면조도

그러나 배광곡선을 사용할 경우는 다음과 같이 계산한다.

$$E_i = \frac{CP_o \times \cos\theta}{d^2} \tag{6.10}$$

여기서, E_i : 측정점의 조도[lx]

CP_o : 측정점과 광원에 의한 배광곡선상의 광도[cd]

$\cos\theta$: 입사각(측정점과 광원이 이루는 각도)

d : 광원과 측정점과의 거리

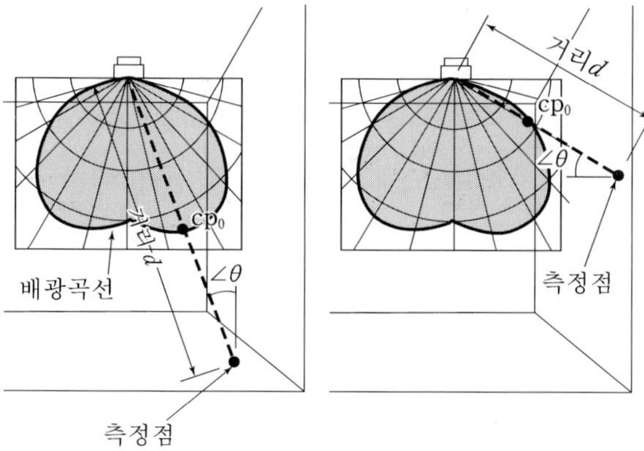

그림 6-48 배광곡선을 이용한 측점법

표 6-7 코사인 값

입사각	코사인값	입사각	코사인값
0°	1.000	50°	0.643
5°	0.996	55°	0.574
10°	0.985	60°	0.500
15°	0.966	65°	0.423
20°	0.940	70°	0.342
25°	0.906	75°	0.259
30°	0.866	80°	0.174
35°	0.819	85°	0.087
40°	0.766	90°	0.000
45°	0.707		

이때 휘도 $B_i = E_i \times R_o$ (6.11)

여기서, B_i : 휘도 [fL]

R_o : 측정점의 반사율 [%]

③ 선광원(線光源 ; line lighting source)일 때 : 형광등과 같은 선광원의 경우 조도는 다음과 같다.

$$E \propto \frac{I}{d}$$

즉, 조도는 거리의 제곱이 아닌 거리에만 반비례한다.

간단한 선광원에 의한 국부조명 계산방법에서 선형광속(扇形光束) J는 다음과 같이 표시된다.

$$J = K\frac{I}{d} \tag{6.12}$$

여기서, K : 조명기구의 형태계수(形態係數 ; configuration factor)

완전 확산기구 1.6, 보통 확산기구 1.5

루버 있는 기구 1.3, 깊은 루버 기구 1.1,

따라서, $E = \dfrac{J}{d}\cos\theta$ (6.13)

(b) 간접조도의 계산

실내표면(천장, 벽, 바닥)의 반사율이 0이 아닌 실에서 작업면조도는 역제곱법칙과 코사인 법칙을 사용하여 계산한 값보다 더 크다. 이것은 작업표면이 실표면의 상호확산반사에 의해 빛을 받아 조도값을 높이기 때문이다. 간접조도에 의한 수평작업면 위의 평균조도(E_{ind})는 다음 식으로 구한다.

$$E_{\text{ind}} = \frac{\Phi_u \rho_u + \Phi_d \rho_d}{A_R(1-\rho)} \tag{6.14}$$

여기서, Φ_u : 조명기구의 상향광속, Φ_d : 조명기구의 하향광속

ρ_u : 조명기구 상부의 실표면 평균반사율

ρ_d : 조명기구 하부의 실표면 평균반사율

ρ : 전체 실표면의 평균반사율, A_R : 전체 실표면의 총 면적

【2】 광 속 법

광속법(lumen method)은 작업면의 평균조도를 계산할 경우, 직접 및 간접조도를 함께 고려하는 방법으로 조명기구를 일렬배치한 정사각형 실이나 직사각형 실에서 적용할 수 있다. 조명기구를 일렬배치할 때, 조명기구 사이의 간격은 조명기구와 벽 사이 거리의 2배로 유지되어야 한다(그림 6-49, 6-50).

광속법은 주로 작업공간의 작업면이 평균설계조도를 유지하도록 광속을 계산하는 데 이용되며 구하는 방법은 다음과 같다.

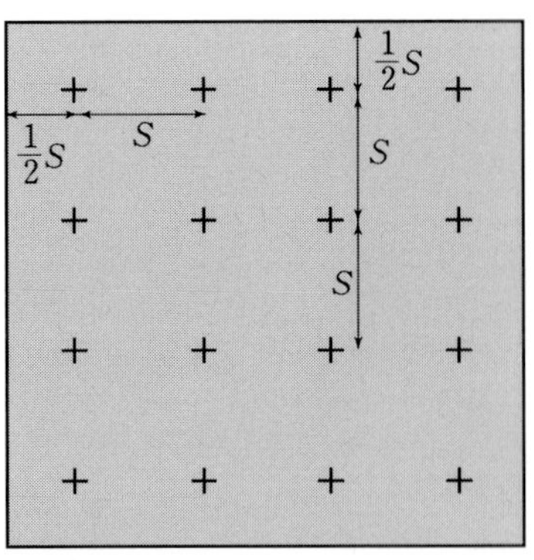

그림 6-49 정사각형 배치시 광원의 거리간격

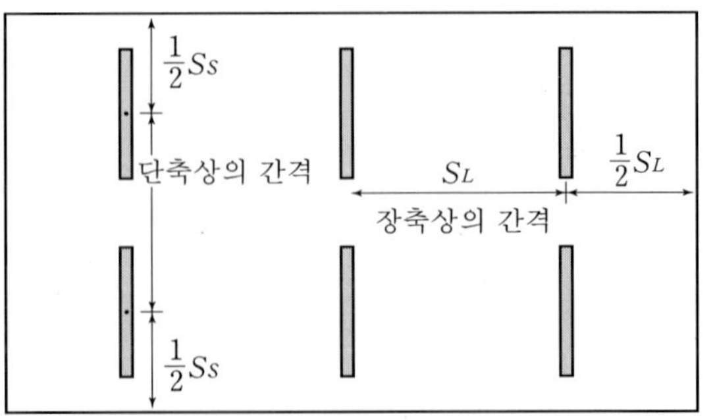

그림 6-50 직사각형 배치시 광원의 거리간격

$$E = \frac{N \times \Phi \times \mathrm{UF} \times \mathrm{MF}}{A_R} \tag{6.15}$$

여기서, E : 작업면의 소요조도 [lx], N : 램프(등) 수, Φ : 광원의 광속 [lm]

UF : 조명률, MF : 유지율

A_R : 작업면적(실면적) [m^2].

(a) 소요조도

소요조도(E)는 실의 용도에 적합하게 주로 시작업의 유형에 따라 결정된다(표 6-8). 또한 실의 반사율, 대비효과, 설계착오, 작업의 지속성, 창문의 유무 등과 같은 세부적인 요인에 의해 단계적으로 조정된다. CIBS/IES code는 최종적인 소요조도 설계값을 얻기 위해 소요권장조도를 수정하는 흐름표를 제시하고 있다(그림 6-51).

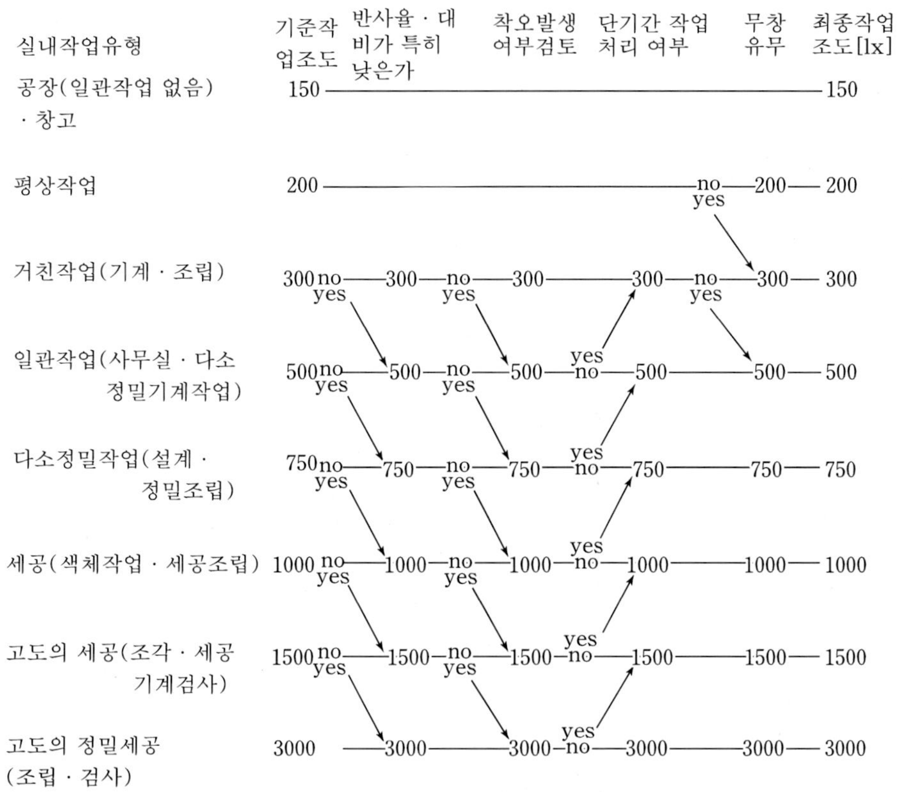

그림 6-51 최종작업조도를 결정하기 위한 순서도

표 6-8 권장조도와 현휘지수의 한계치(영국)

시 작 업	조도 [lx]	현휘지수의 한계치
보통 장소	100	
· 크로크룸, 라커, 화장실, 욕실, 관객석, 포이에(foyer)		없음
· 보일러실, 난방기계실, 창고		28
· 복도, 에스컬레이터, 계단		22
· 병실		13
· 미술 전시실(전반조명)		10
거친 작업, 큰 시대상	200	–
· 상점, 작업장		25
· 엘리베이터, 부엌, 식당		22
· 약국, 도서실, 즉흥적 독서		19
· 강의실, 진료실, 전화교환		16
보통 작업, 중간 시대상	400	–
· 접객장소, 식료품점		22
· 일반 사무실, 타이프실, 제어반(control panels)		19
· 제도실, 의무실, 연구실, 독서		16
다소 신중한 작업, 작은 시대상	600	–
· 기계작업소, 세밀한 목공, 페인팅, 검사		22
· 컴퓨터실, 양재		19
· 바느질, 미술실		16
매우 신중한 작업, 작은 시대상	900	–
· 수퍼마켓의 진열		25
· 라디오, 정밀기계의 조립		22
· 계기공장, 세화(細畵), 색채검사		19
· 보석 및 시계 공장, 교정(矯正)		16
아주 신중한 작업, 대단히 작은 시대상	2,000	–
· (가죽 및 옷감의) 등급 분류, 손바느질로 양복재단, 조각		19
· 정밀기계의 조립(예 : 라디오 밸브)		16
· 보석의 커팅, 아주 작은 부분의 측정		10
예외적인 작업, 미세한 시대상	3,000	–
· 광학적 방법에 의한 정밀계기작업		10

(b) 출력광속

설치된 광원(램프)으로부터 나오는 광속을 의미하는 것으로서 램프의 종류별 출력광속 (Φ)은 표 6-9와 같다.

표 6-9 램프 자료

램프의 종류		와트 수[W]		출력광속[lm]
백열등	배(pear)형(240 V)	25	–	200
		40	–	325
		60	–	575
		100	–	1,160
		150	–	1,960
		200	–	1,720
	버섯(mushroom)형	40	–	380
		60	–	640
		100		1,220
나트륨등[1)]	SOX	35	20	4,200
	HPS	250	30	19,500
수은등[1)]	MB	80	15	2,700
	MBI	400	50	28,000
	MBF	50	15	1,750
	MBF	100	–	1,250
	MBT			
형광등[2)]	0.6 m	20	5	1,050
	0.6 m	40	8	1,550
	1.2 m	40	10	2,650
	1.5 m	50	20	3,100
	1.5 m	65	15	4,400
	1.5 m	80	15	4,850

1) 각 타입 중 가장 작은 램프로, 상한은 2,000 W, 200,000 lm이다.

2) 형광등의 출력광속에 대한 보정 :

온백색(溫白色)	1.00		
주광색	0.95		
자연색	0.75		
웜톤(warmtone)	0.70		
온색백 디럭스 컬러(color) 32 또는 34 컬러 매칭 Kolor“–”rite	0.65	자연색 디럭스 소프트톤(softtone) 27 트루컬러(trucolor) 37	0.55
		인공주광색	0.40

(c) 조 명 률

조명률(UF ; utilization factor)의 값은 역제곱법칙에 의해 조도가 거리에 반비례하며, 전체 광원의 조도가 상호확산반사에 의해 증가하므로 1보다 작은 값이 된다. 조명률을 구하는 식은 다음과 같다(부록 Ⅱ-3).

$$\text{조명률} = \frac{\text{작업면에 도달하는 총 광속}}{\text{광원의 총 광속}} \tag{6.16}$$

이러한 조명률에 영향을 주는 요인은 다음과 같다.

① 광원의 출력비
② 광원의 광속분포
③ 실의 비례
④ 실의 반사율
⑤ 천장과 광원 사이의 거리
⑥ 전등의 좌우거리와 높이의 비

(d) 조명률을 구하는 방법

① IES Technical Report

조명률은 다음 식과 같다.

$$\text{조명률} = \text{하향출력비} \times \text{하향광속률} + \text{상향출력비} \times \text{상향광속률} \tag{6.17}$$

여기서, 하향출력률(LFU ; lower flux utilance)이란 조명기구로부터 출력되어 작업면에 도달하는 비율(직접작업면에 도달하거나 반사에 의해 도달함)을 말하며, 상향광속률(UFU ; upper flux utilance)이란 조명기구에서 상부로 도달하는 비율을 말한다.

최소조도(E_{min}) / 평균조도(E_{av})를 균제도(均齊度 ; uniformity ratio)라 하는데 광속법에서는 균제도값을 보통 사용하지만, 작업유형에 따라 그 값이 달라진다. 균제도의 표준값은 0.7이지만 BZ[2] 분포상태와 특정 실지수에서 균제도는 광원 사이의 거리와 작업면과 광원 사이의 거리에 따라 달라진다. 광원과 작업면 사이의 거리가 일정할 때 광원 사이의 거리가 줄어들면 이에 비례하여 균제도는 증가하며, 광원간의 거리가 일정할 때 작업면과 광원 사이의 거리가 증가하여도 균제도는 증가한다(그림 6-52). 최소균제도(minimum uniformity ratio) 기준을 설정하는 데 있어서 광원간의 거리(S) / 광원과 작업면 사이의 거리(H_m)비에 대한 제한치가 있다. BZ 분류에 의해 광원에 대한 그 제한치는 다음과 같다(최대 S/H_m 제한치).

2) BZ : British Zone

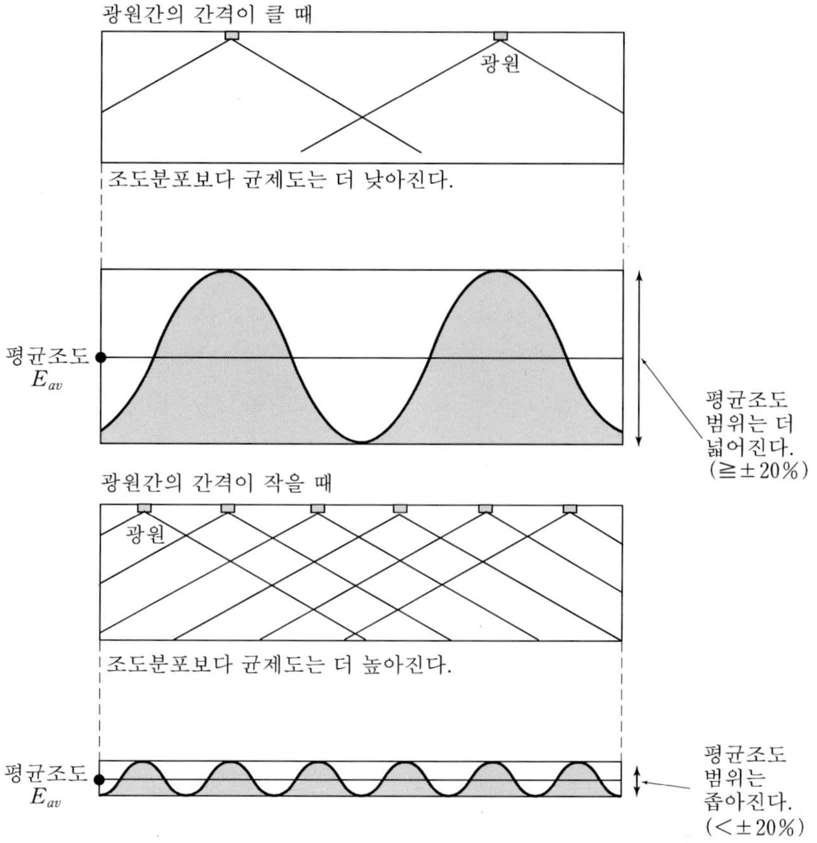

그림 6-52 광원의 설치간격에 따른 작업면 균제도의 변화

BZ 1~3	1 : 1
BZ 4	1.25 : 1
BZ 5~10	1.5 : 1

다음 식은 광원의 배치에 따른 S/H_m의 값을 검토하는 데 사용된다.

$$S/H_m = \frac{1}{H_m}\sqrt{\frac{A_t}{N}} \tag{6.18}$$

여기서, A_t : 작업면적, N : 광원수

H_m : 광원의 중심과 작업면 사이의 거리

그림 6-53에서 음영면적과 광원간격을 구하는 식은 다음과 같다.

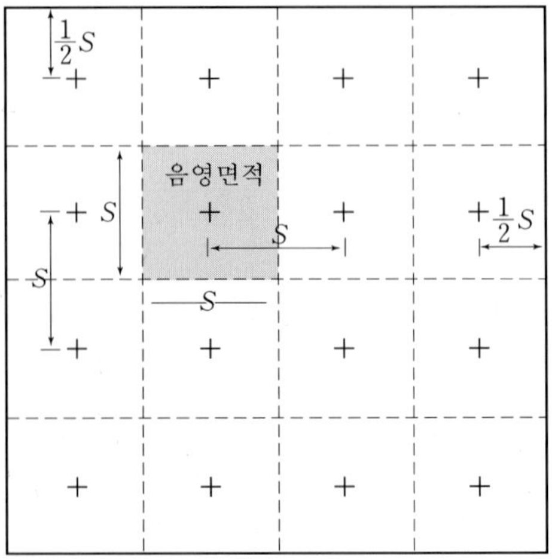

그림 6-53 광원의 위치 및 간격 (+ : 광원위치)

$$\text{음영면적} : \frac{A_R}{N} = \frac{\text{실면적}}{\text{광원수}} \tag{6.19}$$

$$\text{광원간격} : S = \frac{A_R}{\sqrt{N}} \tag{6.20}$$

작업면이 정사각형이나 직사각형이 아닌 부정형인 경우와 일례배치된 경우에는 S/H_m에 대한 주의가 필요하다. 실의 비례는 실지수(RI)로 나타내는데, 이것은 광원과 작업대

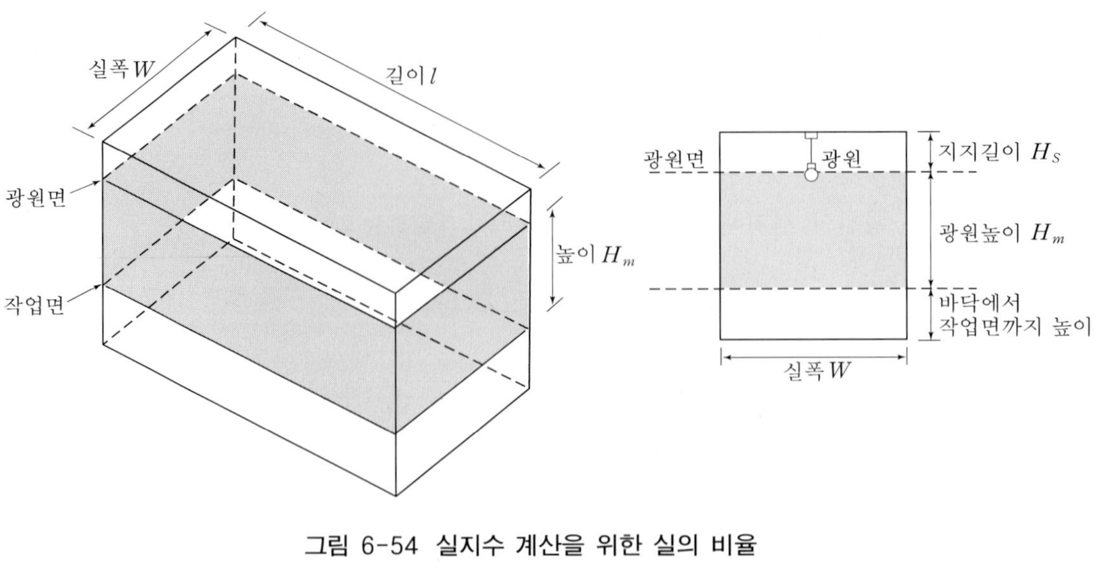

그림 6-54 실지수 계산을 위한 실의 비율

의 수평면이 자르는 면적의 합에 대한 광원과 작업면 사이의 면적합의 비율이다. 그림 6-54에서 광원과 작업대의 수평면이 자르는 면적의 합은 $2\times l\times w$이며, 수직벽면적은 $H_m\times 2(l+w)$이다. 여기서, l은 방의 길이, w은 방의 폭, H_m은 작업대 위에서 광원의 중심까지의 거리이다.

② IES code 1977

이 code는 광속이동률(光束移動率 ; flux transfer factor)에 의하여 조명률을 구하는 방법을 제시하고 있다. 이 방법은 IES Technical Report No. 2보다 앞선 방법으로 CIBS Technical Memorandum vol. 5의 '조명률의 계산과 그 이용' 편에 설명되어 있다.

③ 제조회사의 카탈로그 이용

실의 반사율, H_s/H_m 비, 실지수 등은 조명기구 제조회사의 카탈로그를 자료로 이용할 수 있다. 그리고 쾌적한 조명환경을 위하여 실의 조도비(illuminance ratio : 작업조도에 대한 각 면조도의 상대비율)와 반사율은 다음과 같은 조건을 적용하도록 한다. 즉, 권장 반사율과 조도비의 범위는 다음과 같다.

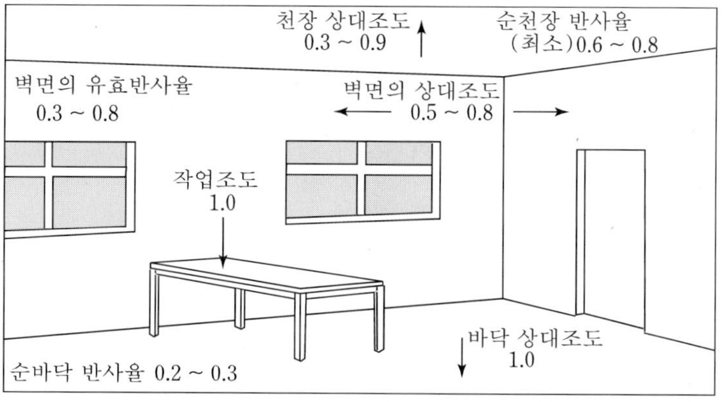

그림 6-55 실내표면의 권장반사율과 상대조도

① 조도비

천장 / 작업면	0.3~0.9	0.3 이하에서는 천장의 반사율이 높더라도 어둡게 보인다.
벽 / 작업면	0.5~0.8	벽체의 조도는 750 lx 이하로 한다.

② 반사율

구　분	반사율
순천장(ceiling cavity)	0.6~0.8
벽면의 유효반사율	0.8
순바닥(floor cavity)	0.2~0.3

(e) 유 지 율

광원의 초기출력은 전등 내부상태가 양호하고 반사갓의 반사율이 높아서 그 값이 비교적 크지만 사용시간이 경과함에 따라 수명시간이 단축되고 광원이 주위환경에 의해 오염되므로 인해 조명출력이 감소된다. 이런 경우에는 주위환경 및 광원의 청소와 교체계획 등에 의해 광원의 출력을 증가시켜 실내조명환경의 질을 향상시킬 수 있다. 비교적 청결한 실이나 공기조화가 이루어지는 실의 광원은 그 유지비율을 70~80 %, 이보다 좀 불리한 경우는 60~70 %를 적용시키는 데, 이 값을 유지율(MF ; maintenance factor) 또는 보수율이라 한다. 이것을 고려한 조명 시스템의 조명출력(E_m)은 다음과 같다.

$$E_m = E_i \times \mathrm{MF} \tag{6.21}$$

여기서, E_i : 초기조도 레벨, MF : 유지율

(f) 램프의 수

$N \times \Phi$는 조명기구에서 발하는 총 광속을 의미한다. 이 값은 작업면에 도달하는 조도를 구하기 위해 곱해지는 조명률(UF)과 유지율(MF)에 의해 감소되며, 이 값을 작업면적으로 나누면 조도(E)를 구할 수 있다. 이와 반대로 실에 필요한 조도를 알 경우 램프의 수(N)는 다음 식으로 구한다.

$$N = \frac{E \times A_R}{\Phi \times \mathrm{UF} \times \mathrm{MF}} \tag{6.22}$$

(g) 실 지 수

작업대에 빛이 직접 도달하는 양과 특정 BZ 수의 광원에 대해서 얼마만큼의 빛이 벽으로부터 반사되어 도달하는가 하는 양은 실지수(RI ; room index)에 따라 달라진다. 여기서, 직접비(direct ratio)는 주어진 BZ 분류에서 방의 비율에 따라 변화한다. 2개의 방 모두 동일 BZ 분류에 의한 광원을 설치하였다(그림 6-57).

$$\text{직접비} = \frac{\text{작업면 위에 직접 도달하는 광속}}{\text{총 하향광속}} \tag{6.23}$$

또한 실지수는 다음과 같이 표시한다.

$$\mathrm{RI} = \frac{2 \times l \times w}{H_m \times 2(l + w)} = \frac{l \times w}{H_m \times (l + w)} \tag{6.24}$$

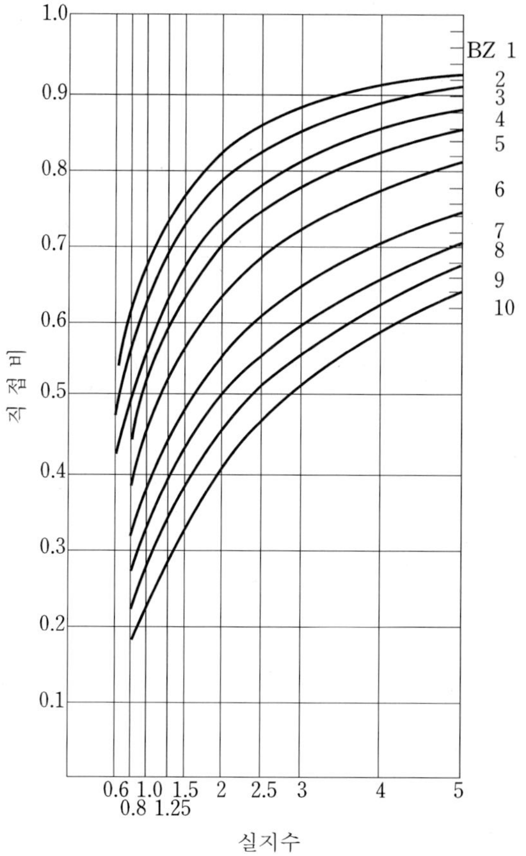

그림 6-56 직접비의 그래프(BZ 분류곡선)

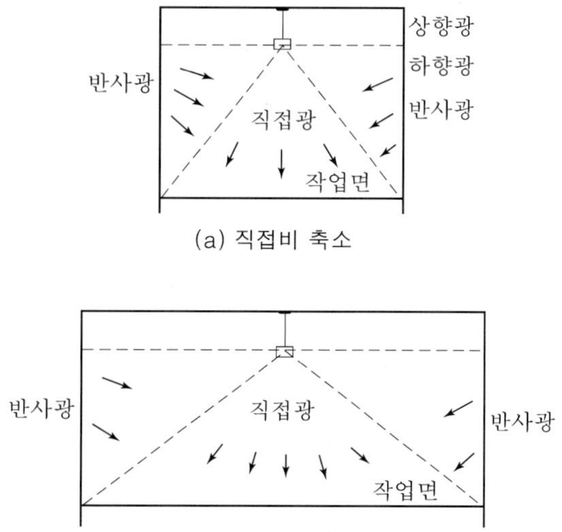

(a) 직접비 축소

(b) 직접비 확대

그림 6-57 직접비의 변화

실지수와 직접비의 상호관계는 그림 6-56과 같다. 실지수의 실용적인 값은 대략 0.6~5.0이다.

【예제 6-2】 실의 길이(l) 9 m, 폭(w) 7 m, 작업면과 광원까지의 거리 2 m인 방에서의 실지수를 구하라.

풀이 실지수 $= \dfrac{l \times w}{H_m(l+w)} = \dfrac{9\times7}{2\times(9\times7)} = \dfrac{63}{32} \fallingdotseq 2$

(h) 천장과 광원간의 거리

전등기구가 천장에 붙어 설치되거나 천장 내부에 설치될 경우 대부분의 빛의 발산은 아래쪽으로 향한다. 전등기구가 천장에 매달려 설치될 경우는 상향광이 천장과 광원 사이의 실표면(천장과 벽체)의 반사율에 따라 달라진다. 즉, 상부벽과 천장의 반사율은 면적배분에 의해 결정되며, 천장과 광원 사이의 거리(suspension ; H_s)와 광원과 작업면 사이의 거리(H_m)비에 따라 광원이 천장에 매달린 정도를 설명할 수 있다.

① 전등기구가 천장에 붙어 설치된 경우 ($H_s=0$) : $H_s/H_m=0$

② 전등기구가 천장과 작업면 사이의 $3/4H_m$에 설치된 경우 ($H_s=x$, $H_m=x$) : $H_s/H_m=0.3$

③ 전등기구가 천장과 작업면 중간에 설치된 경우 ($H_s=x$, $H_m=x$) : $H_s/H_m=1.0$

(i) 광원간의 간격(S) / 광원과 작업면적(H_m)

광원과 배치할 경우 작업면조도는 작업면의 설치위치에 따라 달라진다. 광원 아랫부분은 고조도가 생기며, 광원 사이에서는 저조도가 생긴다.

(j) 조명기구의 배치

조명기구의 배치는 광속법 계산에서 중요한 부분의 하나이다. 여기서, 광원간격(S)이란 조명기구 사이의 중심거리를 의미하며 벽과 조명기구의 중심거리는 $S/2$로 한다.

대칭배치에 있어서 간격 S는 실의 양축(장축, 단축)에 대해 일정하여 정사각형실에서는 장·단변으로 같은 수의 전등이 배치되지만 직사각형실에서는 수가 달라지게 된다. 예를 들어, 그림 6-58에서 12개의 조명기구가 필요하다고 할 때 정사각형실에서는 4×3 배치가 적당하며 직사각형실에서는 6×2배치가 적당하다.

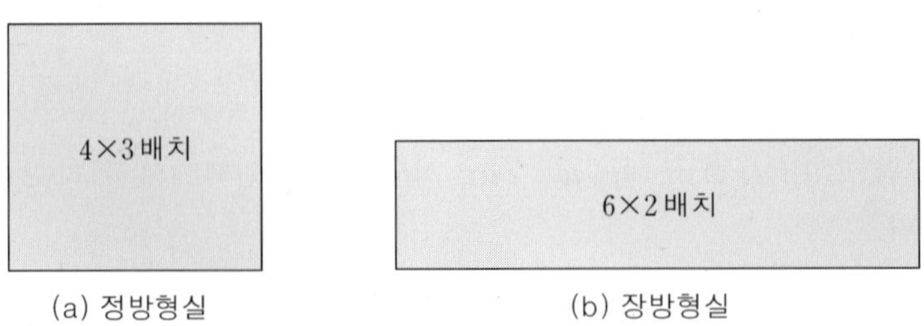

(a) 정방형실 (b) 장방형실

그림 6-58 12개의 조명기구 배치 예(실형태에 따른 영향)

【예제 6-3】 대학교 세미나실의 책상면 소요조도를 500 lx라 할 때 다음 조건에 알맞는 조명설계를 하라. 또한 조명기구를 배치하고, 조명기구가 방의 장축을 따라 배치되었을 때

S/H_m 비도 검토하라.

단, 방크기(A_R) : 12 m×8 m×3.2 m(단, 작업면은 바닥으로부터 0.85 m에 위치하는 것으로 한다)

반사율(ρ) : 천장 70 %, 벽 50 %, 작업면 20 %

유지율(MF) : 0.74

조명률(UF) : 0.59

조명기구 : 우유빛 유리 1,800 mm 2개

천장에 직접배치($H_s = 0$), 최대 S/H_m 비 : 1.73 : 1

하향출력비(DLOR) : 44 %, 치수 : 1,812 mm×200 mm

전등 : 1,800 lm, 75 W(단위램프당 출력광속 5,500 lm)

조명기구당 전등 2개

풀이 (a) 실지수 $RI = \dfrac{l \times w}{H_m(l+w)} = \dfrac{12 \times 8}{2.35 \times (12+8)} = 2.04$

(b) $H_s/H_m = 0/2.35 = 0$

(c) 광속법 공식에서

$$N = \frac{E \times A_R}{\Phi \times UF \times MF} = \frac{500 \times 12 \times 8}{5,500 \times 0.59 \times 0.74} = 19.989 \fallingdotseq 20\text{개}$$

즉 조명기구당 2개의 램프이므로 10개의 조명기구가 된다.

(d) S/H_m 비에 대한 검토(표 6-10)

$$S/H_m = \frac{1}{H_m}\sqrt{\frac{A_R}{N}} = \frac{1}{2.35}\sqrt{\frac{12 \times 8}{10}} = 1.32 : 1 < 1.73 : 1 \ \text{(OK)}$$

∴ 10개의 조명기구 사용가능

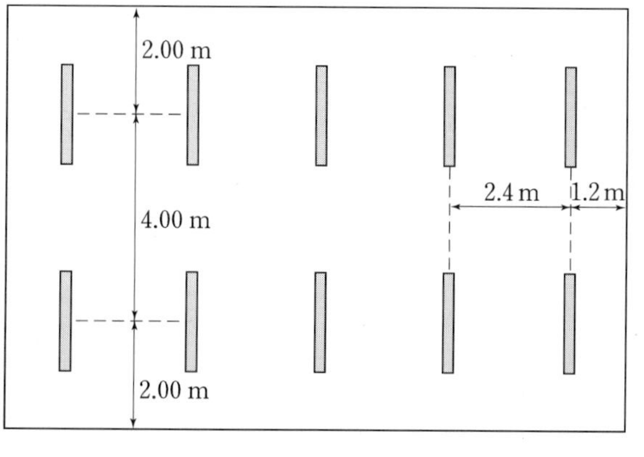

그림 6-59 전등배치(예제 6-3)

표 6-10 우유빛 확산유리의 형광등(1,800 mm 2개)

반 사 율			실 지 수 (RI)										
작업면	천장	벽	H_s/H_m	0.6	0.8	1.0	1.25	1.5	2.0	2.5	3.0	4.0	4.0
20 %	70 %	50 %	0	0.31	0.39	0.44	0.50	0.54	0.59	0.63	0.66	0.70	0.72
			0.3	0.25	0.33	0.39	0.44	0.48	0.54	0.59	0.62	0.67	0.70
			1.0	0.21	0.28	0.33	0.37	0.41	0.48	0.52	0.56	0.61	0.65
		30 %	0	0.25	0.33	0.38	0.44	0.48	0.54	0.58	0.62	0.66	0.69
			0.3	0.19	0.27	0.32	0.37	0.41	0.48	0.53	0.57	0.62	0.65
			1.0	0.16	0.22	0.27	0.31	0.35	0.41	0.45	0.49	0.55	0.59
		10 %	0	0.20	0.28	0.34	0.39	0.43	0.50	0.54	0.58	0.63	0.66
			0.3	0.15	0.22	0.27	0.32	0.36	0.43	0.48	0.52	0.58	0.62
			1.0	0.13	0.19	0.23	0.26	0.30	0.35	0.45	0.44	0.50	0.54
	50 %	50 %	0	0.26	0.34	0.38	0.42	0.46	0.50	0.53	0.56	0.59	0.61
			0.3	0.25	0.30	0.35	0.39	0.43	0.48	0.51	0.54	0.57	0.59
			1.0	0.20	0.27	0.31	0.35	0.38	0.43	0.47	0.50	0.54	0.57
		30 %	0	0.21	0.29	0.33	0.38	0.41	0.46	0.50	0.53	0.56	0.58
			0.3	0.18	0.25	0.29	0.34	0.37	0.42	0.46	0.49	0.53	0.56
			1.0	0.16	0.22	0.26	0.29	0.33	0.38	0.41	0.43	0.49	0.52
		10 %	0	0.18	0.25	0.30	0.34	0.38	0.43	0.47	0.50	0.54	0.56
			0.3	0.16	0.21	0.25	0.29	0.33	0.38	0.42	0.46	0.50	0.53
			1.0	0.13	0.19	0.22	0.25	0.28	0.33	0.37	0.40	0.45	0.48
	30 %	30 %	0	0.19	0.25	0.29	0.32	0.35	0.39	0.42	0.44	0.47	0.49
			0.3	0.17	0.23	0.27	0.30	0.33	0.38	0.41	0.43	0.46	0.48
			1.0	0.16	0.21	0.25	0.28	0.31	0.35	0.38	0.41	0.44	0.46
		10 %	0	0.16	0.22	0.26	0.30	0.32	0.37	0.40	0.42	0.45	0.48
			0.3	0.14	0.20	0.23	0.27	0.30	0.34	0.37	0.40	0.43	0.46
			1.0	0.13	0.18	0.21	0.25	0.27	0.31	0.34	0.37	0.40	0.43
0~100 %	10 %	0 %		0.16	0.17	0.19	0.22	0.24	0.27	0.29	0.31	0.33	0.35
BZ 분류				6	6	6	6	6	6	6	6	6	6

권장최대 S/H_m 비=1.73 : 1, ULOR 40 %, DLOR 44 %, LOR 84 %

* 출처 : Technical Memorandum No. 5

(e) 배 치

방의 형태 : 12 m×8 m

기구 배열 : 10×1 또는 5×2배치로 한다(그림 6-59).

(f) 조명기구가 실내에 설치될 수 있는가를 검토한다.

$2 \times 1.812\,\text{m} = 3.624 < 8\,\text{m}$ (실폭) ∴ OK

【3】 휘도설계법

휘도분포는 조명설계의 기본이 된다. 국부조명설계와 광속법은 주어진 작업면조도에 관련되는 반면, 휘도설계법(luminance design method)은 전시야를 고려한다. 각종 표면의 휘도비 또는 조도비에 대한 요건은 표 6-11과 같다.

표 6-11 휘도비, 조도비

구 분	작업면	배 경	벽	천 정
휘 도 비	1	0.4	0.3	0.3
조 도 비	1	1	0.5~0.8	0.3~0.9

다음의 5단계를 거쳐 소요명세를 정한다.

① 실내표면의 마감, 색채, 반사율과 작업면의 반사율을 결정한다.

② 작업면의 소요조도 E(표 6-8)를 결정한다.

③ asb 단위로 작업면 휘도($L_t = E \times \rho_t$)를 계산한다.

④ 표 6-11을 사용하여 표면이 갖는 휘도 또는 조도값을 결정한다.

⑤ 휘도가 정해지면 조도를 구한다($E = L/\rho$). 반대로 조도가 정해지면 휘도를 구한다($L = E \times \rho$).

넓은 면광원부터의 조도 $E = 1$이다. 조사된 반사표면은 그 자체가 광원이 되며, 실을 둘러싼 표면은 무한히 넓은 광원으로 취급할 수 있다. 어떤 실의 표면에 의해 다른 실로 반사되는 빛의 양은 그 표면의 반사율은 물론 실의 기하학적 형상(실지수로 표시)에 좌우된다. 표 6-12는 여러 표면 사이의 상호반사율을 실지수의 함수로서 나타낸 것이다. 수조면의 휘도는 광원면의 휘도에 이 상호반사율을 곱하여 구하며, 이것은 다음의 예제에서 보는 바와 같이 표에서 쉽게 구할 수 있다.

각 표면의 소요조도가 결정되고 수조면의 간접조도를 계산한다. 소요조도와 간접조도의 차는 직접조도로 보충되어야 한다. 비율 R=(벽의 직접조도)/(작업면의 직접조도)은 조명기구의 BZ 분류를 결정하며, 표 6-13에서 R의 값을 구할 수 있다. 다음 단계는 주어진 실지수(RI)에 맞도록 선택한 조명기구의 BZ 분류에 따른 직접비(DR)를 결정한다. 직접비의 값은 그림 6-56의 그래프에서 구하거나 표 6-14로부터 보간하여 구한다.

상향과 하향의 소요광속비(FFR ; flux fraction ratio)는 다음 식으로 구한다.

$$\mathrm{FFR} = \mathrm{DR} \times \frac{\text{천장의 직접조도 } E}{\text{작업면의 직접조도 } E} \tag{6.25}$$

기타 단계는 광속법의 절차와 비슷하다. 즉, 첫째로 필요 BZ 분류와 FFR로 조명기구를 선택하고 제품자료에서 DLOR을 찾는다. 수조광속(受照光束 ; Φ_r)은 작업면의 면적

표 6-12 상호반사율

실 지 수	수평으로부터 수평	벽으로부터 바닥 또는 천장	바닥과 천장으로부터 벽	벽으로부터 벽
0.8	0.3411	0.6589	0.2636	0.4728
0.9	0.3800	0.6200	0.2790	0.4420
1.0	0.4153	0.5847	0.2924	0.4152
1.2	0.4758	0.5242	0.3145	0.3710
1.4	0.5257	0.4743	0.3320	0.3360
1.6	0.5672	0.4328	0.3462	0.3076
1.8	0.6022	0.3978	0.3580	0.2840
2.0	0.6320	0.3680	0.3680	0.2641
2.5	0.6902	0.3098	0.3872	0.2256
3.0	0.7326	0.2674	0.4011	0.1978
3.5	0.7647	0.2358	0.4117	0.1765
4.0	0.7900	0.2100	0.4201	0.1598
4.5	0.8103	0.1897	0.4269	0.1462

표 6-13 BZ 분류에 대한 R 비

BZ	간격	실 지 수									
	H_m	0.6	0.8	1.0	1.25	1.5	2.0	2.5	3.0	4.0	5.0
1	1 : 1	0.242	0.223	0.212	0.202	0.196	0.189	0.185	0.182	0.179	0.177
2	1 : 1	0.323	0.295	0.278	0.264	0.255	0.244	0.237	0.233	0.228	0.224
3	1.25 : 1	–	0.362	0.344	0.329	0.319	0.307	0.299	0.294	0.288	0.284
4	1.25 : 1	–	0.457	0.432	0.413	0.400	0.384	0.375	0.368	0.360	0.355
5	1.5 : 1	–	0.530	0.512	0.496	0.484	0.471	0.462	0.457	0.451	0.448
6	1.5 : 1	–	0.780	0.760	0.746	0.738	0.733	0.734	0.739	0.751	0.764
7	1.5 : 1	–	1.006	0.977	0.958	0.947	0.942	0.943	0.951	0.967	0.987
8	1.5 : 1	–	1.213	1.170	1.140	1.122	1.110	1.108	1.115	1.135	1.155
9	1.5 : 1	–	1.568	1.435	1.379	1.352	1.308	1.293	1.289	1.296	1.312
10	1.5 : 1	–	2.345	2.048	1.854	1.743	1.627	1.573	1.573	1.531	1.535

표 6-14 BZ 분류에 대한 직접비

BZ	간격 H_m	실지수 0.6	0.8	1.0	1.25	1.5	2.0	2.5	3.0	4.0	5.0
1	1 : 1	0.553	0.642	0.703	0.755	0.792	0.841	0.871	0.892	0.918	0.934
2	1 : 1	0.481	0.576	0.643	0.703	0.746	0.804	0.840	0.866	0.898	0.918
3	1.25 : 1	–	0.525	0.593	0.655	0.702	0.765	0.807	0.836	0.874	0.989
4	1.25 : 1	–	0.464	0.536	0.602	0.652	0.722	0.769	0.803	0.847	0.876
5	1.5 : 1	–	0.430	0.494	0.558	0.608	0.680	0.730	0.766	0.816	0.848
6	1.5 : 1	–	0.339	0.397	0.456	0.504	0.577	0.630	0.670	0.727	0.766
7	1.5 : 1	–	0.284	0.338	0.395	0.442	0.515	0.570	0.612	0.674	0.717
8	1.5 : 1	–	0.248	0.299	0.354	0.401	0.474	0.530	0.574	0.638	0.684
9	1.5 : 1	–	0.203	0.258	0.312	0.357	0.433	0.492	0.538	0.607	0.656
10	1.5 : 1	–	0.146	0.106	0.252	0.301	0.381	0.443	0.492	0.566	0.620

×직접조도와 같으며, 조명률 대신 직접비×DLOR 값을 사용한다. 또한 유지율은 광속법에서와 마찬가지이므로 설치광속은 다음과 같다.

$$\Phi_i = \frac{\Phi_r}{\mathrm{DR} \times \mathrm{DLOR} \times \mathrm{MF}} \qquad (6.26)$$

다음에는 램프를 선택하고 광속법에서처럼 램프의 배치를 결정한다.

【예제 6-4】 다음과 같은 사무실이 전반조명일 경우 조명설계를 하시오.
단, $l = 14$ m, $w = 8$ m, $H = 2.6$ m, ρ(천장) = 70 %, ρ(벽) = 50 %이다.

풀이 작업면(바닥에서 85 cm)에서부터 부착높이(H_m)와 실ㅈ 수(RI)는 다음과 같다.

$$H_m = 2.6 - 0.85 = 1.75 \text{ m}$$

$$\mathrm{RI} = \frac{14 \times 8}{(14+8) \times 1.75} = \frac{112}{38.5} = 2.9$$

반사율을 표 6-15와 같이 가정하고 작업별 소요조도(E = 300 lx, 표 6-8)가 주어지면 그 면의 휘도를 계산한다. 표 6-11에서의 비율(휘도비)로부터 다른 표면의 휘도를 결정하면 모든 면의 조도가 계산된다.

실지수=2.9이므로 상호반사율(표 6-12)은 다음과 같다.

① 바닥 또는 천장으로부터 천장 또는 바닥에 : 0.7251

표 6-15

구 분	ρ	E [lx]	L [asb]
작업(白紙)	0.8	300	240
배경(책상)	0.45	213	96
작업면/바닥(평균)	0.32	300	96
벽	0.50	144	72
천정	0.70	103	72

② 벽으로부터 천장 또는 바닥에 : 0.2749

③ 천장과 바닥으로부터 벽에 : 0.3987

④ 벽으로부터 벽에 : 0.2027

상호반사에 의한 조도는 표 6-16과 같이 비율 $R=63/228=0.276$이 된다. 표 6-13으로부터 적당한 (또는 가장 가까운) BZ 분류를 구한 다음 실지수 2.9에 대해 보간을 하여 표 6-14에서 R값을 구한다.

표 6-16

구 분	L [asb]	작업면 [lx]	벽 [lx]	천장 [lx]
작업면/바닥으로부터	96	− −	0.3987 38	0.7251 70
벽으로부터	72	0.2749 20	0.2027 14	0.2749 20
천장으로부터	72	0.7251 52	0.3987 29	− −
전간접조도 E		72	81	90
소요조도 E		300	144	103
직접조도 E		228	63	13

표 6-17

	실 지 수		
	2.5	3.0	2.9
BZ 3	$R=0.299$	$R=0.294$	$R=0.295$
BZ 2	$R=0.237$	$R=0.233$	$R=0.234$

따라서 BZ 3이 요구조건에 가장 근사치가 됨을 알 수 있다. 여기서, BZ 3기구와 실지수 2.9에 대한 직접비(직접 작업면에 도달하는 하향광의 비율)는 표 6-14에서 보간법을 사용하여 구한다.

RI 2.5－DR 0.807

RI 3.0－DR 0.836

RI 2.9－DR 0.830

다음으로 상향 및 하향광속비(FFR)를 결정한다.

$$\frac{\text{천장에 대한 직접조도 } E}{\text{작업면에 대한 직접조도 } E} = \frac{13}{228} = 0.057$$

따라서 FFR은 0.057×0.830=0.05가 된다. 이제 카탈로그에서 요구조건(BZ 3, FFR=0.05)에 맞는 조명기구를 선택하고 DLOR=0.7인 것을 찾는다. 작업면상의 전직접광속은 112 m^2×228 lx=25,536 lm이므로 램프의 전출력광속은 다음과 같다.

$$\frac{25,536}{0.83 \times 0.7 \times 0.8} = \frac{25,536}{0.05} = 55,000 \text{ lm}$$

그리고 사용램프는(표 6-9) 4,400×0.75=3,300 lm(자연색)의 광속을 내는 (1.5 m/60 W)를 사용하면 55,000/3,300=16.6, 즉 17개의 램프가 소요된다.

【4】 약산 와트법

약산 와트법(watt method)은 매우 개략적인 예비약산법으로서, 광속법이나 휘도법을 대신할 정도는 못되지만 이미 수행한 계산결과나 크기의 순서를 체크하는 데 사용될 수

표 6-18

램프 종류	W/m^2(100 lx)
백열등	
· 개방형 에나멜 반사기구	15
· 일반적인 확산조명기구	17.5
수은등	
· 공업생산 반사기구	6.5
형광등(65 W, 백색광)	
· 개방형	4
· 확산형	5
· 루버, 매입형	5.5
형광등(온백색 디럭스)	
· 확산형	8
· 루버, 매입형	9

있다.

표 6-18의 값은 바닥면적 1 m^{2}당 100 lx의 조도를 얻는 데 필요한 소요 와트이다[형광등에 대해서는 제어전달부하(control gear load)가 포함되어 있다].

표의 수치에 $E/100$와 바닥면적을 곱하면 실 또는 건물에 필요한 전와트수를 구할 수 있다.

6-2-3 인공조명의 현휘

【1】 인공조명시설에 의한 불쾌현휘

시야 내에 광원이 있으면 현휘가 나타나는데, 그림 6-60과 같이 눈위치의 수평면으로부터 45° 사이에 광원이 있으면 불쾌현휘(不快眩輝 ; discomfort glare)가 일어난다. 만일 광원의 주변에 높은 휘도의 빛이 있거나 시야를 벗어나면 불쾌현휘는 감소된다.

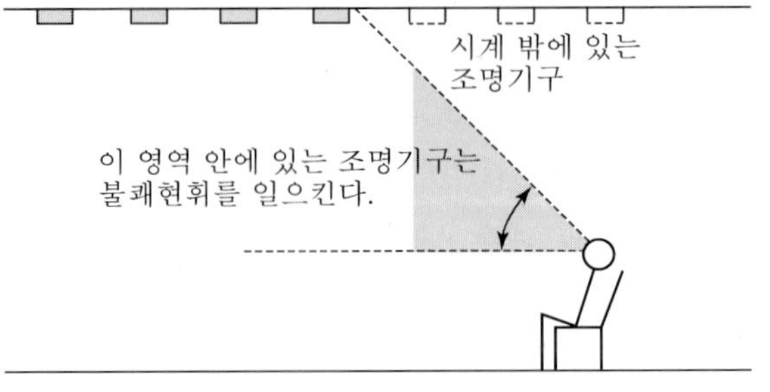

그림 6-60 불쾌현휘범위

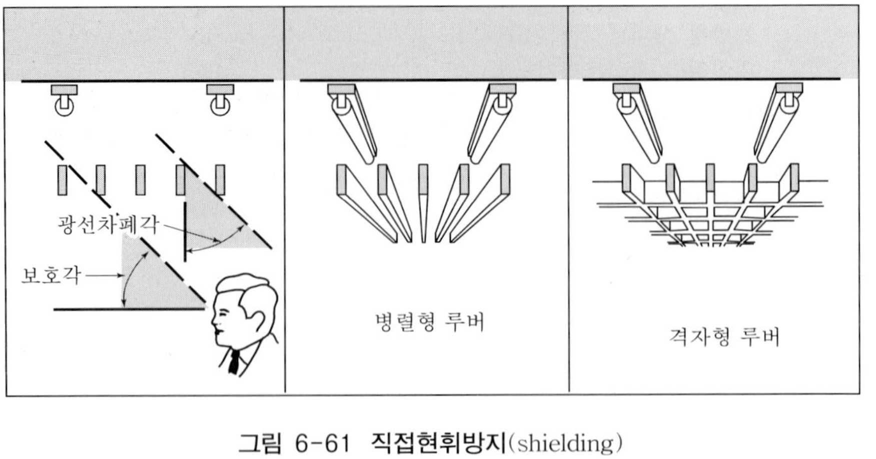

그림 6-61 직접현휘방지(shielding)

조절 예	1 : 반사갓	2 : 전 등	3 : 차폐장치	비 고
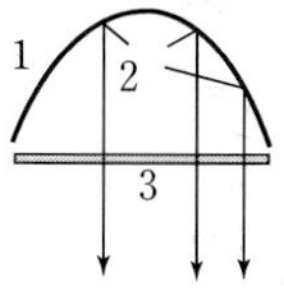	광택 알루미늄 경면판, 포물반사갓	고광도광원 스포트라이트 백열등, 방전등	필요광선이 좁을 때는 투명재료유리, 필요광선이 넓을 때는 확산 프리즘 유리	비교적 좁은 광선이 필요로 함
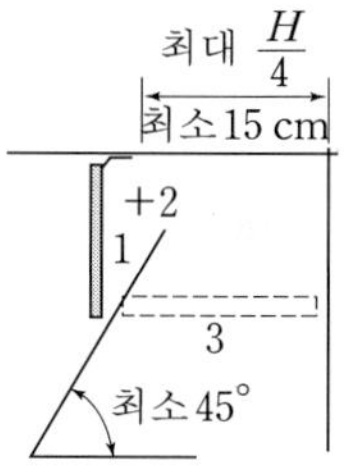	백색 페인팅 마감, 확산반사갓	저광도광원 선광원 형광등	루버 장치, 주방향으로는 차폐를 제한하지 말 것	
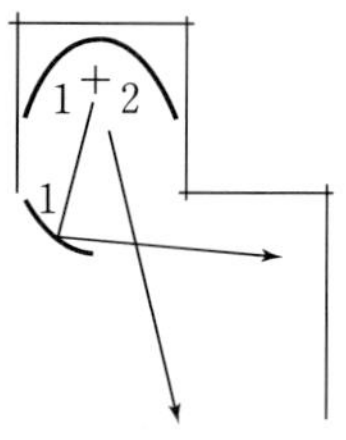	광택 알루미늄 경면판, 2개	고광도광원 백열등, 방전등 소형광원	투명재료유리	소형광원이 필 요로 함
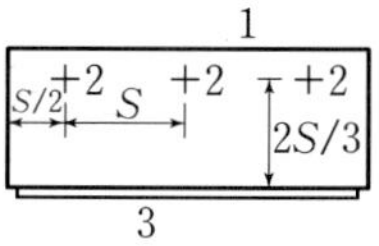	백색 에나멜 마감, 확산반사경	좁고 큰 광원 형광등 2개 이상	확산차폐장치, 백색 플라스틱, 루버	광원이 넓음
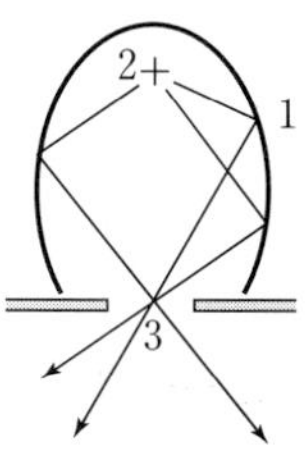	광택 알루미늄, 타원형 경면판	고광도광원 백열등, 방전등 상향 국부조명	투명재료유리	광원이 좁음
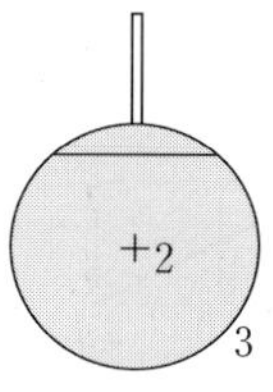		좁고 큰 광원 저광도	확산재유리	개별장치

그림 6-62 인공조명에 의한 빛조절

조명계획에서 불쾌현휘는 눈의 방향에서 조명원의 휘도를 감소시키고 시야 내의 조명체를 엷은 막으로 가리며, 관찰자 시선방향의 반대편 휘도를 증가시키거나 작업위치를 변경함으로써 감소시킬 수 있다. 인공조명으로 인한 직접현휘를 감소시키기 위해 사용하는 반사판이나 루버는 그림 6-61과 같으며, 인공조명에 의한 빛조절의 예를 들면 다음과 같은 것이 있다.

【2】 현휘지수

램프와 조명기구를 선택할 때는 연색성(演色性), 빛의 분포 및 눈에 보이는 형상 등을 질적인 면에서 고려해야 한다. 인공조명에서 고려해야 할 현휘문제도 자연채광의 현휘지수(GI ; glare index)개념을 사용하여 정량적으로 평가할 수 있다.

현휘상수(g)는 다음과 같다.

$$g = \frac{L_1^{1.6} \times w^{0.8}}{L_2 \times P^{1.6}} \tag{6.27}$$

여기서, L_1 : 인공광원의 휘도, L_2 : 배경의 휘도

w : 광원의 면적 / 거리의 제곱(stearadian), P : 위치지수(그림 6-63)

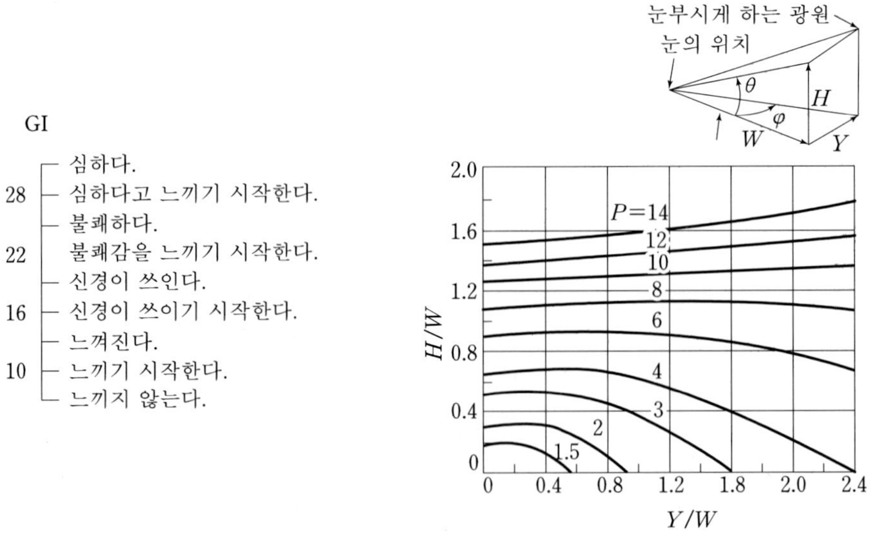

그림 6-63 위치지수[3]

3) IES lighting Handbook, 4th ed., pp. 2-19, 1966

현휘지수는 모든 현휘원의 현휘상수를 합하여 구한다(asb 단위를 사용할 때는 상수 0.478을 0.24로 바꾼다).

$$\mathrm{GI} = 10 \log (0.478 \times \sum g) \tag{6.28}$$

이 방법에 의한 현휘평가과정은 복잡하므로 다음 항에서 실용적 방법을 소개하기로 한다.

(a) 실용적 해법

영국의 조명학회(IES)가 권장하는 한계현휘지수값은 표 6-8과 같다(10에서 28 사이의 값으로 3의 배수로 증가한다). 조명기구의 실제 현휘지수는 이들 한계치를 초과하지 않아야 한다.

현휘지수는 다음과 같은 요소에 의해 좌우된다.

① 조명기구로부터 나오는 하향광의 분포 : BZ 수로 표시되며, 관축직각방향(管軸直角方向) 방사가 클수록 잠재적 현휘의 가능성은 높아진다.

② 천장, 벽 및 바닥의 반사율

③ H_1 : 눈높이에서 조명기구까지의 높이, 눈높이는 보통 1.2 m이다.

④ 실의 폭과 길이, H_1의 배수로 표시한다.

⑤ 직선형의 조명기구인 경우 보이는 방향이 관축직각방향으로 보이는가 아니면 관축방향으로 보이는가

⑥ 상향 및 하향광속비

⑦ 조명기구의 발광면적

여러 가지 형태의 기준현휘지수표가 있는데, 이들 표는 위의 여러 가지 요소를 포함하고 있으며, 포함되지 않은 요소는 보정률을 적용하여 구할 수 있다. 부록의 기준현휘지수표에는 2종류의 표가 있는데 하나는 바닥이 어두울 때($\rho = 14$ %), 다른 하나는 바닥이 밝을 때($\rho = 30$ %) 사용되며 표의 상단에는 실폭 X(시방향을 가로지르는 방향)와 실길이 Y가 표시되어 있다. 표의 내용은 두 부분으로 첫 번째는 수직축을 포함한 평면에 대칭인 조명기구에 대한 것이고, 두 번째는 직선상(튜브상) 조명기구에 대한 것으로 이것은 다시 관축방향과 관축직각방향으로 구분된다. 표의 기준현휘지수는 다음의 조건에 적용된다.

① 천장의 반사율=70 %, ② 벽의 반사율=50 %

③ FFR=1(UFF=DFF), 즉 상향과 하향광속은 동일하다.

④ 하향광속=1,000 lm, ⑤ 발광명적=645 cm^2 ⑥ H(조명기구의 높이)=3 m
이상의 6개의 변수가 위와 다를 때는 부록 Ⅱ-7을 사용하여 보정한다.

【예제 6-5】 예제 6-5에서 설계한 기구의 현휘지수를 구하라. 표 6-8에서 일반 사무실의 한계현휘지수는 19, $H_1=2.6-1.2=1.4$ m, 폭 $=8/1.4=6H$, 길이 $=4/1.4=10H$이며 일반사항은 다음과 같이 가정한다.

① 어두운 바닥 $\rho=14$ %, ② 천장의 반사율=70 %, ③ 벽의 반사율=30 %
④ 조명기구의 타입 : 형광등, 직선형, BZ 4, 발광면적=2,650 cm^2, DLOR=75 %, ULOR 15 %, 램프출력=3,300 lm

풀이 기준현휘지수는 부록 Ⅱ-4에서 보간에 의해 구할 수 있다. 실의 장변방향(長邊方向, 조명기구를 관축직각방향으로 본다)에 대해서 표로부터

$$\frac{6H}{8H}=16.6 \text{ 및 } \frac{6H}{12H}=16.5$$

따라서 보간을 하면 $10H/6H=18.45$가 되며 다음과 같이 보정을 적용한다.

① 반사율 및 광속률 : UFF=20 %(FFR=0.25) 및 천장/벽의 반사율 70/30에 대해서 현휘지수의 보정치 부록 Ⅱ-7을 보면 보정치는 +4.5이다.
② 조명기구의 발광면적 : 2,650 cm^2의 발광면적에 대해서 현휘지수 그래프를 보면 보정치는 −4.9이다.
③ 하향광속 : 실제의 하향광속은 전출력×DLOR=3,300×0.75=2,475 lm이다. 여기에 대한 보정치는 같은 표에 의해 +2.3이다.
④ 눈높이에서 조명기구까지의 높이(H_1) : 이것은 1.4 m이므로 보정치는 −0.87이다. 두 가지 상황에 대한 이상의 보정치를 요약하면 표 6-19와 같다.

현휘지수는 실의 장변방향에서 보았을 때는 한계치 내에 있으나 단변방향의 경우에는 한계치를 초과한다. 단변방향의 경우에는 튜브가 장변방향으로 보이므로 밝

표 6-19

보정항목	실의 장변방향을 본 경우	실의 단변방향을 본 경우
기준현휘지수	16.55	18.45
반사율 및 FFR에 대해서	+4.5	+4.5
반광면적에 대해서	−4.9	−4.9
하향광속에 대해서	+2.3	+2.3
기구의 높이에 대해서	−0.87	−0.87
현 휘 지 수	17.58	19.48

기가 매우 높으나 소요감소량은 크지 않다(19.48－19＝0.48). 보정은 다음과 같은 방법으로 한다.

① 조명기구를 개방형에서 BZ 3(루버형 확산기구)으로 바꾼다. 이 결과 현휘지수 0.9가 감소된다.

② 벽의 반사율을 증가시킨다. $\rho=50\,\%$로 증가시키면 현휘지수 1.4가 감소된다.

종 류	특 징	형 태
다운라이트 조명 (down light)	일반적으로 가장 많이 채택하고 있는 건축화조명으로 천장에 작은 구멍을 뚫어 그 속에 기구를 매입시킨 것으로서 매입형 조명기구의 한 종류이다. 이 조명방법의 특징은 천장면이 어두워지는 것으로 분위기 있는 실내공간을 창출할 수 있다.	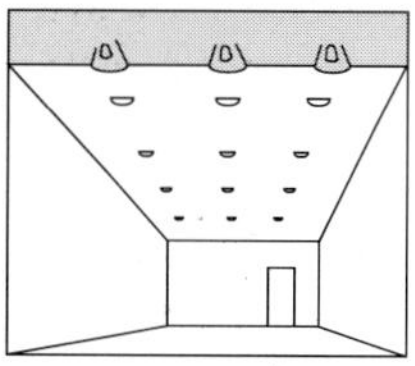
루버 천장조명 (louver light)	천장면에 루버를 설치하고 그 속에 광원을 배치하는 방법으로 루버의 재질은 금속, 플라스틱, 목재 등이 사용되며 그 형태와 설치방법에 따라 조명효과의 변화가 가능하다. 이 외에 벽면조명으로 코니스라이트(cornice light)와 밸런스라이트(balance light) 등이 있다.	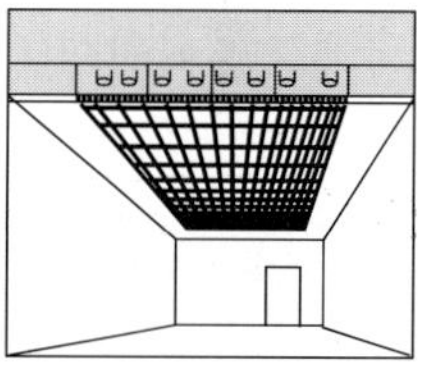
코브라이트 조명 (cove light)	광원을 천장 또는 벽면에 가려 일단 벽이나 천장에 반사시켜 간접조명으로 조명하는 방법이다. 천장과 벽의 재료, 색, 마감에 따라 여러 가지의 조명효과를 얻을 수 있다.	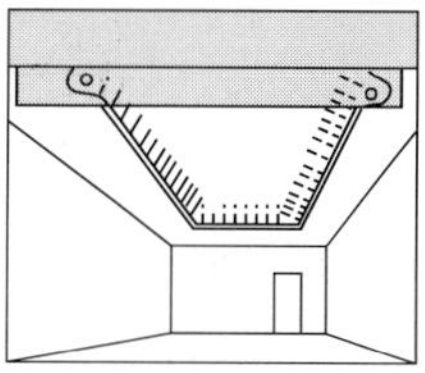
라인라이트 조명 (line light)	천장에 매입한 조명의 하나로 광원을 선형으로 배치하는 방법이다. 형광등 조명으로는 가장 높은 조도를 얻을 수 있는 조명방법이다. 선의 배열에 따라 여러 가지 조명장식을 얻을 수 있다.	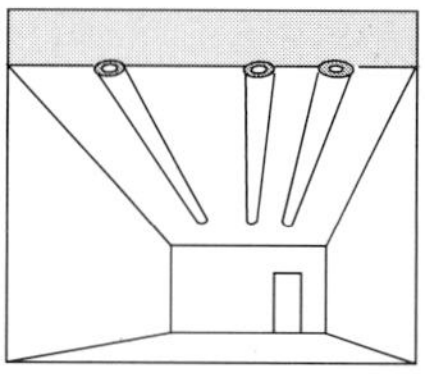
광천장조명 (luminous ceiling)	천장면을 확산투과성 플라스픽판이나 루버로 천장을 마감하여 그 속에 전등을 넣는 방법으로서 그림자 없는 쾌적한 빛을 얻을 수 있는 장점이 있다. 천장면의 마감재료의 설치방법에 따라 변화 있는 실내공간을 만들 수 있으며, 천장 전면을 낮은 휘도로 건축화할 수 있다.	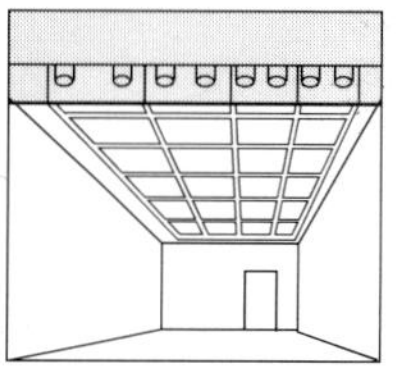

그림 6-64 건축화조명

6-2-4 건축화조명

대부분의 일반 건물에는 개별적인 조명기구를 사용한 조명 시스템이 주로 쓰이지만 최근에는 건물의 일부가 광원이 된 건축화조명 시스템을 사용하기도 한다. 이 방법은 건물의 일부에 조명기구와 광원을 매입시켜 건물의 표면반사에 의해 조명을 하는 것으로 조명과 건물이 일체가 되는 조명 시스템이다.

건축화조명의 종류와 특징은 그림 6-64와 같다.

6-3 실내상시 보조인공조명

6-3-1 PSALI의 개념

국제조명위원회(CIE)는 자연조명이 그 자체만으로 불충분하거나 불유쾌할 때에 건축물의 자연조명을 보조하기 위해 설치되는 실내상시 보조인공조명(室內常時補助人工照明; permanent supplementary artificial lighting in interior)을 PSALI라고 정의하고 있다. 현재에 이르기까지 주간에 이용하는 자연채광은 건축가의 주관심사였으며, 야간의 실내조도를 위한 인공조명은 전기기술자의 영역을 거쳐 오늘날에는 조명기술자의 영역이 되었다. 디자인의 이 두 영역은 서로 분리된 채 계속되어 왔고 인공조명에 대한 계획은 주요 건축기본안의 확정 전후에 실시되었다.

자연채광에서 비록 큰 창을 가진 실일지라도 실 깊이방향의 조도는 급격히 감소된다. 이 효과는 개구율이 낮을수록 더욱 크다. 인간의 눈은 창으로부터 가장 멀리 떨어진 뒷부분의 조도가 어느 정도의 적당한 수준일지라도 실내에서 가장 밝은 위치의 조도에 순응하게 된다. 즉, 창의 밝은 부분에 적응을 하면 다른 부분에 대해서는 상대적으로 어둡

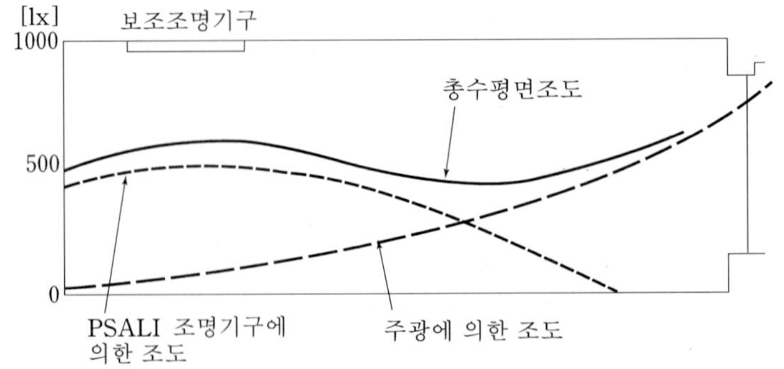

그림 6-65 PSALI 조도곡선

게 느낀다.

PSALI의 목적은 창으로부터 멀리 떨어진 부분의 상대적인 조도부족을 보충하기 위하여 인공조명으로 주광을 보충하는 데 있다. PSALI 계획(그림 6-65)에서 창부근은 주광에 의하여 조명을 하고 실 깊은 곳에는 인공조명을 하는데, 인공조명이 보조가 아닌 주체적으로 된다면 PSALI라고 말할 수 없다. 이와 같은 조명은 주체조명으로서 주광의 밝고 어두움에 관계하지 않고 실내 전체에 항상 일정한 인공광을 켜두는 것이므로 주광과 인공광의 균형이라는 개념이 없다. 인공광만의 개념에서 설계할 때 주광은 부가적인 것에 불과하므로 주체조명은 PSALI와 명확하게 다르다.

이러한 측면에서 PSALI가 의미하는 범위를 명확히 알 수 있다. 즉, PSALI는 주광인공광 병용방식(晝光人工光併用方式 ; combined system of daylight and electric light) 중의 한 방식으로 볼 수 있다.

조명방식을 자연적 환경으로부터 인공적인 순서로 나열하면 ① 주광만에 의한 조명, ② 단순한 보조 조명, ③ PSALI, ④ 주체조명, ⑤ 무창조명(無窓照明)와 같다.

이 중에서 ②~④가 주광인공광 병용방식이지만, ③의 PSALI는 ②도 ④도 아닌 위치에 속한다.

6-3-2 PSALI 조도결정법

【1】 기존의 조도결정법

PSALI에서도 설계상 가장 중요한 것은 조도를 얼마로 정할 것인가 하는 문제이다. 이 절에서는 우선 PSALI 이외의 주광인공광 병용방식, 즉 종래에 사용하던 설계조도의 결정방법에 대해 기술하기로 한다. 우선 단순한 보조조명에 대한 조도는 다음과 같이 생각한다. 실내의 작업면상의 어떤 점의 조도 E는 주광만에 의하면

$$E = E_s \times \frac{\mathrm{DF}}{100} \tag{6.29}$$

여기서, E_s : 전천공조도, DF : 주광률

이며, E_s를 5,000 lx, DF를 2 %라 하면 조도는 다음과 같다.

$$E = 5,000 \times \frac{2}{100} = 100\ \mathrm{lx} \tag{6.30}$$

한편, 이 방을 강의실이라고 할 때 CIE의 조도기준에 의하면 300 lx가 필요하므로

300−100=200 lx가 부족하다. 따라서 이것을 보조조명으로 한다. 물론, 주광률이 2%보다 낮은 실내에서는 보다 높은 조도의 보조조명이 필요하다. 또한 창부근보다 낮은 보조조명이 좋다.

한편, 주체조명의 인공광조도는 CIE와 각국의 조도기준에 따르는 것이 좋다.

【2】 PSALI 조도결정법

다음의 두 가지 문제가 결정되어야 한다.

① 방에서 어느 부분이 PSALI 부분으로 계획되어야 할 것인가

② 그 부분의 필요한 조도수준은 어느 정도인가

인공조명의 조도수준은 창부근의 주광과 비슷한 정도로 높아야 하며, 인공조명의 광색채도 자연채광과 잘 어울려야 한다는 것을 고려하여야 한다. IES Technical Report No. 4, Daytime Lighting in Buildings의 지침은 다음과 같다.

① PSALI 존(zone) : 그림 6-66에서 PSALI 존은 바닥에서 창의 윗부분까지의 높이를 H_f라 할 때 창으로부터 $H_f/5$만큼 떨어진 A 점 주광률의 10%가 되는 B 점부터 시작한다.

② PSALI 존 인공조명의 조도수준은 다음의 경험식에 의한다.

$$E = 500\,\mathrm{DF}\ \mathrm{lx} \qquad (\mathrm{DF} : \text{PSALI 존의 평균주광률}) \tag{6.31}$$

작업면 높이에서의 주광률은 여러 가지 방법으로 얻어지며 그 실의 수직단면에 의해서 계산된다. PSALI 존의 시작지점과 보조광원으로부터 필요로 하는 조도계산은 광속법(lumen design method)을 이용할 수 있다.

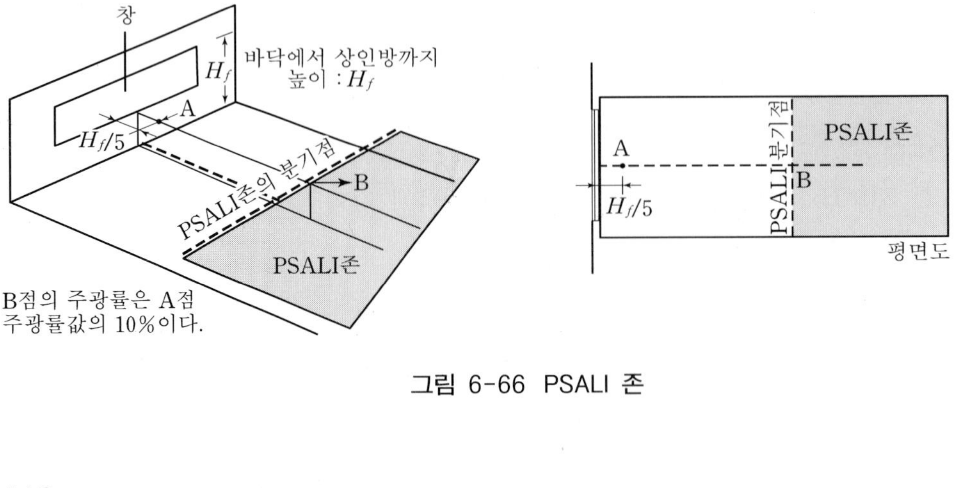

그림 6-66 PSALI 존

6-3-3 PSALI의 조명설비

【1】 개　요

이상적인 PSALI의 조명설비는 주광의 변동에 대응해서 인공광조도를 쉽게 조절할 수 있는 시스템이 좋다. 그러나 R. G. Hopkinson 등의 실험에서와 같이 500 lx 정도의 일정한 인공광조도 상태에서도 광범위한 주광변동에 대해서 균형이 이루어진다. 예를 들면, 주간에는 500 lx 정도, 야간에는 350 lx 정도의 2단계로 나누어 시스템을 적용하는 것도 바람직하다. 그림 6-67의 사무소 조명은 그와 같은 예이다. 이 그림에서 주간에는 A와 B가 점등되고, 야간에는 B와 C가 점등된다. 주간에는 A에 의해 실 중앙은 야간보다 밝게 되며, 야간에 B와 C를 점등하는 것은 일반적인 야간조명과 다를 것이 없다.

PSALI 설비는 ① 실안쪽 PSALI, ② 창부근 PSALI, ③ 전반 PSALI로 구분한다.

그림 6-67 사무소의 PSALI 시스템

【2】 실안쪽 PSALI

창에서 떨어진 부분은 주광이 불충분하여 조명설비를 고려한다. 이것은 앞에서 설명한 대로 매우 전형적인 PSALI이다. 이 경우 창부근과 실안쪽이 밝고 그 중간에 어두운 오목(凹)현상이 나타나기 쉬우며, 빛의 방향이 창에서와 실안쪽에서의 두 방향으로 되기 쉬운 단점이 있다. 전자를 방지하기 위해서는 실안쪽 조명의 광원면을 넓게 함과 동시에 천정의 중앙부에 빛을 보내도록 하는 것이 좋으며, 후자를 방지하기 위해서는 실안쪽 조명의 위치를 최안쪽보다 약간 띄우는 것이 좋다.

【3】 창부근 PSALI

창의 상부에 조명설비를 하고 창벽과 실내를 조명하는 것으로, 이 경우 빛의 방향은 창부근에서 안쪽으로 모이고 밝기도 창부근에서 실안쪽으로 일정하게 감쇠하므로 심리적으로 뛰어난 방식이다. 그러나 창부근에 글레어(glare)가 발생하기 쉬우므로 글레어를 방지하려고 할 경우 이 방식은 무의미해진다. 특히 실깊이가 깊은 곳에서는 어두운 것이 불가피하므로 이것만으로는 PSALI가 충분하다고 볼 수는 없다.

【4】 전반 PSALI

실내전반조명에 의한 PSALI으로 약간의 조광이나 점멸하는 방식으로서 야간에도 그대로 사용할 수 있으므로 설계상 크게 어려운 점이 없으며, 휘도분포도 매우 균일한 장점이 있다. 그러나 인공조명설비 위주로 되어 있기 때문에 주광의 역할이 약하고, 주체조명처럼 보이기 쉽다. PSALI의 광원은 외관색이 주광에 가깝고 연색성이 좋아야 하며, 실제로 형광등이 이 조건에 가장 적합하다. 주광과 비슷한 것은 색온도 6,500 K 정도의 주광색 형광등이나 이것은 실내가 비교적 저조도일 때와 야간에는 푸른 느낌이 들기 때문에 별로 사용되지 않으며 일반적으로 효율이 좋은 색온도 4,500 K 정도의 백색 형광등을 사용하는 것이 좋다. 이것은 주광과의 위화감이 거의 없고 야간광색으로서도 적당하므로 전반 PSALI의 주야겸용 광원으로서 매우 적당하다.

【5】 PSALI의 과제

PSALI는 원래 밝기의 균형을 문제로 한 기법이므로, 앞에서 언급한 조도를 결정하는 것만으로는 불충분하다. R. G. Hopkinson 등도 휘도분포를 적정하게 갖는 것이 중요하다고 언급하고 있지만 그들 역시 그 설계법은 제안하지 못하고 있다.

PSALI에서의 실루엣 현상방지와 모델링(modelling) 개선에 관한 연구가 있었다. 여

그림 6-68 실루엣 현상

기서, 실루엣(silhouette) 현상이란 창을 등지고 있는 사람의 얼굴이 실루엣처럼 보이는 현상을 말한다. 그림 6-68에서 서로 마주보는 두 사람 가운데 오른쪽 사람이 왼쪽 사람의 얼굴을 볼 때 실루엣처럼 보이는데, 이것은 배경인 창면과 얼굴과의 휘도대비가 지나치게 크기 때문에 발생하는 것이다.

실루엣 현상을 방지하기 위해서는 인공조명으로 얼굴을 어느 정도 이상 밝게 비춰주는 것이 좋다. 얼굴면의 휘도 L_f [cd/m^2]와 창면휘도 L_w [cd/m^2]의 비가 0.007을 초과하면 얼굴의 실루엣 현상이 나타나지 않는다.

즉, $$\frac{L_f}{L_w} > 0.007 \tag{6.32}$$

그림 6-69처럼 창부근에 창과 나란히 앉아 있는 사람을 생각해 보자. 이 사람의 상대편에 또 한 사람이 앉아서 이 사람의 얼굴을 쳐다볼 경우 창의 수평한 빛에 의해 이 사람 얼굴은 좌반부가 밝게, 우반부가 어둡게 되어 대비가 강하게 보이게 된다. 여기서도 인공조명에 의해 얼굴의 어두운 부분을 어느 정도 이상 밝게 비쳐줄 필요가 있다. 창쪽에서 바라보는 얼굴의 연직면조도 EV_1 [lx]와 실안쪽방향의 연직면조도 EV_2 [lx]의 관계가 식 (6.28)와 같게 되면 얼굴의 모델링은 심하지 않게 된다.

$$\frac{EV_1}{EV_2} > \frac{1}{10} \tag{6.32}$$

이상과 같이 실루엣 현상을 방지하고 모델링을 개선하면 실 전체의 휘도분포가 바람직하게 된다. 휘도분포를 중심으로 볼 때 PSALI 설비는 앞에서 기술한 것보다 복잡하고 비용도 많이 드는 반면, 그림 6-67에서 주간에는 A와 B를 점등하지만 만약 C도 점등하게 되면 실루엣(silhouette) 현상은 쉽게 방지되고 모델링에도 유리해진다.

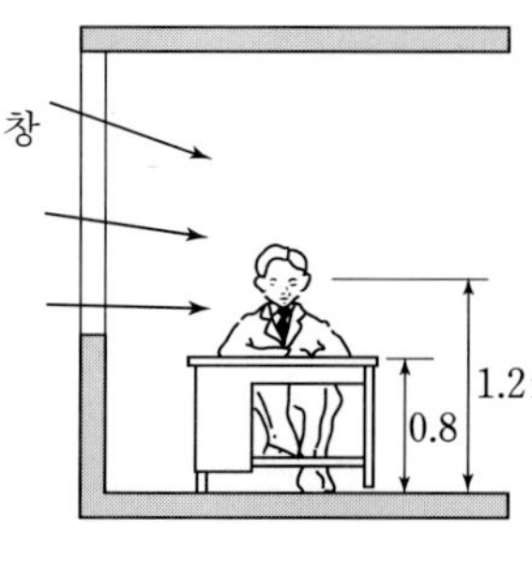

그림 6-69 창부근에 있는 사람의 얼굴

6-3-4 에너지 절약을 위한 조명계획

【1】 개　념

에너지 절약을 위한 조명이란 합리적인 계획에 의해 인공조명보다는 주광을 더 많이 실내로 입사시켜 인공조명의 사용률을 낮춤으로써 전기에너지를 절감하는 개념이다.

조명에너지 절약을 위해 여러 가지 연구가 진행되고 있는데 에너지 절약책으로 실내 기준조도가 하향조정되는 경향이 있다. 특히 건물의 조명에 있어 인공광원에 의한 조명보다는 자연광원을 최대로 이용하는 방법이 무엇보다도 에너지 절감효과가 크다. 따라서 선주광 후인공조명의 방법과 기법에 관한 연구가 활발히 진행되고 있다.

【2】 에너지 절약 조명계획지침

(a) 일반사항

① 과다한 조도를 피한다.

실내에 200~300 lx의 전반조명이 되면 각 작업의 필요에 따라 국부적으로 선택조명

(a) 작업조도가 50 fc일 경우 40 fc는 주광을 이용하고 나머지 10 fc만 인공조명을 이용한다.

(b) 작업조도가 40 fc일 경우 25 fc는 확산주광을 이용하고 나머지만 인공주광으로 보충한다.

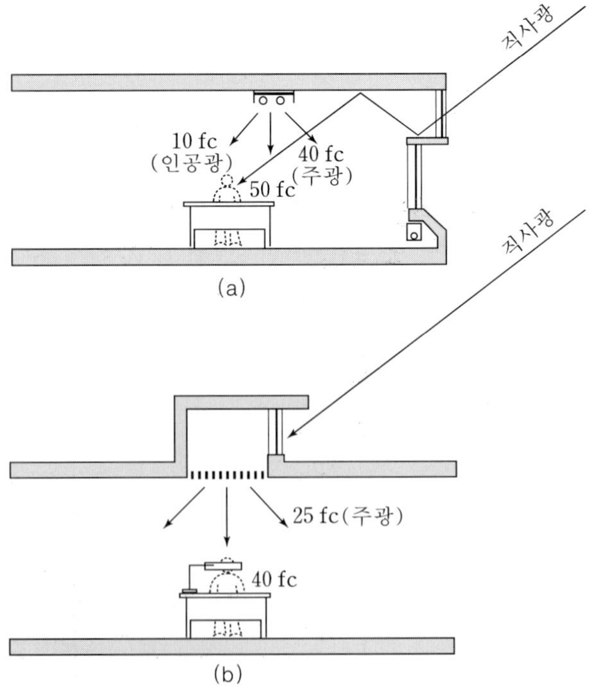

그림 6-70 주광에너지 이용

을 한다(예 : 가동식 램프, 테이블 램프, 가구부착 램프 등).

② 가능한 동일조도를 요하는 시작업으로 조닝(zoning)한다.

③ 실내의 부위별 소요조도가 다를 때는 형광등 대신 다변조도기 등을 사용하여 조도를 조절한다.

④ 개방형 평면은 벽체에 의한 차폐에너지를 줄일 수 있다.

⑤ 실내조명이 복도까지(보통 소요조도가 100 lx 이하인 경우) 미치도록 벽 상부에 고창(高窓)을 설치한다.

⑥ 선주광 후인공조명 시스템으로 계획한다(그림 6-70).

⑦ 각 실별 조도는 조도기준에 따라 설계한다.

⑧ 조명면적의 적정설계를 한다.

⑨ 계단, 복도 등은 층별점멸이 가능하도록 설계한다.

(b) 조명기기

① 고효율의 광원, 고조명률 조명기구 및 적절한 점멸장치와 타이머(timer)를 설치한다(그림 6-71).

② 단위세대별 조명용 전등은 등기구마다 점멸장치를 시설하여 필요할 때마다 개별점멸이 가능하도록 한다.

③ 벽표면에 의해 흡수되는 빛의 양을 줄이기 위해 흡수표면은 줄이고 반사율은 높인다.

④ 구조체에 매입된 것보다는 가능하면 노출형태의 기기를 사용한다(매입시에는 축열로 인하여 조명효율이 떨어진다).

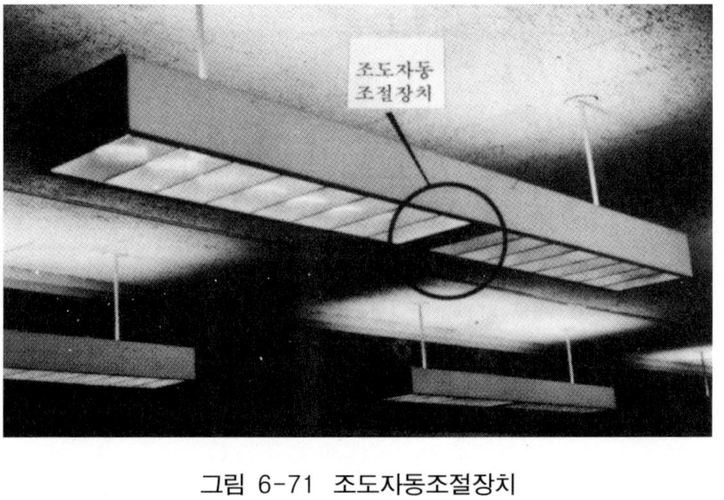

그림 6-71 조도자동조절장치

⑤ 램프가 소등된 후에는 저출력으로 작동되는 것이 좋다.

⑥ 형광등용 안정기는 고역률형을 사용하고 전자안정기 사용도 고려한다.

⑦ 옥외등의 광원은 고역률형 고압수은등, 메탈 핼라이드등 또는 고압 나트륨등과 같은 절전형을 사용한다.

⑧ 조명기구의 보수유지를 잘 하도록 한다.

⑨ 현관등과 같은 용도의 조명등은 현관등이 점등된 후 3분 이내에 자동적으로 꺼지도록 한다.

⑩ 옥외등은 일출, 일몰시각에 자동으로 소등되도록 점멸장치를 한다.

참고문헌

1. 李環會외, 共同住宅의 에너지 節約을 위한 設計基準研究, 建設部, 1985, p. 81
2. 日本建築學會 編著, 建築工學研究會 譯, 李鍵 감수, 建築設計資料集成 I. 環境, 建友社, 1981
3. 李環會외, 孫章烈 共譯, 建築環境科學, 技文堂, 1984
4. 乾正雄, 照明の視環境, 理工圖書, 1981, p. 87
5. 佐藤鑑, 建築學大系 Vol. 22, 彰國社, 1969, pp. 89~93, p. 216
6. Anderson, B. & W. Malcolm, *Passive Solar Energy*, Brick House Publishing Co., 1981, pp. 144~147
7. Brown, G. Z., J. S. Reynolds & M. S. Ubbelohde, *Design Procedures for Passive Environmental Technologies*, John Wiley & Sons, 1982
8. Canter, D., *Environmental Interaction*, Rovert MacLehose and Company Limited, 1975, pp. 81~126
9. Casserly, E. T., *Earth Sheltered Housing Design*, 1979, pp. 44~45
10. Chanlett, E. T., *Environmental Protection*, McGraw-Hill Kogakusha, 1973, p. 490
11. Cook, J. & D. Prowler, *Passive Systems* 78, American Section of the International Solar Energy Society, 1978, pp. 27~35
12. Cowan, F. J. & P. R. Smith, *Environmental Systems*, Department of Architectural science, University of Sydney, 1983, p. 141
13. Daryanai S., *Building Systems Design With Programmable Calculators*, McGraw-Hill Publication, 1980, pp. 122~139
14. Energy Mines and Resources Canada, *Projects architecouraux èconomisant l'ènergie(winning low energy budlding designs)*, Thorn Press, Don Mills, Ontario, 1980, pp. 170~287
15. Flynn, J. E. & W. S. *Arthur, Architectural Interior Systems*, Van Nostrand Reinhold Company, 1970, p. 4
16. Franta, G., A1A, *Proceedings of the 4th National Passive Solar Conference*, American Section of the International Solar Energy Society, 1979, pp. 407~210
17. Hays J. & W. A. Kolar, *Proceedings of the 6th National passive Solar Conference Vol.* 5.2, American Section of the International Solar Energy Society, 1980, pp. 1175~1187
18. Hays J. & W. A. Kolar, *Proceedings of the 6th National Passive Solar Conference Vol.* 6, American Section of the International Solar Energy Society, 1981, pp. 875~884
19. Hopkinson, R. G., Architectural physics : Lighting, Majesty's stationary office,

1963, p. 87
20. Kemper, A. M., *Architectural Handbook*, John Wiley & Sons, 1979, pp. 402~405
21. Lebens, R. M., *Passive Solar Heating Design*, John Willey Sons, 1980, pp. 121~123
22. Longmore, J., BRS *Daylight Protractors*, Her Majesty's Stationery Office, London, 1968, pp. 10~15
23. Markus, T. A., et al., *Building Performance*, Applied Science Publishers Ltd. 1972, pp. 49~68
24. McCormick, E. J., *Human Factors in Engineering & Design*, McGraw-Hill Publication, 1976, pp. 315~334
25. McMullan, R., *Environmental Science in Building*, The Macmillan Press Ltd., 1983, p. 99
26. Meyer, W. T., Energy *Economics & Building Design*, McGraw-Hill Inc., 1983, p. 270
27. MiGuinnes W. J., et al., *Mechanical and Electrical Equipment for Buildings*, John Wiley & Sons, 1980, p. 783
28. Smith, B. J., G. M. Phillips & M. Sweeney, *Environmental Science*, Longman Inc., 1983, p. 411
29. Stein, R. G., *Archi ecture & Energy*, Anchor Press, 1977, pp. 122~154
30. Uitterhoere, W. L. & W. Kebschull, *Visual Performance and Visual Comfort in offices*, Second European Light Congress, 1973
31. University of California Dept. of Arch., *Archiecture 140. Energy Environmental Management*, 183, Reading 17, 18, 19
32. University of Minnesota, *Earth Sheltered Residential Design Manual*, Van Nostrand Reinhold Book, 1982, pp. 67~68
33. Weston, H. C., *The Relation Between Illumination and Visual Perfomance*, Industrial Health Research Board Report NO. 87, HMSO, London, 1945
34. Wright, D., *Natural Solar Architecture*, Van Nostrand Reinhold Book, 1978, pp. 151~179
35. Petherbridge, P., Sunpath diagrams and overlays, BRS Research Series, Current Paper 39 plus supplement and BRS Note A 69.
36. Norman, W. Heimstra & Leslie H. Mc Farling, *Environmental Psychology*, A Division of Von Wadsworth Publishing Company, Inc., 1978, pp. 40~47
37. Fuller Moore, *Concepts and Practice of Architectural Daylighting*, Van Nostrand Reinhold Company Inc., 1985, pp. 79~99
38. Henry J. Cowan, *Principles of Natural Lighting*, Elsevier Publishing Company, Ltd., 1968, pp. 178~182

3편 음환경

7장 인간과 음환경

8장 건축과 음환경

9장 음환경조절

▶ 기호 · 약어

α : 흡음률
δ : 변위
θ : 기온, 입사각, 회절각
λ : 파장(wave length)
ρ : 밀도, 고유음향저항(impedance)
σ : 푸아송비(Poisson ratio)
τ : 투과율(transmission coefficient)
c : 저항계수
c_c : 임계저항계수
d : 구멍지름
f : 주파수
f_n : 고유진동수
f_r : 공명주파수
g : 중력가속도
h : 높이
k : 상수
l : 길이
m : 질량, 흡음계수
p : 개구율
r : 거리
t : 판두께
v : 음속
A : 흡음력
D : 발코니 깊이
D_{ir} : 지향특성
E : 영률(Young's modulus)
F : 강제진동수
$F(t)$: 가진력
I : 음의 세기(sound intensity)
I_a : 흡수음 세기
I_i : 입사음 세기
I_o : 기준음 세기
I_r : 반사음 세기
I_t : 투과음 세기
K_e : 음의 세기에 의한 명료도의 저하률
K_m : 소음에 의한 명료도의 저하율
K_r : 잔향시간에 의한 명료도의 저하율
L : 공기층 두께
L_{dn} : 주야 등가소음레벨(day-night equivalent sound level)
L_{eq} : 등가소음레벨(equivalent sound level)
L_{r} : 평가소음레벨(rating sound level)
N : 샘플링수
N_t : 총 noy 수
P : 음압(sound pressure)
$P_{\max}$: 최대진폭
P_{rms} : 유효음압
Q : 방향계수
R : 실정수
S : 면적
T : 주기, 소음측정시간, 진동전달률
V : 체적
CNR : composite noise rating
ECPNL : equinvalent continuous perceived noise level, 등가감각 소음레벨
EPA : Environmental Protection Agency, 환경보호청(미국)
ICAO : International Civil Aviation Organization, 국제민간항공기구
IIC : impact insulation class
IL : sound intensity level, 음의 세기레벨
ISO : International Organization for Standardization, 국제표준화 기구
NC : noise criteria
NEF : noise exposure forecast
NNI : noise and number index
NR : noise reduction, 소음감소량
NRC : noise reduction coefficient, 소음감쇠계수
NRN : noise rating number, 소음평가지수
OSHA : Occupational Safety and Health Administration, 노동안전위생국(미국)
PA : percentage articulation, 명료도
PNL : perceived noise level, 감각소음레벨
PTS : permament threshold shift, 영구성 난청
PWL : power level, 파워레벨
RT : reverberation time, 잔향시간
SIL : speech interference level
SPL : sound pressure level, 음압레벨
STC : sound transmission class, 차음등급
TL : sound transmission loss, 투과손실
TNI : traffic noise index, 교통소음지수
TTS : temporary threshold shift 일시성 난청
VL : vibration lavel, 진동레벨
WECPNL : weighted equivalent continuous perceived noise level

7장 인간과 음환경

7-1 음의 물리적 기초사항

7-1-1 음의 성질

【1】 음향 시스템(acoustic systems)

음은 진동매체가 귀에 주는 자극에 의하여 생기는 감각이다. 간단한 음향 시스템(acoustic systems)의 구성인자는 다음과 같다.

① 음원(source)은 진동하는 물체로서 다른 형태의 에너지를 진동으로 바꾼다. 이것은 고체에 대한 기계적 충격일 수도 있고 공기를 진동시키는 기압일 수도 있으며(휘파람이나 파이프), 또는 전자기적으로 강철 판막에 작용하거나(이어폰과 같은 전자기계적 음원), 결정체(crystal, 압전기원)에 작용하는 전기에너지일 수도 있다. 변환기(transducer)는 에너지를 음으로(예 : 확성기) 또는 음을 에너지로(예 : 마이크로폰) 바꾸는 장치를 말한다.

② 음의 매체(conveying medium)는 물질이다. 만약 매체가 기체나 액체라면, 진동은 음원으로부터 방사상의 방향으로 분자의 압축과 팽창을 교대로 반복하면서 종파(縱波)로서 전달된다. 인간이 경험하는 전달매체는 보통 공기이며, 이를 공기전달음(airbone sound)이라 한다. 한편, 음의 매체로서 고체가 건물에서는 중요한 역할을 하는데, 이 현상을 고체전달음(structurebone sound)이라 한다.

③ 우리와 가장 관계가 깊은 수음기(receiver)는 귀의 기능으로, 녹음 또는 측정장치에 사용되는 마이크로폰일 수도 있다.

사인파(正弦波)인 음을 편의상 시각적으로 나타내면 그림 7-1과 같다.

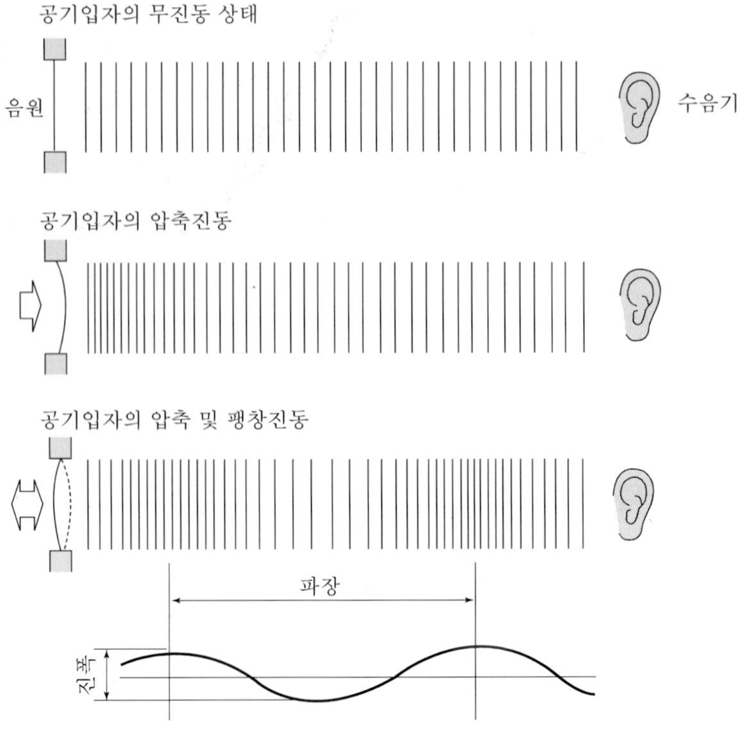

그림 7-1 음의 전파

보통 음의 속도는 기온 15℃를 기준으로 하여 공기 중에서 340 m/s로 전파되며, 액체나 고체 속에서는 더욱 빠르다. 공기 중의 음속(sound velocity)을 구하는 식은 다음과 같다.

$$v = 331.5\sqrt{\frac{273+\theta}{273}} \fallingdotseq 331.5 + 0.6\,\theta\,[\mathrm{m/s}] \tag{7.1}$$

여기서, θ의 기온으로서 1℃의 기온상승에 따라 음의 속도는 0.6 m/s씩 증가한다.

기온과 매체의 종류에 따라 음속은 다음과 같이 변화한다.

−20℃ : 319 m/s	10℃ : 338 m/s
−10℃ : 326 m/s	20℃ : 344 m/s
0℃ : 332 m/s	40℃ : 353 m/s
담수(17℃) : 1,430 m/s	해수(3.3 % 염분) : 1,510 m/s

고체 중에서는 파동의 전파방향(縱波)뿐만 아니라 직각방향(橫波)의 파동도 생긴다. 고체 중 종파의 전파속도는 재질에 따라 차이가 있는데, 보통 고무 1,000～1,200 m/s, 납

(鉛) 1,200 m/s, 주철 4,000 m/s, 유리 4,000~5,000 m/s이다.

【2】 주파수(frequency)

주파수(진동수 ; frequency)는 음이 1초간에 진동하는 회수로서, 단위는 c/s(cycle/sec) 또는 Hz(Hertz)를 사용한다.

음의 파장(λ), 주파수(f), 음속(v)과의 사이에는 다음과 같은 관계가 성립한다.

$$\lambda = \frac{v}{f} \text{ [m]} \tag{7.2}$$

1개의 주파수만을 가진 음, 즉 1개의 사인파 곡선으로 표시될 수 있는 음을 순음(純音 ; pure tone)이라고 한다. 이는 전자적으로만 발생가능하며 음차(音叉)를 울릴 때나 플루트(flute)의 저음을 조용히 낼 때 생길 수 있다. 그러나 대부분의 음(음성, 음악, 소음)은 여러 개의 폭넓은 주파수 성분을 갖고 있으며, 이를 복합음(complex tone) 또는 광대역음(廣帶域音 ; broad-band sound)이라 부른다(그림 7-2).

보통 주파수는 63, 125, 250, 500, 1,000, 2,000, 4,000, 8,000 Hz 등으로 나누어서 주파수 분석을 하는데, 이를 옥타브밴드(octave band)라 한다. 즉, 서로 인접한 주파수 밴드의 중심주파수를 f_1, f_2라 하면 $n = \log_2 f_2/f_1$에서 $n=1$의 관계($f_2/f_1 = 2$)가 성립된다. 또 $n=1/3$(옥타브밴드를 대수눈금으로 3분할한 것)일 때($f_2/f_1 = 2^{1/3} = 1.25$)를 1/3옥타브밴드라 하며 이는 보다 세밀한 분석을 요할 때 이용된다.

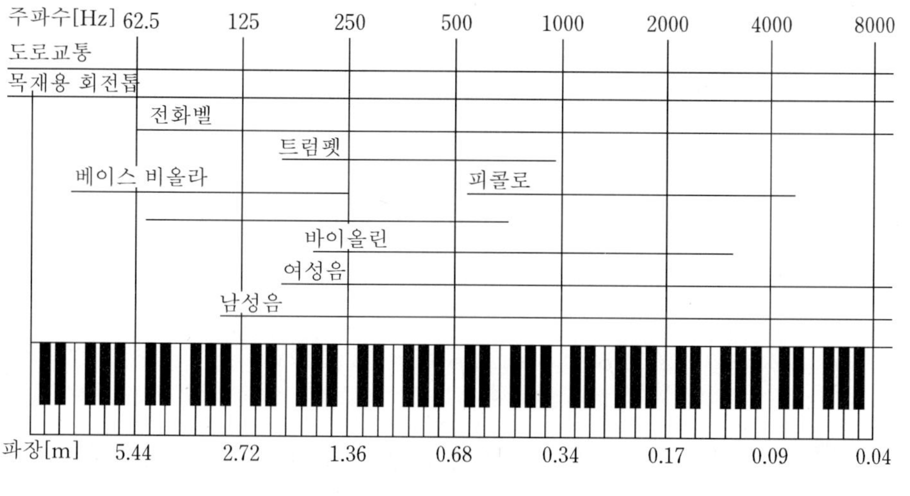

그림 7-2 각종 음의 주파수 범위

보통 주파수는 63, 125, 250, 500, 1,000, 2,000, 4,000, 8,000 Hz 등으로 나누어서 주파수 분석을 하는데, 이를 옥타브밴드(octave band)라 한다. 즉, 서로 인접한 주파수 밴드의 중심주파수를 f_1, f_2라 하면 $n=\log_2 f_2/f_1$에서 $n=1$의 관계($f_2/f_1=2$)가 성립된다. 또 $n=1/3$(옥타브밴드를 대수눈금으로 3분할한 것)일 때($f_2/f_1=2^{1/3}=1.25$)를 1/3옥타브밴드라 하며 이는 보다 세밀한 분석을 요할 때 이용된다.

【예제 7-1】 보통 건강한 사람은 20 Hz에서 20,000 Hz까지의 소리를 들을 수 있다고 한다. 이 주파수를 파장(λ) 및 주기(T)로 나타내라.

풀이 파장 $\lambda=\dfrac{v}{f}=\dfrac{340}{20\sim20,000}=17\text{ m}\sim17\text{ mm}$

주기 $T=\dfrac{1}{f}=\dfrac{1}{20}\sim\dfrac{1}{20,000}$ 초

【예제 7-2】 특정음의 주파수가 440 Hz이고 음속이 340 m/s일 때 음파의 길이를 구하라.

풀이 $\lambda=\dfrac{v}{f}=\dfrac{340}{440}=0.773\text{ m}$

7-1-2 음압과 음압레벨(sound pressure level)

【1】 음 압

매체 속의 음량(sound quantities)은 강도 또는 음압으로 측정이 가능하다. 음압(P)은 음파에 의해 공기진동으로 생기는 대기 중의 변동으로서 단위면적에 작용하는 힘이다. 변화되는 한 사이클 사이의 음압을 평균하면 실효치(root-mean square)가 되며, 보통 음압은 이 실효치의 압력인 유효음압(P_{rms})을 의미한다. 유효음압과 음압의 절대평균값(P_{avr}), 최대진폭(P_{max}) 사이에는 다음과 같은 관계식이 성립된다.

$$P=P_{rms}=\frac{\pi}{2\sqrt{2}}P_{avr}=\frac{1}{\sqrt{2}}P_{max}\ [\text{dyn/cm}^2] \tag{7.3}$$

사람이 소리를 들을 수 있는 음압의 범위는 1,000 Hz에서 0.0002~2,000 dyn/cm^2(μ_{bar}) 또는 $2\times10^5\sim2\times10^2$ N/m^2 [Pa]이다.

【2】 음압레벨

음압레벨(SPL ; sound pressure level)이란 $0.0002\ \text{dyn/cm}^2$ 또는 $2\times10^{-5}\ \text{N/m}^2$을 기준값으로 하여 어떤 음의 음압(P)이 기준음압의 몇 배인가를 대수로서 다음과 같이 표시한 것이다.

$$\text{SPL} = 20\log\frac{P}{P_o}\ [\text{dB}] \tag{7.4}$$

여기서, P_o는 기준음압($0.0002\ \text{dyn/cm}^2$ 또는 $2\times10^{-5}\ \text{N/m}^2$)으로 1,000 Hz에서 최소가청치와 거의 같다.

【예제 7-3】 음압이 $2\ \text{dyn/cm}^2$인 음은 몇 dB인가?

풀이 $\text{SPL} = 20\log\dfrac{2}{0.0002} = 80\ \text{dB}$

【예제 7-4】 어떤 상태에서 측정한 음압이 $6.5\times10^{-2}\ \text{Pa}$일 때 이를 음압레벨로 환산하라 (최소가청음압은 $2\times10^{-5}\ \text{Pa}$).

풀이 $P = 6.5\times10^{-2}\ \text{Pa}$, $P_o = 2\times10^{-5}\ \text{Pa}$이므로

$$\text{SPL} = 20\log\frac{P}{P_o} = 20\log\frac{6.5\times10^{-2}}{2\times10^{-5}} = 20\log 3,250 = 20\times3.5 = 70\ \text{dB}$$

7-1-3 음의 세기와 세기레벨(sound intensity level)

【1】 음의 세기

음파의 방향에 직각되는 단위면적을 통하여 1초간에 전파되는 음에너지량을 음의 세기(음의 강도)라고 하며 다음 식으로 표시된다.

$$I = P^2/\rho v\ [\text{W/m}^2] \tag{7.5}$$

여기서, P : 음압 $[\text{N/m}^2]$

ρv : 공기의 고유음향저항 또는 임피던스(impedance) $= 400\ \text{N}\cdot\text{s/m}^3$

ρ : 공기밀도, 상온에서 보통 1.22 kg/m^3

v : 음속, 보통 공기 중에서 340 m/s

【2】 음의 세기레벨

음의 세기에 대한 실효치를 I[W/m^2], 그 기준치를 I_o[W/m^2]라고 할 때 음의 세기레벨(IL ; intensity level)은 다음과 같다.

$$\text{IL} = 10 \log \frac{I}{I_o} \text{ [dB]} \tag{7.6}$$

여기서, 기준음세기 I_o는 10^{-12} W/m^2 또는 10^{-16} W/cm^{2}를 사용한다.

음압레벨(SPL)과 음의 세기레벨(IL)은 동등하게 데시벨(dB) 단위를 사용하여 표시할 수 있으며 이들의 상호관계는 표 7-1과 같다.

표 7-1 데시벨(dB)

음의 세기 [W/m^2]	음압 [N/m^2]	음의 세기레벨 =음압레벨 [dB]	실　　례	음역구분
10	60	130	제트 엔진, 리베팅 해머, 고통을 느낌	유해음역
1	20	120	프로펠러, 괴로움을 느끼기 시작	
10^{-1}	–	110	로크 드릴	주의음역
10^{-2}	2	100	금속가공, 고속특급열차 통과시	
10^{-3}	–	90	중차량(重車輛), 진공청소기	안전음역
10^{-4}	2×10^{-1}	80	교통혼합지역	
10^{-5}	–	70	승용차	
10^{-6}	2×10^{-2}	60	명동 등에서 붐비는 거리의 소음	
10^{-7}	–	50	음식점에서의 소음	
10^{-8}	2×10^{-3}	40	부드러운 라디오 음악	
10^{-9}	–	30	속삭임	
10^{-10}	2×10^{-4}	20	조용한 주거지역	
10^{-11}	–	10	살랑거리는 바람소리, 나뭇잎 움직임	
10^{-12}	2×10^{-5}	0	최소가청치	

【예제 7-5】 음압 $2\times10^{-4}\,\mathrm{N/m^2}$인 음의 세기는 얼마인가?

풀이 음의 세기 $I=P^2/\rho v=\dfrac{(2\times10^{-4})^2}{400}=10^{-10}\,\mathrm{W/m^2}$

【예제 7-6】 음의 세기 $10^{-9}\,\mathrm{W/m^2}$는 몇 dB인가?

풀이 음의 세기레벨 $\mathrm{IL}=10\log\dfrac{I}{I_o}=10\log\dfrac{10^{-9}}{10^{-12}}=10\log10^3=30\,\mathrm{dB}$

【예제 7-7】 80 dB 음의 세기는 얼마인가?

풀이 $\mathrm{IL}=10\log\dfrac{I}{I_o}$ $80=10\log\dfrac{I}{10^{-12}}$, 그러므로 $I=10^{-4}\,\mathrm{W/m^2}$

【예제 7-9】 음의 세기가 2배로 될 때 음압레벨의 변화량을 구하라.

풀이 처음 음세기 I, 나중 음세기 $2I$, 처음 음압레벨 $\mathrm{SPL_1}$, 나중 음압레벨 $\mathrm{SPL_2}$일 때

$$\begin{aligned}\mathrm{SPL_2}-\mathrm{SPL_1}&=10\log\left(\frac{2I}{I_o}\right)-10\log\left(\frac{2I}{I_o}\right)=10\log\left(\frac{2I}{I_o}\times\frac{I_o}{I}\right)\\&=10\log2=10\times0.3=3\,\mathrm{dB}\end{aligned}$$

7-1-4 음의 합성과 분해

【1】 음의 합성

2개의 음압레벨 A와 B의 합성($A\geq B$일 때)은 2개의 음압레벨차로서 정해지는 증가분을 N이라 할 때 $A+N$과 같으며, 그림 7-3을 이용하여 간단히 구할 수 있다.

음압레벨($\mathrm{SPL_1}$)의 동일한 소리가 n개일 때의 합성음레벨(SPL)은 다음 식에서 구한다.

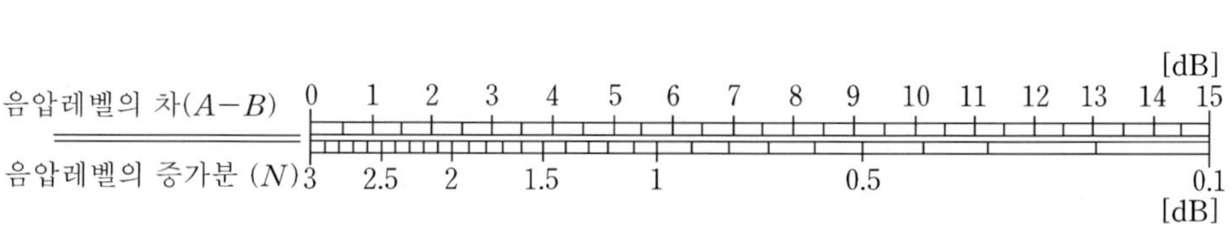

그림 7-3 합성음의 보정

$$SPL = SPL_1 + 10 \log n \tag{7.7}$$

【예제 7-9】 $A = 70$ dB, $B = 65$ dB일 때 이 두 음의 합성음은 얼마인가?

풀이 $A - B = 70 - 65 = 5$ dB, 그러므로 $N = 1.2$
따라서 $A + N = 70 + 1.2 = 71.2$ dB

【예제 7-10】 오디토리엄(auditorium)의 환기용 천장 디퓨저(diffuser)에서의 음압레벨(SPL)이 500 Hz에서 30 dB이다. 이 디퓨저가 모두 20개 있을 때 전체 환기구에서 발생하는 음압레벨은 얼마인가?

풀이 $SPL_1 + 10 \log n = 30 + 10 \log 20 = 30 + 13 = 43$ dB

【예제 7-11】 어느 소음을 주파수 분석한 결과 다음 표와 같을 때 이 음의 합성음압레벨 [dB]은 얼마인가?

중심주파수 [Hz]	125	250	500	1,000	2,000	4,000
음압레벨 [dB]	55	60	68	67	60	54

풀이 60.0−55.0=5.0 증가분 1.2 → 61.2 dB 68.0−61.2=6.8 증가분 0.8 → 68.8 dB
68.8−67.0=1.8 증가분 2.2 → 71.0 dB 71.0−60.0=11.0 증가분 0.3 → 71.3 dB
71.3−54.0=17.3 증가분 0.1 → 71.4 dB
∴ 71.2 dB

【2】 음의 분해

측정하고자 하는 대상음이 있을 때, 그 이외의 주위소음을 암소음(暗騷音)이라 한다.

대상음을 A, 암소음(background noise)을 B라 할 때 합성음($A + B$)과 암소음의 차에서 보정치(표 7-2)를 구하여 이를 다시 합성음에서 빼면 대상음의 음압레벨을 계산할

표 7-2 암소음의 영향에 대한 보정 [dB]

합성음과 암소음의 차 (A+B)−(B) [dB]	1	2	3	4	5	6	7	8	9	10
보 정 치 [dB]	−6.9	−4.4	−3.0	−2.3	−1.7	−1.25	−0.95	−0.75	−0.6	−0.45

수 있다. 단, 합성음과 암소음의 차가 10 dB 이상인 경우는 대상음이 암소음의 영향을 거의 받지 않는 것으로 보며, 차이가 3 dB 미만일 때는 암소음이 더 큰 경우이므로 대상음을 구하는 것은 무의미하게 된다.

【예제 7-12】 어떤 공장 내에서 어느 기계의 소음을 측정한 결과 소음레벨이 92 dB이었다. 이 기계가 가동을 멈추었을 때는 88 dB이 되었다. 이 기계의 소음레벨은?

풀이 92－88＝4, 표 7-2에서 보정치는 －2.3 dB이므로 92－2.3＝89.7 dB

7-1-5 음의 전파

【1】 음원의 파워레벨과 음장

음원으로부터의 음향출력(power)은 1초간에 방사된 음에너지로서 단위 W(watt)로 측정된다. 음원의 평균출력에 대한 몇 가지 예를 들면 다음과 같다.

제트 여객기	： 10 kW
뉴매틱 리베터(pneumatic rivetter), 가속중인 오토바이	： 1 W
50 kW 송풍기	： 0.1 W

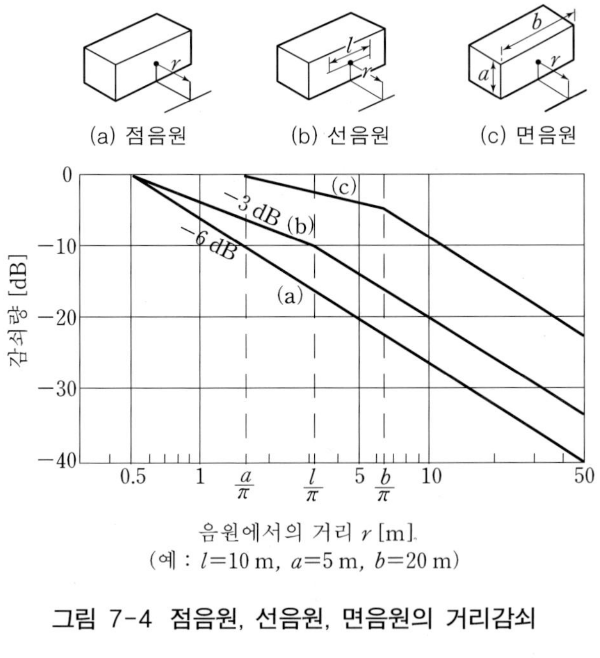

그림 7-4 점음원, 선음원, 면음원의 거리감쇠

대집단 오케스트라 : 0.01 W
식품 블렌더(blender), 커피 그라인더(grinder) : 0.001 W
일상대화 : 0.0001 W

음원의 파워레벨(PWL)을 구하는 식은 다음과 같이 표시된다.

$$\text{PWL} = 10 \log \frac{W}{10^{-12}} \text{ [dB]} \tag{7.8}$$

음장(音場 ; sound field)은 음원에서 방사된 음진동이 탐지될 수 있는 공간을 말하며, 자유음장(free field)은 음장경계의 영향이 무시되고 반사음이 존재하지 않는 공간을 말한다. 이러한 자유음장에서 음감쇠는 음원의 특성에 따라 그림 7-4와 같이 달라진다.

【2】 점 음 원

측정거리 r에 비해 음원의 크기가 충분히 작으면 점음원으로 취급된다. 자유음장에서 점음원의 음파는 구의 형태로서 모든 방향으로 일정하게 확산된다(그림 7-5). 구의 표면적은 방출되는 거리의 제곱에 비례하고 음에너지의 세기는 거리의 제곱에 반비례하여 감소한다. 즉, 일반적인 점음원일 경우 음원으로부터 거리 r에서 측정한 음의 세기 $I \propto 1/r^2$의 관계가 성립한다. 거리에 의한 2개 음세기의 변화는 다음의 관계를 갖는다.

$$\frac{I_1}{I_2} = \frac{r_2^2}{r_1^2} \tag{7.9}$$

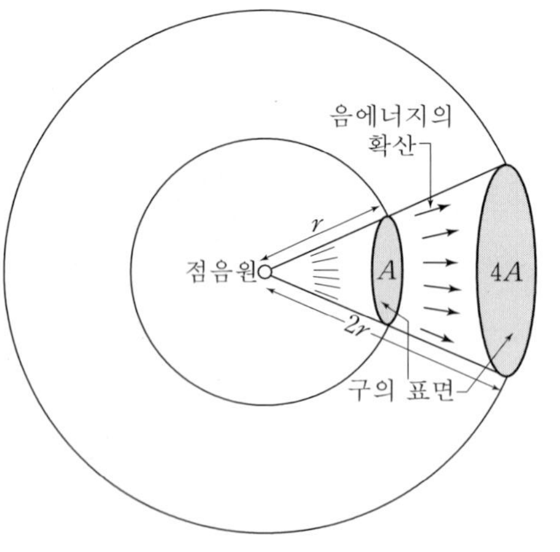

그림 7-5 점음원에서의 음감쇠

여기서, I_1 : 음원으로부터 거리 r_1에서 측정한 음의 세기

I_2 : 음원으로부터 거리 r_2에서 측정한 음의 세기

【예제 7-13】 어느 음원으로부터 6 m 거리에서 측정한 점음원의 세기는 3.4×10^{-6} W/m^{2}이다.

(a) 음원으로부터 20 m 거리에서 측정한 음의 세기를 구하라.

(b) 두 지점간의 데시벨 변화량을 구하라.

풀이 (a) I_1 : 거리 r_1(6 m)에서 음의 세기, I_2 : 거리 r_2(20 m)에서 음의 세기

$$\frac{I_1}{I_2} = \frac{r_2^2}{r_1^2} \quad \frac{3.4\times10^{-6}}{I_2} = \frac{20^2}{6^2}$$

$$I_2 = \frac{3.4\times10^{-6}\times36}{400} = \frac{122.4\times10^{-6}}{400} = 0.306\times10^{-6}$$

$$= 3.06\times10^{-7}\ \text{W/m}^2$$

(b) IL_1 : 6 m 거리의 음 세기레벨, IL_2 : 20 m 거리의 음 세기레벨

$$\text{IL}_1 - \text{IL}_2 = 10\log(I_1/I_2) = 10\log(r_2^2/r_1^2) = 10\log(20^2/6^2)$$

$$= 10\log\frac{400}{36} = 10\log 11.1 = 10\times1.046 = 10.46$$

$$≒ 10.5\ \text{dB}$$

파워레벨이 PWL인 점음원으로부터 거리 r 되는 위치의 음압레벨을 SPL [dB]이라 하면 음압과 거리의 관계는 다음과 같다.

$$\text{SPL} = \text{PWL} - 20\log r - 11 \ (\text{구면파로 전파될 때}) \tag{7.10}$$

$$\text{SPL} = \text{PWL} - 20\log r - 8 \ (\text{반구면파로 전파될 때}) \tag{7.11}$$

또 음원에서의 거리가 r_1 [m]에서 r_2 [m]로 될 때 음압레벨이 SPL_1 [dB]에서 SPL_2로 감쇠되는 경우의 차이는 다음과 같다.

$$\text{SPL}_1 - \text{SPL}_2 = 20\log(r_2/r_1) \tag{7.12}$$

따라서 음파가 점음원일 때는 거리의 비가 2배일 때마다 6 dB씩 감쇠한다.

【예제 7-14】 출력 0.01인 W의 작은 점음원으로부터 100 m SPL을 구하라.

풀이 $PWL = 10\log(W/10^{-12}) = 10\log(0.01/10^{-12}) = 100$ dB

따라서 $SPL = PWL - 20\log r - 11 = 100 - 20\log 100 - 11 = 49$ dB

【예제 7-15】 유닛 공조기의 소음이 1 m 지점에서 94 dB일 때 5 m 거리에서의 소음레벨은 얼마인가?

풀이 $20\log(r_2/r_1) = 20\log(5/1) = 20\times 0.7 = 14$ dB

따라서 $94 - 14 = 80$ dB

【예제 7-16】 공장부지 내의 지면에 소형송풍기가 있는데 그 소음은 10 m 거리에서 70 dB 이었다. 이를 65 dB로 하려면 송풍기를 얼마쯤 이동시켜야 하는가?

풀이 $SPL_1 - SPL_2 = 20\log(r_2/r_1)$

$70 - 65 = 20\log(r_2/10)$

$10\log r_2 = 12.5 \quad r_2 = 17.8$ m

따라서 $17.8 - 10 = 7.8$ m를 현재보다 더 멀리 이동시켜야 한다.

【3】 선 음 원

선음원은 점음원의 집합이라고 생각할 수 있고, 그 음파는 원통형태로 그림 7-6과 같이 확산된다. 원통의 표면적은 반지름에 비례하여 증가하고 음의 세기는 음원으로부터 거리에 반비례하여 감소한다. 그러므로 일반적인 선음원일 경우 음원으로부터 거리 r에서 측정한 음의 세기 $I \propto 1/r$의 관계가 성립한다.

거리에 의한 2개 음세기의 변화는 다음의 관계를 갖는다.

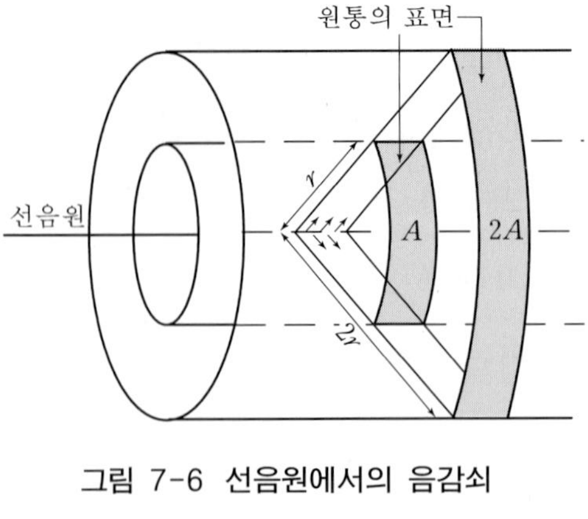

그림 7-6 선음원에서의 음감쇠

$$\frac{I_1}{I_2} = \frac{r_2}{r_1} \tag{7.13}$$

여기서, I_1 : 음원으로부터 거리 r_1에서 측정한 음의 세기

I_2 : 음원으로부터 거리 r_2에서 측정한 음의 세기

【예제 7-17】 선음원으로부터 10 m 거리와 63 m 거리에서 측정한 음의 세기레벨간의 차이를 구하라. 그리고 실제 상황에서 이 결과에 수정을 가할 수 있는 요소들을 설명하라.

풀이 IL_1 : 거리 r_1 (10 m)에서 측정한 음의 세기레벨

IL_2 : 거리 r_2 (63 m)에서 측정한 음의 세기레벨

$$IL_1 - IL_2 = 10\log(I_1/I_2) = 10\log(r_2/r_1) = 10\log(63/10)$$
$$= 10\log 6.3 = 10\times 0.799 = 7.99$$
$$\fallingdotseq 8\text{ dB}$$

단위길이당 파워레벨을 PWL이라고 하면 음압과 거리와의 관계는 다음과 같다.

$$SPL = PWL - 10\log r - 8 \text{ (구면파로 전파될 때)} \tag{7.14}$$

$$SPL = PWL - 10\log r - 5 \text{ (반구면파로 전파될 때)} \tag{7.15}$$

거리 r_1 및 r_2($r_2 > r_1$)에서의 음압레벨차는 선음원의 길이 l이 거리 r에 비해 아주 큰 경우 ($r < l/\pi$)에 다음 식이 성립되어 거리의 비가 2배될 때마다 3 dB씩 감쇠한다.

$$SPL_1 - SPL_2 = 10\log(r_2/r_1) \tag{7.16}$$

【예제 7-18】 선음원으로부터 30 m 거리에서 72 dB이다. 1 m 위치에 있어서의 음압레벨은 얼마인가?

풀이 $SPL_1 = 72 + 10\log 30/1 = 86.6\text{ dB}$

【4】 면 음 원

반지름 a인 원형면에서 단위면적당 파워레벨을 PWL이라고 하면 SPL은 다음과 같다.

$$SPL = PWL + 20\log(a/r) - 3 \tag{7.17}$$

음원의 짧은 변이 a이고 긴 변이 b인 정방형의 면음원으로부터 거리 r_2되는 점의 음압레벨 SPL_2 [dB]과 면에 가까운 점(거리 r_1)의 음압레벨 SPL_1 [dB]의 관계는 다음과 같다.

$$r < a/\pi \text{일 때,} \quad \mathrm{SPL}_1 = \mathrm{SPL}_2 \tag{7.18}$$

$$a/\pi < r < b/\pi \text{일 때,} \quad \mathrm{SPL}_1 - \mathrm{SPL}_2 = 10 \log(\pi r/a) \ (-3\ \mathrm{dB}/\text{배거리}) \tag{7.19}$$

$$r > b/\pi \text{일 때,} \quad \mathrm{SPL}_1 - \mathrm{SPL}_2 = 20 \log(\pi r/b) + 10 \log(b/a) \ (-6\ \mathrm{dB}/\text{배거리}) \tag{7.20}$$

【예제 7-19】 가로 6 m, 세로 3 m인 벽면 밖에서 80 dB이었다. 12 m 떨어진 곳에서는 몇 dB인가?

풀이 $r > b/\pi$이므로

$$\begin{aligned} \mathrm{SPL}_2 &= \mathrm{SPL}_1 - 20 \log(\pi r/b) - 10 \log(b/a) \\ &= 80 - 20 \log(2\pi/6) - 10 \log(6/3) \\ &= 61\ \mathrm{dB} \end{aligned}$$

【5】 음의 지향성(sound directionality)

자유음장(自由音場)에서 음의 전파는 음원의 종류에 따라서 각기 다른 지향특성을 갖게 되며, 일반적으로 극다이어그램(polar diagram)으로 나타나게 된다.

음원의 크기에 비해 음파장이 매우 클 때(저주파수음)의 음에너지는 전방향으로 균일하게 방사되고, 파장이 음원크기보다 작을 때(고주파수음)는 음이 퍼져나가는 각도가 좁고 예민하게 된다.

그림 7-7에서 곡선은 스피커의 동일음압 분포형태를 나타낸다. 여기서, 음원을 중심으로 한 원형은 모든 방향으로 균일하게 방사되는 것을 뜻하며, 이것은 100 Hz의 경우이다. 1,000 Hz와 2,000 Hz일 때는 스피커의 축을 중심으로 하여 지향특성의 각도가 점차로 좁아지는 것을 알 수 있다. 따라서 스피커의 반지름을 크게 함으로써 축방향으로 지향성을 크게 하여 멀리까지 소리가 도달하도록 할 수 있다. 사람의 음성도 지향특성이 있으며, 그림 7-8에서와 같이 얼굴의 전면과 후면에 있어서 음세기의 차이는 고주파수(3,400 Hz)일 때 대략 18 dB 정도임을 알 수 있다.

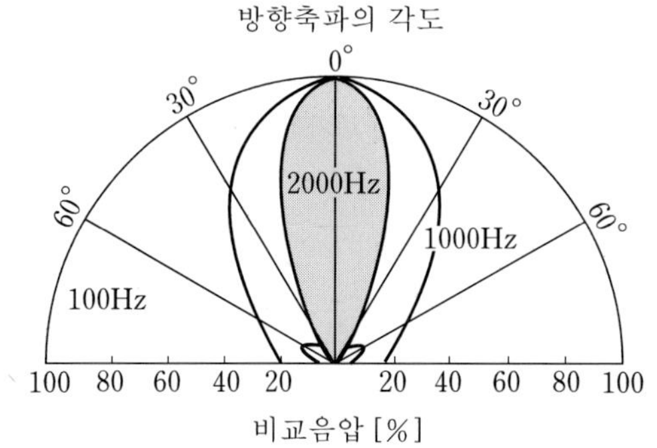

그림 7-7 지름 30 cm인 스피커 지향특성

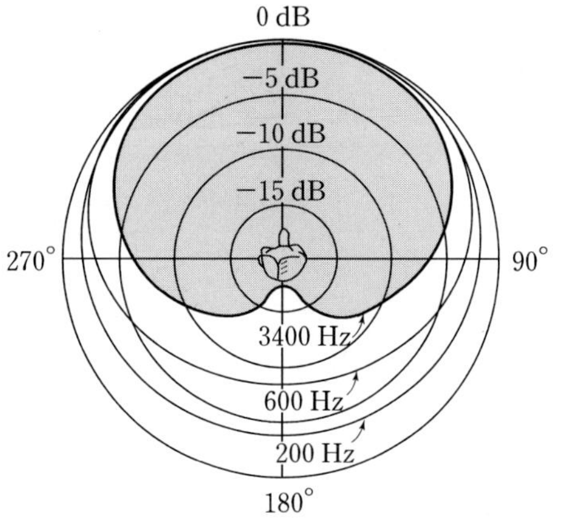

그림 7-8 음성의 지향특성

【6】 기상 및 지형조건에 의한 영향

대기 중에서 음파가 전달될 때는 분자의 점성에 의해서 음의 진동에너지가 열에너지로 변하여 소리가 작아진다. 이 흡음감쇠는 일반적으로 주파수가 높을수록, 습도가 적을수록, 상온(10~30℃)에서는 온도가 낮을수록 커지는 경향이 있다.

100 m당 음의 감쇠량을 a라 하면 그 값은 다음과 같다(표 7-3).

$$a = 14.24 \times 10^{-9} \times f^2 + a_h \tag{7.21}$$

여기서, f : 주파수 [Hz]

a_h : 습도에 의한 흡수량

표 7-3 100 m 당 음의 대기흡수 [dB]

기 후 \ 주파수	1,000 Hz	2,000 Hz	4,000 Hz	8,000 Hz
21℃				
40 % RH	0.3	1.3	3.3	13
60 % RH	0.3	0.6	1.6	8
80 % RH	0.3	0.6	1.6	5
2℃				
40 % RH	1	3.3	5	8
60 % RH	0.6	1.6	5	13
80 % RH	0	0.3	3.3	8

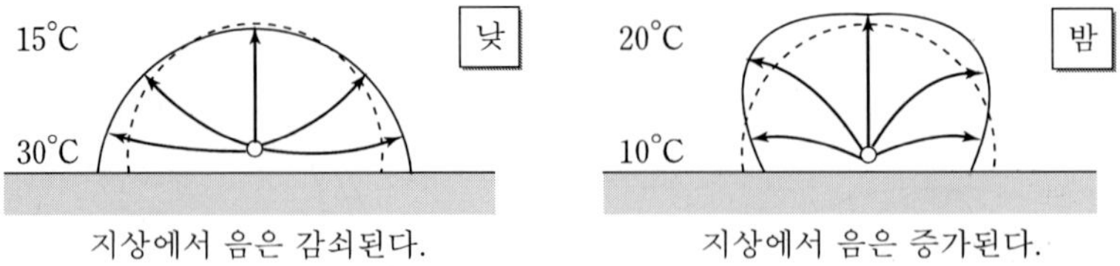

그림 7-9 기온변화에 의한 음의 굴절

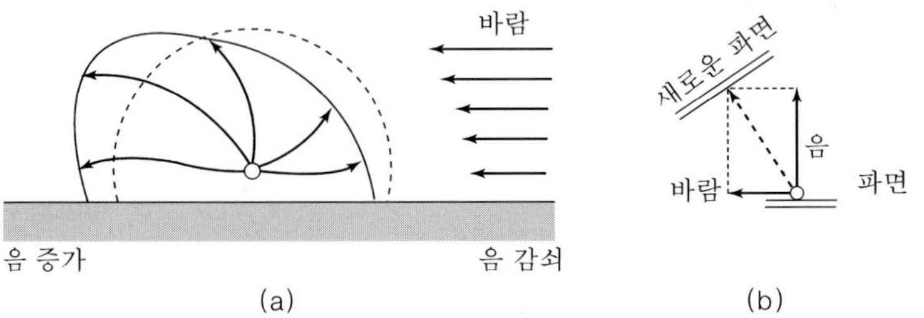

그림 7-10 바람에 의한 음의 굴절

대기 중의 공기는 정지한 상태로만 있지 않으며 균일하게 분포되어 있지도 않다. 맑은 날씨의 주간인 경우 대기는 지표면 가까이서 고온이 되며 공중으로 올라갈수록 저온이 된다. 또한 기온이 높을수록 음의 속도가 빨라지므로 그림 7-9와 같은 음의 전파특성을 보여준다.

지상의 바람은 공중으로 높이 올라갈수록 풍속이 커지는 경우가 많다. 바람 부는 쪽과 음의 방향이 반대가 되면 음이 잘 전파되지 않는 그림자(shadow zone)가 생기지만 같은 방향인 경우는 멀리까지 음이 전달된다(그림 7-10). 야외극장을 계획할 경우 대지의 바람이 대체로 일정한 방향으로 불고 있다면 바람이 무대측에서 청중석으로 부는 대지를 선정함으로써 야외극장의 크기를 보다 증대시킬 수 있게 된다. 만일 야외극장이 보통 볼 수 있듯이 높은 곳에 갈수록 온도가 내려가는 장소라면 객석의 기울기는 최저 8° 정도로 좀 급하게 할 필요가 있다.

표 7-4 거리 100 m 당 지표면에 의한 음감쇠 [dB]

주파수 / 지표면	125 Hz	250 Hz	500 Hz	1,000 Hz	2,000 Hz	4,000 Hz
잔디높이 0.1~0.2 m	0.5	–	–	3	–	–
잔디높이 0.4~0.5 m	0.5	–	–	12	–	15
상 록 수	7	11	14	17	19	20
낙 엽 수	2	4	6	9	12	16

지표면은 마찰저항에 의해 음의 감쇠를 일으키며, 특히 잔디, 관목, 수목 등은 어느 정도 영향을 미친다고 볼 수 있다. 표 7-4는 그 한 예를 보여준다.

7-2 음환경에 대한 인간의 반응

7-2-1 청 각(aural perception)

음의 감지는 귀에서 시작된다. 인간의 귀는 외이(外耳), 중이(中耳), 내이(內耳) 등 크게 세 가지로 구분할 수 있다. 공기 중에 전파된 음이 외이도(外耳道)를 지나 고막에 도달하면 진동으로 바뀌는데, 이 진동은 망치뼈(hammer), 모루뼈(anvil), 등자뼈(stirrup)라는 3개의 작은 뼈(聽小骨 ; ossicles)에 의해 수원창막(隋圓窓膜 ; oval window)까지 전달되며, 이 막을 통하여 내이의 달팽이관(cochlea)에 도달된다. 약 25,000개의 머리카락 같은 청각신경을 통하여 대뇌의 감각중추에 도달함으로써 각종 주파수에 선택적으로 반응하며 소리로 느끼게 된다(그림 7-11).

청각(aural perception)은 다음과 같은 중요한 지각기능을 갖고 있다.

① 방향지각 : 주로 양이효과(兩耳效果)에 의하여 음원의 방향을 판단하며, 좌우의 판정이 전후의 판정보다 더 정확하다.

a. 한쪽 귀가 다른 쪽 귀보다 음원에서 멀리 떨어져 있으면, 같은 음을 약간 다른 위상으로 감지한다.

b. 한쪽 귀가 머리의 음영(音影) 속에 있으면 음의 고주파수성분에 변화가 생기므로 음색을 다르게 느낀다.

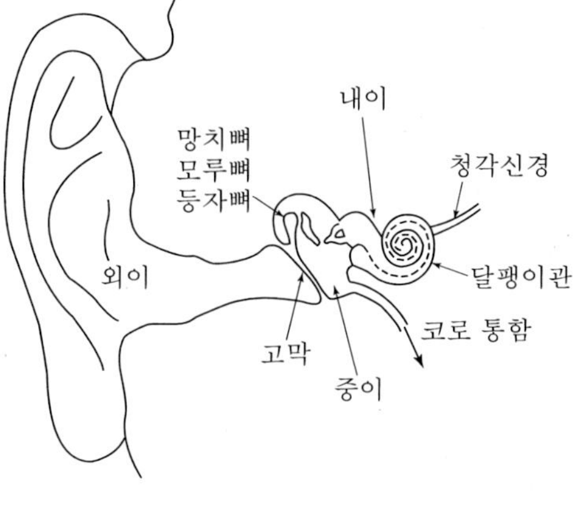

그림 7-11 귀의 구조

② 거리지각 : 방향의 감지보다는 정확도가 떨어지며 판단은 주로 한쪽 귀에 의하여 이루어진다.

a. 관찰자가 음원의 크기에 대하여 어떤 관념을 가지고 있다면 음세기의 감쇠를 판단할 수 있다.

b. 음의 전파과정에서 공기분자에 의한 흡음은 고주파수에서 크므로 음의 주파수 성분을 달리 지각할 수도 있다. 따라서 관찰자가 음색에 대한 어떤 관념을 갖고 있다면, 음색의 변화는 그 거리를 판단하는 실마리가 된다.

7-2-2 주파수와 음높이

저주파수에서부터 고주파수음에 대한 청각의 성질을 음의 높이(pitch)라고 한다. 이는 심리적 감각의 하나로서 물리적 측면인 주파수 척도에 따라 변화되며 고주파수음은 높게, 저주파수음은 낮게 감지된다. 인간의 감각으로는 음의 주파수가 2배라고 해서 2배의 높이로 들리는 것이 아니다 이 사이에는 복잡한 관계가 있다. 그러므로 1,000 Hz에서 60 dB 음압레벨의 높이를 1,000이라 하고, 그 2배의 높이를 2,000, 그 1/2 높이를 500으로 하는 mel 척도(scale)를 사용하고 있다(그림 7-12). 정상적인 사람의 청각으로 감지할 수 있는 가청주파수 범위는 20~20,000 Hz이고, 이 범위 외에 속하는 것을 초음파라 한다(그림 7-13).

보통 음에는 기본주파수 외에도 기본주파수의 배수인 수많은 배음(倍音 ; harmonics)과 상음(上音 ; overtones)이 포함되어 있다. 음색(tone color)은 소리의 맵시라고도 하며, 다른 음과 구별할 수 있는 특성을 지니고 있다. 음성이나 악기 등에서 나는 소리는 크기가 서로 같거나 같은 높이의 음이라도 서로 구별할 수가 있다. 이는 복합음 중에 포

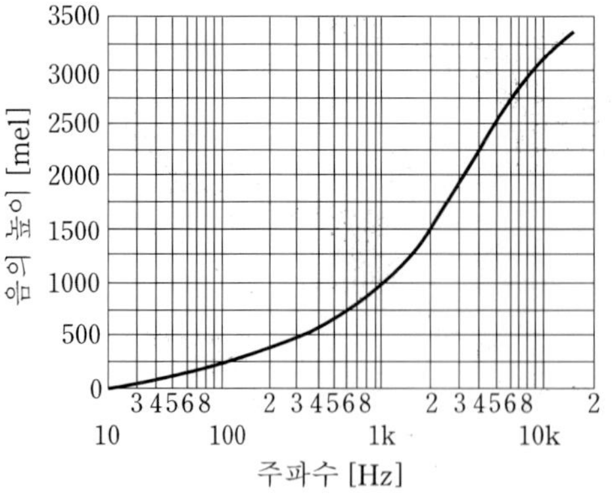

그림 7-12 주파수와 음높이와의 관계

그림 7-13 가청범위

함되어 있는 개개의 기본음 외에 상음의 수와 높이, 그리고 크기가 각기 다르기 때문이다. 일반적으로 상음이 없는 소리는 단조롭고 공허하게 느껴지나, 상음의 수가 많은 복합음은 다양하고 풍부한 소리로 느끼게 된다.

7-2-3 음의 크기와 음 크기레벨(loudness level)

귀의 감각은 음의 주파수에 따라 다르다. 1,000 Hz의 순음에 대한 최소가청한계(minimum audible threshold)는 다음과 같다.

$$I = 10^{-12}\ \mathrm{W/m^2}, \quad P = 20\ \mu\mathrm{Pa}, \quad \mathrm{IL} = 0\ \mathrm{dB}$$

그리고 최대의 자극, 즉 통증한계(threshold of feeling)는 다음과 같다.

$$I = 1\ \mathrm{W/m^2}, \quad P = 20\ \mathrm{Pa}, \quad \mathrm{IL} = 120\ \mathrm{dB}$$

음의 크기는 청각의 감각량으로, 음 크기레벨(loudness level)의 단위는 폰(phon)을 사용한다. 그림 7-14에서 각 곡선상의 숫자를 음의 크기레벨(loudness level)이라고 한다. 데시벨(dB)은 물리적인 척도인데 비해 폰(phon) 척도는 귀의 감각적 변화를 고려한 주관적인 척도이다. 1,000 Hz 순음의 음압레벨이 "A" dB인 음과 동일한 크기로 들리는 음을 "A" phon 음이라고 한다. 이와 같이 사람의 청각으로 지각되는 음의 크기는 주파수

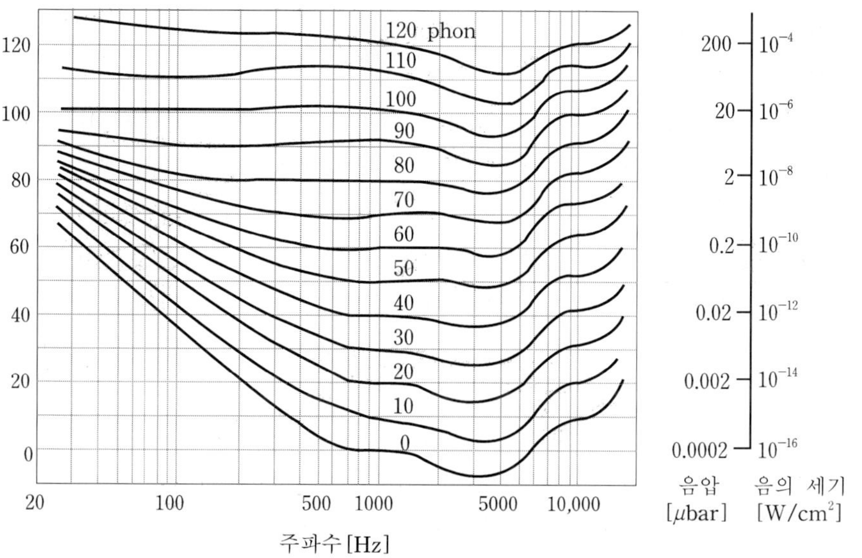

그림 7-14 등감음도곡선(Fletcher-Munson)

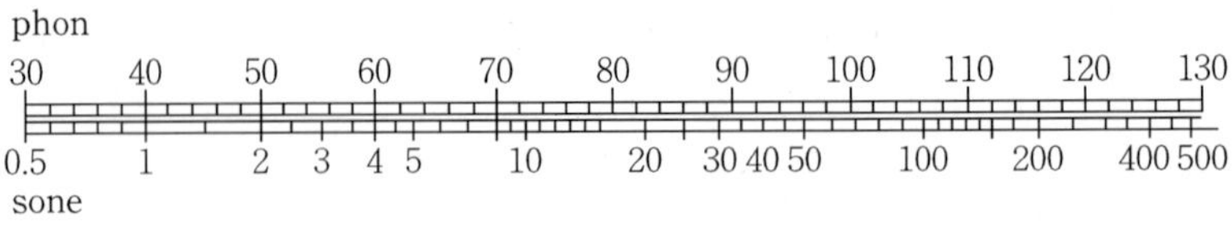

그림 7-15 음 크기레벨 [phon]**과 음 크기** [sone]**의 관계**

에 따라 차이가 있어 평탄하게 선형적으로 느껴지지 않는다. 특정한 순음의 음압레벨과 주파수가 각기 데시벨(dB)과 헤르츠(Hz)로 주어지면 그 음의 크기는 그래프에서 폰 단위로 읽을 수 있다. 한 예로서 32 Hz에서 70 dB의 음, 125 Hz에서 50 dB, 1,000 Hz에서 20 dB, 8,000 Hz에서 28 dB의 음은 모두 20 phon의 등감음도곡선(等感音度曲線)상에 있기 때문에 1,000 Hz에서 20 dB음의 크기와 같게 느껴진다.

음의 감각적 크기를 보다 직접적으로 표시하기 위하여 손(sone) 단위를 사용한다. 손값을 2배로 하면 음 크기는 2배로 감지된다. 음 크기(SN)와 음의 크기레벨(PN)과의 관계는 다음과 같다.

$$\log SN = 0.0301(PN - 40) \tag{7.22}$$

따라서 40 phon의 값은 1 sone과 똑같은 기준점이 된다. 이 관계는 그림 7-15의 노모그램으로 표시할 수 있다.

7-2-4 청감보정 특성

인간의 청각기관의 작용은 주파수에 따라 음이 일정한 크기로 들리지 않으므로 소음공해 등의 문제를 취급할 때는 인간의 청각기관과 흡사한 증폭기를 사용하여 음을 측정하게 된다. 대부분의 계기는 마이크로폰을 이용하여 음압을 측정하며, 계기 속에 있는 전자회로에 의해 음압이 dB의 눈금으로 나타난다. 음 크기 또는 음 크기레벨은 직접 측정될 수 없으나 가중치(상대음압레벨)방법에 의해 음크기 등감음도곡선을 근사하게 그릴 수 있도록 전자회로를 구성할 수 있다. 이것을 "A" 특성이라고 하며, 그림 7-16의 "A" 곡선과 같이 정의된다. "A" 이외 "B", "C" 등이 가중회로는 특수 목적에 사용된다. "C" 특성은 중요한 주파수역인 약 80~3,000 Hz 이내에서 사실상 선형이므로 이 특성은 음향재생 기계시스템에서 흔히 사용된다. dB(A)는 주어진 광대역음을 하나의 단일값으로 표시하는 데 흔히 사용된다. 이것은 주파수에 관계없이 음의 단일가중평균치를 나타내므로 일반적으로 많이 사용된다. 광대역음을 정확하게 기술하기 위해서는 옥타브대역(보다 정확성을 위해서는 1/3옥타브 분석)을 분석하여 스펙트럼을 만들어 보아야 한다.

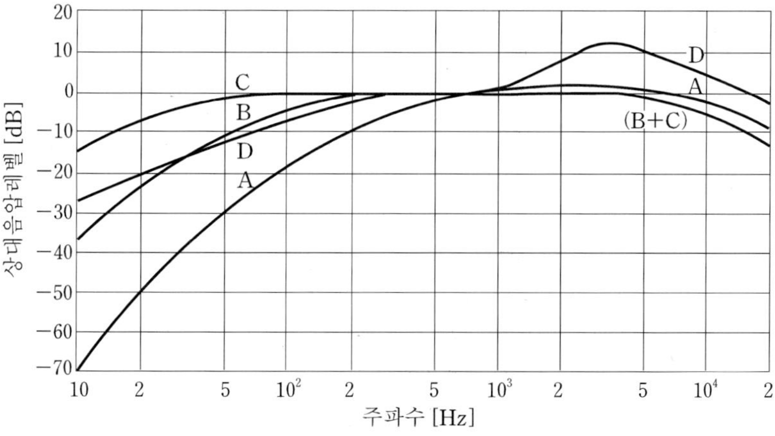

그림 7-16 음의 청감보정 특성

【예제 7-20】 냉각탑(cooling tower) 및 송풍기(HVAC fan)가 동시에 작동할 때 두 음원으로부터 30 m 거리에서 측정한 결과 각각의 주파수별 음압레벨이 다음과 같다. 이들 2개 소음의 주파수별 합성음압레벨 [dB]과 전체를 합성한 소음레벨(over-all sound intensity level ; dB(A)]을 구하라.

주파수 [Hz] / 소음원	63	125	250	500	1,000	2,000	4,000	8,000
냉 각 탑	60	70	77	80	78	71	70	70
송 풍 기	70	72	78	85	75	81	72	68

풀이 (a) 주파수별 합성음압레벨 [dB]

63 Hz : 60 ↔ 70 → 70 1,000 Hz : 78 ↔ 75 → 80
125 Hz : 70 ↔ 72 → 74 2,000 Hz : 71 ↔ 81 → 81
250 Hz : 77 ↔ 78 → 81 4,000 Hz : 70 ↔ 72 → 74
500 Hz : 80 ↔ 85 → 86 8,000 Hz : 70 ↔ 68 → 72

(b) 전체 합성소음레벨 [dB(A)]

주파수	보정	1단계	2단계	3단계
63 Hz	70 − 26 = 44	58	83	87
125 Hz	74 − 16 = 58			
250 Hz	81 − 9 = 72	83		
500 Hz	86 − 3 = 83			
1,000 Hz	80 − 0 = 80	84	84	
2,000 Hz	81 + 1 = 82			
4,000 Hz	74 + 1 = 75	76		
8,000 Hz	72 − 1 = 71			

∴ 87 dB(A)

7-2-5 명료도와 요해도

명료도(明瞭度 ; clarity ; percentage articulation)는 사람이 말을 할 때 어느 정도 정확하게 청취할 수 있는가를 표시하는 기준을 백분율로 나타낸 것으로 다음과 같다.

$$명료도(PA) = 96 \times K_e \times K_r \times K_n \tag{7.23}$$

여기서, K_e : 음의 세기에 의한 명료도의 저하율

K_r : 잔향시간에 의한 명료도의 저하율

K_n : 소음에 의한 명료도의 저하율

윗 식에서 상수 96은 완전한 실내환경에서도 96 %가 최대명료도임을 뜻하는 것으로 Knudsen은 실험을 통하여 그림 7-17과 같은 관계를 제시하였다.

① K_e : 그림 7-17 (a)에서와 같이 음의 세기에 의한 명료도는 음압레벨이 70~80 dB에서 가장 잘 들리고, 40 dB 이하가 되면 급격히 저하된다. 이것은 귀의 감도에 의한 영향으로, 특히 자음(子音)이 잘 들리지 않는 생리음향적인 이유와 음이 작으면 주의력이 다른 쪽으로 옮겨가는 심리적인 이유에 의한 것이다.

② K_r : 그림 7-17 (b) 곡선에서와 같이 잔향시간이 길면 언어의 명료도가 저하된다.

③ K_n : 그림 7-17 (c)에 나타낸 것과 같이 소음에 의한 명료도는 음압레벨과 소음레벨의 차이가 0 dB, 즉 두 음의 레벨이 같을 때 K_n의 값은 0.67이다. 이 K_n은 두 음의 차이가 커짐에 따라 증가한다.

언어의 명료도에 의해서 말의 내용이 몇 % 이해되는냐 하는 정도를 언어의 요해도(了解度 ; intelligibility)라고 한다. 요해도와 명료도의 관계는 그림 7-18에서 나타나듯이 각 음절의 전부를 확실하게 들을 수는 없어도 말의 내용이 이해되는 경우가 있으므로

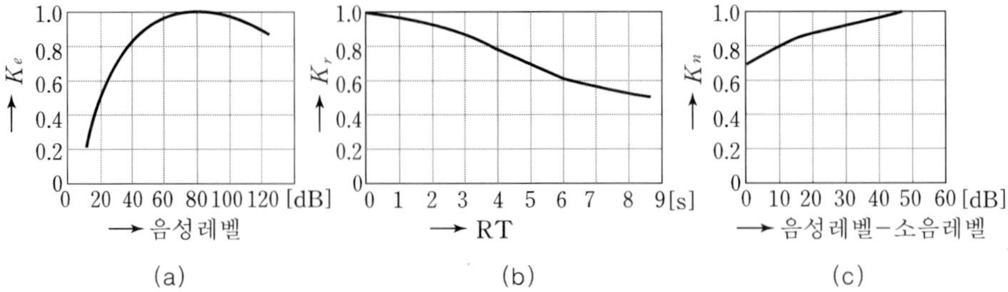

그림 7-17 명료도를 구하는 계산도표

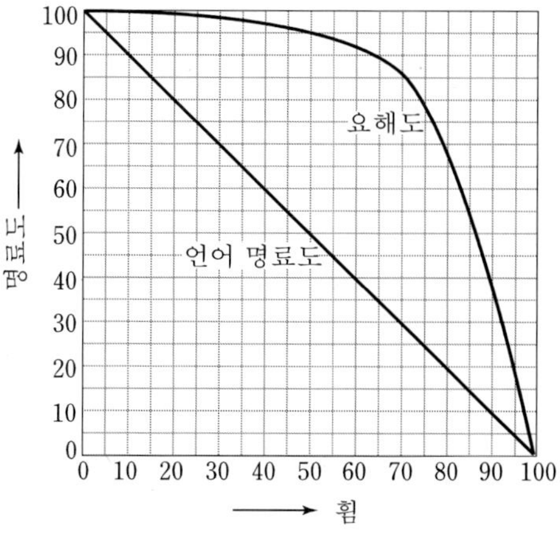

그림 7-18 요해도와 명료도

요해도는 명료도보다 높은 값을 갖게 된다.

확성장치를 사용하지 않을 경우 인간의 음성이 갖는 음 레벨범위는 음원으로부터 3 m 거리에서 들을 때 30 dB(A)(속삭이는 소리)에서 70 dB(A) 정도가 된다. 언어사용을 목적으로 하는 실내에서, 거리에 따른 청취조건은 음원으로부터 객석까지의 거리에 따라 다음과 같이 구분된다.

15 m 이하 : 편안한 청취조건
15~20 m 이하 : 충분한 요해도조건
20~25 m 이하 : 만족한 청취조건
30 m : 확성장치 없이 청취할 수 있는 한계조건

7-3 음환경이 인간에 미치는 영향

7-3-1 인간과 음

인간은 음환경 속에 존재하며 음에 의한 의사전달로 생활을 보다 편리하게 영위한다. 또한 음환경에 의해 개인적이거나 대인적인 행동에 영향을 받는다. 음환경 가운데서 인간행동에 영향을 미치는 소음은 인류문명에 의한 부산물이라는 특성을 갖는다. 소음에 대한 일반적 정의는 “원하지 않는 소리”이므로 어떤 사람에게는 바람직한 음이 다른 사람에게는 소음으로 들릴 수 있어서 소음은 사람의 주관적·심리적 요소와 그 주변상황

요소에 좌우된다. 인간에게 영향을 미치는 소음의 특성에 대한 많은 연구에서 소음의 형태에 따라 인간의 행동에 미치는 영향이 서로 다른 것을 발견하였다.[1] 어노이언스 반응에 영향을 주는 것은 소음의 크기, 예측성, 그리고 조절가능성 등이다. 여기에 인간에게 괴로움을 주는 소음의 영향요인을 추가한 연구도 있다.[2] 이 연구에서 밝혀진 영향요인에서는 소음 자체의 성격보다는 소음을 받아들이는 인간의 인식측면이 중요시되고 있다. 소음은 인간의 생리적, 사회·심리적인 면 뿐 아니라 작업능률면과 같은 인간행동 전반에 영향을 주고 있다.

7-3-2 생리적 영향

음은 무의식중에서도 신체의 동요를 가져오게 하고 호흡이나 맥박에도 영향을 준다. 지속되는 음척극(音刺戟)에 의해 혈관의 수축, 혈구수의 변동, 호르몬량의 변화 등이 일어난다. 이러한 생리적 변화에 대한 음의 영향은 의학분야에서 널리 이용되고 있다. 음악을 들려줌으로써 통증 없이 질병을 치료한다든가 고혈압 환자의 혈압강화제, 진정제 또는 자극제로 이용한 예가 많다. 또 GSR(피부전기반응검사) 등은 뇌파까지 음을 전파시켜서 거짓말 탐지기로 사용한 예로 널리 알려진 일이다. 이외에 음환경에 의한 인간의 생리적 측면에서의 영향연구로는 소음에 의한 청각손상의 문제와 육체적 건강문제가 주를 이루고 있다.

청각손상에 대한 소음의 영향연구에서는 공통적으로 인간이 소음에 노출됨에 따라 청각모세포(聽覺毛細胞)가 일시적 또는 영구적 손상을 입게 되어 청각손상이 발생됨을 밝히고 있다.[3] 일시적 난청(TTS)은 짧은 기간동안의 소음 영향으로 청력가청한계가 일시적인 변화를 일으키는 것으로 청력 회복에 필요한 일정시간(보통 16시간 정도)이 경과하면 거의 원상복구가 된다. 그러나 청력회복시간의 여유 없이 높은 소음에 장기간에 걸쳐 반복적으로 노출되면 노인성 또는 마약성 난청과 같이 회복이 불가능한 영구성 난청(PTS)이 초래된다. 소음레벨에 따른 영향을 분류하면 다음과 같다.

① 65 dB(A) : 원하지 않는 음으로 지각되어 방해를 느끼게 되나 심리적인 영향일 뿐이다. 이 소음레벨을 초과하면 정신적·육체적 피로가 발생하는 등 생리적 영향을 받게 된다.

---

1) Kryter, K. D., The Effects of Noise on Man, Academic Press, New York, 1970
2) Borsky, P. D., Effects of Noise on Community Behavior, In W. D. Ward & J. E. Fricke, edit., Noise as a Public Health Hazard, The American Speech and Hearing Association, 1969
3) Taylor, A., The Weavers of Dundee, *Trans. soc. Occup. Med., 22*, pp. 37-43, 1972

② 90 dB(A) : 다년간 노출될 경우 영구성 난청의 원인이 된다.

③ 100 dB(A) : 단시간 노출시에도 청감이 일시적으로 저하되며, 장시간 노출될 경우에는 회복이 어려운 청각손실을 준다.

④ 120 dB(A) : 귀에 고통을 주기 시작한다.

⑤ 150 dB(A) : 순간적으로 청각기관이 파손된다.

산업장에서 소음에 노출됨으로써 발생하는 소음성 난청이 직업병으로 큰 문제가 되고 있어 실험조사를 통해 난청보호를 위한 직장소음의 허용치를 규정하고 있다. 미국의 노동안전위생국(OSHA, 1971)과 일본 산업위생협회는 근로자의 건강을 위하여 소음노출량에 따른 작업허용시간을 규정하고 있다(표 7-5, 표 7-6).

육체적 건강에 대한 소음의 영향연구에서는 높은 수준의 소음에 노출되면 흥분과 스트레스 반응을 일으키고 이에 의해 질병이 발생될 수도 있음을 발견하였다. 그러나 그 영향 정도에 있어서는 음 이외의 다른 요인들과 복합적으로 관련되어서 나타나고 있음을 밝히고 있다.[4] 특히 항공기 소음에 노출된 임산부와 유아 사망률간의 관련성을 밝힘으로서 소음노출이 인체에 미치는 결정적 사례를 보여준 연구도 있다.[5] 그러나 소음이 건강에 악영향을 미치는 데 있어서는 다른 자극물(공장 오염물질, 직무에 대한 긴장감, 경제적인 압력, 특정 심리적인 질병에 대한 민감 정도)과도 연관되어서 나타난다는 것을 감안하여야 한다. 또한 비가청주파수의 음은 진동으로서 인간의 일상생활에 직접적으로 영향을 주고 있다. 초저주파수의 진동은 지표면에서 55 dB 정도에서 느껴지기 시작하여

표 7-5 작업시간과 허용소음레벨(OSHA 기준)

하루 중 작업시간 [h]	허용소음레벨 [dB(A)]
8	90
6	92
4	95
3	97
2	100
1.5	102
1	105
0.5	110
0.25	115

4) Cameron, P., et al., Sound Pollution, Noise Pollution, and Health : Commurity Parameters, Journal of Applied Psychology, 56, 1972

5) Ando, Y., & Hattori, H., Statustical Studies on the Effects of Intense Noise during Human Fetal Life, Journal of Sound and Vibration, 27, 1973

표 7-6 청력보호를 위한 소음의 허용기준(일본)

중심주파수 [Hz]	주파수별 허용소음레벨 [dB]					
	480분	240분	120분	60분	40분	30분
250	98	102	108	117	120	120
500	92	95	99	105	112	117
1,000	86	88	91	95	99	103
2,000	83	84	85	88	90	92
3,000	83	83	84	86	88	90
4,000	82	83	85	87	89	91
8,000	81	89	92	97	101	105

65 dB 정도에서부터는 수면을 방해하게 된다. 주파수별로는 1~3 Hz의 진동은 호흡운동에 영향을 주어 호흡이 곤란해지고, 7 Hz의 진동은 집중력 저하, 피로, 두통, 멀미 등을 유발시킨다. 또 8 Hz의 진동은 순환기 계통의 공명현상이나 심장병을 유발시킬 수 있으며, 일부 혈관파열을 일으키게도 하므로 가장 위험한 주파수로 평가된다.

【예제 7-21】 불도저(bulldozer) 운전석의 소음을 옥타브 밴드로 주파수 분석한 결과 다음과 같았다. 운전석의 청력을 보호하기 위한 1일 허용작업시간은 얼마인가?

중심주파수 [Hz]	250	500	1,000	2,000	4,000	8,000
octave band level [dB]	100	98	95	90	85	70

풀이 표 7-6을 이용하면 허용작업시간은 250 Hz에서 240분, 500 Hz에서 120분, 1,000 Hz에서 60분, 2,000 Hz에서 40분, 4,000 Hz에서 120분 이하가 된다. 여기서, 2,000 Hz음이 가장 청력장애에 영향을 크게 주며, 1일 작업시간은 40분 이내가 난청방지상 바람직한 것으로 평가된다.

7-3-3 사회 · 심리적 영향

음은 인간의 마음을 즐겁게 또는 슬프게 할 수 있다. 중국에서는 일찌기 균형과 조화를 중시하고 예악사상을 고취시켜 인격의 도야에 미치는 음의 영향을 강조하였으며, 우리나라에서는 노동요 등이 일찍부터 발전되어 왔다. 이처럼 인간의 사회 · 심리적 측면에 대한 음의 영향에 대해서는 예로부터 그 인식을 하여 왔다. 반면, 사회의 발달에 따른 소음의 과도한 발생으로 인해 음에 의한 사회 · 심리적 영향 문제를 많이 연구하게 되었다.

인간의 심리적 측면에 대한 소음의 영향을 규명하기 위한 많은 연구결과는 소음이 인간의 심리적 측면에서 어노이언스와 짜증을 야기시키는 중요한 요인임을 밝히고 있다.[6] 이때 어노이언스는 환경소음이 인간에게 미치는 심리적 영향에 대한 종합적인 평가로서 대화 및 수면방해, 업무수행을 방해하는 기능장애와 시끄러움으로 느끼는 종합적인 피해 정도를 나타낸다. ISO에서는 어노이언스와 짜증을 일으키는 소음의 성격이 복합음보다는 순음이고 계속적인 것보다는 일시적인 충격음이며, 그런 소음에 의한 심리적 반응은 도시지역보다는 교외지역에서, 낮시간보다는 밤시간에 보다 강하게 나타남을 지적하고 있다. 소음에 의한 심리적 반응으로서 어노이언스 발생에 대한 평가치에는 개인간, 그룹간에 차이가 있음이 밝혀져 있다.[7] 이처럼 어노이언스 평가치는 음의 크기 및 변이와 같은 소음의 물리적 변수와 소음을 지각하는 개개인의 여러 요인에 의해 결정되는데, 어노이언스가 클 경우에 인간은 행동적 반응을 나타내게 된다. 국제표준화기구(ISO)에서는

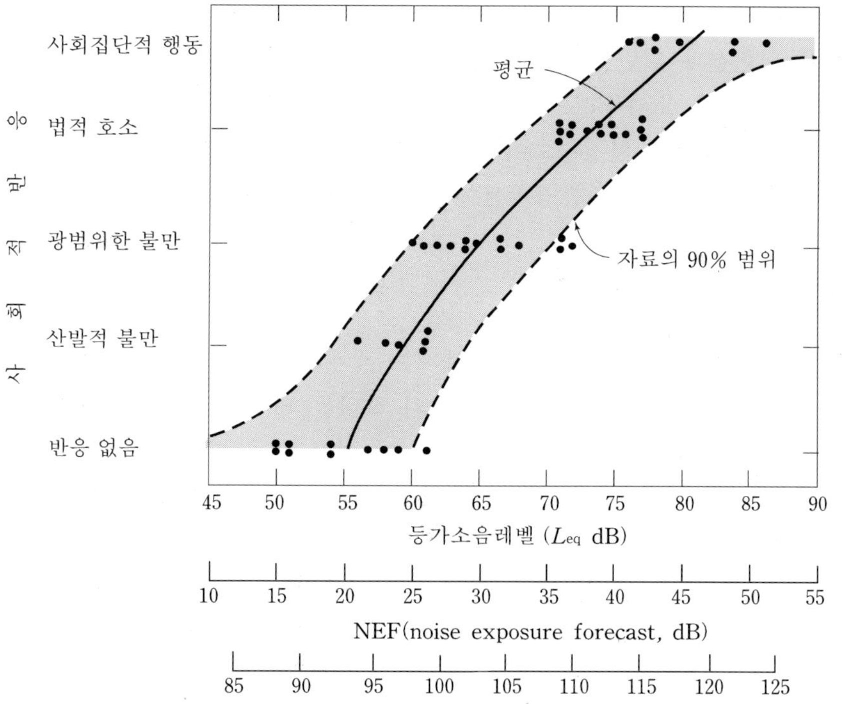

그림 7-19 소음에 대한 인간의 사회적 반응

6) Capenter A., The Effects of Noise on Work, Am Occupational Hygine, 1, pp. 42-54, 1958.
7) Buns, W., Noise and Man, W. Clowes Son Ltd., 1968

암소음에 대한 개인·집단간의 행동적 반응에 대해 다음과 같이 규정하고 있다.

5 dB(A) 초과 : 산발적인 불만
10 dB(A) 초과 : 광범위한 불만
15 dB(A) 초과 : 집단적 행동의 징조
20 dB(A) 초과 : 강력한 집단행동의 발생

그림 7-19는 미국환경보호청(EPA, 1971)의 연구로서 도시주거지역에서 등가소음레벨(L_{eq}), NEF, CNR 등 세 가지 소음평가량에 대한 행동적 반응을 나타낸 것이다. 그림에서와 같이 지역등가소음레벨이 75 dB(A) 이상이면 소음의 억제를 위한 강력한 법적호소와 같은 사회적 반응이 나타남을 알 수 있다.

이외의 사회적 행동에 대한 소음의 영향연구로는 소음에 노출된 상황에서 사람과 사람 사이의 관계에 소음이 미치는 영향을 조사한 연구가 있다. 이러한 연구는 인간과 인간이 갖는 사회적 관계로서 우호적 접근, 공격적 태도와 남을 도와주려는 자세에 대해 실험하였다. 실험결과 일반적으로 높은 소음은 우호적 접근태도를 방해하며, 공격적 태도를 갖게 하고 남을 도와주려는 태도에서 소극적임이 밝혀졌다.

이처럼 소음은 물리적 환경변수이면서 인간의 사회·심리적인 면에 영향을 주게 되므로 쾌적한 음환경설계는 사회환경개선의 차원에까지 접근될 수 있다.

7-3-4 음환경과 작업능률

작업수행에 미치는 소음의 영향에 대해서는 많은 실험연구가 있다. 사무소와 산업장에서 작업수행에 관련된 배경소음의 문제 중의 하나는 의사전달을 방해하는 것이다. 또 배경소음에 대한 연구에서는 특별한 의미를 갖지 않는 큰 소음보다 대화로서 판별되는 소음이 작업수행에 보다 큰 방해요인이 됨을 발견하였다. 특히 대화를 방해하는 소음에 관련된 지표로서 SIL〔speech interference levels, Beranek(1957)〕이 제안되었다. 사무처리에 관계된 SIL 자료는 사무처리를 하는 사무실에서는 55 dB에서 70 dB까지를 수용할 만한 수준으로 제시하고 있다. 산업환경에서 생산성에 관한 소음의 영향연구에서는 일반적으로 소음을 줄임으로써 생산성을 높일 수 있음을 발견하였다. 몇 개의 연구에서는 작업수행에 영향을 미치는 요인으로 소음 외에 작업자들의 사기나 피로 또는 의사전달의 어려움 같은 매개변수들을 지적하고 있다.

사무능률에 대한 소음의 연구로 기억력과 타이핑에 대한 실험연구에서는 일반적으로 소음레벨이 높아질수록 기억력이 저하되고 타이핑 능률도 떨어짐이 지적되었다. 학업능률에 대한 실험연구로 Cohen et al.(1980)의 경우는 학교어린이가 비행기소음에 노출될 때 조용한 음환경에 있는 학교어린이보다 인식작업에서 실수하거나 그 작업을 포기하는 경향이 높다는 것을 발견하였다. 특히 지능이 낮은 어린이의 경우는 30%까지 그 영향이 나타났다. 이외에 작업능률과 관계된 소음특성 연구에서는 소음이 갑작스럽고 예측할 수 없을 때보다 큰 영향을 받는 것을 밝히고 있다.

이처럼 작업능률에 대한 소음의 영향이 직접적이든 간접적이든 영향을 미치고 있음이 입증됨으로써 경영자와 관리자, 교사들은 소음의 수준과 함께 사회·환경적 변수를 인식하게 되었다. 따라서 건축가는 자신이 계획하는 건축공간에 디자인 요소로서 이러한 종합적인 음환경의 변수를 고려하여야 한다.

8장 건축과 음환경

8-1 실내음향이론

8-1-1 기하음향학의 기초사항

실외 자유음장에서의 음파는 음원으로부터 구면파(球面波)로 전파되며, 거리가 멀어질수록 음향출력은 급격히 감쇠한다. 실내 폐쇄음장에서의 음파는 실외보다는 복잡하여 실의 형상·크기 및 구조 등에 따라 벽, 천장, 바닥과 같은 건물부위면에서 음의 반사, 흡음, 확산, 잔향, 공명현상이 발생하게 된다. 실의 음향특성을 결정하는 방법에는 계산에 의한 물리음향학과 빛의 특성과 동일하게 취급하는 기하음향학(幾何音響學 ; geometric acoustics)이 있다.

그림 8-1은 실내음향의 현상을 기하학적으로 설명한 예이다.

【1】 음의 반사(sound reflection)

음파가 실내표면에 부딪치면 입사된 음에너지의 일부는 흡수되고, 일부는 구조체를 통하여 투과되며 그 나머지는 반사하게 된다. 이때 입사된 음에너지가 반사, 흡수 및 투과되는 각각의 비율은 재료의 표면특성과 구조에 따라서 차이가 생긴다. 콘크리트, 벽돌, 돌, 회반죽, 유리 등 경질이고 평탄한 표면은 입사음에너지의 대부분을 반사한다.

음파의 반사현상(sound reflection)은 광학의 법칙과 같이 입사음과 반사음은 동일평면에 있고 반사각과 입사각은 같다. 볼록하게 나온 면(凸)은 음을 확산시키고 오목하게 들어간 면(凹)은 반사에 의하여 음을 집중시키는 경향이 있다.

음을 효과적으로 반사시키려면 반사판의 적절한 크기가 필요하다. 이 반사판이 작을 경우에는 클 때보다 음의 회절(回折)현상으로 인하여 반사된 음에너지가 많이 감소되기

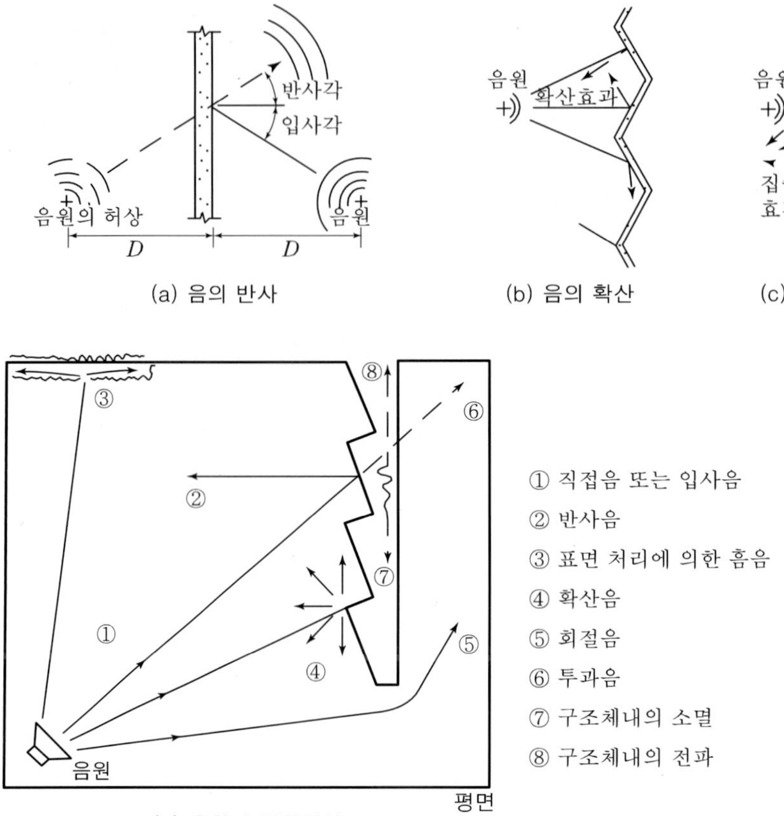

(a) 음의 반사 (b) 음의 확산 (c) 음의 집중

(d) 음향의 종합현상

그림 8-1 실내음향현상

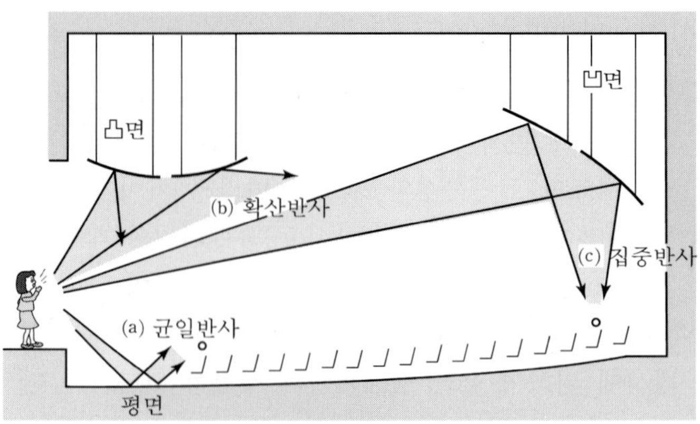

그림 8-2 표면형태에 따른 음반사

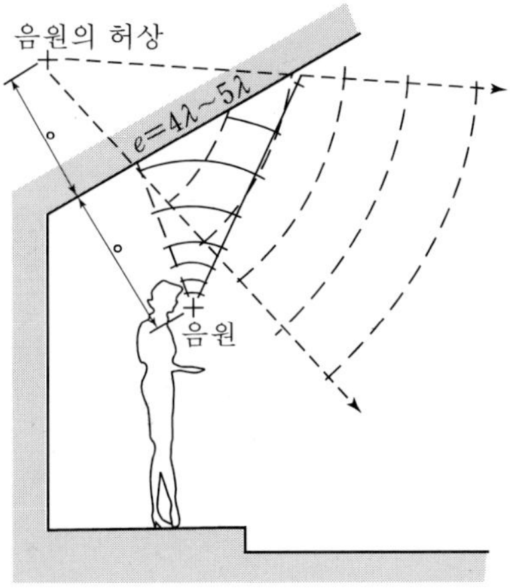

(a) 반사판의 크기

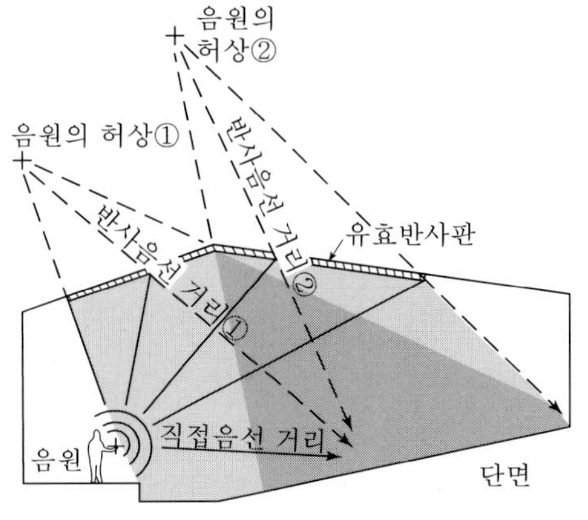

(b) 반사판의 사용예

그림 8-3 반사판의 크기 및 사용 예

때문에 반사효율이 떨어진다. 특히 반사판 끝부분에서의 회절현상을 고려하여 그 크기를 결정하여야 한다. 강연이나 음악소리를 들을 때의 명료도는 저음보다는 중간음과 고음에 의해 좌우된다. 따라서 반사판 크기는 중간음 파장의 4~5배 크기 정도가 바람직하다. 그림 8-3에서와 같이 500 Hz 이상의 음을 반사시키려면, 이때의 파장이 대략 0.7 m이므로 반사판의 크기로는 3 m 정도의 폭이 요구된다.

【2】 음의 확산(sound diffusion)

일정한 요철(凹凸)을 가진 표면에 음파가 부딪치게 되면 균일한 음분포를 가진 여러

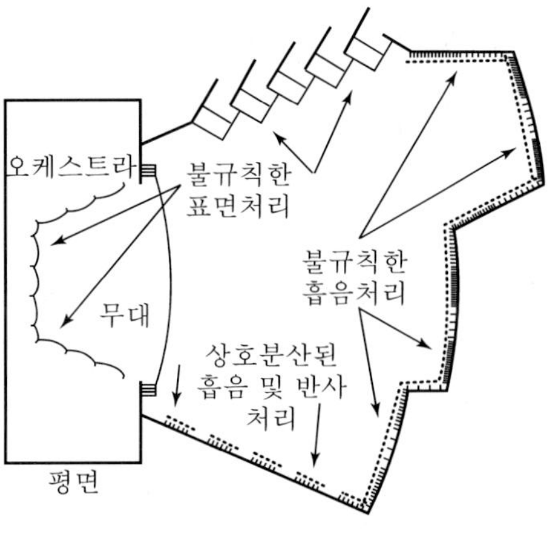

그림 8-4 오디토리엄 내의 음확산

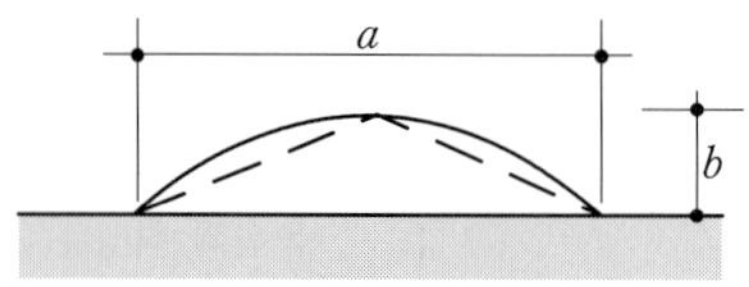

그림 8-5 확산체의 크기

개의 작고 약한 파형으로 나누어지는데, 이러한 현상을 음의 확산(sound diffusion)이라 한다. 이는 표면재의 크기가 입사음의 파장과 거의 같은 경우에 발생되며 음의 방향을 변화시킨다. 음의 효과적인 확산은 반향(反響 ; echo)을 방지하고 실내음압분포를 고르게 하며, 음악이나 음성에 적당한 여운을 주어 자연성을 증가시키므로 음악실이나 스튜디오 등의 음향조건이 좋아진다.

음을 확산하는 몇 가지 방법을 제시하면 다음과 같다.

① 불규칙한 표면, 즉 벽기둥, 창문, 보, 격자천장, 발코니, 조각, 장식재 등의 건축적 요소를 적용한다.

② 흡음재와 반사재를 상호분산 배치한다.

③ 각기 다른 흡음처리를 불규칙하게 분포시킨다.

④ 평행대칭벽을 피한다.

⑤ 확산체의 크기는 확산효과를 기대할 수 있는 치수로 정한다.

음파를 효과적으로 확산시키기 위한 확산체의 폭 a[m]와 돌출 b[m]의 관계는 다음과 같다.

$$\left(\frac{2\pi f}{v}\right)a \geqq 4, \quad \frac{b}{a} \geqq 0.15 \sim 0.3 \tag{8.1}$$

여기서, f : 주파수, v : 음속

a : 확산체의 폭, b : 확산체의 돌출길이

【3】 음의 회절(sound diffraction)

음파가 장애물에 부딪치면 음향적인 음영(acoustic shadow)이 생기게 되지만 광선의 경우와 같이 뚜렷하지는 않다. 이는 음이 파동현상에 의해 회절되기 때문이다. 빛에 있어 가시광선은 파장의 길이가 0.0004~0.00075 mm의 짧은 파장을 갖고 있으므로 회절현상이 거의 없으나, 가청음은 17 mm~17 m의 파장을 나타내고 있어 회절현상이 생긴다. 그러나 파장보다 작은 장애물은 음파가 감싸고 넘어가버려 음향적 그림자가 생기지 않는다. 따라서 음파의 회절현상(sound diffraction)은 고주파수음보다는 저주파수음에서

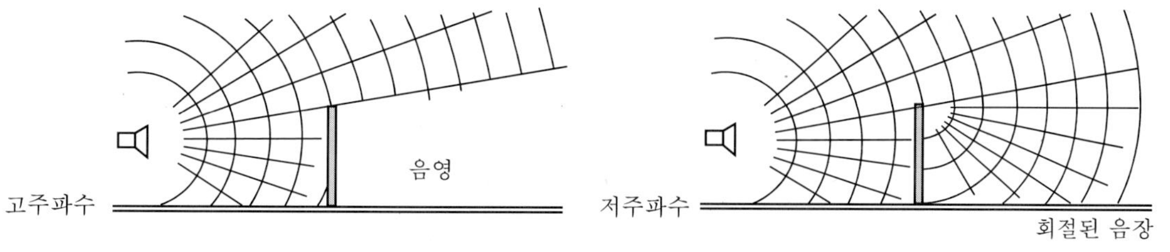

그림 8-6 음영과 음의 회절

크게 나타난다(그림 8-6). 이 때문에 기하음향학 법칙으로써 실내음파의 행동을 정확히 파악하는 것은 불충분하다.

발코니 형식의 오디토리엄인 경우 발코니 밑 깊숙이 앉아 있는 관객이 프로시니엄(proscenium) 스피커의 직접음을 받지 못하는 음향의 그늘 속에 있을 때, 저주파음은 음향적 결합이 보완되나 짧은 파장의 고주파음은 발코니 돌출선단으로 회절되지 않기 때문에 음의 감쇠현상이 일어나 청취조건이 나쁘게 된다.

8-1-2 흡 음

흡음(sound absorption)은 재료표면에 입사하는 음에너지가 마찰저항, 진동 등에 의하여 열에너지로 변하는 현상을 말한다.

어떤 재료가 어느 정도 흡음효과를 가지고 있는가는 주파수별 흡음률(α)로 표시된다. 재료의 흡음률(sound absorption coefficient)은 입사에너지와 재료표면에 흡수된 에너지와의 비율로서 이 흡음률값(α)은 주파수에 따라 다르며 0~1.0 사이에서 변화한다. 예를 들면, 어떤 재료가 500 Hz에서 70 %가 흡수되고 30 %가 반사된다면 이 재료의 흡음률은 0.7이다. 흡음률이 0인 재료는 실제로 없고 반사성이 좋은 재료라도 매우 적은 양이지만 흡수된다.

흡음률이 1이 되는 경우는 벽면에 있는 창과 문 등의 개구부를 완전히 열어놓았을 때의 경우로서, 이를 오픈 윈도 단위(open window unit)라고 한다. 흡음률이 0.2 이상이면 비교적 효율이 높은 것으로 평가한다.

음향학적으로 중요한 건물의 음향조절을 위해서는 저음역, 중음역, 고음역 등의 특성별로 흡음재료가 필요하다. 보통 125, 250, 500, 1,000, 2,000, 4,000 Hz에 대해 작동되며, 특기사항이 없는 한 잔향실법(殘響室法) 흡음률 측정값을 이용한다.

흡음률 측정을 위한 잔향실은 부정형이고 반사성이 큰 벽과 경사진 천장면으로 둘러싸인 양호한 확산음장의 조건을 갖춘 실이라야 한다(그림 8-7). ISO의 추천규격에 의하면 실용적은 180 m^3 이상이고, 시료(試料)는 면적의 대소에 따른 측정결과의 확산을 적게 하기 위해 10 m^2 정도 이상으로 집중배치로 한다.

잔향실법 흡음률은 잔향실 내의 실험(KSF 2805)에 의하여 다음과 같은 식으로 구한다.

$$\alpha = \frac{55.3V}{v \cdot S}\left(\frac{1}{\mathrm{RT}_1} - \frac{1}{\mathrm{RT}_2}\right) \tag{8.2}$$

여기서, α : 잔향실법 흡음률

RT_1 : 시료를 넣은 상태에서의 잔향시간 [s]

V : 잔향실 용적 [m^3]

RT_2 : 시료를 넣지 않은 상태에서의 잔향시간 [s]

S : 시료면적 [m^2]

v : 공기 중의 음의 속도 [m/s]

그 외에 간단히 흡음률을 측정하는 방법으로는 정재파법(定在波法 ; standing wave method), 관내법(管內法 ; tube method) 등의 수직입사 흡음률 측정이 있다.

흡음력의 단위는 W. C. Sabine을 기념하여 세이빈(sabine)이라 한다. 1미터 세이빈 [m^2]은 1 m^2 표면에서 흡음률 $\alpha = 1.0$일 때의 흡음력을 말한다. 예로, 표면적 $S = 10$ m^2, $\alpha = 0.4$일 때의 흡음력은 $S\alpha = 10 \times 0.4 = 4$ m^2 미터 세이빈이 된다.

$$\text{총 흡음력 } A = \Sigma(S\alpha) = \text{실표면재료의 흡읍력}\left(\sum_i^n S_i \alpha_i\right) + \text{고주파에서의 공기에 의한 흡음력}(4\,\mathrm{mV}) + \text{재실자와 물체의 흡음력}\ (\Sigma A_j) \tag{8.3}$$

그림 8-7 잔향실의 단면

여기서, V : 실용적 [m^3],

m : 온습도에 의한 감쇠계수

α_i : 실표면재료의 흡음률

S_i : 실의 각 표면 재료면적 [m^2]

8-1-3 잔 향

실내에서 음을 갑자기 중지시켜도 소리는 그 순간에 없어지는 것이 아니라 점차로 감쇠되다가 안 들리게 된다. 이와 같이 음 발생이 중지한 후에도 소리가 실내에 남는 현상을 잔향(殘響 ; reverberation)이라 한다. 잔향을 양적으로 표시하는 데는 잔향시간(reverberation time)을 사용한다. 이는 실내에 일정한 세기의 음을 제공하여 일정상태가 되었을 때, 음원으로부터 음의 발생을 중지시킨 후 실내의 평균에너지 밀도가 최초값보다 60 dB 감쇠하는 데 요하는 시간을 말한다(그림 8-8). 이것은 W. C. Sabine이 1895년에 연구발표한 이래 실내음향환경을 표시하는 데 중요한 요소로 사용되고 있다.

잔향시간이 너무 길면 대화음의 요해도가 저하되며 빠른 연주음일 경우 각 악기의 분리가 명확하지 못하게 되어 혼란하게 느껴지는 반면, 잔향시간이 지나치게 짧으면 음악의 풍부성이 없어진다. 따라서 오디토리엄의 잔향시간은 대화음의 요해도를 높이고 음악의 종류에 따라 알맞게 되도록 조절하여야 한다.

모든 흡음재료의 흡음 정도는 주파수에 따라 크게 변화되므로 잔향시간도 주파수에 따라 달라진다. 그러므로 가청범위 내의 대표적 주파수인 125, 500, 2,000 Hz(간략한 계산일 때) 또는 125, 250, 500, 1,000, 2,000, 4,000 Hz의 주파수에 대해서 잔향시간을 지정하거나 계산할 필요가 있다. 어떤 잔향시간의 값이 특정 주파수로 지정되지 않을 때는

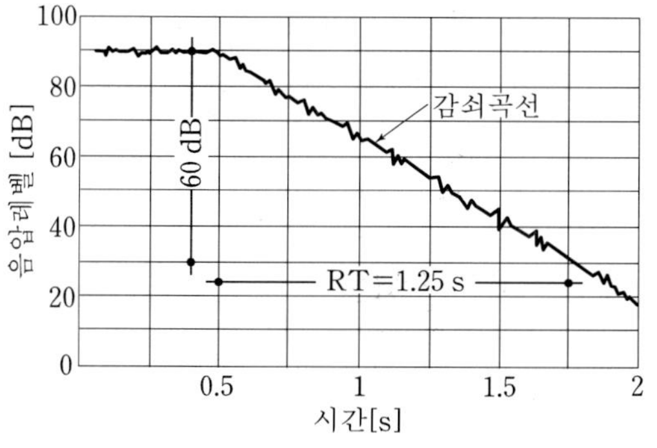

그림 8-8 잔향시간의 정의

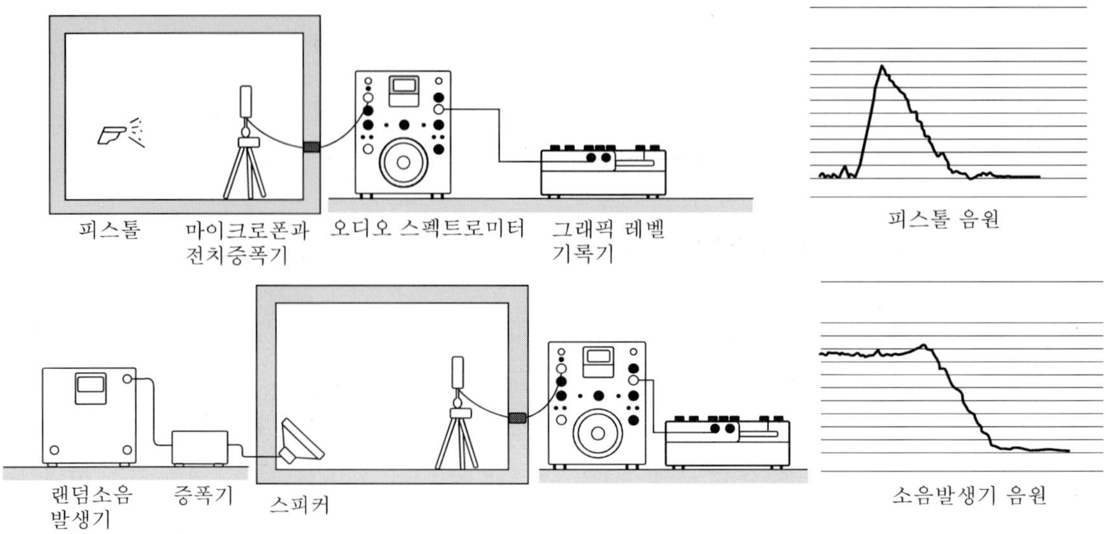

그림 8-9 잔향시간 측정기 배치와 감쇠곡선

보통 500 Hz에 대한 잔향시간을 의미한다.

잔향측정에 사용되는 음원으로는 주파수가 어떤 범위 내를 연속적이고 주기적으로 변하는 음인 진음(震音 ; warble tone), 백색소음(white noise), 또는 이것에 필터를 사용한 대역잡음(band noise), 경기용 피스톨의 발화음, 고무풍선의 파열음, 랜덤 소음(random noise)발생기, 음성, 음악 등이며 순음(純音)은 사용하지 않는다. 순음을 음원으로 사용하면 실의 고유진동에 의한 상호간섭 때문에 감쇠현상이 매우 불규칙하게 일어나서 잔향시간 측정이 어렵게 된다. 실내음장은 마이크로폰과 그 전치증폭기(前置增幅器)에 의해 모니터되어 여기서 나온 신호가 증폭되고 여과되어서 그래프로 기록된다.

그림 8-9는 잔향시간 측정을 위한 계기배치방식과 계기가 그려낸 전형적인 감쇠곡선을 보여준다. 이러한 계기를 사용할 때는 잔향시간이 주파수와 실내의 측정위치에 따라 다를 수 있기 때문에 모든 옥타브에 대해 피스톨이나 소음발생기를 사용하여 실내 여러 위치에서 그 전과정을 반복 측정할 필요가 있다. 잔향시간의 계산에는 다음과 같은 공식이 사용된다.

【1】 Sabine의 잔향식

Sabine은 기하음향적이며 통계적인 고찰에 의한 정량적인 연구로서 다음과 같은 잔향식을 제안하였다.

$$\mathrm{RT} = K \cdot \frac{V}{A} \tag{8.4}$$

여기서, RT : 잔향시간 [s], V : 실의 용적 [m^3]

K : 비례상수(0.16)

$$K = \frac{24}{v \log_{10} e} = \frac{55.26}{v} \quad (v : \text{음속})$$

A : 실내의 총 흡음력 [m^2] $= \overline{\alpha} \cdot S$

$= \Sigma \alpha_i S_i$(흡음재가 각각 다른 경우) $+ \Sigma \alpha_j$

$\overline{\alpha} = \dfrac{\Sigma \alpha_i S_i}{S}$: 실내의 평균흡음률

S : 실의 전체 표면적 [m^2]

α_j : 인체 · 가구 등의 흡음력

이 식은 잔향시간이 짧은 실($\overline{\alpha} > 0.1$)이나, 4,000 c/s 이상의 고음에서는 약간의 오차가 있으므로 Eyring 또는 Knudsen 식이 이용된다.

【2】 Eyring의 잔향식

음원에서 퍼져나간 음파가 벽면에 부딪칠 때마다 α로 흡수되고 $(1-\alpha)$가 반사되는 것과, 반사된 음이 다른 벽면에 도달할 때까지는 흡음이 일어나지 않는 것을 근거로 하여 Eyring은 다음과 같은 잔향식을 유도하였다.

$$\mathrm{RT} = \frac{K \cdot V}{-S \log_e (1-\overline{\alpha})} = \frac{K \cdot V}{S[-2.3 \log_{10}(1-\overline{\alpha})]} \tag{8.5}$$

윗 식에서 $\overline{\alpha}$가 아주 작을 때는 $-\log_e(1-\overline{\alpha_1}) \fallingdotseq \overline{\alpha}$로 되어 $T = \dfrac{K \cdot V}{\overline{\alpha} S} = \dfrac{K \cdot V}{A}$의 Sabine 식과 일치한다.

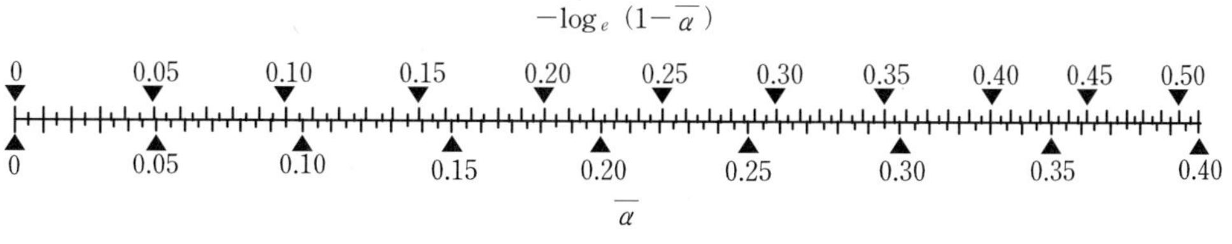

그림 8-10 α와 $-\log_e(1-\overline{\alpha})$의 관계표

【3】 Knudsen의 잔향식

실용적이 큰 실에서는 공기의 점성저항에 의한 음의 감쇠를 무시할 수 없으므로 이를 고려한 것이 Knudsen 식이다.

$$\mathrm{RT} = \frac{K \cdot V}{S[-\log_e(1-\overline{\alpha})]+4\,\mathrm{mV}} = \frac{K \cdot V}{S[-2.3\log_{10}(1-\overline{\alpha})]+4\,\mathrm{mV}} \quad (8.6)$$

여기서, m : 온 · 습도에 따른 흡음계수(0~0.065)

1,000 c/s 이하인 경우 4 mV는 0에 가까워지므로 무시된다.

위의 세 가지 잔향식에서 식 (8.5)는 오디토리엄(auditorium)이나 스튜디오와 같이 흡음력이 많은 보통의 경우에 적용되고, 식 (8.4)는 유향실(有響室)과 같이 흡음력이 매우 적을 때 사용하며, 식 (8.6)은 2,000 Hz 이상에서 공기흡음을 고려할 때 사용한다.

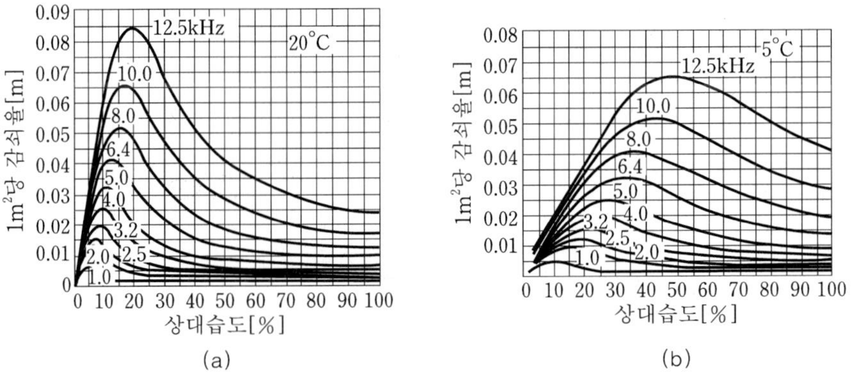

그림 8-11 공기 중 음의 감쇠지수

【예제 8-1】 홀 용적 5,000 m^3, 잔향시간 1.6초인 실에서 잔향시간을 1초로 만들기 위해 필요한 여분의 흡음력을 구하라.

풀이 $\mathrm{RT} = 0.16\dfrac{V}{A}$ 에서

$$\mathrm{RT}_1 = 1.6\,\frac{0.16\times5{,}000}{A_1}, \quad A_1 = \frac{0.16\times5{,}000}{1.6} = 500\ \mathrm{m}^2$$

$$\mathrm{RT}_2 = 1.0\,\frac{0.16\times5{,}000}{A_2}, \quad A_2 = \frac{0.16\times5{,}000}{1} = 800\ \mathrm{m}^2$$

필요한 여분의 흡음력 $= A_2 - A_1 = 800 - 500 = 300\ \mathrm{m}^2$

【예제 8-2】 용적이 1,500 m^3인 음악홀의 표면적과 마감재의 흡음률(500 Hz)은 아래와 같다.

마감재료명	표면적 [m^2]	흡 음 률
벽 : 벽돌 위 플라스터 바름	400	0.02
바닥 : 플라스틱 타일	300	0.05
천장 : 달 반자위 플라스터 보드	300	0.1

이 홀에 100명(1인당 흡음력 0.46)이 있을 경우 500 Hz에서의 잔향시간을 구하라.

풀이 흡음력=표면적×흡음률의 공식을 이용하여 계산결과를 도표화하면 다음과 같다.

표면 및 실의 내용물	표면적 [m^2] 및 거주자수 [명]	흡 음 률	흡음력 [m^2]
벽	400	0.02	8
천 장	300	0.1	30
바 닥	300	0.05	15
거주자	100	0.46	46
계			99

$$\mathrm{RT} = \frac{0.16V}{A} = \frac{0.16\times1{,}500}{99} = 2.42\,\mathrm{s}$$

【예제 8-3】 위 문제에서 홀에 요구되는 잔향시간이 1.4초라면 이 최적잔향을 얻기 위하여 벽에 필요한 음향 타일 면적을 구하라(음향 타일 흡음률=0.4).

풀이

표면 및 실의 내용물	표면적 [m^2] 및 거주자수 [명]	흡 음 률	흡음력 [m^2]
벽(음향 타일)	S	0.4	$0.4S$
(벽돌 위 플라스터)	400- $400-S$	0.02	$8-0.02S$
천 장	300	0.1	30
바 닥	300	0.05	15
거주자	100	0.46	46
계			$99+0.38S$

$$\mathrm{RT} = \frac{0.16V}{A},\quad 1.4 = \frac{0.16\times1{,}500}{99+0.38S},\quad 0.38S = \frac{0.16\times1{,}500}{1.4} - 99 = 72.4$$

$$S = 190.6\,\mathrm{m}^2$$

따라서 플라스틱 벽(400 m^2) 중 191 m^2는 음향 타일로 마감하여야 한다.

8-1-4 실의 공명(room resonance)

음을 발생하는 하나의 물체로부터 나오는 음에너지를 다른 물체가 흡수하여 같이 소리를 내기 시작하는 현상을 음의 공명(resonance)이라고 한다. 이는 입사음의 진동수가 벽, 천장표면 등의 고유진동수와 일치되었을 때 일어나는 현상으로서, 이와 같은 공명이 일어나면 실내에서 균일한 음의 분포를 얻기가 힘들다. 그러나 이것은 적절한 공명체를 음원 가까이에 두어 음을 보강하는 수단으로도 이용된다.

특히 회반죽과 같은 반사면으로 마감된 작은 실내에서는 공명현상으로 음환경의 질이 저하된다. 이러한 경우 음은 특정주파수에서 중복(주로 저음역)되어 울리므로 명료도는 저하되고, 어떤 소음의 주파수가 그 실의 공명주파수와 일치하면 공명현상으로 인하여 보다 큰 소음이 야기된다. 이와 같은 음향결합은 주로 큰 실보다는 작은 실에서 문제가 된다.

실내에서 공명에 의한 결점을 보완하는 데는 다음과 같은 사항이 요구된다.

① 음향학적으로 바람직한 실의 비례를 가질 것(표 8-1)

② 실의 표면은 불규칙한 형태로 설계할 것

③ 표면의 불규칙성(확산체)을 풍부하게 적용시킬 것

④ 흡음재를 분산배치할 것

표 8-1 스튜디오의 권장치수비(장방형)

종 류	높 이	폭	길 이
소 형 실	1	1.25	1.6
보 통 실	1	1.5	2.5
약간 낮은 천장높이의 실	1	2.5	3.2
길이가 긴 형의 실	1	1.25	3.2

8-1-5 실내의 음전파

실내에서는 파워레벨(PWL)의 직접음과 주위벽, 천장, 바닥면에서의 반사음을 동시에 듣게 되는데, 이는 음원에서의 거리, 방향, 실의 흡음조건에 따라 달라진다. 실내의 음압레벨은 다음 식에 의하여 구한다.

① 실내에 음원 PWL이 있을 때 평균음압레벨($\overline{\mathrm{SPL}}$)

$$\overline{\mathrm{SPL}} = \mathrm{PWL} + 10 \log \frac{4}{A} \tag{8.7}$$

여기서, A : 실내흡음력〔실표면적(S)×평균흡음률($\overline{\alpha}$)〕

② 실내에 음원 PWL이 있을 때 음원으로부터 r[m] 거리의 음압레벨

$$\mathrm{SPL} = \mathrm{PWL} + 10\log\left(\frac{Q}{4\pi r^2} + \frac{4}{R}\right) \tag{8.8}$$

여기서, $10\log\dfrac{Q}{4\pi r^2}$: 직접음에 대한 음압레벨

$10\log\dfrac{4}{R}$: 반사음에 대한 음압레벨

Q : 방향계수

음원이 방향성이 없거나 자유공간일 때 : $Q=1$

하나의 반사면상에 놓여 있을 때 : $Q=2$

2개의 반사면이 직교하는 교점 가까이 있을 때 : $Q=4$

3개의 반사면이 직교하는 모퉁이에 있을 때 : $Q=8$

R : 실정수 $= \dfrac{S\overline{\alpha}}{1-\overline{\alpha}}$ ($\overline{\alpha}$: 실내 마감재료의 평균흡음률)

【예제 8-4】 평균흡음률 $\overline{\alpha}=0.27$, 흡음력 $A=64\,\mathrm{m}^2$인 실내에 PWL이 100 dB일 때, 다음을 구하라.

(1) 평균음압레벨

(2) 음원에서 거리 5 m인 곳의 음압레벨

풀이 (a) $\overline{\mathrm{SPL}} = \mathrm{PWL} + 10\log\dfrac{4}{A} = 100 + 10\log\dfrac{4}{64} = 88\,\mathrm{dB}$

(b) $R = \dfrac{A}{1-\overline{\alpha}} = \dfrac{64}{1-0.27} = 87.7$

$$\therefore\ \mathrm{SPL} = \mathrm{PWL} + 10\log\left(\frac{Q}{4\pi r^2} + \frac{4}{R}\right) = 100 + 10\log\left(\frac{1}{4\times3.14\times5^2} + \frac{4}{87.7}\right)$$

$$= 86.9\,\mathrm{dB}$$

8-2 건축재료의 흡음 및 차음특성

8-2-1 흡음재료 특성

【1】 다공성 흡음재(porous absorbers)

다공성 흡음재(多孔性吸音材 ; porous absorbers)는 유리섬유(glass wool), 암면(rock wool) 등의 광물면, 식물섬유류, 발포 플라스틱과 같이 표면에 미세한 구멍이 있는 재료로서 흡음재료의 대부분이 여기에 속한다. 재료표면에 입사한 음파는 좁은 틈 사이의 공기 속을 전파할 때 주위벽과의 마찰이나 점성저항 등에 의하여 음에너지의 일부가 열에너지로 변하여 흡음된다. 다공성 흡음재의 흡음특성은 재료의 두께, 재료 내의 좁은 틈새상태 및 통기성, 재료 뒷면의 공기층 유무에 따라 다르며 다음과 같이 요약된다.

① 중 · 고주파수에서의 흡음률은 크지만 저주파수에서는 급격히 저하된다.

② 재료의 두께나 공기층 두께를 증가시킴으로써 저주파수의 흡음률을 증가시킬 수 있다.

③ 다공질 재료의 표면이 다른 재료에 의하여 피복되어 통기성이 저해되면 중 · 고주파수에서의 흡음률이 저하된다(그림 8-14).

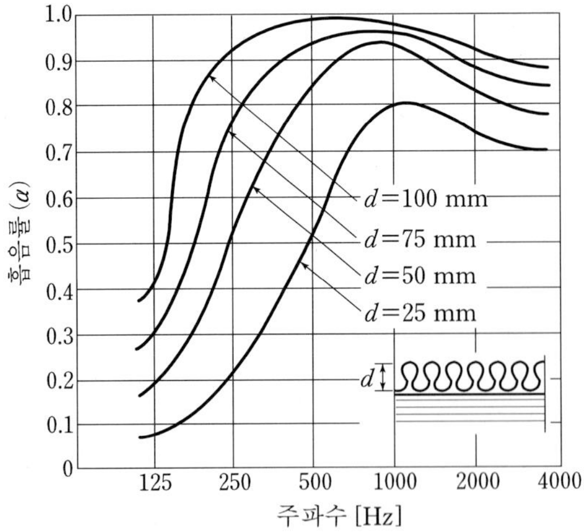

그림 8-12 두께에 따른 흡음특성
(유리섬유 : 밀도 52 kg/m^3, 벽체에 밀착)

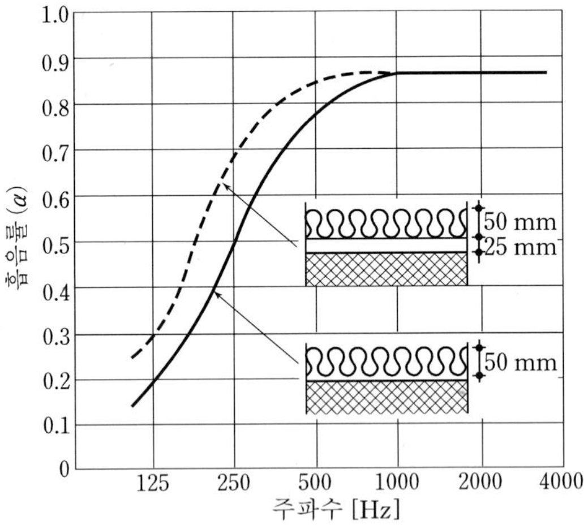

그림 8-13 공기층 유 · 무에 따른 흡음특성
(유리섬유 : 밀도 52 kg/m^3)

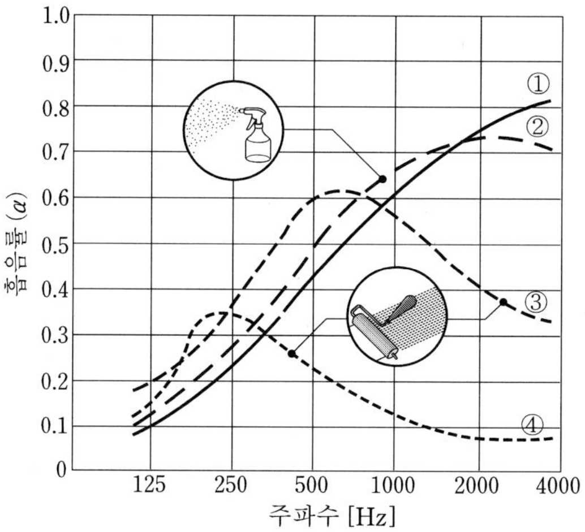

① 페인트 마감하지 않음 ② 페인트 1회 뿜칠
③ 페인트 1회 바름 ④ 페인트 1회 바름

그림 8-14 다공성 흡음재에 대한 페인트의 영향

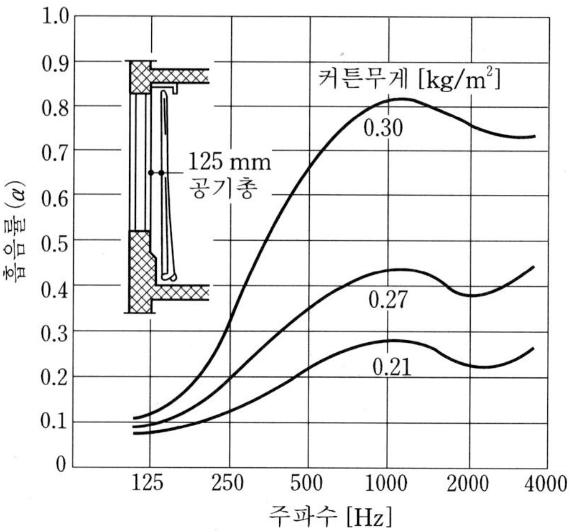

그림 8-15 커튼(glass, 섬유포)**의 흡음특성**

【2】 판진동 흡음재

합판, 섬유판, 석고보드, 석면 슬레이트, 플라스틱판 등의 얇은 판에 음이 입사되면 판(막)진동이 일어나서 음에너지의 일부가 그 내부마찰에 의하여 소비된다. 이 재료의 흡음특성은 판의 밀도, 강성, 배후 공기층의 두께 등에 따라 좌우되며 다음과 같다.

① 판과 배후 공기층에 따라 공명주파수 부근의 음을 선택 흡수한다.

$$f_r = \frac{1}{2\pi}\sqrt{\frac{\rho v^2}{mL}} = \frac{1}{2\pi}\sqrt{\frac{1.4\times 10^5}{mL}} = \frac{60}{\sqrt{mL}}\ [\text{Hz}] \tag{8.9}$$

여기서, f_r : 공명주파수 [Hz], ρ : 공기밀도(1.22 kg/m³), v : 음속(340 m/s),

m : 판의 단위면적당 질량 [kg/m³], L : 공기층 두께 [m]

② 보통 공명주파수 범위가 80~300 Hz의 저음역에 있으므로 저음용의 흡음재(absorbers)로서 유용하며, 재료의 중량이 크거나 배후 공기층이 클수록 공명주파수 범위가 저음역으로 이동한다(그림 8-17).

③ 흡음률은 저음역에서 0.2~0.5이고, 고음역에서는 10 % 내외를 흡음하므로 반사판 구실을 한다.

④ 흡음판은 막진동하기 쉬운 얇은 것일수록 흡음률이 크며, 기밀하게 접착하는 것보다는 못으로 고정하는 것이 진동하기 쉬우므로 흡음률이 커진다.

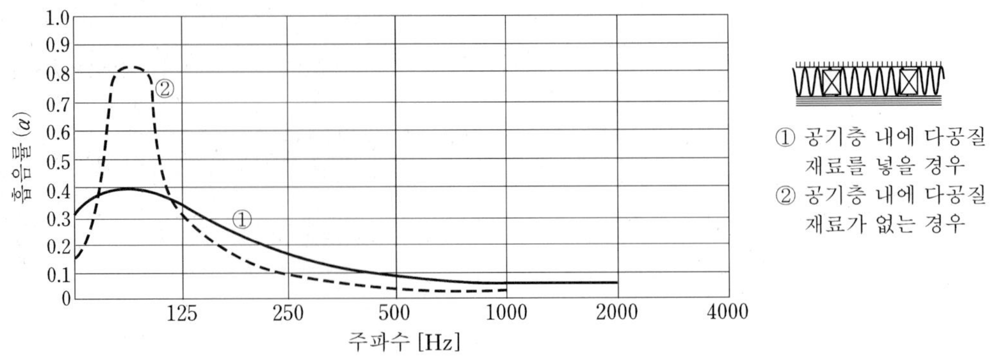

그림 8-16 판진동재료의 흡음특성

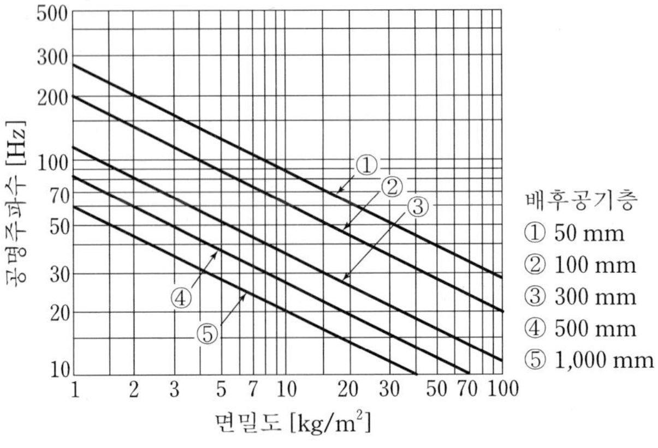

그림 8-17 판진동재료의 공명주파수

⑤ 흡음용 소프트텍스와 같은 다공질판은 배후 공기층을 갖게 하여 벽에 부착시키면 다공질형 특성과 판진동형 특성을 조합한 흡음특성을 갖게 된다.

【3】 공동공명기

음파가 입사될 때 구멍부분의 공기는 입사음과 일체가 되어 앞·뒤로 진동하며, 동시에 배후공기층의 공기가 스프링과 같이 압축과 팽창을 반복한다. 특히 공명주파수 부근에서는 공기의 진동이 커지고 공기의 마찰점성저항이 생겨 음에너지가 열에너지로 변하는 양이 증가하므로 흡음률은 최대가 된다. 이러한 공동(共洞 ; Helmholz)공명기는 ① 단일공동공명기 ② 천공판(穿孔板)공명기 ③ 슬릿(slit) 공명기가 있다. 보통 공명주파수를 중심으로 흡음률이 최대가 되므로 미리 원하는 흡음특성으로 설계할 수 있다.

i) 배후 공기층의 두께를 증가하면 최대흡음률 위치는 저음역으로 이동한다.

ii) 구멍뚫린 판의 개구율(구멍면적 합계/판의 전면적)이 작을수록 흡음률의 최대값이 뚜렷하게 나타나고, 개구율을 크게 하면 각 주파수의 음을 균일하게 흡수한다.

iii) 최대흡음률의 크기를 더욱 증가시키려면 흡음판 밑바탕에 흡음재를 넣어야 하며, 구멍뚫린 판 바로 뒤에 넣는 것이 가장 효과적이다.

(a) 단일공동공명기

단일공동공명기는 Helmholz(1862)에 의해 처음으로 고안되었으며, 공명에 의하여 특정 주파수의 음만을 효과적으로 흡음한다. 단일공동공명가의 공명주파수를 구하는 식은 다음과 같다.

$$f_r = \frac{v}{2\pi}\sqrt{G/V} = \frac{v}{2\pi}\sqrt{S/V(t+0.8d)} \tag{8.10}$$

여기서, v : 음속 [cm/s], V : 공동용적 [cm^3]

G : 구멍부분에서 공기의 움직임이 쉬운 정도(conductivity) $= S/t_e$

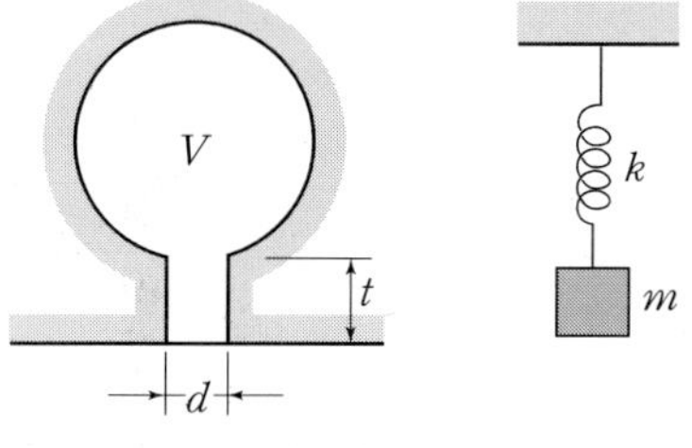

그림 8-18 단일공동공명기의 원리

$a \times b \times c$	공명주파수
150×150×300	98Hz
200×200×400	63Hz

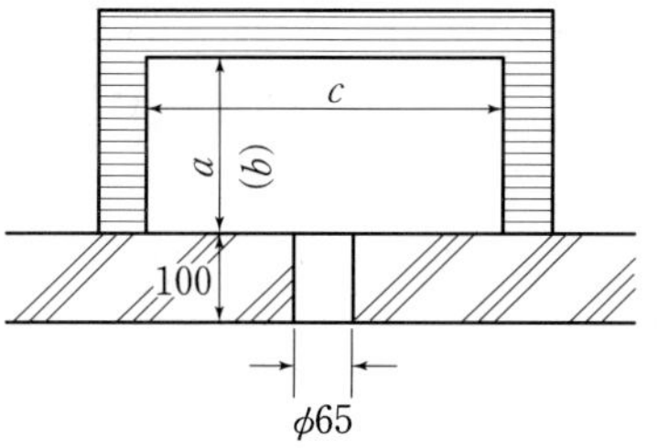

그림 8-19 단일공동공명기의 예

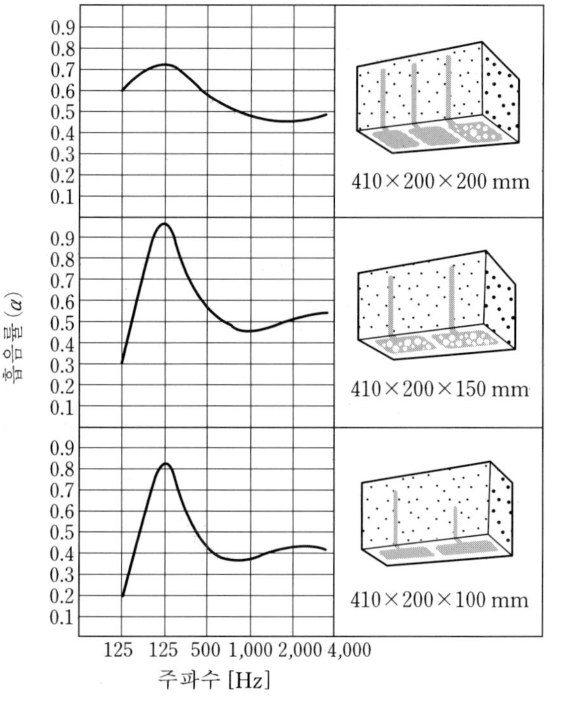

그림 8-20 음향블록의 흡음특성

S : 뚫린 구멍의 단면적 [cm^2]

t_e : 뚫린 구멍에서 목부분(neck)의 실효길이 $= t + \delta = t + 0.8d$

(t : 뚫린 구멍의 목부분 길이, d : 뚫린 구멍지름)

단일공동공명기는 공명주파수 부근의 아주 좁은 주파수 범위에서만 예민하게 흡음작용을 하므로 일반적인 흡음처리를 위해서는 어려움이 있다. 그러나 어느 특정한 낮은 주파수에서 실내고유진동이 생길 때 이를 억제하는 데 유효하다. 목부분은 파이프를 이용하여 길이에 따라 공명주파수(f_r)를 조절할 수도 있다. 공동용적을 크게 하면 흡음력이 커질 수 있으나 보통 파장의 1/6 정도 이하로 한다. 단일공동공명기를 이용한 예로는 나무제품, 구멍뚫린 타일이나 벽돌, 블록 또는 도자기로 된 항아리나 유리병 등을 콘크리트 속에 넣은 것이 있다.

그림 8-20은 음향블록(sound block)의 흡음특성을 나타낸 것이다. 음향블록은 별도로 표면에 흡음처리를 할 필요가 없으므로 경제적이고 저주파수역에서 흡음이 최대이며, 내구성이 있어 체육관, 수영장, 볼링장, 생산공장, 설비기계실, 수송 터미널 등에 쓰이고 있다. 공명기 내에 다공질재료를 충전할 경우 흡음특성의 변화는 그림 8-21과 같다.

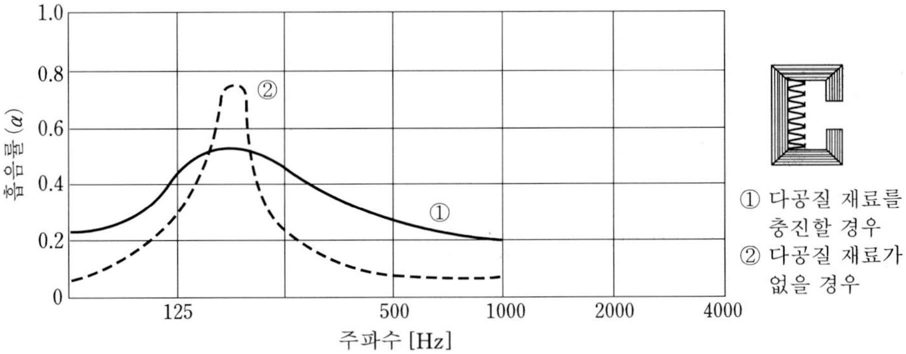

그림 8-21 단일공동공명기의 흡음특성

(b) 천공판공명기

벽체에 공기층을 갖도록 천공판(穿孔板)을 설치할 경우는 구멍마다 공기층을 갖게 되므로 구멍수만큼 단일공동공명기가 배치되어 있다고 할 수 있다(그림 8-22, 8-23).

천공판의 공명주파수는 단일공동공명기의 원리와 같이 다음 식으로 구한다.

$$f_r = \frac{v}{2\pi}\sqrt{p/L(t+\delta)} \tag{8.11}$$

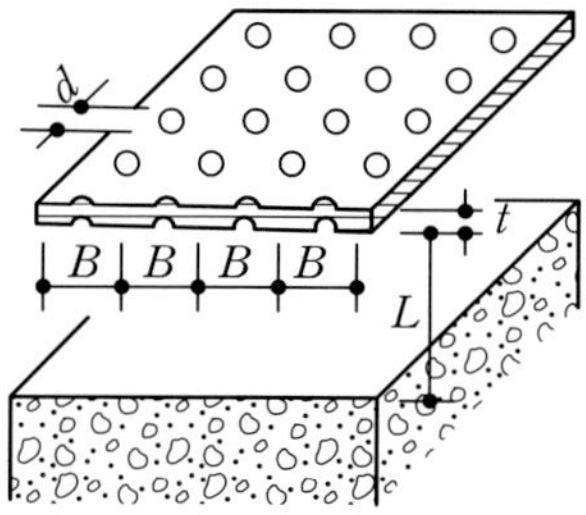

그림 8-22 천공판 흡음구조의 원리

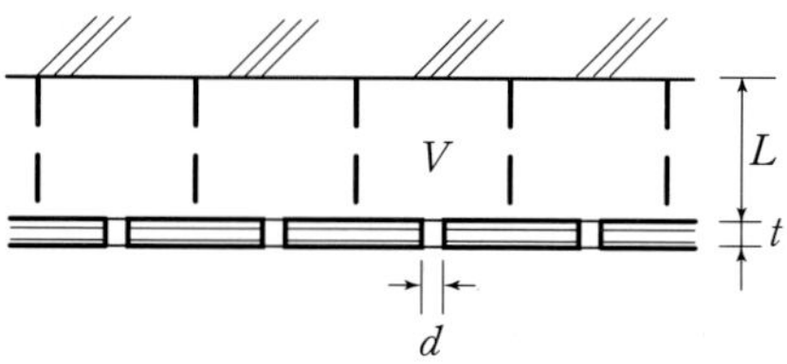

그림 8-23 천공판 흡음구조의 예

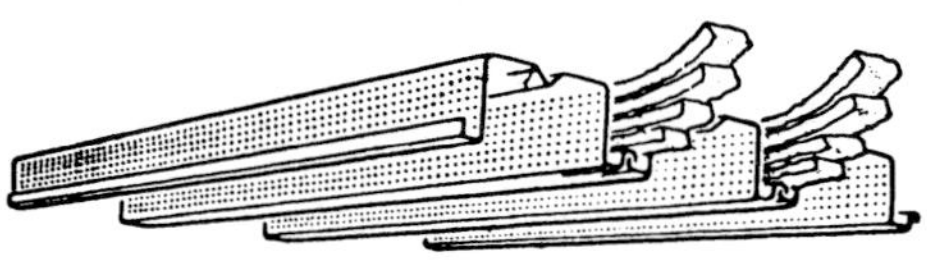

(a) 천장 흡음판(deck plate)

① 천공판
② 슬리트를 넣은 하드보드
③ 펀칭메탈(punching metal)
또는 플라스틱 판

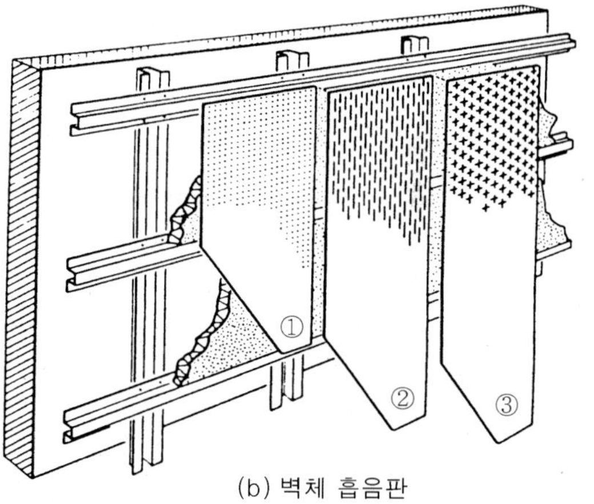

(b) 벽체 흡음판

그림 8-24 천공판공명기의 시공 예

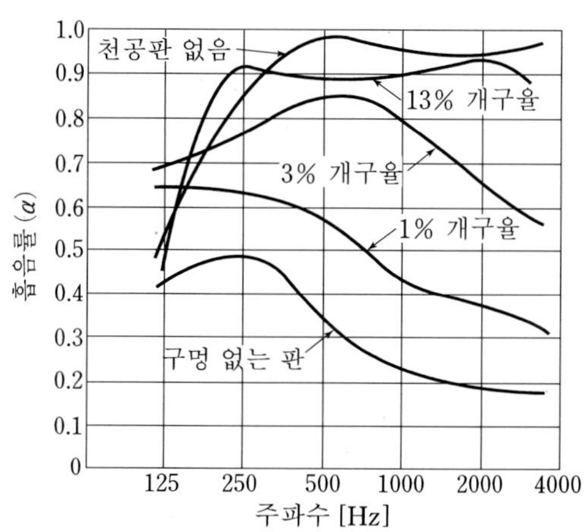

그림 8-25 천공판의 개구율과 내부흡음판(bracket)에 따른 흡음특성 비교

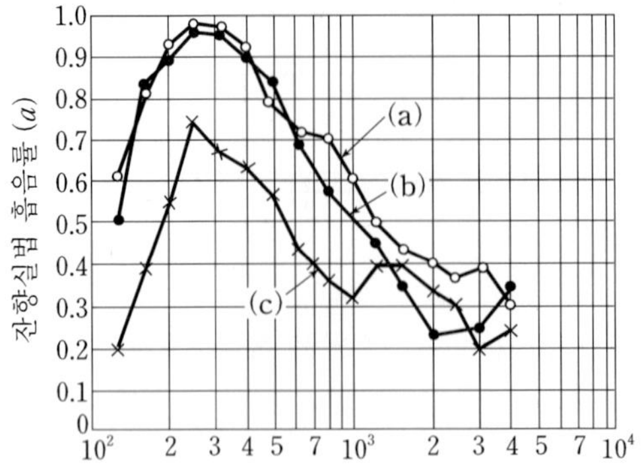

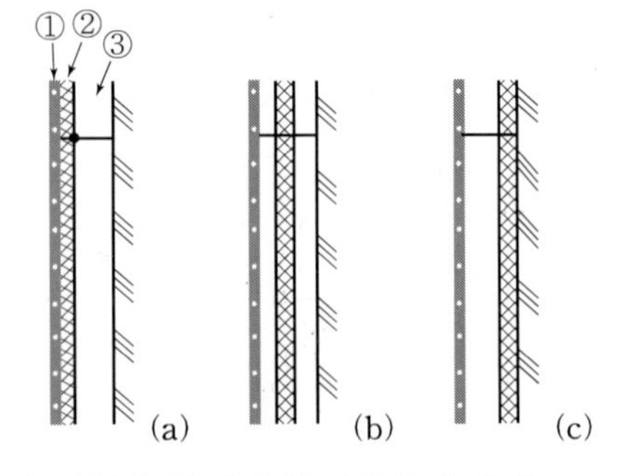

그림 8-26 바탕재료(다공성)의 위치에 따른 천공판 흡음특성 비교

여기서, p : 천공판의 개구율, L : 천공판에서 벽체까지의 공기층 두께
t : 판두께, δ : $0.8d$ (d : 천공판의 구멍지름)

(c) 슬릿 공명기

슬릿(slit) 공명기는 판 사이를 띄어 붙이거나 리브를 나란히 부착한 것으로 유한길이 슬릿과 무한길이 슬릿이 있다(그림 8-27, 8-28).

① 유한길이 슬릿(short slit)의 공명주파수는 다음과 같이 구한다.

$$f_r = \frac{v}{2\pi}\sqrt{\frac{P}{L(t+Kb)}} \tag{8.12}$$

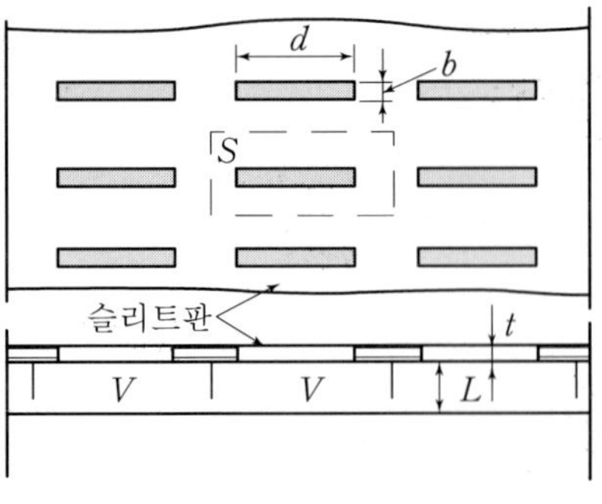

그림 8-27 슬릿 공명기의 원리

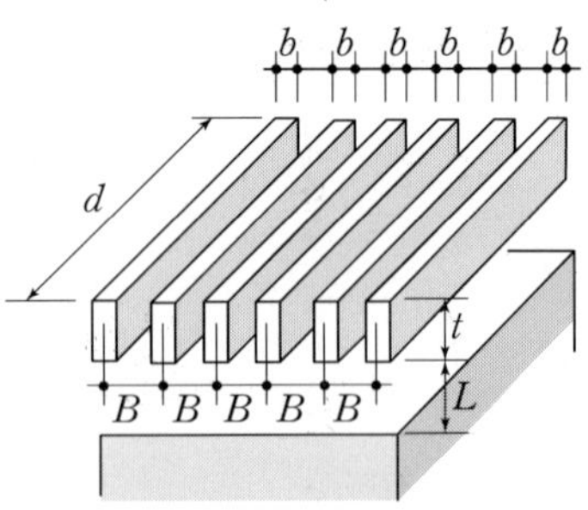

그림 8-28 슬릿 공명기의 예

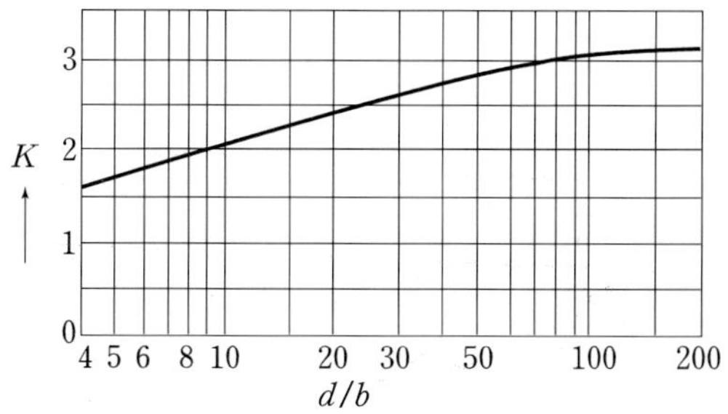

그림 8-29 유한길이 슬릿에서 계수 K를 구하는 그림

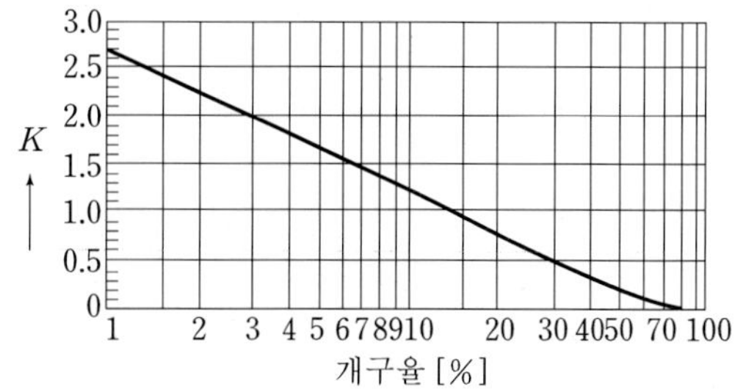

그림 8-30 무한길이 슬릿에서 계수 K를 구하는 그림

여기서, P : 개구율, L : 공기층 두께, t : 판두께

K : $\dfrac{1}{\pi} + \dfrac{2}{\pi} \log_e \dfrac{2d}{b}$ (그림 8-29)

b : 슬릿 폭, d : 슬릿 길이

② 무한길이 슬릿의 공명주파수는 다음과 같이 구한다.

$$f_r = \frac{v}{2\pi}\sqrt{\frac{P}{L(t+Kb)}} \tag{8.13}$$

여기서, K : $\dfrac{2}{\pi} \log\left(\operatorname{cosec}\dfrac{\pi}{2}P\right)$ (그림 8-30)

P : 개구율(b/B), b : 슬릿 폭, B : 슬릿 간격

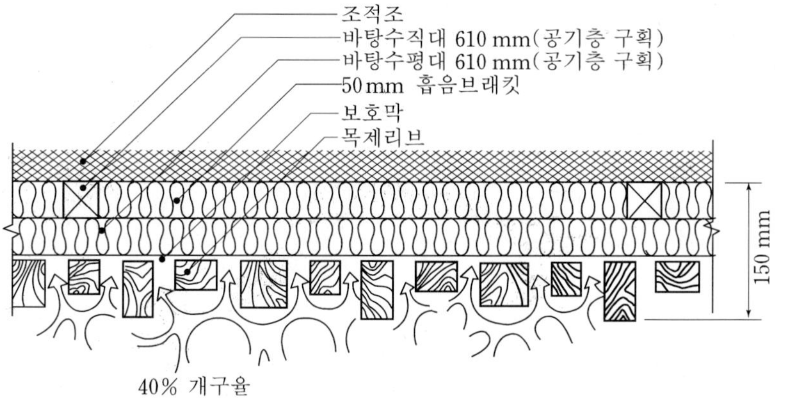

그림 8-31 목제 리브를 슬릿 공명흡음체로 사용한 예(Laval 대학 250인 강의실)

8-2-2 특수 흡음구조

【1】 매달은(懸垂) 흡음체

벽이나 천정을 보통 흡음처리로 했을 때 흡음면적이 충분하지 못하거나 곤란할 경우 사용된다. 동, 알루미늄, 하드보드(hard board) 등의 구멍뚫린 판으로 패널, 입방체, 구, 원통, 원뿔형 등의 모양(지름 0.45~0.9 m)을 만들고 그 내부에 암면, 유리면 등의 흡음

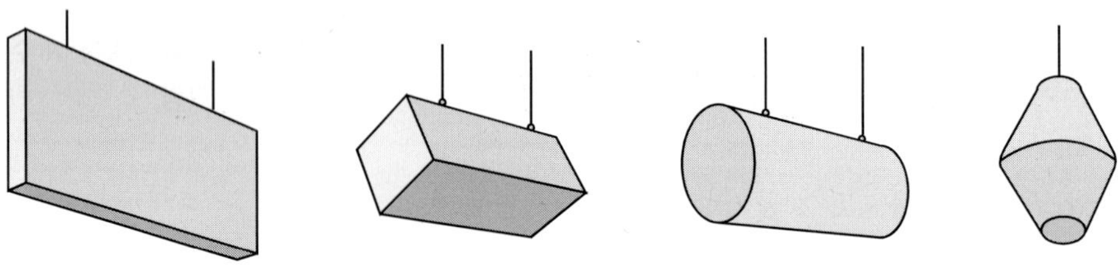

그림 8-32 매달은 흡음체의 예

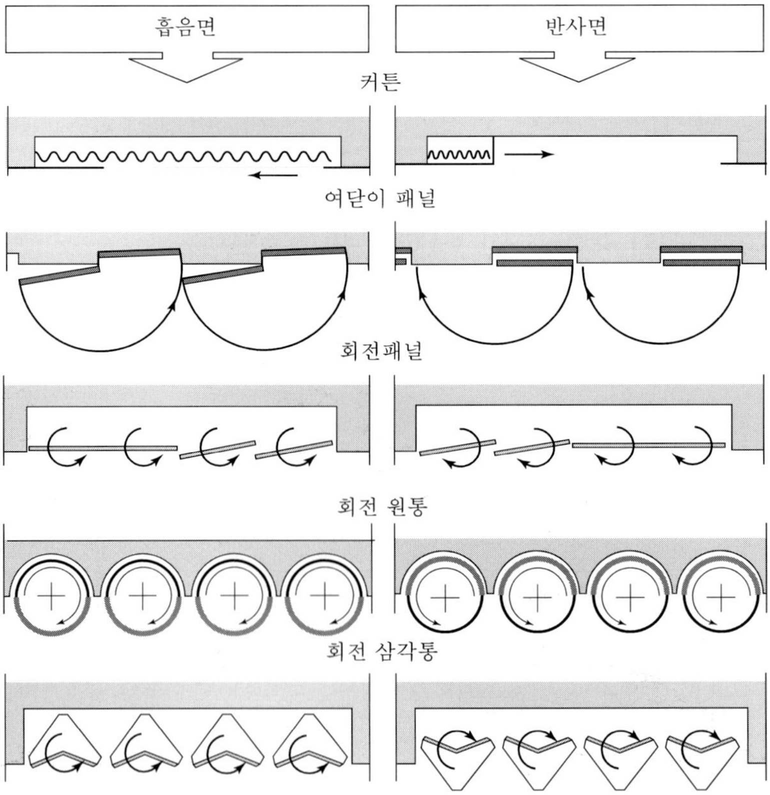

그림 8-33 가변흡음구조의 예

재를 넣어 천정에 매단 구조이다. 매달은 흡음체의 흡음은 개당 세이빈수로 표시되며 그 효과는 달아매는 간격에 따라 변한다.

【2】 가변흡음구조

가변흡음구조는 실의 용도에 따라 잔향시간을 조절할 수 있으므로 다목적용 오디토리엄과 방송 스튜디오, 시청각실 등 특수실의 경우에 실제 이용되고 있다.

표 8-2 각종 재료의 흡음률

재 료	125 Hz	500 Hz	2,000 Hz
〈건 축 재 료〉			
경사지붕 속에 사용하는 널판	0.15	0.1	0.1
딱딱한 벽위 20 mm 누름대 위 널판	0.3	0.1	0.1
벽돌면 마감 또는 페인트칠	0.05	0.02	0.05
인조석	0.02	0.02	0.09
콘크리트, 석벽	0.02	0.02	0.05
바닥 : 코르크, 리놀륨, 비닐 타일, 플라스틱 타일	0.02	0.05	0.1
딱딱한 면 위 25 mm 코르크 타일	0.05	0.2	0.6
딱딱한 면 위 13 mm 소프트 보드	0.05	0.15	0.3
위와 같으나 페인트칠	0.05	0.1	0.1
딱딱한 벽 위 25 mm 누름대 위 13 mm 소프트 보드	0.3	0.3	0.3
위와 같으나 페인트칠	0.3	0.15	0.1
바닥 : 단단한 타일(예 : 자기 타일)	0.03	0.03	0.05
유리창 : 4 mm	0.3	0.1	0.05
: 6 mm	0.1	0.04	0.02
채색 또는 무광택 타일, 대리석	0.01	0.01	0.02
딱딱한 면 위 플라스터(석고 또는 석회)	0.03	0.02	0.04
딱딱한 면 위 공기층을 갖는 라스 플라스터	0.3	0.1	0.01
큰 공기층을 갖는 플라스터 또는 플라스터판 천정	0.2	0.1	0.04
합판 또는 하드보드, 고체바탕 위에 25 mm 공기층	0.3	0.15	0.1
위와 같으나 공기층에 다공성재	0.4	0.15	0.1
물(수영장 등)	0.01	0.01	0.02
장선 또는 누름대 위 목판	0.15	0.1	0.1
〈일반흡음재〉			
딱딱한 면 위 25 mm 석면 뿌림	0.15	0.5	0.7
카핏, Axminster, 얇은 파일(pile)	0.05	0.1	0.45
위와 같으나 중간 파일	0.05	0.15	0.45
카핏, 두꺼운 파일	0.1	0.25	0.65
두꺼운 깔개 위 무거운 카핏	0.1	0.65	0.65
딱딱한 벽 위 보통 커튼(직선형)	0.05	0.15	0.25
위와 같으나 주름 접은 커튼	0.05	0.35	0.5
딱딱한 면 위 25 mm 유리섬유, 망사덮개	0.15	0.7	0.9
위와 같음, 5 % 개구율의 표면재	0.1	0.85	0.35

표 8-2 (계 속)

재 료	125 Hz	500 Hz	2,000 Hz
위와 같음, 10 % 또는 20 % 개구율의 표면재	0.15	0.75	0.75
딱딱한 면 위 50 mm 유리섬유, 망사덮개	0.35	0.9	0.95
위와 같음, 10 % 또는 20 % 개구율의 하드보드 덮개	0.4	0.9	0.75
딱딱한 면과 50 mm 공기층 위 아스팔트 펠트 위 3 mm 하드보드	0.9	0.25	0.1
250 mm 공기층, 딱딱한 면위 2겹 아스팔트 펠트	0.5	0.2	0.1
50 mm 공기층 위 25 mm 폴리스티렌 슬래브	0.1	0.55	0.1
딱딱한 면 위 50 mm 폴리우레탄폼	0.25	0.85	0.9
딱딱한 면 위 25 mm 목모판	0.1	0.4	0.6
위와 같으나 25 mm 누름대 위	0.15	0.6	0.6
위와 같으나 공극에 미네랄울 入, 플라스터	0.5	0.2	0.1

표 8-3 인체, 가구 등의 흡음력 [m^2]

실의 내용물	125 Hz	500 Hz	2,000 Hz
공기 [m^3]	0	0	0.007
양탄자 의자에 앉은 청중(1명)	0.186	0.465	0.51
나무 의자에 앉은 청중(1명)	0.158	0.4	0.436
양탄자 의자	0.121	0.279	0.316
나무 의자	0.075	0.149	0.177
악기를 지닌 연주자(평균)	0.37	1.07	1.21

* 의자에 의해 바닥에 음영이 지게 되면 그 흡음력은 다음과 같이 감소된다.
125 Hz : −20 %, 500 Hz : −40 %, 2,000 Hz : −60 %

8-2-3 차음특성

【1】 투과손실

간벽의 차음(遮音)성능은 투과율(τ)과 투과손실(透過損失 ; TL ; sound transmission loss)에 의하여 표시된다. 투과에너지의 입사에너지에 대한 비율을 투과율(transmission coefficient)이라 하며, 이것은 다음 식으로 정의된다.

$$I_t = I_i \times \tau \tag{8.14}$$

$$\tau = \frac{I_t}{I_i} \ (1 \geq \tau \geq 0) \tag{8.15}$$

여기서, I_i : 음원측에서 벽체의 입사된 입사음 세기

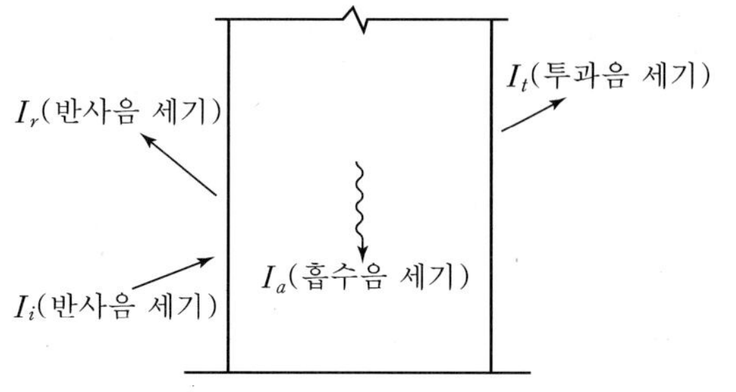

그림 8-34 차음구조와 투과원리

I_t : 벽체에 의해 수음자측으로 방사되는 투과음 세기

τ 값은 0에서 1까지의 범위에 있으며, 그 값이 0에 가까울수록 차음성능이 좋은 것을 나타낸다. 차음구조에서 입사에너지와 투과율은 다음과 같이 상호치환될 수 있다.

$$\mathrm{TL} = 10 \log \frac{I_i}{I_t} = 10 \log \frac{1}{\tau} \ [\mathrm{dB}] \tag{8.16}$$

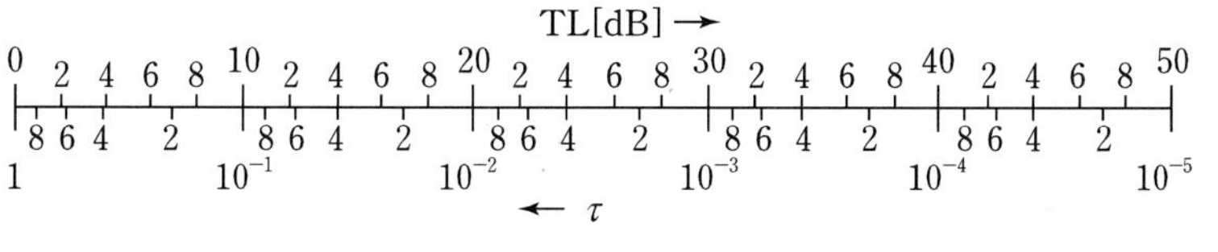

그림 8-35 τ와 TL의 관계

【2】 단일벽의 투과손실

콘크리트 벽체와 같이 비교적 균질인 단일벽체의 투과손실은 벽의 면밀도, 단위면적당 중량 m [kg/m²]와 투과하는 음의 주파수(f)에 관계된다. 음이 수직입사될 때 단일벽체의 음 투과손실은 다음과 같은 근사식에 의해 구한다.

$$\mathrm{TL}_0 = 20 \log f \cdot m - 43 \tag{8.17}$$

이를 차음에 관한 질량법칙(mass law)이라 하고, 벽의 중량이나 주파수가 2배가 되면 TL_0는 6 dB 정도 증가한다(그림 8-36).

투과음의 입사각(θ)이 난입사(亂入射 ; random incidence)될 때는 θ 값을 0~90°의 평균값으로 하여 다음과 같이 투과손실을 구한다.

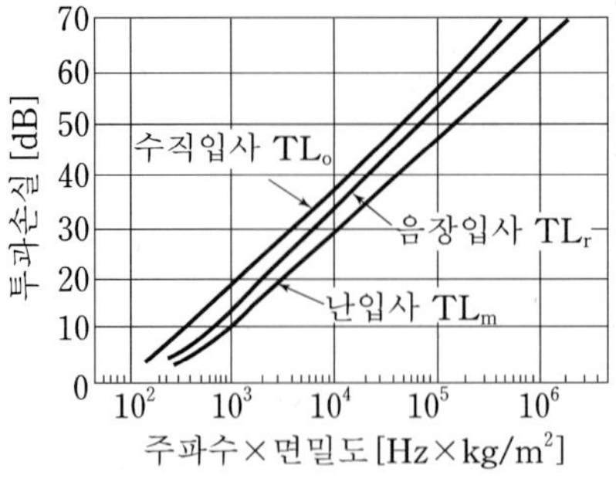

그림 8-36 투과손실의 질량법칙

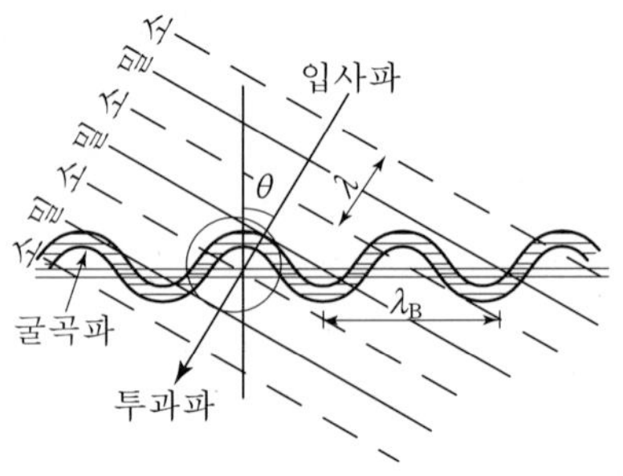

그림 8-37 일치효과에 의한 굴곡파

$$TL_m = TL_0 - 10\log(0.23\,TL_0) \tag{8.18}$$

그러나 실제의 음장에서는 θ의 값을 0~78°의 범위 내로 산정한 다음 식을 사용하는 것이 일반적이다.

$$TL_r = TL_0 - 5\text{ dB} \tag{8.19}$$

이를 음장입사(field incidence)의 질량법칙이라 한다.

차음효과는 공진(共振 ; resonance)과 일치효과(coincidence effect)와 같은 두 가지 현상에 의하여 감소된다. 일반적으로 벽체는 유한한 면적과 여러 가지 경계조건(고정, 지지 등)을 가지고 있으므로 저주파수역인 기본 공진주파수에서 판진동을 일으켜 투과손실이 저하된다. 주변을 지지하는 장방형 간벽의 기본 공진주파수는 다음과 같이 구해진다.

$$f_r = 0.45\times v_1 \times b\left[\left(\frac{1}{l}\right)^2 + \left(\frac{1}{h}\right)^2\right] \tag{8.20}$$

여기서, b : 벽의 두께 [m], l : 벽의 길이 [m]

h : 벽의 높이 [m], v_1 : 간벽 내 종파속도 [m/s]

$$v_1 = \sqrt{\frac{E}{\rho(1-\sigma^2)}}$$

E : 영률(Young's modulus of elasticity)

σ : 푸아송비(poisson ratio), ρ : 밀도

대부분의 건물벽체는 비가청주파수인 5~20 Hz의 기본 공진주파수를 갖게 되고, 중·고주파수역에서는 일치효과에 의하여 투과손실이 저하된다. 일치효과란 그림 8-37과 같이 벽면에 대해 파장 λ의 평면파가 θ의 각도로 입사하면 벽면 위에 $\lambda_B(\lambda_B = \lambda/\sin\theta)$

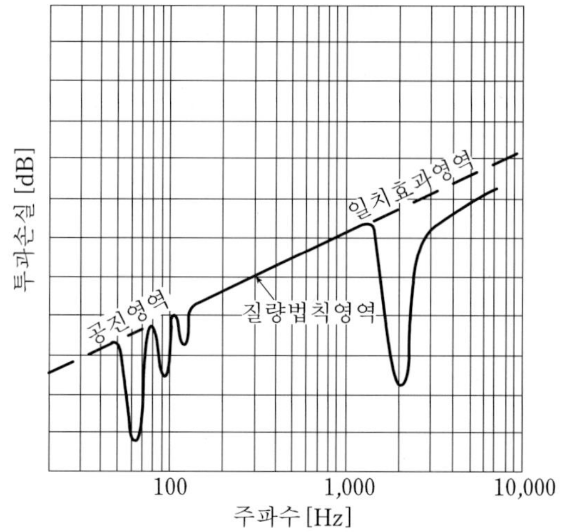

그림 8-38 음의 투과손실

의 파장을 가진 음압분포가 생기고, 벽체의 굽힘강성에 의한 굴곡파의 파장과 일치하면 굴곡진동이 생겨 음의 투과가 촉진되는 것을 말한다. 이러한 일치효과는 공진보다 바람직하지 못하며, 이 현상이 발생하면 음파는 벽의 진동과 동일위상으로 연속하여 벽에 부딪친다. 이같은 현상이 일어나는 한계가 되는 주파수를 한계주파수(critical frequency)라 하며, 이것은 다음 식으로 구할 수 있다.

$$f_c = \frac{v^2}{2\pi b}\sqrt{\frac{12\rho(1-\sigma^2)}{E}} \tag{8.21}$$

여기서, b : 벽 두께, E : 영률, ρ : 밀도, σ : 푸아송비

그림 8-38에서 중간주파수는 보통 질량법칙에 따르며 저주파수는 공진, 고주파수는 일치효과의 영향을 받는다는 것을 알 수 있다. 공진과 일치효과는 피할 수 없으나 최대의 투과손실을 얻기 위해서는 설계시 공진의 영향을 가청주파수 이하에 두고 일치효과를 고주파수역 한계에 가까운 데까지 높혀야 한다.

【예제 8-5】 콘크리트벽 두께 15 cm의 TL을 구하라.

풀이 콘크리트 두께 15 cm의 면중량은 $m = 2,400 \times \frac{15}{100} = 360\ \text{kg/m}^2$

식 (8.18)과 (8.20)을 이용하여 구하면 다음 표와 같다.

	주파수 [Hz]	125	250	500	1,000	2,000	4,000
(a)	20 log m(m= 360)	51	51	51	51	51	51
(b)	20 log f	42	48	54	60	66	72
(c)	43	43	43	43	43	43	43
(d)	TL_0[(1)+(2)−(3)]	50	56	62	68	74	80
(e)	TL_r[TL_0−5]	45	51	57	63	69	75
(f)	평균 TL	57 dB					

＊평균 TL은 125 Hz에서 2,000 Hz까지로 계산한다.

【예제 8-6】 어떤 주파수에서 벽체로 입사음에너지의 1 %가 투과하였다. 이 주파수에서 벽체의 음 투과손실을 구하라.

풀이 음투과율 $\tau = \dfrac{I_t}{I_i} = \dfrac{1}{100} = 0.01$

투과손실 $\mathrm{TL} = 10\log\dfrac{1}{\tau} = 10\log\dfrac{1}{0.01} = 20\ \mathrm{dB}$

【예제 8-7】 어떤 이중 유리창 TL 값을 측정한 결과 그림 8-39와 같다. 차음곡선 중 투과손실이 저하되었다가 상승하는 이유를 설명하고, 이 현상을 감소시킬 수 있는 방법을 간단히 설명하라.

풀이 공진 및 일치효과 참조

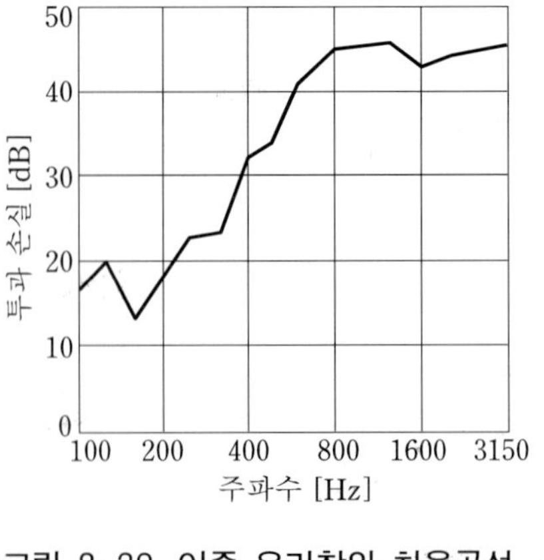

그림 8-39 이중 유리창의 차음곡선

【3】 종합투과손실 ($\overline{\text{TL}}$)

차음벽이 여러 가지 재료로 구성되어 있거나 벽에 창문 등의 개구부가 있는 경우 각각의 투과손실은 서로 다른 값을 갖는다. 이때 예상되는 음투과는 종합적인 평균투과손실을 이용하며, 다음과 같이 계산된다.

$$\overline{\text{TL}} = 10 \log \frac{1}{\overline{\tau}} = 10 \log \frac{\sum S_i}{\sum S_i \tau_i} \text{ [dB]} \tag{8.22}$$

여기서, $\overline{\tau} = \dfrac{\sum S_i \tau_i}{\sum S_i} = \dfrac{S_1\tau_1 + S_2\tau_2 + S_3\tau_3 + \cdots\cdots}{S_1 + S_2 + S_3 + \cdots\cdots}$ $(\tau_i = 10^{-\text{TL}_i/10})$

S_i : 벽면을 구성하는 각 재료의 면적 [m^2]

τ_i : S_i에 대한 투과율

【예제 8-8】 길이 4 m, 높이 2 m인 조적조 중공벽에 1.2×0.8 m인 창과 0.75×2 m의 문이 있다. 각 부위별 투과손실(TL)은 벽돌 53 dB, 창 25 dB, 문 20 dB이다. 이 벽의 종합투과손실을 구하라.

풀이 27.4 dB

【예제 8-9】 TL=50 dB의 철근 콘크리트벽이 80 m^2가 있고 TL=30 dB인 출입문이 20 m^2일 때 평균투과손실을 구하라.

풀이 TL = 50 dB에서 $50 = 10 \log \dfrac{1}{\tau}$ $\therefore \tau = 0.00001$

TL = 30 dB일 때 $\tau = 0.001$

$$\overline{\text{TL}} = 10 \log \frac{80 + 20}{80 \times 0.0001 + 20 \times 0.001} = 10 \log 4807.6 = 36.8 \text{ dB}$$

【예제 8-10】 콘크리트(넓이 20 m^2, TL=50 dB)와 유리창(넓이 10 m^2, TL=20 dB)으로 구성되어 있는 건물의 벽이 있다. 이 벽의 종합투과손실을 구하라. 또한 유리창을 1 m^2 정도 열면 종합투과손실은 얼마인가?

풀이 $\overline{\text{TL}} = 10 \log \dfrac{20 + 10}{(20 \times 10^{-5}) + (10 \times 10^{-2})} = 10 \log \dfrac{30}{0.0002 + 0.1} = 24.8 \text{ dB}$

$$\overline{TL} = 10\log\frac{20+9+1}{(20\times10^{-5})+(9\times10^{-2})+(1\times1)} = 10\log\frac{30}{1.0902}$$
$$= 10\log 27.5 = 14.3\ \text{dB}$$

【4】 이중벽의 차음

단일벽의 투과손실은 벽두께를 2배로 하여도 최대 6 dB 밖에 커지지 않는다. 더구나 두께가 커지면 일치효과 주파수가 저음역이 되므로 위험범위에 나타날 가능성이 있다. 그러나 완전히 독립된 벽이 이중으로 되어 있다면 그 투과손실은 각각의 벽에 대한 투과손실의 합으로 예상되지만, 현실적으로 2개의 벽체를 완전히 독립시키는 것은 구조적인 결합뿐만 아니라 중간 공기층에 의한 음향적인 결합에 의하여 소리가 전달될 수 있기 때문에 불가능하다. 서로 연결되지 않은 이중벽인 경우 투과손실은 일반적으로 같은 질량의 단일벽보다 8 dB 정도 커진다. 예를 들면, 105 mm 두께 벽돌벽의 TL은 45 dB, 210 mm 두께 벽돌벽의 TL은 50 dB, 260 mm(105+50+105) 중공벽의 TL은 58 dB이다.

그러나 어떤 주파수 범위에서는 공명으로 인하여 단일벽보다 이중벽의 차음이 나빠지는 경우도 생긴다. 이 공명주파수는 다음 식으로 계산된다.

$$f_r = \frac{120}{\sqrt{mL}} \qquad (8.23)$$

여기서, m : 이중벽의 면밀도 합계

L : 중공층의 두께 [m]

예를 들어, 105 mm의 벽돌벽의 면창도(面窓度)가 220 kg/m^{2}이라면 식 (8.23)을 적용하여 25.6 Hz의 공명주파수를 구할 수 있다. 이렇게 구한 공명주파수를 가청주파수 범위와 비교하여 청각에 대한 직접적 영향 여부를 검사할 수 있다.

8-3 실내음향계획

8-3-1 건축설계에 의한 음향계획

【1】 음 향 기 준

음원으로부터 수음점(청취자)까지 직접 도달되는 직접음과 실표면에 반사되어 전달되는 제 1 차 반사음의 과정을 기하학적으로 분석 조사하고 실 마감표면의 흡음특성과 음향적 영향을 검토하는 것은 건축음향계획의 기본이 된다.

• 강연, 음악 등의 실용도에 따라 음향계획에 요구되는 일반기준은 다음과 같다.

① 실내 전체에 충분한 음압이 고르게 분포되도록 한다.

② 잔향특성은 말이 명확하게 들리고, 음악이 아름답고 풍부하게 들리도록 조절한다.

③ 실내 어디서나 장시간 지연반사음, 반향(echo), 음의 집중, 음의 그림자, 실의 공명 등 음향적 결함이 없어야 한다.

④ 방해가 되는 소음과 진동이 없도록 하여야 한다.

• 실내에 충분한 음압이 고르게 분포되도록 하기 위한 고려사항은 다음과 같다.

① 객석은 가급적 무대 음원 가까이 배치되도록 설계(예 : 발코니가 있는 부채꼴형)함으로써 음원으로부터의 거리를 가능한 한 짧게 한다.

② 음원 근처에 반사체를 두어 초기반사를 최대한 이용하고, 반사체 크기는 반사되는 음원의 파장 이상으로 한다.

③ 객석바닥은 시각적인 이유와 만족할 만한 직접음을 받도록 경사지게 하는 것이 유리하며 부득이 수평일 때는 무대 음원의 위치를 가급적 높이는 것이 좋다.

④ 실 바닥면적과 용적은 합리적인 최소값으로 직접음과 반사음의 거리를 짧게 한다.

【2】 잔 향 계 획

(a) 최적잔향시간(optimum reverberation time)

실내의 용도에 따라 최적잔향감을 주는 잔향시간에 대해서는 여러 가지 경험치나 이

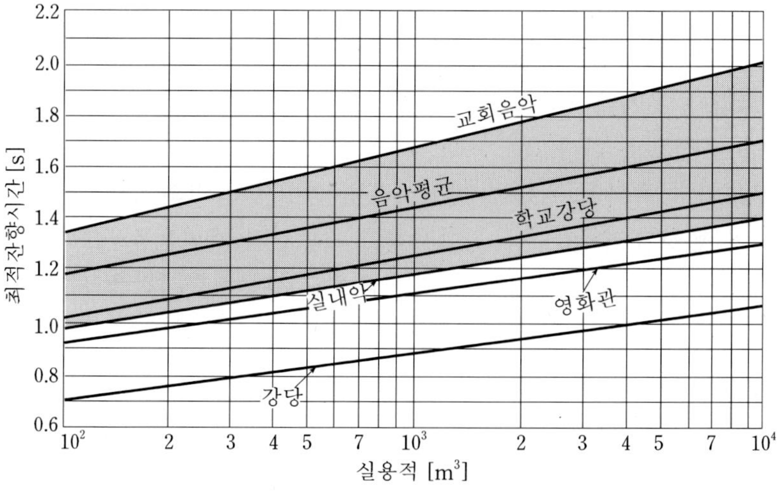

그림 8-40 용도에 따른 최적잔향시간과 실용적

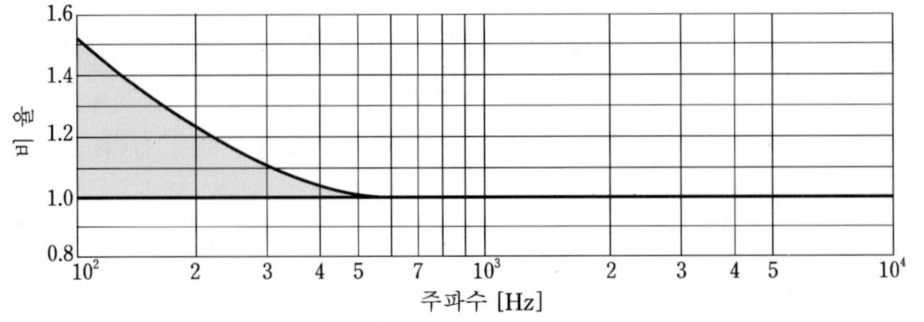

그림 8-41 잔향시간에 대한 주파수 특성(Knudsen)

론치가 제안되고 있으나, 일반적으로 Knudsen의 제안치가 널리 사용되고 있다. 그림 8-40은 Knudsen과 Harris가 제안한 500 Hz 이상의 주파수음에 대한 최적잔향시간(optimum reverberation time)을 보여준다. 500 Hz 미만의 주파수에 대해서는 그림 8-41의 주파수 특성비율을 곱하여 구하는데 예를 들어, 실용적 10,000 m^3인 음악당의 평균 최적잔향시간이 1.5초라 하면 300 Hz 주파수에 대한 보정치는 1.1이므로 1.5×1.1=1.65초가 300 Hz 주파수음에 대한 최적잔향시간이 된다.

회화, 강연, 연극 등에서는 언어의 높은 명료도(clarity)가 요구되기 때문에 대체로 잔향시간이 짧아야 하나, 음악은 좋은 음질과 적당한 여운, 풍분한 음량이 요구되므로 다소 긴 잔향시간이 필요하다. 잔향계획시 고려하여야 할 점은 다음과 같다.

① 실의 사용목적과 실 용적에 의하여 최적잔향시간과 그 주파수 특성을 결정한다.

② 강연이나 연극 등 언어를 주목적으로 할 경우 잔향시간은 비교적 짧게 하여 음성의 명료도를 제일 조건으로 한다.

③ 오케스트라나 뮤지컬 등 음악을 주목적으로 할 경우 잔향시간은 비교적 길게 하여 음악의 음질을 우선으로 한다.

④ 실의 용도가 다목적인 경우는 잔향시간을 언어와 음악의 중간 정도로 하여 요구되는 목적에 따라 변경될 수 있도록 잔향시간의 가변장치(가변흡음구조 등)를 설치한다.

⑤ 전기음향설비를 주로 이용하는 경우는 최적값보다 잔향시간을 짧게 하는 것이 좋다.

(b) 잔향설계방법

잔향계획의 순서는 아래와 같다.

① 잔향시간의 검토는 보통 125, 250, 500, 1,000, 2,000, 4,000 Hz의 주파수에 대하여 실시한다(단, 전용 음악실인 경우에는 63~8,000 Hz까지 범위로 한다).

② 최적잔향시간을 결정한다.

③ 최적잔향과 실의 용적에서 필요한 흡음력을 구한다(그림 8-42).

④ 실내의 흡음력을 계산한다. 실내의 표면재료 뿐만 아니라 사람, 가구 등의 흡음력을 고려한다. 오디토리엄 내의 청중인원수는 객석정원의 2/3로서 보통 가정한다.

⑤ 수정하여야 할 흡음력을 계산한다. 벽에 흡음재료를 붙이면 그 재료에 의하여 증가하는 흡음력은 다음의 계산에 의한다.

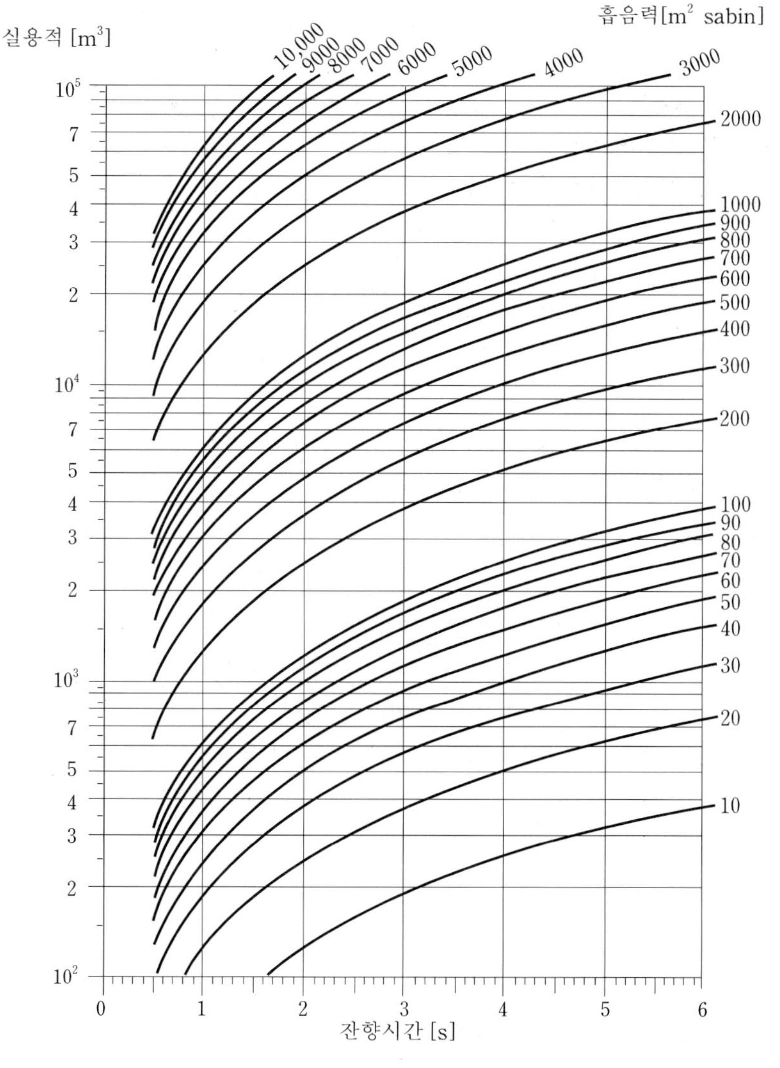

그림 8-42 잔향시간(흡음력) 계산도표

(흡음재료의 흡음률 − 붙이기 전의 벽표면 흡음률) × 해당표면적

⑥ 계획적으로 음향재료를 배치한다.

a. 흡음특성에 맞는 재료를 선정한다(중고음역, 저음역의 흡음재료).

b. 일반적으로 무대 근처부분은 반사성 재료마감(live end), 객석 윗부분은 흡음성 재료마감(dead end)으로 처리하는 것이 바람직하다.

⑦ 공사 중에 때때로 잔향시간을 측정한다(불합리한 설계, 설계와 시공의 엇갈림 등은 수시로 조사해서 개선하도록 한다).

잔향설계방법을 예제 8-11과 8-12를 통하여 알아보기로 한다.

【예제 8-11】 아래와 같은 조건을 가진 교실에서 (a) 음향처리를 전혀하지 않을 때의 잔향시간과 (b) 음향 타일(500 Hz에서 $\alpha=0.85$)로 천장표면을 50 % 마감했을 때의 잔향시간을 구하라. 단, 학교교실은 10×18×4.5 m이고, 500 Hz에서의 흡음률(α)은 벽 : 0.3, 천장 : 0.05, 바닥 : 0.1이다.

풀이 (a) 실용적 $V=10\times18\times4.5=810\ \text{m}^3$

세이빈의 잔향공식을 이용하면 다음과 같다.

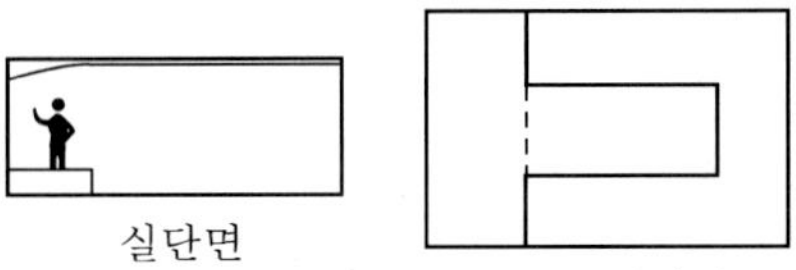

	면적 [m²]	흡음률(α)	흡음력(A)(미터 세이빈)
천 장	10×18=180	0.05	9
벽	2×10×4.5=90 2×18×4.5=162 252	0.3	75.6
바 닥	10×18=180	0.1	18
합 계			102.6

$$\text{RT} = \frac{0.16V}{A} = \frac{0.16\times810}{A}$$

$$\text{RT} = \frac{0.16\times810}{102.6} = 1.26s\ (500\ \text{Hz})$$

(b)

	면적 [m^2]	흡음률(α)	흡음력(A)(미터 세이빈)
천장①	90	0.05	4.5
천장②(흡음재마감)	90	0.85	76.5
벽	252	0.3	75.6
바닥	180	0.1	18
합 계			174.6

$$\mathrm{RT} = \frac{0.16 \times 810}{174.6} = 0.74\,s \ (500\ \mathrm{Hz})$$

【예제 8-12】 크기가 20×12×2.7 m(=648 m^3의 용적)되는 실을 강연용으로 사용할 경우 필요로 하는 표면마감재와 잔향시간을 구하라.

풀이 그림 8-40으로부터 최적잔향시간(RT)은 0.8초를 얻을 수 있다(강당, 회화용). RT=0.16(V/A)로부터 필요한 전 흡음력은 다음과 같이 요구된다.

$$A = \frac{0.16V}{\mathrm{RT}} = \frac{0.16 \times 648}{0.8} = 129.6\ \mathrm{m}^2$$

표 8-2과 8-3을 이용하여 전 흡음력을 계산하면 다음 표와 같다.

실내흡음력 계산결과(1차)

		120 Hz		500 Hz		2,000 Hz	
		α	A	α	A	α	A
실내의 내용물							
나무의자에 앉은 청중	80 m^3	0.158	12.64	0.4	32	0.436	34.88
공석(空席)(나무의자)	40	0.075	3	0.149	5.96	0.177	7.08
공기	648 m^3	–		–		0.007	4.54
표면재료							
벽, 벽돌 위 플라스터 마감	168 m^2	0.02	3.36	0.02	3.36	0.04	6.72
문	4.80 m^2	0.3	1.44	0.1	0.48	0.1	0.48
천장, 플라스터 판	240 m^2	0.2	48	0.1	24	0.04	9.6
바닥, 콘크리트 위 비닐마감	240 m^2	0.05	12	0.05	12	0.1	24
(의자로 인한 그림자 부분제외)		20 %	−2.4	40 %	−4.8	60 %	−14.4
합 계			78.04		73		72.9

모든 주파수에 대한 필요 흡음력이 129.6이므로 전체 주파수에 걸쳐 비교적 균일한 개선이 필요하다. 이는 후벽(후벽면적－문면적=32.4－4.8=27.6 m^2)과 바닥에 흡음재를 처리함으로써 다음 표와 같이 개선될 수 있다. 여기서 벽에는 25 mm의 띠장을 걸치고 그 위에 25 mm의 목모판(wood wool slabs)을 고정하며, 바닥에는 비닐타일 대신 카페트를 설치한다.

개선된 실내흡음력 계산결과

	125 Hz		500 Hz		2,000 Hz	
	α	A	α	A	α	A
목모판 27.6 m^2	0.15		0.1		0.6	
최초의 마감 제외	－0.02		－0.02		－0.04	
	0.13	3.59	0.58	16.01	0.56	15.46
카펫 240 m^2	0.1	24	0.25	60	0.33	80
의자로 인한 그림자부분 제외	20 %	－4.8	40 %	－24	60 %	－48
최초의 마감 제외		－9.6		－7.2		－9.6
합 계	91.23		117.81		110.76	

이 두 흡음재는 고주파역에서 매우 효과적이나 흡음력은 전체적으로 부족하여 불균형을 이룬다. 따라서 저주파뿐만 아니라 고주파역에서도 약간의 개선이 필요하며, 천장의 일부를 펠트 위 하드보드 패널 흡음재로 대체한다. 이 방법은 저주파역에 대한 흡음력을 증가시킨 것이다. 끝으로 고주파역의 흡음력을 증가시키기 위해서 벽의 일부에 커튼을 설치하여 조절할 수 있다.

확정된 실내흡음력 계산결과

	125 Hz		500 Hz		2,000 Hz	
	α	A	α	A	α	A
하드보드 패널 50 m^2	0.9		0.25		0.15	
최초의 마감 제외	－0.2		－0.1		－0.1	
	0.7	35	0.15	7.5	0.05	2.5
커 튼 32 m^2	0.05		0.15		0.5	
최초의 마감 제외	－0.02		－0.02		－0.04	
	0.03	0.96	0.13	4.16	0.46	14.72
합 계	127.19		129.47		127.98	
검토 $RT = 0.16\,V/A = 103.68/A$	0.82초		0.8초		0.81초	

이 결과는 최적 RT=0.8초와 비슷하다.

【3】 반사면계획

(a) 반사면 특성

실내 마감설계를 할 때 반사면계획을 적절히 하면 1차반사음이 직접음보다 음에너지는 적지만 음의 보강효과를 얻을 수 있다. 직접음과 1차반사음의 시차가 적은 경우에는 중첩하여 들리게 되며, 심리적으로 음레벨이 높게 느껴질 수 있다. 특히 주파수가 다양한 강연의 경우는 유효 1차반사음에 의해 2~3 dB(A)이 증가되며, 이것은 매우 약한 음성을 보강하는 데 큰 역할을 한다. 객석의 바닥면을 수평으로 할 때는 천장면에 의한 1차반사음이 직접음보다도 음레벨이 더 높아지는 경우도 있다. 따라서 천장반사면의 활용이 매우 중요하다.

반사판재료는 콘크리트나 타일 등과 같이 딱딱하고 무거운 재질이 요구되나, 천장에 매어다는 경우에는 너무 무거운 것은 곤란하다. 그러므로 두께 12 mm 정도의 합판이나 이와 비슷한 중량의 석고보드, 석면보드 등으로 파장보다 4~5배 정도 큰 평면이나 凸면을 주로 사용한다. 실내에서 청취자는 음원으로부터 직접음과 반사에 의해 시간이 지연된 반사음을 듣게 된다. 이때 반사음의 지연시간이 0.035초(=35 ms) 이내이면 직접음과 구별되지 않고 음을 보강하게 된다. 만약 반사음의 지연시간이 0.06~0.07초(음선차로 20~24 m) 이상이면 반사음을 직접음의 반복인 반향으로서 감지된다. 이 시간차의 한계인 0.035~0.07초간의 지연음도 아닌 음의 불명료한 상태가 된다(그림 8-43).

음압레벨의 감쇠곡선에서 반향은 그림 8-44에서와 같이 뚜렷한 피크로 나타낸다. 통상 직접음과 반사음의 음선차가 20 m 정도일 때 반향이 감지되는 것으로 본다면 그림

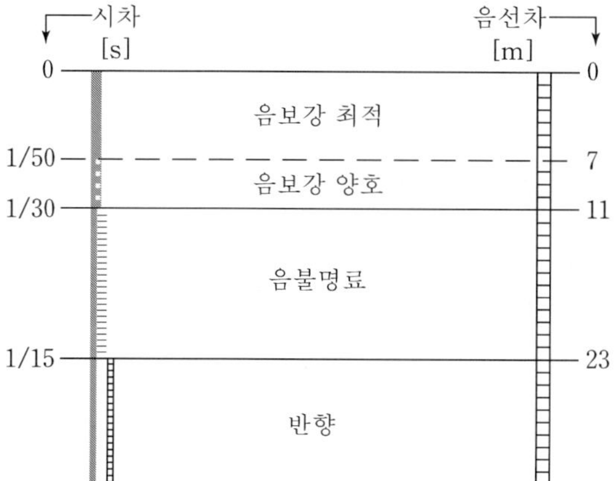

그림 8-43 음선차와 언어 명료도의 관계

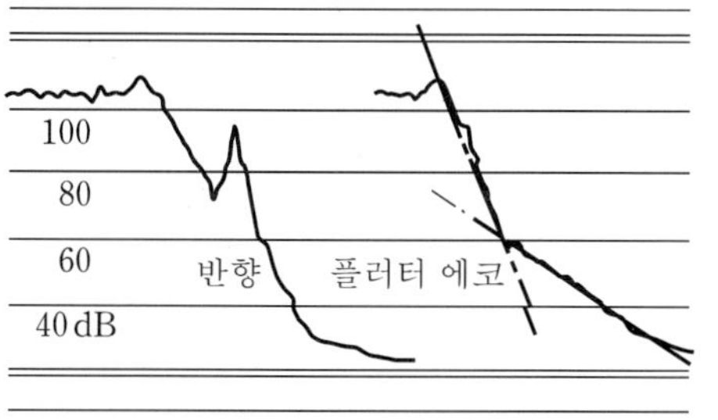

그림 8-44 감쇠곡선상의 반향

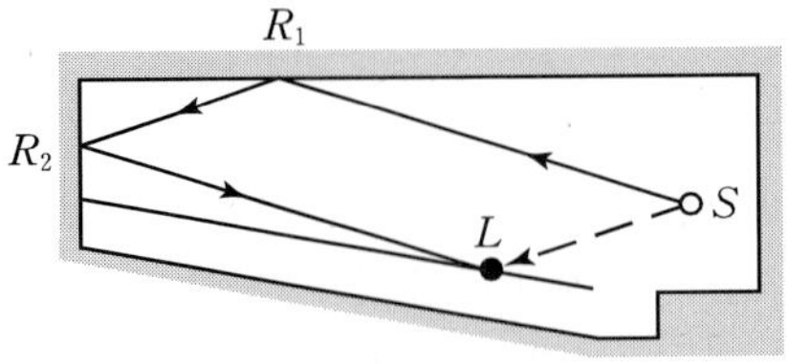

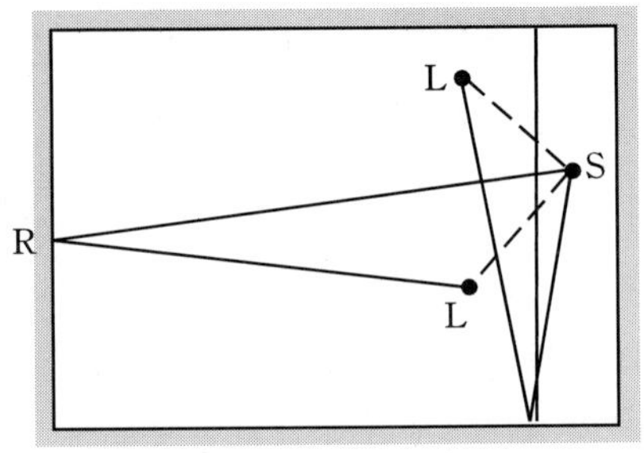

그림 8-45 반향의 원인이 되는 음선차

8-45는 반향이 발생되는 상태를 보여준다.

플러터 에코(flutter echo)는 마주보는 평행한 면이나 오목한 면에서 음의 반복 반사에 의하여 발생한다. 보통 플러터 에코는 높은 주파수의 울림이나 부저소리처럼 들리며 다음과 같은 방법으로 조절할 수 있다.

① 평행한 표면을 피하는 형태로 할 것

② 흡음재를 사용할 것

③ 경사진 면(splay elements)에 의해 표면을 처리할 것

보통 벽체의 한쪽을 1 : 10의 경사로 하면 플러터 에코를 제어할 수 있다.

(b) 기하작도법(ray-diagram analysis)

기하학적 분석방법(ray-diagram analysis)은 음의 분포를 위한 실 형태의 효율적 연구와 반향을 일으키는 표면을 조사하는 데 널리 이용된다. 기하작도법은 음파의 입사각 i와 반사각 r이 같다는 빛의 반사법칙에서 유추한 것이다.

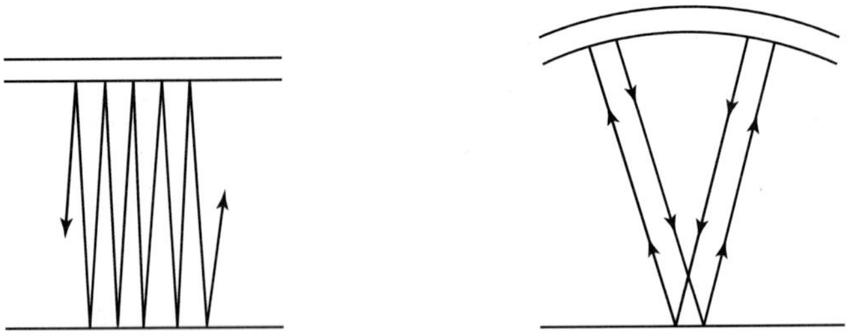

그림 8-46 플러터 에코 현상

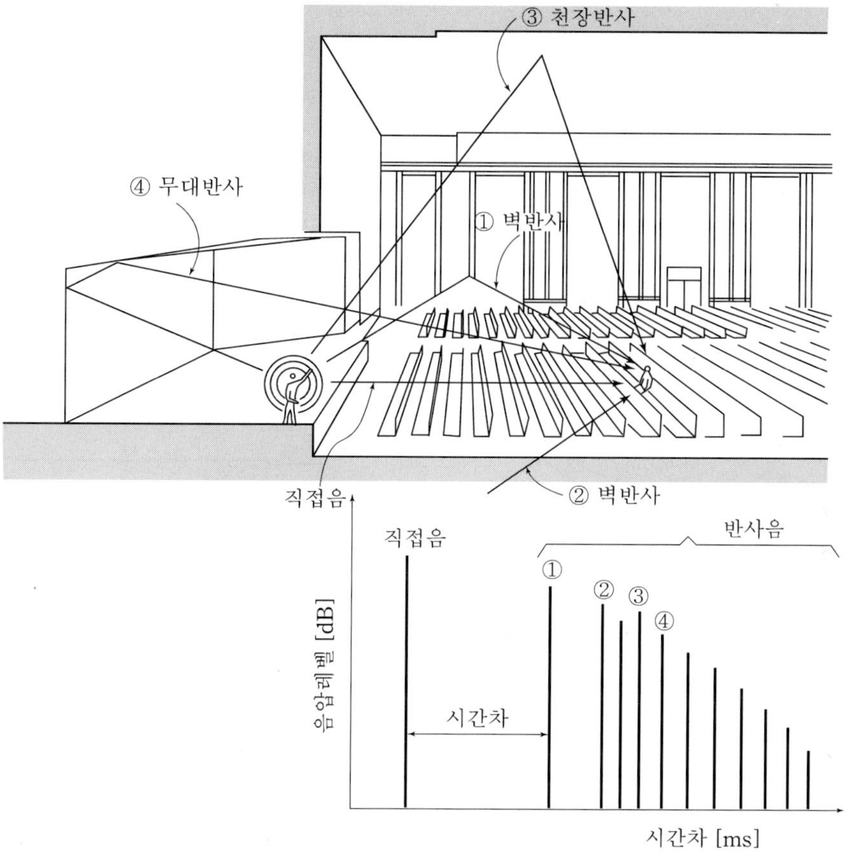

그림 8-47 실내 음경로

기하작도법의 몇 가지 제한사항은 다음과 같다.

① 기하작도법에 의한 음의 반사법칙은 표면재료의 크기가 음의 파장보다 클 경우에만 적용된다.

② 일반적으로 강연이나 음악의 음원은 고정된 한 지점에서만 방출되지는 않으므로 적절한 실의 형태는 여러 음원에서 수음점에 이르는 음의 분포에 의하여 결정된다.

③ 실표면에서의 음의 확산과 분산에 대한 상세한 평가는 기하작도법으로는 불가능하므로 주파수별 음향적 연구에 의한 모델이 디자인에 흔히 사용되며 음악의 청취를 목적으로 하는 실에서는 특히 중요하다.

이와 같은 제한요소에도 불구하고 기하작도법은 적절한 실의 형태를 결정하는 데 중요한 디자인 방법이 되고 있다. 그림 8-47은 기하작도법에 의한 음 경로와 시간차에 따

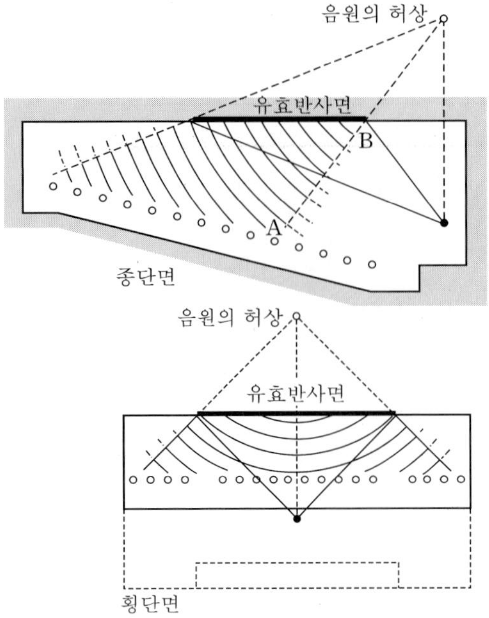

그림 8-48 천장반사면의 기능

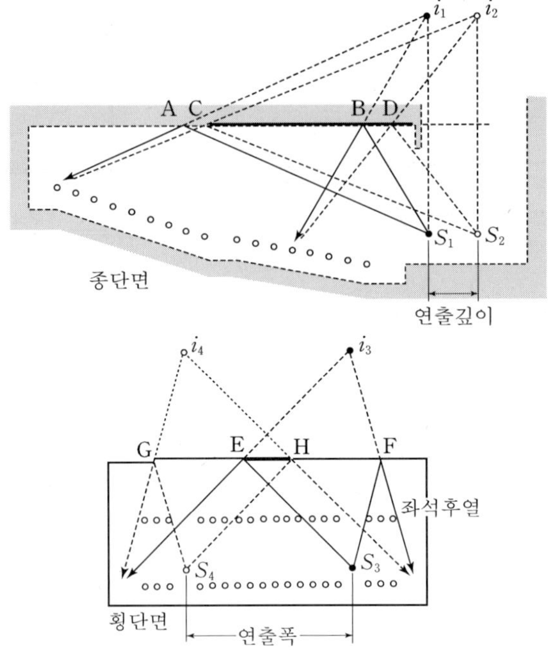

그림 8-49 연사가 이동할 때 천장반사면 효과

른 음압레벨 분포를 보여준다.

그림 8-48은 음원이 무대 중앙에 고정되어 있을 때 천장반사면을 간단히 계획한 예이다. 그러나 음원(S)이 한 점에 고정되지 않고 연출자가 움직이는 경우도 있으므로 움직이는 범위를 고려하여 그림 8-49와 같이 충분한 넓이를 가진 반사면을 계획하여야 한다.

강연회에서 연사(演士)가 환등기 등을 이용할 경우는 스크린의 한쪽 끝에서 설명을 하게 되므로 그림 8-50과 같이 벽면의 반사효과를 이용하도록 계획이 이루어질 수도 있다. 대강당과 같이 용적이 큰 실을 계획할 때는 높은 천장고를 가지므로 직접음과 1차반사음의 음선차가 길어져 천장을 반사면으로 활용할 수 없는 부분이 생기게 된다. 이때는 플라스터판이나 합판 등의 단단한 재료를 천장에 매다는 방법으로 설계한다.

그림 8-51은 매달은 반사판(suspended sound reflector)의 한 예를 보여준다. 이 경우 500 Hz 음의 파장이 약 0.7 m이므로 이 파장의 4~5배 크기인 3 m의 반사판을 매달은 것으로서 500 Hz 미만의 음은 이 반사판 주위를 회절하거나 그대로 통과한다. 이와 같이 낮게 설치된 반사판은 높은 천장에서 발생될 수 있는 반향이나 지연반사음을 보완해 주는 것은 물론, 직접음을 보강하는 데도 유효하다.

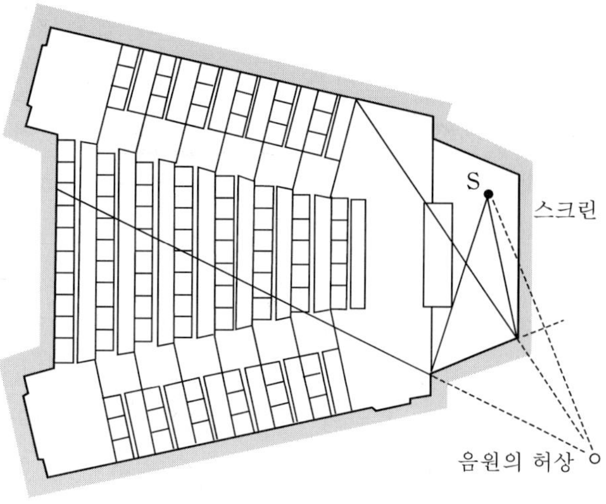

그림 8-50 매강의실 연단측벽의 반사효과

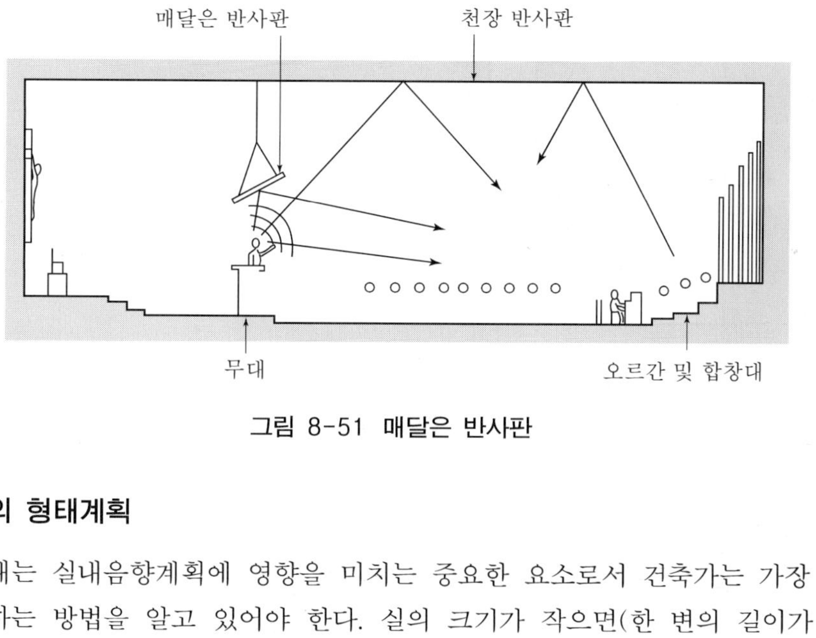

그림 8-51 매달은 반사판

【4】 실의 형태계획

실의 형태는 실내음향계획에 영향을 미치는 중요한 요소로서 건축가는 가장 바람직한 형을 결정하는 방법을 알고 있어야 한다. 실의 크기가 작으면(한 변의 길이가 10 m 이하인 경우) 고유진동이 나타날 수 있으므로 파동음향학적으로 검토하여야 하며, 실이 크거나 불규칙할 경우에는 기하음향학적으로 고찰하여야 한다.

직방체의 작은 실인 경우, 세 변의 비는 1 : 1 : 1이나 1 : 2 : 4와 같은 간단한 배수비는 피하는 것이 좋다. 옛날부터 황금법칙으로서 $(\sqrt{5}-1) : 2(\sqrt{5}+1)$ 또는 이와 유사한 2 : 3

:5의 비를 장려하고 있지만, 일반적으로 $2^{n/3}$이나 $5^{n/3}$과 같은 값을 선택하는 것이 좋다. 예로서, $1:\sqrt[3]{5}:\sqrt[3]{25} \fallingdotseq 1:1.7:2.9$의 비를 들 수 있다. 그러나 큰 실일 때는 실의 고유진동수 중 낮은 주파수의 부분이 가청최저주파수보다 낮으므로 파동성을 중시할 필요가 없어진다. 즉, 파장에 비해 충분히 큰 치수를 갖는 실에서는 기하음향학이 유효하다.

(a) 평면계획

객석은 무대를 잘 볼 수 있는 이유와 음을 청취하기 위한 청각적인 이유로 가능한 음원 가까이 위치하도록 설계하여야 한다. 정방형인 평면은 길이가 큰 폭보다 큰 구형에 비해 음원에 가까이 할 수 있지만, 음원의 지향성 때문에 명료도의 주요 역할을 하는 고주파역에서 음원방향에 직각인 위치의 음압레벨이 급속히 감소한다. 따라서 큰 정방형 실에서는 무대 측면에 있는 소리를 듣기에는 부적절하므로 실의 중심축으로부터 각각 70° 이내에 객석이 위치하여야 하며, 맨 뒷좌석은 가능한 강연자와 근접시켜야 한다. 정

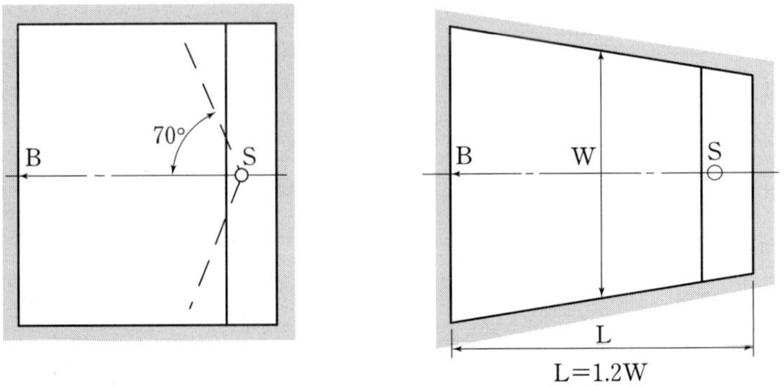

그림 8-52 음향을 고려한 평면형태

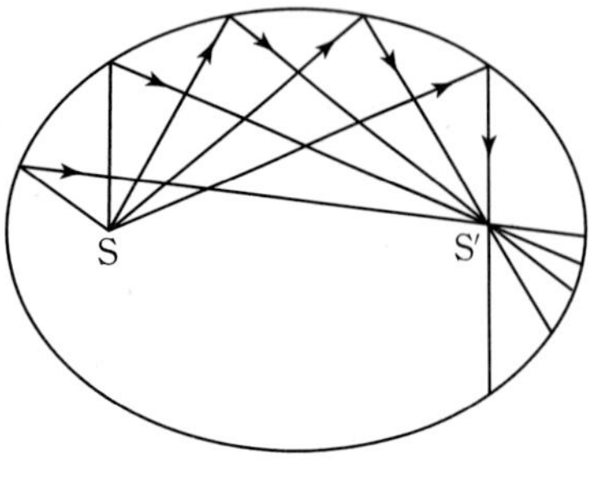

그림 8-53 타원형 평면의 음향적 음향적 결합

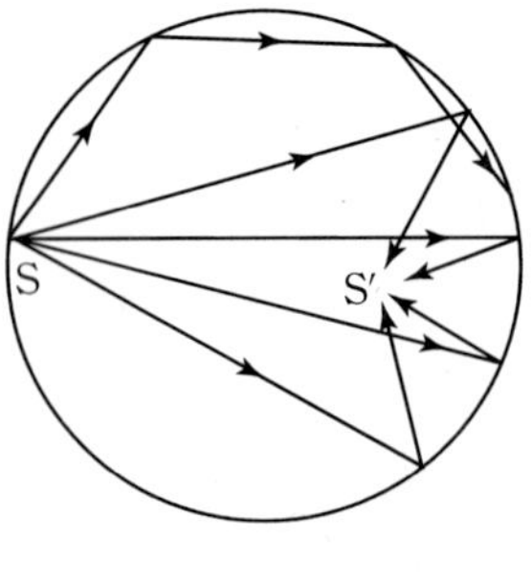

그림 8-54 원형 평면의 음향적 결합

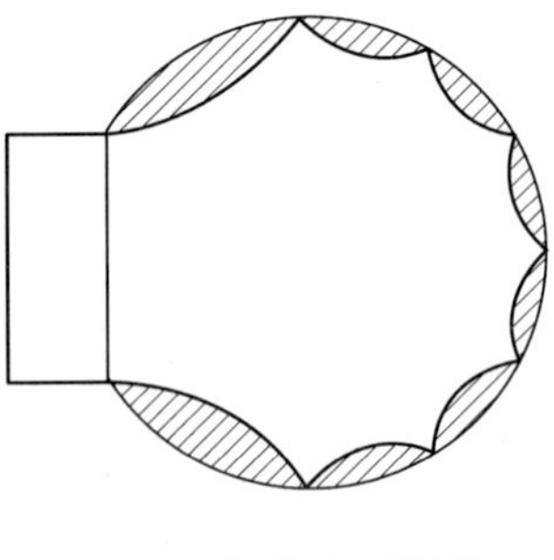

그림 8-55 음향적 결합을 개선한 원형 평면

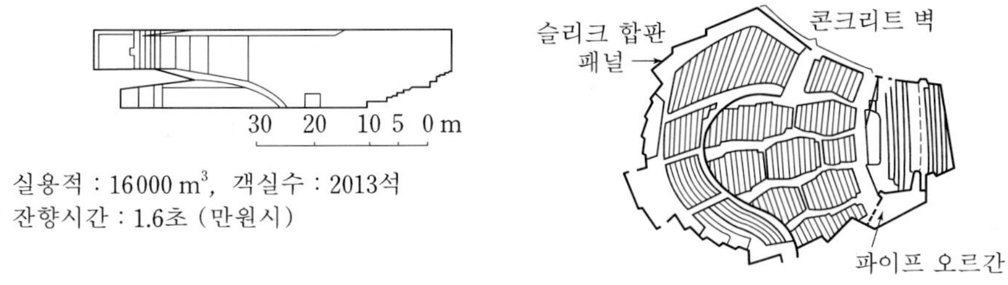

그림 8-56 Stuttgart, Liedenhall 대강당(1956)

방형 실인 경우 실의 길이는 폭의 1.2~2배 정도가 적당하며, 부채꼴형과 같이 측벽이 확산되는 평면형은 음원과의 거리를 근접시키고 평행면을 피할 수 있으므로 여러 가지 음향적인 이점이 있다(그림 8-52).

그러나 타원이나 원형의 평면은 음의 집중이나 불균일한 분포, 반향(echo) 등의 문제를 일으키게 된다(그림 8-53, 8-54). 이러한 평면에 대해서는 그림 8-55와 같은 볼록면의 곡선을 확산체로 이용함으로써 음향조건을 개선할 수 있다.

일반적으로 부정형이나 비대칭형 평면은 계획 및 시공에 어려운 점이 있지만 음확산을 위해서는 효과적이며, 그림 8-56과 같은 강당은 좋은 설계의 예라고 볼 수 있다.

(b) 단 면 계 획

① 바닥 : 음향설계에 있어서 무대로부터 방사된 음을 청중에게 직접 균일하게 전달하는 것은 매우 중요한 일이다. 직접음의 음파는 의자와 청중에 흡수되는 음과 좌석열 사이의 공간에 의한 공명현상 때문에 크게 감쇠되어 잘 안들리게 된다. 특히 300 m^3 이상의 실용적에서는 그 감쇠현상이 두드러지게 나타나고 있다. 이러한 감쇠현상에 대한 해결책으로 무대를 높히거나 바닥을 경사지게 한다(그림 8-57). 오디토리엄의 경우 바닥 기울기는 최저 8°, 극장에서는 최저 15°가 필요하다.

그림 8-58은 콘서트 홀 설계에서 음향과 시각적인 효과를 고려한 가시선작도법이다.

부득이 객석바닥의 경사가 어려운 경우에는 무대높이를 높게 만들어 청중석에서의 시

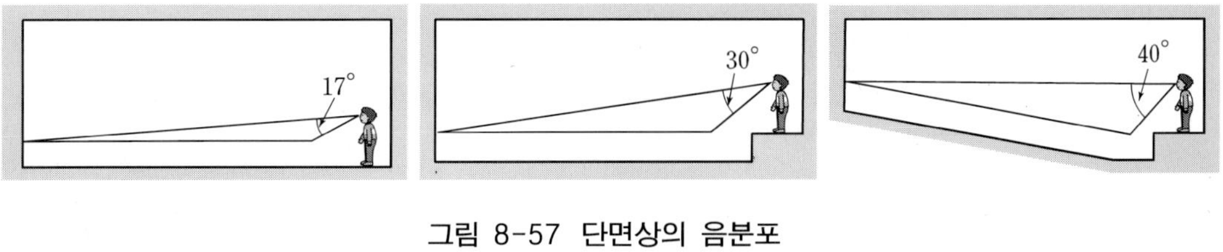

그림 8-57 단면상의 음분포

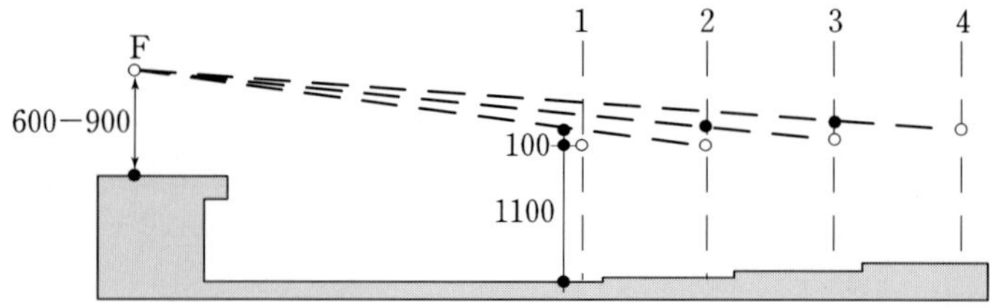

① 무대레벨 위 0.6~0.9 m 위치에 초점(F)을 설정한다. ② 청중의 머리위치로 수직선 1, 2, 3…을 긋는다. ③ 1열에서 눈 레벨(바닥레벨 위 1.1m)을 표시한다. ④ 눈 레벨 위로 100 mm의 간격을 가산한 후 F로부터 2열에 선을 그으면 2열의 눈 레벨이 구해진다. ⑤ 모든 열에 대해 이 과정을 반복한다. ⑥ 각 열에서 눈 레벨로 부터 아래 1.1m 시점이 그 연의 바닥 레벨이 된다(처음 몇 열은 역구배가 될 수도 있다).

그림 8-58 가시선의 작도법

선이 가려지지 않게 계획하여야 한다. 무대가 겨우 보일 정도이면 빛의 파장에 비해 음의 파장이 더 길기 때문에 직접음이 충분히 도달하지 못한다. 음원과 바닥을 평면으로 할 수 있는 객석의 최후열까지의 거리를 d라 하면 이 거리를 계산하는 일반식은 다음과 같다.

$$d = r(8.2h - 1) \tag{8.24}$$

여기서, r : 앞뒤 좌석간격 [m], h : 음원의 높이 [m]

예로서, 앞뒤 열간격이 90 cm, 음원의 높이가 1.5 m이면 식 (8.24)에 의한 수평면 객석범위는 음원에서 10.7 m까지가 된다.

② 천장 : 천장이나 벽은 특히 무대에서 멀리 떨어진 객석에 적당한 반사음을 보내는데 유용하므로 신중히 계획하여야 한다. 반사음을 이용하기 위해서는 직접음이 도달된 후 30 ms(음선차 11 m) 이내에 반사음이 도달되도록 하여야 한다. 또한 직접음과 반사음과의 음에너지가 어느 좌석이나 가능한 고르게 분포되도록 반사면의 위치와 각도, 크기가 정해져야 한다(그림 8-59).

일반적으로 음원에 가까운 부분은 반사성(live), 후면에는 확산성 또는 흡음성(dead)을 갖도록 계획하는 것이 좋다. 돔이나 원통형 아치 같은 오목곡면을 사용하면 반사음이 집

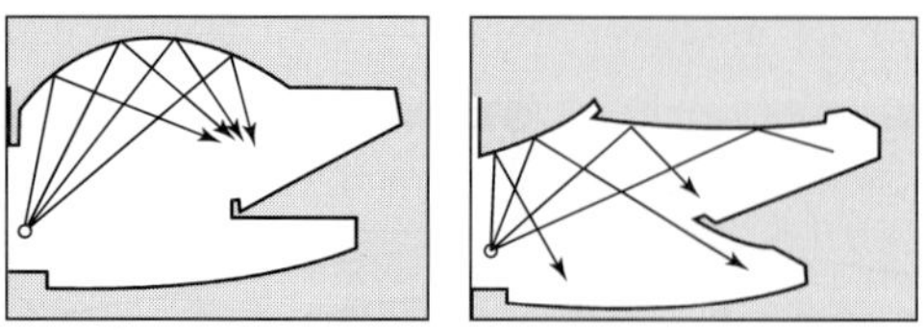

(a) (b)

그림 8-59 홀 천장의 단면

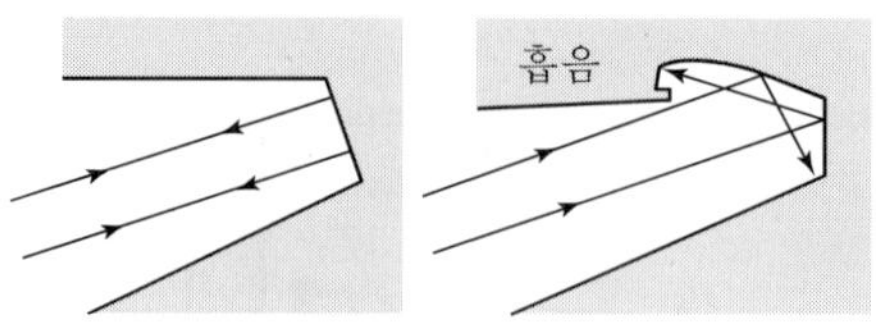

(a) (b)

그림 8-60 뒷벽과 천장의 처리

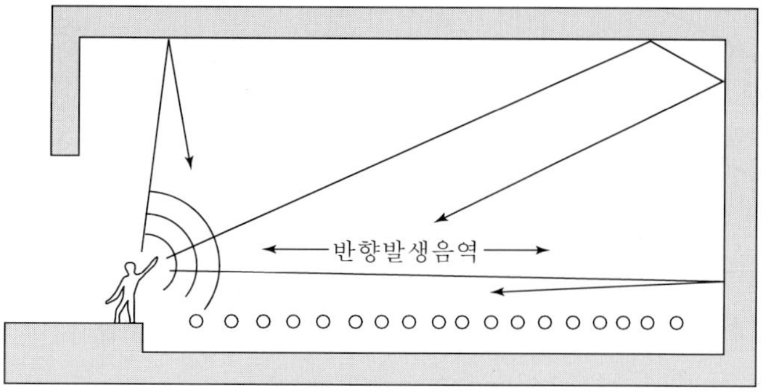

그림 8-61 실내의 반향발생

중되어 음향적 결함이 생긴다. 만일 건축의장상 오목면이 필요할 때는 곡률반경이 적어도 천정고의 2배 이상이나 1/2 이하로 하여야 한다. 또한 플러터 에코(flutter echo)를 피하기 위해서는 반사성의 천정면과 바닥면이 평행이 되지 않도록 하여야 한다.

③ 벽 : 측벽은 객석 후면의 음을 보강하는 역할을 하며, 특히 확성장치를 하지 않은 오디토리엄에 있어서는 유용하게 이용된다. 벽의 각 부분은 음압레벨이 불충분한 객석에 유리하게 음을 방사할 수 있도록 경사벽면 등을 고려한다. 측벽의 어느 부분에 의해 에코나 지연반사음 등이 발생될 가능성이 있을 경우는 불규칙한 표면(acoustically rough)이나 고도의 흡음재로 보완해야 한다. 모퉁이의 반향은 각진 구석을 없애거나 흡음재를 벽과 천정면에 부착함으로써 어느 정도 피할 수 있다.

플러터 에코(flutter echo)는 서로 평행된 측벽 사이에서 발생될 수 있으므로 무대 후면쪽으로 넓어지는 사다리꼴 등이 바람직하다. 이때 양쪽을 1/20 정도(2.5°~3°)의 경사로 하면 플러터 에코는 방지할 수 있으며, 객석에 반사음을 유리하게 향하도록 하는 데도 도움이 된다.

객석의 후벽은 특히 오목면의 형태는 피해야 한다. 그림 8-63 (c)와 같이 불가피한 경

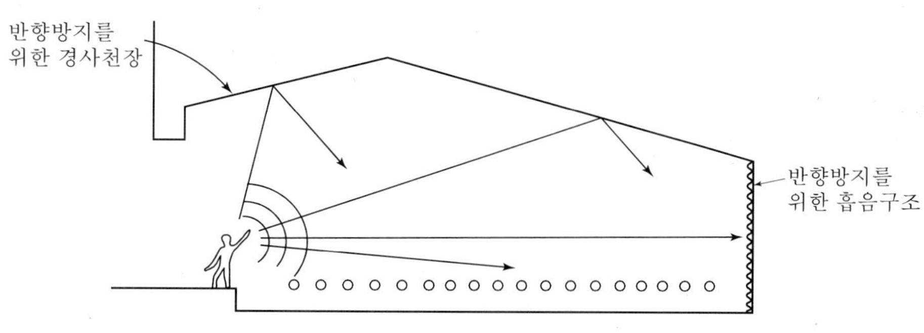

그림 8-62 실내의 반향조절

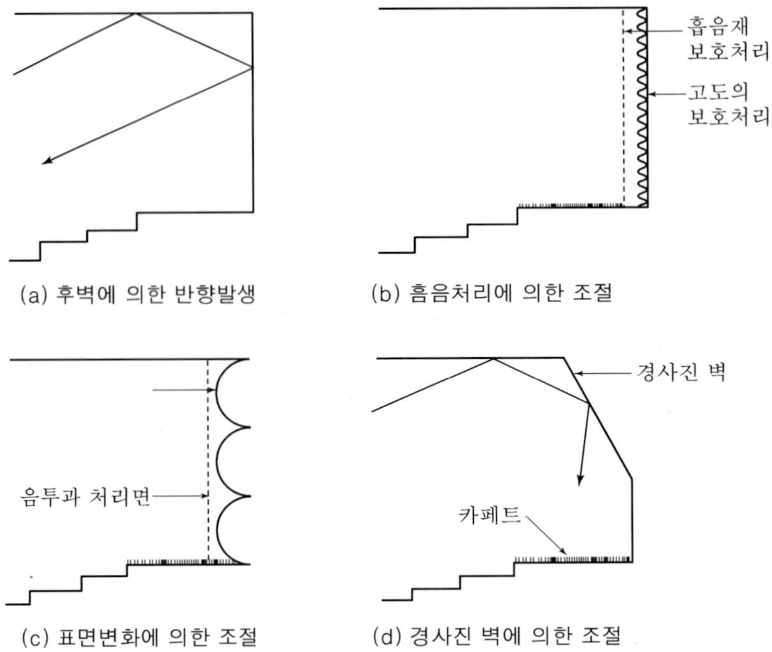

(a) 후벽에 의한 반향발생
(b) 흡음처리에 의한 조절
(c) 표면변화에 의한 조절
(d) 경사진 벽에 의한 조절

그림 8-63 후벽의 음향처리(반향방지 예)

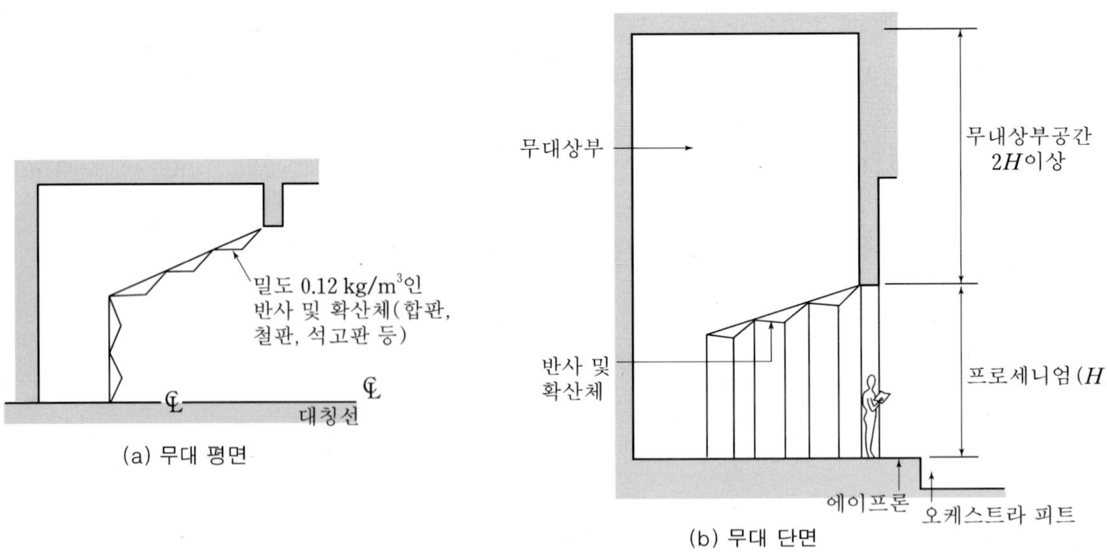

(a) 무대 평면
(b) 무대 단면

그림 8-64 무대의 음향처리

우에는 凹면을 흡음재로 마감하거나 산란(散亂)표면형으로 해야 한다. 어느 객석에서의 직접음과 1차반사음의 음선차가 약 20 m를 넘으면 반향이 발생하므로 그림 8-62와 같이 경사지게 하든지 고도의 흡음처리를 해야 한다. 보통 후벽은 0.5~0.7 정도의 흡음률을 갖는 재료를 사용하거나 산란반사표면이 되도록 한다. 요철(凹凸)형의 표면은 음의 파장이 그 표면재 치수의 10배 이하일 때만 산란(확산)효과가 있다.

④ 발코니 : 객석의 수용인원을 늘리기 위해 발코니를 설치할 때가 있다. 일반적으로 발코니 밑의 좌석은 음향상태가 가장 좋지 못한 곳이므로 이를 위해 발코니 깊이에 비해 높이를 높게 해야 한다(그림 8-65). 발코니 깊이 D는 높이 H에 대해 최대 2배 이하, 가능하면 1.5배 이하로 하고 맨 뒷좌석에서도 홀 천장 전체면적의 1/2 정도는 보이도록 한다(그림 8-66).

발코니 선단은 무대방향에서의 에코나 음의 집중이 생기지 않도록 확산성이나 흡음성을 갖게 하며, 발코니 밑의 천장은 유효한 1차반사음을 얻을 수 있는 경사로 하여 반사성으로 마감처리한다.

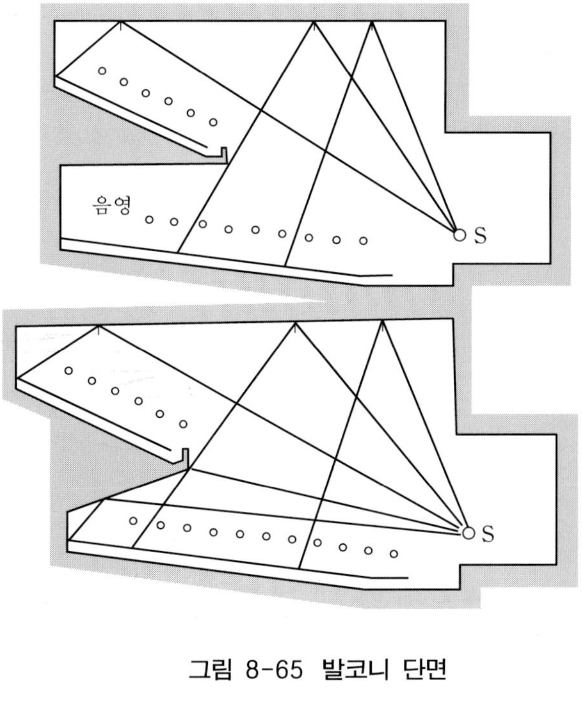

그림 8-65 발코니 단면

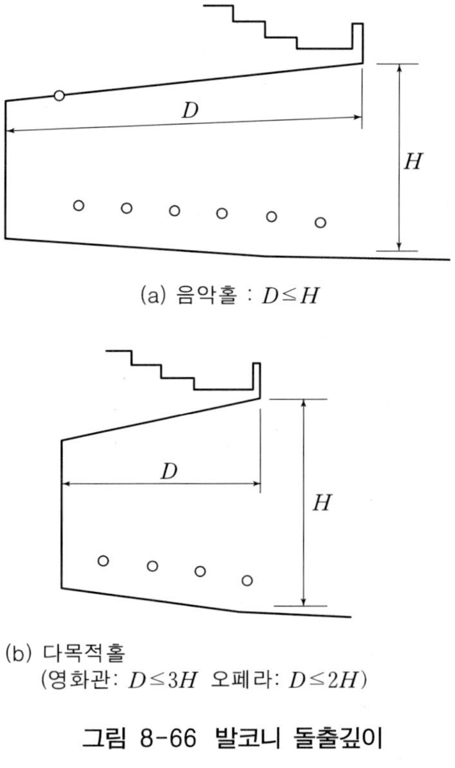

그림 8-66 발코니 돌출깊이

(c) 실의 크기

실의 바닥면적과 용적은 합리적으로 작게 할 필요가 있다. 객석에 대한 최적용적은 실의 사용목적과 수용인원수에 따라 다르며, 시각적·미적 요구 외에 청중의 편안함 같은 환경심리적인 측면 등이 고려되어야 한다. 객석에 대한 용적의 비를 낮게 하면 건축비 절감과 조명·공기조절 및 청소관리 등의 유지비가 저렴하게 된다. 또한 음향적인 측면에서도 실의 용적이 작아지면 소요잔향시간을 얻기 위하여 필요한 흡음재의 사용량이 적어지고 같은 음원출력으로 높은 실내의 음압레벨을 유지할 수 있는 이점이 있다. 그러나 실의 크기가 너무 작으면 충분한 잔향시간을 얻기 힘들다. 좌석치수를 45×90 cm, 또는 50×90 cm로 할 때 1석당 점유 바닥면적은 객석통로를 포함해서 0.5~0.8 m^2(보통 0.7 m^2)로 계획한다.

실용적 300 m^3까지는 실의 표면을 특수하게 처리하지 않아도 음향적으로는 큰 문제가 발생되지 않는다. 그러나 실의 치수가 최소가청음의 1/2파장(약 8.5 m)보다 작은 경우에는 반향은 발생하지 않으나 평행된 표면 사이에서 정재파(定在波)가 발생할 수 있다. 이는 실의 공명원인이 되어 특정 주파수의 음량과 잔향시간이 증가된다. 실의 크기가 300 m^3에서 30,000 m^3으로 점차 증가하게 되면 음원으로부터 멀리 떨어진 청취자를 위한 음 보강이 필요하다. 반사음의 방향을 고려하여 실표면의 형태를 기하학적 방법으로 결정할 수 있다.

8,000~8,500 m^3보다 큰 실에서 단일 목소리를 들으려면 음의 증폭장치가 필요하다. 큰 오디토리엄에서 정재파는 발생되기 어려우나 반향이 발생되기 쉬우므로 적절한 음의 확산과 정확한 잔향시간을 구하는 것이 중요하다. 그림 8-67은 오디토리엄 설계에서 좌석

표 8-4 각종 오디토리엄의 1석당 점유 용적 제안치

실의 종류		1석당 점유용적 [m^3]		
		최 소	최 적	최 대
강연용		2.3	3.1	4.3
콘서트 홀		6.2	7.8	10.8
오페라극장		4.5	5.7	7.4
교회	신교	5.1	7.2	9.1
	구교	5.7	8.5	12
다목적 홀		5.1	7.1	8.5
영화관		2.8	3.5	5.1

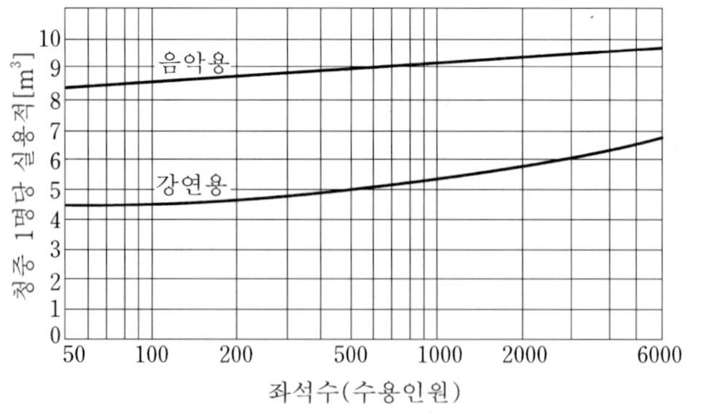

그림 8-67 오디토리엄의 최소용적

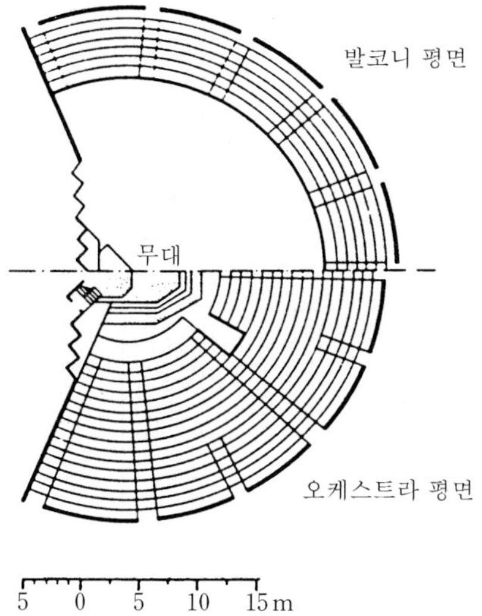

FESTIVAL THEATER, STRATFORD, ONT.(1957) 수용인원 : 2258명

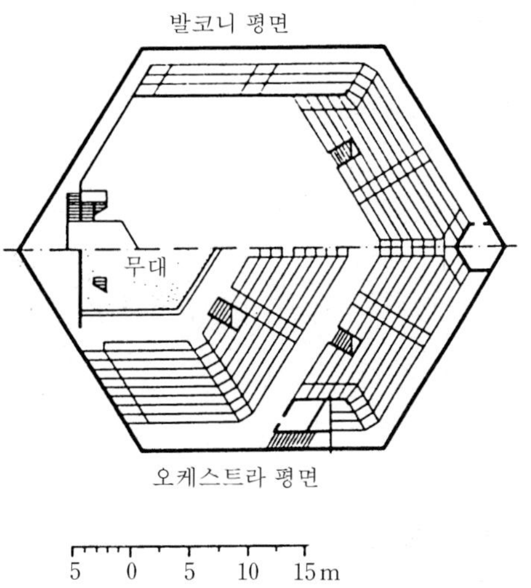

FESTIVAL THEATER, CHICHESTER, ENGLAND.(1962) 수용인원 : 1460명

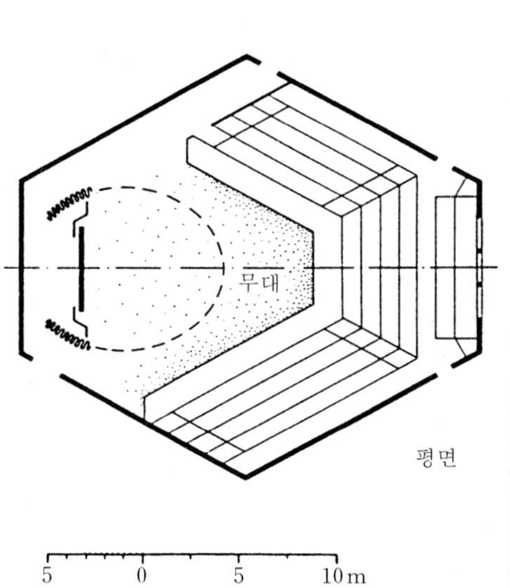

THEATER, OLATHE, KAN. (1964) 수용인원 : 265명

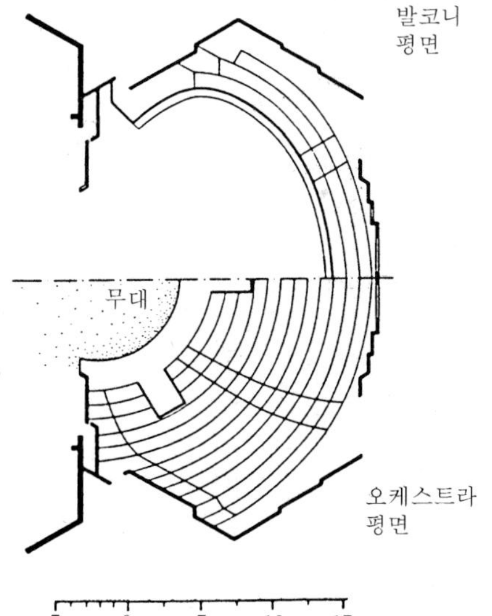

THEATER, NATIONAL ARTS CENTER, OTTAWA(1969) 수용인원 : 800명

그림 8-68 오픈 스테이지 극장

수에 따른 실용적의 관계를 보여주고 있다.

실내음향 설계과정을 1,000~2,000석 범위의 고등학교 강당설계의 예를 통해 보면 다음과 같다.

① 대지선정(site consideration) : 자동차 도로변, 철도변, 항공노선, 공장 등의 외부소음원으로부터 가능한 멀리 떨어진 조용한 장소를 선정한다.

② 건물위치(location within building) : 강당을 음향적으로 독립시키기 위하여 복도, 창고, 완충공간(buffer space) 등을 이용한다. 무대와 인접된 연습준비실(rehearsal

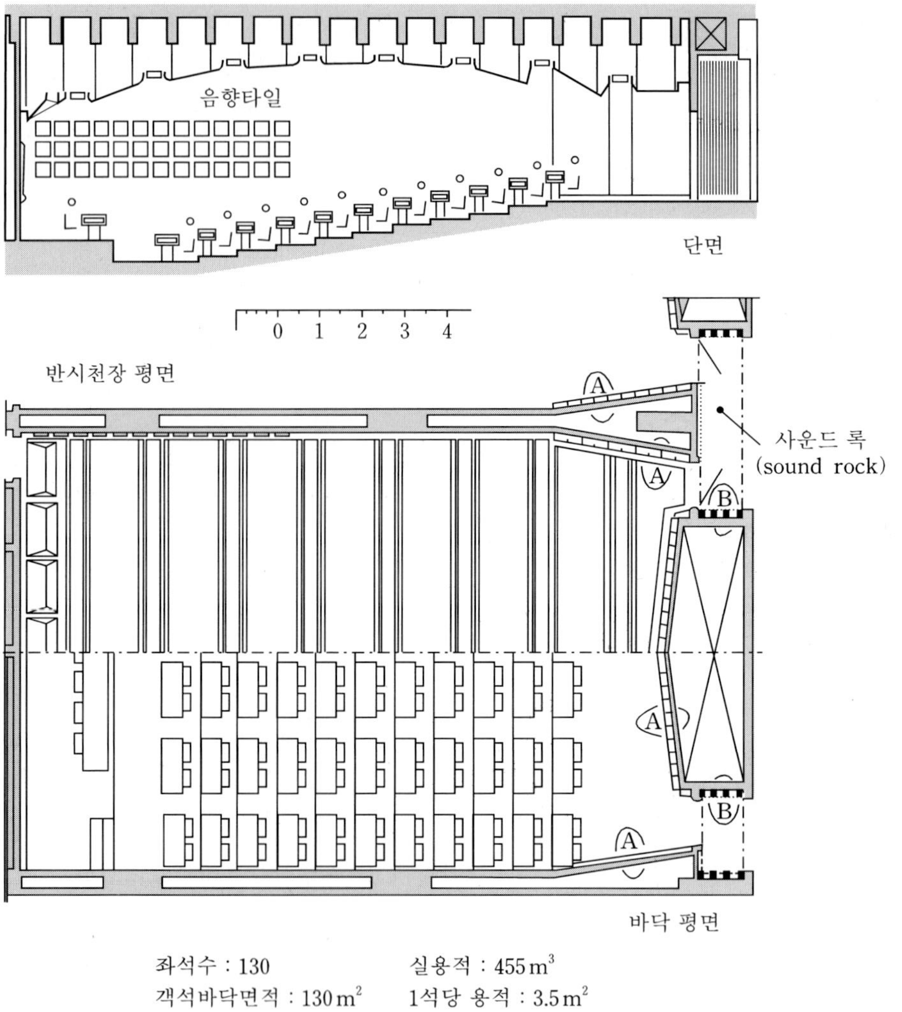

좌석수 : 130 실용적 : 455 m³
객석바닥면적 : 130 m² 1석당 용적 : 3.5 m²
1석당 바닥면적 : 1.0 m² 중간주파수의 RT : 0.75 초

그림 8-69 학교 강연실(Laval 대학교, 1964)

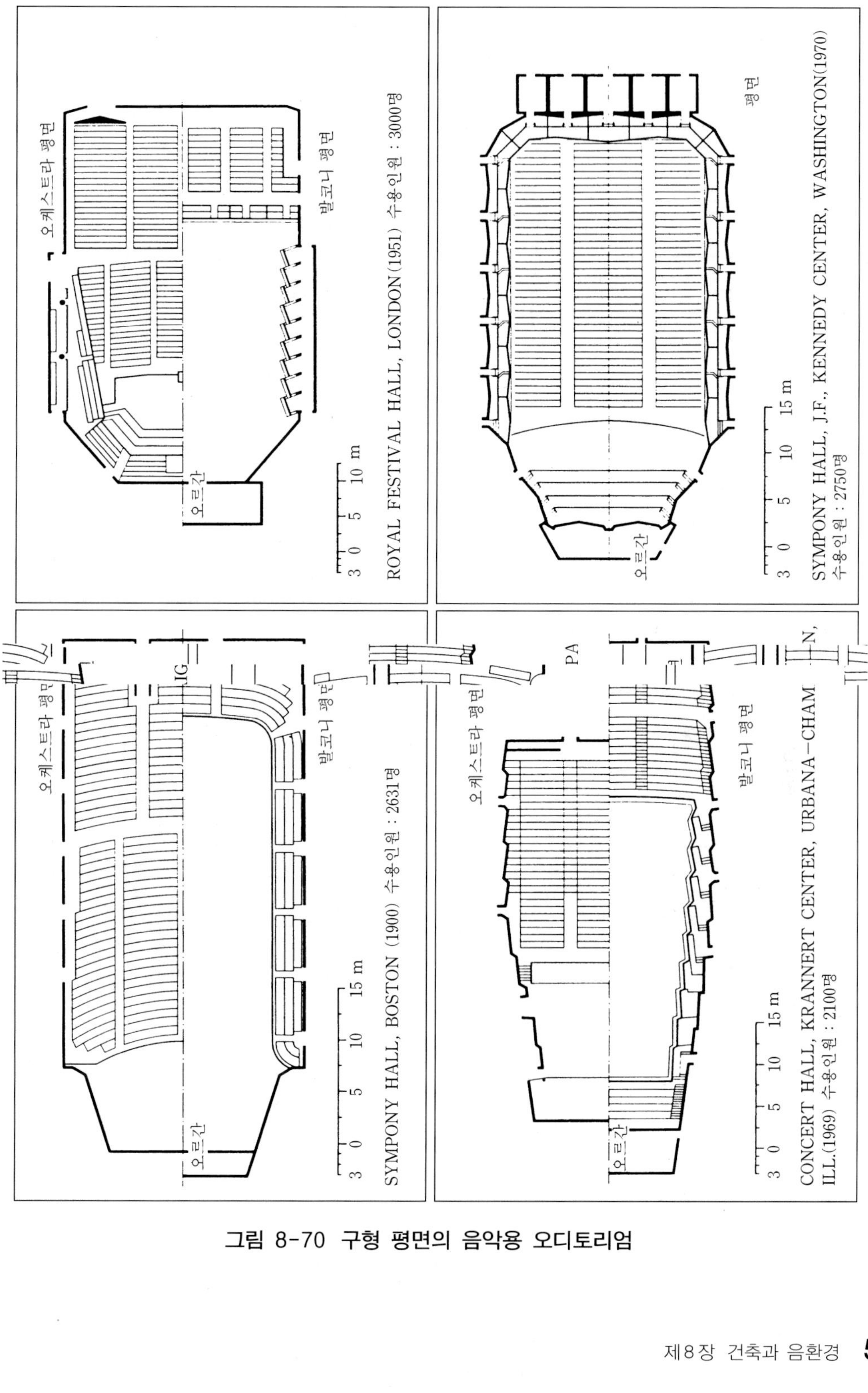

그림 8-70 구형 평면의 음악용 오디토리엄

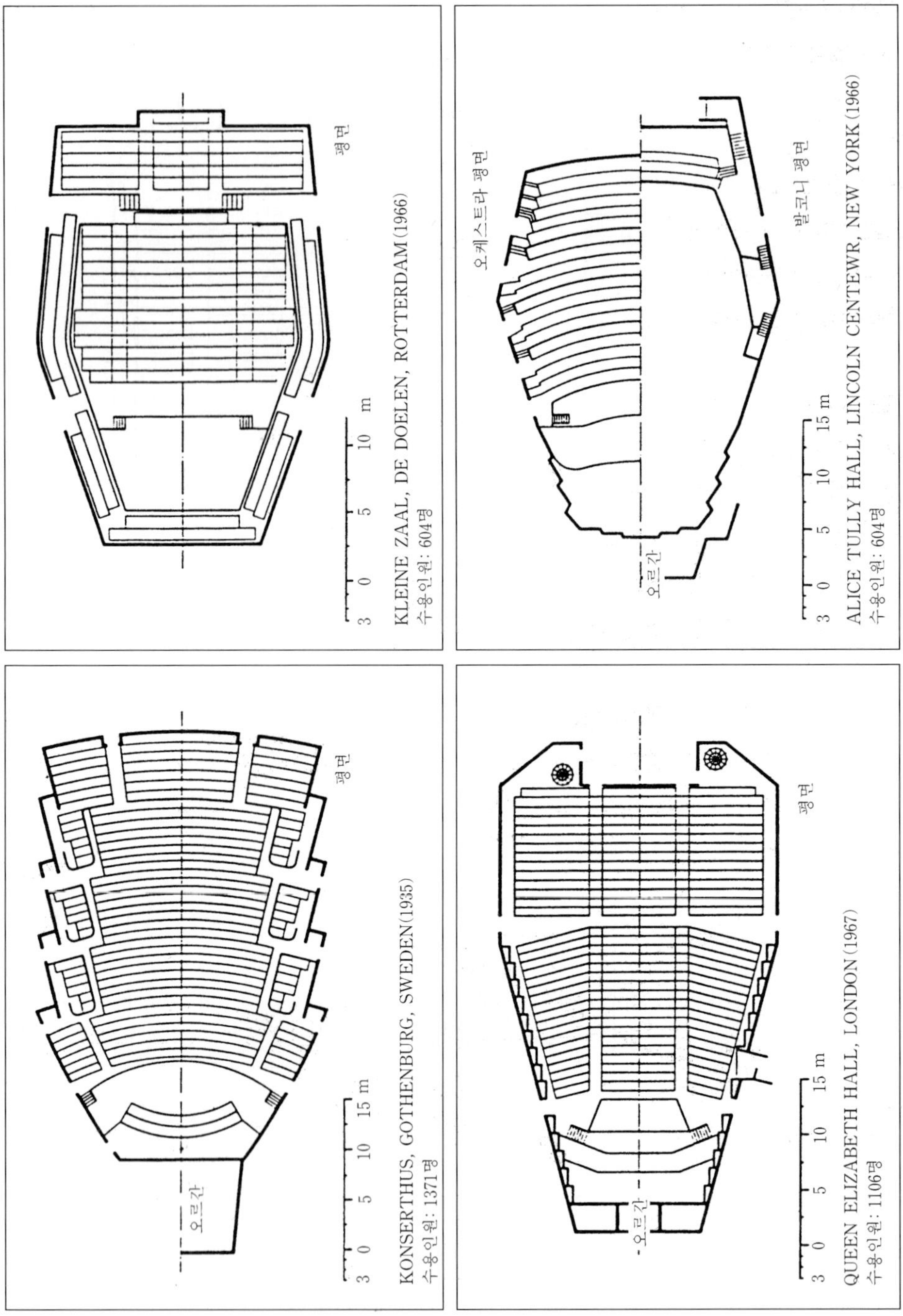

그림 8-71 부채꼴 평면의 음악용 오디토리엄

room)이나 무대 밑의 기계실 등은 피하며 오디토리엄 상부에 실을 두지 않는 것이 좋다. 외벽에 대해서는 필요한 차음등급(STC)을 선택한다. 모든 문은 단단한 구조와 문틀 주위에 개스킷(gasket)으로 기밀하게 처리하고 미서기문이나 회전문은 피한다. 복도와 로비에는 충분한 흡음재로 처리한다.

③ 공간이용(space use) : 강당의 사용목적이 강연·연극·오케스트라·발표회 등으로 구분되므로 모든 주파수 특성에 대응하는 음향 시스템이 요구된다.

④ 용적(volume) : 융단을 씌운 의자와 후벽에 에코 방지를 위한 흡음재를 사용하며 평균천정고(H)는 일반적으로 $H=20$ RT이다. 여기서, RT는 중간주파수에 대한 최적잔향시간이다(500~1,000 Hz에서 1.5~1.8초). 최초의 형태는 건축적인 고안에 기초하여야 하며, 의자의 배치는 무대와의 거리를 최소화하면서 청중이 잘 볼 수 있도록 계획한다.

⑤ 잔향시간(reverberation time) : 125, 500, 4,000 Hz에서 Sabine의 잔향공식을 사용한다. 마감재료를 선정하는 데는 다음의 일반적인 지침을 따른다.

a. 천장 : 중앙부(80 %)는 쫄대 위의 합판·석고보드·플라스터 등으로 음반사가 이루어지도록 한다. 양측면과 후면(20 %)은 어코스틱 타일(acoustic tile) 등의 흡음재를 이용한다.

b. 측벽 : 가능한 한 격자판, 사면, 요철(凹凸)면 등의 다양한 불규칙재를 사용하여 음의 확산과 반사가 이루어지도록 한다.

c. 후벽 : 고도의 흡음재로써 마감한다.

d. 바닥 : 발자국 소음을 줄이기 위해 무대 앞면을 제외한 모든 통로에는 카펫으로 마감하고, 다공성의 융단을 씌운 좌석을 설치한다.

흡음재를 사용한 좌석은 청중의 다소에 관계없이 거의 일정한 흡음률을 갖게 되어 잔향시간의 변화폭을 적게 하는 데 도움을 준다. 중간주파수의 잔향시간(RT)은 1.5초에서 1.8초 범위 내에 있게 하되, 음악 전반에 걸쳐 충만성과 부드러움을 주기 위해서는 잔향시간을 125 Hz에서 약 1.4초, 4,000 Hz에서 0.8초가 되도록 한다. 고주파수에서의 잔향은 거칠고 짜증스러운 청취조건을 유발하기 쉽기 때문에 고주파수에서의 잔향시간 검토는 매우 중요하며, 공기에 의한 흡수조건도 고려할 필요가 있다.

⑥ 기하학적 분석(ray-diagram analysis) : 천장과 측벽, 특히 앞무대 가까이에서는 기하학적 분석방법을 사용하여 적합한 방향으로의 유효한 음반사를 결정할 수 있다. 이때 반사음과 직접음의 음선차는 11 m 이상이 되지 않도록 하여야 하며 아치형 지붕(vaults)과 돔(domes) 형태는 가능한 피한다.

⑦ 암소음레벨(background noise level) : 강당과 부대시설에 대해서는 적합한 NC 레벨을 결정한다. 기계적인 시스템에 의한 실내환기장치의 공기속도 조절기준과, 공급과

순환 공조시스템의 덕트 소음을 제어하기 위해 내부흡음 덕트판(lining)이나 머플러(muffler)를 사용하는 기준이 조사되어야 한다.

⑧ 무대벽(stage enclosure) : 음이 충분히 전파되고 확산될 수 있는 형태로 한다. 무대 내의 잔향은 강당의 경우와 거의 같으므로, 연주자 1명당 $1.85\,m^2$ 정도의 크기인 오케스트라 피트(pit)는 뒷벽에 가동흡음 커튼을 설치하여야 한다.

⑨ 음보강장치(sound-reinforcing system) : 모든 좌석에서 보일 수 있는 프로시니엄(proscenium) 아치 앞부분과 뒷 중앙공간에는 여러 개의 음향 시스템 형식이 설치되어야 한다. 프로시니엄 개구부의 높이(무대 저면에서 6~9 m)는 무대를 둘러싼 벽체의 요인에 의해 결정된다. 음향 시스템의 조절은 작동 가능한 기계장치에 의해 조정실에서 운용하며, 이는 강당 뒷부분에 위치하여야 한다. 이때 시스템을 작동하는 사람은 자신이 조절하는 음을 들을 수 있어야 한다.

⑩ 발코니(balcony consideration) : 좌석수를 늘리기나 무대와 객석의 거리를 짧게 하기 위하여 발코니가 사용된다. 발코니 깊이는 그 높이의 2배 이하로 너무 깊지 않게 하며, 발코니 하부에 경사를 주고 흡음재를 사용한다.

용도에 따른 실내음향설계로는 다음과 같은 사례들이 있다.

① 강연용 : 극장, 강연장 및 교실, 집회실, 회의실, 법정, 야외공연장 등(그림 8-68, 8-69)

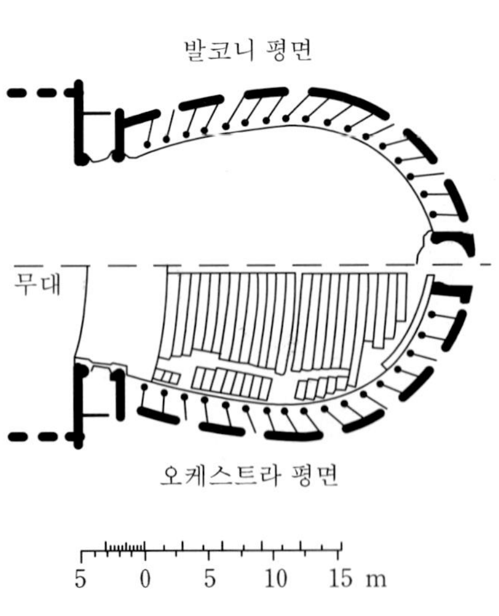

TEATRO ALLA SCALA, MILAN(1778)
수용인원 : 2689명

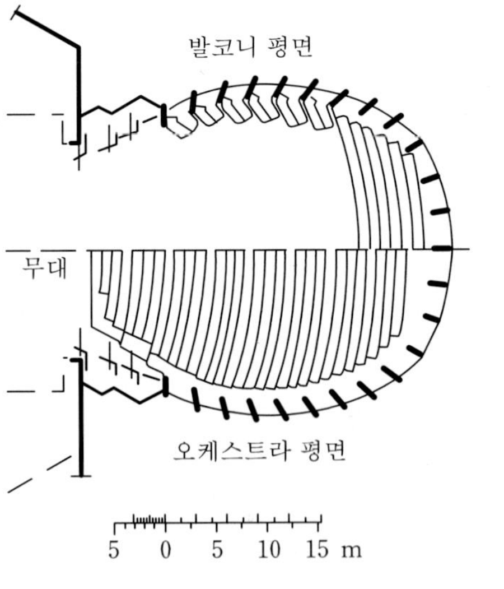

OPERA HALL, NATIONAL ARTS CENTER, OTTAWA(1969) 수용인원 : 2300명

그림 8-72 U자형(horseshoe-shaped) 평면의 음악용 오디토리엄

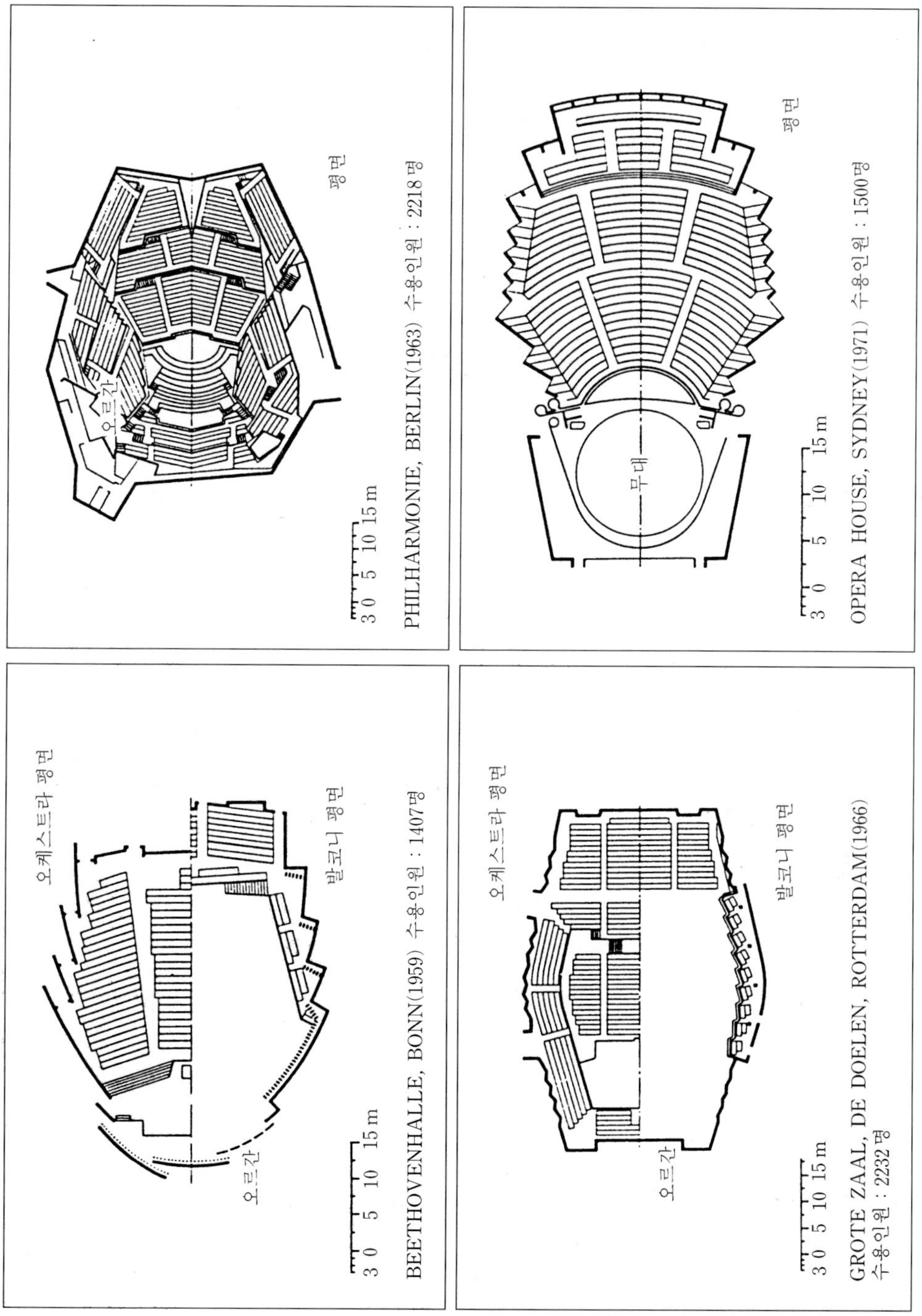

그림 8-73 불규칙한 평면의 음악용 오디토리엄

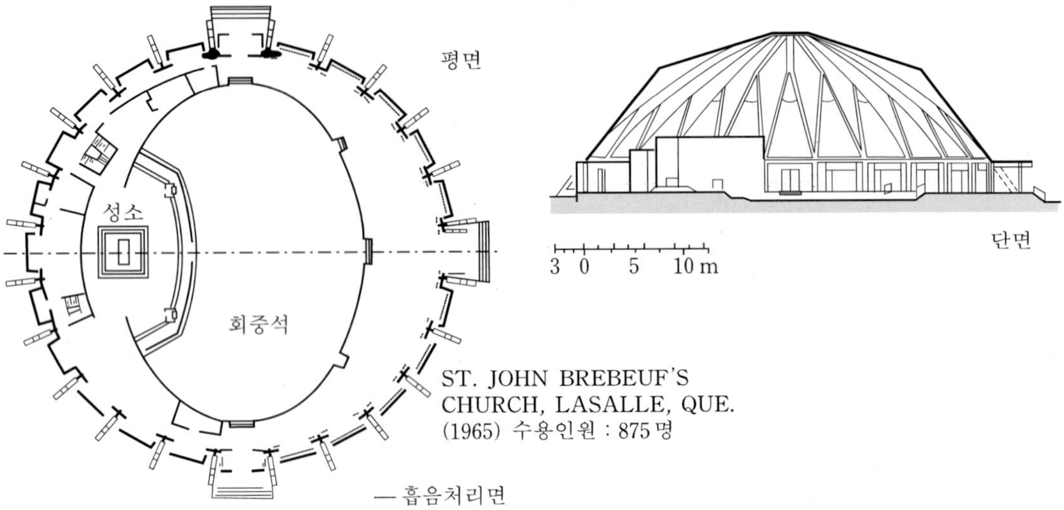

그림 8-74 다목적 오디토리엄의 평면 예

② 음악용 : 콘서트 홀, 오페라 하우스, 리허설 룸(rehearsal rooms), 밴드 룸(band rooms), 연습실 등(그림 8-70~8-73)

③ 복합용 : 교회, 다목적 오디토리엄, 영화관, 야외극장 및 콘서트 플랫폼(concert platforms) 등(그림 8-74)

8-3-2 전기음향계획

【1】 음량증폭 시스템의 기준

반사, 흡음, 잔향 등의 음향적 처리가 훌륭하고, 암소음(暗騷音) 등의 음향 방해요인이 조절된 비교적 작은 방에서는 음량증폭 시스템(sound amplification system) 없이도 명쾌한 음을 청취할 수 있다. 그러나 대규모의 실(극장, 오페라 하우스, 터미널 등)에서는 음압레벨이 낮은 곳이 발생하므로 적당한 음의 증폭과 분배를 위하여 음량증폭 시스템이 필요하다. 이 시스템이 사용되는 용도는 다음과 같다.

① 강당 또는 야외에서 음원의 세기가 낮아 청취가 곤란한 경우

② 청중이 매우 많을 경우

③ 무대(stage) 일부에 착석한 연사 등의 청취자를 위해 무대의 음압레벨 증가가 필요한 경우

④ 연극 및 영화를 공연하는 극장의 음향제공을 목적으로 하는 경우

⑤ 실의 잔향시간을 최소화하려는 경우

⑥ 긴 잔향시간을 필요로 하는 경우(예 : 런던 Royal Festival Hall의 공명보조방식)

⑦ 극장, 오페라 하우스 등에서 전자음향효과를 낼 경우

⑧ 시끄러운 암소음에 대해 매스킹(masking) 효과[1])를 얻기 위한 경우

위에서 기술한 용도를 충분하게 대처해 나가기 위한 음량증폭 시스템은 다음 사항을 준수하여야 한다.

① 적당한 음레벨이 실 내부에 균일하게 분포되어야 하며 소리가 너무 크게 들리거나, 잘 안들리거나 또는 울리는 곳이 없도록 한다.

② 감지될 수 있는 소음이 발생되어서는 안된다.

③ 주파수 분포(약 30~12,000 Hz의 넓은 범위)와 위치감각에 있어서 원음의 특성을 그대로 유지한다.

④ 시끄러운 반향(echo)이나 피드백(feedback) 현상[2])이 발생하지 않도록 한다.

음량증폭 시스템을 필요로 하는 실의 크기나 형태를 산정하는 것은 어려운 일이지만 실의 음향상태, 음원의 강도, 청취자와 음원간의 거리, 암소음레벨 등에 의하여 시스템의 필요성을 추정할 수 있다. 일반적으로 적절하게 음향설계가 잘된 실에서는 다음의 한계까지 음량증폭의 필요성이 없다.

① 고도의 명료도가 요구되는 경우(청중 300명) : 용적 1,500 m^3

② 낮은 명료도라도 괜찮은 경우(청중 1,500명) : 용적 8,500 m^3

그러나 이 한계 이상일 때는 전기음량증폭 시스템이 필요하다. 실의 음향특성이 불완전하거나 암소음이 권장치 이상일 때는 이 한계는 더욱 낮아진다.

【2】 음량증폭 시스템의 구성요소

음량증폭 시스템은 마이크로폰, 증폭기 및 라우드 스피커의 세 가지 주요 부분으로 구성된다(그림 8-75).

① 마이크로폰 : 마이크로폰 선택의 중요한 기준은 지향성이다. 무지향성 마이크로폰 오디토리엄에서 사용할 때는 라우드 스피커의 음을 받아 피드백 현상이 일어난다. 이 현상은 실의 주요 공명주파수와 상응하는 주파수에서 보통 발생되지만 스피커에서 나오는

---

1) 매스킹 효과 : 두 가지 음이 동시에 귀에 들어와서, 한쪽의 음 때문에 다른 쪽의 음이 작게 들리는 현상을 말한다. 예를 들면, 공장소음이 시끄러울 때, 민가의 마당에 분수나 폭포를 만들어 매스킹시켜서 공장소음을 작게 하는 효과이다.

2) 피드백 현상 : 음의 증폭과정에서 마이크로폰을 통한 다음, 증폭기를 거쳐서 확성기에서 나온 소리가 다시 마이크로폰에 잡혀 큰소리로 울리게 되어 소음이 되는 현상이다.

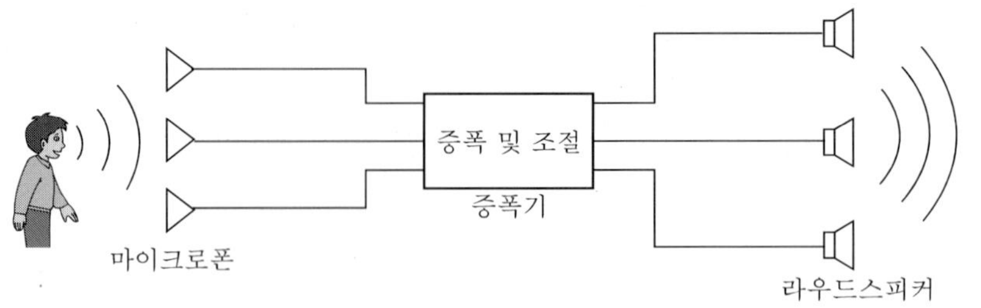

그림 8-75 음량증폭 시스템의 구성요소

음의 방사가 마이크로폰 방향으로 특히 강할 때, 이러한 강한 주파수에서 발생될 수도 있다. 따라서 2개의 지향성 또는 단일지향성 마이크로폰을 많이 사용하여 피드백 현상을 작게 한다(그림 8-76).

② 증폭기 : 증폭기 사용시 주의할 점은 소요출력 이상의 충분한 출력을 갖는 증폭기를 사용하여 그 정규출력의 일부만을 사용해야 하는 것이 좋다. 증폭기를 최대출력까지 작동시키면 소음발생이 많고 주파수가 왜곡되기도 한다.

③ 라우드 스피커 : 보통의 상자매입형 스피커는 저주파의 음을 구면상으로 방사하고(무지향성), 고주파의 음은 좁은 형(beam)으로 방사한다(그림 8-77). 구면상의 방사는 마이크로폰에 피드백 효과를 주어, 불필요한 산란음장이 생길 가능성이 높기 때문에 야외에서는 불필요하고 실내에서는 바람직하지 않다. 음전파상의 결함과 스피커의 허용출력 한계까지 작동하지 않는 점을 감안하여 10~30 %의 안전율을 적용한 공급전력이 라우드 스피커에 필요하다(표 8-5).

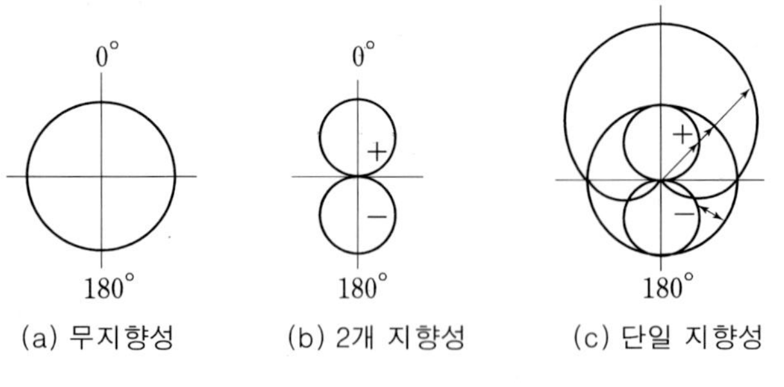

그림 8-76 마이크로폰의 지향성

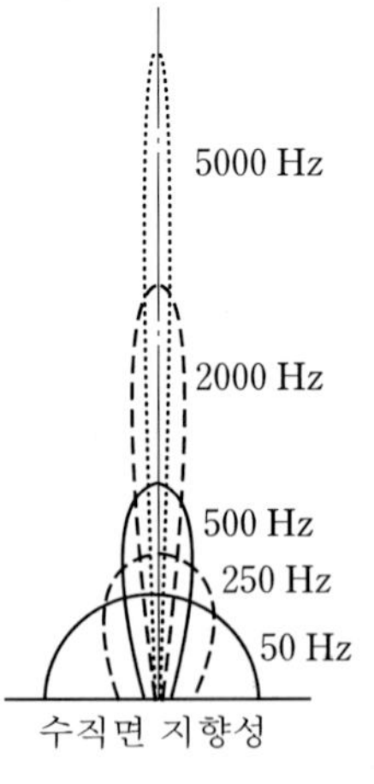

그림 8-77 각종 주파수에 따른 지향성 방사

표 8-5 스피커의 필요전력 [W/100인]

환 경	강 연	음 악	댄스 음악
잔향시간이 긴 실	0.5	1	2
잔향시간이 짧은 실	1	2	3
야 외	1.5	2	3

【3】 라우드 스피커의 배치

마이크로폰을 무대 앞에 위치시킬 경우 라우드 스피커의 배치는 집중배치, 분산배치, 입체음향배치의 세 가지 기본적 배치유형이 있다.

① 집중배치 : 라우드 스피커 몇 개를 하나의 집단(cluster)으로 묶어 연단 또는 무대의 윗부분(즉, 원음원 상부)에 배치하는 것이 집중배치이다(그림 8-78). 이 방식은 비용이 적게 들고 조정이 간편하며, 증폭된 음이 직접음(원음)과 똑같이 전달되어 음 크기와 명료도의 증가를 가져오므로 널리 사용된다.

② 분산배치 : 오디토리엄 전반에 걸쳐 많은 라우드 스피커를 천장에 분산하여 배치하는 것이 분산배치이다(그림 8-79). 다음과 같은 경우에 이 방식을 사용하면 효과적이다.

a. 강당의 천장고가 너무 낮아 집중배치를 할 수 없을 경우

b. 집중배치시 대부분의 청중이 스피커와 적절한 시선을 이룰 수 없을 경우

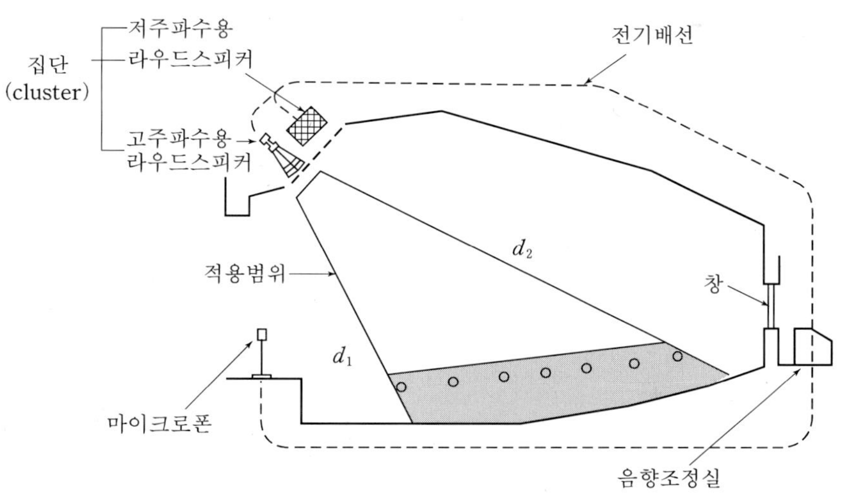

$d_2/d_1 \leq 2$

[주] 전기배선시 마이크로폰과 라우드스피커를 분리할 것

그림 8-78 집중배치 시스템

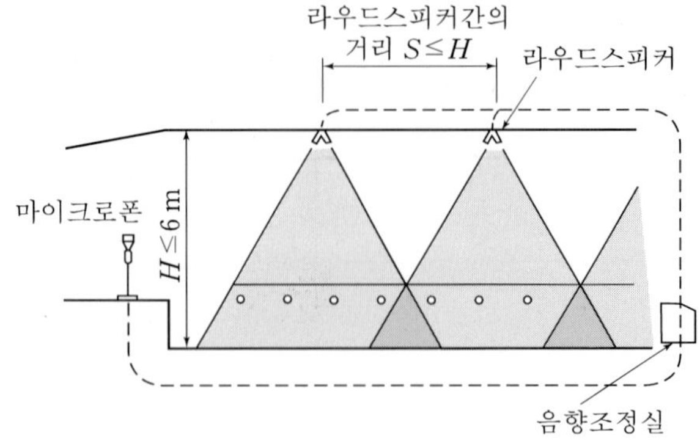

그림 8-79 분산배치 시스템

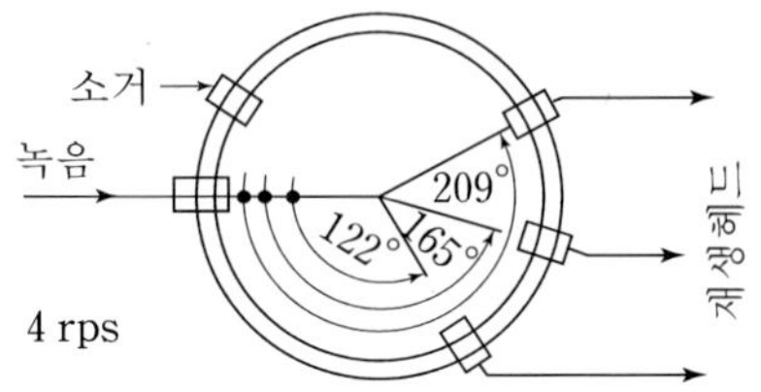

그림 8-80 자기원반에 의한 시간지연

c. 공간을 분할할 필요가 있는 홀의 경우

분산배치에 의해 증폭음이 실의 뒷부분에 앉은 청중에게 전달되는 경우에는 직접음보다 스피커의 증폭음이 먼저 전달될 수 있다. 특히 직접음 도달지연시간이 65 ms 이상되면 반향이 생기고 요해도가 나빠지므로 시간지연장치를 증폭 시스템에 사용한다(그림 8-80).

③ 입체음향배치 : 프로시니엄 아치 또는 음원 근처에 라우드 스피커 몇 개를 2개 또는 2개 이상의 집단(cluster)으로 묶어서 배치하는 것이 입체음향배치이다. 이 방식은 음이 증폭되지 않고 원음이 오는 듯한 효과를 주는 것으로, 이동음원이나 그룹음향도구가 있는 대규모 무대에서 주로 사용된다. 이는 음향착각(音響錯覺 ; audio illusion)에 의해 원음의 실현과 청취의 만족을 크게 향상시킨다.

【4】 음향조정실 계획

음량증폭 시스템의 조정은 일반적으로 오디토리엄 뒷부분에 위치한 조정실에서 한다. 음향조정실은 차음처리가 적절하게 이루어져야 하며, 개폐할 수 있는 창을 청중석에 면하게 하여 청중과 똑같은 상태에서 청취하면서 음향조정을 할 수 있도록 한다. 특별한 음향효과를 내고자 하는 실에서의 음향조정실은 객석 내에 위치하게 함으로써 매우 효과적인 음향조절을 할 수 있다.

【5】 음장교정장치

다목적용 오디토리엄에서는 강연용과 음악용일 경우에 적정한 잔향시간이 서로 다르다. 즉, 강연을 위해서는 짧은 잔향시간이 필요하며, 음악을 위해서는 그 2배 정도의 잔향시간이 요구된다. 이를 절충하는 방안으로는 잔향시간을 두 가지 용도의 중간을 택하

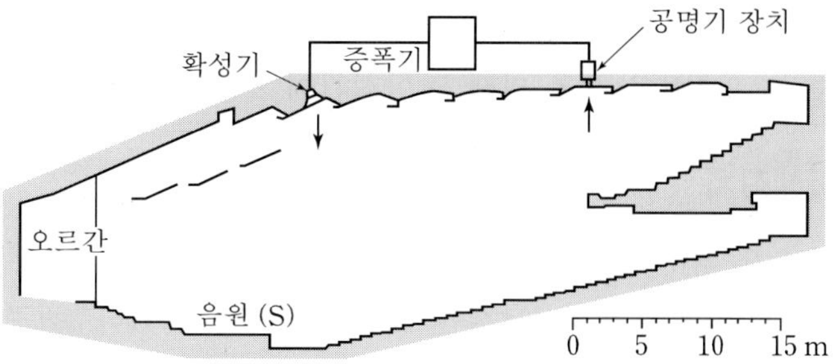

그림 8-81 보조공명방식의 종류

여서 건축음향계획을 하고 음량증폭 시스템을 사용하여 잔향시간을 조절하는 방법이 있다. 또 다른 방법은 잔향시간을 강연용으로 계획한 다음, 음악공연시에는 기계장치나 전자장치를 사용하여 잔향시간을 길게 만드는 것이다.

일반적인 음장교정장치는 마이크로폰에 들어온 음을 교정장치(별도로 만들어진 잔향실, 또는 스프링 및 금속판)에 보내서 잔향을 증가시킨 후에 라우드 스피커를 통해 소리를 교정하는 것이다. 이 장치가 유효하려면 마이크로폰과 음원의 거리가 2 m 이내가 되어야 한다. 그러나 콘서트 홀과 같이 마이크로폰을 오케스트라에 접근시킬 수 없는 경우에는 이 장치를 사용하기 어려우므로 1962년 Royal Festival Hall에서는 보조공명방식(assisted resonance technique)을 사용하였다(그림 8-81). 이 방식의 장치는 홀 안의 공명이 감쇠되는 것을 연장하기 위하여 공동(共洞 ; Helmholtz)공명기를 홀 천장에 설치한 것이다.

공명체는 홀 내부의 어느 곳에서나 장치할 수 있으나 음원에 가까운 곳에 설치하여서는 안된다. 확성기도 어느 곳에나 장치할 수 있으나 청중석 가까운 곳에 설치하면 첨가

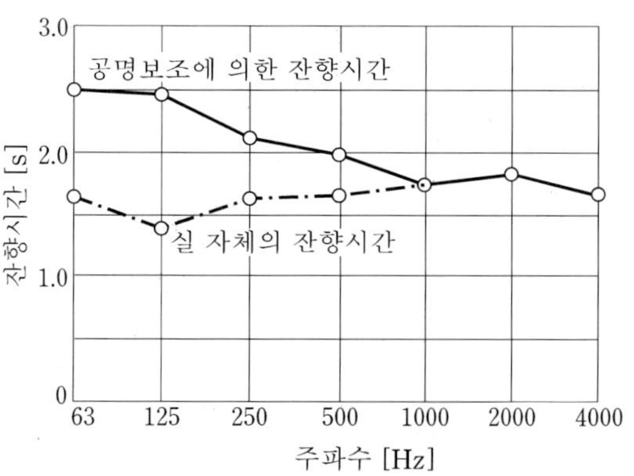

그림 8-82 Royal Festival Hall의 잔향시간

한 음에너지의 오는 방향을 느끼게 되므로 이를 느끼지 못하게 객석에서 먼 곳에 설치한다. 그림 8-82는 보조공명장치에 의해 잔향시간이 조정된 결과이다.

【6】 암소음 발생장치

어떤 소음을 없애기 위하여 가끔 다른 소음이 사용되고 있다. 수용인원이 많은 큰 공간에서 청각방해의 원인이 소음레벨보다는 그 내용일 때가 있다. 집중해서 어떤 일을 할 때 중간레벨의 일정한 소음은 방해가 되지 않으나 알아들을 정도의 회화는 방해가 된다. 그러므로 중간레벨의 매스킹(masking) 소음을 적절하게 도입하여 청각 프라이버시를 보호한다.

순음은 유사한 주파수의 다른 음에 의해 가장 효과적으로 차폐(遮蔽)된다. 광대역음은 높은 주파수의 소음보다 낮은 주파수의 소음에 의해 보다 효과적으로 차폐된다. 일부 학자는 차음의 목적으로 백색소음(white noise)의 사용을 권장하고 있다. 백색소음으로서 매 옥타브당 3 dB이 떨어지는 백색소음인 핑크 노이즈(pink noise)를 사용하여 매스킹 효과를 얻을 수도 있다. 회화의 차폐를 위해 소음을 사용할 때는 500, 1,000, 2,000 Hz의 옥타브 대역이 가장 중요하며 2,000 Hz 옥타브 이후에서는 매스킹 소음 스펙트럼이 단절된다.

그림 8-83은 연속소음의 가청한계를 표시한 것이다. 이 가청한계는 표 8-6에서 보는 바와 같이 매스킹 소음에 의해 높아진다. 매스킹 소음은 환기설비나 교통소음에서 옥타브당 3 dB이 떨어지는 전형적 연속 스펙트럼을 갖는다고 본다. 만약 x가 500 Hz에서 40 dB

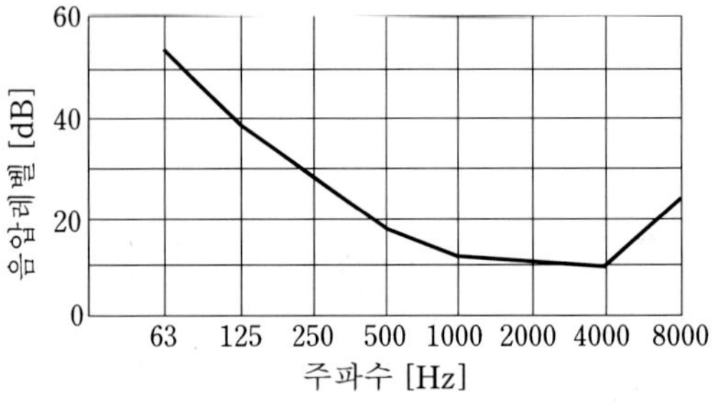

그림 8-83 연속소음에 대한 가청한계

표 8-6

63.5	125	250	500	1,000	2,000	4,000	8,000	Hz
$2+x$	$8+x$	$14+x$	$20+x$	$24+x$	$25+x$	$27+x$	$11+x$	dB

을 뺀 매스킹 소음레벨이라면(즉, $L = 40 + x$) 가청한계는 다음과 같이 높아진다.

위의 값은 소요 매스킹 소음레벨을 결정하는 데 사용된다. 예를 들면, 1,000 Hz에서 45 dB인 음을 차폐해야 한다면 그 옥타브의 가청한계는 12 dB이므로(그림 8-83), 그 한계를 33 dB(=45−12)로 높여야 한다. 위의 표로부터 1,000 Hz에서 $24 + x$의 증가를 알 수 있는데, 이것은 33과 같아야 하므로 $24 + x = 33$, $x = 9$ dB이다. 따라서 매스킹 소음레벨은 40+9=49 dB이다.

실제적 적용에서는 공기조화나 환기설비, 디퓨저 또는 공기취입구 그릴을 1,000 Hz에서 약 45 dB의 소음을 내도록 설계함으로써 흔히 매스킹 효과를 창출한다. 신호발생기, 증폭기, 라우드 스피커 시스템은 원래의 목적 이외에 매스킹 소음을 발생시키는 데 사용될 수 있다. 특히 분산배치 시스템을 이용하면 전기적인 매스킹 소음을 효율적으로 발생시킬 수 있다(그림 8-84).

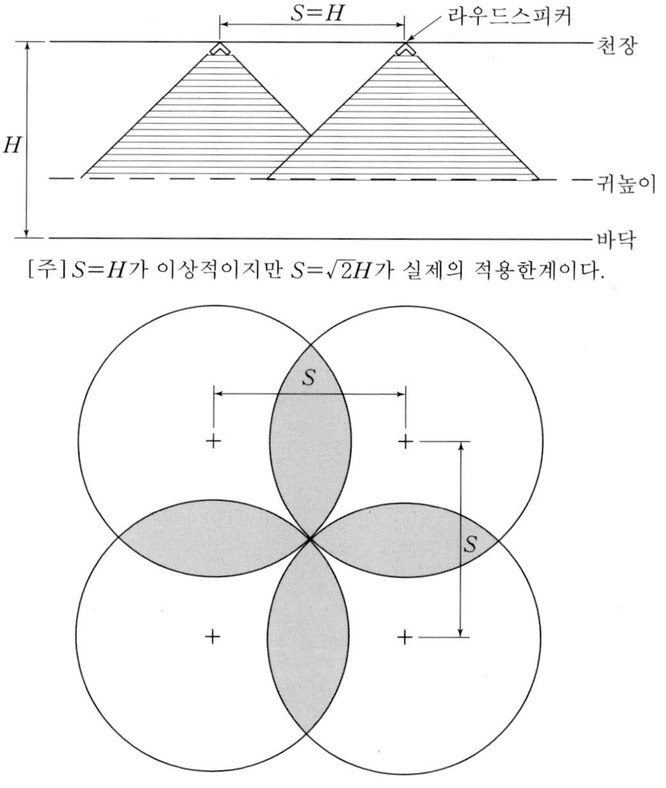

그림 8-84 매스킹 효과를 위한 암소음 발생장치

9장

음환경조절

9-1 소음측정 및 평가

9-1-1 소 음 측 정

일반적으로 소음측정(騷音測定)의 목적은 ① 소음실태 파악을 위한 측정, ② 소음대책의 자료를 얻기 위한 측정, ③ 대책의 효과를 검토하기 위한 측정의 세 가지로 분류할 수 있다.

【1】 소 음 계

음압레벨은 물리적 양이지만 인간의 청감에 대한 보정을 하여 음의 크기레벨에 근사

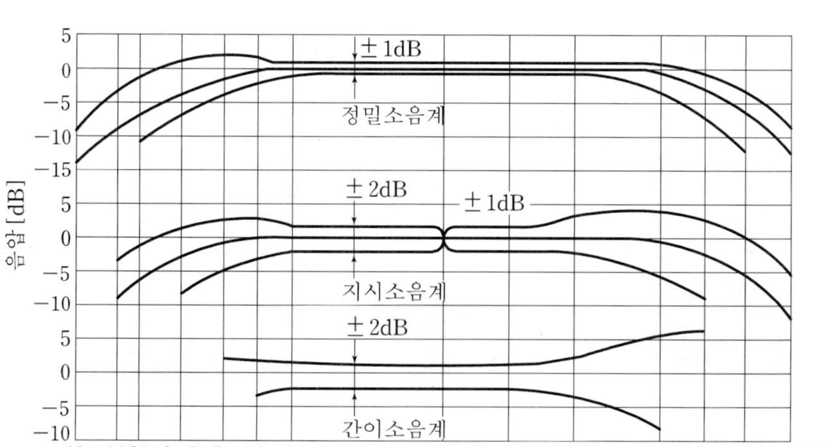

그림 9-1 소음계의 측정주파수 범위

그림 9-2 소음계의 종류

한 값을 측정할 수 있도록 한 측정기를 소음계라고 한다. 이 소음계(騷音計)는 그 구조 및 성능에 따라 다음과 같이 분류되며, 측정할 수 있는 주파수 범위는 그림 9-1과 같다.

① 정밀(精密)소음계 : 측정주파수 범위, 청감보정회로의 허용오차 등이 적으며 구조 및 성능이 정밀하다. 정도를 필요로 하는 측정에 적합하다.

② 지시(指示)소음계 : 일반적인 소음을 측정하는 기기로서, 청감보정회로는 A, B, C 의 세 가지 종류의 특성을 갖는다. 정밀소음계보다는 오차가 크나 간이소음계보다는 오차가 적다.

③ 간이(簡易)소음계 : 측정주파수 범위, 청감보정회로 특성 등이 간단하게 되어 있는 것으로서 소음레벨의 대략적인 값을 표시하는 예비조사단계 정도에 사용된다.

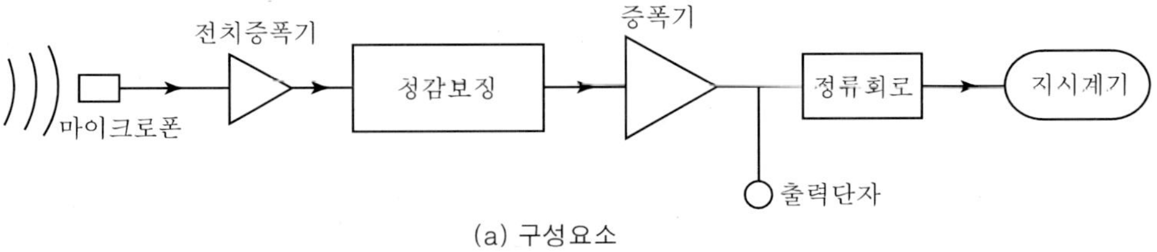

(a) 구성요소

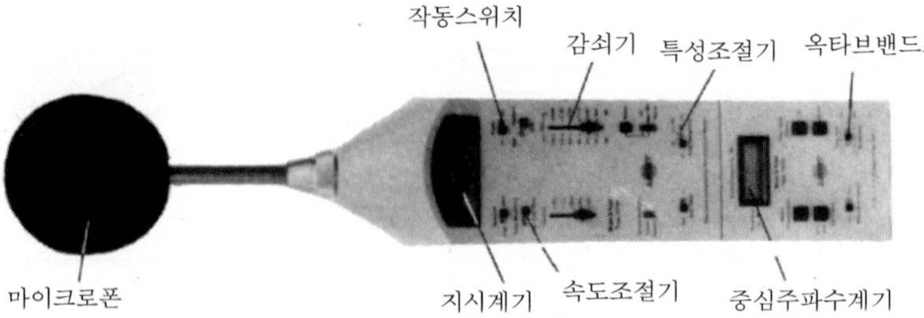

(b) 조정판

그림 9-3 소음계의 구성요소 및 조정판

④ 특수(特殊)소음계 : 특정한 목적의 소음조사를 위해 이용된다.

소음계(sound level meter)는 마이크로폰, 증폭기 및 판독눈금장치의 세 가지 요소로 구성된다(그림 9-3). 건전지에 의해 공급되는 극성전압을 전원으로 하는 고성능의 콘텐서 마이크로폰이 사용되는데, 이 극성전압은 전치증폭기와 증폭기의 동력도 된다. 보통 10 dB 단위의 레인지 실렉터(range selector)를 갖는 판독눈금장치는 RMS 수정기, 미터 회로 및 전압계로 구성되며, 스케일은 0~10 dB(−눈금도 있음)의 눈금이 있다. 실제로 판독은 레인지를 세팅하고 스케일 눈금을 읽으면 된다. 대부분의 소음계는 "slow"와 "fast"의 세팅장치가 있다. 변동이 심한 음은 스케일의 판독이 불가능한데, 이때는 "fast"로 세팅하여 녹음을 하며 눈으로 판독할 때는 "slow"로 세팅한다.

【2】 소음레벨측정법

(a) 감 도 교 정

소음계의 감도교정(感度矯正)은 측정 전후에 항상 올바른 감도를 갖고 있는가를 확인하는 것이다.

(b) 청감보정회로의 사용방법

A 특성의 측정치는 청각에 잘 대응하므로 소음레벨로서는 보통 A 특성을 사용하여 측정하며 그 값은 dB(A)라고 표시한다. C 특성은 물리적인 음압레벨에 근사하므로 분석이나 녹음을 할 때 사용하며, B 특성은 별로 사용할 필요는 없지만 A 특성과 C 특성의 비교를 통해 그 소음의 대체적 성격을 아는 데 유효하다. 양쪽의 측정치를 기록한 경우 dB(A)값과 dB(C)의 값이 서로 별로 차이가 없으면 그 소음의 주력은 고주파역에 있고, 오차가 큰 경우는 주력이 저주파에 있다.

(c) 변동하는 소음의 측정

① 변동이 작은 경우 : 송풍기나 냉동기의 소음과 같이 정상적인 것은 한 번 측정하여 평균값과 변동의 범위를 알면 된다.

② 돌발적으로 최대값이 계속되는 경우 : 자동차의 과속음 등은 최대값을 여러 번 측정하여 평균값을 구하고, 어떤 시간에 몇 번 또는 평균간격시간을 표시한다.

③ 갑자기 최대값이 크게 변동하는 경우 : 비행기 소음 등은 어느 측정시간 중에 거의 모든 최대값의 누적도수를 나타내어서 1시간에 80 dB(A) 이상이 13회, 90 dB(A) 이상이 10회, 100 dB(A) 이상이 3회, 최고 105 dB(A)이라고 표시한다.

④ 불규칙으로 많이 변동하는 경우 : 예를 들면 도로소음과 같은 경우 5초마다 순간값을 읽어 30~50개의 표본을 집계하여 그 중앙치와 표본의 30%가 포함되는 90% 범위를 변동폭으로 표시한다.

(d) 암소음의 영향

소음계의 표시는 마이크로폰이 놓여져 있는 점에서의 종합적인 음압레벨로서 어떤 음원의 소리만 선택하여 측정하고자 하는 경우, 기타 음인 암소음(暗騷音)의 영향을 보정하여 측정대상이 되는 소음만을 구할 필요가 있다.

(e) 기타에 의한 영향

① 반사·회절의 영향 : 벽면과 지면, 또는 어떤 물체의 근처에서는 이에 의한 반사음 영향이 있으므로 적어도 1 m 이상은 떨어져 측정하여야 한다. 또한 음원과 마이크로폰을 직선으로 연결하는 선상에 물체를 가까이 하면 회절영향을 받을 수 있다. 측정자의 인체영향도 정밀측정을 할 때는 무시할 수 없으므로 마이크로폰은 되도록 몸으로부터 멀리 하도록 한다.

② 바람의 영향 : 야외 또는 송풍장치와 같은 바람이 있는 장소에서는 마이크로폰이 소음을 발생시킬 수 있어 소리가 없어도 큰 값을 지시하는 경우가 생긴다. 따라서 가능한 한 바람을 받아들이지 않는 곳을 택하고 방풍 커버를 씌우는 것이 좋다.

③ 진동의 영향 : 마이크로폰 및 측정기의 본체에 진동을 주면 내부잡음이 발생하여 지시가 틀려진다. 또한 여러 가지 고장의 원인이 되므로 주의하여야 한다. 그러므로 자동차나 선박 내, 그리고 진동이 큰 기계 가까이에서는 마이크로폰이나 측정기를 손으로 잡고 측정하는 것이 안전하며 스폰지 같은 물체 위에 놓는 것이 좋다.

④ 전자장의 영향 : 전동기, 변압기 같은 전자기기 가까이에서는 전계나 자계의 영향이 있으므로 되도록 멀리 위치해야 한다. 특히 동전형 마이크는 전자유도를 받기 쉬우므로 다른 형식의 마이크를 갖는 소음계로 측정하는 것이 좋다. 또한 마이크줄이나 계기본체에 대한 유도도 있으므로 주의하여야 한다.

⑤ 온·습도의 영향 : 보통 5~35℃, 습도 80% 이하에서 올바른 동작을 하도록 되어 있어 이 범위 밖에서 사용하여야 할 경우 그 영향을 보정하도록 측정기 생산자에게 보정치를 알아보아야 한다.

【3】 주파수 분석

소음방지대책을 생각할 경우 소음레벨 측정만으로는 검토자료로 불충분하므로 주파수

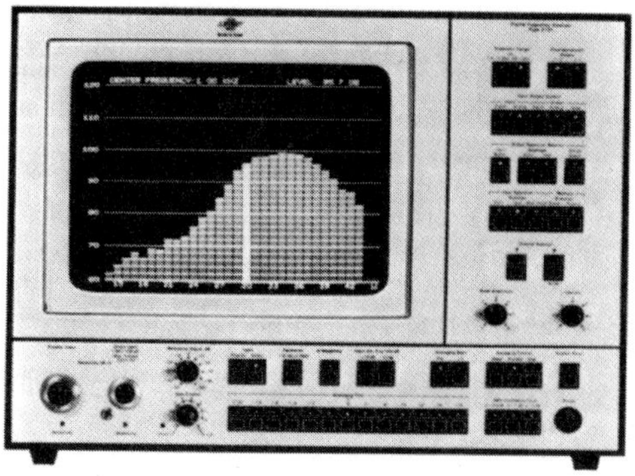

그림 9-4 실시간 주파수분석기

분석을 통하여 음의 특성을 파악하는 것이 필요하다. 예를 들면, 공장소음의 주파수 특성을 파악하고, 부지 경계선의 규제치가 정해지면 차음성능을 만족하는 차음구조를 선정할 수 있다.

앞서 말한 정밀소음계에 부착된 옥타브 필터 세트를 사용하여 수동으로 개략적인 주파수 분석을 할 수 있다. 좀더 정확하게 분석하려면 계측용 증폭기와 그래픽 레코더가 결합된 밴드패스 1/3옥타브 필터장치(band-pass third-octave filter set)를 사용할 수 있다. 레코더에서 플렉시블 샤프트를 뽑아 옥타브(또는 1/3옥타브) 실렉터와 연결하면 자동적으로 가청주파수역이 측정되고, 스펙트로그램(spectrogramme)이 직접 기록된다. 오디오 스펙트로미터(audio spectrometer)에는 계측용 증폭기와 필터 세트의 기능이 통합되어 있으며, 이 장치를 사용하여 적어도 1 scan(15~30초) 동안 일정한 소음을 측정한다. 순간소음에 대해서는 그 정상부분만을 테이프로 기록할 수 있고, 그 다음 스펙트로그램이 완성될 때까지 이 테이프를 재생시켜서 분석결과를 얻는다.

최근에 개발된 실시간 주파수분석기(real-time frequendy analyser, 그림 9-4)는 그 안에 전선회로가 들어 있어 즉시 CRT 디스플레이에 스펙트로그램(히스토그램 형태)을 그려내므로 분석결과의 정리와 변환을 쉽게 파악할 수 있다.

9-1-2 소음평가지표

소음은 지역사회, 각종 건물의 실내, 작업장 등에서 주로 문제가 되고 있으며, 이들을 대상으로 한 소음평가방법이 지난 수십 년간에 걸쳐 급속히 발전되어 왔다. 이에 대한 평가방법은 항상 소음과 인간과의 영향관계를 고려하여 개발되었는데 지역사회를 대상으로 한 평가방법은 일반주민의 진정행위, 시끄러움, 일상생활의 방해를 내용으로 하고 있으며, 각종 건물의 실내를 대상으로 한 소음평가에서는 이용자의 대화방해와 시끄러움에 대한 영향을 고려하고, 산업장인 경우는 업무방해 및 작업자의 청력손실 등을 소음에 대한 영향으로 고려한다.

소음평가에 관한 과학적 연구는 소음의 크기(loudness)와 시끄러움도(noisiness)에 관한 청감실험에서 시작되었다. 1920년대에는 소음을 지각하는 레벨이 음압레벨과 일치하지 않는다는 사실을 확인했으며, 소음의 주파수 특성과 인간이 느끼는 소음크기와의 관계에 대한 연구도 병행되었다. 1920년대 말부터 1930년대에 걸쳐 소음의 크기에 대한 연구가 있었고, 그 후 등감음도곡선이 체계화되었다. 이와 병행하여 지시계기에 의한 소음크기레벨(loudness level)의 개산치를 구하기 위한 소음도의 청감보정회로 연구가 진행되었다. 1940년대에 들어와서 미국의 S. S. Stevens와 독일의 E. Zwicken 등은 소음의 주파수 특성에 따른 음의 크기레벨에 관한 연구를 수행하였다. 1950년대 후반에는 항공기 소음의 출현으로 음의 청각적 불쾌감을 대상속성으로 하는 소음평가의 필요성에 따라 감각소음레벨(perceived noise level) 또는 이에 대한 각종 보정법에 관한 연구가 실시되었다. 이러한 일련의 연구에서는 사회조사 등의 수법은 사용하지 않고 소음자극을 청각실험실에서의 피검자에 의한 판단으로 결정하였다.

환경소음평가법은 1950년대의 CNR, L_{eq}, L_{50} 등의 기초적 연구를 시작으로, 1960년대의 TNI, $\overline{Q}$의 제안과 1970년대에 이르러 급속적으로 각종 요인을 고려한 방법으로 각각 독립적인 제안을 하였다. 현재까지의 환경소음 평가지표는 수십 가지의 방법으로 각국에서 사용되고 있으며, 그 중 몇 가지 방법만을 서술한다.

【1】 평가소음레벨과 등가소음레벨

ISO(국제 표준화기구)가 1970년에 제안한 것으로 소음레벨 L [dB(A)]의 측정치에 소음의 시끄러운 정도에 영향을 주는 각종 요인, 즉 충격성보정, 순음성보정, 시간보정을 위한 소음레벨을 평가소음레벨(rating sound level ; L_r)이라 한다.

등가소음레벨(equivalent sound level ; L_{eq})은 교통소음과 같이 소음의 크기가 일정하지 않고 시간에 따라 변화가 많은 경우 소음에너지를 시간적으로 평균하여 대수변환한 것을 말하며, 통계학적인 분석기기를 통하여 측정된 분포량에 의해 계산된다.

$$L_{eq} = 10\log\frac{1}{T}\int_0^T 10^{\frac{L(t)}{10}}dt = 10\log\left(\frac{1}{N}\sum_{i=1}^{N}10^{\frac{Li}{10}}\right)\text{dB(A)} \tag{9.1}$$

여기서, T : 소음측정이 지속된 시간(초)

$L(t)$: 시각 t의 소음레벨 [dB(A)]

N : 관측시간 내의 샘플링 수

L_i : 샘플링 시간 Δt 마다의 소음레벨 [dB(A)]

ISO R. 1996에서는 인간이 사는 집 밖에서의 소음레벨 기준치를 35~45 dB(A)로 하고 있으며, 이 기준치에 대하여 저녁·밤 등의 시간에 따른 보정(표 9-2)과 지역에 따른 보정(표 9-3)을 가산하는 것을 제안하고 있다.

또한 집안에서의 소음평가를 위한 실내소음기준은 집 밖에서의 소음기준치에 표 9-4의 보정을 가한 것을 사용한다.

표 9-1 평가소음레벨의 보정치(ISO, 1970)

영향인자	일어날 수 있는 조건	보정치 [dB(A)]
피크 인자	충격성(예 : 해머치기)	+5
소음의 스펙트럼 특성	순음성분(예 : 비명소리)	+5
주간은 1시간당의 지속시간, 저녁·야간은 1/2시간당의 지속시간	56~100 %	0
	18~56 %	−5
	6~18 %	−10
	1.8~6 %	−15
	0.6~1.8 %	−20
	0.2~0.6 %	−25
	02 % 이하	−30

표 9-2 시간에 따른 보정치

시 간	낮	저녁	밤
보정치 [dB(A)]	0	−5	−10~15

표 9-3 지역에 따른 보정치

지역의 종류	보정치 [dB(A)]
전원주거지, 병원, 요양지역	0
교외주거지, 도로교통이 거의 없는 주거지	+5
도시 주거지	+10
공장·상점·간선도로 등이 있는 도시의 주거지	+15
시가지(상점, 사업장, 관공서)	+20
공업지역	+25

표 9-4 실외소음 기준치에 보정을 가하여야 할 실내소음 기준치

창문의 상태	보정치 [dB(A)]
창문을 열었을 때	−10
단일창문을 닫았을 때	−15
이중창을 닫았을 때	−20

【2】 주야 등가소음레벨

야간에는 같은 소음레벨이라도 낮보다 더 시끄럽게 느껴지므로 야간의 등가소음레벨에 10 dB(A)를 가산보정해서 주야간의 소음반응을 고려한 주야 등가소음레벨(day-night equivalent sound level ; L_{dn})은 다음 식으로 구해진다.

$$L_{\mathrm{dn}} = 10\log\frac{1}{24}\left[15\times 10^{\frac{L_{\mathrm{d}}}{10}} + 9\times 10^{\frac{L_{\mathrm{n}}+10}{10}}\right]\ \mathrm{dB(A)} \tag{9.2}$$

여기서, L_{d} : 주간(07 : 00~22 : 00)의 등가소음레벨

L_{n} : 야간(22 : 00~07 : 00)의 등가소음레벨

【3】 교통소음지수

교통소음지수(交通騷音指數, TNI ; traffic noise index)는 A 특성으로서 24시간 중 임의의 시간에 간헐적으로 측정한 결과치로 평가한다. 1968년 Griffiths와 Langdon이 다음과 같은 식으로 교통소음지수(TNI)라고 부르는 교통소음의 척도를 제안하였고 그 후 ISO가 교통소음지수로 이를 채택하였다.

$$\mathrm{TNI} = 4(L_{10}^{(A)} - L_{90}^{(A)}) + L_{90}^{(A)} - 30 \tag{9.3}$$

여기서, $L_{10}^{(A)}$: 90 % 범위의 소음레벨 상단치

$L_{90}^{(A)}$: 90 % 범위의 소음레벨 하단치

도로교통소음은 24시간 동안의 계속적인 측정기록에 의해 소음환경을 검토하게 되므로 소음레벨 범위에 크게 관계를 갖는다. 그림 9-5에서 상한계선은 dB(A)로 소음시간 길이가 전체 시간의 10 %를 넘게 되는 곳이 되며, 이것은 L_{10}으로 표시한다. 하한계선은 소음시간의 길이가 전체 시간의 90 %가 되는 곳으로, L_{90}으로 표시한다. 여기서 L_{10}과 L_{90} 사이가 소음환경을 나타나게 되며, 이 2개의 음압레벨은 도로교통소음에 많은 영

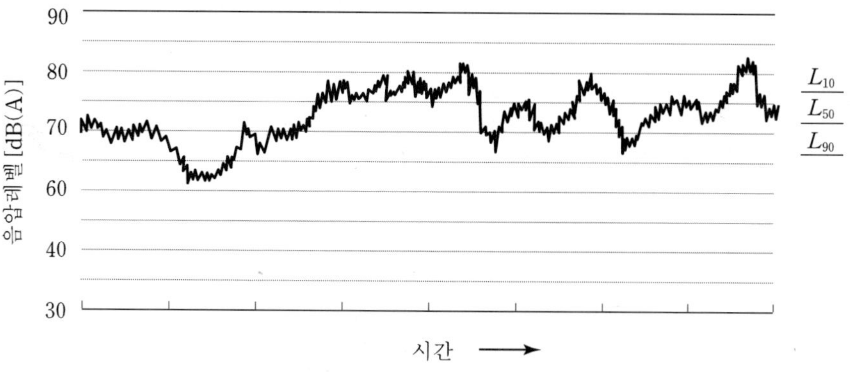

그림 9-5 도로교통소음의 변화 예

향을 받게 되므로 옥외소음상태를 측정할 때 가장 많이 사용된다. L_{50}은 50 %가 되는 레벨로서 중간값을 나타낸다. L_{10}은 교통소음이 실내로 들어올 경우를 생각할 때 대표하는 값으로 사용되며 교통소음규제의 법규에서 기본으로 사용하게 된다. L_{90}은 교통소음에 의해서 다른 소음원이 차폐되는 경우를 검토할 때 사용된다.

【4】 감각소음 레벨(PNL)

소음의 시끄러움에 대한 감각은 그 사람의 생리적·심리적 요인 외에 환경조건 등에 의해서도 영향을 주므로 이것을 계량화하는 것은 쉬운 일이 아니다. 항공기 소음에 대해서 K. D. Kryter가 시끄러움에 관하여 주민을 대상으로 설문조사를 행하고 그 결과에 의거해서 구한 것이 그림 9-6의 감각소음레벨((感覺騷音 ; PNL ; perceived noise level)이다.

시끄러움의 지수로서는 noy를 이용하고 있으며 총 noy 수인 N_t를 구하는 식은 다음과 같다.

$$N_t = N_m + 0.3(\Sigma N_i - N_m) \text{ noy} \tag{9.4}$$

여기서, N_i : 소음의 옥타브별 noy값

N_m : N_i 중 최대값

PNL과 N_t 사이에는 다음의 식이 성립되며(그림 9-6에서 우측 끝의 환산단위 참조), 보정회로를 삽입한 소음계로 PNL을 직독하는 것이 국제적으로 규격화되어 dB(D)라는 단위를 사용한다.

$$\text{PNL} = 40 + 33.3 \log N_t \tag{9.5}$$

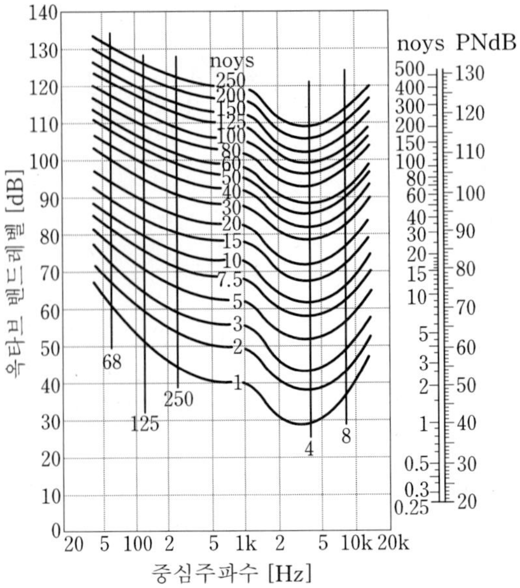

그림 9-6 noy와 PNL

【5】 WECPNL

영국에서는 항공기 소음을 표시하는 방법으로 다음 식을 이용하고 있다.

$$\mathrm{NNI} = \mathrm{PNL} + 15\log n - 80 \tag{9.6}$$

여기서, n : 1일 항공기의 운항횟수

NNI : noise and number index

또한 ICAO(International Civil Aviation Organization)에서는 PNL에 1대마다의 계속시간 보정과 순음보정을 가한 EPNL을 소음증명제도의 단위로 채용하고 있다. NNI의 $15\log n$은 계산이 복잡하기 때문에 $10\log n$의 형으로 한 것이 ECPNL 평가단위이다.

$$\mathrm{ECPNL} = \overline{\mathrm{EPNL}} + 10\log\frac{10\,n}{60\times60\times24} \tag{9.7}$$

여기서, ECPNL은 등가감각 소음레벨(equivalent continuous perceived noise level)이다.

ECPNL 계산에서 n 대신에 야간 및 저녁의 시간대에 따른 보정을 가한 것이 WECPNL (weighted equivalent continuous perceived noise level)이다.

$$\mathrm{WECPNL} = \overline{\mathrm{EPNL}} + 10\log\,(n_1 + 3n_2 + 10n_3) - 39.4 \tag{9.8}$$

여기서, n_1 : 주간(07 : 00~19 : 00)의 항공기 운항횟수

n_2 : 저녁(19 : 00~22 : 00)의 항공기 운항횟수

n_3 : 야간(22 : 00~07 : 00)의 항공기 운항횟수

일본에서는 이러한 ICAO의 제안을 간단하게 수정하여 EPNL≒dB(A)+13을 적용한 다음과 같은 공식을 사용한다.

$$\mathrm{WECPNL} = \mathrm{dB(A)} + 10\log(n_1 + 3n_2 + 10n_3) - 27 \quad (9.9)$$

9-1-3 실내소음 평가지수

【1】 소음평가지수(NRN)

소음을 청력장해, 회화장해, 시끄러움의 3개 관점에서 평가하여 1961년 ISO의 부회가

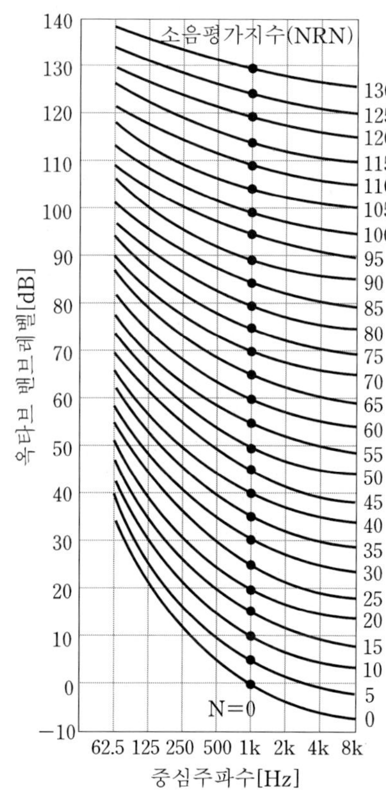

그림 9-7 NR 곡선

표 9-5 NRN에 대한 보정치

요 인	조 건	보 정
스펙트럼 특성	순 음	5
	광 대 역	0
피크 인자	충 격 성	5
	비충격성	0
반 복 성	연 속	0
	매시 10~60회	−5
	매시 11~30회	−10
	매일 4~20회	−15
	매일 1~4회	−20
	매일 1회	−25
습 관 성	익숙되지 않음	0
	다소 익숙함	−5
	상당히 익숙함	−10
시 간 대	야 간	+5
	주 간	−5
계 절	여 름	0
	겨 울	−5
암 소 음	조용한 교외	+5
	교 외	0
	주 택 지	−5
	공장 가까이의 시가지	−10
	중공업지대	−15

표 9-6 NRN으로 표시한 주관적 반응

보정한 NRN	반 응
40 이하	반응 없음
40~50	산발적 고통
45~55	광범위한 고통
50~65	집단활동의 징조
65 이상	강력한 집단활동

표 9-7 NRN에 의한 각 실의 소음기준

보정한 NRN	용 도
20~30	침실, 병실, 텔레비전 스튜디오, 거실, 극장, 교회, 영화관, 콘서트 홀, 작은 사무실, 도서관, 강의실, 회의실
30~40	큰 사무실, 상점, 백화점, 조용한 레스토랑, 40 : 지적인 작업에 요구되는 평균적 한계
40~50	상당히 큰 레스토랑, 타이프가 있는 비서실, 체육관
50~60	상당히 큰 타이프실, 60 : 통상 사무실의 평균적 한계
60~70	작업장

제안한 것이 소음평가지수(NRN ; noise rating number)이다.

NR 곡선(noise rating curves)은 1,000 Hz의 옥타브 밴드레벨이 평가곡선의 NR 수와 일치한다(그림 9-7). NRN은 소음을 옥타브 분석하여 그림 9-7의 곡선에 겹쳐서 가장 큰 값의 곡선과 접하는 값을 읽어서 구한다. 또 표 9-5에 의해서 7종류의 보정된 값을 사용한다. 보정된 NRN의 값에 대한 사회적인 반응은 대략 표 9-6과 같으며, 실내에서의 소음기준으로는 일반적으로 표 9-7의 값을 사용한다.

표 9-8 사무실에 대한 소음의 기준

NC곡선	소음의 상태	적용 예
NC 20~30	아주 조용함, 전화에 지장 없음, 큰 회의가능	중역실, 대회의실, 침실, 호텔, 병원
NC 30~35	조용함, 5 m 테이블에서 회의가능, 3~10 m 떨어져서 보통소리의 회화가능	사무실, 응접실, 소회의실
NC 35~40	2~4 m 테이블에서 회의가능, 전화지장 없음 2~4 m 떨어져서 보통소리의 회의가능	중사무실, 공장사무실
NC 40~50	1.5~2 m 테이블에서 회의가능, 전화 약간 곤란, 보통소리로 1~2 m, 약간 큰소리로 2~4 m 떨어져서 회의가능	큰 기사실, 제도실
NC 50~55	2~3명 이상의 회의는 불가능, 전화 약간 곤란, 좀 큰소리로 1~2 m 떨어져서 대화할 수 있음	타이프실, 계산기실, 작업실 등
NC 55 이상	대단히 시끄러움, 사무실로 부적합, 전화사용 곤란	적용 없음

【2】 NC(Noise criteria)

건축에 있어 실내소음기준으로 NR 곡선을 사용하기 이전에 Beranek는 회화의 양호한 전달을 위해서는 중·고음성분의 암소음을 충분히 작게 해야 된다는 것을 조사하여, 1957년에 그림 9-8과 같은 NC 곡선(noise criteria curves)을 제안하였다. NC 값은 실질적으로 NRN과 같으며 구하는 방법도 동일하다. 사무실에 대한 소음기준으로 적용한 예는 표 9-8과 같다.

【예제 9-1】 어떤 소음을 옥타브 분석한 결과 63, 250, 1,000, 4,000 Hz의 밴드레벨이 어느 것이나 70 dB을 지시하고, 기타의 주파수 성분은 포함되어 있지 않다는 것을 알았다. 이 소음을 다음 평가방법으로 표시하라.

(a) SPL [dB]　　(b) SL [dB(A)]　　(c) NRN　　(d) N_t　　(e) PNL

풀이 (a) SPL $= 70 + 10\log 4 = 76$ dB

(b) SL $= [(70-26), (70-90), (70+1)] = 74$ dB(A)

(c) NRN 45, 61, 70, 74의 최대값 = 74 (그림 9-7)

(d) $N_t = 17 + 0.3(2+7+8) - 17 = 17$ noy (그림 9-6)

(e) PNL=81 PN(dB) (그림 9-6)

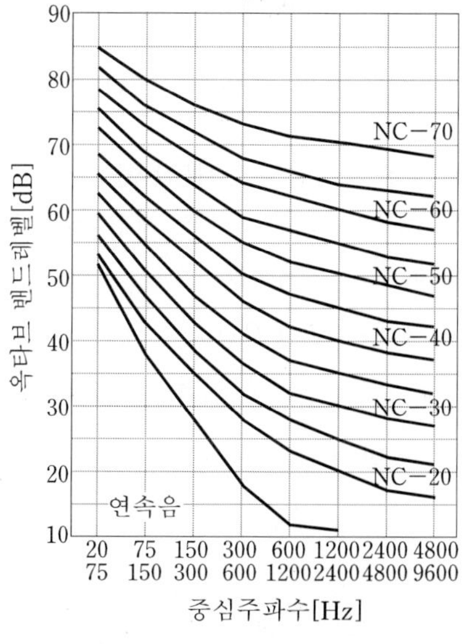

그림 9-8 NC 곡선

[예제 9-2] 어떤 소음을 옥타브 분석한 결과 다음의 표와 같다. 이 소음을 SPL, SL, NRN, N_t, PNL로 표시하라.

풀이

중심주파수 [Hz]	63	250	1,000	4,000
옥타브 밴드레벨 [dB]	80	70	60	50

(a) SPL = [80, 70, 60, 50] = 80.5 dB

(b) SL = [(80 − 26), (70 − 9), 60, (50 + 1)] = 64 dB(A)

(c) NRN = 58, 62, 60, 55의 최대값 = 62

(d) $N_t = 7 + 0.3\,(6 + 7 + 4.5 + 4.5) - 7 = 11.5$ noy

(e) PNL = 75 PN(dB)

[예제 9-3] ISO에서는 표 9-1의 평가소음 또는 등가소음레벨과 표 9-9의 값을 비교해서 인간의 사회적 반응을 추정하는 방법을 제안하고 있다.

표 9-9 소음에 대한 사회적 반응

평가소음레벨 (L_r) 기준치를 넘는 양 [dB(A)]	예상되는 사회적 반응	
	정 도	내 용
0	없음	명확한 반응 없음
5	약간	산발적인 불만
10	중정도	광범위한 불만
15	강력	집단활동의 징조
20	극히 강력	강력한 집단활동의 발생

지금 교외의 주거지에서 주간 1시간당 20분간 순음성의 소음을 발생하고 있는 공장이 있다. 부근의 주거지에서 60 dB(A)이라고 하면 예상되는 주민의 반응은 어떠한가? 또 반응을 없애기 위해서는 어떻게 하면 좋은가?

풀이 평가소음레벨은 표 9-1에서 발생시간율은 33 %이므로

60 + 발생시간율 보정(−5) + 스펙트럼 특성보정(+5)=60 dB(A)

시간 및 지역에 따른 일반기준은

40 + 시간에 따른 보정(주간, 0)+지역보정(+5)=45 dB(A)

따라서 평가소음레벨이 기준치를 넘는 양은 60 − 45 = 15 dB(A)로서, 강력한 반응이 추정된다. 만일 순음성분을 제거해서 50 dB(A)로 낮출 수 있으면 평가소음레벨은 다음과 같이

50 + 발생시간율 보정(−5)=45 dB(A)

이 되어 45 − 45 = 0 dB(A)로서 반응이 없는 상태가 된다.

9-1-4 환경소음의 주관적 평가척도

소음평가는 물리적인 측정에 의한 객관적 평가와 더불어 인터뷰, 현지답사 및 관찰 등 여러 가지 방법에 의하여 주민의 반응을 조사하는 주관적인 평가도 병행되어야 한다. 소음에 대한 주관적인 평가는 소음에 노출된 사람들의 태도측정을 통해 주로 시행된다. 태도측정을 위해서는 일반적으로 몇 단계로 구분한 리커르트 척도(Likert scale)를 사용한다. 리커르트 척도에 의해 조사된 사회조사자료는 조사지역과 개개인의 특성에 따라 다를 수 있으므로 소음에 의해 영향을 받고 있는 정도에 대해서는 합리적 평가분석이 필요하다. 보편화되어 있는 평가분석의 방법은 먼저 소음에 대한 주관적 반응을 각 항목별로 분류하여 측정등급에 따라 자료를 종합한다. 그리고 소음평가의 타당성 및 신뢰도를 고려하여 측정기준이 7단계 척도일 경우에는 상위 2단계, 11단계 척도일 경우에는 상위 3단계 등으로 산출하여 분석하는 방법이다. 이러한 방법에 의한 보편화된 평가분석의 사

표 9-10 각국의 사회조사에서 사용된 불쾌도(highly annoyed) **인정치 예**

국 명	(소 음 원)	불쾌도(H · A)	상위척도백분율
스 웨 덴	(항 공 기)	고유치	·
스 위 스	(〃)	3/11	27 %
영 국(Heathrow)	(〃)	2/7	29 %
영 국(〃)	(〃)	3/7	43 %
서 독(Munich)	(〃)	고유치	·
프 랑 스	(철 도)	2/7	29 %
프 랑 스(Paris)	(도로교통)	1/10	10 %
스 위 스	(〃)	3/11	27 %
영 국	(〃)	2/7	29 %
미 국	(〃)	2/5	40 %
스 웨 덴	(〃)	1/11	9 %
오스트리아	(〃)	2/5	40 %
프 랑 스	(고속도로)	2/4	50 %
미 국(Tracor)	(도로교통)	12/25	48 %

* 1) 고유치(self)는 "매우 불쾌하다(highly annoyed)"로 직접 응답한 것임
  2) 활동방해 정도의 인정치도 불쾌도의 경우와 동일함

표 9-11 태도측정에 사용한 설문의 예(5단계 척도)

[문] 외부소음으로 인하여 방해받는 정도는?

평가내용	창문개폐 여부	매우작다	작 다	보통이다	크 다	매우크다
		1	2	3	4	5
(1) TV 및 라디오 청취방해 정도	창문 열 때					
	창문 닫을 때					
(2) 독서 및 업무방해 정도	창문 열 때					
	창문 닫을 때					
(3) 수면(잠)방해 정도	창문 열 때					
	창문 닫을 때					

례는 다음과 같은 것이 있다. 1974년 미국의 도로교통소음 조사에서는 5단계의 측정척도를 사용하였다. 즉, 이 연구의 주관적 반응평가는 리커르트 척도에서 소음의 영향이 "크다(very)"와 "매우 크다(extremely)"의 상위 2단계 자료가 이용되었다. 표 9-10은 이 같은 사례에 의해 각국의 사회조사에 사용된 측정척도의 인정치 예를 보여 준다. 이 중 5단계 척도로서 태도측정에 사용한 하나의 설문의 예는 표 9-11과 같다.

이러한 주관적인 반응평가는 소음레벨을 독립변수로, 태도측정의 척도를 종속변수로 하여 그 상관관계를 단순회귀분석이나 다중회귀분석방법과 같은 통계적 방법으로서 소음에 의한 시끄러움도, 불쾌도, 활동방해도 등의 모델로 나타낸다.

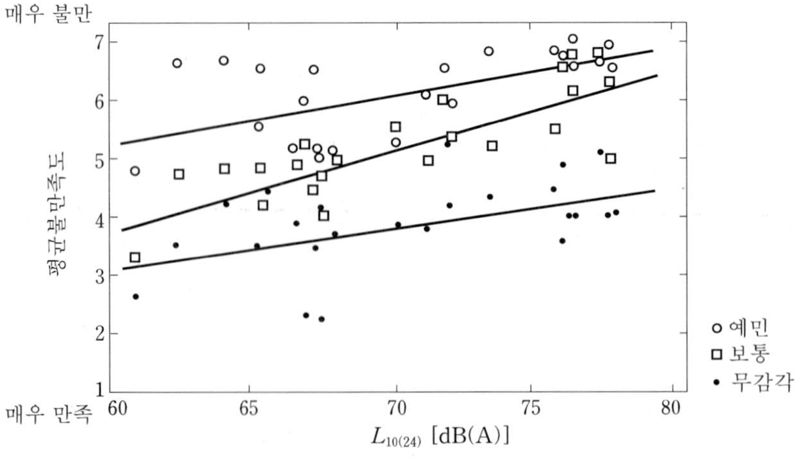

그림 9-9 도로교통소음에 대한 주관적 반응도 비교

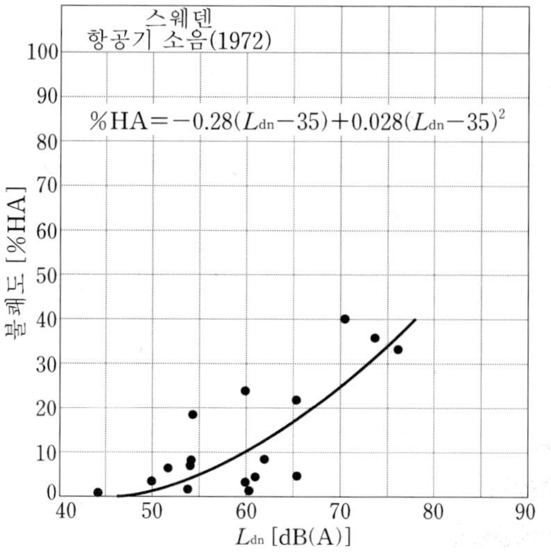

그림 9-10 공항 주변의 항공기 소음에 의한 불쾌도

환경소음에 관한 연구의 한 예로서, 영국의 F. J. Langdon(1976)은 런던 시내 24개 주거지에서 1359명의 주민을 대상으로 도로교통소음에 대한 사회조사를 실시하여 주관적 반응에 대한 평가를 시행하였다. 여기서, 불만족도는 $L_{10(24)}$, $L_{10(18)}$, $L_{10(12)}$, $L_{eq(24)}$ 및 교통량과 매우 높은 상관관계를 가지고 있으며, 소음에 대한 개인의 심리적 특성에 따라서도 그 반응이 다르게 나타났다. 그림 9-9는 Langdon의 연구결과로서 개인의 민감도에 따른 주관적 반응을 비교한 예이다. 이 외에 그림 9-10은 스웨덴의 R. Rylander 외 2인(1972)이 항공기 소음에 대한 주관적 반응 모델을 제시한 것이다.

9-2 소음방지계획

9-2-1 소음조절의 원리

건축계획에서는 소음대책문제를 사전에 검토하여야 한다. 건물이 완공된 다음 사용단계에서 소음조절에 대한 여러 가지 문제점이 발견되어 그 대책을 강구하려면 매우 어렵게 된다. 소음대책은 건축계획 및 설계 전반에 걸쳐 관련되는데, 즉 대지선정, 구조계획은 물론이고 창문의 설계, 설비 및 세부 상세도 작성에 이르기까지 전반적으로 검토되어야 한다.

그림 9-11에서 발생소음 (L_0)에 대해 어느 지점(수음점)의 환경조건으로 요구되는 허

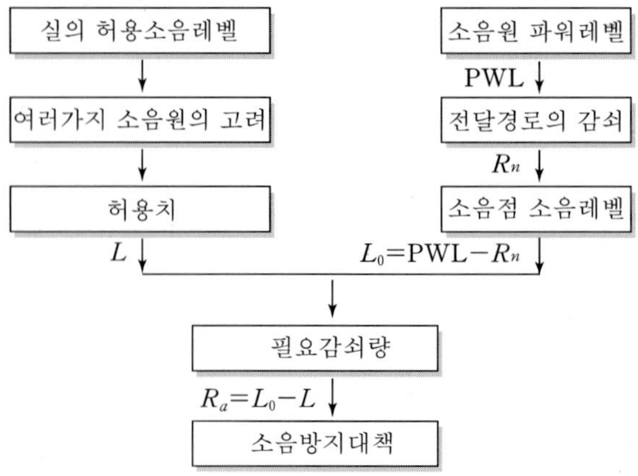

그림 9-11 소음방지계획 흐름도

용치(L)가 $L \geqq L_0$이면 문제시되지 않지만, $L < L_0$인 경우는 문제가 발생되어 $R_a=(L_0-L)$ 만큼의 감쇠량이 요구된다. 수음점에서의 허용치는 NR 또는 NC 곡선을 이용하여 정하며, 소음원이나 전달경로가 2개 이상일 때는 그 각각의 허용치를 정하고 그 종합치가 실의 허용치를 만족할 수 있도록 한다. 이때 필요감쇠량 R_a의 값은 전달경로마다 각 주파수별 특성에 따라 계산하여야 한다.

소음 조절을 위한 일반적인 계획 및 시공순서는 다음과 같다.

① 대상환경 및 소음원 조사 : 소음원의 종류, 대상지역 및 건물의 배치, 주변지역 건축물의 배치, 소음 발생시간과 빈도 및 지속시간 등의 조사

② 소음레벨 측정 : 측정위치별, 시간별 대상소음 및 암소음레벨 측정, 주파수 특성 분석

③ 소음감쇠경로 및 감쇠량 측정 : 감쇠조건의 조사측정, 전파경로의 조사, 고체 전파음과 공기전파음 전파특성 파악

④ 소음감쇠량 설정 : 환경기준치(주민의 반응 등 고려)와 측정결과치로서 필요한 감음량 계산

⑤ 검토

a. 감음 시스템의 검토　　b. 건물구조 및 내외벽 검토

c. 음원 대책 검토　　d. 차음구조물 대책 검토

e. 기타 대책(귀마개 착용, 매스킹, BGM[1] 등의 물리적 또는 심리적 대책)

---

1) BGM(background music) : 환경음악, 배경음악 등으로 불리며 공장, 호텔, 백화점, 상점 등에서 실내에 경쾌한 음악을 제공하여 소음을 심리적으로 차단하는 것이다.

⑥ 방지 설계

a. 설계계산 : 목표치를 달성하기 위한 감음량 계산

b. 설계안의 상호비교 검토

c. 최종안의 감음기구, 재질 선정

d. 수량계산

⑦ 경제성 검토

⑧ 시공

⑨ 검사 : 감음 목표치의 달성 여부를 측정·확인하고 제작 공사상의 검사를 실시한다. 만일 목적한 성능이 실현되지 않았을 경우에는 그 원인을 밝혀 개선대책을 다시 세울 필요가 있다.

소음방지대책의 종류로는 실시장소에 따라서 음원측, 전파경로, 수음측으로 나눌 수 있고, 기능에 따라서는 음원대책 외에 차음, 흡음, 방진 등으로 표 9-12와 같이 구분된다.

음원으로부터의 음성출력을 W라 할 때 거리 r만큼 떨어진 공간에 있는 한 점의 음압레벨 SPL [dB]은 다음의 식으로 표시된다.

$$\mathrm{SPL} = 10\log W + 10\log\left(\frac{Q}{4\pi r^2} + R_i\right) + 120 \tag{9.10}$$

이때 소음 방사부에 소음(消音 ; 음을 저감시키는 의미이므로 일반적인 소음과 구별)장치가 설치되어 음향출력이 W에서 W'로, 음압레벨이 SPL로부터 SPL′로 바뀌었다고 하면 위의 식으로부터 다음 식이 유도된다.

표 9-12 소음방지 대책의 종류와 내용

기능 \ 실시장소	음원측	전파경로	수음측
차음	음원의 차단	차음벽, 울타리 등에 의한 차단	차음구조, 울타리 등에 의한 차단, 외부소음에 대한 건물 자체의 차음
흡음	음원실의 흡음처리	복도, 덕트 내의 흡음처리 전실의 흡음처리 다중벽 사이에 흡음재 처리	실내의 흡음처리
방진	진동음원의 방진 및 제진(기계의 방진설치, 뜬 바닥기기의 카버제진)	덕트, 파이프의 방진, 플렉시블 조인트, 익스팬션 조인트(구조체), 다중벽의 방진지지	뜬 구조 뜬 바닥 정밀기기의 방진

$$\mathrm{SPL}' = 10\log W - 10\log W/W' + 10\log\left(\frac{Q}{4\pi r^2} + R_i\right) + 120 \tag{9.11}$$

이 식에서 공간의 음압레벨 SPL′를 더욱 감소시키기 위해서는 우변의 각 항에 대한 대책을 세우면 된다.

① W를 작게 한다 : 발생원 대책(원인 제거, 음향출력 감소 등)

② W/W'를 크게 한다 : 소음(消音)장치(밀폐, 소음기, 흡음 덕트 등)

③ r을 크게 한다 : 거리 대책(발생원으로부터 원거리 지점으로 이동)

④ Q를 작게 한다 : 지향성 대책(발생원의 방향 변경)

⑤ R_i를 작게 한다 : 환경 대책(차음, 흡음 등에 대한 대책)

⑥ 기타 : 수음자 대책(매스킹, 귀막이 등의 대책)

9-2-2 소음원 대책

음원이나 음원 가까이에서 소음을 조절하는 방법은 어느 정도 거리를 둔 상태에서 조절하는 것보다 용이하고 비용도 적게 든다. 따라서 소음대책의 시행에서는 우선적으로 음원대책이 가능한지 여부를 검토해 볼 필요가 있다. 만약 어떤 음원에서 불필요한 소음이 발생된다면 소음을 내는 기계 또는 설비를 신중하게 설계함으로써 소음발생을 억제할 수 있다.

또한 소음문제를 일으킬 수 있는 설비를 옮김으로써 방지시설이 간단해질 수도 있고, 반대로 음원대책을 실시하지 않은 관계로 대규모의 방지시설을 필요로 할 때도 있다. 소음원의 출력을 감소시키는 방법은 그 범위가 매우 넓다. 설비기계는 미리 소음이나 진동발생이 적은 방식을 채택하는 것이 좋다. 또 기계의 공기유입구나 가스 토출구에 소음기(消音器), 흡음 덕트 등의 소음장치를 설치하거나 기계의 일부 또는 전부를 밀폐하는 것도 유효하다. 소음원의 규제처리, 기계장비의 적절한 선택, 소음원의 위치선정 및 시간계획 등에 의한 소음조절도 가능하다. 교통이나 산업에 수반되는 소음공해는 도로계획이나 용도지역 지정 등 도시계획 측면에서 해결할 수 있다.

그림 9-12는 소음원이 있는 실내공간에서 음이 전파될 수 있는 가능한 경로를 화살표로 나타낸 것이다. 경로 ①은 벽체를 통한 투과음으로 충분한 차음성을 갖도록 중량이 무거운 재료가 요구된다. 경로 ②는 실내반사현상으로 흡음재를 이용해서 음을 감소시킬 수 있으며, 경로 ③은 바닥구조를 통한 진동으로써 탄성재료나 금속 코일 스프링 장치에 의한 방진구조에 의해 흡수될 수 있다. 경로 ④의 기구를 통한 소음방출은 그림 9-41과 같은 음조절벽으로 해결할 수 있다.

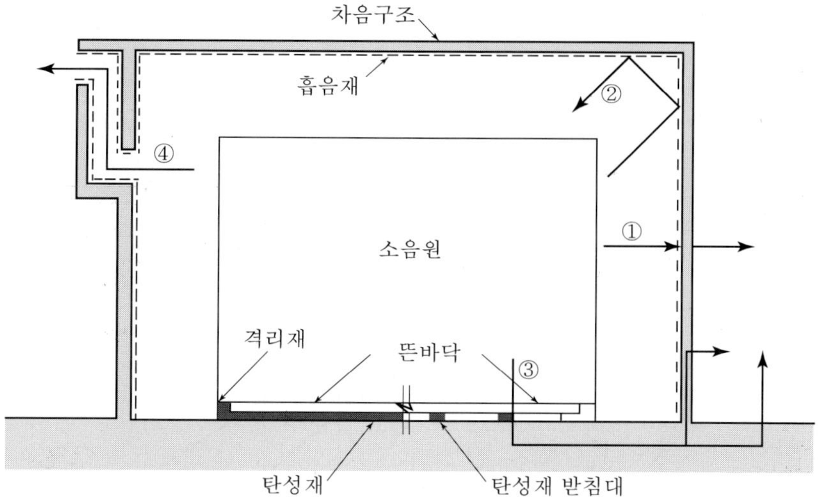

그림 9-12 밀폐된 음원실의 음경로와 대책

9-2-3 실외에서의 소음조절

【1】 거리에 의한 조절

자유음장에서 무지향성 음원으로부터 거리에 의한 음의 감쇠량은 7-1-5의 그림 7-4 등을 이용하여 구할 수 있다. 점음원인 경우 음원에서의 거리비가 2배될 때마다 6 dB씩 감쇠하는 것을 알 수 있으며 이는 개개의 차량이나 비행기 소음측정시 적용된다.

그러나 도로의 차량들이 밀집되어 있을 때는 점음원이나 선음원 중 어느 하나로 규정하기가 곤란하다. 그 이유는 각 차량의 소음방출량이 서로 다르고 차량간격이 거의 다르기 때문이다. 따라서 도로교통소음의 평균감쇠량은 점음원과 선음원의 중간 정도로 취급하여 거리비가 2배될 때 4 dB이 감쇠하는 것으로 본다. 그러나 이와 같은 감쇠비율은 도로에서 약 15 m 이상 떨어진 거리에서부터 적용된다. 그림 9-13은 점 또는 선음원과 비교한 도로교통소음의 감쇠비율을 보여주며, 도로에서 15 m 미만인 거리에서는 각각의 차량에 따라 크게 좌우되므로 점음원에서와 같이 역자승법칙(inverse square law)이 적용된다.

만약 교통량이 많은 도로변에 인접한 건물부지의 소음레벨을 측정하려고 한다면 대지 내의 한 지점에서 소음을 측정한 후 이 측정지점으로부터 거리에 의한 영향만을 고려하여 다른 지점의 예상소음레벨을 구할 수 있다. 이 방법은 대지에 등고선을 작도함으로써 소음레벨에 따라 대지를 분할하는 기법이다. 이와 같은 소음등고선은 대지 내에 건물을 배치할 경우 유효하게 이용된다.

그림 9-14는 디자인 초기단계에서 소음레벨 등고선(noise level contours)의 사용 예

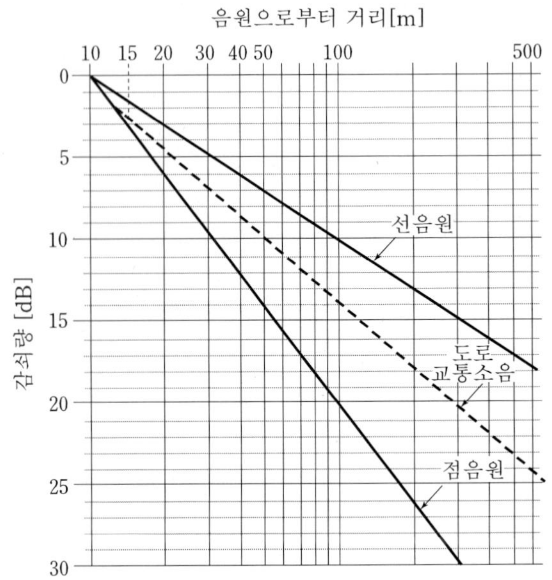

그림 9-13 도로교통소음의 거리감쇠

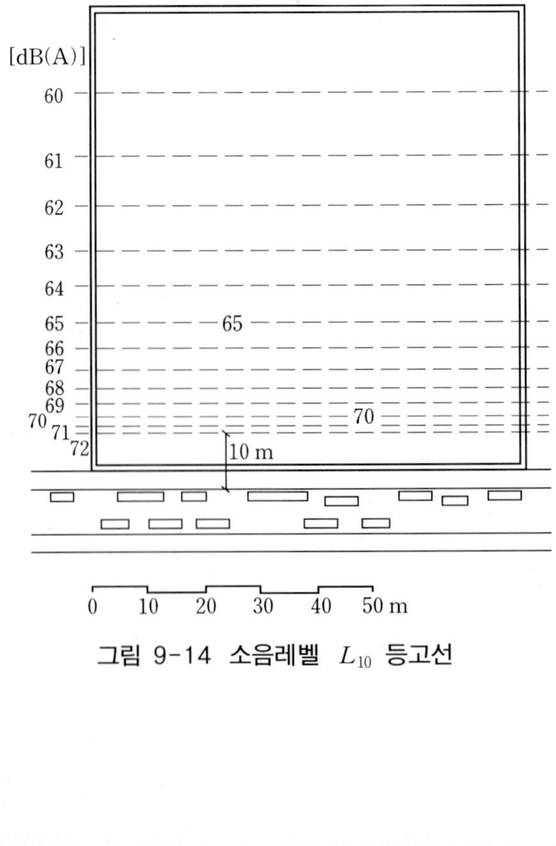

그림 9-14 소음레벨 L_{10} 등고선

를 보여준다. 여기서, 적절한 건물위치가 선정될 수 있다. 이때 소음등고선은 소음에 많이 노출된 실에 대한 소음방지 문제의 기준이 된다. 예로서 침실에 대해서는 침실의 허용소음레벨 [dB(A)]을 감안하여 외벽과 창문에 요구되는 차음치(insulation values)를 산출할 수 있다. 일반적으로 시간의 10 %를 초과하는 소음레벨 (L_{10})로서 예상되는 소음방해도를 예측하고 이에 적절한 차음시설계획을 수행한다.

【2】 장벽에 의한 조절

충분한 길이와 높은 장벽은 특히 저층부에 음의 그림자를 형성시키므로 소음을 감쇠하는 데 유용하게 사용된다. 장벽으로는 벽, 울타리, 건물, 발코니, 패러펫(parapet), 제방, 식수(planting) 등이 이용된다.

그림 9-15의 L_1 지점에서는 상당히 약화된 회절음을 듣는 반면에 L_2에서는 음의 감쇠가 매우 적다. 장벽은 음원 가까이 있을 때 가장 효과적이고 그 다음은 수음점 근처에 두는 것이 유리하다. 소음감쇠를 위한 장벽설치는 상황에 따라 각기 다를 수 있으며 그림

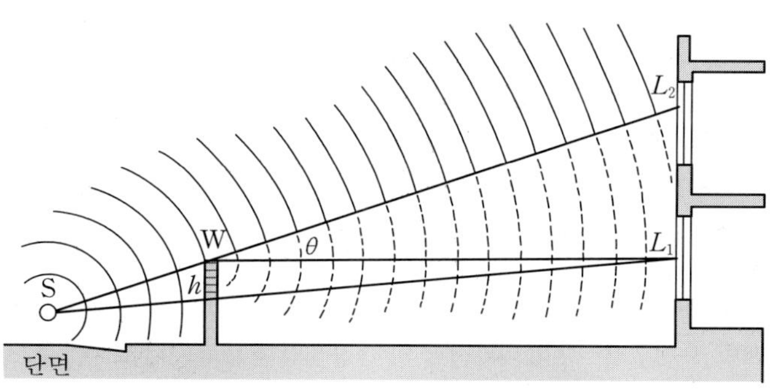

그림 9-15

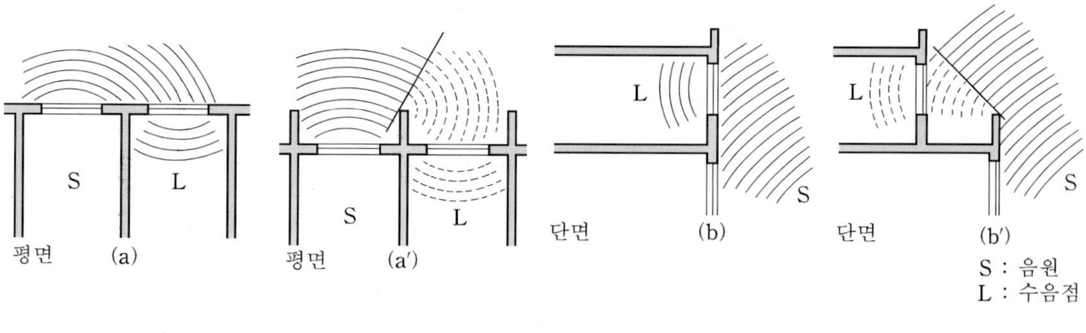

그림 9-16 소음감쇠를 위한 장벽처리

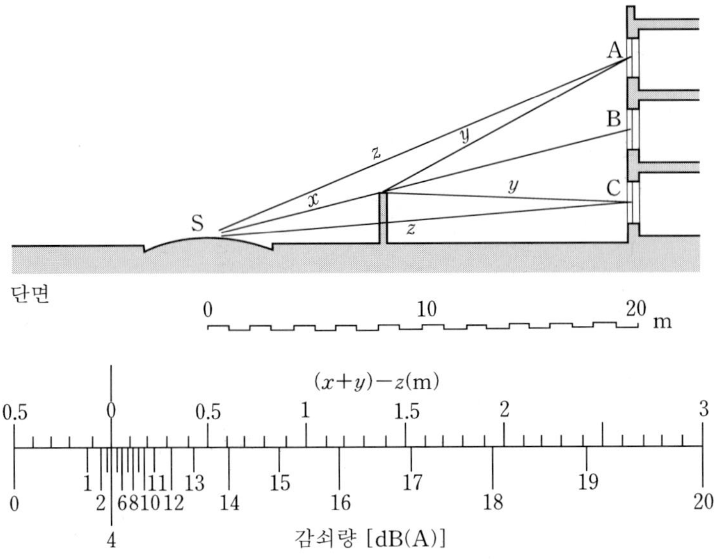

그림 9-17 장벽에 의한 음감쇠

9-16은 건물 구조체의 돌출부를 이용한 장벽효과이다. 식수에 의한 감쇠는 주로 고주파수의 음을 효율적으로 감소시키는 나뭇잎에 의하여 이루어지나 큰 효과를 기대하기는 어렵다. 식수가 효율적인 장벽이 되려면 최소한 30 m 폭으로 상록수를 조밀하게 일정한 간격으로 배치하여야 하며, 지표면 가까이의 흡음을 위해서는 관목을 함께 심어야 한다. 이 때의 감쇠량은 주파수에 따라 7~11 dB 정도이다. 그림 9-17은 회절음경로$(x+y)$와 직접음경로(z) 사이의 차이로서, 장벽이 매우 길 때의 소음 감쇠량을 제시한다.

그림 9-18은 그림 9-17의 장벽과 건물의 1층 평면도를 나타낸 것으로 장벽이 D 점에서 끝날 때는 회절음의 영향을 고려하여 부분적 장벽의 효과를 근사적으로 구할 수 있다. 즉, D 점을 통과하는 소음의 장벽으로 인한 감쇠효과는 E 점에서 22 %, F 점에서 30 %, G 점에서 45 %, H 점에서 55 % 정도가 된다. 예를 들면, 장벽에 의한 소음감쇠량이 11 dB이라면 E 점에서의 소음감쇠량은 약 2 dB 정도에 불과하다. 따라서 유한장벽으로 교통소음과 같이 긴 선음원을 차단하기 위해서는 그림 9-18의 점선과 같이 부지경계선을 따라 장벽을 설치하면 효과적이다.

그림 9-19는 회절각도(θ), 장벽의 유효높이(h), 주파수(f)에 따른 소음감쇠치를 나타낸 것으로 거리에 의한 감쇠를 별도로 계산하여야 한다. 이 그림은 다음과 같은 식에 근거한 것이다.

$$R = 8.2\log(44h/\lambda) \times \tan(\theta/2) \qquad (9.12)$$

예를 들어, 그림 9-17에서 도로교통 소음레벨 (L_{10})이 S 점에서 75 dB(A)일 때 수음점 A, B, C에서의 소음레벨을 구하면 다음과 같다.

1층	거리(19.9 m)에 의한 감쇠	: 4 dB(A)
	장벽에 의한 감쇠 ; $(x+y)-z$	
	$=(8.25+11.65)-19.65=0.25$ m	: 11 dB(A)
	계	: 15 dB(A)
	창 C에서의 소음레벨 75 − 15	: 60 dB(A)
2층	거리(21.1 m)에 의한 감쇠	: 4 dB(A)
	장벽에 의한 감쇠 ; $(x+y)-z$	
	$=0$ m	: 4 dB(A)
	계	: 8 dB(A)

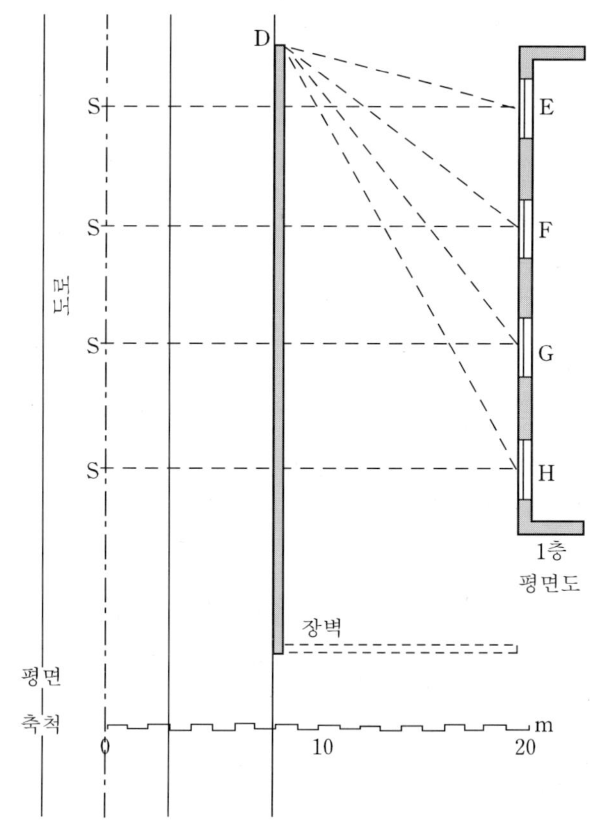

그림 9-18 제한된 장벽 길이의 음감쇠도표

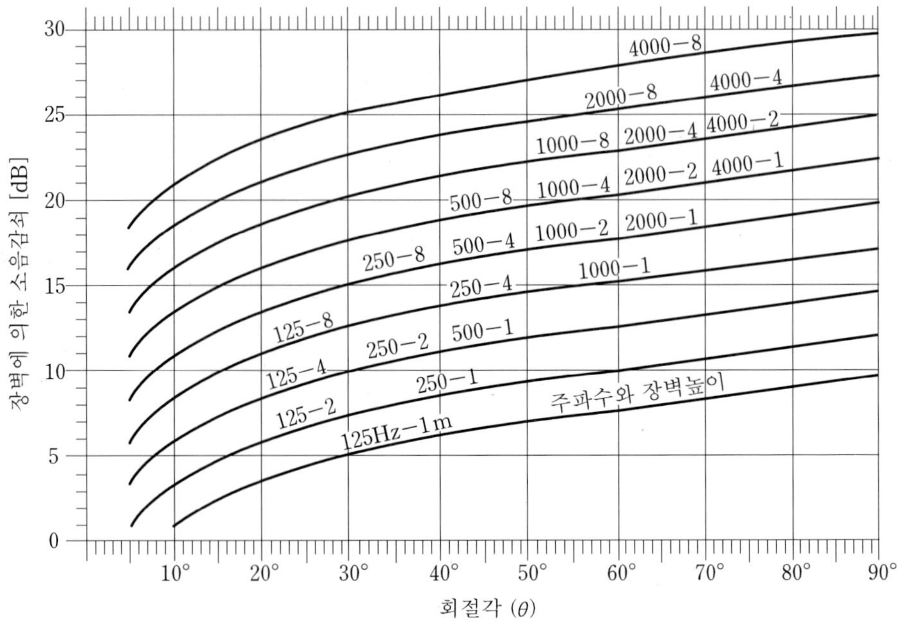

그림 9-19 장벽에 의한 소음 감쇠

	창 B에서의 소음레벨 75−8	: 67 dB(A)
3층	거리(21.25 m)에 의한 감쇠	: 4 dB(A)
	장벽에 의한 감쇠 : $(x+y)-z$	
	$=(8.25+13.10)-21.25=0.1$m	: 1 dB(A)
	계	: 5 dB(A)
	창 A에서의 소음레벨 75−5	: 70 dB(A)

실례로 장벽의 의한 소음감쇠치 계산과 그 대책을 알아보기도 한다. 그림 9-20과 같

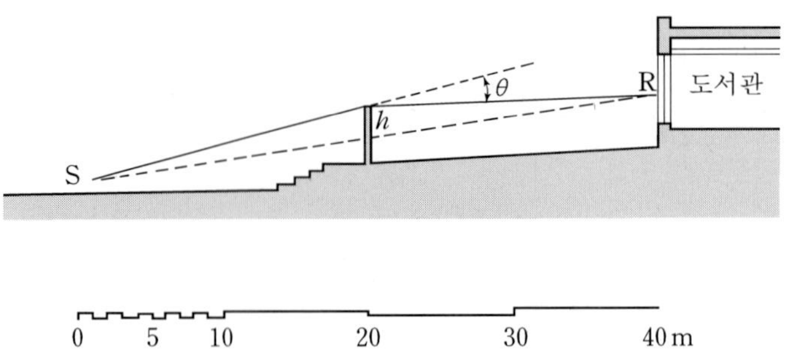

그림 9-20

계 산 예

중심주파수[Hz]	125	250	500	1,000	2,000	4,000
10 m 거리에서의 압착 드릴 소음[dB]	84	83	79	81	82	88
40 m 거리에 의한 감소치	12	12	12	12	12	12
장벽에 의한 감소치 ($h=2$ m, $\theta=10°$)	3	6	8	11	13	16
건물외부 소음레벨	69	65	50	58	57	60
건물 내 허용소음레벨(NR35)	52	46	41	36	33	30
소요 차음치	17	19	18	22	24	30
요구되는 차음벽 : 고정유리(6 mm)의 차음성능	20	24	28	29	26	30

은 도서관 단면이 있다. S 지점에 압착 드릴(pneumatic drill)에 의해 장기간의 소음이 발생될 경우 도서관 내의 침입소음이 NR35가 넘지 않도록 하기 위해 장벽을 설치하기로 하였다. 이에 다음과 같은 계산 근거에 의하여 소음문제 해결이 가능하다.

여기서, 압착 드릴에 의한 소음은 점음원으로 취급할 수 있으므로 장벽의 길이는 선음원에 비해 길게 할 필요가 없다. 그러므로 장벽의 끝부분에서 회절되는 음이 장벽 상부에서의 회절음보다 15 dB 정도 작게 되는 장벽 길이면 충분하다. 장벽 자체의 투과음에 있어서는 상부의 회절되는 음보다 15 dB 정도 작으면 장벽효과가 감소되지 않는다. 여기에서의 장벽은 음이 새어 나가지 않는 면밀도 9 kg/m^2 이상의 중량이면 된다.

9-2-4 건축계획에 의한 소음조절

【1】 배 치 계 획

산업 및 교통수단의 급속한 발전으로 인하여 소음은 도시의 중요한 환경공해요소가 되었으며, 지방에서도 멀지 않은 장래에 도시와 같은 소음의 영향을 받게 되므로 조사된 제반소음의 형태가 건축계획 전반에 걸쳐 고려되어야 한다. 외부소음의 주요 유형은 다음과 같다.

① 교통 및 수송소음(자동차, 트럭, 오토바이, 전차, 기차, 항운, 항공 등)
② 산업소음(공장, 작업장, 각종 기계장치 및 설비 등)
③ 인간이 발생하는 소음(스포츠, 옥외활동, 확성기 등)

소음은 건물의 평면계획과 구조뿐만 아니라 보다 넓은 범위인 도시계획 차원에서도 중요하다. 도시계획적 측면에서의 소음은 지역개발계획(regional planning), 신도시계획(new town planning), 그리고 도시 재개발(urban renewal) 등에서 흔히 고려될 수 있다. 기존도시 및 지방에서는 교통소음이 더이상 확산되지 않도록 하기 위해서, 그리고 신도시계획에서는 처음부터 공항 및 간선도로 등의 주소음원과 격리시키기 위해 기본 배치계획이 필요하다.

도시계획적인 면에서 준수되어야 할 소음조절원리는 다음과 같다.

① 소음원과 수음점간의 거리를 적절하게 확보시킬 것.

② 주거지역, 병원지대 등과 같이 특히 조용한 환경을 필요로 하는 지역은 주요 도로, 철로, 운동장, 공업 및 산업지역, 공항 등과 격리시킬 것.

③ 자동차 전용도로 및 간선도로의 계획이 상세하게 설정되어야 하고, 조용한 지역(주택, 학교, 병원, 교회 등)을 통과하지 않도록 순환도로계획이 이루어지도록 할 것.

④ 공장소음, 산업소음, 혼잡한 도로소음 등을 조절하기 위해 그린벨트 및 주변지역의 조경계획을 최대로 이용할 것.

⑤ 객관적인 허용소음레벨을 설정하기 위해 각 지역마다(특히 도심지역) 소음이 미치는 여러 영향을 조사하고, 건물의 차음규제기준을 설정하기 위한 위치, 시간, 소음원의 형태별로 조사평가할 것.

특히 지역적 관점에서는 도시와 각 지역을 연결하는 도로, 항공로, 철로에서 야기되는 교통소음이 매우 중요하므로 도로의 경사, 횡단보도, 교통신호, 차선폭, 주차공간 등을

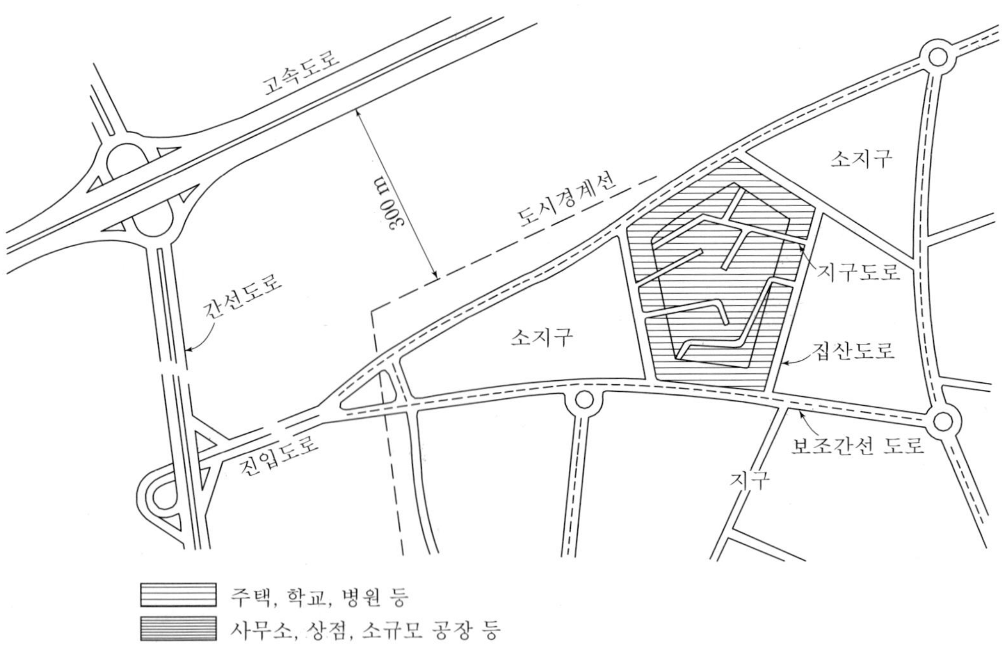

그림 9-21 신도시계획의 예

적절하게 계획하고, 간선도로와 건물과의 간격은 300 m 이상 두어서 소음발생원에 의한 요인을 가능한 제거하여야 한다. 그리고 도로망계획을 체계적으로 계획하여 주요 간선도로에서 지구 내로 진입시, 주요 간선도로에서 직접 진입하지 않고 낮은 위계의 도로로 진입하도록 하는 것도 소음조절을 위한 배치계획의 한 방법이 된다.

Colin Buchanan은 도시교통(Traffic in Town, 1963)에서 그림 9-21과 같이 교통밀도와 소음레벨간의 관계를 효율적으로 개발한 도로의 형태를 제시하였다. 도로를 성격에 따라 도시진입을 목적으로 하는 간선도로(trunk road), 어느 지역에서 다른 지역으로 이동하기 위한 보조간선도로(primary distributor), 그리고 목적한 지역에 도착해서 근린주구에 진입하기 위한 집산도로(연계도로 ; district distributor)의 3종류로 분리하였다. 이와 같은 교통망의 체계는 교통량의 변화에 따른 소음도의 감소를 가져오게 되므로 이를 이용한 건물배치계획을 가능하게 한다. 이때 음향적으로 가장 피해를 받기 쉬운 건물(주택, 학교, 병원, 도서관 등)은 교통소음의 영향이 가장 적은 소지구(local area)의 중심부에 위치하도록 한다. 그리고 소음의 영향을 덜 받는 건물들은 실내를 특수구조로 처리하여 집산도로 연변에 위치함으로써 소지구 중심부를 위한 장벽으로 사용될 수 있다. 그러나 장벽으로 이용되는 건물 자체가 소음원이 되어서는 안되고, 이러한 건물 외부의 경질표면은 반사판 역할을 할 수 있으므로 건물방위의 배치와 표면처리에 세심한 주의를 하여야 한다.

기존도시나 신도시의 소음문제는 가능한 적은 비용으로 보다 효율적이며 실질적인 방법으로 해결되어야 한다. 예를 들면, 도시외곽 주차장 설치 등으로 도심지로 진입하는

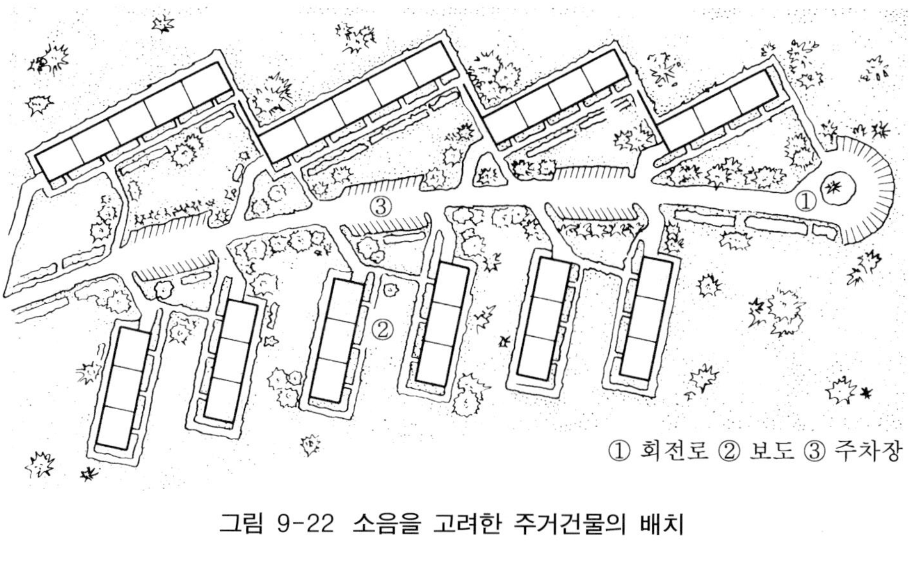

그림 9-22 소음을 고려한 주거건물의 배치

차량을 과감하게 줄이고, 도심지에서는 공공 교통수단을 이용하는 방법을 모색할 수 있다. 또한 차량에서 방출되는 소음 자체를 줄이는 방법도 있다.

그림 9-22는 보행자도로를 차량도로와 분리하고 외부에 주차장을 집중시킨 cul-de-sacs의 한 예로서, 후진 없이 도로 끝에서 순환할 수 있도록 회전로를 설치하여 소음을 감소시킨 배치방법이다.

대지 밖에 소음원이 있을 때 우선 취할 수 있는 방법은 소음원에서 되도록 멀리 건물을 배치하는 것이다. 이는 제한된 대지조건으로 인하여 불가능하거나 경제적이 못될 때가 많으므로 쉬운 일이 아니다. 그 다음 조치로서는 부지경계선에 장벽을 설치하는 일이며, 이것으로도 불충분하다면 주소음원측에 건물의 배면이 향하도록 배치하고, 특히 조용함을 요하는 실이나 창문은 가급적 소음원 반대편에 위치하도록 한다. 이와 같은 처리로서 얻게 되는 효과로 건물 양측면의 소음차는 약 30 dB에 이른다.

세부적인 건물 배치계획에서 건물의 방위(building orientation)를 결정하는 것은 매우 중요하다. 그림 9-23은 소음조절을 고려한 아파트의 배치 예이다. 그림 중에서 (a)는 일반적인 배치형태로서 평행된 건물 외벽에 둘러쌓여 있는 중정을 갖고 있다. 이러한 배치는 중정에서 발생되는 소음이 주위 벽체의 반사로 인해 플러터 에코(flutter echo)를 일으켜 소음을 증가시키는 원인이 되므로 좋은 배치가 아니다. 따라서 건물간에 각도를 주는 배치형태 (b), 또는 서로 건물을 엇갈리게 처리한 배치형태 (c)가 소음조절의 측면에서는 바람직하다.

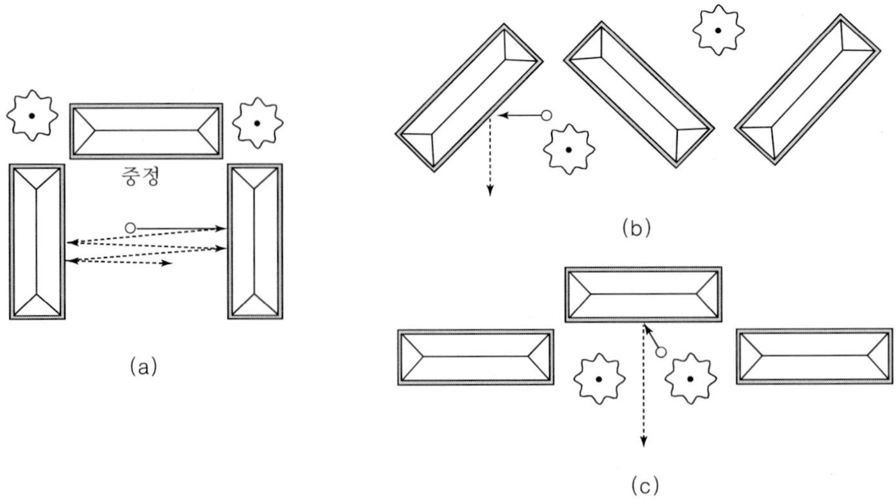

그림 9-23 건물 배치형태

【2】 건물계획

소음조절문제는 기능, 외관, 조망 및 다른 제반요인의 디자인 요소와 상충될 수도 있으므로 건물의 주용도에 따라 적절한 배치나 평면계획의 결정이 필요하다. 계획단계에서 소음을 조절할 수 있는 방법은 다음과 같다.

① 조용함을 요하는 실은 시끄러운 실이나 외부소음원에서 가능한 멀리 위치하도록 한다.

② 조용함을 요하는 실의 개구부 위치는 시끄러운 실에서 발생하는 소음과 외부소음원에 노출되지 않는 곳에 설치한다.

③ 조용함을 요하는 실은 소음을 거의 중요시하지 않는 실이나 공간을 두어 소음원으로부터 차단되도록 한다.

④ 시끄러운 실은 가능한 한 곳으로 밀집시켜 다른 실에 크게 확산되지 않도록 한다.

⑤ 구조체를 통한 소음의 고체음 전파는 조용함을 요하는 실과 시끄러운 실을 구조적으로 분리시켜 조절한다.

그림 9-24~9-27은 이와 같은 소음조절을 고려한 건물계획의 예를 제시한 것으로 내부소음과 외부소음을 함께 고려하여 계획한 것이다. 예를 들면, 그림 9-24는 공장건물의 소음조절방법을 나타낸 것으로서 소음발생 공장과 사무실을 완전분리된 구조로 하였다. 계단실 및 복도를 소음원측에 배치함으로써 공장소음, 도로교통 및 주차소음에 대한 완

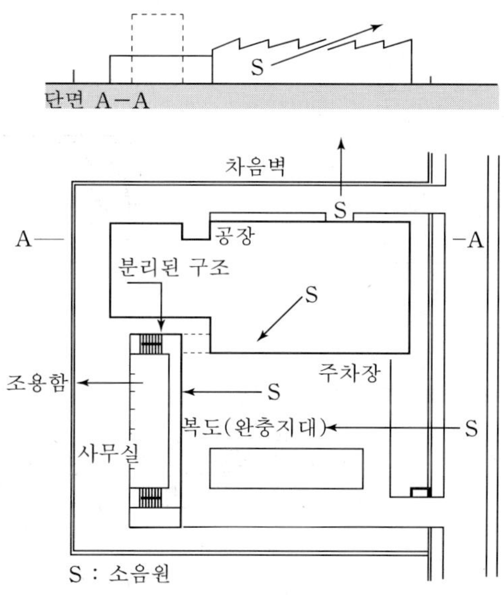

그림 9-24 공장 배치계획의 예

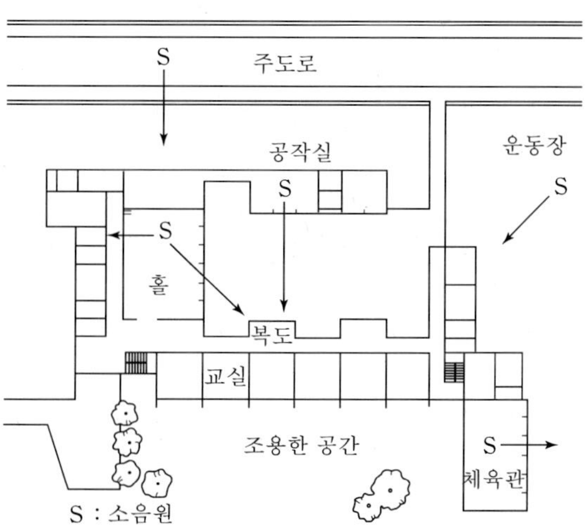

그림 9-25 학교 배치계획의 예

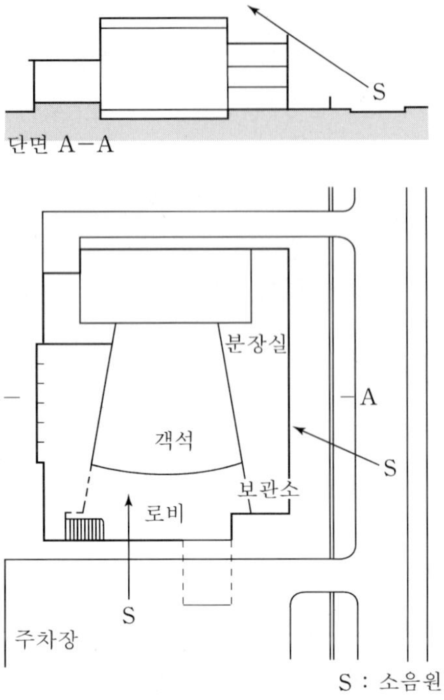

그림 9-26 극장 배치계획의 예

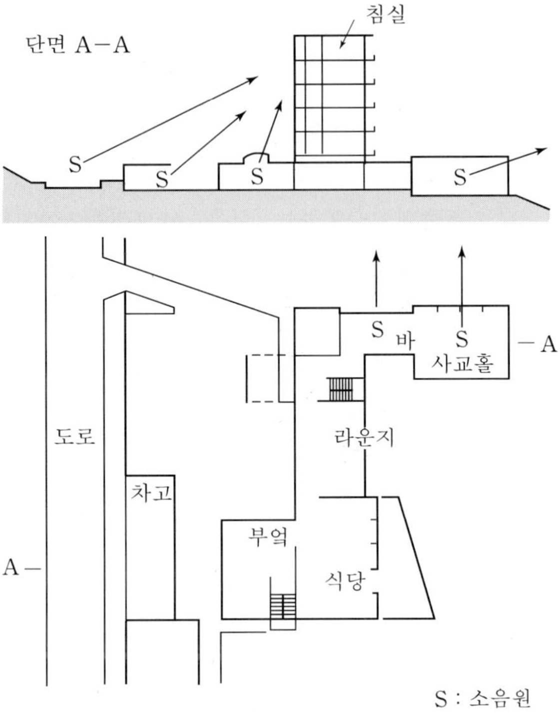

그림 9-27 호텔 배치계획의 예

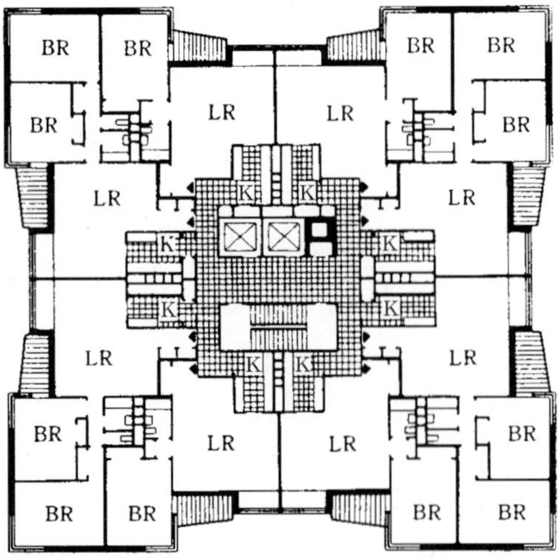

그림 9-28 음향을 고려한 아파트 평면의 예

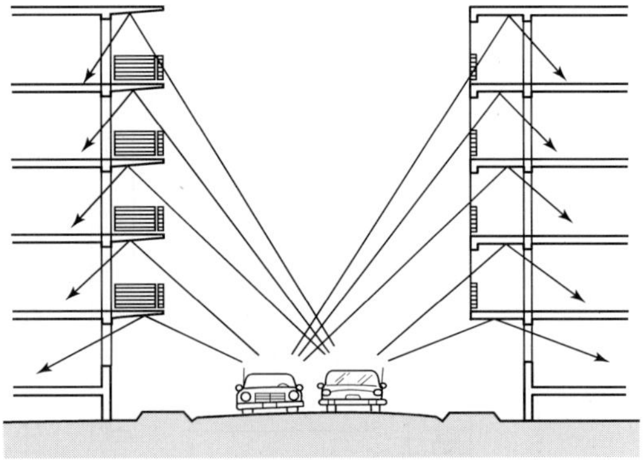

그림 9-29 발코니의 음반사에 의한 외부소음의 침입경로

충지대 역할로 외부소음을 제어하고 있다.

소음을 고려한 주거건물계획시 설치지침은 다음과 같다.

① 조용함을 요하는 실(침실, 서재, 거실)은 적절한 차음벽과 바닥구조를 사용하거나 입구, 복도, 계단실, 벽장 등의 소음에 덜 영향을 받는 실을 이용하여 수직·수평적으로 분리한다.

② 아파트에서 거실은 다른 세대의 침실과 인접해서는 안되며, 침실과 침실, 거실과 거실은 서로 수직·수평적으로 각각 인접하여야 한다.

③ 욕실은 침실 및 거실과 적절한 차음처리 등을 통하여 음향적으로 분리되어야 하고, 거실이나 침실 상부에 위치해서는 안된다.

④ 외벽을 따라 연속된 발코니를 계획하는 것은 피하여야 하며, 서로간에 적절한 간격을 두어야 한다.

⑤ 집합주택계획에서 창문은 한 아파트에서 다른 아파트로 전달되는 소리를 최소화하도록 배치하여야 한다.

③ 욕실은 침실 및 거실과 적절한 차음처리 등을 통하여 음향적으로 분리되어야 하고, 거실이나 침실 상부에 위치해서는 안된다.

④ 외벽을 따라 연속된 발코니를 계획하는 것은 피하여야 하며, 서로간에 적절한 간격을 두어야 한다.

⑤ 집합주택계획에서 창문은 한 아파트에서 다른 아파트로 전달되는 소리를 최소화하도록 배치하여야 한다.

9-2-5 흡음 및 차음에 의한 소음조절

건축음향재료는 흡음, 차음, 방진재료로 분류되며, 목적에 따라 각각의 기능에 적합한 재료의 선택이 요구된다. 건물 외부로부터의 소음이나 인접실로부터의 소음을 방지하기 위해서는 우선 차음재에 의한 기밀한 벽을 설치하여 소음을 차단하여야 한다. 또한 차음재 위에 흡음재를 사용함으로써 이미 침입된 소음을 흡음시켜 벽체의 투과손실에 대응할 만한 흡음력이 실내에 있도록 한다.

차음재료에서는 입사음의 대부분이 차음재의 배후로 나가지 못하기 때문에 차음판의 전면에서는 큰 반사파가 존재하지만, 흡음재료는 내부에서 열에너지로 전환되기 때문에 큰 반사파는 존재하지 않으며 큰 투과손실도 기대할 수 없다(그림 9-30).

이처럼 차음은 밀도가 큰 재료일수록 차음성이 좋으며, 흡음재료는 밀도가 매우 작으므로 차음성능이 극히 작다. 따라서 흡음재료와 차음재료를 그 목적에 따라 정확하게 사용하는 것이 무엇보다도 중요하다.

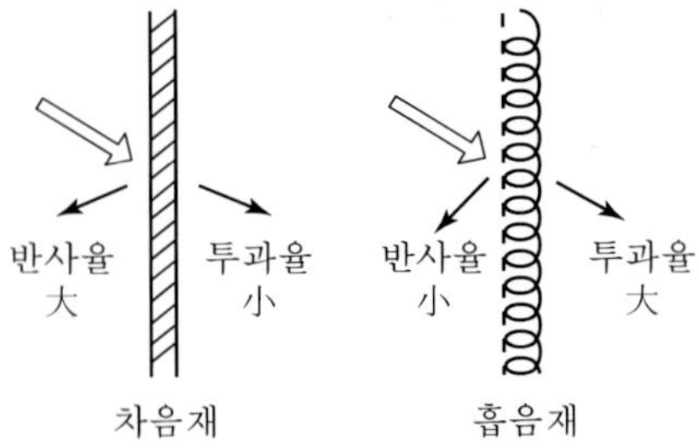

그림 9-30 차음재와 흡음재

【1】 흡음에 의한 소음조절

그림 9-31은 흡음처리에 따른 실내음장의 음 감쇠효과를 비교 설명한 예이다. 즉, 6×6×3 m인 실(천창 및 바닥 : 콘크리트 마감, 벽 : 플라스터 마감)에서 천장만 흡음처리 할 경우 10 dB의 소음레벨이 감쇠한다. 그러나 음원에 밀접한 거리에서는 3 dB이 감쇠하는 것으로 본다. 만약 천장과 벽체 모두에 흡음재를 부착하면 이보다 6 dB이 더 감쇠한다. 이는 실내음원 가까이에서는 흡음재에 의한 소음감쇠가 큰 영향을 받지 못하나, 실내에 흡음재가 더 많이 보강될수록 거리에 의한 음감쇠가 자유음장에서와 유사하게 증가함을 알 수 있다.

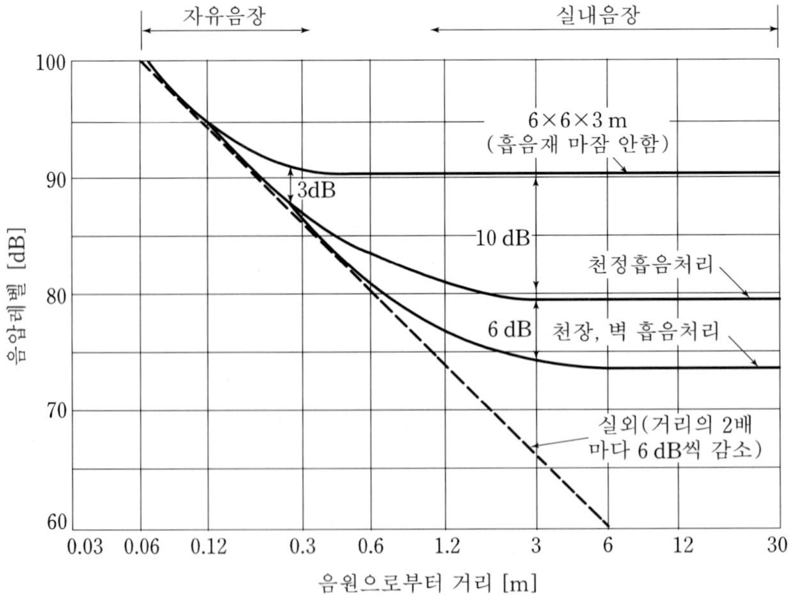

그림 9-31 실내 흡음재에 의한 음감쇠효과

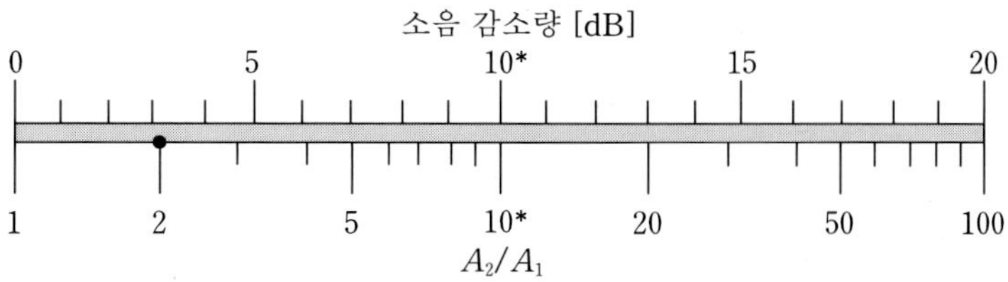

* 실질적으로 가능한 소음감소량 한계

그림 9-32 흡음률에 의한 소음감소량 계산도표

실내에서 소음레벨의 증가는 실표면으로부터의 반복적인 음반사에 기인한다. 이 경우 적절하게 흡음재를 사용하면 효율적으로 조절할 수 있다. 그러나 흡음재에 의한 소음조절은 적용에 한계가 있으며 모든 소음문제를 해결할 수 있는 것은 아니다. 흡음처리에 의한 소음레벨 감소는 다음 식에 의해 구한다.

$$\text{소음감소량 NR} = 10\log\frac{A_2}{A_1} \tag{9.13}$$

여기서, A_1 : 흡음처리 전 실내 총 흡음력(미터 세이빈)

A_2 : 흡음처리 후 실내 총 흡음력(미터 세이빈)

그림 9-32는 흡음에 의한 소음감소량을 계산할 수 있는 도표로 3 dB의 소음을 감소시키려면 현재 흡음력을 2배로 해야 하고, 10 dB을 감소시키려면 10배로 높여야 한다.

흡음률을 단일평가지표로 나타내기 위하여 소음감쇠계수(noise reduction coefficient)가 사용되기도 한다. 이는 250, 500, 1000, 2000 Hz에서 재료의 흡음률을 산술평균한 값

표 9-13 각 실의 천장흡음 감쇠계수와 흡음처리 범위

<table>
<tr><th rowspan="2">실 용 도</th><th rowspan="2">권장 NRC 범위</th><th colspan="2">흡음처리 범위</th></tr>
<tr><th>천 장</th><th>벽</th></tr>
<tr><td>침실</td><td>0.45~0.65</td><td>전면처리</td><td>불필요</td></tr>
<tr><td>사무실, 회의실(소), 병원,
실험실, 도서실, 상점</td><td>0.65~0.75</td><td>전면처리</td><td>불필요</td></tr>
<tr><td>로비, 복도, 체육관</td><td>0.65~0.75</td><td>전면처리</td><td>흡음처리 가능</td></tr>
<tr><td>교실, 연회장(대)</td><td>0.65~0.75</td><td>부분처리</td><td>흡음처리 가능</td></tr>
<tr><td>부엌, 카페테리아, 세탁실, 음식점</td><td>0.75 이상</td><td>전면처리</td><td>거의 불필요</td></tr>
<tr><td>오디토리엄, 극장, 스튜디오, 음악 연습실, 시청각실, 교회, 법원, 기계 준비실, 사무실(대), 언어실험실, 공장</td><td colspan="3">이들 각 실은 흡음재 종류와 양, 위치 등을 결정하는데 특별한 연구가 요구된다.</td></tr>
</table>

으로, 표 9-13은 실용도에 따른 NRC의 표준치를 제시한다. 이 NRC를 채택할 경우 어느 특정 주파수의 특성을 잘 나타나지 않을 수 있으므로 주의해야 한다. 예를 들어, 소규모의 음악실과 같은 저주파수의 흡음재가 필요한 곳에서는 125 Hz의 주파수가 중요한 요소가 된다. 그러나 NRC는 125 Hz에서의 흡음률을 특별히 고려한 것이 아닌 평균값이므로 동일한 NRC를 갖더라도 아주 다른 흡음특성을 가질 수 있다.

【예제 9-4】 콘크리트로 마감한 3×3×3 m인 실에서(중간 주파수 $\alpha = 0.025$) 500 Hz 주파수에서의 다음 사항을 구하라. 흡음재는 음향 타일로 흡음률 $\alpha = 0.7$(500 Hz)이다.

(a) 흡음처리를 전혀 하지 않을 때의 총 흡음력

(b) 천장만 흡음처리할 때의 소음감소치

(c) 천장과 벽체를 모두 흡음처리할 때 소음감소치

풀이 (a) 실의 전체 표면적 $S_1 = 54\ \text{m}^2$, $\alpha_1 = 0.02$

$$A_1 = \Sigma S_1 \alpha_1 = 54 \times 0.02 = 1.08\ \text{m}^2$$

(b) $S_1 = 45\ \text{m}^2$, $\alpha_1 = 0.02$, $S_2 = 9\ \text{m}^2$, $\alpha_2 = 0.7$

$$A_2 = 45 \times 0.02 + 9 \times 0.7 = 7.2\ \text{m}^2$$

$$\text{NR} = 10 \log A_2/A_1 = 10 \log 7.2/1.08 = 10 \times 0.82 = 8.2\ \text{dB}$$

(c) $A_3 = 9 \times 0.02 + 45 \times 0.7 = 31.68\ \text{m}^2$

$$\text{NR} = 10 \log A_3/A_1 = 10 \log 31.68/1.08 = 10 \times 1.47 = 14.7\ \text{dB}$$

흡음처리를 전혀하지 않은 실에서 TV를 켜놓고 독서를 할 경우 독서하는 사람은 직접음 외에 천장, 벽, 바닥에서 반사되는 음을 더 듣게 된다. 이 경우 실내에 흡음재를 벽, 천장, 바닥에 처리하면 반사음에 의한 영향이 상당히 감소되어 독서하는 사람은 방해를 덜 받게 된다.

이와 같이 흡음재를 선택하고 실내에 적용하는 방법은 실의 사용목적과 실내표면의 재질에 의해 결정되어야 한다. 예를 들면, 흡음성 가구가 많고 사람이 많이 거주하는 실은 수평면상에서 소음이 어느 정도 흡음되므로 상부로 향하는 소음이 보다 중요하다. 따라서 벽의 윗부분과 천장에 흡음재를 사용하는 것이 효과적이다. 또 실의 주된 소음원의 주파수 특성에 따라 적당한 흡음재를 사용해야 한다. 건축재료 및 일반흡음재의 주파수별 흡음률은 표 8-2와 같다.

실의 규모에 따른 흡음재의 적용부위는 그림 9-33에서와 같이 소규모 실에서는 벽체에 사용하고, 대규모 실에서는 천장에 사용하는 것이 효과적이다. 평면이 길고 좁거나

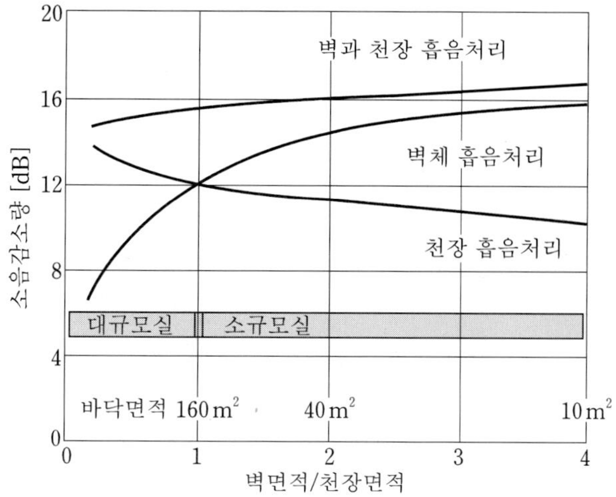

[주] 흡음처리를 하지 않은 실표면 흡음률 0.02, 천장높이 3 m

그림 9-33 실의 크기에 따른 흡음재 사용효과

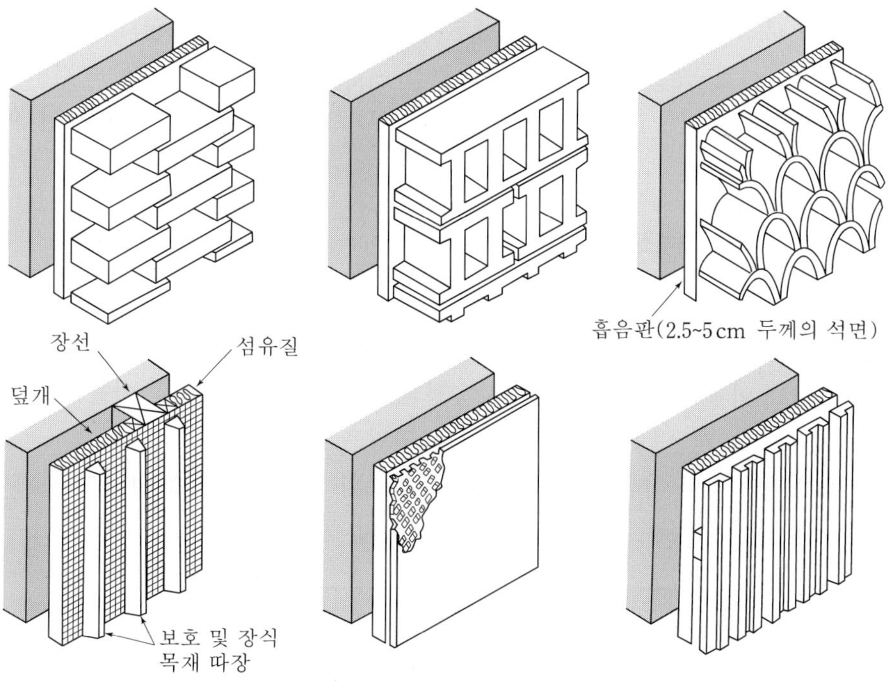

그림 9-34 벽체의 흡음처리설계 예

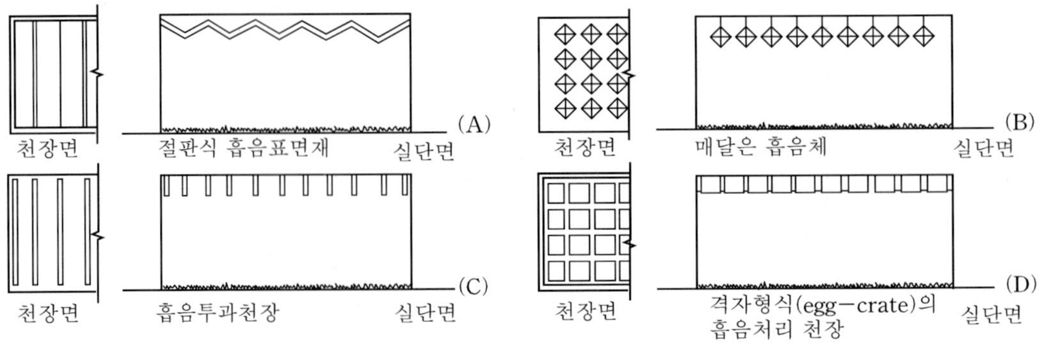

그림 9-35 특수흡음구조의 예

천장고가 높은 실에서는 흡음재를 벽체에 사용하는 것이 바람직하지만, 천장이 낮고 큰 평면을 가진 실에서는 비효율적이다. 특히 유효한 반사음이 필요한 표면에서는 흡음재가 사용되어서는 안되나 반향, 음의 집중현상 등이 예견되는 표면에는 흡음재의 적절한 사용이 바람직하다. 적합한 벽체의 흡음설계 예는 그림 9-34와 같은 종류가 있다.

흡음재를 부착할 실내표면적이 부족할 경우에는 흡음의 증가를 가져올 수 있도록 흡음재의 특수한 방법을 적용하여 실의 총 흡음량을 증가시켜야 한다. 이러한 방법은 그림 9-35의 A, B, C, D와 같은 형태로서 표면에 루버를 부착하거나 굴곡을 주어 흡음재의 사용면적을 증가시킨 형태이다. 특히 조명이 천장 전체에 걸쳐 있는 경우에는 격자(egg-crate)형태의 루버를 이용한 흡음처리방식(D)을 이용하며 천장에 걸어 매다는 방법(B)도 있다.

【2】 차음에 의한 소음조절

투과손실에 의한 차음원리는 앞장에서 기술하였으므로, 여기서는 건축구조체에 의한 실제적인 소음조절문제만을 다루기도 한다. 건물구조체에서 벽은 창이나 문 등의 개구부를 갖게 되므로, 이들의 조합에 의해 차음성능이 결정된다. 그러나 이들 벽체의 차음성능은 벽 자체보다는 개구부의 차음성에 크게 영향을 받게 된다.

그림 9-36은 벽돌벽의 차음성능이 50 dB, 유리창의 차음성능이 20 dB일 때, 개구부인 유리창문에 의한 영향을 보여주는 예로서 그림 (b)의 종합투과손실을 구하면 다음과 같다.

	TL	τ
21 cm 벽돌벽	50 dB	10^{-5}
유리창	20 dB	10^{-2}

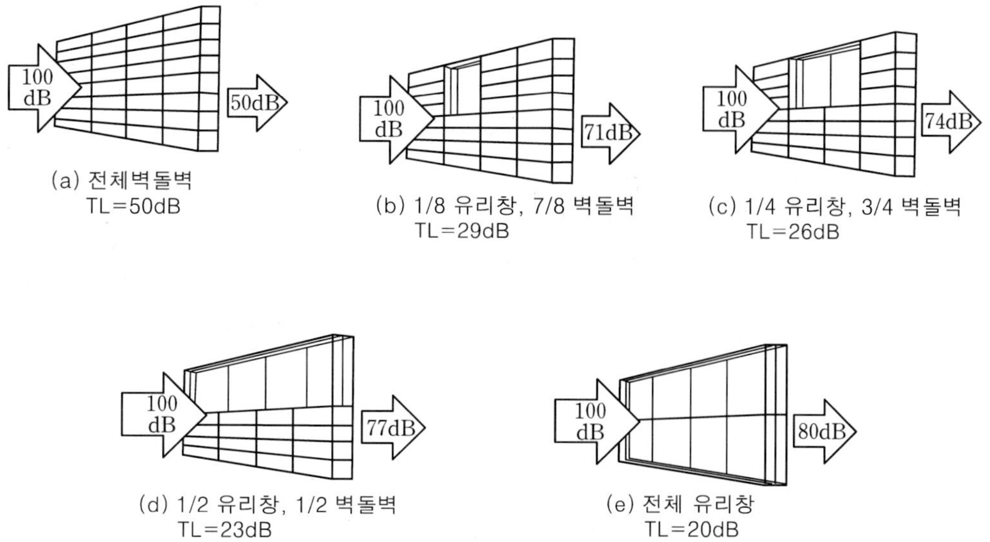

그림 9-36 개구부 변화에 따른 종합투과손실 비교

$$\text{종합투과손실} \quad \mathrm{TL} = 10\log\frac{\Sigma S_i}{\Sigma S_i\tau_i} = 10\log\frac{32}{(10^{-5}\times 28)+(10^{-2}\times 4)} = 29\ \mathrm{dB}$$

이중벽에서 중공층의 두께는 최소한 100 mm 이상이 되어야만 공기층에 의한 결합을 차단하고 공명주파수가 가청주파수 이하로 될 수 있다. 특히 경량벽에서는 공명주파수가 가청범위 이내에 들어가기 쉬우므로 중공층을 더욱 넓게 할 필요가 있다. 중공부분에 공명음장이 형성되는 것을 방지하기 위해서는 이 부분을 다공성 흡음재 등으로 흡음처리하는 것이 좋다. 경량 이중판벽에서 전 중공층을 다공성 흡음재로 채우면 5~8 dB 정도의 차음성능을 증가시킬 수 있다.

대부분의 건물에서 창호는 소음이 전달되기 쉬운 가장 취약한 경로가 되기 때문에 효율적인 설계가 필요하다. 이중창은 이중벽의 특수 예로 볼 수 있으며, 유리 사이의 공간이 최소 200 mm가 되어야만 공명주파수가 가청범위 이내에 들어오는 것을 방지할 수 있다.

예를 들어, 6 mm두께 유리(면밀도 18 kg/m^2) 2배의 간격이 100 mm일 때 공명주파수를 구하면 다음과 같다.

$$f_r = \frac{120}{\sqrt{mL}} = \frac{120}{\sqrt{18\times 2\times 0.1}} = 63\ \mathrm{Hz}$$

이때 간격을 200 mm로 하면 공명주파수가 63 Hz에서 44.7 Hz로 줄어들어 최소가청주파수로 접근된다.

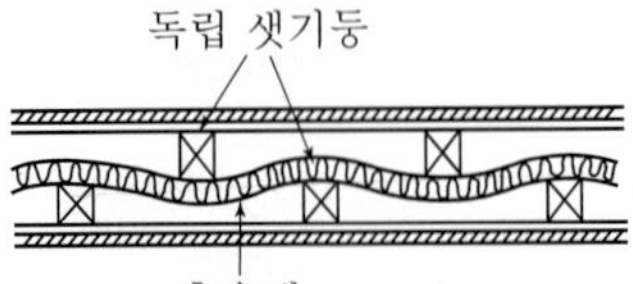

그림 9-37 이중벽 구조의 예

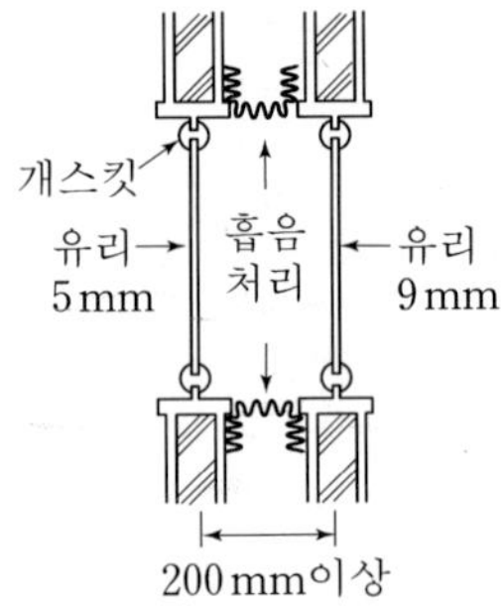

그림 9-38 이중 차음창 구조의 예

창호에 의한 음의 차단에서는 유리면의 기밀화도 중요하지만 특히 창틀재 주변부를 흡음재로 보강하고 가능한 공기층을 크게 유지하도록 해야 한다. 또 이중창에서는 유리의 두께를 서로 다르게 하여 일치효과의 주파수를 변화시키는 방법과 한쪽 유리를 경사지게 하여 공명이 생기지 않도록 하는 방법도 있다. 알루미늄 새시 유리창의 바람직한 차음방법으로는 펠트로 고정시키거나 고무제품의 개스킷을 끼우거나, 각각의 새시를 구조적으로 절연하여 독립된 이중벽으로 하는 것이 좋다.

문의 차음성을 증가시키기 위한 방법은 가능한 무거운 재료(solid-core pannel)를 사용하고 개스킷(gasket) 처리 등으로 기밀화하는 것이다. 잦은 문의 개폐로 인한 소음전달을 작게 하기 위해서는 사운드 로비(sound lobby)를 이용한다(그림 9-39). 이러한 예는 강당과 휴게실 사이의 공간에 적용될 수 있으며, 로비의 표면에는 충분한 흡음재를 사용하고 문을 엇갈리게 배치한다. 차음을 위해 창을 기밀하게 처리할 경우 환기가 문제시된다. 직접음이 전파되지 않고 충분한 소음감쇠효과를 위하여 그림 9-40 (a)와 같이 굴곡된 덕트를 배치한다. 또 중앙환기 시스템은 그림 9-40 (b)와 같이 공기흐름과는 무관하게 실내 어느 실의 소음이 다른 실로 전파되는 경로가 될 수 있을 때는 덕트 내에

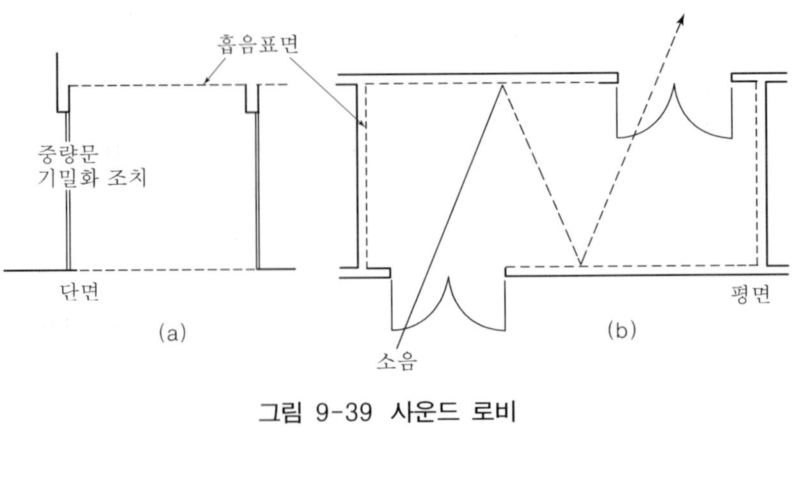

그림 9-39 사운드 로비

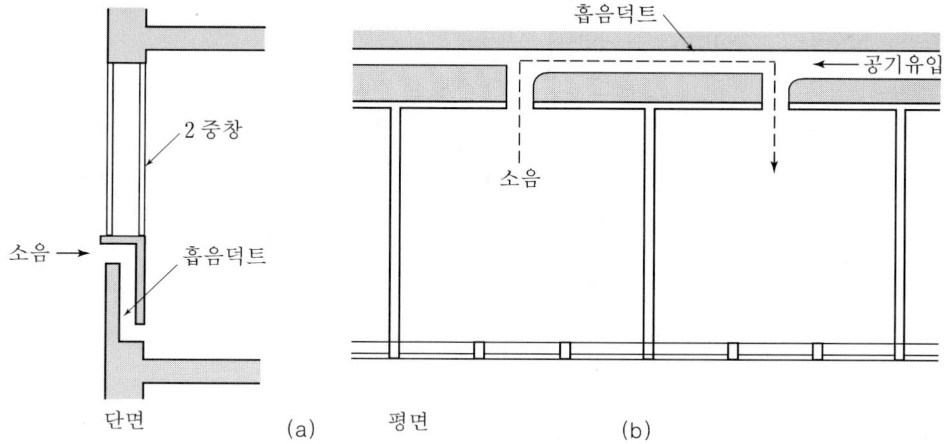

그림 9-40 흡음 덕트 구조

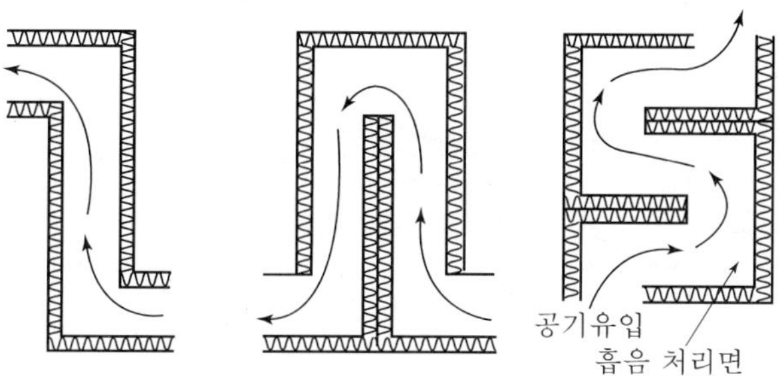

그림 9-41 흡음용 환기구

충분한 흡음처리를 하고, 소음이 발생되는 실과 덕트 시스템 사이에 소음감쇠장치(attenuator)를 설치한다.

바닥, 벽체의 평균투과손실 및 차음등급과 개구부의 주파수별 투과손실은 부록 II-4에 수록하였다.

【3】 차음성능과 응용

음원측 음압레벨을 L_i라고 하면 간벽에 의한 수음측 음압레벨 (L_t)과 투과손실(TL)은 다음과 같이 구한다.

$$\mathrm{TL} = L_i - L_t \tag{9.14}$$

이 TL은 간벽 자체의 성질을 표시하는 데 사용되므로 실제 두 실간의 소음감소량(NR ; noise reduction)은 두 실간의 벽체투과손실(TL) 외에 투과음 벽면적 (S), 수음실의 흡음력 (A)에 의해 결정된다.

$$NR = TL + 10\log\frac{A}{S}\ [\text{dB}] \tag{9.15}$$

이처럼 두 실의 음압레벨차를 크게 하기 위해서는 벽의 투과손실과 수음실의 흡음력을 크게 해야 됨을 알 수 있다.

[예제 9-5] 2개의 인접된 거실 사이에 10 cm 벽돌벽의 간벽이 있다. 벽면적 $S = 20\ m^2$, 500 Hz에서 벽체의 투과손실 TL = 40 dB, 거실의 흡음력은 500 Hz에서 $30\ m^2$이다. 거실(①)에서 스테레오의 음세기레벨이 82 dB이면 인접거실(②)에서의 음세기레벨은 몇 dB로 돌리는가?

풀이 $NR = TL + 10\log_{10}\frac{A}{S} = 40 + 10\log\frac{30}{20} = 40 + 1.8 = 41.8$ dB(500 Hz)

수음측 음세기레벨 $L_t = L_i - NR = 82 - 41.8 = 40.2$ dB(500 Hz)

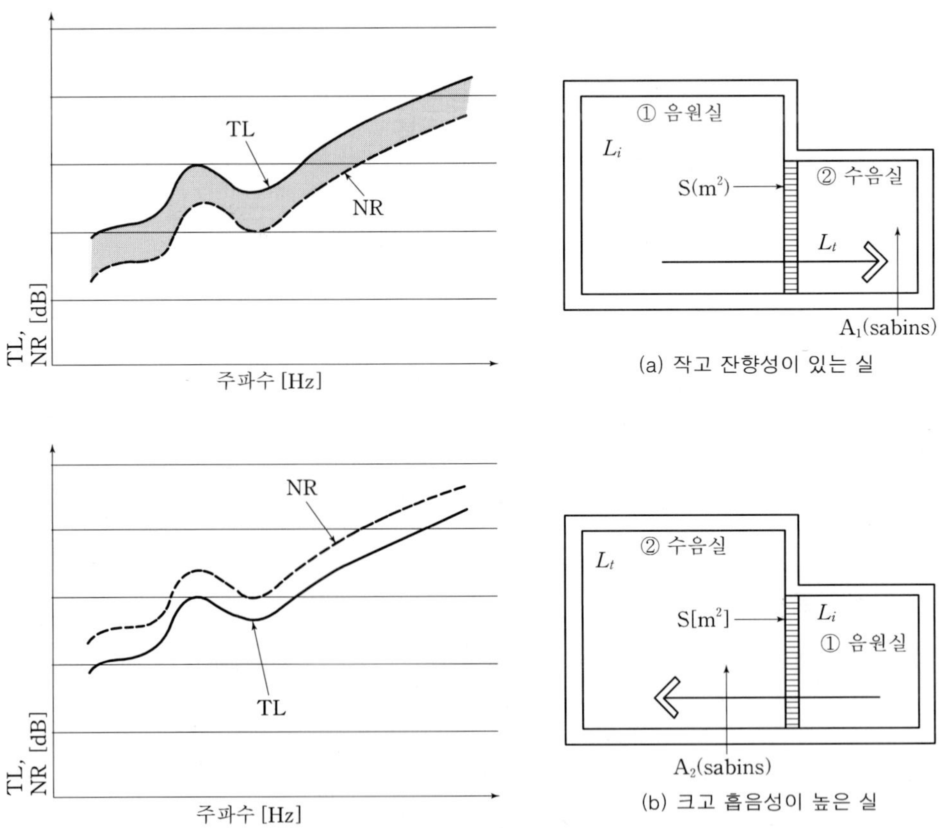

[주] 동일 간막이로써 TL은 서로 같다.

그림 9-42 투과손실과 소음감소량과의 관계

투과손실은 주어진 동일 벽체에 대하여 인접실간에 서로 일정한 값을 나타내지 않을 수 있다. 예를 들어, 그림 9-42는 동일 칸막이 벽체이지만 잔향성이 있는 작은 규모의 수음실(a)보다는 크고 흡음률이 높은 수음실(b)에서 차음이 효과적임을 보여주고 있다.

또한 벽체의 공기전파음에 대한 차음성능을 표시하기 위해서 표준화된 단일평가량으로 STC(차음등급 ; sound transmission class)를 국제적으로 사용한다. 각국에서는 실의 용도별로 STC 허용치를 설정하고 있으며, 바닥 충격음에 대해서는 IIC(impact insulation class)가 쓰인다. 그림 9-43은 조적조에서 단일벽, 표면에 흡음처리한 벽, 이중

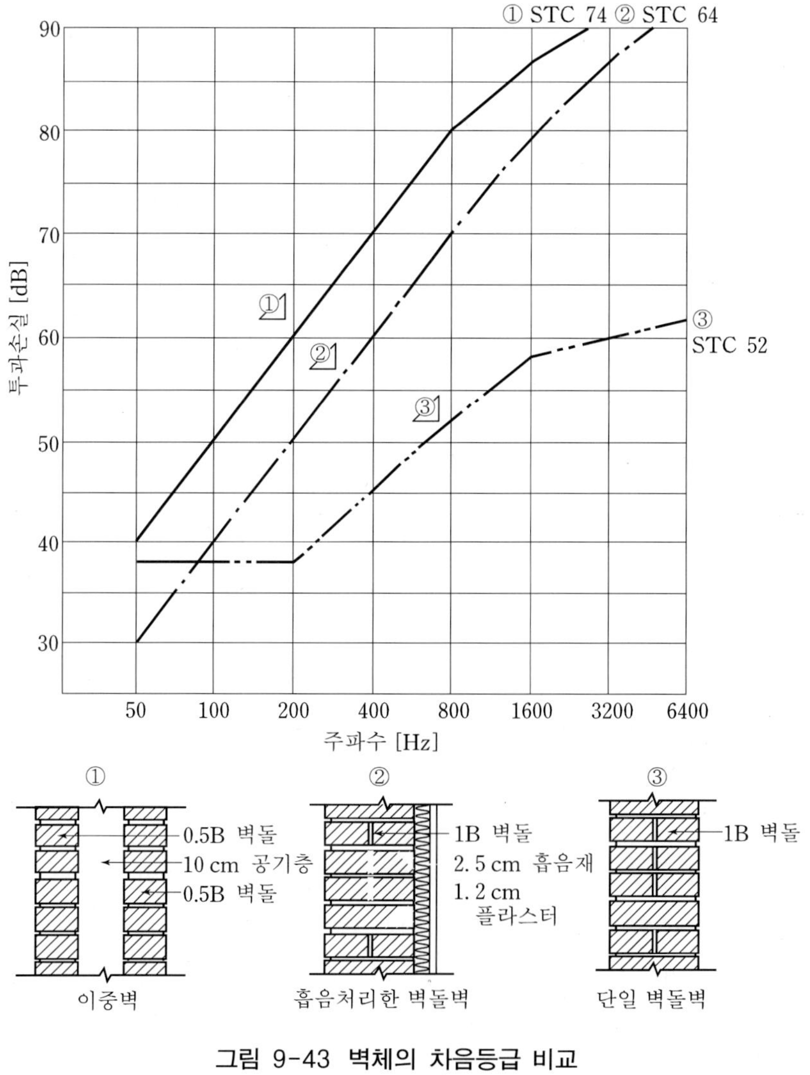

그림 9-43 벽체의 차음등급 비교

표 9-14 공기층 두께에 따른 TL의 증가치

공기층 두께	125 Hz	250 Hz	500 Hz	1,000 Hz	2,000 Hz	4,000 Hz	STC 증가치
3.8 cm	0	1	2	5	9	12	3
7.5 cm	1	2	7	10	14	15	6
15 cm	5	7	11	15	19	20	8

벽인 경우에 따라 STC를 비교한 예이며, 표 9-14는 이중벽체의 공기층 두께에 따른 TL 및 STC의 증가량을 계산하는 데 이용된다.

【예제 9-6】 부지경계선까지 최단거리(30 m)에 면한 공장의 벽체가 3×15 m이고, 공장 벽체 안쪽에서의 소음레벨은 105 dB(A)이다. 현재 우리나라 소음에 관한 배출 허용기준[평가소음도 50 dB(A) 이하]을 만족하려면 이 벽체의 $\overline{TL}$은 최소 얼마로 설계하여야 하는가? 단, 이 공장은 준주거지역 내에 위치하고 주야로 가동된다.

풀이 3×15m의 면음원으로서 거리에 의한 감쇠량을 산출하면 $a=3$ m, $b=15$ m, $r=30$ m이므로 $r>\dfrac{b}{\pi}$, 따라서 거리에 의한 음감쇠량은 다음과 같다.

$$NR = -20\log\frac{\pi r}{b} - 10\log\frac{b}{a} = -20\log\frac{3.14\times 30}{15} - 10\log\frac{15}{3} = 23\,\text{dB(A)}$$

부지경계선의 허용소음도는 50 dB(A)에 시간대 −10 dB(A), 지역별 +15 dB(A)를 보정하면 55 dB(A)가 된다.

$\therefore\ 55 \geq 105 - \overline{TL} - 23$에서 $\overline{TL} \geq 27$ dB(A)가 되도록 설계한다.

9-3 진동방지계획

9-3-1 건축물의 방진이론

【1】 방진원리

건물 내에 설치된 기계진동은 구조체에 전달되어 고체전달음이 된다. 그림 9-44와 같이 질량 m의 기계가 마찰저항계수 c, 스프링 상수 k인 탄성체로 받쳐져 있을 때 단일공진계에 대한 방진원리를 고찰한다. 상하방향의 가진력 $F(t)$가 가해질 때 속도 v의 운동을 하게 되며 이때 용수철 변위를 x라 하면 이 진동계의 운동방정식은 다음과 같다.

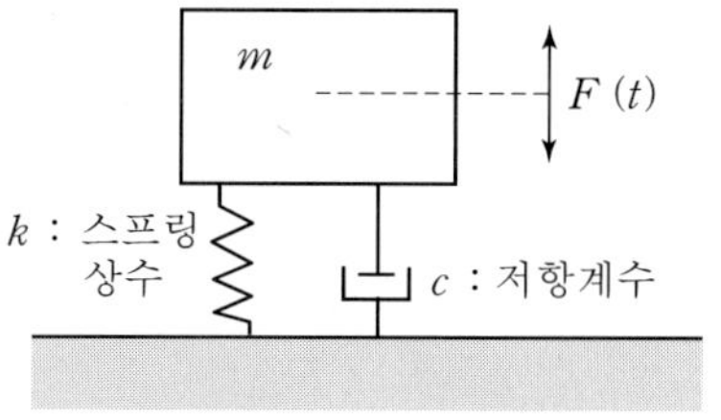

그림 9-44 방 진 대

$$m\frac{dv}{dt} + cv + kx = m\frac{dv}{dt} + cv + k\int vdt = F(t) \tag{9.16}$$

가진력이 사인 진동을 하면 다음과 같은 관계가 성립하므로 윗 식은 식 (9.18)과 같이 된다.

$$F(t) = Fe^{j\omega t},\ \ d/dt = j\omega \tag{9.17}$$

$$v\left(j\omega m + c + \frac{k}{j\omega}\right) = F_0 e^{j\omega t} \tag{9.18}$$

$$\therefore\ v = \frac{F_0 e^{j\omega t}}{c + j\left(\omega m - \frac{k}{\omega}\right)} \tag{9.19}$$

이 진동계의 기계 임피던스는 다음과 같다.

$$Z_m = c + j\left(\omega m - \frac{k}{\omega}\right) \tag{9.20}$$

이때 공진이 발생하는 주파수는 식 (9.22)의 허수부분이 0이 될 때이므로 고유진동수는 다음과 같이 구할 수 있다.

$$\omega m = \frac{k}{\omega} \tag{9.21}$$

$$f_n = \frac{1}{2\pi}\sqrt{\frac{k}{m}}\ [\text{Hz}] \tag{9.22}$$

가진력 $F(t)$에 대해 바닥에 전달되는 힘[$F'(t)$]과 진동전달률(T)은 다음과 같다.

$$F'(t) = kx + c\frac{dx}{dt} \tag{9.23}$$

$$T = \frac{|F'(t)|}{|F(t)|}$$

$$= \frac{\sqrt{1+\left(2\frac{c}{c_c}\right)^2 \cdot \left(\frac{F}{f_n}\right)^2}}{\sqrt{\left\{1-\left(\frac{F}{f_n}\right)^2\right\}^2 + \left(2\frac{c}{c_c}\right)^2 \cdot \left(\frac{F}{f_n}\right)^2}} \tag{9.24}$$

여기서, F : 강제진동수, c : 저항계수

c_c : 임계저항계수 $=2\sqrt{km}$, c/c_c : 감쇠계수비

방진효과를 얻기 위해서는 F/f_n이 $\sqrt{2}$ 보다 크게 하는 것이 요구되며, 가능한 $F/f_3>3$ 이 되도록 방진설계를 하여야 한다. 그러나 c/c_c가 너무 크면 공진점의 전달률은 작아지지만 높은 주파수 영역에서 T가 별로 작아지지 않게 되어 소리의 방진효과가 없게 됨을 주의하여야 한다. 이때 방진효과는 20log(1/T)[dB]로 나타낸다.

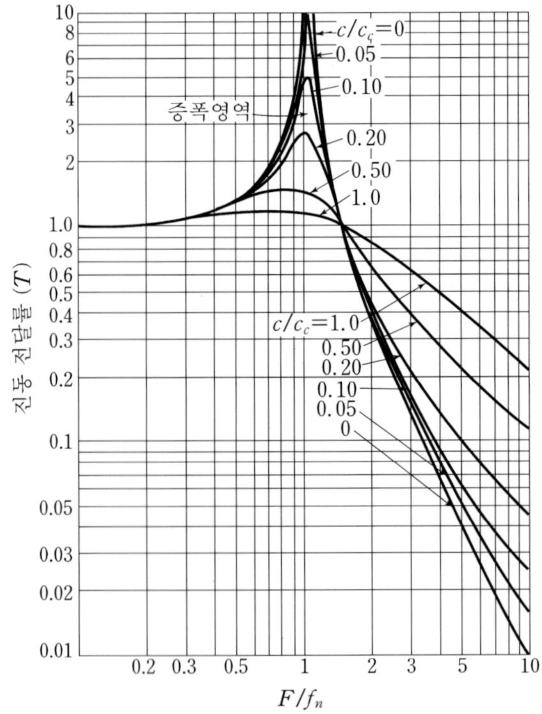

그림 9-45 F/f_n와 진동전달률의 관계

【2】 진동과 감각

진동(振動)도 음과 같이 동일가속도라도 진동수에 따라 감각(感覺)이 달라진다. 이러한 인체의 감각에 대하여 ISO에서는 그림 9-46과 같은 등감도곡선을 근거로 작업에 대

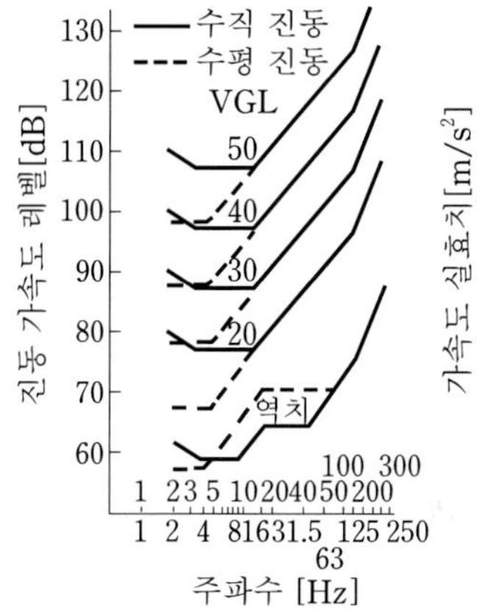

그림 9-46 사인 진동의 전신등감도곡선

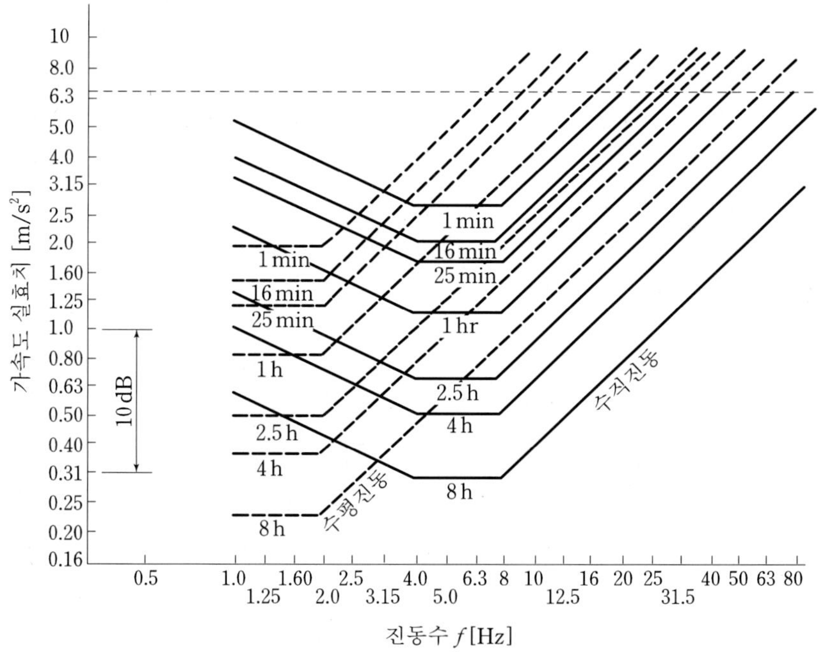

* 1. 실선은 산업직장에 있어서의 연직진동에 대한 진동폭로기준(피로능률 감퇴경계)을 표시한 것이고, 파선은 수평진동
  2. 내구한계는 이 기준보다 6 dB이 높고, 쾌감감퇴경계는 10 dB 낮은 값이다.
  3. 수직진동의 8시간의 폭로기준을 보정가속도 레벨로 환산하면 90 dB에 상당한다.

그림 9-47 진동의 허용노출기준(ISO 2631)

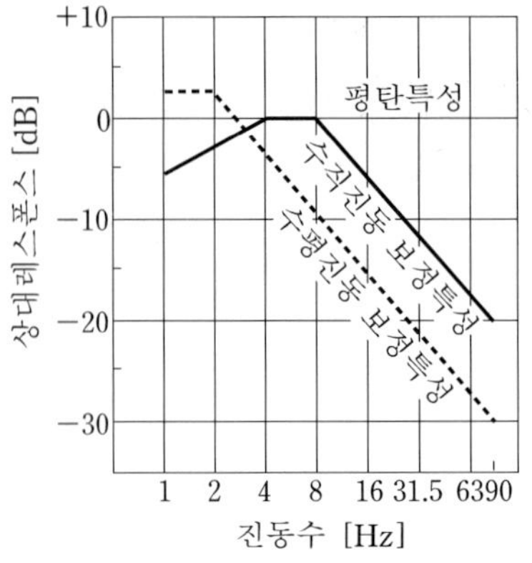

그림 9-48 진동레벨계의 상대 레스폰스

한 전신진동노출의 허용기준을 정하고 있다(그림 9-47).

인간의 감각은 그림 9-46과 같이 동일 선상의 값을 같은 크기로 느끼고, 수직진동과 수평진동에서는 그 감각에 약간의 차이를 보이고 있음을 알 수 있다. 지표진동에서의 감각은 수직진동이 수평진동보다 큰 경우가 많으며 보다 강하게 느낀다.

소음계의 경우 등감음도곡선(contours of equal loudness)에 의거하여 소음계의 레스폰스를 정해서 그 지시값을 소음레벨로 규정한 것과 같이 진동계도 등감도곡선에 의거하여 진동계의 레스폰스가 결정된다. 이 레스폰스를 갖는 진동계의 지시값을 보정가속도 레벨이라고 하며 보통 이것을 진동레벨(vibration level)로 사용한다(그림 9-48).

진동레벨 VL [dB]의 정의를 식으로 나타내면 다음과 같다.

$$\mathrm{VL} = \frac{20\log\left[\sum a_n^2 10^{\frac{c_n}{10}}\right]^{\frac{1}{2}}}{a_0} = 20\log\frac{a}{a_0}\ [\mathrm{dB}] \tag{9.25}$$

여기서, a_0 : 기준 진동가속도 실효치 $=10^{-5}\,\mathrm{m/s^2}$, $a=(\sum a_n^2 10^{c_n/10})^{1/2}$

a_n: n[Hz]의 주파수성분의 진동 가속도 실효치

c_n: n[Hz]에 있어서의 상대 레스폰스

특히 $c_n=0$일 때, 즉 평탄특성일 때의 $20\log(a/a_0)$를 진동가속도 레벨이라고 하고 VAL [dB]로 나타낸다.

【3】 방진재료

보통 건축물이나 설비에서 사용되는 방진재료(防振材料)는 금속 코일 스프링, 고무,

표 9-15 각종 방진재료의 비교

방진재료의 종류	코일 스프링	방진고무	코 르 크	펠 트
정적처짐의 제한	설계 자유	최대두께의 10 %까지	두께(최대 10 cm)의 6 %까지	–
정적처짐의 할증률	1	1.1~1.6	1.8~5	9~17
유효범위 F[Hz]	5 Hz 이하	5 Hz 이하	40 Hz 이상	100 Hz 이상
허용하중[kg/cm^2]	설계 자유	2~6	2.5~4	0.2~1.5

펠트, 코르크 등으로, 그 특성을 비교하면 표 9-15와 같다.

① 금속 코일 스프링 : 탄성에 관한 자료가 명확하고 온도변화에 대하여 강할 뿐 아니라, 내유성이 있으며 설계가 비교적 용이하다. 결점은 저항성분이 적어서 음향차단력이 작다. 또한 공진배율현상으로 가청주파수 범위 내에 진동전단률이 커지는 곳이 발생하여 고주파음을 차단 못하는 경우가 많다.

② 방진고무 : 각종 형태의 부착철물과 고무를 견고하게 접착성형한 것으로 탄성이 우수한 천연고무 외에 내후성이 강한 합성고무가 사용된다. 이것은 적당한 점성마찰에 의해 진동을 감쇠하는 데 효과적이며 공진배율현상이 없다. 고무의 탄성과 금속의 접착강도를 이용함으로써 설치가 용이하고 압축 및 전단력에 유효하다. 결점으로는 장시간 사용시 노화현상이 있고 금속스프링에 비해 내후성·내유성·내약품성이 작으며, 사용온도는 0℃에서 70℃ 이내로 제한된다.

③ 코르크, 펠트 : 코르크는 재질이 균일하지 않아 정확한 설계가 곤란하며 처짐을 크게 할 수 없다. 고유진동수는 15 Hz 이상이 되어 강제진동수가 40 Hz일 때 유효하고 진동방지라기보다는 고체음의 전파방지에 효과적이다.

펠트는 재질이 여러 가지이며 탄성적 성질이 불안정하므로 경미한 방진처리와 지지용으로 강체간의 고체음전파를 절연시키는 데 이용되기도 한다. 고유진동수는 25 Hz 정도

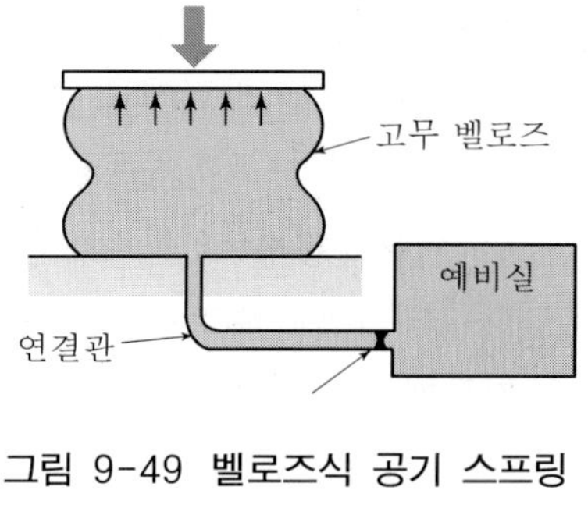

그림 9-49 벨로즈식 공기 스프링

로 생코르크 보다 높은 주파수 차단에 사용한다.

그 외 방진재료로는 각종 차량이나 기계류 및 실험실 등의 방진지지로 흔히 쓰이는 공기 스프링(그림 9-49)과 스폰지 고무, 우레탄 폼 등이 있다.

9-3-2 방진계획

건물 내의 진동은 설비기계류의 진동이 구조체를 통해 전달되는 것이 대부분이며, 도로교통이나 철도 등 교통수단에 의한 외부진동도 원인이 된다. 이러한 진동은 건물구조체내에서 먼 거리까지 전파될 뿐 아니라 실내장식벽이나 유리창, 장식물 등을 진동시켜 2차소음을 발생하게도 한다. 진동방지계획을 세우는 방법을 열거하면 다음과 같다.

① 진동이 문제되는 지점(수진지점)의 위치 확인

② 수진지점 부근의 진동 실태조사(지면진동과 초저주파음의 레벨과 주파수 분석)

③ 지면진동파에 의한 진동인가, 초저주파음에 의한 진동인가의 판정

④ 수진지점에 있어서의 진동 목표레벨의 확인

⑤ 진동발생원의 탐사(보정가속도 레벨의 등진동선의 작성)

⑥ 발생원의 위치와 발생기계의 확인

⑦ 발생원의 개선대책(주진력의 제거 또는 저감, 기계 기초로의 전달력의 저감, 진동차단 등)

⑧ 전파경로 대책 및 수진측 대책(홈, 건물구조 기타)

진동대책에서는 우선 건물의 위치선정 및 실 배치계획이 사전에 충분히 고려되어야 한다. 발생원에 대해서는 가급적 진동이 작은 것을 선정하는 것이 중요하나, 적절한 방진재로 지지하고 방진재의 탄성에 의한 고유진동수를 적게 하여 진동에너지(진폭, 가속도, 소음)를 방진재에 흡수하게 한다.

【1】 강제진동수와 고유진동수

진동원은 보통 저음에서 고음역에 이르기까지 넓은 범위의 진동수를 대상으로 하며, 이를 강제진동수(强制振動數 ; F)라고 한다. 방진재는 그 위에 설치된 기계 또는 뜬 구조 중량에 의해 수축되면서 방진재 자체의 고유진동수(固有振動數 ; f_n)가 진동하게 된다. 이때 방진재의 수축이 커지면 고유진동수는 낮아지게 된다. 방진재에 의한 진동차단의 정도는 강제진동수와 고유진동수의 비에 따르게 된다. 방진재의 감쇠계수를 무시하여 근사치로써 진동전달률(T)과 진동레벨의 감소량(R)은 다음 식으로 구하며 그 결과는 그림 9-50과 같다.

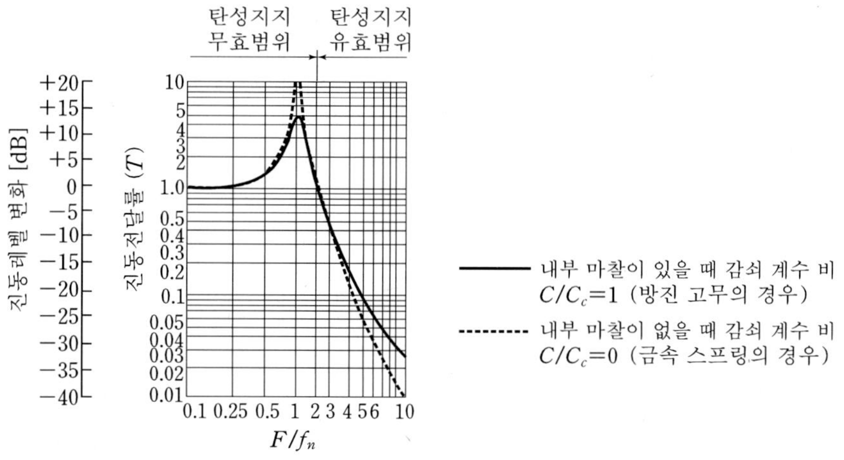

그림 9-50 방진재의 방진효과

$$T = \left| \frac{1}{1-(F/f_n)^2} \right| \tag{9.26}$$

$$R = 20 \log T \tag{9.27}$$

$F/f_n < \sqrt{2}$ 일 때는 방진효과가 없이 진동이 증가되어 전파되므로 $F/f_n > \sqrt{2}$ 가 되도록 설계한다. 기계방진에서는 F/f_n 이 2, 정밀한 것은 4 이상을 목표로 한다. 고유진동수 f_n 은 실의 용도, 즉 허용소음레벨과 관계되어 결정한다. 예로서, 방진고무를 사용하는 스튜디오의 경우 강제진동수 F 를 16 Hz(최소가청주파수에 해당)로 하면 실의 고유진동수 f_n 은 $16\sqrt{2}$ 으로 11.31 Hz가 된다. 보통 강제진동수 F 는 20~25 Hz로 하는 경우가 많다. 이와 같이 방진효과를 기대하는 고유진동수 f_n 을 결정하고 설계를 한다면 그 이상의 강제진동수 F 가 발생되더라도 진동전달률은 크게 감소한다. 각종 기계의 강제진동수 F 는 표 9-16에 의해 선정된다.

질량 m 인 기계를 스프링 상수 k[kg/cm]의 탄성체로 받쳤을 때 탄성체의 정적변위 δ[cm]는 다음과 같다.

$$\delta = \frac{mg}{k} = \frac{W}{k} \text{ [cm]} \tag{9.28}$$

여기서, g 는 중력가속도 (980 cm/s^2), W 는 하중[kg]이므로 고유진동수 f_n 은 다음과 같다.

표 9-16 기계류의 강제진동수

기계의 종류	강제진동수(F)
송 풍 기	축회전수, 축회전수×날개수
전 동 기	축회전수, 축회전수×극수
기 어 열	축회전수×잇수, 이의 탄성진동(대단히 큰 진동수)
볼 베어링	축회전수×볼 수/2
교류기(변압기)	교류의 주파수×2
왕복기계	축회전수

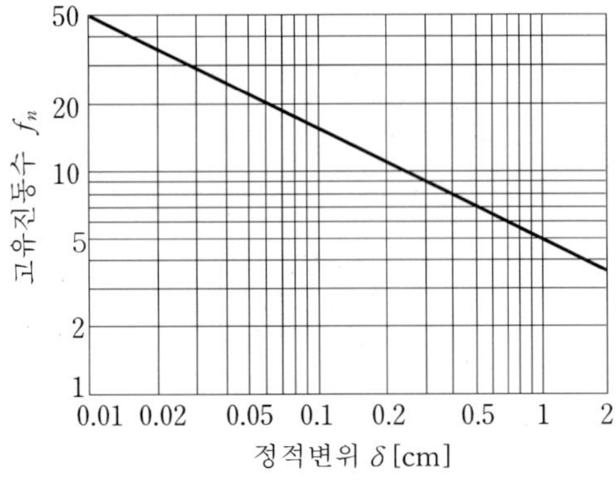

그림 9-51 정적변위와 고유진동수의 관계

$$f_n = \frac{1}{2\pi}\sqrt{\frac{k}{m}} = \frac{1}{2\pi}\sqrt{\frac{g}{\delta}} = \frac{4.98}{\sqrt{\delta}} \tag{9.29}$$

그러므로 방진설계는 F에 비해 이 고유진동수 f_n이 충분히 낮은 주파수가 되도록 방진재의 정적변위(δ)나 스프링 상수(k)를 결정한다. 그림 9-51은 정적변위(δ)와 고유진동수(f_n)의 관계를 나타낸 것이다.

【예제 9-7】 금속 스프링에 하중 300 kg을 매달았더니 0.2 cm가 늘어났다. 이 스프링의 고유진동수 f_n과 스프링 상수 k를 계산하라.

풀이 고유진동수 $f_n = \frac{4.98}{\sqrt{\delta}} = \frac{4.98}{\sqrt{0.2}} \fallingdotseq 11\text{ Hz}$, $m = \frac{W}{g} = \frac{300}{980} = 0.306$

$f_n = \frac{1}{2\pi}\sqrt{\frac{k}{m}}$에서 $11 = \frac{1}{2\times3.14}\sqrt{\frac{k}{0.306}}$ $\quad\therefore k = 1,500\text{ kg/cm}$

【예제 9-8】 중량 1,710 kg, 회전속도 1,170 rpm의 공기압축기가 있다. 방진고무의 지지점 6개소 $F/f_n = 2.9$일 때 지지점에서의 하중, 고유진동수, 스프링 상수, 고무의 축소길이, 진동전달률을 구하라.

풀이 (a) 고무 1개당의 지지하중 $W = \frac{1,710}{6} = 285\text{ kg}$

(b) 고유진동수 $f_n = \frac{F}{2.9} = \frac{1,170}{2.9\times60} = 6.7\text{ Hz}$

(c) 스프링 상수 $f_n = \frac{1}{2\pi}\sqrt{\frac{k}{m}} = \frac{1}{2\pi}\sqrt{\frac{kg}{W}}$, $\sqrt{\frac{kg}{W}} = 2\pi \cdot f_n$

$$k = (2\pi \cdot f_n)^2 \cdot \frac{W}{g} = (2\times3.14\times6.7)^2 \cdot \frac{285}{980} = 518\ \mathrm{kg/cm}$$

(d) 고무의 축소길이 $\delta = \frac{W}{k} = \frac{285}{518} \fallingdotseq 0.55\ \mathrm{cm}$

(e) 진동전달률 $T = \frac{1}{(F/f_n)^2 - 1} = \frac{1}{2.9^2 - 1} = 0.135$

방진재로서 방진고무는 고무 자체의 내부마찰에 의한 점성저항을 고려하여 다음 식에 의해 고유진동수를 구한다.

$$f_n = \frac{1}{2\pi}\sqrt{\frac{k_s \cdot g \cdot k_d/k_s}{W}} = 5\sqrt{\frac{k_s \cdot k_d/k_s}{W}} \tag{9.30}$$

여기서, k_d/k_s는 동적배율로서 표 9-17과 같으며, 식 (9.28)에서 정적변위 δ_{st}는 $\frac{W}{k_s}$이고, 동적변위 δ_d와 동적 스프링 상수 k_d는 동적배율을 고려하여 다음과 같이 된다.

$$\delta_d = \frac{W}{k_s \cdot k_d/k_s} \tag{9.31}$$

$$k_d = \frac{W}{\delta_{st} \cdot k_d/k_s} \tag{9.32}$$

표 9-17에서 금속 코일 스프링의 경우는 k_d/k_s 값이 1이 되므로 식 (9.31)과 (9.32)를 보정할 필요가 없다.

표 9-17 방진재의 동적배율

방진재 종류		k_d/k_s
금속 코일 스프링		1
방진 고무	연질고무(영률 20 kg/cm^2)	1.1
	보통고무(영률 35 kg/cm^2)	1.3
	경질고무(영률 50 kg/cm^2)	1.6

【2】 기계의 방진기초

설비기계류를 건축물에 설치하는 경우, 될 수 있는 대로 진폭을 적게 하기 위하여 지지대의 중량을 기계중량의 2~3배 이상이 되도록 한다. 방진재료의 선정에서는 이와 같은 공통지지대를 포함한 전중량 W에 의해 정해진 처짐량이 되도록 선정한다. 방진고무와 금속 스프링을 사용하게 되는 경우는 처짐량 δ를 2.5~7.5 cm, 즉 $f_n < 3$ Hz가 되도록 하는 것이 유리하다.

금속 스프링은 변형량을 크게 할 수 있으므로 5 Hz 이하의 낮은 진동수를 차단하는 데는 적당하지만 저항성분이 작아 공진현상에 의한 가청주파수의 방진효과가 나쁘게 된다. 또한 금속 스프링은 콘크리트 바닥과의 고유 음향 임피던스 차이가 작으므로 용수철 자체를 전파하는 고유전파음에 대한 절연이 좋지 않다. 따라서 그림 9-52와 같이 방진고무를 금속 스프링과 직렬로 되게 연결하여 사용하면 효과가 있다.

그림 9-53은 방진고무를 이용한 방진구조로서 방진고무는 상하진동을 억제하고 콘크리트 베드는 수평진동을 억제하는 데 유효하다. 설비기계를 지면에 접한 바닥에 두지 않을 때는 집중하중이 걸리는 탄성지지점이 보 위에 놓여지도록 계획하거나 바닥을 충분히 두껍게(25~30 cm) 하여야 한다.

【3】 배관류의 방진

설비기계의 소음·진동은 덕트나 배관 파이프를 따라 전파되므로 그 접속부에는 고무파이프, 캔버스 덕트(canvas duct) 등 유연하고 신축성 있는 재료를 사용한다. 이러한

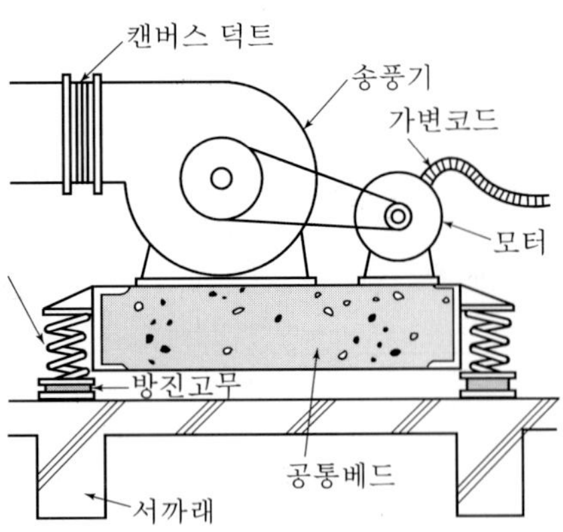

그림 9-52 금속 스프링과 방진고무를 직렬로 연결한 방진구조의 예

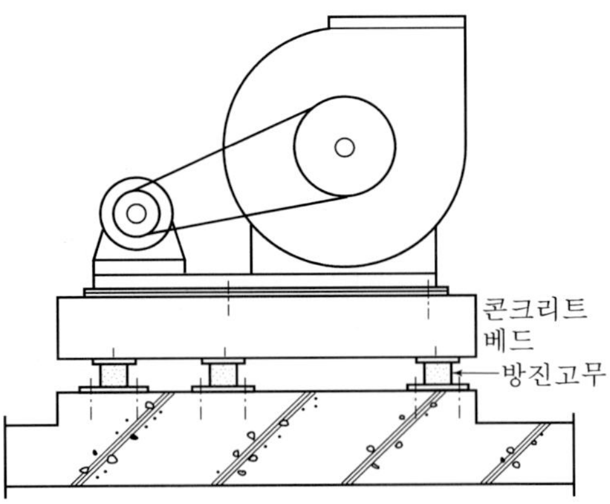

그림 9-53 방진고무를 이용한 방진구조의 예

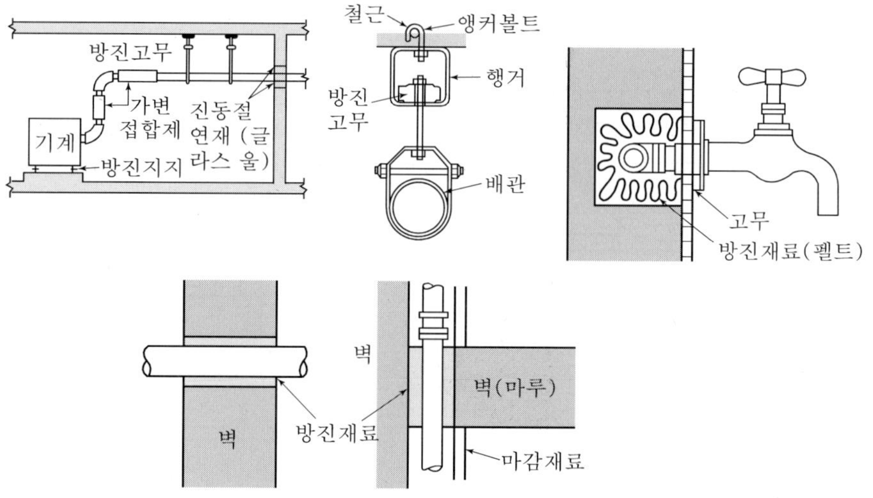

그림 9-54 배관류의 방진구조 예

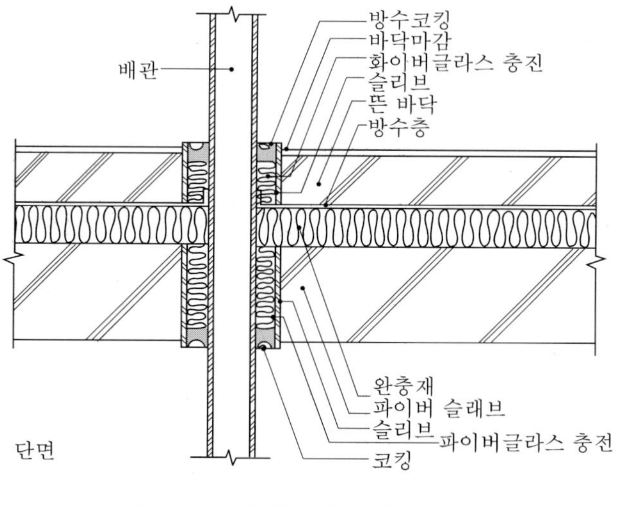

그림 9-55 바닥관통부분의 방진구조

기계에 의한 전달 외에 관내의 유체흐름에 의한 소음·진동전달을 방지하기 위해서는 고무, 펠트, 유리섬유, 암선 등을 넣어 구조체와 절연하여야 한다.

【4】 바닥충격음의 방지

바닥충격음은 발을 디딜 때, 문 개폐시, 그리고 물체를 떨어뜨렸을 때 등에 생기는 것으로서 고체음 및 공기전파음이 동시에 발생한다. 이러한 충격성 소음을 줄이기 위해서는 바닥표면 마무리를 두꺼운 카펫, 고무 타일, 고무 패트 등 유연한 탄성재를 사용하면

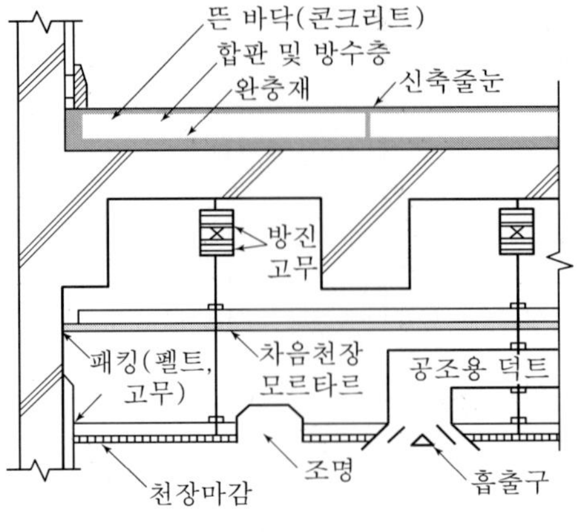

그림 9-56

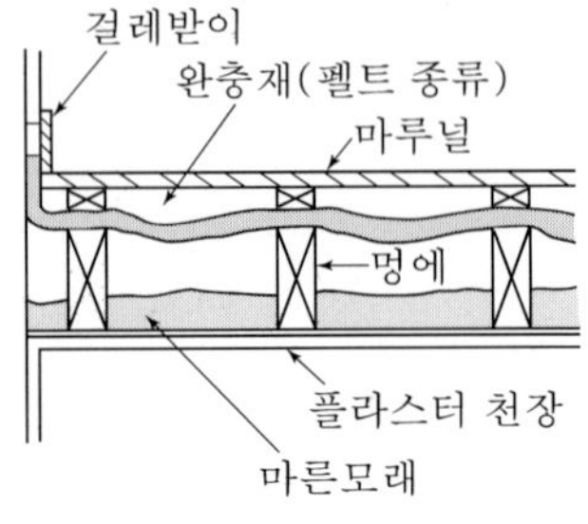

그림 9-57

효과적이다. 단, 리노륨이나 아스팔트계, 비닐계 등은 일반적으로 두께 및 탄력성이 작으므로 단독사용으로는 불충분하고, 밑에 유연한 완충재를 삽입해서 사용하여야 한다. 또 콘크리트 슬래브는 고주파수 성분이 많은 바닥충격음을 발생하므로 장선을 댄 바닥은 바닥충격음이 크게 개선된다. 반면 이 장선바닥구조는 큰 공기음을 발생시킬 수 있으므로 표면 마무리나 밑층의 천장에 공기음을 차단하는 성능이 큰 것을 사용하고, 진동이 직접 전해지지 않도록 천장에 매다는 나무 등에 펠트나 그 밖에 유연재료를 삽입해야 한다. 또 중량충격음을 발생하는 고체음이 구조체에 전달되지 않도록 하기 위해서는 뜬바닥구조가 가장 이상적이다.

뜬바닥구조는 바닥의 방음구조로 가장 효과가 좋으며 이것에는 습식구조와 건식구조가 있다. 습식구조에서는 슬래브 위에 유리섬유(glass wool), 암면(rock wool), 펠트

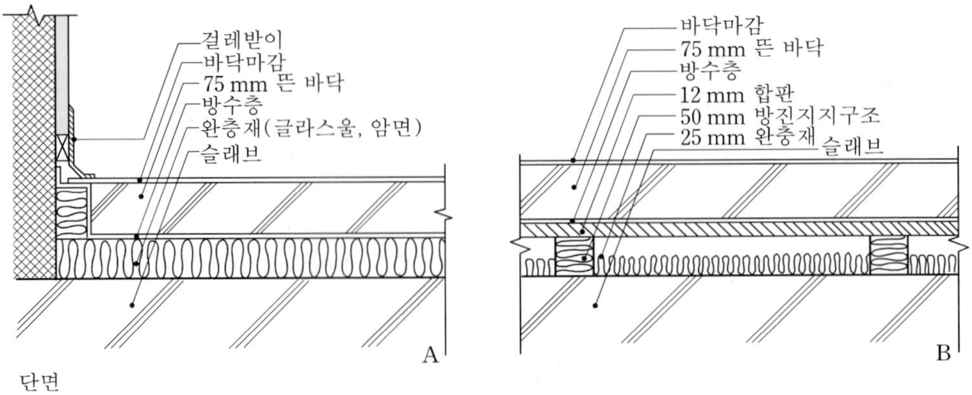

단면

그림 9-58 습식 뜬 바닥구조

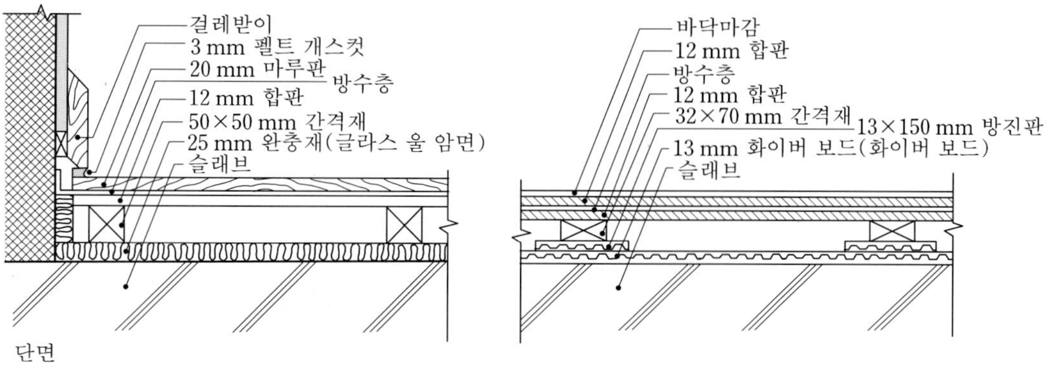

그림 9-59 건식 뜬 바닥구조

(felt) 등의 완충재(두께 20 mm 이상)를 깔고 그 위에 방수층 및 상부 콘크리트층을 만들어 바닥마감처리를 하면 좋다(그림 9-58) 건식구조에서는 슬래브 위에 방진지지구조에 의한 목구조를 설치하며, 특히 방진구조와 벽 및 기타 부재와 접하는 부분은 음이 전달되지 않도록 완충재나 코킹재(caulking)를 사용하여 불연속구조로 한다(그림 9-59).

음향실험실이나 방송녹음 스튜디오 등 고도의 차음을 필요로 하는 경우에는 바닥과 천정뿐만 아니라 그림 9-60과 같이 그 실을 완전히 다른 구조와 분리시켜 띄우는 것이 이상적이다.

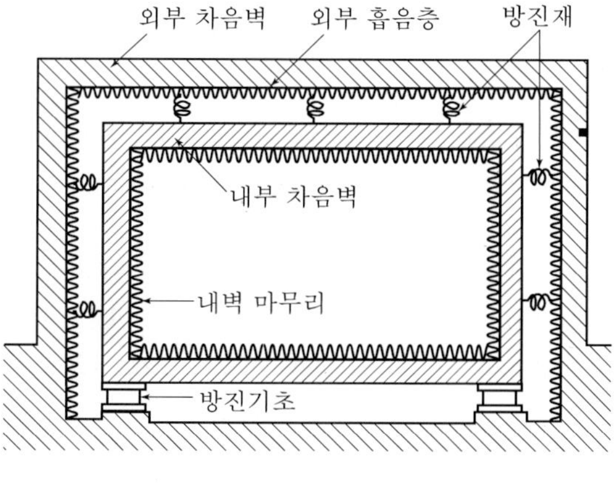

그림 9-60

참 고 문 헌

1. 박건작, 양민복, PA 음향시스팀, 도서출판 청암, 1984
2. 박겸진, 최신 건축환경계획원론, 기문당, 1985
3. 박윤성, 건축설계원론, 문운당, 1982
4. 윤장섭, 건축음향계획론, 동명사, 1983
5. 이건영, 서승준, 건축환경공학, 영문사, 1984
6. 이경회, 김정태, 이주영, 건축물의 소음방지를 위한 설계자료, 건설부, 1980
7. 이경회, 손장열 공역, 건축환경과학, 기문당, 1984.
8. 이상우, 도시주거지역의 환경소음경향평가모델에 관한 연구, 박사학위논문, 연세대학교 대학원, 1985
9. 日本建築學會 編著, 建築工學硏究會 譯, 李鍵 監修, 建築設計資料集成 Ⅰ, 環境, 建友社, 1981
10. 日本音響材料協會 編著, 集文杜編輯部 譯, 宣炳澤 監修, 騷音・振動對策핸드북, 集文杜, 1983
11. 차일환, 소음・진동, 세림사, 1980
12. 차일환, 음향공학개론, 한신문화사, 1976
15. 최병호, 건축음향설계, 세진사, 1978
16. 井料政吉, 騷音・振動便覽, 新技術開發センタ一, 1977
17. 建築學大系編集委員會, 建築學大系22, 彰國杜, 1965
18. 境夕雄, 中山剛, 聽覺と音響心理, コロナ社, 1978
19. 原田實, 權田依早, 建設工事に おける 騷音・振動粉しんの防止對策, 鹿島出版會, 1979
20. 福田基一, 騷音防止工學, 日刊工業新聞社, 1978
21. Bell, P. A., et al., Environmental Psychology, W. B., Saunders Company, 1978
22. Brebner, J., Environmental Psychology in Building Design, Applied Science Publishers, 1982
23. Burms. W., *Noise and Man*, W. Clowes son Ltd., 1968
24. Canter, D., edit., *Environmental interaction*, Survey University Press, 1975
25. Carpenter, A., The Effects of Noise on Work, Am. *Occupational Hygiene*, I, pp. 42~54, 1958
26. Close, P. D., *Sound Control and Thermal Insulation of Buldings*, Reinhold Publishing Corporation, 1966
27. Cohen, S., et al., Psychological, Motivational, and Cognitive Effects of Aircraft Noise on Children : Moving from the Laboratory to the Field, *Am Psychologist*, 35, pp. 231~243, 1980
28. Cunniff, P. F., *Environmental Noise Pollusion*, John Wiley & Sons Inc., 1977

29. Doelle, L. L., *Environmental Acoustics*, McGraw-Hill Book Company, 1972
30. Edholm, O. G., *The Biology of Work*, WUL, 1967
31. Egan, M. D., *Concept in Architectural acoustics*, Mcgraw-Hill Book Company, 1972
32. Finkelman, J. M. & Glann, D. C., A Reappraisal of the Relationship between Noise and Human Performance by Means of a Subsidiary Task Measure., *J. Appel. Psychol.*, 54, pp. 211~213, 1974
33. Flower, C. J., & J. Wilding, Differential Effects of Noise and Incentives on Learning, *Birt. J. Psychol.*, 70, pp. 149~153, 1979
34. Flynn, J. E. & A. W. Segil, *Architectural Interior System*, Van Nostrand Reinhold Company, 1970
35. Harris, C. M. edit., Handbook of Noise Control, McGraw-Hill Book Company, 1979
36. Heimstra, & N. W. L.H. Mcfarling, *Environmental Psychology*, Brooks/Cole Publishing Company, 1974
37. Horine, S., Environmental Factors and Work Performance of Foundry Workers, J. Human Ergology, 6, 1977, pp. 159~166
38. Knudsen, V. O., et al., *Acoustical Designing in Architecture*, John Wiley & Sons Inc., 1950
39. Kryter, K. D., *The Effects of Noise on Man*, Academic Press, 1970
40. Kuttruff, H,. *Room Acoustic*, Appild science publishers Ltd., 1973
41. Lord, H. W., *Noise Control for Engineers*, McGraw-Hill Book Company, 1980
42. McGuiness, W. J., *Mechanical and Electrical Equipment for Buildings*, John Wiley & Sons Inc., 1980
43. McMullan, R., *Environmental Science in Building*, The Macmillan Press Ltd., 1983
44. Moore, J. E., *Design for Good Acoustics and Noise Control*, The Macmillan Press Ltd., 1978
45. Northwood, T. D., edit, *Architectural Acoustics*, Dowden, Hutchigon & Ross Inc., 1977
46. Smith, B. J., et al., *Environmental Science*, Longman Group Limited, 1982
47. Taylor, W., The Weavers of Dundee, *Trans, soc. Occup.* Med., 22, pp. 37~43, 1972
48. Watson, F. R., *Acoustics of Buildings*, John Wiley & Sons Inc., 1947

4편 종 합

10장 건축환경디자인

10장 건축환경 디자인

10-1 건축환경심리

10-1-1 인간환경학 연구의 개요

인간과 그를 둘러싼 건축환경과의 상호작용에 관한 인간환경학(人間環境學)의 연구(man-environment studies)는 다학문적 접근방법(multi-disciplinary approach)에 의하여 활발하게 진행되고 있으며, 인간과 그 환경 사이에는 일련의 함수관계가 성립된다는 가설하에 양자간의 상호관련성을 파악하고 환경이 인간에게 미치는, 역으로 인간이 환경에 미치는 상호영향을 규명하고자 한다.

인간과 건축환경과의 상호관계는 크게 두 가지 관점에서 파악될 수 있다.

① 인간은 여러 가지 환경요인들에 의하여 그를 둘러싼 환경을 창조한다. 이러한 요인들을 파악함으로써 공간구성(space organization)의 본질을 이해할 수 있다.

② 일단 창조된 환경은 인간에게 영향력을 갖는다. 환경이 직접적으로 인간의 행동을 지배하지 않는다 하더라도 인간의 행동에 영향을 미친다.

첫 번째 관점에 대해서는 각종 환경인자(열, 빛, 음 등)들에 대한 단변수적 접근방법(single variable pproach)에 의한 많은 연구가 진행되어 왔다. 환경이 어떻게 인식되고 인간의 행동에 어떠한 영향을 미치는가, 또 어떻게 이러한 영향을 예견하여 주어진 목적을 공간구성과 설계를 통하여 성취할 수 있느냐 하는 문제들을 광범위하게 다루게 된 것은 최근의 일이다. 특히 인간생태학(human ecology)과 환경심리학(environmental psychology)의 방법론의 발전은 많은 실효적 연구결과를 가져 왔다. 이에 부응하여 미국의 Environmental Design Research Association(EDRA)과 Man Environment Systems, 영국의 Architectural Psychology Newsletter, 국제학술지인 Environment

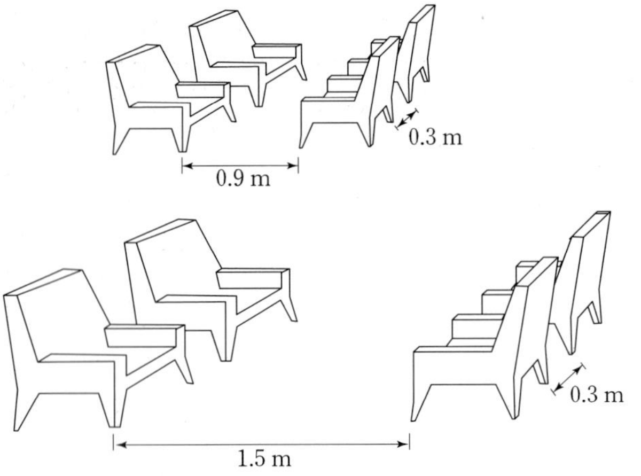

그림 10-1 대화시 대인간의 거리

and Behavior의 출현은 인간환경학 연구의 신기원을 이루었다.

인간환경학의 주요 내용은 ① 인간의 건축공간사용(use of space) ② 건축환경에 대한 반응이라는 두 가지로 집약된다. 전자는 주로 각종 건축공간(도서관, 식당, 라운지, 교실 등)에서의 인간행동을 관찰함으로써 어떤 행동규범을 발견하여 그것을 건축계획에 반영시키고자 하는 것이다. 예를 들면, 어떤 실험연구에서 인간은 비공식의 친밀한 대화를 나누는 경우 약 1 m 범위 내에서 서로 마주보고 대화를 나누나 그 이상의 거리가 되면 옆에 나란히 앉아서 대화를 즐기는 사실이 발견되었다(그림 10-1). 또 다른 연구에서는 대학의 강의실에서 학생들이 앉는 좌석의 맨 앞줄과 교수의 위치와는 약 3 m의 일정한 간격이 유지된다는 사실이 발견됨으로써 인간은 대화를 할 경우 일정한 거리를 유지하면서 그룹의 한 구성원으로서 행동하기를 좋아한다는 습성이 밝혀졌다. 물론 이러한 일정한 대화상의 표준거리는 여러 가지 참여자의 상황(즉, 성별, 장소, 일어나고 있는 활동의 종류 등)에 따라 다양하게 나타난다. 이 밖에도 식당에서 사람들이 출입구로부터 먼 벽면에 인접한 식탁에 즐겨 앉는다든지(그림 10-2), 지도자들이 책상머리에 즐겨 앉는다는 사실은 건축가가 예기치 못하였던 어떤 규범하에서 인간이 공간을 사용한다는 사실을 보여주는 것이다.

아직 공간 내에서 이러한 인간의 행동규범이 건축설계에 직접적으로 이용될 수 있는 단계에는 이르지 못하였으나, 일반적으로 건축가가 필요 이상 사용되지 않는 개방공간을 설계하는 과정을 되풀이 해서는 안된다는 사실을 암시하고 있다. 앞으로 이러한 분야의 연구발전은 공간기준설정에 중요한 의미를 부여할 수 있는 것이다.

건축환경에 대한 인간의 반응은 건축의 의미에 대한 인식을 말한다. 첫째, 각종 건축

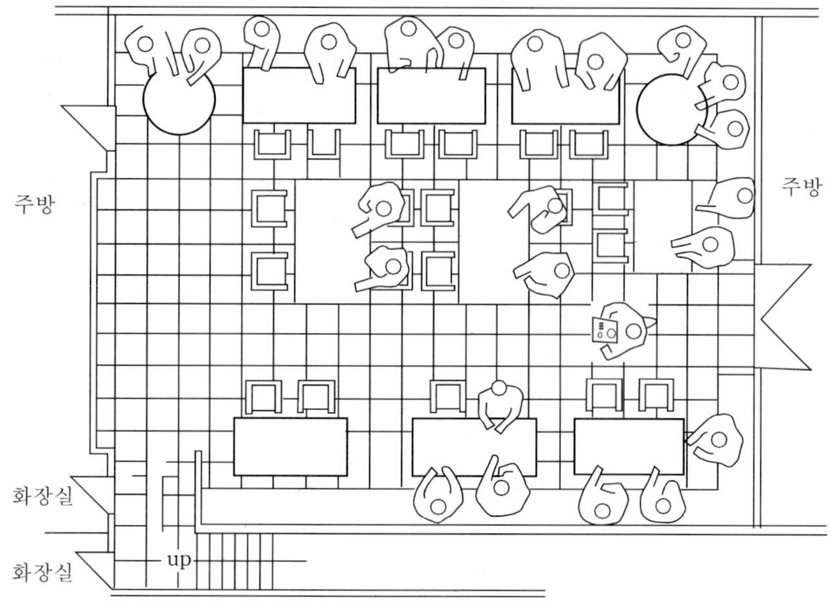

[주] 그림에서 1인은 2일간 관찰결과 10번 이상의 착석빈도를 표시함

그림 10-2 식당에서의 좌석선호도

환경인자와 건축공간에 대한 인간의 주관적 반응을 객관적으로 검증함으로써 인간의 욕구를 충족시켜 줄 수 있는 환경을 설계할 수 있다. 예를 들면, 어떤 건축물의 외관이나 내부공간의 양부, 쾌적성은 어디까지나 주관적으로 이해되며 각 개인에 따라 다르다. 그러나 이러한 반응이 객관적으로 측정·분석될 수 있다면 그 외관의 질적 문제는 정당히 평가될 수 있다. 청색으로 마감된 실내공간은 일반적으로 크게 보이며 경사진 박공지붕의 주택은 평지붕보다 좀더 집다운 느낌을 준다는 사실은 지각적 판단의 객관화에서 얻어진 결과이다. 둘째, 건축의 의미에 대한 인식은 "건축의 언어"(language of architecture)라는 말로 이해될 수 있다. 건축의 형태는 그 작가의 감정이나 태도의 표현이다. 인간이 이러한 건축의 형태에 대하여 기술하는 바를 연구함으로써 그 건축물이 뜻하는 내면적 의미를 추출할 수 있다. 이에 대해서는 어휘분절방법(semantic differential method)이 널리 사용되고 있다.

공간의 실제적인 사용의 검토가 건축가로 하여금 그 건축공간 내에서 사람들의 행동을 예측 가능하게 한다면, 건축의 의미에 대한 연구는 사람들이 그 건물에 대하여 어떻게 말하고 생각하는가를 이해하고 예견할 수 있게 한다. 오늘날 건축가에게 있어 보다 중요한 임무는 인간과 건축환경이 상호작용하는 내용을 면밀히 파악함으로써 전통적으로 개인의 경험과 직관에 의존하여왔던 건축설계방법을 재검토하는 것이다.

10-1-2 환경심리학의 개요

환경심리학(環境心理學)은 인간의 행동과 물리적 환경과의 상호관계를 규명하고자 하는 심리학의 한 분야로 지금까지 환경심리학자들이 추구해 온 관심영역은 다음과 같다.

① 기본적인 심리학적 개념들을 환경과의 맥락에서 이해하려는 것(학습, 지각, 인식 등)

② 인간의 사회적 행동과 관련되는 인자들을 환경과 관련해서 검토하는 것(프라이버시, 개인공간, 영역성, 과밀)

③ 사회적 상호작용에 관한 문제들(생활주기, 생활양식, 도시공간과의 관계)

④ 환경 디자인에서 환경심리학의 역할과 적응사례

이상에서와 같이 환경심리학은 주로 주제를 항상 환경과 연관시켜 그 상호작용을 연구하며, 실제적인 문제를 대상으로 응용적 탐구에 관심을 갖는다.

인간과 환경의 상호관계는 독립변수(independent variable)와 종속변수(dependent variable)의 두 가지 변수로 취급되는데, 독립변수로는 환경의 물리적 특성, 개인의 생리적·심리적 특성 및 사회인구학적 특성 등이 다루어지며, 종속변수로는 환경에 대한 인간의 심리적·행동적 반응 등이 다루어진다. 즉, 개인의 특성을 P, 환경의 물리적 특성을 E, 인간의 심리적 행동적 반응을 B라고 할 때 다음의 관계가 성립된다.

$$B = f(P \cdot E)$$

따라서 개인의 특성이나 주어진 환경의 여러 측면에 따라 그 곳에서 생활하는 각 개인의 반응은 달라진다. 예를 들면, 소음이 인간의 행동에 미치는 영향을 알고자 할 때 소음의 정도가 독립변수, 그에 대한 반응이 종속변수가 된다. 또한 성별에 따른 반응의 차이도 알고자 한다면 성별이 독립변수로 추가된다. 즉, 소음의 정도와 성별에 따른 반응의 차이를 알 수 있다.

10-1-3 공간지각

【1】 Stevens의 거듭제곱법칙

인간의 감각은 물리적 자극에 대한 반응연속체로서 서로 상응관계를 갖는다. 이때 반응을 직접 측정하는 것은 불가능하므로 감각에 대한 특정의 반응에 대해 무엇인가를 가정하여 측정하게 된다. 이와 같이 자극에 대한 판단의 관계를 구체화한 것이 Stevens의 거듭제곱법칙(Steven's power law)이다.

Stevens는 실험을 통해 심리적 판단이 같은 현상에서도 단순한 심리학적 설명 이외의 해석이 필요하며 서로 다른 판단이 가능함을 증명하였다. 예를 들면, 광원 2개의 상대적인 밝기에 대한 판단은 매우 정확하지만 절대적인 밝기의 판단은 매우 부정확하다는 것이다. 또한 하나의 물리적 자극의 크기가 증가함에 따른 그 변화를 분별하기 위해서는 자극의 크기에 대응하는 큰 변화가 필요하게 되는데, 같은 자극의 크기라도 경우에 따라 그 크기를 서로 다르게 감각한다는 것이다.

Stevens는 자극에 대한 판단의 관계를 다음과 같이 표시하였다.

$$P = S^{\alpha}$$

여기서, P : 물리적 자극에 대한 심리적 판단

S : 물리적 자극량

α : 물리적 변수에 의한 상수

즉, 지각판단은 다른 심리판단과 같은 성질을 가지며, 판단을 할 때 중요한 것은 자극의 상대적인 관계라는 것을 알 수 있다.

【2】 Gestalt의 스탈트 법칙(The Gestalt laws)

인간은 환경으로부터 수많은 대상을 보지만 객관적 대상과 지각된 내용이 동일하지 않기 때문에 실제 대상이 인간에게 어떻게 보이는가 하는 지각적인 입장에서 대상을 분석한다. 지각과정에서의 시지각에 대한 이해는 형태(Gestalt) 심리학에 힘입고 있다.

게슈탈트 학파의 형태심리학은 감각기관을 통해 입수된 정보의 단편들이 인지과정을 통해서 하나의 의미 있는 형태를 이룬다는 데에서 출발한다. 게슈탈트 이론은 지각이 독립적인 점감각의 집합 이상으로서 전체적으로 형성된 영역을 포함하며, 전체는 부분의 단순한 합 이상이라는 점을 강조한다. 또한 형태의 조합, 즉 패턴에 관심을 보여 "조직화의 법칙"을 발표하였는데, 이것은 형태의 단순한 군집원리에 의해 전체성을 이루며 인간의 지각도 조직화되어 있어 지각에 의한 인간의 체험도 계속적으로 조직화되며 전체성을 갖는다는 것이다. 즉, 시각상의 부분요소들은 하나의 전체적인 도형으로 군집되어 지각되며, 전체는 부분의 단순한 합 이상의 의미로서 각 부분들의 위치를 결정하고 포괄하는 틀로서 작용한다.

게슈탈트 이론에 의한 조직화의 법칙은 근접성, 유사성, 연속성, 폐쇄성 및 함축성(pregnancy)의 원리이다. 이것은 시각의 장에서 형태를 지각하는데 도형(figure)과 배경(ground)을 분화시킨다. 이때 도형과 배경에 대한 해석은 지각의 심적 자세에 따라 결정된다. 이에 대한 대표적인 예로써 루빈(Rubin)의 컵을 들 수 있다(그림 10-3).

그림 10-3 도형과 배경의 분화

형태(Gestalt) 심리학으로부터 유도되는 표현원리는 2차원적인 모든 예술의 형태표현에 광범위하게 적용된다. 인간은 주로 시지각을 통해 건축환경을 체험하지만 건축환경은 게슈탈트 이론의 조직화 법칙을 중심으로 유도해 낸 단순한 감각점이나 선으로만 구성된 것이 아니다. 건축환경은 이보다 훨씬 더 복잡하고 다양한 형태를 가지며, 정적 시야에 의해서만 환경을 체험하지 않으므로 건축공간의 지각과 표현에 있어서는 인간의 지각방식과 학습방식에 대한 보완이 이루어져야 한다.

【3】 공간지각

공간지각(空間知覺)은 우선 시각적인 것이지만 다른 감각경로(예 : 청각, 후각, 온냉감각)의 영향도 결코 무시할 수 없다. 공간지각에는 장・단기적인 기억활동이 포함된다. 가령 방을 들어서면 오른쪽으로 둘러보면서 왼쪽에서 본 것을 기억한다. 한 바퀴 둘러보고 나면 관찰자는 자신의 등 뒤에 무엇이 있는가를 알게 된다. 이와 같이 형성된 이미지는 시각만에 의한 국부적인 것이 아니며 전체 공간에 대한 전반적인 이미지이다.

공간에 대한 1차지각은 과거의 경험, 지식 그리고 그러한 지각과 방금 통합 또는 결합된 관념이나 이미지에 의해 보충된다. 비슷한 사물에 대한 지식, 가령 사각형은 이렇다 하는 우리의 기대, 사물의 원근에 대한 우리의 관습, 또는 심지어 평면도와 입면도에 대한 우리의 관습은 지각을 유지하는 지각력에 도움을 줄 수 있으나 여러 가지 지각적 환상, 즉 착시현상(optical illusion)을 낳을 수도 있다(그림 10-4).

공간지각의 두 가지 중요한 측면은 거리와 방향의 판단이다. 거리는 두 눈의 입체적 시각기능으로 판단되나 시각적인 실마리는 분명한 차이가 나는 사물의 크기비교 및 사물의 상대적 위치의 판단을 통해서 얻어진다. 공간의 방향성은 주위공간에 대한 관찰자의 즉각적인 자세관계로 정의된다. 사물을 보는 즉시 관찰자의 눈에는 좌표가 설정되어 두 눈은 수평이고 몸의 중앙선은 수직이 된다. 만일 그렇지 못하면 내이에 의해 좌표축

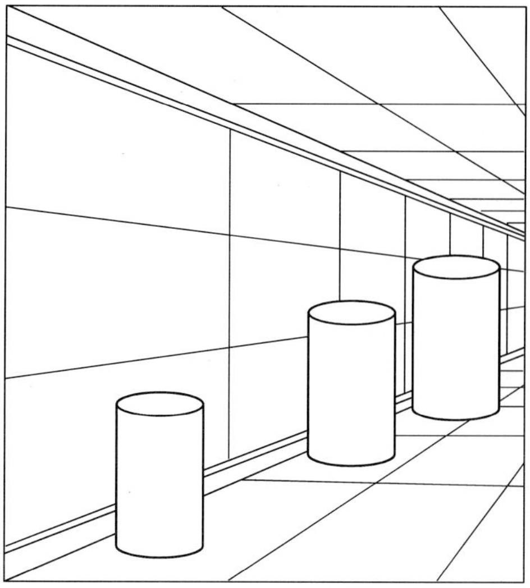

그림 19-4 착시현상

의 변환이 이루어지는데, 이 내이는 중력의 방향에 민감하다. 그 과정은 현재 서로 다른 스트레스를 받고 있는 관절 및 근육과 신경간의 피드백성 충격에 의해 촉진된다.

만약 시각에서 좌표축을 설정하지 못하면(예 : 어둠 속) 단 하나의 가시물체(예 : 불빛)라도 그 위치가 파악될 수 없다. 즉 어른거리는 것으로 보일지도 모르나 사실은 정지상태이다. 다른 힘(예 : 회전목마에서의 원심력)에 의한 중력감의 방해는 방향성을 잃게 한다. 과중한 감각은 스트레스를 유발하지만 과부하 전이라 하더라도 하나의 감각경로만의 의존은 보통 불쾌감을 느끼게 한다.

인간(인간과 비슷한 대부분의 동물)은 자신의 마이크로 스페이스, 즉 자신을 둘러싼 1차공간을 구성한다. 또한 역으로 그 공간은 그의 행동과 태도에 영향을 미친다. 이러한 의미에서 윈스턴 처칠의 말대로 우리는 건물을 만들고 건물은 우리를 만들며, 만약 개인이 그 공간을 수정하거나 구성할 수 없다면 그는 공간의 질적인 면에서 큰 위협을 받게 된다.

공간을 구성하는 행위와 그 영향은 부분적으로 지적이고 합리적으로 통제되지만 상당부분은 잠재의식적인 충동이다. 주로 진화론적인 생물학적 과거와 사회문화적 유산이 공간에 대한 인간의 지각과 크기 및 질적인 면에서의 공간 내 인간의 요구를 정의한다.

10-1-4 공간행동

공간 내 인간의 행동은 공간의 목적이나 기능에 의해서 영향을 받는다. 예를 들면, 사적 행동과 공적 행동간에는 커다란 차이가 있다. 사회문화적 환경은 특정한 공간 내에서의 인간 행동을 제한한다. 공간의 기능은 흔히 그 공간이 속한 전체 시스템에 의해서 결정되며, 특수기능을 갖는 공간에서 인간의 행동범위는 제한을 받는다.

디자인상의 특질은 바람직한 행동 패턴을 촉진시킬 수 있어야 하며, 환경은 그러한 바람직한 행동을 지지할 수 있어야 한다. 따라서 어떤 공간적 특질은 바람직하지 않은 행동을 억제할 수 있다. 다목적(또는 특수한 목적이 없는) 공간은 보다 넓은 범위의 행동을 가능하게 하는데, 그러한 공간에서는 인간과 공간의 관계가 불분명하며 개인의 행동은 주로 개인 상호간의 관계에 달려 있다. 이러한 경우 디자인은 특정한 행동에 대한 지지나 억제보다는 상이한 많은 행동 패턴을 가능하게 하는 환경을 창출해야 한다.

대인간의 사회적 공간행동(空間行動 ; spatial behavior)을 조절하는 인자는 크게 네 가지로 나누어진다.

【1】 프라이버시

다른 사람과의 상호작용에 대한 원하는 정도를 조절하는 경계설정과정으로서 단절, 철회, 회피 등의 개념이다. 즉, 프라이버시(privacy)는 자기자신과 관계되는 정보를 어떤 사람과 어떻게 상호전달할 것인가를 결정할 수 있는 개인의 권리이며, 자신의 행동적 제약을 최소화하고 선택의 자유를 최대화하려는 것이다. 또한 선택의 자유란 물리적 환경 내에서 개인의 목적성취를 위해 자유롭게 지각하고 활동할 수 있는 위치에 자신을 두려는 행위이다.

【2】 개인공간

타인에 의해 침범당해서는 안되는 각 개인을 둘러싼 상상의 기포 같은 공간(space bubble)인 개인공간(personal space)은 개인 상호간의 최소거리를 결정하며, 그 크기는 사회문화적 인자, 개인적이고 상황적인 변수에 따라 달라진다. 개인공간은 크게 커뮤니케이션의 기능과 침입자에 의한 감정적·물리적 위협의 완충곤간으로서 보호의 기능을 갖는다. 커뮤니케이션의 형태로서 대인간의 거리는 크게 친밀거리, 개인적 거리, 사회적 거리, 공적거리로 나눌 수 있으며 상호작용되는 자극의 질과 양을 결정한다. 개인공간의 침입은 공간적인 영역의 침입이라기보다는 개인의 심리적인 경계의 침입이며 사회적 상호작용에 대한 원하는 정도의 균형을 파괴하는 것이다. 사람들은 그러한 균형을 유지하기 위해 언어적 방법, 비언어적 행동, 몸의 방향과 위치, 거리 등을 통해 새로운 대인간의 경계를 설정한다.

지금까지의 관찰결과에 따르면 개인적 거리(예 : 대화시)는 수많은 주관적 요인들, 예를 들면 공간 내 사람들의 밀도, 친밀도, 토론주제에 대한 개인적 관련성 및 성격(personality)에 달려 있다.

【3】 영 역 성

소유, 점유, 사용, 구분, 개인화, 집단화 등의 개념으로 어떤 장소, 물건을 개인화·상징화함으로써 자신과 다른 사람을 물리적·사회적으로 구분하는 경계인 영역성(領域性; territoriality)은 보호기능과, 사회적 역할과 위계적 질서를 규정·안정시키는 기능을 가진다. 사회적 조직은 어떤 위계질서를 가지며 개인이나 그룹의 행동은 그러한 질서를 따라야 한다. 이를 지배의 원칙(principle of dominance)이라 하며, 이 원칙이 안정되지 않을 때는 새로운 위계질서를 설정하기 위한 많은 불화가 발생한다.

개인이나 집단의 영역은 사실적인 물리적 경계(울타리, 벽 또는 경계선)를 가질 수 있으나, 타인 및 사회에 의해 인정되는 상징적인 경계가 더욱 중요하다. 영역은 방어할 수 있는 공간을 제공하며 프라이버시를 보장하는 반면, 영역의 결핍은 좌절, 걱정, 긴장을 유발하며 통제할 수 없는 환경은 위협의 근원이 될 수 있다. 또한 조직적인 긴장(예 : 생리적인)을 유발할 수도 있으며 실제적인 악영향이 없다 하더라도 감지된 상상의 위협은 심리적 긴장의 원인이 된다.

사람들은 비언어적인 방법(몸짓, 눈짓, 얼굴표정 등)이나 호전적인 방어행동 등으로 개인적인 공간을 방어한다. 이러한 반응 가운데는 무의식적인 반사작용으로 나타나는 것도 있으며, 보이지 않는 본능적인 영역이 침해될 때에는 그러한 반응이 명백히 드러난다. 사람들이 설정하는 영역은 크게 거리와 같은 공공영역(public territory), 클럽 하우스와 같은 가정영역(home territory), 가족, 친구관계와 같은 상호작용영역(interactional territory), 개인공간과 같은 신체영역(body territory) 등으로 나눌 수 있다. 이러한 공간영역의 방어는 공격적이거나 방어적인 형태로 나타난다. 예를 들면, 빈 열차의 착석방식에는 먼저 앉은 사람이 자리의 중앙에 앉음으로써 다른 사람이 이 옆에 앉지 못하게 하는 공격적인 태도가 있는 반면에, 다른 사람들과의 접촉을 피하기 위해 구석자리에 앉는 방어적 태도도 있다. 또한 방어적 태도는 레스토랑 같은 곳에서도 볼 수 있는데, 낯선 사람들의 침입(방해)을 원하지 않는 손님들은 구석자리나 방에 앉기를 선호한다.

【4】 과 밀

과밀(過密; crowding)은 어떤 활동에 요구되는 공간이 주어진 공간보다 클 때, 즉 물리적인 밀도가 높을 때 경험되는 심리적인 상태를 말한다. 또한 영역의 결핍과 개인공간의 침해가 과밀감을 유발하기도 한다. 이러한 과밀의 지각은 다음 사항에 달려 있다.

① 상황적 변수 : 실제의 밀도, 상황의 지속도 및 물리적인 환경인자(열, 빛, 음, 냄새).

② 개인 상호간의 결정요소 : 여기에 있게 된 것은 선택된 것인가 아니면 강제에 의한 것인가, 공통적 목적의 존재여부, 접촉에 대한 통제의 존재여부

③ 심리적 인자 : personality, 과거의 경험, 기대감, 상호작용의 통제에 대한 지각능력

과밀은 스트레스를 유발시켜 흔히 정신분열증의 원인이 된다. 동물의 경우에는 사회적 붕괴, 성적 도착, 욕구의 감퇴, 물리적·정신적 혼란을 가져오기도 하며, 몇몇 사회조사가 밝힌 바와 같이 인구과밀로 인해 급격한 사회혼란을 유발하기도 한다. 평균 $14\,m^2$의 거실에 사는 사람과 $8\,m^2$의 거실에 사는 사람을 비교한 사회조사에 의하면, 후자의 경우 전자보다 범죄 및 반사회적 행위가 2배 가량 되었다.

이상에서 프라이버시를 사회적 상호작용을 조절하는 중심적인 개념으로 보고 대인간의 접촉을 최적화하는 과정을 모델로 제시하면 그림 10-5와 같다. 즉, 대인간의 접촉에서 원하는 정도의 프라이버시는 개인공간, 영역성, 언어적 행동, 비언어적 행동 등의 조절 메커니즘을 통해 성취된다. 원하는 정도의 프라이버시 보다 주어지는 프라이버시가 클 때는 상호작용의 지나친 단절로 사회적 고립을 느끼게 되며, 작을 때는 과다한 상호작용으로 과밀을 느끼게 된다. 또한 이러한 과정은 조절 메커니즘을 통해 적정화 상태, 즉 원하는 정도의 프라이버시와 주어진 프라이버시가 같을 때까지 계속 진행된다.

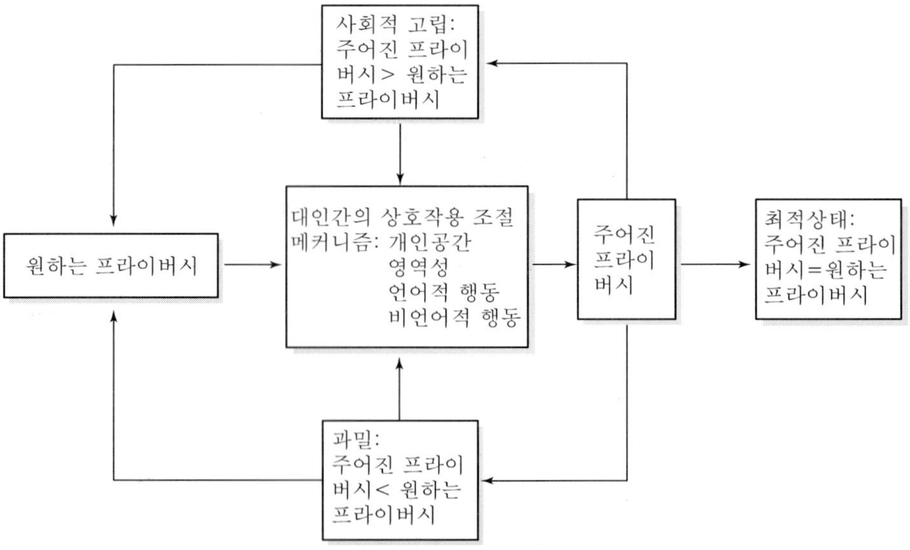

그림 10-4 프라이버시, 개인공간, 영역성, 과밀의 상호관계

10-1-5 커뮤니티와 프라이버시

모든 인간은 사회적 존재인 동시에 개인적 존재이다. 대인간의 상호작용은 프라이버시의 보호와 마찬가지로 하나의 필수적 요건이다. 프라이버시는 사적 공간에만 한정되는 것이 아니라 공적 공간에서도 존재할 수 있다.

사회원심적 공간(sociofugal spaces)은 대인간의 상호작용을 저해하는 공간으로서 각 개인들을 분리시키는 경향이 있으며, 과밀공간에서도 어느 정도의 프라이버시를 보장할 수 있다. 사회구심적 공간(sociopetal spaces)은 각 개인들을 결합시켜 대인간의 사회적 상호작용을 촉진하는 경향이 있다. 비교적 작은 변화, 예를 들면, 가구를 재배치하거나 조명을 변화시킨다든지 하여 사회원심적 공간을 사회구심적 공간으로 변화시킬 수 있다. 따라서 공간은 사용목적에 따라 바람직한 행동 패턴을 지지할 수 있도록 디자인되어야 한다.

대부분의 강당, 공항 라운지 및 철도역은 대인간의 접촉 및 상호작용이 어려운 사회원심적 공간이고, 마을의 오픈 스페이스는 본질적으로 사회구심적 공간이며, 대도시는 기본적으로 사회원심적 공간을 낳는 경향이 있다. 도시마을(빈민촌에서 흔히 볼 수 있다)은 사회구심적 성격 때문에 마을에서 도시생활로 쉽게 변천될 수 있는 여지가 줄어든다. 빈민촌에서 빌딩에로의 변화는 보통 사회구심적 공간에서 사회원심적 공간에로의 변화를 뜻하며, 그러한 경험이 상충되는 가운데 심각한 감정적 스트레스를 받게 된다.

대중과 고립(즉, 사회원심적 공간) 속에서의 공공활동(따라서 사회구심적 공간)과 프라이버시의 요구는 문화에 따라 다른데, 이는 요구 정도(즉, 원심과 구심의 성격의 강도)에 차이가 있으며 공공활동과 프라이버시에 소비하는 시간의 상대적인 양에도 차이가 있다. 뉴기니(New Guinea)의 부족들은 대부분의 자기 생활을 공공활동으로 보내며 프라이버시의 요구는 유럽인 보다 훨씬 적다. 그러나 유럽 내에서도 나라에 따라 프라이버시 요구에 상당한 차이가 있다. 독일인은 밤에 커튼을 닫고 셔터를 내리나, 네덜란드인은 마치 진열창(show window)처럼 밝게 조명된 커튼도 없는 거실에 앉아 있는 것이 보통이다. 일본인은 자연경관과의 시각적 접촉을 요구하며 그럴 수 없을 때는 정원을 만든다. 아랍인은 오픈 스페이스에의 조망을 원하지만 혼자 있기는 원하지 않으며, 영국인이 요구하는 청각적 프라이버시의 표준치는 아프리카에서는 사회적 고립을 유발할 수도 있다. 이상에서와 같이 공간의 심리적 요구에 관한 결론은 오직 주어진 문화권 내에서만 타당한 것이다.

10-2 건축환경 시스템

10-2-1 건물생태계

빛 · 음 · 열환경은 건물의 물리적 환경의 부분을 형성하는 동시에 건물생태계(建物生態系 ; building ecoysystem)의 종속 시스템이다. 생태학의 기본법칙의 하나는 각각의 부분들이 서로 관련되어 상호작용을 한다는 것이다. 이러한 개념을 바탕으로 건물생태계는 크게 5개의 종속 시스템으로 나눌 수 있다(그림 10-5).

① 목적 시스템 : 개인이나 그룹이 순응하여야 할 조직의 목적으로서 디자인의 방향을 제시한다(학교의 건축 목적은 교육이며 병원은 진료이다).

② 활동 시스템 : 개인이나 그룹은 조직의 목적을 달성하기 위해 각기 상이한 생리학적 능력, 개성, 소속된 사회적 그룹, 가치, 주변환경 등을 바탕으로 각자의 역할에 따른 행동양식을 가지며, 특정 장소에서 그들의 상호작용은 반복적으로 진행된다. 활동 시스템은 목적 시스템을 보조한다.

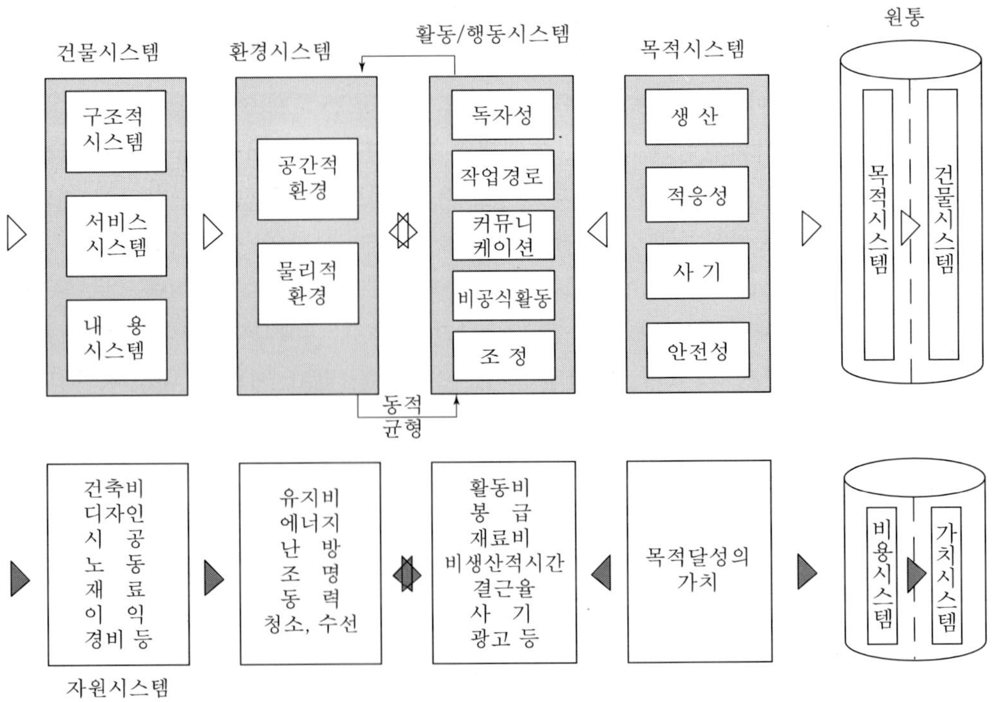

그림 10-5 건물의 생태 시스템(T. A. Markus의 건물-환경-활동-목적 시스템 모델)

③ 환경 시스템 : 조직은 그들의 활동을 위해 각기 상이한 환경적 상태를 요구하며, 필요에 따라 환경을 수정하거나 스스로 적응한다. 환경 시스템은 활동 시스템을 보조한다.

④ 건물 시스템 : 에너지를 직접 사용하지 않는 골격, 표피 등의 구조, 물·가스·전기 공급이나 처리에 관련되는 서비스 시설, 식생이나 가구, 마감과 마무리 등으로 활동 시스템이나 환경 시스템을 보조하는 하부구조이다.

⑤ 자원 시스템 : 환경의 조직과 구성, 유지, 운영에 따르는 제반경비와 자원의 이용 및 적정투자에 대한 최대효과분석에 관한 시스템이다.

이상에서와 같이 환경계획은 건물의 공간적·물리적 해결을 단일요소 측면에서 접근하기 보다는 그 전체가 하나의 생태학적 시스템으로서 동적인 균형을 유지하며, 상호의존적 관계에 있음을 인식하여야 한다.

10-2-2 환경조절 시스템

인간의 감각들은 자극을 받는 과정에서 동시에 상호작용하며 하나의 건물환경 시스템을 형성한다. 즉, 디자이너는 시각, 청각, 피부감각과 근골감각, 후각, 평형감각 등 인간의 모든 감각적 요구에 적합한 종속환경 시스템을 인간에게 제공하여야 한다.

자연형 조절 시스템에 의한 몇 가지 조절방법은 다음과 같다.

【1】 열환경조절(熱環境 調節)

건물구조 자체의 열용량을 우선적으로 고려한다. 벽이나 바닥 등이 중량인 구조체는 외부환경과 난방 시스템으로부터 열을 흡수하여 하나의 축열체로 작용하며, 온도의 변화속도가 느리고 변화범위도 작다. 이와 반대로 경량구조체는 열용량이 작아서 외부환경으로부터 흡수한 열이 건물 내부공기에 곧 흡수되어 축열효과가 감소됨으로써 온도의 변화속도가 빠르고 변화범위도 크다. 따라서 경량구조체에서는 자연형 시스템에 의한 열조절 능력을 기대하기 어려우며 우수한 냉·난방설비가 필요하다. 이러한 경량구조체의 열환경조절 능력을 보강하기 위하여 다음과 같은 방안이 제안된다.

① 외벽에 적절한 두께의 단열재를 사용하여 열손실을 방지하고, 창은 작게 하거나 이중창으로 할 것

② 태양열을 최대로 이용할 수 있는 방법을 고려할 것, 그러나 태양에 의한 일사와 일영효과를 동시에 고려하여야 하므로 창면적이 적정기준을 초과할 경우에는 스크린, 루버, 돌출핀, 캐노피 및 눈썹차양(eyebrow) 등과 같은 각종 수단을 이용해야 한다.

【2】 빛환경조절

자연채광과 인공조명을 적절하게 조합하여 사용해야 한다. 천공 및 일사현휘, 일사열 취득, 소음조절을 위해서는 가능한 한 창의 크기를 작게 하고 조망용으로 사용하며, 상시 실내보조인공조명(PSALI)을 계획하는 것이 좋다. 그러나 창을 조명원으로 사용할 경우에는 다음과 같은 방법으로 창의 다른 기능효과를 높일 수 있다.

① 루버나 캐노피의 사용
② 인접 벽체의 창을 통해 외부건물과 지표면이 보이게 하는 방법
③ 방의 내부를 밝은 색으로 처리하여 빛을 반사시키는 방법

항상 실내보조인공조명(PSALI)을 사용하면 실의 깊이를 깊게 하는 것이 가능하므로 정사각형에 가까운 형태를 계획할 수 있으며 동선 및 열환경조절에도 유리하다.

【3】 음환경조절

차음성은 일반적으로 구조물의 단위면적당 중량과 외벽의 연속성에 관련된다. 즉, 중량의 구조벽은 소음을 쉽게 차단할 수 있으나 경량의 구조벽은 매우 곤란하다. 자연형 조절방법은 다음과 같다.

① 외부소음원으로부터 가급적 멀리 건물을 배치할 것
② 장막벽(screen wall)의 사용과 식생에 의한 차음효과 이용
③ 지붕을 포함한 건물 전 외벽에 중량구조 채택
④ 소음원과 소음조절이 요구되는 공간 사이의 모든 공기유통로를 철저히 차단시킬 것

표 10-1은 종속환경 시스템 조절에서 특히 고려되어야 할 디자인 요소들을 나타낸 것이다.

표 10-1 자연형 조절을 위한 디자인

구 분	열 환 경	빛 환 경	음 환 경
배 치	· 국지 기후인자 · 일사량수열에 대한 최적방위 · 일영분석, 인동간격 · 식재, 식생, 인공구조물 · 기류분석	· 지역조명 · 방위분석 · 건물의 주광이용 · 환경특성 이용 · 외부공간 이용	· 음원특성 분석 · 소음분포도 예측 · 장벽(방음벽, 식수 등) 이용 · 지역특성 및 거리 이용 · 도시계획적 분석

표 10-1 (계 속)

구 분	열 환 경	빛 환 경	음 환 경
건물 매스	· 최적형태분석 · S/V 비 · S/F 비 · 밀집비(POP 비) · 체적비(VOLM 비)	· 건물형태구성 · 주광연출계획 · 주광율 예측 · 단면구조계획(실길이, 높이) · 공간분석(외기에 접촉여부)	· 음의 지향성 분석 · 최적형태 구성 · 최적공간 크기 · 단면형태 결정 · 건물 내 공간분석
평 면	· 향에 따른 실의 배치(사용시간대, 사용자, 사용빈도) · 건물의 적정장·단변비 결정 · 열적 조닝(zoning) · 평면형(기후특성에 따름) · 공간구성	· 실내조도·주광율 분포특성 · PSALI 및 배광계획 · 실의 인접성 및 깊이 검토 · 용도별, 사용시간별, 사용빈도별 조닝(zoning) · 광원배치와 채광기준 검토	· 무소음원에 따른 실배치 · 기하음향분석(반사, 확산, 회절) · 최적실크기 및 형태결정 · 음향적 조닝(zoning) · 건물방향 및 공간배치
건물외피	· 외피의 열적 성능기준 · 단열특성(열관류, 타임-래그) · 차양설계 · 자연형 태양열 시스템의 적용 · 복토효과 검토	· 창 디자인 계획 · 외피재료의 물성분석 · 수광 시스템 검토 · 주광사입 외피장치 · 반사율 계획	· 마감재료의 흡음특성 · 건물구조체의 차음성능기준 · 흡음 및 차음재의 적용 · 충격음, 설비음, 진동방지 · 차음판, 반사판 설치검토
건물개구부 (창, 문)	· 유리의 열적 특성 · 개구부의 위치 및 개폐방법(공기흐름형태 소요에너지량) · 방위에 따른 개구부의 적정크기 · 자연형 냉방을 위한 통풍 · 자연형 냉방, 구조체 냉각, 침기, 누적검토	· 창배치에 따른 빛의 방향성 분석 · 주광창 재료의 특성분석 · 생리적·심리적인 영향 고려 · 주광조절 시스템 고려 · 자연채광에 의한 에너지 절약유도	· 유리의 차음특성 · 개구부의 위치설정 · 소음장치설계 · 사운드 로비 설치 · 개구부 주위 기밀화 및 방음처리

10-2-3 건물성능 시스템

건물의 성능은 크게 환경적 성능과 건축적 성능으로 나눌 수 있으며 건물의 사용방법, 기후변동, 설비방법 등에 따라 달라진다. 그러나 최근에는 건물의 밀폐된 구조형식 때문에 각종 설비시설이 그 성능을 결정하게 되었으며, 이로 인해 무리한 방법으로 많은 에너지소비를 초래하고 있다. 따라서 자연기후와 평형을 이루는 건축환경 조절방법이 더욱 요구된다.

하나의 부위에 대해서도 많은 환경인자들이 복합적으로 작용하며 각각의 인자에 대한 그 성능도 달라진다. 예를 들면, 창문에 관련되는 인자로는 ① 전망 ② 일사열취득 ③ 채광 ④ 열손실과 열취득 ⑤ 환기 ⑥ 소음침입 등이 있는데, ④와 ⑥의 측면만을 고려할 경우에는 창문이 없는 건물이 최고의 성능을 가지나 ③의 측면에서는 창문이 클수록 유리하다. 또한 ②의 측면에서는 여름에는 창문이 작을수록, 겨울에는 클수록 성능이 좋아진다. 즉, 건물의 성능은 보는 관점에 따라 서로 상충될 수 있으며 건물이 최적성능을 갖도록 하기 위해서는 건물환경 시스템을 종합적으로 분석하여 자연형 조절방법과 설비형 조절방법을 적절히 사용하여야 한다.

건물 시스템은 종합성능을 결정하는 다양한 보조 시스템들로 구성된다. 가장 기본적인 보조 시스템으로는 구조·설비·공간분해 시스템 등이 있으며, 각 시스템들은 종합적인 성능의 향상을 위해 공간 내에 적절하게 배분되어야 한다. 그러나 각 시스템에는 서로 공유되는 요소가 있으며 그러한 요소들은 공간적으로 따로 분리할 필요가 없다(그림 10-7). 예를 들면, 내력벽과 같은 요소는 구조적이면서 공간분할의 기능을 가지지만 설비시설과는 관계가 없는 요소이다. 또 경우에 따라서는 그러한 공유요소들의 효과적인 배치로 공유의 폭을 더욱 높일 수 있다. 이러한 예로서 프리캐스트 콘크리트보와 기둥 내에 기계적 환기설비의 시설을 들 수 있다.

건물 시스템의 전체적인 종합에서 보조 시스템간의 상충을 피하고 상호양립시키는 해결은 전체 성능에 매우 중요하다. 예를 들면, 설비의 배분은 공간 사용에 무리가 없도록 주로 수직·수평적인 배관으로 이루어진다. 다층건물에서 수직적으로 연속되는 요소는 공간계획에 제약요소가 되며 어떤 구조적 시스템과의 공유가 요구된다. 그림 10-8은 기

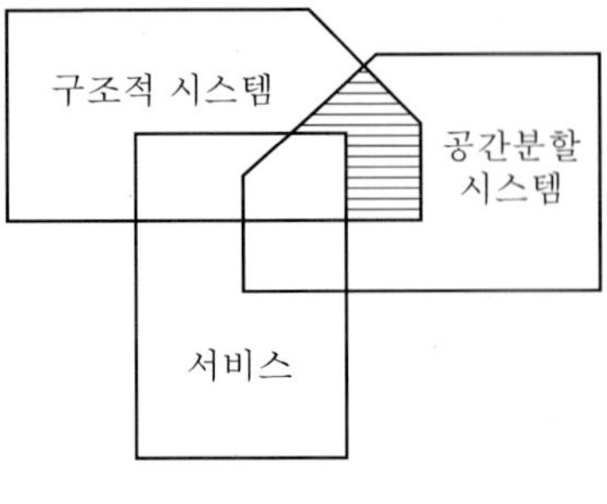

그림 10-7 건물보조 시스템의 공유성

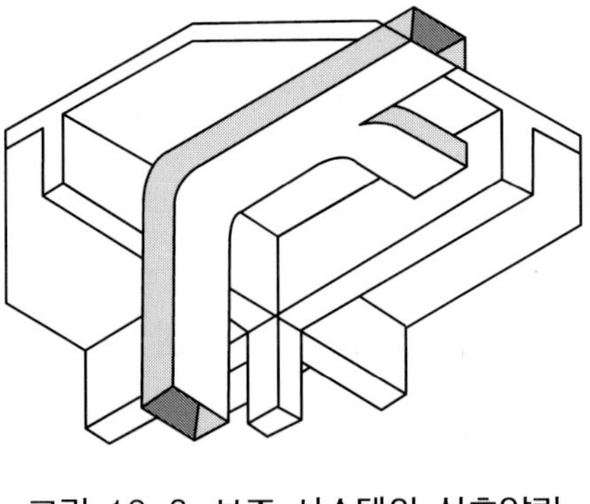

그림 19-8 보조 시스템의 상호양립

둥 내부에 덕트를 배치하고 덕트 양측을 감싸는 형식의 기둥으로 구조적인 강도를 증가시킴과 동시에 자유로운 수평 덕트 처리가 가능하도록 하는 구조방식의 예이다.

이러한 보조 시스템간의 상호보완적인 관계는 건물 시스템의 목적에 따라 달라지며, 그것은 비용과 융통성의 문제와 결부된다. 또한 건물의 고층화에 대한 요구는 설비적인 요소 뿐만 아니라 수직동선(계단, 리프트, 샤프트)도 중요하므로 건물 시스템은 설비, 구조, 동선 등의 보조 시스템을 경제적·미적 측면을 고려하여 건물의 목적과 기능에 적합한 최적성능을 얻을 수 있도록 조절하여야 한다.

10-3 건축환경 디자인

10-3-1 인간·환경·건물 시스템의 상호관계

건물을 물리적·문화적 기후의 수정자, 즉 하나의 필터라는 개념으로 볼 때 건물을 디자인하기 위해서는 인간·환경·건물 시스템의 세 가지 요소를 하나의 종합 시스템으로 이해하는 것이 필요하다. 이러한 세 가지 종속 시스템의 구체적인 내용은 표 10-2와 같다.

① 인간 시스템은 환경과 관련하여 인간의 요구충족의 관점에서 이해될 수 있다. 즉, 인간은 건물을 통해 생리적·공간적·감각적·사회적·심리적 요구를 충족시키고자 하며, 하나의 활동 시스템 내에서 상호작용한다.

② 건물 시스템은 인간의 요구충족을 위해 외부환경조건을 이용 가능한 자원과 기술을 활용하여 조절함으로써 쾌적한 내부환경을 형성하는 것이며, 환경조절은 ① 건물외피를 통해 외부환경조건을 선택적으로 받아들이거나 여과·차단하는 방법, ② 첫 번째의 방법이 부적절하거나 비용이 많이 들 때 에너지를 사용하여 내부환경을 보조하는 방법으로 이루어진다. 건물은 인간의 각종 감각(시각, 청각, 후각, 온·냉감각, 근골감각, 평형감각)에 자극물로서 인간에게 작용하며 방의 크기와 형태, 가구배치, 감각적 환경속성, 동선 패턴 및 기타 커뮤니케이션 수단을 통해 인간이 다른 사람과 상호작용하는 유기체로서 기능하는 활동방식(activity pattern)에 영향을 미친다.

③ 환경 시스템은 외부에 존재하는 물리적·심리적·문화적, 그리고 내부의 감각적 종속환경 시스템으로 구성된다. 오늘날 환경적 기후라는 개념도 자연적 기후뿐만 아니라 문화적 기후, 즉 사회적·정치적·경계적·도덕적·심미적 기후 및 심리적·생태적 기후까지 포함한 개념으로 확대되었다. 또한 쾌적의 개념도 종래의 수동적인 개념에서 인간에게 자극장으로서, 즉 감각적 자극물의 개념으로 확대되었다. 이러한 의미에서 건축은 문화적 환경기후에 의하여 많은 영향을 받는다.

표 10-2 인간·건물·환경 시스템의 상호관계 모델

인간 시스템		건물 시스템		환경 시스템	
사용자의 요구	건축주의 목적	건축기술	내부환경	사회문화적 관계	물리적 관계
특정의 활동을 마련함 :	투자에 대한 보상 :	특정의 활동에 적합한 환경을 제공하기 위한 외부환경의 수정 :	활동수행을 위한 물리적 조건의 제공 :		주어진 대지 :
생리적 기갈, 호흡 배설, 활동 휴식 공간적 기능적(내부 시설 포함) 지역적 입지목적 정적, 동적	안전, 위신, 이익 변화를 위한 확장 내지는 증축, 생산, 적응성, 사기, 안정성	이용가능한 자원 현금 재료 노동 1장비 구조 시스템 매스, 평면, 골조 공간분할 시스템 환경, 정보 골조	공간환경 활동 기능 동선 커뮤니케이션	사회적 환경 사회적 정치적 경제적 과학적 기술적 역사적 심미적 종교적	외부물리적 환경 기후적 지질적 지형적 외부감각적 종속환경 열환경(일사) 빛환경(일조) 음환경(소음)
감각적 시각, 청각 열과 냉·후각 근골감각 평행감각 사회심리적 프라이버시 개인공간 영역성	사용자의 후생, 동기유발 등을 고무하기 위한 특별활동의 수용	서비스 시스템 환경, 정보 수송 내부시설 시스템 가구장식 설비	내부감각적 종속환경 열환경 빛환경 음환경	심리적 환경 심리적 생태적	기타 제약 토지 이용 기존건물 형태 교통 패턴 법규

*(T. A. Markus의 건물-환경-활동-목적 모델. G. H. Broadbent 각색, 필수수정

10-3-2 환경 디자인의 프로세스

인간·환경·건물의 세 가지 주요 시스템 및 각 종속 시스템의 상호작용의 관점에서 볼 때 건축환경 디자인은 인간·환경 시스템, 구조, 서비스 등의 건물구성과 통제된 내부환경 사이에 발생하는 모든 상호작용을 포함하는 건물 시스템 자체를 상호조화시키는 연속된 과정이다.

환경 디자인은 다음과 같은 단계로 진행한다.

① 건축주의 목적 ② 사용자에 관한 정보파악과 활동분석

③ 외부환경에 관한 정보분석　　　　④ 환경적 요구분석
⑤ 대안설정을 위한 평가　　　　　⑥ 거주 후 평가

【1】 건축주에 관한 정보

건축주(建築主)가 새로운 건물을 짓는다는 것은 사회적·문화적·심미적인 의미에서 환경적 기후에 적합한 건축공간을 얻고자 하는 것으로, 이것은 다음과 같다.

① 기능적 동기 : 이미 사용 중인 기존건물의 공간적 협소함, 실내기후환경의 부적합함, 각 활동의 원활한 상호작용에 대한 공간적인 제약 등

② 경제적 동기 : 유효바닥면적/임대에 의한 수익, 대지와 건물 자체의 자본화 등

③ 사회적 동기 : 위신, 권력, 능력의 과시

【2】 사용자에 관한 정보파악과 활동분석

건축주의 건축동기가 설정되면 건물의 사회적 유형으로부터 건물의 사용자(使用者)를 전반적으로 파악한다. 먼저 활동의 목록을 작성하여 건축주의 의도나 기존건물의 분석을 통해 각 활동의 경제적인 타당성을 검토한다. 즉, 구조, 공간, 시설 서비스 및 순환동선에 대한 요구의 측면에서 각 활동이 요구하는 최초비용은 얼마나 되는가, 각 구성원의 활동시간과 구조, 공간, 순환, 서비스 및 유지에 대한 측면에서 각 활동의 운용비는 얼마나 되는가 등의 타당성 검토를 통해 활동의 수용 여부를 결정한다.

수객할 활동이 결정된 후에는 건물의 유효한 3차원 공간 속에서 활동들의 위치를 결정하기 위해 정보를 분류한다. 건물에서의 활동의 위치를 결정하는 요소는 ① 소요물리적 공간, ② 환경적 조건, ③ 다른 활동과의 관계, ④ 건물의 구조에 미치는 영향 등의 네 가지가 있다.

또한 각 활동들은 ① 한 활동에서 다른 활동으로의 물리적 이동이라는 기능적 측면, ② 각 활동들이 요구하는 환경적 측면, ③ 각 활동들의 상호작용에 따른 사회적 측면 등에 의해 상호연관될 수 있으며, 이러한 기능적·환경적·사회적 측면 등을 바탕으로 각 활동은 중요도에 따라 연속적인 우선순위가 결정된다. 예를 들면, 환경적 측면에서 정적을 요구하는 활동을 굳이 소음이 많은 쪽에 위치시킬 필요가 없으며, 똑같은 요구를 갖는 활동이 서로 공간을 차지하려고 경쟁할 경우 우선순위에 따라 결정한다.

【3】 외부환경에 관한 정보

건물은 기후를 수정하는 하나의 장치라고 볼 때 가능한 한 최소의 수정을 요하는 조건의 대지를 선정한다. 입지는 일반적으로 기후라는 인자에 의해 결정되며, 그 외에도

건축재료, 시장, 노동력, 직장, 학교, 상점, 위락시설 등과의 관계에 따른 사회적·경제적 인자에 의해 결정된다. 대지가 일단 선정되면 활동에 관한 정보를 바탕으로 대지를 분석한다. 먼저 인접건물, 서비스 시설(가스, 수도, 전기, 전화, 하수도 등)을 파악하고 법적·계획적·재정적 제약인자에 따라 허용건축선을 설정하여 3차원적으로 대지를 그려낸다.
각종 감각에 관련된 후속환경 시스템의 요소는 다음과 같다.

① 시각적 : 일조, 건물, 수목, 조망 문제

② 청각적 : 소음원(특히 산업시설, 도로, 철도, 항공교통에 의한 소음)

③ 열적 : 일사(태양열취득을 고려할 것), 상풍향, 강우 및 기타 기후적 조건

④ 후각적 : 쾌적·불쾌적의 냄새원(특히 산업시설, 도로 및 철도교통에 의한 냄새)

【4】 환경적 요구분석

각종 활동의 환경적(環境的) 요구를 대지가 제공한 환경에 조화시켜야 한다. 각 주요 활동들은 우선순위에 따라 공간 내에서 위치가 결정되며, 주요 활동을 중심으로 제2의 보조활동들이 건물 내·외부를 중심으로 전개되는 동선에 따라 배치된다. 이러한 과정을 통해 각 활동들이 어떤 공간에 위치하게 되면 물리적인 칸막이나 벽 등을 이용하여 여러 가지 활동들을 분할한다. 이때 시각적·청각적 프라이버시에 대한 사용자의 요구를 고려하여 그 개방 정도를 결정한다(그림 19-9).

【5】 대안선정을 위한 평가

환경적 요구에 의해 방들을 배치한 후에는 가장 적합한 안을 선정하기 위한 평가작업이 필요하다. 즉, 건물이 제대로 기능할 수 있는가, 보다 나은 다른 해결 가능성이 없는가 등을 확인하기 위하여 각 종속 시스템별로 일련의 체크 리스트를 검토해야 한다.

① 구조적인 측면에서 건물이 세워질 수 있는가를 검토

② 건물의 용적과 면적을 바탕으로 소요재료에 따른 소요건축비의 선정

③ 건물을 하나의 외피로 볼 때 열·빛·음환경조절의 기능이 제대로 수행될 수 있는가를 검토

④ 건축가, 건축주, 사용자 등이 그 건물의 상징적인 분위기를 어떻게 평가할 것인가를 검토

설비는 건물구조 자체에 의해서 제공되는 제2의 환경을 수정·보완하는 기능을 갖는다. 평가과정을 통해 건물형태가 선정되면 구조형에 따른 설비시설을 계획한다. 즉, 건물구조 자체의 특성에 따라 환경기준치를 산정하며, 그러한 기준치를 연중 내내 허용수준

으로 유지하기 위해 필요한 설비가 무엇인가를 결정한다. 설비의 형태를 결정하고 나면 시설의 투자비와 운용비를 산정할 수 있으며, 그러한 결과를 바탕으로 건축주에게 대안을 제시할 수 있다. 예를 들면, 어떤 구조의 건물에서는 어떤 방의 소음방해도가 ndB이므로 추가비용을 들여 이중유리창을 설치함으로써 방해도가 mdB로 떨어질 것이라고 제안할 수 있다.

이러한 평가과정은 처음 선택된 구조가 여러 가지 환경적 요구에 맞는가를 알기 위해 반복되며, 이미 선택된 구조가 환경적으로 결함이 있으면 설비시설에 의하여 수정·보완된다.

월평균기후(서울)

구분 \ 월		1	2	3	4	5	6	7	8	9	10	11	12
기온 [℃]	최고	−0.4	2.8	8.7	16.5	22.5	26.5	29.2	30.5	26.1	19.9	11.7	3.2
	최저	−9.5	−6.5	−1.1	5.3	11.1	16.3	21.1	21.7	15.7	7.9	1.3	−5.4
	평균	−4.9	−1.9	3.6	10.5	16.3	20.8	24.5	25.4	20.3	13.4	6.3	−1.2
일조시간 [h]		180.4	181.7	207.4	227.4	256.8	213.9	179.3	201.5	205.6	13.4	179.6	160.5
강수량 [mm]		17.1	21.0	55.6	68.1	86.3	169.3	358.0	224.2	142.3	49.2	36.0	32.0

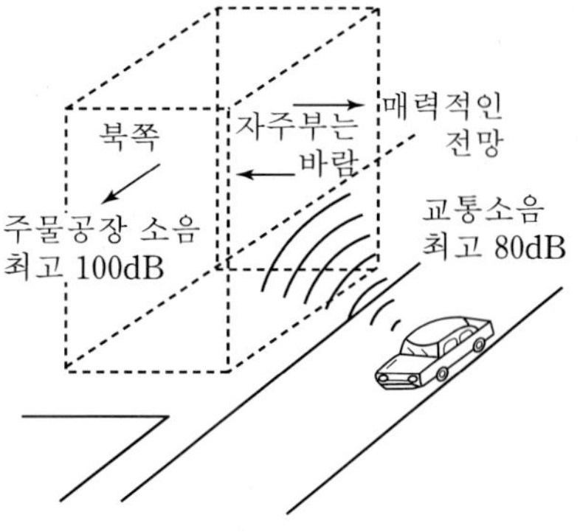

대지조사(환경적)

그림 10-9 기후적·감각적(소음, 냄새, 시각적 매력의 원천)**·사회적 정보와 교통정보 등이 허용건축선에 반영·작성되어 환경적 요구를 구성한다.**

【6】 거주 후 평가

거주 후 평가(post occupancy evaluation)란 건물이 완공된 후 사용중인 건물이 본래의 기능을 제대로 수행하고 있는지의 여부를 진단하는 과정이다. 디자이너들은 일단 설계가 끝나면 또 다른 건물의 설계작업에 몰두하게 되므로 실제 건물이 완공되어 사용될 때에는 처음 디자인 의도대로 사용자의 요구가 충족되었는지, 또는 시공은 잘 되었더라도 처음부터 사용자의 요구를 잘못 파악하여 오히려 사용자에게 불편을 초래하지 않는지를 알 수 없게 된다. 따라서 사용중인 건물을 평가함으로써 새로운 디자인을 할 때나 시간이 경과함에 따라 건물을 개조할 필요가 있을 때 좋은 설계지침이 된다.

거주 후 평가는 다음 세 가지 요소에 중점을 둔다.

① 기술적 요소 : 외벽의 열적·구조적 성능, 화재에 대한 안전, 구조적 안전성, 내부마감, 조명, 음향, 난방, 환기, 설비시설의 효용성

② 기능적 요소 : 공간의 배치, 동선, 인간공학적인 요소, 수납공간, 융통성

③ 행동적 요소 : 발생하는 활동, 각 공간의 기능, 영역성, 독립성과 사회적 접촉, 이미지

10-3-3 앞으로의 연구방향

지금까지 건축환경의 물리적 종속 시스템(열, 빛, 음)을 인간과 환경의 관계에서 체계적으로 살펴보았다. 그러나 각 물리적 환경요소들은 인간을 둘러싸고 있는 환경조건의 일부에 불과하다. 건축환경계획시 디자이너는 열·빛·음환경의 문제를 별개로 분리시켜 고려할 것이 아니라 이것들을 종합하여 인간·건물·환경 시스템의 총체로서 건물을 설계하여야 한다. 따라서 인간·건물·환경 시스템의 생태학적 관점에서 인간의 기본적 요구 및 사회적 요구와 환경요소간의 상호작용, 건물 시스템과 인간행동의 대응, 환경 디자인 프로세스 등 건축환경 디자인 방법에 대한 보다 체계적이고 구체적인 연구가 요망된다.

참 고 문 헌

1. Abercrombie, M. L. Johnson, *The Anatomy of Judgement*, Hutchinson of London, 1960
2. Altman, I., *The Environment and Social Behavior*, Brooks/Cole publishing company, 1975
3. Altman, I., M. Chemers, *Culture and Environment*, Brooks/Cole Publishing Company, 1980
4. Bell, P. A., et al., *Environmental Psychology*, W. B. Saunders Company, 1978
5. Brebner, J., *Environmental Psychology in Building Design*, Applied Science Publisher Ltd., 1982
6. Broadbent, G., *Design in Architecture*, John Wiley & Sons, 1973
7. Canter, D., *Environmental Interaction*, Surrey University Press, 1975
8. Canter, D., *Psychology for Architects*, Applied Science Publishers Ltd., 1974
9. Hall, E. T., *The Hidden Dimension*, The Bodley Head Ltd., 1966
10. Heimsath, C., *Behavioral Architedture*, McGraw-Hill Inc., 1977
11. Heimstra, N. W. & L. H. Mcfarling, *Environmental Psychology*, Brooks/Code Publishing Company, 1978
12. Hesselgren, S., *Man's Perception of Man-made Environment*, Dowden, Hutchinson & Ross, Inc., 1975
13. Hutcheon, N. B. & Gustav O. P. Handegord, *Building Science*, John Wiley & Sons, 1983, pp. 1~9
14. Holahan, C. J., *Environmental Psychology*, Random House, Inc., 1982
15. Kemper, A. M. *Architectural Handbook*, John Wiley & Sons, 1979
16. Laang, J., et al., *Designing for Human Behavior*, Dowden, Hutchinson & Ross, Inc., 1977
17. Markus, T. A., et al., *Building Performance*, Applied Science Publishers Ltd., 1972
18. Markus, T. A. & E. N. Moris, *Buildings Climate and Energy*, Pitman Publishing Limited, 1980, pp. 1~32

부 록

- 설계자료
  - Ⅰ. 열 환 경
  - Ⅱ. 빛 환 경
  - Ⅲ. 음 환 경
- 용어정의
- 단위 및 환산표

■ 설계자료

I. 열 환 경

부록 I-1 습한 공기선도

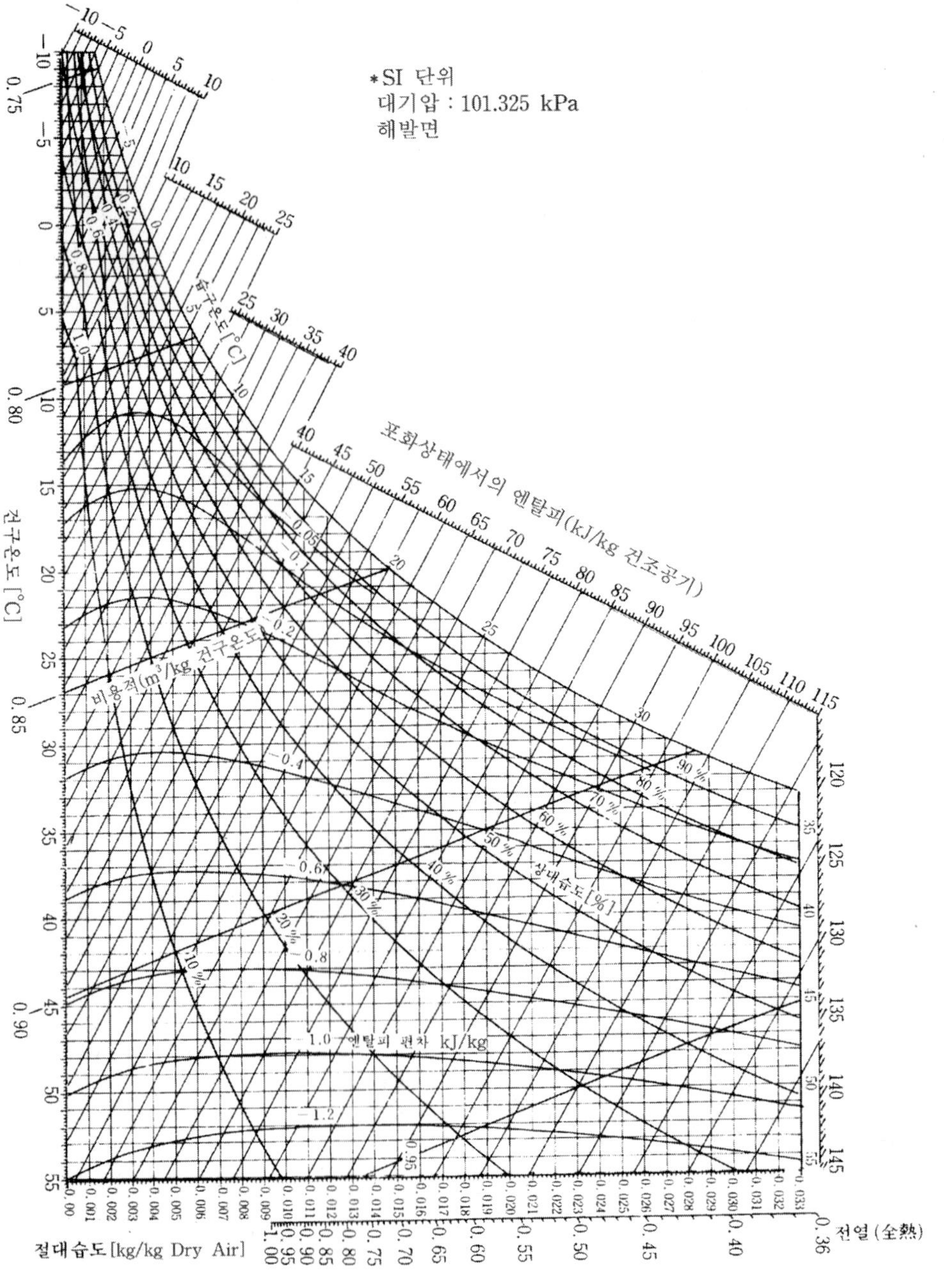

부록 I-2 각종 재료의 밀도 및 열전도율

재료명	밀도 [kg/m³]	열전도율 [W/m℃]
단열재료		
석 면	130	0.046
	240	0.075
코르크		
보 드	145	0.042
바닥 타일	540	0.085
카펫 하부 펠트	120	0.045
섬유판(연질)	300	0.057
유리섬유		
매트형	80	0.035
두루마리형	145	0.042
케이폭, 두루마리형	20	0.035
광물면		
펠 트	50	0.039
매 트	180	0.042
펄라이트립	65	0.042
폴리스티렌판	15	0.037
	25	0.034
폴리우레탄		
발 포	30	0.026
경 질	30	0.020
밀짚판	350	0.110
우레아폼	12	0.036
	15	0.032
버미큘라이트	100	0.065
목모판	500	0.100
	600	0.110
건축재료		
석면 시멘트판	1360	0.25
	1600	0.40
	2000	0.55
아스팔트 루핑		
무기섬유	1600	0.43
매스틱 아스팔트	2325	1.15
벽 돌	2200	1.30
	1800	0.96
	1500	0.65
시멘트 모르타르	1800	0.53
회반죽		
모 래	2000	0.63
버미큘라이트	500	0.18
팽창점토	750	0.25
기포성 용재	1200	0.30
목 판	800	0.15
고밀도 자갈골재		
콘크리트	2300	1.80
	2100	1.40
팽창점토골재	1600	0.73
소성골재	1600	0.55
클링커	1400	0.57
하드보드	600	0.08
금 속		
강 철	7830	58
알루미늄	2675	220
동	8938	350
플라스터판	950	0.16
마 감		
석 고	1280	0.46
버미큘라이트	640	0.20
(풍화한 흑운모)		
합 판	530	0.14
석 재		
사 암	2000	1.30
석회암	2180	1.40
대리석	2500	2.00
화강암	2600	2.50
천연 슬레이트	2700	2.00
목 재		
연 재	610	0.13
건 재	700	0.15

부록 I-3 열관류율(K)

열 관 류 율	K[W/m^2 ℃]
벽 체	
벽돌 내측 회반죽	
105 mm	3.00
220 mm	2.10
335 mm	1.70
같은 종류(단, 경량회반죽)	
105 mm	2.50
220 mm	1.90
335 mm	1.50
같은 종류(단, 플라스터판 라이닝)	
105 mm	2.80
220 mm	2.00
335 mm	1.60
내측 260 mm 모르타르 바름 벽돌, 중공벽, 내측 260 mm 회반죽	1.50
같은 종류, 경량 플라스터	1.30
같은 종류, 중공벽, 105 mm 벽돌+50 mm 공기층+100 mm 경량	0.96
콘크리트 블록	
콘크리트벽, 150 mm	3.50
같은 종류+50 mm 목모판, 회반죽	1.10
프리캐스트 로크리트 패널 75 mm	4.30
같은 종류+25 mm 폴리스티렌+150 mm 경량 콘크리트	0.72
목골조, 판장, 지리장+50 mm 유리섬유+10 mm 플라스터판	0.62
지 붕	
150 mm 콘크리트 슬래브+20 mm 아스팔트 또는 3층 역청 펠트	3.40
같 은 종류+50 mm 회반죽 천장	2.20
금속판 지붕, 13 mm 섬유판+20 mm 아스팔트 또는 역청 펠트	2.20
같은 종류(단, 섬유판을 25 mm 폴리스티렌으로 함)	1.10
알루미늄 포일을 10 mm 플라스터판 천장의 기와지붕	1.50
같은 종류, 기와 하부에 판장	1.30
같은 종류(단, 천장에 50 mm 유리섬유)	0.50
파형석면 슬레이트판	
같은 종류(단, 10 mm 알루미늄 포일을 붙인 플라스터판 천장)	6.10
	1.90
알루미늄파판	
같은 종류(단, 10 mm 알루미늄 포일을 씌운 플라스터판 천장)	3.80
	1.90

부록 Ⅰ-4 표면열전달률 (f [W/m² ℃])

표면열전달률	표면복사율 (ε)	
	높음(0.9)	낮음(0.05)
실내표면 열전달률 (f_i)		
내 벽	8.13	3.29
천장 또는 바닥		
상향열류	9.43	4.59
하향열류	6.67	1.78
실외표면 열전달률 (f_o)		
외 벽		
비바람이 보통인 경우	12.50	9.09
보통의 경우	18.18	14.93
비바람이 심한 경우	33.33	33.33
지 붕		
비바람이 보통인 경우	14.29	11.11
보통의 경우	22.22	18.87
비바람이 심한 경우	50.00	50.00

부록 Ⅰ-5 공기층의 열컨덕턴스 (C_c [W/m² ℃])

공기층의 종류	표면복사율 (ε)	
	높은 경우	낮은 경우
환기 없는 공기층		
5 mm		
수평 또는 상향열류	9.09	5.56
하향열류	9.09	5.56
20 mm		
수평 또는 상향열류	5.56	2.86
하향열류	4.76	0.94
알루미늄 포일 단열재 사용		
수평 또는 상향열류	–	1.61
하향열류	–	0.57
공기가 유통하는 공기층		
금속 시멘트 천장과 암색금속판 지붕 사이	6.25	3.33[1)]
천장과 석면 슬레이트 지붕 사이	7.14	4.00[1)]
천장과 기와지붕 사이	5.56	3.37[1)]
일반공기층	5.56	–

* 1) 지붕 하부가 밝은 색의 금속 또는 천장 상부에 알루미늄 포일을 붙인 경우

부록 I-6 수평면 일영곡선(horizontal gnomonic sun-path diagram)

(a) 위도 32°(N)

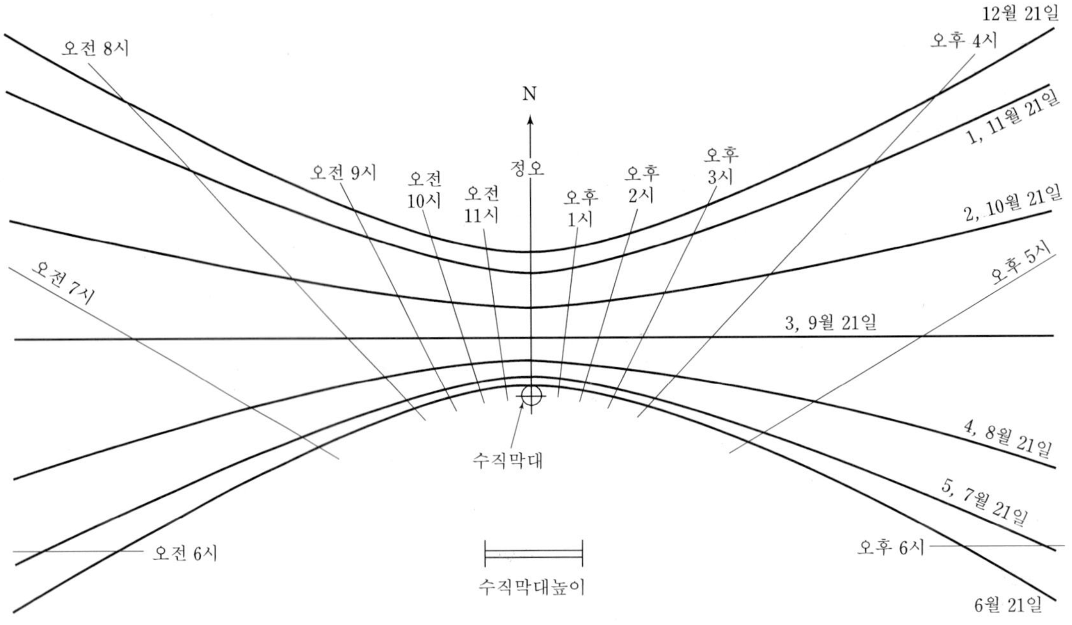

(b) 위도 36°(N)

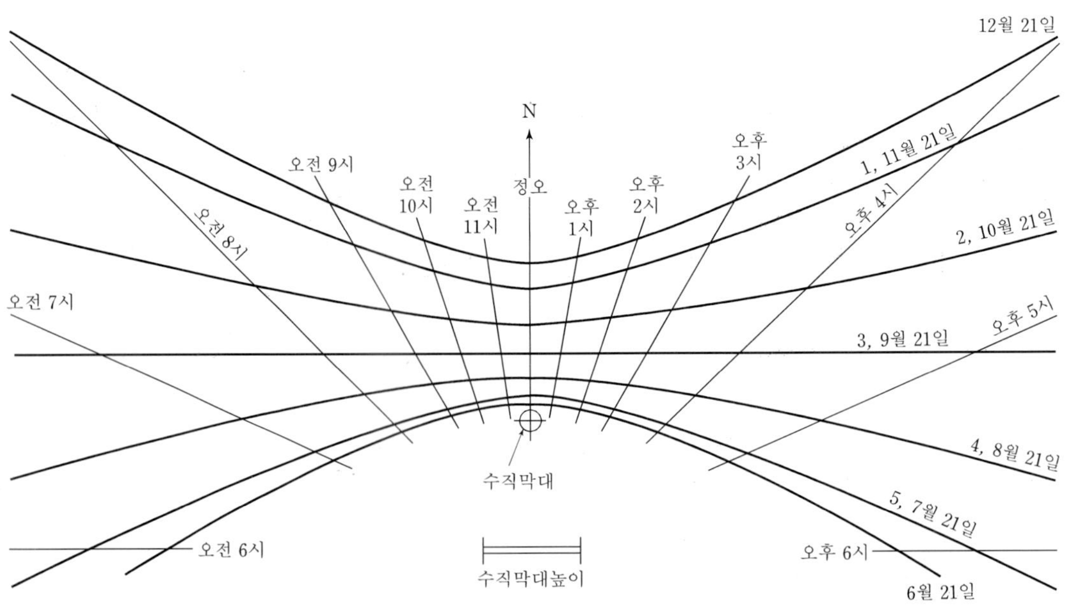

(c) 위도 40°(N)

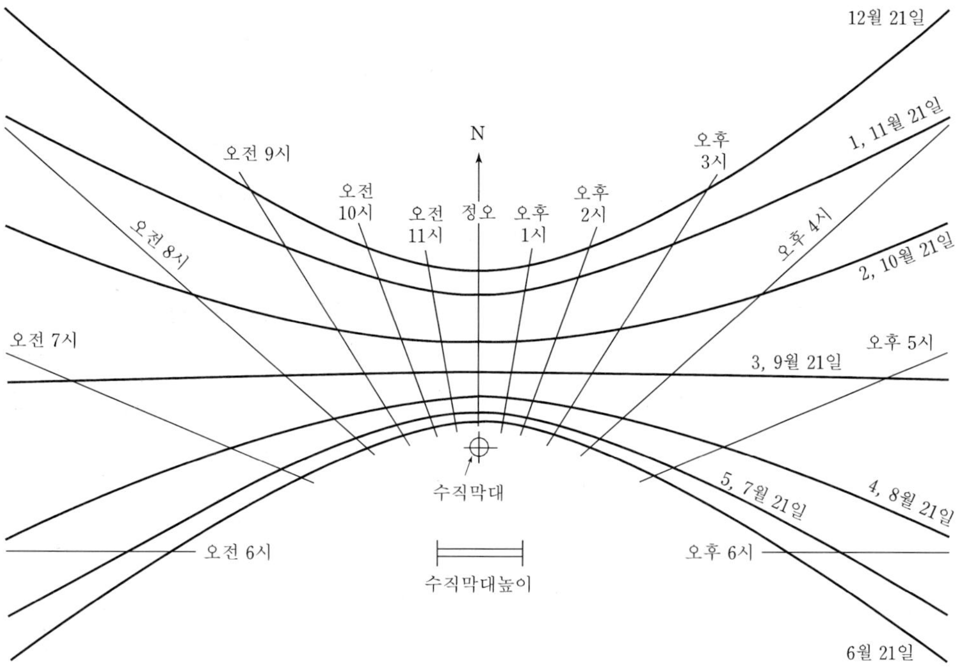
12월 21일
1, 11월 21일
2, 10월 21일
3, 9월 21일
4, 8월 21일
5, 7월 21일
6월 21일
N
오전 6시
오전 7시
오전 8시
오전 9시
오전 10시
오전 11시
정오
오후 1시
오후 2시
오후 3시
오후 4시
오후 5시
오후 6시
수직막대
수직막대높이

부록 I-7 방위별 대지조건에 따른 일조시간별 인동계수 (a) 서울지방

서울 \ 일조시간		2			3			4			5			6		
향	대지조건	오전	정오	오후	오전	정오	오후	오전	정오	오후	오전	정오	오후	오전	정오	오후
S-45°-W	평지	0.95	1.27	1.68	0.79	1.27	1.94	0.62	1.27	2.29	0.42	1.27	2.77	0.16	1.27	3.52
	5°	0.88	1.15	1.46	0.74	1.15	1.66	0.59	1.15	1.91	0.41	1.15	2.23	0.15	1.15	2.69
	10°	0.81	1.04	1.29	0.69	1.04	1.45	0.56	1.04	1.63	0.39	1.04	1.86	0.15	1.04	2.17
	15°	0.76	0.95	1.16	0.65	0.95	1.28	0.53	0.95	1.42	0.38	0.95	1.59	0.15	0.95	1.81
	20°	0.7	0.87	1.04	0.61	0.87	1.14	0.51	0.87	1.25	0.36	0.87	1.38	0.15	0.87	1.54
	-5°	1.03	1.43	1.96	0.85	1.43	2.34	0.66	1.43	2.86	0.44	1.43	3.66	0.16	1.43	5.08
S-30°-W	평지	1.35	1.56	1.87	1.27	1.56	2.08	1.2	1.56	2.37	1.13	1.56	2.79	1.07	1.56	3.44
	5°	1.21	1.37	1.6	1.14	1.37	1.76	1.08	1.37	1.97	1.03	1.37	2.24	0.98	1.37	2.65
	10°	1.09	1.22	1.4	1.04	1.22	1.52	0.99	1.22	1.67	0.94	1.22	1.87	0.9	1.22	2.14
	15°	0.99	1.1	1.24	0.95	1.1	1.34	0.91	1.1	1.45	0.87	1.1	1.6	0.83	1.1	1.79
	20°	0.91	1.0	1.11	0.87	1.0	1.18	0.83	1.0	1.27	0.8	1.0	1.38	0.77	1.0	1.53
	-5°	1.53	1.81	2.23	1.43	1.81	2.55	1.33	1.81	3.0	1.25	1.81	3.69	1.18	1.81	4.93
S-15°-W	평지	1.66	1.74	1.93	1.66	1.74	2.08	1.69	1.74	2.3	1.76	1.74	2.62	1.91	1.74	3.13
	5°	1.45	1.51	1.65	1.45	1.51	1.76	1.47	1.51	1.91	1.53	1.51	2.13	1.64	1.51	2.46
	10°	1.29	1.33	1.44	1.28	1.33	1.52	1.3	1.33	1.63	1.34	1.33	1.79	1.43	1.33	2.02
	15°	1.15	1.19	1.27	1.15	1.19	1.34	1.16	1.19	1.42	1.2	1.19	1.54	1.26	1.19	1.7
	20°	1.04	1.07	1.13	1.04	1.07	1.18	1.05	1.07	1.25	1.07	1.07	1.34	1.13	1.07	1.46
	-5°	1.95	2.06	2.32	1.94	2.06	2.54	1.98	2.06	2.87	2.08	2.06	3.39	2.3	2.06	4.31
S	평지	1.86	1.80	1.86	1.94	1.8	1.94	2.07	1.8	2.06	2.27	1.8	2.27	2.62	1.8	2.61
	5°	1.6	1.56	1.6	1.66	1.56	1.66	1.75	1.56	1.75	1.9	1.56	1.86	2.13	1.56	2.12
	10°	1.4	1.37	1.4	1.45	1.37	1.44	1.52	1.56	1.51	1.62	1.56	1.62	1.79	1.37	1.79
	15°	1.24	1.22	1.24	1.28	1.22	1.27	1.33	1.22	1.33	1.41	1.22	1.41	1.54	1.22	1.54
	20°	1.11	1.09	1.11	1.14	1.09	1.14	1.18	1.09	1.18	1.24	1.09	1.24	1.34	1.09	1.34
	-5°	2.22	2.14	2.22	2.34	2.14	2.33	2.53	2.14	2.52	2.84	2.14	2.82	3.41	2.14	3.38
S-15°-E	평지	1.93	1.74	1.66	2.09	1.74	1.66	2.31	1.74	1.69	2.63	1.74	1.76	3.16	1.74	1.91
	5°	1.65	1.51	1.45	1.76	1.51	1.45	1.92	1.51	1.47	2.14	1.51	1.52	2.47	1.51	1.63
	10°	1.44	1.33	1.29	1.53	1.33	1.28	1.64	1.33	1.3	1.8	1.33	1.34	2.03	1.33	1.43
	15°	1.27	1.19	1.15	1.34	1.19	1.15	1.43	1.19	1.16	1.54	1.19	1.2	1.71	1.19	1.26
	20°	1.13	1.07	1.04	1.19	1.07	1.03	1.25	1.07	1.05	1.34	1.07	1.07	1.47	1.07	1.13
	-5°	2.33	2.06	1.95	2.55	2.06	1.94	2.89	2.06	1.98	3.42	2.06	2.08	4.36	2.06	2.29
S-30°-E	평지	1.87	1.57	1.35	2.09	1.57	1.27	2.39	1.57	1.2	2.81	1.57	1.13	3.47	1.57	1.07
	5°	1.61	1.38	1.21	1.77	1.38	1.14	1.97	1.38	1.08	2.26	1.38	1.03	2.66	1.38	0.98
	10°	1.41	1.23	1.09	1.53	1.23	1.04	1.68	1.23	0.99	1.88	1.23	0.94	2.15	1.23	0.90
	15°	1.25	1.1	0.99	1.34	1.1	0.95	1.46	1.1	0.91	1.6	1.1	0.87	1.8	1.0	0.83
	20°	1.11	1.0	0.91	1.19	1.0	0.87	1.28	1.0	0.83	1.39	1.0	0.8	1.53	1.0	0.77
	-5°	2.24	1.81	1.54	2.56	1.81	1.43	3.02	1.81	1.34	3.73	1.81	1.26	4.99	1.81	1.18
S-45°-E	평지	1.69	1.28	0.95	1.95	1.28	0.8	2.31	1.28	0.63	2.8	1.28	0.43	3.56	1.28	0.17
	5°	1.47	1.15	0.88	1.67	1.15	0.74	1.92	1.15	0.59	2.25	1.15	0.41	2.71	1.15	0.17
	10°	1.3	1.04	0.82	1.45	1.04	0.7	1.64	1.04	0.56	1.87	1.04	0.4	2.19	1.04	0.16
	15°	1.16	0.95	0.76	1.28	0.95	0.66	1.43	0.95	0.54	1.6	0.95	0.38	1.82	0.95	0.16
	20°	1.04	0.87	0.71	1.14	0.87	0.62	1.25	0.87	0.51	1.39	0.87	0.37	1.55	0.87	0.16
	-5°	1.98	1.44	1.04	2.36	1.44	0.86	2.89	1.44	0.66	3.7	1.44	0.45	5.16	1.44	0.17

(b) 전주지방

서울 \ 일조시간		2			3			4			5			6		
향	대지조건	오전	정오	오후	오전	정오	오후	오전	정오	오후	오전	정오	오후	오전	정오	오후
S-45°-W	평지	0.88	1.19	1.57	0.73	1.19	1.82	0.57	1.19	2.14	0.38	1.19	2.59	0.13	1.19	3.26
	5°	0.82	1.08	1.38	0.68	1.08	1.57	0.54	1.08	1.8	0.37	1.08	2.11	0.13	1.08	2.54
	10°	0.76	0.98	1.23	0.65	0.98	1.38	0.51	0.98	1.56	0.35	0.98	1.78	0.13	0.98	2.07
	15°	0.71	0.9	1.11	0.61	0.9	1.22	0.49	0.9	1.36	0.34	0.9	1.53	0.13	0.9	1.74
	20°	0.67	0.83	1.0	0.58	0.83	1.1	0.47	0.83	1.2	0.33	0.83	1.33	0.13	0.83	1.49
	-5°	0.95	1.33	1.82	0.78	1.33	2.17	0.6	1.33	2..64	0.39	1.33	3.35	0.13	1.33	4.56
S-30°-W	평지	0.97	1.46	1.74	1.03	1.46	1.95	1.1	1.46	2.22	1.17	1.46	2.6	1.26	1.46	3.18
	5°	0.89	1.29	1.51	0.95	1.29	1.66	1.0	1.29	1.86	1.06	1.29	2.12	1.13	1.29	2.49
	10°	0.83	1.16	1.33	0.87	1.16	1.45	0.92	1.16	1.59	0.97	1.16	1.78	1.03	1.16	2.04
	15°	0.77	1.05	1.19	0.81	1.05	1.28	0.85	1.05	1.39	0.89	1.05	1.53	0.94	1.05	1.72
	20°	0.72	0.95	1.07	0.75	0.95	1.14	0.79	0.95	1.23	0.82	0.95	1.34	0.86	0.95	1.47
	-5°	1.06	1.67	2.06	1.14	1.67	2.35	1.22	1.67	2.75	1.31	1.67	3.36	1.41	1.67	4.41
S-15°-W	평지	1.55	1.62	1.8	1.54	1.62	1.94	1.56	1.62	2.14	1.62	1.62	2.43	1.74	1.62	2.89
	5°	1.36	1.42	1.55	1.36	1.42	1.66	1.37	1.42	1.8	1.42	1.42	2.0	1.51	1.42	2.31
	10°	1.22	1.26	1.37	1.21	1.26	1.45	1.22	1.26	1.55	1.26	1.26	1.7	1.33	1.26	1.91
	15°	1.09	1.13	1.21	1.09	1.13	1.28	1.1	1.13	1.36	1.13	1.13	1.47	1.19	1.13	1.63
	20°	0.99	1.02	1.09	0.99	1.02	1.14	1.0	1.02	1.2	1.02	1.02	1.29	1.07	1.02	1.41
	-5°	1.79	1.89	2.14	1.78	1.89	2.34	1.81	1.89	2.63	1.88	1.89	3.08	2.05	1.89	3.86
S	평지	2.39	1.68	1.73	2.09	1.68	1.8	1.91	1.68	1.91	1.8	1.68	2.1	1.73	1.68	2.4
	5°	1.98	1.47	1.5	1.77	1.47	1.56	1.64	1.47	1.64	1.56	1.47	1.77	1.5	1.47	1.98
	10°	1.68	1.30	1.33	1.53	1.30	1.37	1.43	1.30	1.43	1.37	1.30	1.53	1.33	1.3	1.68
	15°	1.46	1.16	1.18	1.34	1.16	1.22	1.26	1.16	1.27	1.21	1.16	1.34	1.18	1.16	1.46
	20°	1.28	1.04	1.06	1.19	1.04	1.09	1.13	1.04	1.13	1.09	1.04	1.19	1.06	1.04	1.28
	-5°	3.02	1.97	2.04	2.56	1.97	2.14	2.3	1.97	2.3	2.14	1.97	2.57	2.04	1.97	3.03
S-15°-E	평지	1.8	1.62	1.55	1.94	1.62	1.54	2.14	1.62	1.56	2.43	1.62	1.62	2.88	1.62	1.74
	5°	1.55	1.42	1.36	1.66	1.42	1.36	1.8	1.42	1.37	2.0	1.42	1.42	2.3	1.42	1.51
	10°	1.37	1.26	1.21	1.44	1.26	1.21	1.55	1.26	1.22	1.7	1.26	1.26	1.91	1.26	1.33
	15°	1.21	1.13	1.09	1.28	1.13	1.09	1.36	1.13	1.1	1.47	1.13	1.13	1.63	1.13	1.19
	20°	1.09	1.02	0.99	1.14	1.02	0.99	1.2	1.02	1.00	1.29	1.02	1.02	1.41	1.02	1.07
	-5°	2.13	1.89	1.79	2.33	1.89	1.78	2.63	1.89	1.81	3.08	1.89	1.89	3.85	1.89	2.05
S-30°-E	평지	3.17	1.46	1.25	2.59	1.46	1.17	2.21	1.46	1.1	1.94	1.46	1.03	1.74	1.46	0.97
	5°	2.48	1.29	1.13	2.11	1.29	1.06	1.85	1.29	1.0	1.66	1.29	0.95	1.51	1.29	0.89
	10°	2.04	1.16	1.03	1.78	1.16	0.97	1.59	1.16	0.92	1.45	1.16	0.87	1.33	1.16	0.83
	15°	1.72	1.05	0.94	1.53	1.05	0.89	1.39	1.05	0.85	1.28	1.05	0.81	1.19	1.05	0.77
	20°	1.47	0.95	0.86	1.33	0.95	0.82	1.23	0.95	0.79	1.14	0.95	0.75	1.07	0.95	0.72
	-5°	4.4	1.67	1.41	3.35	1.67	1.31	2.74	1.67	1.22	2.34	1.67	1.13	2.06	1.67	1.06
S-45°-E	평지	1.57	1.19	0.88	1.82	1.19	0.73	2.14	1.19	0.56	2.58	1.19	0.38	3.25	1.19	0.13
	5°	1.38	1.08	0.82	1.57	1.08	0.68	1.8	1.08	0.54	2.11	1.08	0.36	2.53	1.08	0.13
	10°	1.23	0.98	0.76	1.38	0.98	0.64	1.55	0.98	0.51	1.77	0.98	0.35	2.07	0.98	0.13
	15°	1.74	0.9	0.71	1.22	0.9	0.61	1.36	0.9	0.49	1.53	0.9	0.34	1.74	0.9	0.12
	20°	1.0	0.83	0.67	1.09	0.83	0.57	1.2	0.83	0.47	1.33	0.83	0.33	1.49	0.83	0.12
	-5°	1.82	1.33	0.95	2.16	1.33	0.78	2.63	1.33	0.59	3.34	1.33	0.39	4.54	1.33	0.13

(c) 부산지방

서 울 / 일조시간		2			3			4			5			6		
향	대지조건	오전	정오	오후	오전	정오	오후	오전	정오	오후	오전	정오	오후	오전	정오	오후
S-45°-W	평지	0.89	1.2	1.59	0.74	1.2	1.84	0.51	1.2	2.18	0.41	1.2	2.65	0.19	1.2	3.37
	5°	0.83	1.08	1.39	0.7	1.08	1.59	0.56	1.08	1.83	0.4	1.08	2.15	0.18	1.08	2.61
	10°	0.77	0.99	1.24	0.66	0.99	1.39	0.53	0.99	1.57	0.38	0.99	1.81	0.18	0.99	2.12
	15°	0.72	0.91	1.11	0.62	0.91	1.23	0.51	0.91	1.38	0.37	0.91	1.55	0.18	0.91	1.77
	20°	0.67	0.83	1.01	0.58	0.83	1.1	0.48	0.83	1.22	0.36	0.83	1.35	0.17	0.83	1.51
	−5°	0.97	1.34	1.84	0.79	1.34	2.2	0.62	1.34	2.69	0.42	1.34	3.45	0.19	1.34	4.79
S-30°-W	평지	1.24	1.45	1.74	1.16	1.45	1.95	1.08	1.45	2.23	1.01	1.45	2.64	0.95	1.45	3.27
	5°	1.12	1.28	1.51	1.05	1.28	1.67	0.99	1.28	1.87	0.93	1.28	2.14	0.87	1.28	2.54
	10°	1.02	1.15	1.33	0.96	1.15	1.45	0.91	1.15	1.6	0.86	1.15	1.8	0.81	1.15	2.07
	15°	0.93	1.04	1.19	0.88	1.04	1.28	0.84	1.04	1.4	0.8	1.04	1.55	0.75	1.04	1.74
	20°	0.85	0.95	1.07	0.81	0.95	1.14	0.78	0.95	1.23	0.74	0.95	1.35	0.7	0.95	1.49
	−5°	1.39	1.65	2.05	1.29	1.65	2.35	1.2	1.65	2.78	1.11	1.65	3.43	1.03	1.65	4.58
S-15°-W	평지	1.51	1.59	1.78	1.49	1.59	1.93	1.5	1.59	2.14	1.55	1.59	2.45	1.64	1.59	2.94
	5°	1.33	1.4	1.54	1.32	1.4	1.65	1.33	1.4	1.8	1.36	1.4	2.01	1.43	1.4	2.34
	10°	1.19	1.24	1.35	1.18	1.24	1.44	1.19	1.24	1.55	1.22	1.24	1.71	1.27	1.24	1.94
	15°	1.07	1.12	1.21	1.07	1.12	1.27	1.07	1.12	1.36	1.09	1.12	1.48	1.14	1.12	1.65
	20°	0.97	1.01	1.08	0.97	1.01	1.13	0.97	1.01	1.2	0.99	1.01	1.29	1.03	1.01	1.42
	−5°	1.74	1.85	2.11	1.72	1.85	2.32	1.73	1.85	2.63	1.79	1.85	3.11	1.92	1.85	3.96
S	평지	1.67	1.64	1.7	1.73	1.64	1.77	1.82	1.64	1.89	1.98	1.64	2.09	2.22	1.64	2.41
	5°	1.46	1.43	1.48	1.5	1.43	1.53	1.57	1.43	1.62	1.68	1.43	1.76	1.86	1.43	1.99
	10°	1.29	1.27	1.39	1.32	1.27	1.35	1.38	1.27	1.42	1.47	1.27	1.53	1.6	1.27	1.69
	15°	1.15	1.14	1.17	1.18	1.14	1.2	1.23	1.14	1.26	1.29	1.14	1.34	1.39	1.14	1.47
	20°	1.04	1.03	1.05	1.06	1.03	1.08	1.1	1.03	1.12	1.15	1.03	1.19	1.23	1.03	1.29
	−5°	1.96	1.91	1.99	2.04	1.91	2.1	2.17	1.91	2.27	2.39	1.91	2.55	2.76	1.91	3.06
S-15°-E	평지	1.72	1.56	1.5	1.89	1.56	1.5	2.02	1.56	1,52	2.27	1.56	1.59	2.66	1.56	1.72
	5°	1.5	1.38	1.32	1.59	1.38	1.32	1.72	1.38	1.34	1.89	1.38	1.39	2.15	1.38	1.5
	10°	1.32	1.23	1.18	1.39	1.23	1.18	1.49	1.23	1.2	1.62	1.23	1.24	1.81	1.23	1.32
	15°	1.18	1.1	1.07	1.23	1.1	1.07	1.31	1.1	1.08	1.41	1.1	1.11	1.55	1.1	1.18
	20°	-0.29	0.19	0.55	1.1	1.0	0.97	1.16	1.0	0.98	1.24	1.0	1.01	-4.89	0.19	1.33
	−5°	2.03	1.81	1.72	2.2	1.81	1.72	2.45	1.8	1.76	2.83	1.81	1.84	3.46	1.81	2.03
S-30°-E	평지	1.65	1.39	1.2	1.84	1.39	1.12	2.08	1.39	1.05	2.41	1.39	0.98	2.91	1.39	0.91
	5°	1.44	1.24	1.08	1.58	1.24	1.02	1.76	1.24	0.96	1.99	1.24	0.9	2.32	1.24	0.84
	10°	1.28	1.11	0.99	1.39	1.11	0.93	1.52	1.11	0.88	1.69	1.11	0.83	1.92	1.11	0.79
	15°	1.15	1.01	0.91	1.23	1.01	0.86	1.33	1.01	0.82	1.46	1.01	0.78	1.63	1.01	0.73
	20°	1.03	0.92	0.83	1.1	0.92	0.79	1.18	0.92	0.76	1.28	0.92	0.72	1.41	0.92	0.68
	−5°	1.93	1.58	1.34	2.19	1.58	1.24	2.54	1.58	1.15	3.05	1.58	1.07	3.9	1.58	0.99
S-45°-E	평지	1.47	1.11	0.81	1.7	1.11	0.66	1.99	1.11	0.5	2.39	1.11	0.3	2.96	1.11	0.04
	5°	1.31	1.02	0.76	1.48	1.02	0.63	1.7	1.02	0.48	1.97	1.02	0.3	2.35	1.02	0.04
	10°	1.17	0.93	0.71	1.31	0.93	0.59	1.48	0.93	0.46	1.68	0.93	0.29	1.94	0.93	0.04
	15°	1.06	0.86	0.67	1.17	0.86	0.56	1.3	0.86	0.44	1.46	0.86	0.28	1.65	0.86	0.04
	20°	0.96	0.79	0.63	1.05	0.79	0.53	1.16	0.79	0.42	1.28	0.79	0.27	1.42	0.79	0.04
	−5°	1.69	1.24	0.88	2.0	1.24	0.7	2.42	1.24	0.52	3.01	1.24	0.31	3.99	1.24	0.04

II. 빛 환 경

부록 II-1 외부휘도 및 조도

(a) 천공조도(fL) : 담천일 때 $(1\,fL = 3.426\,cd/m^2)$

위 도 [°N]	8 am. 4 pm.	4 am. 3 pm.	10 am. 2 pm.	11 am. 1 pm.	정 오
12월 21일					
30	420	740	1020	1210	1270
32	350	700	960	1150	1200
34	320	650	910	1100	1140
36	260	600	840	1020	1070
38	230	550	790	940	1000
40	190	500	740	900	930
42	150	450	660	820	860
44	100	380	600	760	790
46	60	340	550	680	730
48	40	290	470	630	650
50	0	240	420	560	580
3월 21일과 9월 21일					
30	910	1320	1710	2010	2140
32	880	1290	1650	1940	2070
34	860	1250	1600	1870	1980
36	840	1220	1560	1800	1900
38	800	1200	1500	1740	1840
40	790	1140	1460	1670	1760
42	760	1120	1410	1600	1690
44	740	1080	1340	1540	1620
46	710	1030	1229	1470	1550
48	690	990	1240	1410	1480
50	650	940	1180	1330	1400
6월 21일					
30	1270	1730	2250	–	–
32	1280	1730	2240	–	–
34	1290	1730	2220	–	–
36	1290	1730	2200	2960	–
38	1290	1720	2160	2840	–
40	1290	1700	2120	2650	3060
42	1300	1690	2080	2540	2860
44	1290	1670	2050	2430	2660
46	1290	1640	2010	2330	2520
48	1290	1620	1960	2250	2400
50	1260	1590	1900	2160	2280

(b) 천공조도(fL) : 태양이 없는 청천일 때

위도 [°N]	12월 21일					3월 21일과 9월 21일					6월 21일				
	8 am.	10 am.	정오	2 pm.	4 pm.	8 am.	10 am.	정오	2 pm.	4 pm.	8 am.	10 am.	정오	2 pm.	4 pm.
북쪽															
30	450	600	600	600	450	700	1000	1050	1000	700	1550	1400	1000	1400	1550
34	350	550	550	550	350	800	800	900	800	800	1350	1400	950	1400	1350
38	300	550	550	550	300	750	800	900	800	750	1350	1300	950	1300	1350
42	250	500	500	500	250	700	750	800	750	700	1300	1300	950	1300	1300
46	150	450	500	450	150	700	750	750	750	700	1300	1250	950	1250	1300
남쪽															
30	1100	1950	2250	1950	1100	1700	2300	2800	2300	1700	1200	1600	2400	1600	1200
34	1100	1900	2200	1900	1100	1700	2650	2900	2650	1700	1350	1650	2300	1650	1350
38	900	2300	2200	2300	900	1700	2700	2950	2700	1700	1350	1650	2300	1650	1350
42	600	2100	2150	2100	600	1700	2700	2450	2700	1700	1350	2000	2500	2000	1350
46	400	1900	2100	1900	400	1700	2700	2900	2710	1700	1350	2100	2700	2100	1350
동쪽															
30	1550	1500	1000	700	400	2000	2500	1500	900	700	2800	2650	1400	1000	700
34	1350	1400	950	700	400	2400	2600	1600	950	650	2800	2700	1450	1000	700
38	1200	1300	900	650	350	2500	2600	1500	900	600	2800	2700	1400	1050	700
42	750	1200	850	600	250	2400	2400	1450	800	600	2900	2600	1400	1000	700
46	500	1100	800	500	150	2300	2100	1400	700	600	2850	2600	1400	1000	700
서쪽															
30	400	700	1000	1500	1550	700	900	1500	2500	2000	700	1000	1440	2650	2800
34	400	700	950	1400	1350	650	900	1600	2600	2400	700	1000	1400	2700	2800
38	350	650	900	1300	1200	600	900	1500	2600	2500	700	1050	1400	2700	2800
42	250	600	850	1200	750	600	800	1450	2400	2400	700	1000	1400	2600	2900
46	150	500	800	1100	500	600	700	1400	2100	2300	700	1000	1400	2600	2850

(c) 태양고도에 따른 평균일사조도 (1 fc = 10.76 lx)

위도 [°N]	면	조 도 (fc)								
		12월 21일			3월 21일과 9월 21일			6월 21일		
		8 am. 4 pm.	10 am. 2 pm.	정오	8 am. 4 pm.	10 am. 2 pm.	정오	8 am. 4 pm.	10 am. 2 pm.	정오
30	수직	4200	7000	7700	6400	8300	8600	7700	8600	8900
	수평	700	3400	4400	2600	5900	7000	4400	7200	8500
34	수직	3100	6500	7100	6300	8100	8400	7600	8600	8900
	수평	400	2700	3700	2400	5600	6700	4700	7100	8400
38	수직	2500	6000	6900	6100	8000	8300	7600	8500	8900
	수평	100	2000	3000	2100	5400	6200	4400	7000	8300
42	수직	2000	5500	6400	6000	7800	8200	7600	8400	8800
	수평	100	1600	2700	2000	4800	5800	4700	6800	7900
46	수직	500	4500	5800	5800	7600	8100	7600	8100	8800
	수평	–	1000	1800	1800	4400	5500	4400	6700	7400

(d) 일일 평균조도(근사치)

위 도 [°N]	조 도 [fc]				
	수 평 면	수 직 면			
		N	S	E	W
28-33°N					
천공광	–	1300	1600	900	900
주광(직사+천공)	9000	–	4500	4000	3500
34-38°N					
천공광	–	1100	1400	800	800
주광(직사+천공)	8000	–	4000	3500	3000
39-43°N					
천공광	–	900	1200	700	700
주광(직사+천공)	7000	–	3500	3000	2500

부록 II-2 자연채광에 의한 천창의 조명률

	표 면 반 사 율								
천 장	0.7			0.5			0.3		
벽	0.5	0.3	0.1	0.5	0.3	0.1	0.3	0.1	0.0
실지수	조 명 률								
천창지붕									
0.6	0.07	0.06	0.04	0.07	0.05	0.04	0.05	0.03	0.03
0.8	0.11	0.08	0.07	0.10	0.08	0.06	0.08	0.06	0.05
1.0	0.14	0.11	0.10	0.13	0.10	0.09	0.10	0.08	0.07
1.25	0.16	0.13	0.12	0.15	0.13	0.11	0.12	0.10	0.09
1.5	0.17	0.15	0.13	0.16	0.14	0.12	0.13	0.12	0.10
2.0	0.19	0.17	0.16	0.18	0.16	0.15	0.15	0.14	0.12
2.5	0.21	0.20	0.18	0.20	0.18	0.17	0.17	0.16	0.14
3.0	0.22	0.21	0.19	0.21	0.19	0.18	0.18	0.17	0.15
4.0	0.24	0.22	0.21	0.22	0.21	0.20	0.19	0.18	0.17
5.0	0.25	0.24	0.23	0.23	0.22	0.21	0.20	0.20	0.18
inf	0.30	0.30	0.30	0.29	0.29	0.29	0.27	0.27	0.27
톱날지붕	(연직)								
0.6	0.19	0.16	0.15	0.19	0.16	0.14	0.16	0.14	0.14
0.8	0.25	0.21	0.20	0.25	0.21	0.20	0.21	0.20	0.18
1.0	0.30	0.26	0.25	0.29	0.26	0.24	0.25	0.24	0.21
1.25	0.31	0.30	0.27	0.31	0.29	0.26	0.27	0.26	0.24
1.5	0.34	0.31	0.30	0.32	0.31	0.29	0.30	0.27	0.26
2.0	0.36	0.35	0.32	0.36	0.34	0.32	0.34	0.32	0.29
2.5	0.39	0.38	0.35	0.38	0.36	0.34	0.35	0.32	0.31
3.0	0.40	0.39	0.38	0.40	0.36	0.36	0.36	0.35	0.32
4.0	0.42	0.41	0.40	0.41	0.40	0.39	0.39	0.38	0.35
5.0	0.44	0.42	0.41	0.42	0.41	0.40	0.40	0.39	0.36
inf	0.49	0.49	0.49	0.48	0.48	0.48	0.45	0.45	0.42

계속↓

표면반사율									
천 장	0.7			0.5			0.3		
벽	0.5	0.3	0.1	0.5	0.3	0.1	0.3	0.1	0.0
실지수	조 명 률								
톱날지붕	(경사)								
0.6	0.34	0.30	0.27	0.34	0.30	0.27	0.30	0.27	0.27
0.8	0.40	0.39	0.36	0.40	0.39	0.36	0.39	0.36	0.35
1.0	0.45	0.43	0.41	0.44	0.42	0.41	0.42	0.41	0.38
1.25	0.50	0.47	0.46	0.50	0.47	0.45	0.47	0.45	0.44
1.5	0.52	0.49	0.47	0.51	0.49	0.47	0.49	0.46	0.46
2.0	0.57	0.55	0.53	0.56	0.53	0.52	0.53	0.52	0.51
2.5	0.59	0.56	0.55	0.59	0.56	0.55	0.55	0.52	0.52
3.0	0.62	0.60	0.59	0.62	0.59	0.58	0.59	0.58	0.56
4.0	0.64	0.63	0.61	0.64	0.63	0.61	0.61	0.60	0.60
5.0	0.68	0.65	0.65	0.66	0.65	0.63	0.63	0.62	0.62
inf	0.76	0.76	0.76	0.74	0.74	0.74	0.73	0.73	0.71
모니터 지붕									
0.6	0.07	0.05	0.04	0.06	0.05	0.04	0.05	0.04	0.03
0.8	0.09	0.07	0.06	0.09	0.07	0.06	0.07	0.06	0.05
1.0	0.12	0.10	0.08	0.11	0.09	0.08	0.09	0.08	0.07
1.25	0.14	0.12	0.10	0.13	0.11	0.10	0.11	0.10	0.09
1.5	0.15	0.13	0.12	0.15	0.13	0.12	0.13	0.11	0.11
2.0	0.17	0.15	0.14	0.16	0.15	0.14	0.15	0.13	0.13
2.5	0.18	0.17	0.15	0.18	0.16	0.15	0.16	0.15	0.14
3.0	0.20	0.18	0.17	0.19	0.18	0.17	0.17	0.16	0.16
40	0.21	0.20	0.19	0.20	0.19	0.19	0.19	0.18	0.17
5.0	0.22	0.21	0.20	0.21	0.20	0.19	0.20	0.19	0.18
inf	0.25	0.25	0.25	0.25	0.25	0.25	0.24	0.24	0.23

* 기타 지붕형에 대해서는 "Windows and environment" by W. Burt atal(Pilkington) 또는 "Principles of natural lighting" by J Lynes(Elsevier)을 참조

부록 II-3 인공조명에 의한 조명률

조 명 기 구	실지수	천장과 벽의 반사율 [%]								
		천장 : 70			50			30		
		벽 : 50	30	10	50	30	10	50	30	10
천장 또는 batten형, 기구에 부착된 노출 램프 (DLOR 65 %)	0.6	0.29	0.24	0.19	0.27	0.22	0.19	0.24	0.21	0.19
	0.8	0.37	0.31	0.27	0.35	0.30	0.25	0.31	0.28	0.24
	1.0	0.44	0.37	0.33	0.40	0.35	0.31	0.35	0.32	0.29
	1.25	0.49	0.42	0.38	0.45	0.40	0.36	0.39	0.36	0.33
	1.5	0.54	0.47	0.42	0.50	0.44	0.40	0.43	0.40	0.37
	2.0	0.60	0.52	0.49	0.54	0.49	0.45	0.48	0.44	0.41
	2.5	0.64	0.57	0.53	0.57	0.53	0.49	0.52	0.48	0.45

계속↓

조 명 기 구	실지수	천장과 벽의 반사율[%]								
		천장 : 70			50			30		
		벽 : 50	30	10	50	30	10	50	30	10
	3.0	0.67	0.61	0.57	0.60	0.57	0.53	0.56	0.52	0.49
	4.0	0.71	0.66	0.62	0.64	0.61	0.57	0.59	0.55	0.52
	5.0	0.74	0.70	0.66	0.68	0.64	0.61	0.62	0.58	0.54
에나멜 반사기구 또는 개방형 트루(trough) (DLOR 75 %)	0.6	0.36	0.31	0.28	0.35	0.31	0.28	0.35	0.31	0.28
	0.8	0.45	0.40	0.37	0.44	0.40	0.37	0.44	0.40	0.37
	1.0	0.49	0.45	0.40	0.49	0.44	0.40	0.48	0.43	0.40
	1.25	0.55	0.49	0.46	0.53	0.49	0.45	0.52	0.48	0.45
	1.5	0.58	0.54	0.49	0.57	0.53	0.49	0.55	0.52	0.49
	2.0	0.64	0.59	0.55	0.61	0.58	0.55	0.60	0.56	0.54
	2.5	0.68	0.63	0.60	0.65	0.62	0.59	0.64	0.61	0.58
	3.0	0.70	0.65	0.62	0.67	0.64	0.61	0.65	0.63	0.61
	4.0	0.73	0.70	0.67	0.70	0.67	0.65	0.67	0.66	0.64
	5.0	0.75	0.72	0.69	0.73	0.70	0.67	0.70	0.68	0.67
플라스틱 확산판으로 덮힌 기구 (DLOR 50 %)	0.6	0.27	0.21	0.18	0.24	0.20	0.18	0.22	0.19	0.17
	0.8	0.34	0.29	0.26	0.32	0.28	0.25	0.29	0.26	0.24
	1.0	0.40	0.35	0.31	0.37	0.33	0.30	0.33	0.30	0.28
	1.25	0.44	0.39	0.35	0.40	0.36	0.33	0.36	0.33	0.31
	1.5	0.47	0.42	0.38	0.43	0.39	0.36	0.38	0.35	0.33
	2.0	0.52	0.47	0.44	0.47	0.44	0.41	0.41	0.39	0.37
	2.5	0.55	0.51	0.48	0.50	0.47	0.44	0.44	0.42	0.40
	3.0	0.58	0.54	0.51	0.52	0.49	0.47	0.47	0.45	0.43
	4.0	0.61	0.57	0.54	0.55	0.52	0.50	0.49	0.47	0.45
	5.0	0.63	0.59	0.57	0.57	0.55	0.53	0.52	0.49	0.47
매입 모듈러 기구 또는 화가산 패널이 부착된 얇은 천장매입기구(DLOR 50 %)	0.6	0.21	0.18	0.16	0.21	0.18	0.16	0.20	0.18	0.16
	0.8	0.28	0.2	0.22	0.27	0.24	0.22	0.26	0.24	0.22
	1.0	0.32	0.29	0.26	0.31	0.28	0.26	0.30	0.28	0.26
	1.25	0.35	0.32	0.29	0.34	0.31	0.29	0.32	0.30	0.28
	1.5	0.37	0.34	0.31	0.36	0.33	0.31	0.34	0.32	0.30
	2.0	0.41	0.37	0.35	0.39	0.37	0.34	0.38	0.36	0.34
	2.5	0.43	0.40	0.38	0.42	0.39	0.37	0.40	0.38	0.37
	3.0	0.45	0.42	0.40	0.44	0.41	0.40	0.42	0.40	0.39
	4.0	0.47	0.44	0.43	0.46	0.44	0.42	0.44	0.42	0.41
	5.0	0.49	0.46	0.45	0.47	0.46	0.44	0.46	0.44	0.43
우유빛 확산판으로 덮힌 기구 (DLOR 45 %)	0.6	0.23	0.18	0.14	0.20	0.16	0.12	0.17	0.14	0.11
	0.8	0.30	0.24	0.20	0.27	0.22	0.18	0.22	0.19	0.16
	1.0	0.36	0.29	0.25	0.31	0.26	0.22	0.26	0.23	0.19
	1.25	0.41	0.34	0.29	0.35	0.30	0.26	0.29	0.26	0.22
	1.5	0.45	0.39	0.33	0.39	0.34	0.30	0.31	0.28	0.25
	2.0	0.50	0.45	0.40	0.43	0.38	0.34	0.34	0.32	0.29
	2.5	0.54	0.49	0.44	0.46	0.42	0.38	0.37	0.35	0.32
	3.0	0.57	0.52	0.48	0.49	0.45	0.42	0.40	0.38	0.34
	4.0	0.60	0.56	0.52	0.52	0.48	0.46	0.43	0.41	0.37
	5.0	0.63	0.60	0.56	0.54	0.51	0.49	0.45	0.43	0.40

부록 Ⅱ-4 기준현휘지수표

(a) 어두운 바닥 ($\rho = 0.14$)

차원(폭) X :	2H						4H						6H				8H				12H			
차원(길이) Y :	2H	3H	4H	6H	8H	12H	2H	3H	4H	6H	8H	12H	4H	6H	8H	12H	4H	6H	8H	12H	4H	6H	8H	12H
대칭형																								
BZ1	7.0	7.1	7.1	7.0	6.9	6.8	7.0	7.1	7.1	7.1	7.1	7.0	7.1	7.1	7.0	6.9	7.1	7.1	7.0	6.9	7.0	7.0	6.9	6.9
BZ2	9.5	10.1	10.2	10.3	10.3	10.4	9.8	10.4	10.7	10.9	11.1	11.2	10.7	10.9	11.2	11.4	0.8	11.0	11.3	11.6	10.8	11.1	11.4	11.7
BZ3	11.9	13.3	13.7	13.8	13.9	13.9	12.4	14.0	14.7	14.9	15.0	15.0	14.9	15.0	15.1	15.1	14.9	15.2	15.3	15.3	14.9	15.2	15.3	15.3
BZ4	12.4	14.3	15.1	15.4	15.6	15.6	13.1	15.3	16.4	16.7	17.0	17.0	16.5	16.9	17.2	17.2	16.7	17.2	17.5	17.5	16.7	17.4	17.6	17.6
BZ5	13.2	15.7	16.9	17.7	18.2	18.6	14.2	16.9	18.5	19.3	19.9	20.5	18.7	19.8	20.5	21.1	18.9	20.4	21.0	21.7	19.1	20.6	21.3	22.0
BZ6	12.0	14.8	16.2	17.4	18.3	19.1	13.0	16.2	18.0	19.2	20.2	21.0	18.3	19.8	20.8	21.7	18.6	20.5	21.5	22.5	18.7	20.8	21.9	23.1
BZ7	11.1	14.0	15.7	17.1	18.1	18.8	12.2	15.4	17.5	18.8	20.0	20.9	17.8	19.5	20.6	21.7	18.2	20.2	21.3	22.5	18.4	20.6	21.8	23.2
BZ8	10.1	13.3	14.9	16.6	17.5	18.4	11.2	14.7	16.8	19.4	19.6	20.6	17.2	19.1	20.3	21.3	17.6	19.8	21.0	22.1	17.9	20.2	21.5	22.8
BZ9	10.6	13.8	15.6	17.2	18.2	19.1	11.8	15.3	17.3	25.0	20.3	21.3	17.8	19.8	21.0	22.3	18.3	20.6	21.7	22.9	18.5	21.0	22.2	23.5
BZ10	15.3	19.8	22.1	24.8	26.2	28.1	15.8	20.4	23.0	25.5	27.2	29.1	23.1	25.8	27.5	29.4	23.2	26.1	27.8	29.7	23.3	26.3	28.0	30.0
직선형																								
BZ3																								
종(관축)방향	12.9	14.8	15.7	16.6	17.1	17.6	13.2	15.3	16.3	17.1	17.6	17.8	16.4	17.3	17.9	18.2	16.6	17.6	18.2	18.6	16.5	17.5	18.0	18.5
횡방향	14.4	14.4	14.3	13.6	13.5	13.4	14.9	15.1	15.3	15.0	14.8	14.6	15.1	14.8	14.7	14.4	14.9	14.7	14.6	14.3	14.9	14.7	14.6	14.3
BZ4																								
종(관축)방향	12.9	14.9	16.0	16.7	17.1	17.3	13.6	16.0	17.3	18.0	18.4	18.7	17.4	18.3	18.6	18.9	17.5	18.4	18.9	19.1	17.5	18.5	18.9	19.1
횡방향	13.0	14.4	14.9	14.9	15.0	14.9	13.7	15.4	16.3	16.3	16.4	16.3	16.4	16.5	16.6	16.5	16.6	16.7	16.8	16.7	16.6	16.9	16.8	16.8
BZ6																								
종(관축)방향	11.4	14.0	15.2	16.2	17.0	17.6	12.5	15.5	17.1	18.0	18.7	19.3	17.4	18.7	19.5	20.2	17.8	19.5	20.4	21.2	18.0	19.9	20.8	21.9
횡방향	12.4	15.5	17.2	18.9	20.1	21.1	13.3	16.8	18.9	20.5	21.7	22.9	19.1	21.0	22.3	23.5	19.4	21.6	22.9	24.2	19.4	21.9	23.3	24.8
BZ7																								
종(관축)방향	10.0	12.5	13.8	14.7	15.4	15.7	11.4	1.43	16.0	16.9	17.8	18.3	16.5	18.7	18.6	19.3	17.0	18.6	19.5	20.3	17.3	19.2	20.2	21.3
횡방향	12.5	16.4	18.8	21.1	22.8	24.3	13.2	17.3	20.0	22.3	24.1	25.9	20.1	22.7	24.4	26.4	20.2	23.1	24.8	26.9	20.2	23.3	25.0	27.2
BZ8																								
종(관축)방향	10.7	13.2	14.3	15.3	15.8	16.3	12.0	15.1	16.8	17.8	18.7	19.3	17.3	18.7	19.6	20.3	17.9	19.7	20.6	21.4	18.3	20.2	21.3	22.4
횡방향	13.9	17.9	20.1	22.7	24.1	25.8	14.3	18.6	21.3	23.7	25.5	27.2	21.4	24.0	25.8	27.6	21.5	24.4	26.1	28.0	21.6	24.6	26.3	28.3

(b) 밝은 바닥 (ρ=0.30)

차원(폭) X:	2H						4H						6H				8H				12H			
차원(길이) Y:	2H	3H	4H	6H	8H	12H	2H	3H	4H	6H	8H	12H	4H	6H	8H	12H	4H	6H	8H	12H	4H	6H	8H	12H
대칭형																								
BZ1	6.0	6.1	6.0	5.8	5.6	5.5	5.9	9.2	5.7	5.7	5.6	5.5	5.7	5.6	5.5	5.4	5.7	5.5	5.4	5.2	5.5	5.4	5.2	5.2
BZ2	8.6	9.1	9.2	9.1	9.1	9.1	8.8	9.2	9.4	9.5	9.7	9.7	9.4	9.5	9.7	9.8	9.4	9.5	9.7	9.9	9.3	9.5	9.7	10.0
BZ3	11.0	12.3	12.7	12.7	12.8	12.8	11.4	12.9	13.5	13.6	13.6	13.6	13.5	13.6	13.6	13.6	13.5	13.7	13.7	13.6	13.4	13.8	13.6	13.5
BZ4	11.6	13.4	14.2	14.4	14.6	14.5	12.2	14.3	15.2	15.5	15.7	15.6	15.3	15.6	15.8	15.8	15.4	15.8	15.9	15.9	15.3	16.0	16.0	15.9
BZ5	12.5	14.8	16.0	16.8	17.2	17.6	13.3	15.9	17.4	18.1	18.6	19.1	17.5	18.5	19.1	19.6	17.6	19.0	19.5	20.1	17.7	19.1	19.7	20.3
BZ6	11.3	14.0	15.4	16.6	17.4	18.2	12.2	15.3	17.0	18.1	19.0	19.7	17.2	18.6	19.5	20.3	17.4	19.2	20.0	20.9	17.4	19.3	20.3	21.4
BZ7	10.5	13.3	15.0	16.3	17.3	17.9	11.5	14.5	16.5	17.8	18.9	19.7	16.8	18.3	19.4	20.3	17.1	18.9	19.9	21.0	17.2	19.2	20.3	21.6
BZ8	9.5	12.7	14.3	15.9	16.8	17.6	10.6	13.9	15.9	17.5	18.6	19.5	16.2	18.0	19.1	20.0	16.6	18.6	19.7	20.6	16.8	18.9	20.0	21.2
BZ9	10.2	13.3	15.1	16.6	17.5	18.4	11.3	14.6	16.5	18.1	19.4	20.3	17.0	18.8	19.9	20.9	17.4	19.5	20.5	21.5	17.5	19.8	20.8	22.1
BZ10	15.3	19.5	21.7	24.3	25.6	27.5	15.4	19.8	22.2	24.6	26.3	28.2	22.2	24.8	26.5	28.3	22.3	25.1	26.7	28.4	22.4	25.2	26.7	28.7
직선형																								
BZ3																								
종(관축)방향	12.0	13.8	14.7	15.5	16.0	16.5	12.2	14.2	15.1	15.8	16.2	16.4	15.1	15.9	16.3	16.6	15.2	16.1	16.6	16.9	15.0	15.9	16.3	16.7
횡방향	13.5	13.4	13.3	12.5	12.4	12.3	13.9	14.0	14.1	13.7	13.4	13.2	13.8	13.4	13.2	12.9	13.5	13.2	13.0	12.6	13.4	13.1	12.9	12.5
BZ4																								
종(관축)방향	12.1	14.0	15.1	15.7	16.1	16.2	12.7	15.0	16.1	16.8	17.1	17.3	16.2	16.8	17.2	17.5	16.2	17.0	17.3	17.5	16.1	17.1	17.3	17.4
횡방향	12.2	13.5	14.0	13.9	13.9	13.8	12.8	14.4	15.1	15.1	15.1	14.9	15.2	15.1	15.1	15.1	15.3	15.3	15.2	15.1	15.2	15.3	15.2	15.1
BZ6																								
종(관축)방향	10.7	13.2	14.4	15.4	16.1	16.7	11.7	14.6	16.1	16.9	17.5	18.0	16.4	17.5	18.2	18.8	16.6	18.2	18.9	19.6	16.7	18.4	19.2	20.2
횡방향	17.7	14.7	16.4	18.1	19.2	20.2	12.5	15.9	17.9	19.4	20.5	21.6	18.0	19.8	20.9	22.1	18.2	20.2	21.1	22.6	18.1	20.4	21.7	23.1
BZ7																								
종(관축)방향	9.4	11.8	13.1	13.9	14.6	14.8	10.7	13.4	15.0	15.9	16.7	17.1	15.4	16.5	17.4	17.9	15.9	17.3	18.1	18.8	16.1	17.8	18.7	19.7
횡방향	11.9	15.7	18.1	20.3	22.0	23.4	12.5	16.4	19.0	21.3	23.0	24.7	19.0	21.5	23.2	25.0	19.1	21.8	23.4	25.4	19.0	21.9	23.5	25.6
BZ8																								
종(관축)방향	10.1	12.6	13.7	15.6	15.1	15.5	11.4	14.3	15.9	16.8	17.7	18.2	16.3	17.6	18.4	19.0	16.9	18.5	19.3	19.9	17.2	18.9	19.8	20.8
횡방향	13.3	17.3	19.5	22.0	23.4	25.0	13.7	17.8	20.4	22.7	24.5	26.1	20.4	23.0	24.6	26.2	20.5	23.2	24.8	26.5	20.5	23.3	24.8	26.7

부록 Ⅱ-5 배광곡선

1000/lm 튜브에 대한 칸델라(cd)

PP. 65

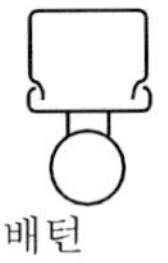

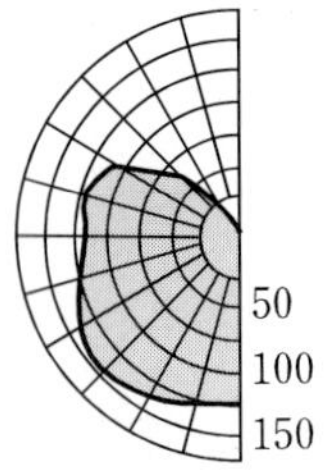

배턴
BZ 6
ULOR=30%
DLOR=62%
1100 cm^2

A3U/R. 1065.4

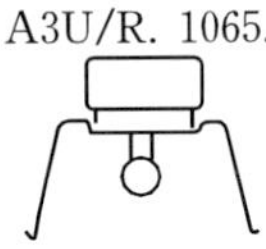

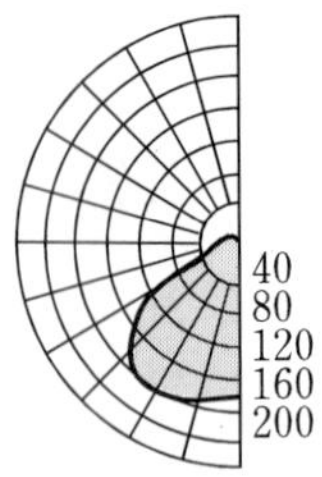

개방형
BZ 5
ULOR=9%
DLOR=70%
3000 cm^2

A3C/A/R. 1065.4

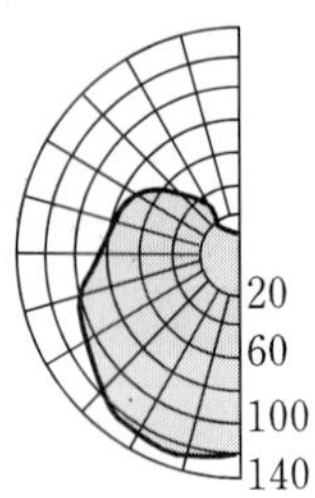

플라스틱(확산기구)
BZ 5
ULOR=24%
DLOR=53%
2900 cm^2

A3L/R. 1065

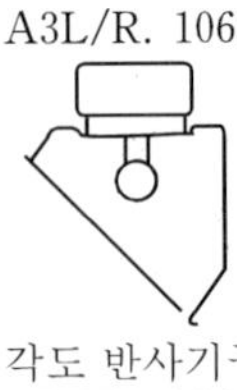

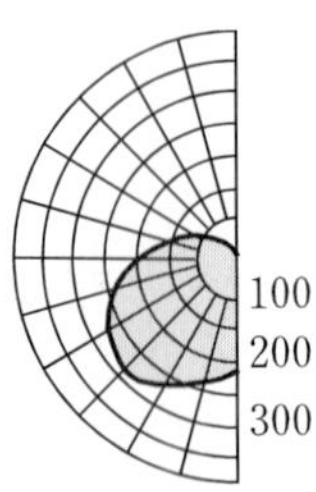

각도 반사기구
ULOR=8%
DLOR=73%

KTN/R. 1065.4

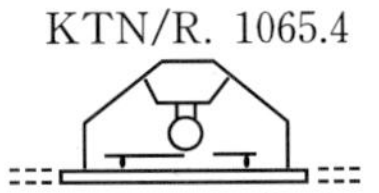

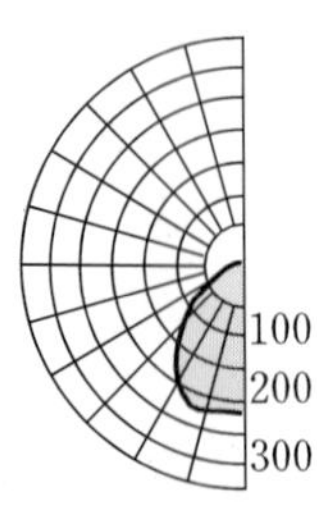

모듈러 기구
trough
BZ 3
ULOR=0
DLOR=54%
4600 cm^2

실제 칸델라(cd)

MTC. 1060(60W)

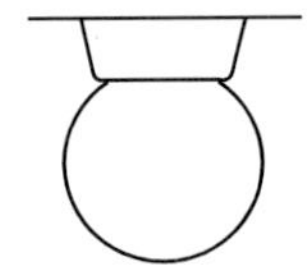

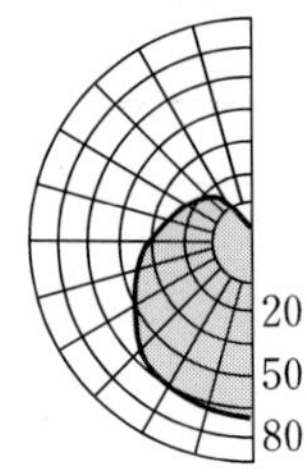

BZ 7
ULOR=25%
DLOR=54%
180 cm^2

MR. 1100(100W)

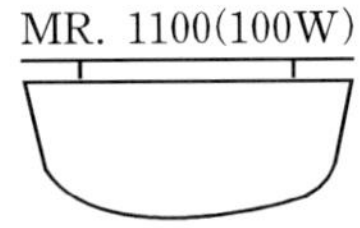

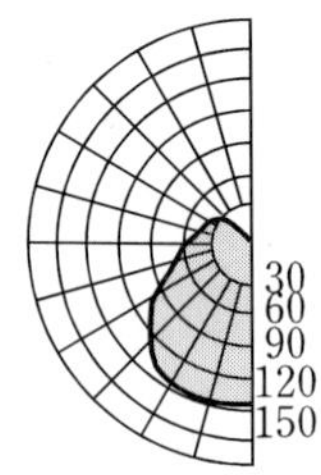

BZ 6
ULOR=21%
DLOR=53%
460 cm^2

NFT. 100(100W)

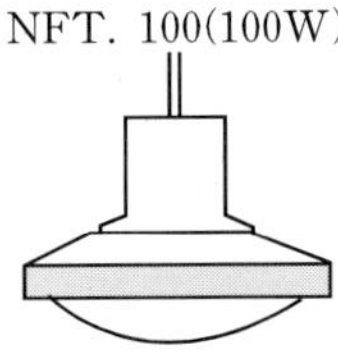

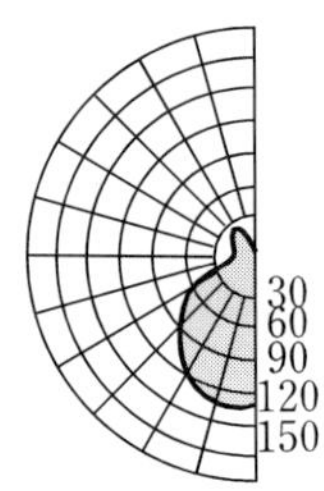

BZ 5
ULOR=10%
DLOR=43%
610 cm^2

VI. 100(100W)

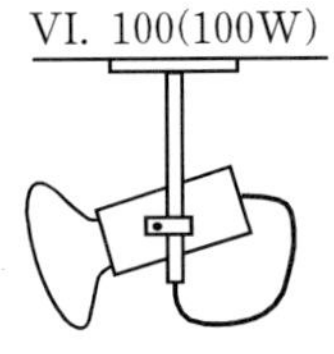

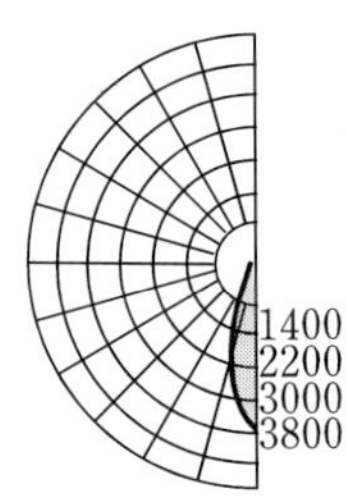

VQ. 100(100W)

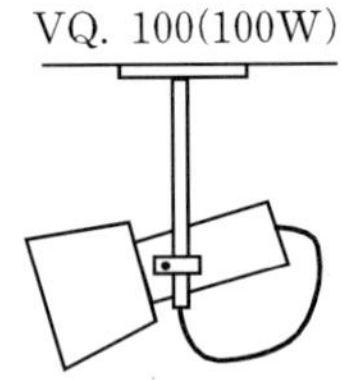

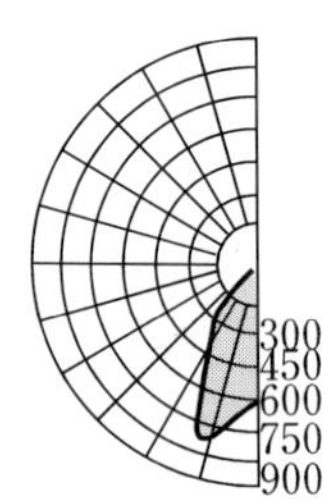

부록 Ⅱ-6　BZ 분류에 의한 배광곡선

BZ1 $I \propto \cos^4\theta$

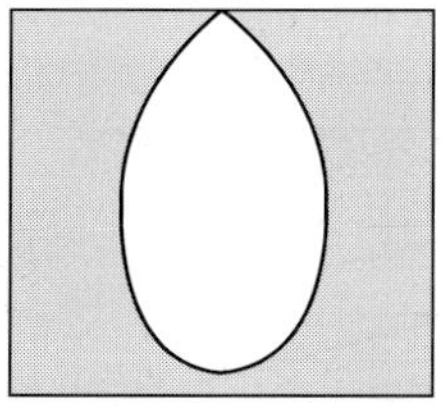

BZ2 $I \propto \cos^3\theta$

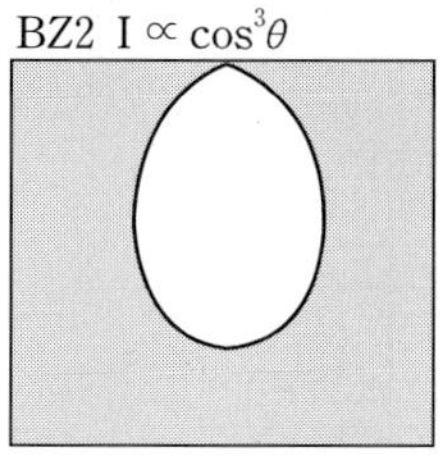

BZ3 $I \propto \cos^2\theta$

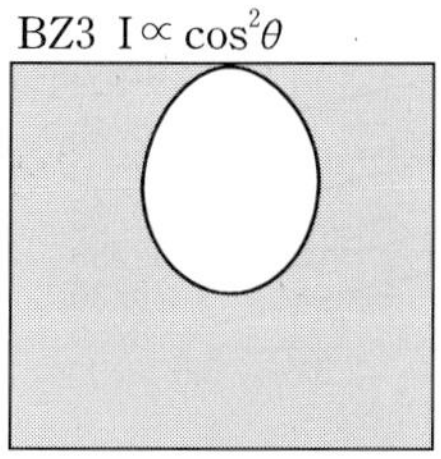

BZ4 $I \propto \cos^{1.5}\theta$

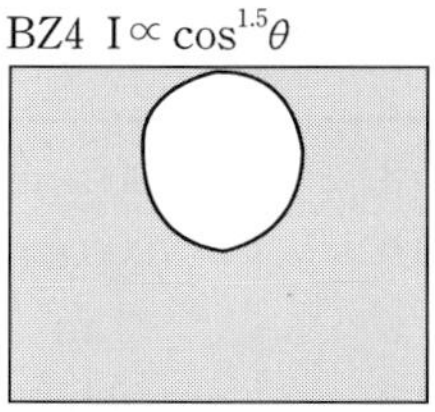

BZ5 $I \propto \cos\theta$

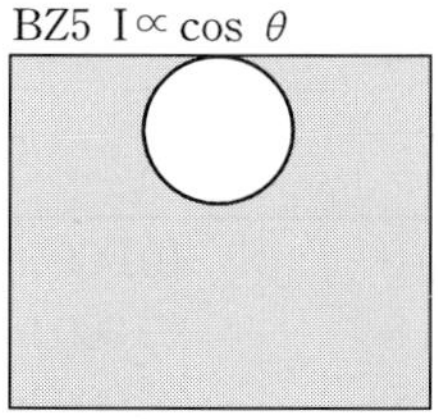

BZ6 $I \propto (1+2\cos\theta)$

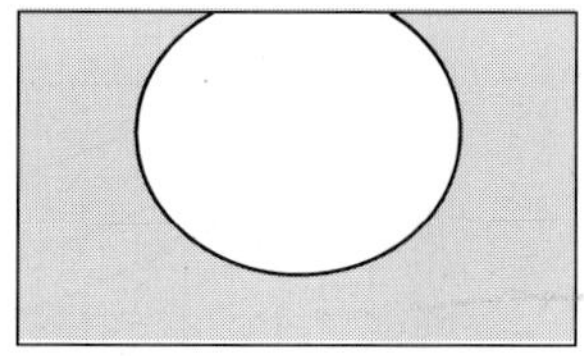

BZ7 $I \propto (2+\cos\theta)$

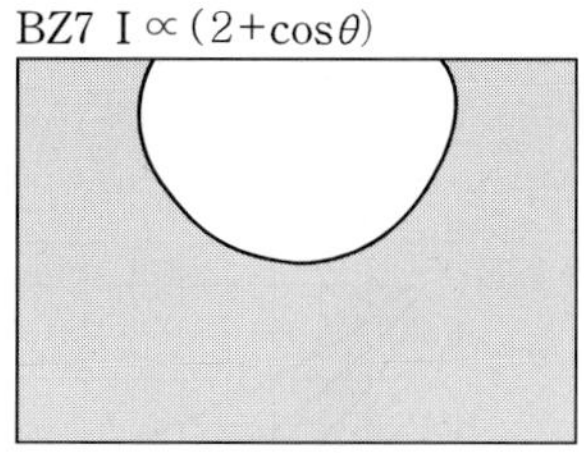

BZ8 $I \propto \text{constant}\,\theta$

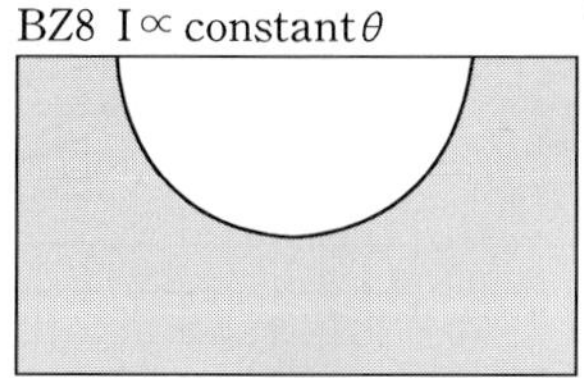

BZ9 $I \propto (1+\sin\theta)$

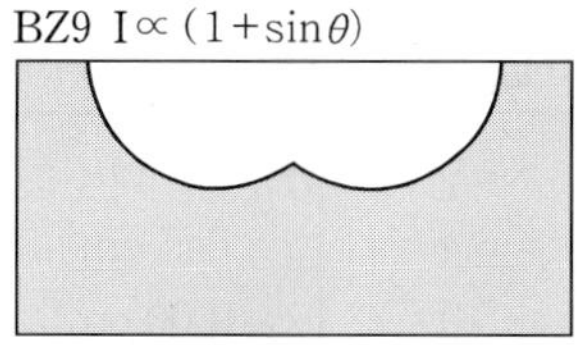

BZ10 $I \propto \sin\theta$

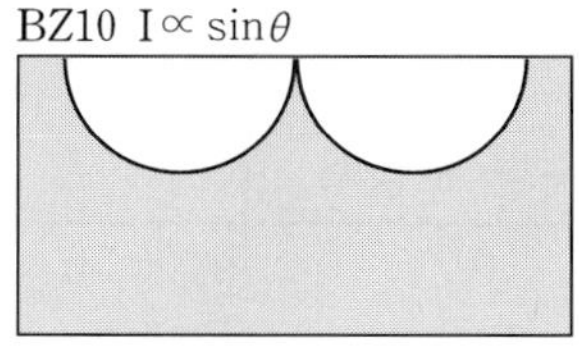

척도 : 1000 lm

부록 Ⅱ-7 현휘지수의 보정치

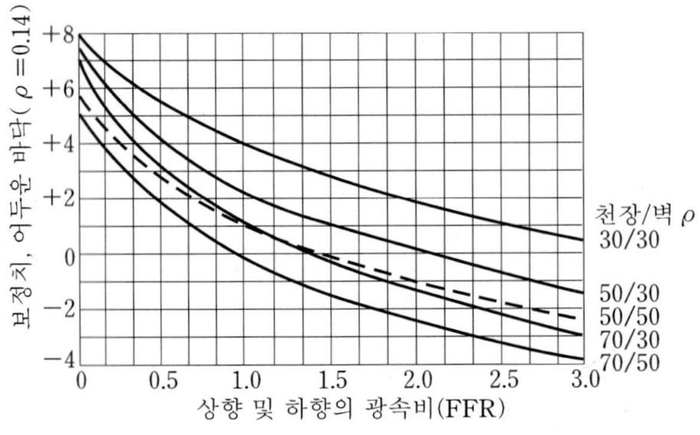

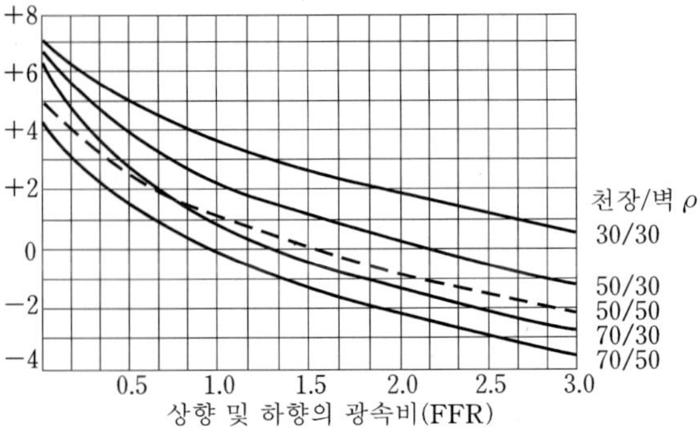

(a) 조명기구의 발광면적에 대한 보정치

50 cm^2	+8.9	500 cm^2	+0.8	5000 cm^2	−7.2
100 cm^2	+6.4	645 cm^2	0.0	7000 cm^2	−8.4
150 cm^2	+5.0	1000 cm^2	−1.6	1 m^2	−9.6
200 cm^2	+4.0	2000 cm^2	−4.0	2 m^2	−12.0
300 cm^2	+2.6	3000 cm^2	−5.4		

(b) 하향광속에 대한 보정치

100 lm	−6.0	1000 lm	0.0	10,000 lm	+6.0
200 lm	−4.2	2000 lm	+1.8	20,000 lm	+7.8
300 lm	−3.1	3000 lm	+2.9	30,000 lm	+8.9
500 lm	−1.8	5000 lm	−4.2	50,000 lm	+10.2

(c) 눈높이 1.2 m에서 조명기구까지의 높이에 대한 보정치

0.9 m	−1.3	3.0 m	0.0	6.0 m	+1.0
1.2 m	−1.0	3.6 m	+0.3	7.5 m	+1.3
1.8 m	−0.6	4.5 m	+0.6	9.0 m	+1.6
2.4 m	−0.3				

III. 음 환 경

부록 Ⅲ-1 바닥구조의 차음등급

(BSCP3)

바 닥 의 구 조	공기전달음		충격에 대한 등급
	평균 TL	등 급	
콘크리트 바닥, 220 kg/m^2	45		
경면마감	45	Ⅱ	Ⅱ 4 dB 이하
같으나, 매단 천장	48	Ⅰ	Ⅱ 2 dB 이하
목재 보드, 6 mm 리노 또는 코르크	45	Ⅱ	Ⅱ
같으나, 매단 천장	48	Ⅰ	Ⅱ
두꺼운 코르크, 스펀지 위 고무	45	Ⅱ	Ⅰ (대체로 지장 없음)
같으나, 매단 천장	48	Ⅰ	Ⅰ
50 mm 경량 스크리드(screed)			
-경면마감	48	Ⅰ	Ⅱ 4 dB 이하
-두꺼운 코르크, 스폰지 위 고무	48	Ⅰ	Ⅰ (대체로 지장 없음)
띄운 스크리드	50	Ⅰ	Ⅰ
띄운 목재 래프트(raft)	50	Ⅰ	Ⅰ
콘크리트 바닥, 365			
경면마감	48	Ⅰ	Ⅱ 4 dB 이하
두꺼운 코르크, 스폰지 위 고무	48	Ⅰ	Ⅰ
목조바닥			
플라스터판 천장			
-얇은 벽	34	Ⅱ 8 dB 이하	Ⅱ 8 dB 이하
-두꺼운 벽	36	Ⅱ 4 dB 이하	Ⅱ 5 dB 이하
같으나, 15 kg/m^2 방음재충전			
-얇은 벽	39	Ⅱ 4 dB 이하	Ⅱ 5 dB 이하
-두꺼운 벽	44	Ⅱ (대체로 지장 없음)	Ⅱ (대체로 지장 없음)
20 mm 래스(lath)와 플라스터			
-얇은 벽	40	Ⅱ 4dB 이하	Ⅱ 6 dB 이하
-두꺼운 벽	45	Ⅱ	Ⅱ
같으나, 83 방음재충전			
-얇은 벽	45	Ⅱ	Ⅱ
-두꺼운 벽	48	Ⅰ (대체로 지장 없음)	Ⅱ
목조 뜬 바닥			
플라스터판 천장			
-얇은 벽	39	Ⅱ 4 dB 이하	Ⅱ 3 dB 이하
-두꺼운 벽	44	Ⅱ (대체로 지장 없음)	Ⅱ (대체로 지장 없음)
같으나, 15 kg/cm^2 방음재충진			
-얇은 벽	43	Ⅱ 2 dB 이하	Ⅱ 2 dB 이하
-두꺼운 벽	48	Ⅰ (대체로 지장 없음)	Ⅱ
20 mm 라스와 플라스터			
-얇은 벽	43	Ⅱ 2 dB 이하	Ⅱ
-두꺼운 벽	48	Ⅱ	Ⅰ
같으나, 83 kg/m^2 방음재충전			
-얇은 벽	40	Ⅰ (대체로 지장 없음)	Ⅰ (대체로 지장 없음)
-두꺼운 벽	50	Ⅰ	Ⅰ

* "두꺼운 벽"은 세 방향 이상의 지지를 받는 440 kg/m^2 이상의 벽을 말한다.
Ⅰ등급 : 암소음이 NR(noise rating) 35보다 낮은 주택 및 소음에 민감함 실에 대한 권장기준
Ⅱ등급 : 암소음이 큰 일반사무소와 소음의 영향을 작게 받는 공간에 대한 권장기준

부록 Ⅲ-2 벽구조의 차음등급

(BSCP3)

벽 의 종 류	공기전달음	
	평균 TL [dB]	등 급
단 일 벽		
200 mm 중공 콘크리트 블록, 13 mm 플라스터	45	Ⅱ
110 mm 벽돌	35~40	–
110 mm 벽돌, 양면 13 mm 플라스터	34	Ⅱ
220 mm 벽돌, 양면 13 mm 플라스터	50	HPW
330 mm 벽돌, 양면 13 mm 플라스터	53	HPW
175 mm 콘크리트, 양면 13 mm 플라스터	50	Ⅰ
250 mm 콘크리트, 양면 13 mm 플라스터	52	Ⅰ
380 mm 콘크리트, 양면 13 mm 플라스터	55	Ⅰ
이 중 벽		
2×50 mm 클링커 블록, 50 mm 공기층, 얇은 철사로 고정, 양면 13 mm 플라스터	47	Ⅱ
위와 같으나, 150 mm 공기층, 철사고정 없음.	50	Ⅰ
2×75 mm 클링커 블록, 50 mm 공기층, 얇은 철사로 고정, 양면 13 mm 플라스터	49	Ⅰ
위와 같으나, 75 mm 공기층	50	HPW
2×100 mm 클링커 블록, 50 mm 공기층 얇은 철사로 고정, 양면 13 mm 플라스터	50	HPW
2×110 mm 벽돌, 50 mm 공기층, 얇은 철사로 고정, 양면 13 mm 플라스터	50~53	HPW
220 mm 블록, 110 mm 블록, 50 mm 공기층, 얇은 철사로 고정, 양면 13 mm 플라스터	53	HPW
2×220 mm 벽돌 벽, 50 mm 공기층, 고정 없음, 양면 13 mm 플라스터	55	HPW

* HPW : 주거 사이 계벽등급(house party wall grade)

부록 Ⅲ-3 창호의 투과손실 [dB]

구 조	평균	125 Hz	250 Hz	500 Hz	1000 Hz	2000 Hz	4000 Hz
창							
보통의 홑겹 글라스	22	17	21	25	26	23	26
4 mm 2겹글라스 중공 200 mm 흡음재 入	39	30	35	43	46	47	37
위와 같으나, 10 mm 글라스	44	31	38	43	49	53	63
문							
50 mm 경질목재, 보통으로 달아맴	18	12	15	20	22		24
위와 같으나, 기밀 개스킷	22	15	18	21	26	16	28
50 mm 중공 코어, 보통으로 달아맴	15					25	
위와 같으나, 기밀 개스킷	20						
2겹 50 mm 경질목재, 기밀 개스킷, 흡면바닥	45						

■ 용어정의

I. 열 환 경

간접획득형(間接獲得型 ; indirect gain system) : 태양과 주거공간 사이에 축열체를 배치하는 형태. 여기에 흡수된 태양광선은 열로 변환되어 공간을 난방한다.

건물난방부하계수(建物暖房負荷係數 ; building load coefficient) : 실내온도를 하루 1℃ 올리는 데 필요한 열량

건물외피(建物外皮 ; building envelope) : 외부와의 열에너지 교환이 이루어진다고 생각되는 난방이나 냉방되는 공간을 둘러싸는 건축요소, 즉 천장, 벽, 개구부, 바닥 등을 말한다.

공기조화(空氣調和 ; air conditioning) : 실내공기의 온도, 습도, 청정도 등 실내환경조건을 실내요구도에 맞도록 계속적으로 유지시키는 과정

그리니치 時(Greenwich Time) : 그리니치 자오선에 대한 평균태양시. 현재는 세계시와 동일하며 GT로 표시한다.

극간풍(隙間風 ; infiltration) : 실내·외의 온도차에 의한 공기밀도차 및 풍압에 의해 건물의 틈새, 균열, 창, 문 등을 통해 실내로 유입되는 공기흐름

난방도일(暖房度日 ; heating degree day) : 겨울철 실내기준온도와 그 기준온도 이하로 내려가는 실외평균기온과의 온도차를 일별로 구해서 연간 또는 월간으로 나타내는 단위

누기(漏氣 ; air leakage) : 압력이 높은 실내공기가 건물의 여러 틈새나 개구부를 통해 압력이 낮은 실외쪽으로 누출하게 되는 현상

대사(代射 ; metabolism) : 생체유지를 위해 일어나는 생체 내의 물리적·화학적 작용 또는 양자의 복합작용

바이패스(by-pass) : 시스템의 유량을 조절하기 위한 덕트나 파이프를 통칭하고 주로 이들은 밸브나 댐퍼에 의해 제어된다.

반사율(反射率 ; reflectivity) : 재료나 구성요소가 복사에너지를 반사하는 비율

반사판(反射板 ; specular reflector) : 집열효율을 높이기 위하여 집열창 전면에 실시하는 고반사율의 반사판

방로피복(防露被腹 ; antisweat covering, anticondensation covering) : 표면결로를 방지하기 위해 차가운 물체의 겉면을 얇은 두께의 보온재료로 피복하는 것

보온효율(保溫效率 ; heat insulating efficiency) : 보온처리를 하지 않은 벽체의 열관류율과 보온처리를 한 경우의 열관류율을 비교하여 열이동량 변화율을 보온효과로 나타내는 값

보조난방 시스템(補助暖房 ; auxilary heating system) : 담천시 또는 혹한기에 태양열에 의한 난방에너지의 공급으로는 부족할 때 보조적으로 사용하는 난방 시스템

복사난방(輻射煖房 ; panel heating, radiant heating) : 복사열에 의한 난방방식으로 천장, 벽, 바닥 등에 파이프 코일을 묻고 온수를 통하는 방법과 전열선을 묻는 방법, 그리고 덕트를 바닥에 배치하여 이것에 온풍을 통하게 하는 방법 등이 있다.

복사능(輻射能 ; radiant power, emissive power) : 복사체의 표면으로부터 단위시간에 모든 방향으로 발산되는 파장의 복사에너지로서, 단일파장에 대한 복사능을 단일복사능, 전파장에 대한 것을 전복사능이라고 하여 구별하지만 복사에 의한 전열을 고려할 경우에는 후자를 취하여 보통 이를 단순히 복사능이라고 한다.

복사대류온도(輻射對流溫度 ; radiant convection temperature) : 글로브 온도계의 시도. 이 값은 실온·복사열·대류열의 종합효과로 체감을 나타내는 척도이다.

복사밀도(輻射密度 ; radiant density) : 단위체적당 복사에너지

복사속(輻射束 ; radiant flux) : 단위시간에 발산하는 복사에너지량

복사열(輻射熱 ; radiant heat) : 열복사가 물체에 흡수되면 열로 변환되듯이 복사에 의해 발생하는 열

복사온도(輻射溫度 ; radiant temperature) : 복사체의 온도. 복사온도는 복사에너지량이나 스펙트르(spectre) 분포에서 정해진다. 복사에너지가 부여되면 공학적으로 슈테판-볼츠만(Stefan-Boltzmann) 법칙에 따라 복사온도를 구할 수 있다.

복사율(輻射率 ; emissivity, emission ratio) : 완전흑체의 복사상수에 대한 회색체의 복사상수의 비. 복사율을 ε으로 하면 완전흑체는 $\varepsilon=1$, 회색체에서는 $\varepsilon<1$이다. 키르히호프(Kirchhoff)의 법칙에 의하면 ε과 흡수율 a와는 일정온도에서 파장역이 같을 경우 $\varepsilon=a$가 된다.

복사의 세기(radiant intensity) : 복사체에서 방출되는 어느 방향의 단위입체각당 단위시간의 복사에너지. 즉, 어느 방향의 매단위입체각에서 발산되는 복사속

비열(比熱 ; specific heat) : 단위질량의 물질을 1℃ 올리는 데 필요한 열량. 온도를 높일 때 일정압력에서 행하는가, 일정용적을 보존하면서 행하는가에 따라서 열량을 달리한다. 전자의 경우를 정압비열, 후자의 경우를 정적비열이라고 한다. 기체에서는 양 비열의 차가 크지만 고체 및 액체에서는 그 차가 일반적으로 작다.

비정상 열전도(非正常 熱傳導 ; unsteady heat conduction) : 전도체의 온도분포가 시간이 지남에 따라 변화(상승, 감쇠, 주기적 등)하는 비정상상태에 있는 경우의 열전도

선택흡수막(選擇吸收膜 ; selective coating) : 집열창을 투과하여 사입되는 적외선을 최대한으로 흡수하고 외부로 방출되는 열을 최대한으로 억제하기 위하여 집열면에 특례도장을 하는 피막이며 궁극적으로 집열효율을 높이는 작용을 한다.

설계난방온도(設計暖房溫度 ; indoor design temperature) : 난방설계에 쓰이는 실내온도, 거실(18~22℃), 침실(12~15℃), 복도·홀(10~15℃), 교실(18℃), 수술실(18~35℃), 진료실(22~24℃) 등이 일반적으로 쓰인다.

성능계수(性能係數 ; coefficient of performance) : 에너지 투입량과 냉·난방 시스템 능력과의 비율

성능기준(性能基準 ; performance standards) : 건물에 필요한 최소에너지 및 기후조건, 사용자, 에너지원 등을 고려하여 성능을 규제하는 기준

수변전 설비(受變電 設備 ; substation) : 전력을 수전하여 변전하는 설비

수요율(需要率 ; demand factor) : $DF = \frac{\text{최대사용전력 [kW]}}{\text{설비용량 [kW]}} \times 100\,\%$

습류(濕流 ; vapour flow) : 습기의 흐름. 물질 속의 어떤 면을 dt 시간에 통과하는 습기량을 dw, 습류를 W이라고 하면 $W = dw/dt$ 이 된다.

수증기압(水蒸氣壓 ; vapour pressure) : 흡습상태에 있는 재료가 보유하는 수증기분압. 재질 중에 습기의 이동이 있을 때에는 습류가 고습압부에서 저습압부로 향한다.

실내온도 변화폭(室內溫度 變化幅 ; temperature swing) : 1일 또는 월별로 실내온도의 평균값과 실외온도의 평균값과의 온도차

어도비 벽돌(adobe) : 진흙 등을 재료로 하여 자연상태에서 건조성형시킨 벽돌

암상축열 시스템(岩狀蓄熱 ; rock bed storage system) : 태양열을 실내바닥 밑의 자갈 등에 축열시켜 여기서 나오는 방열로 난방하는 시스템. 팬이나 덕트 등이 보통 요구되므로 설비형에 많이 쓰이지만 자연형에서도 쓰이고 있다.

야간단열막(夜間斷熱膜 ; night insulation) : 낮동안 남면의 집열창을 투과하여 축열된 열을 밤동안 외부로 다시 방열되는 것을 방지하기 위한 가동식 단열장치로써 주로 상·하향 커튼식을 사용하며, 열관류율은 1.22~0.55 $kcal/m^2h℃$ 의 범위이다.

어드미턴스(thermal admittance) : 단위표면적이 받아들이는 영향

엔탈피(enthalpy) : 초기에 사용된 에너지와 $\frac{P \cdot V}{J}$ 양을 합한 내부에너지의 총 합계(P=압력, V=체적, J=기계가 한 등가열량)

엔트로피(entropy) : 물질에 첨가된 열량과 첨가시 절대온도와의 비율

열류(熱流 ; heat flow) : 물체 중의 열이 고온부에서 저온부로 이동하는 현상. 그 크기는 어떤 점에서 열이 흐르는 방향으로서 직각인 면의 단위면적을 단위시간에 흐르는 열량 [$kcal/m^2h$]으로 측정한다.

열류순환(熱流循環 ; thermocirculation) : 대류현상에 따라 따뜻한 열류는 위로 이동하고, 그 빈자리를 차갑고 응축된 공기가 채워지는 연속적인 현상

열선(熱線 ; heat ray) : 적외선으로 물체에 흡수되면 열선의 파장은 0.8~400 μ이다.

열용량(熱容量 ; heat capacity) : 재료가 축열되는 열량의 지표로 이용되며, 단위체적의 물질이 1℃ 상승하는 데 필요한 열량 [$kcal/m^3℃$]으로 나타낸다.

열저항(熱抵抗 ; thermal resistance) : 열관류율 (K)의 역수로 단위는 $m^2h℃/kcal$($m^2℃/W$).

열전달계수(熱傳達係數 ; heat transfer coefficient) : 뉴턴(Newton)의 냉거법칙에 의한 열전달량의 계수. 열전달계수 α는 단위시간에 단위온도차의 단위면적에서 이루어지는 열전달량. 단위는 $kcal/m^2h℃$ 이다.

열전도 비저항(熱傳導比抵抗 ; specific thermal resistance) : 열전도율 k의 역수 $1/k$ 단위는 $mh℃/kcal$. 열비저항이라고 약칭하기도 한다.

열효율(熱效率 ; thermal efficiency) : 투입된 열량과 변화되어 나오는 열량과의 비율

온실효과(溫室效果 ; green house effect) : 유리와 같은 투명한 재료는 단파장의 빛은 투과시키지만 장파장의 빛은 투과시키지 않는다. 이러한 특성을 이용하여 일사를 실내에 투입시켜 공간의 온도를 상승시키는 반면, 외부로 방출되는 열을 방지하는 효과이다.

온열요소(溫熱要素 ; thermal factor) : 인체가 느끼는 더위와 추위의 체감은 주로 공기의 온도, 습도, 기류 및 주위벽의 평균복사온도의 네 가지 요소에 기인한다고 생각하는데, 이와 같은 물리적 요소를 환경의 온열요소라고 한다.

음영계수(陰影係數 ; shading coefficient) : 일정한 개구부의 조건, 즉, 내부차양이 있거나 유리의 종류 등에 따른 조건하에서 입사되는 태양열을 표준유리와 비교하여 나타낸 비율이다. 차폐계수라고도 한다.

$$SC = \frac{\text{특정유리의 태양열취득}}{\text{표준유리의 태양열취득}}$$

자연대류(自然對流 ; thermocirculation) : 유체 내에 온도차가 발생하면 부분적으로 밀도가 변화하므로 고온부분은 상승하고 저온부분은 하강하게 된다. 이러한 결과로 나타나는 유체의 흐름을 의미한다.

잠열(潛熱 ; latent heat) : 물체의 증발・응결・융해 등의 상태 변화에 따라서 출입하는 열

정상열전도(定常熱傳導 ; steady heat conduction) : 열전도에 있어서 전도체의 온도분포가 일정상태에 있는 경우

지방시(地方時 ; local time) : 자오선을 기준으로 정해진 각 지점의 '시'가 그 지방의 지방시

집열면(集熱面 ; collective surface) : 태양열을 흡수하는 부위의 표면

집열창(集熱窓 ; solar glazing) : 태양열을 집열하기 위해 실내에 일사를 도입하는 것을 주목적으로 하여 설치되는 투과체로써 투명 또는 반투명재료(플라스틱)를 사용한다.

체감온도(體感溫度 ; sensory temperature) : 감각온도, 효과온도, 등가온도 등과 같이 느끼는 정도를 표시하기 위해서 호칭되는 온도

축열체(蓄熱體 ; thermal mass) : 축열을 목적으로 설치되는 구조체의 총칭으로서 벽, 바닥 등 건축부위를 이용한다. 보통 열용량과 단위중량이 큰 것을 사용한다.

카타 냉각력(kata cooling power) : 체감도를 표시하는 척도. 카타 온도계의 상부눈금에서 하부눈금으로 강하할 때까지의 시간을 T[s], 카타 계수를 F라고 하면 $H=F/T$에서 카타 냉각력 H[mm-cal/cm^{2}s]를 구한다.

건구 카타 냉각력(H)에 의한 쾌적도의 표준

작업상태	여름	겨울	작업상태	여름	겨울
안정	6	7	중작업	8	9
경작업	6<	7<	중작업	10	11

태양열 난방효율(太陽熱暖房效率 ; solar heating efficiency) : 입사되는 전 태양에너지와 난방에 이용되는 태양입사에너지의 비율

태양열 절감률(太陽熱節減率 ; SSF ; solar savings fraction) : 자연형 태양열 시스템의 성능을 평가하는 가장 효과적인 방법으로 태양열이용 난방열량과 실내의 기준온도를 고정하였을 때의 난방부하의 비율

$$SSF = 1 - \frac{\text{보조난방열량}}{\text{건물 난방부하계수} \times \text{난방도일}}$$

태양창(太陽窓 ; solar window) : 주로 태양에너지를 공간으로 유도하기 위해 위치한 창이나 의도적으로 계획된 개구부 또는 태양열을 효율적으로 이용할 수 있도록 주변건물과 나무에 의한 일사의 방해 없이 일조를 받게 되는 천구상의 가상영역

투과율(透過率 ; transmittance) : 재료가 복사에너지를 투과시킬 수 있는 비율

평균태양(平均太陽 ; mean sun) : 태양의 평균각속도와 같은 각속도로 천구의 적도를 운행하는 가상의 태양

피피엠(ppm) : 100만분율(百萬分率 ; 10^{-6}), 'part(s) per million'의 약칭, 대기오염에 있는 가스의 평균농도를 100만분의 1로써 표현한 측정기준

현열(顯熱 ; sensible heat) : 물체의 상태변화 없이 물체온도의 오르내림에 수반하여 출입하는 열

현열비(顯熱比 ; sensible heat ratio) : 습한 공기의 온도와 습도가 동시에 변화할 때, 그 공기는 현열과 잠열의 변화로 이루어진다. 이때 전열량의 변화량에 대한 현열의 변화량의 비를 말한다.

환경기후(環境氣候 ; environmental climate) : 옥외의 기온·습도·바람·일사·비·지형·지질 등의 외적 요소와 건물의 구조재료에 따른 열·습기·기밀성 등의 요소, 또 건물의 방위·배치 같은 설계계획적 요소, 그리고 설비적 요소 등 모든 환경의 종합에 의해서 생기는 실내의 기후를 말한다.

흡습률(吸濕率 ; coefficient of moisture absorption) : 재료가 흡습하고 있는 수증기의 양을 나타내는 비율. 일반적으로는 건조중량에 대한 흡습량의 %로 표시한다.

흡수율(吸收率 ; absorptivity) : 총 복사에너지 중 표면에 흡수되는 비율

흡착(吸着 ; absorption) : 물리적·화학적 변화 없이 어느 물체가 다른 물체에 붙어 그 물체의 구성요소의 하나 이상을 추출해 내는 것

II. 빛 환 경

광막반사(光幕反射 ; veiling reflection) : 광택이 있는 면에 빛이 투사될 때 그 면의 시대상 일부 또는 전체의 대비가 저하되어 보기 어렵게 되는 현상으로써 감능 글래어의 일종이다.

광속발산도(光束發散度 ; luminous emittance) : 어떤 면의 단위면적에서 발산하는 광속

$M = \rho \cdot E$ [lm/m², rlx]　　(ρ: 반사율, E : 조도)

균제도(均齊度 ; uniformity ratio) : 실내의 조도분포가 균일할 수록 시작업능률과 밀접한 관계가 있다. 작업면상의 조도분포 평가지표로서 작업면의 최고조도에 대한 그 면의 최저조도비이다.

등가반사율(等價反射率 ; equivalent reflectance) : 철(凹)면에 빛이 입사될 때 그 부분에 철면과 같은 반사율을 갖는 가상면을 고려한 반사율

모델링(modelling) : 얼굴이나 조각 등의 입체감이나 재질감을 종합적으로 느끼는 정도이며, 시대상물에 닿는 빛의 방향성, 확산광의 양, 주광선의 방향에 따라 좌우된다.

배광곡선(candlepower distribution curve) : 조명기구의 광분포를 방사상좌표, 극좌표를 사용하여 여러 방향의 광도를 구획표시한 것

비시감도(比視感度 ; relative spectral luminous efficiency) : 시감도의 최대값에 대한 상대적 비를 말하며, 1924년 CIE에서 제정되었다. 여기서, 시감도란 단위시간당 열 또는 에너지에 대한 비율 [lm/W]이다.

BRS 상호반사식(BRS interreflection function) : 창면의 주광률을 구하기 위해 R. G. Hopkinson 등에 의해 창의 상·하부 주광률과 실내의 평균반사율을 고려한 식

CIE 표준담천공(CIE 標準曇天空 ; CIE standard overcast sky) : CIE에서 천공의 휘도분포를 공식화하여 규정한 것으로 구름으로 덮힌 담천공의 휘도분포는 방위에 관계없이 고도만으로 결정된다. 또 CIE 표준청천공이 있는 데, 이것은 천정거리, 태양과의 각거리 등에 관계되어 결정된다.

CIE 표색법(CIE表色法 ; CIE color specification) : 표색법 중에서 가장 기준적인 것으로 3원색의 혼합비율로써 색의 감각을 표시하며 1931년 CIE에서 제정하였다.

완전확산면(uniform diffuser) : 어느 방향에서 봐도 등현도를 가진 이상적인 면이나 형광등이나 석고 프라스타 표면 등은 여기에 가깝다.

웨버-페히너 법칙(Weber-Fechner's law) : 물리량인 자극 R이 작용하여 감각 S가 발생할 때 자극 R을 ΔR 증가시킬 경우 감각은 ΔS 만큼 증가한다. 이때 ΔS는 $\Delta R/R$에 비례하며, Δ를 적분하고, $S=0$일 때의 자극을 R_0라 하면 다음 식으로 표현된다.

$$S = k \cdot \log\left(\frac{R}{R_0}\right)$$

월드램 태양궤적도(Waldram diagram) : 천구상의 태양경로를 수직평면상의 직교좌표로 나타낸 것. 태양열취득을 위한 건물의 좌향, 외부공간계획, 내부의 실배치, 창의 차양설계, 식생 및 태양열 집열기 설계에 필수적이다.

입체각투사율(立體角投射率 ; ratio of solid angle projection) : 입체각투사의 법칙에 의해서 얻어진 정투사면적 S_0와 반지름 r인 원의 면적과의 비 $S_0/\pi r^2$를 말한다. 즉, 면광원과 수조점과의 관계를 나타내는 데는 각도, 거리, 면적 등의 기하학적인 양으로 나타내며, 임의

의 점의 주광률을 구할 때 사용된다.

조명률(照明率 ; utilization factor) : 광원의 총 광속량에 대해서 작업면에 도달하는 총 광속량의 비로써 자연채광과 인공조명에 따라 다르다.

직접비(直接比 ; direct ratio) : 광원에서 나오는 하향광속에 대해 얼마만큼 직접적으로 작업면에 도달하는가를 파악하는 지수로서, 실지수와 BZ 분류에 따라 변화한다.

채광주간(採光晝間 ; available period for daylighting) : 태양고도가 낮은 일출 직후나 일몰 직전은 주광광원으로서의 천공휘도가 작고 충분한 채광을 얻기 힘들다. 따라서 보통 태양고도 10° 이상의 시간대를 채광주간이라 한다.

현휘(眩輝 ; glare) : 눈이 순응하고 있는 시야 내에 현저하게 높은 휘도부분이 있거나 휘도대비가 크면 보는 데 방해가 되거나 불쾌감을 일으키는데, 전자를 감능현휘(disability glare), 후자를 불쾌현휘(discomfort glare)라 한다.

휘도대비(眩輝對比 ; luminance contrast) : 시대상과 그 주위배경의 밝기차에 대한 개념으로서 배경휘도와 시대상휘도의 크기에 따라 휘도대비에 영향을 미친다. 시환경에 좋은 대비는 주위가 시대상의 밝기와 같거나 약간 어두운 것이 좋다.

III. 음 환 경

가청치(可聽値 ; threshold of hearing) : 들을 수 있을 때와 없을 때의 경계가 되는 음성레벨이다. 주파수에 따라 다르며 가청치보다 높거나 낮은 음은 들을 수 없다.

고체전달음(structurebone sound) : 음의 매체가 고체인 경우, 즉 주로 지반이나 건축구조물을 통해 전달되는 음이다.

공기전달음(airbone sound) : 음의 매체가 공기와 같은 기체일 경우, 음원에서의 진동이 압축과 팽창을 교대로 하면서 방사상의 방향으로 전달되는 음으로서 우리가 듣는 일상의 소리이다.

기음(基音 ; fundamental tone) : 상음(上音 over tone), 배음(倍音 harmonic) : 복합음 중 최저주파수음을 기음(기본음)이라 하고, 이보다 높은 고주파수의 성분을 부분음 또는 상음이라고 한다. 배음은 상음의 주파수가 모두 기음의 정수배(整數倍)가 될 때의 음을 말한다.

매스킹(masking) 효과 : 두 가지 음이 동시에 귀로 들어올 때 한쪽의 음 때문에 다른 쪽의 음이 작게 들리는 현상을 말한다.

명료도(clarity) : 사람이 말을 할 때 어느 정도 정확하게 청취할 수 있는가를 표시하는 기준을 백분율로 나타낸 것

백색소음(白色騷音 ; white noise) : 모든 파장에서 동일한 에너지를 갖는 무작위 진동소음

복합음(複合音 ; complex tone) : 여러 개의 폭넓은 주파수 성분을 가지고 있는 보통의 음

순음(純音 ; pure tone) : 하나의 주파수만을 가진 음

암소음(暗騷音 ; background noise) : 어떤 장소에서 특정음을 대상으로 평가할 경우 그 대

상음이 없을 때의 주위소음

요해도(intelligibility) : 시험용 음성으로 발성될 때의 음성단위로 올바르게 들을 수 있는 양을 백분율로 나타낸 것

음색(音色 ; tone color) : 어떤 음이 다른 음과 구별될 수 있는 소리의 맵시로, 이는 복합음이 기본음 외에 포함되는 상음의 수와 높이가 다르기 때문에 나타난다.

음압(音壓 ; sound pressure) : 음파에 의해 공기 중에 생기는 대기 중의 변동으로서 단위면적에 작용하는 힘이다.

음의 세기(sound intensity) : 음파의 방향에 직각되는 단위면적을 통하여 1초간에 전파되는 음 에너지량

음장(音場 ; sound field) : 음원에서 방사된 음진동이 탐지될 수 있는 공간

음향출력(音響出力 ; sound power) : 1초간에 방사되는 음에너지로서 단위는 W(watt)로 표시된다.

잔향(殘響 ; reverberation) : 음을 갑자기 중지하였을 때 소리가 갑자기 소멸되지 않고 점차 감쇠되다 안들리게 된다. 이와 같이 음발생이 중지된 후에도 소리가 실내에 남는 현상이다.

정재파(定在波 ; standing wave) : 같은 주파수음의 간섭에 의해서 입사음파가 반사음파와 중첩되어 음압의 변동이 고정되는 현상

폰(phon) : 음의 크기를 청각의 감각량으로 나타낸 것으로 Fletche-Munson의 등감음도곡선상의 1 kHz를 중심으로 한다.

플러터 에코(flutter echo) : 음원에서 발생한 음파가 마주보는 평행한 측벽 사이를 왕복하면서 메아리를 치는 현상

피드백(feedback) 현상 : 음의 증폭과정에서 마이크로폰을 통한 다음 증폭기를 거쳐서 확성기에서 온 소리가 다시 마이크로폰에 잡혀 큰소리로 울리게 되어 소음이 되는 현상

핑크 노이즈(pink noise) : 백색소음 중 각 옥타브 밴드별 음향출력이 일정하도록 한 잡음

흡음(吸音 ; sound absorption) : 재료표면에 입사하는 음에너지가 마찰저항, 진동 등에 의하여 열에너지로 변하는 현상

■ 단위 및 환산표

I. SI 단위

SI 기본단위

도 량	단 위	기 호
길 이	미 터	m
질 량	킬로그램	kg
시 간	초	s
온 도	켈 빈	K
전 류	암 페 어	A
광 도	칸 델 라	cd

SI 응용단위

도 량	단 위	기 호
면 적	제곱미터	m^2
체 적	제곱미터	m^3
밀 도	세제곱미터당 킬로그램	kg/m^3
체적유체비	초당 세제곱미터	m^3/s
힘	뉴튼 [N]	kg/m^2
압 력	파스칼 [Pa]	N/m^2
에 너 지	줄 [J]	N·m
일	와트 [W]	J/s
열류밀도	제곱미터당 와트	W/m^2
휘 도	제곱미터당 칸델라	cd/m^2

도 량	단 위	기 호	정 의
시 간	분	min	1 min = 60 s
	시	h	1 h = 3600 s
	일	d	1 d = 86400 s
평면각	도	°	$1° = (\pi/180)$ rad
온 도	degree Celsius	℃	
체 적	리 터	l	$1\,l = 10^{-3}m^3$

II. SI 단위에 사용하는 기호

SI 단위접두사

접 두 사	기 호	배 수
tera	T	10^{12}
giga	G	10^{9}
mega	M	10^{6}
kilo	k	10^{3}
milli	m	10^{-3}
micro	μ	10^{-6}
nano	n	10^{-9}
pico	p	10^{-12}

SI 단위에 사용하는 상수

상 수 명	기 호	값
아보가드로 상수	N	6.022169×10^{26} kmoa^{-1}
볼츠만 상수	k	1.380622×10^{-23} J/K^{1}
초기복사상수	$C_1=2\pi hc^2$	3.741844×10^{-16} W·m^{2}
개스 상수	R	8.31434×10^{3} J/kmol·K
플랑크 상수	h	6.626196×10^{-34} J·s
재복사상수	$C_2=hc/k$	1.438833×10^{-2} m·k
진공상태에서 빛의 속도	c	2.997925×10^{8} m/s^{1}
슈테판-볼츠만 상수	σ	5.668961×10^{-8} W/m^{2}·K^{4}

SI 단위계에서 사용되는 그리스 문자

A	α	알파(alpha)	N	ν	뉴(nu)
B	β	베타(beta)	Ξ	ξ	크사이(xi)
Γ	γ	감마(gamma)	O	o	오미크론(omicron)
Δ	δ	델타(delta)	Π	π	파이(pi)
E	ε	엡실론(epsilon)	P	ρ	로(rho)
Z	ζ	지타(zeta)	Σ	σ	시그마(sigma)
H	η	이타(eta)	T	τ	타우(tau)
Θ	θ	시타(theta)	Υ	υ	입실론(upsilon)
I	ι	요타(iota)	Φ	ϕ	파이(phi)
K	κ	카파(kappa)	X	χ	카이(chi)
Λ	λ	람다(lambda)	Ψ	ψ	프사이(psi)
M	μ	뮤(mu)	Ω	ω	오메가(omega)

III. 환 산 표

길 이

1 ft	=0.3048 m
1 mile	=1.6093 km
1 in	=25.4 mm
1 yd	=0.9144 m

면 적

1 ft^2	=0.092903 m^2
1 mi^2	=2.58999 km^2
1 in^2	=0.000645 m^2

체 적

1 ft^3	=28.3168 *l*
1 gal	=3.78544 *l*
1 ft^3	=7.48 gal
1 yd^3	=0.7645 m^3
1 gal/ft^2	=0.02454 *l*/m^2

용적률

1 cfm	=0.47195 *l*/s
1 gal/min	=0.06309 *l*/s
1 gal/min·ft^2	=0.6791 *l*/s·m^2
1 cfm/ft^2(air)	=0.1968 *l*/s·m^2

속 도

1 ft/min	=0.00508 m/s
1 mile/h	=0.44704 m/s

질 량

1 lb	=0.453492 kg
1 oz	=28.3495 g

유량비

1 lb/h	=0.000126 kg/s
1 lb/h·ft^2	=0.001356 kg/s·m^2

온 도

°F	=(℃×1.8)+32
℃	=(°F−32)×5/9
K	=℃+273
°R	=°F+462

에너지(일)

1 BTU	=1.05505 kJ
1 therm	=105.506 MJ
1 cal	=4.1868 J
1 kWh	=3.6 MJ
1 langley	=41.86 kJ/m^2

열 량

1 BTU/h	=0.29307 W
1 t(refrig.)	=3.41685 kW
1 kcal/h	=1.163 W
1 hp	=0.74570 kW

에너지 흐름

1 BTU/h·ft^2	=3.15469×10^4 W/m^2
	=11.6277 W/m^2
1 langley/h	=697.4 W/m^2
1 cal/cm^2·min	=5.67826 W/m^2℃
1 BTU/h·ft^2·°F	=1.70307 W/m℃

℃ 및 °F 환산표

°F = 1.8℃ + 32　　　　℃ = (°F − 32) ÷ 1.8

°F	A	℃	℃	A	°F
−46	−50	−58	8.9	48	118.4
−40	−40	−40	9.4	49	120.2
−34	−30	−22	10.0	50	122.0
−29	−20	− 4	10.6	51	123.8
−23	−10	14	11.1	52	125.6
−17.8	0	32	11.7	53	127.4
−17.2	1	33.8	12.2	54	129.2
−16.7	2	35.6	12.8	55	131.0
−16.1	3	37.4	13.3	56	132.8
−15.6	4	39.2	13.9	57	134.6
−15.0	5	41.0	14.4	58	136.4
−14.4	6	42.8	15.0	59	138.2
−13.9	7	44.6	15.6	60	140.0
−13.3	8	46.4	16.1	61	141.8
−12.8	9	48.2	16.7	62	143.6
−12.2	10	50.0	17.2	63	145.4
−11.7	11	51.8	17.8	64	147.2
−11.1	12	53.6	18.3	65	149.0
−10.6	13	55.4	18.9	66	150.8
−10.0	14	57.2	19.4	67	152.6
−9.4	15	59.0	20.0	68	154.4
−8.9	16	60.8	20.6	69	156.2
−8.3	17	62.6	21.1	70	158.0
−7.8	18	64.4	21.7	71	159.8
−7.2	19	66.2	22.2	72	161.6
−6.7	20	68.0	22.8	73	163.4
−6.1	21	69.8	23.3	74	165.2
−5.6	22	71.6	23.9	75	167.0
−5.0	23	73.4	24.4	76	168.8
−4.4	24	75.2	25.0	77	170.6
−3.9	25	77.0	25.6	78	172.4
−3.3	26	78.8	26.1	79	174.2
−2.8	27	80.6	26.7	80	176.0
−2.2	28	82.4	27.2	81	177.8
−1.7	29	84.2	27.8	82	179.6
−1.1	30	86.0	28.3	83	181.4
−0.6	31	87.8	28.9	84	183.2
0	32	89.6	29.4	85	185.0
0.6	33	91.4	30.0	86	186.8
1.1	34	93.2	30.6	87	188.6
1.7	35	95.0	31.1	88	190.4
2.2	36	96.8	31.7	89	192.2
2.7	37	98.6	32.2	90	194.0
3.3	38	100.4	32.8	91	195.8
3.9	39	102.2	33.3	92	197.6
4.4	40	104.0	33.9	93	199.4
5.0	41	105.8	34.4	94	201.2
5.6	42	107.6	35.0	95	203.0
6.1	43	109.4	35.6	96	204.8
6.7	44	111.2	36.1	97	200.6
7.2	45	113.0	36.7	98	208.4
7.8	46	114.8	37.2	99	210.2
8.3	47	116.6	37.8	100	212.0

＊ 예 : A=0℃일 때 °F=32°F
A=0°F일 때 ℃=−17.8℃

INDEX....

ㄱ

가변흡음구조 ···· 525
가스 간섭계(干涉計) ···· 174
가스 추적법 ···· 173
간이설계방법 ···· 301
간이주광률표 ···· 367
간접현휘(間接眩輝) ···· 340
간헐난방 ···· 187
감각소음레벨(感覺騷音) ···· 572, 575
감능광막반사(減能光幕反射) ···· 419
감능현휘 ···· 340
감도교정(感度矯正) ···· 569
강제진동수(强制振動數) ···· 617
강제환기방식 ···· 150
거듭제곱법칙 ···· 632
거리의 역자승법칙 ···· 326
거주 후 평가 ···· 650
건구온도(乾球溫度) ···· 12
건물생태계(建物生態系) ···· 640
건물의 열시스템 ···· 98
건축심리학 ···· 8
건축화조명 시스템 ···· 460
검지관법(檢知管法) ···· 174
격자형 배치 ···· 164
결로 ···· 126
결로예측(結露豫測) ···· 136
경량구조 ···· 127
경면반사(鏡面反射) ···· 318
경사광정 ···· 423
고온건조기후(高溫乾燥氣候) ···· 58, 188
고온다습기후(高溫多濕氣候) ···· 58, 189
고유진동수(固有振動數) ···· 617
고창채광 ···· 411
공간조도계(空間照度計) ···· 330
공간지각(空間知覺) ···· 634
공간행동(空間行動 ···· 636
공기구성비 ···· 85
공기조화 냉난방 ···· 182
공동(共洞)공명기 ···· 518
공명 ···· 514
공명방사(共鳴放射) ···· 429
공명주파수 ···· 431
공진(共振) ···· 528
관내법(管內法) ···· 508
관류열량 ···· 105
관축직각방향(管軸直角方向) ···· 457
관통형(貫通型) ···· 309, 310
광대역음(廣帶域音) ···· 475
광도(光度) ···· 324
광막반사(光幕反射) ···· 340
광막반사현휘 ···· 417
광속(光束) ···· 324
광속법 ···· 436, 462
광속이동률(光束移動率) ···· 443
광원(光源) ···· 351
광정(光井) ···· 412
교통소음지수(交通騷音指數) ···· 574
구면파(球面波) ···· 503
국소환기(局所換氣) ···· 151
굴절(屈折) ···· 320
균시차 ···· 205
균제도(均齊度) ···· 440
극간풍(隙間風) ···· 88, 105
극다이어그램 ···· 486
극사영법(極射影法) ···· 212
기상학 ···· 43
기온 ···· 65
기초효율(基礎效率) ···· 290
기하음향학(幾何音響學) ···· 503
기하작도법 ···· 540
기하학적 분석 ···· 555

기후 ········· 46
기후학(氣候學) ········· 42

ㄴ

난방기간(暖房期間) ········· 279
난입사(亂入射) ········· 527
내부결로 ········· 130
내부열취득 ········· 100
내부차양장치 ········· 245
냉각환기기능 ········· 85
냉교(冷橋) ········· 118
노점온도 ········· 127
눈썹차양 ········· 641

ㄷ

다공성 흡음재(多孔性吸音材) ········· 516
단기순응(短期順應) ········· 92
단변수적 접근방법 ········· 629
단순한 보조 조명 ········· 461
단열 메커니즘 ········· 111
단일공동공명기 ········· 519
단파복사 ········· 123
담천광 ········· 354
담천광(曇天光) ········· 352
대기습도(大氣濕度) ········· 52
대류(對流) ········· 25, 31
대비감도(對比感度) ········· 335
대비효과(對比效果) ········· 340
대사(代射) ········· 59
대향건물(對向建物) ········· 408
대향연직면(對向鉛直面) ········· 352
도시사회학 ········· 8
도시인류학 ········· 8
독립변수 ········· 632
돌출비(突出比) ········· 252
등가비(等價比) ········· 75
등가소음레벨 ········· 572
등가온도(等價溫度) ········· 78
등감음도곡선(等感音度曲線) ········· 492, 615
등거리투영법(等距離投影法) ········· 212
등시간일영선 ········· 236
등온감각(等溫感覺) ········· 79
등조도선(等照度線) ········· 329
등주광률곡선(等晝光率曲線) ········· 384, 406
등천공성분(等天空成分) ········· 375

ㄹ

라우드 스피커 ········· 560
레스폰스 ········· 615
레인지 실렉터 ········· 569
로빈슨 풍속계 ········· 21
리커르트 척도 ········· 581

ㅁ

망막(網膜) ········· 331
매달은(懸垂) 흡음체 ········· 524
매스킹 효과 ········· 559
면음원 ········· 485
면창도(面窓度) ········· 532
명도 ········· 321
명료도(明瞭度) ········· 494
명순응(明順應) ········· 334
명체(透明體) ········· 318
모니터 지붕채광 ········· 414
모델링 ········· 464
목모판 ········· 538

INDEX

몬순 바람 ······ 53
무창조명(無窓照明) ······ 461
무창형(無窓型) ······ 309
미기후(微氣候) ······ 185

ㅂ

반사유리 ······ 125
반사일사(反射日射) ······ 264
반사판 ······ 542
반응연구(反應研究) ······ 348
반투명체(半透明體) ······ 318
반향(反響) ······ 506
밝기 ······ 344
방습층(防濕層) ······ 146
방진재료(防振材料) ······ 615
배음(倍音) ······ 490
벽체투과손실 ······ 608
변동계수(變動係數) ······ 278
병렬형 배치 ······ 164
보조공명방식 ······ 563
복사(輻射) ······ 25, 32
복사열(輻射熱) ······ 322
복사열전달률(輻射熱傳達率) ······ 34
봉상체(棒狀體) ······ 334
분리비(分離比) ······ 252
불쾌감각(不快感覺) ······ 82
불쾌적(不快適) ······ 83
불쾌현휘(不快眩輝) ······ 340, 454
불투명체(不透明體) ······ 318
비시감도곡선(比視感度曲線) ······ 332
비용적(比容積) ······ 13
비중량(比重量) ······ 13

ㅅ

사이버네틱스 ······ 7
사인파(正弦波) ······ 473
사회구심적 공간 ······ 639
사회원심적 공간 ······ 639
사회인류학 ······ 8
사회학 ······ 8
산지계곡풍 ······ 54
상관색온도(相關色溫度) ······ 323, 343
상당면적(相當面積) ······ 159
상당외기온도(相當外氣溫度) ······ 102, 103
상변화물질(相變化物質) ······ 295
상음(上音) ······ 490
상향광속률 ······ 440
상호작용영역 ······ 637
색상(色相) ······ 321
색의 항상성 ······ 344
생리학 ······ 7
생체공학 ······ 7
생체기후도(生體氣候圖) ······ 68, 195
선광원(線光源) ······ 435
선음원 ······ 484
설비형 조절 ······ 4, 186
설비형(設備型) 시스템 ······ 287
소요조도(E) ······ 437
소음(消音) ······ 585
소음감소량 ······ 608
소음감쇠계수 ······ 602
소음크기레벨 ······ 572
소음평가지수 ······ 577, 578
수목배치 ······ 165
수원창막(隋圓窓膜) ······ 489
수조광속(受照光束) ······ 450
수직돌출벽체(垂直突出壁體) ······ 408
수평차양 ······ 244
수평차양장치(水平遮陽裝置) ······ 421
순음(純音) ······ 475, 510
스펙트로그램 ······ 571

스펙트로미터 ······ 571
슬릿 공명기 ······ 518, 522
습구강하(濕球降下) ······ 19
습기인자 ······ 111
시간상수(時間常數) ······ 274
시간일영선 ······ 236
시간평균 최고 ······ 52
시감도(視感度) ······ 332
시력(視力) ······ 336
시야(視野) ······ 335
시작업성능(視作業性能) ······ 345
시작업성적(視作業成積) ······ 337
시지각(視知覺) ······ 331
시쾌적(視快適) ······ 353
시환경(視環境) ······ 345
시효율(時效率) ······ 337
신월드램 태양궤적도 ······ 226
신유효온도 ······ 74
실내반사성분 ······ 352, 372
실내보조인공조명 ······ 642
실내유속(室內流速) ······ 170
실루엣 현상 ······ 465
실외반사성분 ······ 352, 372
실지수(室指數) ······ 364, 444
심사투영법(心射投影法) ······ 212

ㅇ

안정온도(安定溫度) ······ 310
암소음(暗騷音) ······ 480, 558
암소음레벨 ······ 555
암순응(暗順應) ······ 334
약산 와트법 ······ 453
양이효과(兩耳效果) ······ 489
양측채광 ······ 411
어휘분절방법 ······ 631
에너지 기울기 ······ 274
여과기(濾過器) ······ 182
역자승법칙 ······ 587
연간 태양열절감률 ······ 301
연색성(演色性) ······ 456
연색평가지표(演色評價指標) ······ 343
연평균기온 ······ 52
열관류(熱貫流) ······ 35
열관류율 ······ 36
열관류저항 ······ 36, 131
열관성 ······ 117
열교(熱橋) ······ 118
열교환과정 ······ 99
열교환기(熱交換機) ······ 292
열대수렴지역(熱帶收斂地域) ······ 44
열생산 ······ 59
열선풍속계(熱線風速計) ······ 22
열섬 ······ 46
열용량 ······ 127
열적 쾌적감(熱的快適感) ······ 42
열전달 ······ 36
열전대(熱電對) ······ 12
열전도비저항 ······ 131
열전도율 ······ 106, 131
열전효과(熱電效果) ······ 12
열쾌적(熱快適) ······ 59, 66
열환경조절(熱環境 調節) ······ 641
열흡수유리 ······ 125
영역성(領域性) ······ 637
옥타브밴드 ······ 476
온난기후(溫暖氣候) ······ 57, 187
온실효과(溫室效果) ······ 46, 124
온열감(溫熱感) ······ 80
온열감각(溫熱感覺) ······ 82
온열요소(溫熱要素) ······ 64
온핵(溫核) ······ 46

INDEX

완전흑체(完全黑體) ········ 33
요해도(了解度) ········ 494
용적비열(容積比熱) ········ 13
월 최고 및 최저극값 ········ 52
월평균 최고 ········ 52
월평균기온 ········ 52
윈드 스쿠프 ········ 177
유리 블록 ········ 126
유지율(維持率) ········ 364, 444
유효수명(有效壽命) ········ 426
유효창면적률(有效窓面積率) ········ 364
윤형(輪形) ········ 427
음량 ········ 476
음량증폭 시스템 ········ 558
음보강장치 ········ 556
음색 ········ 490
음압레벨 ········ 477
음영(音影) ········ 489
음영각분도기(陰影角分度器) ········ 209, 248
음영고리 ········ 49
음원 ········ 473
음의 매체 ········ 473
음의 세기레벨 ········ 478
음장(音場) ········ 482
음장교정장치 ········ 562
음장입사 ········ 528
음척극(音刺戟) ········ 496
음측정(騷音測定) ········ 567
음향 시스템 ········ 473
음향블록 ········ 520
음향착각(音響錯覺) ········ 562
음향출력 ········ 481
응(順應) ········ 333
이용부(利用部) ········ 286
인간공학 ········ 7
인간생태학 ········ 7, 629
인간환경학(人間環境學) ········ 629
인공광원(人工光源) ········ 329
인동간격 ········ 254
인동간격(隣棟間隔) ········ 164
인동계수(隣棟係數) ········ 255
인체측정학 ········ 7
일사열량 ········ 104
일사열취득 ········ 642
일사현휘 ········ 642
일시각점(日時刻點) ········ 216
일영곡선 ········ 228
일적위(日赤緯) ········ 204
일조시수(日照時數) ········ 50
일평균 최고 ········ 52
입면형(立面型) ········ 309
입체각(立體角) ········ 324

ㅈ

자극장(刺戟場) ········ 2
자기습도계(自記濕度計) ········ 19
자연대류형 ········ 299
자연채광설계 ········ 415
자연형 냉방 시스템 ········ 176
자연형 방법 ········ 185
자연형 조절 ········ 4
자연형(自然型) 시스템 ········ 287
자연환기 ········ 150
자유음장 ········ 482
자유음장(自由音場) ········ 486
잔향(殘響) ········ 509
잔향시간 ········ 555
잔향실법(殘響室法) 흡음률 ········ 507
잠열(潛熱) ········ 11
적산일사량(積算日射量) ········ 264
전도(傳導) ········ 25

전도열량 ······ 104
전반환기(全般換氣) ······ 151
전일사량(全日射量) ······ 264
전천공조도 ······ 360
전치증폭기(前置增幅器) ······ 510
점광원(點光源) ······ 324
점음원 ······ 482
정사투영법(正射投影法) ······ 212
정신물리학 ······ 7
정재파(定在波) ······ 550
정재파법(定在波法) ······ 508
정측창채광(頂側窓採光) ······ 409
조도(照度) ······ 325
조명률 ······ 440
조명출력 ······ 444
종속변수 ······ 632
종파(縱波) ······ 473
주광 그래프 ······ 370
주광(晝光) ······ 352
주광만에 의한 조명 ······ 461
주광원(晝光源) ······ 329
주광인공광 병용방식(晝光人工光併用方式) ······ 461
주체조명 ······ 461
중량구조 ······ 127
중량풍량(重量風量) ······ 20
중립적 반사(中立的 反射) ······ 320
중심와(中心窩) ······ 331
중정형(中庭型) ······ 309
지구기후현상 ······ 45
지방시 ······ 206
지배의 원칙 ······ 637
지역기후 ······ 45
지연효과 ······ 114
지형(국지)기후 ······ 45
직달일사(直達日射) ······ 263
직사광 ······ 351
직접비 ······ 444
직접현휘(直接眩輝) ······ 340
진음(震音) ······ 510
진태양시(眞太陽時) ······ 205
진폭감쇠율 ······ 115
집산도로 ······ 595
집열매체(集熱媒體) ······ 291
집열부(集熱部) ······ 286
집열창 ······ 302

ㅊ

차음등급 ······ 610
차음치 ······ 589
차폐면적 ······ 242
착시현상 ······ 634
채도 ······ 322
천공광(天空光) ······ 351, 352
천공성분 ······ 372
천공일사(天空日射) ······ 263
천공조건 ······ 57
천공판(穿孔板)공명기 ······ 518, 520
천구(天球) ······ 206, 356
천정궤도(天頂軌道) ······ 205
천창채광 ······ 411
청공광(晴空光) ······ 352
청천공휘도(晴天空輝度) ······ 352
청천광 ······ 354
체각밀도(立體角密度) ······ 324
체적비(體積比) ······ 283
총광속법 ······ 365
최고 및 최저기온 ······ 52
최소가청한계 ······ 491
추상체(錐狀體) ······ 334
축열벽 ······ 305

축열부(蓄熱部) ········ 286
축열체 ········ 303
축열효과(蓄熱效果) ········ 311
축점법(逐點法) ········ 432
출력광속 ········ 438
측광량(測光量) ········ 324
측창채광(側窓採光) ········ 409
침기(侵氣) ········ 97, 150
침기량 ········ 159
침기현상 ········ 150

ㅋ

코리올리의 힘 ········ 45
코사인 법칙 ········ 327
쾌적영역(快適領域) ········ 67
쾌적지표 ········ 71
쾌적척도 ········ 71
쾌적환기 ········ 91

ㅌ

타임-래그 ········ 102
태양고도 ········ 206
태양고도각(太陽高度角) ········ 358
태양방위각 ········ 206
태양복사열 ········ 110
태양상수 ········ 261
태양열 집열판 ········ 286
톱날형 지붕채광 ········ 413
통증한계 ········ 491
투과(透過) ········ 318
투과손실(透過損失) ········ 526
투습계수 ········ 131, 132
투습률 ········ 131

ㅍ

편측채광(片側採光) ········ 410
평가소음레벨 ········ 572
평균 일교차 ········ 52
평균복사온도 ········ 65
평균연색지표(平均演色指標) ········ 343
평면밀집비(平面密集比) ········ 282
포괄환경 ········ 3
표면결로 ········ 128
표준담천공 ········ 357
표준시 ········ 206
표준유효온도 ········ 75, 83
풍동(風洞)실험 ········ 175
풍압대(風壓帶) ········ 43
플러터 에코 ········ 540

ㅎ

하향출력률 ········ 440
한랭기후(寒冷氣候) ········ 57, 186
합성(건구)온도(合成溫度) ········ 80
합성음레벨 ········ 479
현열(顯熱) ········ 11
현휘(眩輝) ········ 247
현휘원(眩輝源) ········ 354
현휘지수 ········ 456
형태계수(形態係數) ········ 435
형태지각(形態知覺) ········ 344
확산광(擴散光) ········ 318
확산반사(擴散反射) ········ 318
환경물리학 ········ 7
환경성능 ········ 181
환경심리학 ········ 8, 629
환경자극물(環境刺戟物) ········ 94

환기 ···· 149
환기량 ···· 88
환기횟수(換氣回數) ···· 56, 126
회절(回折)현상 ···· 503
휘도(輝度) ···· 326
휘도대비(輝度對比) ···· 345
흑체방사분광(黑體放射分光) ···· 322
흡음 ···· 507
희석환기(稀釋換氣) ···· 151

A

absolute black body ···· 33
absolute humidity ···· 14
absorbers ···· 517
acclimatisation ···· 92
accomodation ···· 331
acoustic shadow ···· 506
acoustic systems ···· 473
active ···· 287
adaptation ···· 333
adobe ···· 303
air leakage ···· 149
air mass ···· 262
air velocity ···· 91
air-to-air resistance ···· 38
air-to-air transmission ···· 35
alternating solar gain factor ···· 277
ASHRAE ···· 67
assisted resonance technique ···· 563
attached sun space ···· 298
attenuator ···· 608
audio illusion ···· 562
aural perception ···· 489
average absolute temperature ···· 152
awning ···· 247
awnings ···· 245

B

background noise ···· 480
background noise level ···· 555
balcony consideration ···· 556
band noise ···· 510
beam radiation ···· 263
bioclimatic chart ···· 68
bioclimatic design ···· 185
body territory ···· 637
brightness ···· 326, 344
broad-band sound ···· 475
building ecoysystem ···· 640
building load coeffient ···· 307

C

chamber type ···· 309
chroma 또는 saturation ···· 322
CIE ···· 332, 357
clarity ···· 494
clerestory ···· 303
climate based design ···· 185
climatic design ···· 185
climatic filter ···· 59
climograph ···· 193
clo ···· 65
coincidence effect ···· 528
cold and warm discomfort ···· 75
cold bridge ···· 118, 127
cold climates ···· 186
collector element ···· 286
color constancy ···· 344
color rendering ···· 343

INDEX

color rendering index ··· 343
color temperature ··· 322
combined system of daylight and electric light ··· 461
comfort ventilation ··· 85
comfort zone ··· 63, 67
compactness ratio ··· 282
complex tone ··· 475
condensation prediction ··· 136
conduction ··· 25, 26, 61
cones ··· 334
configuration factor ··· 435
consequences of discomfort ··· 82
contours of equal loudness ··· 615
contrast sensitivity ··· 335
convection ··· 25, 31, 61
convection conductance ··· 31
Coriolis ··· 45
corrected effective temperature ··· 71
correlated color temperature ··· 323
critical frequency ··· 529

D

day-night equivalent sound level ··· 574
daylight factor ··· 363
daylight factor contours ··· 385
DBT ··· 53, 65
decrement factor ··· 115
degree-day ··· 120
degree-hour ··· 120
density ··· 13
dependent variable ··· 632
design sky ··· 360
dew-point temperature gradients ··· 134
diffuse radiation ··· 263
diffuse radiation ··· 49
diffuse reflection ··· 318
diffused light ··· 318
direct gain ··· 297
direct gain system ··· 296
direct radiation ··· 49
direct ratio ··· 444
direct sunlight ··· 351
disability glare ··· 340
disabling veiling reflection ··· 419
DISC ··· 83
discomfort ··· 75, 83
discomfort glare ··· 340
discomfort index ··· 72
double envelope ··· 300
dry bulb temperature ··· 12
dynamic pressure ··· 153

E

echo ··· 506
effective temperature ··· 71, 72
elevational type ··· 309
energy gradient ··· 274
environmental performance ··· 181
environmental psychology ··· 629
environmental stimuli ··· 94
equation of time ··· 205
equatorial comfort index ··· 71
equidistant projection method ··· 212
equivalent sky component ··· 375
equivalent sound level ··· 572
equivalent temperature ··· 71, 78
equivalent warmth ··· 79
equivalent warmth temperature ··· 71
ERC ··· 352

F

field incidence ······ 528
flutter echo ······ 540
flux fraction ratio ······ 450
fovea ······ 331
frequency ······ 475
fundamental efficiency ······ 290

G

general color rendering index ······ 343
geometric acoustics ······ 503
glare ······ 126
glare constant ······ 416
glare index ······ 456
glass factor ······ 364
globe temperature ······ 72
globe thermometer ······ 23
gnomonic projection method ······ 212
greenhouse effect ······ 46

H

harmonics ······ 490
health ventilation ······ 85
heat bridge ······ 118
heat island ······ 46
heat production ······ 59
heat strain index ······ 71
hithergraph ······ 194
home territory ······ 637
horizontal gnomonic sun-path diagram ······ 659
horizontal shadow angle ······ 209
hot-arid climate ······ 58
hot-arid climates ······ 188
human ecology ······ 629
humid operative temperature ······ 77
humidity ratio ······ 14
HVAC ······ 182
hygrograph ······ 19
hyperthermia ······ 92
hypothermia ······ 93

I

ICAO ······ 576
illuminance contours ······ 329
illumination ······ 325
impact insulation class ······ 610
independent variable ······ 632
index of thermal stress ······ 72
indirect gain system ······ 296
infiltration ······ 105
infiltration ······ 88
infiltration ······ 90
infiltration ······ 97
insulation mechanism ······ 111
insulation values ······ 589
intelligibility ······ 494
intensity level ······ 478
interactional territory ······ 637
internal correction factor ······ 158
interstitial condensation ······ 130
intertropical convergence zone ······ 44
inverse square law ······ 587
IRC ······ 352
irradiance ······ 264
isolated gain system ······ 296
isolux lines ······ 329

INDEX

K

Kata thermometer ··· 22

L

latent heat ··· 11
lateral lighting ··· 409
light well ··· 412
lightness ··· 344
Likert scale ··· 581
line lighting source ··· 435
load collector ratio ··· 307
local time ··· 206
loudness level ··· 491
lower flux utilance ··· 440
lumen design method ··· 462
lumen method ··· 432, 436
luminance design method ··· 432, 449
luminous efficiency curve ··· 332
luminous flux ··· 324

M

macroclimte ··· 45
maintenance factor ··· 364
maisonry ··· 295
man-environment studies ··· 629
mean radiant temperature ··· 23
mean solar time ··· 205
mel 척도 ··· 490
metabolism ··· 60, 61
microclimate ··· 46
minimum audible threshold ··· 491
minimum uniformity ratio ··· 440
modelling ··· 464
moderate climate ··· 187
moderate climate ··· 57
moisture factor ··· 111
monitor-roof ··· 414
monsoon ··· 53
moving-coil microammeter ··· 330
MRT ··· 65
multi-disciplinary approach ··· 629
multicell lightmeter ··· 330
Munsell system ··· 321

N

neutral reflection ··· 320
noise level contours ··· 588
noise rating number ··· 578
noise reduction ··· 608
noise reduction coefficient ··· 602

O

octave band ··· 476
opaque material ··· 273
operative temperature ··· 71, 76
optical illusion ··· 634
optimum reverberation time ··· 533
organic particles ··· 87
orthographic projection method ··· 212
overhang ratio ··· 252
overheated period ··· 241
overtones ··· 490

P

passive ··· 287

passive cooling system ········· 176
penetrational type ········· 309
perceived noise level ········· 572, 575
periodic heat flow ········· 113
photometric quantities ········· 324
point by point method ········· 432
polar diagram ········· 486
porous absorbers ········· 516
post occupancy evaluation ········· 650
power ········· 481
predicted four-hour sweat rate ········· 71
pressure ratio ········· 153
pressure zone ········· 153
principle of dominance ········· 637
PSALI ········· 460, 461
PSALI ········· 642
PSALI 존 ········· 462
psychrometric chart ········· 14
public territory ········· 637

R

radiant emission ········· 103
radiant exposure ········· 264
radiant heat ········· 322
radiation ········· 25, 32, 61
random incidence ········· 527
random noise ········· 510
rating sound level ········· 572
ray-diagram analysis ········· 540, 555
real-time frequendy analyser ········· 571
reflected radiation ········· 264
reflected sunlight ········· 352
reflection ········· 318
refraction ········· 320
relative humidity ········· 15
relative strain index ········· 71
representative area ········· 159
resonance ········· 514
resonant frequency ········· 431
resultant temperature ········· 71, 80
retina ········· 331
reverberation ········· 509
reverberation time ········· 555
rods ········· 334
roof pond ········· 296
roof-pond ········· 298
room index ········· 364

S

saturation ········· 340
saturation humidity ········· 14
saturation vapour pressure ········· 18
sawtooth clerestory ········· 303
scale ········· 490
selective reflection ········· 321
semantic differential method ········· 631
semantic differential scale ········· 83
sensible heat ········· 11
sensitivity ········· 332
seperation ratio ········· 252
shading devices ········· 245
shading mask ········· 242
shading ring ········· 49
shadow angle ········· 216
shadow angle protractor ········· 237
shape constancy ········· 344
silhouette ········· 465
single variable pproach ········· 629
sky ········· 57
sky radiation ········· 263

INDEX

skylight ··· 303
slit ··· 518
sloped light well ··· 423
sol-air temperature ··· 102
solar absorptivity ··· 35
solar heat gain factor ··· 101
solar heat gain factor ··· 277
solar saving fraction ··· 301
solar window ··· 258
solid angle projection principle ··· 362
sound absorption ··· 507
sound amplification system ··· 558
sound diffraction ··· 506
sound diffusion ··· 505
sound field ··· 482
sound intensity level ··· 477
sound pressure level ··· 476
sound quantities ··· 476
sound reflection ··· 503
sound transmission class ··· 610
sound transmission loss ··· 526
sound-reinforcing system ··· 556
source ··· 473
spatial behavior ··· 636
spatial illuminance meter ··· 330
special color rendering index ··· 343
specific heat ··· 13
specific humidity ··· 14
specific volume ··· 13
specular reflection ··· 318
speech interference levels ··· 500
SPL ··· 479
stable ground temperature ··· 310
stage enclosure ··· 556
standard effective temperature ··· 71
standard time ··· 206
standing wave method ··· 508
STC ··· 610
steady state ··· 27, 40
Stefan-Boltzman 법칙 ··· 60
steradian ··· 324
stereographic projection method ··· 212
stimulus field ··· 2
subjective ··· 80
subtractive process ··· 321
suction zone ··· 153
sun screen ··· 245
surface coefficient ··· 132
surface condensation ··· 128
surface resistance ··· 36
suspended sound reflector ··· 542

T

temperature gradient ··· 28, 40
territoriality ··· 637
The Gestalt laws ··· 633
thermal balance equation ··· 103
thermal bridge ··· 108
thermal capacity ··· 13
thermal comfort ··· 63
thermal comfort mete ··· 63
thermal conductance ··· 28
thermal conductivity ··· 106
thermal conductivity ··· 27
thermal mass effect ··· 311
thermal resistance ··· 28
thermal resistivity ··· 28
thermal sensation ··· 82
thermal storage element ··· 286
thermal strain index ··· 71, 82
thermal stress ··· 91

thermal transmittance ········ 36, 37
thermocouple ········ 12
thermocouple ········ 22
thermoelectric effect ········ 12
thermoluminescence ········ 322
threshold of feeling ········ 491
time constant ········ 274
time-lag ········ 102, 115, 311
top lighting ········ 411
top side lighting ········ 413
tracer gas method ········ 173
traffic noise index ········ 574
translucent ········ 318
transparence ········ 318
trombe wall ········ 296, 297
true solar time ········ 205
tube method ········ 508
turbulence ········ 157

U

uniform overcast sky ········ 355
uniformity ratio ········ 440
unilateral lighting ········ 410
upper flux utilance ········ 440
use element ········ 286
utilization factor ········ 364

V

value 또는 lightness ········ 321
vapour barrier ········ 117
vapour barriers ········ 146
vapour resistance ········ 131
vapour resistivity ········ 131
veiling reflection ········ 340
vertical shadow angle ········ 209
visibility level ········ 346
visual aquity ········ 336
visual efficiency ········ 337
visual fatigue ········ 338
visual field ········ 335
visual perception ········ 331
volume ratio ········ 283
volumetric specific heat ········ 13

W

warble tone ········ 510
warm-humid climate ········ 58
warm-humid climates ········ 189
watt method ········ 432, 453
weather stripping ········ 91
wet bulb depression ········ 19
wet bulb temperature ········ 19
wetinsulating screeds ········ 149
whiring hygrometer ········ 25
whirling hygrometer ········ 12
white noise ········ 510, 564
wind shadow ········ 161
windscoop ········ 177
windscoop ········ 188

Z

zenith path ········ 205

저/자/소/개

이 경 희

연세대학교 교수 / 명예교수(現)

대한건축학회 회장

한국생태환경건축학회 초대회장 / 명예회장(現)

미국건축가협회(AIA) 명예 펠로우(2000) 피선

한국과학기술 한림원 종신회원

제3판

건축환경계획

초 판 발 행 | 1986년 2월 10일
3판11쇄발행 | 2021년 12월 30일

저 자 | 이경희
발 행 인 | 이성범
발 행 처 | 문운당
주 소 | 서울시 종로구 혜화로5길 16 (명륜1가 45-3)
전 화 | (02)762-6010
팩 스 | 영업 (02)745-0265 / 편집 (02)762-8758
이 메 일 | 영업 munun2@chol.com
편집 munundang@naver.com
홈페이지 | http://munundang.co.kr

ISBN 978-89-7393-043-2 93540

정가 36,000원